普通高等教育“十一五”国家级规划教材
国家高等学校精品课程教材

供临床、预防、基础、口腔、麻醉、影像、药学、检验、护理、法医等专业使用

医学生物化学与分子生物学

第2版

主　编　屈　伸　冯友梅

科学出版社
北　京

内容简介

为了适应高等医学教育课程体制改革的需要,本书将医学生物化学和医学分子生物学二门课程与细胞生物学的部分教学内容融为一体,以期达到重组课程、精简内容、减轻学生负担、有利于课程融合的目的。全书共**27**章,分为六篇,即生物大分子;细胞的结构和功能;细胞的能量代谢和物质代谢;遗传信息的贮存、传递和调控;细胞周期、增殖和衰老死亡;专题篇。在此次再版编写时,考虑到课程知识的系统性,增补了一些新的章节,也对个别章节进行了归并、删减,使其更有利于教学实施。另外,章节的小结用英文撰写,以供双语教学时参考。

本书主要读者对象为医学院校本科、长学制学生,也可作为硕士研究生、相关学科进修生和教师的参考书。

图书在版编目(CIP)数据

医学生物化学与分子生物学 / 屈伸,冯友梅主编 .—2 版 .—北京:科学出版社,2008

(普通高等教育"十一五"国家级规划教材·国家高等学校精品课程教材)

ISBN　978-7-03-021596-3

Ⅰ.医… Ⅱ.①屈…②冯… Ⅲ.医学:分子生物学:细胞生物学-医学院校-教材 Ⅳ.R329.2

中国版本图书馆 CIP 数据核字(2008)第 047406 号

策划编辑:李国红　夏　宇 / 责任编辑:邹梦娜　李国红 / 责任校对:郑金红

责任印制:刘士平 / 封面设计:黄　超

科学出版社出版

北京东黄城根北街 16 号

邮政编码:100717

http://www.sciencep.com

新科印刷有限公司 印刷

科学出版社发行　各地新华书店经销

*

2002年8月第　一　版　开本:850×1168　1/16

2009年7月第　二　版　印张:28

2014年5月第十三次印刷　字数:810 000

定价:59.00 元

如有印装质量问题,我社负责调换

《医学生物化学与分子生物学》编委会

主　　编　屈　伸　冯友梅

副 主 编　药立波　高国全　罗德生

主　　审　邓耀祖　何善述

编　　者　（以姓氏笔画为序）

马文丽（南方医科大学）

王玉明（成都医学院）

王丽颖（吉林大学）

王明臣（郑州大学）

王艳林（三峡大学）

方定志（四川大学）

邓耀祖（华中科技大学）

田余祥（大连医科大学）

冯友梅（华中科技大学）

伍欣星（武汉大学）

孙　军（华中科技大学）

严世荣（郧阳医学院）

杨　明（贵阳医学院）

何丽娅（武汉科技大学）

何善述（华中科技大学）

余从年（华中科技大学）

屈　伸（华中科技大学）

罗德生（咸宁学院）

药立波（第四军医大学）

高国全（中山大学）

黄　健（桂林医学院）

崔　行（山东大学）

韩跃武（兰州大学）

霍正浩（宁夏医科大学）

第2版前言

细胞是生物的基本结构单位。目前对细胞的研究已经从整体、亚细胞结构深入到分子水平，在不同层次上研究细胞的结构和功能，探讨细胞的生命活动。人们不仅了解到细胞中的各种生命活动现象及其分子基础，还逐渐认识到细胞的各种活动与大分子的结构变化和分子间的相互作用有着密切的关系。把细胞的生命活动同大分子的结构、功能的变化联系起来，不仅反映出细胞学的研究从形态学水平进入到分子水平，也体现了生物化学与分子生物学以及细胞生物学的发展方向，并进一步促进了这些学科的交叉融合。因此，有必要在医学教学过程中探索将这些学科的内容进行整合。

近年来，各医学高等院校对医学教育课程的改革正在进行积极深入地探讨。为此，本教材将生物化学和分子生物学的教学内容进行整合、并融合了部分与之密切相关的细胞生物学基本知识，有利于在教学中促进这些课程的相互贯通，便于学生在学习中对相关知识的联系，期望能够达到重组课程、精简内容、减轻学生负担，有利于体现素质教育、创新教育和个性教育的目的。本书第一版发行后，已被多所医学院校使用。在使用过程中，得到了这些院校中师生们的认可，也收集到了很多宝贵的意见和建议。此次由科学出版社组织编写第二版，并已列入“十一五”规划教材。根据出版社的建议并征求编委同意，将原书名《医学分子细胞生物学》更改为《医学生物化学与分子生物学》。根据课程知识系统性的要求，在编写过程中增补了一些新的章节，同时对个别章节进行了删减、归并，使其更有利于教学实施，另外，每章末的小结改为英文，以供双语教学时参考。

本书内容包括生物化学和分子生物学两门课程及部分细胞生物学课程的内容。全书分六篇，共27章。第一篇：生物大分子，包括：蛋白质的结构和功能，核酸的结构与功能；酶和酶促化学反应；糖复合物和细胞外基质四章。第二篇：细胞的结构和功能，包括：细胞膜；核糖体和细胞的内膜系统；细胞骨架和细胞核四章。第三篇：细胞的能量代谢和物质代谢，包括：细胞的能量代谢；糖代谢；脂类代谢；氨基酸代谢和核苷酸代谢五章。第四篇：遗传信息的贮存、传递和调控，包括：基因和基因组学；DNA复制及损伤修复；RNA的生物合成与转录后加工和调节；蛋白质的生物合成及其加工修饰；基因表达调控和重组DNA技术六章。第五篇：细胞周期、增殖和衰老死亡，包括：细胞信号转导；细胞周期及其调控；细胞增殖异常与肿瘤和细胞凋亡与细胞衰老四章。第六篇：专题篇，包括：血液的生物化学；肝脏的生物化学；钙、磷与微量元素代谢和维生素四章。

本书以生物化学与分子生物学及细胞生物学部分内容的基本理论、基本知识和基本技术为重点，结合临床疾病，从分子水平探讨疾病的发病机制，使理论紧密联系实际。本书编写简明扼要，突出基本概念和基本知识，并充分反映生命科学的新进展。本书可作为医学五年制、七年制和八年制学生教材，也可作为硕士研究生、相关学科的进修生和教师的参考书。

由于工作变动关系，本次参编人员变动较大，参编院校由6所增加到19所，编委由12人增加到24人。由于教材中有些基本内容变动不大，在编写中编委们汲取了第一版教材的优点，特此向第一版的编委们表示衷心的感谢。华中科技大学生物化学与分子生物学系的邓耀祖教授、何善述教授两位主审对全书的审阅做了大量工作，洪班信教授对全书各章节的英文小结进行了审阅，段秋红、袁萍、孙军、卢涛、张颖、过健俐、袁野、周洁和毕昊等老师以及王小婷、杨璞和狄勇等同学协助校稿、订正，并负责部分绘图和索引的编排工作，在此一并致谢。由于我们水平有限，本书难免存在缺点和错误，敬请同行专家、使用本教材的师生和其他读者批评指正。

屈　伸　冯友梅　药立波　高国全　罗德生

目　录

第一篇　生物大分子

第二篇　细胞的结构和功能

第三篇　细胞的能量代谢和物质代谢

第四篇　遗传信息的贮存、传递和调控

第五篇　细胞周期、增殖和衰老死亡

第六篇　专　题　篇

第一篇　生物大分子

生物大分子都是由一种或几种小分子的基本结构单位按一定顺序通过共价键连接起来的多聚体。生物大分子不仅是生物体的基本结构成分，还具有非常重要的生理功能，如核酸是由4种核苷酸以磷酸二酯键连接组成的生物大分子，具有贮存和传递遗传信息的功能；蛋白质是由20种氨基酸以肽键组成的生物大分子，是机体各种生理功能的物质基础，是生命活动的直接体现者。

酶是生物催化剂，其本质是具有催化作用的蛋白质或核酸。体内各种化学反应几乎都由酶催化进行。

糖蛋白、蛋白聚糖是蛋白质和糖的共价化合物，不仅是细胞的结构成分，也与细胞的一些重要生理功能如分子识别、信号转导等密切相关。

本篇将介绍蛋白质的结构和功能，以及蛋白质组学的基本概念；核酸的结构与功能；酶和酶促化学反应；糖蛋白、蛋白聚糖和糖脂等四章。将重点介绍各种生物大分子的组成、结构、生理功能以及结构和功能的关系。

第1章　蛋白质的结构与功能

蛋白质 protein 一词来源于希腊文，意为“首要”。荷兰化学家 Mulder 于 1838 年引入，表明科学家们在研究蛋白质之初就充分注意到了它在生物体内的重要性。蛋白质在生物界的存在具有普遍性，无论是简单的低等生物，还是复杂的高等生物，都毫无例外地含有蛋白质。蛋白质是生物体含量最丰富的生物大分子物质，约占人体固体成分的45%，且分布广泛，所有细胞、组织都含有蛋白质。生物体结构越复杂，蛋白质的种类和功能也越繁多。蛋白质也是机体的功能分子(working molecules)。它参与机体的一切生理活动，机体的各种生物学功能几乎都是通过蛋白质来完成的，而且在其中起着关键作用，如酶的催化功能；蛋白质、多肽激素的调节功能；血红蛋白的运氧功能；肌动蛋白(actin)和肌球蛋白(myosin)的收缩运动功能；抗体、补体的免疫防御功能；凝血因子的凝血功能；受体、膜蛋白的信息传递功能；组蛋白、酸性蛋白等的基因表达调控功能，以及机体刚性、弹性、控制膜的通透性，乃至思维、记忆、情感等，无一不是通过蛋白质来实现的。所以，蛋白质是生命的物质基础。

第一节　蛋白质的分子组成

一、蛋白质的元素组成

组成蛋白质的元素除含有碳、氢、氧外都含有氮。有些蛋白质还含有少量硫、磷、铁、锰、锌、铜、碘等。

大多数蛋白质含氮量比较接近，平均为16%，这是蛋白质元素组成的一个特点。由于蛋白质是体内的主要含氮物，因此测定出生物样品中的含氮量就可按下式计算出蛋白质的含量。

每100克样品中蛋白质含量＝每克样品中含氮克数×6.25×100

蛋白质的元素组成中含有氮，这是碳水化合物、脂肪在营养上不能替代蛋白质的原因。

二、蛋白质的基本组成单位——氨基酸

氨基酸(amino acid)是组成蛋白质的基本单位。组成人体蛋白质的氨基酸有20种。其化学结构式有一个共同特点，即在连接羧基的 α 碳原子上还有一个氨基，故称 α-氨基酸。

笔记栏

(一) 氨基酸的结构

组成人体蛋白质的 20 种氨基酸，除甘氨酸外，均为 *L*-α-氨基酸。其 α-碳原子均属不对称碳原子，其连接在 C_α 碳原子四面角上各基团的排列与 *L*-甘油醛或 *L*-乳酸构型相比较，均属 *L*-型氨基酸。结构可由下列通式表示(图 1-1)。

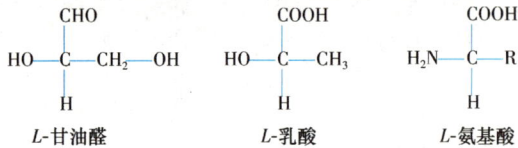

CHO HO—C—CH_2—OH H	COOH HO—C—CH_3 H	COOH H_2N—C—R H
L-甘油醛	*L*-乳酸	*L*-氨基酸

图 1-1　*L*-甘油醛、*L*-乳酸和 *L*-氨基酸

由 *L*-氨基酸通式分析，各种氨基酸在结构上有下列特点：

(1) 组成蛋白质的氨基酸，除甘氨酸外，均属 *L*-α-氨基酸。

(2) 不同的 *L*-α-氨基酸，其侧链(R)不同。不同的侧链(R)，形成了不同的 α-氨基酸，从而对蛋白质空间结构和理化性质有重要影响。

(二) 氨基酸的分类

根据氨基酸侧链 R 基团的结构和性质，可将 20 种氨基酸分成 4 类(表 1-1)。

表 1-1　氨基酸的分类及其侧链结构

结构式	中文名	英文名	三字符号	一字符号	等电点(pI)
1. 非极性疏水性氨基酸					
$H-CHCOO^-$ $\quad|$ $^+NH_3$	甘氨酸	glycine	Gly	G	5.97
$CH_3-CHCOO^-$ $\quad|$ $^+NH_3$	丙氨酸	alanine	Ala	A	6.00
$CH_3-CH-CHCOO^-$ $\quad|\quad|$ $CH_3\ ^+NH_3$	缬氨酸	valine	Val	V	5.96
$CH_3-CH-CH_2-CHCOO^-$ $\quad|\quad|$ $CH_3\quad ^+NH_3$	亮氨酸	leucine	Leu	L	5.98
$CH_3-CH_2-CH-CHCOO^-$ $\quad|\quad|$ $CH_3\ ^+NH_3$	异亮氨酸	isoleucine	Ile	I	6.02
(苯环)—CH_2—$CHCOO^-$ $\quad|$ $^+NH_3$	苯丙氨酸	phenylalanine	Phe	F	5.48
CH_2、$CHCOO^-$、CH_2、NH_2^+、CH_2 (环)	脯氨酸	proline	Pro	P	6.30
2. 极性中性氨基酸					
(吲哚环, N)—CH_2—$CHCOO^-$ $\quad|$ $^+NH_3$	色氨酸	tryptophan	Trp	W	5.89
$HO-CH_2-CHCOO^-$ $\quad|$ $^+NH_3$	丝氨酸	serine	Ser	S	5.68
HO—(苯环)—CH_2—$CHCOO^-$ $\quad|$ $^+NH_3$	酪氨酸	tyrosine	Tyr	Y	5.66
$HS-CH_2-CHCOO^-$ $\quad|$ $^+NH_3$	半胱氨酸	cysteine	Cys	C	5.07
$CH_3SCH_2CH_2-CHCOO^-$ $\quad|$ $^+NH_3$	蛋氨酸	methionine	Met	M	5.74
O $\|$ $C-CH_2-CHCOO^-$ $H_2N\quad ^+NH_3$	天冬酰胺	asparagine	Asn	N	5.41

续表

结构式	中文名	英文名	三字符号	一字符号	等电点(pI)
$H_2N-C(=O)CH_2CH_2-CH(^{+}NH_3)COO^-$	谷氨酰胺	glutamine	Gln	Q	5.65
$HO-CH(CH_3)-CH(^{+}NH_3)COO^-$	苏氨酸	threonine	Thr	T	5.60
3. 酸性氨基酸					
$HOOCCH_2-CH(^{+}NH_3)COO^-$	天冬氨酸	aspartic acid	Asp	D	2.97
$HOOCCH_2CH_2-CH(^{+}NH_3)COO^-$	谷氨酸	glutamic acid	Glu	E	3.22
4. 碱性氨基酸					
$NH_2CH_2CH_2CH_2CH_2-CH(^{+}NH_3)COO^-$	赖氨酸	lysine	Lys	K	9.74
$NH_2C(=NH)NHCH_2CH_2CH_2-CH(^{+}NH_3)COO^-$	精氨酸	arginine	Arg	R	10.76
$HC=C-CH_2-CH(^{+}NH_3)COO^-$ (咪唑环：N、NH、CH)	组氨酸	histidine	His	H	7.59

1. 非极性疏水性氨基酸 有7种，这类氨基酸的特征是在水中的溶解度小于极性氨基酸。包括R基团只有一个氢但仍能表现出一定极性的甘氨酸；脂肪族氨基酸4种(丙氨酸、缬氨酸、亮氨酸、异亮氨酸)；芳香族氨基酸1种(苯丙氨酸)；亚氨基酸1种(脯氨酸)。

2. 极性中性氨基酸 有8种，其R基团有极性但不能解离，易溶于水。包括含羟基氨基酸3种(丝氨酸、苏氨酸和酪氨酸)；酰胺类氨基酸2种(谷氨酰胺和天冬酰胺)；芳香族氨基酸1种(色氨酸)；含硫氨基酸2种(蛋氨酸和半胱氨酸)。

3. 酸性氨基酸 有2种，其R基团含羧基，在pH为7时，羧基解离而使分子带负电荷。包括谷氨酸和天冬氨酸。

4. 碱性氨基酸 有3种，其R基团含碱性基团，这些基团可质子化而使分子带正电荷，包括赖氨酸、精氨酸和组氨酸。

20种氨基酸中脯氨酸和半胱氨酸结构较包括特殊。脯氨酸应属亚氨基酸，但其亚氨基仍能与另一羧基形成肽键。脯氨酸在蛋白质合成加工时可被修饰成羟脯氨酸。此外，2个半胱氨酸通过脱氢后可以二硫键相结合，形成胱氨酸(图1-2)。蛋白质中有不少半胱氨酸以胱氨酸形式存在。

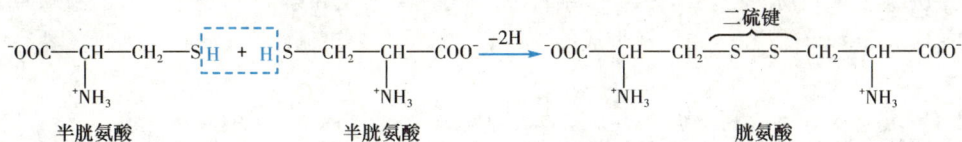

$$^{-}OOC-CH(^{+}NH_3)-CH_2-SH + HS-CH_2-CH(^{+}NH_3)-COO^- \xrightarrow{-2H} {}^{-}OOC-CH(^{+}NH_3)-CH_2-S-S-CH_2-CH(^{+}NH_3)-COO^-$$

半胱氨酸　半胱氨酸　胱氨酸（二硫键）

图1-2 胱氨酸和二硫键

三、肽键与肽

在蛋白质分子中由一分子氨基酸的α-羧基与另一分子氨基酸的α-氨基脱水生成的键称为肽键(peptide bond)。两分子氨基酸之间是通过肽键相连的。肽键是蛋白质分子中基本的化学键。如由两个氨基酸以肽键相连形成的肽称为二肽。二肽还可通过肽键与另一分子氨基酸相

连生成三肽，此反应可继续进行，依次生成四肽、五肽……。一般来说，由 10 个以内的氨基酸由肽键相连生成的肽称为寡肽（oligopeptide），由更多的氨基酸借肽键相连生成的肽称为多肽（polypeptide）。多肽是链状化合物，故称多肽链（polypeptide chain）。多肽链中的氨基酸分子因脱水缩合而基团不全，故称为氨基酸残基（residue）。多肽链中形成肽键的 4 个原子和两侧的 α-碳原子成为多肽链的骨架或主链。构成多肽链骨架或主链的原子称为主链原子或骨架原子，而余下的 R 基团部分，称为侧链。多肽链的左端有自由氨基称为氨基末端（amino terminal）或 N-端，右端有自由羧基称为羧基末端（carboxyl terminal）或 C-端（图 1-3）。

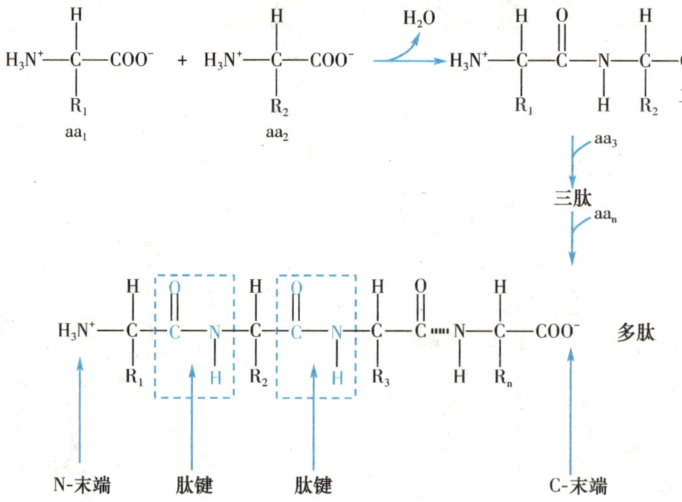
aa1
aa2
H2O
二肽
aa3
三肽
aan
多肽
N-末端
肽键
肽键
C-末端

图 1-3　多肽链结构模式（肽键和肽链）

第二节　蛋白质的分子结构

人体的蛋白质分子是由 20 种氨基酸借肽键相连形成的生物大分子。每种蛋白质都由上述 20 种氨基酸以不同的种类、数量及排列顺序组成，并且各具特定的三维空间结构。从而体现了蛋白质的特性，这是每种蛋白质特有性质和独特生理功能的结构基础。由于组成人体蛋白质的氨基酸有 20 种，且蛋白质的分子量均较大，因此，蛋白质的氨基酸排列顺序和空间位置几乎是无穷无尽的，足以为人体多达数万种蛋白质提供特异的序列和特定的空间排布，以完成许许多多的生理功能。蛋白质分子结构分成一级结构、二级结构、三级结构、四级结构 4 个层次，后三者统称为空间结构、高级结构或空间构象（conformation）。由一条肽链形成的蛋白质只有一级结构、二级结构和三级结构，由两条或两条以上肽链形成的蛋白质才有四级结构。

一、蛋白质的一级结构

蛋白质中氨基酸的排列顺序称为蛋白质的一级结构（primary structure）。肽键是一级结构的主要化学键。有些蛋白质还包含二硫键，即由两个半胱氨酸巯基脱氢氧化而成。图 1-4 为牛胰岛素的一级结构。胰岛素有 A 和 B 两条链，A 链有 21 个氨基酸残基，B 链有 30 个。如果把氨基酸序列（amino acid sequence）标上序数，应以氨基末端为 1 号，依次向羧基末端排列。牛胰岛素分子中有 3 个二硫键，1 个位于 A 链内，由 A 链的第 6 位和第 11 位半胱氨酸的巯基脱氢而形成，另 2 个二硫键位于 A、B 二链间（图 1-4）。

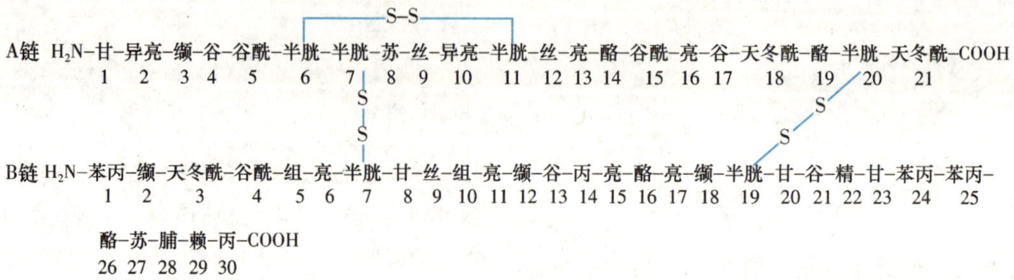
A链 H2N-甘-异亮-缬-谷-谷酰-半胱-半胱-苏-丝-异亮-半胱-丝-亮-酪-谷酰-亮-谷-天冬酰-酪-半胱-天冬酰-COOH
1 2 3 4 5 6 7 8 9 10 11 12 13 14 15 16 17 18 19 20 21
S-S
S
S
S
S
B链 H2N-苯丙-缬-天冬酰-谷酰-组-亮-半胱-甘-丝-组-亮-缬-谷-丙-亮-酪-亮-缬-半胱-甘-谷-精-甘-苯丙-苯丙-
1 2 3 4 5 6 7 8 9 10 11 12 13 14 15 16 17 18 19 20 21 22 23 24 25
酪-苏-脯-赖-丙-COOH
26 27 28 29 30

图 1-4　牛胰岛素的一级结构

体内种类繁多的蛋白质，其一级结构各不相同，一级结构是蛋白质空间结构和特异生物学功能的基础。但一级结构并不是决定蛋白质空间结构的唯一因素。

二、蛋白质的空间结构

多肽链在一级结构的基础上再进行折叠，形成特有的空间结构。蛋白质的空间结构涵盖了蛋白质分子中每一个分子和基团在三维空间的相对位置，它们是蛋白质特有性质和独特生理功能的结构基础。

（一）蛋白质的二级结构

蛋白质的二级结构（secondary structure）是指蛋白质分子中某一段肽链的局部空间结构，也就是该段肽链主链骨架原子的相对空间位置，不涉及氨基酸残基侧链的构象。

1. 肽单元 构成肽键的 4 个原子和与其相邻的两个 α 碳原子（C_α）构成一个肽单元（peptide unit）。由于参与肽单元的 6 个原子——$C_{\alpha1}$、C、O、N、H、$C_{\alpha2}$位于同一平面，故又称为肽平面（见图 1-5）。其中肽键（C—N）的键长为 0.132nm，介于 C—N 的单键长 0.149nm 和 C═N 的双键长 0.127nm 之间，所以有部分双键的性质，不能自由旋转。而 C_α 与羰基碳原子及 C_α 与氮原子之间的连接都是典型的单键，因而这些键在刚性肽单元的两边有很大的自由旋转度。它们的旋转角度决定了相邻肽单元的相对空间位置，于是肽单元就成为肽链折叠的基本单位。

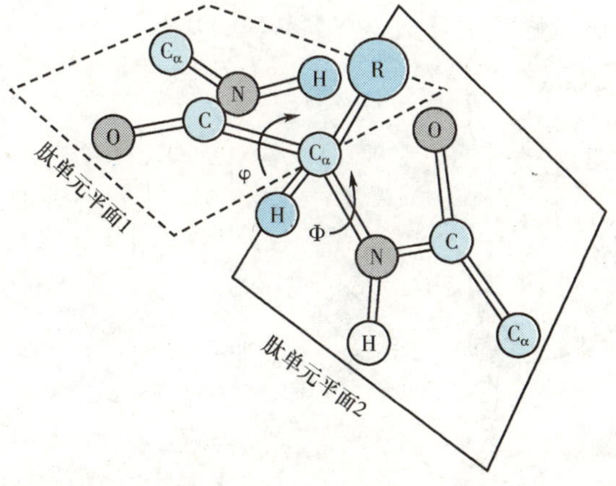

图 1-5 肽单元

2. 主链构象的分子模型 虽然主链上 C_α-C 和 C_α-N 可以旋转，但也不是完全自由的。因为它们的旋转受角度、侧链基团和肽链中氢及氧原子空间位阻的影响，使多肽链的构象数目受到很大限制，即蛋白质二级结构的构象受到限制。因此，蛋白质的二级结构主要的空间构象的分子模型有 α-螺旋和 β-折叠两种，此外还有 β-转角和无规卷曲等结构形式，但以前两种形式为主。在一种蛋白质分子中，可同时出现几种二级结构形式。

（1）α-螺旋（α-helix）：蛋白质分子中多个肽单元通过氨基酸 α-碳原子的旋转，使多肽链的主链围绕中心轴呈有规律的螺旋上升，盘旋成稳定的 α-螺旋构象（图 1-6）。α-螺旋具有以下特征：

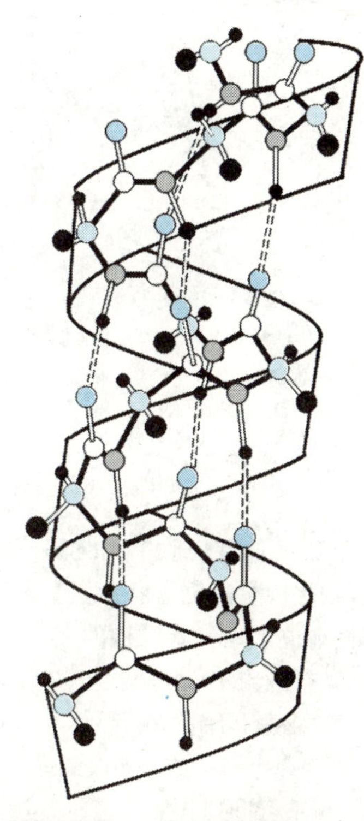

图 1-6 α-螺旋

1）螺旋的走向为顺时针方向，称右手螺旋，每 3.6 个氨基酸残基使螺旋上升一圈，每个氨基酸残基向上平移 0.15nm，故螺矩为 0.54nm。

2）氢键是 α-螺旋稳定的主要次级键。α-螺旋每个肽键的氮原子上的 H 与第四个肽单元羧基上的 O 生成氢键。α-螺旋构象允许所有肽键参与链内氢键形成，因此，α-螺旋靠氢键维持是很稳定的。若氢键破坏，则 α-螺旋构象即遭破坏。

3）肽链中氨基酸残基的侧链分布在螺旋外侧，其形状、大小及电荷等均影响 α-螺旋的形成和稳定性。

（2）β-折叠（β-pleated sheet）：β-折叠又称 β-片层结构（图 1-7），具有以下特点。

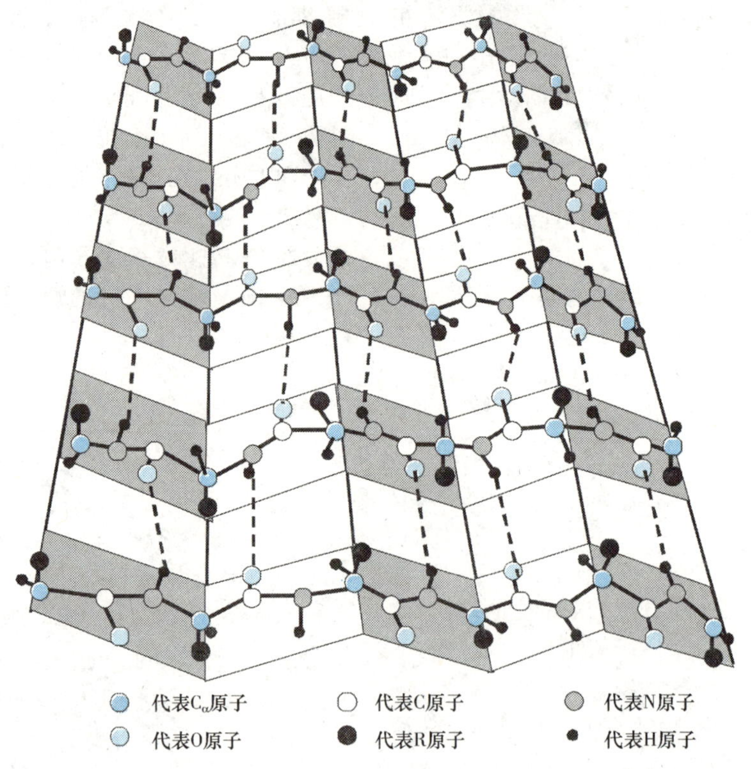

图 1-7 β-折叠

1）肽链的伸展使肽单元之间以 α-碳原子为旋转点，依次折叠成锯齿状。氨基酸残基侧链及基团交替地位于锯齿状结构的上下方。

2）肽链平行排列，相邻肽链之间的肽键相互交替形成许多氢键，是维持β-折叠结构的主要次级键。

3）两条以上肽链或一条肽链内若干肽段的锯齿状结构可平行排列。平行走向有顺式和反式两种，肽链的 N-端在同侧为顺式，不在同侧为反式。

(3) β-转角(β-turn)：伸展的肽链形成 180°回折，即 U 形转角结构。它是由 4 个连续的氨基酸残基构成，第一个氨基酸残基的羧基氧与第 4 个氨基酸残基的亚氨基上的氢之间形成氢键以维持其构象。

(4) 无规卷曲(random coil)：系指没有确定规律性的那部分肽链构象。

3. 模体(motif) 在许多蛋白质中含有一个或多个具有二级结构的肽段在空间上相互接近，形成一个具有特殊功能的空间结构，称为模体。1 个模体总有其特征性的氨基酸序列，并发挥特殊的功能。如在钙结合蛋白分子中通常有 1 个结合钙离子的模体，它由 α-螺旋-环-α-螺旋 3 个肽段组成(图 1-8A)。在环中有几个恒定的亲水侧链，侧链末端的氧原子通过氢键而与钙离子结合。近年发现的锌指结构(zinc finger)也是 1 个模体的例子。锌指结构由 1 个 α-螺旋和 2 个反平行 β-折叠 3 个肽段组成(图 1-8B)。它形似手指，具有结合锌离子的功能。此模体 N-端有一对半胱氨酸残基，C-端有一对组氨酸残基，此 4 个氨基酸残基在空间上形成 1 个空穴，恰好容纳一个锌离子。由于锌离子可稳定模体中 α-螺旋结构，致使此 α-螺旋可镶嵌于 DNA 的大沟中。因此，含锌指结构的蛋白质都能与 DNA 或 RNA 结合。可见模体的特征性空间构象是其特殊功能的结构基础。有些蛋白质模体仅由几个氨基酸残基组成。例如纤连蛋白中能与其受体结合的肽段，只是精氨酸-甘氨酸-天冬氨酸(RGD)三肽。

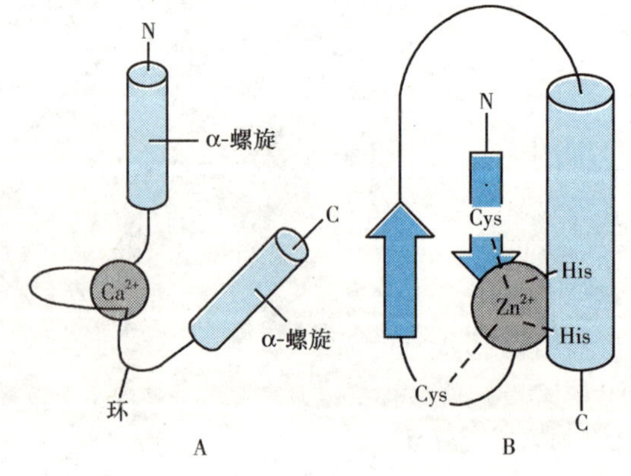

图 1-8 模体

(二) 蛋白质的三级结构

蛋白质的三级结构(tertiary structure)是指整条肽链中全部氨基酸残基的相对空间位

笔记栏

置，也就是整条肽链所有原子在三维空间的排布位置。蛋白质三级结构的形成和稳定主要靠次级键——疏水键、离子键(盐键)、氢键和 Van der Waals 力等。疏水性氨基酸的侧链 R 基为疏水基团，有避开水、相互聚集而藏于蛋白质分子内部的自然趋势，这种结合力叫疏水键(图 1-9)。

肌红蛋白(myoglobin，Mb)是由 153 个氨基酸残基构成的单条肽链的蛋白质，含有 1 个血红素辅基，可进行可逆的氧合和脱氧。图 1-10显示肌红蛋白的三级结构。它有 A 至 H 8 个螺旋区，两个螺旋区之间有一段无规卷曲，脯氨酸位于转角处。由于侧链 R 基团的相互作用，多肽链缠绕，形成 1 个球状分子，球状分子表面主要有亲水侧链，疏水侧链则位于分子内部。肌红蛋白分子中有 1 个“口袋”状空隙，可嵌入 1 个血红素分子，可进行可逆的氧合和脱氧，这种非蛋白部分称为辅基。含辅基的蛋白质为结合蛋白质，不含辅基的蛋白质为单纯蛋白质。辅基是结合蛋白质发挥生物活性功能的必要的组成部分。

分子质量大的蛋白质三级结构常可分割成 1 个和数个球状或纤维状的区域，具有一些特定功能，称之为结构域(domain)。结构域是多肽链中折叠得较为紧密的区域，能被 X 射线衍射测定或电子显微镜观察，可同蛋白质的其他部分相区别。

结构域由 100～200 个氨基酸残基组成，常有一些结构特点，如富含某一些特殊的氨基酸，(如富含甘氨酸或脯氨酸的结构域)。结构域常与一些特定功能有关，如同催化活性有关(激酶结构域)；或同结合功能有关(如膜结合域、DNA 结合域)等。

分子质量大的蛋白质常有多个结构域，如纤连蛋白(fibronectin)，它由两条多肽链通过近 C 端的两个二硫键相连而成，含有 6 个结构域，各个结构域分别执行一种功能，有可与细胞、胶原、DNA 和肝素等结合的结构域。

结构域是蛋白质空间结构中二级结构与三级结构之间的一个层次。结构上和功能上的结构域是蛋白质三级结构的模块。分子质量大的蛋白质像是由马赛克样的不同结构域组成，并完成不同的功能(图 1-11)。

(三) 蛋白质的四级结构

在体内有许多蛋白质分子含有两条或多条多肽链，才能全面地执行功能。每一条多肽链都有其完整的三级结构，称为蛋白质的亚基(sub-

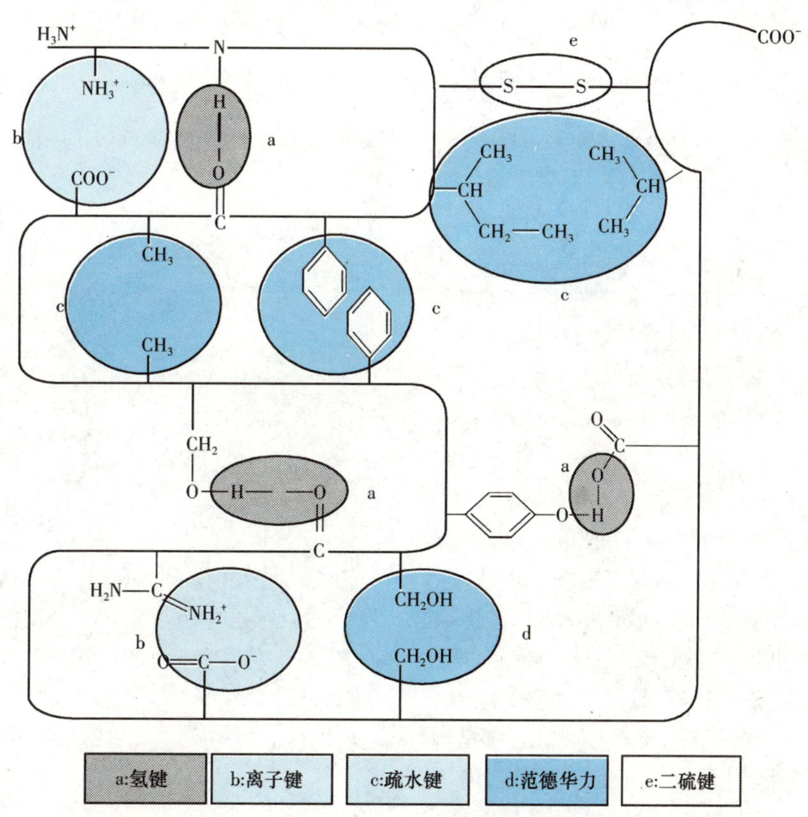

图 1-9 维持蛋白质分子构象的各种化学键

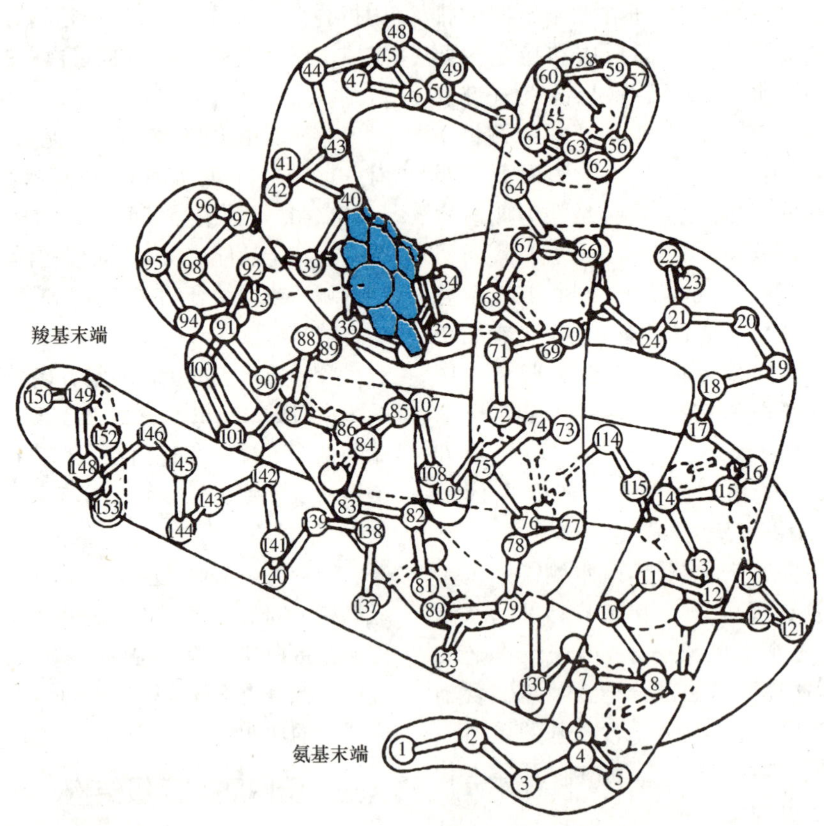

图 1-10　肌红蛋白的三维结构

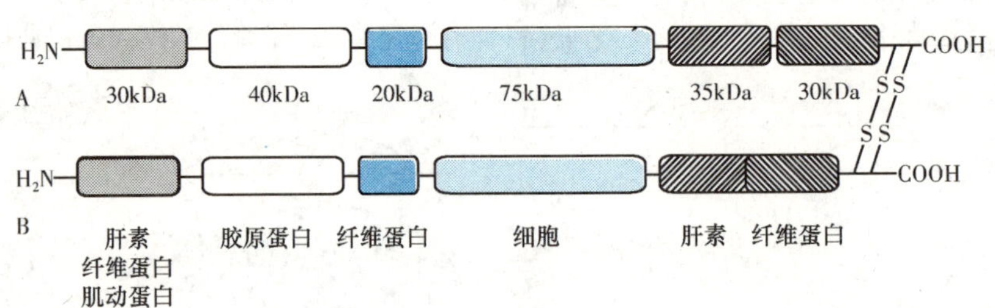

图 1-11　纤连蛋白分子的结构域

unit)，亚基与亚基之间呈特定的三维空间排布，并以非共价键相连接。这种蛋白质分子中各个亚基的空间排布及亚基接触部位的布局和相互作用，称为蛋白质的四级结构(quaternary structure)。在四级结构中，各个亚基间的结合力主要是疏水键，氢键和离子键也参与维持四级结构。含有四级结构的蛋白质，单独的亚基一般没有生物学功能，只有完整的四级结构寡聚体才具有生物学功能。血红蛋白(hemoglobin，Hb)是由 2 个 α 亚基和 2 个 β 亚基组成的四聚体，两种亚基的三级结构颇为相似，且每个亚基都结合有 1 个血红素(heme)辅基(图 1-12)。4 个亚基通过 8 个离子键相连，形成血红蛋白的四聚体，具有运输氧和 CO_2 的功能。但每 1 个亚基单独存在时，虽可结合氧且与氧亲和力很强，但在体内组织中难于释放氧，故不具有生物学功能。

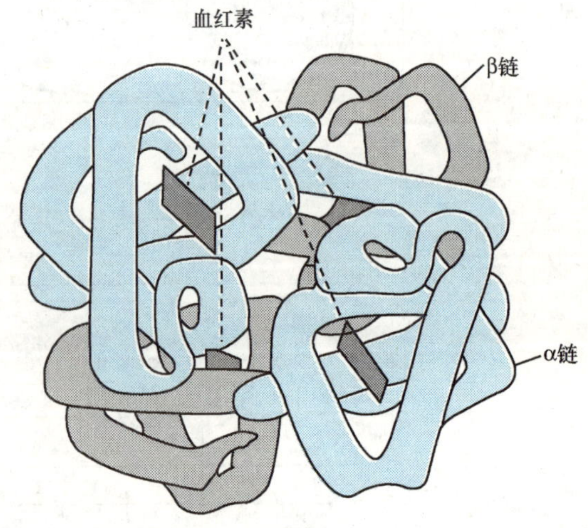

图 1-12　蛋白质的四级结构：Hb 结构示意图

第三节　蛋白质的结构与功能的关系

研究蛋白质结构与功能的关系，是从分子水平上认识生命现象的一个极为重要的领域。各种蛋白质都有其特定的生物学功能，而所有这些功能又都以蛋白质分子特定的结构为基础。

一、蛋白质的一级结构与功能的关系

（一）蛋白质的一级结构是空间构象的基础

20世纪60年代，C. Anfinsen在研究核糖核酸酶时提出了“一级结构决定高级结构”这一著名论断。例如，核糖核酸酶是由124个氨基酸残基组成的一条多肽链，分子中8个半胱氨酸的巯基构成4对二硫键，进而形成具有一定空间构象的球状蛋白质。用变性剂尿素和还原剂β-巯基乙醇处理该酶溶液，分别破坏次级键和二硫键，使其空间结构被破坏。但肽键不受影响，一级结构仍保持完整，酶变性失去活性。如用透析方法除去尿素和β-巯基乙醇后，核糖核酸酶又从无序的多肽链卷曲折叠成天然酶的空间结构，酶从变性状态复性，核糖核酸酶的活性又恢复至原来水平。这充分说明，只要其一级结构未被破坏，就可能恢复原来的三级结构，功能依然存在。所以多肽链中氨基酸的排列顺序是蛋白质空间结构的基础。但蛋白质空间结构形成还需其他因素参与，如分子伴侣热休克蛋白对空间构象正确形成有重要作用。

（二）蛋白质一级结构不同，生物学功能各异

例如加压素与催产素都是由垂体后叶分泌的九肽激素，它们分子中仅两个氨基酸的差异，但二者的生理功能却有根本的区别。加压素能促进血管收缩，升高血压及促进肾小管对水分的重吸收，表现为抗利尿作用；而催产素则能刺激子宫平滑肌引起子宫收缩，表现为催产功能。其结构如下：

```
                 ┌────────S—S────────┐
加压素  H2N-Cys-Tyr-phe-Glu-Asp-Cys-Pro-Arg-Gly
             3                   8
                 ┌────────S—S────────┐
催产素  H2N-Cys-Tyr-Ile-Glu-Asp-Cys-Pro-Leu-Gly
             3                   8
```

（三）一级结构“关键”部位变化，其生物活性也改变或丧失

促肾上腺皮质激素（adrenocorticotropic hormone，ACTH），由39个氨基酸残基组成。不同种类哺乳类动物的ACTH，其N端1～24个氨基酸残基相同，若切去25～39个氨基酸残基片段，留下1～24个氨基酸残基的短肽仍具有全部活性。若在N端切去1个氨基酸残基都会使活性明显降低。这表明1～24个氨基酸残基是ACTH的关键部分。

（四）一级结构中“关键”部分相同，其功能也相同

不同哺乳类动物的胰岛素（insulin）都是由含有21个氨基酸残基的A链和含有30个氨基酸残基的B链组成。其中有24个氨基酸残基是恒定不变的，它们都是胰岛素降低血糖、调节糖代谢的功能所必需的结构。其他氨基酸残基的差异不影响胰岛素的功能。这些恒定不变的氨基酸残基和形成二硫键的半胱氨酸，就是对胰岛素功能起“关键”作用的部分。而那些可变的氨基酸残基对胰岛素分子空间结构不起多大作用，故不影响其生物活性。

（五）一级结构变化与分子病

基因突变可导致蛋白质一级结构的变化，使蛋白质的生物学功能发生改变，如镰刀形红细胞性贫血（sickle cell anemia），就是患者血红蛋白（HbS）与正常血红蛋白（HbA）在B链第6位有一个氨基酸之差异，HbA的B链第6位为谷氨酸，HbS的B链第6位是缬氨酸。HbS的带氧能力降低，分子间容易黏合形成线状巨大分子而沉淀，容易产生溶血性贫血。

```
          1   2   3   4   5   6   7   8
HbA  H2N-Val-His-Leu-Thr-Pro-Glu-Glu-Lys-
          1   2   3   4   5   6   7   8
HbS  H2N-Val-His-Leu-Thr-Pro-Val-Glu-Lys-
```

二、蛋白质空间结构与功能的关系

（一）酶原的激活

有些酶在细胞内合成与初分泌时没有催化活性，这种无催化活性的酶的前体称为酶原（zymogen）。使无活性的酶原转变为有活性的酶，称为酶原的激活。酶原的激活过程实质上是通过除去部分肽链片段，使酶蛋白空间结构发生变化，生成或暴露出催化作用必需的“活性中心”，这样才使酶表现出生物活性。例如胃蛋白酶、胰蛋白酶、胰凝乳蛋白酶等蛋白水解酶类，都是以

酶原形式存在。其中胰蛋白酶原经肠激酶作用，水解掉一分子的6肽，肽链中的丝氨酸与组氨酸互相靠近，空间结构发生改变，形成活性中心，变成有催化活性的胰蛋白酶。若胰蛋白酶在理化因素作用下，空间结构发生改变，活性中心破坏，酶活性也就丧失。

（二）蛋白质的变构作用

一些蛋白质由于受某些因素作用，其一级结构不变，而空间构象发生一定的变化，导致其生物学功能的改变，称为蛋白质的变构作用（或变构效应）。变构作用是调节蛋白质生物学功能普遍而有效的方式，如酶的变构调节、血红蛋白变构作用等。

血红蛋白（hemoglobin，Hb）是由四个亚基 $\alpha_2\beta_2$ 组成具有四级结构的蛋白质（图1-12）。每个亚基可结合1个血红素并携带1分子氧。血红素上的 Fe^{2+} 能够与氧进行可逆结合（图1-13）。Hb亚基间羧基末端之间有8对盐键（图1-14），使四个亚基紧密结合形成亲水的球状蛋白。

血红蛋白与 O_2 结合的氧解离曲线呈S形特征，与其空间构象变化有关。Hb未结合氧时，结构较为紧密，称为紧张态（tense state，T态），T态Hb与 O_2 的亲和力小。随着Hb与 O_2 结合，4个亚基之间的盐键断裂，其二级、三级和四级结构也发生变化，Hb的结构显得较为松弛，称为松弛状态（relaxed state，R态）。Hb氧合和脱氧时，T态和R态相互转换（图1-15）。T态转

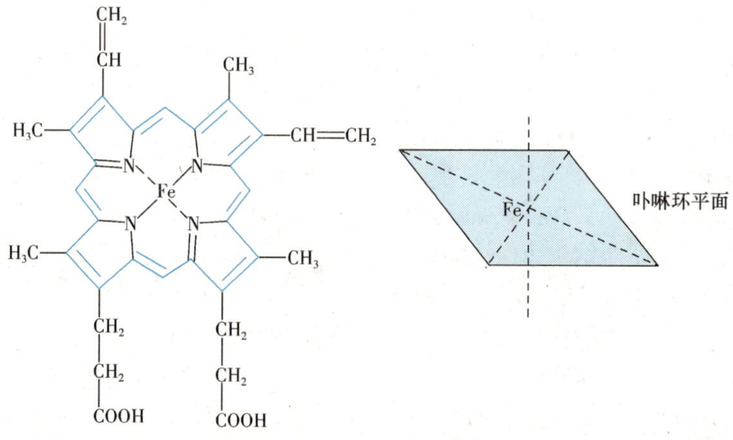

图1-13　血红素结构

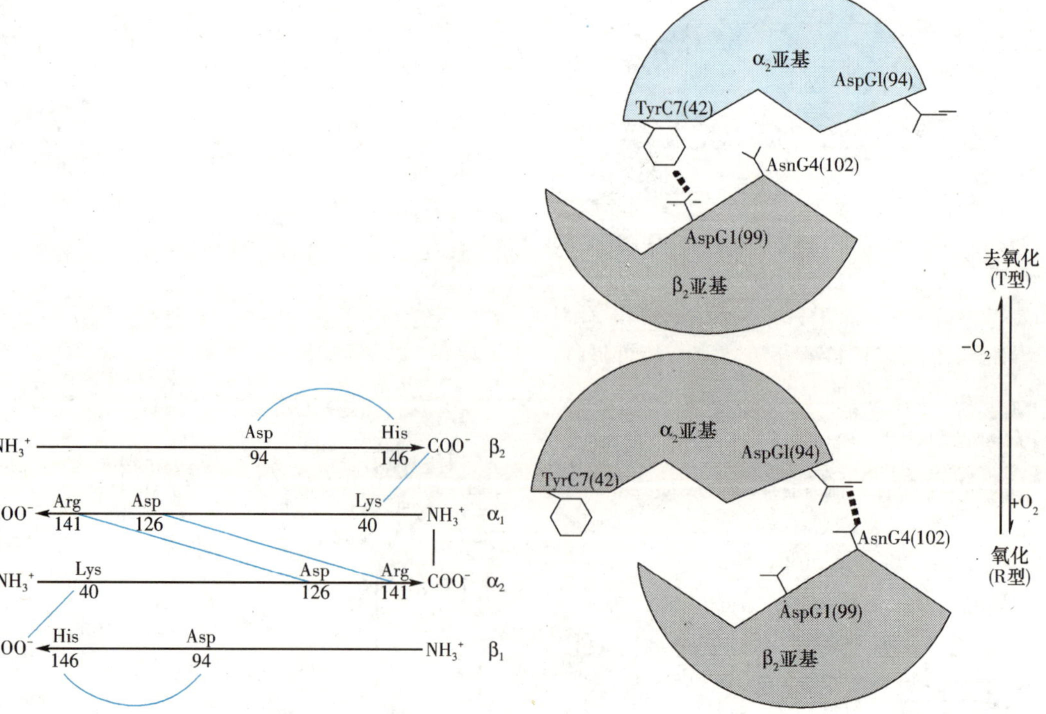

图1-14　脱氧Hb亚基间和亚基内的盐键

图1-15　Hb氧合和脱氧构象变化示意图

变成R态是逐个结合O_2而完成的。在脱氧Hb中，Fe^{2+}的半径比卟啉环中间的孔大，因此，Fe^{2+}不能进入卟啉环的小孔，高出卟啉环平面0.075nm，而靠近F8位组氨酸残基。当第1个O_2与血红素Fe^{2+}结合后，使Fe^{2+}的半径变小，可进入到卟啉环中间的小孔中（图1-16），引起F肽段微小的移动，造成两个α亚基间盐键断裂，使亚基间结合松弛。这种构象的轻微变化可促进第二个亚基与O_2结合，最后使4个亚基都结合O_2，Hb处于R态。这种带O_2的Hb亚基协助不带O_2的Hb亚基结合O_2的现象，称为协同效应（cooperative effect）。O_2与Hb结合后引起Hb的构象变化，称为血红蛋白的变构效应或别构效应（allosteric effect）。小分子O_2称为变构剂或效应剂（effector）。Hb则称为变构蛋白或别构蛋白（allosteric protein）。变构效应不仅发生在Hb与O_2之间，一些酶与变构剂的结合，配体与受体结合也存在着变构效应，所以它具有普遍意义。

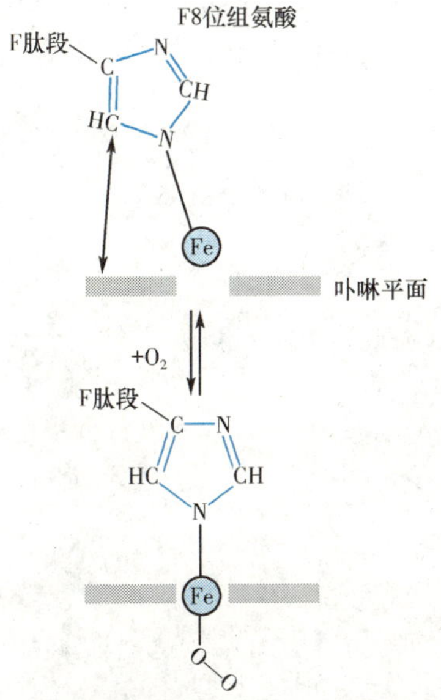

图1-16 血红素与O_2结合，Fe^{2+}进入卟啉环小孔

第四节 蛋白质的理化性质

蛋白质是由氨基酸组成的高分子有机化合物，因此，它具有氨基酸的一些性质，如两性电离及等电点、紫外吸收性质等。但是，蛋白质作为高分子化合物，又表现出与低分子氨基酸有根本区别的大分子特性，如胶体性质、变性与复性及免疫学特性等。

一、蛋白质的两性电离与等电点

蛋白质是由氨基酸组成，其分子末端除有自由的α-NH_2和α-COOH外，许多氨基酸残基的侧链上尚有可解离的基团，如谷氨酸和天冬氨酸残基的非α-羧基，精氨酸残基的胍基，组氨酸残基的咪唑基，赖氨酸残基的ε-氨基等。这些基团在溶液一定pH条件下可以解离成带负电荷或正电荷的基团。如在酸性溶液中，蛋白质解离成阳离子，在碱性溶液中，蛋白质解离成阴离子。当蛋白质溶液在某一pH时，蛋白质解离成正负离子的趋势相等，即成兼性离子，净电荷为零，此时溶液的pH称为蛋白质的等电点（isoelectric point，pI）。

蛋白质溶液的pH大于等电点时，该蛋白质颗粒带负电荷，小于等电点时则带正电荷（图1-17）。

体内各种蛋白质等电点不同，但大多数接近于pH5.0，所以在人体溶液pH7.4的环境下，大多数蛋白质解离成阴离子。少数蛋白质含碱性氨基酸较多，其等电点偏于碱性，称为碱性蛋白质，如组蛋白、细胞色素C等。也有少数蛋白质含酸性氨基酸较多，其等电点偏于酸性，称为酸性蛋白质，如胃蛋白酶、丝蛋白等。

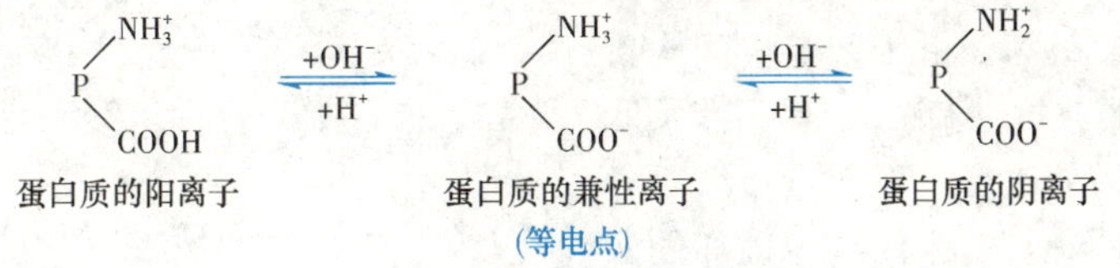

图1-17 蛋白质两性解离示意图

二、蛋白质的胶体性质

（一）蛋白质的分子量

蛋白质是生物大分子，其分子大小在1～100nm之间，相对分子质量一般为一万至数百万。如细胞色素C约为13 000，牛肝谷氨酸脱氢酶为10^6，而烟草花叶病毒蛋白质的相对分子质量更高达3.7×10^7。通常将相对分子质量低于1×10^5者称为多肽，高于1×10^5者称为蛋白质。胰岛素相对分子质量为5 734，但习惯上仍称其

为蛋白质。

(二) 蛋白质亲水胶体的稳定因素

蛋白质水溶液是一种比较稳定的亲水胶体。蛋白质形成亲水胶体有两个基本的稳定因素：

1. 蛋白质表面具有水化层 由于蛋白质颗粒表面有许多亲水基团，它们易与水起水合作用，使蛋白质颗粒表面形成较厚的水化层，从而阻断蛋白质颗粒相互聚集，防止蛋白质沉淀析出。

2. 蛋白质表面具有同性电荷 蛋白质溶液在非等电点状态时，蛋白质颗粒皆带有同性电荷，即在酸性溶液时带正电荷，在碱性溶液时带负电荷。同性电荷相斥，使胶粒稳定。在等电点时，蛋白质为兼性离子，带有相等的正负电荷，成为中性微粒，使蛋白质溶液稳定性降低，易于沉淀。

三、蛋白质的变性、复性和沉淀

(一) 蛋白质的变性

某些理化因素使蛋白质的空间构象发生改变或破坏，导致其理化性质改变，尤其是生物活性丧失，称为蛋白质变性(denaturation)。

1. 蛋白质变性的特征 蛋白质变性的主要特征是生物活性丧失。蛋白质生物活性是指蛋白质表现其生物学功能的能力，如酶的催化作用、蛋白质激素的调节作用、抗体的免疫防御能力、血红蛋白运输 O_2 和 CO_2 的能力等。蛋白质变性时，其生物学活性全部丧失。此外，蛋白质的理化性质也会发生改变，如溶解度降低易发生沉淀，黏度增加，易被蛋白酶水解等。

2. 蛋白质变性的本质 蛋白质变性是蛋白质空间构象的改变或破坏。由于稳定空间构象的基本因素是各种非共价键和二硫键，不涉及肽键的断裂和一级结构的改变。不同蛋白质对各种因素的敏感度不同，因此，空间构象破坏的深度与广度各异，如除去变性因素后，蛋白质变性可恢复者称可逆变性，构象不恢复者称不可逆变性。

3. 蛋白质变性的意义 蛋白质的变性不仅对研究蛋白质的结构与功能有重要的理论意义，而且对医药生产和应用亦有重要的指导作用。如变性因素常被用来消毒及灭菌。在分离、制备有生物活性的酶和生物制药时，必须尽量避免蛋白质的变性。

(二) 蛋白质的复性

若蛋白质变性程度较轻，去除变性因素后，有些蛋白质仍可恢复或部分恢复其原有的构象和功能，称为复性(renaturation)。图 1-18 所示，在核糖核酸酶溶液中加入尿素和β-巯基乙醇，可破坏其分子中的氢键和 4 对二硫键，使空间构象遭到破坏，丧失生物活性。变性后如经透析方法去除尿素和β-巯基乙醇，并设法使巯基氧化成二硫键，核糖核酸酶又恢复其原有的构象，生物学活性也几乎全部重现。但是许多蛋白质变性后，空间构象被严重破坏，不能复原，称为不可逆性变性。

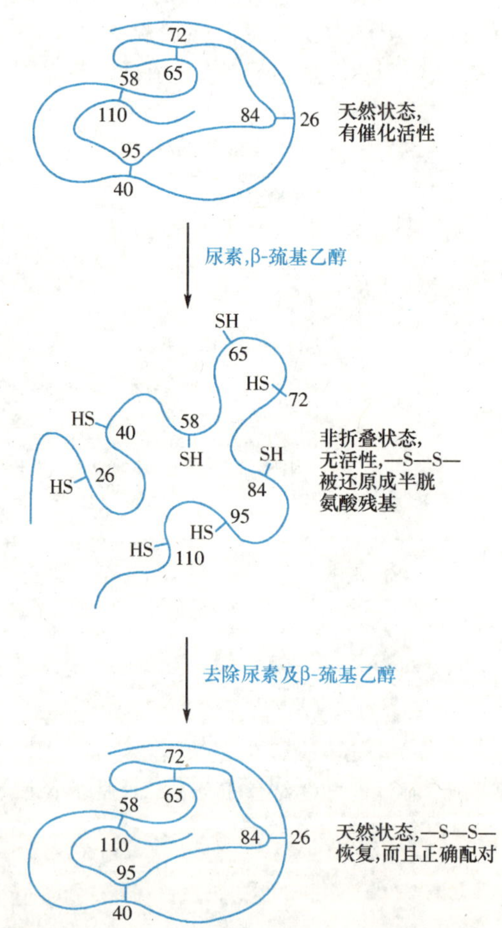

图 1-18 牛核糖核酸酶结构与功能的关系

(三) 蛋白质沉淀

蛋白质变性后，疏水侧链暴露在外，肽链融汇相互缠绕继而聚集，因而从溶液中析出，这一现象被称为蛋白质沉淀。变性的蛋白质易于沉淀，有时蛋白质发生沉淀，但并不变性。

蛋白质经强酸、强碱作用发生变性后，仍能溶解于强酸或强碱溶液中，若将 pH 调至等电点，则变性蛋白质立即结成絮状的不溶解物，此絮状物仍可溶解于强酸和强碱中。如再加热则絮状物可变成比较坚固的凝块，此凝块不易再溶于强酸和强碱中，这种现象称为蛋白质的凝固作用(protein coagulation)。实际上凝固是蛋白质变性后进一步发展的不可逆的结果。

第五节　蛋白质的折叠和降解

一、蛋白质的折叠与分子伴侣

C. Anfinsen 的蛋白质一级结构决定高级结构的论断只说明问题的一个方面，即蛋白质空间结构是以多肽链中的氨基酸序列为基础。但是并未说明具有特定氨基酸序列的多肽链是怎样形成正确的空间结构，并使蛋白质具有生物活性的。

近年研究表明，蛋白质在核糖体上合成时，新生肽链边在信号肽带领下经过穿膜，透过内质网膜进入内质网腔，边在内质网腔折叠。在蛋白质折叠时，有多种蛋白质参加辅助。这些参加蛋白质折叠的辅助蛋白质称为蛋白伴侣(chaperones)或分子伴侣(molecular chaperones)。根据分子伴侣的结构可将它们分为几类，如热休克蛋白(heat shock protein，HSP)钙连蛋白，蛋白质二硫键异构酶等。它们都能与非天然构象的蛋白质相互作用，协同完成肽链折叠，成为天然构象的蛋白质。蛋白伴侣作用过程中需要 ATP 供能。

蛋白质在合成时，还未折叠或错折叠的肽段有许多疏水基团暴露在外，具有分子内或分子间聚集的倾向，使蛋白质不能形成正确的空间结构。新生的肽链进入内质网腔后，内质网腔中的分子伴侣-ATP 复合物能与肽链中的色-苯丙-亮氨酸(Trp-Phe-Leu)等疏水氨基酸残基间隔排列的肽段结合，使肽段保持伸展状态。分子伴侣有 ATP 酶活力，利用水解 ATP 产生的能量使本身从肽段上解离。分子伴侣解离后肽段迅速折叠。若折叠不正确而有疏水氨基酸残基暴露在表面，分子伴侣-ATP 复合物重新与它结合，重复上述过程，直到肽段正确折叠为止。通过伴侣可逆地与未折叠或错折叠肽段的疏水部分结合、松开，如此重复进行可防止错折叠多肽链的聚集，使多肽链正确折叠形成正确的空间结构。

未被纠正的错误折叠的多肽链因能与分子伴侣结合而保留在内质网，不会被转运到细胞其他部位，最终被蛋白酶水解。这也是内质网中的肽链质量控制机制。

二、蛋白质的降解

细胞降解蛋白质有细胞外途径和细胞内途径。

(一) 细胞外途径

主要是蛋白酶类可以在消化道内将摄取的蛋白质逐步降解成多肽、寡肽、氨基酸类，然后被肠黏膜吸收进入血液。

(二) 细胞内途径

细胞内蛋白质降解途径有多种，目前了解清楚的有两条途径。

1. 泛素介导的蛋白质降解途径(ubiquitin proteolytic pathway)

(1) 蛋白质的泛素化：在泛素化酶的催化下，胞液中将被降解的蛋白质(即靶蛋白)与泛素结合成靶蛋白-泛素复合物。泛素(ubiquitin，ub)是一相对分子质量为 8.5kd 含有 76 个氨基酸残基的小分子碱性蛋白质。泛素一级结构高度保守，酵母与人体的泛素比较只有 3 个氨基酸的差别。不同的靶蛋白由特异的泛素化酶催化。生成的靶蛋白泛素复合物还可以在泛素化酶催化下再加上多个泛素分子形成一多泛素链。

(2) 泛素化的靶蛋白由蛋白酶体降解：蛋白酶体(proteasome)是由 25 个亚基组成的多聚体，相对分子质量 2×10^6，其中含有多种酶，故具有多种催化功能。蛋白酶体可以识别泛素，将靶蛋白降解成多个小肽，将泛素释出，泛素可以重复参加反应。降解过程需要 ATP 供能。几乎所有短半寿期(10min～2h)的蛋白都是经此途径降解。如鸟氨酸脱羧酶、细胞周期蛋白(cyclins)、依赖细胞周期蛋白的激酶(CDKs)和 CKIs、p53 等蛋白都是通过这条途径进行分解的。

2. 溶酶体的蛋白质降解途径　这是细胞内蛋白质的主要降解途径。溶酶体是由膜包裹的一种亚细胞结构，内部为酸性，含有降解蛋白质的酶类。一般半寿期长的蛋白质是经过此途径降解。

通过细胞内的蛋白质降解机制，以维持各种蛋白质的正常含量。去除折叠错误或变性的蛋白质，并清除异体蛋白。

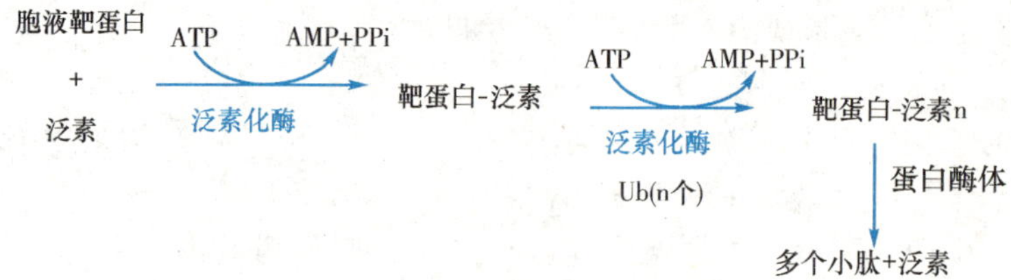

第六节　蛋白质组和功能蛋白质组学

一、蛋白质组的概述

人类基因组计划的顺利实施及向功能基因组学的过渡，使生命科学研究进入了规模化、工厂化的新时代。然而，蛋白质才是生命活动的直接体现者。因此，要真正阐释生命的奥秘，需要对蛋白质进行大规模的全面研究。

（一）蛋白质组的概念

1994 年，澳大利亚 Macquarie 大学的 Wikins 和 Willams 首先提出了蛋白质组的概念，指的是“由基因组表达的全部蛋白质”。蛋白质组的英文是 PROTEOME，它来源于 PROTEins 和 GenOME 两个词的组合，寓意为 proteins expressed by a genome。蛋白质组学是研究蛋白质组，即研究细胞内全部蛋白质的种类、含量及其活动规律的学科。

（二）蛋白质组学的主要研究内容

1. 表达蛋白质组学(expression proteomics)　对细胞、组织中的蛋白质建立定量表达图谱。依赖双向凝胶电泳分离蛋白质，一般可在凝胶上显示 1000～3000 种蛋白质，甚至可达 10 000 种蛋白质。近年随着电泳技术、质谱技术的发展，质谱技术与各种液相色谱分析技术的结合，蛋白质组信息学的发展，极大地加快了蛋白质定量表达图谱的建立和分析。

2. 细胞图谱蛋白组学(cell-map proteomics)　即确定蛋白质在细胞内的分布及移位；通过质谱分析确定蛋白质复合物的组成，化学修饰；确定蛋白质的多级结构，阐明结构与功能的关系；研究蛋白质与蛋白质、蛋白质与其他分子的相互作用等。

二、功能蛋白质组学

由于蛋白质是生命活动和新陈代谢特征的主要体现者，蛋白质的种类和数量总是处在一个新陈代谢的动态过程中，因此，“全部蛋白质”其实是一个模糊的概念，因为，蛋白质的合成受着时空等多种因素的调控。在生命发育不同阶段的细胞内，蛋白质种类的构成是不一样的；而不同组织细胞合成的蛋白质也有很大差异。蛋白质的种类和数量在同一生物个体的不同体细胞中是各不相同的。这与基因组不同，基因组具有均一性，即在同一生物个体的不同体细胞中是一样的。因此，对“全部蛋白质”的研究是极其困难的。

基于上述，Goldwell 和 Humphery-smith 提出了功能蛋白质组（functional proteome）的概念，指的是在特定时间、特定环境和实验条件下，基因组活跃表达的蛋白质。功能蛋白质只是总蛋白质组（total proteome）的一部分。功能蛋白组学注重从局部入手，把目标定位在蛋白质群体上。这样的群体可大可小，取决于要研究的功能特点、特定状态和所用的研究手段。在研究蛋白质群体的基础上，不仅能阐明某一群体蛋白质的功能，还能逐渐将许多不同的蛋白质群体统计组合，逐步描绘出接近于生命细胞的“全部蛋白质”的蛋白质图谱。目前，有的蛋白质群体图谱如应答-调节图谱（response-regulation map）等已逐步建立。

三、功能蛋白组研究的意义

功能蛋白组学研究的策略是从“局部”入手，研究定位在细胞内与某个功能有关或在某种条件下的一群蛋白质。通过功能蛋白组学的途径逐步揭示“蛋白质组”的各个方面。

我国李伯良教授等提出人类重要疾病相关的蛋白组学研究。如开展对心脑血管疾病、肿瘤、糖尿病和老年性痴呆等病理状态下功能蛋白组学研究，以期发现与某一疾病相关的蛋白质标记等。将为在细胞与分子水平上探讨人类重大疾病的机制、诊断、防治和新药开发等方面作出贡献。

Summary

Proteins are the most abundant biological macromolecules, working molecules, of the organism. Proteins exhibit great diversity of biological functions.

Proteins are macromolecular nitrogen-containing compounds. The α-amino acids form the building blocks of protein. Proteins in the human body are composed of 20 amino acids linked by peptide bonds.

Structural features of proteins are considered as four orders: primary, secondary, tertiary, and quaternary (for oligomeric proteins only). The primary structure, the amino acid sequence, is specified by genetic information. The primary structure of proteins refers to the linear number and order of the amino acid residues, and includes the location of any disulfide bonds. The secondary structure of the proteins is the regular folding of the polypeptide "backbone", without reference to the side chains. Secondary structure includes the regular repeating units of α-helixes, β-sheets, β-turns, and irregular conformations termed loops. Combinations of these motifs can form supersecondary motifs. The tertiary structure refers to the spatial relationship of all amino acids in the whole peptide chain and the overall three-dimensional shape that a polypeptide assumes.

While primary structure involves covalent bonds, peptide bonds, higher orders are stabilized only by weak forces that include hydrogen bondings, electrostatic interactions, hydrophobic interactions and van der Waals forces.

Amino acid sequence determines primary structure. Primary structure determines conformation and biological activity of proteins. Proteins that have similar three-dimensional structure such as conformation have similar biological functions. The changes of primary structure can affect the function of proteins. The disruption of the given spatial conformation of the proteins can result in the denaturation and the loss of biological activity of proteins.

It is generally accepted that the primary structures of the polypeptide contain the information needed for correct protein folding. But some specialized proteins, named "chaperones", are also required for the proper folding of many species of proteins.

思考题

1. 复习下列名词:肽键　蛋白质的一级结构　蛋白质的空间结构　结构域　蛋白质变性与复性　变构作用　分子伴侣　蛋白质组和功能蛋白质组学

2. 哪一种元素是蛋白质的特征性元素？其含量在蛋白质样品检测上有何意义？

3. 试述蛋白质空间结构的含义和层次？维系蛋白质空间结构的键或作用力有哪些？

4. 举例说明蛋白质一级结构与功能的关系？

5. 举例说明蛋白质空间结构与功能的关系？

6. 蛋白质变性的实质是什么？在医学上有何意义？

（邓耀祖）

笔记栏

第2章　核酸的结构与功能

核酸(nucleic acid)是以核苷酸为基本组成单位的生物信息大分子。天然存在的核酸可以分为脱氧核糖核酸(deoxyribonucleic acid，DNA)和核糖核酸(ribonucleic acid，RNA)两大类。DNA存在于细胞核和线粒体内，携带遗传信息，决定着细胞和个体的遗传型；RNA存在于细胞质、细胞核和线粒体内，参与遗传信息的复制与表达。病毒中，RNA也可作为遗传信息的载体。

第一节　核酸的化学组成

核酸的基本组成单位是核苷酸(nucleotide)，而核苷酸则由碱基(base)、戊糖(ribose)和磷酸3种成分连接而成。DNA的基本组成单位是脱氧核糖核苷酸(deoxynucleotide)。RNA的基本组成单位是核糖核苷酸(ribonucleotide)。

一、核苷酸中的碱基成分

构成核苷酸的5种碱基分别属于嘌呤(purine)和嘧啶(pyrimidine)两类含氮杂环化合物。腺嘌呤(A)和鸟嘌呤(G)两种碱基为嘌呤类化合物，它们既存在于DNA也存在于RNA分子中。嘧啶类化合物有3种，DNA和RNA分子中均出现的是胞嘧啶(C)；胸腺嘧啶(T)仅存在于DNA分子中；而尿嘧啶(U)仅存在于RNA分子中。换句话说，DNA分子中的碱基成分为A、G、C和T 4种；而RNA分子则由A、G、C和U 4种碱基组成(图2-1)。

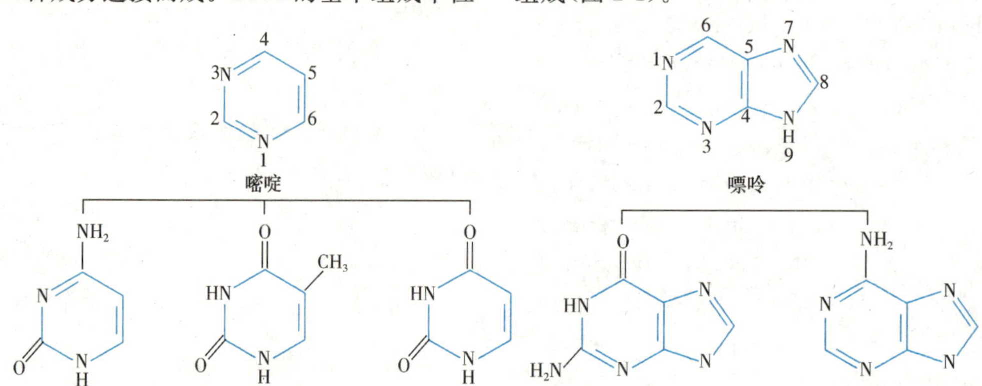

图2-1　核苷酸中的碱基

二、碱基与核糖形成核苷

核苷酸中的糖都是戊糖。脱氧核糖核苷酸中的戊糖是β-D-2-脱氧核糖；核糖核苷酸中的戊糖为β-D-核糖。这一差异使得DNA在结构上较RNA更为稳定，从而满足其作为遗传信息载体的需求。核糖或脱氧核糖中的碳原子标以C-1′、C-2′……(图2-2)，以区别于碱基的碳原子编号。碱基和核糖或脱氧核糖通过糖苷键(glycosidic bond)连接形成核苷，连接位置是C-1′。DNA和RNA中的核苷组成及其中英文对照见表2-1。

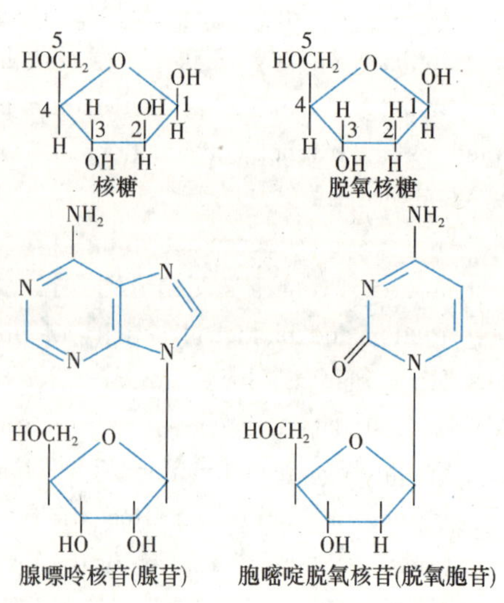

图2-2　核糖和脱氧核糖

表 2-1 参与构成 DNA 和 RNA 的碱基、核苷及相应的核苷酸

RNA		
碱基 base	核苷 ribonucleoside	5′-核苷酸 ribonucleotide(5′-monophosphate)
腺嘌呤 adenine (A)	腺苷 adenosine	腺苷酸 (AMP) adenosine monophosphate
鸟嘌呤 guanine (G)	鸟苷 guanosine	鸟苷酸 (GMP) guanosine monophosphate
胞嘧啶 cytosine (C)	胞苷 cytidine	胞苷酸 (CMP) cytidine monophosphate
尿嘧啶 uracil (U)	尿苷 uridine	尿苷酸 (UMP) uridine monophosphate
DNA		
碱基 base	脱氧核苷 deoxyribonucleoside	5′-脱氧核苷酸 deoxyribonucleotide
腺嘌呤 adenine (A)	脱氧腺苷 deoxyadenosine	脱氧腺苷酸(dAMP) deoxyadenosine monophosphate
鸟嘌呤 guanine (G)	脱氧鸟苷 deoxyguanosine	脱氧鸟苷酸(dGMP) deoxyguanosine monophosphate
胞嘧啶 cytosine (C)	脱氧胞苷 deoxycytidine	脱氧胞苷酸(dCMP) deoxycytidine 5′-monophosphate
胸腺嘧啶 thymine (T)	胸 苷 thymidine	胸苷酸(dTMP) thymidine 5′-monophosphate

三、核苷与磷酸形成核苷酸

核苷与磷酸通过酯键连接形成核苷酸。尽管核糖环上的所有游离羟基(核糖的 C-2′、C-3′、C-5′及脱氧核糖的 C-3′、C-5′)都能够与磷酸发生酯化反应,生物体内的多数核苷酸都是 5′核苷酸,即磷酸基团位于核糖的第 5 位碳原子 C-5′上(图 2-3)。

核苷酸在体内除了构成核酸以外,还参与许多其他功能。例如 ATP 和 UTP 参与多种能量代谢反应,GTP 和 cAMP 等在一些蛋白分子的活性调控等方面具有重要作用。

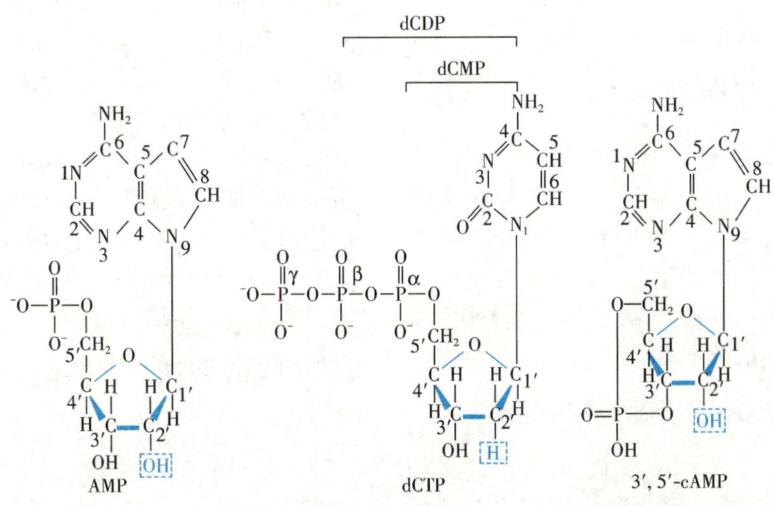

图 2-3 代表性核苷酸的结构

第二节 DNA 的结构与功能

一、DNA 的一级结构

DNA 是 4 种脱氧核苷酸按照一定的排列顺序,以磷酸二酯键(phosphodiester linkage)相连而形成的线性多聚核苷酸(polynucleotides)大分子。DNA 链具有严格的方向性,总是在前一核苷酸的 3′-OH 与下一位核苷酸的 5′位磷酸之间形成 3′, 5′磷酸二酯键。多聚核苷酸链的两个末端分别称为 5′末端和 3′末端(图 2-4)。

DNA 的一级结构指的是 DNA 分子中的核苷酸的排列顺序,称为核苷酸序列。由于 4 种核苷酸间的差异主要是碱基不同,因此也称为碱基序列。DNA 对遗传信息的贮存正是利用碱基排列方式变化而实现的。自然界基因的长度在几十至几万个碱基之间,碱基排列方式不同提供了极大的多样性。核苷酸中的核糖和磷酸是 DNA 分子的骨架结构,但是不参与 DNA 遗传信息的贮存。

DNA 的书写方式可有多种,从简到繁如图 2-4 所示。需要强调的是 DNA 的书写总是从 5′末端到 3′末端。

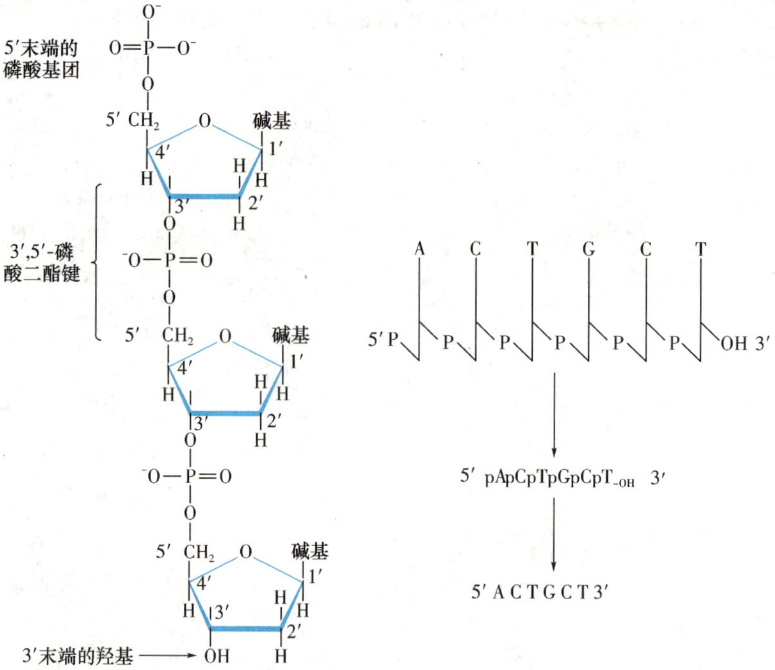

图 2-4　DNA 的一级结构及其书写方式

二、DNA 的二级结构——双螺旋结构

分子遗传学发展过程中最重要的里程碑是发现 DNA 是一双链螺旋状分子，称为双螺旋(double helix)结构。生物学家 Watson 和物理学家 Crick 合作于 1953 年在发表于 *Nature* 的论文中提出了这一结构模型，揭示了生物界遗传性状得以世代相传的分子奥秘。

(一) 提出 DNA 双螺旋结构的依据

20 世纪 40 年代至 50 年代初，人们证实了 DNA 是遗传信息的携带者。阐明 DNA 的分子结构很快成为当时最为引人注目的科学问题之一。Watson 和 Crick 自己并没有做实验，而是将当时人们对于 DNA 分子特性的认识和获得的各种数据在理论上综合分析计算，最后提出了 DNA 双螺旋模型。他们的主要依据有以下三个方面。

1. Chargaff 规则　Chargaff 等人发现在 DNA 中，腺嘌呤与胸腺嘧啶的含量总是相等，而鸟嘌呤的含量总是与胞嘧啶相等，这一规律被称为 Chargaff 规则。这一结果表明，DNA 分子中的碱基 A 和 T 或 G 和 C 可能是以配对方式存在的。

2. 碱基间可以形成氢键　Jerry Donohue 发现碱基受介质中 pH 的影响，可形成酮或烯醇式两种互变异构体，或形成氨基亚氨基的互变异构体。这一特点提示 DNA 分子中的 G 和 C 或 A 和 T 碱基间存在分别形成氢键的可能性。另外，当时 Pauling 已经发现了蛋白质结构中的 α-螺旋主要依靠氢键维系，也为认识 DNA 双螺旋结构的维系方式提供了线索。

3. X 线衍射分析照片　Rosalind Franklin 在从事 DNA 的 X 线衍射分析过程中获得的照片显示出 DNA 是螺旋形分子，而且从密度上提示 DNA 是双链分子。这一照片是 Watson 和 Crick 提出 DNA 双螺旋结构的直接依据。

(二) DNA 双螺旋结构模型的特点

1. DNA 是一反向平行的双链结构　DNA 是双链结构，两条多聚核苷酸链呈反向平行走向。一条链的走向是 5′→3′，另一条链的走向就一定是 3′→5′。这是由于核苷酸连接过程中严格的方向性和碱基结构对氢键形成的限制的结果。

2. DNA 双链中的碱基存在固定配对方式　在 DNA 双链结构中，亲水的脱氧核糖基和磷酸基骨架位于双链的外侧，而位于两条链内侧的碱基之间以氢键相接触。由于碱基结构的不同造成了其形成氢键的能力不同，因此产生了固有的配对方式，即腺嘌呤始终与胸腺嘧啶配对存在，形成两个氢键；鸟嘌呤始终与胞嘧啶配对存在，形成三个氢键。这种配对关系也称为碱基互补，每个 DNA 分子中的两条链互为互补链。每条链中的碱基以近于平面的环形结构彼此接近而堆积，平面与线性分子结构的长轴相垂直(图 2-5)。

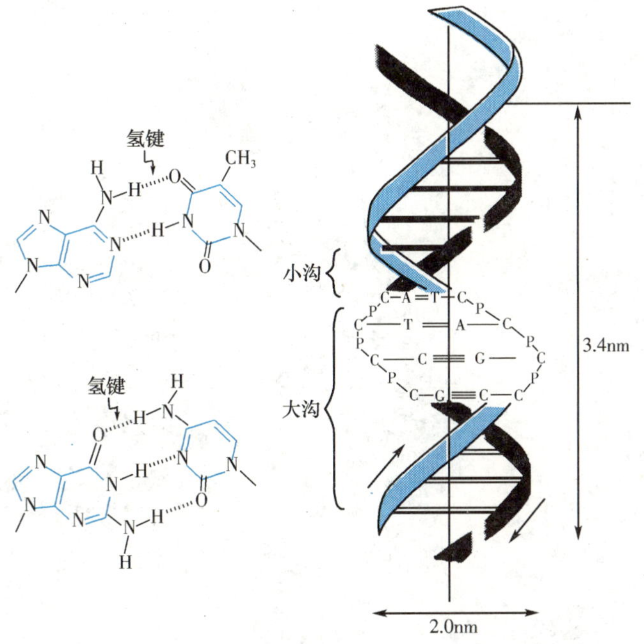

图 2-5　DNA 双链的方向及碱基互补配对示意图

3. DNA 双链是一右手螺旋结构　DNA 双链是右手螺旋结构。如果设想你正在攀登一个螺旋状的楼梯，核糖磷酸骨架应该位于你的右侧。DNA 双链所形成的螺旋直径为 2nm，螺旋每旋转一周包含了 10 对碱基，每个碱基的旋转角度为 36°，螺距为 3.4nm，每个碱基平面之间的距离为 0.34nm。从外观上，DNA 双螺旋分子表面存在一个大沟(major groove)和一个小沟(minor groove)，目前认为这些沟状结构与蛋白质和 DNA 间的识别有关(图 2-6)。

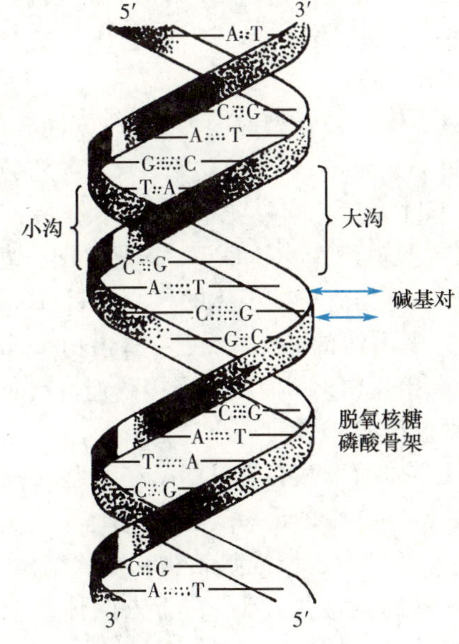

图 2-6　DNA 双螺旋结构示意图

4. DNA 双螺旋结构稳定性的维系　DNA 双螺旋结构具有一定稳定性。在横向上，双链结构的稳定依靠互补碱基间的氢键来维持；纵向上，螺旋的稳定主要依靠碱基平面间的疏水性堆积力维持。从总能量意义上来讲，碱基堆积力对于双螺旋的稳定性更为重要。

DNA 右手双螺旋结构模型的提出具有划时代的意义。这是因为这一结构模型为 DNA 的储存和复制遗传信息的功能提供了最好的解释。DNA 的双链碱基互补特点提示，DNA 复制时可以采用半保留复制(见第 15 章)的机制，两条链可分别作为模板生成新的子代互补链，从而保持遗传信息稳定传递的。

(三) DNA 双螺旋结构的多样性

Watson 和 Crick 的 DNA 双螺旋结构模型是以在生理盐溶液中抽出的 DNA 纤维在 92% 相对湿度下所做的 X-射线衍射图谱分析为依据而进行推测的，这是 DNA 分子在水性环境和生理条件下最稳定的结构。后来人们发现 DNA 的结构不是一成不变的，在改变了溶液的离子强度或相对湿度时，DNA 的螺旋结构所形成的沟的深浅、螺距，旋转角等都会发生一些变化。尤其是 1979 年，Wang 和 Rich 等在研究人工合成的 CGCGCG 的晶体结构时意外地发现这种 DNA 是左手螺旋。后来证明这种结构在天然 DNA 分子中同样存在。目前，人们将 Watson 和 Crick 的模型结构称为 B-DNA。将 Rich 等人的 DNA 双螺旋称为 Z-DNA，两者间的不同见图 2-7。另外，还有 A-DNA 的存在，因此，DNA 的右手双螺旋结构不是自然界 DNA 的唯一存在

笔记栏

方式。在体内,不同构象的 DNA 在功能上有所差异,可能参与基因表达的调节和控制。

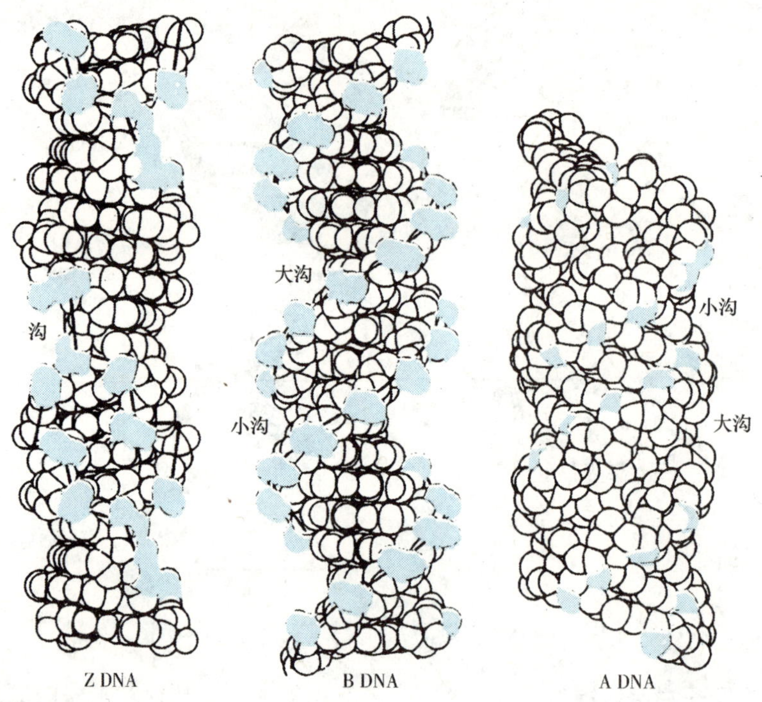

图 2-7 不同类型的 DNA 双螺旋结构

三、DNA 的高级结构

生物界的 DNA 分子是十分巨大的信息高分子,贮存着庞大的遗传信息。不同物种间的 DNA 大小和复杂程度差别很大,一般来讲,进化程度越高的生物体其 DNA 的分子构成越大,越复杂。DNA 的长度要求其必须以紧密折叠扭转的方式才能够存在于小小的细胞核内。

(一) DNA 的超螺旋——原核生物 DNA 的高级结构

绝大部分原核生物的 DNA 都是共价封闭的环状双螺旋分子。这种双螺旋分子还需再次螺旋化形成超螺旋结构,以保证其以较致密的形式存在于细胞内(图 2-8)。

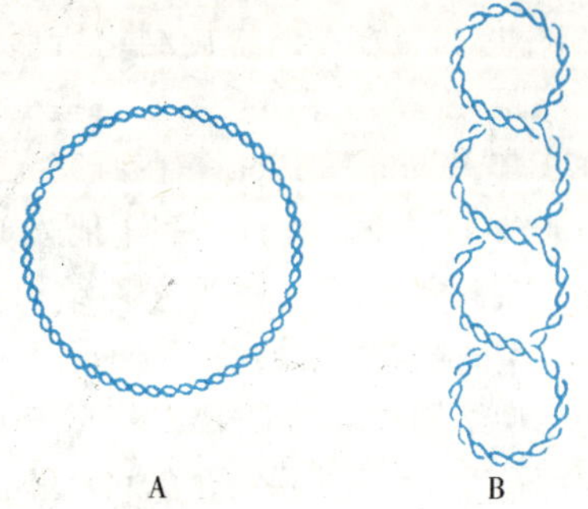

图 2-8 环状 DNA 的超螺旋结构示意图
A. 环状 DNA;B. 超螺旋 DNA

(二) DNA 在真核生物细胞核内的组装

在真核生物内 DNA 以非常致密的形式存在于细胞核内,在细胞生活周期的大部分时间里以染色质(chromatin)的形式出现,在细胞分裂期形成的染色体(chromosome)在光学显微镜下即可见到。染色体是由 DNA 和蛋白质构成的,是 DNA 的超级结构形式。染色体的基本单位是核小体(nucleosome)。

核小体由 DNA 和 5 种组蛋白共同构成,分别称为 H1、H2A、H2B、H3 和 H4。各两分子的 H2A、H2B、H3 和 H4 共同构成了组蛋白八聚体,又称核心组蛋白。DNA 双螺旋分子缠绕在这一核心上构成了核小体的核心颗粒(core particle)。核小体的核心颗粒之间再由 DNA(约 60bp)和组蛋白 H1 构成的连接区连接起来形成串珠样的结构(图 2-9)。

核小体的形成仅是 DNA 在细胞核内紧密压缩的第一步。在此基础上,核小体又进一步旋转折叠,经过形成纤维状结构和襻状结构,最后形成棒状的染色体,将存在于人的体细胞中的 46 条染色体、共计 1m 长的 DNA 分子容纳于直径只有数微米的细胞核中。

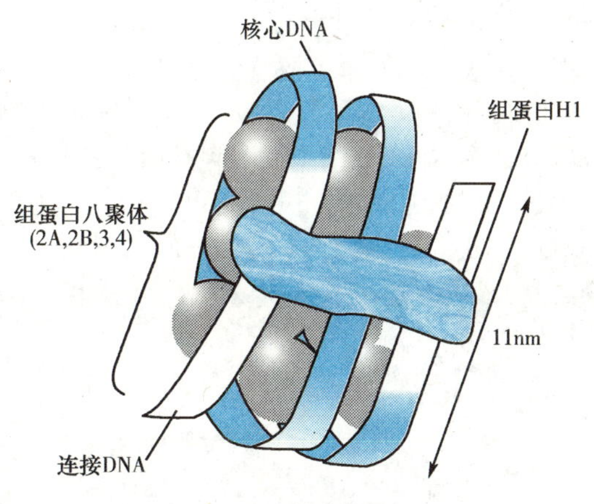

图 2-9 核小体结构示意图

四、DNA 的功能

DNA 的基本功能是携带遗传信息，并作为复制和转录的模板，它是生命遗传的物质基础，也是个体生命活动的基础。

尽管人们在 20 世纪 30 年代已经知道 DNA 是染色体的组成部分，也知道染色体是遗传物质，不过当时更为流行的观点是认为染色体中的蛋白质是决定个体遗传性的主要物质。1944 年，Oswald Avery 证实了 DNA 是遗传的物质基础。DNA 结构的阐明使得它作为遗传信息载体的作用更加无可争议。生物学家很早以来就已使用的基因(gene)这一名词也最终有了它真实的物质基础。

基因就是 DNA 分子中的一定区段，经过复制可以遗传给子代，经过转录和翻译可以保证支持生命活动的各种蛋白质在细胞内有序的合成。

DNA 中的核糖和磷酸构成的分子骨架是没有差别的，不同区段的 DNA 分子只是 4 种碱基的排列顺序不同。因此，对 DNA 的功能最为重要的是核苷酸的排列顺序。DNA 的核苷酸序列与蛋白质的氨基酸顺序间的关系称为遗传密码，它决定了不同蛋白分子的氨基酸顺序。

一个生物的全部基因序列称为基因组(genome)。小的功能简单的生物的基因组仅含几千个碱基对，人的基因组则有 2.8×10^9 个碱基对，使可编码的信息量大大增加。

第三节 RNA 的结构与功能

RNA 是生物体内的另一大类核酸。它与 DNA 在化学性质方面的差别主要有以下三点：①RNA 中与磷酸和碱基相结合的糖是核糖而非脱氧核糖。②RNA 中的碱基成分与 DNA 不同，它的嘧啶成分为胞嘧啶和尿嘧啶，而不含有胸腺嘧啶，所以构成 RNA 的基本的 4 种核苷酸是 AMP、GMP、CMP 和 UMP，其中 UMP 代替了 DNA 中的 dTMP。③RNA 主要为单链结构，局部可形成发夹结构，而非双螺旋结构。④RNA 仅与基因的一条链互补，因而碱基成分 U 和 A 或 G 和 C 不具备 Chargaff 规则中的等量关系。

RNA 在生命活动中同样具有重要作用。目前已知它和蛋白质共同负责基因的表达和表达过程的调控。由于不需要携带大量的遗传编码任务，RNA 通常以单链形式存在，但也可以有局部的二级结构或三级结构。其分子也比 DNA 分子小得多，小的由数十个核苷酸，大的由数千个核苷酸通过磷酸二酯键连成。由于它的任务是多样性的，因此，它的种类、大小和结构都比 DNA 多样化(表 2-2)。

表 2-2 动物细胞内主要含有的 RNA 种类及功能

	细胞核和胞液	线粒体	功 能
核糖体 RNA	rRNA	mt rRNA	核糖体组成成分
信使 RNA	mRNA	mt mRNA	蛋白质合成模板
转运 RNA	tRNA	mt tRNA	转运氨基酸
不均一核 RNA	hnRNA		成熟 mRNA 的前体
核小 RNA	snRNA		参与 hnRNA 的剪接、转运
核仁小 RNA	snoRNA		rRNA 的加工和修饰
胞质小 RNA	scRNA		蛋白质内质网定位合成的信号识别体的组成成分

一、信使 RNA 的结构与功能

1960 年，Francois Jacob 和 Jacques Monod 用同位素示踪实验证实了一种不同于 rRNA(见后)的 RNA 分子是蛋白质在细胞内合成的模板。后来人们又确认了 RNA 是在 DNA 的指导下在核内合成然后转移至细胞浆这一重要事实。很自然得出了 DNA 对蛋白质合成的模板作用是通过这种特殊的 RNA 来实现的。这种 RNA

的作用很像信使，因此被命名为信使 RNA(messenger RNA，mRNA)。现在已经明确，mRNA 以 DNA 为模板合成后转位至细胞浆，在胞质中作为蛋白质合成的模板。

原核生物的一段 mRNA 可以为好几个多肽编码。真核生物的一段 mRNA 一般只为一种多肽编码。在核内合成的 mRNA 初产物包括了外显子和内含子(见第 16 章)序列。这种初级的 RNA 大小不一，称为不均一核 RNA(heterogeneous nuclear RNA，hnRNA)。hnRNA 占了核内 RNA 的大多数，其相对分子质量约为 10^5～10^7，比成熟的 mRNA 大得多，胞质内则很少有 hnRNA。hnRNA 在细胞核内存在时间极短，很快经过剪接成为成熟的 mRNA 并转移到细胞浆中(见第 16 章)。成熟的 mRNA 的结构特点是含有特殊 5′-末端帽子和 3′-末端的多聚 A 尾结构(图 2-10)。

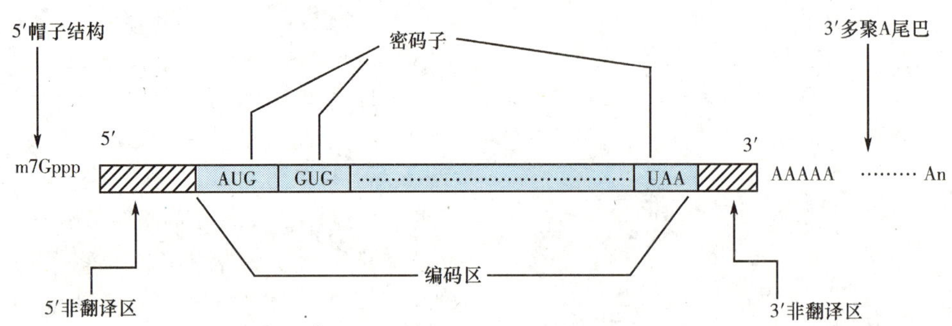

图 2-10　真核细胞 mRNA 的结构示意图

大部分真核细胞的 mRNA 的 5′末端以 7-甲基鸟嘌呤-三磷酸鸟苷为分子的起始结构，称为帽子结构(cap sequence)。帽子结构在 mRNA 作为模板翻译成蛋白质的过程中具有促进核糖体与 mRNA 的结合，加速翻译起始速度的作用，同时可以增强 mRNA 的稳定性。

在真核 mRNA 的 3′末端，大多数有一段长短不一的多聚腺苷酸(poly A)结构，称为多聚 A 尾。一般由数十个至一百几十个腺苷酸连接而成。由于在基因组内没有找到相应的结构，因此认为它是在 RNA 合成后才加上去的。目前认为，这种 3′末端结构可能与 mRNA 从核内向胞质的转位及 mRNA的稳定性以及翻译起始的调控有关。原核生物的 mRNA 未发现类似的首尾结构。

生物体各种 mRNA 链的长短差别很大，主要是由其转录的模板 DNA 区段大小所决定的。mRNA分子的长短，又决定了它要翻译出的蛋白质的分子量大小。在各种 RNA 分子中，mRNA 的半衰期最短，由几分钟到数小时不等。这也是 mRNA 的发现较其他 RNA 晚的原因之一。

mRNA 的功能是把核内 DNA 的碱基顺序(遗传信息)，按照碱基互补的原则，抄录并携带至细胞浆，在蛋白质合成中作为模板翻译成蛋白质中的氨基酸排列顺序。mRNA 分子上每 3 个核苷酸为一组，决定肽链上一个氨基酸，称为三联体密码(triplet code)或密码子(codon)，其具体的编码方式见第 17 章。

二、转运 RNA 的结构与功能

转运 RNA(transfer RNA，tRNA)是细胞内分子量最小的一类核酸，已完成了一级结构测定的 100 多种 tRNA 都是由 70 至 90 个核苷酸构成的。tRNA 的功能是在细胞蛋白质合成过程中作为各种氨基酸的载体并将其转呈给mRNA。tRNA 的结构具有如下特点。

(一) tRNA 中存在反密码子

每个 tRNA 分子中都有 3 个碱基与 mRNA 上编码相应氨基酸的 3 个碱基的密码子具有碱基互补关系，可以配对结合。这 3 个碱基被称为反密码子(anticoden)。例如负责转运酪氨酸的 tRNA ($tRNA^{Tyr}$)中的反密码子 5′-GUA-3′与 mRNA 上相应的三联体密码 5′-UAC-3′(编码酪氨酸)序列是相互补配对的。不同的 tRNA 依照其转运的氨基酸的差别，有不同的反密码子。蛋白质生物合成时，就是靠反密码子来辨认 mRNA 上相互补的密码子，才能将氨基酸正确的安放在合成的肽链上。

(二) tRNA 分子中含有稀有碱基

稀有碱基是指除 A、G、C 和 U 外的一些碱基，包括双氢尿嘧啶(DHU)、假尿嘧啶(ψ，pseudouridine)和甲基化的嘌呤(^mG、^mA)等(图 2-11)。一般的嘧啶核苷以杂环上 N-1 与糖环的 C-1′连成糖苷键，假尿嘧啶核苷则用杂环上的 C-

笔记栏

5 与糖环的 C-1′相连。tRNA 分子中含有 10%～20%的稀有碱基(rare base)。

(三) tRNA 分子中存在茎-环结构

组成 tRNA 的几十个核苷酸中存在着一些能局部互补配对的区域，可以形成局部的双链。这些局部配对的碱基双链形成茎状，中间不能配对的部分则膨出形成环或襻状结构，称为茎-环(stem-loop)结构或发夹结构。tRNA 整个分子的形状类似于三叶草形(cloverleaf pattern)。位于左右两侧的环状结构以含有稀有碱基为特征，分别称为 DHU 环和 TψC 环，前述的反密码子序列位于下方的环内，称为反密码子环。

X 线衍射结构分析方法表明，tRNA 的共同三级结构是倒 L 型(图 2-11)。从 tRNA 的倒 L 形三级结构中可以看出：TψC 环与 DHU 环在三叶草形的二级结构上各处一方，但在三级结构上都相距很近。对于这种空间结构的具体功能目前还缺乏详细的认识，不过这些结构与 tRNA 与核糖体中的蛋白质和 rRNA 的相互作用的关系是毋庸置疑的。

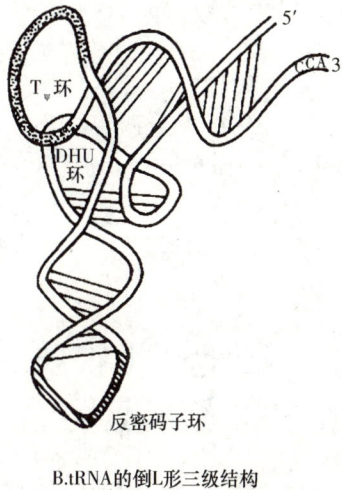

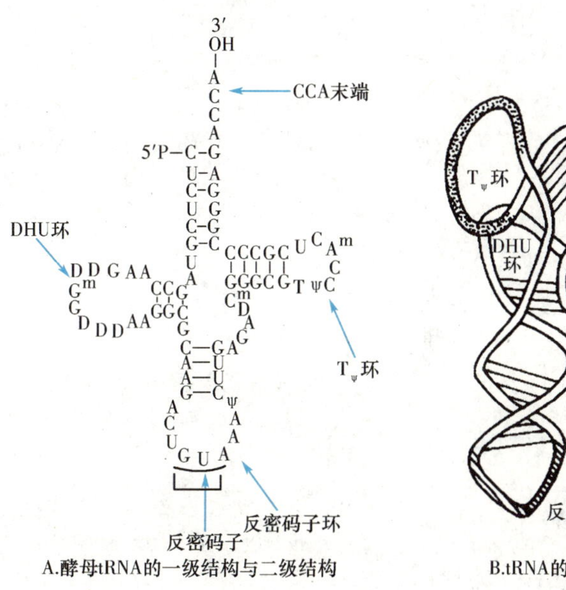

A.酵母tRNA的一级结构与二级结构

5′
CCA 3′
Tψ环
DHU环
反密码子环

B.tRNA的倒L形三级结构

图 2-11 tRNA 的结构示意图

三、核糖体 RNA 的结构与功能

核糖体 RNA(ribosomal RNA，rRNA)是细胞内含量最多的 RNA，约占 RNA 总量的 80%以上。rRNA 与核糖体蛋白(ribosomal protein)共同构成核糖体(ribosome)。原核生物和真核生物的核糖体(核蛋白体)均由大、小两个亚基组成。参与核糖体形成的蛋白有数十种，大多分子量不大。

原核生物的 rRNA 共有 5S、16S 和 23S 三种(S 是大分子物质在超速离心沉降中的一个物理学单位，可反映分子量的大小)。其中 16S rRNA 和 20 多种蛋白质构成核糖体的小亚基，大亚基则由 5S 及 23S rRNA 再加上 30 多种蛋白质构成。

真核生物的核糖体小亚基由 18S rRNA 及 30 余种蛋白质构成；大亚基则由 5S、5.8S 和 28S 三种 rRNA 加上近 50 种蛋白质构成(表 2-3)。

表 2-3 核糖体的组成

	原核生物(以大肠杆菌为例)		真核生物(以小鼠肝为例)	
小亚基	30S		40S	
rRNA	16S	1542 个核苷酸	18S	1874 个核苷酸
蛋白质	21 种	占总重量的 40%	33 种	占总重量的 50%
大亚基	50S		60S	
rRNA	23S	2904 个核苷酸	28S	4718 个核苷酸
	5S	120 个核苷酸	5.8S	160 个核苷酸
			5S	120 个核苷酸
蛋白质	31 种	占总重量的 30%	49 种	占总重量的 35%

笔记栏

各种 rRNA 的碱基顺序测定均已完成，并据此推测出了二级结构。数种原核生物的 16S rRNA 的二级结构颇相似，形似 30S 小亚基。

核糖体是细胞合成蛋白质的场所。核糖体中的 rRNA 和蛋白质共同为 mRNA、tRNA 和肽链合成所需要的多种蛋白因子提供结合位点和相互作用所需要的空间环境。

四、其他小分子 RNA

除了上述三种 RNA 外，细胞的不同部位还存在着另外一些小分子的 RNA，这些小分子 RNA 被统称为非 mRNA 小 RNA（small non-messenger RNA，snmRNA）。主要包括核小 RNA（small nuclear RNA，snRNA）、核仁小 RNA（small nucleolar RNA，snoRNA）、胞质小 RNA（small cytoplasmic RNA，scRNA）、小片段干扰 RNA（small interfering RNA，siRNA）等。这些小 RNA 在 hnRNA 和 rRNA 的转录后加工、转运以及基因表达过程的调控等方面具有非常重要的生理作用。

第四节　核酸的理化性质、变性和复性及其应用

核酸的结构及成分赋予其一些特殊的理化性质，这些理化性质已被广泛用作基础研究工作及疾病诊断的工具。

一、核酸的紫外吸收

嘌呤和嘧啶环中均含有共轭双键，因此碱基、核苷、核苷酸和核酸在 240～290nm 的紫外波段有强烈的吸收，最大吸收值在 260nm 附近（图 2-12）。这一重要的理化性质被广泛用来对核酸、核苷酸、核苷及碱基进行定性定量分析。

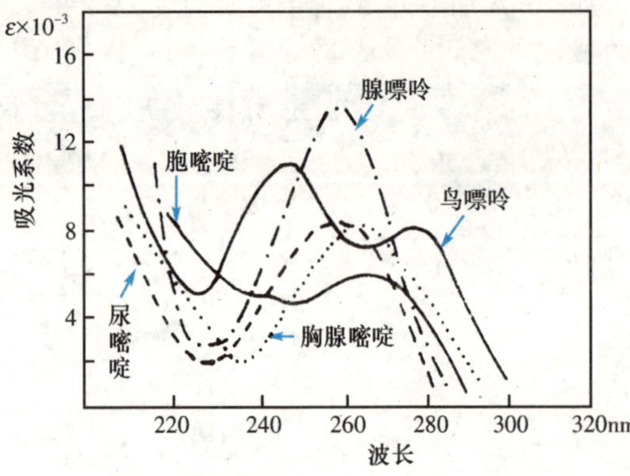

图 2-12　几种碱基的紫外吸收光谱图

纯化的 DNA 或 RNA 液体可以用其在 260nm 与 280nm 的紫外吸收光密度值（optical density，*OD* 值）计算出其中的 DNA 或 RNA 含量。常以 *OD*＝1.0 相当于 50μg/ml 双链 DNA 或 40μg/ml 单链 DNA（或 RNA）20μg/ml 寡核苷酸为计算标准。从 OD_{260}/OD_{280} 比值还可以判断核酸样品的纯度。高度纯化的 DNA 的 OD_{260}/OD_{280} 应为 1.8 左右；而纯化的 RNA OD_{260}/OD_{280} 应为 2.0 以上。

二、核酸的沉降特性

溶液中的核酸分子在引力场中可以下沉。在超速离心机形成的引力场中，不同构象的核酸分子如线形、开环或超螺旋结构，沉降的速率有很大差异。这是超速离心法可以纯化核酸的原理。

三、核酸的变性、复性与分子杂交

加热 DNA 溶液或在其中加入过量的酸或碱，都可以使 DNA 发生变性（denaturation）。DNA 变性的本质是其双链结构中互补碱基对间的氢键发生了断裂，双链发生解链。在 DNA 解链过程中，由于更多的共轭双键得以暴露，DNA 在 260nm 处的吸光值（OD_{260}）增加，并与解链程度有一定的比例关系。这种现象称为 DNA 的增色效应（hyperchromic effect）。它是监测 DNA 链是否发生变性的一个最常用的指标。

在实验室内最常用的使 DNA 分子变性的方法是加热。加热时，如果在连续加热 DNA 的过程中以温度对 OD_{260} 的关系作图，所得的曲线称为解链曲线（图 2-13）。从曲线中可以看出，DNA 的变性从开始解链到完全解链，是在一个相当窄的温度范围内完成的。在这一范围内，紫外光吸收值达到最大值的 50％时的温度称为 DNA 的解链温度。由于这一现象和结晶的融解过程类似，又称融解温度（melting temperature，T_m）。在 T_m 时，核酸分子内 50％的双链结构被解开。一种 DNA 分子的 T_m 值与它的大小和所含碱基中的 G＋C 比例相关。G＋C 含量越高，T_m 值越高，分子越长，T_m 越高。因此，T_m 值可以根据 DNA 分子大小及其 GC 含量计算。计算公式为：$T_m = 69.3 + 0.41(G+C)\%$。

笔记栏

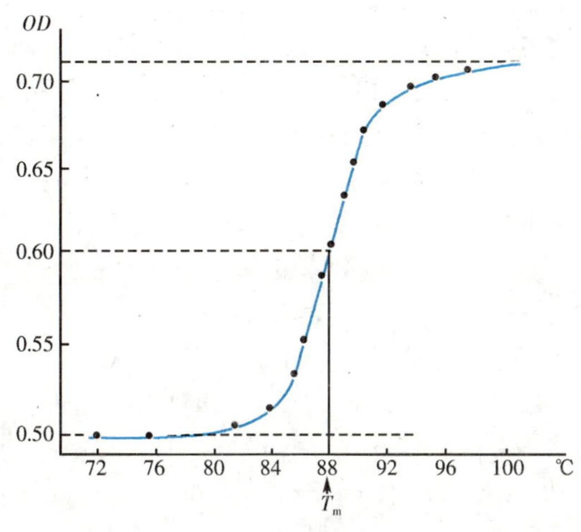

图 2-13　DNA 的解链曲线

变性的 DNA 在适当条件下，两条互补链可重新配对，恢复天然的双螺旋构象，这一现象称为复性（renaturation）。热变性的 DNA 经缓慢冷却后即可复性，称为退火（annealing）。DNA 的复性速度受到温度的影响，复性时只有温度缓慢下降才可使其重新配对复性。如加热后，将其迅速冷却至 4℃以下，则几乎不可能发生复性。这一特性被用来保持 DNA 的变性状态，一般认为，比 T_m 低 25℃ 的温度是 DNA 复性的最佳条件。

在 DNA 变性后的复性过程中，如果将不同种类的 DNA 单链分子放在同一溶液中，只要两种单链分子之间存在着一定程度的碱基配对关系，就可以在不同的分子间形成杂化双链（heteroduplex）。这种杂化双链可以在不同的 DNA 与 DNA 之间形成，也可以在 DNA 和 RNA 分子间或者 RNA 与 RNA 间形成（图 2-14）。这种现象称为核酸分子杂交（hybridization）。这一原理可以用来研究 DNA 分子中某一种基因的位置；两种核酸分子间的相似性即同源性（homology），也可以用于检测某些专一序列在待检样品中存在与否，分子杂交在核酸研究中是一个重要工具。最新发展出来的基因芯片等现代检测手段的最基本的原理就是核酸分子杂交。

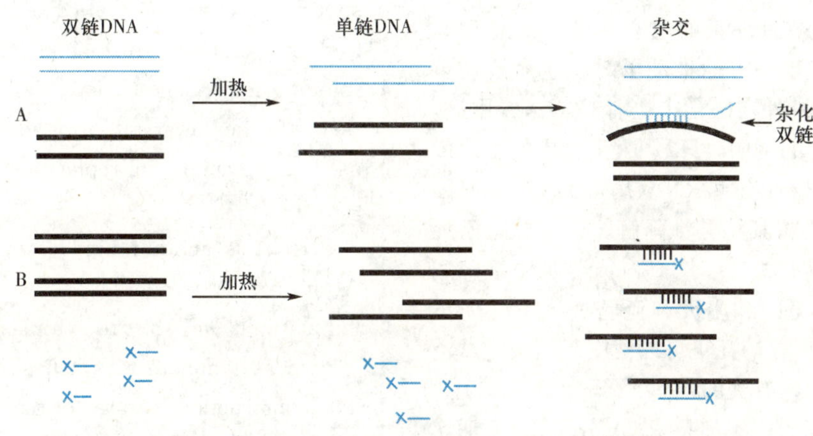

图 2-14　分子杂交

A. DNA 甲（细线表示）和 DNA 乙（粗线表示）在热变性后的复性过程中可以形成杂化双链；B. 同位素标记的寡核苷酸（X-）与变性后的单链 DNA 结合

第五节　具有催化作用的核酸

1982 年，Tom Cech 和 Sydney Altman 在 RNA 研究领域报告了惊人的发现。来自于四膜虫的一种 rRNA 分子在没有任何蛋白质的存在下发生了自我催化的剪接反应，对传统酶学中有关酶的本质都是蛋白质的观念提出了挑战。后来的实验证实了正是 RNA 分子本身的内含子区的自我催化的能力使得上述 rRNA 的剪接得以完成。此后更多的证据表明，某些 RNA 分子有固有的催化活性，在 RNA 的剪接修饰中具有重要作用。这种具有催化作用的 RNA 被称为核酶（ribozyme）或催化性 RNA（catalytic RNA）。Tom Cech 和 Sydney Altman 两人由于这一发现在 1989 年获得了诺贝尔化学奖。

自然界存在一些不同的核酶，如锤头状核酶、发夹状核酶等。我们以锤头状核酶为例简单介绍核酶的结构和功能。锤头状核酶的二级结构与锤头结构（hammerhead structure）相似（图 2-15），这是其命名为锤头状核酶的原因。锤头状核酶结构模型和作用方式由 Symons 等人在 1987 年提出。锤头状核酶中有 13 个核苷酸（图 2-15 中黑体英文字母表示）是高度保守的，催化功能区在锤头结构中，可以形成 3 个茎状和部分襻状结构。底物中接受切割的部分是图 2-15 中箭头所示的邻近核苷酸，含有 GU 序列。一旦形成图 2-15 中的锤头状结构，该段 RNA 分子即可以被剪接。与蛋白质类似，RNA 作为酶发挥作用时也依赖于一些离子的存在。锤头状核酶就是二价阳离子依赖性核酶。

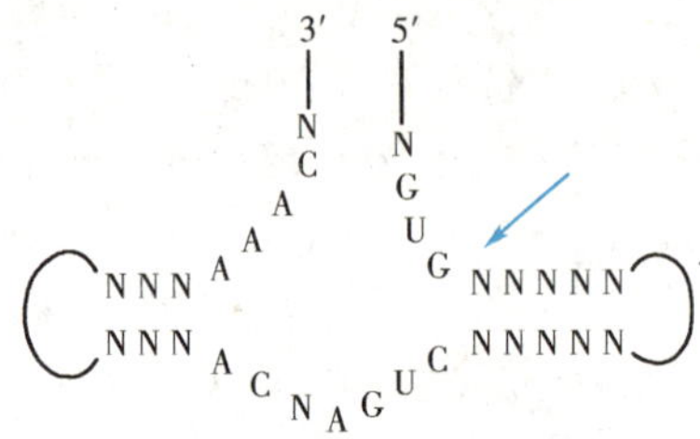

图 2-15　锤头状核酶结构模型和作用方式

核酶最初是作为分子的自催化作用被发现的，真正的催化剂在反应中自身不发生改变，因此，严格说来不完全属于生物催化剂。后来，人们设计了与锤头状核酶相类似的 19 个核苷酸构成的核酶，证实分子间剪切是可以发生的，才最后确立了核酶在酶学上的地位。

核酶的发现一方面推动了对于生命活动多样性的理解，另外在医学上也有其特殊的用途。由于核酶结构的阐明，可以用人工合成的小片段 RNA，使其结合在有害 RNA（病毒 RNA、癌基因 mRNA 等）上，将其特异性降解。这一思路已经在实验中获得成功，针对 HIV（人类免疫缺陷病毒）的核酶在美国和澳大利亚已进入了临床试验。理论上讲，核酶几乎可以被广泛用来尝试治疗所有基因产物有关的疾病。

最初发现的核酶都是 RNA 分子，后来证实人工合成的具有类似结构的 DNA 分子也具有特异性降解 RNA 的作用。相对应于催化性 RNA，具有切割 RNA 作用的 DNA 分子称为催化性 DNA（catalytic DNA）。此外，亦有人使用 RNA-cleaving DNA enzyme 和 RNA-cleaving RNA enzyme 的名称。由于 DNA 分子较 RNA 稳定，而且合成成本低，因此在未来的治疗药物发展中可能具有更广泛的前景。目前尚未发现天然存在的催化性 DNA。

Summary

Nucleic acid is the biomacromolecule consisting of nucleotides as basal units. It can be classified into DNA and RNA. DNA consists of deoxynucleotides while RNA consists of ribonucleotides. The base units in DNA are A, G, C and T; while in RNA are A, G, C and U. Base units are connected with pentose to form nucleoside. Pentoses in deoxynucleoside are β-D-2-deoxyribose, while in nucleoside are β-D-ribose. Nucleoside is connected with phosphoric acid to form nucleotide by ester bond.

The primary structure of DNA is the sequence of base units in the DNA chain. DNA can store the hereditary information by the change of sequence of base units. DNA contains double chains which are antiparallel. In the double chains of DNA, adenines are always coupled with thymines by two hydrogen bonds, guanines are always coupled with cytosines by three hydrogen bonds. Double chains of DNA are right-handed helix. DNA will further fold to be superhelix based on right-handed helix to form nucleosome with the participation of some proteins. The basic role of DNA is to carry the hereditary information and to be used as template in replication and transcription.

RNA is another kind of nucleic acid. After mRNA is synthesized with DNA as template, it will shift to cytoplasm where it is used as template to synthesize proteins. The construction features of mature mRNA are 5′-cap and 3′-poly A tail. Every three nucleotides in mRNA as one group determines one amino acid which is named as triplet code or codon. The construction features of tRNA are anticodon, rare base and loop-stem structure. The function of tRNA is to carry amino acids as carrier to mRNA to synthesize proteins. rRNA and ribosomal proteins form ribosome which is the place for protein synthesis. rRNA and ribosomal protein in the ribosome offer binding sites for mRNA, tRNA and protein factors needed in protein synthesis and circumstance for their interaction.

One feature of nucleic acid is ultraviolet

笔记栏

absorption which is used for qualitative and quantitative analysis of nucleic acid, nucleotide, nucleoside and base. Sedimentation feature of nucleic acid is used for purification of DNA by ultracentrifugation. The essence of DNA denaturalization is the unwinding of double chains. From begining of unwinding to unwinding completely, the temperature at which ultraviolet absorption reach 50% of maximum is named as melting temperature of DNA(T_m). In T_m, 50% of double chains are separated. The two chains of DNA after being heated for denaturation can be coupled again under the proper condition, which is called renaturation. In the renaturation, allogenous chains can hybridize to heteroduplex, if there are some base pairings between two chains. Cross hybridization between DNA and DNA or RNA and DNA is commonly used in the research of nucleic acids.

Some RNAs have fixed catalytic activity, playing great role in the splicing modification of RNA. Those RNAs having catalytic activity are named as ribozymes. There are different ribozymes in nature, such as hammerhead ribozyme, hairpin ribozyme. Ribozyme can hydrolyze some disease-associated RNA, this idea has been proved true in the experiments. Some DNAs having similar structure to ribozyme can also hydrolyze some RNA specifically.

思考题

1. 解释下列名词：碱基互补　DNA 的一级结构　稀有碱基　核酸的变性和复性　核酸杂交
2. 比较 DNA 和 RNA 在分子组成和结构上的异同点。
3. 试述 DNA 双螺旋结构的要点及其与 DNA 生物学功能的关系。
4. 试述 RNA 的种类及其生物学作用。
5. 试述核酸分子杂交技术的原理及其在生物工程中的应用。
6. 什么是解链温度？影响某种核酸分子 T_m 值大小的因素是什么？为什么？
7. tRNA 分子结构上有哪些特点？

（孙　军）

笔记栏

第 3 章 酶和酶促化学反应

酶(enzyme)是由活细胞产生的、对其底物(substrate)具有高度催化效能的蛋白质。酶是生物体内最主要和最重要的一类生物催化剂(biocatalyst),酶在细胞内外起同样的催化作用。

人们对酶的认识来源于生产和生活实践。我国的夏禹时代已出现酿酒,周代已能制饴和酱,春秋战国时期出现用曲治疗消化不良。1810年,Jaseph Gaylussac发现酵母能把糖转变为酒精。1833年,Payen和Persoz从麦芽抽提物中制备出一种能使淀粉水解产生糖的物质,并称之为淀粉酶(diastase)。1857年,法国化学家Louis Pasteur等人通过酒精发酵实验,认为只有活的酵母细胞才能完成这种发酵过程,因此提出"活体酵素"的概念。1897年,Büchner兄弟发现,用不含酵母细胞的提取液亦可催化糖发酵产生酒精和CO_2,说明酶催化的发酵作用与细胞的完整性及生命力无关。1926年,Sumner首次从刀豆中制备出脲酶结晶。1931～1936年间,Northrop等得到胃蛋白酶等消化酶的结晶,并证明了酶的化学本质是蛋白质,为此他们获得1949年的诺贝尔化学奖。自此,人们对于酶的结构与功能、酶促反应动力学、酶与维生素和医学的关系等方面倍加重视。随着人们对酶认识的深入和研究的快速发展,逐步形成了一门既有理论又非常实用的专门学科——酶学(enzymology)。

1981年,Thomas Cech在研究四膜虫rRNA的加工过程中,发现rRNA具有自我剪接功能,并称之为核酶(ribozyme);与此同时,Sidey Altman发现核糖核酸酶P中的RNA可单独剪切tRNA前体5′端的前导序列,为此他们获得1989年的诺贝尔化学奖。1995年,Cuenoud等发现人工合成的DNA也具有催化活性,称之为脱氧核酶。核酶和脱氧核酶是具有催化作用的核酸,它们是另一类生物催化剂。

酶是生物体内特有的生物催化剂,若没有酶的催化,物质代谢反应便不能进行,生命将不复存在。人类的许多疾病都与酶的异常密切相关,许多酶还用于疾病的诊断和治疗,所以酶学知识在医学上受到广泛重视和应用。

第一节 酶的分子结构和功能

酶是蛋白质,同样具有一、二、三级乃至四级结构。由一条多肽链构成的仅具有三级结构的酶称为单体酶(monomeric enzyme),如牛胰核糖核酸酶、溶菌酶、羧肽酶A等。由多个相同或不同的亚基以非共价键连接组成的酶称为寡聚酶(oligomeric enzyme),如蛋白激酶A等。寡聚酶中多数是调节酶,在代谢调控中起重要作用。多酶体系是由几种不同功能的酶彼此聚合形成的多酶复合物,如丙酮酸脱氢酶系是由3种酶和5种辅助因子组成的复合体。有些多酶体系由于在进化过程中基因的融合,多种不同催化功能存在于同一条多肽链中,这类酶称为多功能酶(multifunctional enzyme)或串联酶(tandem enzyme),如哺乳动物脂酸合成酶系,它由两条多肽链构成,每条多肽链含有7种不同功能的酶活性。

一、酶的分子组成

酶按其分子组成可分为单纯酶(simple enzyme)和结合酶(conjugated enzyme)。单纯酶是仅由氨基酸残基构成的酶,如脲酶、一些消化蛋白酶、淀粉酶、酯酶、核糖核酸酶等。结合酶由蛋白质部分和非蛋白质部分组成,前者称为酶蛋白(apoenzyme),后者称为辅助因子(cofactor)。酶蛋白主要决定酶催化反应的特异性,辅助因子主要决定酶催化反应的类型和性质。酶蛋白与辅助因子结合形成的复合物称为全酶(holoenzyme),只有全酶才具有催化作用。

辅助因子多是金属离子或小分子有机化合物。金属离子是最常见的辅助因子,约2/3的酶含有金属离子。常见的金属离子有K^+、Na^+、Mg^{2+}、Cu^{2+}(Cu^+)、Zn^{2+}、Fe^{2+}(Fe^{3+})等。有的金属离子与酶结合紧密,提取过程中不易丢失,这类酶称为金属酶(metalloenzyme),如羧基肽酶、黄嘌呤氧化酶等。有的金属离子虽为酶的活性所必需,却不与酶直接结合,而是通过底物相连接，这类酶称为金属激活酶（metal activated enzyme），如己糖激酶、肌酸激酶等。金属辅助因子的作用是多方面的，或者作为酶活性中心的催化基团参与催化反应、传递电子；或者作为连接底物与酶的桥梁，便于酶对底物起作用；或者为稳定酶的构象所必需；或者中和阴离子，降低反应中的静电斥力等。

有些酶的辅助因子是小分子有机化合物，都为B族维生素的衍生物。在酶促反应中，它们主要参与传递电子、质子（或基团）或起运载体的作用（表 3-1）。

表 3-1　部分辅酶（辅基）在催化中的作用

辅酶或辅基		转移的基团
名称	所含维生素	
NAD^+（尼克酰胺腺嘌呤二核苷酸，辅酶Ⅰ）	尼克酰胺（维生素 PP）	氢原子或 H^+
$NADP^+$（尼克酰胺腺嘌呤二核苷酸磷酸，辅酶Ⅱ）	尼克酰胺（维生素 PP）	同上
FMN（黄素单核苷酸）	核黄素（维生素 B_2）	同上
FAD（黄素腺嘌呤二核苷酸）	核黄素（维生素 B_2）	同上
TPP（焦磷酸硫胺素）	硫胺素（维生素 B_1）	醛基
辅酶 A（CoA）	泛酸	酰基
硫辛酸	硫辛酸	酰基
钴胺素辅酶类	维生素 B_{12}	烷基
生物素	生物素	CO_2
磷酸吡哆醛	吡哆醛（维生素 B_6）	氨基
四氢叶酸	叶酸	甲基、甲烯基、甲炔基、甲酰基等一碳单位

辅助因子按其与酶蛋白结合的紧密程度与作用特点不同可分为辅酶（coenzyme）与辅基（prosthetic group）。辅酶与酶蛋白的结合疏松，可以用透析或超滤的方法除去。辅酶在反应中作为底物接受质子或基团后离开酶蛋白，参加另一酶促反应并将所携带的质子或基团转移出去，或者相反。辅基则与酶蛋白结合紧密，不能通过透析或超滤将其除去，在反应中辅基不能离开酶蛋白。金属离子多为酶的辅基，小分子有机化合物有的属于辅酶（如 NAD^+、$NADP^+$ 等），有的属于辅基（如 FAD、FMN、生物素、磷酸吡哆醛等）。

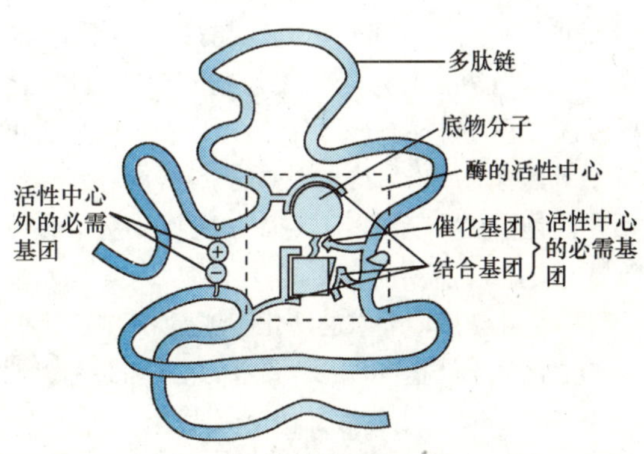

图 3-1　酶的活性中心示意图

二、酶的活性中心

酶分子中存在的各种化学基团并不一定都与酶的活性有关，其中那些与酶的活性密切相关的基团称作酶的必需基团（essential group）。这些必需基团在一级结构上可能相距很远，但在空间结构上彼此相靠近，组成具有特定空间结构的区域，该区域能与底物特异地结合并催化底物转变为产物，这一区域称为酶的活性中心（active center）或活性部位（active site）（图 3-1）。对结合酶来说，辅酶或辅基参与酶活性中心的组成。

酶活性中心内的必需基团有两种：一种是结合基团（binding group），其作用是与底物相结合，使底物与酶形成一定构象的复合物；另一种是催化基团（catalytic group），其作用是影响底物中某些化学键的稳定性，催化底物发生化学反应并转变成产物。活性中心内的必需基团可同时具有这两方面的功能。组氨酸残基的咪唑基、丝氨酸残基的羟基、半胱氨酸残基的巯基以及谷氨酸残基的 γ-羧基是构成酶活性中心的常见基团。还有一些必需基团虽然不参加活性中心的组成，但却为维持酶活性中心应有的空间构象及作为调节剂结合部位所必需，这些基团称作酶活性中心外的必需基团。

酶的活性中心不是点、线或平面，而是酶分子中具有三维结构的区域，或为裂缝，或为凹陷。此裂缝或凹陷由酶的特定空间构象所维持，深入到酶分子内部，且多为氨基酸残基的疏水基团组成的疏水环境，形成疏水性“口袋”。

三、酶的催化特点

酶作为生物催化剂，具有一般无机催化剂的特点：①催化反应前后不改变其质与量；②只催化热力学上允许进行的化学反应；③加速反应进程而不改变反应的平衡常数；④催化反应的机制是降低反应的活化能（activation energy）。由于酶的化学本质是蛋白质，因而酶又具有不同于无机催化剂的特点。

（一）酶的高度催化效率

酶的催化效率比无催化剂时的自发反应速率高 $10^8 \sim 10^{20}$ 倍，比无机催化剂的催化效率高 $10^7 \sim 10^{12}$ 倍。例如，过氧化氢酶催化 H_2O_2 分解的速率是 Fe^{2+} 催化其分解速率的 8.3×10^9 倍；脲酶催化尿素分解的速率是 H^+ 催化其分解速率的 7.6×10^{12} 倍；糜蛋白酶催化苯甲酰胺的水解速率是 H^+ 催化其水解速率的 6.2×10^6 倍，而且不需要较高的反应温度。

由于反应物（酶学上称为底物）分子所含的能量高低不一。只有那些达到或超过一定能量（能阈）水平的分子，才能发生相互碰撞和变构进入化学反应过程，这样的分子称为活化分子。这些活化分子所具有的高出平均水平的能量被称为活化能。活化能是指在一定温度下一摩尔底物从初始态转变成活化态所需要的自由能，单位是焦（焦耳）/摩尔。一个化学反应要求的活化能越高，其中达到能阈的活化分子就越少；相反，要求的活化能越低，则有更多的活化分子，由此加快反应速率。

酶催化的化学反应称为酶促反应。酶促反应过程中，通过酶分子与底物分子间的诱导变构机制，极大地降低了反应的活化能而加速反应的进行（图 3-2）。一个酶分子催化一次反应后，立即恢复成原来状态，继续参加催化下一次反应。所以，极少量的酶可在短时间内催化大量底物反应生成产物。

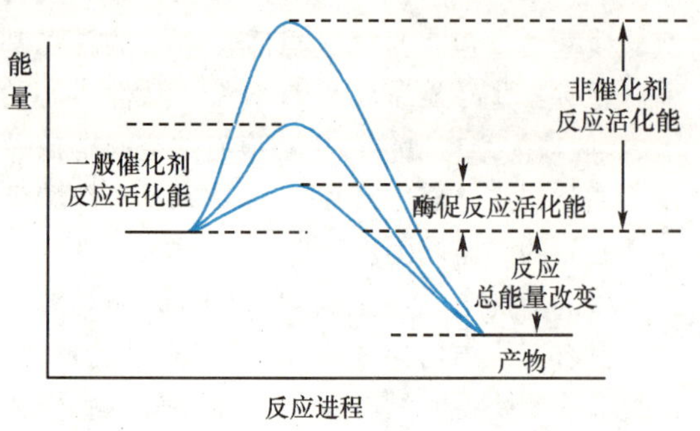

图 3-2　酶促反应活化能的改变

（二）酶的高度专一性

酶对其所催化的底物具有较严格的选择性，即一种酶仅作用于一种或一类化合物，或一定的化学键，催化一定的化学反应并产生一定的产物，酶的这种特性称为酶的特异性或专一性（specificity）。根据酶对其底物结构选择的严格程度不同，酶的专一性可大致分为以下三种类型。

1. 绝对专一性　有的酶只能作用于特定结构的底物，进行专一的反应，生成特定结构的产物，酶的这种特异性称为绝对专一性（absolute specificity）。例如，脲酶仅能催化尿素水解生成 CO_2 和 NH_3；琥珀酸脱氢酶仅催化琥珀酸脱氢生成延胡索酸；碳酸酐酶仅催化碳酸生成 CO_2 和 H_2O。

2. 相对专一性　有些酶可作用于一类化合物或一种化学键，酶对底物的这种不太严格的选择性称为相对专一性（relative specificity）。例如，磷酸酶对一般的磷酸酯键都有水解作用，可水解甘油或酚与磷酸形成的酯键；酯酶对多种有机酸与醇形成的酯键都有水解作用，如脂肪酶不仅可水解脂肪，也水解简单的酯；又例如蔗糖酶不仅水解蔗糖，也可水解棉子糖中的同一种糖苷键。大多数酶对底物的选择性相对较低。

3. 立体异构专一性　一种酶仅作用于立体异构体中的一种，酶对其底物的这种选择性称为立体异构专一性（stereospecificity）。根据酶对旋光异构和几何异构的专一性要求可分为：①旋光异构专一性：例如，精氨酸酶只催化 *L*-精氨酸水解，不能催化 *D*-精氨酸水解；乳酸脱氢酶只催化 *L*-乳酸脱氢，而不能催化 *D*-乳酸脱氢；②几何异构专一性：例如，延胡索酸酶仅催化反丁烯二酸（延胡索酸）裂解生成苹果酸，而对顺丁烯二酸无催化作用。

（三）酶的可调节性

酶的活性和酶量受体内代谢物的调节。酶活性的调节有激活和抑制两种情况。例如，磷酸果糖激酶-1 受 AMP 的变构激活，受 ATP 的变构抑制。酶是蛋白质，有些酶的合成可受代谢物的诱导或阻遏，从而改变细胞内的酶量。例如，胰岛素可诱导 HMG-CoA 还原酶的合成，而胆固醇则阻遏其合成。受调节的酶大多为代谢反应途径中的关键酶，因此，代谢物可通过对酶活性或酶量的调节使得体内代谢过程受到精确调控。

(四) 酶的不稳定性

酶是蛋白质。在某些理化因素(如高温、强酸、强碱等)的作用下,酶可失去催化活性。因此,酶促反应往往都是在常温、常压和接近中性的条件下进行的。

四、酶的催化机制

(一) 酶与底物形成复合物的诱导契合假说

1958年,Koshland提出酶-底物结合的诱导契合假说(induced-fit hypothesis),认为酶在发挥催化作用之前必须先与底物结合,这种结合不是锁与钥匙式的机械关系,而是在酶与底物相互接近时,其结构相互诱导、相互变形和相互适应,进而结合成酶-底物复合物(图3-3)。此假说后来得到X-射线衍射分析的有力支持。酶构象的改变有利于其与底物结合,底物在酶的诱导下也发生变形,处于不稳定的过渡态(transition state),易受酶的催化攻击。过渡态的底物与酶活性中心的结构最相吻合。

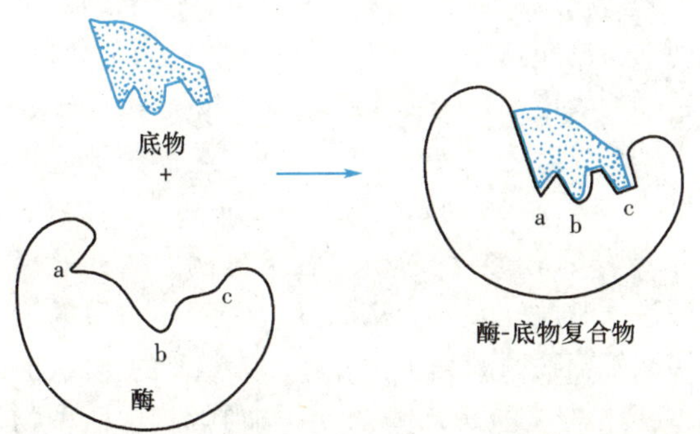

图3-3　酶与底物结合的诱导契合作用

(二) 邻近效应与定向排列

在两个以上底物参加的反应中,底物之间必须以正确的方向相互碰撞,才有可能发生反应。在酶的作用下,底物可聚集到酶的活性中心部位,它们相互靠近形成有利于反应的正确定向关系,这种过程即是邻近效应(proximity effect)和定向排列(orientation arrange)。酶在催化反应中由于邻近效应,再加上底物之间的定向排列均诱导契合在酶的活性中心部位,这样可将分子之间的反应变成类似于分子内的反应,从而极大地提高了催化效率,反应速率可提高约10^8倍。

(三) 多元催化

一般催化剂通常仅有一种解离状态,仅表现酸催化或碱催化。酶是两性电解质,所含有的多种功能基团具有不同的解离常数,即使同一种功能基团处于不同的微环境时,解离度也有差异。酶活性中心上有些基团是质子供体(酸),有些基团是质子受体(碱),也就是说酶即可起亲核催化,又可起亲电子催化作用,所以酶具有多元催化作用(multi-element catalysis)。同时,酶分子中的多功能基团(包括辅酶或辅基)的协同作用也可大大地提高酶的催化效率,反应速率可提高约10^3倍。

(四) 表面效应

酶分子表面由亲水基团构成,内部为疏水性氨基酸,常形成疏水性口袋样结构,酶的活性中心多位于此疏水性口袋中。底物与酶的反应是在酶分子内部的疏水环境中进行的。疏水环境可排除水分子对酶和底物功能基团的干扰性吸引或排斥,防止在底物与酶之间形成水化膜,有利于酶与底物的密切接触,从而提高酶的催化效率,这种现象称为表面效应(surface effect)。

应该指出,一种酶的催化反应常常是多种催化机制综合作用的结果。

第二节　酶的调节

化学反应是机体新陈代谢的基础。随着内外环境的变化,体内的酶促反应必须受到精细调节,以维持生物体内环境的相对恒定。酶的调节主要是对代谢途径中关键酶的调节。酶促反应的调节可分为酶活性的调节和酶量的调节,前者涉及酶结构的变化,后者则与酶的合成和降解有关。另外,有些酶的基因型随不同组织而有差异,故不同组织细胞具有不同的代谢特征。

一、酶活性的调节

(一) 酶原与酶原的激活

有些酶在细胞内合成及初分泌时,只是没有活性的酶的前体,称为酶原(zymogen)。酶原在一定条件下可转变成有活性的酶,此过程称为酶原的激活。酶原激活的机制是分子内部一个或多个肽键的断裂,引起分子构象的改变,从而暴露或形成酶的活性中心。例如,胰蛋白酶原在肠激酶或胰蛋白酶催化下，自N端切去一个6肽后，剩下的238个氨基酸残基形成了有活性的胰蛋白酶(图3-4)；胃蛋白酶原在胃酸的作用下，自N端切去42肽，剩下的350个氨基酸残基就组成活性的胃蛋白酶；胰凝乳蛋白酶原受胰蛋白酶催化除去2个二肽，剩下的241个氨基酸残基就形成了活性的胰凝乳蛋白酶。胰蛋白酶还可激活羧基肽酶原A和弹性蛋白酶原等。

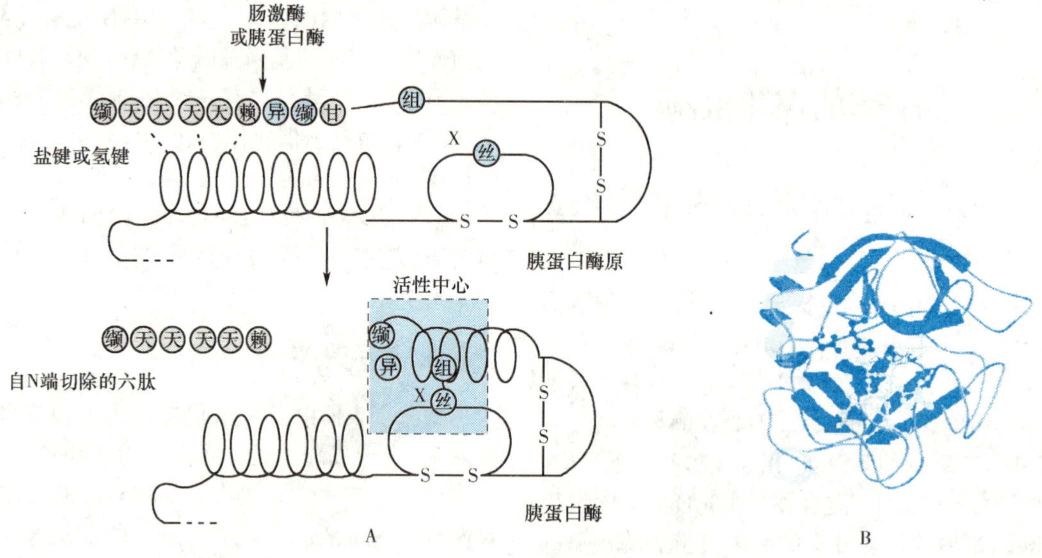

图3-4　胰蛋白酶原的激活

A. 胰蛋白酶原激活时切除N端六肽；B. 激活后的胰蛋白酶，肽链折叠成的三级结构

酶原的激活有着重要的生理意义。有些酶以酶原的形式合成、贮存和分泌，可保护消化器官本身不被活性的酶水解消化，同时可保证酶在其特定的部位与环境发挥催化作用。例如，消化道内的各种蛋白酶在合成、贮存和分泌时均以酶原形式存在，在肠道激活后发挥催化作用，加速食物蛋白的消化过程。与凝血有关的酶类也均以酶原形式在血液中循环运行，当少数凝血因子被激活后，可引起级联反应的激活放大效应，快速发挥凝血作用。纤溶系统的酶类也是如此。此外，酶原还可视为酶的贮存形式。

酶原的异常激活可导致疾病发生。例如，急性胰腺炎就是由于某种病因引起胰腺的胰蛋白酶原被激活，导致胰腺自身消化，后果非常严重。

(二) 变构酶

有些代谢物可以与某些酶分子活性中心外的某一部位以非共价键可逆结合，使酶发生变构而改变其催化活性，这种调节方式称为变构调节(allosteric regulation)。导致变构效应的代谢物称做变构效应剂(allosteric effector)，有时底物本身就是变构效应剂。受变构调节的酶称做变构酶(allosteric enzyme)。酶与效应剂的结合部位称为变构部位(allosteric site)或调节部位(regulatory site)。

变构调节是体内快速调节的一种重要方式。如果变构效应剂引起酶对底物的亲和力增加，从而加快反应速率，这种效应称为变构激活效应，这样的效应剂称为变构激活剂(allosteric activator)；反之则称为变构抑制效应，这样的效应剂称为变构抑制剂(allosteric inhibitor)。例如，ADP和AMP是糖酵解途径关键酶之一的6-磷酸果糖激酶-1的变构激活剂，这两种物质的增多激发葡萄糖的氧化供能，增加ATP的生成；而ATP和柠檬酸是该酶的变构抑制剂，这两种物质增多时，此代谢途径受到抑制，防止产物过剩。

变构酶常由多个(偶数)亚基组成，含催化部位的亚基称为催化亚基，含调节部位的亚基称为调节亚基(有些酶分子的催化部位和调节部位在同一亚基内)。变构酶的变构效应剂可以是其底物、产物或其他化合物，变构酶的酶促动力学不符合米-曼方程，变构酶一般受多种物质的激活或抑制，变构调节不需能量。

具有多亚基的变构酶也与血红蛋白一样，存在着协同效应。当效应剂与酶的某一亚基结合后，会引起酶分子构象改变而影响后续亚基对此效应剂的亲和力，这种现象称为协同效应。当效应剂与酶的一个亚基结合后引起酶的其他亚基与效应剂的结合能力增加，这种协同效应称为正协同效应，反之则称为负协同效应。如果效应剂是底物本身，则正协同效应的底物浓度曲线为S形(图3-5)。

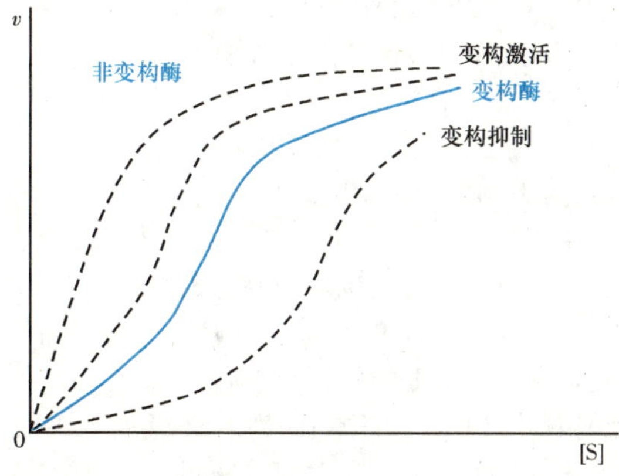

图3-5　变构酶的S形曲线

变构酶的S形曲线是由于酶分子中多个亚基间协同效应的结果，尤其在S形曲线的中部是底物浓度变化引起反应速率骤变的敏感范围，而这也正是体内代谢物的生理浓度范围。所以变构酶催化反应的S形曲线与血红蛋白的S形氧解离曲线一样，都有极重要的生理意义。

(三)酶的共价修饰调节

酶的共价修饰是体内快速调节的另一种重要方式。许多代谢反应及信号转导过程中，酶蛋白的某些特殊基团可与某种化学基团进行可逆的共价结合，从而快速改变酶的活性，这一过程称为酶的共价修饰(covalent modification)或化学修饰(chemical modification)。在共价修饰过程中，酶发生无活性(或低活性)与有活性(或高活性)两种形式的互变。这种互变由不同的酶所催化，后者又大多受激素的调控。酶的共价修饰包括磷酸化与脱磷酸化、乙酰化与脱乙酰化、甲基化与脱甲基化、腺苷化与脱腺苷化，以及—SH与—S—S—的互变等。其中以磷酸化修饰最为常见，磷酸化的部位是酶蛋白分子中丝氨酸、苏氨酸或酪氨酸残基的—OH(图3-6)。

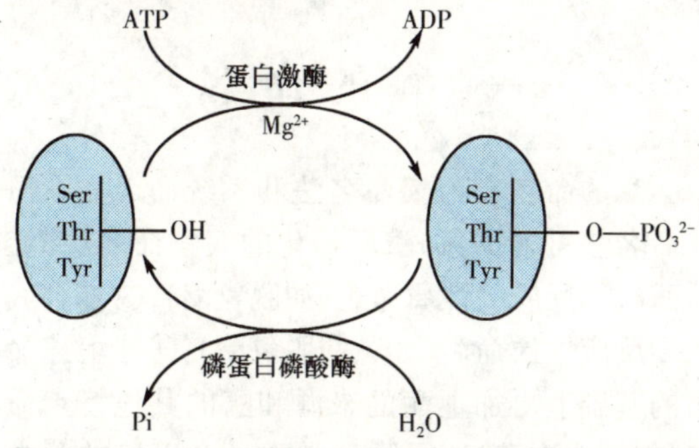

图3-6　酶的磷酸化与脱磷酸化

应该指出，有些酶既可受变构调节，也可受酶促化学修饰调节。例如，磷酸化酶b可受AMP变构激活，受ATP变构抑制；也可被磷酸化酶b激酶磷酸化而激活。

二、酶含量的调节

细胞内的酶蛋白处于不断更新之中。在正常生理情况下，任何酶都处于不断合成和降解的动态平衡过程中。如果这种动态平衡一旦被打破即可引起代谢障碍，或信号转导异常而导致疾病的发生。酶含量的调节属于体内的缓慢调节方式。

(一)酶合成的诱导与阻遏

某些底物、产物、激素、生长因子、药物等可以在转录水平上影响酶的生物合成。一般在转录水平上能促进酶合成的物质称为诱导物(inducer)，诱导物诱发酶合成的作用称为诱导作用(induction)。相反引起酶基因转录减少或阻遏的物质称为阻遏物(repressor)，这种作用称为阻遏作用(repression)。酶基因被诱导转录后，尚需经过转录后加工、翻译和翻译后加工修饰等过程，所以从诱导酶合成到其发挥效应，一般需要几小时以上方可见效。但是，一旦酶被诱导合成后，即使去除诱导因素，酶的活性仍然维持存在，直到该酶被降解或抑制。可见，酶的诱导与阻遏作用是对代谢或信号转导的缓慢而长效的调节。

(二)酶的降解

细胞内各种酶的半寿期相差很大。如鸟氨酸脱羧酶的半寿期很短，仅30分钟，而乳酸脱氢酶的半寿期可长达130小时。人体内蛋白质的降解方式有两种：①溶酶体内蛋白降解途径：由溶酶体内的组织蛋白酶非选择性催化分解一些膜结合蛋白、长半寿期蛋白和细胞外的蛋白；②泛素化蛋白分解途径：主要降解异常或损伤的蛋白质，以及几乎所有短半寿期(10min～2h)的蛋白质。

三、同　工　酶

同工酶(isoenzyme)是长期进化过程中基因分化的产物，是酶的多态型。同工酶是指催化的化学反应相同，但酶蛋白的分子结构、理化性质乃至免疫学性质不同的一组酶。根据1961年国际酶学委员会的建议，“同工酶是由不同基因或复等位基因编码的，催化相同反应，但呈现不同

笔记栏

功能的一组酶的多态型”。至于在翻译后经修饰、变构等形成的多态形式不属于同工酶范畴。同工酶存在于同一种属或同一个体的不同组织或同一细胞的不同亚细胞结构中，它们在代谢调节上起着重要作用。

现已发现百余种酶具有同工酶。1959年，Markert首次用电泳的方法发现了动物的乳酸脱氢酶(lactate dehydrogenase，LDH)的同工酶。LDH是一种含锌的四聚体酶。该酶的亚基有两型：骨骼肌型(M型)和心肌型(H型)，H亚基由12号染色体的基因位点B编码，M亚基由11号染色体的基因位点A编码。两型亚基以不同的比例组成五种亚型：$LDH_1(H_4)$、$LDH_2(H_3M)$、$LDH_3(H_2M_2)$、$LDH_4(HM_3)$、$LDH_5(M_4)$。两型亚基的氨基酸组成相似，分子质量均约为35kDa，但H亚基中的酸性氨基酸较多。在酶的活性中心附近两者有极少数的氨基酸不同，如H亚基的30位为谷氨酰胺残基，M亚基为丙氨酸残基，这些微小的差别引起LDH同工酶解离程度不同、分子表面电荷不同。在pH8.6的缓冲液中进行电泳时，自正极向负极排列依次为LDH_1、LDH_2、LDH_3、LDH_4和LDH_5。由于它们之间所带的电荷呈等差级数增减，加之它们的分子量相等，故电泳谱带之间的距离相等。虽然它们均可催化乳酸与丙酮酸之间的可逆反应，但是由于M亚基和H亚基的氨基酸序列和结构的差异，表现出对底物亲和力的不同。例如，LDH_1对乳酸的亲和力较大($K_m = 4.1\times10^{-3}$ mol/L)，而LDH_5对乳酸的亲和力较小($K_m = 14.3\times10^{-3}$ mol/L)，这主要是H亚基对乳酸的K_m小于M亚基的缘故。体外催化反应时，LDH_1的最适pH为9.8，LDH_5为7.8。LDH同工酶在不同组织器官中的含量也不同(表3-2)。

表3-2 人体各组织器官中LDH同工酶含量的百分比

组织器官	LDH_1	LDH_2	LDH_3	LDH_4	LDH_5
心肌	67	28	4	<1	<1
肾	52	28	16	4	<1
肝	2	4	11	27	56
骨骼肌	4	7	21	27	41
肺	10	20	30	25	15
胰腺	30	15	50	—	5
脾	10	25	40	25	5
子宫	5	25	44	22	4
红细胞	42	36	15	5	2
白细胞	12	49	33	6	<1
正常血清	27	34	21	12	6

肌酸激酶(creatine kinase，CK)是二聚体酶，其亚基有M型(肌型)和B型(脑型)两种。脑中主要含CK_1(BB型)；骨骼肌主要中含CK_3(MM型)；CK_2(MB型)仅见于心肌，并且含量很高，约占人体总CK含量的14%～42%。除细胞质外，在脑、骨骼肌和心肌等的线粒体中还存在有另一种结构不同的CK(CK-MiMi)。正常血液中的CK主要是CK_3，几乎不含有CK_2。

同工酶可作为临床疾病的诊断指标。例如，临床上可用LDH和CK同工酶诊断心、肝和骨骼肌疾病。LDH_1主要存在于心肌组织，心肌梗死时释出LDH_1。正常血清中$LDH_2>LDH_1$，LDH_1/LDH_2比值约为0.45；在心肌梗死时血清中$LDH_1 \gg LDH_2$，LDH_1/LDH_2比值显著升高，CK_2也升高近6倍。因此，CK和LDH的同工酶谱变化，具有重要临床诊断价值，其中CK的阳性诊断时间出现在心梗后6～18h，LDH的阳性诊断时间出现在心梗后1～2天(图3-7)。

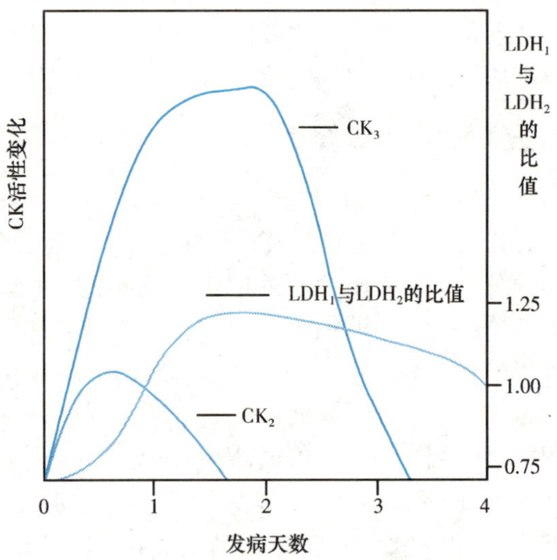

图3-7 心肌梗死血清CK和LDH同工酶活性的改变

第三节 酶的命名与分类

一、酶的命名

酶的命名有习惯命名法和系统命名法。习惯命名法可根据：①酶所催化的底物命名(如淀粉酶)；②反应的性质命名(如脱氢酶)；③综合底物和反应性质命名(如乳酸脱氢酶)；④在上述命名的基础上再加上酶的来源和酶的其他特点命名(如胃蛋白酶)。国际酶学委员会以酶的分类为依据，于1961年提出系统命名法。系统命名法规定每一酶均有一个系统名称，它标明酶的所有底物与反应性质。底物名称之间以"："分隔。由于许多酶促反应是双底物或多底物反应，且许多底物的化学名称太长，这使许多酶的系统名称过长和过于复杂，为了应用方便，国际酶学委员会又从每种酶的数个习惯名称中选定一个简便实用的推荐名称。现将一些酶的系统名称和推荐名称举例列于表 3-3。

表 3-3　一些酶的命名举例

编　号	推荐名称	系统名称	催化的反应
EC1.4.1.3	谷氨酸脱氢酶	*L*-谷氨酸:NAD^+ 氧化还原酶	*L*-谷氨酸＋H_2O＋NAD^+→α-酮戊二酸＋NH_3＋NADH＋H^+
EC2.6.1.1	天冬氨酸氨基转移酶	*L*-天冬氨酸:α-酮戊二酸氨基转移酶	*L*-天冬氨酸＋α-酮戊二酸→草酰乙酸＋*L*-谷氨酸
EC3.5.3.1	精氨酸酶	*L*-精氨酸脒基水解酶	*L*-精氨酸＋H_2O→*L*-鸟氨酸＋尿素
EC4.1.2.13	果糖二磷酸醛缩酶	*D*-果糖 1,6-二磷酸:*D*-甘油醛 3-磷酸裂合酶	*D*-果糖 1,6-二磷酸→磷酸二羟丙酮＋*D*-甘油醛 3-磷酸
EC5.3.1.9	磷酸葡糖异构酶	*D*-葡糖 6-磷酸酮醇异构酶	*D*-葡糖 6-磷酸→*D*-果糖 6-磷酸
EC6.3.1.2	谷氨酰胺合成酶	*L*-谷氨酸:氨连接酶	ATP＋*L*-谷氨酸＋NH_3→ADP＋磷酸＋*L*-谷氨酰胺

二、酶的分类

按照酶促反应的性质，酶可分为六大类：

1. 氧化还原酶类（oxidoreductases）　催化底物进行氧化还原反应的酶类。例如，乳酸脱氢酸、琥珀酸脱氢酶、细胞色素氧化酶、过氧化氢酶、过氧化物酶等。

2. 转移酶类（transferases）　催化底物之间进行某些基团的转移或交换的酶类。例如，甲基转移酶、氨基转移酶、己糖激酶、磷酸化酶等。

3. 水解酶类（hydrolases）　催化底物发生水解反应的酶类。例如，淀粉酶、蛋白酶、脂肪酶、磷酸酶等。

4. 裂解酶类（或裂合酶类，lyases）　催化从底物移去一个基团并留下双键的反应或其逆反应的酶类。例如，碳酸酐酶、醛缩酶、柠檬酸合酶等。

5. 异构酶类（isomerases）　催化各种同分异构体之间相互转化的酶类。例如，磷酸丙糖异构酶、消旋酶等。

6. 合成酶类（或连接酶类，ligases）　催化两分子底物合成为一分子化合物，同时耦联有 ATP 的磷酸键断裂释能的酶类。例如，谷氨酰胺合成酶、氨基酸:tRNA 连接酶等。

国际系统分类法除按上述六类将酶依次编号外，还根据酶所催化的化学键的特点和参加反应的基团不同，将每一大类又进一步分类。每种酶的分类编号均由 4 个数字前冠以 EC(enzyme commission)（表 3-3）。编号中第一个数字表示该酶属于六大类中的哪一类，第二个数字表示该酶属于哪一亚类，第三个数字表示亚-亚类，第四个数字是该酶在亚-亚类中的排序。例如乳酸脱氢酶，按国际系统命名法称为乳酸:NAD^+ 氧化还原酶，按国际编号法，氧化还原酶类属于第 1 类，乳酸的 CHOH 作为供体基团者属于第 1 亚类，以 NAD^+ 作为受体基团者属于第 1 亚-亚类，乳酸脱氢酶在第 1 亚-亚类中排号 27，因此 LDH 的国际分类编号为 EC1.1.1.27。

第四节　酶促反应动力学

酶促反应动力学（kinetics of enzyme-catalyzed reactions）是研究酶促反应的速率以及各种因素对酶促反应速率影响机制的科学。影响酶促反应速率的因素有酶浓度、底物浓度、pH、温度、抑制剂及激活剂等。在研究酶的结构与功能的关系以及探讨酶作用机制时，需要酶促动力学数据加以说明，在探讨某些药物的作用机制和酶的定量等方面，都需要掌握酶促反应动力学的知识。

研究酶促反应动力学经常涉及酶的活性。酶活性是指酶催化化学反应的能力，其衡量尺度是酶促反应速率的大小。酶促反应速率可用单位时间内底物的消耗量或产物的生成量来表示。由于底物的消耗量不易测定，所以实际工作中经常是测定单位时间内产物的生成量。

酶活性通常用单位来表示，同一种酶因测定条件和方法的不同，可有不同的单位标准。1961

年，国际生化学会酶学委员会规定统一采用国际单位表示酶活性。在规定的条件下(如一定的温度、pH 和足够的底物量等)，每分钟催化 1μmol 底物转变为产物所需的酶量定义为 1 个酶活性国际单位(IU)。

需要指出的是，当研究上述某一因素对酶促反应速率的影响时，应保持其他因素不变，只改变待研究的因素，而且通常测定的是酶促反应的初速率(initial velocity)。反应初速率是指反应刚刚开始时，时间进程曲线为直线部分时的反应速率(图 3-8)。

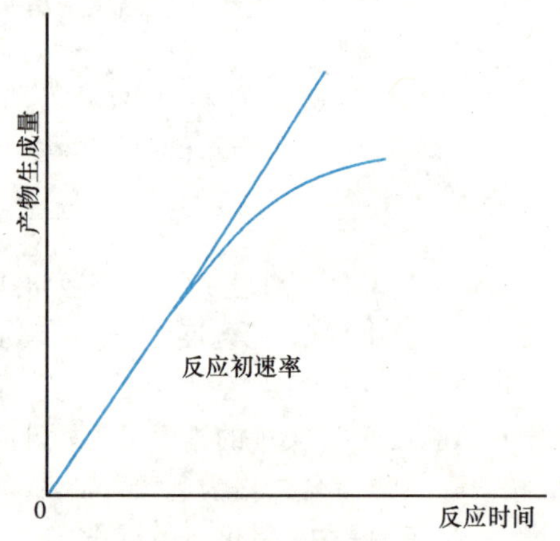

图 3-8　酶促反应初速率

酶促反应系统可分为单底物反应系统、双底物反应系统和多底物反应系统。下面仅介绍单底物反应系统的酶促反应动力学。

一、底物浓度对酶促反应速率的影响

在其他因素不变的情况下，底物浓度的变化对反应速率影响的作图呈矩形双曲线(图 3-9)。

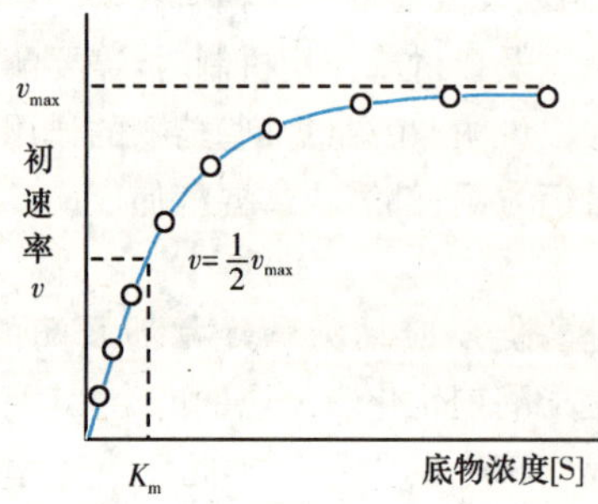

图 3-9　底物浓度对酶促反应的影响

当底物浓度([S])很低时，增加[S]，反应速率 v 与[S]成正比，属一级反应。当继续增加[S]时，v 不再与[S]成正比，属一级与零级混合相反应。当[S]达到一定限度时，v 达到最大速率 v_{max}，此时 v 与[S]无关，属零级反应。

1902 年，Henri 在研究蔗糖酶水解蔗糖的动力学时提出了酶-底物中间复合物学说，借以阐明底物浓度对酶促反应速率的影响。首先酶(E)与底物(S)生成酶-底物中间复合物(ES)，然后 ES 分解生成产物(P)，并释放出酶：

$$E+S \longleftrightarrow ES \longrightarrow E+P$$

当[S]很低时，酶的活性中心远未被底物饱和，因此，v 随[S]增加而加快；当[S]增加到占据全部酶活性中心，即底物达到饱和时，v 达到最大反应速率(v_{max})，此时的[S]称为饱和浓度。高于此浓度时，由于酶活性中心已被底物完全占据，故增加[S]不再能提高反应速率。所有酶都表现出这种饱和效应(saturated effect)，但各种酶产生饱和效应时所需[S]则有很大的差异。

(一) 米-曼方程式(Michaelis-Menten equation)

1913 年，Michaelis 和 Menten 根据 ES 中间复合物学说，并借助于 v 与[S]的矩形双曲线关系来研究酶促反应动力学，得出 v 与[S]的数学关系式，即米-曼方程式。式中 v_{max} 为最大速率，[S]为底物浓度，K_m 为米氏常数，v 是在不同[S]时的反应速率。

$$v=\frac{v_{max}[S]}{K_m+[S]}$$

(二) 米-曼方程式的推导

首先设立三个假设：①将反应过程限于初速率范围内，即底物消耗不超过 5%以前的反应速率。在这种情况下，反应体系中剩余的底物浓度(至少≥95%)远超过生成的产物浓度(≤5%)。所以反应两侧底物浓度与产物浓度相差悬殊，逆反应可不予考虑；②ES 复合物处于稳态(steady state)，即 ES 生成与分解的速率相等；③反应开始时的底物浓度[St]≫酶浓度[E]。在反应进行一段时间后，在初速率条件下，此时的底物浓度[S]≈[S_t]。

根据 ES 中间复合物学说：

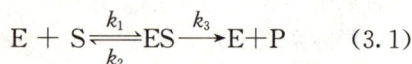

$$E+S \underset{k_2}{\overset{k_1}{\rightleftharpoons}} ES \xrightarrow{k_3} E+P \qquad (3.1)$$

式中 k_1、k_2 和 k_3 分别代表各向反应的速率常数，根据质量作用定律，ES 的生成速率为：

$$\frac{d[ES]}{dt}=k_1([E_t]-[ES])[S] \quad (3.2)$$

式中$[E_t]$为酶的总浓度，[ES]为酶-底物复合物浓度，$[E_t]-[ES]$为游离酶浓度。

[ES]的分解速率为：

$$\frac{-d[ES]}{dt}=k_2[ES]+k_3[ES] \quad (3.3)$$

当反应系统处于稳态时，ES的生成速率和它的分解速率达到平衡，则得下式：

$$k_1([E_t]-[ES])[S]=k_2[ES]+k_3[ES]$$

$$\frac{([E_t]-[ES])[S]}{[ES]}=\frac{k_2+k_3}{k_1}$$

$$令\frac{k_2+k_3}{k_1}=K_m \quad 则\frac{([E_t]-[ES])[S]}{[ES]}=K_m \quad (3.4)$$

从式3.4求出ES复合物的稳态浓度[ES]为：

$$[ES]=\frac{[E_t][S]}{K_m+[S]} \quad (3.5)$$

产物的生成速率取决于[ES]，因此整个酶促反应速率取决于ES的分解速率：

$$v=k_3[ES] \quad (3.6)$$

将3.5式代入3.6式得：

$$v=k_3\frac{[E_t][S]}{K_m+[S]} \quad (3.7)$$

当[S]高到使反应系统中所有的酶全部以ES形式存在，此时的v达到v_{max}，即

$$v_{max}=k_3[ES]=k_3[E_t] \quad (3.8)$$

将式3.8代入式3.7得米-曼方程：

$$v=\frac{V_{max}[S]}{K_m+[S]} \quad (3.9)$$

（三）K_m的意义

1. 当v等于最大速率一半时，即

$$\frac{v_{max}}{2}=\frac{v_{max}[S]}{K_m+[S]}$$

整理得$K_m=[S]$。即K_m值是指酶促反应速率为最大速率一半时的底物浓度。K_m值的单位可采用mol/L或mmol/L。

2. $K_m=\frac{k_2+k_3}{k_1}$

当$k_2 \gg k_3$时，k_3值可以忽略不计，此时K_m值近似于ES的解离常数(K_s)，即

$$K_m=\frac{k_2+k_3}{k_1}=\frac{k_2}{k_1}=K_s$$

在这种情况下，K_m值可以用来表示酶对底物的亲和力。K_m值愈大，则亲和力愈小；K_m值愈小，则亲和力愈大。但k_3值并非总是远远小于k_2值的。所以K_m与K_s的涵义是不同的，切勿交替使用。

当底物浓度很低时，即$[S] \ll K_m$，则

$$v=\frac{v_{max}}{K_m}[S]$$

反应速率与底物浓度成正比，反应为一级反应；当底物浓度很高时，$[S] \gg K_m$，则$v=v_{max}$，反应速率与底物浓度无关，反应为零级反应。

3. K_m值是酶的特性常数　K_m的大小并非固定不变，它与酶的结构、底物结构、反应环境的pH、温度和离子强度有关，而与酶浓度无关。各种酶的K_m值是不同的，如过氧化氢酶对H_2O_2的K_m=25.0mmol/L，碳酸酐酶对HCO_3^-的K_m=9.0mmol/L。当一种酶能与数种底物反应时，它对每一种底物也各有其特征性的K_m值，如谷氨酸脱氢酶对谷氨酸的K_m=0.12mmol/L，而对α-酮戊二酸的K_m=2.0mmol/L。大多数酶的K_m在0.01～100mmol/L之间。

4. K_m是酶促反应动力学中的一个最重要参数　可实际应用于下列各种情况：①鉴别同工酶；②设计一个反应体系内最适当的[S]的依据；③在同种系底物中，K_m最小者可能为天然底物；④当$[S] \gg K_m$时可求得v_{max}；⑤根据K_m可大致判断细胞内的底物浓度；⑥可用于判定抑制剂的类型。细胞内酶的K_m值通常接近于底物浓度，这可能是由于在细胞内环境中酶形成的活性中心对底物的亲和力比对体外同等浓度的底物要强。体外测定酶活性时，若使反应速率达到最大速率，需要使用1000倍于K_m值的底物浓度。但体外测定酶活性多半采用10倍于K_m值的底物浓度，因底物浓度过大可抑制酶的活性，反而使反应速率下降。因此，临床上有效的酶测定方法是在选择底物种类和合适的底物浓度时需要应用K_m值。

（四）v_{max}的含义

v_{max}是指酶完全被底物饱和时的反应速率。即当$[S] \gg K_m$时的v。即

$$v=\frac{v_{max}[S]}{[S]}=v_{max}$$

此时的 v 不受[S]的影响，而是与酶浓度呈正比，因为 $v_{max}=k_3[E_t]$，故 v_{max} 同$[E_t]$成正比。如果已知$[E_t]$和 v_{max}，可由 $v_{max}=k_3[E_t]$演算定义出酶的转换数(turnover number)。由于

$$k_3=\frac{v_{max}}{[E_t]}=\frac{-d[S]/dt}{[E_t]}=\frac{-d[E]}{dt[E_t]}$$

此时 k_3 即为酶的转换数，或者说酶完全被底物饱和时，单位时间内每个酶分子催化底物转变为产物的分子数。则 $1/k_3$ 称为催化周期即催化每一个底物分子转变为产物所需的时间。对于生理性底物，一般酶的 k_3 值为 $1\sim10^4$/s。现知碳酸酐酶的 k_3 值最高(表 3-4)。

表 3-4　某些酶的转换数(k_3)和催化周期($1/k_3$)

酶	k_3	$1/k_3$
碳酸酐酶	36×10^6分$^{-1}$$=6\times10^5$秒$^{-1}$	1.7×10^{-6}秒
乙酰胆碱酯酶	15×10^5分$^{-1}$$=2.5\times10^4$秒$^{-1}$	4×10^{-5}秒
乳酸脱氢酶	6×10^4分$^{-1}$$=1\times10^3$秒$^{-1}$	1×10^{-3}秒
凝乳蛋白酶	6×10^3分$^{-1}$$=10^2$秒$^{-1}$	1×10^{-2}秒
DNA 聚合酶	9×10^2分$^{-1}$$=15$ 秒$^{-1}$	6.7×10^{-2}秒
溶菌酶	0.5 分$^{-1}$$=8.3\times10^{-3}$秒$^{-1}$	120.5 秒

(五) K_m与 v_{max}的求测方法

1. 双曲线作图法　首先按不同[S]测得相应的 v，然后绘制成 v-[S]双曲线(图 3-9)，其 v 的极限值即是 v_{max}，以 $v_{max}/2$ 与双曲线交点，作垂线与横轴交点的[S]就是 K_m。本法很难准确地测得 K_m值和 v_{max}值。

2. 直线作图法　为了准确方便，许多学者将米-曼方程式变换成直线形式作图。主要有 Lineweaver-Burk 作图法、Hanes 作图法和 Woolf 作图法，其中以 Lineweaver-Burk 双倒数作图法最为常用。

该法对米-曼方程式两侧进行倒数处理得：

$$\frac{1}{v}=\frac{K_m}{v_{max}}\cdot\frac{1}{[S]}+\frac{1}{V_{max}}$$

以 $1/v$ 对 $1/[S]$作图，即得一条直线(图 3-10)，其斜率为 K_m/v_{max}。当 $1/[S]=0$ 时，$1/v=1/v_{max}$，此点即为纵轴 $1/v$ 上的截距 $1/v_{max}$。当 $1/v=0$ 时，$1/[S]=-1/K_m$，此点即为横轴 $1/[S]$ 上的截距 $-1/K_m$。这种作图法能比较容易求出 v_{max}与 K_m值。

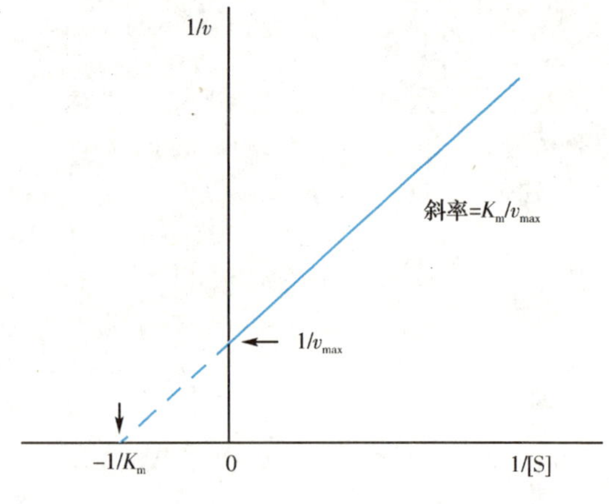

图 3-10　林-贝氏双倒数作图法

二、酶浓度对酶促反应速率的影响

根据米-曼方程式的演算得：

$$v=\frac{v_{max}[S]}{K_m+[S]}=\frac{[S]}{K_m+[S]}k_3[E_t]$$

其中 K_m在某一固定的反应条件(如 pH、温度)下是常数，而在[S]足够大时，$v\approx k_3[E_t]$，即反应速率与酶浓度成正比关系(图 3-11)。

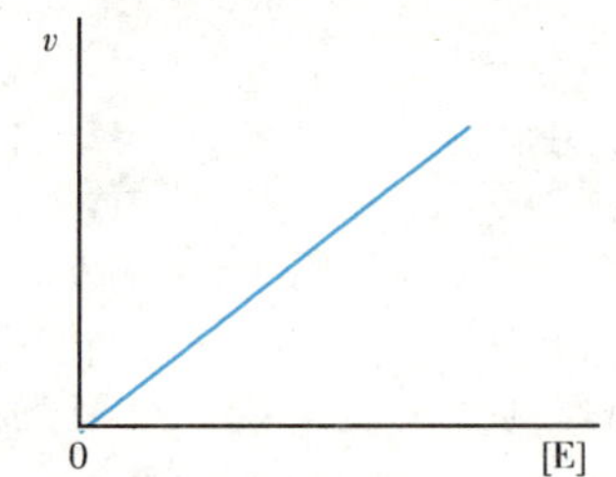

图 3-11　酶浓度对反应速率的影响

三、pH 对酶促反应速率的影响

酶分子中的许多极性基因，在不同的环境 pH 条件下解离状态不同，其所带电荷的种类和数量也各不相同，酶活性中心的某些必需基团往往仅在某一解离状态时才最容易同底物结合或具有最大的催化作用。因此，环境 pH 的改变对酶的催化作用影响很大(图 3-12)。此外，许多底物与辅酶也具有解离性质，环境 pH 的改变也可影响它们的解离状态，从而影响它们与酶的亲和力。酶催化活性最大时的环境 pH 称为酶促反应的最适 pH(optimum pH)。虽然不同酶的最适 pH 各不相同(如胃蛋白酶的最适 pH 约为 1.8，肝精氨酸酶最适 pH 为 9.8)，但动物体内大多数酶的最适 pH 接近中性。

笔记栏

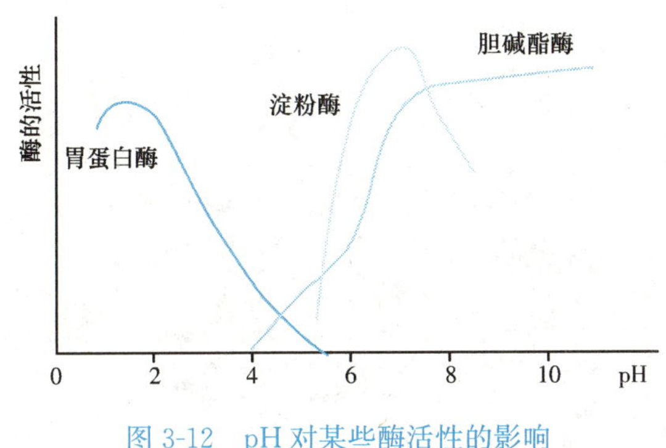

图 3-12　pH 对某些酶活性的影响

最适 pH 不是酶的特征性常数，它受温度、底物浓度、酶的纯度以及缓冲液的种类和浓度等影响。环境 pH 高于或低于最适 pH 均可导致酶促反应速率下降。适宜的保护剂可以增强 pH 对酶的稳定性。在测定酶活性时，应选用适宜的缓冲溶液以保持酶活性的稳定。

四、温度对酶促反应速率的影响

一般情况下，升高温度可加快化学反应的反应速率。温度的升高能增加分子的动能和分子的热运动，提高分子间的有效碰撞次数。酶促反应也符合这种规律。然而酶是蛋白质，在一定温度范围内，随着温度的升高，酶促反应速率加快。当温度升高到 60℃时酶蛋白已开始变性，80℃时多数酶蛋白的变性已经不可逆转。由此可见，温度对酶促反应速率的影响是双方面的，一方面随着温度的升高，酶促反应速率加快；另一方面高温可使酶变性，使酶促反应速率下降(图3-13)。酶促反应速率达到最大反应速率时的温度称为酶的最适温度。在低于最适温度条件下，温度每升高 10℃，反应速率可加大 1～2 倍。生化实验中测定酶活性时，应严格控制反应的温度。

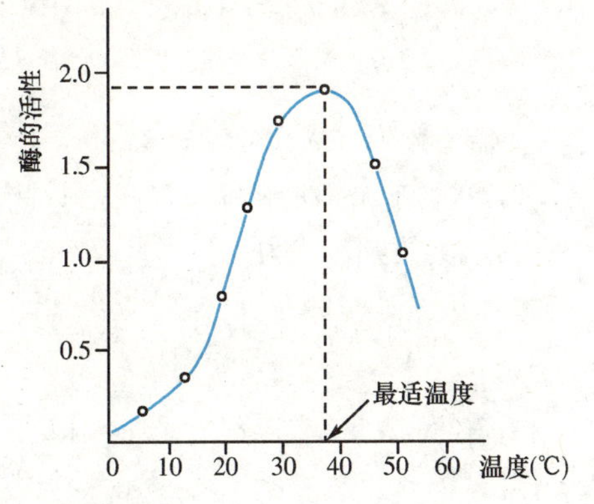

图 3-13　温度对酶活性的影响

最适温度不是酶的特征性常数，它与反应时间的长短有关。如果延长时间，则最适温度可降低；如果缩短反应时间，最适温度可升高。因此，一般实验中所指的最适温度是指在一定时间范围内，酶处于恒态活性的最高温度。

酶的活性虽然随温度的下降而降低，但低温一般不使酶破坏。温度回升后，酶又可恢复活性。临床上低温麻醉便是利用酶的这一性质以减慢组织细胞代谢速率，提高机体对氧和营养物质缺乏的耐受性。低温保存菌种和酶制剂也是基于这一原理。

虽然酶对温度敏感，但也有极少数的酶是耐热的。例如，从嗜热水生菌(*Thermus quaticus*)YT1 菌株中分离到的 Taq DNA 聚合酶，可耐 90℃以上的高温 2 小时，仍保持很高的活性，它的最适温度为 72℃。耐热的 DNA 聚合酶已成为聚合酶链反应中不可缺少的工具。

五、抑制剂对酶促反应速率的影响

许多物质可引起酶活性下降甚至消失而表现出对酶的抑制作用。凡是能使酶活性下降而又不引起酶变性的物质统称为酶的抑制剂(inhibitor)。抑制剂仅使酶的催化效力减低。

抑制剂大多与酶的活性中心内、外的必需基团结合，从而表现出对酶催化活性的抑制作用。去除抑制剂后，酶的活性可以恢复。根据抑制剂与酶结合的紧密程度，以及是否可用透析或超滤等方法去除，将抑制作用分为不可逆性抑制作用和可逆性抑制作用两大类。

(一) 不可逆性抑制作用

某些抑制剂可与酶的必需基团以共价键结合引起酶活性丧失。这类抑制剂包括有机磷类农药(如敌百虫、敌敌畏、1059、1605、乐果、沙林等)、重金属离子(如 Hg^{2+}、Pb^{2+}、Ag^{+}等)和 As^{3+} 等，它们不能用透析、超滤或凝胶过滤等物理方法去除而使酶活性恢复，这种抑制作用称为不可逆性抑制作用(irreversible inhibition)。

有机磷类化合物是羟基酶的不可逆性抑制剂。例如，它们能与胆碱酯酶(choline esterase)活性中心的丝氨酸羟基结合，使酶失活而导致体内乙酰胆碱堆积，造成副交感神经兴奋，中毒者出现恶心、呕吐、多汗、肌肉震颤，瞳孔缩小等症状。

$$\mathrm{(RO)(R'O)P(=O)X} + \mathrm{HO{-}E} \longrightarrow \mathrm{(RO)(R'O)P(=O){-}O{-}E} + \mathrm{HX}$$

有机磷化合物　　羟基酶　　失活的酶　　酸

临床上可用解磷定（pyridine aldoxime methyliodide，PAM）抢救有机磷农药中毒患者。PAM可与有机磷化合物结合成稳定的复合物，从而解除有机磷化合物对羟基酶的抑制作用。

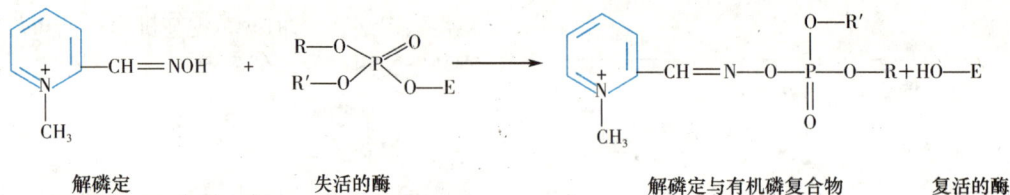

$$\mathrm{C_5H_4\overset{+}{N}(CH_3){-}CH{=}NOH} + \mathrm{(RO)(R'O)P(=O){-}O{-}E} \longrightarrow \mathrm{C_5H_4\overset{+}{N}(CH_3){-}CH{=}N{-}O{-}P(=O)(OR'){-}O{-}R} + \mathrm{HO{-}E}$$

解磷定　　失活的酶　　解磷定与有机磷复合物　　复活的酶

低浓度的重金属离子可与酶分子中的巯基非特异性结合，使酶失活。化学毒气路易士气（Lewisite）是一种含砷的化合物，通过抑制体内的巯基酶而使人畜中毒。

$$\mathrm{Cl_2As{-}CH{=}CHCl} + \mathrm{E(SH)_2} \longrightarrow \mathrm{E{<}(S)_2{>}As{-}CH{=}CHCl} + \mathrm{2HCl}$$

路易士气　　巯基酶　　失活的酶　　酸

砷化合物引起的中毒可用富含巯基的药物予以防护和解毒。二巯丙醇（British anti-Lewiste，BAL）分子中含有2个-SH基，在体内达到一定浓度时可与毒剂结合，使酶恢复活性。

$$\mathrm{HS{-}CH_2{-}CH(SH){-}CH_2{-}OH} + \mathrm{E{<}(S)_2{>}As{-}CH{=}CHCl} \longrightarrow \mathrm{CH_2(S){-}CH(S){-}CH_2OH{>}As{-}CH{=}CHCl} + \mathrm{E(SH)_2}$$

二巯丙醇　　失活的酶　　二巯丙醇与砷剂复合物　　复活的酶

(二) 可逆性抑制作用

这类抑制剂以非共价键与酶(E)或ES中间复合物可逆性结合，降低酶活性。通过透析、超滤等方法可将抑制剂除去，使酶活性恢复，这种抑制称为可逆性抑制作用（reversible inhibition）。可逆性抑制作用主要有竞争性抑制、非竞争性抑制和反竞争性抑制作用三种类型。

1. 竞争性抑制作用　有些抑制剂的结构与底物结构相似，可与底物共同竞争与酶的活性中心结合而抑制酶的活性，这种抑制称为竞争性抑制作用（competitive inhibition）。抑制程度取决于抑制剂与酶的相对亲和力以及与底物浓度的相对比例。其反应过程如下：

$$\begin{array}{l} \mathrm{E + S \rightleftharpoons ES \longrightarrow E + P} \\ + \\ \mathrm{I} \\ \Updownarrow K_i \\ \mathrm{EI} \end{array}$$

$$\mathrm{HOOC{-}CH_2{-}CH_2{-}COOH} \qquad \mathrm{HOOC{-}CH_2{-}COOH} \qquad \mathrm{HOOC{-}CH_2{-}CH_2{-}CH_2{-}COOH}$$

琥珀酸　　丙二酸　　戊二酸

丙二酸等对琥珀酸脱氢酶的抑制是竞争性抑制作用的典型实例。

从竞争性抑制的反应过程可以看出，酶和抑制剂结合形成的复合物EI不能转化为产物，降低了有效酶的数量，因而降低了酶活性。按米-曼方程式推导方法可以演化出竞争性抑制剂、底物和反应速率之间的动力学关系：

$$v=\frac{v_{max}[S]}{K_m(1+\frac{[I]}{K_i})+[S]}$$

K_i 为抑制常数，即酶与抑制剂结合的解离常数。其双倒数方程式为：

$$\frac{1}{v}=\frac{K_m}{V_{max}}(1+\frac{[I]}{K_i})\frac{1}{[S]}+\frac{1}{V_{max}}$$

当有不同浓度抑制剂存在时，以 $1/v$ 对 $1/[S]$ 作图（图3-14），可以发现，无论竞争性抑制剂的浓度如何，各直线在纵轴上的截距均与无抑制剂时相同，均为 $1/v_{max}$，这说明酶促反应的 v_{max} 不因有竞争性抑制剂的存在而改变。从横轴上

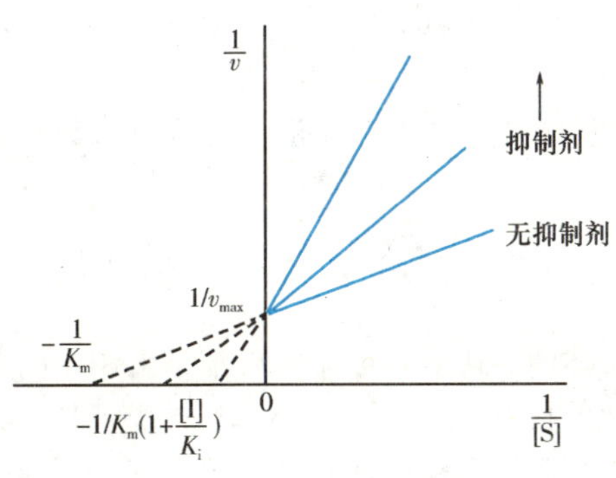

图 3-14　竞争性抑制双倒数作图

的截距量得的表观 K_m 值(apparent K_m)大于无抑制剂时的 K_m 值,这说明竞争性抑制作用使酶的表观 K_m 值增大。

竞争性抑制作用的原理可用来阐明某些药物的作用机制并指导合成控制代谢的新药物。例如,对磺胺类药物敏感的细菌在生长繁殖时,不能直接利用环境中的叶酸,而是在菌体内二氢叶酸合成酶(dihydrofolic acid synthetase)的催化下,利用对氨基苯甲酸、谷氨酸和二氢蝶呤合成二氢叶酸。磺胺类药物的化学结构与底物对氨基苯甲酸相似,是二氢叶酸合成酶的竞争性抑制剂,因此能抑制二氢叶酸的合成。二氢叶酸是四氢叶酸的前体,后者是一碳单位代谢的辅酶。细菌由于一碳单位代谢障碍而导致核苷酸及核酸的合成受阻,其生长繁殖受到抑制。根据竞争性抑制的特点,服用磺胺类药物时必须保持血液中的高浓度,以发挥其有效的抑菌作用。人类能直接利用食物中的叶酸,所以人体核酸的合成不受磺胺类药物的干扰。

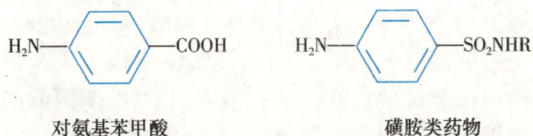

H_2N—C₆H₄—COOH　　　　H_2N—C₆H₄—SO_2NHR

对氨基苯甲酸　　　　磺胺类药物

革兰阳性菌膜上的转肽酶可利用肽多糖合成菌膜,而青霉素的结构与这种肽多糖相似,故可竞争性抑制转肽酶而杀菌。许多属于抗代谢物的抗癌药物,如甲氨蝶呤、5-氟尿嘧啶、6-巯基嘌呤等,几乎都是酶的竞争性抑制剂,它们分别抑制四氢叶酸、脱氧胸苷酸及嘌呤核苷酸的合成,从而抑制肿瘤的生长(见第 13 章)。

2. 非竞争性抑制作用　有些抑制剂可与酶活性中心外的必需基团结合,不影响酶与底物的结合,酶和底物的结合也不影响酶与抑制剂的结合。因而底物、抑制剂与酶结合之间无竞争关系。但是酶-底物-抑制剂复合物(ESI)不能进一步生成产物,这种抑制称为非竞争性抑制作用(non-competitive inhibition)。典型的非竞争性抑制作用的反应过程是:

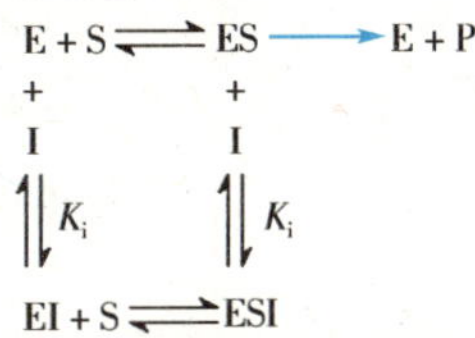

按照米-曼方程式推导方法,得出酶促反应速率、底物浓度和抑制剂之间的动力学关系(图 3-15),其双倒数方程式是:

$$\frac{1}{v}=\frac{K_m}{v_{max}}(1+\frac{[I]}{K_i})\frac{1}{[S]}+\frac{1}{v_{max}}(1+\frac{[I]}{K_i})$$

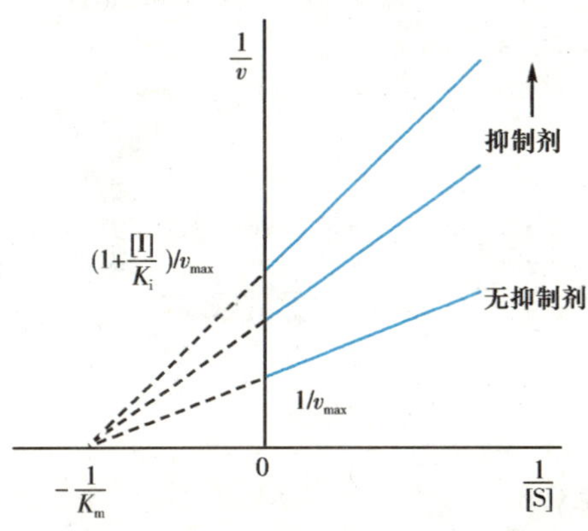

图 3-15　非竞争性抑制双倒数作图

从双导数作图可见 v_{max} 下降,表现 K_m 值不变。

亮氨酸对精氨酸酶的抑制、毒毛花苷(哇巴因)对细胞膜 Na^+,K^+-ATP 酶的抑制、麦芽糖对 α-淀粉酶的抑制都属于非竞争性抑制。

3. 反竞争性抑制作用　这类抑制剂与上述两类抑制剂的作用机制不同,不是直接与酶结合抑制酶活性,而是结合 ES 中间复合物形成 ESI,这样使 ES 量下降,减少产物的生成,同时增进 E 与 S 形成中间复合物,所以从这点上看,这类抑制剂有增进底物与酶结合的作用,故称之为反竞争性抑制(uncompetitive inhibition)。其抑制作用的反应过程如下:

$$E+S \rightleftharpoons ES \longrightarrow E+P$$
$$ES + I \underset{}{\overset{K_i}{\rightleftharpoons}} ESI$$

其双倒数方程式是:

$$\frac{1}{v}=\frac{K_m}{v_{max}}\cdot\frac{1}{[S]}+\frac{1}{v_{max}}(1+\frac{[I]}{K_i})$$

从双倒数作图可见 v_{max} 和表观 K_m 值均降低(图 3-16)。

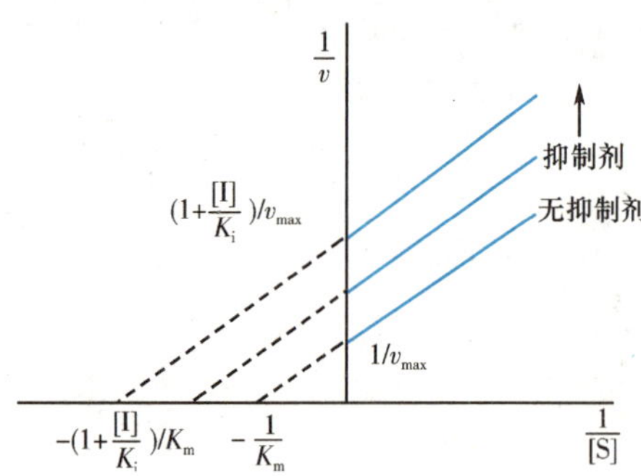

图 3-16 反竞争性抑制双倒数作图

关于反竞争性抑制作用的例子不多。苯丙氨酸对胎盘型碱性磷酸酶(placental alkaline phosphatase)的抑制属于反竞争性抑制。

三种可逆性抑制作用的动力学比较列于表3-5。

表 3-5 三种可逆性抑制作用的动力学比较

作用特征	无抑制剂	竞争性抑制	非竞争性抑制	反竞争性抑制
与I结合的组分		E	E、ES	ES
动力学参数				
表观 K_m	K_m	增大	不变	减小
最大速率	v_{max}	不变	降低	降低
林-贝氏作图				
斜率	K_m/v_{max}	增大	增大	不变
纵轴截距	$1/v_{max}$	不变	增大	增大
横轴截距	$-1/K_m$	增大	不变	减小

六、激活剂对酶促反应速率的影响

使酶由无活性变成有活性或使酶活性增高的物质,称为酶的激活剂(activator)。常见的激活剂是金属离子(如 Mg^{2+}、K^{+}、Mn^{2+} 等);阴离子激活剂比较少见(如 Cl^- 是唾液淀粉酶的激活剂);许多有机化合物对酶也有激活作用(如胆汁酸盐是胰脂酶的激活剂)。根据激活剂对酶促反应的影响程度,可将酶的激活剂分为两类:必需激活剂和非必需激活剂。必需激活剂是酶促反应中不可缺少的,若没有激活剂的存在,酶便没有催化活性。金属离子大多为酶的必需激活剂,如 Mg^{2+} 是 Taq DNA 聚合酶及 ATP 酶的必需激活剂,Zn^{2+} 是 Cu-Zn-SOD 的必需激活剂等。有些激活剂并非酶所必需,激活剂的存在仅是增加酶的活性,加速反应。没有激活剂的存在,酶仍有一定的催化活性,只是活性较弱,催化的反应较慢而已,这类激活剂称为非必需激活剂。例如 Cl^- 是唾液淀粉酶的非必需激活剂。

笔记栏

第五节 酶与医学

一、酶与疾病的发生

体内一切新陈代谢过程都是由相应的酶所催化的化学反应,任何酶的缺陷或酶活性的异常均可引起代谢障碍而致病。现知有上千种的遗传性代谢病是由于遗传性酶蛋白基因突变导致表达缺陷而引起的。

(一)酶先天性缺陷与疾病

酶先天性缺陷可引起:①底物堆积、正常产物减少甚至不能生成。②次级反应增强使异常代谢物堆积。③物质转运障碍等。上述任何一种情况都可导致疾病发生。

例如,白化病(albinism)患者是由于其皮肤细胞酪氨酸酶缺乏,使酪氨酸不能代谢生成黑色素,患者的眼、毛发、皮肤都呈白色。帕金森病患者是由于其神经系统的黑质纹状体酪氨酸羟化酶缺乏,使酪氨酸不能代谢生成抑制性神经递质多巴胺,患者肌肉兴奋性增强而表现肌肉震颤。再比如 Ia 型糖原贮积症是由于肝细胞缺乏葡萄糖-6-磷酸酶,因此,肝糖原分解成葡萄糖-6-磷酸后不能进一步生成葡萄糖,以致引起低血糖和肝内贮积过量肝糖原而呈肝肿大。

苯酮尿症(phenyl ketonuria)病人是由于遗传性缺乏苯丙氨酸-3-羟化酶,使苯丙氨酸不能转变成酪氨酸以致血中呈现高浓度的苯丙氨酸,形成高苯丙氨酸血症(hyperphenylalaninemia);高浓度的苯丙氨酸转入次要代谢途径生成大量苯丙酮酸及苯乳酸和苯乙酸等代谢物,苯丙酮酸由尿中排出形成苯酮尿症,该病患儿表现出进行性严重智力障碍和皮肤毛发色浅。限制苯丙氨酸摄入的饮食疗法对该病有很好的治疗效果。

Ib 型糖原贮积症是由于肝细胞微粒体膜内缺乏 6-磷酸葡萄糖转运酶,胞浆内的葡萄糖-6-磷酸不能转运入微粒体内被葡萄糖-6-磷酸酶水解成葡萄糖,因此发生类似于 Ia 型糖原贮积症的低血糖和肝肿大的临床症状。

(二)酶活性异常与疾病

酶活性异常也可引起体内物质代谢异常而导致疾病。正如前述,有机磷类农药中毒时,胆碱酯酶活性受到抑制,体内乙酰胆碱堆积,引起神经肌肉及心功能紊乱。

二、酶与疾病的诊断

人体内现已确认的酶不下千种，仅在血中出现并已被确定的酶就有几百种。酶活性的改变可引起疾病，而许多疾病又常常伴随有酶活性的改变。临床上常通过测定不同样品中的酶活性作为某些疾病的确诊指标或辅助诊断指标。当前酶活性测定约占临床生化检验总量的 1/4 左右，可见酶在临床疾病诊断上的重要性。

1. 组织器官细胞受损造成某些特异性酶大量释放入血 如急性胰腺炎时血清中和尿中的淀粉酶活性升高，急性肝炎时血清中转氨酶活性升高，心肌梗死时血清中 LDH_1 和 CK_2 大量升高。也可由于某些组织器官受损的同时引起功能降低，影响某些专一性酶的合成。例如，肝功能降低时，血清胆碱酯酶活性及血中凝血因子Ⅱ和Ⅶ的含量都会显著下降。

2. 大部分肿瘤组织都有其特异性标志酶的高表达 如前列腺癌病人血中酸性磷酸酶含量升高，骨癌病人血中碱性磷酸酶含量升高，卵巢癌和睾丸肿瘤病人血中胎盘型碱性磷酸酶升高。现已发现很多与肿瘤有关的特异性标志酶。

3. 许多遗传性代谢病必须检测其特异性缺陷酶作为确诊指标 例如，测定白细胞中酸性β-1,3-葡萄糖苷酶的缺失可确诊 Gaucher 病；测定微量肝活检样品中的葡萄糖-6-磷酸酶缺失，可确诊 Ia 型糖原贮积症；测定绒毛组织中酸性α-1,3-葡萄糖苷酶的缺失，可产前诊断胎儿已患遗传性Ⅱ型糖原贮积症。

三、酶在临床检测方法中的应用

1. 酶耦联测定法 有些反应的产物不能被直接测定，但当加入一种辅助酶（指示酶），使该产物定量地转变为可测量的某种物质。例如测定天冬氨酸转氨酶（AST）的活性时，耦联苹果酸脱氢酶为指示酶，反应如下：

$$\text{天冬氨酸} \xrightarrow[\text{天冬氨酸转氨酶(AST)}]{} \text{草酰乙酸} \xrightarrow[\text{苹果酸脱氢酶(指示酶)}]{NADH+H^+ \;\; NAD^+} \text{苹果酸}$$

因为还原型辅酶Ⅰ（NADH）在波长 340nm 处有吸收峰，故在耦联指示酶监测 340nm 处吸光度的减少，即可计算 AST 的活性。

2. 酶标记测定法 临床上经常需要检测许多微量分子（如激素、细胞因子、信号转导分子等），过去一般都采用免疫同位素标记法，利用其免疫特异性和同位素测定的敏感性，可以检测到 10^{-12}mol/L 水平。但是由于同位素的半衰期短和对机体的伤害，现以酶标记代替同位素标记，再加上扩增设计，不仅安全，而且检测灵敏度超过同位素标记法。例如酶联免疫吸附法（enzyme-linked immunoabsorbent assay，ELISA），以及在这基础上再结合发光设计或双酶-底物循环，分别建立的增强发光酶免疫法（enhanced luminescence enzyme immunoassay，ELEIA）和 ELISA-双酶循环扩增法，灵敏度远超过同位素标记法。

2. 固定化酶 酶可经物理方法或化学方法处理，连接在载体（如凝胶、琼脂糖、树脂和纤维素等）上形成固定化酶，然后装柱使反应管道化和自动化。在固定的反应条件下只要定速地灌入底物，即可自动流出和收集产物。例如制药工业上利用固定化酶 11β-单氧酶，可将廉价的 11-脱氧皮质醇加氧形成皮质醇。

3. 抗体酶 具有催化活性的抗体称为抗体酶（abzyme），又称为酶性抗体。底物与酶的活性中心结合可诱导底物变构形成过渡态底物。用这样的过渡态底物连上载体蛋白后免疫动物可以制备抗体酶。

1986 年，Lerner 和 Schultz 获得了第一个酶性抗体（催化羧酸酯水解的单抗）。抗体酶研究是酶工程研究的前沿内容之一。制造抗体酶的技术比蛋白质工程和生产酶制剂简单，又可大量生产。通过设计和制造抗体酶可制备新酶种及不易得到的酶类。

四、酶作为医学科研和药物生产工具

1. 工具酶 由于酶的高度特异性，某些酶被常规选择性应用于基因工程。例如，各种限制性核酸内切酶，连接酶以及聚合酶链反应中的 Taq DNA 聚合酶等。

五、酶作为药物用于临床治疗

酶作为药品最早用于助消化。例如，口服胃蛋白酶、胰蛋白酶、胰脂酶和胰淀粉酶等可帮助消化；在某些外敷药中加入透明质酸酶可以增强药物的扩散作用；重组的 α_1 抗胰蛋白酶可用于治疗肺气肿；从牛胰和肺组织中得到的抑肽酶用于治疗胰腺炎、大出血和休克；在清洁化脓伤口的洗涤液中加入胰蛋白酶、溶菌酶、木瓜蛋白酶、菠萝蛋白酶等可加强伤口的净化、抗炎和防止浆膜粘连；链激酶、尿激酶、组织纤溶酶原激活物等作为血栓溶解剂用于预防和治疗血栓性疾病等。

Summary

There are two types of biocatalysts in organisms. One is the enzyme and the other is the ribozyme. Enzymes are the most important biocatalysts. Enzymes, synthesized and/or secreted by living cells, are proteins with highly catalytic efficiency and high specificity. Enzymes catalyze nearly all reactions in the organism. Enzymes, like other proteins, possess the primary, secondary and tertiary structures or/and quaternary structure. Monomeric enzymes only contain a peptide with tertiary structure.

On the basis of their components, enzymes are divided into simple enzymes and conjugated enzymes. Simple enzymes merely contain proteins, but conjugated enzymes require non-protein constituents called cofactors for their functions in addition to the protein components called apoenzymes. Cofactors are metal ions or small molecular organic compounds, the letter being usually the soluble vitamins or their derivatives. A complex containing an apoprotein and cofactors is called a holoenzyme. Only a holoenzyme is active.

The specificities of enzyme-catalyzed reactions are determined by apoenzymes and the reacting nature by cofactors mainly. The active center or site of an enzyme is the region where the enzyme binds its substrates and catalyzes them to generate products. The active center of an enzyme possesses the three dimensional structure. Because of extremely dropping down activation energy, the efficiency of enzyme-catalyzed reactions is very powerful. The specificities of enzymes can be briefly classified into three types: absolute specificity, relative specificity and stereo-specificity.

The mechanisms of enzyme-catalyzed reactions include the formation of enzyme-substrate complex, proximity effect, orientation arrangement, multi-element catalysis, and surface effect etc.

The enzyme activity can be regulated both by control of enzyme efficiency including the activation of zymogens, allosteric regulation, chemical-modified regulation, and by control of enzyme availability including influencing enzyme biosynthesis and degradation. Allosteric regulation and chemical-modified regulation belong to a way of fast regulation and control of enzyme availability is a kind of slow regulatory way. Zymogens are inactive enzyme precursors that can be hydrolyticaly activated to generate the active enzymes. The mechanism of zymogen activation is the formation and/or exposure of an enzyme active center by hydrolyzing one or more small peptides from the precursor. Isozymes can catalyze the same chemical reaction, but their molecular structures, physiochemical properties as well as immunologic properties are obviously different.

Enzyme-catalyzed reactions are influenced by a series of factors, such as enzyme concentration, substrate concentration, pH, temperature, activators and inhibitors. Michaelis-Menten equation can demonstrate the relationship between substrate concentration and velocity of an enzyme-catalyzed reaction. K_m is defined as the substrate concentration when the reaction velocity is equal to a half of the v_{max} and it is the characteristic constant of an enzyme. Although there are several methods to obtain K_m and v_{max}, Lineweaver-Burk s plot, a double reciprocal plot, is most commonly employed.

Inhibition is irreversible or reversible. During irreversible inhibition, enzymes bind to inhibitors by means of a covalent bond. And during reversible inhibition, enzymes

笔记栏

bind to inhibitors by means of a non-covalent bond. According to acting mechanisms, reversible inhibition can be roughly grouped into competitive, non-competitive and uncompetitive inhibitions. The traits of their kinetics of enzyme-catalyzed reactions are different.

思考题

1. 何谓酶原和酶原的激活？有什么生理意义？

2. 酶与一般催化剂相比，有哪些异同点？

3. 何谓酶的专一性？举例说明酶专一性的类别。

4. 试述酶活性的变构调节和共价修饰调节。

5. 影响酶促反应速率的因素有哪些？它们各自的影响机制如何？

6. 比较三种可逆性抑制作用的动力学互有什么差别？

7. 举例说明酶的竞争性抑制作用。当一个样品中混有抑制剂时，怎样来鉴别这是可逆性抑制剂还是不可逆性抑制剂？

8. 在测定某一酶活性时，应当注意控制哪些条件。

9. 求测 K_m 和 v 时最常用哪种作图法？列出作图方程式和图形。欲使一个酶促反应的速率(v)达到最大反应速率(V)的 80%，则[S]与 K_m 的关系如何？

10. 举些临床例子来说明酶与医学的密切关系。

（田余祥）

第 4 章　糖复合物和细胞外基质

糖复合物(glycoconjugate)是糖生物学(glycobiology)的重要研究领域,近年来在其结构与功能分析方面进展迅速。糖复合物不仅仅是重要的细胞结构组分,而且是重要的信息功能分子。与基因组和蛋白质组等组学概念相对应,糖组(glycome)意指一个生物个体的全部游离糖和复合糖成分,糖组学(glycomics)从遗传学、生理学和病理学等多学科角度研究生物糖组。糖复合物研究是糖组学的重要组成部分。

本章将概括介绍三类糖复合物:糖蛋白(glycoprotein)、蛋白聚糖(proteoglycan)和糖脂(glycolipid)。它们都属于由糖类和蛋白质或脂质构成的共价复合物。糖复合物又是细胞外基质(extracellular matrix,ECM)的重要成分,故本章还将一并介绍 ECM 的成分、结构与功能。

第一节　糖　蛋　白

糖蛋白和蛋白聚糖都是在多肽链骨架上共价连接了一些寡(聚)糖(glycan)。如果蛋白质重量百分比大于寡糖,称为糖蛋白;如果寡糖所占比例超过 50%以上,则称为蛋白聚糖。

糖蛋白可分布于细胞表面、细胞内分泌颗粒和细胞核内,也可被分泌到细胞外构成细胞外基质。

一、糖蛋白的结构

糖蛋白分子中寡糖链的主要单糖成分有 8 种:葡萄糖(glucose,Glu)、半乳糖(galactose,Gal)、甘露糖(mannose,Man)、*N*-乙酰半乳糖胺(*N*-acetylgalactosamine,GalNAc)、*N*-乙酰葡萄糖胺(*N*-acetylglucosamine,GlcNAc)、岩藻糖(fucose,Fuc)、*N*-乙酰神经氨酸(*N*-actetylneuraminic acid,NeuAc)和木糖(xylose,Xyl)。这些单糖构成的各种寡糖主要以三种方式与蛋白质部分连接,即 *N*-连接寡糖(*N*-linked oligosaccharide)、*O*-连接寡糖(*O*-linked oligosaccharide)和糖磷脂酰肌醇-连接寡糖(glycosylphosphatidylinositol,GPI-linked oligosaccharide),因此糖蛋白亦相应分为 *N*-连接糖蛋白、*O*-连接糖蛋白和 GPI-连接糖蛋白(图 4-1)。

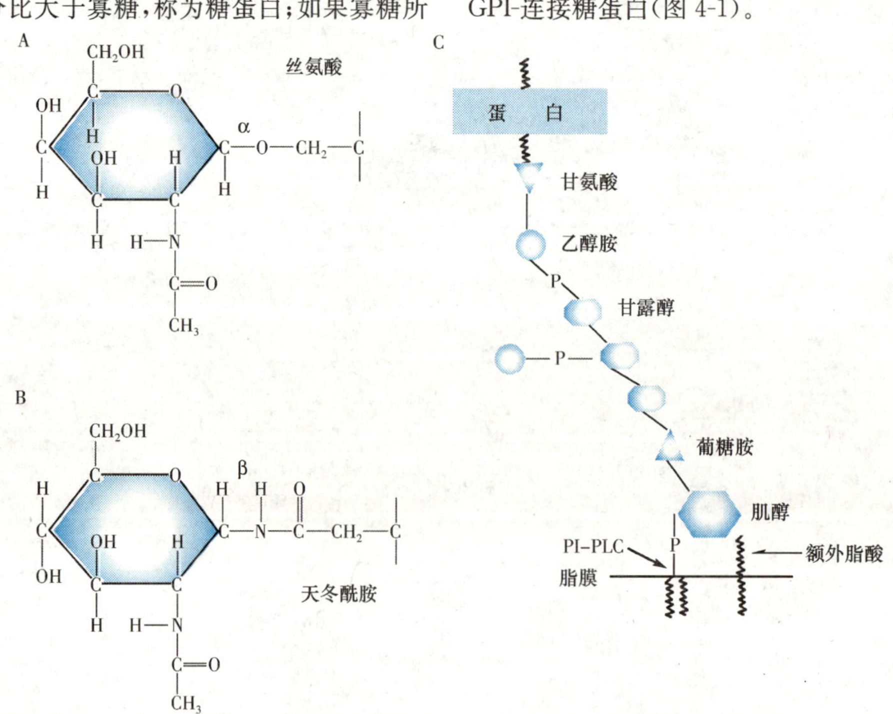

图 4-1　三种糖蛋白连接结构示意图

A. *O*-连接糖蛋白;B. *N*-连接糖蛋白;C. GPI-连接糖蛋白

1. N-连接糖蛋白　寡糖中的 *N*-乙酰葡萄糖胺与多肽链中天冬酰胺残基的酰胺氮连接，形成 *N*-连接糖蛋白。发生 *N*-糖基化的天冬酰胺附近要求具有 Asn-X-Ser/Thr(其中 X 可以是脯氨酸以外的任何氨基酸)3 个残基构成的特定序列，称为序列子(sequon)，亦称为糖基化位点。糖蛋白分子中可能同时存在若干个潜在 *N*-糖基化位点，但能否在细胞内确实与寡糖连接还取决于周围的空间结构。

N-连接寡糖可分为三型：①高甘露糖型；②复杂型；③杂合型。这三型 *N*-连接寡糖都有一个五糖核心(图 4-2)。高甘露糖型在核心五糖上连接了 2～9 个甘露糖；复杂型在核心五糖上可连接 2、3、4 或 5 个分支糖链，犹如天线状，天线末端常连有唾液酸(sialic acid，SA)；杂合型则兼有二者的结构。

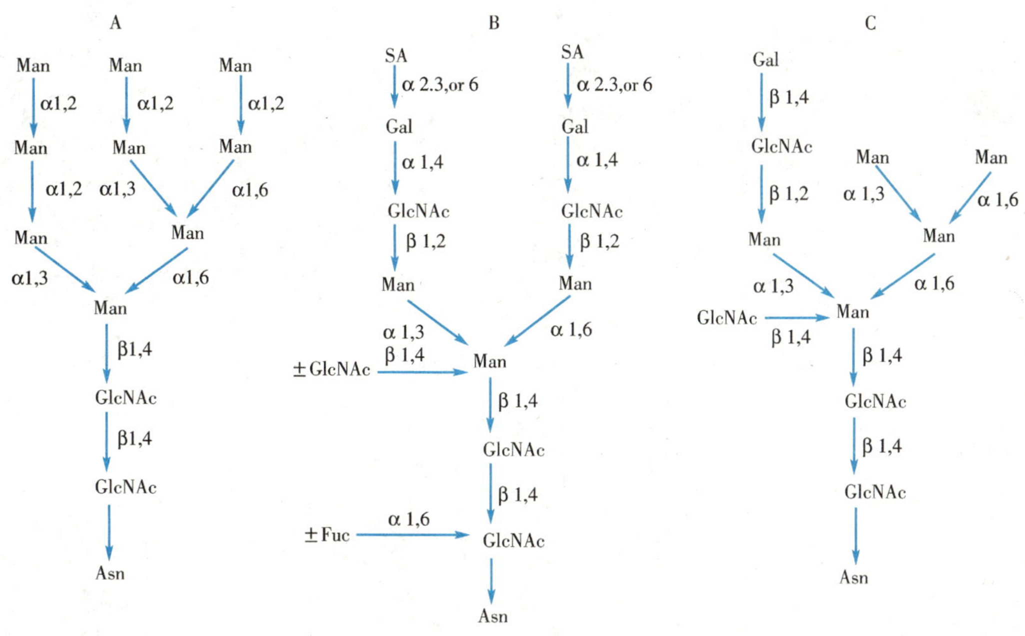

图 4-2　*N*-连接寡糖

A. 高甘露糖型；B. 复杂型；C. 杂合型

2. O-连接糖蛋白　寡糖中的 *N*-乙酰半乳糖胺与多肽链的丝氨酸或苏氨酸残基的羟基相连则形成 *O*-连接糖蛋白。它的糖基化位点的确切序列子还不十分清楚，只注意到该位点丝氨酸和苏氨酸比较集中，而且在附近还常出现脯氨酸。*O*-连接寡糖常常先由 *N*-乙酰半乳糖胺与半乳糖构成核心二糖，核心二糖可重复延长及分支，再接上岩藻糖、*N*-乙酰葡萄糖胺等。最简单的 *O*-连接糖蛋白见于Ⅰ型胶原蛋白，每 1000 个氨基酸仅连接 1～2 个 β-半乳糖基和 α-葡萄糖 1→2β-半乳糖基，而人红细胞膜上的血型糖蛋白则复杂得多。

3. GPI-连接糖蛋白　在 GPI-连接糖蛋白中，寡糖经由一个磷酸乙醇胺分子连接到多肽的羧基端氨基酸，寡糖链再经一分子氨基葡萄糖连接到磷脂酰肌醇(PI)分子上形成 GPI 结构。GPI 是细胞膜结构的重要成分，GPI-连接糖蛋白因此被锚定在细胞膜上，故亦称为 GPI-锚定糖蛋白。

二、糖蛋白的生物合成

N-连接糖蛋白多肽链的合成和糖链的连接是同时在内质网进行的，需要长萜醇作为糖链载体。长萜醇是具有 90～100 个碳原子(许多异戊烯单位)的长链脂肪醇，可以牢固地插入内质网的脂质膜中，通过焦磷酸连接糖基、形成糖链并将其转移到位于内质网的新生多肽链上(图 4-3)。合成初始，在糖基转移酶作用下首先将活化的糖基 UDPGlcNAc 中的 GlcNAc 转移至长萜醇，然后逐个加上新的糖基。每加上 1 个糖基都需要相应的特异性的糖基转移酶催化。即使加上的都是甘露糖，其转移酶也各不相同。最后形成含有 14 个糖基的长萜醇焦磷酸寡糖结构，该寡糖链作为一个整体被转移至肽链的糖基化位点中的天冬酰胺的酰氨氮上，形成 *N*-连接糖蛋白。然后寡糖链依次在内质网和高尔基体剪切加工，先由糖苷水解酶除去一些单糖，再加上不同的单糖，成熟为各型 *N*-连接糖蛋白。

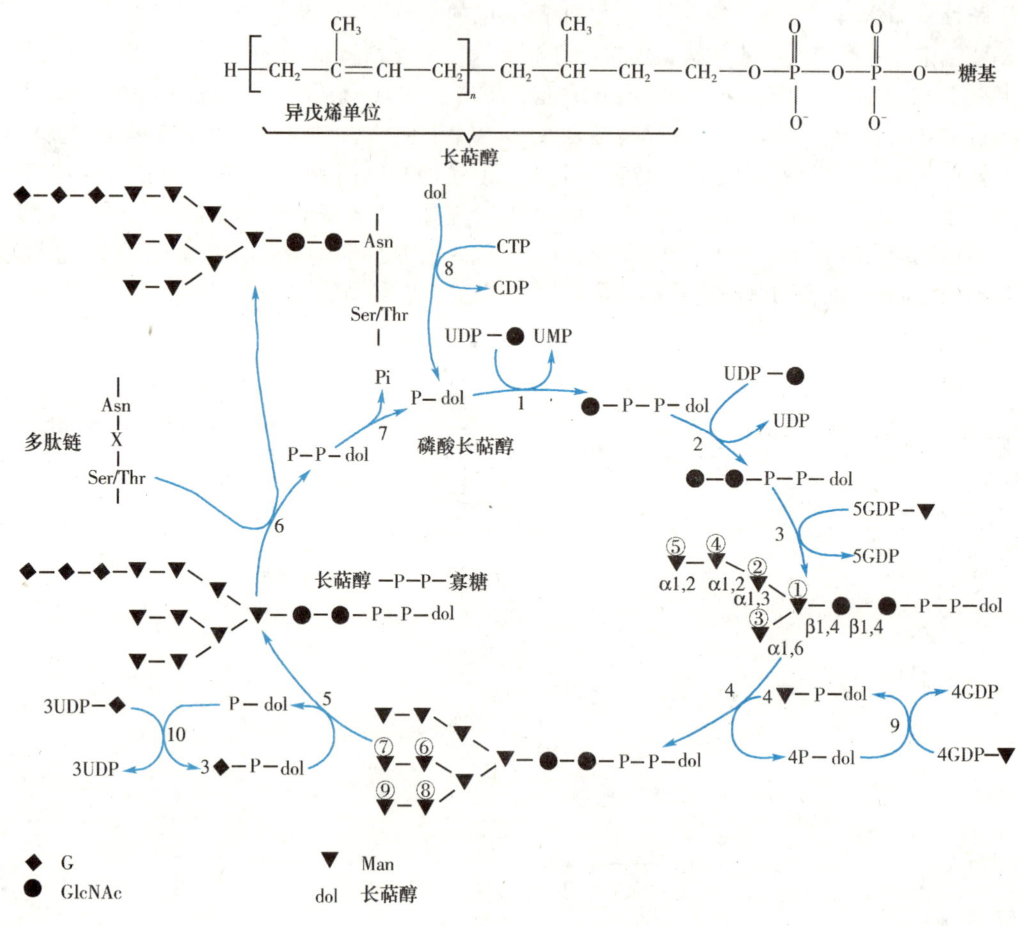

图 4-3 长萜醇—P—P 寡糖的合成

O-连接糖蛋白的合成与 *N*-连接糖蛋白合成不同，它是在多肽链合成后进行的，而且不需要糖链载体。在 GalNAc 转移酶作用下，将 UDP-GalNAc 中的 GalNAc 转移至多肽链的丝氨酸或苏氨酸的羟基上，形成 *O*-连接，然后逐个加上糖基，每一种糖基都有其相应的专一性转移酶。合成过程从内质网中开始，在高尔基体内完成。

三、糖蛋白的寡糖链的生物学功能

糖蛋白的功能十分广泛，估计真核细胞内大约 50% 的蛋白质属于糖蛋白。血浆蛋白中除白蛋白外，几乎全部是糖蛋白。属于酶类的有核糖核酸酶、糖苷酶、蛋白酶和一些凝血因子等；激素类有红细胞生成素、绒毛膜促性腺激素等；与免疫系统有关的是血型物质、组织相容性抗原、免疫球蛋白等；结构蛋白中的胶原蛋白、弹性蛋白、黏着糖蛋白等。糖蛋白中的寡糖链具有以下功能。

1. 影响糖蛋白空间结构 糖蛋白中的 *N*-连接寡糖链参与新生肽链的折叠并维持蛋白质正确的空间构象。如水疱性口炎病毒（VSV）的 G 蛋白基因经点突变而去除两个糖基化位点后，不能形成正确的链内二硫键而错配成链间二硫键，空间构象因此发生改变。寡糖链还影响亚基的聚合，如转铁蛋白受体在 Asn251、Asn317 和 Asn727 有 3 条 *N*-糖链，其中 Asn727 的糖链为高甘露糖型，可带磷酸基团，对肽链的折叠和运输起关键作用；Asn251 的糖链为三天线复杂型，对于形成正常的二聚体具有重要作用。

2. 参与糖蛋白在细胞内的转运 去除糖蛋白的糖链或改变其结构后影响它们在细胞内的转运及分泌。例如，溶酶体中的酶在内质网合成后，其寡糖链末端的甘露糖在高尔基体内被磷酸化成 6-磷酸甘露糖，该糖基化结构被存在于溶酶体膜上的 6-磷酸甘露糖受体识别并结合，使这些酶定向转运至溶酶体。如果寡糖链末端的甘露糖不被磷酸化，则溶酶体酶将被分泌至细胞外，从而导致疾病产生。

3. 维持糖蛋白的稳定性 去除寡糖链的糖蛋白往往易受蛋白酶水解，可见寡糖链具有保护多肽链、延长蛋白质半衰期的作用。寡糖链对于肽链中的抗原决定簇还可起到免疫屏蔽作用。另外，有一些酶的活性也依赖其寡糖链，如羟甲戊二酸单酰 CoA(HMGCoA)还原酶去糖化后可降低活力 90%以上。

免疫球蛋白 G(IgG)为 *N*-连接糖蛋白，其糖链主要存在于 Fc 段。IgG 的寡糖链参与 IgG 同单核细胞或巨噬细胞上 Fc 受体的结合、补体 C_{1q} 的结合和激活以及诱导细胞毒等过程。若 IgG 被去除糖链，其空间构象遭到破坏，则与 Fc 受体和补体的结合功能就会丢失。

4. 寡糖链具有分子识别作用 受体与配体识别和结合需要寡糖链的参与，寡糖链结构的多样性是其分子识别作用的基础，如转铁蛋白受体与转铁蛋白的结合依赖于对其糖链结构的识别。在精卵识别中寡糖链的作用亦被证明。猪卵细胞透明带中分子质量为 55 kDa 的 ZP-3 蛋白含有 *O*-连接寡糖，能识别精子并与之结合。不同细菌选择性侵袭特异宿主细胞，其机制也在于细菌表面的凝集素样蛋白对侵袭细胞表面的特异性糖链具有识别和结合作用。

第二节 蛋白聚糖

蛋白聚糖中多糖链所占比重较大，甚至高达 95%。蛋白聚糖是构成软骨等结缔组织细胞外基质的主要成分，同时也存在于大多数真核细胞表面、细胞内分泌颗粒和细胞核内，参与许多生理过程的调节。

一、蛋白聚糖的分子组成

蛋白聚糖是由蛋白部分和糖胺聚糖(glycosaminoglycan,GAG)以共价键连接而形成的高分子化合物。蛋白部分称为核心蛋白(core protein)，糖胺聚糖因其必含有糖胺而得名，可以是葡萄糖胺或半乳糖胺。糖胺聚糖是由二糖单位重复连接而成，不分支，二糖单位中除了一个是糖胺外，另一个为糖醛酸(葡萄糖醛酸或艾杜糖醛酸)。除糖胺聚糖外，蛋白聚糖还含有一些 *N*-或 *O*-连接寡糖链。最小的蛋白聚糖称为丝甘蛋白聚糖(serglycan)，含有肝素，主要存在于造血细胞和肥大细胞的贮存颗粒中，是一种典型的细胞内蛋白聚糖。

(一) 核心蛋白

与糖胺聚糖共价结合的蛋白质称为核心蛋白。核心蛋白可以有几个不同的结构域，但均含有相应的糖胺聚糖取代结构域，通过核心蛋白中的特异结构域，一些蛋白聚糖可锚定在细胞表面或细胞外基质的大分子上。

核心蛋白种类很多。黏结蛋白聚糖(syndecan)的核心蛋白分子质量为 32 kDa，是细胞表面主要蛋白聚糖之一。饰胶蛋白聚糖具有 36 kDa 分子质量的核心蛋白，在许多结缔组织的形成中，饰胶蛋白聚糖与纤维性胶原分子相互作用从而调节胶原纤维的形成。可聚蛋白聚糖的核心蛋白则非常大(分子质量 225～250 kDa)，可分几个结构域，这种蛋白聚糖是软骨中的主要结构大分子(图 4-4)。

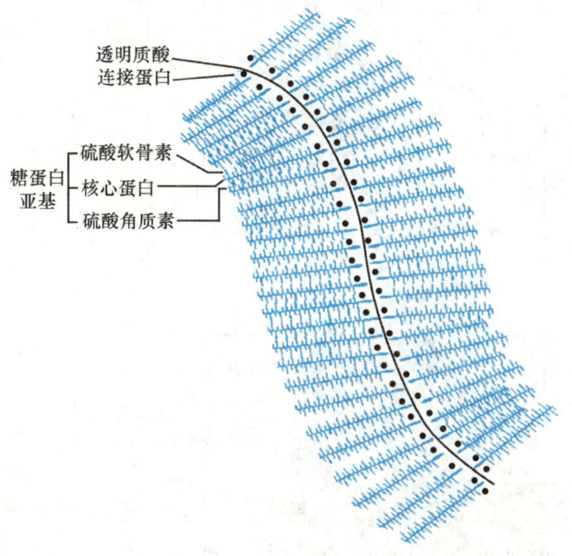

图 4-4 骨骺软骨蛋白聚糖聚合物

(二) 糖胺聚糖

糖胺聚糖(GAG)以往亦称为黏多糖(mucopolysaccharide)，主要有 6 种：硫酸软骨素(chondroitin sulfate, CS)、硫酸角质素(keratan sulfate,KS)、硫酸皮肤素(dermatan sulfate,DS)、透明质酸(hyaluronic acid, HA)、肝素(heparin)和硫酸乙酰肝素(heparan sulfate,HS)。除透明质酸外，其他的糖胺聚糖都带有硫酸。它们的二糖单位如图 4-5 所示。

硫酸软骨素是哺乳动物体内最丰富的糖胺聚糖，它的二糖单位由 *N*-乙酰半乳糖胺和葡萄糖醛酸组成，*N*-乙酰半乳糖胺残基的 C_4 和 C_6 位是最常见的硫酸化部位。单个糖链约 250 个二糖单位，许多这样的糖链与核心蛋白以 *O*-连接方式相连形成蛋白聚糖。硫酸皮肤素分布广泛，其二糖单位与硫酸软骨素很相似，只是一部分葡萄糖醛酸为艾杜糖醛酸所取代，因而硫酸皮肤素含有两种糖醛酸。

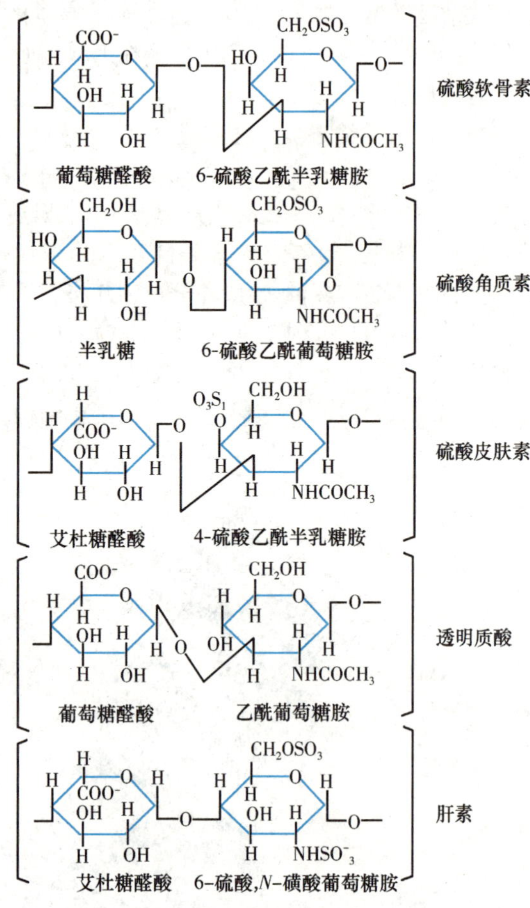

图 4-5　糖胺聚糖的二糖单位

硫酸角质素的二糖单位由半乳糖和 *N*-乙酰葡萄糖胺组成。它所形成的蛋白聚糖可分布于角膜中,也可与硫酸软骨素共同组成蛋白聚糖聚合物,分布于软骨和结缔组织中。肝素的二糖单位为艾杜糖醛酸和葡萄糖胺,葡萄糖胺的氨基氮和 C_6 位均被硫酸化。肝素所连的核心蛋白几乎仅由丝氨酸和甘氨酸组成,形成的蛋白聚糖被称为丝甘蛋白聚糖。肝素分布于肥大细胞内,有抗凝作用。硫酸乙酰肝素与肝素具有相同的骨架结构,普遍存在于各种细胞表面,参与膜结构以及细胞之间和细胞与基质之间的相互作用。

透明质酸是糖胺聚糖中结构最简单的一种,其二糖单位由葡萄糖醛酸和 *N*-乙酰葡萄糖胺组成,是惟一不发生硫酸化修饰的糖胺聚糖,亦不与核心蛋白共价结合,故不以蛋白聚糖单体的形式存在,但可与其他蛋白聚糖单体的核心蛋白非共价连接。透明质酸的分子质量非常大,可达到 10 000 kDa(约 25 000 个重复二糖单位),在生理溶液中,透明质酸分子呈无规则扭曲的线团状结构,分子之间相互作用可交织形成网络,从而赋予基质一定的物理特性。

二、蛋白聚糖的生物合成

蛋白聚糖的生物合成在内质网内进行,先合成核心蛋白的多肽链,多肽链合成的同时即以 *O*-连接或 *N*-连接的方式在丝氨酸或天冬酰胺残基上连接上糖基。糖链的延长和加工修饰主要在高尔基体内进行,以单糖的 UDP 衍生物为供体,由高度特异性的糖基转移酶催化,在多肽链上逐个加上单糖,而不是先合成二糖单位。这样糖链依次序延长,糖链合成后再进行修饰。糖胺的氨基来自谷氨酰胺,硫酸则来自“活性硫酸”即 3′-磷酸腺苷-5′磷酸硫酸。由差向异构酶将葡萄糖醛酸转变为艾杜糖醛酸,硫酸转移酶则催化氨基或羟基上的硫酸化。

三、蛋白聚糖的生物学功能

蛋白聚糖是细胞外基质的主要成分。在基质中蛋白聚糖与弹性蛋白、胶原蛋白等以特异的方式相连而赋予基质以特殊的结构。基底膜就是有蛋白聚糖参与构成的一种特化的细胞外基质。基质中的透明质酸可以与细胞表面的透明质酸受体结合,从而影响细胞与细胞的黏附、细胞的迁移、增殖和分化等细胞生物学行为。由于蛋白聚糖中的糖胺聚糖是多阴离子化合物,结合 Na^+、K^+,从而吸引水分,糖的羟基也是亲水的,所以基质内的蛋白聚糖可以吸引和保留水而形成凝胶,允许小分子化合物自由扩散而阻止细菌通过,起保护作用。有些细菌能分泌透明质酸酶来分解基质而入侵机体。恶性肿瘤细胞可通过分泌特异性酶分解基底膜成分从而发生侵袭和转移。

细胞表面的蛋白聚糖大多含有硫酸肝素,在神经发育、细胞识别和分化等方面起重要的调节作用。丝甘蛋白聚糖是目前所知的细胞内的蛋白聚糖,存在于结缔组织肥大细胞及许多造血细胞的贮存颗粒中,主要功能是与带正电荷的蛋白酶、羧肽酶和组胺等相互作用,参与这些生物活性分子的贮存和释放。

除此以外,各种蛋白聚糖还有其特殊功能。肝素是重要的抗凝剂,能使凝血酶原失活。肝素还能特异地与毛细血管壁的脂蛋白脂肪酶结合,促使后者释放入血液中。硫酸软骨素在软骨中特别丰富,维持软骨的机械性能。角膜的胶原纤维间充满硫酸角质素和硫酸皮肤素,使角膜透明。

第三节 糖 脂

糖脂是指糖类通过其还原末端以糖苷键与脂类形成的共价化合物。糖脂是一类两相(amphipathic)化合物，其脂质部分是亲脂的(lipophilic)，而糖链部分是亲水的(hydrophilic)。在细胞中，糖脂主要作为膜的组分存在，其脂质部分包埋在脂质双层内，而亲水的糖链部分则伸展在细胞质膜外。根据糖脂中脂质部分的不同，糖脂可分为4类：①分子中含鞘氨醇(sphingosine)的鞘糖脂；②分子中含甘油酯(glycerolipid)的甘油糖脂(glycoglycerolipid)；③由磷酸多萜醇衍生的糖脂(polyprenol phosphate glycoside)；④由类固醇衍生的糖脂(sterol glycoside)。

糖脂广泛分布于生物界，但在医学上较为重要的是鞘糖脂(glycosphingolipid, GSL)。本节将重点介绍鞘糖脂。

一、鞘糖脂的分类和结构

鞘糖脂的分子由糖链、脂肪酸和鞘氨醇组成。其疏水部分为神经酰胺(ceramide, Cer)，由鞘氨醇的氨基被脂肪酸酰化而成，亲水的糖链则以β-1,1′-糖苷键与神经酰胺的伯醇羟基相连。整个分子的结构见图4-6。

A.神经酰胺的结构

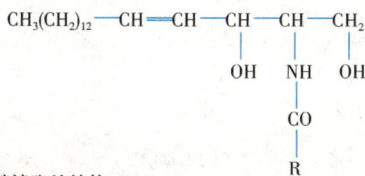

$CH_3(CH_2)_{12}$—CH═CH—CH(OH)—CH(NH—CO—R)—CH_2(OH)

B.鞘糖脂的结构

$CH_3(CH_2)_{12}$—CH═CH—CH(OH)—CH(NH—CO—R)—CH_2—O—糖链

图4-6 神经酰胺和鞘糖脂的结构

R. 脂肪酸

鞘糖脂按其所含的单糖的性质可分为中性鞘糖脂(neutral glycosphingolipid)和酸性鞘糖脂(acidic glycosphingolipid)两大类。糖链中只含中性糖类的称为中性鞘糖脂；糖链中除了中性糖以外，还含有唾液酸或硫酸化的单糖的称为酸性鞘糖脂。此外，含唾液酸的鞘糖脂又称为神经节苷脂(ganglioside)，含硫酸化单糖的鞘糖脂又称为硫酸鞘糖脂(sulfoglycosphingolipid)或硫苷脂(sulfatide)。

中性鞘糖脂中最简单的是脑苷脂(cerebroside)，只有1个单糖结合于神经酰胺。脑和神经组织细胞质膜中主要是半乳糖脑苷脂(galactocerebroside)，而在非神经组织细胞质膜中主要是葡萄糖脑苷脂(glucocerebroside)。表4-1列出了几种常见的中性鞘糖脂。

表4-1 几种常见的中性鞘糖脂

核心糖链的结构	名称
Galβ1→1′Cer	半乳糖脑苷脂
Glcβ1→1′Cer	葡萄糖脑苷脂
SO_3^-→3Galβ1→1′Cer	硫苷脂
Galβ1→4Glcβ1→1′Cer	乳糖基神经酰胺
Galα1→4Galβ1→4Glcβ1→1′Cer	三己糖基神经酰胺
GalNAcβ1→3Galα1→4Galβ1→4Glcβ1→1′Cer	红细胞糖苷脂

神经节苷脂是鞘糖脂中最复杂的一种，首先是从神经组织中分离得到的，占人脑灰质膜脂质的6%，也少量存在于非神经组织细胞膜中，目前已鉴定出几十种不同类别的神经节苷脂，例如可识别霍乱毒素的GM_1、被促甲状腺素识别的GD_{1b}等。神经节苷脂的命名均以其英文第一个字母G开头，第二个字母代表分子中唾液酸的数目(M代表1个、D代表2个、T代表3个)，下角数字代表唾液酸在糖链上的位置。含岩藻糖的鞘糖脂常被称作岩藻糖脂(fucolipid)，这类糖脂能够作为人类血型的细胞表面抗原，还可以作为肿瘤标志。

二、鞘糖脂的生物合成

鞘糖脂合成的主要场所是高尔基体。简单的鞘糖脂常常是复杂鞘糖脂合成的前体。糖基的供体是UDP-己糖，由各种专一性的糖基转移酶催化，同时对糖基的受体也有专一性。因此，鞘糖脂合成过程中糖基的加入以及各种鞘糖脂的生成都有一定的顺序(图4-7)。

神经节苷脂的合成是在鞘糖脂前身葡萄糖基神经酰胺(Glc-Cer)，半乳糖基神经酰胺(Gal-Cer)或其衍生物上加上神经节苷脂必不可少的NeuAc，由NeuAc转移酶起催化作用，NeuAc的供体是CMP-NeuAc。

合成硫苷脂的-SO_3^-的供体是3′-磷酸腺苷-5′-磷酸硫酸(PAPS)，磺基转移酶催化硫酸基团转移生成硫苷脂。

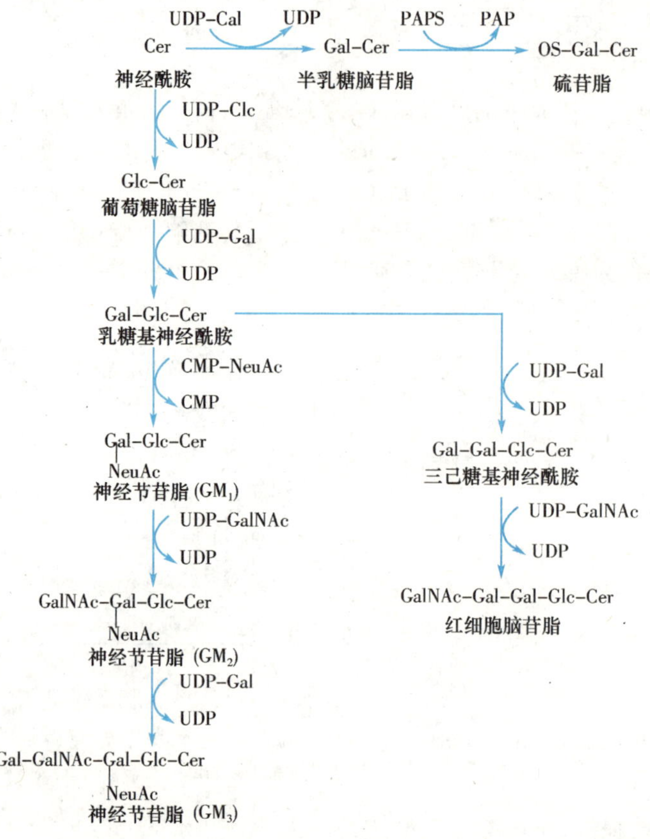

图 4-7 鞘糖脂的合成

三、鞘糖脂的生物学功能

鞘糖脂是质膜的普遍成分，提供了细胞结构上的强度和稳定性。除此以外，位于质膜外层的糖脂可以其糖链与外源性配体相互作用，参与细胞增殖、分化、黏附等重要生理活动。鞘糖脂调节细胞活动的基础是为细胞表面分子或化学信号提供了识别和结合位点，作为受体和多种生物活性因子相互作用，如神经节苷脂 GM_1 可作为霍乱毒素的受体，也可作为糖蛋白激素的受体，有关鞘糖脂的受体功能见表 4-2。

表 4-2 鞘糖脂与生物活性因子的相互作用

生物因子	作用物
1. 细菌毒素	
霍乱毒素	GM_1
破伤风毒素	GT_{1b}
葡萄球菌 α 毒素	SPG*
淋球菌 pilli 毒素	GM_1
2. 糖蛋白激素	
促甲状腺激素	GD_{1b}
绒毛膜促性腺激素	GT_1
黄体化激素	GT_1
3. 仙台病毒	GT_1a
4. 干扰素（Ⅰ型）	GM_2、GT_1
5. 纤连蛋白	GT_{1b}
6. 5-羟色胺	GD_3

* SPG：唾液酸化副红细胞糖脂

在胚胎发生和分化期，一些蛋白的鞘糖脂参加调节细胞间相互作用和细胞的分拣（sorting），其中包括人类血型抗原的 ABH 和 Ii 抗原、上皮细胞分化、红细胞分化及中枢神经等发育，在这些过程中鞘糖脂的种类和组成都发生明显改变。

鞘糖脂及其衍生物对一些细胞内分子，如生长因子受体、蛋白激酶 C(PKC)和分裂原激活的蛋白激酶（mitogen activated protein kinase, MAPK）亦具有调节作用。另外，神经节苷脂还可以影响 Ca^{2+}-ATP 酶和细胞内钙水平，例如 GM_3 对 Ca^{2+}-ATP 酶活性呈浓度依赖性双向调节，从而影响细胞的功能和行为。

第四节　细胞外基质的蛋白质组成、结构和功能

哺乳动物的大多数细胞被一种成分复杂的、称之为"结缔组织"的细胞外基质(extracellular-matrix,ECM)所包裹。最初人们认为,ECM 仅仅是对细胞具有机械支持作用,后来却逐步发现 ECM 对细胞的黏附、迁移以及细胞内基因的表达等活动也具有调节作用。目前认为,ECM 除了作为细胞的结构支架与其共同构成各种组织外,还直接参加细胞的分化、黏附、聚集、迁移等多种活动,因而其研究在炎症、免疫反应和肿瘤转移等生理和病理过程中具有重要的理论意义和应用价值。编码 ECM 分子的基因如果发生突变还会导致一些遗传性疾病的发生。

ECM 由蛋白质和聚糖两大类分子共同构成。本节主要叙述组成 ECM 的蛋白质分子的种类、结构和功能,然后简述它们在医学方面的重要性。ECM 中的蛋白质主要包括结构蛋白和具有特殊功能的黏附蛋白两大类。结构蛋白主要完成对细胞的支持性作用;黏附蛋白除了参与支持性结构的形成之外,还负责细胞与 ECM 间的通讯联系。

一、ECM 中的结构蛋白

ECM 中的结构蛋白形成不溶性的纤维框架,将细胞包绕起来形成组织,同时赋予组织以韧性、弹性、钢性和抗张力等特有的物理性能,满足机体的各项需求。结构蛋白主要包括胶原(collagen)、弹性蛋白(elastin)、原纤蛋白(fibrillin)和巢蛋白(entactin)等。

(一) 胶原

胶原是结缔组织的主要成分,也是体内含量最丰富的蛋白,约占哺乳动物总蛋白含量的 25%~30%。这些胶原是由 30 种不同的基因所编码的多肽链组合而成。有些胶原在体内含量高,是形成 ECM 的主要成分;有些在人体组织中含量甚微,但是在决定组织的物理特性方面仍具有重要作用。根据编码基因和肽链组合的不同,胶原至少可以分为 19 种类型,每一种又可根据其一级结构分为许多亚型,它们的分子结构、组织分布和物理性能均有差异(表 4-3)。也可以根据胶原的外观形态将其分为不同的类型(表4-4)。

表 4-3　胶原的分型和组织分布

类型	组织分布
Ⅰ	大多数结缔组织(包括骨组织)
Ⅱ	软骨、间隙组织盘、玻璃体
Ⅲ	可拉伸性结缔组织(皮肤、肺、血管系统)
Ⅳ	基底膜
Ⅴ	含有Ⅰ型胶原组织中的次要组成成分
Ⅵ	大多数结缔组织
Ⅶ	表皮、小肠黏膜的锚定原纤维
Ⅷ	血管内皮和其他组织
Ⅸ	含有Ⅱ型胶原的组织
Ⅹ	增生软骨
Ⅺ	含有Ⅱ型胶原的组织
Ⅻ	含有Ⅰ型胶原的组织
XIII	大多数组织
XIV	含有Ⅰ型胶原的组织
XV	大多数组织
XVI	大多数组织
XVII	皮肤半桥粒
XVIII	许多组织(肝、肾)
XIX	在横纹肌肉瘤中发现

表 4-4　基于形态的胶原分类

类别	相应胶原类型
纤维状	Ⅰ、Ⅱ、Ⅲ、Ⅴ、Ⅺ
网格状	Ⅳ、Ⅷ、Ⅹ
FACITs*	Ⅸ、Ⅻ、XIV、XVI、XIX
珠状丝	Ⅵ
锚定原纤维	Ⅶ
跨膜结构域	XIII、XVII
其他	XV、XVIII

* 具有间断三股螺旋的原纤维结合胶原(fibril associated collagen with interrupted triple helix)

不同胶原在结构上具有共性。它们都是由 3 条肽链构成,这 3 条肽链可以形成三股螺旋(triple-helix)结构。根据其分布的不同和功能的需要,有些胶原的整个分子都是三股螺旋结构,有些只含有部分三股螺旋结构。组成胶原分子的肽链称为 α 链。不同类型的胶原的 α 链由各自独立的基因编码。有的胶原分子中的 3 条肽链是由同一基因编码,相同的 α 链形成同源三聚体;还有一些胶原分子中的 3 条肽链是由不同基因编码,为异源三聚体。例如Ⅰ型胶原是异源三聚体,由 2 条 α1(Ⅰ)链和 1 条 α2(Ⅰ)链组成;而Ⅱ型胶原和Ⅲ型胶原是同源三聚体,分别由 3

条 α(Ⅱ)链和 3 条 α(Ⅲ)链构成。

这里主要以Ⅰ型胶原为例，说明胶原的基本结构和功能，然后简单介绍其他胶原的结构和功能特点。成熟的Ⅰ型胶原分布于大多数的结缔组织，是骨组织、肌腱和皮肤中主要的纤维性胶原。它在肌腱中形成绳索样结构，在皮肤中形成片状结构，在骨组织中与羟基磷灰石共存。

编码胶原的基因是 *COLA*。编码Ⅰ型胶原的基因有 2 个，分别称为 *COL1A1* 和 *COL1A2*。在核糖体上首先合成的是 α 链的前体——前 α 链(proα)，前 α 链在先导序列或信号肽引导下进入内质网管腔，信号肽被切除，同时前 α 链中的很多脯氨酸和赖氨酸残基发生羟基化。此反应分别由脯氨酰羟化酶和赖氨酰羟化酶所催化。这两种羟化酶的辅因子是抗坏血酸(维生素 C)和 α-酮戊二酸。羟赖氨酸可以进一步发生糖基化。

成熟的Ⅰ型胶原每条肽链大约含有 1 000 个氨基酸残基，其一级结构的特点是每隔 3 个氨基酸残基即固定出现 1 个甘氨酸残基，形成一种 $(Gly\text{-}X\text{-}Y)_n$ 的重复序列。这种重复序列的存在是胶原分子三股螺旋结构形成的结构基础。脯氨酸和羟脯氨酸的存在使得胶原具有硬度和刚性。

胶原中的每条 α 链均为左手螺旋结构，每圈螺旋由 3 个氨基酸残基组成。三股左手螺旋的 α 链再相互缠绕成右手三股螺旋，形成一个直径约 1.5nm、长度约 300nm 的棒状分子(图 4-8)，称为原纤维。原纤维疏水性极强，形成以后即成为不溶性的纤维分子。

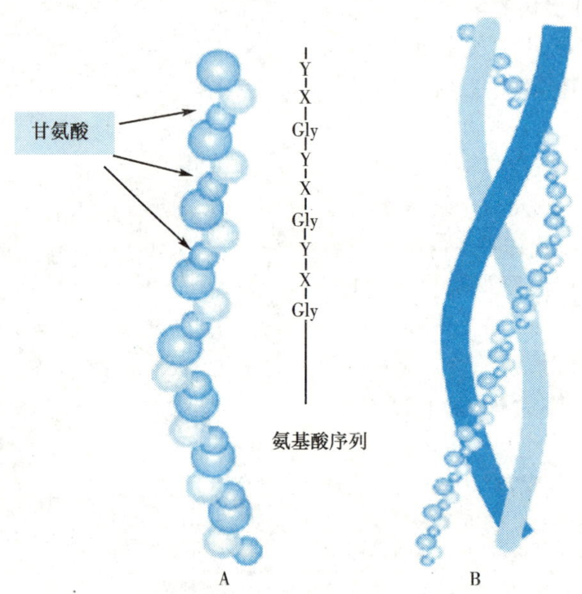

图 4-8 胶原和原纤维分子结构示意图

A. 胶原 α 链的左手螺旋结构；B. 三股 α 链形成的右手螺旋

3 条 α 链结合形成前胶原(procollagen)。前胶原分子在其氨基末端和羧基末端都有分子质量约为 20～35 kDa 的不出现于成熟胶原分子中的冗余肽段。前胶原经过高尔基体被分泌到细胞外，在前胶原氨肽酶和前胶原羧肽酶等作用下将冗余肽段分别切除。一旦冗余肽段被切除，每条三股螺旋胶原分子就会进一步自动组装成胶原纤维(图 4-9)。所有冗余肽段都含有半胱氨酸残基，其中尤以羧基末端的半胱氨酸特别重要。它既可形成链间二硫键，又可形成链内二硫键，有助于 3 个胶原分子从羧基端开始缠绕形成三股螺旋结构，对于完成胶原的折叠和三股螺旋自组装过程至关重要。胶原纤维疏水性极强，形成以后即成为不溶性的纤维分子。胶原一旦形成，其代谢就变得十分稳定，不过在严重饥饿或各种炎症状态下，这种稳定会被逐渐打破。另外，在有些情况下，例如肝硬化时，也会出现胶原产生过度的现象。

Ⅱ型胶原和Ⅲ型胶原的蛋白质结构与Ⅰ型胶原类似，属于纤维状胶原。Ⅱ型胶原主要存在于软骨、间隙组织盘和玻璃体内，为这些组织提供抗张力和抗剪切力。此外，Ⅱ型胶原在软骨内支持软骨细胞的附着，同时对软骨细胞的分化亦有影响。Ⅲ型胶原则是皮肤和血管系统的主要纤维状胶原。Ⅱ型胶原和Ⅲ型胶原的肽链组成均为同源三聚体，即 3 条肽链具有相同的一级结构。

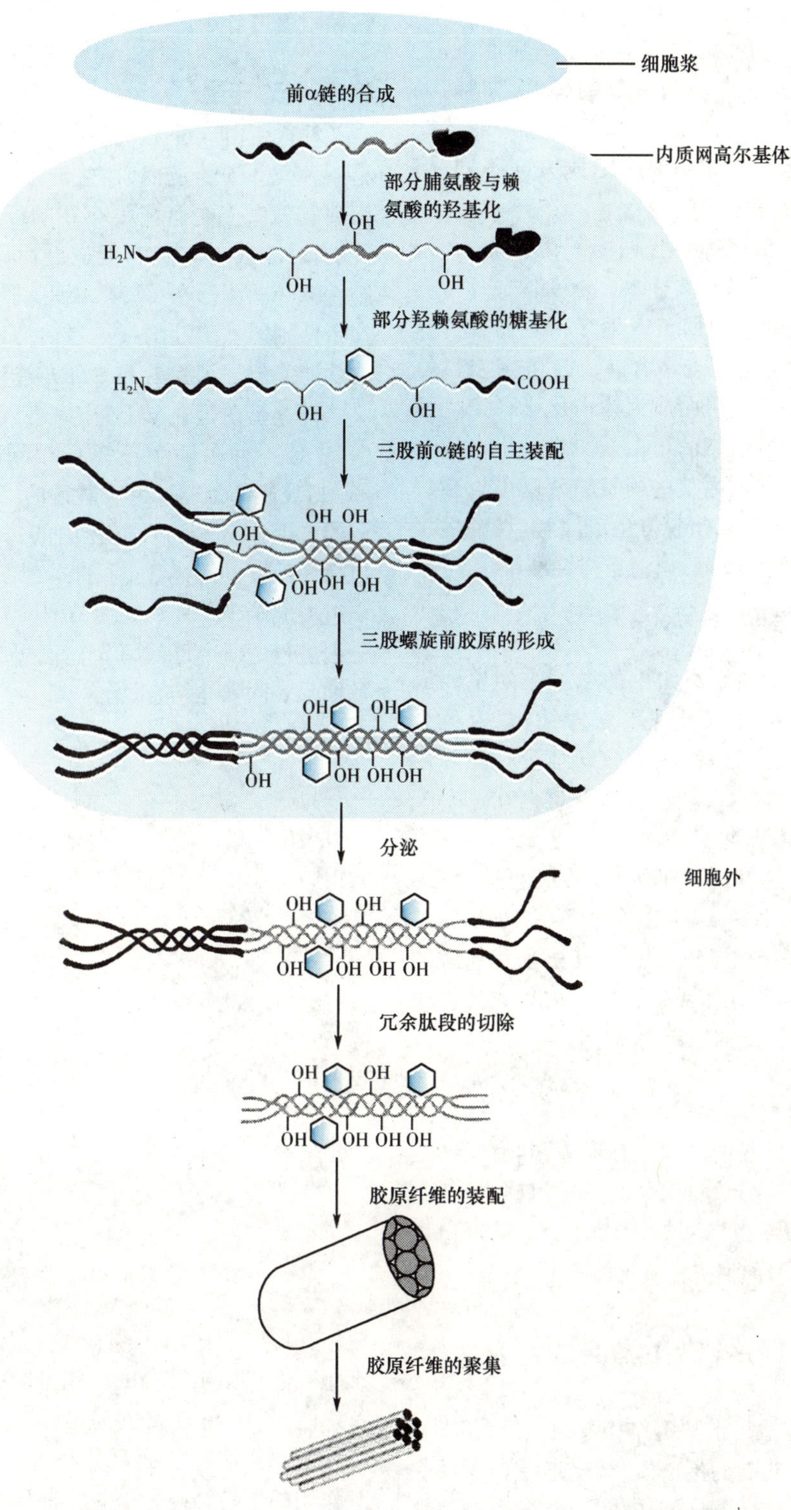

图 4-9 胶原的折叠、修饰和原纤维的形成过程示意图

有些类型的胶原一级结构中的 Gly-X-Y 重复序列被一些非重复序列所间隔。这些非 Gly-X-Y 序列可以在三股螺旋结构中形成散在的球状结构区域，因而导致三股螺旋结构的中断和折转，形成网格状或珠状丝胶原。Ⅳ型胶原是最典型的不连续性三股螺旋结构蛋白。虽然该分子可以形成较长的、350nm 左右的三股螺旋链，但是其中存在着 20 个左右的间隔区，使得螺旋中断，形成弯曲。Ⅳ型胶原因而可以自行装配成网状结构，这一网状结构是生物体内基底膜的主要支持性成分。

笔记栏

(二) 弹性蛋白

另一种构成ECM的结构蛋白是弹性蛋白。有弹性蛋白的组织都具有较好的弹性，如肺、大动脉血管及一些弹性韧带。弹性蛋白是弹性纤维的主要成分，在很多组织中形成方向不同、相互连接的网状结构。

目前认为，编码弹性蛋白的基因仅有一种，不过弹性蛋白可以通过其mRNA前体——hnRNA的不同剪切和加工产生多种变异体。弹性蛋白的一级结构特点是含有大量的疏水性氨基酸区段，使得弹性蛋白成为体内化学稳定性最高、对蛋白酶最不敏感的蛋白质。弹性蛋白原分泌到细胞外后，蛋白内某些赖氨酸残基可以在赖氨酰氧化酶作用下氧化脱氨生成醛类，在弹性蛋白分子间引入共价交联，以稳定弹性纤维。

(三) 原纤蛋白

原纤蛋白是结缔组织中的微纤维的主要成分。这些微纤维外观呈现串珠样结构，直径为10～12nm。原纤蛋白构成的微纤维可以在弹性组织内为弹性蛋白提供支架，弹性蛋白在这个支架上装配成弹性纤维。

原纤蛋白的基因位于第15号染色体，编码一个含有2871个氨基酸、分子质量312 kDa的多肽。该蛋白的一级结构特点是，其中半胱氨酸的含量高达14%，提示其可以在分子内形成较多的二硫键以保持分子的稳定性。

(四) 巢蛋白

巢蛋白与Ⅳ型胶原和层黏连蛋白相结合，是基底膜的固有成分。目前认为，巢蛋白可能是Ⅳ型胶原和层黏连蛋白间的连接分子。巢蛋白也属于含有RGD序列(见后)的蛋白质。

二、ECM中的黏附蛋白

ECM除了含有胶原等结构蛋白以外，还含有一些具有特殊功能的蛋白质，如纤连蛋白和层黏连蛋白等。这些蛋白分子往往具有多个结构域，可以与多种细胞和ECM成分结合，因而被称为黏附蛋白。它们在不同组织中参与对细胞的结构支持作用，同时也是实现细胞与ECM间通讯的主要结构基础。它们一方面参与细胞的黏附和运动，另一方面又通过其在细胞表面的受体影响细胞的物质代谢、分化、生长以及凋亡等活动。

目前已经在ECM内发现了多种具有上述作用的黏附蛋白，这里仅简单介绍几个主要的功能性黏附蛋白分子。

(一) 纤连蛋白

纤连蛋白(fibronectin)亦称为纤维黏连蛋白，是一种大分子糖蛋白，在血液、ECM和细胞膜表面都有分布。在血液中存在的纤连蛋白是可溶性的，目前认为它具有促进凝血、伤口愈合和细胞吞噬等功能。在ECM和细胞膜表面存在的纤连蛋白则以不溶性的纤连蛋白纤维存在，它的主要功能是促进细胞与ECM的连接。

纤连蛋白是在ECM中发现的第一种黏附蛋白，它是一种由两个不完全相同的分子质量为230 kDa亚单位通过近羧基端的二硫键交联而形成的二聚体分子。纤连蛋白的每一个亚单位中包括3种重复模体(Ⅰ、Ⅱ和Ⅲ)，这三种模体又进一步组织成至少7种功能性结构域。对这些结构域分别进行的研究已经确定它们可与肝素、胶原以及细胞表面受体结合(图4-10)。

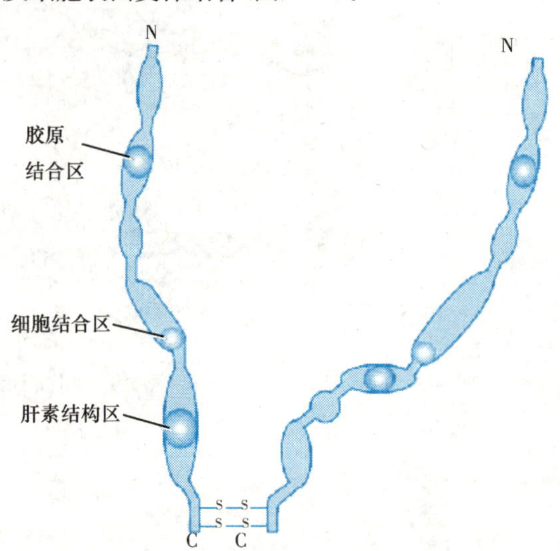

图4-10 纤连蛋白结构示意图

在应用蛋白质工程技术分析纤连蛋白中与细胞表面受体相结合的结构域时人们发现，一种特殊的RGD(精氨酸-甘氨酸-天门冬氨酸)序列是纤连蛋白与细胞表面受体整合素(见第五节)相互作用的关键结构。一些含有RGD序列的短肽，可以抑制纤连蛋白与细胞表面的结合。

纤连蛋白除了具有上述细胞黏附作用以外，对于细胞的迁移亦有影响。这种影响在胚胎发育过程中具有重要的生理意义。

(二) 层黏连蛋白

层黏连蛋白(laminin)是基底膜(basal laminae)中特有的黏附蛋白。肾小球基底膜中的

ECM中的蛋白成分是层黏连蛋白、巢蛋白和Ⅳ型胶原，另外还含有聚糖成分。层黏连蛋白(约850 kDa，70nm长)是由3种完全不同的多肽链组成的，这3条多肽链相互连接成很长的十字架形结构。层黏连蛋白含有与Ⅳ型胶原、肝素和细胞表面的整合素结合的位点。在基底膜中，胶原首先与层黏连蛋白相互作用，层黏连蛋白再通过与整合素的作用将基底膜锚定在细胞膜上。巢蛋白亦结合在层黏连蛋白分子上(图4-11)。

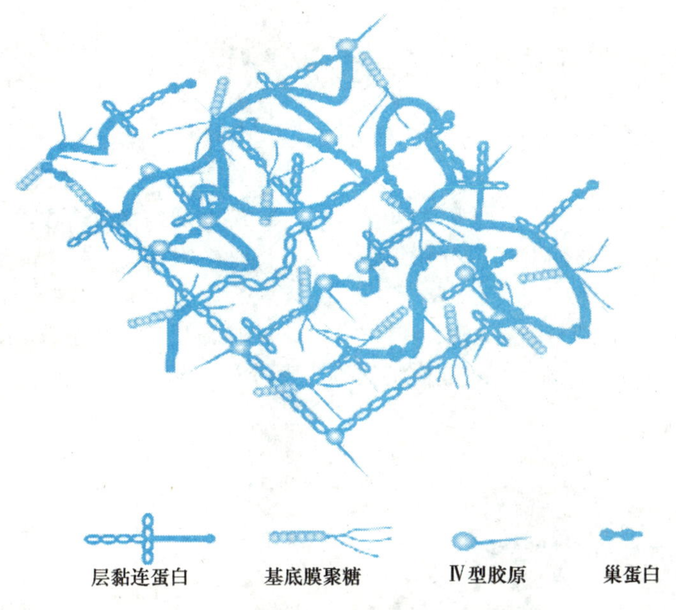

图4-11　基底膜的分子组成和结构示意图

上述由细胞和ECM共同构成的基底膜是肾小球的选择性滤过功能的结构基础。

第五节　细胞外基质受体

为了充分认识ECM与细胞间的相互作用的结构基础和功能联系，首先必须明确ECM中的蛋白质和聚糖类分子在细胞膜表面是否有特异性的受体。目前已经公认，ECM在细胞表面确实结合于特殊的受体上，且可以经由这些受体向细胞内传递信号。这种受体是一类跨膜蛋白，可以将ECM与细胞间的联系信号加以整合，故被命名为整合素(integrin)。

整合素有多种异构形式，为一超家族，属于跨膜糖蛋白，由两个亚单位组成。每一个亚单位分别都具有胞外区、跨膜区和胞内区3个主要结构域(图4-12)。目前已经鉴定出14种亚单位和

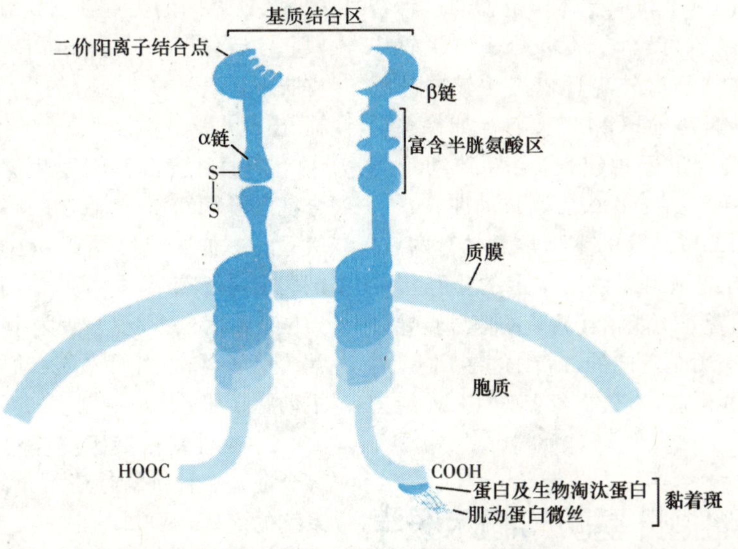

图4-12　整合素的分子结构及结合蛋白示意图

9种亚单位的编码基因，这些不同的多肽链经不同组合可以形成至少20种不同的整合素二聚体。整合素β亚单位的胞内区可以与细胞骨架成分踝蛋白以及辅激动蛋白相结合，然后间接结合在肌动蛋白微丝上。这一复合物是ECM与细胞骨架的连接点，称为黏着斑(focal adhesion)。整合素与ECM的结合状态变化(如整合素在细胞表面的聚集)可以通过黏着斑激酶(focal adhesion kinase, Fak)启动细胞内的部分信号转导通路。

整合素是细胞与ECM的主要联系分子。不同的整合素分子与不同的ECM成分相结合，一种ECM成分又可与多种整合素结合。图4-13示意ECM中主要蛋白成分包括胶原、纤连蛋白和层黏连蛋白与整合素细胞间的相互作用。

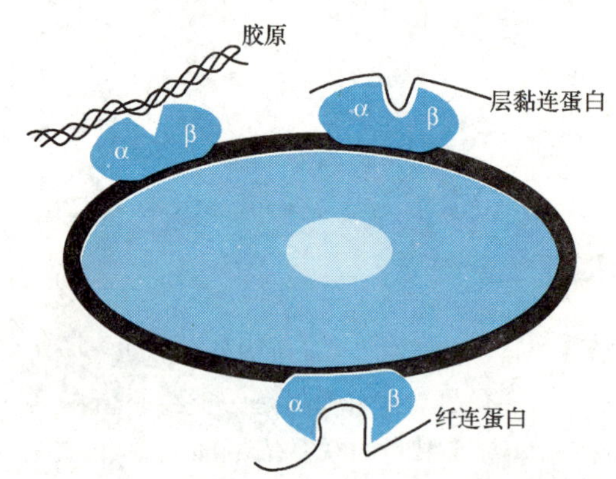

图4-13　整合素与胶原、纤连蛋白和层黏连蛋白间相互作用示意图

整合素与ECM分子的结合特性不同于细胞表面的激素受体和其他可溶性化学信号受体。整合素与其配体结合时的亲和力相对较低，在细胞表面的数目也多于其他受体。生物的这种特殊设计保证了细胞可以与ECM分子发生较广泛的结合，允许细胞对外界环境发生较弱的反应，但是不会影响其与ECM的接触。如果整合素与ECM的结合过于稳定，也会导致细胞与ECM间发生不可逆结合而失去其移动性。

整合素与ECM结合的生物学意义有两点：一是为ECM与细胞间提供结构上的相互接触点；二是作为两者间功能相互调节的信号转导分子。整合素的作用是双向的，即在介导ECM对细胞功能作用的同时，也传递细胞对ECM结构的影响。

第六节　细胞外基质与临床医学

组织中细胞的所有活动都离不开ECM，ECM的结构异常将在临床上导致多种疾病的发生。此外，ECM与衰老、肿瘤等的发生和发展亦密切相关。

一、ECM与遗传性疾病

编码ECM分子(如胶原)的基因发生突变，或者编码参与ECM分子翻译后修饰(如脯氨酸羟化酶)的一些基因的突变都可以影响ECM的结构，导致一些遗传性疾病的发生。

1. 胶原结构或合成异常引起的遗传性疾病　胶原由大约30种基因编码，其生物合成途径较为复杂，其中包括至少8种酶催化的翻译后修饰反应，因而有许多疾病是由于胶原基因或者参与翻译后修饰酶的基因突变引起的。

(1) 埃-当(Ehlers-Danlos)综合征：是一组胶原基因突变引起的遗传性疾病。主要临床特征是皮肤过度伸展、组织脆性异常和关节活动度过大等。目前至少已识别出11种不同类型的埃-当综合征，大多数都表现为胶原结构缺陷。其中尤以Ⅲ型胶原异常的临床表现最为严重，这是由于Ⅲ型胶原是血管的主要ECM成分，患者有动脉自发破裂倾向。

(2) Alport综合征：是一类影响Ⅳ型胶原纤维结构的遗传性疾病。Ⅳ型胶原纤维是肾小球基底膜的主要胶原成分，所以此综合征的临床主要表现为血尿，最终发展至肾病晚期。

(3) 表皮水疱症：是由Ⅶ型胶原的结构异常所致。Ⅶ型胶原的作用是靠形成精密的微小纤维将基底膜锚定在真皮的胶原纤维上。由于*COL7A1*基因的突变影响到Ⅶ型胶原的结构，这些起锚定作用的微小纤维在表皮水疱症病人的皮肤中显著减少，轻微的损伤即可导致皮肤破损、出现水疱。

2. 原纤蛋白基因发生突变引起Marfan综合征　Marfan综合征是由于原纤蛋白基因突变引起的一种影响结缔组织功能的遗传性疾病。该病主要影响眼(如晶状体易位，被称作晶状体异位症)、骨骼系统(表现为个子高、长趾、关节异常活动度)和心血管系统(动脉中膜薄弱导致升主动脉扩张)等。

3. 弹性蛋白基因突变相关疾病　Williams综合征是一种进行性影响结缔组织和中枢神经系统的疾病，约90%的病人有弹性蛋白基因缺失，临床表现为动脉狭窄。许多皮肤病(如硬皮病)的发生与弹性蛋白的异常聚集有关。

二、ECM 与其他疾病

(一) ECM 与肿瘤转移

ECM 与肿瘤转移密切相关。肿瘤在转移发生前的浸润阶段，必须穿过不同的 ECM 结构如基底膜等。肿瘤细胞首先经由细胞表面的整合素结合于基底膜的 ECM 成分，然后利用自身分泌的蛋白酶使 ECM 中的蛋白质降解，帮助其穿过基底膜。透明质酸亦可以协助肿瘤细胞穿过 ECM 发生转移，肿瘤细胞可以促使成纤维细胞合成大量的此类糖胺多糖，同时也促进了自身的转移和播散。同样，在细胞迁移过程中，纤连蛋白也起着重要的作用。它为细胞提供结合点，帮助细胞穿过 ECM。

穿过基底膜的肿瘤细胞并不一定发生转移。正常上皮细胞和不具备转移特性的实体瘤细胞即使穿过基底膜进入血流，也会因失去 ECM 的支持而发生凋亡，称为脱落凋亡(anoikis)。具有转移能力的实体瘤细胞则在脱离 ECM 和其他细胞支持时也不会发生凋亡，从而可以牵涉其他部位再次生长。这种存在于肿瘤细胞的抗脱落凋亡现象，被认为是其可以转移到机体其他部位的重要原因之一。已经有证据表明肿瘤细胞的抗脱落凋亡现象是由于 ECM 与整合素相互作用的信号转导通路异常所致。

目前，已经有人在研究通过干扰 ECM 与肿瘤细胞的相互作用抑制肿瘤细胞的转移。这些尝试包括利用特殊的蛋白酶抑制剂减少 ECM 的降解；利用抗整合素抗体或者 RGD 三肽(胶原、层黏连蛋白结合与整合素的特异序列)干扰整合素与 ECM 的结合；针对整合素介导的信号转导通路中的重要分子进行干预等研究。

(二) ECM 与衰老

动脉血管壁内膜含有透明质酸、硫酸软骨素、硫酸皮肤素和硫酸肝素等蛋白聚糖。在这些蛋白聚糖中，硫酸皮肤素与血浆低密度脂蛋白结合。另外，硫酸皮肤素是动脉血管平滑肌细胞合成的主要糖胺多糖，在动脉粥样损伤时，这些细胞均发生增殖，硫酸皮肤素可能在动脉粥样硬化的发生发展中起着重要作用。皮肤中的糖胺多糖含量也随着年龄的变化而变化，这有助于解释老年皮肤的特征性变化。

(三) ECM 与炎症

在各种类型的关节炎中，蛋白聚糖可以作为自身抗原，引起关节炎。胶原的异常分解也被认为与类风湿性关节炎、牙周病和角膜溃疡等疾病的发病有关。

慢性肝炎和肝硬化均可以有肝组织中胶原纤维增生的现象。其他一些急性或慢性炎症，例如肺纤维化、矽肺和胰纤维化等，也可以发生胶原合成增加而导致器官纤维化。这些病理过程的机制和治疗措施尚在研究中。

已经有一些实验证据表明，在感染和炎症反应中具有重要作用的一些细胞因子可以影响胶原基因在转录水平的表达或影响其 mRNA 的稳定性。例如：白细胞介素Ⅰ可以诱导一些细胞Ⅰ型和Ⅲ型胶原 mRNA 水平增高，而干扰素可能具有相反作用。

软骨中的硫酸软骨素含量随年龄递减，然而硫酸角质素和透明质酸含量却随年龄递增。这些变化有可能在骨性关节炎的形成中有一定作用。

Summary

Glycoprotein, proteoglycan and glycolipid are glycoconjugates that distribute widely in higher eukaryotes, including humans. The structural diversity of oligosaccharide chains in glycoconjugates encodes biologic information involved in cell recognition, adhesion, proliferation and differentiation.

Glycoprotein contains more proteins and less sugar in terms of the mass. There are three kinds of linkage between polypeptide chain and their oligosaccharide, termed as *O*-linkage, *N*-linkage, and GPI-linkage. The oligosaccharide chains of the glycoprotein affect the conformation, transportation as well as the activity of the proteins they are attached to. Proteoglycan is another kind of glycoconjugates with higher proportion of sugar, especially glycosaminoglycan. As the main part of ECM, proteoglycan participates in the regulation of various cell activities. The important proteoglycans in humans are chondroitin sulfate, keratan sulfate, dermatan sulfate, hyaluronic acid, heparin and heparan sulfate. Glycolipids are the covalent chemicals, which contain a fatty acid and carbohydrate. The most important glycolipid in medicine, such as the antigen of blood group type, is glycosphingolipid that serves as the marker for cell recognition and interaction as well as cellular signal transduction.

ECM serves as the structural scaffold to construct the tissues together with cells, and meanwhile influences the various cellular behaviors. ECM is composed of protein and proteoglycan. Besides structural proteins, other proteins in ECM with special function are called adhesion proteins. Collagen, elastin, entactin and fibrillin are structural proteins. The key motif, which is essential to form the left-hand helix in α chain of collagen and then a triple right-handed helical fibril, is the repeats of (Gly-X-Y). Elastin is a connective tissue protein that is responsible for properties of extensibility and elasticity in tissues. The elastin proteins are cross-linked in various orientations to form a highly insoluble netlike structure. Fibronectin and laminin are important adhesion proteins in ECM which function in cell adhesion and mobility.

Through binding with receptors, ECM is able to alter the metabolism, differentiation, proliferation and apoptosis in cells. Integrin is a well-known receptor for ECM. It is an interface molecule between cells and ECM. The cellular response to ECM is mainly signaled by integrin. The abnormal ECM causes many diseases. ECM is involved in the process of aging and carcinogenesis.

思考题

1. 名词解释：*N*-连接糖蛋白　糖基化位点　蛋白聚糖　鞘糖脂　神经节苷脂　细胞外基质　层黏连蛋白　整合素
2. 试述糖蛋白寡糖链的生物学功能。
3. 鞘糖脂的主要生物学功能有哪些？
4. 学习了糖蛋白、蛋白聚糖和糖脂，谈谈你对糖复合物有哪些新的认识？
5. 简述细胞外基质有哪些生理功用？
6. 简述细胞外基质的蛋白质组成及其主要功能。
7. 什么是整合素？有哪些功能？

（药立波）

第二篇　细胞的结构和功能

细胞是生物体形态结构和生命活动的基本单位。有了细胞才有完整的生命活动，生命的奥秘需要到细胞中去探索。

根据细胞结构复杂程度，可将细胞分为原核细胞和真核细胞。由原核细胞构成的生物称为原核生物，如细菌、支原体、放射菌、立克次体等。由真核细胞构成的生物称为真核生物，如各种动、植物和人类。

本篇以人和动物细胞为主，说明真核细胞的结构和功能。根据光学显微镜的观察，一般把真核细胞分为细胞膜、细胞质和细胞核三部分。应用电子显微镜观察，可将细胞分为膜相结构和非膜相结构两大类型。膜相结构和膜性细胞器是指主要由生物膜构成的细胞器，包括细胞膜、线粒体、高尔基复合体、溶酶体、内质网、过氧化物酶体和核被膜等。非膜相结构是指纤维状、颗粒状或管状的细胞器，如染色质、染色体、核仁、核糖体、核纤层、核骨架、微管、微丝、中间纤维和中心粒等。细胞质中除可分辨的细胞器以外的胶状物质称为细胞质基质，或称为胞质溶胶。

本篇将介绍细胞膜；核糖体和细胞内膜系统；细胞骨架和细胞核等四章。介绍细胞各种亚细胞结构的形态、组成和功能。

第5章　细　胞　膜

细胞膜(cell membrane)是包围在细胞质表面的一层薄膜，又称质膜(plasma membrane)。它不仅是区分细胞内部与周围环境的动态屏障，更是细胞物质交换和信息传递的通道。在真核细胞内，除了质膜以外，细胞内还有一些围绕细胞器的膜，称为细胞内膜，构成许多细胞器的界膜，将细胞器与胞质溶胶分隔开，以执行各种不同的功能。质膜和细胞内膜统称为生物膜(biological membrane)，它们有共同的形态结构特征，在透射电镜下为“两暗夹一明”的三层结构，内外两层为电子密度高的“暗”层，中间夹着电子密度低的“明”层(图 5-1)，统称为单位膜(unit membrane)。

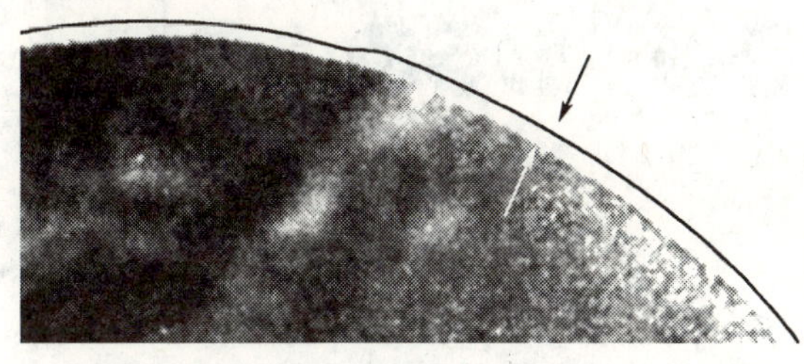

图 5-1　人红细胞膜的电镜照片，箭头示单位膜的三层结构

生物膜是细胞进行生命活动的重要结构基础。对于维持细胞内环境稳定、能量转换、信息传递、物质运输具有重要作用，与细胞的生存、发育、分裂、分化密切相关。

第一节　膜的化学组成与分子结构

一、膜的化学组成

在各种不同类型的细胞中，细胞膜的化学成分基本相同，主要包括脂类、蛋白质及糖类；还有少量水分、无机盐和金属离子等。不同类型细胞膜的组成成分比例各不相同，与其膜功能的差异有密切的关系。如神经髓鞘中，膜脂占 79%，膜蛋白质只占 18%，而人体红细胞膜蛋白质和脂类的比例约为 1∶1，糖类含量较少，多以糖蛋白或糖脂形式存在。

(一) 膜脂

膜脂主要包括磷脂(phospholipid)、胆固醇(cholesterol)和糖脂(glycolipid)三种类型。

1. 磷脂　磷脂是构成膜脂的基本成分，约

占整个膜脂的50%，几乎所有的细胞膜中都含有磷脂。磷脂又分磷酸甘油酯和鞘磷脂两类。磷酸甘油酯是甘油的衍生物，它含有1个甘油骨架、2条脂肪酸链和1分子磷酸和1分子含氮化合物。根据含氮化合物不同又分为磷脂酰胆碱（卵磷脂）、磷脂酰乙醇胺（脑磷脂）、磷脂酰丝氨酸和磷脂酰肌醇等（图5-2）。通常，膜中含量最高的是磷脂酰胆碱，其次是磷脂酰乙醇胺。

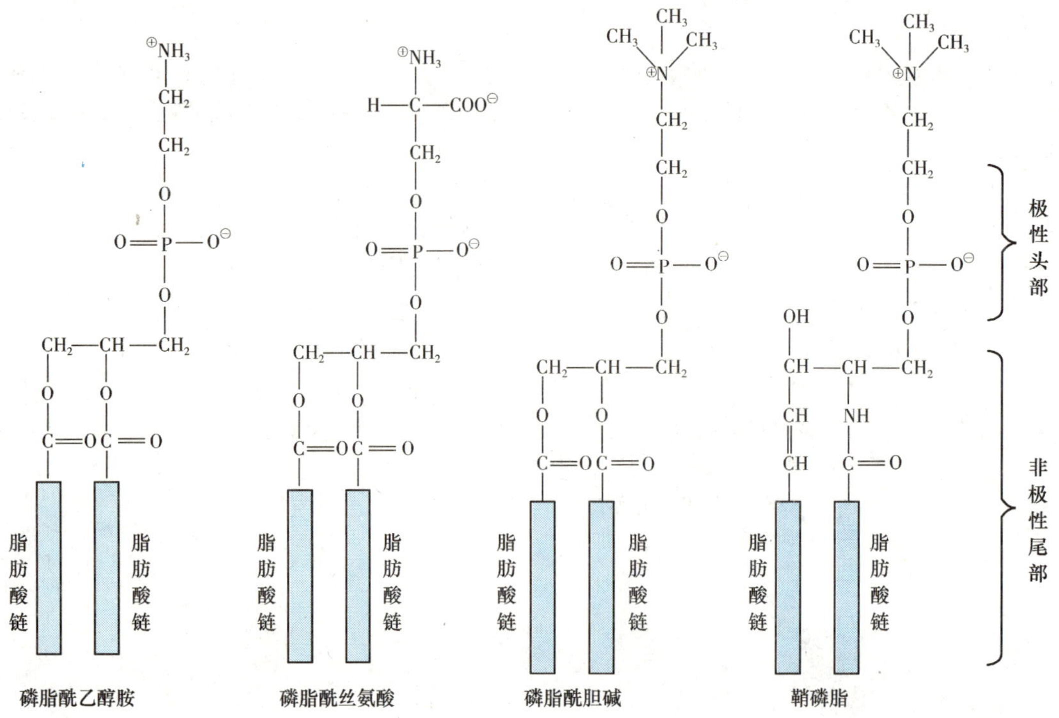

图5-2　几种主要的磷脂分子结构示意图

2. 胆固醇　胆固醇由4个联合在一起的甾环构成，具有刚性的结构特点（图5-3）。它散布于磷脂分子之间，其极性头部紧靠磷脂分子的极性头部，对膜的稳定性发挥着重要作用。胆固醇只存在于真核细胞中，原核细胞的细胞膜中没有胆固醇。

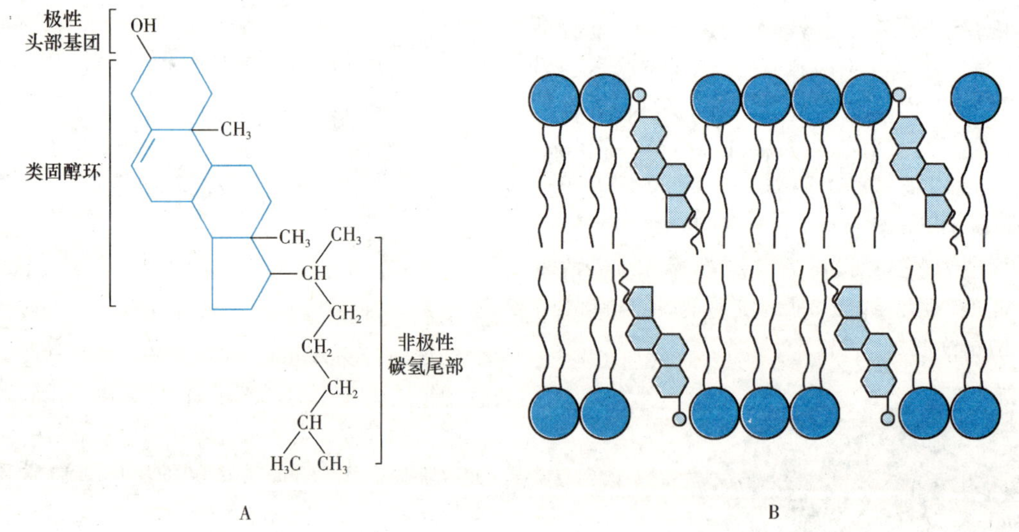

图5-3

A. 胆固醇的化学结构；B. 脂质双层中磷脂分子的相互关系

3. 糖脂　糖脂是含有一个或多个糖基的脂类。最简单的糖脂是半乳糖脑苷脂。它仅含1个半乳糖残基，在神经纤维髓鞘膜中含量丰富。最复杂、变化最多的糖脂是神经节苷脂，它含有1个或几个唾液酸（*N*-乙酰神经氨酸）。

膜脂的种类虽多，但它们的分子结构具有共

同的特点，都是双亲性分子(amphipathic molecule)，即其分子结构中都含有亲水性头部和疏水性尾部。在水溶液中会自动形成双分子层结构，即头部朝向膜的两个表面，尾部彼此相对并朝向膜的中央。这些脂类双层的游离端有自相融合形成封闭性腔室的倾向，避免疏水的尾部与水环境接触。疏水基团间的相互作用是形成脂类双分子层的主要力量。另外，在正常的生理温度下，膜脂质双分子层呈液晶态，它既有液体的流动性，又有固体所具有的分子排列的有序性，赋予生物膜一定的流动性。

(二) 膜蛋白

膜蛋白是膜功能的主要体现者。据估计，核基因组编码的蛋白质中30%左右为膜蛋白。根据膜蛋白与脂质分子的结合方式，可分为：膜内在蛋白(integral protein)和周边蛋白(peripheral protein)两类(图5-4)。

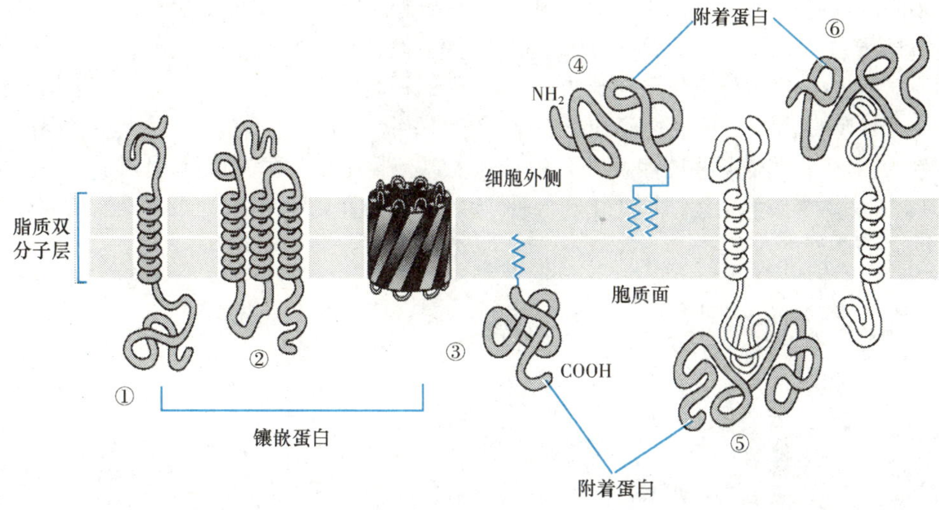

图5-4 膜蛋白与脂双层结合的几种方式

1. 膜内在蛋白也称整合蛋白(integral protein) 其含量一般占膜蛋白的70%～80%。多为双亲性分子。有镶嵌蛋白和跨膜蛋白(transmembrane protein)两种形式。镶嵌蛋白的疏水部分插入细胞膜内，直接与脂双层的疏水区域相互作用，亲水部分露于膜的外表面或内表面。跨膜蛋白的疏水部分穿越脂双层的疏水区，而亲水的极性部分位于膜的内外两侧。膜内在蛋白与脂类结合主要有4种方式：①单次穿膜：镶嵌蛋白以单条α-螺旋穿越膜脂质双层。②多次穿膜：镶嵌蛋白以数条α-螺旋几次往返穿越脂质双层。③非穿越性共价结合：肽链并不穿越脂质双层的全部，而是与胞质侧单层脂质的烃链共价结合。④肽链与磷脂酰肌醇结合：糖蛋白通过一个寡糖链与膜的非胞质面脂质单层中的磷脂酰肌醇共价结合(图5-4 ①～④)。膜内在蛋白需用去污剂处理才能从膜上分离开来。

2. 膜周边蛋白主要附着在膜的内外表面，与膜蛋白、膜脂非共价地结合(图5-4⑤、⑥) 由于这种结合比较松散，因而分离提取比较容易。例如，将膜置于高、低渗溶液或极端pH的溶液中即可将其分离出来。大多数膜周边蛋白溶解于水。膜周边蛋白一般约占膜蛋白的20%～30%，但在红细胞膜中占50%左右。

(三) 膜糖类

所有真核细胞的表面均含有糖类。膜糖类总是与膜蛋白或膜脂结合，膜蛋白结合糖链构成糖蛋白，脂类结合糖残基或糖链构成糖脂。大部分糖类都结合于蛋白质上，一个糖蛋白分子可有许多低聚糖侧链，各种糖基的结合方式、排列顺序千变万化，使糖链具丰富的多样性，构成细胞之间相互识别的分子基础。

二、膜的分子结构

细胞膜的分子结构模型一直是细胞生物学研究的热点问题，自从19世纪后期以来，已提出了多种分子结构模型。

(一) 片层结构模型

1935年，Danielli和Davson提出片层结构模型(lamella structure model)。这个模型认为，细胞膜中有两层磷脂分子，构成膜脂双层。磷脂分子的疏水脂肪酸链在膜的内部彼此相对，而分子的亲水端则朝向膜的内外表面，球形蛋白质分子附着在脂双层的两侧表面。形成了蛋白质-磷脂-蛋白质三层夹板式结构。

（二）单位膜模型

1959年，Robertson用电镜观察细胞膜，发现细胞膜呈三层式结构，内外两侧为电子密度高的暗线（各约2nm厚），中间为电子密度低的明线（约3.5nm厚），即所谓“两暗一明”的三层结构，厚约7.5nm。据此他提出单位膜模型：明线部分是膜中间的双层脂类分子，而暗线部分则为膜两侧的单层蛋白质分子。这些蛋白质以单层肽链β折叠形式存在，通过静电作用与磷脂极性端相结合。该模型提出了各种生物膜在形态结构上的共性，并对生物膜的某些属性做出了一定的解释，但它无法解释膜的动态结构变化和各种膜在功能特性上的差异。

（三）流动镶嵌模型

1972年，Singer和Nicolson在单位膜模型的基础上提出了流动镶嵌模型（fluid mosaic model）（图5-5），认为流动的脂质双分子层构成了生物膜的连续主体，球形蛋白质分子以各种形式与脂双分子层相结合。该模型主要强调了生物膜具有流动性和不对称性的特征，以动态的观点解释了膜中所发生的生理现象，已被广泛接受。但它却忽视了蛋白质分子对脂质分子流动性的控制作用和膜各部分流动的不均匀性。因此，又提出了一些新的模型，如晶格镶嵌模型和板块镶嵌模型，这些模型只是对流动镶嵌模型作了进一步补充和完善，并没有本质的差异。

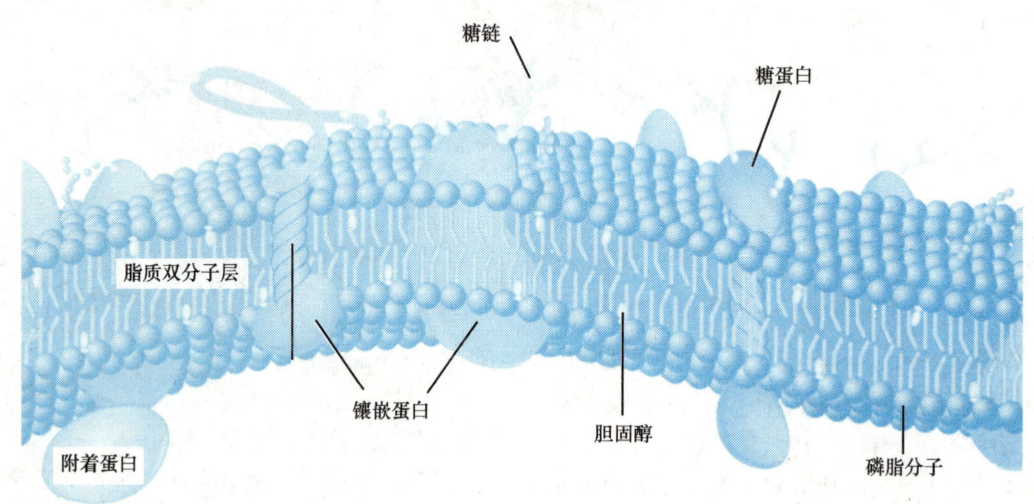

图5-5　流动镶嵌模型

（四）脂筏模型

许多研究表明，膜各部分脂质分布并不是均一的。膜中有富含胆固醇和鞘磷脂的微区，其中聚集一些特定的蛋白质，这些区域比膜的其他部分厚，流动性较弱，这样的微区被称为脂筏（lipid rafts）。所以，脂筏是膜脂双层内含有特殊脂质和蛋白质的微区。脂质的双层有不同的脂筏：外层的微区主要含鞘脂、胆固醇及GPI-锚固蛋白；膜内侧也有相似的微区，含有许多酰化的蛋白质，特别是信号转导蛋白，还含有胆固醇，不含鞘磷脂。虽然两层有不同的脂筏，但它们是耦联的，而且在一定条件下内外层的成分会发生翻转。脂筏主要存在于质膜，但细胞的内膜上也存在，如高尔基体。

脂筏的主要功能为：①参与信号转导。脂筏内富集有多种信号分子，参与多种信号转导通路。②参与跨细胞运转和胞吞胞饮。脂筏与许多蛋白质进入细胞的运转有关。③参与细胞内外的胆固醇运转。

目前的研究表明，脂筏与多种人类疾病有关，如感染性疾病、肿瘤及心血管疾病。

三、膜的特性

生物膜具有两个明显的特征，即膜的流动性（fluidity）和膜的不对称性（asymmetry）。

（一）膜的流动性

生物膜流动性包括膜脂的流动性和膜蛋白的运动性。膜的流动性是生物膜的基本特征之一，也是细胞进行生命活动的必要条件，生物膜的各种重要功能，都与膜的流动性密切相关。

1. 膜脂的流动性　膜脂分子在脂双层中运

动有以下几种方式:①侧向扩散:在同一单分子层内的脂类分子极易与其邻近分子交换位置。②旋转运动:膜脂分子不断地绕着与膜平面垂直的纵轴进行快速的旋转运动。③摆动运动:膜脂分子围绕膜平面垂直的轴进行左右摆动。④伸缩振荡:脂肪酸链沿着纵轴进行伸缩振荡运动。⑤翻转运动:膜脂分子从脂双层的一层翻转至另一层的运动,此种运动极少发生,需由专一的酶帮助才能进行。⑥旋转异构运动:脂肪酸链围绕C—C 键旋转,导致异构化运动(图 5-6)。

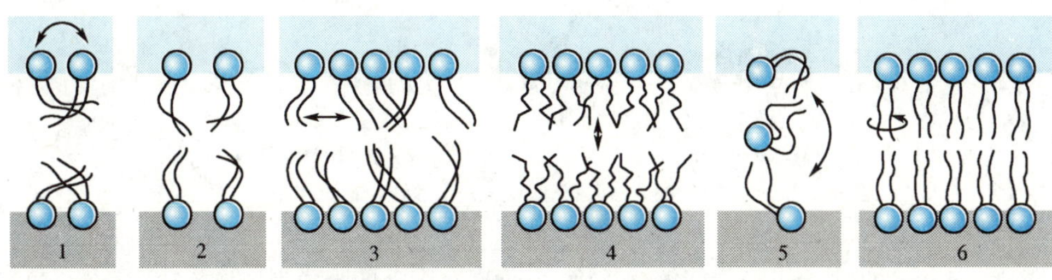

图 5-6 脂质双分子层中磷脂分子的几种运动方式

2. 膜蛋白的运动性 膜蛋白的运动一般可分为两种:被动扩散和细胞代谢驱使的运动。被动扩散可分为侧向扩散和旋转扩散两种。细胞代谢驱使的运动则是指膜蛋白与膜下方的细胞骨架相结合而形成复合体的运动 。

3. 影响膜流动性的因素 影响膜流动性的因素有许多,主要包括:①胆固醇:在相变温度以上时,胆固醇能降低膜的流动性,在低于相变温度时,胆固醇能干扰膜脂有序性的出现,阻止晶态形成,防止膜流动性的突然降低。②脂肪酸链的长度:短链能降低脂肪酸链尾部的相互作用,增加膜的流动性;长链则增加分子的有序性,使膜流动性降低。③脂肪酸链的不饱和程度:脂质双分子层中含有的不饱和脂肪酸越多,膜的流动性也越大。④卵磷脂与鞘磷脂的比值:卵磷脂脂肪酸的不饱和程度较高,因此,膜中卵磷脂与鞘磷脂的比值越高,流动性越大。⑤膜蛋白:膜中的镶嵌蛋白可使周围的脂质分子不能单独活动而形成界面脂,因此,膜中的镶嵌蛋白越多,膜脂的流动性就越小。⑥其他因素的影响:除上述因素外,环境的温度、pH、离子强度、金属离子等都会不同程度地影响膜的流动性。

(二) 膜的不对称性

1. 膜脂分布的不对称性 构成脂质双分子层内外两层脂类分子的种类并不完全相同。如人红细胞膜中鞘磷脂和大多数磷脂酰胆碱多分布于脂双层的外层,而磷脂酰丝氨酸和磷脂酰乙醇胺主要分布于内层。大多数磷脂和胆固醇不对称分布是相对的,仅为含量比例上的差异。

2. 膜蛋白的不对称性分布 各种膜蛋白在细胞膜中都有特定的位置,在脂双层中的分布是不对称的。跨膜蛋白跨越脂双层有一定方向性,如细胞膜上的同种酶分子在膜的同一侧表面具有作用点,细胞骨架蛋白则结合于膜的细胞质侧。

3. 糖链的不对称性分布 膜糖类的分布也是不对称的。在细胞膜中,糖蛋白或糖脂的低聚糖侧链只分布在细胞膜外侧表面。某些膜蛋白上的低聚糖侧链可能有助于蛋白质在细胞膜上的定位及稳定。

生物膜在结构上的不对称,保证了膜功能的方向性,使膜两侧具有不同的功能。

第二节 细胞膜与物质运输

细胞在生命活动中所需要的物质从细胞周围环境中获得,细胞的代谢产物也要通过细胞膜排至细胞外。细胞膜对于物质进出细胞有选择性调节作用,以维持膜内外离子浓度差和膜电位,保证了膜内外渗透压平衡,这对保持细胞内环境的相对稳定及各种生命活动的正常进行具有极其重要的作用。

细胞膜的物质运输活动可分为两大类:一类是小分子和离子的穿膜运输,另一类是大分子和颗粒物质的膜泡运输。

一、穿膜运输

(一) 被动运输

被动运输(passive transport)是指通过简单扩散或协助扩散实现物质由高浓度向低浓度方向的跨膜转运。物质运输的动力来自于物质的浓度梯度,不需要细胞提供代谢能量。主要包括简单扩散和协助扩散(图 5-7)。

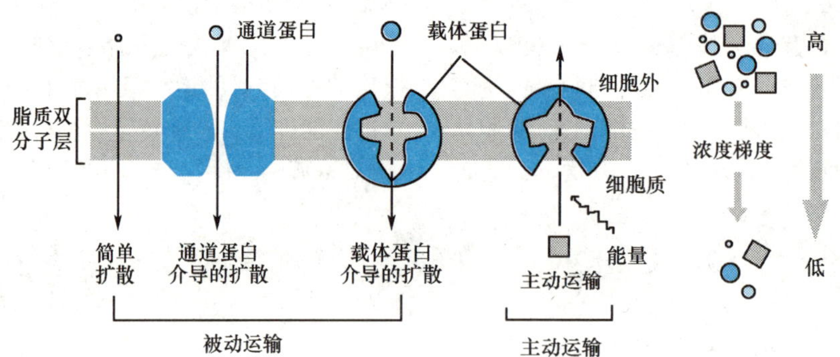

图 5-7 穿膜运输的类型

1. 简单扩散 一些小分子物质能够顺浓度梯度从膜的一侧通过细胞膜进入膜的另一侧，在此过程中，不需要细胞提供能量，也不需要专一的膜蛋白分子协助，这种运输方式称为简单扩散(simple diffusion)。简单扩散是一种最简单的运输方式，只要物质在膜两侧存在一定的浓度差即可进行。通过简单扩散进行跨膜运输的物质主要有两类：一类是脂溶性物质(如苯、醇、甾类激素以及 O_2、CO_2、N_2)；另一类是有些极性小分子(如 H_2O、尿素、甘油等)，因为它们不带电荷，分子很小，能穿过脂类分子的极性头部区而得以穿过膜脂双层。

2. 协助扩散 有些物质尽管在膜的两侧存在浓度差，但还必须借助细胞膜上的运输蛋白的帮助才能通过细胞膜。凡是借助于膜转运蛋白、顺浓度梯度、不消耗代谢能进行物质运输的方式称为协助扩散(facilitated diffusion)(亦称为易化扩散或帮助扩散)。根据膜转运蛋白的性质不同，又可分为通道蛋白介导的扩散和载体蛋白介导的扩散。

(1) 通道蛋白介导的协助扩散：离子通道由镶嵌在膜上的跨膜蛋白质构成，其中心为亲水性通道，对离子具有高度的亲和力，允许相应的离子顺浓度梯度瞬间大量的通过，一般可在数毫秒内完成。通道蛋白的带电基团(如羧基或磷酸基)构成通道的闸门，控制着离子通道的开启或关闭。受膜电位变化控制的离子通道为电压闸门离子通道(voltage-gated channel)；由于配体与特异受体结合，引起闸门开放的则为配体闸门离子通道 (ligand-gated channel)。Na^+、K^+、Ca^{2+}等离子难以直接穿过细胞膜的脂质双层，需借助膜上由蛋白质围成的离子通道，使离子能迅速穿膜转运。

(2) 载体蛋白介导的协助扩散：载体蛋白是与特定物质运输有关的跨膜蛋白或镶嵌蛋白。当载体蛋白与被转运物质结合时，构象发生变化，将被转运物质从膜的一侧移至膜的另一侧，与溶质分离后，载体蛋白又恢复到原有的构象。载体蛋白与所结合的溶质有专一的结合部位，而不同的溶质由不同的载体蛋白进行运输。各种单糖和二糖、氨基酸、核苷酸等穿过细胞膜均需要专一的载体蛋白帮助(图 5-8)。

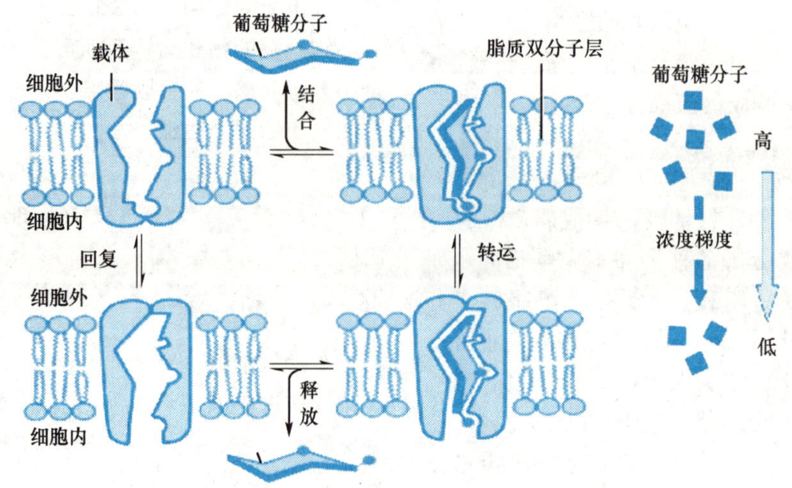

图 5-8 载体蛋白介导的协助扩散

(二)主动运输

有些离子在细胞内外的浓度差别很大。如细胞外 Na^+ 浓度比细胞内高 10～20 倍，而细胞内 K^+ 浓度比细胞外高 10～20 倍，这种浓度差的存在，说明细胞膜具有逆浓度梯度运输物质的能力。细胞膜利用代谢能来驱动物质逆浓度梯度运输的过程称为主动运输(active transport)。它除了和协助扩散一样需要膜上载体分子参与外，还要消耗代谢能。

1. 离子泵 离子泵实际上就是膜上的一种 ATP 酶。在质膜上，作为泵的 ATP 酶种类有很多种，它们都具有专一性，不同的 ATP 酶运输不同的离子，可分别称它们为某物质的泵。如运输的 Na^+、K^+ 离子的 ATP 酶被称为 Na^+-K^+ 泵，运输 Ca^{2+} 离子的 ATP 酶被称为 Ca^{2+} 泵等。泵的能量均来自于 ATP。

(1) Na^+-K^+ 泵(Na^+-K^+ pump)：Na^+-K^+ 泵是一种 Na^+，K^+-ATP 酶，由 2 个亚单位构成。小亚单位为糖蛋白，分子质量约为 55kDa，可能有稳定大亚基的作用。大亚单位为催化亚单位，为多次穿膜的跨膜蛋白，分子质量约为 120kDa。在催化亚单位的细胞质侧有 3 个 Na^+ 亲和位点和一个 ATP 的结合部位，细胞膜外侧面有 2 个 K^+ 亲和位点和一个乌本苷(ouabain，Na^+，K^+-ATP 酶抑制剂)的结合部位。它可反复进行磷酸化和去磷酸化，将 Na^+ 泵出细胞外，将 K^+ 泵入细胞内。

Na^+，K^+-ATP 酶有两种互变的构象：去磷酸化构象和磷酸化构象。在去磷酸化构象状态，酶的结合部位朝向细胞内，与 Na^+ 的亲和力高，与 K^+ 的亲和力低，K^+ 在膜内被释放，膜内的 Na^+ 与酶结合，同时激活了 ATP 酶的活性，使 ATP 分解，酶与磷酸根结合，变成磷酸化构象。在磷酸化构象状态，酶的结合部位朝向细胞外，与 Na^+ 的亲和力低，与 K^+ 的亲和力高，因而 Na^+ 在膜外侧被释放，膜外侧的 K^+ 与酶结合，同时促使酶去磷酸化，磷酸根解离，酶又恢复去磷酸化构象。一个 ATP 酶每秒可水解 1000 个 ATP 分子，水解一个 ATP 分子细胞可排出 3 个 Na^+，摄入 2 个 K^+。如此反复进行，将 Na^+ 泵出膜外，K^+ 泵入膜内(图 5-9)。

Na^+，K^+-ATP 酶在产生和维持膜电位，使细胞内外及渗透压平衡，以保持细胞容积恒定等方面起重要作用。

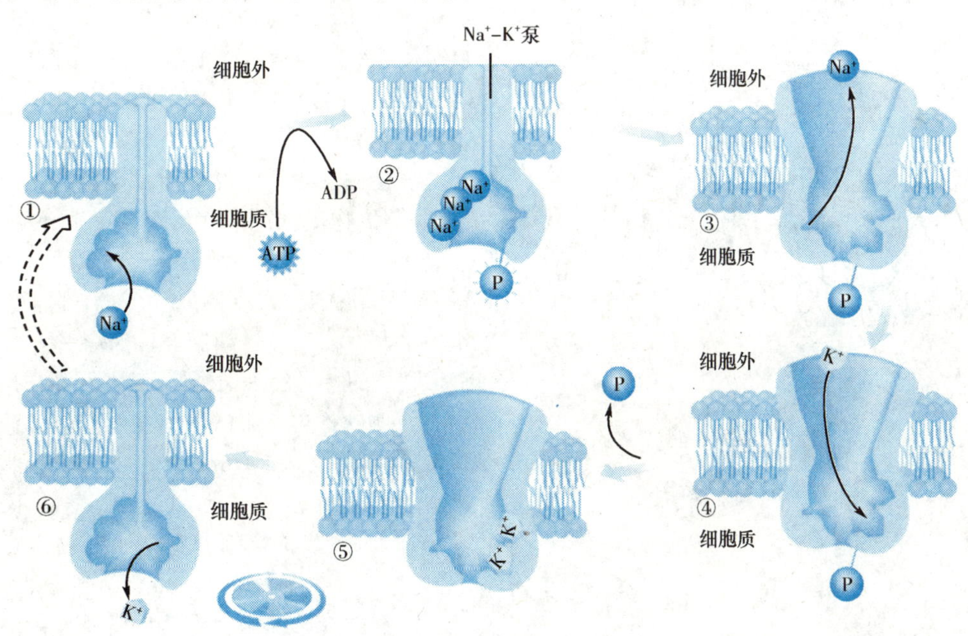

图 5-9 Na^+，K^+-ATP 酶活动模型

①Na^+结合到膜上；②酶磷酸化；③酶构象变化，Na^+释放到细胞外；④酶与胞外侧的 K^+结合；⑤酶去磷酸化；⑥酶构象恢复原始状态，K^+释放到细胞内

(2) Ca^{2+} 泵(Ca^{2+} pump)：Ca^{2+} 泵又称为 Ca^{2+} ATP 酶。主要存在于细胞膜和内质网膜上，对维持细胞的基本功能具有重要作用。真核细胞的细胞质中 Ca^{2+} 浓度极低(约 10^{-7} mol/L)，而细胞外 Ca^{2+} 浓度却高得多(约 10^{-3} mol/L)。细胞膜上的 Ca^{2+} 泵将 Ca^{2+} 转运到细胞外，维持细胞内外的 Ca^{2+} 浓度梯度。当细胞对外部信号产生反应时，Ca^{2+} 顺浓度梯度流入细胞，细胞质

中 Ca^{2+} 浓度增高，能引起细胞的多种效应。如 Ca^{2+} 泵在肌质网内储存 Ca^{2+}，调节肌细胞的收缩与舒张。

2. 协同运输　协同运输（cotransport）是一类由 Na^+-K^+ 泵（或 H^+ 泵）与载体蛋白协同作用，靠间接消耗 ATP 所完成的主动运输方式。物质跨膜运输所需要的直接动力来自膜两侧离子电化学浓度梯度，而维持这种离子电化学浓度梯度则是通过 Na^+-K^+ 泵（或 H^+ 泵）消耗 ATP 所实现的。动物细胞的协同运输是利用膜两侧的 Na^+ 电化学浓度来驱动的，而植物细胞和细菌常利用 H^+ 电化学浓度来驱动。

根据物质运输方向与离子顺电化学梯度转移方向的关系，协同运输又可分为同向运输（symport）（也称为共运输）和对向运输（antiport）（图 5-10）。同向运输是指物质运输方向与离子转移方向相同，如小肠上皮细胞和肾小管上皮细胞吸收葡萄糖或氨基酸等有机物，就是伴随 Na^+ 从细胞外流入细胞内而完成的。对向运输是指物质跨膜转运的方向与离子转移的方向相反，如动物细胞常通过 Na^+ 驱动的 Na^+- H^+ 对向运输的方式来转运 H^+，以调节细胞内的 pH。

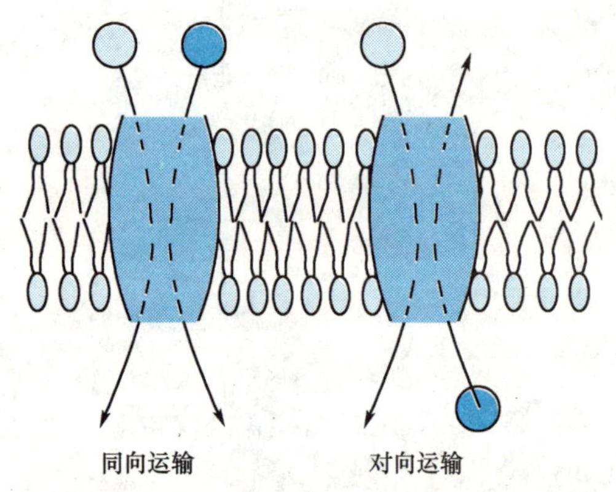

图 5-10　协同运输示意图

二、膜泡运输

大多数细胞都能摄入或排出特定大分子物质如蛋白质、多核苷酸和多糖等，有些细胞甚至能吞入大的颗粒。由于转运物质被包裹在膜脂双层围绕的囊泡中运输，所以称为膜泡运输。膜泡运输分胞吞作用和胞吐作用两种形式（图 5-11），它们都需要能量供应，故属于主动运输。

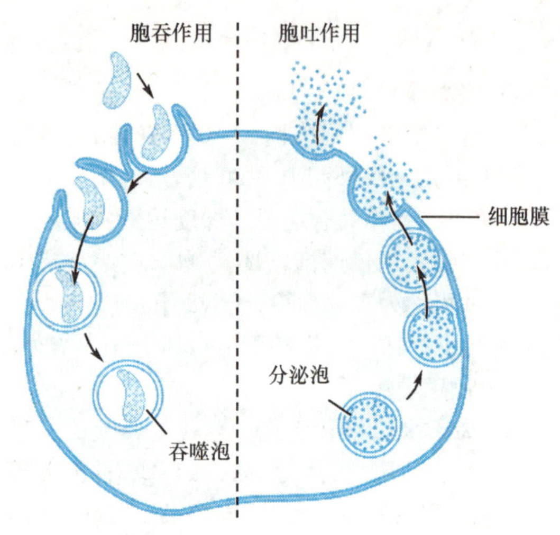

图 5-11　膜泡运输示意图

（一）胞吞作用

当细胞摄取大分子或颗粒时，首先摄入物附着于细胞膜表面，部分质膜凹陷，逐渐包裹摄入物，最后与细胞膜分离形成含有摄入物的囊泡，进入细胞质，此过程称为胞吞作用（endocytosis）。

根据吞入物质的状态、大小和特异性程度的不同，胞吞作用可分为吞噬作用（phagocytosis）、胞饮作用（pinocytosis）和受体介导的胞吞作用（receptor mediated endocytosis）等三种主要类型。

1. 吞噬作用　吞噬作用是细胞摄入大的颗粒（如微生物或细胞碎片），形成吞噬泡（phagocytic vesicle）或吞噬体（phagosome）的过程。在高等动物和人类，只有特化的吞噬细胞才能摄入和消化大颗粒。吞噬细胞表面有各种与吞噬机制相联系的特异的表面受体，触发吞噬作用。

2. 胞饮作用　胞饮作用是细胞摄入液体和溶质，形成的胞饮泡（pinocytic vesicle）或胞饮体（pinosome）的过程。胞饮泡的直径不超过 150nm。大多数真核细胞都能不断地进行胞饮作用。

3. 受体介导的胞吞作用　受体介导的胞吞作用是细胞摄入特定大分子的过程。特定大分子与聚集于细胞表面受体特异性结合，形成受体大分子复合物，该区域的细胞膜凹陷，形成有被小窝（coated pit），有被小窝从质膜上脱落成为有被小泡（coated vesicle），进入细胞内。用快速冰冻蚀刻技术观察细胞电镜图像时，发现有被小窝和有被小泡外面的包被为多角形网状结构，由几种蛋白构成，最主要的蛋白质是网格蛋白（clath-

笔记栏

rin)。网格蛋白是由1条重链和1条轻链组成的二聚体，3个二聚体形成三脚蛋白复合物(triskelion)。三脚蛋白复合物组装成六角形或五角形篮网结构，形成特征性的多角形包被。另一种蛋白是结合素(adaptin)，它能识别特异的跨膜蛋白受体，把受体集聚在有被小窝和有被小泡处，并将网格蛋白紧密地连接于有被小窝和有被小泡上(图5-12)。

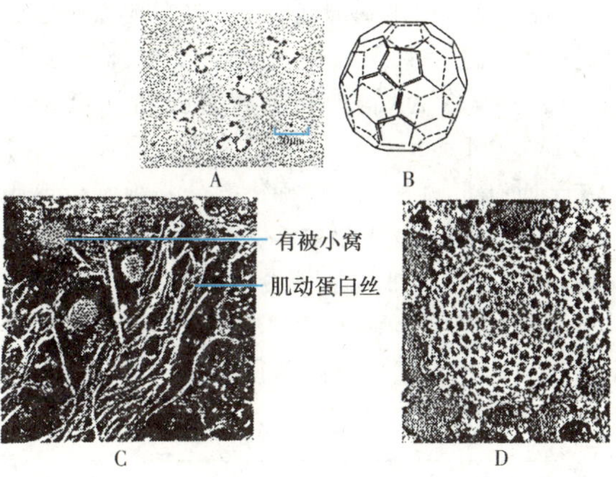

图5-12　有被小囊和有被小窝的结构

A. 三脚蛋白复合物的电镜照片；B. 三脚蛋白复合物可能的排列；C. 培养的成纤维细胞质膜内表面有被小窝的冰冻蚀刻标本电镜照片；D. 有被小窝放大电镜照片

动物细胞合成细胞膜所需的大部分胆固醇是通过受体介导的胞吞作用摄入的。胆固醇是脂溶性物质，必须形成低密度脂蛋白(LDL)才能被运输。LDL是直径约22nm的圆形颗粒，由胆固醇、胆固醇酯、磷脂及载脂蛋白组成，载脂蛋白是LDL受体的配体。

当细胞需要利用胆固醇合成生物膜时，这些细胞就合成LDL受体蛋白，并把它们嵌入到细胞膜中，LDL受体在细胞膜中是分散的，有被小窝形成过程中，LDL受体与LDL颗粒结合，即集中于有被小窝中，有被小窝不断内陷，脱离细胞膜，形成有被小泡，这样与受体结合的LDL颗粒很快被摄入细胞内。有被小泡在几秒钟之内，即脱去包被，成为无被小泡。脱落的网格蛋白返回质膜附近重复使用。无被小泡与细胞内其他小泡融合，成为胞内体(endosome)。胞内体膜上有ATP驱动的质子泵，将H^+泵入胞内体中，使腔内pH降低(pH5～6)，引起配体与受体分离。受体集中后以小囊泡的形式从胞内体分离，返回细胞膜，供重复使用。

LDL囊泡与初级溶酶体结合，被溶酶体酶降解，释放出游离胆固醇，用于合成新的生物膜(图5-13)。如果细胞内游离胆固醇积聚过多，细胞就停止合成胆固醇和LDL受体蛋白，此时细胞本身合成和摄入的胆固醇均减少，这是一种反馈调节作用。

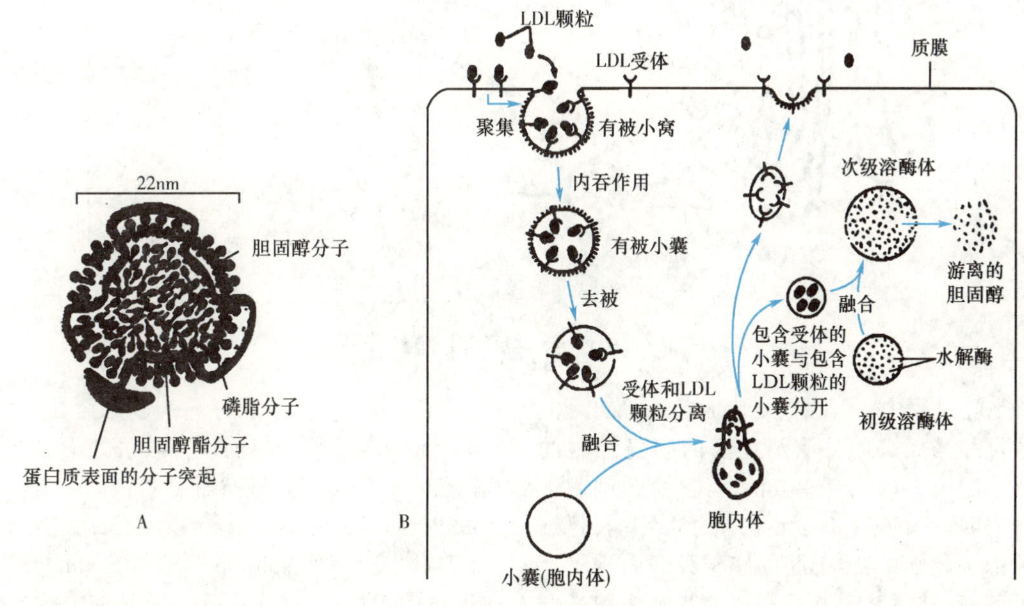

图5-13

A. LDL颗粒；B. LDL颗粒受体介导的胞吞作用

某些有遗传缺陷的患者缺乏LDL受体，或LDL受体蛋白与有被小窝结合部位有缺陷，LDL即使能结合于受体上，也不能形成有被小窝，将LDL转运到细胞内，致使患者血液中胆固醇浓度升高，积聚在血液中，在血管壁形成粥样斑块，引起动脉硬化(图5-14)。

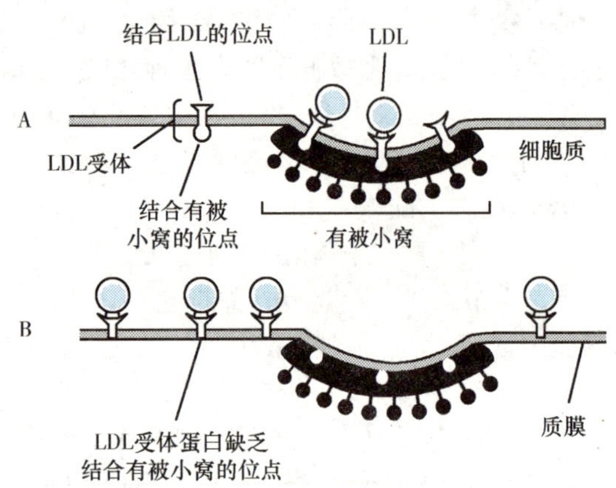

图 5-14　LDL 受体与 LDL 摄取
A. 正常细胞 LDL 受体蛋白；B. 突变细胞 LDL 受体蛋白

（二）胞吐作用

胞吐作用（exocytosis）是指细胞内有待排出胞外的物质，以小泡的形式从细胞内逐步移到质膜下方并与质膜融合，将物质排出细胞外的过程。在此过程中，分泌泡与细胞膜的融合只发生在局部的细胞质膜上。融合作用是通过融合蛋白介导的。

真核细胞的分泌活动几乎都是以胞吐的形式进行的。分泌蛋白在粗面内质网的核糖体合成后进入内质网腔，由内质网产生转运小泡，运至高尔基复合体，经修饰、浓缩和分类，包装形成分泌泡。分泌泡向细胞膜移动，最后与细胞膜融合，将分泌蛋白排到细胞外。一些分泌蛋白合成之后被迅速运到细胞膜，持续不断地排出，这种分泌过程称为结构性分泌途径（constitutive pathway of secretion）。结构性分泌途径几乎存在于所有细胞中。有些特化的分泌细胞合成激素、神经递质、消化酶之后，暂时贮存在分泌泡内，只有在接受细胞外信号（如激素）的刺激时，分泌泡才与细胞膜融合，将内容物排出，这种分泌过程称为调节性分泌途径（regulated pathway of secretion）（图 5-15）。

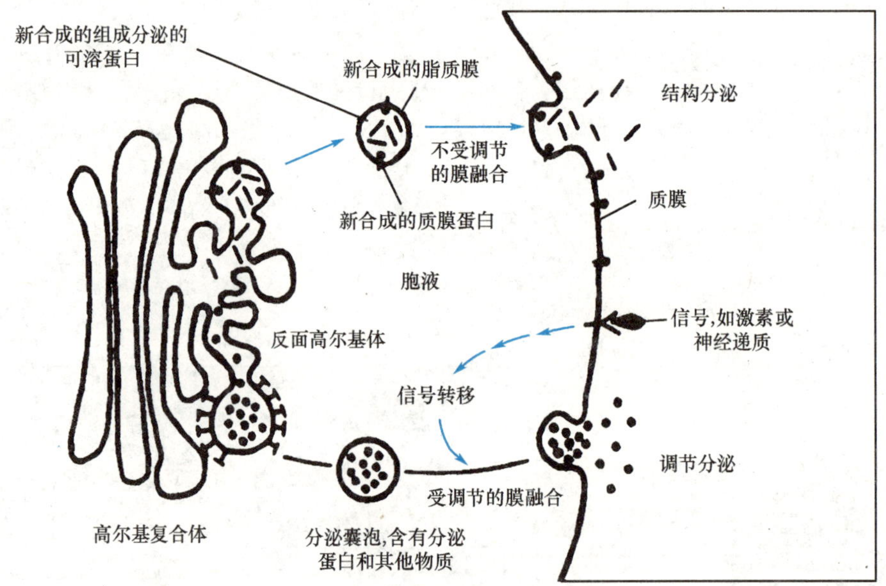

图 5-15　结构性分泌途径和调节性分泌途径

胞吐过程中，伴随掺入到细胞膜中的囊泡膜数量相当大。如分泌消化酶的胰腺细胞的顶部细胞膜大约只有 30μm^2，当它受到刺激进行分泌时，大约有 900μm^2 的囊泡膜掺入到细胞顶部细胞膜中，但细胞的体积和表面积不会明显改变，这意味着胞吞作用和胞吐作用是两个相辅相成的过程。掺入细胞膜中的囊泡膜通过胞吞作用回到细胞质内，重新生成新的囊泡。因此，细胞通过胞吐作用与胞吞作用，细胞膜与细胞内膜互相交流，这是质膜循环的一种方式。

在胞吞作用和胞吐作用过程中，转运囊泡与特定的靶膜融合，需特殊的膜融合蛋白（fusion protein）参与。目前研究较清楚的是 *N*-乙基顺丁烯二酰亚胺-敏感融合蛋白（*N*-ethylmaleimide sensitive fusion protein，NSF）和可溶性 NSF 附着蛋白（soluble NSF-attachment protein，SNAP）。NSF 是一种 ATP 酶，SNAP 是胞质内的一种可溶性蛋白。SNAP 受体（SNAP receptor，SNARE）是膜结合蛋白。SNARE 分为转运小泡膜上的 v-SNARE 和靶膜上的 t-SNARE 两种，它们特异互补结合引导转运小泡定向运输。

结构性分泌途径中，分泌泡的 v-SNARE 与靶膜的 t-SNARE 相互识别，结合形成 7S 复合物，接着 NSF 在 SNAP 的介导下与 7S 复合物结合形成 20S 复合物，此复合物中的 SNAP 可激活 NSF 的 ATP 酶活性，NSF 水解 ATP 提供能量使 20S 复合物解聚，引起膜融合，使分泌泡内的物质排出到细胞外(图 5-16)。

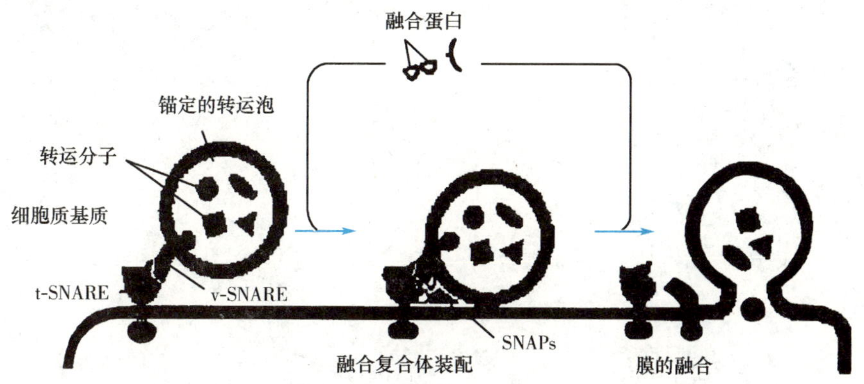

图 5-16　转运囊泡与靶膜的融合模型

调节性分泌途径中，SNARE 复合物上先结合一种蛋白质，如突触结合蛋白(synaptotagmin)，使 SNAP 不能与 SNARE 复合物相结合，分泌过程无法进行。只有当细胞接受细胞外信号的刺激时，突触结合蛋白移位或从复合物上脱落下来，使 SNAP 与 SNARE 复合物结合，引起膜融合，分泌颗粒才能被分泌到细胞外。

第三节　细胞表面

细胞表面(cell surface)是指包围在细胞质外层的一个复合结构和多功能体系，它包括细胞膜、细胞外被、胞质溶胶层、各种细胞连接结构和细胞膜的一些特化结构。细胞表面的功能十分复杂，它能够维持细胞相对稳定的内环境，与细胞内外的物质交换、信息传递、细胞识别、细胞运动以及免疫反应都有密切的关系。

1. 细胞外被　细胞外被是指细胞膜中糖蛋白和糖脂伸出细胞外表面的分支或不分支的寡糖链，又称为糖萼(glycocalyx)。在细胞生命活动中具有重要作用如：①消化道、呼吸道和生殖道等上皮细胞的糖萼具有润滑作用，不仅可以减少机械摩擦，还可阻止细菌的侵袭和保护上皮细胞不被消化酶消化。②细胞膜抗原多为镶嵌在膜上的糖蛋白或糖脂，它们标志着细胞的不同属性，对于胚胎发育中组织器官的形成、器官移植、细胞免疫、细胞迁移和肿瘤的发生及发展均有重要意义。③许多膜受体是糖蛋白或糖脂蛋白，其糖链可作为细胞的“化学天线”，参与细胞的识别、免疫应答、物质运输和信号传递等。

2. 胞质溶胶层　在细胞膜内表面有一层厚度为 0.1～0.2μm 的黏滞而透明的溶胶层称为胞质溶胶层，由微丝和微管与膜上的蛋白质直接或间接相连，具有很大的抗张强度，对于维持细胞的极性、形态和运动均有重要作用。此外，胞质溶胶层也参与调控膜蛋白移动的作用。

3. 细胞表面的特化结构　细胞表面并不是平整光滑的，通常因各类细胞的功能和生理状态不同而带有各种特化的附属结构。最明显的特化结构有微绒毛(microvillus)、细胞内褶(infolding)、纤毛(cilia)和鞭毛(flagella)等。有时还能看到一些暂时性的结构，如变形足和皱褶等。这些特化的结构在细胞执行特定的功能方面起了重要的作用。

第四节　细胞连接

多细胞生物体中，相邻细胞表面的特化及细胞间隙所形成的连接结构，称为细胞连接(cell junction)。在动物体内，除血细胞和结缔组织外，其他的细胞都依赖于细胞间连接形成各种组织，在不同的组织细胞中(如上皮细胞、肌肉细胞和神经细胞等)细胞连接的类型和数量各不相同。由于上皮组织的主要特征是细胞排列紧密，因此，上皮细胞间的连接分化的最为典型。从功能和形态上，细胞连接可分为紧密连接、锚定连接和通讯连接三类(图 5-17)。通过这些连接，使细胞形成组织和器官。

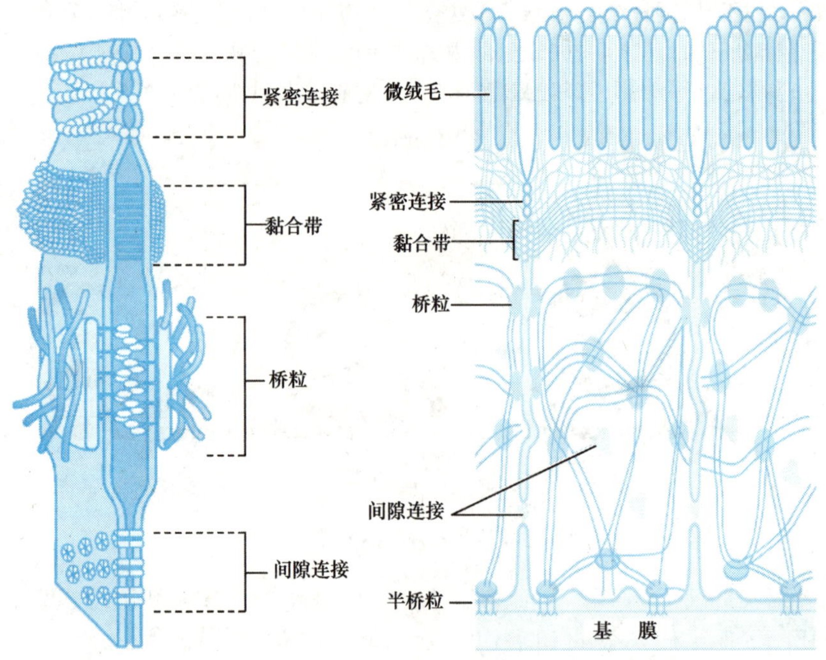

图 5-17 细胞连接的类型

一、紧密连接

紧密连接(tight junction)又称闭锁小带(zonula occludens),它是由相邻上皮细胞之间的细胞膜形成点状融合构成的一个封闭带。电镜观察显示,紧密连接处的两个细胞紧紧相连,无间隙。冰冻断裂复型技术显示:在连接的细胞四周,有嵴线构成的网格。嵴线由成串排列的跨膜蛋白构成。网格的层数在不同组织中有差异,哺乳动物小肠上皮细胞间可多于十层,而肾小管上皮细胞间仅 1～2 层(图 5-18)。

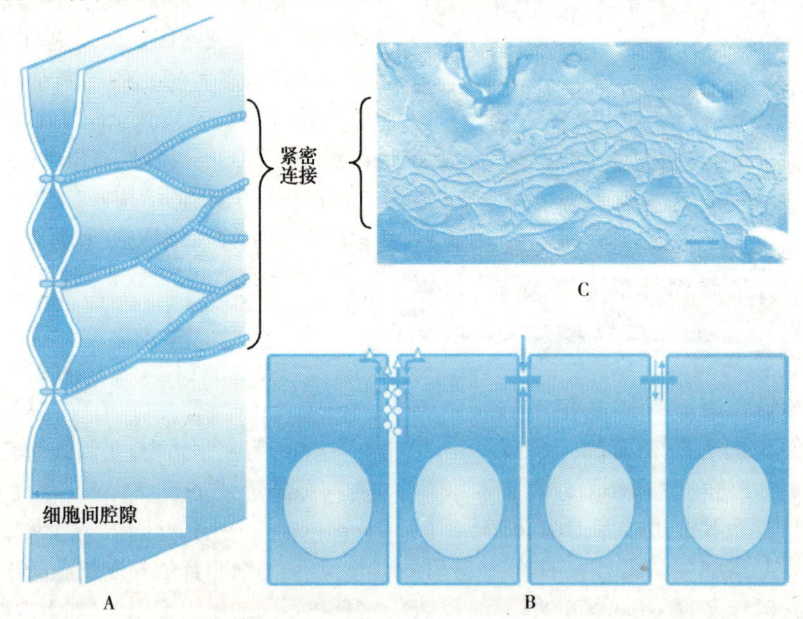

图 5-18 紧密连接模式图

A. 紧密连接结构;B. 紧密连接的屏障功能;C. 冷冻断裂复型图

紧密连接将上皮细胞联合成整体,阻止可溶性物质从上皮细胞层的一侧扩散到另一侧,甚至可以阻止水分子的通过。此外,紧密连接将上皮细胞的游离面与基底面的膜蛋白相互隔离,使细胞膜的功能具有方向性。紧密连接结构较牢固,不易受到破坏。

分子生物学研究表明,紧密连接是由一系列跨膜蛋白和外周蛋白相互作用而形成的一个复杂的蛋白质体系。其中跨膜蛋白包括:封闭蛋白

(occludin)、claudin、连接黏合分子(junctional adhesion molecules, JAMs);外周膜蛋白包括:zonula occludens(ZOS)、膜相关鸟苷酸激酶转化蛋白(membrane-associated guanylate inverted protein)、cingulin、ZO-1 相关的核酸结合蛋白(ZO-1 associated nucleic acid-binding protein)。目前,已发现紧密连接蛋白与许多人类疾病有关,包括:腹泻、癌症、炎症反应、糖尿病等。

二、锚定连接

锚定连接将相邻细胞的细胞骨架或将细胞与细胞外基质相连,形成一个细胞群体。在有机体中,锚定连接分布很广泛,在上皮组织、心肌、子宫颈等组织中尤为丰富。锚定连接分为黏着连接和桥粒连接两种形式。

(一)黏着连接

1. 黏合带 黏合带(adhesion belt)位于上皮细胞紧密连接的下方,是由黏合连接形成的连续的带状结构。由于黏合带介于紧密连接与桥粒之间,所以又被称为中间连接(intermediate junction)。黏合带连接处相邻细胞膜的间隙约 15～20nm,在间隙中可见细丝状物交织结合,这些细丝状物实际上是该处跨膜糖蛋白分子的细胞外部分。构成黏合带的跨膜连接糖蛋白主要为钙黏蛋白(cadherin)。借助于这类分子的细胞外部分的相互结合以及与相邻细胞中的肌动蛋白丝束联成广泛的跨细胞网,使组织连接成一个坚固的整体(图 5-19)。黏合带不仅是细胞连接的主要形式之一,还可能具有保持细胞形状和传递细胞收缩力的作用。

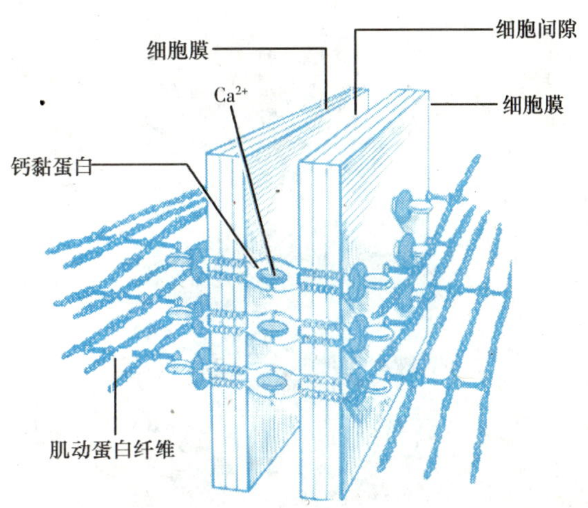

图 5-19 黏合带结构模式图

2. 黏合斑 黏合斑(adhesion plaque)是细胞以点状接触(focal contact)的形式,借助肌动蛋白丝与胞外基质相连。黏合斑的跨膜连接蛋白为整合素(integrin),行使纤黏连蛋白受体的作用,并通过纤黏连蛋白与胞外基质结合,其胞内结构则与肌动蛋白丝结合(图 5-20)。体外培养的成纤维细胞即通过黏合斑附着在瓶壁上,黏合斑的形成对于细胞迁移也是不可缺少的。

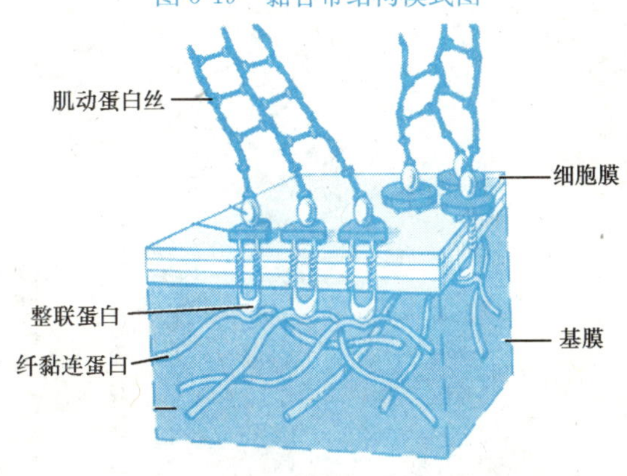

图 5-20 黏合斑结构模式图

(二)桥粒连接

1. 桥粒 桥粒(desmosome)是细胞内中间丝的锚定位点,它在细胞间形成纽扣式的结构将相邻细胞铆接在一起。桥粒连接处相邻细胞膜间的间隙约 30nm,质膜的胞质侧有一致密斑,直径约为 0.5μm,称为桥粒斑(plaque),其成分为细胞内附着蛋白。桥粒斑上有中间纤维相连,后者的性质因细胞类型而有所不同,如上皮细胞中主要是角蛋白丝,心肌细胞为结蛋白丝,大脑表皮细胞中为波形蛋白丝。桥粒的跨膜连接糖蛋白亦为 Ca^{2+} 依赖性。通过桥粒,相邻细胞内的中间纤维连成了一个广泛的细胞骨架网络(图 5-21)。

桥粒由两类蛋白质构成:一类是跨膜蛋白,主要由桥粒芯糖蛋白(desmoglein)与桥粒芯胶黏蛋白(desmocollin)构成,形成桥粒的电子致密层和细胞间接触层;另一类为胞浆内的桥粒斑,主要成分为桥粒斑蛋白(desmoplakin)、桥粒斑珠蛋白(plakoglobin)和斑菲素蛋白(plakophilin),它们一端与桥粒跨膜蛋白相结合,另一端是胞浆内中间丝的附着处(图 5-22)。

桥粒是一种坚韧、牢固的细胞间连接结构,与其相连接为一体的胞内张力丝共同形成了细胞的网络支架结构体系,赋予了组织较强的抵御和耐受机械力作用的能力,使得肌肉组织不会因为收缩而致断离,上皮组织也不会因外界张力而造成撕裂。

2. 半桥粒 半桥粒(hemidesmosome)存在于上皮细胞与基膜之间,与桥粒比较,其桥粒斑结构只在细胞中形成,另一侧为基膜;它的跨膜蛋白为整联蛋白而不是钙黏蛋白,胞内附着蛋白的成分与桥粒也不相同(图 5-23)。

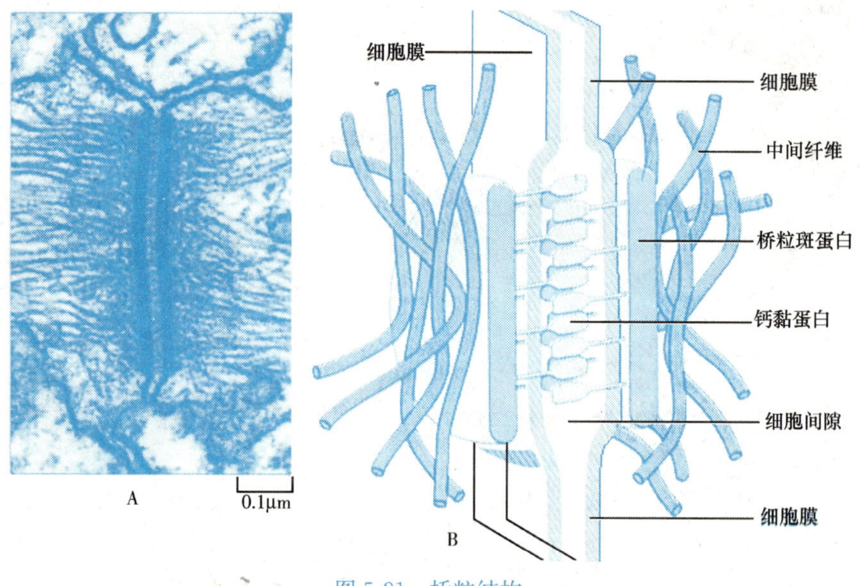

图 5-21　桥粒结构

A. 桥粒电镜图；B. 桥粒结构模式图

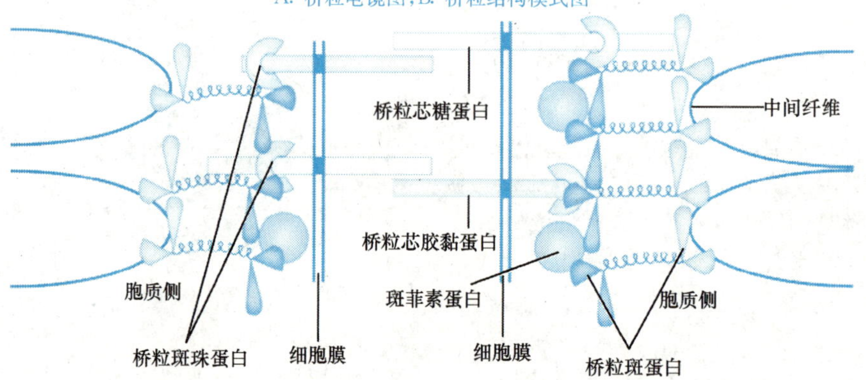

图 5-22　桥粒蛋白示意图

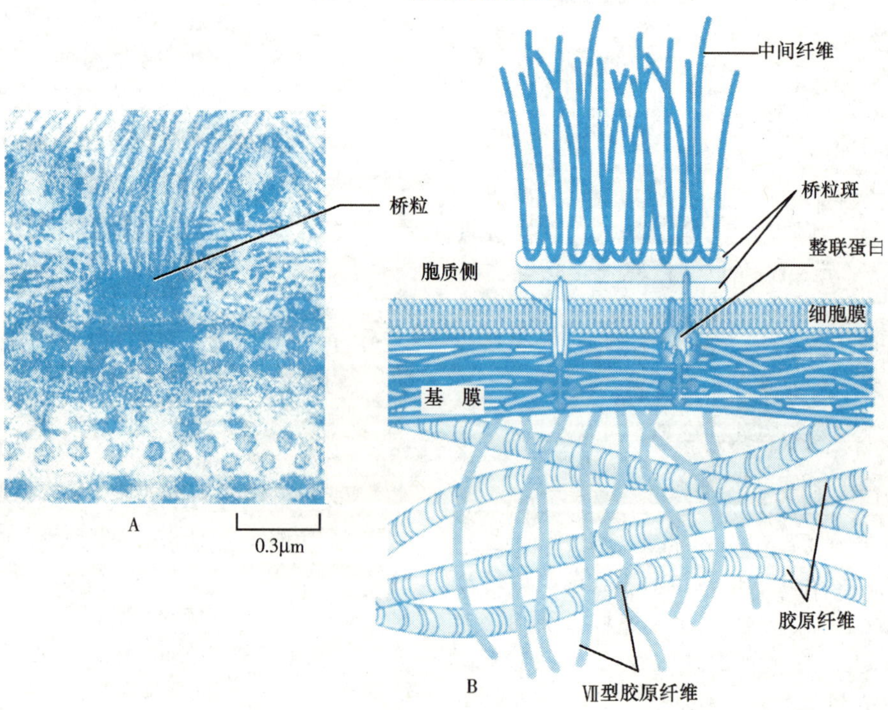

图 5-23　半桥粒

A. 半桥粒电镜图；B. 半桥粒结构模式图

三、间隙连接

间隙连接也称为缝隙连接，是存在于所有动物体内的一种最广泛最奇特的连接，除成熟的骨骼肌和血细胞外，在其他细胞包括培养细胞都存在。

1. 连接蛋白(connexin，Cx) 是构成间隙连接的基本元素。目前已确定小鼠连接蛋白基因家族含有20个成员，人类连接蛋白基因家族含有21个成员，其中有19种在人类和小鼠中均有表达，具有很高的同源性。越来越多的研究表明，连接蛋白基因突变与人类遗传性疾病密切相关(表5-1)。所有的连接蛋白都具有4个高度保守的α螺旋形成的跨膜结构域(M_1-M_4)、一个胞内环(CL)和两个胞外环(E_1-E_2)，N末端和C末端位于细胞质内(图5-24)。其中，M_3具有双极性，因此，通道孔的内壁主要由M_3和少量M_1组成；M_2与M_1相邻，M_4与M_3相邻，并与脂质双分子层相连接；两个胞外环为反向平行的β折叠构成，含有亲水性氨基酸残基，包含3个高度保守的半胱氨酸残基序列(C_x31除外)：E_1环[C-X_6-C-X_3-C]，E_2环[C-X_5-C-X_5-C]。不同连接蛋白胞外环和C末端的氨基酸序列变化较大，这些区域的差异决定了连接蛋白在功能上的差异。相邻细胞间的连接子相互对接形成GJ通道时，胞外环上的半胱氨酸残基则随之形成二硫键以维持通道的稳定性。

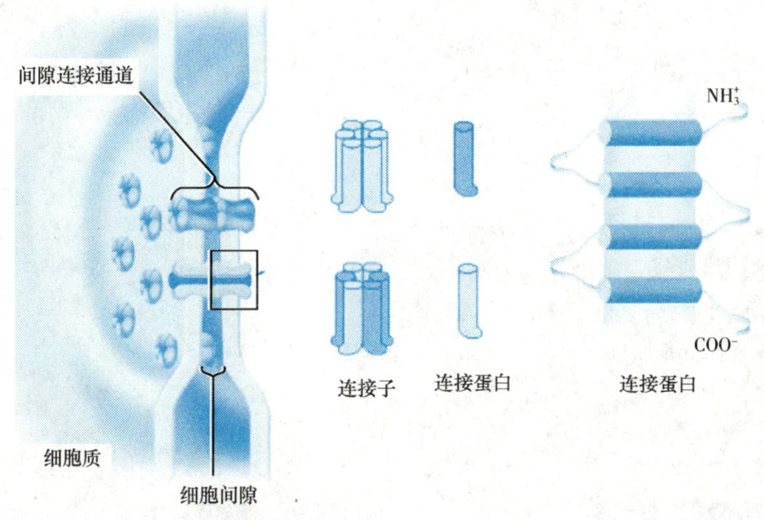

图5-24 间隙连接模式图

2. 间隙连接的结构 间隙连接的基本单位为连接子(connexon)。每个连接子是由6个连接蛋白环绕而成，中央形成直径约为1.5nm的亲水性低电阻通道。形成连接子的6个连接蛋白，可以是同一种连接蛋白，也可以是不同种连接蛋白。根据连接蛋白的不同，可将连接子分为：同型连接子(homomeric，HoM)和异型连接子(heteromeric，HeM)两类。同型连接子由6个同种类型的连接蛋白形成，异型连接子由6个两种以上类型连接蛋白形成。相邻细胞间不同类型的连接子对接则形成4种不同类型的间隙连接通道(图5-25)：①同型同合体，即2个同种类型的同型连接子对接而成。②异型同合体，即2个相同类型的异型连接子对接而成。③同型异合体，即2个不同类型的同型连接子对接而成。④异型异合体，即2个不同类型的异型连接子对接而成。

相邻细胞膜上的连接子对接便形成胞间连接，间隙连接常呈斑块状，一个间隙连接斑块内可含有几个甚至成千上万对连接子。

间隙连接通道的开启和关闭由6个连接蛋白亚单位的滑动来调节，这种调节作用会受到磷酸化作用、电压等因素的影响。生理状态下，它可以允许分子质量小于1kDa的物质及离子通过，如氨基酸、葡萄糖等。物质的通透性与连接蛋白的类型及小分子物质的电荷特性有关。

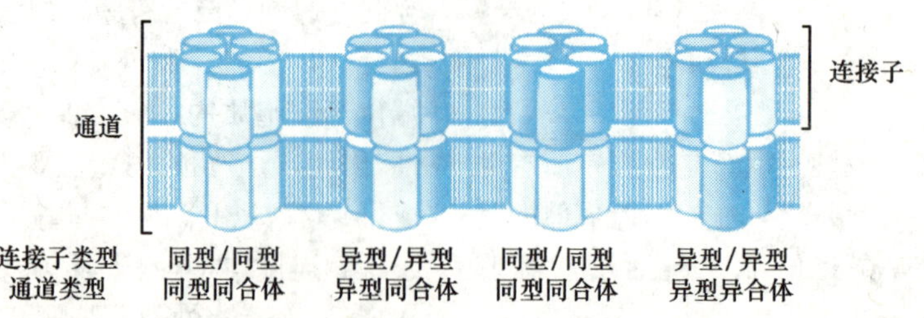

图 5-25　间隙连接通道类型示意图

表 5-1　小鼠不同连接蛋白在组织中的表达及缺陷小鼠的表型/人类各种连接蛋白及遗传病

小鼠 C$_x$	细胞和组织中的表达	缺陷小鼠的表型	人类遗传病	人类 C$_x$
mC$_x$23				hC$_x$23
				hC$_x$25
mC$_x$26	乳腺、皮肤、耳蜗、肝、胚胎	胚胎发育 11 天致死	感音性耳聋、掌趾角皮病	hC$_x$26
mC$_x$29	有髓鞘细胞			hC$_x$30.2
				(hC$_x$31.3)
mC$_x$30	皮肤、脑、耳蜗	听力减弱	学前非综合征性耳聋、无汗型外胚层发育障碍、脱发、指甲缺损、智力缺陷	hC$_x$30
mC$_x$30.2				hC$_x$31.9
mC$_x$30.3	皮肤		红斑角皮病	hC$_x$30.3
mC$_x$31	皮肤、耳蜗、子宫		听力损伤	hC$_x$31
mC$_x$31.1	皮肤			hC$_x$31.1
mC$_x$32	肝脏、雪旺氏细胞、寡突神经胶质细胞	糖原减少	CMTX	hC$_x$32
mC$_x$33	睾丸			
mC$_x$36	视网膜神经细胞	视力减退		hC$_x$36
mC$_x$37	内皮细胞层、卵巢	不孕	动脉硬化	hC$_x$37
mC$_x$39				hC$_x$40.1
mC$_x$40	心脏、内皮细胞层	房性心律失常		hC$_x$40
mC$_x$43	多种细胞类型和组织	心脏畸形、室性心律失常	先天性心脏病、ODDD	hC$_x$43
mC$_x$45	心脏、内皮、神经	胚胎发育 10.5 天致死		hC$_x$45
mC$_x$46	晶体	核性白内障	先天性白内障	hC$_x$46
mC$_x$47	脑、脊索			hC$_x$47
mC$_x$50	晶体	小眼畸形、核性及先天性白内障	核性白内障	hC$_x$50
				hC$_x$59
mC$_x$57	卵巢			hC$_x$62

Summary

All cells, both prokaryotes and eukaryotes are surrounded by a plasma membrane, which defines the boundary of the cell and separates its internal contents from the environment. Eukaryotic cells contain membrane structure and non-membrane structure. Membrane organelles include mitochondria, Golgi apparatus, ER, peroxisome and nucleus and non-membrane structure contains chromatin, chromosome, nucleolus, ribosome etc.

笔记栏

The plasma membranes of cells are composed of both lipids and proteins. The plasma membrane thus plays a dual role: it both isolates the cytoplasm and mediates interactions between the cell and its environment. By serving as a selective barrier to the passage of molecules, it is impermeable to most water-soluble molecules. The passage of ions and most biological molecules across the plasma membrane is therefore mediated by proteins, which are responsible for the selective traffic of molecules into and out of the cell. There are two types of transportation activities across the membrane: one is for small molecules and ions transfer ; the other is for the macromolecules and particles transportation via vesicles. Ways of crossing the plasma membrane are classified as simple diffusion, facilitated diffusion and active transport. Eukaryotic cells are also able to take up macromolecules and particles from the surrounding medium by a distinct process called endocytosis. In endocytosis, the material to be internalized is surrounded by an area of plasma membrane, which then buds off inside the cell to form a vesicle containing the ingested material. A carbohydrate coat called the glycocalyx covers the cell surface. Cell surface carbohydrates serve as markers for cell-cell recognition.

The cell junction includes tight junction, anchoring junction and communication junction. Tight junctions are the closest known contacts between adjacent cells. They were originally described as sites of apparent fusion between the outer leaflets of the plasma membranes, although it is now clear that the membranes do not fuse. Tight junctions play two roles in allowing epithelia to fulfill such barrier functions. First, tight junctions form seals that prevent the free passage of molecules (including ions) between the cells of epithelial sheets. Second, tight junctions separate the apical and basolateral domains of the plasma membrane by preventing the free diffusion of lipids and membrane proteins between them.

Gap junctions are open channels connecting the cytoplasms of adjacent cells. They are constructed by transmembrane proteins called connexins. Six connexins assemble to form a cylinder with an open aqueous pore in its center. They provide open channels through the plasma membrane, allowing ions and small molecules (less than approximately a thousand daltons) to diffuse freely between neighboring cells, but preventing the passage of proteins and nucleic acids. Consequently, gap junctions couple both the metabolic activities and the electric responses of the cells they connect. Gap junctions also allow the passage of some intracellular signaling molecules, such as cAMP and Ca^{2+}, between adjacent cells, potentially coordinating the responses of cells in tissues.

The keratin filaments of epithelial cells are tightly anchored to the plasma membrane at two areas of specialized cell contacts, desmosomes and hemidesmosomes. Desmosomes are junctions between adjacent cells, at which cell-cell contacts are mediated by transmembrane proteins related to the cadherins. On their cytoplasmic side, desmosomes are associated with a characteristic dense plaque of intracellular proteins, to which keratin filaments are attached. Desmosomes and hemidesmosomes thus anchor intermediate filaments to regions of cell-cell and cell-substratum contact, respectively, similar to the attachment of the actin cytoskeleton to the plasma membrane at adherens junctions and focal adhesions. It is important to note that the keratin filaments anchored to both sides of desmosomes serve as a mechanical link between adjacent cells in an epithelial layer, thereby providing mechanical stability to the entire tissue.

笔记栏

思考题

1. 名词解释：原核细胞　真核细胞　膜相结构　非膜相结构　生物膜　单位膜　脂筏　细胞表面　主动运输　协同运输　膜泡运输　受体介导的胞吞作用　结构性分泌途径　节性分泌途径　细胞连接

2. 生物膜的主要化学成分有哪些？各有何功能？

3. 生物膜的基本结构特征是什么？

4. 试述流动性镶嵌模型的要点。

5. 细胞膜有哪些穿膜运输的方式？每种运输方式有何特点？

6. 简述细胞膜膜泡运输的过程和特点。

7. 试述受体介导内吞作用的主要过程及其生物学意义。

8. 细胞连接有哪些类型？各有何功能？

（霍正浩）

第6章 核糖体和细胞内膜系统

利用电子显微镜观察细胞，可以将细胞结构分为膜相结构(membranous structure)和非膜相结构(non-membranous structure)两大类。在真核细胞中，胞内膜相结构(统称为内膜系统，endomembrane system)包括细胞核、内质网、高尔基复合体、溶酶体、过氧化物酶体和线粒体等细胞器，这些细胞器也被称为膜性细胞器。各种膜性细胞器普遍存在于真核细胞中，但也有一些特例，比如，在哺乳动物的成熟红细胞中缺乏核糖体、高尔基复合体和溶酶体等细胞器。各种膜性细胞器执行特化的功能，但它们在发生、结构和功能上是互相关联、互相协调的。本章介绍内质网、高尔基复合体、溶酶体、过氧化物酶体和线粒体，以及与内膜系统关系密切的核糖体等细胞器的结构和功能，细胞核将在第八章专门讲述。

第一节 核糖体

核糖体(ribosome，核糖核蛋白体或核蛋白体)发现于19世纪50年代，是原核细胞和真核细胞共有的一种细胞器，行使蛋白质合成功能。核糖体是细胞最基本的结构之一。

一、核糖体的种类及化学组成

核糖体属非膜相结构，呈颗粒状，直径为15～25nm，包括大小两个亚基，主要成分是蛋白质和rRNA。核糖体中的rRNA和亚基一般以沉降系数(S)来命名。

1. 原核细胞核糖体 原核细胞的核糖体为70S，包含3个rRNA和52个蛋白质分子。大亚基为50S，由1条23S rRNA、1条5S rRNA和31个蛋白质分子构成。小亚基为30S，由1条16S rRNA和21个蛋白质分子构成。

2. 真核细胞核糖体 真核细胞的核糖体为80S，包含4个rRNA和82个蛋白质分子。大亚基为60S，由28S rRNA、5. 8S rRNA和5S rRNA各1分子及约49个蛋白质分子构成。小亚基为40S，由1条18S rRNA和约33个蛋白质分子构成。

二、核糖体的形态结构

用负染色法在高分辨率的电镜下观察核糖体，绘制出核糖体的立体结构模型。大亚基上有几个不规则的隆起物，内部存在着管状通道，是新生肽链的出口处。小亚基较细长，平躺于大亚基上。大、小亚基之间有明显的间隙，mRNA分子从间隙穿过(图6-1)。

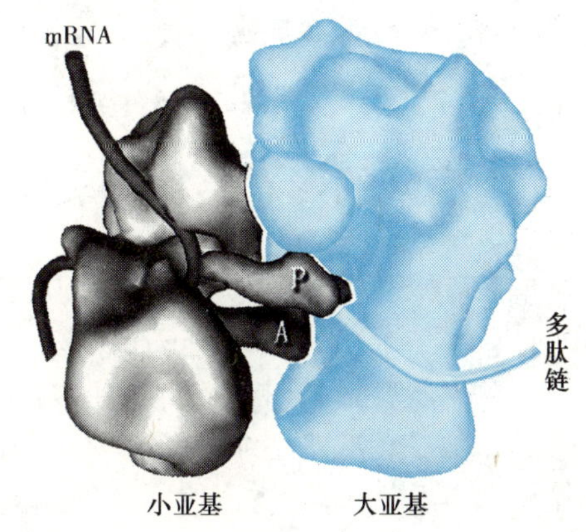

图6-1 核糖体的立体结构模式图

核糖体大、小亚基在细胞内一般以解离形式存在于细胞质基质中。在蛋白质合成时，小亚基与mRNA结合之后，大亚基才与小亚基结合，形成完整的核糖体。蛋白质合成结束后，大、小亚基又解离开来。

核糖体可分为游离核糖体和附着核糖体。在原核细胞中，核糖体多以游离形式存在，少数附着在质膜上。在真核细胞中，很多核糖体附着在内质网膜的外表面成为附着核糖体，也有的核糖体呈游离状态。无论是游离核糖体或附着核糖体，在蛋白质合成过程中，往往由多个核糖体串连在同一条mRNA链上，形成多聚核糖体(polyribosome)，同时行使其功能。

三、核糖体的功能

核糖体唯一的功能是合成多肽链，即将mRNA上的遗传信息翻译为多肽链。核糖体上具有与蛋白质合成有关的一系列结合位点和催

笔记栏

化位点，分别在多肽链合成的起始、延伸和终止过程中有序地发挥作用。

附着核糖体和游离核糖体的功能都是相同的。其中游离核糖体主要合成结构蛋白，如供细胞本身生长代谢所需要的酶、组蛋白、骨架蛋白、核糖体蛋白等。

第二节 内 质 网

1945年，Porter 等首次在电镜下观察到组织培养细胞的细胞质中有特殊的网状结构，并命名为内质网（endoplasmic reticulum，ER）。1954年，Palade 和 Porter 等证实内质网是由膜围绕的囊泡所组成。内质网是真核细胞特有的细胞器，迄今未在原核细胞中发现内质网。内质网是蛋白质、脂类和糖类等多种物质的合成基地，并且也是其他内膜结构膜的来源，因此，它在内膜系统中占有中心地位。

一、内质网的形态结构与类型

典型的内质网是由膜围成的小管（tubule）、小泡（vesicle）和扁囊（cisternae）三种结构连接成的网状膜系统，有的细胞中的内质网仅具有其中的一种或两种结构（图 6-2）。内质网的单位膜厚 5～6nm。由内质网膜围成的腔称为内质网腔，内质网一般有明显的腔隙，但有的腔很狭窄。

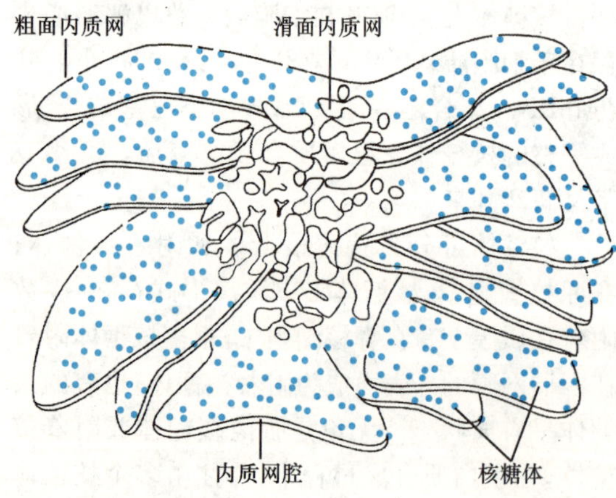

图 6-2 内质网立体结构模式图

内质网可分为两种类型：表面粗糙，有核糖体附着的是粗面内质网（rough endoplasmic reticulum，rER），常由板层状排列的扁囊构成，腔内含有均质的低或中等电子密度的蛋白样物质；表面光滑，没有核糖体附着的是滑面内质网（smooth endoplasmic reticulum，sER），常由分支小管或圆形小泡构成，小管直径 50～100nm，很少有扁囊。

细胞匀浆时，内质网破碎后形成许多封闭小泡，称为微粒体（microsome），可应用蔗糖密度梯度离心法把它们分离出来。微粒体直径约100nm，表面附有核糖体的为粗面微粒体；表面光滑，没有附着核糖体的为滑面微粒体。微粒体仍保持着内质网的基本特征，是研究内质网的理想材料。

内质网的形态结构、分布状态和数量多少在不同的细胞中各不相同，在同一细胞中也会因分布区域不同而异，这与细胞类型、生理状态以及分化程度等有关。例如，鼠肝细胞中的内质网具有重叠排列的扁囊，扁囊表面附着很多的核糖体，扁囊与许多小管相连接，小管常在细胞边缘构成不规则的网状，尚可见到散在的小泡；在睾丸间质细胞中的内质网则由大量的小管组成，构成网状系统。

两种类型的内质网在不同细胞中的分布情况各有不同。分泌蛋白质旺盛的细胞，粗面内质网特别丰富。如在胰腺细胞、唾腺细胞和神经细胞中，内质网占整个细胞体积的 3/4，其中大部分为粗面内质网。在大量分泌抗体的浆细胞中，细胞质内几乎充满了粗面内质网，细胞内的核糖体有一半以上附着在内质网上。肝细胞是产生外输脂蛋白的主要场所，且有解毒功能，粗面内质网、滑面内质网成为其主要细胞器。在胚胎细胞、干细胞和肿瘤细胞中，粗面内质网很不发达，但随着细胞的分化内质网的结构会变得越来越复杂，所以可根据粗面内质网的发达程度来判断细胞的功能状态和分化程度。在分泌肾上腺皮质激素的肾上腺皮质细胞中，滑面内质网比较丰富，发达的滑面内质网分支成小管状或呈小泡状。骨骼肌细胞中全为滑面内质网，称为肌浆网（sarcoplasmic reticulum）。

二、内质网的化学组成

通过对微粒体的生化分析，得知内质网膜和所有细胞的生物膜系统一样，由脂类和蛋白质组成。例如，大鼠肝细胞的微粒体含 30%～40%脂类和 60%～70%蛋白质。

脂类主要是磷脂。各类磷脂的含量比例大致为：磷脂酰胆碱（卵磷脂）55%，磷脂酰乙醇胺 20%～25%，磷脂酰丝氨酸 5%～10%，磷脂酰肌醇 5%～10%，鞘磷脂 4%～7%。可见内质网膜中卵磷脂含量很多，鞘磷脂含量则很少。

笔记栏

内质网膜含有较多的蛋白质，其中大量的是各种酶类。葡萄糖-6-磷酸酶被认为是内质网膜的标志酶。

三、内质网的功能

内质网是细胞内执行多种功能的细胞器，由于具有复杂的网状膜系统，它在细胞的有限空间内建立起大的膜面积，以便于许多酶类的分布和各种生化过程的高效率完成。内质网除了进行蛋白质合成、脂类合成、糖代谢和生物转化作用之外，还与物质运输、物质交换和对细胞的机械支持有密切关系。两种内质网在功能上各不相同，粗面内质网主要负责蛋白质的合成、修饰加工与转运等，而滑面内质网主要从事脂类合成、生物转化作用等。

(一) 粗面内质网的功能

1. 蛋白质的合成 核糖体合成的蛋白质从最终归属上可以分为结构蛋白和外输蛋白(分泌蛋白)两大类。粗面内质网上的附着核糖体主要合成分泌蛋白，这些蛋白质合成后大多分泌到细胞外，如抗体、肽类激素、消化酶、胶原蛋白等。附着核糖体也合成膜蛋白、驻留蛋白(retention protein)和溶酶体蛋白等。

2. 蛋白质的糖基化 在粗面内质网合成的大部分蛋白都需要进行糖基化，形成糖蛋白。糖基化作用是在内质网腔内开始的。

3. 蛋白质的分选与转运 在内质网腔中，形成的糖蛋白被内质网膜包裹形成芽生的小泡，转运至高尔基复合体，经进一步加工、修饰后，由高尔基复合体排出。

4. 膜脂的合成 大部分膜脂是在粗面内质网组装的。新合成的脂类物质嵌入到内质网脂类双层中，构成内质网膜，再输送到其他膜性细胞器。由于合成膜脂所需的脂肪酸、磷酸甘油和胆碱等均存在于细胞质基质中，催化膜脂生成的各种酶的活性部位也都朝向细胞质基质，所以新合成的脂类分子最初只嵌入内质网脂双层的细胞质基质面。内质网膜上的翻转酶(flipase)能选择性地将含有胆碱的磷脂从细胞质基质面的膜层“翻转”到腔面的膜层中，而不转移含有乙醇胺、丝氨酸或肌醇的磷脂，因此，脂类在脂双层中呈不对称分布。在内质网膜上合成的磷脂几分钟内就由膜的细胞质基质面转到膜的腔面，其转位速度几乎比自发地转位快 100 000 倍。

(二) 滑面内质网的功能

1. 脂类的合成 滑面内质网包含合成脂类的酶系，其中类固醇主要在滑面内质网合成。在肾上腺皮质细胞、睾丸间质细胞和卵巢黄体细胞中，滑面内质网很发达，呈分支细管或小泡状。实验证明，这些细胞的滑面内质网含有合成胆固醇的酶系和使胆固醇转化为类固醇激素(如肾上腺激素、雄性激素和雌性激素)的酶类。

2. 糖原代谢 在肝细胞内，滑面内质网胞质面附着的糖原颗粒可被细胞质基质中的磷酸化酶降解，形成 6-磷酸葡萄糖，再由滑面内质网膜上的葡萄糖-6-磷酸酶将磷酸根脱掉，生成葡萄糖。葡萄糖进入滑面内质网腔，最后被释放到血液中，供其他细胞使用。

3. 生物转化作用 滑面内质网具有生物转化作用。如给动物服用大量的苯巴比妥，可引起肝细胞内的滑面内质网增生，有关的酶含量明显增多。滑面内质网膜上集中着重要的酶系(如细胞色素 P_{450} 等)，这些酶系催化的反应与体内很多重要的活性物质的合成或灭活、药物或毒物的生物转化等过程都有密切关系。

在骨骼肌细胞中，肌浆网能释放和回收 Ca^{2+} 来调节肌肉的收缩活动。此外，滑面内质网还参与了胆汁的形成等。

第三节　高尔基复合体

1898 年，意大利组织学家 Golgi 在光镜下研究银染的神经细胞时，发现细胞质的内侧有嗜银物质组成的网状结构，称为内网器(internal reticular apparatus)，以后又命名为高尔基器(Golgi apparatus)或高尔基体(Golgi body)，现称为高尔基复合体(Golgi complex)。随着电子显微镜等新技术的应用，对高尔基复合体的结构和功能有了越来越深入的认识。

高尔基复合体的分布在各种细胞有很大不同。在神经细胞中常位于细胞核周围；在肝细胞中则沿着胆小管分布在细胞的边缘；在具有生理极性的细胞(如胰腺细胞、肠上皮黏液细胞)中，多分布在靠近腔面的细胞核附近；少数细胞如卵细胞、精细胞则分散分布，数量较少。

具有分泌功能的细胞，高尔基复合体均较发达，可见多个高尔基复合体围成环状或半环状。如小肠上皮杯形细胞、胰腺细胞、唾液腺细胞和肝细胞可见到多个高尔基复合体。一个肝细胞约有 50 个高尔基复合体，约占细胞质体积的

2%。而在肌细胞及淋巴细胞中，高尔基复合体则罕见。

高尔基复合体的发达程度一般与细胞分化程度相关。在未分化的胚胎细胞、干细胞中，高尔基复合体往往较少。凡分化程度高的细胞，高尔基复合体较发达，如神经细胞、胰腺细胞、肝细胞。但也有例外，如成熟的红细胞、成熟的粒细胞和骨骼肌细胞中，高尔基复合体消失或显著萎缩。

一、高尔基复合体的结构

利用超高压电镜从不同角度观察高尔基复合体，并结合电镜细胞化学技术对高尔基复合体的三维结构进行分析，发现高尔基复合体是由顺面高尔基网（*cis* Golgi network）、高尔基中间膜囊（medial Golgi stack）和反面高尔基网（*trans* Golgi network）组成的复杂结构，且呈现出极性细胞器的特点。以中间膜囊为主体，靠近细胞中心一面称为顺面（*cis* face）或形成面（forming face），常为凸形；靠细胞远端的一面称为反面（*trans* face）或成熟面（maturing face），常为凹形（图 6-3）。

顺面高尔基网位于高尔基复合体顺面的最外侧，靠近内质网，呈连续分支的管网状结构，其界膜厚约 6nm，与内质网的膜厚度接近。细胞化学特征是可被锇酸特异地染色。在顺面可见许多来自粗面内质网的运输小泡（transfer vesicle），即小囊泡。小囊泡直径为 40～80nm，其界膜厚约 6nm，数量较多，与一般胞饮小泡类似，覆有外被或无外被。

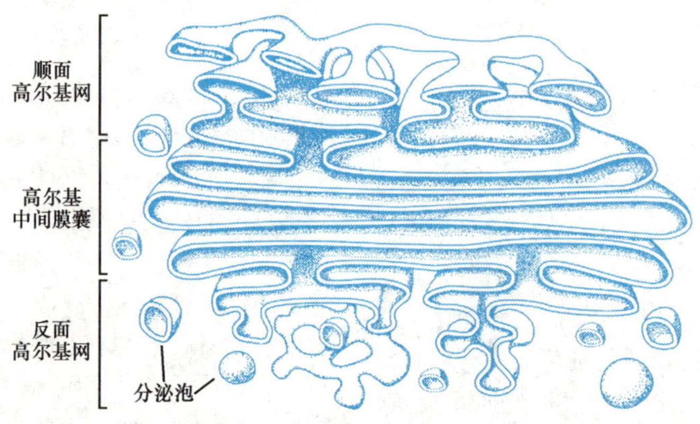

图 6-3　高尔基复合体立体结构模式图

高尔基中间膜囊为位于顺面高尔基网与反面高尔基网之间的扁平状膜囊，一般为 3～8 个。它们在功能上是连续、完整的体系。尼克酰胺腺嘌呤二核苷酸磷酸酶是该结构的标志酶。

反面高尔基网是位于高尔基复合体反面的最外层的管网状结构，常有数目不等的、体积较大的大囊泡。大囊泡直径为 0.1～0.5μm，其界膜厚约 7.5nm，多见于反面高尔基网状结构的末端。采用焦磷酸硫胺素酶和胞嘧啶单核苷酸酶（CMP 酶）细胞化学反应可显示出该结构。

二、高尔基复合体的化学组成

高尔基复合体膜中各种脂类成分的比例与其他膜结构略有不同，膜脂含量介于内质网和质膜之间。从粗面内质网、高尔基复合体到质膜，神经鞘磷脂和胆固醇的比例依次递增，而磷脂酰胆碱的比例则依次降低，其他磷脂的比例则较为恒定。

高尔基复合体中的酶类有：催化糖蛋白合成的糖基转移酶、甘露糖苷酶、催化糖脂合成的磺基-糖基转移酶、磷酸（酯）酶及分解磷脂的磷脂酶等。糖基转移酶是高尔基复合体具有特征性的酶，在高尔基复合体中大量存在。成熟面的膜比形成面的膜含有更多的酶，如焦磷酸硫胺素酶、酸性磷酸酶都定位在成熟面。电镜细胞化学证实，高尔基复合体中多糖的分布从形成面到成熟面呈梯度上升，而以成熟面所含的多糖水平最高。高尔基复合体的两个面之间在形态、化学组成及功能上均有差异，具有明显的极性。

三、高尔基复合体的功能

高尔基复合体的主要功能是对蛋白质进行糖基化修饰、加工、分类、包装和转运。

（一）参与细胞的分泌活动

应用放射自显影电镜技术可追踪胰腺细胞

内的蛋白质从核糖体合成后的去向，例如，Palade 等用^{3}H-亮氨酸脉冲标记胰腺外分泌细胞，观察蛋白质合成分泌过程。标记 3min 后，放射自显影显示的银粒主要集中于粗面内质网，表明^{3}H-亮氨酸已掺入到粗面内质网合成的蛋白质中；17min 后银粒出现在高尔基复合体；117min 后银粒则位于分泌泡中。实验表明：分泌蛋白质在粗面内质网合成后，被运送到高尔基复合体，然后再被转入分泌泡，最后被分泌到细胞外（图 6-4）。

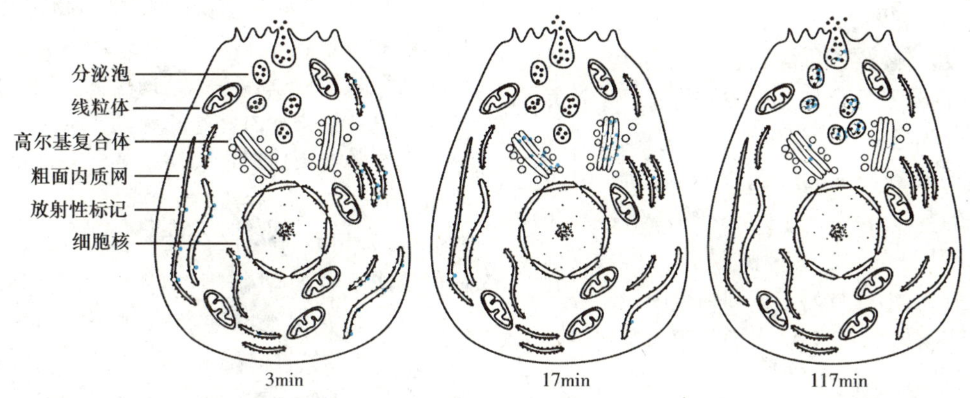

图 6-4　^{3}H-亮氨酸在天竺鼠胰腺细胞内的分布

高尔基复合体在细胞分泌活动中的作用是将内质网合成的蛋白质进一步加工、浓缩，形成各种分泌泡，运送到细胞外。

（二）对蛋白质的修饰加工

当分泌蛋白经过高尔基复合体时，一般都经糖基化修饰。现已弄清高尔基复合体内构成糖蛋白的寡糖的全部序列。蛋白质的糖基化除 *N*-连接糖基化外，还有 *O*-连接糖基化。*N*-连接的糖基化发生在粗面内质网中，*O*-连接的糖基化主要在高尔基复合体内进行。高尔基复合体所合成的糖类大多是作为寡糖侧链连接到从内质网来的蛋白质或脂类上，形成糖蛋白或糖脂。高尔基复合体在蛋白质糖基化中起着重要作用。

（三）分选蛋白质的功能

高尔基复合体是糖蛋白的分选站。由粗面内质网合成的蛋白质经加工修饰后形成的膜蛋白、溶酶体酶和分泌蛋白，在高尔基复合体中经过分选后被送往细胞的不同部位。顺面高尔基网的主要功能是分选来自内质网新合成的蛋白质和脂类，分选后将其大部分转入高尔基中间膜囊，而含有驻留信号的内质网蛋白则返回内质网。高尔基中间膜囊的主要功能是合成多糖，对糖蛋白进行糖基化修饰、加工以及合成糖脂等。反面高尔基网的主要功能是对蛋白质进行修饰和分选，然后输出细胞或运至溶酶体（图 6-5）。

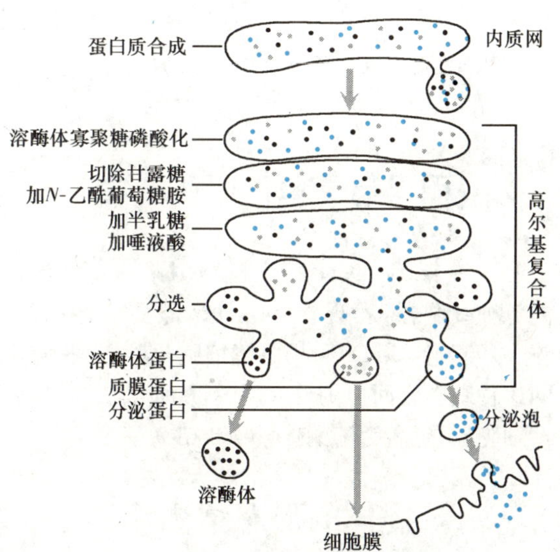

图 6-5　高尔基复合体分选过程示意图

从分泌物质的浓度来看，由内质网到高尔基复合体似乎存在着定向的梯度变化。内质网腔内的内容物为稀薄的液体，经高尔基复合体浓缩后浓度增高，变成较为浓稠的物质。

（四）对蛋白质的水解和加工

在粗面内质网合成的有些蛋白质需经高尔基复合体的加工后，才能成为具有活性的蛋白质。如在粗面内质网合成的胰岛素原没有活性，被运输至高尔基复合体，由转化酶切除 C 肽后，成为有活性的胰岛素。

（五）参与膜的转化

高尔基复合体在转运物质的过程中，对膜的转变也起着重要作用。

高尔基复合体膜的厚度和化学组成介于内质网膜和细胞膜之间。顺面高尔基网膜的厚度与内质网膜的接近(约为6nm),反面高尔基网膜的厚度与细胞膜的相似(约7.5nm)。从膜的磷脂、胆固醇和蛋白质组分来看,高尔基复合体介于内质网膜和细胞膜之间。可见,膜由内质网到高尔基复合体,再到细胞膜存在着逐渐变化的过程,说明高尔基复合体与膜的转化有密切关系。

在分泌蛋白质的转运和排出过程中,可观察到细胞的膜流(membrane flow)活动。由内质网形成的含有分泌蛋白质的运输小泡运到顺面高尔基网,与高尔基中间膜囊融合,再从反面高尔基网脱离,形成分泌泡流到细胞膜。当分泌泡将其内容物排出细胞后,它们的膜与细胞膜融汇到一起。这种由高尔基复合体参与的膜流活动(或膜的转化)不仅在物质运输上起重要作用,而且还使膜性细胞器的膜成分不断得到补充和更新。

此外,高尔基复合体在精细胞发育中与顶体(acrosome)形成有关。

第四节 溶 酶 体

1949年,de Duve将大鼠肝匀浆后,分级分离各种细胞器,发现含有酸性磷酸酶活性的颗粒。1955年,de Duve用电镜细胞化学方法观察到这种颗粒表面包围着一层膜,从而确认是一种新细胞器,定名为溶酶体(lysosome)。

一、溶酶体的形态结构和类型

溶酶体的形态大小差异较大,为异形性细胞器,其直径一般在0.2~0.8μm,最小的为0.05μm,最大的可达数微米。由于其中含有高浓度的酸性磷酸酶,因此,用Gomori的酸性磷酸酶法显示,在光镜下成为可见的小颗粒。

细胞经超薄切片,柠檬酸铅、醋酸铀双重染色后,在电镜下观察,可见溶酶体由6nm单位膜包围着,多呈圆形,其中充满电子密度高的物质。由于不同类型溶酶体的形态具有多型性和异质性,只有酶染色法才能对它们作最后的鉴别。

由于溶酶体的内含物不同,形态、名称也不一样,一般分为初级溶酶体(primary lysosome)和次级溶酶体(secondary lysosome)。初级溶酶体倾向于均质球形;次级溶酶体含有颗粒成分,形状不定。

笔记栏

(一)初级溶酶体

溶酶体内的水解酶是由附着核糖体合成的,进入粗面内质网腔中被糖基化,形成*N*-连接的寡糖糖蛋白。在每个溶酶体水解酶上有特异的信号斑(signal patch)。信号斑是指由溶酶体水解酶表面特定氨基酸残基形成的区域。构成信号斑的氨基酸残基在一级结构中彼此相距较远,但在形成三级结构时却是相邻的。

水解酶从内质网运到高尔基复合体后,在顺面高尔基体网内,首先由磷酸转移酶识别水解酶的信号斑,相关的酶使寡糖链上的甘露糖残基磷酸化形成6-磷酸-甘露糖(M-6-P)。大部分溶酶体水解酶具有多个糖基,可形成多个M-6-P基团。M-6-P是溶酶体水解酶分选的重要识别信号。在反面高尔基网的膜上具有识别M-6-P基团的受体。M-6-P受体是一种跨膜蛋白,能识别、结合具有M-6-P标记的溶酶体水解酶。经浓缩、包装后,形成有被小囊,然后有被小囊脱掉蛋白外被,成为特异的运输囊泡,与前溶酶体(prelysosome)等融合。前溶酶体膜上具有依赖于ATP的质子泵,泵入H^+使囊泡内pH降低。在酸性环境中,具M-6-P标记的水解酶与M-6-P受体分离,M-6-P受体释放其结合的酶后,经出芽、形成运输囊泡返回到反面高尔基网,被回收再利用。具有M-6-P的水解酶由磷酸酶去除甘露糖基团上的磷酸,成为有活性的酸性水解酶,从而形成初级溶酶体(图6-6)。

溶酶体水解酶通过M-6-P途径分选进入溶酶体是目前较为清楚的途径,但溶酶体的形成在不同细胞可能具有不同的途径,某些溶酶体酶可能通过不同的方式进入溶酶体中。

(二)次级溶酶体

初级溶酶体与底物结合后成为次级溶酶体。次级溶酶体较大,形状常不规则,含有颗粒或膜的碎片等。根据底物的来源不同,次级溶酶体可分为异噬性溶酶体(heterophagolysosome)、自噬性溶酶体(autophagolysosome)和残余小体(residual body)等(图6-7)。

1. 异噬性溶酶体 溶酶体中被消化的底物是外源的,包括外来异物、病毒、细菌、衰老红细胞、血红蛋白、铁蛋白等。初级溶酶体与吞噬泡融合形成的次级溶酶体又称为吞噬性溶酶体(phagolysosome)。如果初级溶酶体与多个吞饮泡融合,称为多泡小体(multivesicular body)。异噬性溶酶体多见于巨噬细胞、白细胞、肝细胞和肾细胞等。

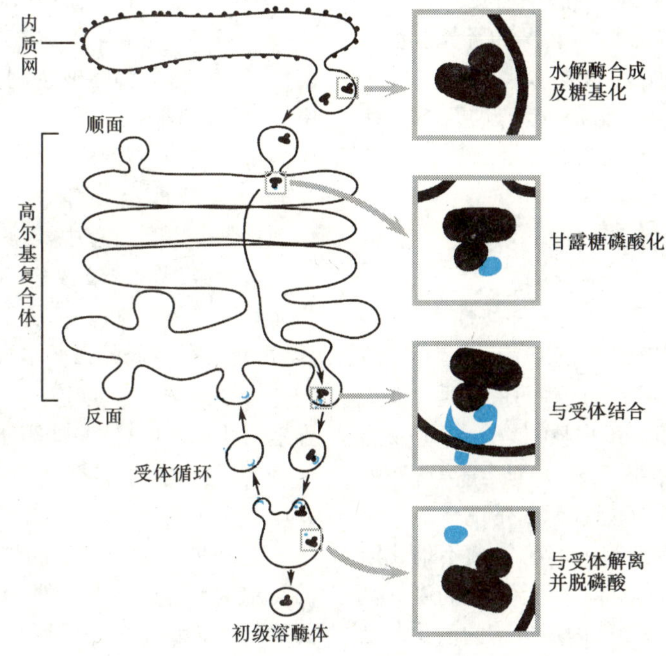

图 6-6 溶酶体水解酶的运输示意图

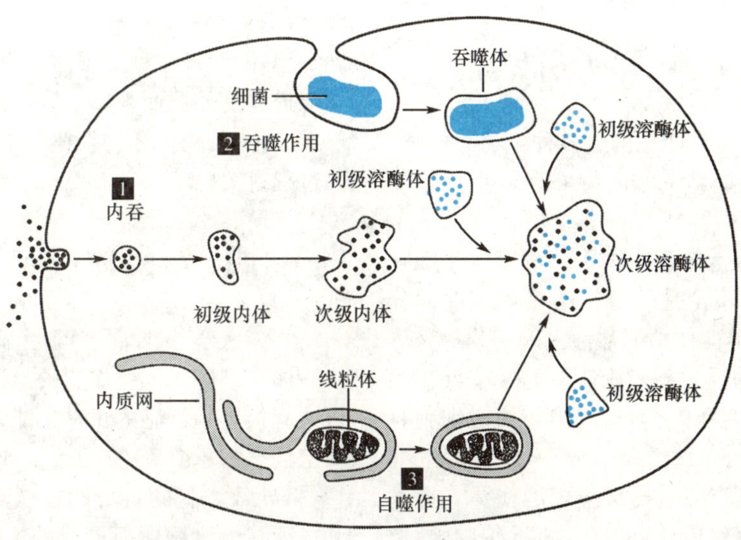

图 6-7 参与为溶酶体提供底物的细胞结构

2. 自噬性溶酶体 溶酶体中被消化的底物是内源性的。内源性物质为细胞内衰老和崩解的细胞器或局部细胞质等，故自噬性溶酶体内常可见残留的内质网、线粒体、高尔基复合体和糖原颗粒等。正常细胞中的自噬性溶酶体对细胞内结构更新起着重要作用。当细胞受到药物作用、射线照射和机械损伤时，自噬性溶酶体数量明显地增多。在病变的细胞中也常可见到自噬性溶酶体。

3. 残余小体 在次级溶酶体中，底物经酶消化形成小分子物质，它们可通过溶酶体膜脂双层或膜载体蛋白转运，重新释放到细胞质中，被细胞利用。消化不了的残余物质累积在溶酶体中，形成残余小体。残余小体可通过胞吐作用将其残余物排出细胞之外，也可能长期滞留在细胞内。根据残余物的不同可将残余小体分为脂褐素(lipofusion)、含铁小体(siderosome)、髓样结构(myelin figure)等。

(1) 脂褐素：脂褐素是一种围以单位膜的不规则小体，常见于神经细胞和心肌细胞中。其内容物电子密度较高，色调较深，常含有浅亮的脂滴。细胞内的脂褐素可随着年龄增长逐渐增多。

(2) 含铁小体：含铁小体被以单位膜，内部充满电子密度高的含铁颗粒，颗粒直径 50～

60nm。在正常的单核吞噬细胞中可见到含铁小体。当机体摄入大量铁质时，在肝和肾等器官的吞噬细胞中也可出现许多含铁小体。

(3) 髓样结构：髓样结构的特点是，溶酶体内有成层的膜性结构存在。

二、溶酶体的化学组成

在溶酶体中已发现有60多种酸性水解酶，主要包括：蛋白酶、核酸酶、糖苷酶、脂酶、磷酸酶、硫酸酯酶和磷脂酶等。这些酶的最适pH为5.0，在酸性环境中能把蛋白质、核酸、多糖及脂类等分解成为氨基酸、核苷酸、单糖、游离脂肪酸等小分子。溶酶体内为酸性环境，溶酶体酶处于最佳活性状态。正常细胞内溶酶体酶不消化溶酶体自身的膜，因为溶酶体的膜蛋白是高度糖基化的，可保护膜免受溶酶体内蛋白酶的消化。细胞质基质中的pH一般为7.0～7.3，在此环境中溶酶体酶的活性大为降低。

三、溶酶体的功能

溶酶体的基本功能是消化各种生物大分子，在维持细胞的代谢活动和防御外来微生物等方面具有重要意义。

1. 细胞内消化与营养作用　溶酶体是细胞内的“消化器”。不论是外源性还是内源性大分子物质，都可被溶酶体中的酸性水解酶分解为可溶性的小分子物质，释放到细胞质内被重新利用，以补充细胞内所需营养，故溶酶体对细胞有消化和营养作用。

细胞中的胆固醇主要来源于溶酶体。通过受体介导的胞吞作用，LDL颗粒进入细胞内，形成内体，内体与溶酶体融合，溶酶体消化酶将胆固醇酯水解为游离的胆固醇分子，从溶酶体中释放出来，用于细胞各部分合成新膜。

在自噬性溶酶体内，衰老、崩解的细胞器被降解为小分子物质，通过溶酶体膜释放到胞液中补充了胞液的代谢库，有利于细胞器的更新。例如，肝细胞中线粒体的半衰期为10天左右，肝细胞内所有成分在150天左右都要更新一次。当动物处于饥饿状态时，其细胞内常有自噬性溶酶体出现，以分解细胞自身的部分物质作为营养，以防止本身永久性伤亡，这是一种自身保护性措施。

2. 防御和免疫作用　吞噬细胞能识别并吞噬入侵的病毒或细菌，在溶酶体中将其杀死并降解，对机体有防御和免疫功能。

3. 参与器官、组织形成与更新　溶酶体的自溶作用是指溶酶体膜破裂，水解酶释放到细胞质中，结果引起细胞自身的溶解、细胞被释放的酶所消化。在个体发生过程中，器官、组织的形态建成，通常是通过溶酶体的自溶作用来实现的。

在骨骼发生过程中，破骨细胞与成骨细胞共同担负骨组织的连续改建过程。破骨细胞的溶酶体酶能释放到细胞外，分解和消除陈旧的骨基质，这是骨质更新的重要步骤。

脊椎动物个体发生中，部分组织和细胞有步骤地退化或吸收，这与溶酶体的作用有关。如蝌蚪变为成蛙时，蝌蚪尾部的消失，电镜下可观察到尾部细胞内具有丰富的溶酶体。

4. 协助受精　精子的顶体是由精母细胞内的高尔基复合体演变来的，实际是一个大的特化的溶酶体，其中含有多种水解酶。在受精过程中，精子必须穿透卵的多层结构才能进入卵内。在精子附着到卵的外层后，顶体膜与精子的质膜融合，造成穿孔，顶体内的各种酶被激发而释放到细胞外，此现象称为顶体反应。顶体酶协助精子穿透卵的外层而入卵。

此外，溶酶体还与激素的合成、释放和分泌等过程有关。

四、溶酶体与人类疾病

临床医学中的许多问题都与溶酶体有关。溶酶体在细胞内消化作用的减退或增加，都会直接或间接影响细胞的正常机能，导致机体出现某些疾病。溶酶体膜的不稳定或破裂，水解酶外逸，将导致细胞的自溶而死亡，造成组织的炎症和坏死。由溶酶体而造成的疾病有的是遗传性的，也有的是因环境诱发而引起的。

先天性溶酶体病是由于先天性缺乏某种溶酶体酶以致相应的底物不能被消化，这些物质储积在次级溶酶体内，造成代谢障碍，是一种先天性代谢病。例如，泰-萨病(Tay-Sacks disease，又称家族性黑矇性痴呆)是由于糖脂分子降解发生故障所致。患者的溶酶体内缺乏氨基已糖酯酶(hexosaminidases)，脑组织中储积了超过正常值100～300倍的神经节苷脂(ganglioside)，造成患者精神呆滞，约2～6岁死亡。又如Ⅰ型糖原蓄积症是常染色体隐性遗传病，患者溶酶体中缺乏α-葡萄糖苷酶，使过多的糖原蓄积在肝和肌细胞内。此病多发生于婴儿，表现肌肉无力，心脏增大，进行性心力衰竭，多于两岁以前死亡。目前已知的先天性溶酶体病达40余种，但在我国较为少见。

矽肺是工业上的一种职业病，其病因与溶酶体有关。当肺部吸入矽尘后，矽粉末(SiO_2)被组织中的吞噬细胞吞噬。由于在矽颗粒表面形成矽酸，与溶酶体膜的受体分子之间形成氢键使溶酶体膜破裂，释放出其中的水解酶，引起细胞死亡，放出的矽粉末，再被健康的吞噬细胞吞噬又得到同样的结果。如此吞噬细胞相继吞噬、死亡，最后刺激成纤维细胞分泌大量胶原，导致胶原纤维结的沉积，结果肺的弹性降低，肺功能受到损害。

第五节　过氧化物酶体

过氧化物酶体(peroxisome)也称微体(microbody)。1954年，Rhodin用电镜观察小鼠肾近曲小管上皮细胞时首次发现。过氧化物酶体是由单位膜包围的小囊泡，里面充满微细的粒状基质。由于当时缺乏任何作为命名的特征，所以Rhodin称其为微体。以后经过10余年的研究，发现微体中含有氧化酶和过氧化氢酶，能分解细胞的过氧化物，故改名为过氧化物酶体或过氧化氢体。过氧物化酶体广泛分布于各种真核细胞中。

一、过氧化物酶体的形态结构

过氧化物酶体是由单位膜包裹的圆形或卵圆形小体，直径为0.2～1.7μm，含有多种氧化酶和过氧化氢酶。在哺乳动物中，只有在肝细胞和肾细胞中可观察到典型的过氧化物酶体。过氧化物酶体与溶酶体在形态上较难区分，只能从所含酶的性质来加以确认。

在不同的组织细胞中，过氧化物酶体的数目、结构和形状均不一样。例如，大鼠的每个肝细胞中含有多达70～100个过氧化物酶体，形状多为卵圆形。

二、过氧化物酶体的化学组成

过氧化物酶体含有40多种酶，主要是氧化酶和过氧化氢酶。氧化酶包括*L*-氨基酸氧化酶、*D*-氨基酸氧化酶、*L*-α-氨基酸氧化酶、尿酸氧化酶等，各种氧化酶约占过氧化物酶体总量的60%。过氧化氢酶为过氧化物酶体的标志酶，能分解过氧化氢。过氧化氢酶存在于各种细胞的过氧化物酶体中，其他的氧化酶则随细胞的种类而异。

三、过氧化物酶体的形成

过氧化物酶体的蛋白质在游离核糖体合成，然后转运到过氧化物酶体中。如过氧化氢酶是一个含血红素的四聚体蛋白，其单体在游离核糖体合成后，在信号肽序列的指导下进入过氧化物酶体中。

新的过氧化物酶体是从已存在的过氧化物酶体通过生长与分裂形成的，但产生的机制有待进一步研究。

四、过氧化物酶体的功能

过氧化物酶体的功能是除去细胞中有毒底物和代谢物，对细胞起解毒作用。

过氧化物酶体中的氧化酶利用分子氧在氧化反应中夺取特异有机底物(R)上的H原子，产生过氧化氢(H_2O_2)，然后过氧化氢酶又利用H_2O_2氧化其他各种底物(R′)，把过氧化氢还原成水。

$$RH_2 + O_2 \rightarrow R + H_2O_2$$
$$H_2O_2 + R'H_2 \rightarrow R' + H_2O$$

在后一步反应中，提供电子的供体是甲醇、乙醇、亚硝酸盐或甲酸等有机小分子。如果这些供体不存在时，过氧化氢本身也可作为供体提供电子。过氧化物酶体免除了H_2O_2对细胞的毒害。在人体的肝、肾细胞中，过氧化物酶体可氧化分解来自血液中的有毒成分，起着清除血液中各种毒素的作用。例如人们饮酒时，进入体内的乙醇约有一半是在过氧化物酶体中被氧化为乙醛。过氧化物酶体在脂肪酸的氧化过程中也有重要作用。

第六节　线　粒　体

1894年，德国生物学家Altmann首先在动物细胞内发现线粒体，1897年，正式命名为线粒体(mitochondria)。除了原核细胞和哺乳动物成熟的红细胞外，几乎在所有动、植物细胞中均发现有线粒体。

线粒体是真核细胞中重要和独特的细胞器。通过对三羧酸循环、电子传递和氧化磷酸化机制的研究，发现线粒体是细胞的能量代谢中心。此后，在线粒体中还发现有DNA及其复制、转录与翻译系统。

在不同类型的细胞中，线粒体数目可能相差很大。动物细胞内线粒体的数目一般由数百到数千个，例如，哺乳动物肾细胞中约300个，肝细胞中约2000个。线粒体的数目还与细胞的生理功能及生理状况有关：在新陈代谢旺盛的细胞中线粒体较多，例如运动员的肌细胞中的线粒体比一般的人多；体外培养的细胞中，新生细胞的线粒体比衰老细胞的多；肿瘤细胞的呼吸能力弱，细胞内的线粒体较相应正常细胞要少。

线粒体一般均匀分布在细胞质中。在有些细胞中，它们的分布可能集中于供能部位。如横纹肌细胞中的线粒体沿肌原纤维规则排列；肠上皮细胞中的线粒体集中分布于顶部和基部；分泌细胞中的线粒体聚集在分泌物合成的区域。

一、线粒体的形态和结构

在光学显微镜下，线粒体多为粒状、杆状或线状，不同种类细胞和不同生理状况下，线粒体的形状可能不同。线粒体的直径一般为0.5～1.0μm左右，长约1.5～3.0μm，其大小也因细胞种类和生理状况而异。例如，大鼠肝细胞的线粒体可长达5μm，在胰腺的外分泌细胞中可观察到巨大的线粒体，长达10～20μm。在有害物质渗入、病毒入侵等情况下，线粒体可发生肿胀甚至破裂，肿胀后的线粒体体积比正常线粒体大3～4倍。

电镜下，线粒体是由两层单位膜围成的封闭的囊状结构，可分为外膜（outer membrane）、内膜（inner membrane）、膜间腔（inter membrane space）和内室（inner chamber）四个部分。

外膜厚度约为6nm。组成外膜的脂类与内质网比较相似。用磷钨酸负染时，可观察到膜上有排列整齐的筒状圆柱体，直径6nm，高5～6nm，其成分为孔蛋白，圆柱体中央有小孔，直径为2～3nm，可让相对分子质量为10 000以下的水溶性小分子物质通过。

内膜厚约6nm，向内折叠形成许多嵴（cristae），使内膜的表面积扩增。嵴内的空隙称为嵴内腔。嵴的形状和数量，在不同的细胞中变化很大，哺乳动物大多数细胞的嵴呈板层状，与线粒体长轴方向垂直排列，但也有的细胞嵴与线粒体长轴平行排列，或呈小管状或管泡状。嵴的数量还与细胞的生理状况密切相关，一般而言，需要能量较多的细胞，不仅线粒体数目多，嵴的数目也多。如心肌细胞线粒体中，嵴排列紧密。

在内膜和嵴的基质面上有许多带柄的颗粒，称为基本微粒（elementary particle），是一种含ATP酶的多组分复合物，又称ATP酶复合体（ATPase complex），是氧化磷酸化的关键装置，是线粒体中能量转换单位。每个基本微粒由头、柄和基部组成。

内膜对物质的通透性很低，一些较大的分子和离子需由特异的运载系统才能通过内膜进入基质。内膜中的呼吸链在能量转换的过程中起着重要作用。

膜间腔是指线粒体外膜与内膜之间的腔隙，宽约6～8nm，又称外室，与嵴内腔相通。膜间腔中含有许多可溶性酶类、底物和辅助因子。

内室是指内膜包围的空间，又称基质（matrix），内含各种蛋白质、脂类和多种酶，包括催化三羧酸循环、丙酮酸氧化以及DNA、RNA和蛋白质合成所需要的酶等。基质中还存在一些电子致密的基质颗粒，内含Ca^{2+}、Mg^{2+}、Zn^{2+}等离子。此外，基质中含有线粒体DNA、RNA和核糖体。

二、线粒体的化学组成

线粒体主要化学成分是蛋白质和脂类。其中蛋白质占线粒体干重的65%～70%，脂类占25%～30%。内膜的脂类与蛋白质的比值较低（约0.3∶1），外膜中则比值较高（约1∶1）。

蛋白质在线粒体各结构组成的分布有较大差异。以大鼠肝细胞线粒体为例：21%的蛋白质在内膜，6%在外膜，6%在膜间腔，67%存在于基质中。线粒体是细胞中含酶最多的细胞器，已发现140多种酶分布在线粒体的各个结构组分之中。

线粒体的脂类主要是磷脂，占脂类的3/4以上。磷脂在内外膜上的组成不同，外膜上主要是卵磷脂，其次是磷脂酰乙醇胺，磷脂酰肌醇、胆固醇的含量较少。内膜中胆固醇的含量极低，但心磷脂的含量达20%。心磷脂是由4条脂肪酸链构成的脂类，可帮助封闭内膜，内膜的高度疏水性与心磷脂有关。

此外线粒体还含有大量的水分和少量的核酸、无机盐、辅助因子等。

三、线粒体的主要功能

线粒体的主要功能是通过氧化磷酸化产生

ATP,为细胞提供能量。在细胞中,氨基酸、脂肪酸、单糖等供能物质被彻底氧化而释放能量的过程称为细胞氧化(cellular oxidation),此过程中细胞要摄取 O_2,排除 CO_2,故又称细胞呼吸(cell respiration)。细胞氧化可分为四个主要步骤:①糖酵解途径;②乙酰辅酶 A 的形成;③三羧酸循环;④电子传递和化学渗透耦联磷酸化。其中糖酵解途径在细胞质中进行,而乙酰辅酶 A 形成、三羧酸循环及电子传递氧化磷酸化耦联均在线粒体中进行,因此线粒体是细胞氧化的重要部位,是产生 ATP 的主要场所。细胞生命活动所需要的能量约有 95%来自线粒体。

四、线粒体的半自主性与增殖

1963 年,Nass 等在鸡胚肝细胞线粒体中发现 DNA。进一步研究发现,线粒体中还有各种 RNA(mRNA、tRNA 和 rRNA)、DNA 聚合酶、RNA 聚合酶及核糖体,表明线粒体具有自我繁殖所必需的基本组分。线粒体 DNA 分子能自我复制,并编码线粒体的部分蛋白质。由于构成线粒体的大部分蛋白质仍需要依赖细胞核基因编码,所以线粒体具有半自主性。

电镜观察表明,动物细胞的线粒体是通过原有的线粒体生长分裂而增殖。线粒体增殖时,首先内部物质加倍,然后 DNA 复制成两套,线粒体中部缢缩或中间产生隔膜形成 2 个线粒体。

五、线粒体与人类疾病

受细胞内、外环境变化的影响,线粒体的形态结构、数量、分布以及代谢反应等均会发生明显的变化,这种变化在一定范围内是可逆的。

正常的心肌、骨骼肌细胞在功能亢进时,可见线粒体增生。在有害物质渗入、病毒入侵等情况下,线粒体亦可发生肿胀甚至破裂,肿胀后的体积有的比正常体积大 3~4 倍。如人体原发性肝癌细胞癌变过程中,线粒体嵴的数目下降而逐渐成为液泡状线粒体。缺血性损伤时的线粒体也会出现结构变异如凝集、肿胀等。一些细胞病变时,可看到线粒体中累积大量的脂肪或蛋白质,有时可见线粒体基质颗粒大量增加,这些物质的充塞往往影响线粒体功能甚至导致细胞死亡。线粒体对外界环境因素的变化也很敏感,因此,线粒体是细胞病变或损伤时的最敏感指标之一,是分子细胞病理学检查的重要依据。

线粒体是细胞氧化供能中心,CO、氰化物等可造成细胞氧化中断、细胞死亡。甲状腺功能亢进症就是因甲状腺素增多使患者代谢率升高所致。目前认为:甲状腺素能活化细胞膜的 Na^+,K^+-ATP酶,使 ATP 分解为 ADP 和 Pi 的速度增快,ADP 进入线粒体的数量增加,线粒体氧化磷酸化作用加强,底物氧化增快,结果耗氧量、产热量皆被提高。

线粒体 DNA 异常引起的遗传性疾病称为线粒体病,目前已发现的有 100 多种。线粒体还与细胞的衰老、细胞凋亡有关。

Summary

Ribosomes are granular organelles, each composed of a large subunit and a small subunit. In cells, ribosomes are protein-synthesizing machines. They fall into adhesive ribosome and free ribosome, both play roles in the state of polyribosomes.

Endoplasmic reticulum (ER) is a network membrane system of interconnected tubules, vesicles and cisternae. The rough ER is bound with ribosomes. The so-called smooth endoplasmic reticulum is due to the lack of ribosomes. The rough ER participates in synthesizing lipids, membrane proteins and secreted proteins. Most of the proteins synthesized by rough ER are glycosylated, then translocated into Golgi complex. The smooth ER synthesizes lipids, participates in metabolism of glycogen, and plays roles in biotransformation.

Golgi complex is on organelle with complicated structure. A Golgi complex is a series of flattened membrane vesicles or cisternae, surrounded by a number of more or less spherical membrane-limited vesicles. The stack of Golgi cisternae has three defined regions—the *cis*, the medial, and the *trans*. Transport vesicles from the rough ER fuse with the *cis* region of the Golgi complex, where they deposit their protein contents. These proteins then progress from the *cis* to the medial and then to the *trans* region. In this process, secreted proteins and membrane proteins are modified differently, depending on their structures and their final destinations.

Lysosomes are organelles surrounded by single layer of membrane, containing acid phosphatases. They vary in size and shape. Primary lysosomes are roughly spherical. Secondary lysosomes, being irregularly shaped, fall into heterophagolysosomes, autophagolysosomes and residual body, according to which substrate they contain. Lysosomes play the role of digestion and nutrition in cells.

Peroxisomes are roughly spherical organelles that contain many kinds of oxidase and catalase. The main role of peroxisomes is detoxification in cells. Mitochondria are sacs bound with two layers of membrane. The surface area of the inner membrane is greatly increased by a large number of infoldings, or cristae, that protrude into the matrix, or central space. Thus a mitochondrion can be divided into four parts—the inner membrane, the outer membrane, the inter membrane space and the inner chamber. In animal cells, almost 95 percent of the whole energy is generated in mitochondria. Several key processes of aerobic oxidation—the generation acetyl of CoA, the citric acid cycle and the coupling of oxidative phosphorylation, are executed in mitochondria. Mitochondria are semi-autonomous organelles; they can replicate themselves by division.

思考题

1. 简述核糖体、内质网、高尔基复合体、溶酶体、过氧化物酶体、线粒体的结构和功能。

2. 以糖蛋白的分泌为例说明细胞内膜系统的各种细胞器之间的联系。

（余从年　杨　明）

第7章 细胞骨架

细胞骨架(cytoskeleton)是指真核细胞质中的蛋白质纤维网架结构,主要包括微管(microtubule)、微丝(microfilament)和中间纤维(intermediate filament)。广义的细胞骨架还包括核骨架和核纤层等,它们与中间纤维在结构上相互连接,形成贯穿于细胞核与细胞质的网架体系。

由于以往电镜标本的制备一般采用锇酸或高锰酸钾低温(0~4℃)固定细胞,破坏了骨架系统的结构,直到1963年,采用戊二醛并在室温下固定的方法后,才观察到各类骨架纤维的广泛存在。

随着对细胞骨架的研究从形态结构深入到分子水平,发现细胞骨架在维持细胞的形状、细胞器的空间定位、细胞的运动、细胞内物质的运输、细胞信号传导、细胞增殖与分化等方面都起着重要作用。

第一节 微 丝

微丝普遍存在于真核细胞中。在大多数情况下,微丝是一种动态结构,其形态和分布随细胞的生理状态发生变化,但在某些细胞中可形成稳定的结构,如小肠上皮细胞微绒毛中的微丝和黏着带中的微丝、肌肉细胞中的细肌丝等。

一、微丝的形态结构

微丝是一种纤维状结构。电镜下,单根微丝呈螺旋结构,直径约7nm,螺距为37nm,长短不定(图7-1)。微丝可分散存在,也可聚集成束或交联成网。微丝分布于细胞质中,特别是在细胞膜内侧比较丰富。

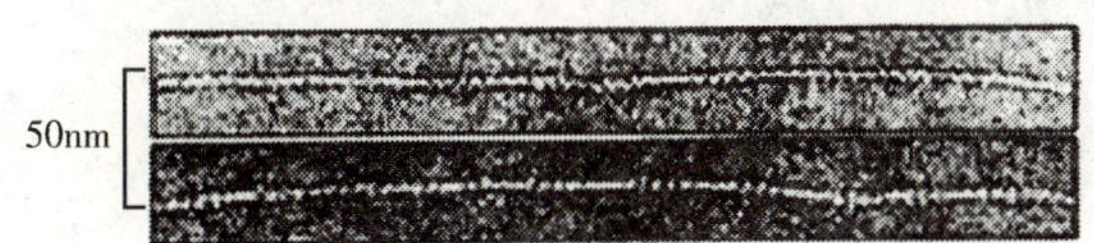

图7-1 肌动蛋白丝的负染色电镜照片

二、微丝的化学组成

微丝的基本成分是肌动蛋白(actin),此外还包含多种微丝结合蛋白(microfilament associated protein)。

(一)肌动蛋白

肌动蛋白是构成微丝的基本成分,纯化的肌动蛋白单体为球形肌动蛋白(globular actin,G-actin),分子质量为43kDa。肌动蛋白分子形状呈河蚌状,分子内部有ATP或ADP、Ca^{2+}、Mg^{2+}的结合位点。肌动蛋白分子具有极性,分子的一端为正极,另一端为负极。

G-肌动蛋白以相同的方式头尾相接形成的螺旋状纤维,称为肌动蛋白丝或纤维状肌动蛋白(filamentous actin,F-actin),肌动蛋白丝构成微丝的主体(图7-2)。

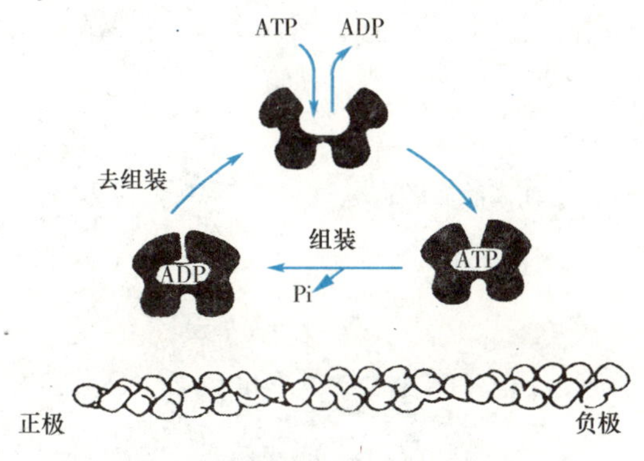

图7-2 肌动蛋白及微丝的极性

哺乳动物和鸟类细胞中,至少已分离到6种肌动蛋白。4种α-型肌动蛋白,分别为横纹肌、心肌、血管平滑肌和肠道平滑肌细胞所特有,另两种为β-肌动蛋白和γ-肌动蛋白,见于所有肌细胞和非肌细胞中。这些肌动蛋白基因是从同一祖先基因进化而来,不同类型肌细胞的α-肌动蛋白分子之间仅有4~6个氨基酸残基的差异,β-肌动蛋白或γ-肌动蛋白与α-横纹肌的肌动蛋白之间有约25个氨基酸残基差异。

(二)微丝结合蛋白

不同的微丝结合蛋白可与微丝结合,影响微丝的形态和功能、组装与去组装,还能控制微丝与微管或其他细胞器的连接。目前已发现了40余种。

1. 肌细胞中的微丝结合蛋白 肌细胞中与肌肉收缩有关的几种主要微丝结合蛋白是：

(1) 肌球蛋白：肌球蛋白(myosin)约占肌细胞总蛋白的一半，分子质量约为450kDa。肌球蛋白含6条多肽链(2条重链和4条轻链)，形似豆芽。每条重链的N端与两条轻链折叠形成头部，球形头部有与肌动蛋白结合的位点，具有ATP酶的活性。两条重链的疏水性C端为α-螺旋结构，互相缠绕形成杆状尾部。

肌细胞中的粗肌丝是由4000个肌球蛋白分子平行交错排列而成。每条粗肌丝分为两段，两段的肌球蛋白分子以尾端相对。因此，粗肌丝的中间是肌球蛋白的杆部，而肌球蛋白的头部则露在杆部两端的外侧，是粗肌丝与细肌丝接触的横桥(图7-3)。

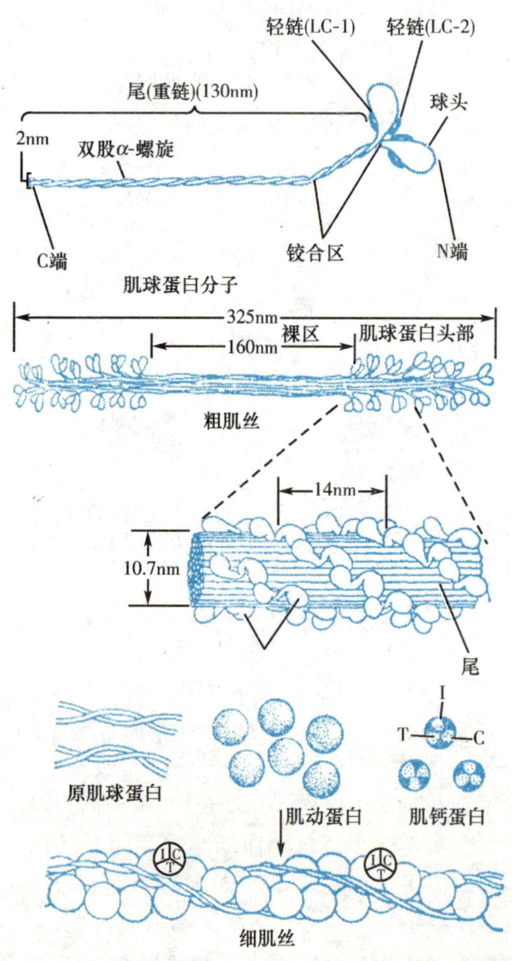

图7-3 在肌原纤维内粗肌丝(上)和细肌丝(下)的分子结构

(2) 原肌球蛋白：原肌球蛋白(tropomyosin)占细胞总蛋白的5%～10%，由两条平行的多肽链相互缠绕成α-螺旋结构，长约40nm。原肌球蛋白位于肌动蛋白螺旋沟内，一个原肌球蛋白跨越的长度相当于7个G-肌动蛋白排列的长度。原肌球蛋白与肌动蛋白丝结合后能调节肌动蛋白与肌球蛋白头部的结合。

(3) 肌钙蛋白：肌钙蛋白(troponin)含3个亚基，对原肌球蛋白具有高度亲和力，肌钙蛋白可结合到原肌球蛋白上，抑制肌球蛋白的ATP酶活性，使肌球蛋白的头部不与肌动蛋白接触。肌钙蛋白能特异地与Ca^{2+}结合并能调节肌球蛋白的ATP酶活性。

肌细胞的细肌丝是由肌动蛋白、原肌球蛋白和肌钙蛋白组成，原肌球蛋白和肌钙蛋白本身并不参与肌肉收缩，但是它们参与了对肌肉收缩的调节。另外，还有一些结合蛋白能保持肌动蛋白微丝的稳定和将微丝连接成束，如α-辅肌动蛋白等。

2. 非肌细胞中的微丝结合蛋白 近年来在非肌细胞中分离鉴定了几十种微丝结合蛋白，以表7-1简述如下。

表7-1 微丝结合蛋白

名称	功能
毛缘蛋白(fimbrin)	将平行微丝连接成微丝束
束捆蛋白(fascin)	将平行微丝横向连接成束
细丝蛋白(filamin)	横向连接相邻微丝，形成三维网络结构
肌球蛋白Ⅰ(myosinⅠ)	与肌动蛋白结合可引起非肌肉细胞收缩；与血影蛋白一起可将微丝束连接至微绒毛膜上
肌球蛋白Ⅱ(myosin Ⅱ)	介导细胞变形、运动和胞内物质运输
血影蛋白(spectrin)	在红血细胞膜下与微丝相连成网；与肌球蛋白一起可将微丝束连接至微绒毛膜上
纽蛋白(vinculin)	在细胞连接部位介导微丝连接到质膜上
α-辅肌动蛋白(α-actin)	黏接多条微丝的端点，将平行微丝连接成束；并介导微丝连接到质膜上
踝蛋白(talin)	介导微丝连接到质膜上形成黏着斑
张力蛋白(tensin)	维持微丝锚着点的张力
凝溶胶蛋白(gelsolin)	高Ca^{2+}浓度下可切断长微丝，使肌动蛋白由凝胶向溶胶状态转化
截断蛋白(fragmin)	高Ca^{2+}浓度下可切断长微丝
绒毛蛋白(villin)	见于微绒毛中，低Ca^{2+}浓度时促进微丝束形成，高Ca^{2+}浓度下可切断长微丝，阻止其装配
促聚蛋白(profilin)	结合到G肌动蛋白单体上，促进微丝的装配
钙调蛋白(calmodulin)	低Ca^{2+}浓度时与肌动蛋白结合后，抑制肌球蛋白的结合
封端蛋白(capping protein)	结合与微丝的一端，抑制肌动蛋白单体的增加或减少

微丝结合蛋白与微丝的装配与功能有密切的关系(图 7-4)。

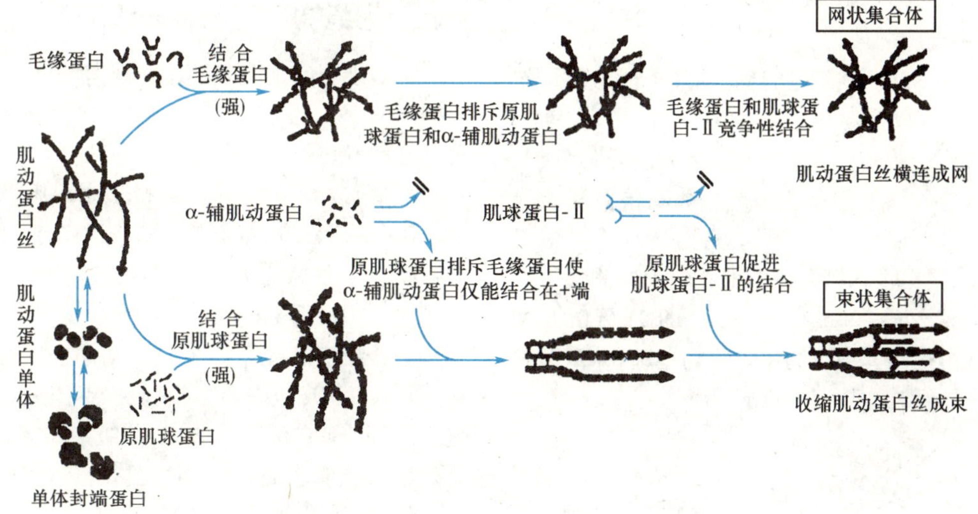

图 7-4 微丝结合蛋白功能示意图

三、微丝的组装

在体外组装实验中,肌动蛋白纤维的组装需要有一定浓度的单体 G -肌动蛋白(达到临界浓度以上)、无机离子(主要是 Mg^{2+} 和 K^{+})和 ATP。首先由几个 G -肌动蛋白开始聚合,形成核心结构,以后 G -肌动蛋白单体便迅速加到两端,使肌动蛋白纤维延伸,形成 F-肌动蛋白。肌动蛋白纤维两端延伸的速度不等,延伸快的一端称为正端,延伸慢的一端称为负端。G -肌动蛋白加到正端的速度要比加到负端快 10 倍以上。微丝延长到一定时期,微丝的长度处于平衡状态,正端延长的速度等于负端缩短的速度,因此,微丝是具有极性的动态结构(图 7-5)。

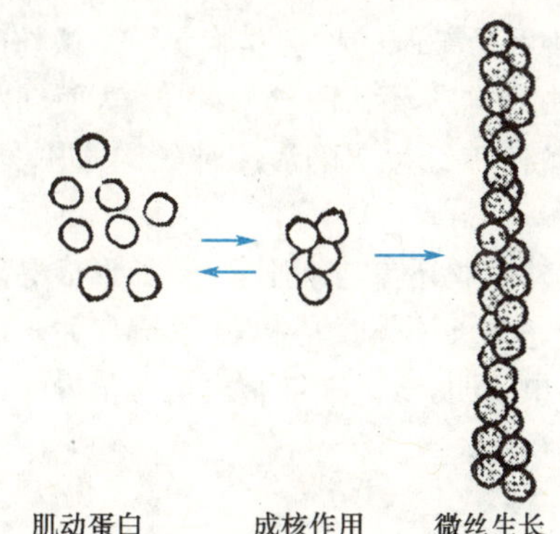

图 7-5 提纯的 G-肌动蛋白在试管中形成微丝

微丝的组装可用非稳态动力学模型(dynamic instability model)来解释。ATP 与 G-肌动蛋白结合,成为 ATP 肌动蛋白,对 F-肌动蛋白末端的亲和力高。ATP 肌动蛋白结合到末端后,肌动蛋白构象发生变化,稍后 ATP 被水解为 ADP + Pi,变成 ADP 肌动蛋白。当 ATP 肌动蛋白的浓度高时,在纤维的末端可形成一连串的 ATP 肌动蛋白,称为 ATP 帽。当 ATP 肌动蛋白的浓度逐渐降低时,在纤维的末端的 ATP 帽不断缩小而消失,暴露出 ADP 肌动蛋白,ADP 肌动蛋白对纤维末端的亲和性低,易于脱落,使纤维缩短。脱落 ADP 肌动蛋白其 ADP 被 ATP 置换,重新形成 ATP 肌动蛋白,又可参加 F-肌动蛋白的聚合。

在大多数非肌肉细胞中,微丝是一种动态结构,不断进行组装和去组装。微丝结合蛋白对微丝的组装起调节作用。

细胞松弛素 B(cytochalasin B)是真菌的一种代谢产物,可结合于微丝的末端,阻止新的单体加入;或切断微丝,使微丝变短,因而可以破坏微丝的网络以及抑制各种各样依赖于微丝的细胞活动。鬼笔环肽(philloidin)也是从真菌提取的,与微丝有强亲和作用,它能使肌动蛋白纤维稳定、抑制微丝解聚。

四、微丝的功能

在微丝结合蛋白的协助下,肌动蛋白丝形成网络或束状结构,与细胞的许多重要功能有关。在细胞中,有些微丝是暂时性结构;有些则为长期性结构,如微绒毛和应力纤维等。

(一) 维持细胞的形态

微丝参与形成细胞骨架,维持细胞形态。很

多细胞的质膜下有肌动蛋白和一些微丝结合蛋白形成的骨架网络,使细胞膜具有一定强度和韧性,维持细胞的形态。

一个小肠上皮细胞有约1000个微绒毛(microvilli),微绒毛的核心是一束同向平行排列的肌动蛋白纤维,在一些微丝结合蛋白参与下,共同维持着微绒毛的指状突起。绒毛蛋白和毛缘蛋白等微丝结合蛋白使肌动蛋白的纤维聚集成束,肌球蛋白Ⅰ和钙调蛋白把微丝束的侧面与细胞膜形成20～30nm横桥连接。肌球蛋白Ⅱ和血影蛋白把相邻束中的微丝连到一起,并把微丝束与中等纤维连接起来(图7-6)。

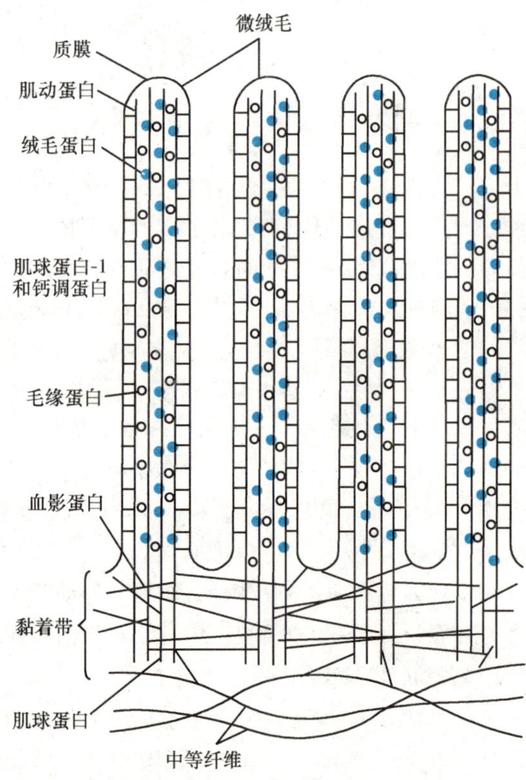

图7-6　小肠上皮细胞微绒毛结构模式图

应力纤维(stress fiber)位于细胞膜下。它由许多平行的微丝束组成,其成分包括肌动蛋白、肌球蛋白、原肌球蛋白和α-辅肌动蛋白。应力纤维与细胞之间或细胞与基质表面的黏着有关,能对抗细胞表面张力或细胞与基质表面之间的张力,以维持细胞的扁平铺展和特异的形状,赋予细胞韧性和强度。应力纤维广泛存在于真核细胞中。

(二)肌肉收缩

骨骼肌细胞的收缩单位是肌原纤维。由肌动蛋白、原肌球蛋白和肌钙蛋白组成肌原纤维的细肌丝,肌球蛋白组成肌原纤维的粗肌丝。肌肉收缩是细肌丝与粗肌丝相互滑动所致。

(三)细胞的运动与物质运输

许多细胞的细胞膜下有一层溶胶层,富含平行排列的肌动蛋白纤维,能使细胞产生各种运动,包括细胞的阿米巴运动(amoeboid)、变皱膜运动(ruffled membrane locomotion)、胞质环流(cyclosis)以及细胞的吞噬活动等都与肌动蛋白的溶胶与凝胶状态相互转化和微丝运动有关。这些运动能被细胞松弛素所抑制。

培养细胞可进行变皱膜运动。细胞表面变皱,形成许多波动式的皱褶和突起,这是由于细胞膜下肌动蛋白纤维的收缩,使皱褶和突起不断交替地与玻璃表面接触,形成黏着斑,当黏着斑解离时,细胞就向前移动。

细胞内的物质运输如膜泡运输等也与微丝有关。

(四)参与胞质分裂

动物细胞在有丝分裂末期开始胞质分裂,细胞膜中部向内凹缩形成收缩环,随着收缩环的收缩,将细胞分割成两个子细胞,胞质分裂后收缩环即消失。研究表明,收缩环是由大量平行排列但具有不同极性的微丝组成的,收缩的动力来自于肌动蛋白和肌球蛋白的相对滑动。在收缩环不断收紧的过程中它的粗细不变,这说明在收缩的同时,微丝的解聚也在进行。用细胞松弛素B处理的细胞,胞质不能分裂,导致形成双核或多核细胞。

(五)形态发生

脊椎动物胚胎发育初期,某些组织或器官的发生与微丝有关。研究发现,两栖类胚胎发育过程中,神经板细胞的顶端膜胞质面有微丝束形成的环,由于这些环状微丝束的收缩,使细胞成为梯形,致使神经板下陷形成神经沟,进一步形成神经管。

此外微丝还参与细胞连接,如形成黏着带和黏着斑。精子顶体反应也与微丝有关。最近的研究结果表明,微丝在细胞内信号传导方面也具有重要功能。

第二节　微　　管

微管是真核细胞普遍存在的结构。在细胞质中,微管以单管分散存在,也可呈网状或束状分布。有的微管参与组成细胞中的特定结构,如纺锤体、中心粒、纤毛、鞭毛和神经细胞轴突等。

一、微管的形态结构

微管是一种中空的圆柱状结构，管的外径约25nm，内径约15nm，长度变化很大。在大多数细胞中，微管仅有几微米长，但在某些特定的细胞，如中枢神经系统的运动神经元，它们可长达几厘米。X-射线衍射分析表明，微管由13条原纤维(profilament)纵行螺旋排列构成，每条原纤维又是由球形微管蛋白结合形成(图7-7、图7-8)。

图7-7　微管的透射电镜照片

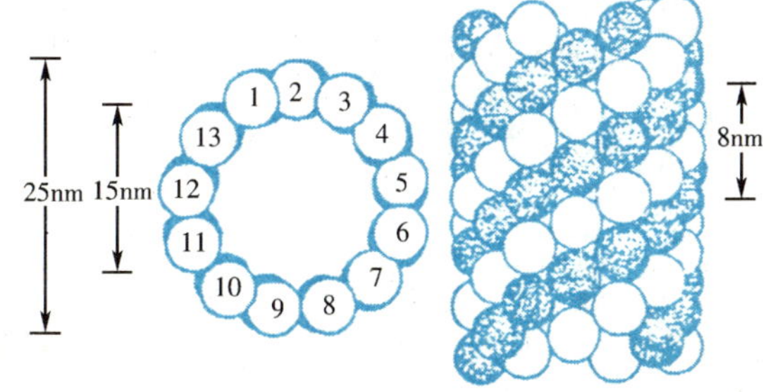

图7-8　微管结构模式图

微管在细胞中可以单管、二联管和三联管的形式存在(图7-9)。

微管经常是分散存在的。在微管的壁上有"臂"状突起伸出，把相邻微管连接起来，或延伸到相邻的细胞器(如质膜、内质网、核被膜或与之靠近的小泡)，起支持其他细胞器的作用。

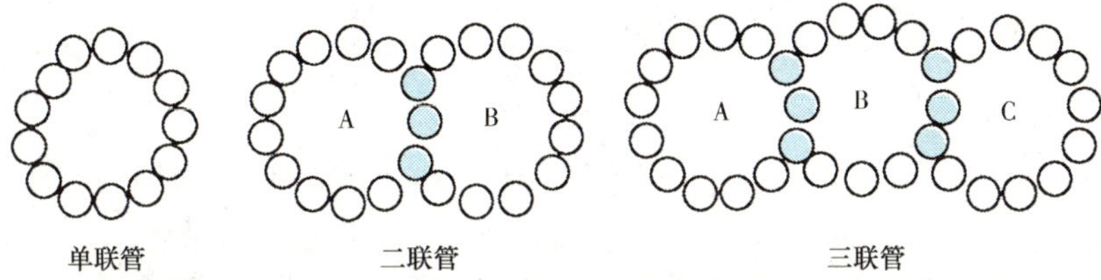

图7-9　微管的三种类型横断面示意图
A、B、C分别表示二联管和三联管的各微管

二、微管的化学组成

微管的化学成分主要是微管蛋白，此外，还含有一些微管结合蛋白。

(一) 微管蛋白

组成微管的主要化学成分是微管蛋白(tubulin)，为酸性蛋白，包括α-微管蛋白和β-微管蛋白。α-和β-微管蛋白均为球形，分子质量相同(50kDa)，氨基酸种类和排列顺序有差别，但它们来源于同一个祖先基因。细胞中α-微管蛋白和β-微管蛋白一般以异二聚体的形式存在，微管蛋白二聚体含有鸟嘌呤核苷酸(GDP和/或GTP)的结合位点，GTP为微管蛋白二聚体组装成微管提供能量。Mg^{2+}、Ca^{2+}也能结合于微管蛋白二聚体上，此外，微管蛋白二聚体上还具有与秋水仙碱和长春碱的结合位点，秋水仙碱和长春碱能抑制微管蛋白组装成微管。

(二) 微管结合蛋白

微管结合蛋白(microtubule-associated protein, MAP)参与微管的组成，调节微管的特异性，将微管与有关细胞器相连。微管结合蛋白有MAP-1、MAP-2、tau和MAP-4等。一般认为MAP与细胞骨架间的连接有关，tau蛋白是一组高度热稳定性的蛋白，其功能是加速微管蛋白的聚合。

不同的微管结合蛋白分布在细胞中的不同区域，执行特定的功能。用特异性微管结合蛋白荧光抗体显示它们的分布，发现MAP-2分布在神经细胞胞体和树突中，而tau只存在于轴突中。微管结构与功能差异可能取决于所含的微管结合蛋白的不同。

三、微管的组装

(一) 微管在体外的组装

在体外适当条件下，溶液中的微管蛋白二聚体可以自发聚合起来。组装微管的条件是：①有一定的微管蛋白浓度；②有GTP提供能量，偏酸的环境(最适pH6.9)；③需Mg^{2+}存在；④一定的温度(最适温度为37℃)。

体外微管的聚合是按以下过程进行的：首先

笔记栏

微管蛋白二聚体聚合成原纤维，然后多股原纤维并列结合成片层，当排列为 13 根原纤维时合拢成短微管，二聚体不断加到短微管的两端，使微管逐渐延长，直至达到平衡状态(图 7-10)。

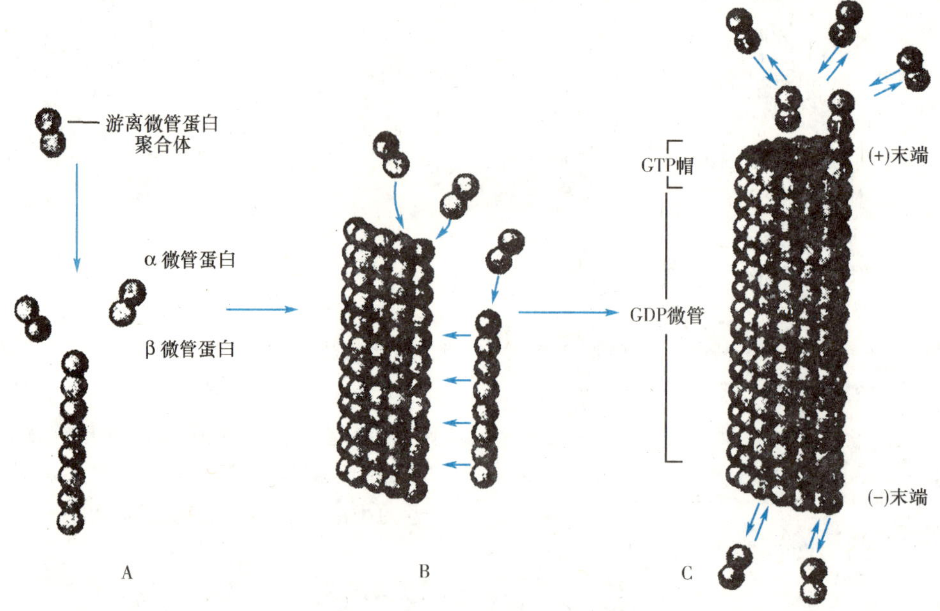

图 7-10 微管装配过程图解

A. 原纤维装配；B. 侧面层装配；C. 微管延伸

原纤维中 α、β 异二聚体具有方向性，因而，微管有一定的极性。微管蛋白二聚体加到微管两端的速度不同，通常将装配快的一端称为正端(＋)，装配慢的一端称为负端(－)。随着游离的微管蛋白的浓度逐渐下降，微管的负端生长停止，随后异二聚体解聚速度比聚合速度快，负端逐渐缩短；但是在正端微管蛋白二聚体聚合速度比解聚的快，因此，微管的(＋)端仍在聚合延长。当微管两端聚合和解聚达到平衡时，微管长度相对恒定，这种状况被称为微管的踏车(treadmilling)(图 7-11)。当微管蛋白的浓度进一步下降

图 7-11 在体外组装实验中，微管蛋白二聚体在微管两端添加与脱落的过程

至临界浓度以下时，正端的生长也停止，负端继续解聚，这样微管就会逐渐缩短。GTP的结合和水解可能对微管的组装与去组装的调节起重要的作用，由此可见，微管是一种动态结构。

目前已发现有很多因素可以影响微管的组装与去组装过程。例如，37℃时有利于组装，低于4℃使微管去组装；Ca^{2+}浓度低时促进组装，Ca^{2+}浓度高时去组装。秋水仙碱（colchicine）与长春碱（vinblastine）可引起微管去组装，其中秋水仙碱是最重要的微管工具药物，秋水仙碱能结合到微管蛋白上，阻止微管的组装。紫杉醇（taxol）和重水（D_2O）等能促进微管组装，并稳定已形成的微管，这也可能对细胞有害，如使细胞有丝分裂停止等。

（二）微管在体内的组装

细胞内微管的形成受许多因素的调控，随着细胞周期及细胞生理状况不同，微管常处于组装和去组装的动态变化之中。在正常情况下，细胞质中微管的形成需要微管组织中心（microtubule organizing center，MTOC）作为微管生长的核心。在动物细胞中，间期的MTOC是中心体，分裂期为中心体和染色体的动粒，纤毛、鞭毛的MTOC为基体。MTOC对于细胞内微管的组装起着两种“确定”作用：一是确定微管的极性：负端在MTOC处，正端离开MTOC；二是确定所形成的微管中的原纤维数目。

1989年，Oakley发现存在γ-微管蛋白，分子质量约为50kDa，其含量还不足细胞微管蛋白总量的1%，集中定位于MTOC（如中心体）中，与微管组装的起始有关。

四、微管的功能

（一）维持细胞形态

在大多数真核细胞中，微管的重要功能之一是维持细胞形态。细胞不对称形状的维持与微管分布有密切的关系，如果用秋水仙碱处理不对称的细胞，细胞将呈现圆球形。哺乳动物红细胞呈双凹圆盘状，是由质膜周边的环形微管束维持的。

（二）参与细胞内物质运输

真核细胞内部呈高度的区域化，细胞中物质的合成部位往往与行使功能部位不同，合成后的物质必须经过细胞内定向运输，才能从合成部位到达行使功能部位。微管可以作为细胞内小泡及颗粒物质运输的轨道，而运输的动力来自微管马达蛋白（motor protein）水解ATP释放的能量，其中驱动蛋白（kinesin）能推动运输小泡向微管的正极移动，胞质动力蛋白（cytoplasmic dynein）则推动运输小泡向微管的负极移动。

许多两栖类的皮肤含有特化的色素细胞，在神经和肌肉的控制下，这些细胞中的色素颗粒可以在几秒钟内迅速地分布到细胞各处，从而使皮肤颜色变深；又能很快地运回到细胞中心而使皮肤颜色变浅。研究发现，色素颗粒的转运是沿微管轨道进行的。

（三）维持细胞器的空间定位分布

微管可使细胞核、线粒体、内质网和高尔基复合体等细胞器定位于相对恒定的位置，并参与这些细胞器的位移。驱动蛋白与内质网膜的结合，使其沿微管向细胞膜方向移动。动力蛋白与高尔基复合体膜结合，使其沿微管向细胞核方向移动，使高尔基复合体位于细胞中央。如果用秋水仙碱处理细胞，内质网就集聚到细胞核附近，而高尔基复合体则分解成小泡，分散到细胞质中；除去秋水仙碱后，细胞器的分布会重新恢复正常。

（四）构成纺锤体

细胞从间期进入分裂期时，微管解聚为微管蛋白，经重新组装形成纺锤体，参与染色体的运动。细胞分裂时，染色体运动与纺锤体微管的组装-去组装有关，也与微管间的相互滑动有关。

（五）作为中心粒、鞭毛和纤毛基本结构成分

中心粒、鞭毛和纤毛是细胞中稳定的微管结构。

1. 中心粒 1888年，Boveri首次发现中心体（centrosome），后来在动物细胞和低等植物细胞中均发现了这种结构。光镜下所见到的中心体位于细胞核附近。中心体包括两个中心粒（centriole）和中心球，中心球是中心粒周围的半透明物质（图7-12）。

电镜下的中心粒为一圆筒状小体，直径16～26nm，长度为16～500nm，差别较大。中心粒通常成对存在，彼此相互垂直排列。从横切面看，它是由9组三联管组成的，各组三联管大约呈30度倾斜排列，形似风车。三联管由A、B、C三管组成，其中A、B两管和B、C两管各有3条

笔记栏

原纤维是共有的。A管位于最里面靠近中心粒的中轴，C管在最外面。由某种连接物质将其连接在一起(图7-13、图7-14)。

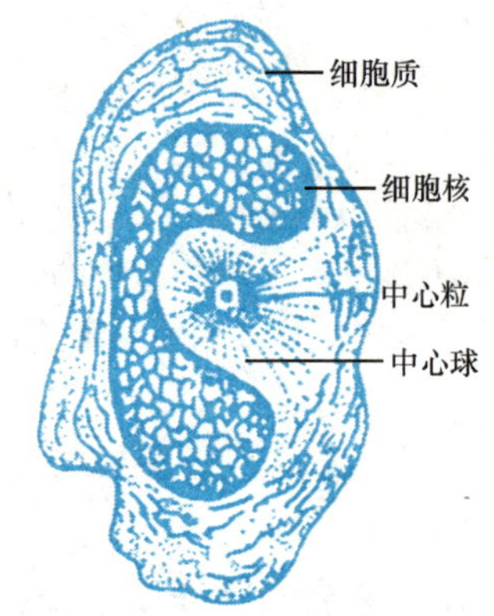

图7-12 蝾螈白细胞中心粒模式图

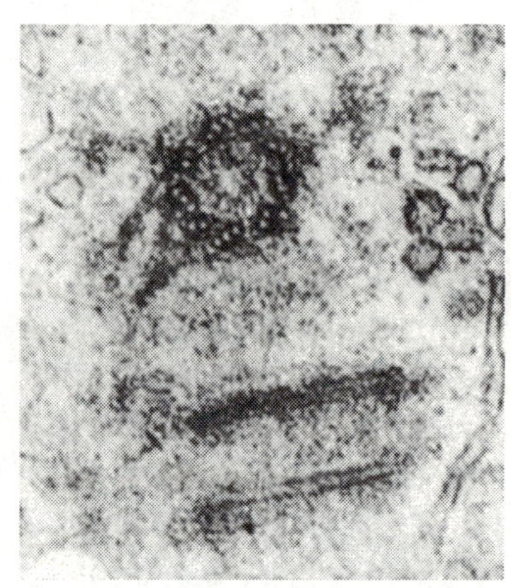

图7-13 中心粒电镜图

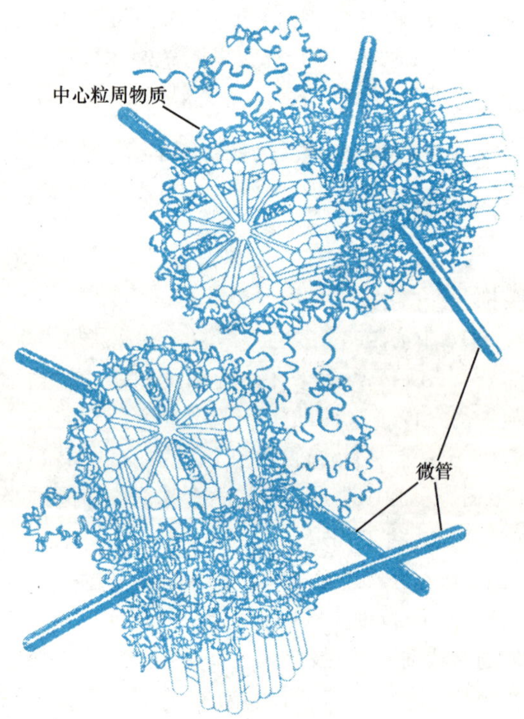

图7-14 中心粒结构示意图

在中心粒的周围是一团电子密度高的中心粒周围物质(pericentriolar material, PCM)，其中含有数百个由γ-微管蛋白构成的环，每个环是一条微管形成的起点，微管的负端埋藏在PCM中，正端向外生长。因此，PCM起着微管组织中心作用。如果用γ-微管蛋白抗体处理细胞，则可以抑制微管的形成。

2. 纤毛和鞭毛 真核细胞的纤毛(cilia)和鞭毛(flagellum)是伸出细胞表面的特化结构，具有运动功能。鞭毛比较长而数目少(只有1～2根)，纤毛短而数目多。许多原生动物以鞭毛或纤毛作为运动器官，如鞭毛虫和纤毛虫，依靠鞭毛和纤毛在液体中运动。在多细胞动物中，精子是依赖鞭毛运动的游离细胞、哺乳类的卵细胞依靠输卵管内壁细胞表面纤毛的摆动向前推进，人体气管的上皮细胞中，每个上皮细胞约有200～300根纤毛，凭借纤毛有规律摆动，使物体在细胞表面运行。

(1) 纤毛和鞭毛的结构：纤毛和鞭毛由基体、杆部和顶部组成。基体埋在细胞膜之下，杆部和顶部伸出细胞，外被细胞膜。

用高分辨电镜观察纤毛或鞭毛横切面，纤毛和鞭毛的结构基本相同，主要由微管构成。

基体由9组三联管组成，与中心粒相同，呈9×3＋0的图形。基体来源于中心粒，具有MTOC的作用，是纤毛、鞭毛的发生的部位。如果截断杆部，鞭毛可再生；如果在截断鞭毛的同时破坏基体，则不能再生新鞭毛。

杆部的微管排列为9×2+2的图形，即外围环绕9组二联管，中央鞘包被着二条分开的中央微管。二联管分A管和B管，有三条原纤维是共有的。A管有两条动力蛋白臂(内臂和外臂)，伸向相邻二联管的B管。它们含ATP酶，能水解ATP转变化学能为机械能，使纤毛或鞭毛产生运动。相邻二联管间有连接蛋白相连。A管还有辐条伸向中央鞘(图7-15)。

(2) 纤毛、鞭毛的运动机制：1968年，Satir等通过对弯曲和伸直的纤毛进行电镜观察，提出微管滑动学说：二联管A管的动力蛋白臂头部与相邻二联管B管接触时，水解ATP并产生相互滑动。由于二联管间有蛋白质连接物(辐条和连接蛋白)存在，产生的滑动被转变成纤毛和鞭毛的弯曲运动(图7-16)。

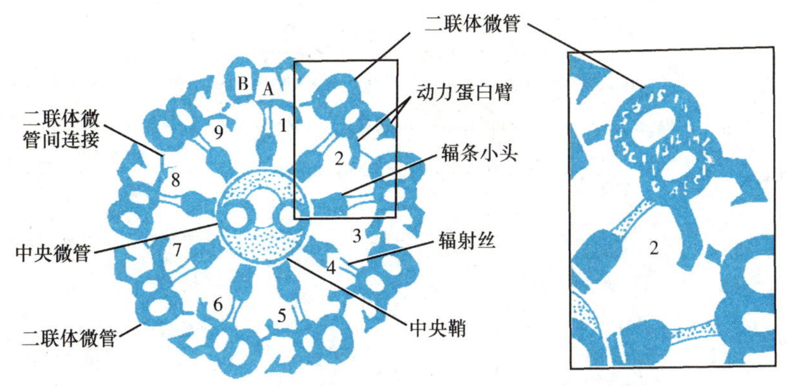

图 7-15 纤毛横切面模式图 右图为左图部分放大
顶部微管的延伸程度不同，B 管最短，A 管其次，中央微管最长

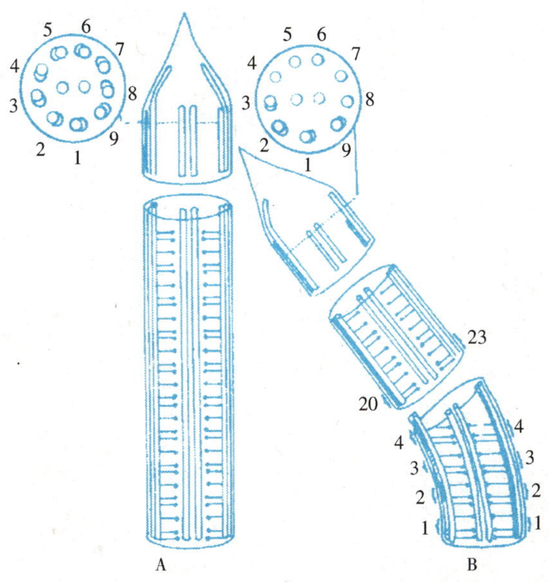

图 7-16 鞭毛轴丝不弯曲(A)和弯曲(B)过程模式图

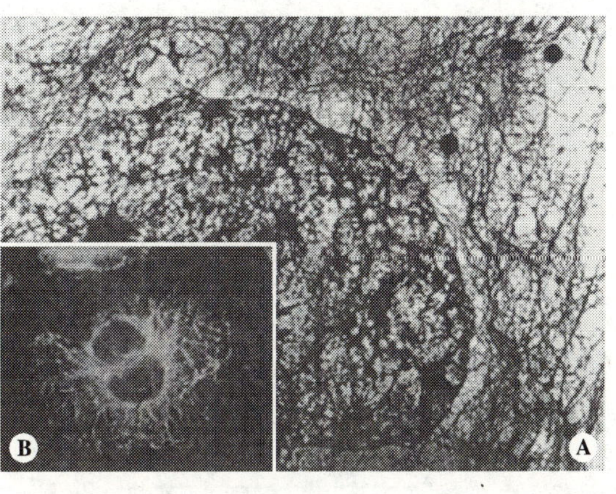

图 7-17 Hela 细胞中间纤维
A. 电镜照片；B. 荧光显微镜照片

第三节 中间纤维

中间纤维存在于大多数真核细胞中，其直径约 10nm，介于微管和微丝之间，是三种骨架纤维中最复杂的一种。各种中间纤维在形态上十分相似，但化学组成上却有明显的不同，已发现多种不同的中间纤维。

一、中间纤维的形态结构

单根中间纤维直径约 10nm。中间纤维在细胞质中形成纤维网络，外与细胞膜及细胞外基质相连，内与核纤层直接联系。可用特异的抗中间纤维的荧光抗体标记和显示(图7-17)。

二、中间纤维的化学组成和类型

中间纤维的单体是蛋白质纤维分子，已发现 50 多种，它们来源于同一基因家族，具有高度同源性。每个中间纤维蛋白分子可分为头部、杆部和尾部。杆部区高度保守，约含 310 个氨基酸残基，包括几个 α-螺旋区段，由短的非螺旋区相连。杆状区的两端分别为非螺旋的头部(氨基端)和尾部(羧基端)，头、尾部的氨基酸组成是高度可变的。不同中间纤维主要取决于其头、尾部的差异(图 7-18)。

根据中间纤维的组织来源和免疫学性质，可将它们分为 5 种类型(表 7-2)。

中间纤维结合蛋白(intermediate filament associated protein，IFAP)是一类在结构和功能上与中间纤维联系密切的蛋白，在细胞内与中间纤维共分布，且也有细胞和组织的特异性。如聚纤蛋白(filaggrin)能使角蛋白纤维聚集；网蛋白(plectin)能在中间纤维、微管、微丝间形成横桥；桥板蛋白(desmoplankin)参与桥粒的形成等。

图 7-18　中间纤维蛋白单体功能区的组成图解

表 7-2　中间纤维的分类

类型	组成	种类	分子质量(kDa)	分布细胞
角蛋白纤维(keratin filament)	角质蛋白	～20	40～68	上皮细胞
波形纤维(vimentin filament)	波形纤维蛋白	1	55	间质细胞和中胚层来源的细胞、体外培养细胞
结蛋白纤维(desmin filament)	结蛋白	1	53	成熟肌细胞
神经纤维(neurofilament)	神经纤维蛋白	3	68、160、200	神经元
神经胶质纤维(neuroglial filament)	神经胶质酸性蛋白	1	51	神经胶质细胞

三、中间纤维的组装

中间纤维的构造和组装比较复杂，组装过程大致如下：①两个中间纤维蛋白分子首先形成双股超螺旋即二聚体。②由两个二聚体反向平行、交错排列形成四聚体。③由四聚体再互相连成一条原纤维。④8 条原纤维盘绕成一根完整的中间纤维。因此，在中间纤维的横切面上可见有 32 个多肽。形成的中间纤维两端是对称的，不具有极性(图 7-19)。

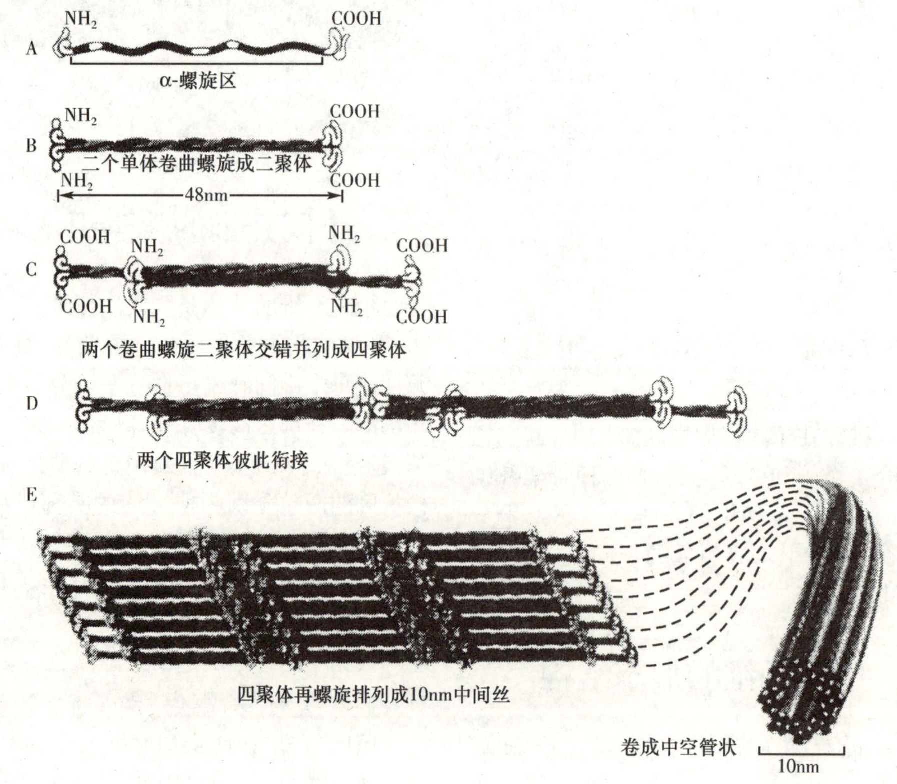

图 7-19　中间纤维组装模型

细胞中的中间纤维蛋白绝大部分都被装配成中间纤维，是比较稳定的结构，不存在相应的可溶性蛋白库；而微管和微丝只有 30%左右的蛋白质单体处于组装状态，细胞中存在相应的可溶性蛋白库。

四、中间纤维的功能

(一) 维持细胞器的空间定位

中间纤维既与细胞膜和细胞外基质有联系，又与核被膜和核基质有联系，还与微管、微丝及各种细胞器有的联系，它在细胞内形成一个完整的网架支持系统。

中间纤维对细胞核起支持和稳定作用。中间纤维常常密集于细胞核表面，特别是核孔复合体附近。在电镜下可以看到中间纤维穿过核膜，在近核区呈多次分枝，其末端最后终止于核纤层上。用非离子去垢剂 Triton X-100 等除去核膜后，可发现中间纤维仍连接在核表面的纤维层上。

中间纤维与微管、微丝之间常有横桥连接，构成细胞骨架，与线粒体等膜性细胞器也有密切的联系。核糖体可附着在中间纤维网架上。

(二) 增强细胞的机械强度

体外实验证明：中间纤维在受到较大的变形力时，不易断裂，比微丝和微管更耐受剪切力。细胞失去完整的中间纤维网状结构后，遇到剪切力时很易破碎。如遗传性疾病单纯性大泡性表皮松懈症患者由于角蛋白基因突变，表皮基底细胞中的角蛋白纤维网络被破坏，患者皮肤受到轻微挤压就会出现水泡。

(三) 参与桥粒和半桥粒的形成

中间纤维参与形成细胞连接，如上皮细胞中的角蛋白纤维锚定到桥粒或半桥粒上，这对于维持上皮组织细胞间的连接及上皮组织的完整是非常重要的。

(四) 与细胞的分化有关

不同类型的细胞或细胞分化的不同阶段，会表达不同类型的中间纤维。根据中间纤维的分布具有严格的组织特异性的特点，可通过鉴定细胞中的中间纤维的类型来鉴别肿瘤细胞的组织来源。如皮肤癌是以角蛋白为特征，肌肉瘤是结蛋白，非肌肉瘤是波形纤维蛋白，神经胶质瘤则为神经胶质酸性蛋白。确定肿瘤的性质可为选择适当治疗方案提供参考信息。

中等纤维与遗传信息的传递也有一定关系。

Summary

Cytoskeleton is a kind of fiber web-like structure made of proteins in the cytoplasm of eukaryotic cell. It includes microfilament, microtubule and intermediate filament.

Microfilament has a fiber-like structure. Actin molecules form a long helical polymer sized 7nm. Microfilament can present in disperse, bundle or network.

Microfilament participates in maintaining cellular morphology, muscle contraction, amoeboid movement, ruffled membrane locomotion, cyclosis, phagocytosis and cytokinesis, etc.

Microtubule is a hollow columned structure. The outside diameter is 25nm, inside diameter is 15nm, variation in length. In cross section, each ring consists of 13 beads. The rows of beads in longitudinal section are called protofilaments. Protofilaments form heterodimers of alpha and beta tubulin. Microtubules can present in disperse, bundle or network.

Microtubule participates in maintaining cellular morphology. They also serve as a path role. They move vesicles, granules, organelles like mitochondria, and chromosomes via special attachment proteins.

Microtubules may work alone, or join with other proteins to form more complex structures called axon, spindle, cilia, flagella or centriole.

Intermediate filaments have rope-like structure sized 10nm. There are five different types of intermediate filaments: keratin, vimentin, desmin, neurofilament and neuroglia filament. The distribution has tissue specificity and is related with cell differentiation. They may stabilize organelles, like the nucleus, or they may be involved in specialized junctions that hold cells together (desmosomes), or attach cells to matrix (hemidesmosomes).

思考题

1. 名词解释：细胞骨架　微丝　微管　中间纤维

2. 试述微丝的形态结构与功能。

3. 试述微管的形态结构与功能。

4. 什么是微管组织中心？起什么作用？

5. 有哪些药物可用于细胞骨架的研究中？简介它们的作用机制。

6. 试述中间纤维形态结构与功能。

7. 如何理解微管、微丝是一种动态结构？这种特性对细胞的生命活动有何意义？

8. 试述几种细胞骨架在结构与功能上的相互联系。

（余从年）

第 8 章 细胞核

细胞核是细胞内最大的细胞器，是细胞生命活动的控制中心，遗传物质绝大部分存在于细胞核中。自 1831 年 R. Brown 首次命名细胞核(nucleus)以来，对细胞核的研究一直备受重视。

细胞核的形状多种多样，一般与细胞的形态相适应。在球形、柱形的细胞中，核的形态多呈圆球形或椭圆形；在细长的肌细胞中核呈长椭圆形；中性粒细胞的核呈分叶状；有的细胞核可呈杆状、折叠状、锯齿状等不规则形状。

细胞核的大小、位置和数量常因细胞类型不同而有差异。一个真核细胞通常只有一个细胞核，但肝细胞、肾小管细胞和软骨细胞有双核，而破骨细胞的核可达数百个。细胞核通常位于细胞的中央，但也可偏于细胞的一端，如在脂肪细胞中，核被脂滴挤到边缘。大多数细胞核的直径为 5～30μm。细胞核与细胞质的体积比称为核质比(Np)：

核质比＝细胞核体积/细胞质体积

核质比大表示核大，核质比小则表示核小。核质比与细胞类型、发育时期、生理状态及染色体倍数等有关，一般来说细胞核约占据细胞体积的 1/10。淋巴细胞、胚胎细胞和肿瘤细胞的核质比大一些，而表皮角质化细胞、衰老细胞的核质比小一些。

细胞核的形态结构在细胞的不同生活周期变化很大。在细胞分裂期看不到完整的核。在细胞的间期，才能看到细胞核的全貌。处于间期的细胞核叫间期核，它的组成部分包括：核被膜、核仁、染色质和核骨架等部分(图 8-1)。

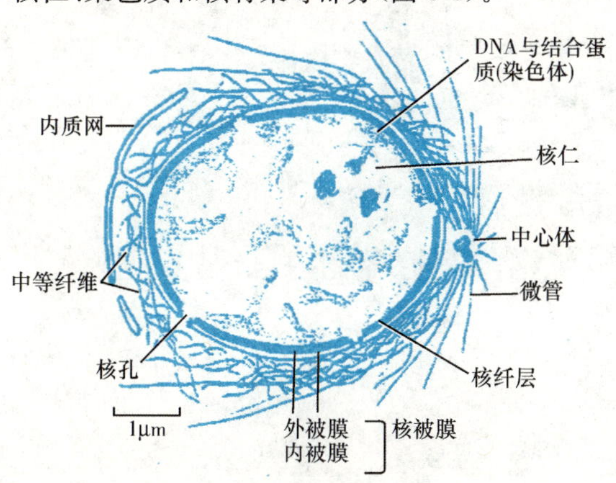

图 8-1 典型细胞核的横切面

第一节 核被膜与核孔复合体

核被膜(nuclear envelope)位于细胞核的最外层，是细胞质与细胞核之间的界膜。在光学显微镜下仅可显示核被膜的界限，只有在电子显微镜下才能观察到核被膜的细微结构。

一、核被膜的超微结构

核被膜包括外核膜、内核膜、核周间隙、核孔复合体和核纤层等结构。核被膜属于细胞内膜系统的一部分。

(一) 外核膜和内核膜

核被膜由内外两层单位膜组成。每层膜的厚度约为 7.5nm，把胞质与核质分开。位于细胞核外侧、面向细胞质的膜称外核膜(outer nuclear membrane)，位于外核膜以内、面向核质的膜称内核膜(inner nuclear membrane)。外核膜和内质网膜彼此相连，其表面有附着核糖体，与粗面内质网的形态极为相似，故可以认为外核膜是内质网膜的特化区域。内核膜表面没有核糖体附着，但其内侧面附有核纤层，在核纤层上有与染色质结合的位点。

(二) 核周间隙

外核膜和内核膜之间的腔称为核周间隙(perinuclear cisterna)或围核腔。间隙的宽度因不同细胞而异，且随细胞的功能状态而改变，一般宽约 20～40nm。核周间隙与内质网腔相通，其中充满液态不定形物质、蛋白质和酶等，是细胞质和细胞核之间物质交流的重要通道。

(三) 核孔复合体

核被膜上分布着许多圆形小孔，称为核孔(nuclear pore)，直径约 40～100nm(图 8-2)，一般平均为 80nm，但孔径的大小随不同的组织类型的细胞及技术方法而有差异。

图 8-2 核被膜上的环形核孔

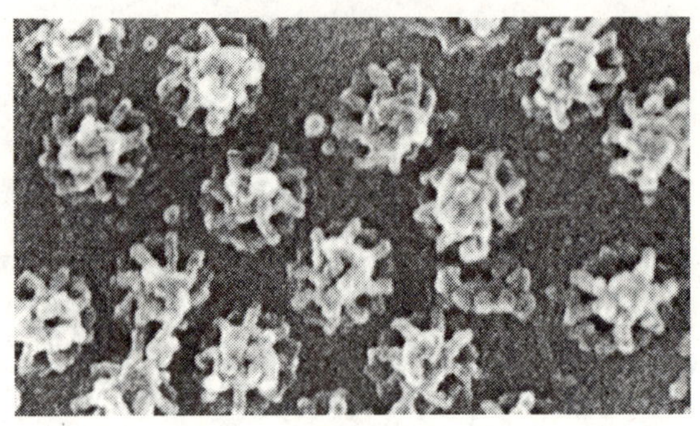

图 8-3 核孔复合体的核质面电镜照片

核孔在核膜上的密度与细胞类型和细胞生理状态有关，一般为 35～65 个/μm^2。在代谢或细胞增殖不活跃的细胞、某些高度分化的细胞中核孔数较少，例如有核红细胞，核孔数 1～3 个/μm^2。而在转运 RNA 速度高、蛋白质合成快的细胞中，核孔数则较多，例如爪蟾卵母细胞，核孔数达 60 个/μm^2。一些高度分化但代谢活跃的细胞，如肝、肾、脑等细胞中，核孔数也较多，为 12～20 个/μm^2。

核孔在核膜上的分布排列，随生物种类和细胞类型而异。在某些细胞，核孔可平均分布、成丛分布，或呈平行排列不等。例如，精母细胞的核孔为成丛排列。

高压电镜下，核孔显示出复杂的结构（图 8-3），称为核孔复合体（nuclear pore complex）。许多学者利用不同的方法研究核孔复合体，提出了各种核孔复合体模型说明它的超微结构。

1992 年，M. W. Goldberg 提出核孔复合体的核篮模型：核孔复合体主要由胞质环、核质环、辐、栓 4 部分所组成。

胞质环（cytoplasmic ring）位于核孔边缘的胞质面一侧，环上分布有 8 条伸向胞质的短纤维。核质环（nuclear ring）位于核孔边缘的核质面一侧，形似篮网，环上也分布有 8 条细长的纤维（核篮丝），伸入核内 50～70nm，8 条纤维末端的颗粒形成一个直径为 60nm 的小环（末端环），故该核孔复合体模型可称为核篮模型。

辐（spokes）由核孔边缘伸向孔中央，呈辐射状对称。辐包括柱状亚单位、腔内亚单位和环带亚单位。柱状亚单位位于核孔边缘，连接胞质环与核质环，起支撑作用。腔内亚单位是接近核膜的区域，部分穿过核膜伸入核周间隙，把核孔复合体锚定在核膜上。环带亚单位在柱状亚单位之内，靠近核孔复合体中心的部分，由 8 个颗粒状结构形成细胞核与细胞质物质运输的通道。

栓又称中央栓（central plug）或中央颗粒（central granule），位于核孔中央。不是所有的核孔复合体都有中央颗粒，它有可能只是正在通过核孔复合体的被转运的物质（图 8-4）。

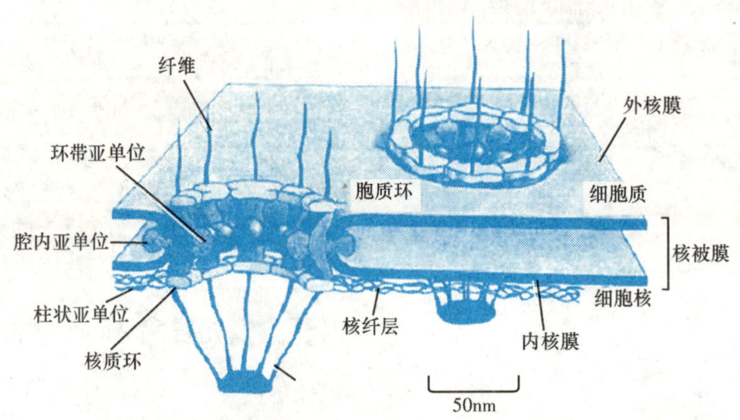

图 8-4 核孔复合体的核篮模型

(四) 核纤层

核纤层(nuclear lamina)是真核细胞中紧贴内核膜内侧、由纤维蛋白组成的纤维状网架结构,其厚薄随细胞不同而异。核纤层在细胞核内与核骨架及染色质结合,在细胞核外与中间纤维连接,从而使细胞核骨架与细胞质骨架相连。

1. 核纤层的组成成分 核纤层的主要成分是核纤层蛋白(lamin),包括 laminα、lamin β、和 laminγ 三种,它们的分子质量分别为 74kDa、72kDa 和 62kDa。

2. 核纤层的主要功能 在间期核中,核纤层蛋白向外与内核膜的脂双分子层中的特殊蛋白相结合,向内与染色质纤维的一些特殊位点结合,与核骨架也相互连接(图 8-5)。核纤层参与维持核孔的位置,对维持和稳定间期细胞核的形状和染色质高度有序性起重要作用。

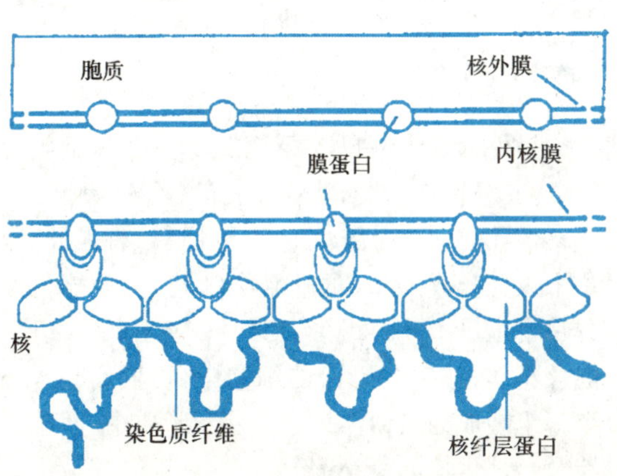

图 8-5 核纤层结构示意图

在细胞有丝分裂前期,核纤层蛋白磷酸化,使核膜破裂。末期,核纤层蛋白去磷酸化,使核膜重建。用微量的核纤层蛋白抗体注入分裂期的培养细胞,核纤层蛋白抗体不仅抑制末期核纤层的重聚,也可阻断细胞分裂末期染色体的解旋,说明核纤层在细胞的有丝分裂中,与染色质的螺旋化、解螺旋,以及核被膜的崩解、重组密切相关。

二、核被膜的主要功能

核被膜一方面可以作为细胞核和细胞质的界膜,稳定细胞核的形态和成分,另一方面它还控制着细胞核和细胞质之间的物质交换。

1. 区域化作用 在真核细胞中,由于核被膜的出现,遗传物质区域化,使细胞核与细胞质隔开,有利于稳定基因组的结构,更好地发挥细胞核和细胞质中细胞器的功能。同时,使 RNA 转录和蛋白质合成在时间和空间上分开。在细胞核中转录的前体 RNA,经过加工修饰后才输出到细胞质中指导和参与蛋白质的合成。因此,核被膜的出现可以说是细胞进化的一个关键步骤。

2. 控制细胞核与细胞质之间的物质交换 核被膜是细胞核与细胞质的界膜,也是细胞核和细胞质之间物质运输的通道。离子和小分子物质可经核膜运输,而大分子和颗粒则需经核孔复合体运输。核孔复合体能控制生物大分子定向运输。

在细胞质基质中合成、运到核内执行其功能的蛋白质,如核糖体蛋白、DNA 聚合酶、RNA 聚合酶、组蛋白等称为亲核蛋白(karyophilic protein)。研究表明,许多亲核蛋白都带有一段特殊的氨基酸序列,称为核定位信号(nuclear localization signal, NLS),能通过核孔复合体运入核内。

核孔复合体上的特异受体能识别核定位信号,帮助亲核蛋白通过核孔复合体进入核内。例如:核质蛋白(nucleoplasmin)是一种大分子核内蛋白,在细胞质合成后通过核孔复合体进入细胞核。实验证明:核质蛋白经蛋白水解酶切成头尾两部分,用同位素标记后,以显微注射法把它们注入细胞质中,电镜下可见核质蛋白的尾部进入细胞核中,而头部则留在细胞质中(图 8-6)。核质蛋白之所以能主动输入细胞核内,是由于尾部带有入核信号,它能和核孔复合体上的受体结合,从而进入细胞核内,而头部没有核定位信号,故不能入核。若用核质蛋白尾部包裹不同大小的胶体金颗粒,此金颗粒也能进入核内。在运输过程中核孔的直径从 9nm 可扩大到 26nm,说明核孔的直径是可调控改变的。

通过大量研究表明,核定位信号(NLS)由 4~8个氨基酸短肽组成,富含赖氨酸、精氨酸和脯氨酸。不同的 NLS 之间尚未发现共有的特征序列。

输入蛋白(importin)是核定位信号的受体蛋白,存在于胞质溶胶中,可与核定位信号结合,帮助核蛋白进入细胞核。输入蛋白作为一种穿梭受体在细胞质内与核蛋白的核定位信号结合,然后一起穿过核,在核内与亲核蛋白分离后再返回到细胞质中。输入蛋白有 α 和 β 两种亚基。通过核孔复合体的转运还涉及 Ran 蛋白,Ran 是一种 G 蛋白,调节底物受体复合体的组装和解体。

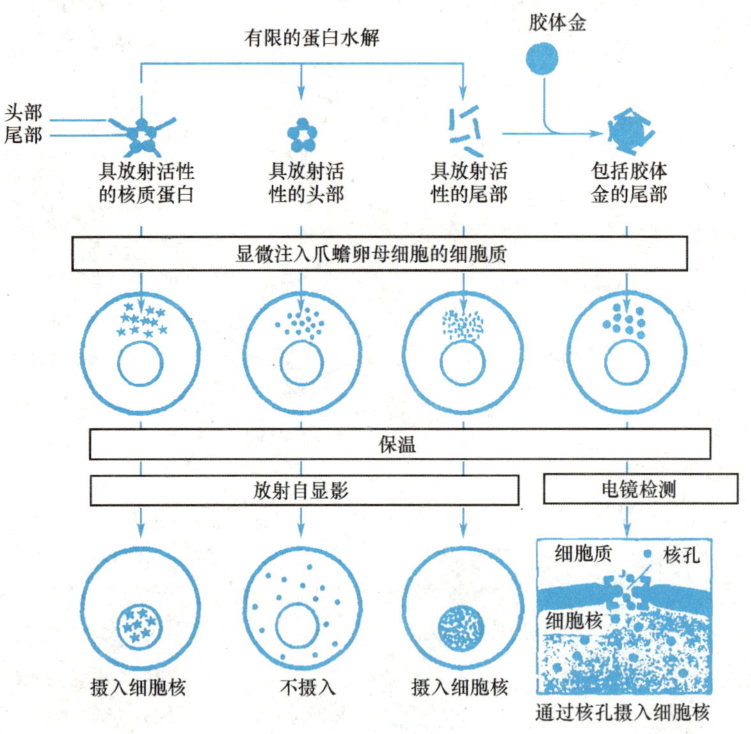

图 8-6 通过核孔摄取核蛋白示意图

细胞核内合成的 mRNA 和 tRNA 等同样可以通过主动运输系统输出细胞核外。在细胞质中没有发现 hnRNA，说明 hnRNA 不能通过核孔复合体，只有通过剪接加工成为 mRNA 后才能通过。与核质蛋白输入细胞核内实验类似，用直径为 20nm 的胶体金颗粒包裹小 RNA 分子(tRNA 或 5sRNA)，然后注入蛙的卵母细胞核中，可见它们迅速地通过核孔复合体输入细胞质中。但若把它们注入细胞质中，则不能穿过核孔复合体进入细胞核内。这似乎说明核孔复合体上除了有识别核质蛋白的入核信号外，尚有识别 RNA 分子(或其结合蛋白)的受体。当核孔复合体被这种受体占据时，物质的运输方向则由输入变成输出。

核输出信号(nuclear export-signal，NES)作为核内物质输出细胞核的信号，帮助核内的某些分子迅速通过核孔进入细胞质。输出蛋白(exportin)存在于细胞核中，能识别有输出信号的蛋白质，帮助其通过核孔复合体输出到细胞质，而后快速通过核孔复合物回到细胞核。细胞核内的 RNA 是与蛋白质形成 RNP 复合物转运出细胞核的。RNP 的蛋白质上具有核输出信号，可与细胞内的受体 exportin 结合，形成 RNP-exportin-Ran-GTP 复合体，输出细胞核后，Ran-GTP 水解，释放出结合的 RNA，Ran-GDP、exportin 和 RNP 蛋白返回细胞核。

笔记栏

另外，有些蛋白常常要往返于核质和胞质之间，这些穿梭蛋白既有 NLS 又有 NES。

核孔复合体是繁忙的交通孔道。有人计算，一个正在合成 DNA 的哺乳类细胞，一个核孔每分钟要运进 100 个组蛋白分子，参与 DNA 组装成核小体；在生长迅速的细胞中，可同时运出 6 个新组装成的核糖体大小亚基到胞质中，而这仅涉及全部运输的一小部分。

第二节 染 色 质

真核细胞中的 DNA 与蛋白质等成分结合形成复合体。在细胞学研究早期，人们将细胞核内被碱性染料着色的物质称为染色质(chromatin)，一直沿用至今。在细胞有丝分裂时染色质被组装成一条条能在光镜下看到的棒状或点状的染色体(chromosome)，分布在细胞质中。所以染色质和染色体是真核细胞的遗传物质在细胞周期不同时相的不同表现形态。

一、染色质的化学组成

对细胞核的生化分析研究表明：染色质的主要化学成分是 DNA 和组蛋白，此外还有非组蛋白和少量的 RNA，其中 DNA 与组蛋白含量之比近于1∶1，是稳定的成分，DNA与非组蛋白之比变化很大，约1∶0.5～1∶1.5，DNA/RNA比率约为1∶0.1。

（一）DNA

DNA是蕴藏遗传信息的生物大分子。用显微分光光度计测定单个细胞核中DNA的含量，发现同种生物的各类细胞中DNA的含量是恒定的，而且DNA的含量和染色体的数量相关。而不同生物的DNA含量一般是不同的。

（二）组蛋白

组蛋白（histone）是真核细胞染色体的主要结构蛋白质。组蛋白中富含精氨酸及赖氨酸等碱性氨基酸，属碱性蛋白质，带正电荷。故组蛋白可以和酸性的DNA紧密结合。以聚丙烯酰胺凝胶电泳可将组蛋白分离成5种，即H1、H2A、H2B、H3和H4。这5种组蛋白是普遍存在的，但也有例外，如精子的染色质中鱼精蛋白取代了组蛋白而与DNA结合；又如在成熟的鱼和鸟类红细胞中H1被H5取代。

组蛋白H2A、H2B、H3、H4的氨基酸顺序已基本清楚，这些蛋白质在进化上高度保守。例如，豌豆和小牛的H4均含102个氨基酸残基，其中只有两个氨基酸的差别，可见组蛋白在维持染色质结构和功能的完整性上起着关键性的作用。每种生物细胞的组蛋白含量和结构都很稳定，无明显的种属和组织的特异性，而且基本不随细胞代谢状态发生变化。H2A、H2B、H3和H4多肽链的氨基端含较多的碱性氨基酸，羧基端则含较多的非极性氨基酸，具疏水性。碱性的氨基端以静电引力和DNA互相作用，而组蛋白之间的聚合和相互作用，则发生在非极性的羧基端。

组蛋白与DNA紧密结合可抑制DNA复制与转录，但组蛋白磷酸化或乙酰化则能改变组蛋白的电荷性质，使组蛋白和DNA结合力减弱，使DNA解旋，进行复制或转录。甲基化则可增强组蛋白与DNA的相互作用，降低DNA的转录活性。

（三）非组蛋白

非组蛋白（non-histone）是另一大类染色质蛋白的总称，因多肽链中一般含有较多的天冬氨酸、谷氨酸，故属于酸性蛋白质，带负电荷。非组蛋白的数量少但种类极多，约有500多种。非组蛋白具有种属和组织的特异性，随着细胞的生理状态不同，含量也有波动，在功能活跃的细胞中非组蛋白的含量比不活跃的细胞中的高。

非组蛋白能与染色体上特异DNA序列相结合，启动DNA的复制和基因的转录；有些非组蛋白是真核细胞转录活动的调控因子，与基因的选择性表达有关。一般认为，非组蛋白在DNA转录过程中与组蛋白结合，能特异地解除组蛋白对DNA的抑制作用，促进DNA复制和转录。有些非组蛋白与维持染色体结构有关。

（四）RNA

染色质中的RNA含量很低。RNA是染色质中的DNA转录而来，包括各种RNA初级产物和加工后产物等，有些RNA对基因的表达有调控作用。

二、染色质的超微结构

1微微克（μμg）的DNA长度相当于51cm。经计算，一个人的二倍体细胞中DNA链长约174cm，而细胞核直径只有5μm。在如此狭小的空间中，充塞着如此长的DNA分子，说明DNA分子只有经过有序的包装和压缩，才能保存在细胞核中并行使其功能。细胞分裂时，染色质包装成染色体，有利于将遗传物质平均分配到两个子细胞中去。

（一）核小体

早期人们认为染色质丝是由组蛋白包裹在DNA外面，形成的“铅笔”状结构。直到1974年Kornberg等在一系列的核酸内切酶和电镜研究基础上，提出了染色质结构的念珠模型，认为染色质的基本结构是由一系列核小体（nucleosome）相互连接而成念珠状。

Kornberg用核酸内切酶短时间消化染色质，可将染色质中的DNA切成200bp的片段，其中含有H1。若继续消化，结果获得不含H1的146bp的DNA。此外还观察到当处理染色质时，逐渐增加盐浓度，组蛋白成对地释放。

Olins夫妇用温和的方法破坏细胞核，将染色质铺展在电镜铜网上，通过电镜观察，未经处理的染色质，其自然结构为30nm的纤丝，经盐溶液处理后解聚的染色质呈现串珠状结构，念珠的直径为10nm，一个个小珠称为核小体，被一条DNA链结合在一起（图8-7）。

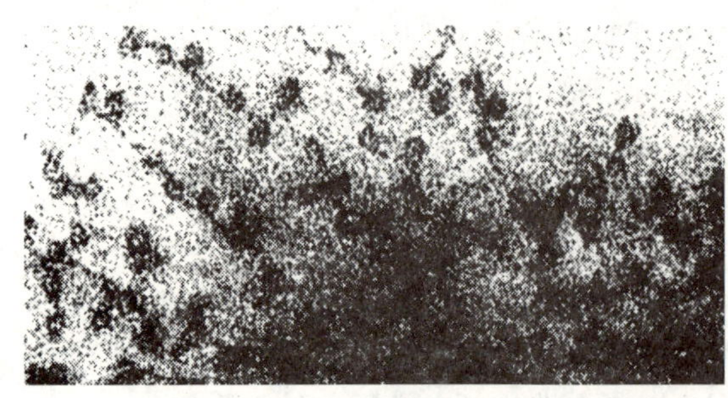

图 8-7 鸡红细胞边缘暗视野电镜照片

应用X线衍射、中子散射和电镜三维重建技术，研究染色质结晶颗粒，发现颗粒是直径为11nm、高6.0nm的扁圆柱体。核心组蛋白的构成是两个H3分子和两个H4分子先形成四聚体，然后再与两个由H2A和H2B构成的异二聚体结合成八聚体。八聚体连接的顺序是：H2A-H2B-H4-H3-H3-H4-H2B-H2A(图8-8)。

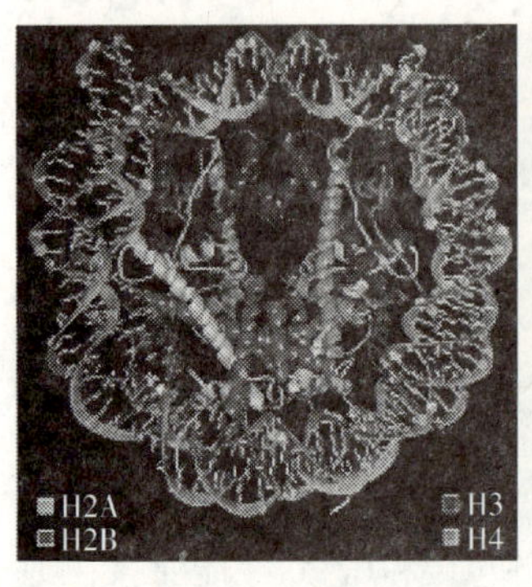

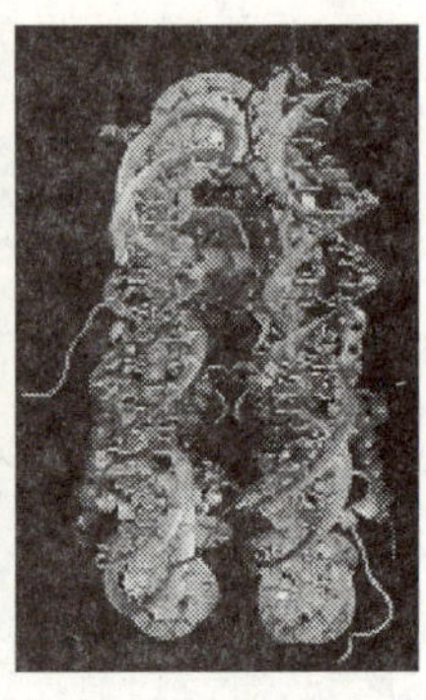

图 8-8 由X-线晶体衍射(2.8A)所揭示的核小体三维结构

左：通过DNA超螺旋中心轴所显示的核小体核心颗粒8个组蛋白分子的位置；右：垂直与中心轴的角度所见到的核小体核心颗粒的盘状结构。

综上所述，核小体的基本结构是：每个核小体是一个直径11nm、高6nm的扁圆柱体，包括200bp左右的DNA、组蛋白八聚体和一个组蛋白H1。八聚体由H2A、H2B、H3和H4各两个分子构成，称为核小体核心(nucleosome core)，146bp的DNA片段在八聚体的外面缠绕1.75圈。若结合上一分子的组蛋白H1，则DNA双螺旋共缠绕2圈，有165个碱基对。165个碱基对加上组蛋白核心及H1，称为染色质小体(chromotosome)。H1结合在核小体核心DNA双链的进出口处，锁住核小体DNA的进出口，从而稳定了核小体的结构。两相邻核小体之间以连接DNA(linker DNA)相连，连接DNA的长度可有变化，平均长度约为35个碱基对。许多核小体串连形成直径为11nm的核小体丝(nucleosome filament)。

核小体是染色质的基本结构单位，由核小体形成的串珠链就是染色体的一级结构。

(二) 螺线管

染色体的一级结构如何形成更高级的二级结构呢？1976年，Finch和Klug用小球菌核酸酶轻度消化鼠肝细胞核，制备含10～100个核小体的染色质，电镜下观察，当Mg^{2+}浓度达到0.2mmol/L时，10nm的染色质螺旋化，并缠绕成直径为30～50nm的细线。据此，他们提出螺线管模型：由核小体构成11nm的细线螺旋化形成中空的30nm螺线管(solenoid)。螺线管每圈有6个核小体，每两个面之间为60度，螺距为11nm，外径为30nm。H1位于中空的螺线管的内部，对螺线管的稳定起着重要的作用(图8-9)。螺线管是染色体的二级结构。

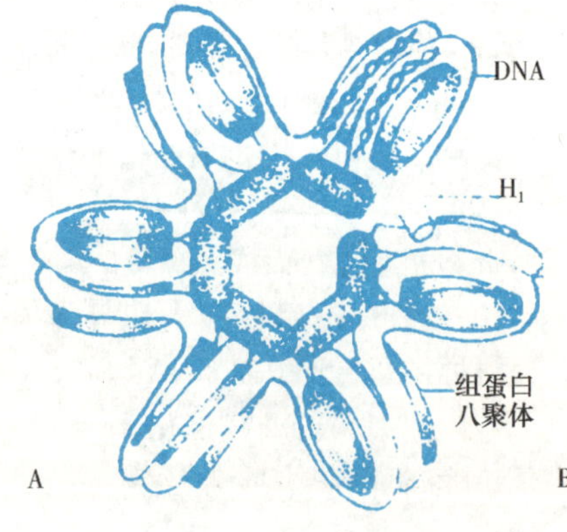

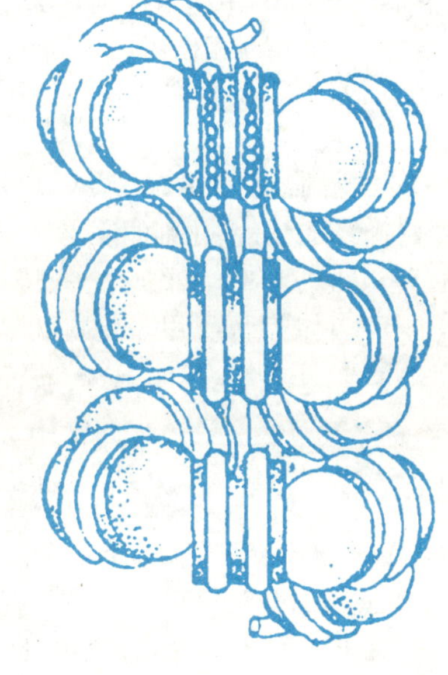

图 8-9 螺线管模型

A. 极面观；B. 侧面观

（三）染色体多级螺旋模型

Bak 等发现：人胚胎的成纤维细胞的染色体在一种特定缓冲液中培养短时间之后，出现超螺线管（supersolenoid）的结构。超螺线管是由 30nm 螺线管经螺旋化形成直径为 0.2～0.4nm 的圆筒状结构，即染色质的三级结构。超螺线管进一步螺旋折叠形成染色单体（chromatid），即染色质的四级结构。由螺线管经超螺线管形成染色单体，称为染色体多级螺旋模型。

染色单体是由一条连续的 DNA 分子的长链，经过四级的盘旋、折叠形成的。一条 DNA 分子缠绕成核小体串珠链，DNA 的长度被压缩了 7 倍。由核小体串珠链盘绕成直径 30nm、中空的螺线管，DNA 被压缩了 6 倍。由螺线管再缠绕形成直径为 400nm 中空的超螺线管，DNA 被压缩了 40 倍。再经过进一步折叠、包装形成长度为 2～10μm 的染色单体，又被压缩了 5 倍，故一条 DNA 长链，最后包装成染色(单)体共压缩了 8 000～10 000 倍。

图 8-10　HeLa 细胞去除组蛋白染色体的电镜照片

非组蛋白支架为 2 条染色单体的支架结构，DNA 由支架区域发出

（四）染色体袢环结构模型

关于 DNA 如何包装成中期染色体，虽然在一、二级结构上没有争议，但从螺线管进一步压缩包装成染色体有许多假说。

1977 年，Laemmli 用 2mol/L 的 NaCl 溶液或硫酸葡聚糖加肝素处理 HeLa 细胞中期染色体，去除组蛋白等成分后，在电镜下观察染色体铺展标本，看到由非组蛋白构成的染色体骨架（scaffold）及由骨架伸展出许多 DNA 侧环组成的晕圈。DNA 侧环长 15～30nm，含 45～90kb，从支架的一点发出又返回到与其相邻近的点（图 8-10）。由此，他提出非组蛋白骨架模型。支架蛋白并非由一种蛋白所组成，提纯的支架通过 SDS 聚丙烯酰胺凝胶电泳的分析产生 30 多条带，分子量为 50～150kDa。

J. Painta 和 D. Coffey(1984)提出染色体“袢环”模型（loop model）：在染色体中，有一个由非组蛋白构成的纤维网，称为染色体支架（chromosome scaffold）。两条染色单体的非组蛋白支架在着丝粒区域相连接。直径 30nm 的螺线管一端与支架的某一点结合，另一端向周围呈环状迂回后再回到结合点处。两个结合在支架上的点靠得很近。这样的环状螺旋管称为袢环。每个 DNA 袢环平均包含 63 000 碱基对左右，长度约为 21μm，包含 315 个核小体，沿染色单体纵轴由中央向四周伸出，似放射状。每 18 个袢环在同一平面散开形成一个个单位，叫做微带（图 8-11），再由微带沿纵轴构成染色单体。非组蛋白支架与染色体袢环联系，并凝集成各种各样的结构。这些收缩的袢环长 0.6μm，和中期染色体直径 1μm 相符合（图 8-12）。袢环结构模型跟整装中期染色体的电镜图像十分符合（图 8-13）。

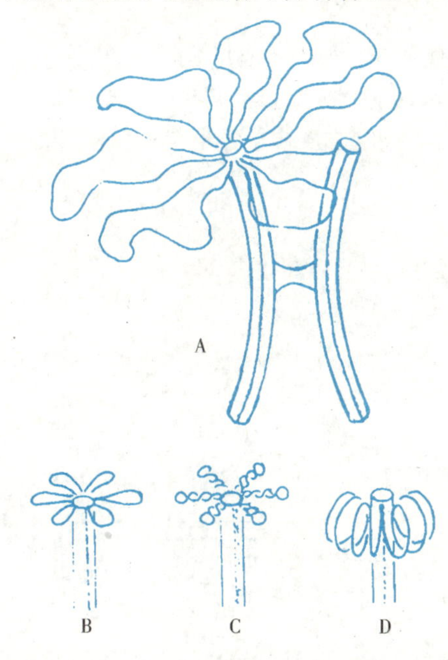

图 8-11　染色体结构的支架

非组蛋白在着丝粒处结合形成稳定的染色体支架，DNA袢环由此伸出(A)，袢环DNA与非组蛋白交互作用形成各种结构(B～D)

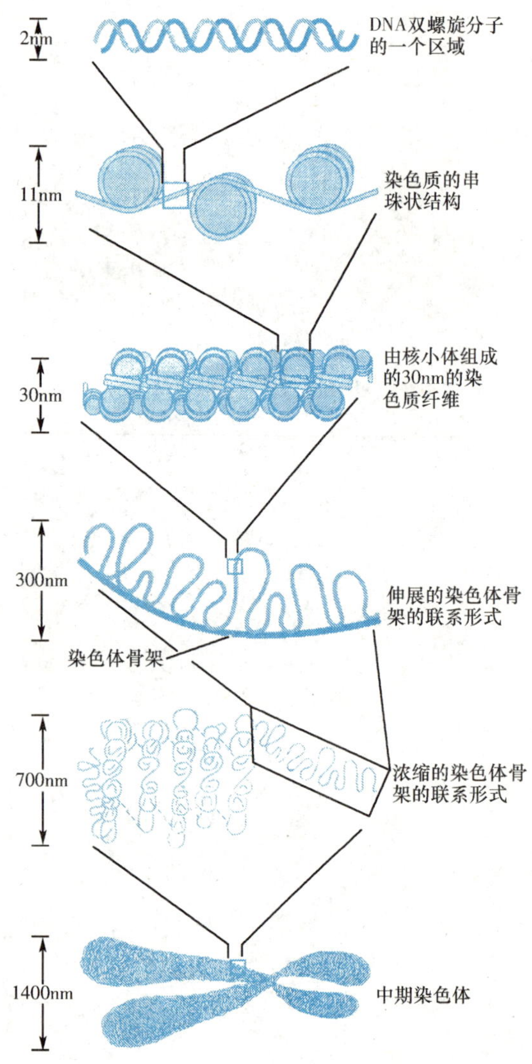

图 8-12　染色体组装的模式图解

现在染色质和染色体的概念也被广义地用于原核细胞，但原核细胞的染色质仅仅是裸露的 DNA 分子，或与少量蛋白质结合，不形成染色体结构。

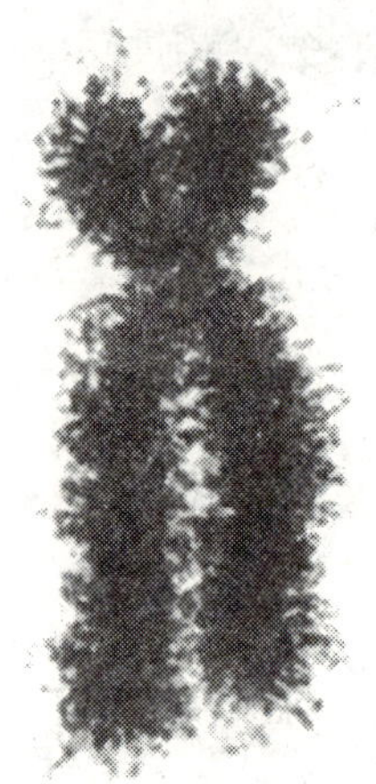

图 8-13　人 12 号染色体的整装电镜图
显示由 30nm 的纤维组成的两条染色单体及其在着丝粒处结合

三、常染色质和异染色质

间期细胞核中的染色质根据其形状和功能状态的不同分为常染色质(euchromatin)和异染色质(heterochromatin)。1928 年，Heitz 将在间期核中处于分散状态、具有弱的嗜碱性的染色质称为常染色质。而将那些处于凝集状态、具有强的嗜碱性的染色质，称为异染色质。

(一) 常染色质

电镜下可见常染色质是一种较疏松的细纤维结构(图 8-14)，一般位于细胞核中央部分，呈浅亮区，有些部分则延伸至核孔的内面，介于异染色质之间。常染色质多为单一序列，为基因所在部位，具有转录活性，其基因可转录 RNA，在一定程度上控制着间期细胞的活动。

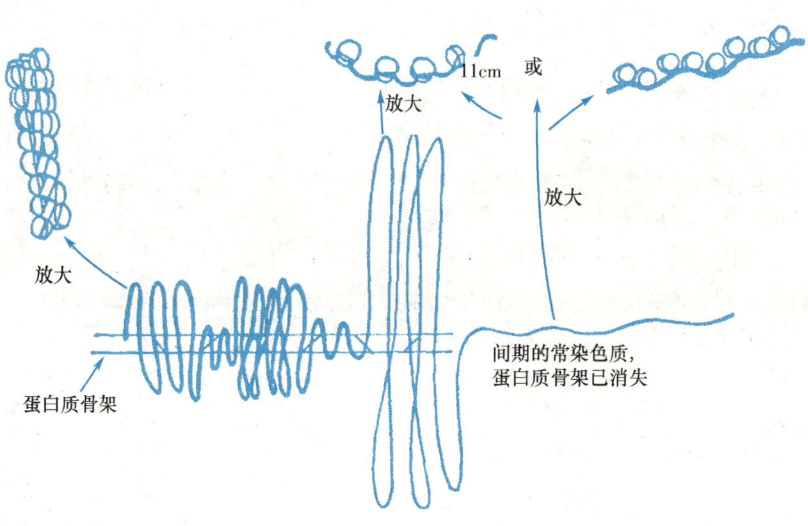

图 8-14　示染色质处于活性与无活性状态

(二)异染色质

电镜下可见异染色质主要是高度缠绕的纤维丝,常紧贴于核纤层内面,或围绕在核仁周围。

异染色质可分为结构异染色质(constitutive heterochromatin)和兼性异染色质(facultative heterochromatin)两大类。结构异染色质是异染色质的主要类型,在所有细胞中呈浓缩状态没有转录活性。这种类型的异染色质包含高度重复的DNA序列,称卫星DNA(satellite DNA)。通过放射自显影可以显示卫星DNA定位于染色体的着丝粒等部位。将培养细胞同步化,在S期掺入^{3}H胸腺嘧啶的实验证明,结构异染色质多在S期的晚期复制,而常染色质多在S期的早、中期复制。结构异染色质可能与细胞分裂、控制结构基因的表达有关。

有些异染色质仅在某些类型的细胞或一定的发育阶段的细胞中呈异染色质状态,并可向常染色质转变,恢复转录活性,故称为兼性异染色质。最典型的例子是雌性哺乳类的一对X染色体。在间期细胞,其中一条X染色体多为常染色质,而另一条X染色体多为异染色质,呈异固缩状态,形成染色深的颗粒,位于核被膜边缘,称为巴氏小体(Barr body)或X染色质(图8-15)。在中性粒细胞中,它常常是分叶核的一个突起或呈鼓锤状。

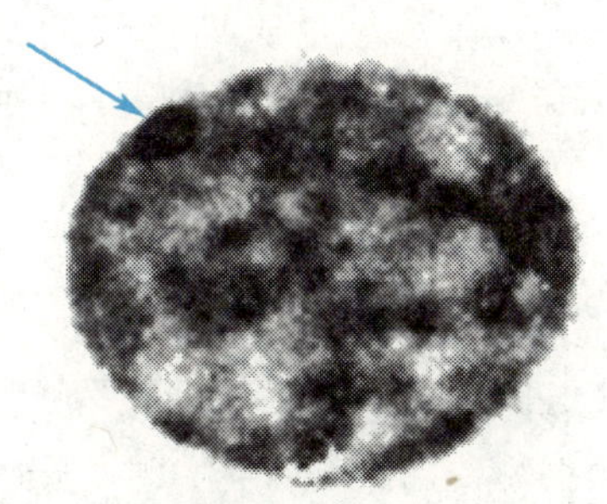

图8-15　女性口腔黏膜细胞核

箭头示核膜处的巴氏小体

人类女性卵母细胞和受精卵早期,两条X染色体均为常染色质,当胚胎发育至第16～18天时,体细胞将随机保持一条X染色体有转录活性,呈常染色质状态,而另一条X染色体则失去转录活性,成为异染色质,此后其子代细胞将保持亲代细胞的特点。临床上X染色质检测可用于性别和性染色体异常鉴定。

在不同的细胞中,常染色质与异染色质在细胞中的分布比例是不同的。一般来说,分化程度愈高的细胞,核内往往以异染色质为主,如精子细胞核中异染色质占90%以上。在增殖很快的胚胎细胞、骨髓细胞和肿瘤等细胞中,核中常染色质比例较大。但也有例外,如在分化程度高,几乎终生不分裂的神经细胞中核内多以常染色质为主;在合成代谢很旺盛的浆细胞中,核内则以异染色质为主,这可能与细胞的功能和基因的转录活性有关。

常染色质与异染色质可以相互转换,其分布比例不是固定不变的。在某种细胞中表现异染色质的部分,在另一种细胞中可能为常染色质。就是在同一细胞,不同时期也可表现出不同的形态。一个明显的例子是人外周血淋巴细胞,染色质大部分处于异染色质状态,当进行体外培养加入PHA时,淋巴细胞核膨大,转化为淋巴母细胞,大部分异染色质即转变为常染色质。

第三节　染色体与人类核型

在细胞有丝分裂时期,染色质组装成为染色体,在有丝分裂中期,染色体的形态特征最为典型。不同物种的细胞中都有恒定的染色体数目、形态特征也各不相同。

一、中期染色体的形态结构

随着染色体制备技术的改进,大大地推动了染色体研究。徐道觉于1956年利用低渗处理技术使细胞中的染色体能够充分散开,确定了人的染色体为46条。当今细胞培养技术的发展已能方便地取得分裂细胞,如取人及动物的外周血加培养液及植物凝集素(PHA)后进行培养,PHA能刺激淋巴细胞重新进入细胞增殖周期,在收获细胞前加秋水仙碱阻断有丝分裂,可以获得大量的有丝分裂相。随着各种染色体分带技术及原位分子杂交技术的发展,已能对个别染色体进行鉴别和基因定位,为遗传疾病的诊断、基因治疗等奠定了基础。

一条中期染色体可包含以下几种结构。

1. 染色单体　一条中期染色体由两条染色单体所组成,两者在着丝粒(centromere)的部位相互结合。每一条单体由一条DNA双链经过紧密的盘旋折叠而成。

2. 着丝粒　每个染色体上有一凹缩的部位称为主缢痕(primary constriction)。主缢痕的染色质部位称着丝粒,中期之前两条染色单体以着丝粒相连,主缢痕将每条染色单体分成两部分,长的称长臂(q),短的称短臂(p)。着丝粒有染色体纤丝通过。此处 DNA 序列高度重复。细胞有丝分裂后期着丝粒分裂，两条染色单体分开。

3. 动粒 动粒(kinetochore)过去称为着丝点。动粒体积小，蛋白质含量微少。通过免疫荧光技术，利用抗动粒的抗体可在间期细胞核中及分裂期染色体上显示动粒的位置。

经电镜对哺乳类染色体超微结构研究时发现，主缢痕两侧各有一蛋白质构成的三层的盘状或球状结构，是有丝分裂时纺锤体的动粒微管附着的部位，与染色体移动有关，称之为动粒。在分裂前期和中期，着丝粒把两个姐妹染色单体连在一起。到后期，两个单体的着丝粒分开，动粒微管把两条染色单体拉向两极(图 8-16)。

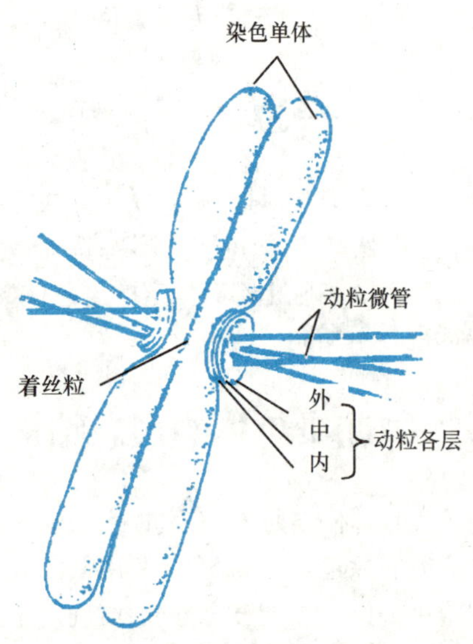

图 8-16 示中期染色体上的动粒
分为内、中、外三层，上附着有微管

动粒与染色体的分离有密切关系。如果用 X-射线打断染色体，无动粒的染色体片断在细胞质分裂时停留在子细胞的胞质中，形成微核或丢失。

4. 次缢痕 某些染色体上可存在另一种缢缩的部位，称为次缢痕(secondary constriction)。次缢痕可作为鉴定某些染色体的标志。多数染色体的次缢痕部位是核仁组织区。

5. 随体 随体(satellite)是指染色体末端部分的圆形或圆柱形的结构，通过次缢痕区与染色体的臂相连，它是识别染色体的重要特征之一。同种生物的随体及次缢痕的形状和大小是相似的。

6. 端粒 端粒(telomere)是染色体端部的特化部分，防止染色体之间互相黏在一起，维持染色体的稳定。如果用 X-射线将染色体打断，断端不具端粒，则具有黏性，将导致染色体之间或断片互相连接，或同一染色体的两端互相连接成环状，形成各种畸变染色体。端粒由高度重复的短序列核苷酸所组成，在进化上高度保守，从原生动物、真菌、植物、动物，其端粒碱基序列都很相似，富含 G 碱基。人的端粒都有$(TTAGGG)_n$重复序列。端粒 DNA 的复制要靠端粒酶来完成。正常体细胞缺乏端粒酶，端粒 DNA 每复制一次就减少50～100bp，与细胞衰老呈正相关，故端粒具有细胞分裂计时器的作用。生殖细胞有端粒酶，可能和保持其不衰老有关。而转化的癌细胞出现端粒酶，可以在 DNA 复制时保持端粒长度，从而维持细胞永生。

在细胞周期中，要保证染色体能自我复制，平均分配到子细胞，每条染色体上必须具有复制起始点、着丝粒和端粒三种功能元件。近年来，利用分子克隆技术已能构成含这三种元件的“人造微小染色体”。

根据着丝粒在染色体上的位置可将染色体分为四种类型：中央(或中部)着丝粒染色体(metacentric chromosome)，着丝粒位于染色体纵轴 1/2～5/8 处；亚中(或亚中部)着丝粒染色体(submetacentric chromosome)，着丝粒位于染色体纵轴 5/8～7/8 处；近端着丝粒染色体(acrocentric chromosome)，着丝粒位于染色体纵轴的 7/8 或再靠近末端；端着丝粒染色体(telocentric chromosome)，着丝粒位于染色体的末端(图 8-17)。人类细胞中仅有前三种着丝粒染色体，而没有端着丝粒染色体。

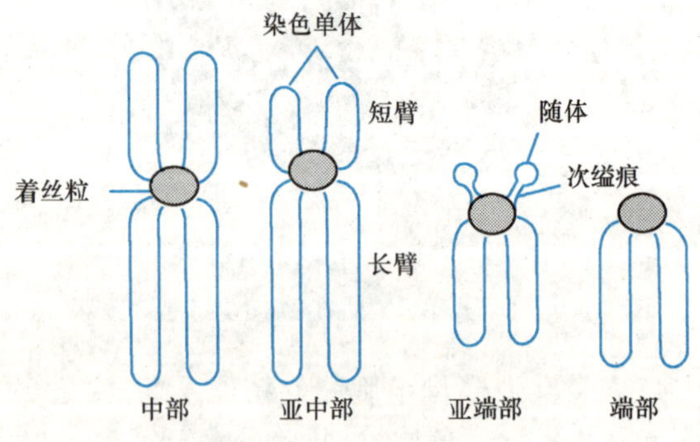

图 8-17 根据动粒位置将染色体分类

二、正常人类核型

一个体细胞(somatic cell)中期的全套染色体，按一定顺序排列起来，就叫做核型(karyotype)。人类体细胞的正常核型包括 46 条染色体，可配成 23 对，其中 22 对是常染色体，1 对是性染色体。每套 23 条染色体构成一个染色体组,所以人类体细胞中有 2 个染色体组,称为二倍体(2n)。按染色体的大小和着丝粒的位置,可分为 7 组(A~G 组)。

A 组:含1~3 号染色体。1 号和 3 号均为中央着丝粒染色体。1 号最长,3 号稍短,2 号为最大的亚中央着丝粒染色体。

B 组:包括 4~5 号染色体,都为亚中央着丝粒染色体,两对染色体形态很相近。

C 组:包括 6~12 号染色体和 X 染色体。均为亚中央着丝粒,彼此间差异不大。X 染色体的长度在 6、7 号染色体之间。女性体细胞中有 2 条 X 染色体,该组的染色体总数为 16 条(8 对);男性体细胞中只有 1 条 X 染色体,故该组的染色体总数为 15 条(7 对半)。

D 组:为 13~15 号染色体,为最大的近端着丝粒染色体,其短臂末端可见随体和次缢痕。

E 组:第 16~18 号染色体。16 号是中央着丝粒染色体,其余 2 对是亚中着丝粒染色体。

F 组:第 19~20 号染色体。都为最小的中央着丝粒染色体。

G 组:第 21~22 号染色体。都属最小的近端着丝粒染色体,短臂末端有随体和次缢痕。Y 染色体也属于 G 组,但其长臂的两条染色单体常常平行伸展,短臂末端无随体。

核型的表示方法,一般要先写出染色体总数,然后标出性染色体。所以,正常男性核型表示方法是 46,XY;正常女性则为 46,XX。

20 世纪 70 年代,人们发明了染色体显带技术(chromosome banding technique)。该技术利用特殊的荧光染料染色,或通过热、碱、酶等处理染色体,再用 Giemsa 染色,可使染色体的长、短臂上显出清晰的横纹。由于每号染色体的横纹宽窄、数量不一样,就可以较容易地将各号染色体区分开(图 8-18)。

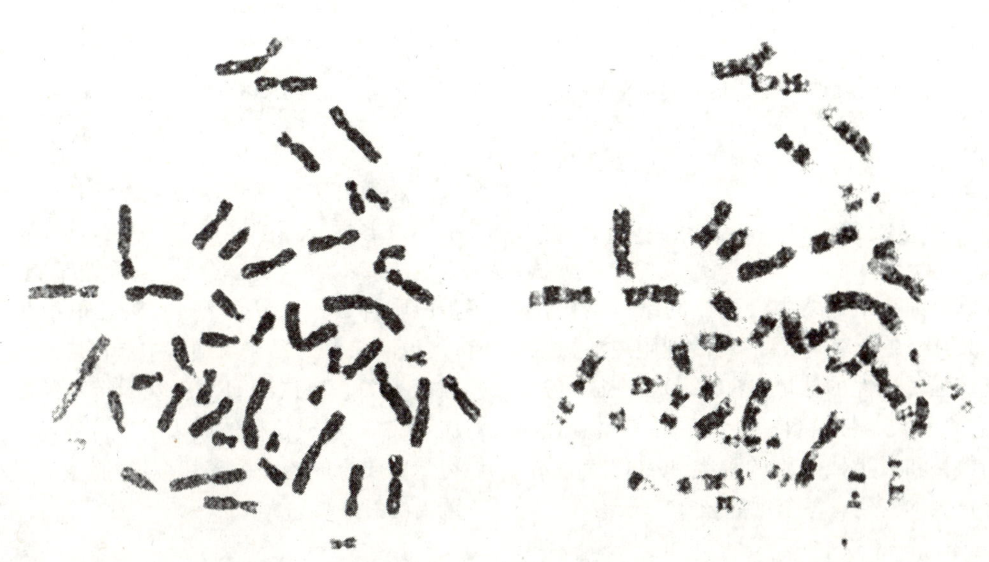

图 8-18　由人淋巴细胞培养所制备的染色体

左侧为 Giemsa 染色,无带型显示,右侧为 G 分带

选择每条染色体的显著形态特征(如着丝粒、端粒和明显的带)作为界标,界标将染色体分为若干个区(region),每个区中都含有一定数量、一定排列顺序、一定大小和染色深浅不同的带,这就构成了每条染色体的带型(banding pattern)。

染色体的区和带的编码是从着丝粒开始,向两臂的远端序贯编号。"1"是最靠近着丝粒的,其次是"2",……等。一个带的名称用连续书写的符号表示,第 1 个符号为染色体序号,依次为臂、区、带的编号。界标处的带应看作此界标以远的区的"1"号带。例如,图 8-19 所示人类 1 号染色体的带型模式图中,1P22 表示为第 1 号染色体短臂的 2 区 2 带。

最新的高分辨显带技术可在染色体上显出更多的带。在人类基因定位、遗传学及肿瘤研究中有重要意义。

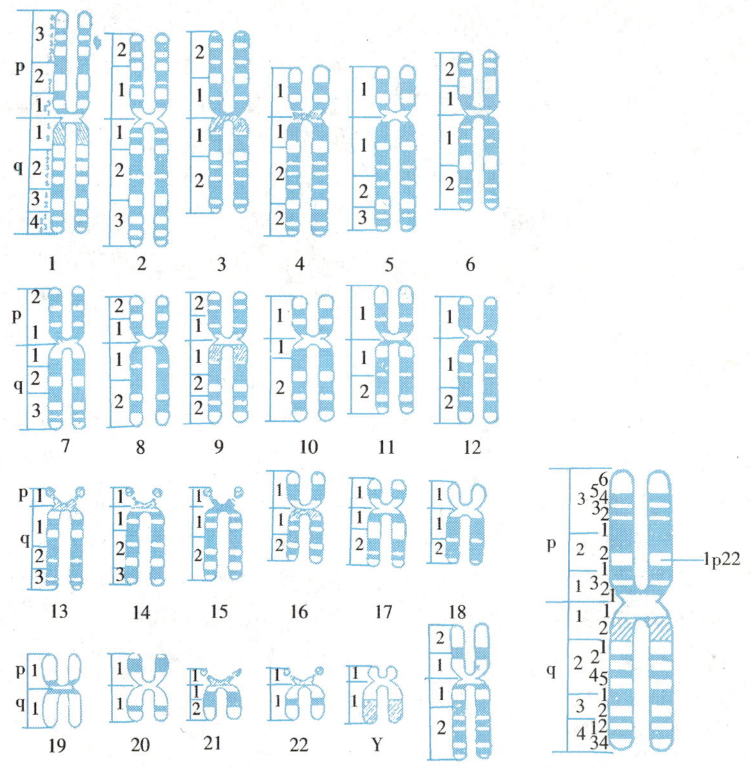

图 8-19　正常人体细胞的显带核型模式图

空白部分为 Q 带的暗带，G 带的浅染带；黑色部分为 Q 带的亮带，G 带的深染带；斜线部分为着色不定区。右下角为人类 1 号染色体的带型和带的命名示意图

第四节　核　　仁

在真核细胞间期核中最明显的结构是核仁（nucleolus）。在光学显微镜下，活细胞内的核仁是具有较强折光性的球体（图 8-20）。在固定标本上，它容易被碱性染料和某些酸性染料着色。核仁的数目和大小依细胞的种类和生理状态不同而有很大的变化。每个细胞核中一般有 1～2 个核仁。蛋白质合成旺盛的细胞，如卵细胞、分泌细胞及恶性肿瘤细胞，核仁增大，其体积可达细胞核的 1/4，并可有多个核仁；而肌细胞、精子等蛋白质合成不活跃的细胞，核仁很小甚至没有；这说明核仁的存在与细胞中蛋白质合成的旺盛程度有关。核仁是 rRNA 基因转录和转录产物加工、装配形成核糖体大小亚单位的场所。核仁与蛋白质合成的关系密切，对细胞生命活动具有重要的意义。

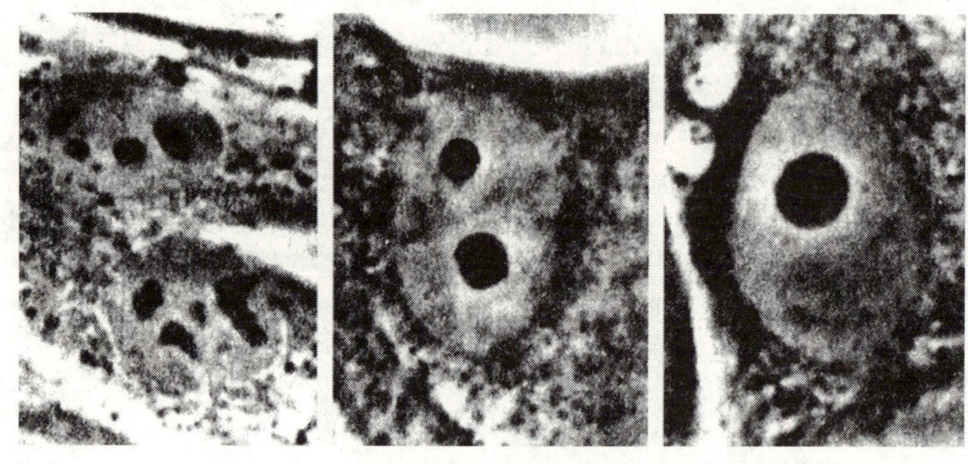

图 8-20　体外培养的人成纤维细胞光学显微镜图

示核仁融合的不同阶段

一、核仁的化学组成与形态结构

核仁的化学成分以蛋白质为主，约占核仁干重的 80%，包括核糖体蛋白、组蛋白、非组蛋白及 RNA 聚合酶等多种酶系。RNA 约占核仁干重的 10%，多与蛋白质结合，以核蛋白的形式存在。DNA 占核仁干重的 8%。脂类含量极少。

在电镜下观察核仁的超微结构，它是由纤维中心、致密纤维成分、颗粒成分及核仁基质等构成的一种非膜相结构（图 8-21）。在核仁周围有异染色质包围，称为核仁周围染色质（perinucleolar chromatin），有的染色质伸入到核仁内部，称为核仁内染色质（intranucleolar chromatin），核仁周围染色质和核仁内染色质统称为核仁相随染色质（nucleolar-associated chromatin，NAC）。

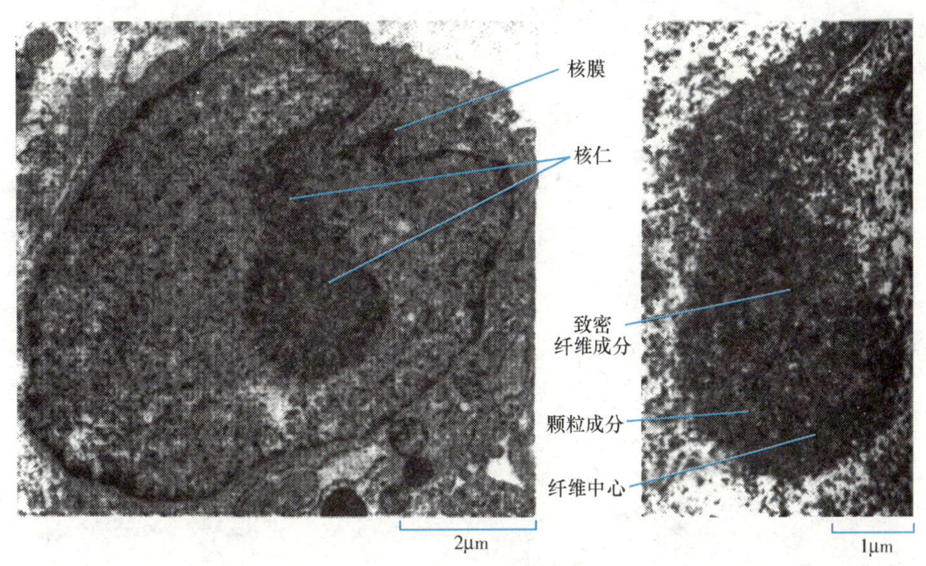

图 8-21　核仁的电镜照片
左图为右图的局部放大

1. 纤维中心　纤维中心（fibrillar center，FC）是包在颗粒成分内的低电子密度区域，也就是核仁内染色质，其中的 DNA 袢环上有 rRNA 基因。

转录 rRNA 的基因叫 rDNA。rDNA 是一种串联重复排列的 DNA 序列，能高速转录 rRNA，故将 rRNA 基因所在染色体的区域称为核仁组织区（nucleolar organizer region，NOR）。在许多情况下，核仁组织区定位在一些染色体的次缢痕部位。这种具有核仁组织区的染色体的数目依不同细胞种类而异。人类核型的 D 组和 G 组 5 对染色体，即 13、14、15、21 和 22 号染色体的短臂的次缢痕处就是核仁组织区（图 8-19）。由于细胞中存在多个含核仁组织区的染色体，照理应该能见到多个核仁。但常见的仅 1～2 个，因为核仁组织区的染色质互相接近，几个小核仁可融合形成一个大的核仁。在一个大的核仁中可包含有从 5 对染色体伸展出的 DNA 袢环，这些袢环上包含 rRNA 的基因。

2. 致密纤维成分　在电镜下观察，致密纤维成分（dense fibrillar component，DFC）是纤维中心周围紧密排列的直径 5nm 左右的纤维，是核仁中电子密度最高的区域，染色较深。它可以被 RNA 酶和蛋白酶消化，因此可判定是 RNA 与蛋白质的复合物。根据电镜原位分子杂交等实验表明此处是 rDNA 活跃地转录 rRNA 的区域，在该区存在一些特异性的 RNA 结合蛋白，如核仁素（nucleolin）等，能使核仁特征性地被银染。

3. 颗粒成分　颗粒成分（granular component，GC）多分布在核仁的周边，颗粒直径约 15～20nm，电子密度较高。这些颗粒代表着正在加工、处于不同成熟阶段的核糖体亚基的前体颗粒。纤维成分和颗粒成分常混在一起，不易区分。

4. 核仁基质　核仁基质为无定形的蛋白质液体物质，电子密度低，其中悬浮着纤维成分、颗粒成分、酶及蛋白质等。核仁基质与核骨架沟通。

核仁不是固定的结构，它随细胞的周期性变化而变化。在有丝分裂前期核仁消失，到了有丝分裂末期，它又在核中特定区域重新出现。

二、核仁的功能

核仁是细胞核中 rRNA 合成、剪接、加工及核糖体大、小亚基装配的重要场所。在 RNA 聚合酶等参与下，核仁组织区的 rDNA 开始转录

rRNA，其初级产物呈纤维状，以后与蛋白质结合呈颗粒状，最后完全成熟，形成核糖体大小亚基，离开核仁转运到细胞质中，参与细胞中蛋白质合成(图 8-22)。

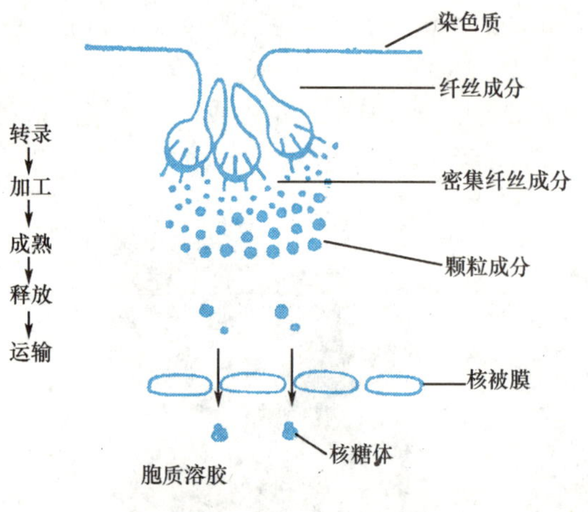

图 8-22 核仁的结构和功能

1. 45S rRNA 的转录 实验表明，定位在核仁组织区的 rDNA 是串联重复排列的。已知几乎所有的细胞中均含有多拷贝的 rRNA 基因。如人细胞每个单倍体基因组上包含约 200 个 rRNA 基因拷贝，每个基因之间由间隔 DNA (spacer DNA)分开。

由 rDNA 转录成 rRNA 的形态学过程，最早是 Miller 等(1969)观察到的。电镜下观察用低渗处理过的非洲爪蟾卵母细胞制备铺展的 rRNA 基因标本，一根长 DNA 纤维上有一系列重复的箭头状结构单位，箭头都指向同一方向(图 8-23)。每个箭头状结构代表一个 rRNA 基因的转录单位，箭头的尖端相当于 rDNA 转录 rRNA 的起点，许多新生的 RNA 链从 DNA 长轴两侧垂直伸展出来，长度逐步增加，箭头的基部则为转录的终点。

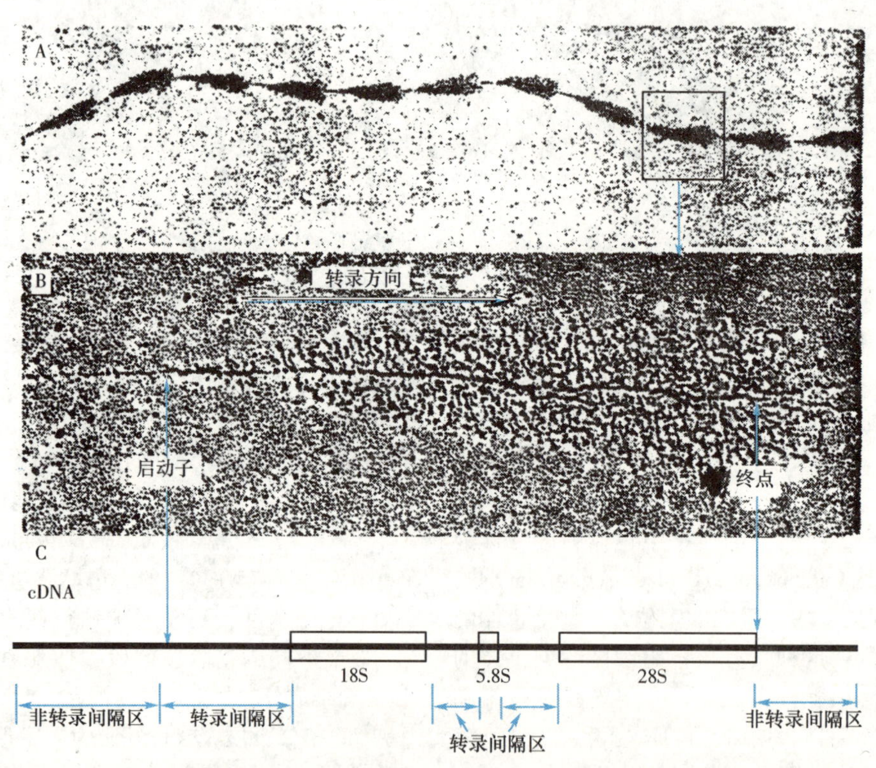

图 8-23 rRNA 基因呈串联重复排列，为非转录的 DNA 间隔片段分开
A. 一个核仁组织区铺展的电镜标本中可见 11 个连续的 rRNA 基因转录单位；B. 一个 rRNA 基因(rDNA)转录单位的放大图；C. 一个 rDNA 单位的基因图谱示意图

在箭头状的结构间存在着裸露的不被转录的 DNA 片段，即间隔 DNA。不同动物间隔 DNA 片段长度不同，人的间隔片段长约 30kb。

每个 rDNA 转录一个 45S rRNA。在一个转录单位上大约有 100 多个 RNA 聚合酶 Ⅰ 颗粒，位于 DNA 和 RNA 纤维相连接部位，它们先后从 rDNA 起点开始转录，一边读码一边沿 DNA 分子移动，致使合成的 rRNA 慢慢延长，形成明显的箭头状，直至转录终点。

2. 前体 rRNA 的加工 45S rRNA 是 18S、5.8S 和 28S 三种 rRNA 的前体。从 45S rRNA 剪切形成三种 rRNA 是一个多步骤的复杂加工过程。通过聚丙烯酰胺凝胶电泳，可从核仁 RNA 中分离出许多沉降系数不同的 rRNA，它

们是成熟 rRNA 生成途径中的中间产物。用 ^{3}H-尿嘧啶核苷对培养的 HeLa 细胞脉冲标记后，观测核仁中各部分 rRNA 前体分子的变化，45S rRNA(约 13kb)在核仁中约几分钟内被合成，部分核苷酸很快被甲基化，随后，45S rRNA 分裂为 20S 和 32S rRNA 两个较小的组分。20S rRNA 很快裂解为 18S rRNA。32S rRNA 中间产物保留在核仁颗粒组分中约 40min，再被剪切为 28S rRNA 和 5.8S rRNA(图 8-24)。经过加工后，成熟的 rRNA 的核苷酸序列约为 45S rRNA 的一半。

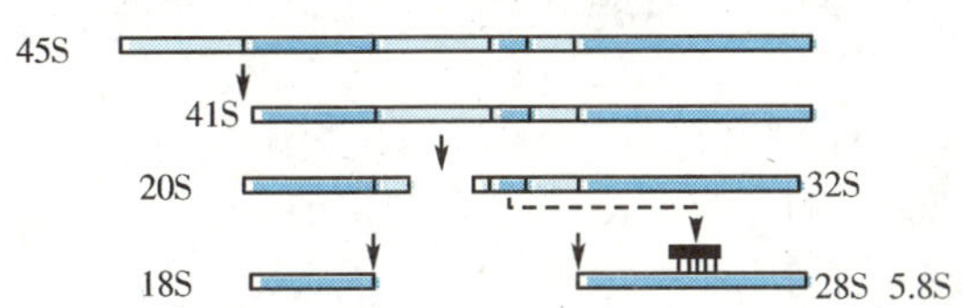

图 8-24 在人细胞中 rRNA 加工过程示意图

真核细胞核糖体中的 5S rRNA 含 120 个核苷酸，5S rRNA 基因的转录是在核仁以外进行的，如人类的 5S rRNA 基因定位在 1 号染色体上。5S rRNA 基因也是串联重复序列，具有较高保守性。5S rRNA 合成后被转运至核仁中，参与核糖体大亚基的组装。

3. 核糖体亚单位的组装 在细胞内 rRNA 前体的加工成熟过程是以核蛋白方式进行的。电镜下可见每条前体 rRNA 5′ 端都含有蛋白质的颗粒。当 45S rRNA 从 rDNA 上被转录后，很快与进入核仁的蛋白质结合，形成 80S 的核糖核蛋白颗粒(约含 80 种蛋白)。伴随着 45S rRNA 分子的加工过程，80S 的核糖核蛋白颗粒逐渐丢失一些 RNA 和蛋白质，由 18S rRNA 和约 33 种蛋白质组成核糖体的小亚基。28S 和 5.8S rRNA 结合，再与来自核仁外 5S rRNA 和约 50 种蛋白质组成核糖体的大亚基。因此在真核生物中，核糖体亚基的组装发生在核仁中(图 8-25)。

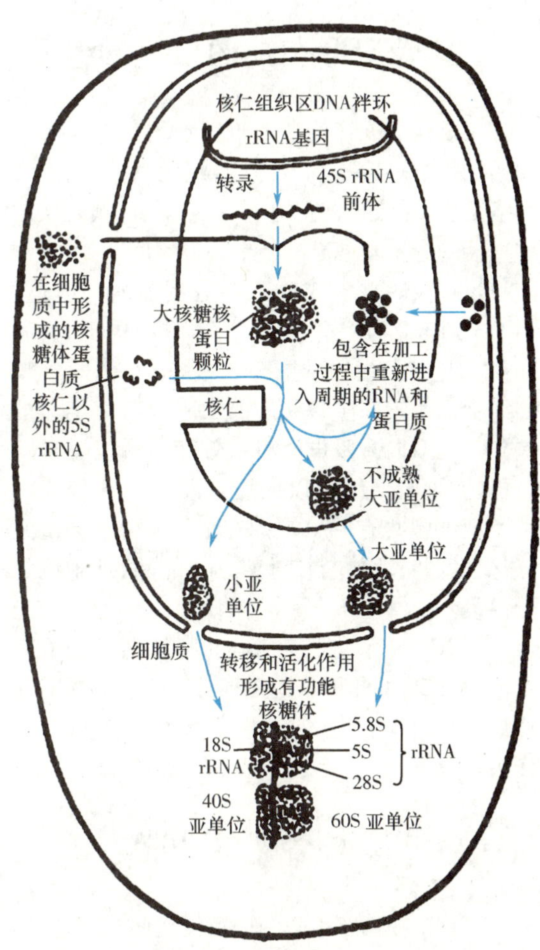

图 8-25 核仁在核糖体合成与组装中的作用图解

完成组装的核糖体大、小两亚基通过核孔复合体被转运到细胞质。在蛋白质合成过程中，大、小亚基结合形成核糖体。

第五节 核 骨 架

以前，将光镜下见到的核内胶状物质称为核基质(nuclear matrix)。Berezney 和 Coffey 等(1974)分离出纯净的细胞核，经核酸酶消化，再用低盐、高盐缓冲液及去垢剂处理，将核被膜、染色质、核仁等除去后，发现细胞核内存在由纤维状和颗粒状蛋白质等构成的网架体系，故称为核骨架(nuclear skeleton)。广义的核骨架还包括核纤层和核孔复合体(图 8-26)。核骨架与细胞质中的中间纤维在结构上相互联系，形成一个贯穿于细胞核与细胞质之间的复合网络系统。

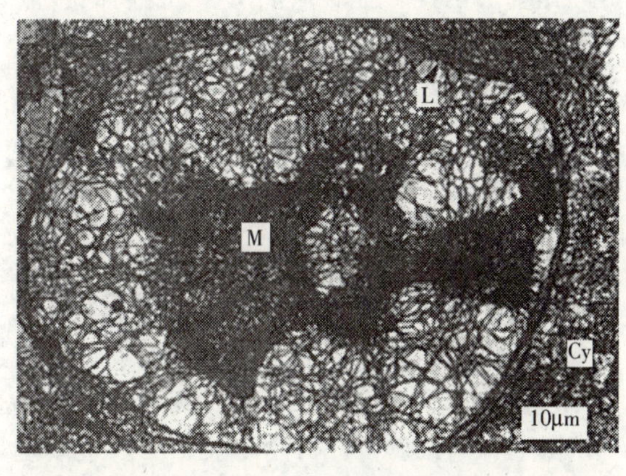

图 8-26 核骨架的核心纤维
L. 核纤层；M. 核仁；Cy. 细胞质

一、核骨架形态结构与化学组成

间期核中核骨架是由粗细不均的纤维蛋白和颗粒状结构相互联系构成复杂而有序的三维网络结构，纤维的直径约为3nm左右，颗粒状结构直径约为30nm，充满整个核内空间。

核骨架的化学成分主要是蛋白质，其含量达90%以上，此外，还含有少量的RNA和DNA。核骨架蛋白的成分很复杂，在不同类型的细胞以及不同生理状态的细胞中都有明显的差异。用双向凝胶电泳对核骨架蛋白成分进行分析，发现有200种以上蛋白质。一部分为各种类型细胞共有，另一部分则是与细胞类型及分化程度相关，如与核骨架结合的酶、细胞调控蛋白等。

用RNase消化核骨架，可见其三维结构发生很大改变，由此可认为在核骨架中，RNA对保持核骨架三维网络结构的完整性起着重要的作用。

二、核骨架的功能

核骨架在真核细胞的染色体空间构建、基因表达调控、DNA复制、RNA转录以及RNA剪切、加工、修饰和转运过程中都起着极为重要的作用。核骨架复杂多样的生物学功能，除了靠核骨架蛋白外，更重要的是通过多种核骨架结合蛋白的共同参与完成。

核骨架的功能包括：①核骨架对间期核内DNA的空间构型起着支撑和维系作用，也参与DNA分子超螺旋化的构筑。②核骨架的纤维蛋白上有DNA复制的固定位点，其周围有复制的各种酶、引物等，保证了DNA的复制能有效、迅速地进行。电镜自显影表明DNA复制的位点遍布于核骨架上。③RNA的转录在核骨架上进行。基因只有结合在核骨架上才能进行转录。④转录形成的RNA（如hnRNA）在核骨架上进行加工修饰。

核骨架与细胞分裂过程染色体的构建、核形态的消失和重建等有密切关系。在细胞分裂过程中，染色质与染色体各级水平上的构建都以核骨架为支架。而染色体的定位与行为也和核骨架有关。

核骨架与细胞分化有密切关系。由于核内转录活性与核骨架密切相关，因此细胞分化过程中，核骨架结构和功能的改变，势必影响核内基因的选择性转录活动，从而导致细胞分化。

第六节　细胞核的功能

细胞核是细胞内最大的细胞器，遗传物质绝大部分存在于细胞核中，细胞核的功能是围绕核内遗传物质的活动而展开的。细胞核是DNA复制、RNA转录和组装核糖体大、小亚基的场所，也是细胞代谢、生长、增殖、分化、遗传和变异的调控中心。

一、遗传信息的贮存、复制及传递

细胞核的出现是区别原核细胞和真核细胞最重要的标志，是细胞进化史上的一个飞跃。真核生物与原核生物最主要的区别是前者有核被膜把胞质和核质分开，形成完整的细胞核，使遗传物质DNA能稳定地贮存在特定的环境中。

在细胞核内DNA能严格地进行自我复制，合成与自身结构完全相同的两个DNA分子。通过细胞有丝分裂，复制后的DNA以染色体的形式平均分配到两个子细胞中，把亲代的遗传信息传递给子细胞，使子代细胞亦具有了与亲代细胞相同的遗传物质，携带有相同的遗传信息，表现为相同的遗传性状。这说明细胞核在维持遗传物质的稳定和细胞增殖上起着重要的作用。

二、RNA的转录与加工

真核细胞的RNA转录在核内进行，转录的RNA在核内进行加工修饰，当细胞需要时，才通过核孔复合体，转运到细胞质中进行蛋白质合成。这样就使RNA转录和蛋白质合成从时间和空间上分隔开，互不干扰。

细胞核内DNA转录的RNA为蛋白质合成所必需，在遗传信息的表达中起着至关重要的作用。RNA转录后的加工、转运，是细胞核各组成部分共同完成的。

总之，细胞核的各组成结构的相互协调，在整个生命活动中起着重要作用。

第七节　细胞核与人类疾病

细胞核是遗传物质的贮存、复制、转录与加工的场所，若基因或染色体的数目、结构和功能异常可能会导致各种疾病。以下仅列举几种常见的染色体病和单基因病。

一、常见染色体病

1. 21 三体综合征(trisomy 21 syndrome)或先天愚型 是人类中最常见的一种染色体病。1866 年,英国医生 Langdon Down 首次对此病例做了临床描述,故称 Down 综合征。1959 年,法国 Lejeune 发现本病的病因是患者多了一条 21 号染色体,故称 21 三体综合征。

男性患者无生育能力,50%隐睾。女性患者偶有生育能力,所生子女 1/2 将发病。约 92.5%先天愚型患者的核型为 47,XX(或 XY)+21,产生原因是生殖细胞形成过程中,在减数分裂时第 21 号染色体发生不分离,结果形成染色体数目异常的精子(24,X 或 24,Y)或卵子(24,X),与正常的卵子(23,X)或精子(23,X 或 Y)受精后,即将产生 47,+21 的 21 三体的患儿。此病的发生率随母亲的年龄增高而增高。

2. Turner 综合征(Turner syndrome)或性腺发育不全综合征 1938 年,Turner 首先描述患者的临床症状。患者为女性,身材矮小,成人身高一般不超过 150cm。性腺呈索条状,原发闭经,子宫小,外生殖器发育不良,成年后仍保持幼稚状态。乳距宽,乳房不发育。阴毛和腋毛稀少或缺如。蹼颈,后发际低,指(趾)骨与掌跖骨短或畸形。常伴发先天性心脏病。1959 年,Ford 证实患者的核型为 45,X,即比正常女性少了一条 X 染色体,故核性别检查 X 染色质为阴性。

3. Klinefelter 综合征(Klinefelter syndrome)或 XXY 综合征,先天性睾丸发育不全 1942 年,Klinefelter 首先从临床角度描述此症。患者为男性,临床表现主要为身材高大,四肢细长,阴茎短小,睾丸不发育、小或隐睾。睾丸组织活检可见曲细精管萎缩,无精子生成,故不育。阴毛呈女性分布,胡须、腋毛、阴毛稀少或缺如。无喉结。此外,患者皮肤较细嫩,部分患者有乳房发育等。

1959 年,Jacob 和 Strong 确证此症患者的核型为 47,XXY。核性别检查 X 染色质一个,Y 染色质一个。发生率约 1/800 男性。此外还有 48,XXXY 核型和 46,XY/47,XXY 嵌合体等。由于多余的 X 染色体的效应,X 染色体越多,其症状越严重。

47,XXY 的产生原因,约 60%的患者是由于其母亲的生殖细胞形成中,在减数分裂时发生染色体不分离的结果。

4. XYY 综合征(XYY syndrome) 1961 年,由 Sandburg 等首次报道。临床表现多数是表型正常的男性,有生育能力,少数可见外生殖器发育不良。患者智力正常,但性格暴躁粗鲁,行为过火,常发性攻击性犯罪行为。患者身材高大,有随身高增加发生频率亦随之增高的趋势。发生率约占男性的 1/750～1/1500。监狱中和精神病院中的男性发病率较高,约占 3%。

47,XYY 核型的产生原因,主要是患者父亲的精子发生中,第二次减数分裂时发生了 Y 染色体不分离,而形成 24,YY 精子的结果。

二、单基因病举例

1. 家族性高胆固醇血症 本病的患者血清中的胆固醇升高,手、肘、膝、踝可有黄瘤,易发生冠心病。患者基本缺陷为细胞膜上低密度脂蛋白受体(LDLR)缺陷,这是 LDLR 基因突变所致。在正常情况下,LDL 与 LDLR 结合后,经内吞而进入细胞,被溶酶体水解,蛋白质被降解,而胆固醇酯则释放出游离胆固醇。游离胆固醇能抑制细胞本身胆固醇合成,并激活胆固醇酯化酶,合成胆固醇酯而贮存起来。如果 LDLR 基因突变,则使 LDL 不能与有缺陷的 LDLR 结合,或虽与之结合而不能内化,则只有少量或无 LDL 进入细胞,不能产生反馈调节,胆固醇合成不受抑制,胆固醇酯也不能形成,而游离胆固醇过多导致高胆固醇血症。

致病基因(FH)已定位于 19P13,其长度约 45kb,含 18 个外显子。

2. 苯丙酮尿症Ⅰ型(phenylketonuria, PKUI) 这是一种遗传性代谢病,在我国的发生率为 1/16 500。患儿出生时正常,毛发淡黄,皮肤白皙,虹膜黄色,尿有鼠味或霉臭味。3～4 个月后,出现智力发育障碍,肌张力高,常有痉挛发作,行走时步态不稳。约有 1/2 患胎早期流产,1/2 患儿生长迟缓、小头并有严重的智力低下。

本病是由于苯丙氨酸代谢异常所致,在苯丙氨酸羟化酶(phenylalanine hydroxylase, PAH)的作用下,苯丙氨酸加羟基而变成酪氨酸,再经酪氨酸酶(tyrosinase)的作用后转变成多巴,并形成黑色素。如果 PAH 有缺陷,则此路不通,苯丙氨酸将转变成苯丙酮酸等,积累于血、尿中,导致苯丙酮尿症。

PAH 基因已定位于 12q24.1,其长度约 85kb,有 13 个外显子,其 mRNA 长约 2.3kb。有 1353bp,编码 451 个氨基酸。该基因的突变可导致 PAH 功能缺陷而发生苯丙酮尿症。

3. 白化病Ⅰ型(albinism type Ⅰ) 本病也是一种遗传性代谢病。患者皮肤呈白色或淡红色、毛发银白或淡黄色、虹膜及瞳孔呈淡红色。患者皮肤经日光晒后易发生日光性皮炎,并可诱发基底细胞癌。

本病是由于酪氨酸酶功能障碍,不能将酪氨酸转变成多巴,从而不能形成黑色素,导致白化病。本病的发生率约1/20 000。

致病基因(OCA_1)已定位于11q14-q21,它长约50kb,有5个外显子。已发现OCA_1的多种突变,例如第81密码子由CCT变为CTT,编码的脯氨酸变为亮氨酸,即可导致酪氨酸酶的功能缺陷而致白化病。

4. 甲型血友病(hemophilia A) 本病是血浆中凝血因子Ⅷ缺乏而致凝血缺陷。患者若受轻微外伤都会导致出血不止,皮肤出血可形成皮下血肿,关节、肌肉出血常累及膝、踝时,可导致跛行。

致病基因已定位于Xq28,其长度约186kb,有26个外显子,mRNA长9026bp,编码2351个氨基酸,其中前19个氨基酸为信号肽,因子Ⅷ含2332个氨基酸。当基因突变时,如外显子26中第2326密码子由CGA变为TGA,编码的精氨酸变成终止密码,导致血友病。

Summary

The appearance of nucleus is a remarkable leap in the history of cell evolution, which is the marker to distinguish eukaryote from prokaryote. Under electronic microscope, the cell nucleus is composed of nuclear envelope, chromatin, nucleolus and nuclear matrix.

The nuclear envelope is composed of two layers of membranes, including the outer and inner nuclear membrane, the perinuclear cisternae between two membranes, the nuclear pore complexes, and nuclear lamina. The nuclear envelope is not only the interface of nuclear and cytoplast, but also regulates the physical intercourse between nuclear and cytoplast, which promotes the metabolism in different organelles taking place separately without mutual interference. The nuclear pore complexes are composed of the cytoplasmic ring, nuclear lamina ring, spokes, and central plug, which control the directional transport of macromolecules. The nuclear matrix are closely related with the other components in the nuclear, and correlated with disappearance and reconstruction of the nuclear envelope in cell division.

Chromosome and chromatin are the carriers of genetic substances, and have common chemical constitution. The basal unit of chromosome is nucleosome, nucleosomes are twisted and multiplely folded to form chromatids. According to the existing state and functional activity, chromatins are divided into euchromatin and heterochromatin.

A metaphase chromosome is composed of two chromatids which are linked at the centromere. Kinetochore is the adhesion site of kinetochore microtubule of spindle. The telomere is a specialized site on the terminus of chromosome. The replication origin, centromere, and telomere are essential functional units in each chromosome. The whole metaphase chromosome in a somatic cell is called karyotype. The normal human keryotype includes 46 chromosome, which can be matched into 23 pairs, and divided into 7 groups.

The nucleolus is a non-membrane structure, which is composed of the fibrous center, compact fibrous components, particles, and nucleolus matrix. The nucleolus is surrounded by peripheral chromosome. Chromosomes insert inside of the nucleolus and form the fibrous center, and the DNA loops contain rRNA genes. The compact fibrous components are the region where rRNAs are actively transcripted. The particles are the modifying preparticles of ribosomes with different mature degrees. The major functions of nucleolus are transcripting, modifying and assembling the large and small subunits of ribosomes.

The nuclear matrix is an internal nuclear fibrous web with the major components of fibrous proteins and fills the whole space of nuclear. The nuclear matrix is involved in a set of important functions, such as the sequential assembling and construction of chromosome DNA, DNA replication, transcription, posttranscription modification and transport of precursor RNAs.

In conclusion, the major functions of nucleus include the store, replication, transfer, and transcription of genetic substances. The nucleus controls the biosynthesis of protein in the cytoplasma, later regulates the metabolism, growth, proliferation, differentiation, and phenotypes. So the nucleus is the control center of cell.

思考题

1. 名词解释：核被膜　核孔复合体　核纤层　核定位信号　染色质　染色体　核小体　常染色质　异染色质　巴氏小体　着丝粒　动粒　端粒　体细胞　带型　核仁相随染色质　核仁组织区　核骨架

2. 试述核被膜与核孔复合体的结构和功能。

3. 以袢环模型为例，说明从DNA到染色体的包装过程。

4. 简述染色质的种类及特点。

5. 描述中期染色体的基本结构。

6. 试述核仁的结构和功能。

7. 简述核骨架的结构及功能。

8. 试述细胞核的基本结构及主要功能。

（余从年）

第三篇　细胞的能量代谢和物质代谢

新陈代谢是生物体的基本特征。新陈代谢包括物质代谢和能量代谢，是生物体内进行的各种化学反应和能量转换过程的总称，也是实现各种生理功能的化学基础。

生物体不断从外界环境中摄取营养物质，经过消化吸收进入体内。在体内经过合成代谢将其合成为机体的自身物质，这种把外界物质转变成自身物质的过程也称为同化作用。通过合成代谢保证了机体生长、发育、组织更新和修复。合成代谢需要吸收能量。另一方面生物体也将自身物质经分解代谢转变为代谢废物排出体外，这种分解代谢的过程也称为异化作用。分解代谢释放能量。释放的能量转变成化学能储存在ATP等高能化合物中，以供合成代谢和各种生命活动的需要。

生物体通过同化作用和异化作用，即合成代谢和分解代谢，使生物体与外界环境进行物质交换，使机体不断自我更新。

本篇将介绍细胞的能量代谢、糖代谢、脂类代谢、氨基酸代谢和核苷酸代谢等五章。在各章中不仅介绍各类物质的基本反应途径、关键酶、限速反应，还要讨论各种代谢的调控机制、代谢之间的联系及其在代谢失调时对机体的影响。

第9章　细胞的能量代谢

机体进行的各种生命活动，如肌肉收缩、神经传导、腺体分泌、物质的合成与转运以及思维活动等，无一不需要消耗能量。这些能量最终是来自食物中主要营养物的氧化分解。物质的分解代谢与能量的释放、利用和转移等代谢是密不可分的。

食物中糖、脂肪、蛋白质三种主要营养素在体内的中间分解代谢途径各不相同，但有共同的规律性。高等动物体内糖、脂肪、蛋白质氧化成CO_2和H_2O的过程大致可分为三个阶段。第一，糖原、脂肪和蛋白质分解为基本构件单位，即葡萄糖、脂肪酸、甘油和氨基酸；第二，葡萄糖、脂肪酸甘油和大多数氨基酸再经过一系列不同反应生成乙酰CoA；第三，乙酰CoA进入共同的代谢途径——三羧酸循环，经一系列酶促反应，通过有机酸脱羧生成CO_2，同时捕获释放的能量储存在还原当量NADH和$FADH_2$分子中；生成的还原当量进入氧化呼吸链，将释出的H原子和电子逐步传递，最终给电子受体O_2，生成H_2O，电子传递氧化过程释放的大量能量的相当部分转变为ATP的化学能，供机体利用(图9-1)。

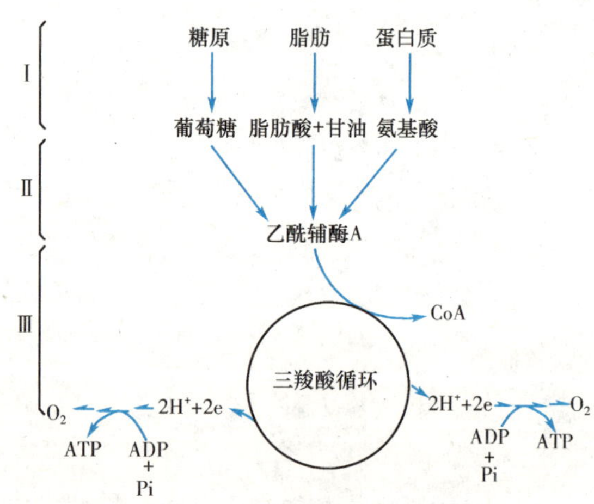

图9-1　营养物分解代谢的三个阶段

第一节　高能化合物——ATP

生物体内一切化学反应和伴有的能量变化过程，同样遵循化学热力学基本规律。如在生物体内的能量可以在系统内转移，也可由化学能转化成热能、电能或机械能等其他形式。最有用的热力学函数是自由能(free energy)。自由能是

指一个反应体系中能够作功的那一部分能量，不能作功的能量则转化为热能而散失。在25℃、1个大气压、反应物浓度为1mol/L、pH近于7的条件下，这个反应系统的自由能变化称为标准自由能变化（standard free energy change），符号为$\Delta G^{o\prime}$，单位为kJ/mol。

一、ATP是体内的直接供能物质

生物体通常不能直接利用三大营养物质中的化学能，而是将这些物质分解释放的能量以化学能的形式转移到细胞可以利用的能量形式中，即ATP等高能有机磷酸化合物中，当机体需要时，再由这些高能磷酸化合物直接为生理活动供能。所谓高能磷酸化合物是指那些水解时有较大自由能释放的磷酸化合物。一般$\Delta E^{o\prime}$大于（或等于）ATP，或大于21kJ/mol的磷酸化合物称为高能磷酸化合物，将这些水解时释放能量较多的磷酸酯键，称之为高能磷酸键，常用"～P"符号表示。水解时产生的$\Delta G^{o\prime}$小于ATP的化合物，称为低能磷酸化合物。实际高能键水解释放的自由能，来自整个高能化合物分子的反应过程，并不存在有能量特别高的化学键。但为了叙述的方便，高能磷酸键的名称目前仍被采用。

生物体内常见的高能化合物包括高能磷酸化合物和含有辅酶A的高能硫酯化合物等（表9-1），其中ATP是最重要的高能磷酸化合物。营养物分解产生能量的大约40%被转化为ATP的化学能。

表9-1　几种常见的高能化合物

通　式	举　例	释放能量(pH7.0,25℃)kJ/mol(kcal/mol)
$R-C(=NH)-NH\sim PO_3H_2$	磷酸肌酸	−43.9(−10.5)
$RC(=CH_2)-O\sim PO_3H_2$	磷酸烯醇式丙酮酸	−61.9(−14.8)
$RC(=O)-O\sim PO_3H_2$	乙酰磷酸	−41.8(−10.1)
$-P(=O)(OH)-O\sim P(=O)(OH)-OH$	ATP,GTP,UTP,CTP	−30.5(−7.3)
$RC(=O)-SCoA$	乙酰CoA	−31.4(−7.5)

ATP由腺嘌呤、核糖和3分子磷酸构成，3分子磷酸之间构成2个磷酸酐键。在体内所有高能磷酸化合物中，以ATP末端的磷酸键最为重要，该键水解释放的能量处于各种磷酸化合物磷酸键释放能量的中间位置。有利于ATP在能量转移时发挥重要作用。既可以从其他更高能化合物中转移能量生成ATP，又可直接利用ATP水解反应耦联以驱动那些需要输入自由能的反应。ATP在生物能学上最重要意义在于，通过释放大量自由能的水解反应与各种耗能生命过程耦联，使耦联反应"净过程"成为热力学有利的过程，使这些反应在生理条件下可以进行。ATP水解释放的自由能可被机体各种生命过程利用，如许多代谢物的活化反应、从小分子前体合成分子较大的化合物的反应过程、对抗浓度梯度的离子转运、肌肉收缩等多种生理活动。

ATP的末端磷酸基或被分解和转移，生成ADP，或利用ATP的另一个高能磷酸键，生成AMP和PPi。

除ATP外，体内还有其他的核苷多磷酸，如GTP、UTP、CTP等。它们分别在蛋白质、糖原、磷脂等的生物合成中提供能量。但这些核苷多磷酸不能在物质氧化中直接产生，只能在二磷酸核苷激酶催化下，从ATP中获得～P来生成和补充。

ATP　　　　ADP

ATP ＋ 6-磷酸果糖 → 1,6-双磷酸果糖 ＋ ADP

ATP ＋ 脂肪酸 ＋ 辅酶 A → 脂酰辅酶 A ＋ AMP ＋ PPi

ATP ＋ UDP → ADP ＋ UTP

ATP ＋ CDP → ADP ＋ CTP

ATP ＋ GDP → ADP ＋ GTP

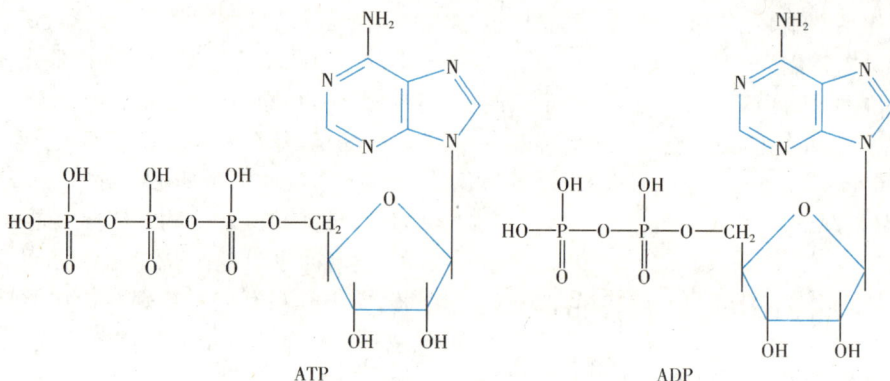

在肌肉、心肌和脑等组织中存在磷酸肌酸(creatine phosphate,CP),是高能磷酸键能量的一种储存形式。当体内 ATP 生成增多时,在磷酸肌酸激酶(creatine phosphokinase,CPK)催化下,

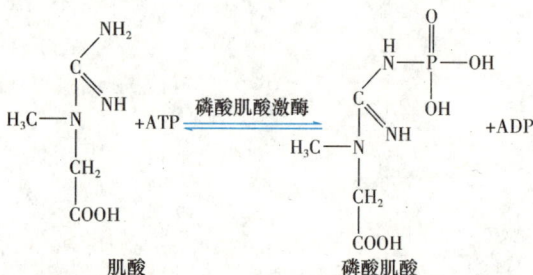

肌酸 ＋ATP ⇌(磷酸肌酸激酶) 磷酸肌酸 ＋ADP

肌酸可接受 ATP 分子中的～P,生成磷酸肌酸。当机体需要时,磷酸肌酸又可将～P 转移给 ADP 生成 ATP,供生理活动直接应用。

由此可见,生物体内能量的生成、储存、转移和利用都以 ATP 为中心。ATP 作为能量载体分子,在分解代谢中不断产生,又在合成代谢等耗能过程中不断利用,ATP 分子性质稳定,但不在细胞中储存,寿命仅数分钟,而是反复进行 ADP-ATP 的再循环,伴随自由能的释放和获得,完成不同生命过程间能量的穿梭转换,因此称为"能量货币"。ATP 在体外标准状态下自由能释放为－30.5kJ/mol(－7.3kcal/mol);在活细胞生理条件,各种因素影响下,ATP 水解释放自由能可达到－52.3kJ/mol(－12.5kcal/mol)。人体内 ATP 含量虽然不多,但每日经 ATP/ADP 相互转变的量相当可观,ATP 的生成、利用见图 9-2。在细胞中,ATP 和 ADP 的全部磷酸基都处于解离状态,显示 ATP^{4-} 和 ADP^{3-} 的多电荷负离子形式,并与细胞内 Mg^{2+} 形成复合物。

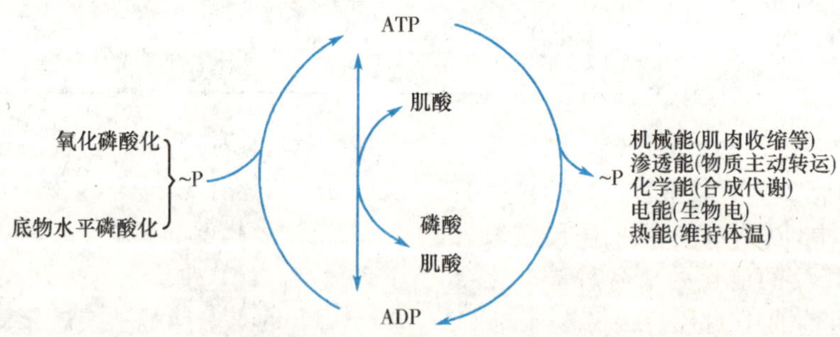

图 9-2　ATP 的生成和利用

二、ATP 的生成方式

生物体内 ATP 的生成有两种基本方式。

(一) 底物水平磷酸化(substrate level phosphorylation)

与代谢物脱氢反应耦联,将反应过程底物中的高能磷酸基直接转移给 ADP(GDP)生成 ATP(GTP)的过程,称为底物水平磷酸化。如糖酵解、三羧酸循环中的底物水平磷酸化反应:

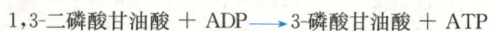

1,3-二磷酸甘油酸 ＋ ADP → 3-磷酸甘油酸 ＋ ATP

磷酸烯醇型丙酮酸 ＋ ADP → 丙酮酸 ＋ ATP

琥珀酰 CoA ＋ GDP → 琥珀酸 ＋ HSCoA ＋ GTP

GTP ＋ ADP → GDP ＋ ATP

(二) 氧化磷酸化(oxidative phosphorylation)

氧化磷酸化是人体中 ATP 生成的主要方式。代谢物脱下的氢(H^+ + e)经线粒体氧化呼吸链(电子传递链)传递,最后与氧生成水的氧化过程中,电子传递释放出能量驱动 ADP 磷酸化生成 ATP,此耦联过程称为氧化磷酸化(将在第三节详述)。

第二节　三羧酸循环

三羧酸循环是由 Krebs 于 1937 年首先提出,故又称为 Krebs 循环。在线粒体基质中,乙酰 CoA 和草酰乙酸缩合成含有三个羧基的柠檬酸开始,经过一系列反应,最后又生成草酰乙酸而形成一个循环的反应过程,称为三羧酸循环(tricarboxylic acid cycle, TAC)或柠檬酸循环(citric acid cycle)。三羧酸循环是三大营养物氧化生成的乙酰 CoA 氧化分解的共同代谢途径。

一、三羧酸循环的反应过程

三羧酸循环由一连串反应组成,这些反应从 4 碳化合物(草酰乙酸)与 2 碳化合物(乙酰 CoA)缩合产生 6 碳的三羧酸(柠檬酸)开始,经历一系列的脱氢脱羧过程,最后重新生成草酰乙酸,草酰乙酸又可进入新一轮循环反应。

(一) 柠檬酸的形成

葡萄糖、脂肪酸、氨基酸等物质氧化分解生成乙酰 CoA,在线粒体基质中与草酰乙酸缩合成柠檬酸(citrate)。反应由柠檬酸合酶(citrate synthase)催化,缩合反应所需能量来自乙酰 CoA 高能硫酯键的水解,自由能释放较多 $\Delta G^{0'}$ 为－31.4kJ/mol,故反应不可逆。而且柠檬酸合酶对草酰乙酸的 K_m 很低,所以虽然线粒体内草酰乙酸的浓度很低(<1μM),反应也得以迅速进行。

$$CH_3-\overset{\overset{O}{\|}}{C}\sim SCoA + \underset{\text{草酰乙酸}}{O=\underset{\underset{CH_2-COOH}{|}}{C}-COOH} \xrightarrow[\text{柠檬酸合酶}]{+H_2O} \underset{\text{柠檬酸}}{HO-\overset{\overset{CH_2-COOH}{|}}{\underset{\underset{CH_2-COOH}{|}}{C}}-COOH} + HSCoA$$

(二) 柠檬酸异构为异柠檬酸

在顺乌头酸酶催化下,柠檬酸原来在 C_3 上的羟基转移到 C_2 上,异构化为异柠檬酸。反应中的中间物顺乌头酸与酶结合在一起以复合物的形式存在。反应实际结果是将柠檬酸 C_3 醇分子转变为易于反应和氧化的 C_2 醇分子形式,使其可能进入下游反应过程。

$$\underset{\text{柠檬酸}}{HO-\overset{\overset{CH_2-COOH}{|}}{\underset{\underset{CH_2-COOH}{|}}{C}}-COOH} \underset{\underset{\text{顺乌头酸酶}}{+H_2O}}{\overset{-H_2O}{\rightleftharpoons}} \underset{\text{顺乌头酸}}{\overset{\overset{CH_2-COOH}{|}}{\underset{\underset{CH-COOH}{\|}}{C}}-COOH} \underset{-H_2O}{\overset{+H_2O}{\rightleftharpoons}} \underset{\text{异柠檬酸}}{\begin{matrix} CH_2-COOH \\ | \\ H-C-COOH \\ | \\ HO-C-COOH \\ | \\ H \end{matrix}}$$

(三) 异柠檬酸氧化脱羧

在异柠檬酸脱氢酶(isocitrate dehydrogenase)作用下,异柠檬酸发生氧化脱羧,转变为 α-酮戊二酸(α-ketoglutarate),脱下的氢由 NAD^+ 接受,生成 NADH＋H^+,并脱下 1 分子 CO_2。这是循环中第一次氧化脱羧反应,也相当于乙酰 CoA 被氧化生成 1 分子 CO_2。

$$\underset{\text{异柠檬酸}}{\begin{matrix} CH_2-COOH \\ | \\ H-C-COOH \\ | \\ HO-C-COOH \\ | \\ H \end{matrix}} \xrightarrow[Mg^{2+},Mn^{2+}\text{异柠檬酸脱氢酶}]{NAD^+ \searrow \quad \nearrow NADH+H^+} \underset{\alpha\text{-酮戊二酸}}{\begin{matrix} CH_2-COOH \\ | \\ CH_2 \\ | \\ CO-COOH \end{matrix}} + CO_2$$

(四) α-酮戊二酸氧化脱羧

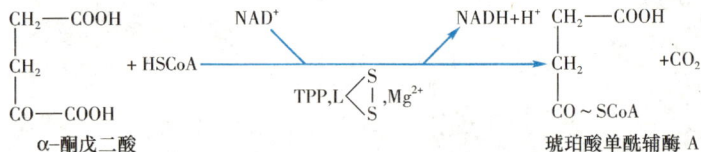

α-酮戊二酸氧化脱羧生成琥珀酰 CoA(succinyl CoA)和 CO_2，为循环中第二次氧化脱羧反应，相当于乙酰 CoA 被氧化生成另 1 分子 CO_2。α-酮戊二酸氧化脱羧时释出的自由能很多，其中一部分能量被还原当量 NADH+H^+ 获得，一部分能量以高能硫酯键形式储存在琥珀酰 CoA 内。催化 α-酮戊二酸氧化脱羧的酶是 α-酮戊二酸脱氢酶复合体(α-ketoglutarate dehydrogenase complex)，它由三种酶按一定比例组合而成，以二氢硫辛酸转琥珀酰酶为核心，周围排列着 α-酮戊二酸脱氢酶和二氢硫辛酸脱氢酶。参与反应的辅助因子有焦磷酸硫胺素、硫辛酸、FAD、NAD^+、HSCoA，最后以 NADH+H^+ 进入氧化呼吸链。此酶复合体催化的反应不可逆。

$$\begin{matrix}CH_2—COOH\\ |\\ CH_2\\ |\\ CO—COOH\end{matrix} + HSCoA \xrightarrow[\text{TPP,L(S-S),}Mg^{2+}]{NAD^+ \quad NADH+H^+} \begin{matrix}CH_2—COOH\\ |\\ CH_2\\ |\\ CO\sim SCoA\end{matrix} + CO_2$$

α-酮戊二酸　　　　琥珀酸单酰辅酶 A

(五) 琥珀酸生成

琥珀酰 CoA 的高能硫酯键水解时，$\Delta G^{0'}$ 约为 -33.4kJ/mol。它可与 GDP 的磷酸化耦联生成高能磷酸键。由琥珀酰 CoA 合成酶(succinyl-CoA synthetase)或称为琥珀酸硫激酶(succinate thiokinase)催化，生成琥珀酸和 GTP。GTP 除可直接利用外，也可经能量转移而形成 ATP，这是三羧酸循环中唯一直接生成 ATP 的底物水平磷酸化反应。

$$\begin{matrix}CH_2—COOH\\ |\\ CH_2\\ |\\ CO\sim SCoA\end{matrix} + GDP + Pi \xrightleftharpoons{\text{琥珀酸硫激酶}} \begin{matrix}H_2C—COOH\\ |\\ H_2C—COOH\end{matrix} + GTP + HSCoA$$

琥珀酸

$$GTP + ADP \rightleftharpoons GDP + ATP$$

(六) 琥珀酸脱氢生成延胡索酸

反应由琥珀酸脱氢酶(succinate dehydrogenase)催化。该酶为线粒体内膜整合蛋白，是三羧酸循环唯一与内膜结合的酶。该酶含有辅基 FAD 和铁硫蛋白，脱下的氢由 $FADH_2$ 和铁硫蛋白中的 Fe 传递，直接进入电子传递链氧化。

$$\begin{matrix}COOH\\ |\\ CH_2\\ |\\ CH_2\\ |\\ COOH\end{matrix} + FAD \xrightleftharpoons{\text{琥珀酸脱氢酶}} \begin{matrix}COOH\\ |\\ CH\\ \|\\ CH\\ |\\ COOH\end{matrix} + FADH_2$$

琥珀酸　　　　延胡索酸

(七) 延胡索酸加水生成苹果酸

延胡索酸酶(fumarase)催化此可逆反应。

$$\begin{matrix}COOH\\ |\\ CH\\ \|\\ CH\\ |\\ COOH\end{matrix} + H_2O \xrightleftharpoons{\text{延胡索酸酶}} \begin{matrix}COOH\\ |\\ CHOH\\ |\\ CH_2\\ |\\ COOH\end{matrix}$$

延胡索酸　　　　苹果酸

(八) 苹果酸脱氢生成草酰乙酸

三羧酸循环最后一步反应由苹果酸脱氢酶(malate dehydrogenase)催化。苹果酸脱氢生成草酰乙酸，脱下的氢由 NAD^+ 接受，形成 NADH+H^+。虽然该反应易于逆向形成苹果酸，但 NADH 和草酰乙酸可继续反应，前者进入呼吸链，后者再参与三羧酸循环，故反应向草酰乙酸生成方向进行。

$$\begin{matrix}COOH\\ |\\ HCOH\\ |\\ CH_2\\ |\\ COOH\end{matrix} + NAD^+ \xrightleftharpoons{\text{苹果酸脱氢酶}} \begin{matrix}COOH\\ |\\ C=O\\ |\\ CH_2\\ |\\ COOH\end{matrix} + NADH + H^+$$

苹果酸　　　　草酰乙酸

现将三羧酸循环的反应过程归纳如图 9-3。

三羧酸循环的总反应为：

$$CH_3COSCoA + 3NAD^+ + FAD + GDP + Pi + 2H_2O \rightarrow 2CO_2 + HSCoA + 3NADH + 3H^+ + FADH_2 + GTP$$

笔记栏

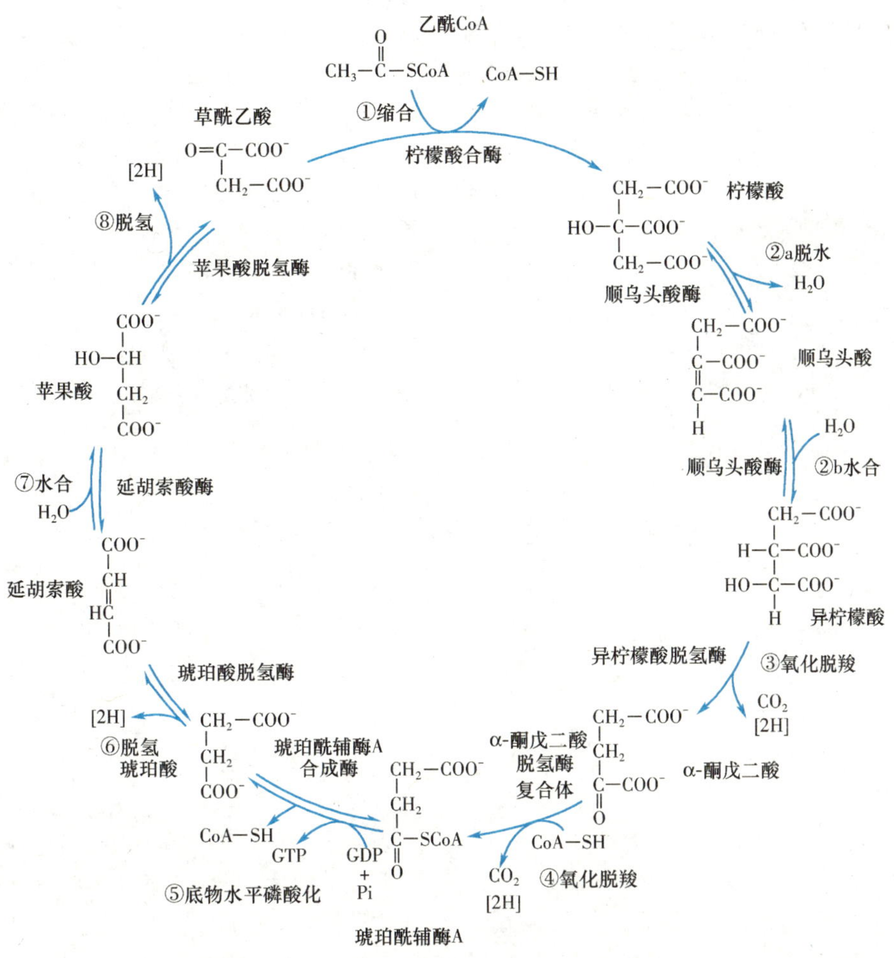

图 9-3 三羧酸循环

在三羧酸循环中，从量来说，一个 2 碳化合物被氧化为 2 分子 CO_2。但是，用^{14}C标记乙酰CoA研究结果表明，第一周循环并无^{14}C出现于CO_2中。CO_2的碳原子系来自草酰乙酸部分而不是乙酰 CoA。这是由于在中间反应过程中碳原子置换所致。但三羧酸循环运转一周的净结果是氧化了 1 分子乙酰 CoA。

另外，三羧酸循环中包括草酰乙酸在内的中间产物在反应中起着催化剂的作用，本身并无量的变化。因此，学习时必须注意，不可能通过三羧酸循环由乙酰 CoA 为原料合成草酰乙酸或三羧酸循环中的其他中间产物；同样，这些中间产物也不可能直接在三羧酸循环中被氧化成 CO_2和 H_2O。

二、三羧酸循环的生理意义

(一) 三羧酸循环是糖、脂肪、蛋白质共同的最终氧化分解途径

葡萄糖、脂肪酸和大多数氨基酸均可氧化分解为乙酰 CoA，然后进入三羧酸循环彻底分解。三羧酸循环中只有一次底物水平磷酸化反应生成高能磷酸键，循环本身并不能释放能量生成 ATP。而其主要作用在于反应过程中有四次脱氢（$H^+ + e$），为进行氧化磷酸化生成 ATP 提供还原当量，其中 3 次脱氢由 NAD^+ 接受，生成 $NADH + H^+$，1 次脱氢由 FAD 接受，生成 $FADH_2$。储存了从循环的氧化过程释放的能量的还原辅酶 NADH 与 $FADH_2$经氧化呼吸链传递与氧结合生成水，并磷酸化生成 ATP。

(二) 三羧酸循环是糖、脂肪、蛋白质代谢相互联系的枢纽

糖转变成脂肪是最好的实例，从食物中摄取的糖有相当一部分转变成脂肪储存。如葡萄糖在线粒体氧化分解生成乙酰 CoA，乙酰 CoA 与草酰乙酸缩合为柠檬酸，后者通过转运蛋白转运至胞液，在柠檬酸裂解酶作用下裂解成乙酰 CoA 与草酰乙酸，乙酰 CoA 即可作为脂肪酸的

合成原料。许多氨基酸的碳架是三羧酸循环的中间产物，如天冬氨酸的碳架是草酰乙酸，谷氨酸的碳架是α-酮戊二酸，它们可通过三羧酸循环及糖异生过程异生为葡萄糖(参见糖代谢)。反之，由葡萄糖提供的丙酮酸可转变为草酰乙酸及三羧酸循环中的某些二羧酸，可用于合成一些非必需氨基酸(参见氨基酸代谢)。

(三) 三羧酸循环中间物为合成代谢提供前体

三羧酸循环对细胞有双重功能，既是重要的营养物分解途径，又是合成代谢的必要过程。因为三羧酸循环为多种生物合成途径提供需要的前体分子。如上所述，多种中间物可以通过草酰乙酸合成葡萄糖，柠檬酸转移到胞液裂解生成的乙酰 CoA，提供合成脂肪酸的原料。多种中间物可以合成非必需氨基酸，某些合成的氨基酸又是核苷酸合成的前体。此外，琥珀酰 CoA 可用于合成血红素。因此，三羧酸循环在提供生物合成的前体中起重要作用。

但由于体内各代谢途径的交汇，有些三羧酸循环的中间物质不断离开三羧酸循环。细胞需要通过“添补反应”(anaplerotic reaction)不断及时补充各种中间物的消耗，保持三羧酸循环顺利进行。如动物细胞最重要的添补反应，是线粒体丙酮酸羧化酶催化丙酮酸生成草酰乙酸。

$$\underset{\text{丙酮酸}}{CH_3-CO-COOH} + CO_2 + ATP + H_2O \xrightarrow[\text{生物素}]{\text{丙酮酸羧化酶}} \underset{\text{草酰乙酸}}{HOOC-CH_2-CO-COOH} + ADP + Pi$$

$$\underset{\text{丙酮酸}}{CH_3-CO-COOH} + CO_2 \xrightarrow[\text{苹果酸酶}]{NADPH + H^+ \rightarrow NADP^+} \underset{\text{苹果酸}}{HOOC-CH_2-CH(OH)-COOH} \xrightarrow[\text{苹果酸脱氢酶}]{NAD^+ \rightarrow NADH + H^+} \underset{\text{草酰乙酸}}{HOOC-CH_2-CO-COOH}$$

草酰乙酸和乙酰 CoA 是三羧酸循环的起始物质，需要精细调节以保持含量的相互平衡。乙酰 CoA 是丙酮酸羧化酶绝对必需的激活剂，如草酰乙酸和任何中间物不足造成循环速率减慢，使乙酰 CoA 水平增加，乙酰 CoA 可激活丙酮酸羧化酶，补充草酰乙酸和其他中间物，恢复适当循环速率。某些中间物也可以从氨基酸产生。这样就使得三羧酸循环始终保持运转状态。

三、三羧酸循环的调控

(一) 三羧酸循环的速率和流量受多种因素的调控

在三羧酸循环中有三个不可逆反应：即柠檬酸合酶、异柠檬酸脱氢酶和α-酮戊二酸脱氢酶复合体催化的反应，所以三羧酸循环是不能逆转的。柠檬酸合酶活性可决定乙酰 CoA 进入三羧酸循环的速率，但是柠檬酸可转移至胞液，分解成乙酰 CoA，用于合成脂肪酸，所以其活性升高并不一定加速三羧酸循环的运转。目前，一般认为异柠檬酸脱氢酶和α-酮戊二酸脱氢酶复合体才是三羧酸循环调节的关键酶。异柠檬酸脱氢酶和α-酮戊二酸脱氢酶在 $NADH/NAD^+$、ATP/ADP 比率高时可变构抑制。ADP 还是异柠檬酸脱氢酶的变构激活剂。使三羧酸循环速率适应细胞对能量的需求。

(二) Ca^{2+} 浓度对三羧酸循环的影响

当线粒体 Ca^{2+} 浓度升高时，Ca^{2+} 可直接与异柠檬酸脱氢酶和α-酮戊二酸脱氢酶结合，降低其对底物的 K_m 而使酶激活。

在肝、心等组织中，一些 Ca^{2+} 动员激素如血管紧张素、儿茶酚胺、加压素等可通过 Ca^{2+}(第二信使)加速三羧酸循环的运转。

(三) 上下游代谢途径对三羧酸循环的影响

上游的糖酵解途径提供丙酮酸、乙酰 CoA，进入 TAC 氧化；通过 ATP、NADH 和柠檬酸可对糖酵解关键酶进行调节，实现 TAC 速率和上游途径的协调。而 TAC 产生还原当量进入氧化呼吸链氧化。下游氧化磷酸化的速率对三羧酸循环运转起着非常重要的作用。在三羧酸循环中形成的 NADH + H^+ 和 $FADH_2$，如不能及时通过呼吸链传递进行氧化磷酸化，使作为氢载体的辅酶 NAD^+ 和 FAD 缺乏，三羧酸循环脱氢反应将无法继续进行。

第三节　氧化磷酸化

乙酰 CoA 在三羧酸循环的氧化过程中，捕获释放的能量储存在还原当量 NADH 和 $FADH_2$ 分子中。细胞内生成的 NADH + H^+ 或 $FADH_2$ 的 2H($2H^+$ + 2e)经线粒体内膜氧化呼吸链组分的传递，最后将电子传递给氧，氧分子接受电子和质子而被还原为水，电子传递过程中能量逐步释放，使 ADP 经氧化磷酸化生成 ATP，这是 ATP 生成的主要方式。合成 ATP 由 ATP 合酶催化完成。

一、氧化呼吸链

代谢物脱下的成对氢原子($2H^+$ + 2e)通过线粒体内膜上一系列具有电子传递功能的，按一定顺序排列的链锁性氧化还原性成分的有序传递，最终与氧结合生成水，由于此过程与细胞呼吸有关，所以将此传递链称为氧化呼吸链(oxidative respiratory chain)。在氧化呼吸链中，传递氢的载体称为氢传递体，传递电子者称为电子传递体，不论氢传递体还是电子传递体都起着传递电子的作用($2H \leftrightarrow 2H^+ + 2e$)，所以氧化呼吸链又称为电子传递链(electron transfer chain)。

(一) 氧化呼吸链的组成

用胆酸、脱氧胆酸等反复处理线粒体内膜后再层析分离，可将呼吸链分离得到四类大的酶复合体及 2 个小的电子传递体(泛醌，细胞色素 *c*)，它们均具有传递电子的作用(表 9-2)。

表 9-2　人线粒体内膜呼吸链复合体

复合体	酶名称	多肽链数	辅　基
复合体Ⅰ	NADH-泛醌还原酶	39	FMN，Fe-S
复合体Ⅱ	琥珀酸-泛醌还原酶	4	FAD，Fe-S
复合体Ⅲ	泛醌-细胞色素 *c* 还原酶	11	铁卟啉，Fe-S
复合体Ⅳ	细胞色素 *c* 氧化酶	13	铁卟啉，Cu

1. 复合体Ⅰ，NADH-泛醌还原酶　复合体Ⅰ在氧化呼吸链中的作用是由基质接受还原型烟酰胺腺嘌呤二核苷酸(reduced nicotinamide adenine dinucleotide，NADH)中的 2H 和 2 电子传递给 FMN，FMN 再经一系列铁硫中心，最后将电子传递到泛醌(ubiquinone)，泛醌又称辅酶 Q(coenzyme Q，CoQ，Q)。每次传递电子过程同时可耦联将 4 个 H^+ 从内膜基质侧(显负电，N 侧)泵到内膜胞浆侧(显正电，P 侧)，复合体Ⅰ有质子泵功能。

人复合体Ⅰ中含有黄素蛋白和铁硫蛋白。黄素蛋白以黄素单核苷酸(flavin mononucleotide，FMN)为辅基。FMN 中含有核黄素(维生素 B_2)，其发挥递氢功能的功能结构是异咯嗪环。在可逆的氧化还原反应中显示 3 种分子状态，属于单、双电子传递体。氧化型(或醌型)的 FMN 可接受 1 个氢原子(H^+ + e)形成稳定的半醌型 FMNH，再接受另 1 个氢原子转变为 $FMNH_2$(还原型或氢醌型)。因此，可在双、单电子传递体间进行电子传递。

氧化呼吸链有多种铁硫蛋白，铁硫蛋白是含有铁硫中心(Fe-S)的结合蛋白质。Fe-S 含有等量的铁原子和硫原子(Fe_2S_2，Fe_4S_4)，其中的铁原子与无机硫或蛋白质中半胱氨酸残基的硫相连接(图 9-4)。1 个铁原子可进行 $Fe^{2+} \longleftrightarrow Fe^{3+} + e$ 反应而传递电子，因此，铁硫蛋白为单电子传递体。在复合体Ⅰ中含有 7 个铁硫中心，其功能是将 $FMNH_2$ 的电子传递给泛醌。

2. 泛醌　泛醌是呼吸链中唯一不与蛋白质结合的氢传递体，是一种小分子、脂溶性醌类化合物。它含有较长的多异戊二烯侧链，疏水性强，可在线粒体内膜中自由移动，传递电子。人体内 CoQ 的侧链含有 10 个类异戊二烯单位，以 CoQ_{10} 或 Q_{10} 表示。泛醌分子有 3 种氧化还原状态，可接受 1 个氢原子还原成半醌，再接受 1 个氢

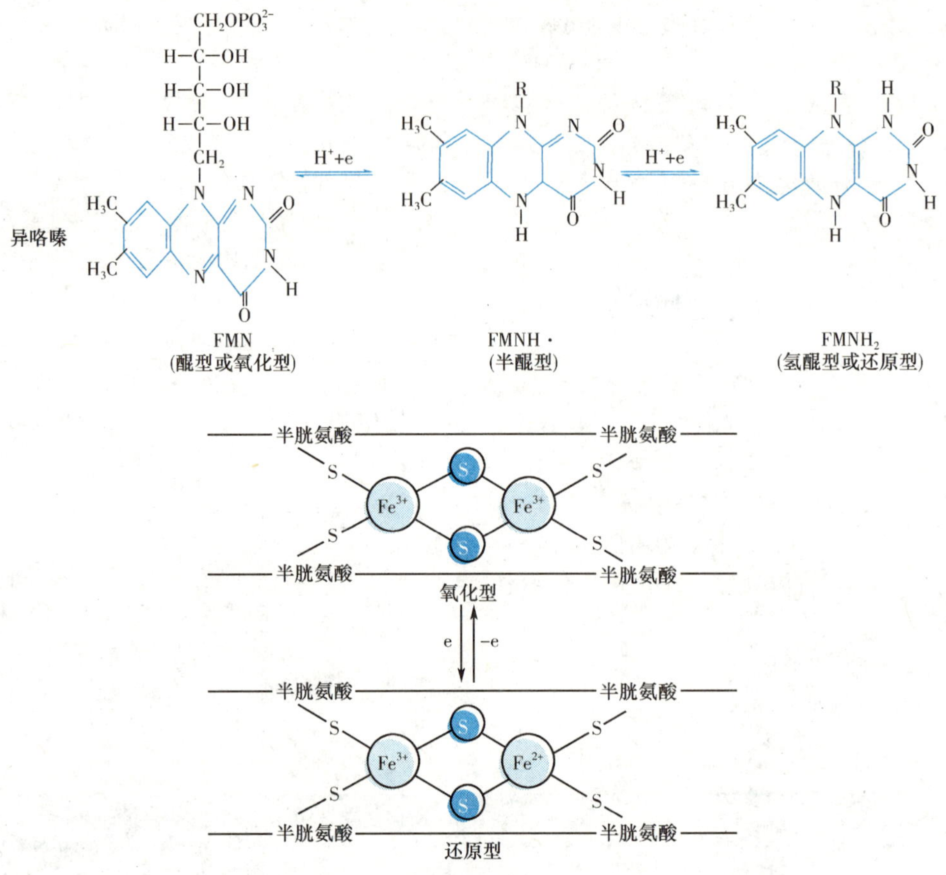

图 9-4　铁硫蛋白传递电子反应

原子还原成二氢泛醌。后者又可逐步将电子传递，再氧化为泛醌。泛醌作为内膜中可移动的电子载体，重要功能是在各复合体间募集并穿梭传递还原当量和电子。

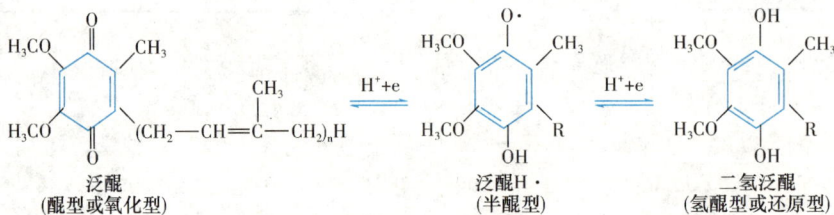

$$(CH_2-CH=C(CH_3)-CH_2)_nH \quad \xrightleftharpoons{H^++e} \quad \xrightleftharpoons{H^++e}$$

泛醌
(醌型或氧化型)

泛醌H·
(半醌型)

二氢泛醌
(氢醌型或还原型)

3. 复合体Ⅱ，琥珀酸-泛醌还原酶　复合体Ⅱ即为三羧酸循环中的琥珀酸脱氢酶，其功能是将质子和电子从琥珀酸经 FAD、铁硫蛋白传递给泛醌。人复合体Ⅱ中含有以黄素腺嘌呤二核苷酸(flavin adenine dinucleotide，FAD)为辅基的黄素蛋白，还有 2 个铁硫蛋白含 3 种铁硫中心。该过程传递电子释放的自由能较小，不足以将 H^+ 泵出内膜。另外脂酰 CoA 脱氢酶、α-磷酸甘油脱氢酶可以不同方式将相应底物脱下的 2 个 H^+ 和 2 个电子经 FAD 传递给泛醌，进入氧化呼吸链。

4. 复合体Ⅲ，泛醌-细胞色素 *c* 还原酶　复合体Ⅲ的功能是将电子从泛醌经铁硫蛋白传递给细胞色素 *c*。人复合体Ⅲ中含有细胞色素 b_{562}、b_{566}、细胞色素 c_1 和铁硫蛋白。泛醌从复合体Ⅰ、Ⅱ募集还原当量和电子并穿梭传递到复合体Ⅲ。

细胞色素是一类以铁卟啉为辅基的结合蛋白酶类，均有特殊的吸收光谱而呈现颜色。根据其还原状态吸收光谱的不同，参与呼吸链组成的细胞色素有细胞色素 *a*、*b*、*c*(Cyt *a*、Cyt *b*、Cyt *c*)，每一类中又因其最大吸收峰的微小差别可再分为几种亚类。各种细胞色素的主要差别在于铁卟啉辅基的侧链以及铁卟啉与蛋白质部分的连接方式。细胞色素 *b*、*c* 的铁卟啉都是铁卟啉Ⅸ，与血红素相同，分别称为血红素 *b*、*c*。但细胞色素 *c* 中卟啉环上的乙烯侧链与蛋白质部分的半胱氨酸残基相连接。细胞色素 *a* 的卟啉环中有 1 个甲基被甲酰基取代，1 个乙烯基侧链被多聚异戊烯长链取代，称为血红素 *a*。细胞色素的功能是传递电子，其所含铁能进行 $Fe^{3+}+e \leftrightarrow Fe^{2+}$ 的可逆变化，属于单电子传递体。除线粒体内膜细胞色素外，在微粒体还有细胞色素 P_{450}、细胞色素 b_5 等，它们与某些其他物质还原功能有关。

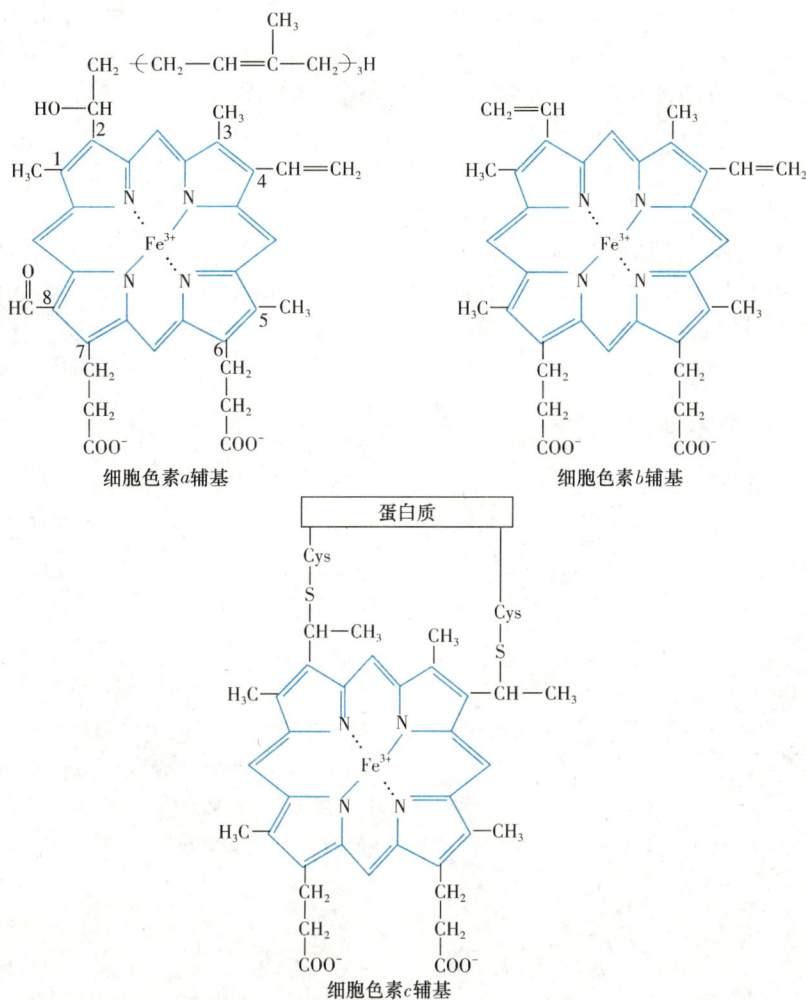

细胞色素*a*辅基

细胞色素*b*辅基

细胞色素*c*辅基

人复合体Ⅲ的 Cyt *b* 亚基结合 2 个不同血红素辅基，一个还原电位较低称 Cyt b_L，根据吸收波长称 Cyt b_{566}，另一个电位较高称 Cyt b_H，根据吸收波长称 Cyt b_{562}，更近内膜基质侧。复合体Ⅲ的电子传递过程称为“Q 循环”，即 2 分子 QH_2，每次将 1 个电子经铁硫中心传递到 Cyt c_1，再到 Cyt *c*，同时释放 2 个 H^+ 到胞浆，再将另一电子次序传递给 Cyt b_L 和 Cyt b_H，再传递给另一分子 Q (Q_N)形成 Q^-，原 QH_2 便氧化为 Q，回到代谢池。再重复这一过程，结果原 QH_2 氧化为 Q 同时使另一分子 Q^- (Q_N)再获得 1 个电子和基质 2 个 H^+ 又还原为 QH_2(图 9-5)。等于 1 分子 QH_2 将 2 个电子经复合体Ⅲ传递时，向内膜胞浆侧释放 4 个 H^+，复合体Ⅲ也有质子泵作用。

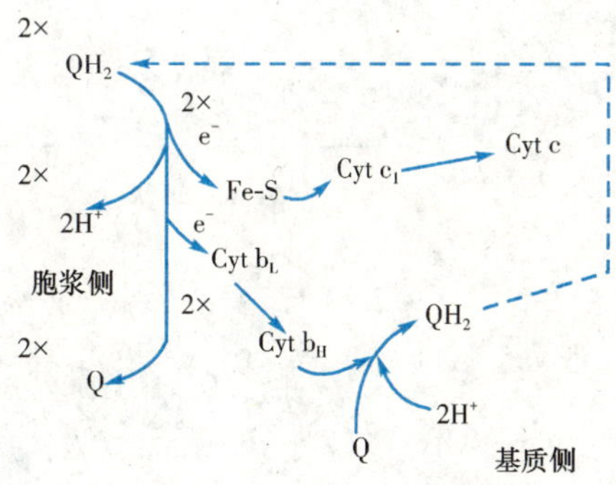

图 9-5　复合体Ⅲ“Q 循环”传递电子示意图

5. 细胞色素 *c*　是氧化呼吸链唯一水溶性的膜外周蛋白质，与线粒体内膜结合不紧密，还原性细胞色素 *c* 可将从 Cyt c_1 获得的电子传递给细胞色素 *c* 氧化酶。

6. 复合体Ⅳ，细胞色素 *c* 氧化酶　复合体Ⅳ将电子从细胞色素 *c* 传递给氧。人复合体Ⅳ包含 13 个亚基，亚基Ⅱ内膜胞浆侧膜外域含 Cu 离子，称 Cu_A。亚基Ⅰ含 2 个与内膜垂直的血红素辅基，还原电位不同，分别称为 Cyt *a* 和 Cyt a_3，及另一个 Cu 离子，称 Cu_B。复合体Ⅳ中组成 Cyt *a*-Cu_A 和 Cyt a_3-Cu_B 两组传递电子的功能单元。这种蛋白结合 Cu 可进行 $Cu^+ \leftrightarrow Cu^{2+} + e$ 的变化，也属单电子传递体。Cu_A和 Cyt *a* 的 Fe 密切接触。而 Cu_B和 Cyt a_3的 Fe 定位接近，且共结合同一配体，形成称为双核中心（binuclear center）的功能单元。电子由 Cu_A传递到 Cyt *a*，再传递到 Cu_B-Cyt a_3双核中心。细胞色素 *c* 需要依次传递 4 个电子，并从线粒体基质获得 4 个 H^+，最终将 1 个 O_2分子还原成 2 分子 H_2O，O_2还原的过程始终在双核中心上进行。复合体Ⅳ也有质子泵功能，相当每 2 个电子传递过程使 2 个 H^+跨内膜向胞浆侧转移。

（二）呼吸链组分的排列顺序

呼吸链中各组分的排列顺序可由呼吸链各组分的标准氧化还原电位（reduction potential）决定，因为电子从还原电位低向还原电位高方向，也就是从电子亲和力低向电子亲和力高的方向传递（表 9-3）。

表 9-3　呼吸链中各组分的标准氧化还原电位

氧化还原对	$\Delta E^{0'}$
$NAD^+/NADH+H^+$	−0.32
$FMN/FMNH_2$	−0.219
$FAD/FADH_2$	−0.06
$Q_{10}/Q_{10}H_2$	0.19(或 0.06)
Cyt $b_H(b_L)Fe^{3+}/Fe^{2+}$	0.05(−0.10)
Cyt c_1 Fe^{3+}/Fe^{2+}	0.22
Cyt *c* Fe^{3+}/Fe^{2+}	0.25
Cyt *a* Fe^{3+}/Fe^{2+}	0.29
Cyt a_3 Fe^{3+}/Fe^{2+}	0.35
$1/2O_2/H_2O$	0.86

呼吸链中各组分的排列顺序除了由标准氧化还原电位推算以外，还有许多其他的实验支持，如利用离体线粒体无氧时处于还原状态作为对照，缓慢给氧，观察呼吸链各组分特有吸收光谱的变化，确定各组分被氧化的顺序；又如利用一些特异的抑制剂阻断某一组分的电子传递，观察阻断部位前组分的还原状态及阻断部位后组分的氧化状态；也可在体外将呼吸链拆开和重组，鉴定 4 种复合体的组成与排列，以确定呼吸链的排列顺序。

目前已知的呼吸链有 2 种排列顺序。

1. NADH 氧化呼吸链　凡是以 NAD^+为辅酶的脱氢酶，它们催化底物脱氢时，NAD^+转变为 $NADH+H^+$，然后通过 NADH 氧化呼吸链将其携带的 2 个电子逐步传递给氧。即 $NADH+H^+$脱下的 2H 经复合体Ⅰ(FMN，FeS)传给 CoQ，再经复合体Ⅲ（Cyt *b*，Fe-S，Cyt c_1）传至 Cyt *c*，然后传至复合体Ⅳ（Cyt *a*，Cyt a_3），最后将 2e 交给 $1/2O_2$，并与介质中的 $2H^+$结合生成水。如在三羧酸循环中的异柠檬酸脱氢酶、α-酮戊二酸脱氢酶复合体、苹果酸脱氢酶；又如 β-羟丁酸脱氢酶、β-羟脂酰 CoA 脱氢酶及丙酮酸脱氢酶复合体等生成的 $NADH+H^+$通过此氧化呼吸链被氧化。

2. 琥珀酸氧化呼吸链（$FADH_2$氧化呼吸链）　凡是以 FAD 为辅基的脱氢酶，它们催化底物脱氢时，FAD 转变为 $FADH_2$，然后通过 $FADH_2$氧化呼吸链将 2H 经复合体Ⅱ（FAD，Fe-S）使 CoQ 还原为 $CoQH_2$，再往下的传递与 NADH 氧化呼吸链相同。除线粒体中的琥珀酸脱氢酶外，α-磷酸甘油脱氢酶、脂酰 CoA 脱氢酶等生成的 $FADH_2$也可通过此呼吸链被氧化。

现将呼吸链各复合体在线粒体内膜中的位置及电子传递顺序总结如图 9-6 及图 9-7。

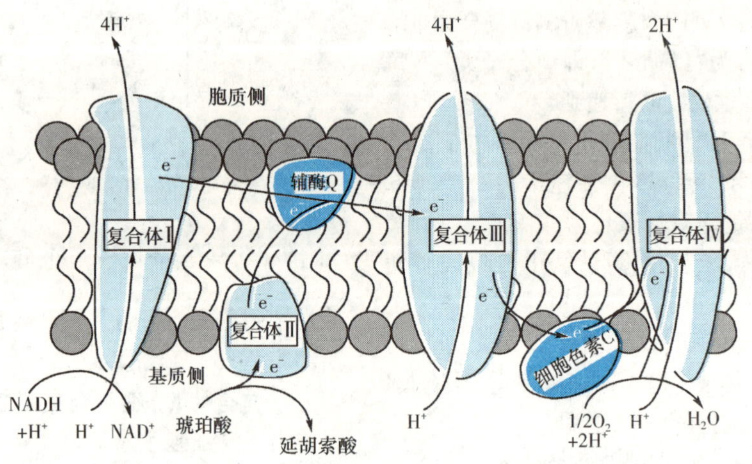

图 9-6　呼吸链各复合体位置示意图

复合体Ⅰ、Ⅲ、Ⅳ有质子泵功能

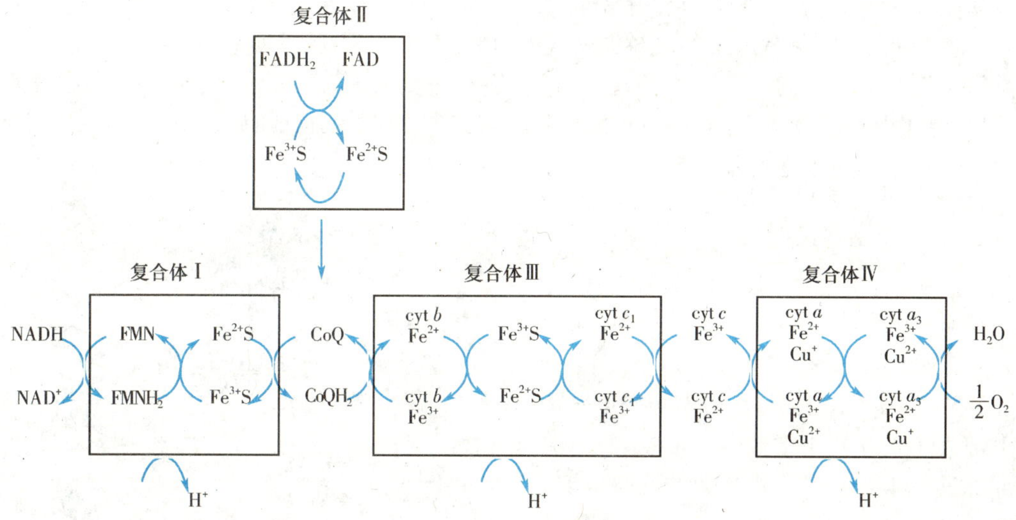

图 9-7　NADH 氧化呼吸链及 $FADH_2$ 氧化呼吸链

氧是呼吸链中最后的电子受体，1 个氧分子完全还原需要 4 个电子。正常复合体Ⅳ内 O_2 获得电子过程产生的有强氧化性 O_2^- 和 O_2^{2-} 离子中间物始终和双核中心紧密结合，因此，不会引起对细胞组分的损伤。

如果 O_2 被氧化呼吸链漏出的单电子还原，可生成中间产物超氧阴离子（O_2^-），因所得电子数的不同，进一步还原产物包括 H_2O_2 和羟自由基（·OH）。

$$O_2+e \longrightarrow O_2^-$$

$$O_2+2e+2H^+ \longrightarrow H_2O_2$$

$$O_2+3e+3H^+ \longrightarrow \cdot OH+H_2O$$

$$O_2+4e+4H^+ \longrightarrow 2H_2O$$

O_2^-、·OH 称为氧自由基，这些氧自由基及其衍生物 H_2O_2 则统称为反应活性氧类，它们的 $E^{0'}$ 均比氧高，具有极强的氧化能力。体内的脂质、蛋白质、核酸都易于受其攻击，如产生过氧化脂质（LOOH），引起 DNA 链的断裂或碱基缺失等。正常情况下，由于体内具有防御自由基毒害的抗氧化剂或抗氧化酶，如超氧化物歧化酶（SOD）、过氧化氢酶等，所以虽有反应活性氧生成，其浓度只保持在较低水平。

$$O_2^-+O_2^-+2H^+ \xrightarrow{SOD} O_2+H_2O_2$$

$$H_2O_2+H_2O_2 \xrightarrow{\text{过氧化氢酶}} 2H_2O+O_2$$

二、氧化与磷酸化耦联—ATP 生成

细胞内 ATP 生成的主要方式是氧化磷酸化，即在呼吸链电子传递过程中耦联 ADP 磷酸化，生成 ATP，因此，又称为耦联磷酸化。

（一）氧化呼吸链中生成 ATP 的部位

P/O 比值是指氧化磷酸化过程中，每消耗 1/2 摩尔 O_2 所生成 ATP 的摩尔数（或一对电子通过氧化呼吸链传递给氧所生成 ATP 分子数）。它反映了释放出自由能的利用效率。根据呼吸链的排列顺序，结合不同底物进入呼吸链的 P/O 比值，就可以分析出大致 ATP 生成耦联部位（表 9-4）。

表 9-4　线粒体实验测得的一些底物的 P/O 比值

底物	呼吸链的组成	P/O 比值
β-羟丁酸	NAD → FMN → CoQ → Cyt → O_2	2.4～2.8
琥珀酸	FAD → CoQ → Cyt → O_2	1.7
抗坏血酸	Cyt *c* → Cyt *a*、Cyt a_3 → O_2	0.88
细胞色素 *c*（Fe^{2+}）	Cyt *a*、Cyt a_3 → O_2	0.61～0.68

由表 9-4 可以看出：β-羟丁酸通过 NADH 氧化呼吸链，测得 P/O 比值接近 3，说明 NADH 氧化呼吸链存在 3 个 ATP 生成部位；如果脱氢酶是以 FAD 作为受氢体，如琥珀酸脱氢酶的脱氢氧化，其 P/O 比值接近于 2，即含 2 个 ATP 生成部位，因此表明在 NADH 与 CoQ（复合体Ⅰ）之间存在有 ATP 生成部位。此外，测得抗坏血酸氧化的 P/O 比值接近于 1，还原型 Cyt *c* 氧化时 P/O 比值也接近 1，即二者均生成 1 分子 ATP，此二者的不同在于抗坏血酸通过 Cyt *c* 进入呼吸链被氧化，而还原型 Cyt *c* 则经 Cyt *a*、a_3 被氧化，表明在 Cyt *a*、a_3 到 O_2 之间（复合体Ⅳ）也存在 ATP 生成部位。因此表明，在 CoQ 与 Cyt *c* 之间（复合体Ⅲ）存在另一个 ATP 生成部位。近

年实验证实，一对电子经 NADH 氧化呼吸链传递，P/O 比值约为 2.5，一对电子经琥珀酸氧化呼吸链传递，P/O 比值约为 1.5。

上述代谢物脱氢氧化步骤，由于电子进入呼吸链的部位不同，其还原电位差不同。从 NAD^+ 到 CoQ 测得的电位差约 0.36V，从 CoQ 到 Cyt 的电位差为 0.19V，从 Cyt a、a_3 到分子氧为 0.53V。自由能变化（$\Delta G^{o'}$）与电位变化（$\Delta E^{o'}$）之间的关系为：

$$\Delta G^{o'} = -nF\Delta E^{o'}$$

$\Delta G^{o'}$ 表示 pH 7.0 时的标准自由能变化；n 为传递电子数；F 为法拉第常数（96.5kJ/mol·V）。计算结果，它们相应的 $\Delta G^{o'}$ 分别约为 69.5kJ/mol、36.7kJ/mol 和 112kJ/mol，而生成 1 摩尔分子 ATP 需能 30.5kJ，可见以上三处足以提供生成 ATP 所需能量。

（二）氧化与磷酸化耦联的机制

1. 化学渗透学说（chemiosmotic theory） 该学说是由英国科学家 Peter Mitchell 于 1961 年提出的。其基本要点是：代谢物脱下的氢（$2H^+ + 2e$）经电子传递链传递，可驱动 H^+ 从线粒体内膜的基质侧转移到内膜胞浆侧。组成呼吸链的复合体Ⅰ、Ⅲ、Ⅳ，它们均具有质子泵作用。由于质子不能自由透过线粒体内膜，致使内膜外侧的 H^+ 浓度高于内侧，在内膜两侧造成质子电化学梯度，包括 H^+ 浓度梯度（ΔpH）以及膜外为正、膜内为负的跨膜电位梯度（Δϕ），从而以势能形式储存氧化释放的能量。当质子顺浓度梯度返回时，则可驱动 ADP 与 Pi 在 ATP 合酶作用下生成 ATP（图 9-8）。目前，化学渗透学说得到多种实验证据证明和广泛的支持。

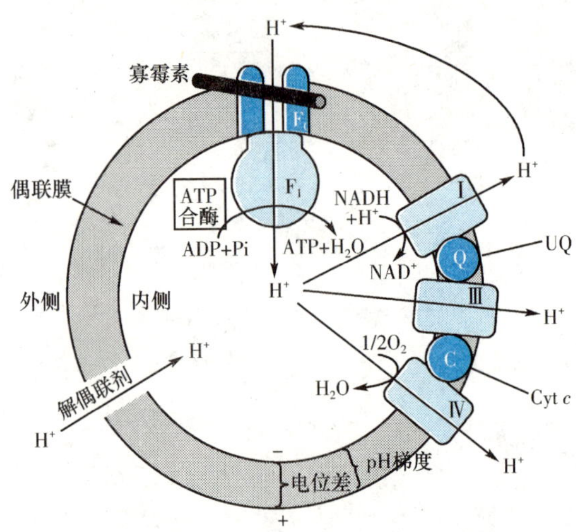

图 9-8 氧化磷酸化的化学渗透学说

2. ATP 合酶（ATP synthase） 在电镜下观察线粒体内膜，可见其内表面有许多球状颗粒，这就是 ATP 合酶，由 F_0、F_1 两部分构成，称为 F_0-F_1 复合体。F_1 为线粒体内膜的基质侧颗粒状突起，F_0 镶嵌在线粒体内膜中。此外，复合体中还存在其他蛋白，其中寡霉素敏感蛋白（oligomycin-sensitivity-conferring protein，OSCP），使 ATP 合酶在寡霉素存在时不能生成 ATP。

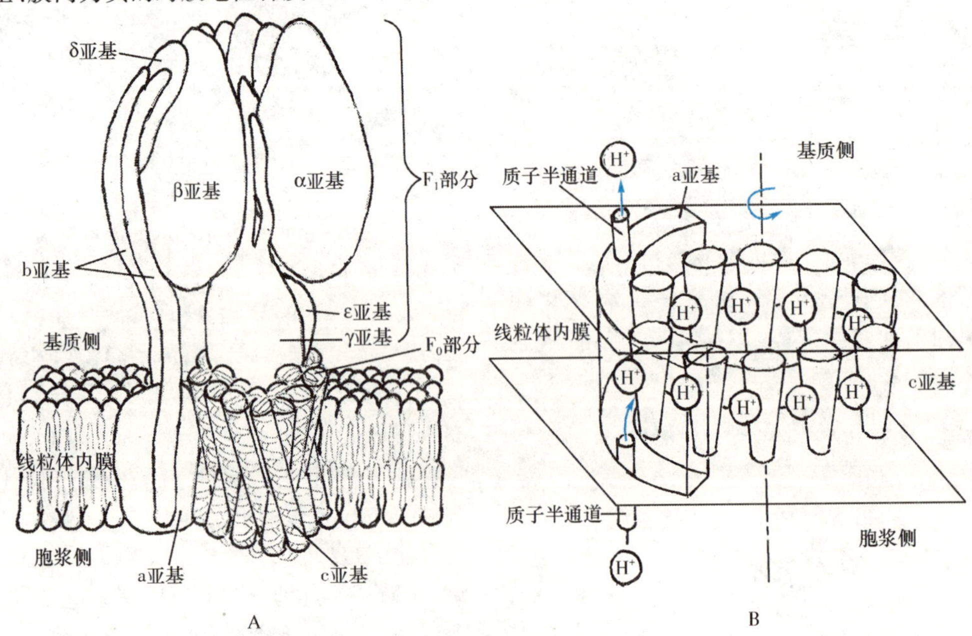

图 9-9 ATP 合酶结构及工作机制

A. ATP 合酶 F_0-F_1 复合体组成可旋转的发动机样结构；B. F_0 的 a 亚基有 2 个质子半通道，分别开口内膜两侧，并对应与1个c亚基相互作用，质子顺梯度从胞浆侧进入，结合c亚基，经旋转到另一半通道从基质侧排出

动物细胞线粒体 F_1 主要由 $\alpha_3\beta_3\gamma\delta\varepsilon$ 亚基组成，其功能则是结合 ADP、Pi，并利用质子梯度的能量合成 ATP。$\alpha_3\beta_3$ 亚基间隔排列形成六聚体，每组 $\alpha\beta$ 结合 1 分子 ATP。催化部位在 β 亚基中，但 β 亚基必须与 α 亚基结合才有活性。

F_0 镶嵌在线粒体内膜中。它由疏水的 a、b_2、$c_{9\text{-}12}$ 亚基组成，形成跨内膜质子通道。c 亚基为脂蛋白，9～12 个 c 亚基围成环状结构，a 亚基紧靠 c 亚基环外侧，含 2 个不穿膜、不连通的亲水性质子半通道，分别开口于内膜基质侧和胞浆侧。当 H^+ 顺浓度梯度经 F_0 回流时，F_1 催化 ADP 和 Pi 生成并释放 ATP(图 9-9)。

现在认为，ATP 合酶组成可旋转的发动机样结构，F_0 的 a、b_2 亚基和 F_1 的 $\alpha_3\beta_3$、δ 亚基组成稳定的定子部分。部分 γ 和 ε 亚基共同形成穿过 $\alpha_3\beta_3$ 间中轴，γ 还与 1 个 β 亚基疏松结合作用，下端与嵌入内膜的 c 亚基环紧密结合。c 亚基环、γ 和 ε 亚基组成转子部分。当质子顺梯度穿内膜向基质回流时，转子部分能相对定子部分旋转，使 ATP 合酶利用释放的能量合成 ATP。在转动中 γ 亚基和各 β 亚基间相互作用的周期性变化，使每个 β 亚基活性中心构象循环改变。Paul Boyer 提出 ATP 合成的结合变构机制(binding change mechanism)，β 亚基有 3 型构象：开放型(O)无活性，与配体亲和力低；疏松型(L)无活性，与 ADP 和 Pi 底物疏松结合。紧密型(T)有 ATP 合成活性，和配体高亲和。ATP 合酶 3 组 $\alpha\beta$ 单元各自在 γ 亚基转动时构象循环变化，ADP 和 Pi 底物结合于 L 型 β 亚基，质子流能量驱动该 β 亚基变构为 T 型，则合成 ATP，再到 O 型，则该 β 亚基释放出 ATP(图 9-10)。3 个 β 亚基依次经同样循环生成、释出 ATP，质子流能量主要用于驱动 β 亚基构象改变使 ATP 从活性中心释放，转子循环一周生成 3 分子 ATP。目前认为，需每 3 个质子穿线粒体内膜回流进基质才能生成 1 分子 ATP。

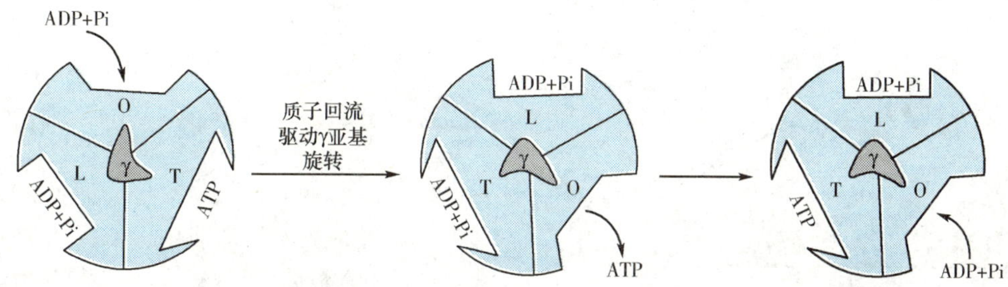

图 9-10 ATP 合酶合成 ATP 的结合变构机制

三个 β 亚基构象不同：O 开放型；L 疏松型；T 紧密结合型，质子回流驱动 γ 亚基旋转及 β 亚基构象相互转化

三、影响氧化磷酸化的因素

(一) 抑制剂

1. 呼吸链抑制剂 此类抑制剂能阻断呼吸链中某些部位的电子传递。例如，鱼藤酮、粉蝶霉素 A 及异戊巴比妥等可阻断复合体 Ⅰ 中从铁硫中心到泛醌的电子传递。萎锈灵(carboxin)是复合体 Ⅱ 的抑制剂。抗霉素 A(antimycin A)、二巯丙醇(dimercaprol，BAL)抑制复合体 Ⅲ 中的电子传递。一氧化氮、氰化物、叠氮化物等抑制复合体 Ⅳ 细胞色素 *c* 氧化酶，使电子不能传给氧。因此这类抑制剂可使细胞内呼吸停止，阻碍与此相关的生命活动，引起机体迅速死亡。

2. 解耦联剂 此类抑制剂基本作用机制是使呼吸链传递电子过程中泵出的 H^+ 不经 ATP 合酶的 F_0 质子通道回流，而通过线粒体内膜的其他途径返回线粒体基质，从而破坏了内膜两侧的质子电化学梯度，使 ATP 的生成受到抑制，由质子电化学梯度储存的能量则以热能形式释放。如二硝基酚(dinitrophenol，DNP)为脂溶性物质，在线粒体内膜中可自由移动，进入基质侧释出 H^+，返回胞液侧结合 H^+，从而破坏了电化学梯度。人(尤其是新生儿)、哺乳动物存在含有大量线粒体的棕色脂肪组织，该组织线粒体内膜存在解耦联蛋白(uncoupling protein，UCP_1)，它可在内膜形成可易化扩散的质子通道，H^+ 可经此通道返回线粒体基质中，同时释放热能，因此棕色脂肪组织有产热御寒的功能。水杨酸苯胺是目前已知的强效的解耦联剂，某些病原微生物产生的可溶性毒素也有解耦联作用。

3. ATP 合酶抑制剂 这类抑制剂对电子传递及 ADP 磷酸化均有作用。例如，寡霉素可结合 ATP 合酶的 F_0 单位，阻止质子从 F_0 质子通道回流，抑制 ATP 合酶活性，继而质子过度累积又抑制了电子传递。

(二) ADP 的调节作用

氧化磷酸化的速率主要受 ADP 的调节。当细胞活动消耗 ATP 时，ADP 浓度增高转运入线粒体后使氧化磷酸化速度加快；反之 ADP 不足，氧化磷酸化速度减慢。这种调节作用可使 ATP 的生成速度适应生理需要。图 9-11 所示离体实验结果证明 ADP 的关键作用。用氧电极测定耗氧量作为氧化磷酸化速度的指标。线粒体加入底物时耗氧量变化不大。而加入 ADP 时耗氧量显著增加，直到 ADP 转变成 ATP、其浓度降低时为止。这时再加入 ADP 时又可促进氧化磷酸化。第三次加入 ADP 时由于底物耗尽，作用不明显，追加底物后又使耗氧量大增。

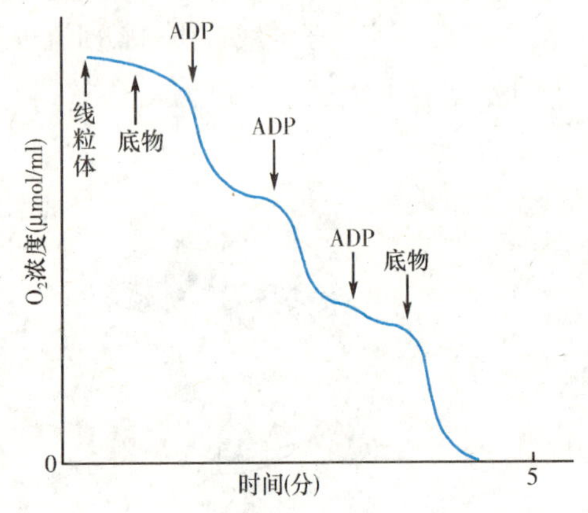

图 9-11 ADP 对线粒体呼吸的调节作用

(三) 甲状腺素

甲状腺素诱导细胞膜上 Na^+，K^+-ATP 酶的生成，使 ATP 加速分解为 ADP，ADP 增多则促进氧化磷酸化，甲状腺素还可使解耦联蛋白基因表达增强，因而引起耗氧和产热均增加。所以甲状腺功能亢进症患者基础代谢率增高。

第四节 还原当量与 ATP 的转运

在线粒体中，如三羧酸循环生成的还原当量可立即通过氧化呼吸链进行氧化磷酸化。但是胞液内也有一些脱氢的反应，如糖代谢中 3-磷酸甘油醛脱氢酶、乳酸脱氢酶催化反应及氨基酸代谢中均有 NADH 生成。而线粒体内膜对多种物质不通透，只能通过各种跨膜蛋白对物质进行选择性转运。NADH 不能自由通过线粒体内膜，因此，这些还原当量必须依赖穿梭机制转移到线粒体内。另外，线粒体内生成的 ATP 又必须转运到胞液利用，而胞液的 ADP 与 Pi 则转运到线粒体内，作为底物供 ATP 再生成需要。

一、还原当量的转运

还原当量的转运主要有两种穿梭机制。

(一) α-磷酸甘油穿梭(α-glycerophosphate shuttle)

主要存在脑和骨骼肌中。如图 9-12 所示，线粒体外 NADH 在胞液中磷酸甘油脱氢酶催化下，使磷酸二羟丙酮还原成 α-磷酸甘油，后者穿过线粒体外膜，再经位于线粒体内膜近胞液侧的磷酸甘油脱氢酶的催化下，氧化生成磷酸二羟丙酮和 $FADH_2$。磷酸二羟丙酮可穿过线粒体外膜至胞液，继续进行穿梭，而 $FADH_2$ 则进入琥珀酸氧化呼吸链，生成 1.5 分子 ATP。

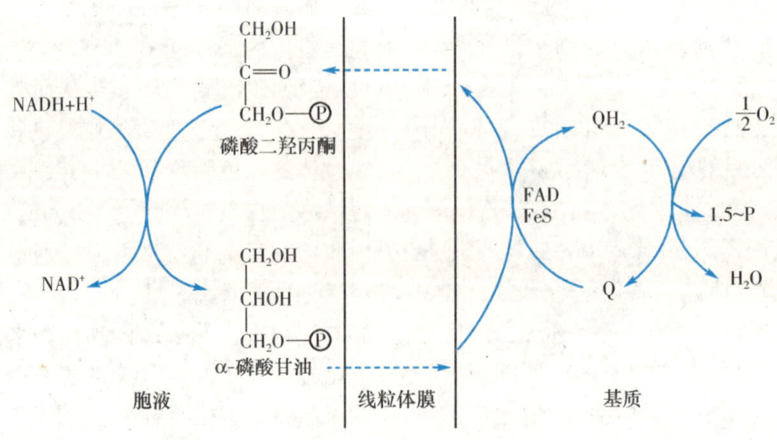

图 9-12 α-磷酸甘油穿梭

（二）苹果酸穿梭(malate shuttle)

主要存在于肝和心肌中。如图9-13所示，线粒体外的NADH在胞液中苹果酸脱氢酶的作用下，使草酰乙酸还原为苹果酸，后者通过线粒体内膜上的α-酮戊二酸转运蛋白进入线粒体，又在线粒体内苹果酸脱氢酶的作用下重新生成草酰乙酸和NADH。NADH进入NADH氧化呼吸链，生成2.5分子ATP。线粒体内生成的草酰乙酸经谷草转氨酶的作用生成天冬氨酸，后者经天冬氨酸-谷氨酸转运蛋白转运出线粒体再转变成草酰乙酸，继续进行穿梭。

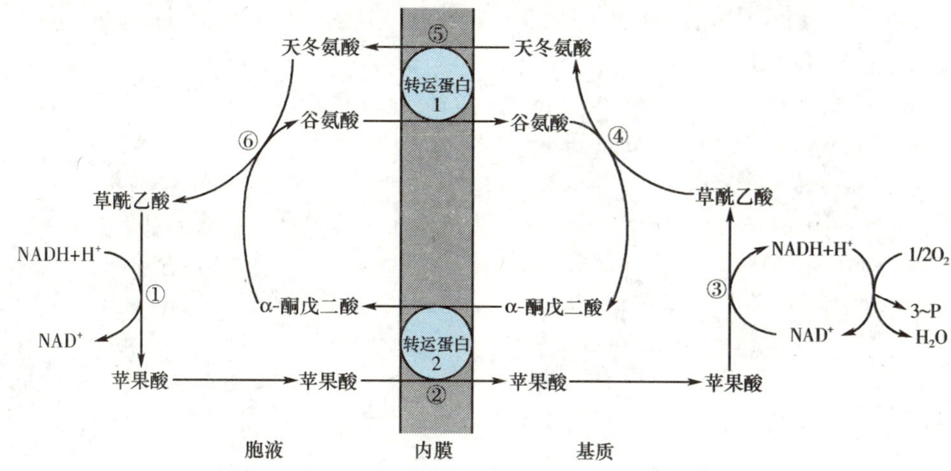

图9-13　苹果酸-天冬氨酸穿梭

转运蛋白1：天冬氨酸-谷氨酸转运蛋白；转运蛋白2：α-酮戊二酸转运蛋白

二、ATP、ADP、Pi的转运

ATP、ADP、Pi都不能自由通过线粒体内膜。氧化磷酸化形成的ATP依赖线粒体内膜的ATP-ADP转位酶（ATP-ADP translocase）与ADP反向交换。该酶富含于线粒体内膜，可占内膜蛋白总量的14%，含一个腺苷酸结合位点，催化经内膜的ADP^{3-}进入和ATP^{4-}移出紧密耦联，维持线粒体腺苷酸水平基本平衡。胞液中的$H_2PO_4^-$经磷酸盐转运蛋白与H^+同向转运到线粒体内。在心、和骨骼肌线粒体的膜间隙中发现有肌酸激酶同工酶CPKm，该酶可催化ATP与肌酸形成磷酸肌酸，后者通过外膜孔隙进入胞液，在胞液磷酸肌酸激酶CPKs的作用下形成肌酸和ATP，肌酸又可进入线粒体膜间隙，继续转运ATP(图9-14)。

因为每分子ATP^{4-}和ADP^{3-}反向转运时，实际向内膜外净转移1个负电荷，相当于多1个H^+转入线粒体基质，因此，每分子ATP在线粒体中生成并转运到胞浆共需4个H^+回流进入线粒体基质中。由此可推测出，NADH氧化呼吸链每传递2H泵出10个H^+，生成约2.5(10/4)分子ATP，琥珀酸氧化呼吸链每传递2H泵出$6H^+$，生成1.5(6/4)分子ATP。

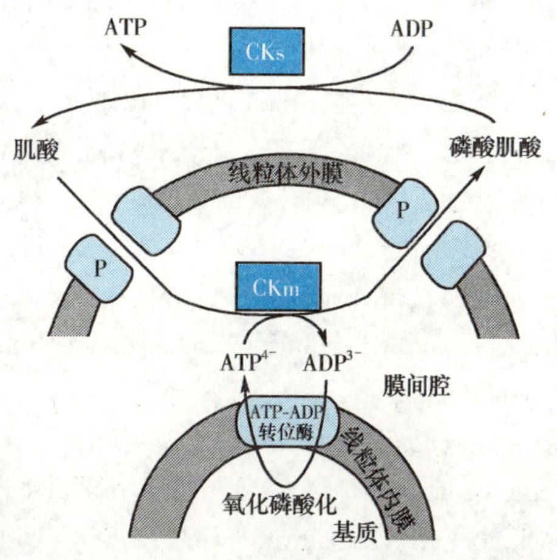

图9-14　ATP、ADP的转运和磷酸肌酸的转移

Summary

ATP molecule is the center involved in the process of production, transformation, storage and usage of energy in the organism. Creatine phosphate can serve as a storage form of high-energy phosphate bond in muscle and brain tissues.

In the degradation process of carbohydrates, fats and proteins, free energy is released and most of it is used to drive phosphorylation of ADP to form ATP. Foods are oxidized to form CO_2 and H_2O in catabolism, and most of the electrons liberated are passed to oxygen via an electron-transport pathway resulting in the formation of ATP by oxidative phosphorylation. That is the main way for ATP formation. ATP also can be produced by substrate level phosphorylation.

The tricarboxylic acid cycle is the common final pathway in oxidative degradation processes of three main nutrients. By a series of dehydrogenations and decarboxylations in TAC, the reducing equivalents released in the oxidative reactions of TAC are captured in the form of reduced coenzymes that can be supplied to oxidative phosphorylation to produce a large amount of ATP. Thus the TAC is the major route for the generation of ATP. In the process, one acetyl-CoA molecule is oxidized in TAC to form 2 CO_2, 3 NADH + H^+ and 1 $FADH_2$, and 1 ATP via substrate level phophorylation. NADH + H^+ and $FADH_2$ will be oxidized to produce ATP and H_2O through the oxidative phophorylation. The key enzymes in TAC are isocitrate dehydrogenase and α-ketoglutarate dehydrogenase.

The components of the respiratory chain can be purified from the mitochondrial inner membrane as four protein complexes, and also coenzyme Q and cytochrome c. The order of the components in NADH and $FADH_2$ oxidative respiratory chains is already determined by experiment data.

About 40% of energy released by electron transport pathway can be used for ATP production. By experiments of measurement of the P/O ratio and calculation of free energy releasing with redox potential difference, the results show that 3 coupling sites exist in NADH respiratory chain and 2 exist in $FADH_2$ chain and if 2H are transported through the NADH or $FADH_2$ respiratory chains, 2.5 or 1.5 ATP molecules can be generated.

The chemiosmotic hypothesis can be used to explain the mechanism of oxidative phosphorylation coupling. The protein complexes Ⅰ, Ⅲ, Ⅳ serve as proton pumps. The energy released in the electron transport through respiratory chains can pump the protons to the outside of the inner mitochondrial membrane, creating an electrochemical gradient to store the free energy. When the proton flows across ATP synthase in the membrane, it can drive the conformational change of each β-subunits in sequence, catalyzing the synthesis and releasing of ATP. The oxidative phosphorylation can be influenced by inhibitors of respiratory chains and ATP synthase or uncouplers, and regulated by ADP/ATP ratio and thyroxine.

The inner mitochondrial membrane is impermeable to protons and other ions. So cytosolic NADH needs to be transported into the mitochondria and oxidized by glycerophosphate shuttle or malate-aspartate shuttle system. And the inverse exchange of highly charged ATP produced in mitochondria and ADP is mediated by the ATP-ADP translocase.

思 考 题

1. 试论生物体内能量的储存和利用都以ATP为中心。

2. 试述三羧酸循环反应的基本过程及其重要的生理意义。

3. 试述NADH氧化呼吸链和$FADH_2$呼吸链的氧化过程和ATP的生成部位。

4. 说明化学渗透学说的基本原理和ATP生成的分子机制。

5. 简述解耦联剂作用和氰化物中毒的机制。

6. 胞液中NADH如何进入线粒体？线粒体内ATP如何进入胞液？

（崔 行）

第10章 糖代谢

糖是一大类有机化合物，其化学本质为多羟醛或多羟酮类及其衍生物或缩聚物。糖是自然界最丰富的物质之一，广泛分布于几乎所有的生物体内，其中以植物中含量最多，约为85%～95%。它在生命活动中的主要作用是提供碳源和能源。植物通过光合作用将水和二氧化碳合成糖。动物则直接或间接从植物获得所需能量。人体所需能量的50%～70%来自于糖，其中主要是食物中的淀粉(starch)。淀粉被消化成其基本组成单位——葡萄糖(glucose)后，而被主动吸收入血。在机体的糖代谢中，葡萄糖占据主要的地位。在不同的生物体中，葡萄糖代谢过程基本相同，但也存在一定的差异。在人体的不同器官、组织及细胞内，糖代谢过程有所不同，但基本途径一致。由于葡萄糖在糖代谢中极为重要，故作为本章介绍的重点。其他的单糖如果糖、半乳糖、甘露糖等因所占比例很小，且主要是转变到葡萄糖代谢途径中代谢，故不作重点介绍。

第一节 概　　述

一、糖的生理功能

人体所需能量50%～70%来自于糖，因此提供能量是糖类最主要的生理功能。此外，糖是机体重要的碳源，糖代谢的中间产物可转变成其他的含碳化合物，如氨基酸、脂肪酸、核苷等。糖也是组成人体组织结构的重要成分：蛋白聚糖和糖蛋白构成结缔组织、软骨和骨的基质；糖蛋白和糖脂是细胞膜的构成成分，部分膜糖蛋白还参与细胞间的信息传递作用，与细胞的免疫、识别作用有关。体内还有一些具有特殊生理功能的糖蛋白，如激素、酶、免疫球蛋白、血型物质和血浆蛋白等。另外，糖的磷酸衍生物可以形成许多重要的生物活性物质，如NAD^+、FAD、DNA、RNA、ATP等。

二、糖的消化吸收

人类食物中的糖主要有植物淀粉和动物糖原以及麦芽糖、蔗糖、乳糖、葡萄糖等。食物中含有的大量纤维素，因人体内无β-糖苷酶而不能对其分解利用，但却具有刺激肠蠕动等作用，也为维持健康所必需。

食物中的糖一般以淀粉为主。唾液和胰液中都有α-淀粉酶(α-amylase)，可水解淀粉分子内的α-1,4糖苷键。由于食物在口腔停留的时间很短，所以淀粉消化主要在小肠内进行。在胰液的α-淀粉酶作用下，淀粉被水解为麦芽糖(maltose)、麦芽三糖(约占65%)及含分支的异麦芽糖和由4～9个葡萄糖残基构成的α-临界糊精(约占35%)。寡糖的进一步消化在小肠黏膜刷状缘进行。α-葡萄糖苷酶(包括麦芽糖酶)水解没有分支的麦芽糖和麦芽三糖。α-临界糊精酶(包括异麦芽糖酶)则可水解α-1,4糖苷键和α-1,6糖苷键，将α-糊精和异麦芽糖水解成葡萄糖。此外，肠黏膜细胞还存在有蔗糖酶和乳糖酶等分别水解蔗糖和乳糖。有些人由于乳糖酶缺乏，在食用牛奶后可能发生乳糖消化吸收障碍，而引起腹胀、腹泻等症状。

糖被消化成单糖后才能在小肠被吸收，再经门静脉进入肝脏。小肠黏膜细胞对葡萄糖的摄入是一个依赖于特定载体转运的、主动耗能的过程，在吸收过程中同时伴有Na^+的转运。这类葡萄糖转运体称为Na^+依赖型葡萄糖转运体(Na^+-dependent glucose transporter, SGLT)，它们主要存在于小肠黏膜和肾小管上皮细胞。

三、糖代谢的概况

葡萄糖吸收入血后，在体内代谢首先需进入细胞。这是依赖另一类葡萄糖转运体(glucose

transporter,GLUT)而实现的。现已发现有 5 种葡萄糖转运体(GLUT 1~5),它们分别在不同的组织细胞中起作用。如 GLUT-1 主要存在于红细胞,而 GLUT-4 主要存在于脂肪和肌肉组织。

糖代谢主要是指葡萄糖在体内的一系列复杂的化学反应。它在不同类型细胞中的代谢途径有所不同,其分解代谢方式还在很大程度上受氧供状况的影响:在供氧充足时,葡萄糖进行有氧氧化,彻底氧化成 CO_2 和 H_2O;在缺氧时,则进行糖酵解生成乳酸。此外,葡萄糖也可进入磷酸戊糖途径等进行代谢,以发挥不同的生理作用。葡萄糖也可通过合成代谢聚合成糖原,储存在肝脏或肌肉组织。有些非糖物质如乳酸、丙氨酸等还可经糖异生途径转变成葡萄糖或糖原。以下将介绍糖的主要代谢途径、生理意义及其调控机制。

第二节 糖的无氧分解

一、糖酵解的反应过程

在机体缺氧情况下,葡萄糖经一系列酶促反应生成丙酮酸进而还原生成乳酸(lactate)的过程称之为糖酵解(glycolysis)。糖酵解的代谢反应过程可分为两个阶段:第一阶段是由葡萄糖分解成丙酮酸(pyruvate)的反应过程,称之为糖酵解途径(glycolytic pathway)(本教材中简称为酵解途径);第二阶段为丙酮酸在缺氧条件下转变成乳酸的过程。糖酵解的全部反应在胞浆中进行。

(一)酵解途径

酵解途径几乎存在于一切生物中。由于这一途径中的反应过程是由研究酵母菌的发酵而被阐明的,因此而得名。酵解途径是体内葡萄糖代谢最主要的途径,为有氧氧化和糖酵解所共有。酵解途径也是糖、脂肪和氨基酸代谢相联系的途径。由酵解途径的中间产物可转变成甘油,以合成脂肪;由脂肪分解而来的甘油也可进入酵解途径氧化;丙酮酸还可与丙氨酸相互转变,从而与氨基酸代谢相联系。

1. 葡萄糖磷酸化成为 6-磷酸葡萄糖(glucose-6-phosphate,G-6-P) 葡萄糖进入细胞后首先的反应是磷酸化。磷酸化后葡萄糖即不能自由通过细胞膜而逸出细胞。催化此反应的是己糖激酶(hexokinase)。把 ATP 的磷酸基团转移给接受体的反应都由激酶催化,并需要 Mg^{2+}。这个反应的 $\Delta G^{\circ\prime}$ 为 -16.7kJ/mol(-4.0kcal/mol),所以基本上是不可逆的。哺乳类动物体内已发现有 4 种己糖激酶同工酶,分为Ⅰ至Ⅳ型。肝细胞中存在的是Ⅳ型,称为葡萄糖激酶(glucokinase)。它对葡萄糖的亲和力很低,K_m 值为 10mmol/L 左右,而其他己糖激酶的 K_m 值在 0.1mmol/L 左右。此酶的另一个特点是受激素调控。这些特性使葡萄糖激酶在维持血糖水平和糖代谢中起着重要的生理作用。

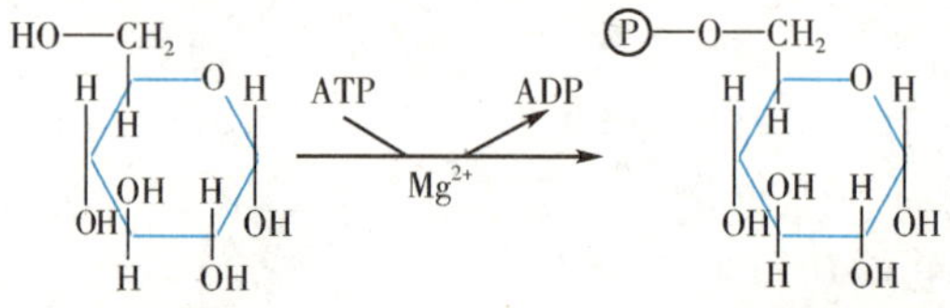

2. 6-磷酸葡萄糖转变为 6-磷酸果糖(fructose-6-phosphate,F-6-P) 这是由磷酸己糖异构酶催化的醛糖与酮糖间的异构反应,是需要 Mg^{2+} 参与的可逆反应。

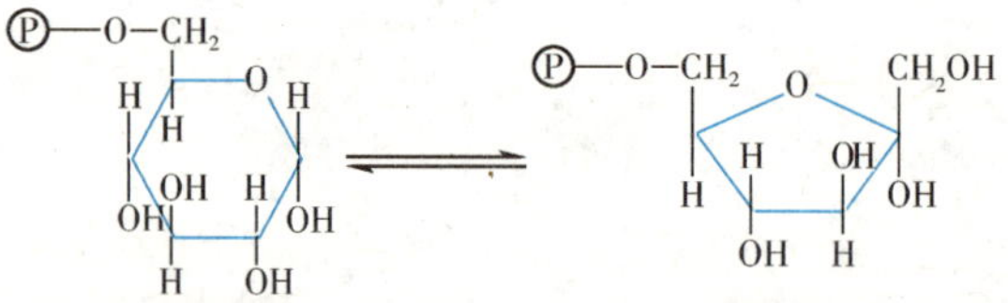

3. 6-磷酸果糖转变为 1,6-双磷酸果糖(1,6-fructose-biphosphate,F-1,6-2P) 这是第二个磷酸化反应,需 ATP 和 Mg^{2+},由 6-磷酸果糖激酶-1(6-phosphofructokinase-1)催化,是非平衡反应,倾向于生成 1,6-双磷酸果糖。

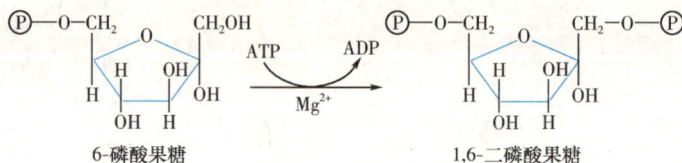

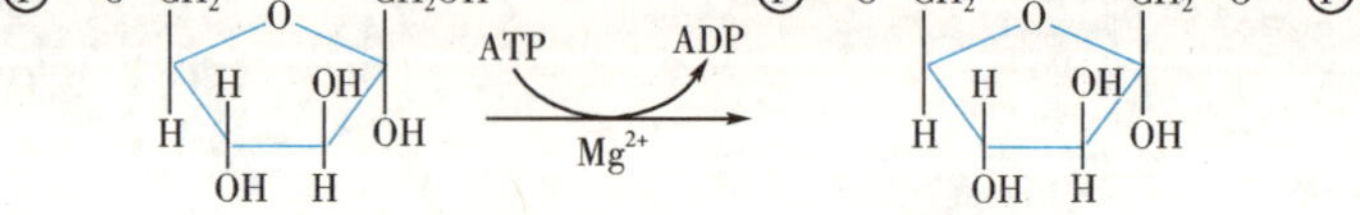

4. 磷酸己糖裂解成两个磷酸丙糖 此步反应是可逆的,由醛缩酶催化,而且有利于己糖的合成,所以称为醛缩酶。最终产生两个丙糖,即磷酸二羟丙酮和 3-磷酸甘油醛。

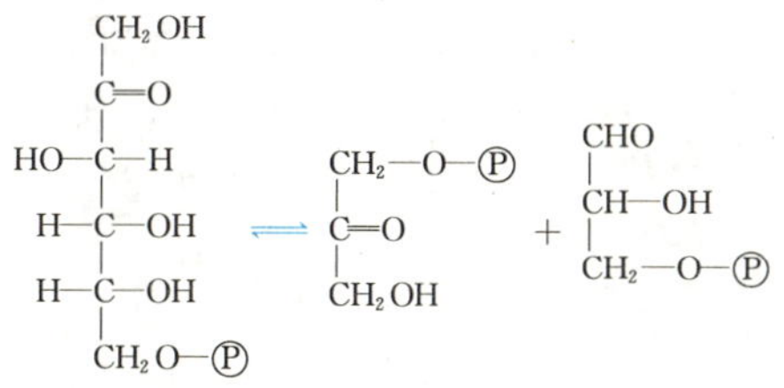

1,6-双磷酸果糖 ⇌ 磷酸二羟丙酮 + 3-磷酸甘油醛

5. 磷酸丙糖的同分异构化 3-磷酸甘油醛和磷酸二羟丙酮是同分异构体，在磷酸丙糖异构酶催化下可互相转变。虽然磷酸二羟丙酮不在酵解途径中，但催化此反应的酶活性很高，所以当3-磷酸甘油醛在下一步反应中被移去后，磷酸二羟丙酮迅速转变为3-磷酸甘油醛，继续进行酵解。

上述的五步反应为酵解途径中的耗能阶段，1分子葡萄糖的代谢消耗了2分子ATP，产生了2分子3-磷酸甘油醛。而以后的五步反应则为能量的释放和储存阶段，总共生成4分子ATP。

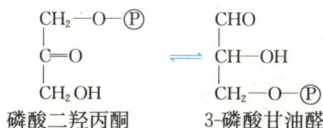

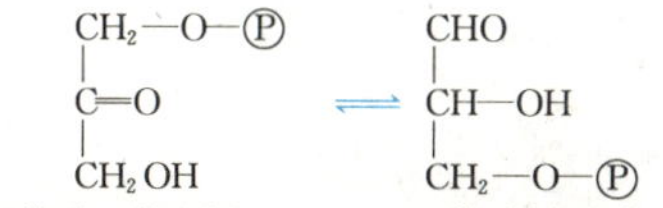

磷酸二羟丙酮 ⇌ 3-磷酸甘油醛

6. 3-磷酸甘油醛氧化为1,3-二磷酸甘油酸 反应中3-磷酸甘油醛的醛基氧化成羧基及羧基的磷酸化均由3-磷酸甘油醛脱氢酶(glyceraldehyde 3-phosphate dehydrogenase)催化，以NAD^+为辅酶接受氢和电子。参加反应的还有无机磷酸，当3-磷酸甘油醛的醛基氧化脱氢成羧基即与磷酸形成混合酸酐。该酸酐含一高能磷酸键，它水解时$\Delta G^{0'} = -61.9$kJ/mol(−14.8kcal/mol)，可将能量转移至ADP，生成ATP。

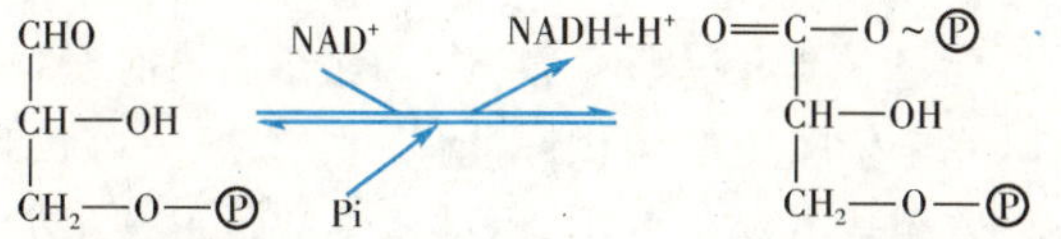

3-磷酸甘油醛 + NAD^+ + Pi ⇌ 1,3-二磷酸甘油酸 + $NADH+H^+$

7. 1,3-二磷酸甘油酸将磷酸基转移给ADP形成ATP和磷酸甘油酸 磷酸甘油酸激酶(phosphoglycerate kinase)催化混合酸酐上的磷酸从羧基转移到ADP，形成ATP和3-磷酸甘油酸。反应需要Mg^{2+}。这是酵解过程中第一次产生ATP的反应。这种在反应过程中直接由底物的高能磷酸基转移给ADP生成ATP的形式，称为底物水平磷酸化作用(substrate-level phosphorylation)。它有别于将在生物氧化章叙述的氧化磷酸化作用。

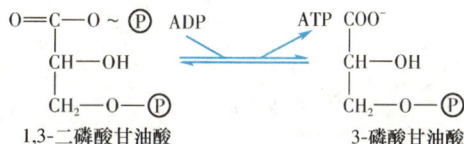

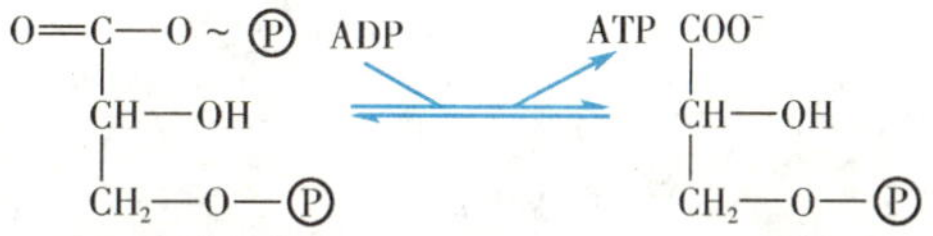

1,3-二磷酸甘油酸 + ADP ⇌ 3-磷酸甘油酸 + ATP

8. 3-磷酸甘油酸转变为2-磷酸甘油酸 磷酸甘油酸变位酶(phosphoglycerate mutase)催化磷酸基从3-磷酸甘油酸的C_3位转移到C_2，这步反应是可逆的，在催化反应中Mg^{2+}是必需的。

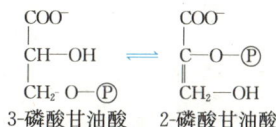

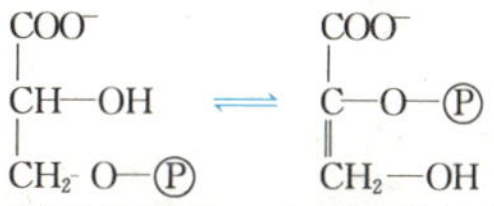

3-磷酸甘油酸 ⇌ 2-磷酸甘油酸

9. 2-磷酸甘油酸脱水生成磷酸烯醇式丙酮酸 烯醇化酶(enolase)催化2-磷酸甘油酸脱水生成磷酸烯醇式丙酮酸(phosphoenolpyruvate, PEP)。尽管这个反应的标准自由能改变比较小，但反应时可引起分子内部的电子重排和能量重新分布，形成了一个高能磷酸键。这就为下一步反应的进行作好了准备。

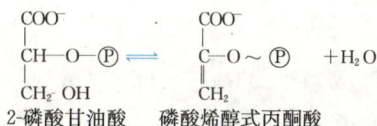

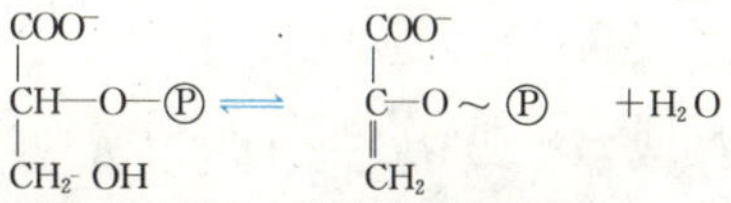

2-磷酸甘油酸 ⇌ 磷酸烯醇式丙酮酸 + H_2O

10. 磷酸烯醇式丙酮酸将高能磷酸基转移给ADP形成ATP和丙酮酸 酵解途径的最后这一步反应是由丙酮酸激酶(pyruvate kinase)催化的，丙酮酸激酶的作用需要K^+和Mg^{2+}参与。反应最初生成烯醇式丙酮酸，但烯醇式迅即非酶促转变为酮式。在胞内这个反应不可逆。这是酵解途径中第二次底物水平磷酸化。

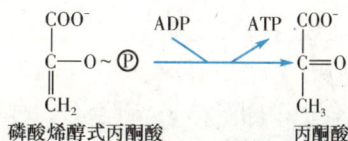

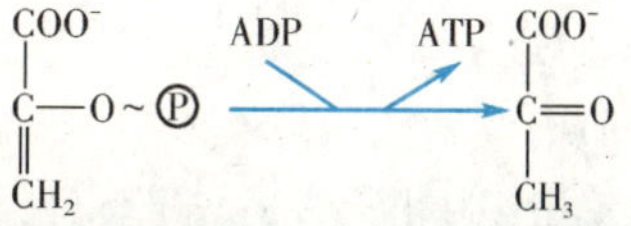

磷酸烯醇式丙酮酸 + ADP → 丙酮酸 + ATP

(二)丙酮酸转变成乳酸

氧供应不足时从酵解途径生成的丙酮酸转变成乳酸。这一反应由乳酸脱氢酶催化。

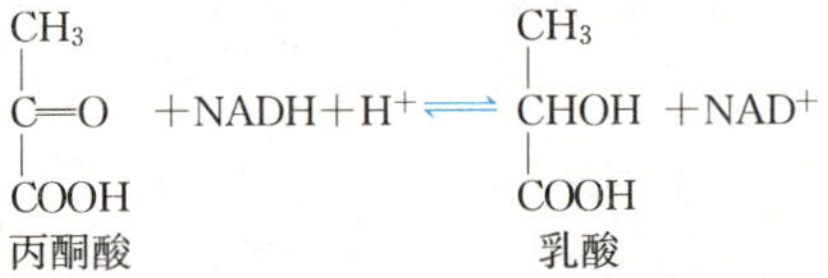

$$\underset{\text{丙酮酸}}{\begin{array}{c}CH_3\\|\\C{=}O\\|\\COOH\end{array}} + NADH + H^+ \rightleftharpoons \underset{\text{乳酸}}{\begin{array}{c}CH_3\\|\\CHOH\\|\\COOH\end{array}} + NAD^+$$

丙酮酸还原成乳酸所需的氢原子由 NADH $+H^+$ 提供,后者来自上述第 6 步反应中的 3-磷酸甘油醛的脱氢反应。在缺氧情况下,这对氢用于丙酮酸还原生成乳酸,使 NADH$+$H$^+$ 重新转变成 NAD$^+$,从而保证了糖酵解的继续进行。而在氧供应充分时,NADH$+$H$^+$ 的氢则经电子传递链传递给氧,生成水并释放出能量。(详见第 9 章)。糖酵解的全部反应可归纳如图 10-1。

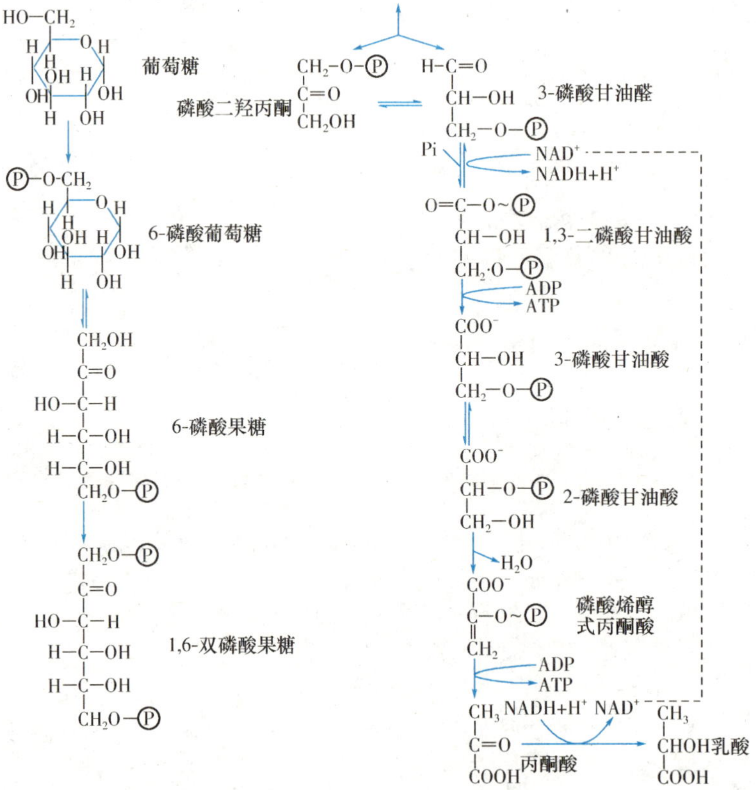

图 10-1 糖酵解的代谢途径

除葡萄糖外,其他已糖也可转变成磷酸已糖而进入酵解途径。例如:果糖经已糖激酶催化可转变成 6-磷酸果糖;半乳糖经半乳糖激酶催化生成 1-磷酸半乳糖后,再经过几步中间反应生成 1-磷酸葡萄糖,后者经变位酶的作用而生成 6-磷酸葡萄糖;甘露糖则可先由已糖激酶催化其磷酸化形成 6-磷酸甘露糖,再在异构酶作用下转变为 6-磷酸果糖。

二、糖酵解的生理意义

糖酵解最主要的生理意义在于迅速提供能量,这对肌肉收缩更为重要。肌肉内 ATP 含量很低,新鲜组织中仅 5~7μmol/g,只要肌肉收缩几秒钟即可耗尽。这时即使氧不缺乏,但因葡萄糖进行有氧氧化的反应过程比糖酵解长,来不及满足需要,而通过糖酵解则可迅速得到 ATP。当机体缺氧或剧烈运动导致肌肉局部血供不足时,能量主要通过糖酵解获得。红细胞没有线粒体,完全依赖糖酵解供应能量。神经组织、白细胞、骨髓等代谢极为活跃,即使不缺氧也常由糖酵解提供部分能量。

糖酵解时每 mol 磷酸丙糖有 2 次底物水平磷酸化,可生成 2mol ATP。1mol 葡萄糖可生成 4mol ATP,在葡萄糖和 6-磷酸果糖磷酸化时共消耗 2mol ATP,故净得 2mol ATP,可储能 61kJ/mol (14.6kcal/mol),效率为 31%。标准状态下~P水解时 $\Delta G^{0\prime}=-30.5$kJ/mol(-7.29kcal/mol);在生理条件下,反应物和产物的浓度以及 H$^+$ 浓度等都与标准状态不同,$\Delta G^{0\prime}$ 约为 51.6kJ/mol (12.3kcal/mol)。因而糖酵解时以 ATP 形式储存能量 103.2kJ/mol(24.7kcal/mol),效率>50%。

第三节　糖的有氧氧化

葡萄糖在有氧条件下彻底氧化成水和二氧化碳的反应过程称为有氧氧化(aerobic oxidation)。有氧氧化是糖氧化的主要方式，绝大多数细胞都通过它获得能量。肌肉进行糖酵解生成乳酸时仅释放出一小部分能量，最终乳酸仍需在有氧时彻底氧化成水和二氧化碳。糖的有氧氧化可概括如图 10-2。

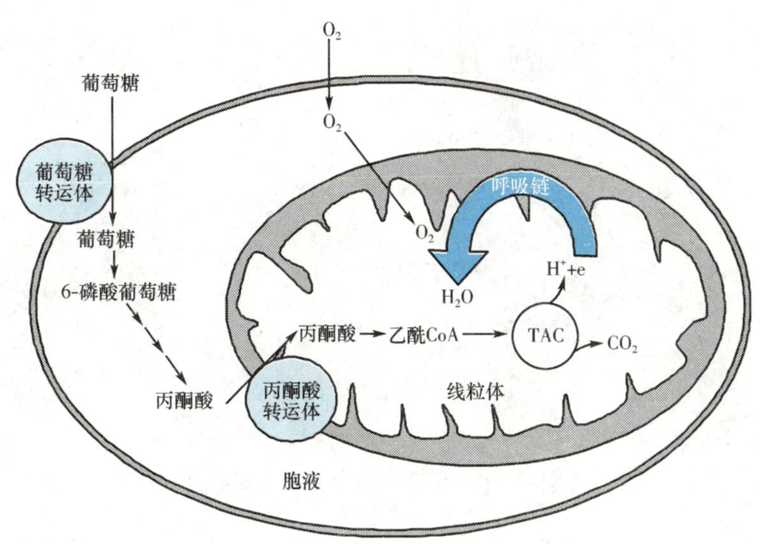

图 10-2　葡萄糖有氧氧化概况

一、有氧氧化的反应过程

有氧氧化大致可分为三个阶段：第一阶段葡萄糖循酵解途径分解成丙酮酸；第二阶段丙酮酸进入线粒体内氧化脱羧生成乙酰 CoA；第三阶段为三羧酸循环及氧化磷酸化。第一阶段的反应见前所述；氧化磷酸化和三羧酸循环的反应过程已在第九章讨论。在此主要介绍丙酮酸的氧化脱羧反应过程和三羧酸循环的基本概念。

(一) 丙酮酸的氧化脱羧

丙酮酸氧化脱羧生成乙酰 CoA(acetyl CoA)的总反应式为：

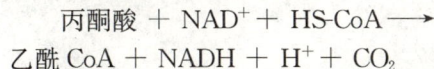

丙酮酸 + NAD^+ + HS-CoA ⟶ 乙酰 CoA + NADH + H^+ + CO_2

此反应由丙酮酸脱氢酶复合体催化。在真核细胞中，该复合体存在于线粒体中，是由丙酮酸脱氢酶(E_1)，二氢硫辛酰胺转乙酰酶(E_2)和二氢硫辛酰胺脱氢酶(E_3)三种酶按一定比例组合成多酶复合体，其组合比例随生物体不同而异。在哺乳类动物细胞中，酶复合体由 60 个转乙酰酶组成核心，周围排列着 12 个丙酮酸脱氢酶和 6 个二氢硫辛酰胺脱氢酶。参与反应的辅酶有硫胺素焦磷酸酯(TPP)、硫辛酸、FAD、NAD^+ 及 CoA。其中硫辛酸是带有二硫键的八碳羧酸，通过与转乙酰酶的赖氨酸 ε-氨基相连，形成与酶结合的硫辛酰胺而成为酶的柔性长臂，可将乙酰基从酶复合体的一个活性部位转到另一个活性部位。丙酮酸脱氢酶的辅酶是 TPP，二氢硫辛酰胺脱氢酶的辅酶是 FAD、NAD^+。

丙酮酸脱氢酶复合体催化的反应可分 5 步描述，如图 10-3 所示。

(1) 丙酮酸脱羧形成羟乙基-TPP，TPP 噻唑环上的 N 与 S 之间活泼的碳原子可释放出 H^+，而成为碳离子，与丙酮酸的羰基作用，产生 CO_2，同时形成羟乙基-TPP。

(2) 由二氢硫辛酰胺转乙酰酶(E_2)催化使羟乙基-TPP-E_1 上的羟乙基被氧化成乙酰基，同时转移给硫辛酰胺，形成乙酰硫辛酰胺-E_2。

(3) 二氢硫辛酰胺转乙酰酶(E_2)还催化乙酰硫辛酰胺上的乙酰基转移给辅酶 A 生成乙酰 CoA 后，离开酶复合体，同时氧化过程中的两个电子使硫辛酰胺上的二硫键还原为两个巯基。

(4) 二氢硫辛酰胺脱氢酶(E_3)使还原的二氢硫辛酰胺脱氢重新生成硫辛酰胺，以进行下一轮反应。同时将氢传递给 FAD，生成 $FADH_2$。

(5) 在二氢硫辛酰胺脱氢酶(E_3)催化下，将 $FADH_2$ 上的 H 转移给 NAD^+，形成 NADH + H^+。

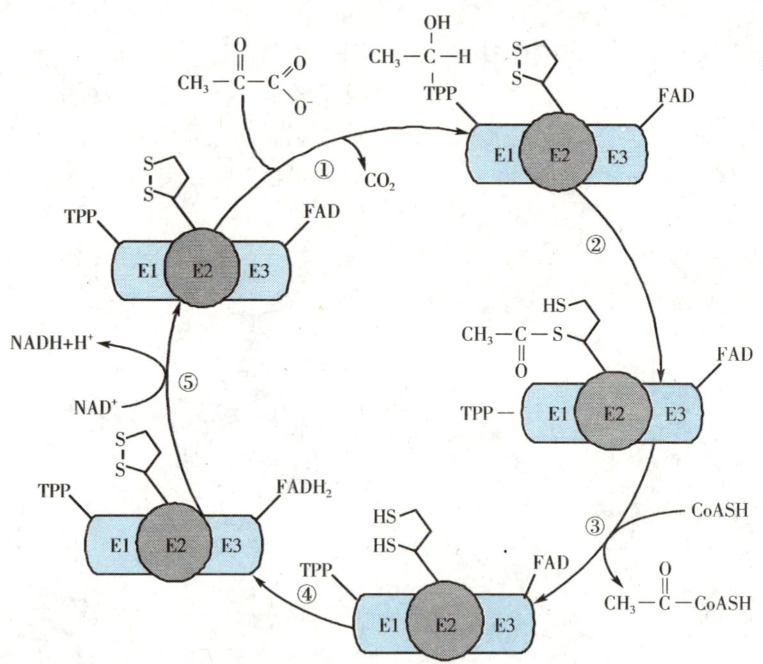

图 10-3　丙酮酸脱氢酶复合体作用机理

在整个反应过程中:中间产物并不离开酶复合体,这就使得上述各步反应得以迅速完成,而且因没有游离的中间产物,所以不会发生副反应。丙酮酸氧化脱羧反应的 $\Delta G^{0'}=-39.5$kJ/mol,故反应是不可逆的。

(二)三羧酸循环

三羧酸循环(tricarboxylic acid cycle,TAC),亦称柠檬酸循环。三羧酸循环由一连串反应组成。这些反应从 2 个碳原子的乙酰 CoA 与 4 个碳原子的草酰乙酸缩合成 6 个碳原子的柠檬酸开始,反复地脱氢氧化。羟基氧化成羧基后,通过脱羧方式生成 CO_2。二碳单位进入三羧酸循环后,生成 2 分子 CO_2,这是体内 CO_2 的主要来源。脱氢反应共有 4 次。其中 3 次脱氢(3 对氢或 6 个电子)由 NAD^+ 接受,1 次(一对氢或 2 个电子)由 FAD 接受。这些电子传递体将电子传给氧时才能生成 ATP。三羧酸循环本身每循环一次只能以底物水平磷酸化生成 1 个高能磷酸键。

三羧酸循环的总反应为:

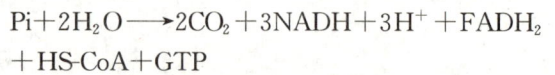

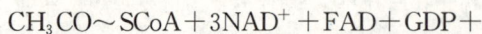

$CH_3CO\sim SCoA+3NAD^+ +FAD+GDP+Pi+2H_2O \longrightarrow 2CO_2+3NADH+3H^+ +FADH_2 +HS\text{-}CoA+GTP$

二、有氧氧化生成的 ATP

糖有氧氧化反应过程中脱氢反应产生的 $NADH+H^+$ 和 $FADH_2$ 可传递给电子传递链产生 ATP(参见第九章)。酵解途径中 3-磷酸甘油醛脱氢成 3-磷酸甘油酸时生成的 $NADH+H^+$,在氧供应充足时也进入电子传递链而不再用以将丙酮酸还原成乳酸。$NADH+H^+$ 的氢传递给氧时,可生成 2.5 个 ATP;$FADH_2$ 的氢被氧化时只能生成 1.5 个 ATP。加上底物水平磷酸化生成的 1 个高能磷酸键,三羧酸循环循环一次共生成 10 个 ATP。若从丙酮酸脱氢开始计算,共产生 12.5 分子 ATP。1mol 的葡萄糖彻底氧化生成 CO_2 和 H_2O,可净生成 5 或 $7+2\times12.5=30$ 或 32mol ATP(表 10-1)。

总的反应为:葡萄糖$+6O_2+30ADP+30Pi \longrightarrow 6CO_2+30ATP+36H_2O$

表 10-1　葡萄糖有氧氧化生成的 ATP

反　应		辅　酶	ATP
第一阶段	葡萄糖→6-磷酸葡萄糖		-1
	6-磷酸果糖 → 1,6-双磷酸果糖		-1
	2×3-磷酸甘油醛→2×1,3-二磷酸甘油酸	2NADH	2×1.5 或 2×2.5*
	2×1,3-二磷酸甘油酸→2×3-磷酸甘油酸		2×1
	2×磷酸烯醇式丙酮酸→2×丙酮酸		2×1

续表

	反 应	辅 酶	ATP
第二阶段	2×丙酮酸→2×乙酰 CoA	2NADH	2×2.5
第三阶段	2×异柠檬酸→2×α-酮戊二酸	2NADH	2×2.5
	2×α-酮戊二酸→2×琥珀酰 CoA	2NADH	2×2.5
	2×琥珀酰 CoA→2×琥珀酸		2×1
	2×琥珀酸→2×延胡索酸	$2FADH_2$	2×1.5
	2×苹果酸→2×草酰乙酸	2NADH	2×2.5
			净生成 30 或 32

* 酵解过程中产生的 NADH+H^+，如果经苹果酸穿梭机制，1 个 NADH+H^+ 产生 2.5 个 ATP；如果经磷酸甘油穿梭机制，则产生 1.5 个 ATP(见第九章)。

三、巴斯德效应

法国科学家 Pastuer 发现酵母菌在无氧时可进行生醇发酵。但若将其转移至有氧环境，生醇发酵即被抑制，有氧氧化抑制生醇发酵(或糖酵解)的现象称为巴斯德(Pastuer)效应。肌组织也有这种情况。缺氧时，丙酮酸不能进入三羧酸循环，而在胞浆中转变成乳酸。通过糖酵解消耗的葡萄糖为有氧时的 7 倍。关于丙酮酸的代谢去向，由 NADH + H^+ 去路决定。有氧时 NADH+H^+ 可进入线粒体内氧化，丙酮酸就进行有氧氧化而不生成乳酸。缺氧时 NADH+H^+ 不能被氧化，丙酮酸就作为氢接受体而生成乳酸。所以有氧抑制了酵解。缺氧时通过酵解途径分解的葡萄糖增加是由于缺氧时氧化磷酸化受阻，ADP 与 Pi 不能合成 ATP，ADP/ATP 比例升高，反映在胞液内，则是磷酸果糖激酶-1 及丙酮酸激酶活性增强的结果。

第四节 磷酸戊糖途径

细胞内绝大部分葡萄糖的分解代谢是通过有氧氧化生成 ATP 而供能的，这是葡萄糖分解代谢的主要途径。此外尚存在其他代谢途径，磷酸戊糖途径(pentose phosphate pathway)就是另一重要途径。葡萄糖经此途径代谢主要产生磷酸核糖、NADPH 和 CO_2，而主要不是生成 ATP。

一、磷酸戊糖途径的反应过程

磷酸戊糖途径的代谢反应在胞浆中进行，其过程可分为两个阶段：第一阶段是氧化反应，生成磷酸戊糖、NADPH 及 CO_2；第二阶段则是非氧化反应，包括一系列基团转移。

(一) 第一阶段

6-磷酸葡萄糖生成 5-磷酸核糖，同时生成 2 分子 NADPH 及 1 分子 CO_2。

首先，6-磷酸葡萄糖由 6-磷酸葡萄糖脱氢酶催化脱氢生成 6-磷酸葡萄糖酸内酯，这里 $NADP^+$ 充当电子受体，平衡趋向于生成 NADPH，需要 Mg^{2+} 参与。6-磷酸葡萄糖酸内酯在内酯酶(lactonase)的作用下水解为 6-磷酸葡萄糖酸，后者在 6-磷酸葡萄糖酸脱氢酶作用下再次脱氢并自发脱羧而转变为 5-磷酸核酮糖，同时生成 NADPH 及 CO_2，5-磷酸核酮糖在异构酶作用下，即转变为 5-磷酸核糖；或者在差向异构酶作用下，转变为 5-磷酸木酮糖。在第一阶段中共脱氢 2 次，故每分子葡萄糖在转变为磷酸戊糖的过程中生成 2 分子 NADPH。

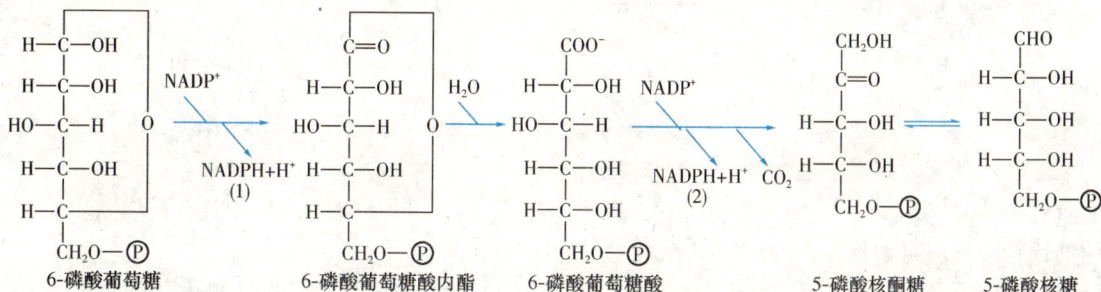

6-磷酸葡萄糖 —($NADP^+$ → NADPH+H^+，(1))→ 6-磷酸葡萄糖酸内酯 —(H_2O)→ 6-磷酸葡萄糖酸 —($NADP^+$ → NADPH+H^+，CO_2，(2))→ 5-磷酸核酮糖 ⇌ 5-磷酸核糖

(二) 第二阶段是一系列基团转移反应

在第一阶段中共生成 1 分子磷酸戊糖和 2 分子 NADPH。前者用以合成核苷酸，后者用于许多化合物的合成代谢。但细胞中合成代谢消耗的 NADPH 远比核糖需要量大，因此，葡萄糖

经此途径生成多余的核糖。第二阶段反应的意义就在于通过一系列基团转移反应，将核糖转变成6-磷酸果糖和3-磷酸甘油醛而进入酵解途径。因此，磷酸戊糖途径也称磷酸戊糖旁路（pentose phosphate shunt）。

C_5 C_3 C_6

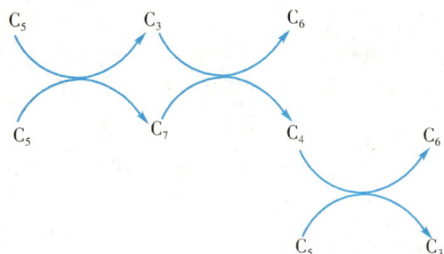

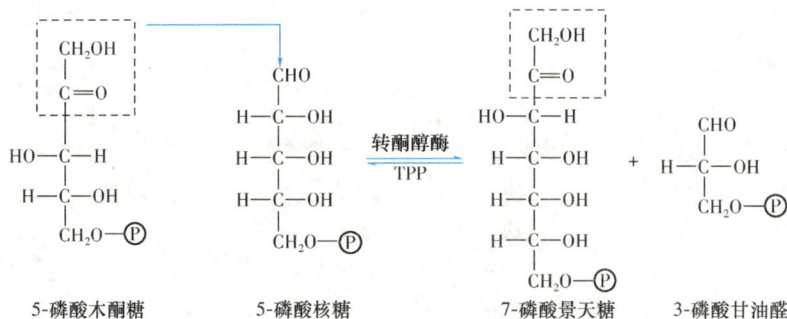

C_5 C_7 C_4 C_6

C_5 C_3

这些反应的结果可概括为：3分子磷酸戊糖转变成2分子磷酸己糖和1分子磷酸丙糖。这些基团转移反应可分为两类：一类是转酮醇酶（transketolase）反应，转移含1个酮基、1个醇基的2碳基团；另一类是转醛醇酶（transaldolase）反应，转移3碳单位。接受体都是醛糖。首先由转酮醇酶从5-磷酸木酮糖带出一个2碳单位（羟乙醛）转移给5-磷酸核糖，产生7-磷酸景天糖和3-磷酸甘油醛，反应需TPP作为辅酶并需Mg^{2+}参与。

5-磷酸木酮糖 + 5-磷酸核糖 $\xrightleftharpoons[\text{TPP}]{\text{转酮醇酶}}$ 7-磷酸景天糖 + 3-磷酸甘油醛

接着由转醛醇酶从7-磷酸景天糖转移3碳的二羟丙酮基给3-磷酸甘油醛，生成4-磷酸赤藓糖和6-磷酸果糖。

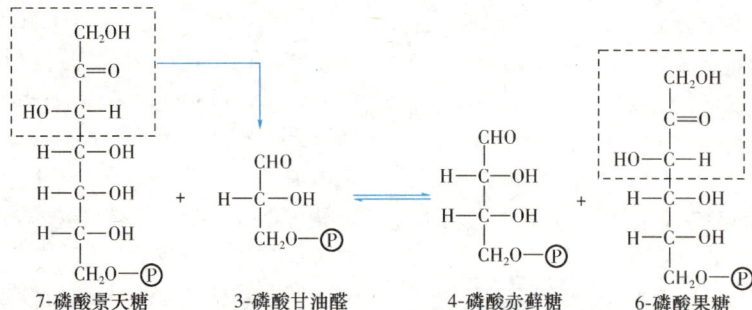

7-磷酸景天糖 + 3-磷酸甘油醛 $\rightleftharpoons$ 4-磷酸赤藓糖 + 6-磷酸果糖

最后4-磷酸赤藓糖在转酮醇酶催化下可接受来自5-磷酸木酮糖的羟乙醛基，生成6-磷酸果糖和3-磷酸甘油醛。后者可进入酵解途径，从而完成代谢旁路。

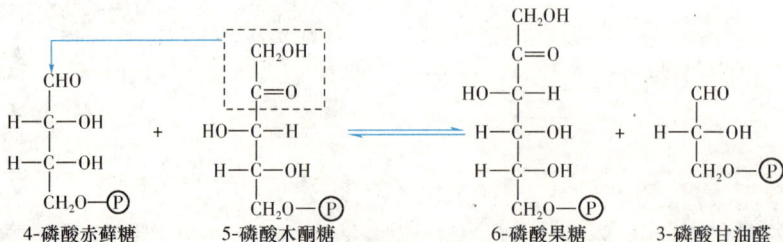

4-磷酸赤藓糖 + 5-磷酸木酮糖 $\rightleftharpoons$ 6-磷酸果糖 + 3-磷酸甘油醛

磷酸戊糖之间的互相转变由相应的异构酶、差向异构酶催化，这些反应均为可逆反应。磷酸戊糖途径的反应可归纳于图10-4。磷酸戊糖途径总的反应为：

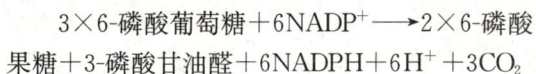

3×6-磷酸葡萄糖$+6NADP^+ \longrightarrow 2\times$6-磷酸果糖+3-磷酸甘油醛$+6NADPH+6H^++3CO_2$

二、磷酸戊糖途径的生理意义

（一）为核酸的生物合成提供核糖

核糖是核酸和游离核苷酸的组成成分。体内的核糖并不依赖从食物输入，可以从葡萄糖通

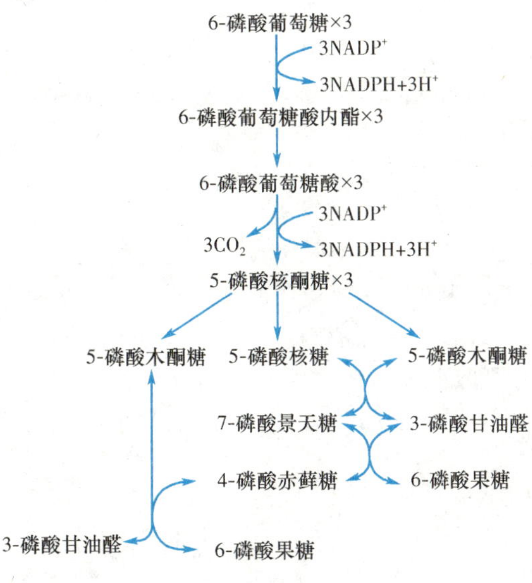

图 10-4　磷酸戊糖途径

过磷酸戊糖途径生成。葡萄糖既可经 6-磷酸葡萄糖脱氢、脱羧的氧化反应产生磷酸核糖，也可通过酵解途径的中间产物 3-磷酸甘油醛和 6-磷酸果糖经过前述的基团转移反应而生成磷酸核糖。这两种方式的相对重要性因动物而异。人类主要通过氧化反应生成核糖。肌肉组织内缺乏 6-磷酸葡萄糖脱氢酶，磷酸核糖靠基团转移反应生成。

（二）提供 NADPH 作为供氢体参与多种代谢反应

NADPH 与 NADH 不同，它携带的氢不是通过电子传递链氧化以释出能量，而是参与许多代谢反应，发挥不同的功能。

1. NADPH 是体内许多合成代谢的供氢体　如从乙酰 CoA 合成脂酸、胆固醇。机体合成非必需氨基酸（不依赖从食物输入的氨基酸）时，先由 α-酮戊二酸与 NADPH 及 NH_3 生成谷氨酸。谷氨酸可与其他 α-酮酸进行转氨基反应而生成相应的氨基酸。

2. NADPH 参与体内羟化反应　有些羟化反应与生物合成有关。例如：从鲨烯合成胆固醇，从胆固醇合成胆汁酸、类固醇激素等。有些羟化反应则与生物转化（biotransformation）有关（详见第 25 章）。

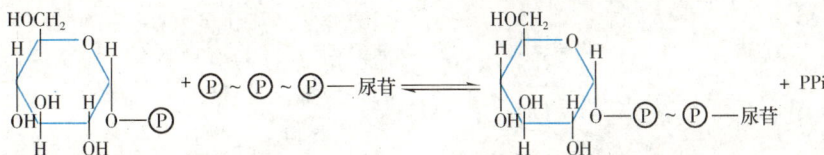

3. NADPH 还用于维持谷胱甘肽（glutathione）的还原状态　谷胱甘肽是一个三肽，以 GSH 表示之。2 分子 GSH 可以脱氢氧化成为 GSSG，而后者可在谷胱甘肽还原酶作用下，被 NADPH 重新还原成为还原型谷胱甘肽（GSH）：

$$2G—SH \xrightleftharpoons[\text{NADP}^+ \quad \text{NADPH+H}^+]{\text{A} \quad \text{AH}_2} G—S—S—G$$

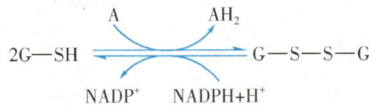

还原型谷胱甘肽是体内重要的抗氧化剂，可以保护一些含-SH 基的蛋白质或酶免受氧化剂，尤其是过氧化物的损害。在红细胞中还原型谷胱甘肽更具有重要作用。它可以保护红细胞膜蛋白的完整性。有些人群（我国南方）的红细胞内缺乏 6-磷酸葡萄糖脱氢酶，不能经磷酸戊糖途径得到充分的 NADPH，使谷胱甘肽保持于还原状态。红细胞尤其是较老的红细胞易于破裂，发生溶血性黄疸。他们常在食用蚕豆以后诱发，故称为蚕豆病。

第五节　糖原的合成与分解

糖原是动物体内糖的储存形式。摄入的糖类大部分转变成脂肪（三酰甘油）后储存于脂肪组织内，只有一小部分以糖原形式储存。糖原作为葡萄糖储备的生物学意义在于当机体需要葡萄糖时它可以迅速被动用以供急需，而脂肪则不能。肝脏和肌肉是储存糖原的主要组织，但肝糖原和肌糖原的生理意义有很大不同。肌糖原主要供肌肉收缩的急需；肝糖原则是血糖的重要来源。这对于一些依赖葡萄糖作为能量来源的组织，如脑、红细胞等尤为重要。因此，下面介绍糖原合成与分解的途径、调节和生理意义。

一、糖原的合成代谢

进入肝的葡萄糖先在葡萄糖激酶作用下磷酸化成为 6-磷酸葡萄糖，后者再转变成 1-磷酸葡萄糖。这是为葡萄糖与糖原分子连接做准备。1-磷酸葡萄糖与尿苷三磷酸（UTP）反应生成尿苷二磷酸葡萄糖（uridine diphophate glucose，UDPG）及焦磷酸。

$$(\text{1-磷酸葡萄糖，C}_1\text{—O—Ⓟ}) + Ⓟ\sim Ⓟ\sim Ⓟ\text{—尿苷} \rightleftharpoons (\text{C}_1\text{—O—Ⓟ}\sim Ⓟ\text{—尿苷}) + \text{PPi}$$

反应是可逆的，由 UDPG 焦磷酸化酶（UDPG pyrophosphorylase）催化。由于焦磷酸在体内迅速被焦磷酸酶水解，使反应向合成糖原方向进行。体内有许多合成代谢反应是由焦磷酸水解而推动的。UDPG 可看做“活性葡萄糖”，在体内充作葡萄糖供体。最后在糖原合酶

(glycogen synthase)作用下，UDPG 的葡萄糖基转移给糖原引物(primer)的糖链末端，形成 α-1，4 糖苷键。所谓糖原引物是指原有的细胞内的较小的糖原分子。游离葡萄糖不能作为 UDPG 的葡萄糖基的接受体。上述反应反复进行，可使糖链不断延长。糖原合成及分解途径可归纳于图 10-5。

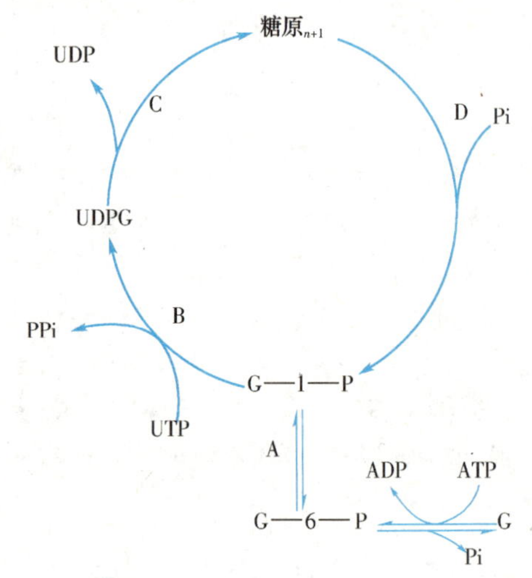

图 10-5　糖原的合成与分解

A. 磷酸葡萄糖变位酶；B. UDPG 焦磷酸化酶；C. 糖原合酶；D. 磷酸化酶

在糖原合酶的作用下，糖链只能延长，不能形成分支。当糖链长度达到 12～18 个葡萄糖基时，分支酶(branching enzyme)将一段糖链，约 6～7 个葡萄糖基转移到邻近的糖链上，以 α-1，6 糖苷键相接，从而形成分支。分支的形成不仅可增加糖原的水溶性，更重要的是可增加非还原端数目，以便磷酸化酶能迅速分解糖原(图 10-6)。

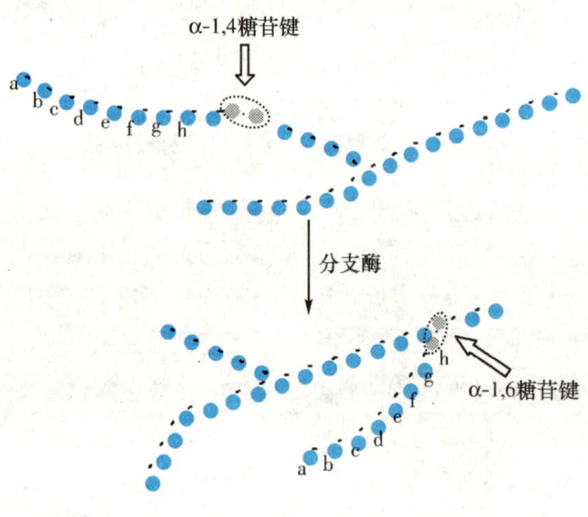

图 10-6　分支酶的作用

从葡萄糖合成糖原是耗能的过程。葡萄糖磷酸化时消耗 1 个 ATP，焦磷酸水解成 2 分子磷酸时又损失 1 个～P，共消耗 2 个 ATP。糖原合酶反应中生成的 UDP 必须利用 ATP 重新生成 UTP，即 ATP 中的高能磷酸键转移给了 UTP，因此反应虽消耗 1 个 ATP，但无高能磷酸键的损失。

以上所述为糖原合成的直接途径，肝糖原合成的间接途径或三碳途径参见糖异生节。而在肌细胞中，由于己糖激酶对葡萄糖的 K_m 低，葡萄糖入胞后即被迅速磷酸化成 6-磷酸葡萄糖，后者经 UDPG 合成糖原。肌肉内糖异生活性很低，肌肉收缩时产生的乳酸极大部分转运至肝，再异生成糖，所以肌肉内不存在糖原合成的三碳途径。

二、糖原的分解代谢

肝糖原分解(glycogenolysis)习惯上是指肝糖原分解成为葡萄糖。由肝糖原分解而来的 6-磷酸葡萄糖，除了水解成葡萄糖而释出之外，也可循酵解途径或磷酸戊糖途径等进行代谢。但当机体需要补充血糖，如饥饿时，后两条代谢途径均被抑制，肝糖原则绝大部分分解成葡萄糖释放入血。

肝糖原分解的第一步是从糖链的非还原端开始，在糖原磷酸化酶(glycogen phosphorylase)作用下分解下 1 个葡萄糖基，生成 1-磷酸葡萄糖，磷酸化酶只能分解 α-1，4-糖苷键，对 α-1，6-糖苷键无作用。由于是磷酸解生成 1-磷酸葡萄糖而不是水解成游离葡萄糖，自由能变动较小，反应是可逆的。但是在细胞内由于无机磷酸盐的浓度约为 1-磷酸葡萄糖的 100 倍，所以实际上反应只能向糖原分解方向进行。当糖链上的葡萄糖基逐个磷酸解至离开分支点约 4 个葡萄糖基时，由于位阻，磷酸化酶不能再发挥作用。这时由葡聚糖转移酶将 3 个葡萄糖基转移到邻近糖链的末端，仍以 α-1，4 糖苷键连接。剩下 1 个以 α-1，6 糖苷键与糖链形成分支的葡萄糖基被 α-1，6 葡萄糖苷酶水解成游离葡萄糖。除去分支后，磷酸化酶即可继续发挥作用。目前认为葡聚糖转移酶和 α-1，6 葡萄糖苷酶是同一酶的两种活性，合称脱支酶(debranching enzyme)(图10-7)。在几个酶的共同作用下，最终产物中约 85%为 1-磷酸葡萄糖，15%为游离葡萄糖。1-磷酸葡萄糖转变为 6-磷酸葡萄糖后，由葡萄糖-6-磷酸酶(glucose-6-phophatase)水解成葡萄糖释放入血。葡萄糖-6-磷酸酶只存在于肝、肾中，而不存在于肌肉中。所以只有肝和肾脏可补充血糖；而肌糖原不能分解成葡萄糖，只能进行糖酵解或有氧氧化。

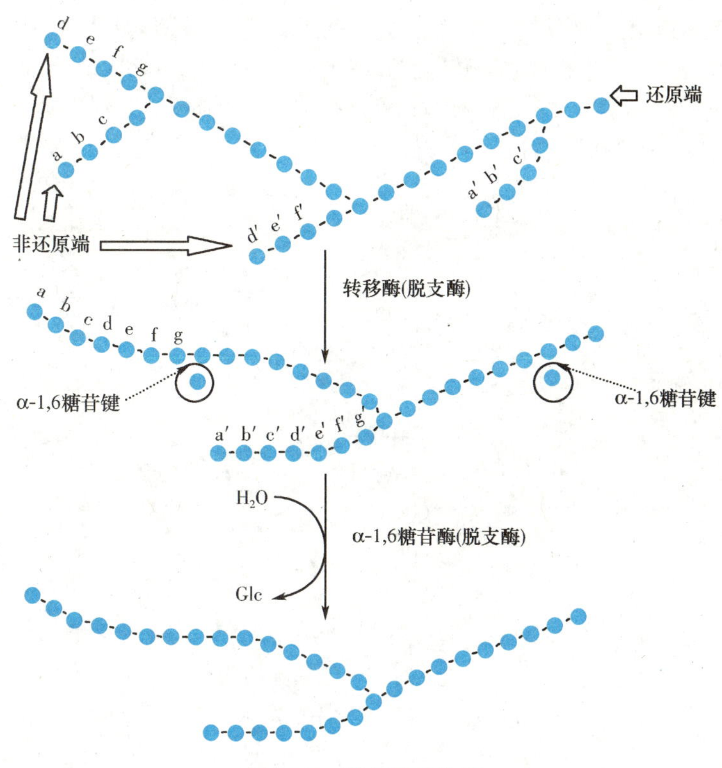

图 10-7　脱支酶的作用

三、糖原累积症

糖原累积症(glycogen storage disease)是一类遗传性代谢病,其特点为体内某些器官组织中有大量糖原堆积。引起糖原累积症的原因是患者先天性缺乏与糖原代谢有关的酶类。根据所缺陷的酶在糖原代谢中的作用,受累的器官部位不同,糖原的结构亦有差异,对健康或生命的影响程度也不同。例如,缺乏肝磷酸化酶时,婴儿仍可成长,肝糖原沉积导致肝肿大,并无严重后果。缺乏葡萄糖-6-磷酸酶,导致不能动用糖原维持血糖,引起严重后果。溶酶体的α-葡萄糖苷酶可分解α-1,4 糖苷键和α-1,6 糖苷键。缺乏此酶所有组织均受损,常因心肌受损而突然死亡。糖原累积症分型见表 10-2。

表 10-2　糖原累积症分型

型别	缺陷的酶	受害器官	临床表现
Ⅰ	葡萄糖-6-磷酸酶	肝、肾	肝脏肿大、低血糖、酮症、高尿酸、高脂血症
Ⅱ	溶酶体α-葡萄糖苷酶	所有组织	常常在2岁前心力、呼吸衰竭致死
Ⅲ	α-1,6 葡萄糖苷酶	肝、肌肉	类似Ⅰ型,但程度较轻
Ⅳ	分支酶	所有组织	进行性肝硬化,常在2岁前因肝功能衰竭死亡
Ⅴ	肌糖原磷酸化酶	肌肉	因疼痛,肌肉运动受限,否则病人可正常发育
Ⅵ	肝糖原磷酸化酶	肝	类似Ⅰ型,但程度较轻
Ⅶ	磷酸果糖激酶-1	肌肉、红细胞	与Ⅴ型类似
Ⅷ	腺苷酸激酶	脑、肝	轻度肝肿大和轻度低血糖
Ⅸ	磷酸化酶激酶	肝,其他组织	
Ⅹ	蛋白激酶 A	肝、肌肉	

第六节　糖　异　生

体内糖原的储备有限,正常成人每小时可由肝释出葡萄糖 210mg/kg 体重,如果没有补充,10 多小时肝糖原即被耗尽,血糖来源断绝。事实上即使禁食 24 小时,血糖仍保持于正常范围,长期饥饿时也仅略有下降。这时除了周围组织减

少对葡萄糖的利用外，主要还是依赖肝脏将氨基酸、乳酸等转变成葡萄糖，不断地补充血糖。这种从非糖化合物(乳酸、甘油、生糖氨基酸等)转变为葡萄糖或糖原的过程称为糖异生(gluconeogenesis)。机体内进行糖异生补充血糖的主要器官是肝脏，肾脏在正常情况下糖异生能力只有肝的1/10，长期饥饿时肾脏糖异生能力则可大为增强。

一、糖异生途径

从丙酮酸生成葡萄糖的具体反应过程称为糖异生途径(gluconeogenic pathway)。葡萄糖经酵解途径分解生成丙酮酸时，$\Delta G^{0'}$为-502kJ/mol(-120kcal/mol)。从热力学角度而言，由丙酮酸生成葡萄糖不可能全部循酵解途径逆行。酵解途径与糖异生途径的多数反应是共有的，是可逆的，但酵解途径中有3个不可逆反应，在糖异生途径中须由另外的反应和酶代替。

1. 丙酮酸转变成磷酸烯醇式丙酮酸

$$\underset{\text{丙酮酸}}{CH_3-CO-COO^-} \xrightarrow[ATP \quad ADP+Pi]{CO_2} \underset{\text{草酰乙酸}}{{}^-OOC-CO-CH_2-COOH} \xrightarrow[GTP \quad GDP]{CO_2} \underset{\text{磷酸烯醇式丙酮酸}}{CH_2=C(COO^-)-O-PO_3^{2-}}$$

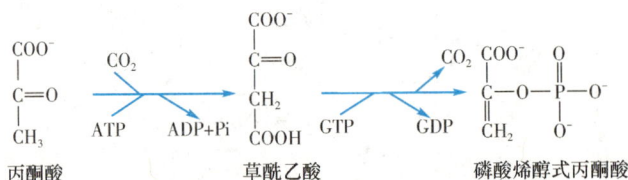

酵解途径中磷酸烯醇式丙酮酸由丙酮酸激酶催化生成丙酮酸。在糖异生途径中其逆过程由2个反应组成：催化第一个反应的是丙酮酸羧化酶(pyruvate carboxylase)。其辅酶为生物素。反应分两步：CO_2先与生物素结合，需消耗ATP；然后活化的CO_2再转移给丙酮酸生成草酰乙酸。第二个反应由磷酸烯醇式丙酮酸羧激酶催化。草酰乙酸转变成磷酸烯醇式丙酮酸。反应中消耗一个高能磷酸键，同时脱羧。上述两步反应共消耗2个ATP。

由于丙酮酸羧化酶仅存在于线粒体内，故胞液中的丙酮酸必须进入线粒体，才能羧化生成草酰乙酸。而磷酸烯醇式丙酮酸羧激酶在线粒体和胞液中都存在，因此草酰乙酸可在线粒体中直接转变为磷酸烯醇式丙酮酸再进入胞液，也可在胞液中被转变为磷酸烯醇式丙酮酸。但是，草酰乙酸不能直接透过线粒体内膜，需借助两种方式将其转运入胞液：一种是经苹果酸脱氢酶作用，将其还原成苹果酸，然后通过线粒体膜进入胞液，再由胞液中苹果酸脱氢酶将苹果酸脱氢氧化为草酰乙酸和$NADH+H^+$而进入糖异生反应途径；另一种方式是经谷草转氨酶的作用，生成天冬氨酸后再逸出线粒体，进入胞液中的天冬氨酸再经胞液中谷草转氨酶的催化而恢复生成草酰乙酸和$NADH+H^+$。在糖异生途径的随后反应中，1,3-二磷酸甘油酸还原成3-磷酸甘油醛时，需$NADH+H^+$提供氢原子。当以乳酸为原料异生成糖时，其脱氢生成丙酮酸时已在胞液中产生了$NADH+H^+$以供利用；而以丙酮酸或生糖氨基酸为原料进行糖异生时，$NADH+H^+$则必须由线粒体提供，这些$NADH+H^+$可来自脂酸β-氧化或三羧酸循环。但$NADH+H^+$需经不同的途径转移至胞液。有实验表明，以丙酮酸或能转变为丙酮酸的某些生糖氨基酸作为原料异生成糖时，以苹果酸通过线粒体转移$NADH+H^+$的方式进行糖异生；而乳酸进行糖异生反应时，常在线粒体生成草酰乙酸后，再变成天冬氨酸而出线粒体内膜进入胞浆分解成草酰乙酸和$NADH+H^+$，进入糖异生途径。至于胞液内草酰乙酸回至线粒体的路线较复杂，在此不详述。

2. 1,6-双磷酸果糖转变为6-磷酸果糖 由果糖双磷酸酶-1催化水解C_1位的磷酸酯。水解反应是放能反应，并不生成ATP，所以反应易于进行。

3. 6-磷酸葡萄糖水解为葡萄糖 由葡萄糖-6-磷酸酶催化。同样，由于不生成ATP，不是葡萄糖激酶的逆反应，热力学上是可行的。在以上反应过程中，三步作用物的互变反应都分别由不同的酶催化其单向反应，这种循环就称之为底物循环(substrate cycle)。当两种酶活性相等时，就不能将代谢向前推进，结果仅是ATP分解释放出能量，因而又称之为无效循环(futile cycle)。而在细胞内两酶活性不完全相等，使代谢反应仅向一个方向进行。糖异生途径可归纳如图10-8。

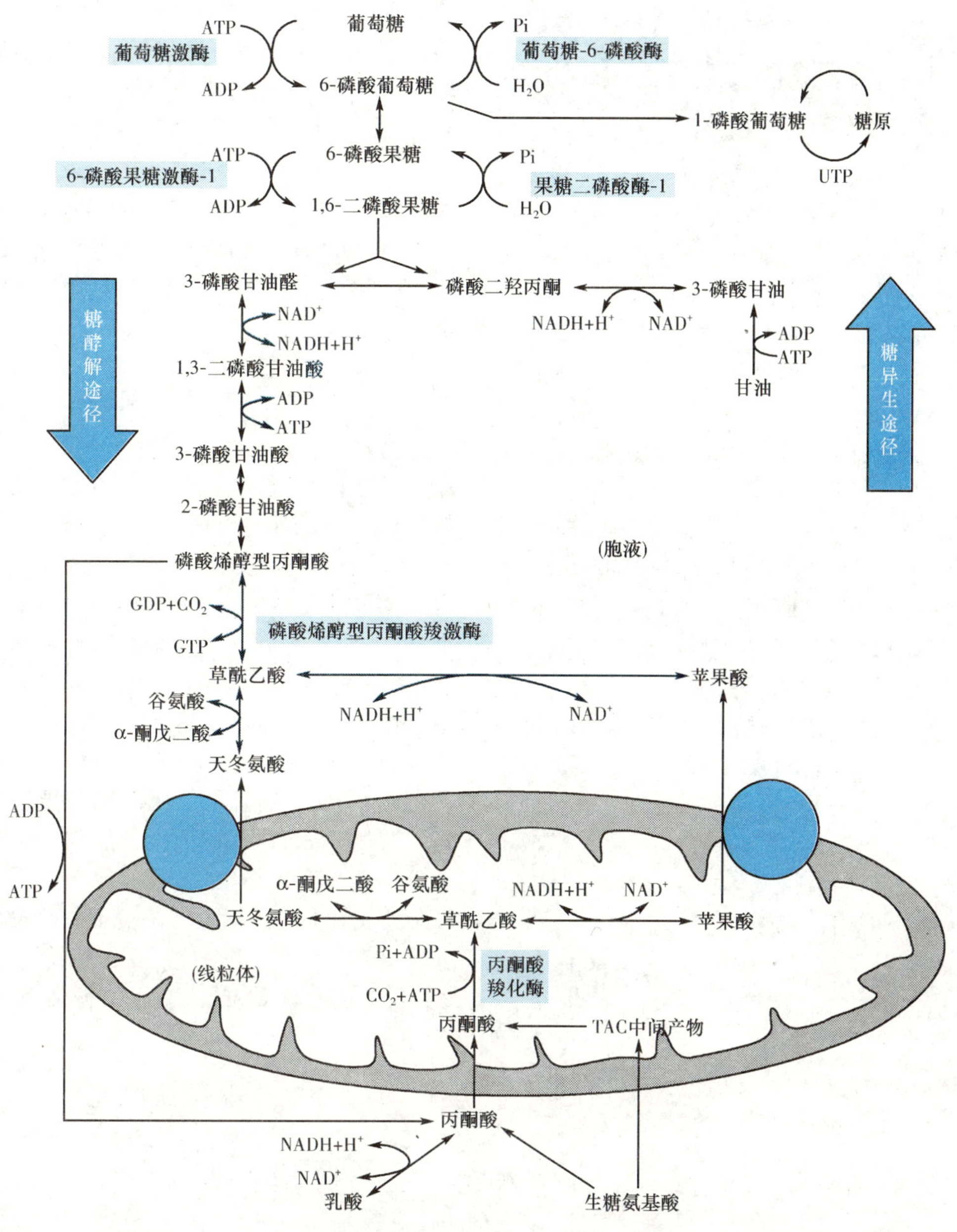

图 10-8 糖异生途径

二、糖异生的生理意义

(一)空腹或饥饿时依赖氨基酸、甘油等异生成葡萄糖，以维持血糖水平恒定

正常成人的脑组织不能利用脂酸，主要依赖葡萄糖供给能量；红细胞没有线粒体，完全通过糖酵解获得能量；骨髓、神经等组织由于代谢活跃，经常进行糖酵解。这样，即使在饥饿状况下，机体也需消耗一定量的糖，以维持生命活动。此时这些糖全部依赖糖异生生成。

糖异生的主要原料为乳酸、氨基酸及甘油。乳酸来自肌糖原分解。肌肉内糖异生活性低，生成的乳酸不能在肌肉内重新合成糖，经血液转运至肝后异生成糖。这部分糖异生主要与运动强度有关。而在饥饿时，糖异生的原料主要为氨基酸和甘油。饥饿早期，随着脂肪组织中脂肪的分解加速，运送至肝的甘油增多，每天约可生成10～15g 葡萄糖。但糖异生的主要原料为氨基酸。肌肉的蛋白质分解成氨基酸后以丙氨酸和谷氨酰胺形式运行至肝，每天约生成 90～120g 葡萄糖，约需分解 180～200g 蛋白质。长期饥饿时每天消耗这么多蛋白质是无法维持生命的。经过适应，脑每天消耗的葡萄糖可减少，其余依赖酮体供能。这时甘油仍可通过糖异生提供约 20g 葡萄糖，所以每天消耗的蛋白质可减少至 35g 左右。

（二）糖异生是肝脏补充或恢复糖原储备的重要途径。这在饥饿后进食更为重要

长期以来，进食后肝糖原储备丰富的现象被认为是肝脏直接利用葡萄糖合成糖原的结果，但近年来发现并非如此。肝灌注和肝细胞培养实验表明：只有当葡萄糖浓度达 12mmol/L 以上时，才观察到肝细胞摄取葡萄糖。这样高的浓度在体内是很难达到的。即使在消化吸收期，门脉内葡萄糖浓度也仅 8mmol/L。其原因被认为是由于葡萄糖激酶的 K_m 太高，肝摄取葡萄糖能力低。葡萄糖激酶活性是决定肝细胞摄取、利用葡萄糖的主要因素。另一方面，如在灌注液中加入一些可异生成糖原的甘油、谷氨酸、丙酮酸、乳酸，则肝糖原迅速增加。以同位素标记不同碳原子的葡萄糖输入动物后，分析其肝糖原中葡萄糖标记的情况，结果表明：摄入的相当一部分葡萄糖先分解成丙酮酸、乳酸等三碳化合物，后者再异生成糖原。这既解释了肝摄取葡萄糖的能力低，但仍可合成糖原，又可解释为什么进食 2～3 小时内，肝仍要保持较高的糖异生活性。合成糖原的这条途径称为三碳途径，也有学者称之为间接途径。相应地葡萄糖经 UDPG 合成糖原的过程称为直接途径。

（三）长期饥饿时，肾脏糖异生增强，有利于维持酸碱平衡

长期禁食后，肾脏的糖异生作用增强。发生这一变化的原因可能是饥饿造成的代谢性酸中毒造成的。此时体液 pH 降低，促进肾小管中磷酸烯醇式丙酮酸羧激酶的合成，从而使糖异生作用增强。另外，当肾脏中 α-酮戊二酸因异生成糖而减少时，可促进谷氨酰胺脱氨生成谷氨酸以及谷氨酸的脱氨反应，肾小管细胞将 NH_3 分泌入管腔中，与原尿中 H^+ 结合，降低原尿 H^+ 的浓度，有利于排氢保钠作用的进行，对于防止酸中毒有重要作用。

三、乳酸循环

肌肉收缩（尤其是氧供应不足时）通过糖酵解生成乳酸。肌肉内糖异生活性低，所以乳酸通过细胞膜弥散进入血液后，再入肝，在肝内异生为葡萄糖。葡萄糖释入血液后又可被肌肉摄取，这就构成了一个循环，此循环称为乳酸循环，也叫做 Cori 循环（图 10-9）。乳酸循环的形成是由于肝和肌肉组织中酶的特点所致。肝内糖异生活跃，又有葡萄糖-6-磷酸酶可水解 6-磷酸葡萄糖，释出葡萄糖。肌肉除糖异生活性低外，又没有葡萄糖-6-磷酸酶。肌肉内生成的乳酸既不能异生成糖，更不能释放出葡萄糖。乳酸循环的生理意义就在于避免损失乳酸以及防止因乳酸堆积引起酸中毒。乳酸循环是耗能的过程，2 分子乳酸异生成葡萄糖需消耗 6 分子 ATP。

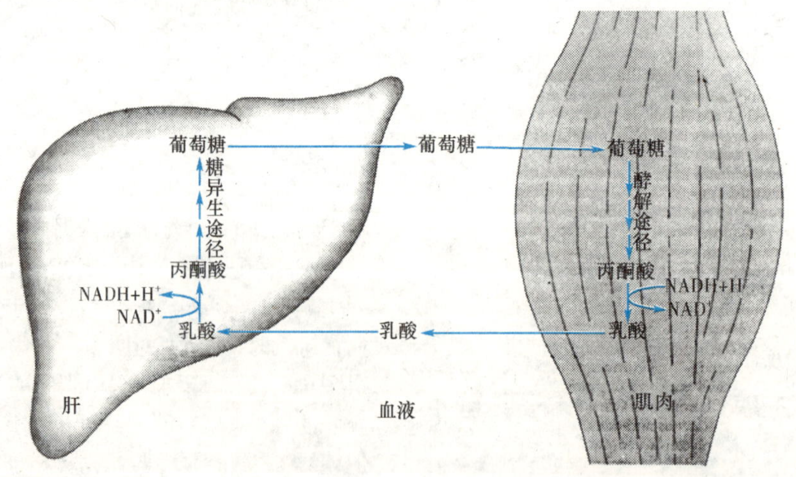

图 10-9　乳酸循环

第七节　糖代谢的调节

一、糖酵解的调节

糖酵解中大多数反应是可逆的，与糖异生途径共有。这些可逆反应的方向、速率由底物和产物的浓度控制。催化这些可逆反应酶活性的改变，并不能决定反应的方向。酵解途径中有 3 个非平衡反应：己糖激酶（葡萄糖激酶）、6-磷酸果糖激酶-1 和丙酮酸激酶催化的反应。这 3 个反应基本上是不可逆的，是酵解途径流量

的 3 个调节点，分别受变构效应物和激素的调节。

（一）6-磷酸果糖激酶-1

目前认为调节酵解途径流量最重要的是 6-磷酸果糖激酶-1 的活性。6-磷酸果糖激酶-1 是一个四聚体，受多种变构效应物的影响。ATP 和柠檬酸是此酶的变构抑制剂。6-磷酸果糖激酶-1 有两个结合 ATP 的位点：一是活性中心内的催化部位，ATP 作为底物结合；另一个是活性中心以外的与变构效应物结合的部位，与 ATP 的亲和力较低，因而相对地需要较高浓度 ATP 才能与之结合使酶丧失活性。6-磷酸果糖激酶-1 的变构激活剂有 AMP、ADP、1，6-双磷酸果糖和 2，6-双磷酸果糖（fructose-2，6-biphosphate）。AMP 可与 ATP 竞争变构结合部位，抵消 ATP 的抑制作用。1，6-双磷酸果糖是磷酸果糖激酶-1 的反应产物，这种产物正反馈作用是比较少见的，它有利于糖的分解。

2，6-双磷酸果糖是 6-磷酸果糖激酶-1 最强的变构激活剂，在生理浓度范围（μmol 水平）内即可发挥效应。其作用是与 AMP 一起取消 ATP、柠檬酸对 6-磷酸果糖激酶-1 的变构抑制作用。2，6-双磷酸果糖由 6-磷酸果糖激酶-2（6-phosphofructokinase-2，PFK-2）催化 6-磷酸果糖 C_2 磷酸化而成；果糖双磷酸酶-2（fructose biphosphatase-2，FBP-2）则可水解其 C_2 位磷酸，使其转变成 6-磷酸果糖（图 10-10）。随后的研究发现：6-磷酸果糖激酶-2 实际上是一种双功能酶，在酶蛋白中具有两个分开的催化中心，故同时具有 6-磷酸果糖激酶-2 和果糖双磷酸酶-2 两种活性。

6-磷酸果糖激酶-2/果糖双磷酸酶-2 还可在激素作用下，以共价修饰方式进行调节。胰高血糖素通过 cAMP 及依赖 cAMP 的蛋白激酶（PKA）磷酸化其 32 位丝氨酸，磷酸化后其激酶活性减弱而磷酸酶活性升高。磷蛋白磷酸酶将其去磷酸后，酶活性的变化则相反。

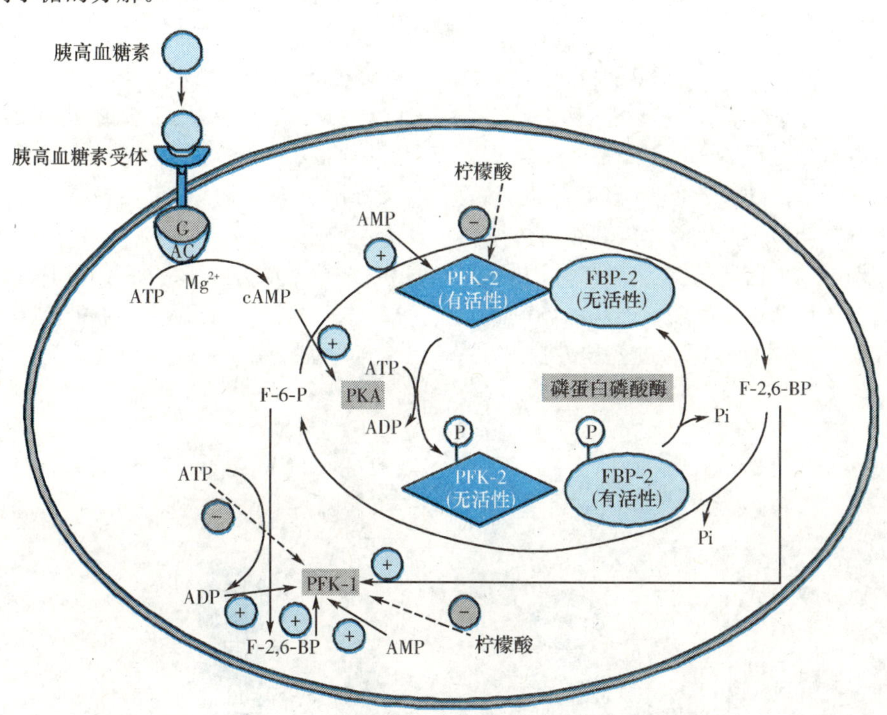

图 10-10　2，6-双磷酸果糖的合成和分解

（二）丙酮酸激酶

丙酮酸激酶是第二个重要的调节点。1，6-双磷酸果糖是丙酮酸激酶的变构激活剂，而 ATP 则有抑制作用。此外，在肝脏中，丙氨酸对此酶也有变构抑制作用。丙酮酸激酶还可以共价修饰方式调节。依赖 cAMP 的蛋白激酶和依赖 Ca^{2+}、钙调蛋白的蛋白激酶均可使其磷酸化而失活。胰高血糖素可通过 cAMP 抑制丙酮酸激酶活性。

（三）葡萄糖激酶或己糖激酶

葡萄糖激酶调节酵解途径流量的作用不及前两者重要。己糖激酶受其反应产物 6-磷酸葡萄糖的反馈抑制，葡萄糖激酶分子内不存在 6-磷酸葡萄糖的变构部位，故不受 6-磷酸葡萄糖的影

响。长链脂酰 CoA 对其有变构抑制作用，这在饥饿时减少肝和其他组织摄取葡萄糖有一定意义。胰岛素可诱导葡萄糖激酶基因的转录，促进酶的合成。

糖酵解是体内葡萄糖分解供能的一条重要途径。对于绝大多数组织，特别是骨骼肌，调节流量的目的是适应这些组织对能量的需求。当消耗能量多，细胞内 ATP/AMP 比例降低时，6-磷酸果糖激酶-1 和丙酮酸激酶均被激活，加速葡萄糖的分解。反之，细胞内 ATP 的储备丰富时，通过糖酵解分解的葡萄糖就减少。肝的情况不同：正常进食时，肝亦仅氧化少量葡萄糖，主要由氧化脂酸获得能量。进食后，胰高血糖素分泌减少，胰岛素分泌增加，2,6-双磷酸果糖的合成增加，加速糖循酵解途径分解，主要是生成乙酰 CoA 以合成脂酸；饥饿时胰高血糖素分泌增加，使 PKA 活性加强，致 PFK-2 失活，抑制了 2,6-双磷酸果糖的合成和丙酮酸激酶的活性，即抑制糖酵解，这样才能有效地进行糖异生，维持血糖水平。

二、有氧氧化的调节

糖的有氧氧化是机体获得能量的主要方式。机体对能量的需求变动很大，因此有氧氧化的速率必须随之进行调节。有氧氧化的几个阶段中，酵解途径的调节已如前述，这里主要叙述丙酮酸脱氢酶复合体的调节以及三羧酸循环的调节。

丙酮酸脱氢酶复合体可通过变构效应和共价修饰两种方式进行快速调节。丙酮酸脱氢酶复合体的反应产物乙酰 CoA 及 $NADH+H^+$ 对酶有反馈抑制作用，当乙酰 CoA/CoA 比例升高时，酶活性被抑制。$NADH/NAD^+$ 比例升高可能也有同样作用。这两种情况见于饥饿、大量脂酸被动员利用时。所以这时糖的有氧氧化被抑制，大多数组织器官利用脂酸作为能量来源以确保脑等对葡萄糖的需要。ATP 对丙酮酸脱氢酶复合体有抑制作用，AMP 则能激活之。丙酮酸脱氢酶复合体可被丙酮酸脱氢酶激酶磷酸化。当其丝氨酸被磷酸化后，酶蛋白变构而失去活性。丙酮酸脱氢酶磷酸酶则使其去磷酸而恢复活性。乙酰 CoA 和 $NADH+H^+$ 除对酶有直接抑制作用外，还可间接通过增强丙酮酸脱氢酶激酶的活性而使其失活(图 10-11)。

三羧酸循环的速率和流量受多种因素的调控。在三羧酸循环中有三个不可逆反应：柠檬酸合酶、异柠檬酸脱氢酶和 α-酮戊二酸脱氢酶复合体催化的反应。柠檬酸合酶活性可决定乙酰 CoA 进入三羧酸循环的速率，曾被认为是三羧酸循环主要的调节点。但是，柠檬酸可转移至胞液，分解成乙酰 CoA，用于合成脂酸，所以其活性升高并不一定加速三羧酸循环的运转。目前一般认为异柠檬酸脱氢酶和 α-酮戊二酸脱氢酶复合体才是三羧酸循环的调节点。异柠檬酸脱氢酶和 α-酮戊二酸脱氢酶复合体在 $NADH/NAD^+$、ATP/ADP 比率高时被反馈抑制。ADP 还是异柠檬酸脱氢酶的变构激活剂。

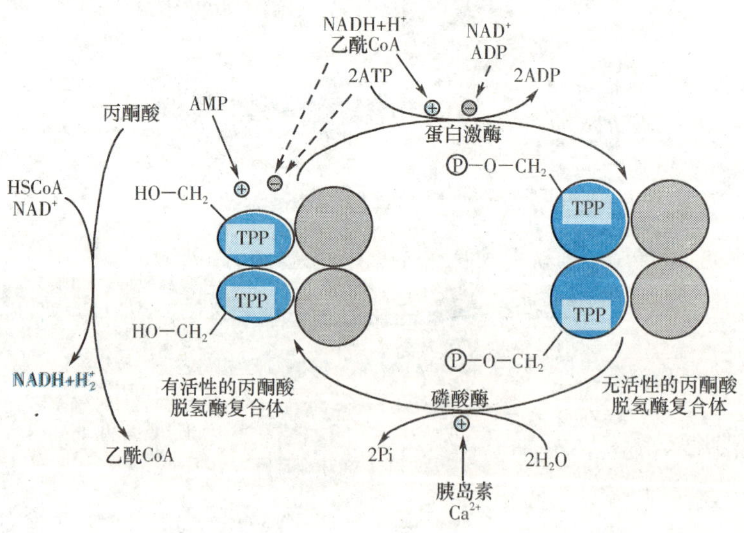

图 10-11 丙酮酸脱氢酶复合体的调节

另外，当线粒体内 Ca^{2+} 浓度升高时，Ca^{2+} 不仅可直接与异柠檬酸脱氢酶和 α-酮戊二酸脱氢酶复合体结合，降低其对底物的 K_m 而使酶激活；也可激活丙酮酸脱氢酶复合体，从而推动三羧酸循环和有氧氧化的进行。

氧化磷酸化的速率对三羧酸循环的运转也

起着非常重要的作用。三羧酸循环中有 4 次脱氢反应，从代谢物脱下的氢分别为 NAD^+ 及 FAD 接受。然后 H^+ 及 e 通过电子传递链进行氧化磷酸化。如不能有效进行氧化磷酸化，$NADH+H^+$ 及 $FADH_2$ 仍保持还原状态，则三羧酸循环中的脱氢反应都将无法继续进行。三羧酸循环的调节如图 10-12 所示。

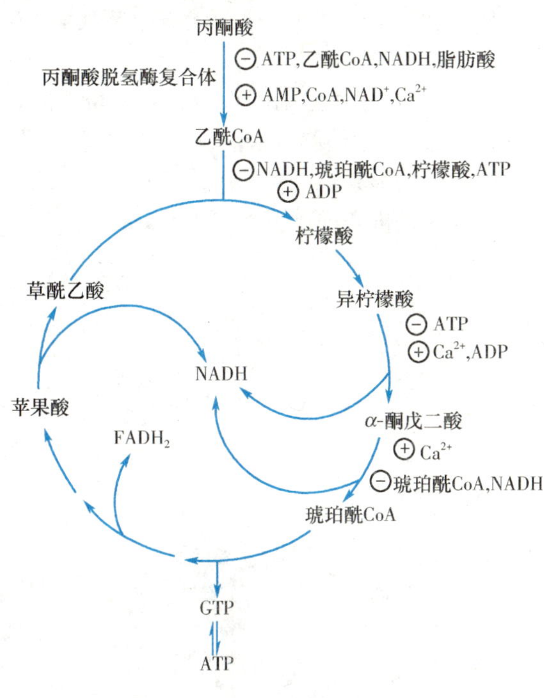

图 10-12 三羧酸循环的调节

有氧氧化的调节是为了适应机体或器官对能量的需要，有氧氧化全过程中许多酶的活性都受细胞内 ATP/ADP 或 ATP/AMP 比率的影响，因而能得以协调。当细胞消耗 ATP 以致 ATP 水平降低，ADP 和 AMP 浓度升高时，6-磷酸果糖激酶-1、丙酮酸激酶、丙酮酸脱氢酶复合体以及三羧酸循环中的异柠檬酸脱氢酶、α-酮戊二酸脱氢酶复合体以至氧化磷酸化等均被激活，从而加速有氧氧化，补充 ATP。反之，当细胞内 ATP 含量丰富时，上述酶的活性均降低，氧化磷酸化亦减弱。细胞内 ATP 的浓度约为 AMP 的 50 倍。ATP 被利用生成 ADP 后，可再通过腺苷酸激酶反应而生成 AMP：$2ADP \rightarrow ATP + AMP$。由于 AMP 的浓度很低，所以每生成 1 分子 AMP，其浓度的变动比 ATP 的变动大得多。这样信号得以放大，从而发挥有效的调节作用。

三、磷酸戊糖途径的调节

6-磷酸葡萄糖可进入多条代谢途径。6-磷酸葡萄糖脱氢酶是磷酸戊糖途径的第一个酶，因而其活性决定 6-磷酸葡萄糖进入此途径的流量。在摄取高碳水化合物饮食以后，尤其在饥饿后重饲时，肝内此酶含量明显增加，以适应脂酸合成代谢的需要。此酶活性的快速调节主要受 $NADPH/NADP^+$ 比例的影响。比例升高，磷酸戊糖途径被抑制；比例降低时激活。NADPH 对该酶有强烈的抑制作用。因此，磷酸戊糖途径的流量取决于机体细胞对 NADPH 的需求。

四、糖原合成与分解的调节

糖原的合成与分解不是简单的可逆反应，而是分别通过两条途径进行。这样才能进行精细的调节。当糖原合成途径活跃时，分解途径则被抑制，才能有效地合成糖原；反之亦然。这种合成与分解循两条途径进行的现象，是生物体内的普遍规律。

糖原合成途径中的糖原合酶和糖原分解途径中的磷酸化酶都是催化不可逆反应的关键酶。这两个酶分别是两条代谢途径的调节酶，其活性决定不同途径的代谢速率，从而影响糖原代谢的方向。糖原合酶和磷酸化酶的快速调节有共价修饰和变构调节两种方式。

（一）磷酸化酶

肝糖原磷酸化酶有磷酸化和去磷酸化两种形式。当该酶 14 位丝氨酸被磷酸化时，活性很低的磷酸化酶（称为磷酸化酶 b）就转变为活性强的磷酸型磷酸化酶（称为磷酸化酶 a）。这种磷酸化过程由磷酸化酶 b 激酶催化。磷酸化酶 b 激酶也有两种形式。去磷酸的磷酸化酶 b 激酶没有活性。在依赖 cAMP 的蛋白激酶作用下转变为磷酸型的活性磷酸化酶 b 激酶。其去磷酸则由磷蛋白磷酸酶-1 催化。

依赖 cAMP 的蛋白激酶（cAMP-dependent protein kinase，简称蛋白激酶 A，PKA）也有活性及无活性两种形式，其活性受 cAMP 调节。ATP 在腺苷酸环化酶作用下生成 cAMP，而腺苷酸环化酶的活性受激素调节。cAMP 在体内很快被磷酸二酯酶水解成 AMP，蛋白激酶随即转变为无活性型。这种通过一系列酶促反应将激素信号放大的连锁反应称为级联放大系统（cascade system），与酶含量调节相比（一般以几小时或天计），反应快，效率高。其意义有二：一是放大效应；二是级联中各级反应都存在有可以被调节的方式。

此外，磷酸化酶还受变构调节，葡萄糖是其

变构调节剂。当血糖升高时，葡萄糖进入肝细胞，与磷酸化酶 a 的变构调节部位结合，引起构象改变，暴露出磷酸化的第 14 位丝氨酸，然后在磷蛋白磷酸酶-1 催化下去磷酸化而失活。因此，当血糖浓度升高时，可降低肝糖原的分解。这种调节方式速度更快，仅需几毫秒。

(二) 糖原合酶

糖原合酶亦分为 a、b 两种形式。糖原合酶 a 有活性，磷酸化成糖原合酶 b 后即失去活性。催化其磷酸化的也是依赖 cAMP 的蛋白激酶，可磷酸化其多个丝氨酸残基。此外，磷酸化酶 b 激酶也可磷酸化其中 1 个丝氨酸残基，使糖原合酶失活。

综上所述，磷酸化酶和糖原合酶的活性受磷酸化和去磷酸化的共价修饰。两种酶磷酸化和去磷酸化的方式相似，但效果不同，磷酸化酶去磷酸化后活性降低，而糖原合酶的去磷酸化形式则是有活性的。这种精细的调控，避免了由于分解、合成两条途径同时进行所造成的 ATP 的浪费。

使磷酸化酶 a、糖原合酶和磷酸化酶 b 激酶去磷酸化的磷蛋白磷酸酶-1 的活性也受到精细调节。磷蛋白磷酸酶抑制物是胞内一种蛋白质，和此酶结合后可抑制其活性。此抑制物本身具活性的磷酸化形式也是由依赖 cAMP 的蛋白激酶调控的。共价修饰过程归纳如图 10-13。

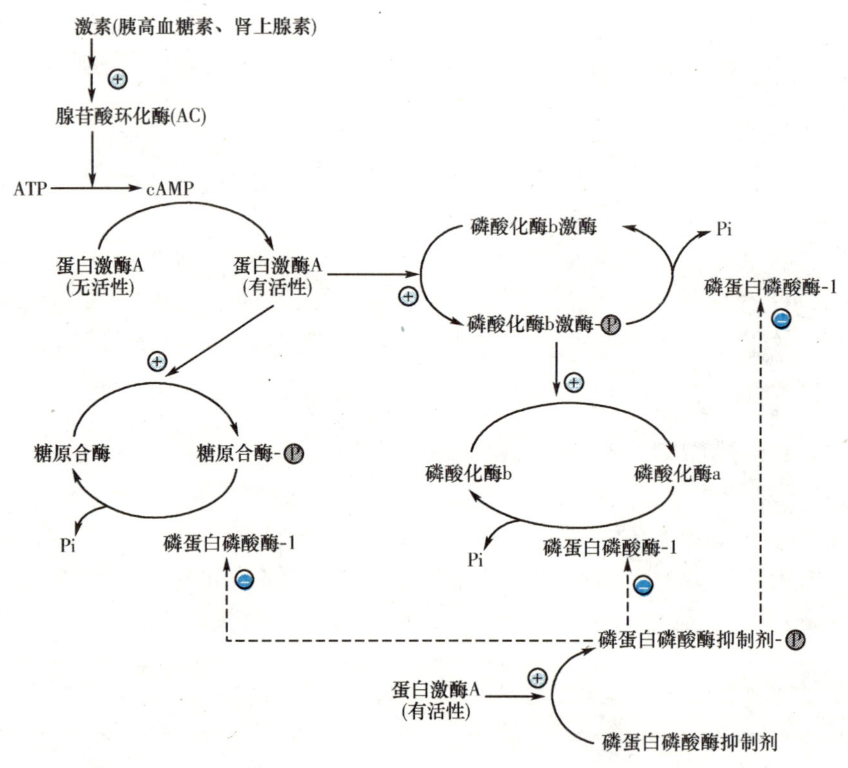

图 10-13　糖原合成、分解的共价修饰调节

糖原合成与分解的生理性调节主要靠胰岛素和胰高血糖素。胰岛素抑制糖原分解，促进糖原合成，但其机制还未肯定。可能通过激活磷酸二酯酶加速 cAMP 的分解。胰高血糖素可诱导生成 cAMP，促进糖原分解。肾上腺素也可通过 cAMP 促进糖原分解，但可能仅在应激状态发挥作用。

肌肉内糖原代谢的两个关键酶的调节与肝糖原不同。这是因为肌糖原的生理功能不同于肝糖原，肌糖原不能补充血糖，而仅仅是为肌肉活动提供能量。因此，肝主要受胰高血糖素的调节而肌肉主要受肾上腺素调节。在肌肉糖原合酶及磷酸化酶的变构效应物主要为 AMP、ATP 及 6-磷酸葡萄糖。AMP 可激活磷酸化酶 b，而 ATP、6-磷酸葡萄糖可抑制磷酸化酶 a，但对糖原合酶有激活作用，使肌糖原的合成与分解受细胞内能量状态的控制。当肌肉收缩，ATP 被消耗时，AMP 浓度升高，而 6-磷酸葡萄糖水平亦低，肌糖原分解加快，合成被抑制。而当静息时，肌肉内 ATP 及 6-磷酸葡萄糖水平较高，有利于糖原合成。

Ca^{2+} 的升高可引起肌糖原分解增加。当神经冲动引起胞液内 Ca^{2+} 升高时，因为磷酸化酶 b 激酶的 δ 亚基就是一种钙调蛋白(calmodulin)，Ca^{2+} 与其结合，即可激活磷酸化酶 b 激酶，促进磷酸化酶 b 磷酸化成磷酸化酶 a，加速糖原分解。这样，在神经冲动引起肌肉收缩的同时，即加速糖原分解，以获得肌肉收缩所需能量。

五、糖异生的调节

酵解途径与糖异生途径是方向相反的两条代谢途径。如从丙酮酸进行有效的糖异生，就必须抑制酵解途径，以防止葡萄糖又重新分解成丙酮酸；反之亦然。这种协调主要依赖于对这两条途径中的两个底物循环（substrate cycle）进行调节。

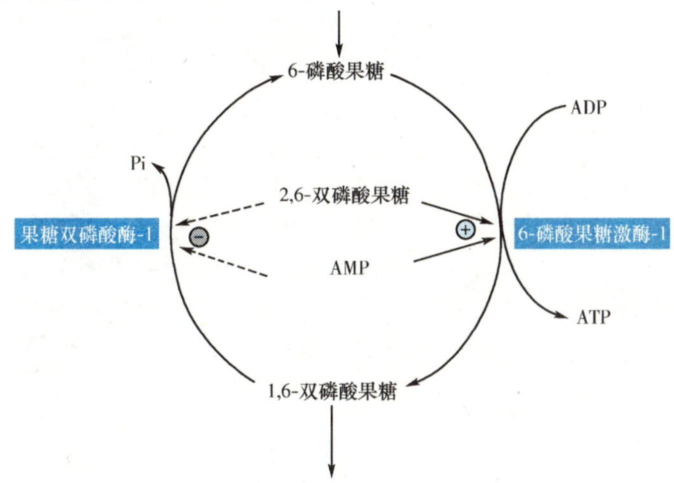

第一个底物循环在6-磷酸果糖与1,6-双磷酸果糖之间。

一方面6-磷酸果糖磷酸化成1,6-双磷酸果糖，另一方面1,6-双磷酸果糖去磷酸而成6-磷酸果糖。这样，磷酸化与去磷酸构成了一个底物循环。如不加调节，净结果是消耗了ATP而又不能推进代谢。实际上在细胞内催化这两个反应酶的活性常呈相反的变化。2,6-双磷酸果糖和AMP激活6-磷酸果糖激酶-1的同时，抑制果糖-双磷酸酶-1的活性，使反应向糖酵解方向进行，同时抑制了糖异生。胰高血糖素通过cAMP和依赖cAMP的蛋白激酶，使6-磷酸果糖激酶-2磷酸化而失活，降低肝细胞内2,6-双磷酸果糖水平，从而促进糖异生而抑制糖的分解。胰岛素则有相反的作用。目前认为2,6-双磷酸果糖的水平是肝内调节糖的分解或糖异生反应方向的主要信号。进食后，胰高血糖素/胰岛素比例降低，2,6-双磷酸果糖水平升高，糖异生被抑制，糖的分解加强，为合成脂酸提供乙酰CoA。饥饿时胰高血糖素分泌增加，2,6-双磷酸果糖水平降低，从糖的分解转向糖异生。维持底物循环虽然要损失一些ATP，但却可使代谢调节更为灵敏、精细。

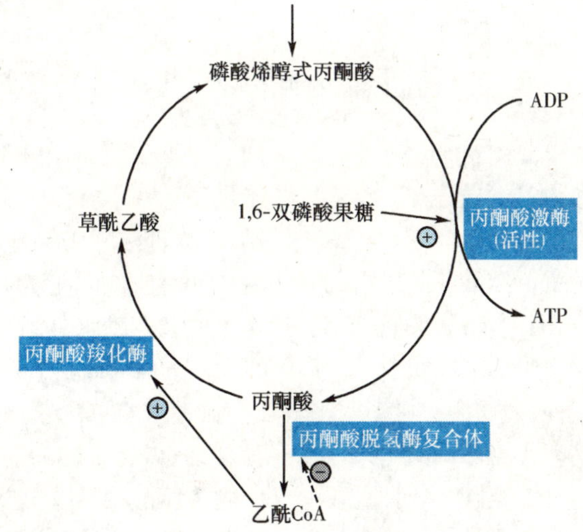

第二个底物循环在磷酸烯醇式丙酮酸和丙酮酸之间。

1,6-双磷酸果糖是丙酮酸激酶的变构激活剂，通过1,6-双磷酸果糖可将两个底物循环相联系和协调。胰高血糖素可抑制2,6-双磷酸果糖合成，从而减少1,6-双磷酸果糖的生成，这就可降低丙酮酸激酶的活性。胰高血糖素还通过cAMP使丙酮酸激酶磷酸化而失去活性，于是糖

异生加强而糖酵解被抑制。肝内丙酮酸激酶可被丙氨酸抑制。而在饥饿时丙氨酸是主要的糖异生原料，故丙氨酸的这种抑制作用有利于丙氨酸异生成糖。

丙酮酸羧化酶必须有乙酰 CoA 存在才有活性，而乙酰 CoA 对丙酮酸脱氢酶却有反馈抑制作用。例如饥饿时大量脂酰 CoA 在线粒体内 β 氧化，生成大量的乙酰 CoA。这一方面抑制丙酮酸脱氢酶，阻止丙酮酸继续氧化，一方面又激活丙酮酸羧化酶，使其转变为草酰乙酸，从而加速糖异生。

胰高血糖素可通过 cAMP 快速诱导磷酸烯醇式丙酮酸羧激酶基因的表达，增加酶的合成。胰岛素则显著降低磷酸烯醇式丙酮酸羧激酶 mRNA 水平，而且对 cAMP 有对抗作用，说明胰岛素对该酶有重要的调节作用。

第八节　血糖及其调节

一、血糖的来源和去路

血糖指血中的葡萄糖。血糖水平相当恒定，维持在 3.89～6.11mmol/L(0.7～1.1g/L)之间，这是进入和移出血液的葡萄糖平衡的结果。血糖的来源为肠道吸收、肝糖原分解或肝内糖异生生成的葡萄糖释入血液内。血糖的去路则为周围组织以及肝的摄取利用。这些组织中摄取的葡萄糖的利用、代谢各异。某些组织用于氧化供能；肝、肌肉可用于合成糖原；脂肪组织和肝可将其转变为三酰甘油等。血糖的来源和去路总结如图 10-14。

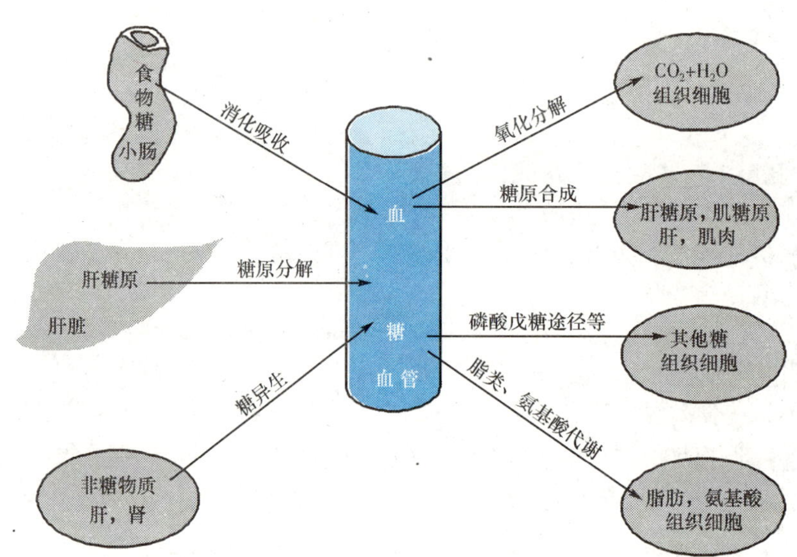

图 10-14　血糖的来源和去路

二、血糖水平的调节

以上这些代谢过程是机体经常不断进行的，但是在不同的情况下，根据机体能量来源、消耗等而有很大的差异。而且糖代谢的调节不是孤立的，它还涉及脂肪及氨基酸的代谢。血糖水平保持恒定是糖、脂肪、氨基酸代谢协调的结果；也是肝、肌肉、脂肪组织等各器官组织代谢协调的结果。例如，消化吸收期间，自肠道吸收大量葡萄糖；此时肝内糖原合成加强（包括 UDPG 途径和三碳途径）而分解减弱。肌糖原合成和糖的氧化亦加强。肝、脂肪组织加速将糖转变为脂肪。从肌肉蛋白质分解来的氨基酸的糖异生则减弱。因而血糖仅暂时上升并且很快恢复正常。长跑者经长达 2 小时多的比赛，其肝糖原本应早已耗尽，但血糖水平仍保持在 3.89～6.11mmol/L 左右。此时肌肉内能量来源主要来自脂酸，而糖异生来的葡萄糖保持血糖于正常水平。长期饥饿时，血糖虽略低，仍保持 3.6～3.8mmol/L。这时，血糖来自肌肉蛋白质降解来的氨基酸，其次为甘油，以保证脑的需要，而其他组织的能量来源则为脂酸及酮体，它们摄取葡萄糖被抑制。甚至脑的能量，大部分也由酮体供应。这样的结果，血糖仍可维持于低水平。机体的各种代谢以及各器官之间能这样精确协调，以适应能量、燃料供求的变化，主要依靠激素的调节。酶水平的调节是最基本的调节方式和基础，调节血糖水平

笔记栏

的几种激素的作用机制叙述如下。

(一) 胰岛素

胰岛素(insulin)是体内唯一的降低血糖的激素,也是唯一同时促进糖原、脂肪、蛋白质合成的激素。胰岛素的分泌受血糖控制,血糖升高立即引起胰岛素分泌;血糖降低,分泌即减少。胰岛素降血糖是多方面作用的结果:①促进肌肉、脂肪组织等的细胞膜葡萄糖载体将葡萄糖转运入胞。②通过增强磷酸二酯酶活性,降低 cAMP 水平,从而使糖原合酶活性增强、磷酸化酶活性降低,加速糖原合成、抑制糖原分解。③通过激活丙酮酸脱氢酶磷酸酶而使丙酮酸脱氢酶激活,加速丙酮酸氧化为乙酰 CoA,从而加快糖的有氧氧化。④抑制肝内糖异生。这是通过抑制磷酸烯醇式丙酮酸羧激酶的合成以及促进氨基酸进入肌组织并合成蛋白质,减少肝糖异生的原料。⑤通过抑制脂肪组织内的激素敏感脂肪酶,可减缓脂肪动员的速率。当脂酸大量动员至肝、肌肉、心肌时,可抑制它们氧化葡萄糖。因此,胰岛素减少脂肪动员,就可促进上述组织利用葡萄糖。

(二) 胰高血糖素

胰高血糖素(glucagon)是体内主要升高血糖的激素。血糖降低或血内氨基酸升高刺激胰高血糖素的分泌。其升高血糖的机制包括:①经肝细胞膜受体激活依赖 cAMP 的蛋白激酶,从而抑制糖原合酶和激活磷酸化酶,迅速使肝糖原分解,血糖升高。②通过抑制 6-磷酸果糖激酶-2,激活果糖双磷酸酶-2,从而减少 2,6-双磷酸果糖的合成,后者是 6-磷酸果糖激酶-1 的最强的变构激活剂,又是果糖双磷酸酶-1 的抑制剂。于是糖酵解被抑制,糖异生则加速。③促进磷酸烯醇式丙酮酸羧激酶的合成;抑制肝丙酮酸激酶;加速肝摄取血中的氨基酸,从而增强糖异生。④通过激活脂肪组织内激素敏感脂肪酶,加速脂肪动员。这与胰岛素作用相反,从而间接升高血糖水平。

胰岛素和胰高血糖素是调节血糖,实际上也是调节三大营养物代谢最主要的两种激素。机体内糖、脂肪、氨基酸代谢的变化主要取决于这两种激素的比例。而不同情况下这两种激素的分泌是相反的。引起胰岛素分泌的信号(如血糖升高)可抑制胰高血糖素分泌。反之,使胰岛素分泌减少的信号可促进胰高血糖素分泌。

(三) 糖皮质激素

糖皮质激素可引起血糖升高,肝糖原增加。其作用机制可能有两方面:①促进肌肉蛋白质分解,分解产生的氨基酸转移到肝进行糖异生。这时,糖异生途径的关键酶,磷酸烯醇式丙酮酸羧激酶的合成常增强。②抑制肝外组织摄取和利用葡萄糖,抑制点为丙酮酸的氧化脱羧。此外,在糖皮质激素存在时,其他促进脂肪动员的激素才能发挥最大的效果。这种协助促进脂肪动员的作用,可使得血中游离脂肪酸升高,也可间接抑制周围组织摄取葡萄糖。

(四) 肾上腺素

肾上腺素是强有力的升高血糖的激素。给动物注射肾上腺素后血糖水平迅速升高,可持续几小时。同时血中乳酸水平也升高。肾上腺素的作用机制是通过肝和肌肉的细胞膜受体、cAMP、蛋白激酶级联激活磷酸化酶,加速糖原分解。在肝脏,糖原分解为葡萄糖;在肌肉则经糖酵解生成乳酸,并通过乳酸循环间接升高血糖水平。肾上腺素主要在应急状态下发挥调节作用。对经常性,尤其是进食情况引起的血糖波动没有生理意义。

正常人体内存在一整套精细的调节糖代谢的机制,在一次性食入大量葡萄糖之后,血糖水平不会出现大的波动和持续升高。人体对摄入的葡萄糖具有很大耐受能力的这种现象,被称为葡萄糖耐量(glucose tolerance)或耐糖现象。医学上对病人做糖耐量试验可以帮助诊断某些与糖代谢障碍相关的疾病。

三、血糖水平异常

临床上因糖代谢障碍可发生血糖水平紊乱,常见有以下两种类型。

1. 高血糖及糖尿症(hyperglycemia and glucosuria) 临床上将空腹血糖浓度高于 6.11mmol/L 称为高血糖。当血糖浓度超过了肾小管的重吸收能力,则可出现糖尿,这一血糖水平称为肾糖阈。持续性高血糖和糖尿,特别是空腹血糖和糖耐量曲线高于正常范围,主要见于糖尿病(diabetes mellitus)。遗传性胰岛素受体缺陷也可引起糖尿病的临床表现。某些慢性肾炎、肾病综合征等引起肾脏对糖的重吸收障碍也可出现糖尿,但血糖及糖耐量曲线均正常。生理性高血糖和糖尿可因情绪激动,交感神经兴奋,

笔记栏

肾上腺素分泌增加，从而使得肝糖原大量分解所致。临床上静脉滴注葡萄糖速度过快，也可使血糖迅速升高并出现糖尿。

2. 低血糖（hypoglycemia） 空腹血糖浓度低于3.33mmol/L时称为低血糖。低血糖影响脑的正常功能，因为脑细胞所需要的能量主要来自葡萄糖的氧化。当血糖水平过低时，就会影响脑细胞的功能，从而出现头晕、倦怠无力、心悸等，严重时出现昏迷，称为低血糖休克。如不及时给病人静脉补充葡萄糖，可导致死亡。出现低血糖的病因有：①胰性（胰岛β细胞机能亢进、胰岛α细胞机能低下等）；②肝性（肝癌、糖原累积病等）；③内分泌异常（垂体机能低下、肾上腺皮质机能低下等）；④肿瘤（胰腺癌、胃癌等）；⑤饥饿或不能进食者等。

Summary

The main function of carbohydrate is energy supply.

The metabolism of carbohydrate here is referred to the metabolism of glucose in the body, which includes: anaerobic decomposition, aerobic decomposition, pentose phosphate pathway, synthesis and decomposing of glycogen, glyconeogenesis and so on.

Anaerobic decomposition: In anaerobic condition, glucose is converted to pyruvate through serials of enzyme catalytic reactions and is further reduced to lactate. That is also named glycolysis. Glycolysis can be divided into two phases: in the first phase, glucose is converted to pyruvate, which is named as glycolytic pathway. In the second phase, pyruvate is converted to lactate. Glycolysis takes place in cytosol. Although only 2mol ATP were obtained when 1mol glucose was decomposed in glycolysis, the speed of reaction is fast, which can offer energy quickly.

Aerobic decomposition of carbohydrate refers to the reaction process in which, glucose is decomposed completely to water and carbon dioxide under aerobic condition. Aerobic oxidation can be divided into 3 phases. The first phase is glycolytic pathway. In the second phase, pyruvate enters mitochondrion and is converted to acetyl-CoA. The third phase consists of tricarboxylic acid cycle and oxidative phosphorylation. The hydrogens and electrons are transferred through the respiratory chains to activate oxygen, H_2O and ATP can be obtained. When 1mol glucose was oxidized completely, 30 or 32 mol ATPs were obtained.

The pentose phosphate pathway takes place in the cytosol. Its important physiologic significance consists of not only in producing ribose but more importantly in producing NADPH for the anabolism. NADPH can offer hydrogen taking part in the hydroxylation reaction and maintaining glutathione in the reduced state.

Glycogen is the major storage of glucose, mainly in the liver and muscle. The key enzyme of glycogen synthesis is glycogen synthase. Glycogenolysis is referred to the degradation of liver glycogen catalyzed by phosphorylase. Muscle glycogen provides energy for muscle contraction. The liver glycogen is an important source of blood sugar.

Glyconeogenesis is the pathway for converting noncarbohydrates to glucose or glycogen which occurs mainly in the liver and kidney. The significance of glyconeogenesis is to supplement the glycogen consuming and maintain the blood sugar level to meet the requirement of some important organs in fasting or hungry condition.

The regulations of carbohydrate metabolism mainly fall on the activation of some key enzymes to control the reaction status. In the glycolytic pathway, 6-phosphofructokinase-1 is the most important enzyme to be regulated and next are pyruvate-kinase and glucokinase or hexokinase. The regulations of aerobic oxidation consist of 3 phases: besides the regulation of key enzymes in glycolytic pathway, pyruvate dehydrognase complex and isocitrate dehydrogenase and α-ketoglutarete dehydrognase complex in citric acid cycle are also important, next is cirate synthase. In the synthesis and decomposition of glycogen, phosphorylase and glycogen synthase are two key enzymes which can be regulated. The directions of glyconeogenesis and glycolytic pathway are opposite. The regulations of two pathways depend on two substrates cycles.

Blood sugar mainly refers to the glucose in the blood. The level maintains at 3.89 ~ 6.11mmol/L. The stabilization of blood sugar is necessary for keeping normal physiologic functions in the body. The most important hormone decreasing blood sugar is insulin and that is the only one. The important hormones increasing blood sugar are glucagons, glucocorticoid and adrenaline.

思 考 题

1. 糖的化学本质是什么？糖类在体内有何生理功能？
2. 什么是糖酵解？有何生理意义？
3. 何谓有氧氧化？有氧氧化主要分为几个阶段？有何生理意义？
4. 何谓三羧酸循环？有何生理作用？
5. 什么是磷酸戊糖途径？有何生理意义？
6. 什么是糖异生？其生理意义是什么？
7. 试述丙酮酸是如何异生成糖的？
8. 糖原是如何合成和分解的？机体如何调节糖原的合成与分解？
9. 试比较肝糖原与肌糖原的合成有何异同点？
10. 试述肝脏在血糖水平恒定中的重要性？
11. 机体是如何维持血糖水平恒定的？

（屈　伸）

第 11 章 脂类代谢

脂类(lipid)是脂肪及类脂的总称,是一类能被机体利用的有机物质。脂类具有共同的物理性质,即不溶于水而溶于有机溶剂,如乙醚、氯仿、丙酮等。脂肪(fat)是三脂酰甘油或称三酰甘油(triglyceride),类脂(lipoid)主要有磷脂、糖脂、胆固醇及胆固醇酯等。

第一节 脂类的生理功能

1. 储存能量和氧化供能 脂肪氧化产生的能量(约 38kJ/g 或 9kcal/g)比糖和蛋白质(约 17kJ/g 或 4kcal/g)多一倍以上。体内储存的脂肪占人体体重 10%～20%,主要分布在脂肪组织中,如皮下脂肪、腹腔大网膜及肠系膜等处。细胞内的脂肪主要以乳化状的微粒存在于细胞浆中,也能与蛋白质和其他类脂形成脂蛋白复合物。脂肪组织约占人体可动用能量的 85%,是机体最主要的储存能源。

2. 提供必需脂肪酸 必需脂肪酸是维持机体正常代谢所必需的而机体又不能自身合成的营养素,如亚油酸、亚麻酸、花生四烯酸等是构成磷脂的重要组成成分。花生四烯酸是合成前列腺素、血栓素和白三烯的原料。它们分别参与了多种细胞代谢活动,在调节细胞代谢上具有重要作用。

3. 保温和保护作用 脂肪不易导热,人体皮下脂肪组织可以防止热量散失而起保温作用。以液态的三酰甘油为主要成分的脂肪组织如软垫,可对机械撞击起缓冲作用而保护内脏和肌肉免受损伤。

4. 协助和促进脂溶性维生素和胡萝卜素的吸收 脂溶性维生素 A、D、E、K 及植物中的胡萝卜素,它们不溶于水,而溶于脂类及多数有机溶剂。脂溶性维生素在食物中与脂类共同存在,并随脂类一同吸收。脂类吸收障碍可引起相应的缺乏症。

5. 作为机体的主要结构成分和参与机体代谢 类脂,特别是磷脂和胆固醇,是所有生物膜的重要组分。磷脂的衍生物,如磷脂酰肌醇是某些第二信使的前体等。胆固醇可以转化成维生素 D_3,具有调节钙磷代谢的活性。胆固醇还可以转化成肾上腺皮质激素和性激素,具有广泛的调节代谢的作用。

第二节 脂类的消化吸收

一、脂类的消化

膳食中的脂类主要为脂肪,还有少量磷脂、胆固醇等,脂类消化的主要场所在小肠上段。因口腔无脂肪酶不能消化脂肪,胃内虽含有脂肪酶,但其量甚少,加之胃液酸性较强,pH 不适宜,故脂肪在胃内几乎不能被消化。小肠上段有胰液及胆汁的流入,胆汁中含胆汁酸盐,是较强的乳化剂,能使疏水的脂肪及胆固醇酯等乳化成细小微团,增加酶与脂类物质的接触面积,有利于脂类的消化。胰液中含有胰脂酶、磷脂酶 A_2、胆固醇酯酶及辅脂酶等。胰脂酶(pancreatic lipase)能特异的催化三酰甘油的 α 酯键(即第 1,3 位酯键)水解,产生 2-甘油一酯并释放出 2 分子脂肪酸。磷脂酶 A_2(phospholipase A_2)在胰液中以酶原形式存在,必须在胰蛋白酶作用下水解,释放一个五肽后才被激活。它催化磷脂的第二位酯键水解,生成溶血磷脂及一分子脂肪酸。胆固醇酯酶(cholesterol esterase)作用于胆固醇酯,使之水解为游离胆固醇及脂肪酸。辅脂酶(colipase)是一种分子质量为 10kDa 的蛋白质,其功能是结合并将胰脂酶固定在微团的水油界面上,并可防止胰脂酶在水油界面上变性,这样才能使胰脂酶发挥作用,催化油相内的脂肪水解。在胆汁酸盐、胰脂酶、辅脂酶等协同作用时,尚需 Ca^{2+} 参加才能使胰脂酶的脂解活性充分发挥。

经上述消化作用后,各种消化产物,如甘油一酯、脂肪酸、胆固醇及溶血磷脂等可与胆汁酸盐乳化成更小的混合微团(mixed micelles)。这种微团体积小、极性大,易于穿过小肠黏膜细胞表面的水膜屏障,为肠黏膜细胞吸收。

二、脂类的吸收

脂类消化产物主要在十二指肠下段及空肠

吸收。甘油、短链脂肪酸(2C～4C)及中链脂肪酸(6～10C)易被肠黏膜细胞吸收,直接进入门静脉。部分未被消化的,由短链和中链脂肪酸构成的三酰甘油,经胆汁酸盐乳化后亦有可能被吸收。长链脂肪酸(12C～16C)、2-单酰甘油等消化产物随混合微团被吸收入肠黏膜细胞后,可再酯化成三酰甘油和磷脂等。胆固醇的吸收较其他脂类慢且不完全,已吸收的胆固醇大部分(约80%～90%)被再酯化生成胆固醇酯。各种再酯化的三酰甘油、胆固醇酯及少量的游离胆固醇、磷脂等与载脂蛋白 B_{48} 结合成乳糜微粒经淋巴进入血循环。

第三节　三酰甘油的代谢

一、三酰甘油的分解——脂肪动员

储存在脂肪细胞中的脂肪,被脂肪酶逐步水解为游离脂肪酸(free fatty acid,FFA)及甘油(glycerol)并释放入血以供其他组织氧化利用,此过程称为脂肪动员。在脂肪动员中,脂肪细胞内激素敏感性三酰甘油脂肪酶(hormone-sensitive triglyceride lipase,HSL)起决定性作用,它是脂肪分解的限速酶(图11-1)。

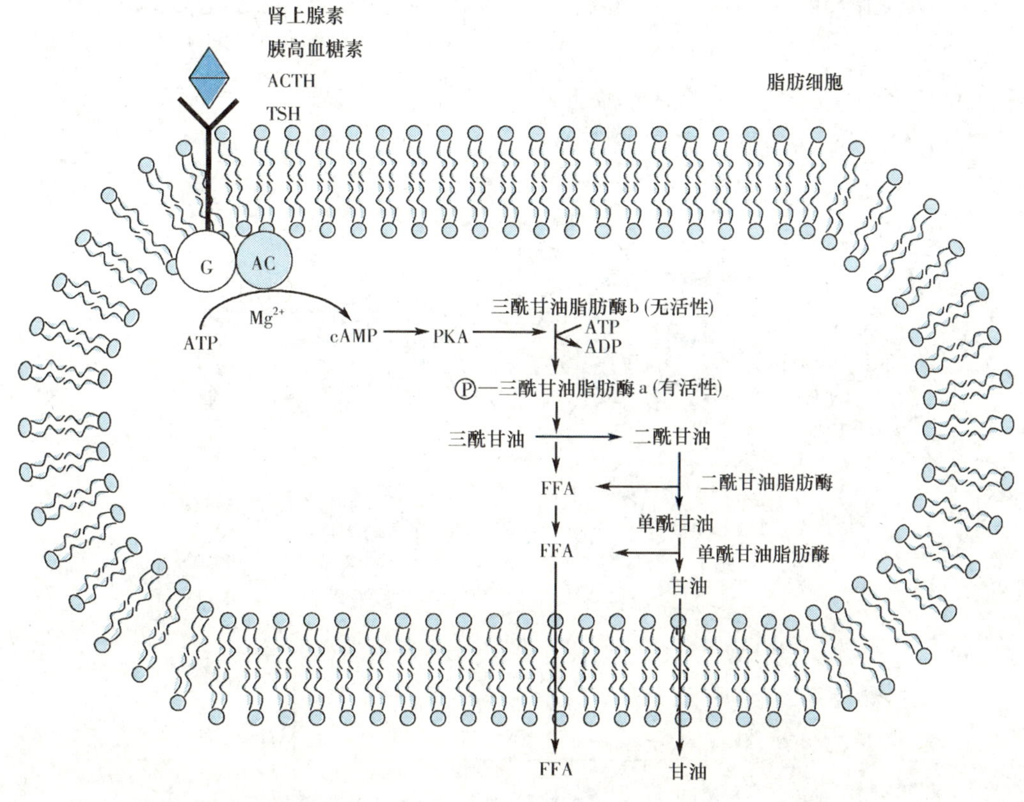

图11-1　脂肪动员

当禁食、饥饿或交感神经兴奋时,肾上腺素、去甲肾上腺素、胰高血糖素等分泌增加,作用于脂肪细胞膜表面受体,激活腺苷酸环化酶(adenylate cyclase,AC),促进cAMP合成,激活依赖cAMP的蛋白激酶A(protein kinase A,PKA),使胞液内三酰甘油脂肪酶磷酸化而活化。后者使三酰甘油水解成二酰甘油及脂肪酸。这步反应是脂肪分解的限速步骤,三酰甘油脂肪酶是限速酶,它受多种激素的调控,故称为激素敏感性脂肪酶。能促进脂肪动员的激素称为脂解激素,如肾上腺素、胰高血糖素,促肾上腺皮质激素(ACTH)及促甲状腺素(TSH)等。胰岛素、前列腺素 E_2 及烟酸等具有抑制脂肪的动员、对抗脂解激素的作用。

脂解作用使储存在脂肪细胞中的脂肪分解成游离脂肪酸及甘油,然后释放入血。血浆清蛋白具有结合游离脂肪酸的能力,每分子清蛋白可结合10分子FFA。FFA不溶于水,与清蛋白结合后由血液迅速运送至全身组织,主要由心、肝、骨骼肌等摄取利用。空腹时机体所需能量的50%～90%由游离脂肪酸提供。

二、脂肪酸的氧化

(一)饱和脂肪酸的氧化

脂肪酸是人及哺乳动物的主要能源物质。

在O_2供给充足的条件下，脂肪酸可在体内分解成CO_2和H_2O并释出大量能量，产生ATP供给机体利用。除脑组织外，大多数组织均能氧化脂肪酸，但以肝及肌肉最活跃。

脂肪酸的氧化可概括为脂肪酸的活化、脂酰CoA转移入线粒体、β氧化及最后经三羧酸循环、呼吸链彻底氧化成CO_2及H_2O，并释放出能量等四个阶段。

1. 脂肪酸的活化——脂酰CoA的生成 脂肪酸进行氧化前必须活化，活化在线粒体外进行。内质网及线粒体外膜上的脂酰CoA合成酶(acyl-CoA synthetase)在ATP、CoASH、Mg^{2+}存在的条件下，催化脂肪酸活化，生成脂酰CoA。

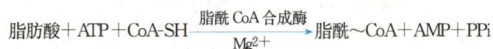

$$\text{脂肪酸}+\text{ATP}+\text{CoA-SH}\xrightarrow[\text{Mg}^{2+}]{\text{脂酰 CoA 合成酶}}\text{脂酰}\sim\text{CoA}+\text{AMP}+\text{PPi}$$

脂肪酸活化后不仅含有高能硫酯键，而且增加了水溶性，从而提高了脂肪酸的代谢活性。反应过程中生成的焦磷酸(PPi)立即被细胞内的焦磷酸酶水解，阻止了逆向反应的进行。故1分子脂肪酸活化，实际上消耗了2分子高能磷酸键。

脂肪组织中有三种脂酰CoA合成酶：①乙酰CoA合成酶，以乙酸为主要底物；②辛酰CoA合成酶，作用范围可自4C～12C脂肪酸；③十二碳酰CoA合成酶，作用范围自10C～20C脂肪酸。

2. 脂酰CoA转移入线粒体 脂肪酸的活化在胞液中进行，而催化脂肪酸氧化的酶系存在于线粒体的基质内，因此，活化的脂酰CoA必须进入线粒体内才能代谢。实验证明，长链脂酰CoA不能直接透过线粒体内膜。它进入线粒体需肉碱[carnitine，*L*-$(CH_3)_3N^+CH_2CH(OH)CH_2COO^-$，*L*-β-羟-γ-三甲氨基丁酸]的转运(图11-2)。

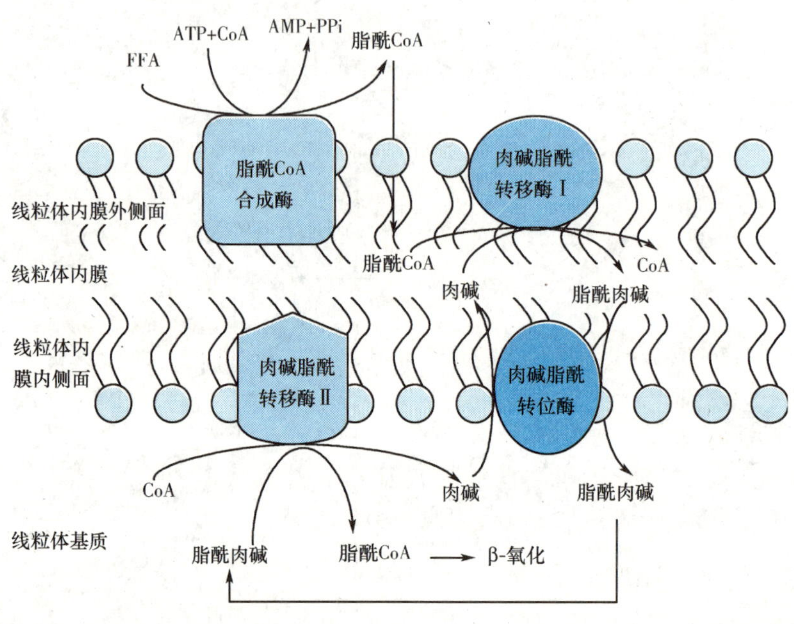

图11-2 长链脂酰CoA进入线粒体的机制

线粒体内膜外侧面存在肉碱脂酰转移酶Ⅰ(carnitine acyl transferaseⅠ)，它能催化长链脂酰CoA与肉碱合成脂酰肉碱(acyl carnitine)，后者即可在线粒体内膜内侧面的肉碱-脂酰肉碱转位酶(carnitine-acylcarnitine translocase)的作用下，通过内膜进入线粒体基质内。此转位酶实际上是线粒体内膜转运肉碱及脂酰肉碱的载体。它在转运1分子脂酰肉碱进入线粒体基质内的同时，将1分子肉碱转运出线粒体内膜外。进入线粒体内的脂酰肉碱，则在位于线粒体内膜内侧面的肉碱脂酰转移酶Ⅱ的作用下，转变为脂酰CoA并释出肉碱。脂酰CoA即可在线粒体基质中脂肪酸β氧化酶体系的作用下，进行β氧化。

肉碱脂酰转移酶Ⅰ是脂肪酸β氧化的限速酶，脂酰CoA进入线粒体是脂肪酸β氧化的主要限速步骤。当饥饿、高脂低糖膳食或糖尿病时，机体不能利用糖，需脂肪酸供能，这时肉碱脂酰转移酶Ⅰ活性增加，脂肪酸氧化增强。相反，饱食后，脂肪合成及丙二酰CoA增加，后者抑制肉碱脂酰转移酶Ⅰ活性，因而脂肪酸的氧化被抑制。

3. 脂肪酸的β氧化 这是由Knoop提出的氧化机制，氧化作用是从脂酰基β碳原子上开始的，使脂肪酸逐步氧化断裂为二碳单位的乙酰CoA，因此称为脂肪酸β氧化(fatty acid β oxidation)。

脂酰CoA进入线粒体基质后，在线粒体基质中疏松结合的脂肪酸β氧化多酶复合体的催化下，从脂酰基的β碳原子开始，进行脱氢、加水、再脱氢及硫解等四步连续反应，脂酰基断裂生成1分子比原来少2个碳原子的脂酰CoA及1分子乙酰CoA(图11-3)。

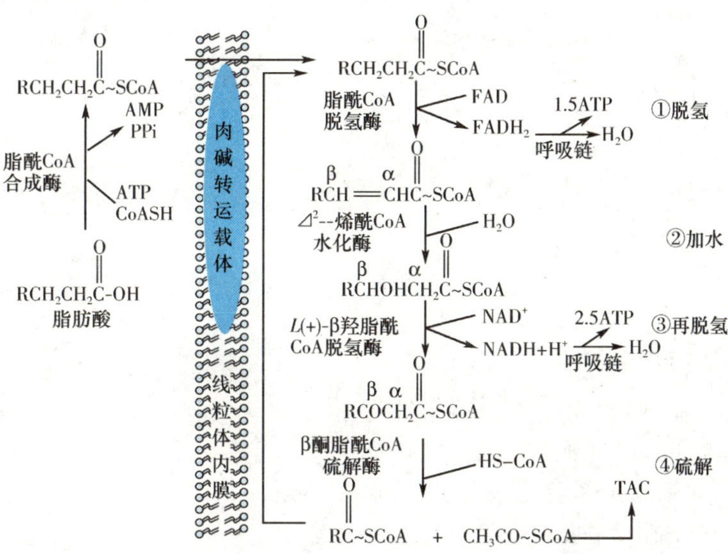

图11-3 脂肪酸β-氧化

脂酰CoAβ氧化的过程如下。

(1) 脱氢:脂酰CoA在脂酰CoA脱氢酶(acyl CoA dehydrogenase)的催化下，其α、β碳原子各脱下一个氢原子，生成反Δ^2烯酰CoA。脱下的2H由FAD接受生成$FADH_2$，后者经电子传递链氧化生成水，同时伴有2分子ATP的生成。

(2) 加水:反Δ^2烯酰CoA在Δ^2烯酰水化酶(enoyl CoA hydratase)的催化下，加水生成L(+)-β-羟脂酰CoA。

(3) 再脱氢:L(+)-β-羟脂酰CoA在β-羟脂酰CoA脱氢酶(L-β-hydroxyacyl CoA dehydrogenase)的催化下，脱去β碳原子上的2个氢原子生成β-酮脂酰CoA，脱下的2H由NAD^+接受，生成NADH及H^+，后者经电子传递链氧化生成水，同时伴有3分子ATP的生成。

(4) 硫解:β-酮脂酰CoA在β-酮脂酰CoA硫解酶(β-ketoacyl CoA thiolase)的催化下，生成1分子乙酰CoA和少2个碳原子的脂酰CoA。

以上生成的比原来少2个碳原子的脂酰CoA，可再进行脱氢、加水、再脱氢及硫解反应。如此反复进行，直至最后全部转变成乙酰CoA完成脂肪酸的β氧化。如以含16碳的软脂酰CoA β氧化为例，其氧化的总反应式如下：

$$CH_3(CH_2)_{14}CO\sim CoA+7CoASH+7FAD+7NAD^+ + 7H_2O \longrightarrow 8CH_3CO\sim CoA+7FADH_2+7NADH+H^+$$

4. 乙酰CoA的彻底氧化 从脂肪酸β氧化产生的乙酰CoA需经三羧酸循环和氧化磷酸化被彻底氧化生成CO_2和H_2O，并经呼吸链释放出能量供机体利用。一部分乙酰CoA还可在肝细胞中生成酮体，通过血液运送至肝外组织利用。

5. 脂肪酸氧化的能量生成 脂肪的重要生理功能之一是氧化供能，这主要由脂肪酸氧化提供。1分子脂肪酸每经一次β氧化产生4分子ATP，每分子乙酰CoA经三羧酸循环和氧化磷酸化彻底氧化生成CO_2和H_2O时，产生10分子ATP。如以软脂酸为例，活化的软脂酰CoA需经7次β氧化，产生8分子乙酰CoA，因此一分子软脂酸氧化共生成：7×4ATP+8×10ATP=108分子ATP。但在脂肪酸氧化的第一阶段活化时，消耗了相当于2分子ATP，故一分子软脂酸彻底氧化净生成106分子ATP(表11-1)。

表11-1 软脂酸与葡萄糖在体内氧化产生ATP的比较

	软脂酸	葡萄糖
以1mol计	106 ATP	32 ATP
以100g计	41.4 ATP	17.8 ATP
能量利用效率	33%	33%

(二) 奇数碳原子脂肪酸的氧化

人体含有极少量奇数碳原子的脂肪酸，脂肪酸β氧化除生成乙酰CoA外，还生成1分子丙酰CoA。此外，支链氨基酸氧化亦可产生丙酰CoA。丙酰CoA经β羧化及异构酶的作用可转变为琥珀酰CoA，可经三羧酸循环途径继续转变为苹果酸，再循糖异生途径转变为丙酮酸。然后在体内可被彻底氧化，亦可异生成糖(图11-4)。

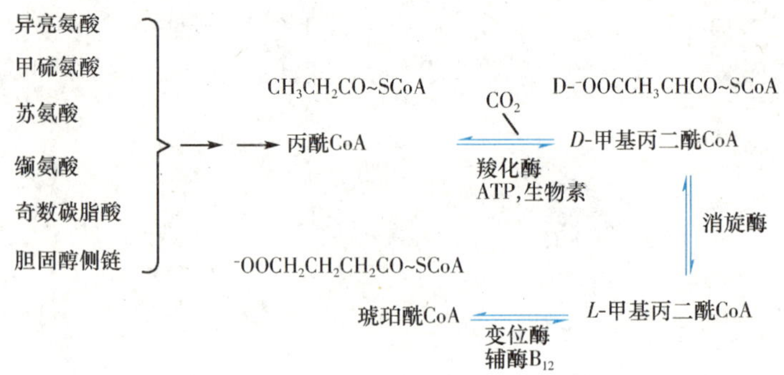

图 11-4　丙酰 CoA 的氧化

(三) 不饱和脂肪酸的氧化

机体中脂肪酸约一半以上是不饱和脂肪酸。在线粒体不饱和脂肪酸和饱和脂肪酸的氧化基本相同，但因β氧化酶系要求底物烯酰CoA为$\varDelta^2$反式构型，否则β氧化不能进行。天然不饱和脂肪酸中的双链均为顺式，因此在不饱和脂肪酸氧化过程中需借助酶促使其转变为$\varDelta^2$反式构型。如油酸(18∶1，$\varDelta^9$)在氧化过程中产生$\varDelta^3$顺式构型的烯酰CoA中间产物时，需经特异的$\varDelta^3$顺→$\varDelta^2$反烯酰CoA异构酶的催化，将$\varDelta^3$顺式转变为β氧化酶系所需的$\varDelta^2$反烯酰CoA，β氧化才能继续进行。又如亚油酸(18∶2，$\varDelta^{9,12}$)氧化时，会有$\varDelta^2$反$\varDelta^4$顺式构型中间产物，其在2，4-二烯酰CoA还原酶(近年发现的一种以$NADP^+$为辅酶的还原酶)催化下还原生成$\varDelta$-反烯酰CoA，后者再经异构酶催化转变为$\varDelta^2$反烯酰CoA而继续β氧化。现将亚油酸氧化过程列出如下(图11-5)。

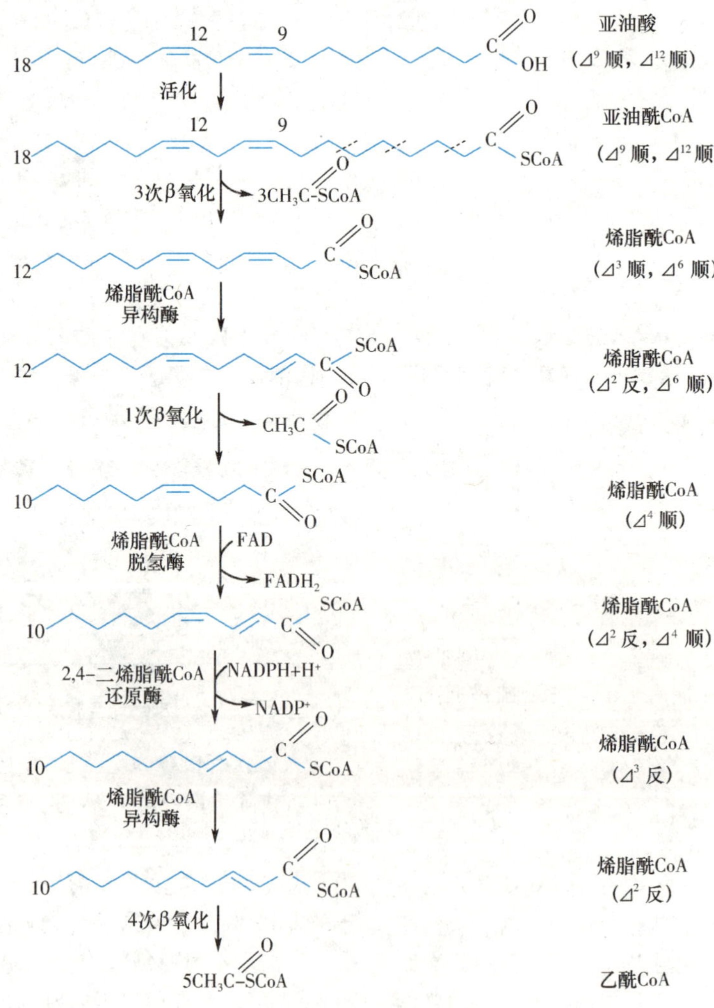

图 11-5　不饱和脂肪酸的氧化

（四）过氧化酶体脂肪酸氧化

除线粒体外，过氧化酶体（peroxisomes）中亦存在脂肪酸β氧化酶系，它能使长链脂肪酸（如 C_{20}、C_{22}）氧化成较短链脂肪酸，而对较短链脂肪酸无效。其第一步反应由 FAD 为辅基的脂肪酸氧化酶催化，脱下的氢不与呼吸链耦联产生 ATP 而生成 H_2O_2，后者为过氧化氢酶分解。其生理功能主要是使不能进入线粒体的二十碳、二十二碳脂肪酸先氧化成较短链脂肪酸，以便能进入线粒体内氧化分解。

三、酮体的生成和利用

酮体（ketone bodies）是脂肪酸在肝内分解氧化时特有的正常中间代谢产物，它是乙酰乙酸（acetoacetate）、β-羟丁酸（β-hydroxybutyrate）及丙酮（acetone）三者的统称。这是因为肝具有活性较强的合成酮体的酶系，而又缺乏利用酮体的酶系。

（一）酮体的生成

脂肪酸在线粒体中经β氧化生成大量的乙酰 CoA 是合成酮体的原料。合成在线粒体内酶的催化下，分三步进行。

1. 乙酰乙酰 CoA 的合成　2 分子乙酰 CoA 在肝细胞线粒体乙酰乙酰 CoA 硫解酶（thiolase）的作用下，缩合成乙酰乙酰 CoA，并释出 1 分子 CoA-SH。

2. HMG CoA 的合成　乙酰乙酰 CoA 与 1 分子乙酰 CoA 在羟甲基戊二酸单酰 CoA 合酶的催化下，缩合生成羟甲基戊二酸单酰 CoA（3-hydroxy-3-methyl glutaryl CoA，HMGCoA），并释出 1 分子 CoA-SH。

3. 乙酰乙酸的生成　羟甲基戊二酸单酰 CoA 在 HMG CoA 裂解酶的作用下，裂解生成乙酰乙酸和乙酰 CoA。

乙酰乙酸在线粒体内膜β-羟丁酸脱氢酶的催化下，被还原成β-羟丁酸，所需的氢由 NADH 提供，还原的速度由 $NADH/NAD^+$ 的比值决定。部分乙酰乙酸可在酶催化下脱羧而成丙酮（图 11-6）。

肝细胞线粒体内含有各种合成酮体的酶类，其中 HMGCoA 合酶，是酮体生成的限速酶，在肝内活性较高，因此生成酮体是肝特有的功能。但是肝氧化酮体的酶活性很低，因此肝不能氧化酮体。肝产生的酮体，透过细胞膜进入血液运输到肝外组织进一步分解氧化。

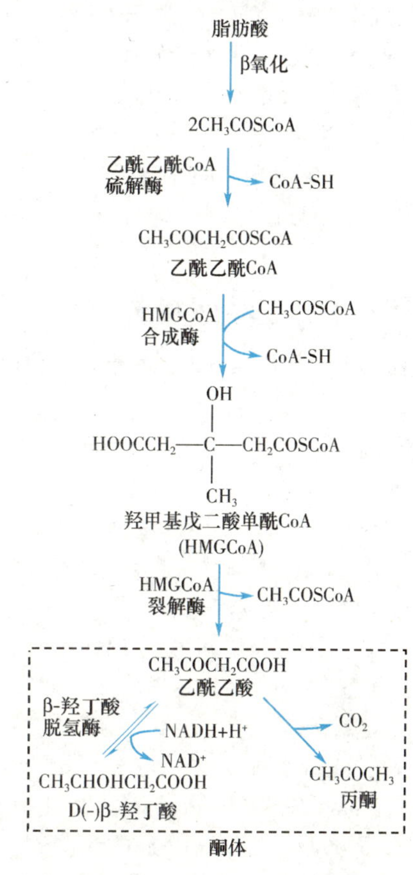

图 11-6　酮体的生成

（二）酮体的利用

肝外许多组织具有活性很强的利用酮体的酶。

1. 琥珀酰 CoA 转硫酶　心、肾、脑及骨骼肌的线粒体具有较高的琥珀酰 CoA 转硫酶活性。在有琥珀酰 CoA 和琥珀酸存在时，此酶能使乙酰乙酸活化，生成乙酰乙酰 CoA。

$$\underset{\text{乙酰乙酸}}{\begin{matrix}CH_3\\|\\CO\\|\\CH_2\\|\\COOH\end{matrix}} + \underset{\text{琥珀酰CoA}}{\begin{matrix}COOH\\|\\CH_2\\|\\CH_2\\|\\CO\sim SCoA\end{matrix}} \xrightleftharpoons{\text{琥珀酰 CoA 转硫酶}} \underset{\text{乙酰乙酰CoA}}{\begin{matrix}CH_3\\|\\CO\\|\\CH_2\\|\\CO\sim SCoA\end{matrix}} + \underset{\text{琥珀酸}}{\begin{matrix}COOH\\|\\CH_2\\|\\CH_2\\|\\COOH\end{matrix}}$$

2. 乙酰乙酰 CoA 硫解酶　心、肾、脑及骨骼肌线粒体中还有乙酰乙酰 CoA 硫解酶，使乙酰乙酰 CoA 硫解，生成 2 分子乙酰 CoA，后者即可进入三羧酸循环彻底氧化。

$$CH_3COCH_2CO\sim SCoA \xrightarrow[CoASH]{\text{乙酰乙酰 CoA 硫解酶}} 2CH_3CO\sim SCoA$$

3. 乙酰乙酰硫激酶 肾、心、脑的线粒体中尚有乙酰乙酰硫激酶，可直接活化乙酰乙酸成乙酰乙酰 CoA，后者在硫解酶的作用下硫解为 2 分子乙酰 CoA。

β-羟丁酸在 β-羟丁酸脱氢酶的催化下，脱氢生成乙酰乙酸，然后再转变成乙酰 CoA 而被氧化。部分丙酮可在一系列酶作用下转变为丙酮酸或乳酸，进而异生成糖。这是脂肪酸的碳原子转变成糖的一个途径。

总之，肝是生成酮体的器官，但不能利用酮体；肝外组织不能生成酮体，却可以利用酮体氧化供能。

（三）酮体生成的生理意义

酮体是脂肪酸在肝内正常的中间代谢产物，是肝输出能源的一种形式。酮体溶于水，分子小，能通过血脑屏障及肌肉毛细血管壁，是肌肉，尤其是脑组织的重要能源。脑组织不能氧化脂肪酸，却能利用酮体。长期饥饿、糖代谢障碍时酮体可以代替葡萄糖，成为脑组织及肌肉的主要能源，约占脑组织能源需要量的 60%～75%。由于此时血中酮体增高，可减少肌肉中蛋白质分解，减少氨基酸释出，对防止体内蛋白质过多消耗也有一定意义。

正常情况下，血中仅含有少量酮体，为 0.03～0.5mmol/L（3～50mg/L）。血液中乙酰乙酸约占酮体总量的 30%，β-羟丁酸占 70%，丙酮含量极微。在饥饿、高脂低糖膳食及糖尿病时，脂肪动员加强，酮体生成增加。尤其在未控制糖尿病患者，酮体生成为正常时的数十倍甚至百倍以上。酮体生成超过肝外组织利用的能力，引起血中酮体升高，是为酮血症。当高过肾脏回吸收能力时，则尿中出现酮体，是为酮尿症。如出现酮血症和酮尿症，即为酮症（ketosis）。由于酮体中乙酰乙酸和 β-羟丁酸都是相对强的有机酸，可引起代谢性酸中毒。

（四）酮体生成的调节

酮体生成受多种因素调节，现简述如下。

1. 饱食及饥饿的影响 饱食后，胰岛素分泌增加，脂解作用抑制、脂肪动员减少，进入肝的脂肪酸减少，因而酮体生成减少。饥饿时，胰高血糖素分泌增多，脂肪动员加强，血中游离脂肪酸浓度升高而使肝摄取游离脂肪酸增多，有利于β氧化及酮体生成。

2. 肝细胞糖原含量及代谢的影响 进入肝细胞的游离脂肪酸主要有两条去路：一是在胞液中酯化合成三酰甘油及磷脂；一是进入线粒体内进行 β 氧化，生成乙酰辅酶 A 及酮体。饱食及糖供给充足时，肝糖原丰富，糖代谢旺盛，此时进入肝细胞的脂肪酸主要与 3-磷酸甘油反应，酯化生成三酰甘油及磷脂。饥饿或糖供给不足时，糖代谢减弱，3-磷酸甘油及 ATP 不足，脂肪酸酯化减少，主要进入线粒体进行 β 氧化，酮体生成增多。

3. 丙二酰 CoA 抑制脂酰 CoA 进入线粒体 饱食后糖代谢正常进行时所生成的乙酰 CoA 及柠檬酸激活乙酰 CoA 羧化酶，促进丙二酰 CoA 的合成。后者能竞争性抑制肉碱脂酰转移酶Ⅰ，从而阻止脂酰 CoA 进入线粒体内进行 β 氧化。

四、甘油代谢

甘油（glycerol）是脂肪动员的另一产物。甘油的合成与分解代谢都是通过磷酸二羟丙酮与糖代谢相连的。由脂肪动员生成的甘油经血液运送至肝、肾、肠等组织，主要是在肝甘油激酶（glycerol kinase）作用下，甘油与 ATP 进行磷酸化作用，生成 3-磷酸甘油，并释出 ADP，为一不可逆反应。然后 3-磷酸甘油在磷酸甘油脱氢酶催化下脱氢生成磷酸二羟丙酮，后者可循糖代谢途径进行氧化分解，也可循糖异生途径转变为糖。甘油激酶在肝、肾及肠等组织活性高，而在脂肪细胞及骨骼肌等组织活性很低，故这些组织不能很好利用甘油。3-磷酸甘油欲转变为甘油则需一种磷酸酶催化水解。

$$\underset{\text{甘油}}{\begin{array}{l}CH_2OH\\ |\\ HO—CH\\ |\\ CH_2OH\end{array}} \xrightarrow[\text{甘油激酶(肝、肾、肠)}]{ATP \quad ADP} \underset{\text{3-磷酸甘油}}{\begin{array}{l}CH_2OH\\ |\\ HO—CH\\ |\\ CH_2O—Ⓟ\end{array}}$$

$$\xrightleftharpoons[\text{磷酸甘油脱氢酶}]{NAD^+ \quad NADH+H^+} \underset{\text{磷酸二羟丙酮}}{\begin{array}{l}CH_2OH\\ |\\ C=O\\ |\\ CH_2O—Ⓟ\end{array}} \longleftrightarrow \text{糖酵解}$$

五、脂肪酸的合成代谢

长链脂肪酸的合成不是脂肪酸 β 氧化的逆反应过程。脂肪酸合成与氧化分解在不同的亚细胞部位，由不同的酶催化，经不同的途径进行。

长链脂肪酸是以乙酰 CoA 为原料，在细胞的胞液中由脂肪酸合成酶系催化合成的。合成产物是 16 碳的软脂酸，在此基础上再经进一步加工生成碳链长度不同的或不饱和的脂肪酸。

(一) 合成部位

脂肪酸合成酶系存在于肝、肾、肺、乳腺及脂肪组织等细胞的胞液中。这些组织细胞均能合成脂肪酸，其中肝的合成能力最强，比脂肪组织约高 8～9 倍。

(二) 合成原料

合成脂肪酸的原料是乙酰 CoA，主要来自糖的氧化分解。此外，某些氨基酸分解亦可提供部分乙酰 CoA。生成乙酰 CoA 的过程都是在线粒内进行的，而合成脂肪酸的酶都存在于胞液中，因此乙酰 CoA 必须进入胞液才能用于合成脂肪酸。乙酰 CoA 不能自由透过线粒体内膜，故需借助一个穿梭转移机制即柠檬酸-丙酮酸循环(citrate pyruvate cycle)来完成。首先在线粒体内，乙酰 CoA 与草酸乙酸经柠檬酸合酶催化缩合成柠檬酸，再由线粒体内膜上相应载体转运进入胞液。在胞液内由柠檬酸裂解酶(citrate lyase)催化使柠檬酸裂解产生乙酰 CoA 及草酸乙酸。进入胞液的乙酰 CoA 即可用于合成脂肪酸。而草酰乙酸经苹果酸脱氢酶催化还原成苹果酸，再经线粒体内膜上的载体转运入线粒体，经氧化后生成草酰乙酸以补充合成柠檬酸时消耗的草酰乙酸。苹果酸也可在苹果酸酶作用下，氧化脱羧生成丙酮酸，同时伴有 NADPH 的生成。丙酮酸可经内膜载体转运入线粒体内，此时丙酮酸可羧化转变为草酰乙酸再参与乙酰 CoA 的转运。每经柠檬酸-丙酮酸循环一次，可使 1 分子乙酰 CoA 由线粒体进入胞液，同时消耗 1 分子 ATP，还为机体提供了 NADPH 以供脂肪酸合成的需要(图 11-7)。

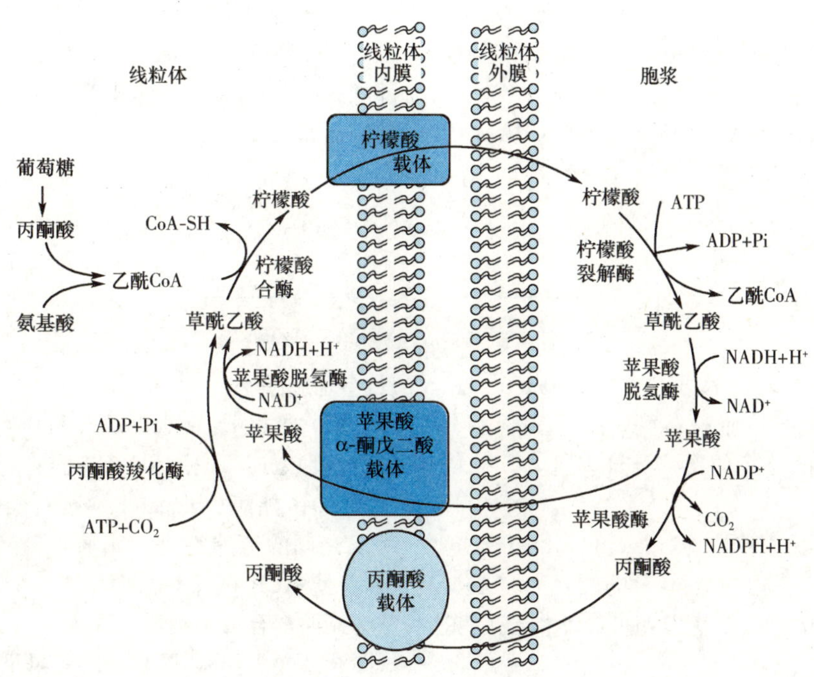

图 11-7　柠檬酸-丙酮酸循环

脂肪酸的合成除需乙酰 CoA 外，还需 ATP、NADPH、HCO_3^-(CO_2)及 Mn^{2+} 等。脂肪酸的合成为还原性合成，所需之氢全部由 NADPH 提供。NADPH 主要来自磷酸戊糖途径。胞液中异柠檬酸脱氢酶及苹果酸酶(二者均以 $NADP^+$ 为辅酶)催化的反应也可提供部分的 NADPH。

(三) 软脂酸合成的过程

1. 丙二酰 CoA 的合成　乙酰 CoA 是体内合成的脂肪酸分子中碳原子的唯一来源，但在合成过程中直接参与合成反应的仅有一分子是乙酰 CoA，其他均需先羧化生成丙二酰 CoA(malonyl CoA)后才能进入脂肪酸合成的途径。

乙酰 CoA 由乙酰 CoA 羧化酶(acetyl CoA

carboxylase)催化转变成丙二酰 CoA，反应如下：

$$CH_3C(=O)SCoA + HCO_3^- + ATP \xrightarrow{\text{乙酰 CoA 羧化酶}} CH_2(COOH)C(=O)—SCoA + ADP + Pi$$

乙酰 CoA 羧化酶存在于胞液中，其辅基为生物素，在反应过程中起到携带和转移羧基的作用。Mn^{2+} 为激活剂。

由乙酰 CoA 羧化酶催化的反应为脂肪酸合成过程中的限速步骤，此酶为变构酶，在变构效应剂的作用下，其无活性的单体与有活性的多聚体(由 10～20 个单体呈线状排列)之间可以互变，柠檬酸与异柠檬酸可促进单体聚合成多聚体，增强酶活性。而软脂酰 CoA 及其他长链脂肪酸则加速其解聚，从而抑制该酶活性。乙酰 CoA 羧化酶还可通过依赖于 AMP 的蛋白激酶的磷酸化及去磷酸化修饰来调节酶活性。此酶经磷酸化后活性丧失，如胰高血糖素及肾上腺素等能激活此激酶促进这种磷酸化作用，从而抑制脂肪酸合成；而胰岛素则能通过磷蛋白磷酸酶的作用，使磷酸化的乙酰 CoA 羧化酶去磷酸而恢复酶活性，故可增强乙酰 CoA 羧化酶活性，加速脂肪酸合成。

2. 脂肪酸合成酶复合体 从乙酰 CoA 及丙二酰 CoA 合成长链脂肪酸，实际上是一个重复加成过程，每次延长 2 个碳原子。16 碳软脂酸的生成，需经过连续 7 次重复加成反应。各种生物合成脂肪酸的过程基本相似，均由脂肪酸合成酶催化，但酶的结构和性质及细胞内定位，在不同物种间存在着不小的差异。如大肠杆菌的脂肪酸合成酶是由 7 种不同功能的酶与一种相对低分子量的蛋白质聚集形成多酶复合体。而在哺乳动物这 7 种酶活性集于一条多肽链上，形成多功能酶，通常以二聚体形式参与催化脂肪酸合成。现以大肠杆菌软脂酸合成过程为例概括介绍如下(图 11-8)：

(1) 脂酰基载体蛋白(acyl carrier protein, ACP)：是脂肪酸合成过程中脂酰基的载体，其辅基为 4′磷酸泛酰氨基乙硫醇，其 4′ 磷酸端与 ACP 中丝氨酸残基借磷酸酯键相连，另一端的自由-SH 基(称中心巯基)，与脂酰基间形成硫酯键，借以携带合成的脂酰基从一个酶转移到另一个酶参加反应。

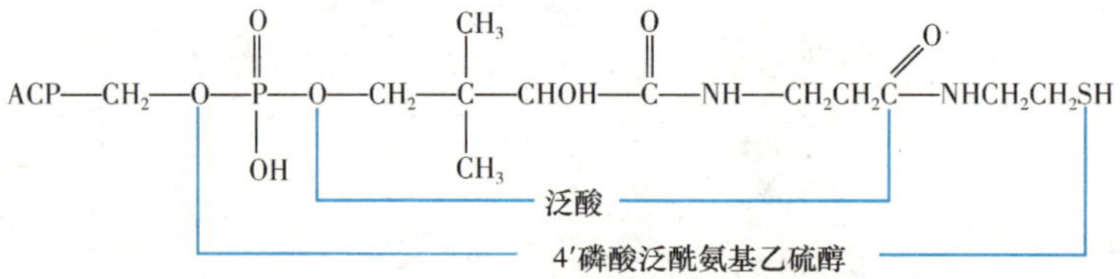

$$ACP—CH_2—O—P(=O)(OH)—O—CH_2—C(CH_3)_2—CHOH—C(=O)—NH—CH_2CH_2C(=O)—NHCH_2CH_2SH$$

泛酸

4′磷酸泛酰氨基乙硫醇

(2) 乙酰基转移酶(acetyl transferase, AT)：转移乙酰基或脂酰基到 β 酮脂酰合酶分子中半胱氨酸残基的游离-SH 基上，形成硫酯键。

(3) 丙二酰基转移酶(malonyl transferase, MT)：将丙二酰基转移至 ACP 的辅基 4′磷酸泛酰氨基乙硫醇的-SH 基上，使二者借硫酯键相连。

(4) β 酮脂酰合酶(β-ketoacyl synthase, KS)：酶蛋白含半胱氨酸残基，故含游离的-SH 基，在脂肪酸合成中起重要作用。该酶催化乙酰基及丙二酰基缩合并脱羧，生成 β 酮脂酰与 ACP 相连。

(5) β 酮脂酰还原酶(β-ketoacyl reductase, KR)：促进 β 酮脂酰基加氢还原成 β 羟脂酰基。

(6) β 羟脂酰脱水酶(β-hydroxy acyl dehydrase, HD)：催化 β 羟脂酰基的 α、β 碳脱水生成反 Δ^2 烯脂酰基。

(7) 烯酰还原酶(enoyl reductase, ER)：催化烯酰基加氢还原成饱和的脂酰基。

(8) 硫酯酶(thioesterase)：对长链脂酰基与 ACP 之间的硫酯键进行水解，产生游离的脂肪酸，并使 ACP 的-SH 基复原。

脂肪酸合成的总反应式为：

$$\text{乙酰 CoA} + 7\ \text{丙二酰 CoA} + 14NADPH + H^+ + H_2O \xrightarrow{\text{脂肪酸合酶复合体}} \text{软脂酸} + 14NADP^+ + 7CO_2 + 7H_2O + 8CoA\text{-}SH$$

综上可见：①脂肪酸是以乙酰 CoA 为原料，但绝大部分需先羧化生成丙二酰 CoA 后再参加脂肪酸合成。②每经转移、缩合及还原(包括加氢、脱水、再加氢)一次，碳链延长 2 个碳原子，重复 7 次，可合成软脂酰基(与脂酰基载体蛋白相连)。③合成过程中消耗 NADPH＋H^+ 及 ATP。

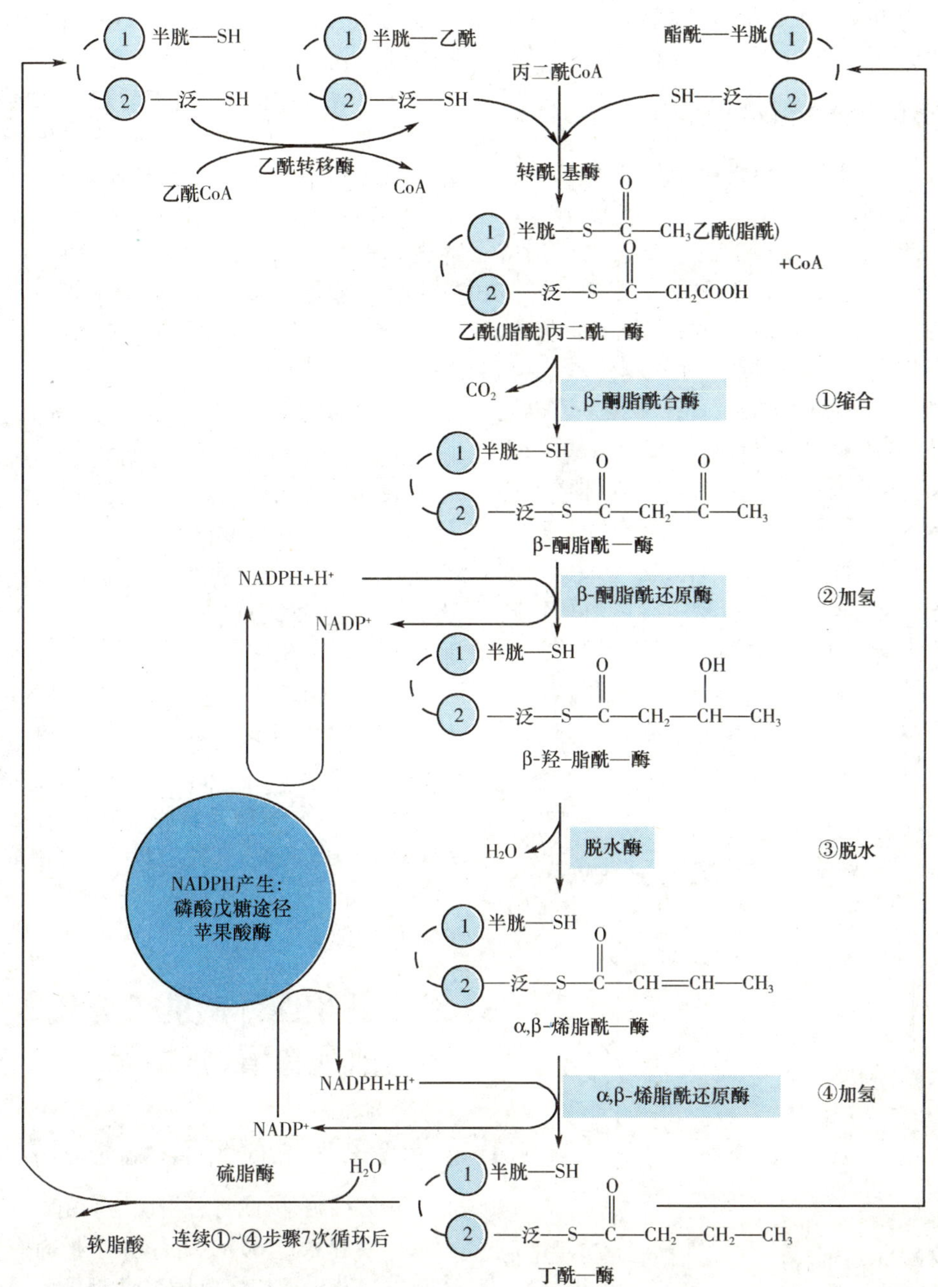

图 11-8 软脂酸的生物合成

(四) 脂肪酸碳链的加长

脂肪酸合成酶系催化合成的脂肪酸是软脂酸，碳链更长的脂肪酸则是对软脂酸的加工，使其碳链延长。碳链延长在肝细胞的内质网或线粒体中进行。

1. 内质网脂肪酸碳链延长酶体系 软脂酸碳链延长主要通过此酶系的作用。以丙二酰CoA为二碳单位的供给体，由 NADPH＋H^+ 供氢，通过缩合、加氢、脱水及再加氢等反应，每一轮可增加 2 个碳原子，反复进行可使碳链逐步延长。其合成过程与软脂酸的合成相似，但脂酰基连在 CoASH 上进行反应，而不是以 ACP 为载体。以合成十八碳的硬脂酸为最多。在脑组织因含其他酶，可延长至 24 碳的脂肪酸，供脑中脂类代谢需要。

2. 线粒体酶体系 在线粒体脂肪酸延长酶体系的催化下，软脂酰 CoA 与乙酰 CoA 缩合，生成β-酮硬脂酰 CoA，然后由 NADPH＋H^+ 供氢，还原为β-羟硬脂酰 CoA，又脱水生成 α,β-烯脂烯酰 CoA，再由 NADPH＋H^+ 供氢，即还原为硬脂酰 CoA，其过程与β氧化的逆反应基本相似，但需 α,β-烯酰还原酶及 NADPH＋H^+。通过此种方式，每一轮反应可加上 2 个碳原子，一般可延长脂肪酸碳链至24或26个碳原子，而以合成硬脂酸最多。

(五) 不饱和脂肪酸的合成

人体含有的不饱和脂肪酸主要有软油酸(16∶1，Δ^{9})、油酸(18∶1，Δ^{9})、亚油酸(18∶2，$\Delta^{9,12}$)，亚麻酸(18∶3，$\Delta^{9,12,15}$)及花生四烯酸(20∶4，$\Delta^{5,8,11,14}$)等。前两种单不饱和脂肪酸可由人体自身合成，而后三种多不饱和脂肪酸，必须从食物摄取。这是因为动物只有Δ^{4}、Δ^{5}、Δ^{8}及Δ^{9}去饱和酶(desaturase)，缺乏Δ^{9}以上的去饱和酶，故亚油酸(linoleate)、亚麻酸(linolenate)及花生四烯酸(arachidonate)在体内不能合成或合成不足，但它们又是机体不可缺乏的，所以必须由食物供给，因此，称之为必需脂肪酸(essential fatty acid)。而植物组织含有可以在C_{10}与末端甲基间形成双键(即ω^{3}和ω^{6})的去饱和酶，能催化合成以上3种多不饱和脂肪酸。当食入亚油酸后，其经碳链加长去饱和后，可生成花生四烯酸。

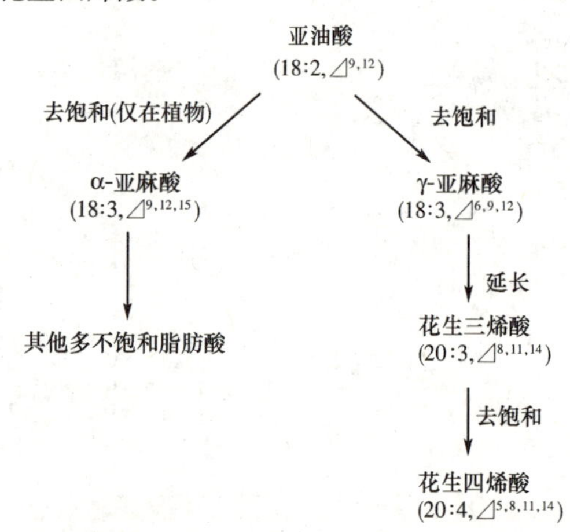

亚麻酸(18∶3，$\Delta^{9,12,15}$)在体内可转变生成二十碳五烯酸(20∶5，$\Delta^{5,8,11,14,17}$)(eicosapentaenoic acid，EPA)和二十二碳六烯酸(22∶6，$\Delta^{4,7,10,13,16,19}$)(docosahexaenoic acid，DHA)。EPA可转变为某些前列腺素、血栓素和白三烯。DHA存在于大脑皮质、视网膜及睾丸等组织中，在脑和视网膜的发育中起重要作用，EPA和DHA在鱼油中含量丰富，可通过食入补充。

(六) 脂肪酸合成的调节

乙酰CoA羧化酶催化的反应是脂肪酸合成的限速步骤，很多因素都可影响此酶活性，从而使脂肪酸合成速度改变。

1. 代谢物的调节 在高脂膳食后，或因饥饿导致脂肪动员加强时，细胞内软脂酰CoA增多，可反馈抑制乙酰CoA羧化酶，从而抑制体内脂肪酸合成。而进食糖类，糖代谢加强时，由糖氧化及磷酸戊糖途径提供的乙酰CoA及NADPH增多，这些合成脂肪酸的原料的增多有利于脂肪酸的合成。此外，糖氧化加强的结果使细胞内ATP增多，进而抑制异柠檬酸脱氢酶，造成异柠檬酸和柠檬酸堆积，在线粒体内膜的相应载体协助下，由线粒体转入胞液，可以变构激活乙酰CoA羧化酶，同时本身也可裂解释放乙酰CoA，增加脂肪酸合成的原料，使脂肪酸合成增加。

2. 激素的调节 胰岛素、胰高血糖素、肾上腺素及生长素等均参与对脂肪酸合成的调节。

胰岛素能诱导乙酰CoA羧化酶、脂肪酸合成酶及柠檬酸裂解酶的合成，从而促进脂肪酸的合成。此外，还可通过促进乙酰CoA羧化酶的去磷酸化而使酶活性增强，也使脂肪酸合成加速。

胰高血糖素等可通过增加蛋白激酶A活性使乙酰CoA羧化酶磷酸化而降低活性，从而抑制脂肪酸的合成。此外，胰高血糖素也抑制三酰甘油合成，从而增加长链脂酰CoA对乙酰CoA羧化酶的反馈抑制，亦使脂肪酸合成被抑制。肾上腺素、生长素也能抑制乙酰CoA羧化酶，从而抑制脂肪酸合成。

六、花生四烯酸的重要代谢产物——前列腺素、血栓素及白三烯等

(一) 花生四烯酸的代谢

除红细胞外，全身各组织均有由花生四烯酸合成前列腺素(PG)的酶系，血小板尚有血栓素合成酶。花生四烯酸是哺乳动物细胞膜磷脂的组成成分，主要结合在磷脂的2位羟基上，当细胞膜受到外界刺激如血小板聚集因子、肾上腺素、血管紧张素Ⅱ(antiotensin Ⅱ)和许多未知的病理因子，可激活细胞膜中的磷脂酶A_2，从而使磷脂酰肌醇、磷脂酰胆碱水解，释放出花生四烯酸(arachaidonate)。花生四烯酸可经过三条途径进行代谢(图11-9)：

1. 脂肪酸环加氧酶(fatty acid cyclooxygenase)催化的途径 此酶是前列腺素(prostaglandin，PGs)合成的限速酶。在精囊和大多数器官中，此酶催化花生四烯酸生成前列腺素和前列环素(prostacyclin)如PGI_2，在血小板和脾脏中血栓素合成酶可催化PGH_2生成血栓素，也称血栓噁烷(thromboxane，TXA_2和TXB_2)。

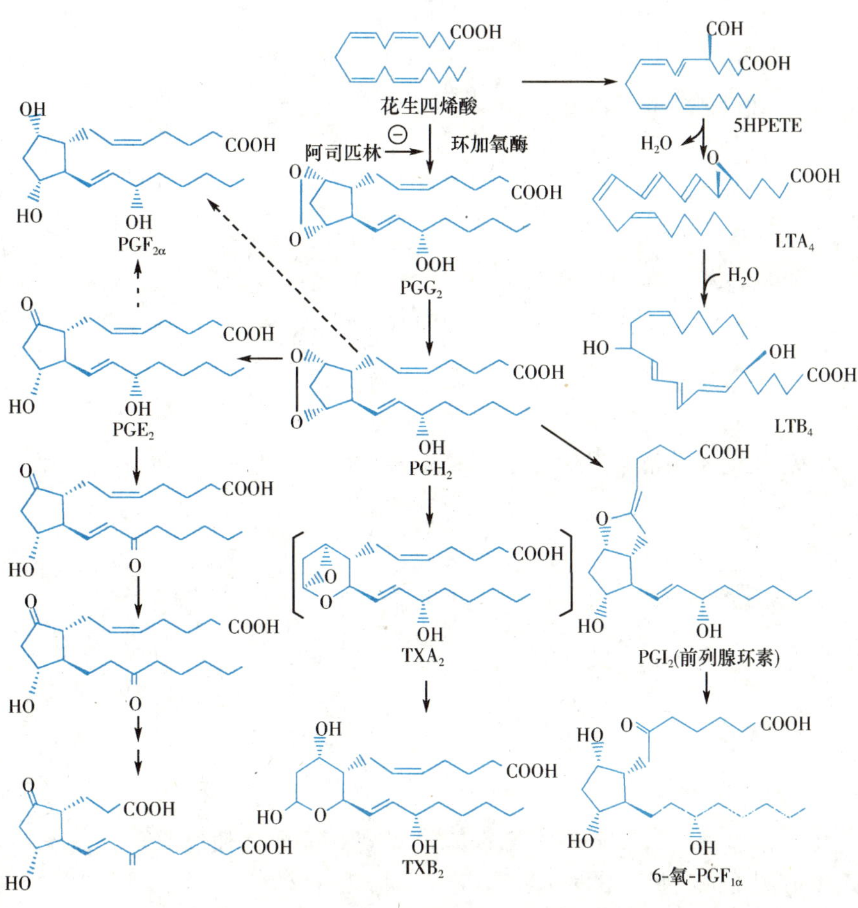

图 11-9　花生四烯酸代谢

2. 脂氧化酶催化的途径　脂氧化酶（lipoxygenase）存在于血小板和肺，催化花生四烯酸生成不稳定的 12-氢过氧-5，8，11，14-二十碳四烯酸（12-hydroperoxyeicosa-tetraenoic acids，12-HPETE），很快在体内还原为各种羟二十碳四烯酸（hydroxyeicosatetraenoic acids，HETEs）。其中 5-脂氧化酶可催化花生四烯酸生成 5-HPETE，后者进一步代谢，在脱水酶作用下生成白三烯 A_4（leukotriene，LTA_4）。LTA_4 在酶催化下转变成具有重要生物活性的化合物，如 LTB_4，LTC_4，LTD_4 及 LTE_4 等。

3. 细胞色素 P_{450} 氧化酶（cytochrome P_{450} oxidase，CYP）催化的途径　花生四烯酸在 CYP 的催化下生成羟二十碳四烯酸（HETEs）、环氧二十碳三烯酸（epoxyeicosatrienoic acid，EETs）、双羟二十碳四烯酸（dihydroxyeicosatetraenoic acid，DHETs）等。

（二）前列腺素、血栓素、白三烯的化学结构及命名

1. 前列腺素　前列腺素（prostaglandin，PG）是一类具有廿碳原子的多不饱和脂肪酸衍生物，以前列腺酸（prostanoic acid）为基本骨架，具有一个五碳环和两条侧链（R_1 及 R_2）。

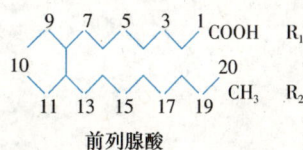

9 8 6 5 3 1 COOH
10 20 CH_3
11 12 14 15 17 19
花生四烯酸
(20:4$\Delta^{5,8,11,14}$)

9 7 5 3 1 COOH R_1
10 20 CH_3 R_2
11 13 15 17 19
前列腺酸

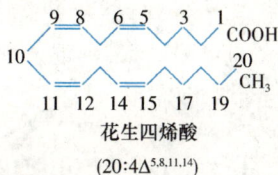

根据五碳环上取代基团和双键位置不同，PG 分为 9 型，分别命名为 PGA、B、C、D、E、F、G、H 及 I，体内 PGA，E 及 F 较多。PGG_2 和 PGH_2 是 PG 合成过程中的中间产物，在 C_9 和 C_{11} 之间有过氧化键相连。PGI_2 是带双环的 PG，除五碳环外，还有一个含氧的五碳环，因此，又称为前列腺环素（prostacyclin）。前列腺素 F 第 9 位碳原子上的羟基有两种立体构型。OH 基位于五碳环平面之下为 α 型，用虚线连接；位于平面之上为 β 型，用实线表示。天然前列腺素均为 α

型,不存在β型。

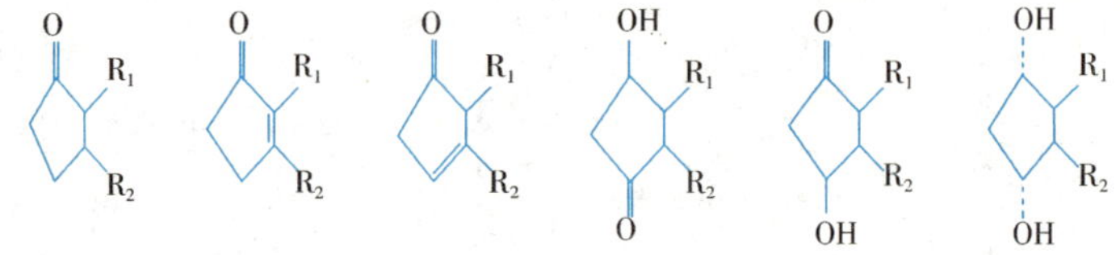

A　B　C　D　E　F

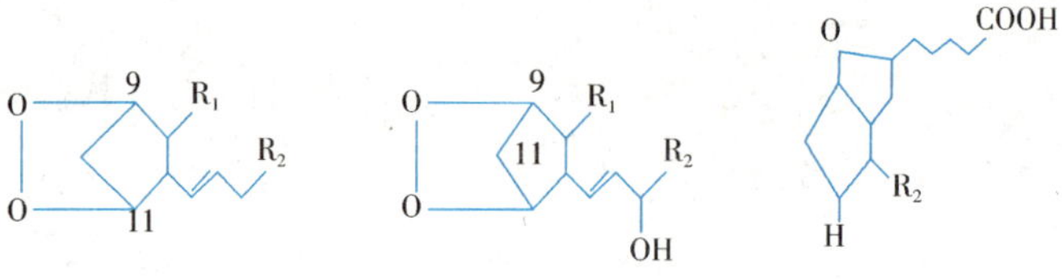

G　H　I

根据其R_1及R_2两条侧链中双键数目的多少,PG又分为1,2,3类,在字母的右下角标示。

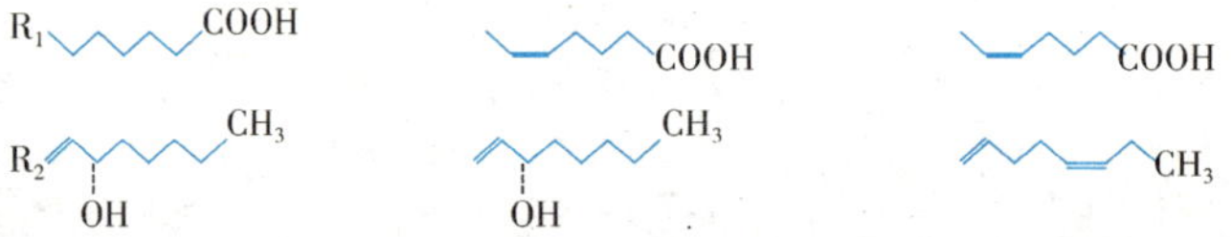

1类　2类　3类

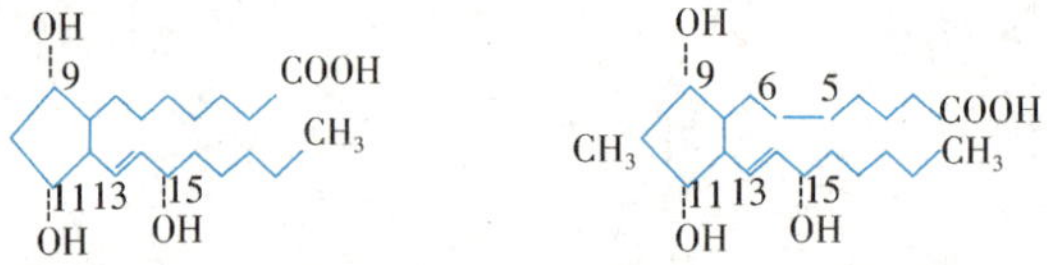

$PGF_1\alpha$　$PGF_2\alpha$

2. 血栓素　血栓素(thromboxane,TX)又称血栓噁烷,是廿碳不饱和脂肪酸的衍生物,它有前列腺酸样骨架但又不尽相同,分子中的五碳环为含氧的噁烷所取代。

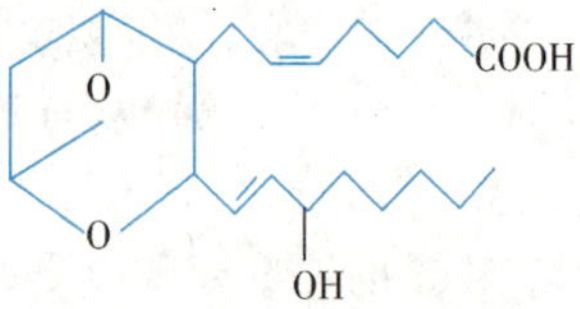

血栓噁烷A_2

3. 白三烯　白三烯(leukotrienes,LTs)最初是从白细胞分离出的,具有三个共轭双键的活性物质,故称白三烯。白三烯是不含前列腺酸的二十碳多不饱和脂肪酸,为一线性分子。一般分子中除共轭双键外还含有一个或两个双键,所以在LT字母右下方标以分子中所含双键的总数,如白三烯A_3、白三烯A_4、白三烯A_5。

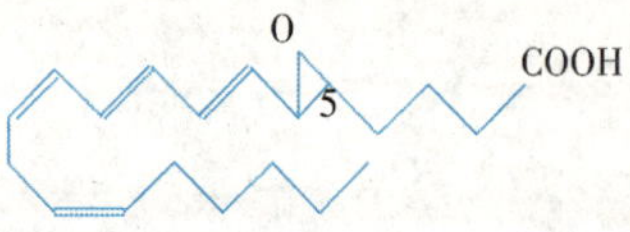

白三烯A_4(LTA_4)

(三) PG、TX及LT的生理功能

1. PG　有广泛的生物学效应。PG等在细胞内含量很低,仅10~11μmol/L,但具有很强的生理活性。在炎症、变态反应、休克等病理过程中起着重要作用。且随动物种族、组织及PG型别不同,有着质的差异。如PGE_2对气管平滑肌有明显松弛作用,$PGF_{2\alpha}$可使卵巢平滑肌收缩,引起排卵;PGE_2、PGA_2使动脉平滑肌扩张,引起血压下降;而PGF_2可收缩血管有升压作用;PGE_2能诱发炎症,引起毛细血管通透性增加等。

2. TX　TX(如血小板产生的TXA_2)主要有促进血小板聚集、血管收缩,促进凝血及血栓形成,当大量血小板聚集于动脉粥样硬化的受损部位时,血小板在瞬间释出大量TXA_2,促使局部形成血栓,并迅速收缩血管,从而导致局部组织缺血。这种作用被认为是脑血栓、急性心肌梗死的原因之一。而血管内皮细胞释放的PGI_2则有很强的舒血管及抗血小板聚集、抑制凝血及血栓形成的作用,与TXA_2的作用对抗。

3. LT　LT的作用也是多方面的,与变态反应、炎症有关,已证实过敏反应的慢物质是LTC_4、LTD_4及LTE_4的混合物,有很强的收缩支气管平滑肌的作用。

七、三酰甘油的合成代谢

三酰甘油是机体储存能量的形式。机体摄入糖、脂肪等食物均可合成脂肪在脂肪组织储存,以供机体氧化供能,尤其是禁食、饥饿时的能量需要。

(一) 合成部位及合成原料

肝、脂肪组织及小肠是合成三酰甘油的主要场所，以肝的合成能力最强。机体合成三酰甘油所需的脂肪酸及甘油主要以葡萄糖为原料合成。食物脂肪消化吸收后以乳糜微粒形式进入血液，运送至脂肪组织和肝，其脂肪酸亦可用以合成脂肪。肝细胞能合成脂肪，但不能储存脂肪。三酰甘油在肝内质网合成后，以极低密度脂蛋白（VLDL）形式，由肝细胞分泌入血而运输至肝外组织。如肝细胞因营养不良、中毒、必需脂肪酸缺乏、胆碱缺乏或蛋白质缺乏不能形成 VLDL 分泌入血时，则聚集在肝细胞浆中，形成脂肪肝。

脂肪组织合成脂肪后，它可以大量储存脂肪，机体需要能量时，储脂分解释出游离脂肪酸及甘油入血，以满足心、骨骼肌、肝、肾等的需要。

(二) 三酰甘油合成的基本过程

1. 肝、脂肪等多数组织（二酰甘油途径） 利用糖酵解中间产物转变生成 3-磷酸甘油与脂酰 CoA 酯化成三酰甘油。

糖酵解中间产物磷酸二羟丙酮在磷酸甘油脱氢酶作用下，还原生成 3-磷酸甘油，后者经脂酰 CoA 转移酶（acyl transferase）催化，与两分子脂酰 CoA 反应生成 3-磷酸-1，2-二酰甘油，即磷脂酸（phosphatidic acid），它是合成含甘油酯类的共同前体。磷脂酸在磷脂酸磷酸酶作用下，水解释出无机磷酸，而转变为二酰甘油，再酯化生成三酰甘油。游离的甘油在甘油激酶的催化下磷酸化转变为 3-磷酸甘油后，亦可继续转变生成三酰甘油（因脂肪及肌肉组织缺乏甘油激酶，故不能利用游离的甘油）（图 11-10）。

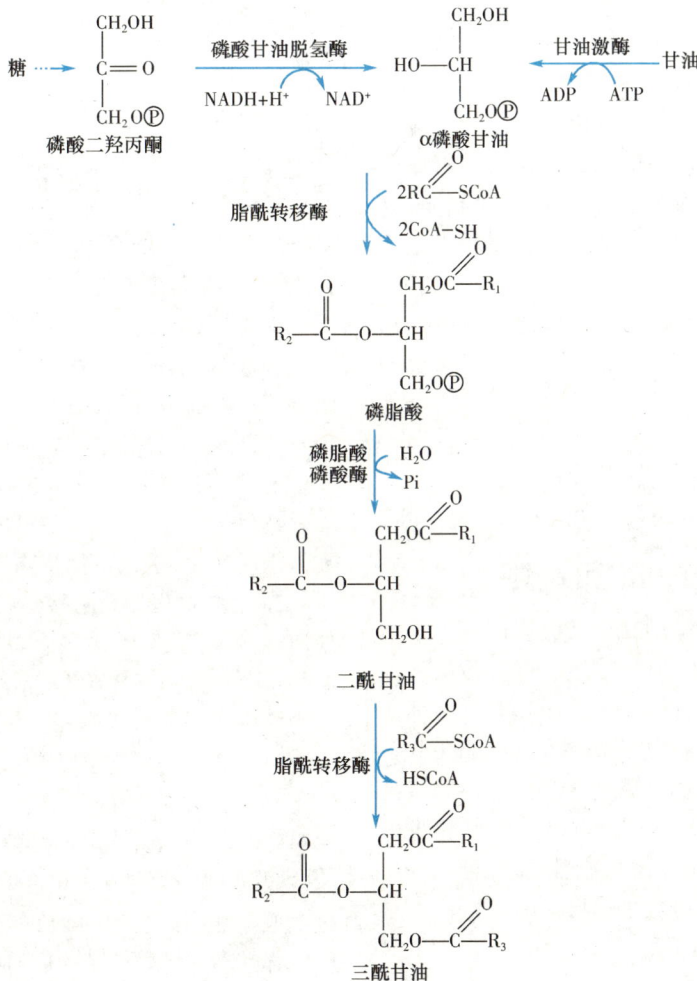

糖 ···→ 磷酸二羟丙酮（CH_2OH—C=O—CH_2OⓅ）—磷酸甘油脱氢酶（NADH+H^+ → NAD^+）→ α磷酸甘油（CH_2OH—HO—CH—CH_2OⓅ）← 甘油激酶（ATP → ADP）— 甘油

α磷酸甘油 —脂酰转移酶（$2RC(=O)$—SCoA → 2CoA-SH）→ 磷脂酸（$CH_2OC(=O)$—R_1；R_2—C(=O)—O—CH；CH_2OⓅ）

磷脂酸 —磷脂酸磷酸酶（H_2O → Pi）→ 二酰甘油（$CH_2OC(=O)$—R_1；R_2—C(=O)—O—CH；CH_2OH）

二酰甘油 —脂酰转移酶（$R_3C(=O)$—SCoA → HSCoA）→ 三酰甘油（$CH_2OC(=O)$—R_1；R_2—C(=O)—O—CH；CH_2O—C(=O)—R_3）

图 11-10　三酰甘油的合成（二酰甘油途径）

三酰甘油所含的三个脂肪酸可以是相同的或不同的，可为饱和脂肪酸或不饱和脂肪酸。

2. 小肠黏膜细胞合成三酰甘油（单酰甘油途径） 其特点是以消化吸收的单酰甘油为起始

物，与两分子脂酰 CoA 在脂酰 CoA 转移酶作用下，再酯化生成的(图 11-11)。

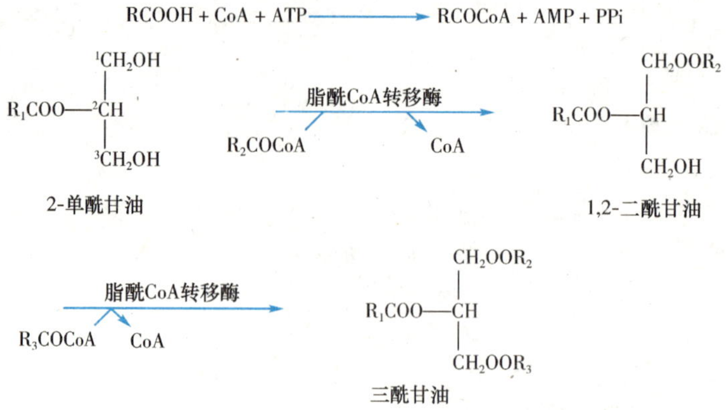

$$RCOOH + CoA + ATP \longrightarrow RCOCoA + AMP + PPi$$

2-单酰甘油（$^1CH_2OH$，$R_1COO—{}^2CH$，$^3CH_2OH$） + R_2COCoA —脂酰CoA转移酶→ 1,2-二酰甘油（CH_2OOR_2，$R_1COO—CH$，CH_2OH） + CoA

1,2-二酰甘油 + R_3COCoA —脂酰CoA转移酶→ 三酰甘油（CH_2OOR_2，$R_1COO—CH$，CH_2OOR_3） + CoA

图 11-11　小肠细胞合成三酰甘油(单酰甘油途径)

第四节　磷脂的代谢

含磷酸的脂类称磷脂(phospholipid)。由甘油构成的磷脂统称甘油磷脂，由鞘氨醇构成的磷脂称鞘磷脂。

磷脂是生物膜最主要的结构成分。磷脂分子一端为亲水的头部，由磷酸、胆碱(或丝氨酸、肌醇等)有亲水基团的化合物组成。另一端则由 2 条疏水的长链脂肪酸的烃链构成。磷脂分子在水中有自发形成双层分子排列的倾向，这是膜结构的脂类双分子层的基础。磷脂也是脂蛋白的组成成分。磷脂中富含不饱和脂肪酸，如花生四烯酸，是廿碳多不饱和脂肪酸衍生物的原料。此外，肌醇磷脂则是第二信使系统的重要组成成分的前体。

一、甘油磷脂的代谢

(一) 甘油磷脂的组成和分类

在甘油磷脂分子中，除甘油、脂肪酸及磷酸外，由于同磷酸相连的取代基团不同，故又可分为磷脂酰胆碱(phosphatidylcholine，PC)俗称卵磷脂(lecithin)；磷脂酰乙醇胺(phosphatidylethanolamine，PE)俗称脑磷脂(cephalin)；磷脂酰丝氨酸(phosphatidyl serine，PS)；磷脂酰肌醇(phosphatidyl inositol，PI)；磷脂酰甘油(phosphatidyl glycerol，PG)及心磷脂(cardiolipin)。甘油磷脂的结构通式如下：

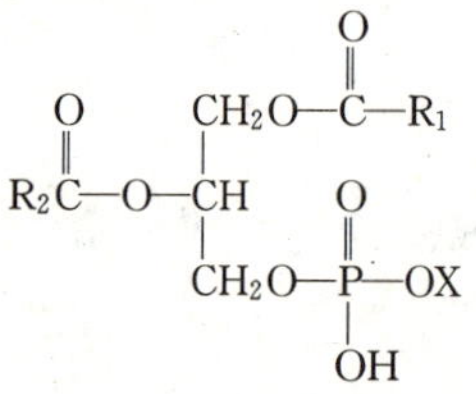

$$\begin{array}{l} \qquad\qquad\quad CH_2O—\overset{O}{\overset{\|}{C}}—R_1 \\ R_2\overset{O}{\overset{\|}{C}}—O—CH \\ \qquad\qquad\quad CH_2O—\overset{O}{\overset{\|}{P}}—OX \\ \qquad\qquad\qquad\qquad\ \ | \\ \qquad\qquad\qquad\qquad OH \end{array}$$

除上述外，在甘油磷脂分子中甘油第 1 位的脂酰基被长链醇取代形成醚，如缩醛磷脂(plasmalogen)及血小板活化因子(platelet activating factor，PAF)，它们都属于甘油磷脂，结构式如下：

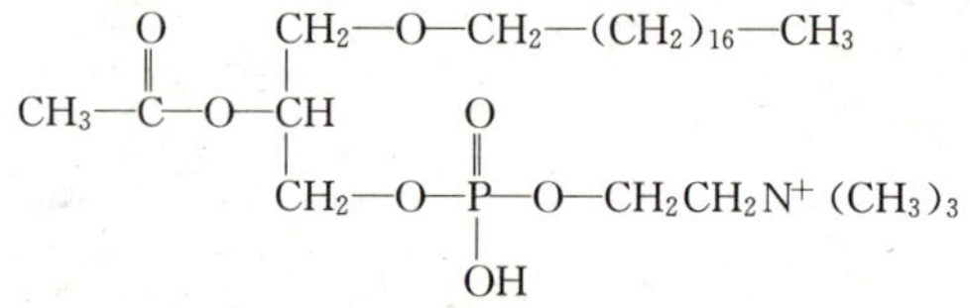

$$\begin{array}{l} \qquad\qquad\qquad\quad CH_2—O—CH_2—(CH_2)_{16}—CH_3 \\ CH_3—\overset{O}{\overset{\|}{C}}—O—CH \\ \qquad\qquad\qquad\quad CH_2—O—\overset{O}{\overset{\|}{P}}—O—CH_2CH_2N^+(CH_3)_3 \\ \qquad\qquad\qquad\qquad\qquad\quad | \\ \qquad\qquad\qquad\qquad\qquad OH \end{array}$$

血小板活化因子

(二) 甘油磷脂的合成

1. 合成部位及原料　全身各组织细胞均含合成磷脂的酶，都能合成磷脂，但以肝、肾及肠等组织最为活跃。

合成甘油磷脂需甘油、脂肪酸、磷酸盐、胆碱、丝氨酸、肌醇等为原料。甘油、脂肪酸主要由糖转变而来，但分子中与甘油第二位羟基成酯的一般是多不饱和脂肪酸，主要是必需脂肪酸，需靠食物供给。胆碱、乙醇胺可由丝氨酸及蛋氨酸在体内转变生成，也可从食物摄取。

2. 合成过程　磷脂酸是各种甘油磷脂合成的前体，在哺乳类动物体内，甘油磷脂合成过程需 CTP 参与，由于被 CTP 活化的部分不同，可分为两种不同的合成途径。

一种途径是以二酰甘油为重要中间产物，被 CTP 活化的是胆碱或乙醇胺，经此途径主要合成磷脂酰胆碱和磷脂酰乙醇胺。

胆碱(或乙醇胺)在相应的激酶作用下磷酸化生成磷酸胆碱(或磷酸乙醇胺)，再与 CTP 进行胞苷酸转移即可合成 CDP-胆碱(或 CDP-乙醇胺)。然后 CDP-胆碱(或 CDP-乙醇胺)再与来自磷脂酸水解后生成的二酰甘油进行磷酸胆碱(或磷酸乙醇胺)的转移反应，而生成磷脂酰胆碱(或磷脂酰乙醇胺)(图 11-12)。

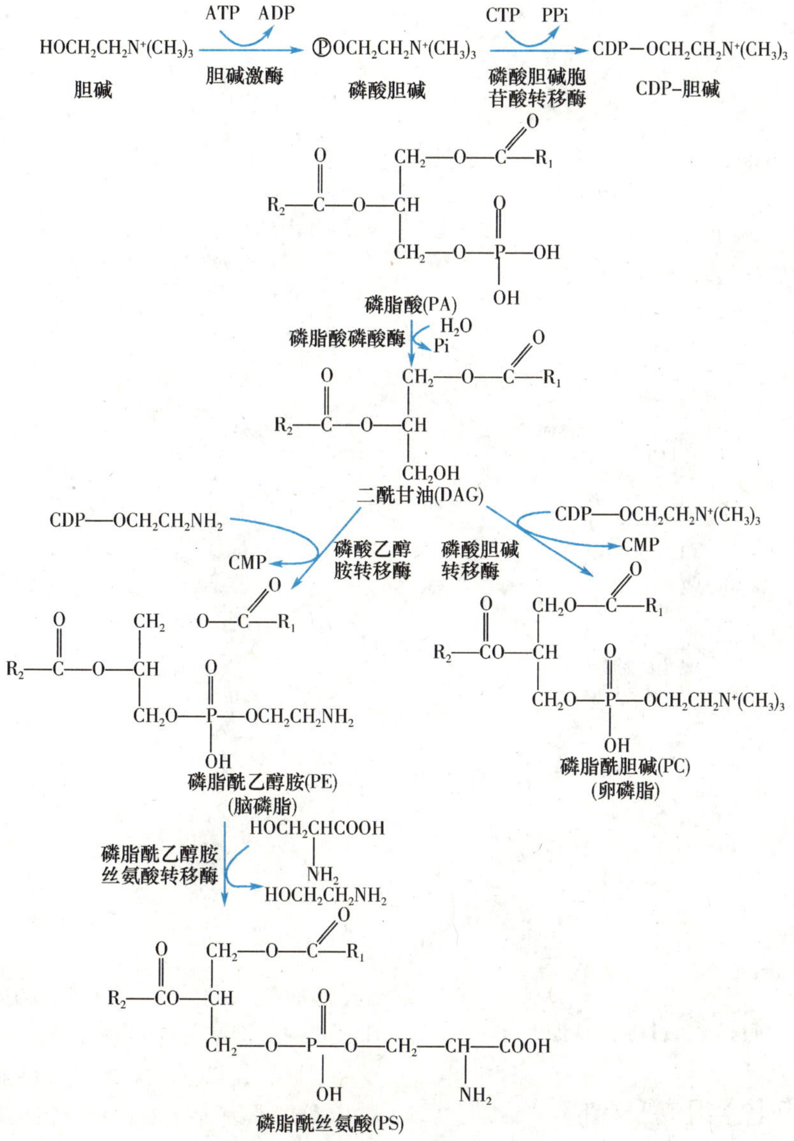

$HOCH_2CH_2N^+(CH_3)_3$ (胆碱) —ATP→ADP，胆碱激酶→ Ⓟ$OCH_2CH_2N^+(CH_3)_3$ (磷酸胆碱) —CTP→PPi，磷酸胆碱胞苷酸转移酶→ $CDP-OCH_2CH_2N^+(CH_3)_3$ (CDP-胆碱)

磷脂酸(PA)

磷脂酸磷酸酶 (H_2O, Pi)

二酰甘油(DAG)

$CDP—OCH_2CH_2NH_2$ → CMP，磷酸乙醇胺转移酶

$CDP—OCH_2CH_2N^+(CH_3)_3$ → CMP，磷酸胆碱转移酶

磷脂酰乙醇胺(PE)
(脑磷脂)

磷脂酰胆碱(PC)
(卵磷脂)

磷脂酰乙醇胺丝氨酸转移酶 ($HOCH_2CHCOOH$ / NH_2 → $HOCH_2CH_2NH_2$)

磷脂酰丝氨酸(PS)

图 11-12　磷脂酰胆碱、磷脂酰乙醇胺的合成

另一途径中被 CTP 活化的是二酰甘油，CDP-二酰甘油为重要中间产物，经此途径主要合成磷脂酰肌醇(PI)，磷脂酰丝氨酸(PS)及心磷脂(cardiolipin)。

磷脂酸先与 CTP 进行胞苷酸转移，生成 CDP-二酰甘油，后者再分别与肌醇、丝氨酸及磷脂酰甘油等反应，相应生成磷脂酰肌醇(或称肌醇磷脂)、磷脂酰丝氨酸及心磷脂等。

(三) 甘油磷脂的降解

甘油磷脂的分解代谢主要是由体内存在的磷脂酶(phospholipase)催化的水解过程。根据磷脂酶作用的特异性不同，分为磷脂酶 A_1、A_2、B_1、B_2、C 及 D 等(图 11-13)。

体内甘油磷脂的分解，除了更新外还有其他生理作用。磷脂酶 A_1、A_2、B_1、B_2、C、D 各作用于磷脂分子内特定的酯键，从而在体内发挥不同的作用。磷脂酶 A_1、A_2 分别水解甘油磷脂第 1、2 位酯键，生成相应的溶血磷脂 2(lysophosphatide 2)和溶血磷脂 1。溶血磷脂是很强的去垢剂，能使红细胞及其他细胞膜破裂，引起溶血或细胞坏死。一些蛇毒的毒液中含有磷脂酶，所以有剧毒。从磷脂释出的花生四烯酸，可以促进 PG、TXA_2 等的合成，在不同细胞引起不同的生物效应。溶血磷脂酶 B_1、B_2 分别催化溶血磷脂 1 和溶血磷脂 2 生成甘油磷酸胆碱或甘油磷酸乙醇胺。磷脂酶 C、D 可催化甘油磷脂分别生成二酰甘油和磷脂酸。磷脂酶 C(phospholipase C)在第二信使系统中起重要作用。

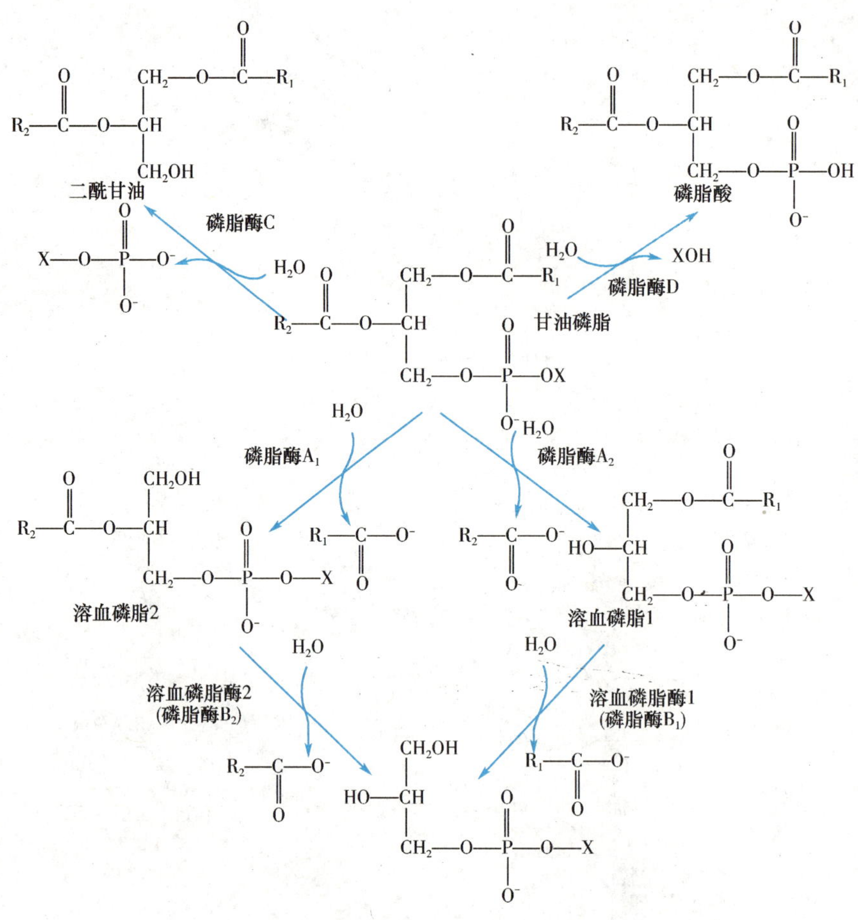

图 11-13　磷脂酶对磷脂的水解

二、鞘磷脂的代谢

(一) 鞘脂的化学组成及结构

含鞘氨醇(sphingosine)或二氢鞘氨醇的脂类称鞘脂(sphingolipids)。鞘脂不含甘油,其一分子脂肪酸以酰胺键与鞘氨醇的氨基相连。按其含磷酸或糖基分为鞘磷脂及鞘糖脂两类。

鞘氨醇或二氢鞘氨醇是具脂肪族长链的氨基二元醇,具有疏水的长链脂肪烃尾和 2 个羟基及 1 个氨基的极性头。自然界以 18C 鞘氨醇为最多,其化学结构式为:

反式

$CH_3(CH_2)_{12}—CH═CH—CHOH—CHNH_2—CH_2OH$

鞘氨醇

$CH_3(CH_2)_{14}—CHOH—CHNH_2—CH_2OH$

二氢鞘氨醇

鞘脂含 1 分子脂肪酸,主要为 16C、18C、22C 或 24C 饱和脂肪酸或单不饱和脂肪酸,有的还含 α-羟基。鞘脂的末端羟基常为极性基团(X)如磷酸胆碱或糖基所取代,其结构与甘油酯颇为相似。

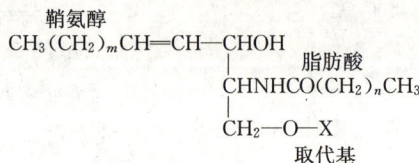

鞘氨醇

$CH_3(CH_2)_mCH═CH—CHOH—CHNHCO(CH_2)_nCH_3—CH_2—O—X$

脂肪酸　取代基

鞘脂的化学结构通式

m 多为 12;n 多在 12～22 之间

按取代基 X 的不同,鞘脂分为鞘磷脂及鞘糖脂两类。鞘磷脂含磷酸,其末端羟基取代基团 X 为磷酸胆碱或磷酸乙醇胺。鞘糖脂含糖,其 X 基团为单糖基或寡糖链所取代,通过 β-糖苷键与

其末端羟基相连。

(二) 鞘磷脂的代谢

人体含量最多的鞘磷脂是神经鞘磷脂(sphingomyelin),由鞘氨醇、脂肪酸及磷酸胆碱所构成。鞘氨醇的氨基通过酰胺键与脂肪酸相连,生成 *N*-脂酰鞘氨醇(ceramide,又称神经酰胺),其末端羟基与磷酸胆碱通过磷酸酯键相连即为神经鞘磷脂。神经鞘磷脂是构成生物膜的重要磷脂,它常与卵磷脂并存于细胞膜的外侧。神经髓鞘含脂类甚多,占干重的 97%,其中 11% 为卵磷脂,5%为神经鞘磷脂。人红细胞 20%~30%为神经鞘磷脂。

全身各细胞均可合成鞘氨醇,以脑组织最活跃。内质网有合成鞘氨醇的酶系,合成主要在内质网进行。

鞘氨醇在脂酰转移酶的催化下,其氨基与脂酰 CoA 进行酰胺缩合,生成 *N*-脂酰鞘氨醇,后者由 CDP-胆碱供给磷酸胆碱生成神经鞘磷脂。

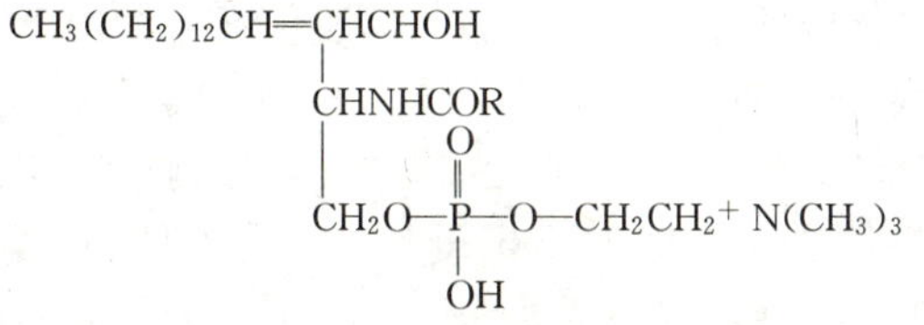

$$
\begin{array}{l}
CH_3(CH_2)_{12}CH{=}CHCHOH \\
\qquad\qquad\quad | \\
\qquad\qquad\quad CHNHCOR \\
\qquad\qquad\quad |\qquad\quad O \\
\qquad\qquad\quad |\qquad\quad \| \\
\qquad\qquad\quad CH_2O{-}P{-}O{-}CH_2CH_2{}^{+}N(CH_3)_3 \\
\qquad\qquad\qquad\qquad\ | \\
\qquad\qquad\qquad\qquad OH
\end{array}
$$

神经鞘磷脂

神经鞘磷脂在脑、肝、脾、肾等细胞的溶酶体中降解,这些部位有神经鞘磷脂酶(sphingomyelinase),能使磷酸酯键水解,产物为磷酸胆碱及 *N*-脂酰鞘氨醇。如先天性缺乏此酶,则鞘磷脂不能降解而在细胞内积存,引起肝、脾肿大及痴呆等鞘磷脂沉积病状。形成各种脂类沉积症(lipoidosis),如 Gaucher 病患者缺乏糖基神经酰胺 β-葡萄糖苷酶,导致神经节苷脂堆积;Nieman-Pick 病患者缺乏神经鞘磷脂酶,导致神经鞘磷脂沉积;Tay-Sachs 病患者缺乏 β-已糖胺酶 A,不能水解神经节苷脂寡糖链末端的 β-N-乙酰葡萄糖胺,造成脑内神经节苷脂 GM_2 沉积。

第五节 胆固醇代谢

一、胆固醇的结构、分布及生理功能

(一) 胆固醇及其衍生物的化学结构

胆固醇最早是由动物胆石中分离出的、具有羟基的固体醇类化合物,故称为胆固醇(cholesterol)。所有固醇(包括胆固醇)均具有环戊烷多氢菲的共同结构。环戊烷多氢菲由三个己烷环及一个环戊烷稠合而成,四个环分别用 A、B、C、D 表示。

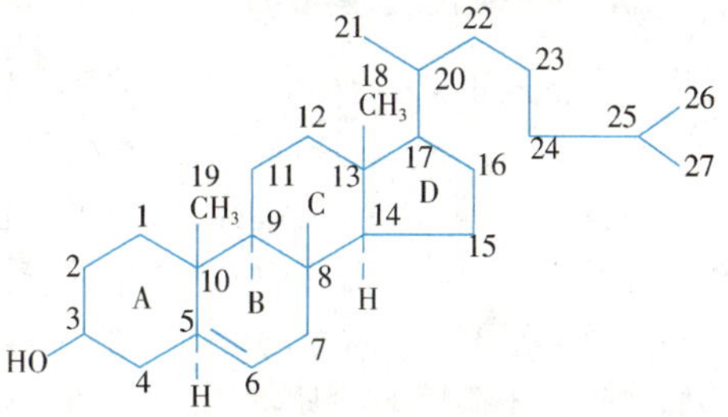

胆固醇结构式

在平面式中用实线(β)或虚线(α)表示氢原子或取代基团化学键在平面之上或下的空间位置。胆固醇 3 位羟基,10 及 13 位碳上的甲基,17 位碳上的侧链均用实线连接,表示这些基团均在平面之上,属 β 位;5、9、14 碳上的氢原子均用虚线连接,属 α 位,在平面之下。

不同的固醇均具环戊烷多氢菲的基本结构,区别是碳原子数及取代基不同,其生理功能各异。

植物不含胆固醇但含植物固醇,以 β-谷固醇(β-sitosterol)为最多,它是维生素 D_2 的前体。细菌不含固醇类化合物。

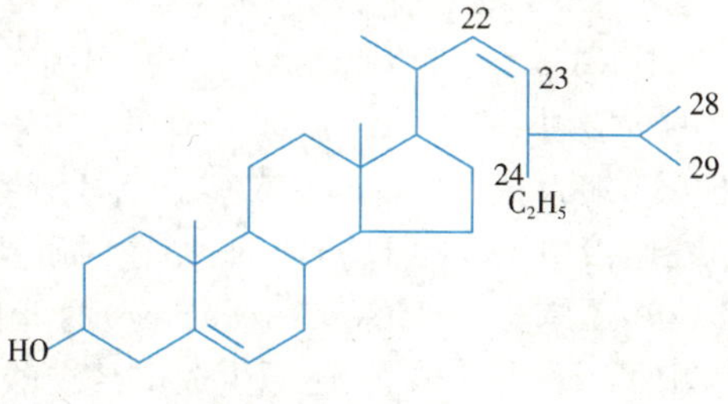

β-谷固醇

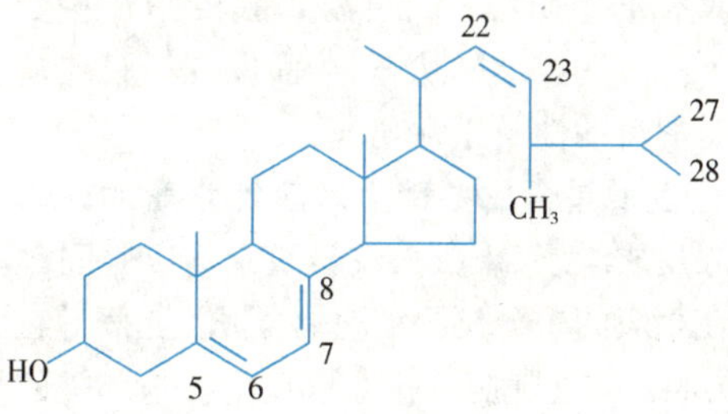

麦角固醇

(二) 胆固醇在体内的分布

人体约含胆固醇140g，广泛分布于全身各组织中，大约1/4分布在脑及神经组织中，约占脑组织的2%。肝、肾、肠等内脏及皮肤、脂肪组织亦含较多的胆固醇，每100g组织约含200～500mg，其中以肝最多。肌肉组织含量较低，约100～200mg/100g。肾上腺、卵巢等合成类固醇激素的内分泌腺胆固醇含量较高，达1%～5%。

胆固醇在组织中一般以非酯化的游离状态存在于细胞膜中，但在肾上腺（90%）、血浆（70%）及肝（50%）中，大多与脂肪酸结合成胆固醇酯，以胆固醇油酸酯为最多，亦有少量亚油酸酯及花生四烯酸酯。

(三) 体内胆固醇的来源

人体胆固醇的来源靠体内合成及从食物摄取。正常人每天膳食中约含胆固醇300～500mg，主要来自动物内脏、蛋黄、肉类等。植物性食品不含胆固醇，而含植物固醇如谷固醇、麦角固醇，它们能阻碍胆固醇的吸收。胆汁酸盐、食物脂肪有利于胆固醇的吸收。

人体每天约合成1g左右的内源性胆固醇。每天从肠道排出的胆固醇约0.5g，以胆汁酸形式排出约0.4g，随皮肤脱落而丧失的胆固醇约0.1g。以类固醇激素灭活形式排出的胆固醇约50mg，出入大致平衡。

(四) 胆固醇的生理功能

1. 胆固醇是生物膜的重要成分　存在于生物膜中的胆固醇均为游离胆固醇，在细胞质膜中含量较高，内质网和其他细胞器较少。胆固醇为两性分子，其3β-羟基极性端定向分布于膜的亲水界面，疏水的母核及侧链，具一定刚性，深入膜双脂层外侧约10个碳原子处，对控制生物膜的流动性具有重要作用。它可阻止膜磷脂在相变温度以下时转变成结晶状态，从而保证了膜在较低温度时的流动性及正常功能。

2. 胆固醇是合成多种生理活性物质的前体　肾上腺皮质激素、雄激素及雌激素均以胆固醇为原料在相应的内分泌腺细胞中合成。胆固醇在肝转变为胆汁酸盐随胆汁排入消化道参与脂类的消化和吸收。皮肤中的7-脱氢胆固醇在日光紫外线的照射下，可转变为维生素D_3（又称胆钙化醇），后者在肝及肾羟化转变为1,25-$(OH)_2D_3$的活性形式，参与调节钙磷代谢。

二、胆固醇的合成

(一) 合成部位

除成年动物脑组织及成熟红细胞外，几乎全身各组织均可合成胆固醇，每天可合成1g左右。肝是合成胆固醇的主要场所。体内胆固醇70%～80%由肝合成，10%由小肠合成。

胆固醇合成酶系存在于胞液及光面内质网膜上，因此，胆固醇的合成主要在胞液及内质网中进行。

(二) 合成原料

乙酰CoA是合成胆固醇的原料。用^{14}C及^{13}C标记乙酸的甲基碳及羧基碳，与肝切片在体外温育证明，乙酸分子中的2个碳原子均参与构成胆固醇，是合成胆固醇的唯一碳源。

乙酰CoA是葡萄糖、氨基酸及脂肪酸在线粒体内的分解代谢产物。它不能通过线粒体内膜，需经柠檬酸-丙酮酸循环进入胞液。每转运1分子乙酰CoA要消耗1分子ATP。此外，胆固醇合成需要大量NADPH+H^+及ATP供给合成反应所需之氢及能量。每合成1分子胆固醇需18分子乙酰CoA，36分子ATP及16分子NADPH+H^+。

(三) 合成的基本过程

胆固醇合成过程复杂，有近30步酶促反应，大致可划分为三个阶段（图11-14）。

1. 甲羟戊酸的合成　在胞液中，2分子乙酰CoA在乙酰乙酰硫解酶的催化下，缩合成乙酰乙酰CoA；然后在胞液中羟甲基戊二酸单酰CoA合酶（3-hydroxy-3-methylglutaryl CoA synthase，HMGCoA synthase）的催化下再与1分子乙酰CoA缩合生成羟甲基戊二酸单酰CoA（HMGCoA）。HMGCoA是合成胆固醇及酮体的重要中间产物。在线粒体中，3分子乙酰CoA缩合成的HMGCoA裂解后生成酮体；而在胞液中生成的HMGCoA，则在内质网HMGCoA还原酶（HMGCoA reductase）的催化下，由NADPH+H^+供氢，还原生成甲羟戊酸（mevalonic acid，MVA）。HMGCoA还原酶是合成胆固醇的限速酶，这步反应是合成胆固醇的限速反应。

甲羟戊酸的合成过程如下：

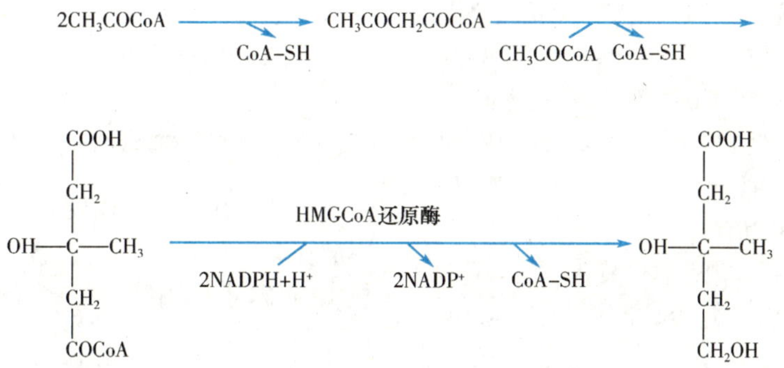

$$2CH_3COCoA \xrightarrow{} CH_3COCH_2COCoA \xrightarrow{} \quad (CoA\text{-}SH;\ CH_3COCoA,\ CoA\text{-}SH)$$

$$\underset{\text{羟甲基戊二酸单酰 CoA(HMGCoA)}}{HOOC\text{-}CH_2\text{-}C(OH)(CH_3)\text{-}CH_2\text{-}COCoA} \xrightarrow[2NADPH+H^+\ \ 2NADP^+\ \ CoA\text{-}SH]{\text{HMGCoA还原酶}} \underset{\text{甲羟戊酸(MVA},C_6)}{HOOC\text{-}CH_2\text{-}C(OH)(CH_3)\text{-}CH_2\text{-}CH_2OH}$$

2. 鲨烯的合成 MVA（C_6）由 ATP 提供能量，在胞液内一系列酶的催化下，脱羧、磷酸化生成活泼的异戊烯焦磷酸（Δ^3-isopentenyl pyrophosphate，IPP，C_5）和二甲基丙烯焦磷酸（3，3-dimethylallyl pyrophosphate，DPP，C_5）。然后 3 分子活泼的 5C 焦磷酸化合物（IPP 及 DPP）缩合成 15C 的焦磷酸法尼酯（farnesyl pyrophosphate，FPP，C_{15}）。2 分子 15C 焦磷酸法尼酯在内质网鲨烯合酶（squalene synthase）的作用下，再缩合、还原即生成 30C 的多烯烃——鲨烯（squalene）。

3. 胆固醇的合成 鲨烯结合在胞液中固醇载体蛋白（sterol carrier protein，SCP）上，经内质网单加氧酶、环化酶等的作用，环化生成羊毛固醇，后者再经氧化、脱羧、还原等反应，脱去 3 个甲基生成含 27C 的胆固醇。

（四）胆固醇合成的调节

HMGCoA 还原酶是胆固醇合成的限速酶。各种因素对胆固醇合成的调节主要是通过对 HMGCoA 还原酶活性的影响来实现的。

HMGCoA 还原酶存在于肝、肠及其他组织细胞的内质网。它是由 887 个氨基酸残基构成的糖蛋白。胞液中有依赖 AMP 蛋白激酶，在 ATP 存在下，可使 HMGCoA 还原酶磷酸化而丧失活性。胞液中的磷蛋白磷酸酶可催化 HMGCoA 还原酶脱磷酸而恢复酶活性。

1. 激素 胰岛素及甲状腺素能诱导肝 HMGCoA 还原酶的合成，从而增加胆固醇的合

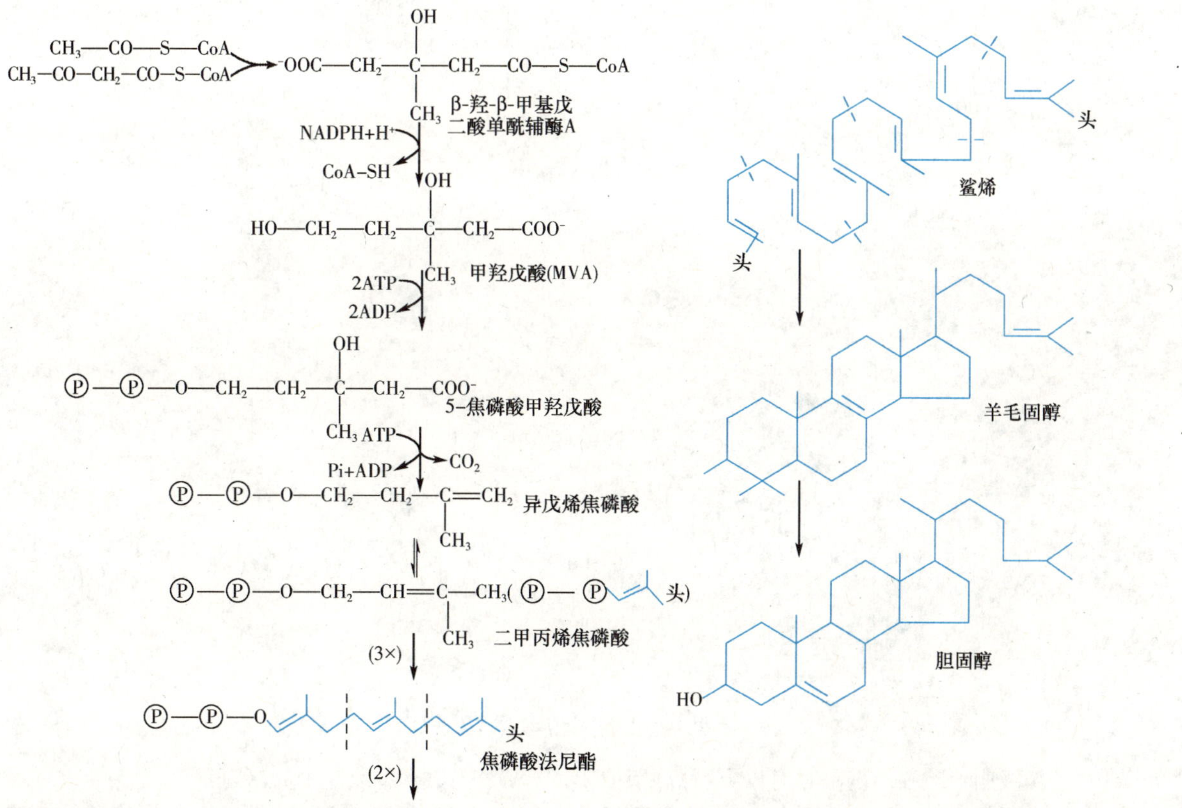

图 11-14 胆固醇合成过程

成。胰高血糖素等通过第二信使 cAMP 影响蛋白激酶，加速 HMGCoA 还原酶磷酸化后抑制酶的活性而减少胆固醇合成。甲状腺素除能促进 HMGCoA 还原酶的合成外，还能促进胆固醇转变为胆汁酸，此作用较前者强，因此甲状腺功能亢进时患者血清胆固醇含量反而下降。

2. 胆固醇水平 胆固醇可反馈抑制 HMG-CoA 还原酶的活性，并减少该酶的合成，从而降低胆固醇的合成。

3. 进食 饥饿可抑制肝合成胆固醇。饥饿除使 HMGCoA 还原酶合成减少活性降低外，乙酰 CoA、ATP、NADPH＋H^+ 的不足也是胆固醇合成减少的重要原因。相反，摄取高糖、高饱和脂肪膳食后，肝 HMGCoA 还原酶活性增加，胆固醇的合成增加。

三、胆固醇在体内的转化

（一）胆固醇转变成胆汁酸

胆固醇在肝中转化成胆汁酸（bile acid）是胆固醇在体内代谢的主要去路。正常人每天约合成 1g 胆固醇，其中 0.4～0.6g 在肝转变成胆汁酸，随胆汁排入肠道。

1. 初级胆汁酸的生成 初级胆汁酸是肝细胞以胆固醇为原料直接转变生成的胆汁酸，仅肝实质细胞才具有合成胆汁酸的酶系。人胆汁酸均为胆烷酸（cholanic acid）的衍生物，含量最多的是胆酸（cholic acid）及鹅脱氧胆酸（chenodeoxycholic acid）（图 11-15）。

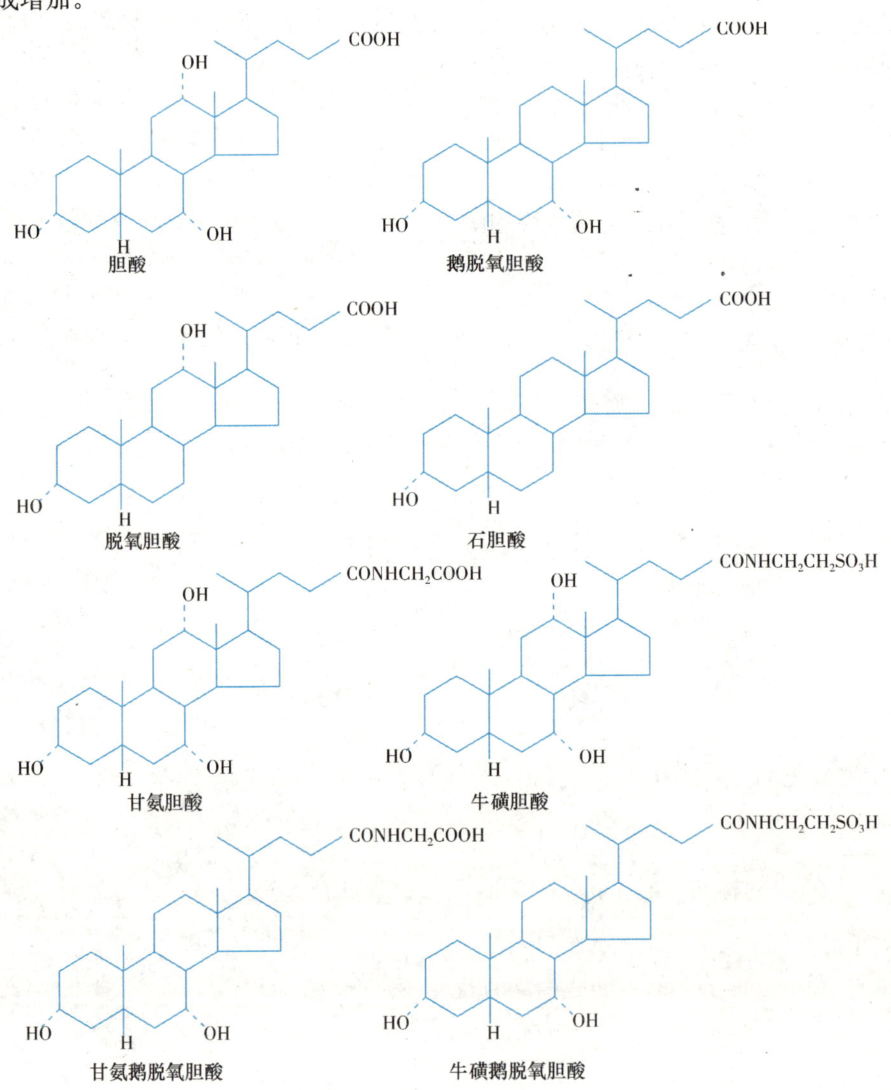

图 11-15 几种胆汁酸的结构式

初级胆汁酸在结构上具有以下特点（碳原子序号参见前胆固醇结构式）：①由 24 个碳原子构成，A/B 为顺式；②17β-碳上连有 5 碳羧酸；③3、7、12 碳上有 2 或 3 个 α-羟基。

初级胆汁酸的羧基常分别与甘氨酸或牛磺酸（$NH_2CH_2CH_2SO_3H$）结合，生成的产物称为

结合胆汁酸(conjugated bile acid)。主要是形成甘氨胆酸(glycocholic acid)、牛磺胆酸(taurocholic acid)、甘氨鹅脱氧胆酸(glycochenodeoxycholic acid)和牛磺鹅脱氧胆酸(taurochenocholic acid)等结合型初级胆汁酸。

胆汁酸合成的基本步骤:胆固醇在肝实质细胞内质网 7α-羟化酶的作用下,由 NADPH+H^+ 供氢及 O_2 参加,7α-羟化生成 7α-羟化胆固醇。7α-羟化酶属单加氧酶系,是胆汁酸合成的限速酶。7α-羟化胆固醇在内质网 3α-及 12α-羟化酶的作用下,亦需 NADPH+H^+ 及 O_2 参加,3α-及 12α-羟化,然后 17β 侧链经 β-氧化脱去丙酰 CoA 即形成 24C 的胆酸。如仅 3α、7α-羟化则生成鹅脱氧胆酸(图 11-16)。二者再在肝细

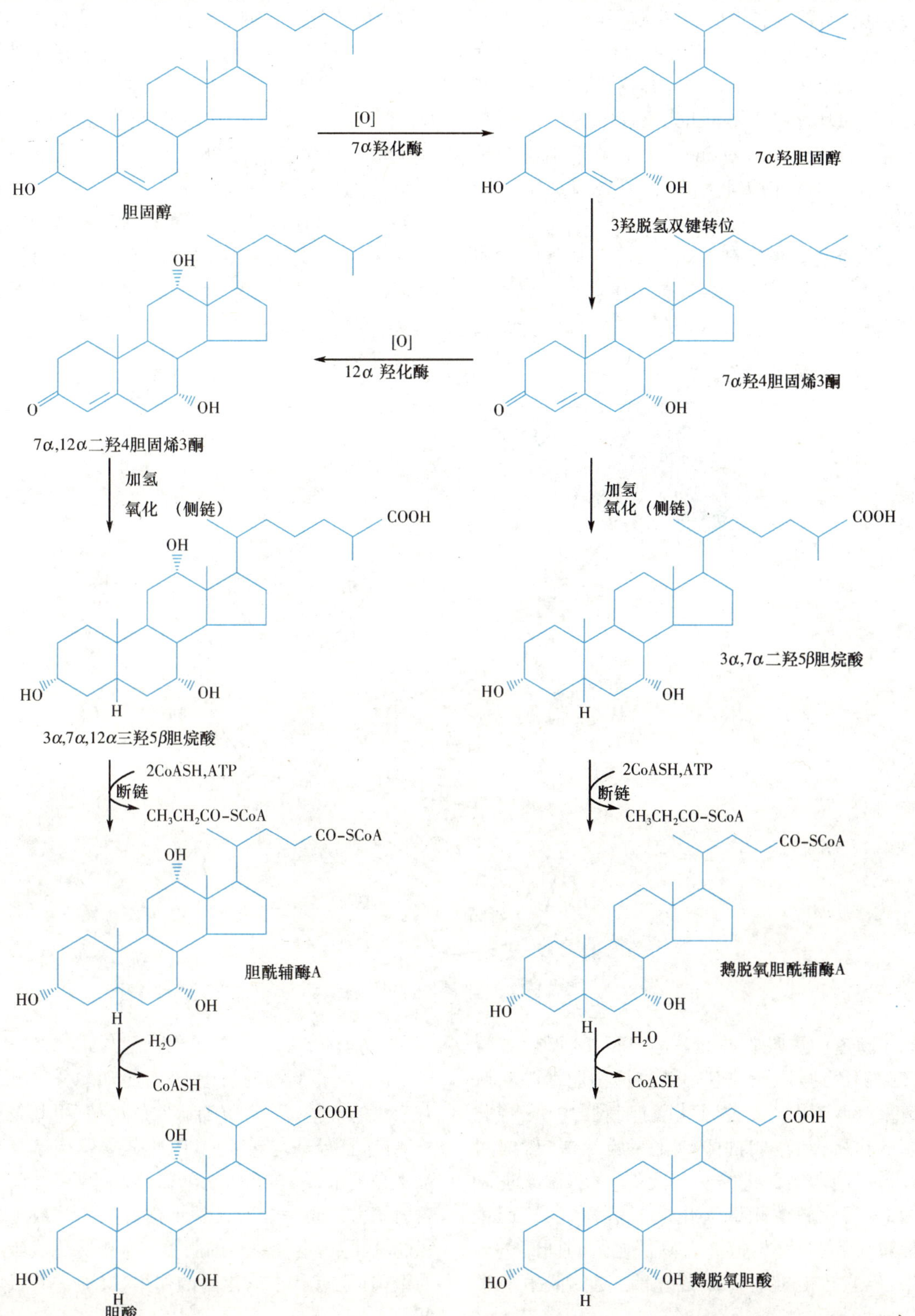

图 11-16 游离型初级胆汁酸的合成

胞酶的催化下，分别与甘氨酸及牛磺酸结合即形成结合型的甘氨胆酸、牛磺胆酸、甘氨鹅脱氧胆酸及牛磺鹅脱氧胆酸。结合型的胆汁酸分泌入毛细胞胆管，经胆管随胆汁排入胆囊储存或排入肠道。健康成人胆汁中甘氨胆酸与牛磺胆酸的比例约为 3∶1。

2. 次级胆汁酸的生成　结合型的初级胆汁酸随胆汁分泌入肠道后，在小肠下段及大肠中受细菌的作用，水解成游离型的胆汁酸，后者继续在肠道细菌的作用下，使 7α-羟基脱氧，胆酸转变为 7-脱氧胆酸(7-deoxycholic aicd)，鹅脱氧胆酸转变为石胆酸(lithocholic acid)。在肠道细菌作用后生成的 7-脱氧胆酸及石胆酸即为次级胆汁酸。

3. 胆汁酸的肠肝循环　肝合成胆汁酸的能力(0.4～0.6g/d)不能满足机体生理需要。消化脂类食物每天需 12～32g 胆汁酸。机体主要通过肠肝循环将排入肠道的胆汁酸重吸收入肝再加以利用，每天约进行 6～12 次肠肝循环，从肠道重吸收的胆汁酸总量可达 12～32g。

胆汁酸排入肠腔后，大部分未经细菌作用的结合型胆汁酸(如甘氨胆酸及牛磺胆酸)在小肠，主要是回肠，通过主动吸收经门静脉又回到肝。经肠道细菌作用后的游离型次级胆汁酸则在大肠通过被动扩散进入门静脉，然后进入肝。在肝经必要的转化后，肝细胞将所摄取的游离型胆汁酸重新转变为结合型胆汁酸，与新合成的结合型胆汁酸一起，再分泌入毛细胆管，经胆道又排入肠腔。每次由肝排入肠腔的胆汁酸 95%以上均被重吸收再利用，仅小部分随粪便排泄，每天约 0.4～0.6g，主要是次级胆汁酸，特别是石胆酸，因为石胆酸很难溶于水。每天从粪便中丢失的胆汁酸的量通过肝中合成来补充。每天从粪便中丢失的量相当于肝每天新合成胆汁酸的量(图 11-17)。

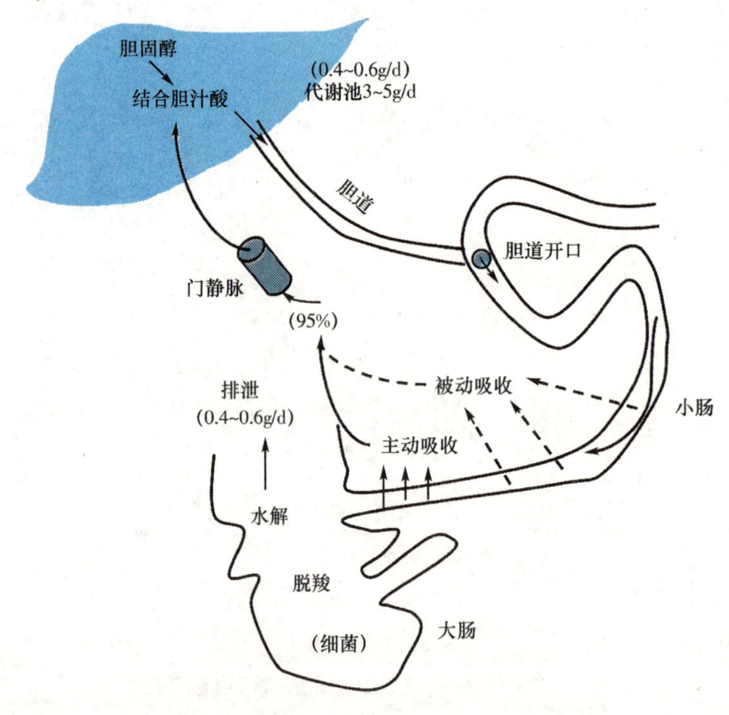

图 11-17　胆汁酸的肠肝循环

肠道中重吸收的胆汁酸可反馈抑制 7α-羟化酶。因此，胆瘘或其他药物抑制胆汁酸从肠道重吸收时，则失去胆汁酸抑制肝中 7α-羟化酶的作用，加速胆固醇转化为胆汁酸，因而可降低血清胆固醇的含量。此外，甲状腺素能增加 7α-羟化酶及侧链氧化酶的活性，加速胆固醇转化为胆汁酸，故亦有降低血浆胆固醇的效果，但它也能抑制 12α-羟化酶，使鹅脱氧胆酸生成增加。

4. 胆汁酸的生理作用

(1) 促进脂类的消化吸收：胆汁酸分子既含有亲水的羟基、羧基，又有疏水的烃核、甲基及脂酰侧链，且羟基均属 α 型，因此其立体构象具有亲水和疏水两个侧面，能降低油/水两相之间的表面张力。胆汁酸的这种结构特点使其成为较强的乳化剂，能使疏水的脂类在水中乳化成细小的微团，既有利于消化酶的作用，又促进其吸收(图 11-18)。

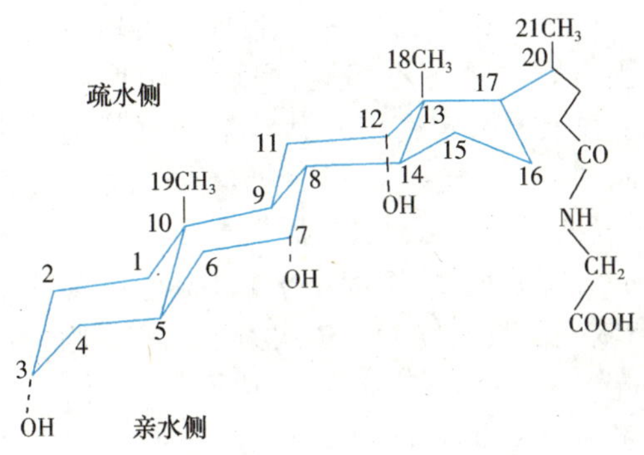

图 11-18 甘氨胆酸的构象式

(2) 抑制胆固醇在胆汁中析出沉淀(结石)：部分未转化的胆固醇由肝细胞分泌入毛细胆管，随胆汁排入胆囊储存。由于胆固醇难溶于水，胆汁在胆囊中浓缩后胆固醇较易析出沉淀。但胆汁中有胆汁酸盐及卵磷脂，可使胆固醇分散形成可溶性微团，使之不易结晶沉淀。

若排入胆汁中的胆固醇过多或胆汁中胆汁酸盐及卵磷脂与胆固醇的比值降低(小于 10∶1)，则易引起胆固醇析出沉淀，形成结石。当肝合成胆汁酸能力降低，肠肝循环中肝摄取胆汁酸量减少时，可引起胆汁中胆汁酸盐含量降低。

(二) 胆固醇转变为类固醇激素

胆固醇是肾上腺皮质、睾丸、卵巢等内分泌腺合成类固醇激素的原料。合成类固醇激素是胆固醇在体内代谢的重要途径。

1. 类固醇激素的合成

(1) 肾上腺皮质激素的合成：肾上腺皮质由球状带、束状带及网状带三类不同细胞构成，分泌三类生理作用不同的皮质类固醇激素。球状带分泌醛固酮(aldosterone)，主要调节水盐代谢，称盐皮质激素；束状带分泌皮质醇(cortisol)及少量皮质酮(corticosterone)，主要调节糖、脂、蛋白质代谢，称糖皮质激素；网状带主要合成雄激素(androgen)，也产生极少量雌激素(estrogen)。

胆固醇是合成肾上腺皮质类固醇激素的原料。肾上腺皮质细胞中储存大量胆固醇酯，含量高达 2%～5%，90%来自血液，10%自身合成。

在肾上腺皮质细胞内，胆固醇经羟化、裂解、异构作用，生成孕酮。孕酮是合成皮质激素的主要中间产物，本身也具激素活性。然后孕酮在羟化酶的作用下，生成皮质酮、醛固酮和雄激素、雌激素。由于肾上腺皮质三个区带含不同的羟化酶，因此分别合成不同的类固醇激素。

(2) 睾酮和雌激素的合成：95%以上的睾酮由睾丸间质细胞合成，仅少量来自肾上腺皮质；雌激素有孕酮及雌二醇两类，主要有卵巢的卵泡内膜细胞及黄体分泌。

以上物质均以胆固醇为原料合成。

2. 类固醇激素的运输、灭活及排泄 类固醇激素不溶于水，分泌入血后大多与血浆蛋白质结合而运输，仅 1%～5%以游离形式存在，皮质酮与运皮质激素蛋白(corticosteroid binding globulin，CBG)结合而运输。睾酮与血浆 β-球蛋白及清蛋白结合而运输。

类固醇激素在肝的酶的催化下，发生羟化、还原及结合反应，生成无活性的四氢衍生物，后者再与葡萄糖醛酸或硫酸结合成酯，此过程称为激素的灭活。灭活的激素 90%由肾随尿排出。雌二醇在 17α-羟化酶的作用下生成活性很低的雌三醇。孕酮被还原成孕二醇。

皮质类固醇激素及睾酮在肝脏灭活的产物主要是 17-羟类固醇及 17-酮类固醇，90%由肾随尿排出。尿中 17-酮类固醇约 1/3 来自睾丸，2/3 来自肾上腺皮质。测定尿中 17-酮类固醇有助于了解肾上腺皮质的分泌功能。

(三) 胆固醇转化为 7-脱氢胆固醇

在皮肤，胆固醇可被氧化为 7-脱氢胆固醇，后者经紫外光照射转变为维生素 D_3，调节钙磷代谢。

第六节 血浆脂蛋白代谢

一、血脂与血浆脂蛋白

血浆中所含的脂类统称为血脂，它包括三酰甘油、磷脂、胆固醇、胆固醇酯和游离脂肪酸等。

正常成人血脂含量变动范围较大，受膳食、年龄、性别、职业及代谢等的影响，故欲测定血脂，需在体重稳定的情况下，空腹 12～14 h 采血，才能比较可靠的反映被检者血脂水平的实况(表 11-2)。

表 11-2 正常成人空腹血脂的组成及含量参考值

组成	正常(参考值)mmol/L	(mg/L)
三酰甘油	0.11～1.7(1.13)	100～1500(1000)
总胆固醇	2.6～6.0(5.15)	1000～2300(1000)
游离胆固醇	1.0～1.8(1.4)	400～700(550)
胆固醇酯	1.8～5.2(3.8)	700～2000(1450)
磷　脂	48.4～80.7(64.6)	1500～2500(2000)
游离脂肪酸	0.195～0.8(0.6)	50～200(150)

血脂的来源有外源性和内源性两种，外源性血脂系指由食物摄取的脂类经消化吸收进入血液，内源性血脂是由肝、脂肪细胞以及其他组织合成后释放入血。

由于脂类不溶于水，因此，血浆中的脂类是与蛋白质结合成血浆脂蛋白(lipoprotein)的形式而运输。血浆脂蛋白中的蛋白质部分称为载脂蛋白。

各种血浆脂蛋白因所含脂类及蛋白质量不同，其密度、表面电荷等也均有不同。

(一) 血浆脂蛋白的分类

一般用电泳法及超速离心法可将血浆脂蛋白分为四类。

1. 电泳法 电泳法主要根据不同脂蛋白的表面电荷不同，在电场中具不同的迁移率，按其在电场中移动的快慢，可将脂蛋白分为 α、前 β、β 及乳糜微粒四类。一般常用滤纸、醋酸纤维薄膜、琼脂糖或聚丙烯酰胺凝胶作为电泳支持物。α-脂蛋白泳动最快，相当于 α_1-球蛋白的位置；β-脂蛋白相当于β-球蛋白的位置；前β脂蛋白位于β-脂蛋白之前，相当于 α_2-球蛋白的位置；乳糜微粒(CM)则留在原点不动(图 11-19)。

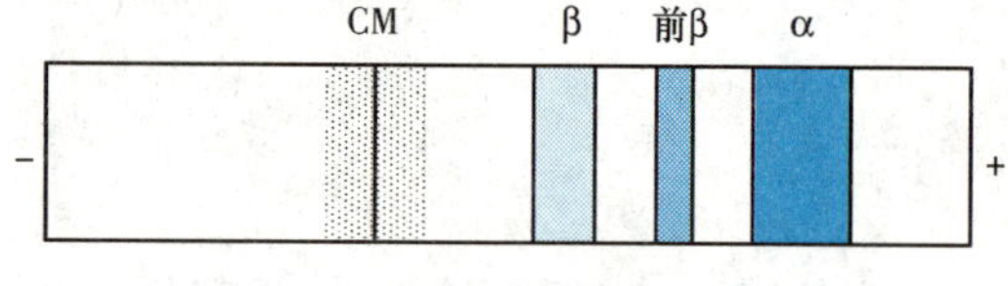

图 11-19 血浆脂蛋白醋酸纤维薄膜电泳示意图

2. 超速离心法 由于各种脂蛋白含脂类及蛋白质的量各不相同，因而其密度亦不相同。血浆在一定密度的盐溶液中进行超速离心时，其所含脂蛋白即因密度不同而漂浮或沉降，据此分为四类：乳糜微粒(chylomicron, CM)含脂质最多，密度小于 0.95kg/L，易于上浮；其余的按密度大小依次为极低密度脂蛋白(very low density lipoprotein, VLDL)、低密度脂蛋白(low density lipoprotein, LDL)和高密度脂蛋白(high density lipoprotein, HDL)；分别相当于电泳分离的 CM、前 β-脂蛋白、β-脂蛋白及 α-脂蛋白等四类。通常用 Svedberg 漂浮率(Sf)表示其上浮情况。血浆脂蛋白在密度为 1.063 kg/L 的 NaCl 溶液中，26℃下，每秒每达因克离心力的力场下，每上浮 10^{-13} cm 即为 1S 单位，即 1Sf=10^{-13} cm/s. dyn. g。

(二) 血浆脂蛋白的组成

血浆脂蛋白主要由蛋白质、三酰甘油、磷脂、胆固醇及其酯组成。各类脂蛋白都含有这四类成分，但其组成比例及含量却大不相同。乳糜微粒颗粒最大，含三酰甘油最多，达 80%～95%，蛋白质量少，约 1%，故密度最小，<0.95 kg/L，血浆静置可漂浮。VLDL 含三酰甘油亦多，达 50%～70%，但其蛋白质含量(约 10%)高于 CM，故密度较 CM 大，近于 1.006 kg/L。LDL 含胆固醇及胆固醇酯最多，约 40%～50%。HDL 含蛋白质量最多，约 50%，故密度最高，颗粒最小(表 11-3)。

表 11-3 血浆脂蛋白的分类、性质、组成及功能

分类	密度法 电泳法	乳糜微粒	极低密度脂蛋白 前 β-脂蛋白	低密度脂蛋白 β-脂蛋白	高密度脂蛋白 α-脂蛋白
性质	密度(kg/L)	<0.95	0.95～1.006	1.006～1.063	1.063～1.210
	Sf 值	>400	20～400	0～20	沉降
	电泳位置	原点	α_2-球蛋白	β-球蛋白	α_1-球蛋白
	颗粒直径(nm)	80～500	25～80	20～25	7.5～10
组成(%)	蛋白质	0.5～2	5～10	20～25	50
	脂类	98～99	90～95	75～80	50
	三酰甘油	80～95	50～70	10	5
	磷脂	5～7	15	20	25
	胆固醇	1～4	15	45～50	20
	游离	1～2	5～7	8	5
	酯化	3	10～12	40～42	15～17
载脂蛋白组成(%)	Apo AⅠ	7	<1	—	65～70

续表

分类 密度法 电泳法		乳糜微粒	极低密度脂蛋白 前β-脂蛋白	低密度脂蛋白 β-脂蛋白	高密度脂蛋白 α-脂蛋白
	Apo AⅡ	5	—	—	20～25
	Apo AⅣ	10	—	—	—
	Apo B100	—	20～60	95	—
	Apo B48	9	—	—	—
	Apo CⅠ	11	3	—	6
	Apo CⅡ	15	6	微量	1
	ApoCⅢ 0～2	41	40	—	4
	apo E	微量	7～15	<5	2
	Apo D	—	—	—	3
合成部位		小肠黏膜细胞	肝细胞	血浆	肝、肠、血浆
功能		转运外源性三酰甘油及胆固醇	转运内源性三酰甘油及胆固醇	转运内源性胆固醇	逆向转运胆固醇

(三)脂蛋白的结构

血浆各种脂蛋白具有大致相似的基本结构。疏水性较强的三酰甘油及胆固醇酯均位于脂蛋白的内核，而具极性及非极性基团的载脂蛋白、磷脂及游离胆固醇则以单分子层借其非极性的疏水基团与内部的疏水链相联系，覆盖于脂蛋白表面，其极性基团朝外，呈球状。CM 及 VLDL 主要以三酰甘油为内核，LDL 及 HDL 则主要以胆固醇酯为内核。HDL 的蛋白质/脂类比值最高，故大部分表面被蛋白质分子所覆盖，并与磷脂交错穿插。大多数载脂蛋白如 apoAⅠ、AⅡ、CⅠ、CⅡ、CⅢ 及 E 等均具双性 α-螺旋(amphipathic α-helix)结构。不带电荷的疏水性氨基酸残基组成螺旋的非极性面，带电荷的亲水性氨基酸残基组成螺旋的极性面，这种双性 α-螺旋结构有利于载脂蛋白与脂质的结合并稳定脂蛋白的结构，增加了脂蛋白颗粒的亲水性，使血浆脂蛋白颗粒能均匀分散在血液中(图 11-20)。

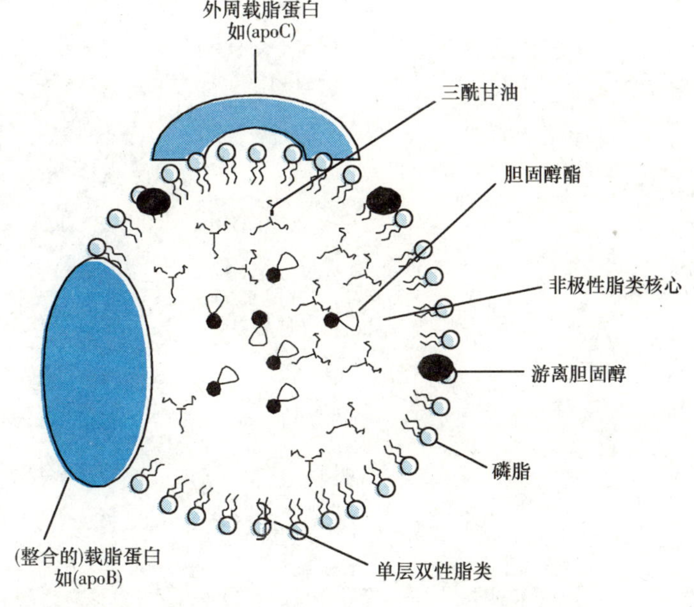

图 11-20　血浆脂蛋白的一般结构

二、载脂蛋白

脂蛋白中的蛋白质部分称为载脂蛋白(apolipoprotein,apoprotein,apo)。

(一) 载脂蛋白的分类

载脂蛋白的种类很多,已发现有18种,主要有apoA、B、C、D、E等。apoA又分为AⅠ、AⅡ、AⅣ;apoB分为B100、B48;apoC分为CⅠ、CⅡ、CⅢ等。每种血浆脂蛋白可含几种载脂蛋白,但以某种为主,且各种载脂蛋白之间维持一定比例。HDL主要含apoAⅠ及AⅡ;LDL几乎只含apoB100;VLDL除含apoB100外,还含有apoC及E;CM含apoB48而不含apoB100。

(二) 载脂蛋白的功能

1. 构成和稳定脂蛋白结构 载脂蛋白是脂蛋白的结构成分。载脂蛋白分子内有许多α-螺旋,这些α-螺旋的氨基酸残基形成亲水区和疏水区。亲水区朝向水相,疏水区伸向脂类核心,从而使脂蛋白得以稳定,并使脂蛋白可以溶于血液中,从而完成转运脂类的功能。

2. 调节与脂蛋白代谢有关的酶的活性

(1) apoAⅠ是卵磷脂胆固醇酰基转移酶(lecithin cholesterol acyl trasferase,LCAT)的激活剂:LCAT在肝内合成释放入血中,是一种在血浆中起催化作用的酶。它催化HDL(主要是新生HDL)表面的卵磷脂与胆固醇的脂酰转移反应,生成胆固醇酯和溶血磷脂。

LCAT在胆固醇逆向转运(reverse cholesterol transport,RCT)中发挥重要作用。

(2) apoCⅡ是脂蛋白脂肪酶(lipoprotein lipase,LPL)的激活剂:LPL是肝外组织实质细胞合成和分泌的;分布于肝外组织毛细血管内皮细胞表面。ApoCⅡ是其必需的辅因子,apoCⅡ可使无活性或低活性LPL激活成高活性状态。激活的LPL可使CM和VLDL中的三酰甘油水解成甘油和脂肪酸,使CM和VLDL转变成CM残粒和VLDL残粒。

3. 作为脂蛋白受体的配体,参与脂蛋白受体的识别 载脂蛋白B100是LDL受体的配体,LDL中的apoB100能同LDL受体特异结合,从而使LDL被细胞摄取清除。载脂蛋白E是LDL受体和LDL受体相关蛋白(LDL receptor related protein,LRP)的配体,对LDL和CM残粒、VLDL残粒清除起重要作用。载脂蛋白AⅠ是HDL受体的配体,肝细胞膜上HDL受体能与之结合,在HDL代谢中起重要作用。

综上所述,载脂蛋白在脂蛋白代谢上发挥极为重要的作用(表11-4)。

表11-4 人血浆载脂蛋白的结构及功能

载脂蛋白	相对分子质量	氨基酸数	分布	功能
AⅠ	28 300	243	HDL	激活LCAT,识别HDL受体
AⅡ	17 500	77×2	HDL	稳定HDL结构,激活HL
AⅣ	46 000	371	HDL,CM	辅助激活LPL
B100	512 723	4 536	VLDL,LDL	识别LDL受体
B48	264 000	2 152	CM	促进CM合成
CⅠ	6 500	57	CM,VLDL,HDL	激活LCAT?
CⅡ	8 800	79	CM,VLDL,HDL	激活LPL
CⅢ	8 900	79	CM,VLDL,HDL	抑制LPL,抑制肝apoE受体
D	22 000	169	HDL	转运胆固醇酯
E	34 000	299	CM,VLDL,NDL	识别LDL受体
J	70 000	427	HDL	结合转运脂质,补体激活
(a)	500 000	4 529	LP(a)	抑制纤溶酶活性
CETP	64 000	493	HDL,d>1.21	转运胆固醇酯
PTP	69 000	?	HDL,d>1.21	转运磷脂

CETP:胆固醇酯转运蛋白;LPL:脂蛋白脂肪酶;PTP:磷脂转运蛋白;HL:肝脂肪酶

三、血浆脂蛋白代谢

(一) 乳糜微粒(CM)

脂肪消化吸收时，在小肠黏膜细胞内再酯化生成的三酰甘油连同吸收和合成的磷脂及胆固醇，与由该细胞合成的apoB48、AⅠ、AⅡ、AⅣ等共同形成新生的CM。CM经淋巴入血，在血中与HDL相互交换，获得apoC、apoE，失去部分apoA，转变为成熟的CM。新生的CM获得apoC后，其中的apoCⅡ激活肌肉、心及脂肪等肝外组织的毛细血管内皮细胞表面的脂蛋白脂肪酶(LPL)，LPL催化脂蛋白中的三酰甘油水解产生甘油和脂肪酸。成熟的CM在LPL的反复作用下，其内核的三酰甘油水解达90%以上，水解产物被肝外组织摄取利用，同时其外层的apoA、apoC、磷脂及游离胆固醇也脱离CM(参与形成新生HDL)，CM颗粒逐渐变小，转变成相对富含胆固醇酯、apoB48及apoE的CM残粒(remnant)。CM残粒最后被肝细胞膜LDL受体和LDL受体相关蛋白(LRP)识别、结合，进而被肝组织摄取代谢。CM的功能是运输外源性脂类(以三酰甘油为主)的脂蛋白。正常人CM在血浆中的半寿期为5～15min，故空腹血中不含CM(图11-21)。

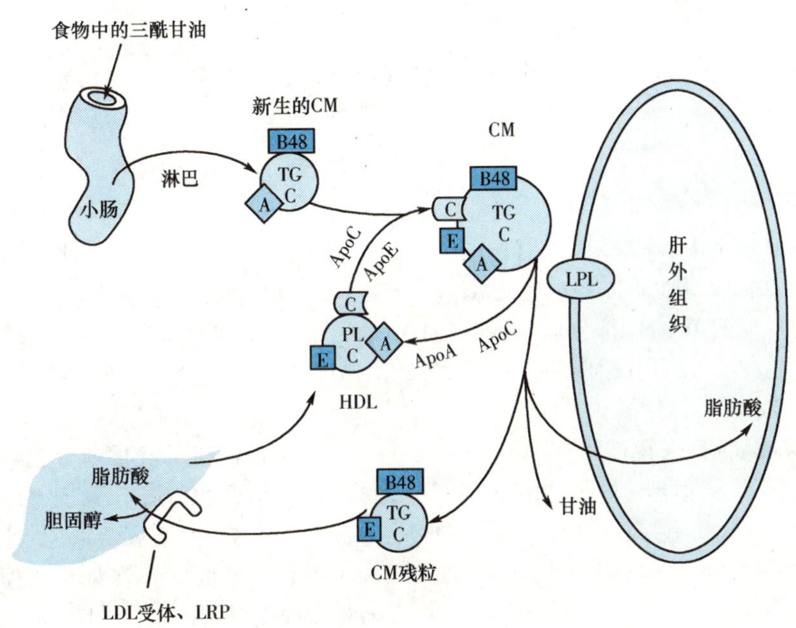

图 11-21 乳糜微粒的代谢

CM：乳糜微粒；TG：三酰甘油；C：胆固醇；PL：磷脂；HDL：高密度脂蛋白；LPL：脂蛋白脂肪酶

(二) 极低密度脂蛋白(VLDL)

VLDL在肝脏合成。VLDL中的三酰甘油由肝脏利用葡萄糖为原料合成，也可利用食物，消化吸收的脂肪酸及脂肪组织动员的脂肪酸合成。胆固醇除来自CM残粒外，肝脏自身亦合成一部分。VLDL中的apoB100全部在肝内合成。由肝细胞合成的三酰甘油、apoB100、apoE以及磷脂、胆固醇等在肝细胞内组成VLDL。此外，小肠黏膜细胞也能合成少量VLDL。VLDL分泌入血后，一部分可被肝细胞重新摄取。分泌入血的VLDL从HDL获得apoC，其中apoCⅡ激活肝外组织毛细血管内皮细胞表面的LPL，使VLDL中的三酰甘油水解成甘油和脂肪酸，为各组织摄取利用。在三酰甘油水解的同时VLDL与HDL再一次相互交换，VLDL从HDL获得胆固醇酯而将表面的apoC、磷脂及游离胆固醇等转移给HDL。VLDL的颗粒逐渐变小，密度不断增加，apoB100及apoE含量相对增多，转变为中间密度脂蛋白(intermidiate density lipoprotein，IDL)，亦称为VLDL残粒。约有50%的VLDL残粒通过肝细胞膜上的LDL受体被肝脏摄取。而未被肝摄取的IDL在LPL及肝脂肪酶(HL)作用下转变为LDL。可见VLDL是运输肝合成的内源性三酰甘油的主要形式(图11-22)。

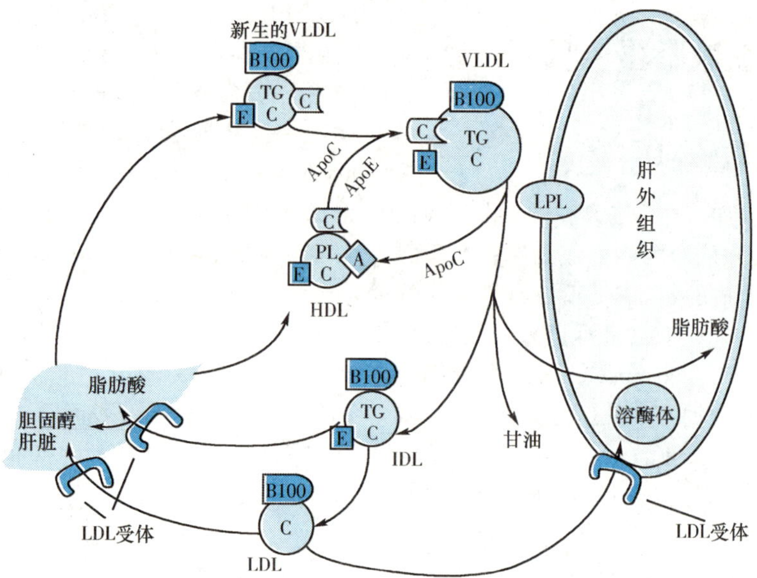

图 11-22　极低密度及低密度脂蛋白代谢

TG：三酰甘油；C：胆固醇；PL：磷脂

(三) 低密度脂蛋白(LDL)

LDL是在血浆中由VLDL转变而来，它是转运由肝脏合成的内源性胆固醇的主要形式。由VLDL转变形成的IDL，一部分被肝摄取，而未被摄取的IDL在LPL及肝脂肪酶作用下，使三酰甘油进一步水解，最后颗粒中脂类主要为胆固醇酯，其外层的apoE也转移到HDL，仅剩下apoB100，该颗粒即为LDL。因肝及肝外组织(如动脉壁细胞等)的细胞膜表面广泛存在LDL受体，能特异识别和结合含apoB100及apoE的脂蛋白，故又称apoB、E受体。一半以上的LDL被肝细胞摄取，只有1/3左右的LDL进入肝外组织。当血浆中LDL与LDL受体结合后，内吞入胞内与溶酶体融合，在溶酶体中蛋白水解酶作用下，LDL中的apoB100水解为氨基酸，其中的胆固醇酯被胆固醇酯酶水解为游离胆固醇及脂肪酸。游离胆固醇在调节细胞胆固醇代谢上具有重要作用：①抑制内质网HMGCoA还原酶，从而抑制细胞本身胆固醇合成。②在转录水平阻抑细胞LDL受体蛋白质的合成，减少细胞对LDL的进一步摄取。③激活内质网脂酰CoA胆固醇脂酰转移酶(ACAT)的活性，使游离胆固醇酯化成胆固醇酯在胞液中储存。游离胆固醇为细胞膜摄取，可用以构成细胞膜的重要成分；在肾上腺、卵巢等细胞中则用以合成类固醇激素。上述血浆中LDL与细胞LDL受体结合后的一系列过程称为LDL受体代谢途径。LDL被细胞摄取量的多少，取决于细胞膜上受体的数目和活性。肝、肾上腺皮质、性腺等组织LDL受体数目多，故摄取LDL亦较多(图11-23)。

除LDL受体代谢途径外，血浆中的LDL亦可被清除细胞即单核细胞系统中的巨噬细胞清除。正常人，血浆LDL每天降解量占总量的45%，其中2/3由LDL受体途径降解，1/3由清除细胞清除。LDL在血浆中的半寿期为2～4d。

在肝细胞LDL受体有缺陷或活性降低时，被肝重新摄取的VLDL减少，大部分VLDL转变成VLDL残粒；被肝摄取的VLDL残粒亦因LDL受体活性低下而减少。上述两种原因都导致由VLDL残粒转变为LDL的数量增加。由于肝LDL受体活性低，生成的LDL不能有效地被肝清除，更多的LDL进入外周组织，包括动脉壁在内，容易诱发动脉粥样硬化。

(四) 高密度脂蛋白

HDL的来源有三种，其中主要由肝脏合成，小肠黏膜细胞也可合成一部分，此外，CM、VLDL水解时其表面的apoA、C以及磷脂、胆固醇等脱离CM和VLDL也可形成新生HDL。所以当CM、VLDL的三酰甘油脂解加速时，血中HDL会升高。

新生的HDL呈盘状，仅由apoA和磷脂构成。这种新生的HDL分子较小可进入组织液，作为细胞的游离胆固醇的接受体。细胞内的游离胆固醇能通过细胞膜ABC-1(ATP-binding Cassette-1，一种转运机制)或扩散方式转移至HDL。HDL获得游离胆固醇后，在卵磷脂胆固

笔记栏

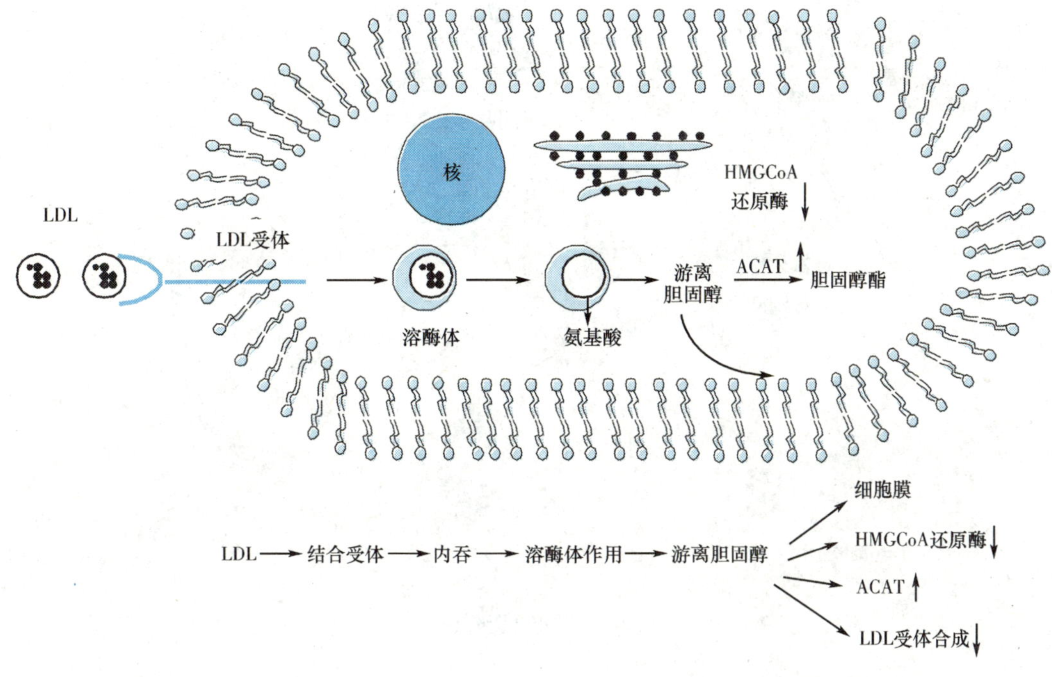

图 11-23 低密度脂蛋白受体代谢途径

ACAT：脂酰 CoA 胆固醇脂酰转移酶

醇脂酰转移酶(lecithin cholesterol acyl transferase,LCAT)催化下,HDL 表面卵磷脂的 2 位脂酰基转移给游离胆固醇,使胆固醇酯化为胆固醇酯。疏水的胆固醇酯转移至 HDL 分子内部,HDL 表面游离胆固醇减少,有利于不断从细胞获得胆固醇。经 LCAT 反复作用,进入 HDL 内核的胆固醇酯逐渐增多,HDL 分子逐渐变大而呈球状的 HDL,同时其表面的 apoC 及 apoE 又转移到 CM 及 VLDL 上,最后新生 HDL 转变为成熟的 HDL。LCAT 由肝实质细胞合成,分泌入血,在血浆中发挥作用。HDL 表面的 apoAⅠ是 LCAT 的激活剂,可使 LCAT 的活性增加 50 多倍。HDL 表面的 apoAI 又是游离胆固醇的接受体,在 HDL 表面,LCAT 催化游离胆固醇酯化成胆固醇酯。

HDL 按密度大小可分为 HDL_1、HDL_2、HDL_3。HDL_1仅在摄取高胆固醇膳食后才在血中出现,正常人血浆中主要含 HDL_2 和 HDL_3。在 LCAT 的作用下,新生 HDL 先转变为密度高的 HDL_3,在 LCAT 反复作用下胆固醇酯不断增多,加之又接受了由 CM 和 VLDL 脂解过程中释放的磷脂,apoAⅠ,apoAⅡ等,转变为密度较小,颗粒较大的 HDL_2。血浆 HDL_2 含量与 CM 及 VLDL 的脂解密切相关。当 CM,VLDL 合成、分泌增多,LPL 活性增加,脂解作用加强时,HDL_2 含量增加。当 apoCⅡ缺乏,LPL 活性降低时,CM,VLDL 脂解作用减弱,则血中 HDL_2 降低。在肝脂酶(hepatic Lipase,HL)作用下,HDL_2 中的磷脂及三酰甘油水解,HDL_2 转变为 HDL_3。

HDL 主要在肝中降解。成熟 HDL 可与肝细胞膜的 HDL 受体结合后被肝细胞摄取。其中的胆固醇可以用以合成胆汁酸或直接通过胆汁排出体外。HDL 在血浆中的半寿期为 3～5d。

血浆脂蛋白之间经常进行载脂蛋白及脂类的交换。脂类交换的方向和程度取决于各种脂蛋白的脂类的浓度差。因而通常是富含三酰甘油的脂蛋白(CM、VLDL)的三酰甘油转移给富含胆固醇的脂蛋白(LDL、HDL)。后者的胆固醇转移到 CM 和 VLDL。这种交换是个物理扩散过程。血浆中存在一种胆固醇酯转移蛋白(Cholesteryl ester transfer protein,CETP),可使这种交换速率加快。在 CETP 的作用下,大部分胆固醇酯由 HDL 转移至 CM 及 VLDL。CM 及 VLDL 经 LPL 脂解后成 CM 残粒和 VLDL 残粒,两者能直接被肝清除。一部分 VLDL 残粒转变成 LDL 再经 LDL 受体途径清除(图 11-24)。

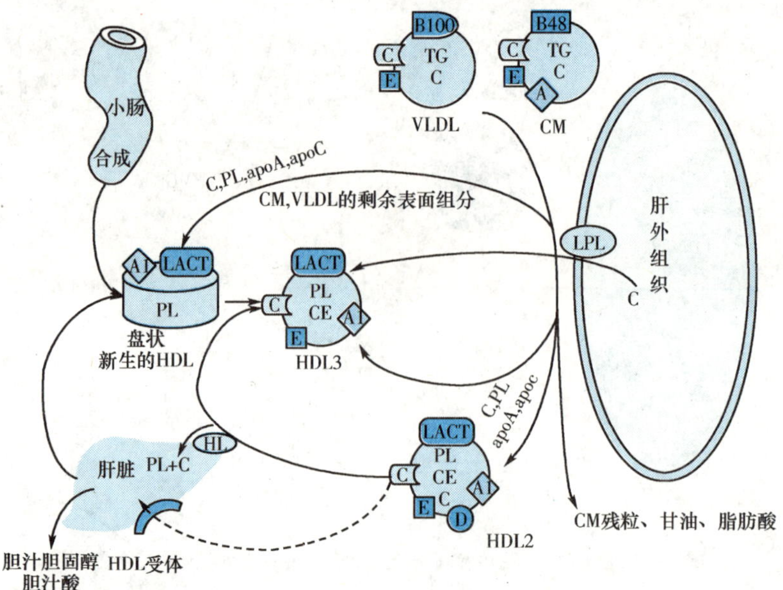

图 11-24　高密度脂蛋白代谢

由此可见，HDL在LCAT、apoAⅠ、肝脂酶及CETP作用下，可将胆固醇从肝外组织转运到肝进行代谢。这种将胆固醇从肝外组织向肝转运的过程，称为胆固醇的逆向转运。通过这种机制，将外周组织中衰老细胞膜中的胆固醇转运至肝代谢并排出体外。

四、高脂蛋白血症

血脂高于正常人血脂水平的上限即为高脂血症(hyperlipidemia)由于血脂在血中以可溶性的脂蛋白形式运输，因此，高脂血症也可以认为是高脂蛋白血症(hyper-lipoproteinemia)。血脂水平的高低因人种、地区、膳食、年龄、性别、生活习惯等因素影响和测定方法不同而有差异。我国目前沿用的上限标准规定为空腹12～14 h，成人血清胆固醇超过6.21mmol/L(240mg/dl)，血清三酰甘油超过2.26mmol/L(2g/L)；儿童胆固醇超过4.14 mmol/L(1.6g/L)为高脂血症标准。

可将高脂蛋白血症按以下三种方式进行分类。

(一) 按世界卫生组织(WHO)建议，将高脂蛋白血症分为六型，其脂蛋白及血脂的改变(表 11-5)

表 11-5　高脂蛋白血症分型

分型	脂蛋白变化	血脂变化	病因
Ⅰ	乳糜微粒增高	三酰甘油↑↑↑，胆固醇↑	LPL或apoCⅡ遗传缺陷
Ⅱa	低密度脂蛋白增高	胆固醇↑↑↑	LDL受体遗传缺陷
Ⅱb	低密度及极低密度脂蛋白均增高	胆固醇↑↑，三酰甘油↑↑	主要受膳食影响
Ⅲ	中间密度脂蛋白增高	胆固醇↑↑，三酰甘油↑↑	apoE异常，干扰了CM残粒VLDL残粒的清除
Ⅳ	极低密度脂蛋白增高	三酰甘油↑↑↑	多由于膳食影响，肥胖，糖尿病所致
Ⅴ	极低密度脂蛋白及乳糜微粒同时增高	三酰甘油↑↑↑，胆固醇↑	为Ⅰ型和Ⅳ型混合症

(二) 按临床可将高脂蛋白血症分为三类

1. 高胆固醇血症　中老年人血浆胆固醇水平在6.21mmol/L(2.4g/L)以上。在此情况下，冠心病危险比血胆固醇水平正常者5.17mmol/L(2g/L)增加一倍。

2. 混合型高脂血症　血清胆固醇与三酰甘油水平均增高。

3. 高三酰甘油血症　血清三酰甘油水平增高。

高密度脂蛋白胆固醇如果低于0.91mmol/L

(30mg/L)也属血脂代谢紊乱，称为“低高密度脂蛋白血症”，是冠心病的独立危险因子。

(三) 按病因高脂蛋白血症可分为

1. 原发性高脂蛋白血症 指原因不明的高脂血症，已证明有些是遗传性缺陷，已发现参与脂蛋白代谢的关键酶如 LPL 及 LCAT，载脂蛋白如 apoCⅡ、B、E、A 和 CⅢ，以及脂蛋白受体如 LDL 受体等的遗传性缺陷，并阐明了某些高脂蛋白血症发病的分子机制。

2. 继发性高脂蛋白血症 可继发于糖尿病，肾功能不全、肾病综合征、急、慢性肝炎、肥胖、酗酒等。

Summary

Lipids include fat and lipoid. Fat is the main fuel reserve of the body and provides organisms with energies and the essential fatty acids. Lipoid is a significant constituent of many tissues; it is the major component of biomembrane and plays a role in metabolic regulation.

Bile salts are essential for the digestion and absorption of lipids because lipids are insoluble in water. With the help of lipoidase or esterase and bile salts, lipids are hydrolyzed into monoacylglycerols, diacylglycerols, glycerol and free fatty acids in the paraxial intestine and are absorbed by jejunum mainly. When long chain fatty acids, monoacylglycerols, cholesterols and bile salts are incorporated into mix micelles and are taken up by intestinal mucose, monoacylglycerols and fatty acids are esterized to fats again and are packed with $apoB_{48}$, phosphatides and cholesterols. The complex, called chylomicra, enters into blood through lymph.

The fats in adipose tissue are hydrolyzed into free fatty acids and glycerols by hormone-sensitive triglyceride lipase. The free fatty acids are activated and then transferred into mitochondria. In mitochondria the activated free fatty acids go into the cycle of β-oxidation. β-oxidation includes four steps: dehydrogenation, imbitition, dehydrogenation again and thiolysis. Acetyl-CoA, the products of β-oxidation, is totally oxidized to water and carbon dioxide and releases the energies through TAC cycle. In addition, when the hydrolization of fats occurs in the liver, the acetyl-CoA also can be transferred into acetone body. But the liver can not use the acetone body; the acetone body must be transported into other tissues, like brain, to be oxidated. The acetone body is the main energy source of the brain when the body suffers from long starvation. Glycerols, the other products of fats motivation, can be transferred into ketochromin and go into the glycolysis.

The site of biosynthesis of fatty acids is in the cytoplasm. With the catalysis of the fatty acids synthetase complex, fatty acids are synthesized step by step by acetyl-CoA, $NADPH+H^+$ and other materials. Acetyl-CoA must be converted into malonyl-CoA by acetyl-CoA carboxylase firstly and then participates in biosynthesis of fatty acids. The product of fatty acids synthesis is hexadecanoic acid containing 16-carbon atom. The synthesis of long chain fatty acids, namely, the prolongation of the carbon chain of fatty acids, occurs in hepatic mitochondria and endoplasmic reticulum based on hexadecanoic acid. The unsaturated fatty acids also are processed based on hexadecanoic acid except octadecadienoic acid. Octadecatrienoic acid and arachidonic acid, which cannot be synthesized by the body, must be provided by food. Arachidonic acid is the precursor of prostaglandin, thromboxane and leukotriene, so it is important to the body.

Liver, adipose tissue and intestine are the main sites of the synthesis of triglyceride and the liver is strongest in synthesis. The process includes 3 general steps: 3-phosphoglycerol and acyl-CoA are esterified into sphingomyelinic acid; sphingomyelinic acid is dephosphorylated into diacylglycerol; diacylglycerol is esterified into triglyceride.

Phospholipids are divided into two kinds: glycerophospholipids and sphingomyelin. Cholesterol can be synthesized by our own body and the food is another resource. Acetyl-CoA and NADPH + H^+ are the key materials of cholesterol synthesis and HMG CoA reductase is the key enzyme. Cholesterol can be transferred into bile acid, steroid hormone or vitamin D_3. Lipids are transported in the form of lipoprotein in the blood. The lipoprotein can be divided into four kinds based on ultracentrifugation: chylomicra (CM), very low density lipoprotein (VLDL), low density lipoprotein (LDL) and high density lipoprotein (HDL). CM is in charge of transporting exogenous triglyceride and cholesterol; VLDL transports endogenous triglyceride mainly; LDL is responsible for transporting endogenous cholesterol from liver to other tissues; HDL is responsible for transporting cholesterol from other tissues to liver, which is called countertransport of cholesterol.

思考题

1. 脂肪消化吸收有何特点？
2. 饱和脂肪酸如何氧化供能？
3. 计算软脂酸氧化成水和 CO_2 时，可使多少 ADP 磷酸化生成 ATP？
4. 在体内糖如何转变成脂肪？
5. 何谓酮体？酮体是如何生成和氧化？酮体代谢有何生理意义？
6. 欲降低血浆胆固醇水平可采用哪些措施？
7. 血浆脂蛋白可分为哪几类？各有何生理功用？
8. 何谓载脂蛋白？载脂蛋白有哪些生理功用？
9. 试述 VLDL 和 LDL 的代谢。
10. 何谓逆向转运胆固醇？有哪些因素同逆向转运胆固醇有关？

（冯友梅）

笔记栏

第12章 氨基酸代谢

组成蛋白质的基本结构单位是氨基酸。在体内蛋白质首先分解为氨基酸后再进一步代谢，所以氨基酸代谢是蛋白质分解代谢的中心内容。氨基酸代谢包括合成代谢和分解代谢两方面，本章重点论述分解代谢。

第一节 氨基酸代谢库

食物蛋白质经消化吸收的氨基酸(外源性氨基酸)与体内组织蛋白质降解产生的氨基酸及机体合成的非必需氨基酸(内源性氨基酸)混在一起，分布于体内各处，从而参与各种代谢的游离氨基酸总体，称为氨基酸代谢库(metabolic pool)。

一、氨基酸的来源

(一)外源性氨基酸

外源性氨基酸即食物中蛋白质经消化、吸收的氨基酸。食物蛋白质在消化道经多种酶的催化，最终水解为各种氨基酸，由小肠吸收进入体内，构成人体氨基酸的主要来源。

食物蛋白质的消化由胃开始。食物蛋白质进入胃后经胃蛋白酶(pepsin)作用水解生成多肽及少量氨基酸。胃蛋白酶由胃蛋白酶原(pepsinogen)经盐酸激活生成。胃蛋白酶原由胃黏膜主细胞分泌。胃蛋白酶也能激活胃蛋白酶原转变成胃蛋白酶，称为自身激活作用(autocatalysis)。胃蛋白酶的最适 pH 为 1.5～2.5。对蛋白质中肽键的专一性差，主要水解由芳香族氨基酸、蛋氨酸或亮氨酸等残基组成的肽键。胃蛋白酶还具有凝乳作用，可使乳汁中的酪蛋白(casein)与 Ca^{2+} 形成乳凝块，使乳汁在胃中的停留时间延长，有利于乳汁中蛋白质的消化。

食物在胃中停留时间很短，对蛋白质的消化很不完全。因此，蛋白质的消化主要在小肠进行。蛋白质进入小肠受胰液及小肠黏膜细胞分泌的多种蛋白酶及肽酶共同的作用，进一步水解为小肽或氨基酸。胰液中的蛋白酶可分为两大类，即内肽酶(endopeptidase)与外肽酶(exopeptidase)。内肽酶特异水解蛋白质肽链内部的一些肽键，而外肽酶则特异地水解蛋白质或多肽末端的肽键。内肽酶包括胰蛋白酶(trypsin)、糜蛋白酶(chymotrypsin)及弹性蛋白酶(elastase)。这些酶对不同氨基酸组成的肽键有一定的专一性。胰蛋白酶主要水解精氨酸或赖氨酸等碱性氨基酸的羧基组成的肽键，产生具有碱性氨基酸作为羧基末端的肽；糜蛋白酶主要水解芳香族氨基酸的羧基组成的肽键，产生具有芳香族氨基酸作为羧基末端的肽。弹性蛋白酶的专一性更差，各种脂肪族氨基酸等残基组成的肽键皆可被水解。外肽酶主要包括羧基肽酶 A(carboxypeptidase A)和羧基肽酶 B，它们自肽链的羧基末端开始，每次水解掉一个氨基酸残基，对不同氨基酸组成的肽键也有一定的专一性。

蛋白质在胰液各种酶的作用下，最终产物为氨基酸和一些寡肽。胰腺细胞最初分泌出来的各种蛋白酶和肽酶均以无活性的酶原形式存在，胰蛋白酶原分泌到小肠后很快被十二指肠黏膜细胞分泌的肠激酶(enterokinase)激活，其亦属蛋白水解酶，特异地作用于胰蛋白酶原，从其氨基末端水解掉 1 分子的六肽，生成有活性的胰蛋白酶。然后胰蛋白酶又将糜蛋白酶原，弹性蛋白酶原和羧基肽酶原激活。蛋白质经胃液和胰液中各种蛋白酶和肽酶的水解，所得到的产物仅有 1/3 为氨基酸，其余 2/3 为寡肽。寡肽的水解主要在小肠黏膜细胞内进行。小肠黏膜细胞存在两种寡肽酶(oligopeptidase)：氨基肽酶(aminopeptidase)和二肽酶(dipeptidase)。氨基肽酶从氨基末端逐步水解寡肽生成二肽，二肽再经二肽酶水解，最终食物蛋白质的 95% 可被完全水解生成氨基酸(图 12-1)。

笔记栏

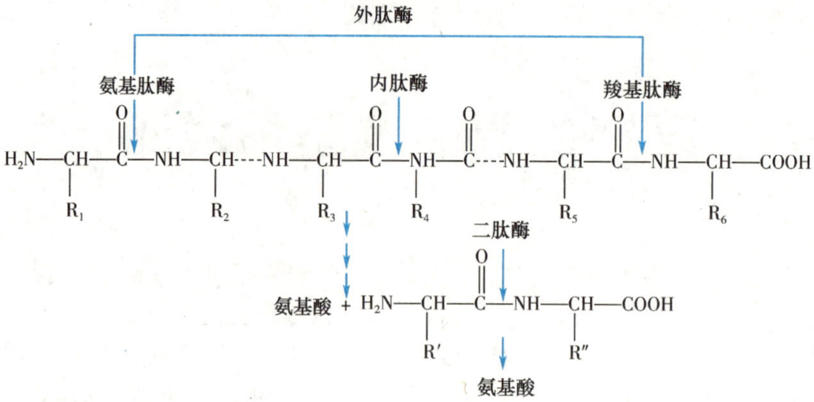

图 12-1 蛋白质水解酶作用的示意图

氨基酸的吸收主要在小肠进行。关于吸收机制，目前尚未完全阐明，一般认为它主要是一个耗能的主动吸收过程。

（二）内源性氨基酸

1. 组织蛋白质的降解 组织蛋白质在生理条件下处于不断降解与合成的动态平衡。正常成人体内的蛋白质每天约有1%～2%被降解，蛋白质降解所产生的氨基酸，大约70%～80%又被重新利用合成新的蛋白质，其余在体内不能储存而进入分解代谢。蛋白质的降解速率用半寿期(half-life，$t_{1/2}$)表示。半寿期是指将其浓度减少至开始值的50%所需要的时间。不同蛋白质的半寿期差异很大。肝中蛋白质的$t_{1/2}$短的低于30min，长的超过150h，但肝中大部分蛋白质的$t_{1/2}$为1～8d。人血浆蛋白质的$t_{1/2}$约为10d，结缔组织中一些蛋白质的$t_{1/2}$可达180d以上，眼晶体蛋白质的$t_{1/2}$更长。体内许多关键酶的$t_{1/2}$都很短，例如胆固醇合成的关键酶HMGCoA还原酶的$t_{1/2}$为0.5～2h。为了满足生理需要，具有调节作用的关键酶蛋白的降解既可以加速亦可滞后，从而改变酶含量，以调节代谢的速度和方向。

真核细胞内组织蛋白的降解主要有两条途径：一条是不依赖ATP的溶酶体降解途径。体内需要更新的细胞外蛋白、膜蛋白、长寿命的胞内蛋白在溶酶体(lysosome)由蛋白酶水解。血循环中的某些糖蛋白的糖链非还原端的唾液酸被除去，可作为信号被肝细胞受体识别进入溶酶体分解。另一条是依赖ATP的泛素(ubiquitin)途径降解。在含有多种蛋白水解酶的蛋白酶体(proteosome)进行。主要降解异常蛋白质和短寿命蛋白质。泛素是一个由76个氨基酸组成的多肽链，因其广泛存在真核细胞而得名。泛素共价地结合于底物蛋白质，泛素的这种标记作用是非底物特异性的，称为泛素化(ubiquitination)。泛素化使蛋白质贴上了被降解的标签，泛素化的蛋白质即可被定位于细胞核和胞浆的蛋白酶体降解。

2. 非必需氨基酸的生物合成 详见本章第二节α-酮酸的代谢。

二、氨基酸的代谢去路

由于氨基酸不能自由通过细胞膜，所以各组织中氨基酸的含量并不相同。例如，肌肉中氨基酸占代谢库的50%以上，肝约占10%，肾约占4%，血浆占1%～6%。由于肝、肾体积较小，实际上它们所含氨基酸浓度很高，氨基酸的代谢也很旺盛。大多数氨基酸主要在肝中进行分解代谢，有些氨基酸如支链氨基酸则主要在骨骼肌中进行。各种氨基酸通过血液转运入组织细胞后，可进行不同代谢途径实现下列氨基酸功能。

（一）合成蛋白质或多肽

这是氨基酸最主要的生理功能。各组织细胞摄取的氨基酸除合成它们的结构蛋白质，满足其蛋白质的更新、修复及细胞生长增殖的需要外，有些组织细胞还合成某些分泌性蛋白质或多肽，如肝细胞合成血浆清蛋白、胰腺分泌各种消化酶、胰岛β细胞分泌胰岛素等。

（二）转变为其他含氮的生理活性物质

从数量上看，虽然不是氨基酸的主要代谢去路，其代谢转变过程也不是氨基酸代谢普遍性方式。但是，这些含氮化合物只有氨基酸可以生成，而且具有特殊的生物学活性。例如：核酸的重要组成成分嘌呤和嘧啶；肌肉中储能物质肌酸;重要的信使物质 NO 等均可由氨基酸转变而成。

(三) 氧化分解或转变为糖和脂肪

氨基酸经脱氨基后的碳架 α-酮酸,可转变成糖或脂肪或进一步氧化分解,供给能量。成人每天约有 1/5 的能量由氨基酸分解提供。正常情况下,人类活动所需能量主要由糖和脂肪提供,因此,氨基酸氧化分解所产生的能量不占主要地位。现将氨基酸代谢库的动态归纳如图 12-2。

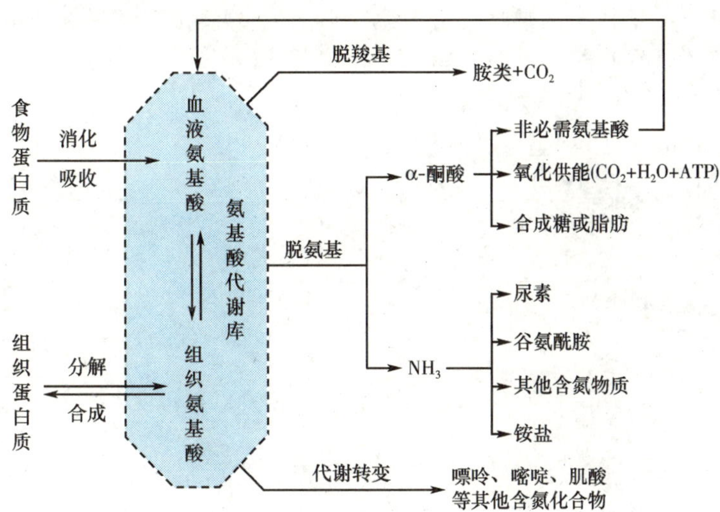

图 12-2 氨基酸代谢库动态

第二节 氨基酸的一般代谢

一、氨基酸的脱氨基作用

脱氨基作用是氨基酸分解代谢的最主要反应,此反应在体内大多数组织细胞内均可进行。氨基酸主要通过以下三种方式脱去氨基:氧化脱氨基、转氨基和联合脱氨基作用,其中以联合脱氨基最为重要。

(一) 氧化脱氨基作用

氨基酸在酶作用下进行伴有氧化的脱氨反应,称为氧化脱氨基作用(oxidative deamination)。在体内有 *L*-谷氨酸脱氢酶及 *L*-氨基酸氧化酶类所催化的反应,其中以 *L*-谷氨酸脱氢酶的作用最为重要。*L*-谷氨酸脱氢酶属一种不需氧脱氢酶。其辅酶是 NAD^+ 或 $NADP^+$,它催化 *L*-谷氨酸氧化脱氨生成 α-酮戊二酸和 NH_3。其反应过程如下:

$$\underset{L\text{-谷氨酸}}{\begin{array}{l}NH_2\\|\\CH-COOH\\|\\(CH_2)_2-COOH\end{array}} \underset{NAD^+ \quad NADH+H^+}{\xrightleftharpoons{L\text{-谷氨酸脱氢酶}}} \begin{array}{l}NH\\\|\\C-COOH\\|\\(CH_2)_2-COOH\end{array} \underset{-H_2O}{\overset{+H_2O}{\rightleftharpoons}} \underset{\alpha\text{-酮戊二酸}}{\begin{array}{l}O\\\|\\C-COOH\\|\\(CH_2)_2-COOH\end{array}} + \underset{\text{氨}}{NH_3}$$

L-谷氨酸脱氢酶广泛存在于肝、肾及脑中,它催化的反应是可逆的,该酶催化的反应平衡有利于逆向反应,即偏向谷氨酸的合成。但由于 NADH 在体内能很快被氧化成 NAD^+,同时反应中产生的氨也很容易被除去,如在肝细胞中将氨合成尿素。所以,谷氨酸脱氢酶在体内主要是催化谷氨酸的氧化脱氨作用。*L*-谷氨酸脱氢酶是一种变构酶,由 6 个相同的亚基聚合而成,每个亚基的分子量为 56 000。ATP 与 GTP 是此酶的变构抑制剂,而 ADP 和 GDP 是变构激活剂。因此,当体内 ATP、GTP 不足时,谷氨酸加速氧化脱氨,有利于 α-酮戊二酸的生成,从而进入三羧酸循环氧化分解,对机体的能量代谢起重要的调节作用。

(二) 转氨基作用

转氨基作用(transamination)是指一个氨基酸的 α-氨基转移至另一个 α-酮酸的酮基上,生成相应的氨基酸,原来的氨基酸则转变成相应的 α-酮酸。催化该反应的酶称为转氨酶(transaminase),又称氨基转移酶(aminotransferase)。

$$\underset{\alpha\text{-氨基酸}}{\mathrm{H{-}\overset{R_1}{C}(COOH){-}NH_2}} + \underset{\alpha\text{-酮酸}}{\mathrm{\overset{R_2}{C}(COOH){=}O}} \xrightleftharpoons{\text{转氨酶}} \underset{\alpha\text{-酮酸}}{\mathrm{\overset{R_1}{C}(COOH){=}O}} + \underset{\alpha\text{-氨基酸}}{\mathrm{H{-}\overset{R_2}{C}(COOH){-}NH_2}}$$

转氨酶的辅酶都是维生素 B_6 磷酸酯，即磷酸吡哆醛，它结合于酶蛋白活性中心赖氨酸残基的 ε-氨基上。在转氨过程中，磷酸吡哆醛先从氨基酸接受氨基转变为磷酸吡哆胺，同时氨基酸则转变为 α-酮酸。磷酸吡哆胺进一步将氨基转移给另一种 α-酮酸而生成相应的氨基酸，同时磷酸吡哆胺又恢复为磷酸吡哆醛。在转氨酶催化下，磷酸吡哆醛与磷酸吡哆胺的相互转变，起着传递氨基的作用。

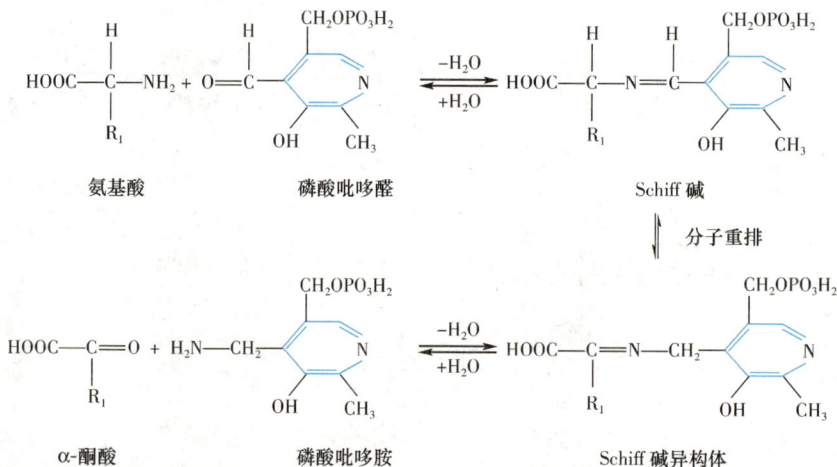

$$\underset{\text{氨基酸}}{\mathrm{HOOC{-}CH(R_1){-}NH_2}} + \underset{\text{磷酸吡哆醛}}{\mathrm{O{=}CH{-}Py}} \underset{+H_2O}{\overset{-H_2O}{\rightleftharpoons}} \underset{\text{Schiff 碱}}{\mathrm{HOOC{-}CH(R_1){-}N{=}CH{-}Py}}$$

分子重排 ⇅

$$\underset{\alpha\text{-酮酸}}{\mathrm{HOOC{-}C(R_1){=}O}} + \underset{\text{磷酸吡哆胺}}{\mathrm{H_2N{-}CH_2{-}Py}} \underset{+H_2O}{\overset{-H_2O}{\rightleftharpoons}} \underset{\text{Schiff 碱异构体}}{\mathrm{HOOC{-}C(R_1){=}N{-}CH_2{-}Py}}$$

（Py：吡啶环，含 $CH_2OPO_3H_2$、OH、CH_3 取代基）

转氨酶催化的反应是可逆反应，平衡常数近于 1，因此它们既可将氨基酸脱下的氨基交给 α-酮酸，也可反过来由 α-酮酸接受氨基酸移换来的氨基，进而合成相应的氨基酸。所以，转氨基作用既参与氨基酸的分解代谢，也是体内某些氨基酸合成的重要途径，反应的实际方向取决于四种反应产物的相对浓度。

除甘氨酸、赖氨酸、苏氨酸、脯氨酸外，体内大多数氨基酸均能进行转氨基作用。真核细胞的线粒体和胞液中均可实现转氨基。转氨酶的种类多，特异性强。其中以谷氨酸和 α-酮酸的转氨酶最为重要。例如：体内两种重要的转氨酶，一种是丙氨酸转氨酶(alanine transaminase, ALT)，又称谷丙转氨酶(glutamic pyruvic transaminase, GPT)；另一种是天冬氨酸转氨酶(aspartate transaminase, AST)，又称谷草转氨酶(glutamic oxaloacetic transaminase, GOT)，它们在体内广泛分布，但在各组织中含量不同(表 12-1)。

$$\underset{\text{丙氨酸}}{\mathrm{CH_3{-}CHNH_2{-}COOH}} + \underset{\alpha\text{-酮戊二酸}}{\mathrm{COOH{-}(CH_2)_2{-}C(=O){-}COOH}} \xrightleftharpoons{ALT} \underset{\text{丙酮酸}}{\mathrm{CH_3{-}C(=O){-}COOH}} + \underset{\text{谷氨酸}}{\mathrm{COOH{-}(CH_2)_2{-}CHNH_2{-}COOH}}$$

$$\underset{\text{天冬氨酸}}{\mathrm{COOH{-}CH_2{-}CHNH_2{-}COOH}} + \underset{\alpha\text{-酮戊二酸}}{\mathrm{COOH{-}(CH_2)_2{-}C(=O){-}COOH}} \xrightleftharpoons{AST} \underset{\text{草酰乙酸}}{\mathrm{COOH{-}CH_2{-}C(=O){-}COOH}} + \underset{\text{谷氨酸}}{\mathrm{COOH{-}(CH_2)_2{-}CHNH_2{-}COOH}}$$

表 12-1　正常成人各组织中 ALT 及 AST 活性(单位/克湿重组织)

组织	ALT	AST	组织	ALT	AST
心	7 100	156 000	胰腺	2 000	28 000
肝	44 000	142 000	脾	1 200	14 000
骨骼肌	4 800	99 000	肺	700	10 000
肾	19 000	91 000	血清	16	20

由表 12-1 可见，两种转氨酶在人体不同组织中含量差别很大。ALT 以肝含量较高，而 AST 则以心肌细胞含量较高。又基于正常情况下，转氨酶主要存在于细胞内，血清中含量很低，

任何原因引起细胞膜通透性增加或细胞破坏时，转氨酶可大量释放入血，造成血清转氨酶活性明显升高。因此，临床上血清转氨酶测定可作为疾病的辅助诊断和预后判定的参考指标之一。例如当心肌受损如心肌梗死时，血清 AST 增高；当肝细胞损伤如急性肝炎时，血清 ALT 增高。

值得提及的是，氨基酸的转氨基作用只发生了氨基的转移，而没有实现 NH_3 的真正脱落，因此，必须再通过与其他酶的联合作用，才能脱去氨基。

（三）联合脱氨基作用

由两种（以上）酶的联合催化作用，使氨基酸的 α-氨基脱下并产生游离 NH_3 和相应 α-酮酸的过程，称为联合脱氨基作用（combination of transamination and deamination）。这是体内氨基酸脱氨基的主要方式，有两种类型。

1. 转氨酶与 *L*-谷氨酸脱氢酶联合脱氨基作用 在肝、肾等组织中，各种转氨酶催化多种氨基酸的氨基浓集在 α-酮戊二酸上生成谷氨酸。*L*-谷氨酸是哺乳动物组织中唯一能以相当高的速率进行氧化脱氨反应的氨基酸。谷氨酸经谷氨酸脱氢酶作用，脱去氨基生成 α-酮戊二酸和 NH_3。在转氨酶和谷氨酸脱氢酶的联合作用下，多种氨基酸都可以实现氨基的真正脱落。由于联合脱氨基反应全过程是可逆的，所以上述联合脱氨基的逆过程也是机体合成非必需氨基酸的主要途径（图 12-3）。

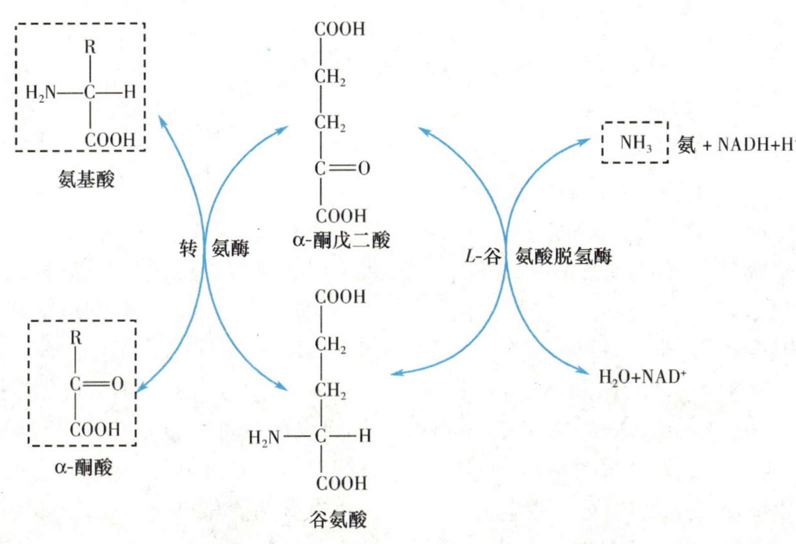

图 12-3 转氨酶与 *L*-谷氨酸脱氢酶的联合脱氨作用

2. 转氨酶与腺苷酸脱氨酶的联合脱氨基作用——嘌呤核苷酸循环 在骨骼肌和心肌组织中虽然支链氨基酸转氨酶的活性要比肝高得多，但是，肌肉中谷氨酸脱氢酶活性很弱，难于进行上述的联合脱氨基方式。研究表明，在肌肉中可以通过另一种联合脱氨方式实现真正脱氨基。即一种氨基酸首先经过两次连续的转氨基作用，将氨基转移给草酰乙酸生成天冬氨酸。天冬氨酸与次黄嘌呤核苷酸（IMP）在腺苷酸代琥珀酸合成酶的作用下生成腺苷酸代琥珀酸，后者由腺苷酸代琥珀酸裂解酶催化裂解，释放出延胡索酸并生成腺嘌呤核苷酸（AMP）。AMP 在肌肉组织中活性很强的腺苷酸脱氨酶（adenylic deaminase）催化下，脱去氨基生成 IMP，最终完成了氨基酸的脱氨基作用，IMP 可以再参加上述循环，故将此种联合脱氨基作用称为嘌呤核苷酸循环（图 12-4）。

在心肌及骨骼肌组织中，氨基酸的脱氨基过程虽不如肝、肾活跃，但全身肌肉很多，故其代谢总量很高，尤其是支链氨基酸（缬氨酸、亮氨酸及异亮氨酸）分解的重要场所。

二、α-酮酸的代谢

氨基酸脱去氨基后的碳架部分即是 α-酮酸，这些 α-酮酸可通过以下三种途径进一步代谢。

（一）α-酮酸经氨基化生成营养非必需氨基酸

多种 α-酮酸可通过转氨酶与谷氨酸脱氢酶联合脱氨基作用的逆反应合成相应的氨基酸。如丙酮酸氨基化生成丙氨酸，草酰乙酸氨基化生成天冬氨酸等。α-酮戊二酸也可在 *L*-谷氨酸脱氢酶催化下，还原性氨基化而生成谷氨酸。实验证明，多种氨基酸的 α-酮酸可由糖代谢、甘油或

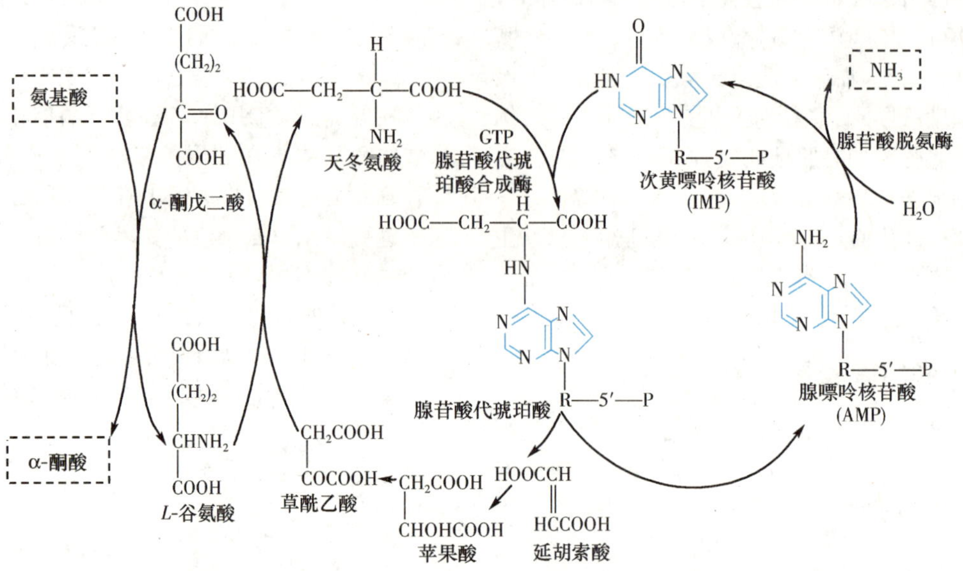

图 12-4 嘌呤核苷酸循环

氨基酸转变而来。但在组成人体的 20 种氨基酸中，有 8 种氨基酸人体不能合成。把这些体内需要而又不能自身合成，必须从食物摄取的氨基酸称为营养必需氨基酸（nutritionally essential amino acid）。人体营养必需氨基酸包括：缬氨酸、异亮氨酸、蛋氨酸、亮氨酸、色氨酸、苯丙氨酸、苏氨酸和赖氨酸。其余 12 种氨基酸体内可以合成，不必由食物供给，在营养上称为营养非必需氨基酸（nutritionally nonessential amino acid）。组氨酸和精氨酸虽在体内可以合成，可维持成人蛋白质更新的需要，但对正在生长发育的儿童，蛋白质合成需要的氨基酸量较大，合成量不能满足需要，也要从食物中补充，因此，有人将这两种氨基酸也归为营养必需氨基酸。

值得提及的是，由于有的氨基酸必须从食物中摄入，因此，不同食物蛋白质的营养价值不仅体现在蛋白质的量，更取决于蛋白质的质。蛋白质营养价值的高低主要取决于食物蛋白质中必需氨基酸的种类、数量和比例。如若蛋白质所含的营养必需氨基酸种类齐全，数量充足，比例与人体蛋白质相近，则此种蛋白质的营养价值高，反之营养价值则低。通常动物性蛋白质的营养价值优于植物性蛋白质。营养价值较低的蛋白质混合食用，彼此间营养必需氨基酸可以得到互相补充，从而提高蛋白质的营养价值，这种作用称为食物蛋白质的互补作用（complementary effect）。例如，谷类蛋白质含赖氨酸较少而含色氨酸较多，而豆类蛋白质含赖氨酸较多而含色氨酸较少，两者混合食用即可提高蛋白质的营养价值。

（二）α-酮酸可转变成糖和（或）脂肪

在人工糖尿病犬的实验中，分别用不同的氨基酸饲养时，发现大多数氨基酸可使尿中葡萄糖排出增加；喂饲亮氨酸和赖氨酸则仅使尿中酮体增加；而少数几种氨基酸则可使尿中葡萄糖及酮体排出同时增加。经同位素标记氨基酸的示踪研究证明，上述营养学研究的结果是正确的。因此，将在体内可以转变成糖的氨基酸称为生糖氨基酸（glucogenic amino acid）；能转变成酮体者称为生酮氨基酸（ketogenic amino acid）；二者兼有则称为生糖兼生酮氨基酸（gluconic and ketogenic amino acid）（表 12-2）。

表 12-2 生糖氨基酸、生酮氨基酸及生糖兼生酮氨基酸

氨基酸类别	氨基酸
生糖氨基酸（13 种）	丙氨酸、精氨酸、天冬氨酸、半胱氨酸、谷氨酸、甘氨酸、脯氨酸、蛋氨酸、丝氨酸、缬氨酸、组氨酸、天冬酰胺、谷氨酰胺
生酮氨基酸（2 种）	亮氨酸、赖氨酸
生糖兼生酮氨基酸（5 种）	异亮氨酸、苯丙氨酸、酪氨酸、色氨酸、苏氨酸

氨基酸脱氨后生成的 α-酮酸结构差异很大，其代谢途径也不尽相同，但其代谢过程的中间产物不外乎是：生糖氨基酸脱氨生成的 α-酮酸可以是丙酮酸或三羧酸循环中各种中间产物，如 α-酮戊二酸、琥珀酰辅酶 A、延胡索酸、草酰乙酸等，这些物质可循糖酵解途径逆过程异生为糖；生酮氨基酸对应的 α-酮酸可以转变为乙酰 CoA 或乙

酰乙酰 CoA，进一步转变为酮体或脂肪；而生糖兼生酮氨基酸对应的 α-酮酸，以上两种代谢方式兼而有之。由于转氨基作用是可逆的。因此，图 12-5也可以说明一些氨基酸的合成过程。

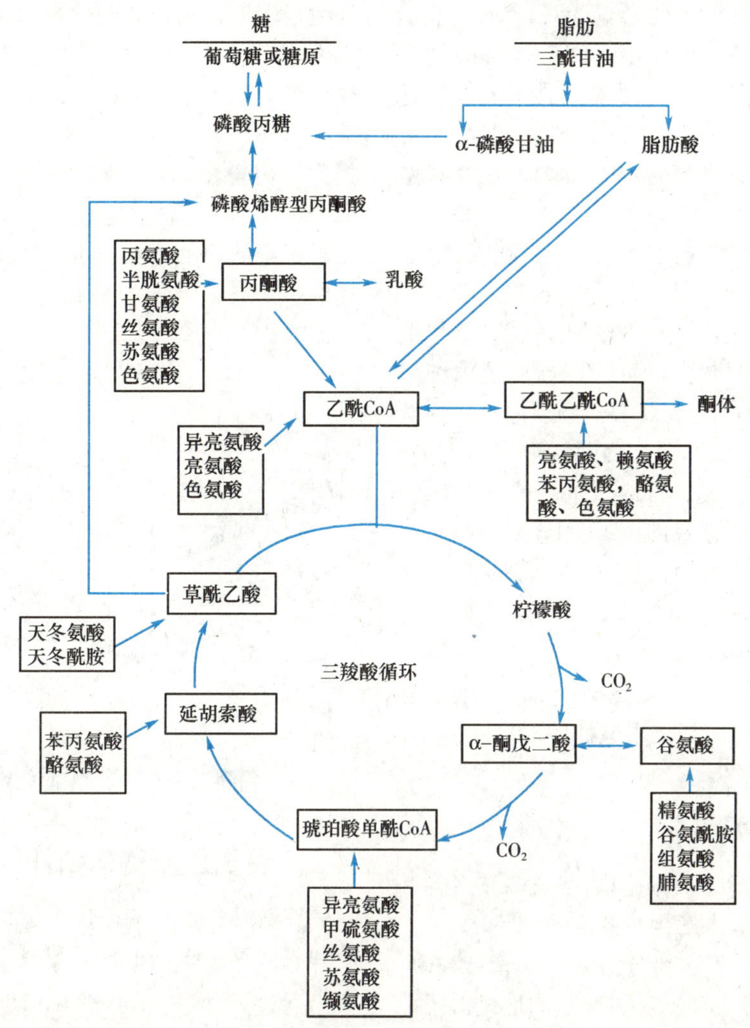

图 12-5　氨基酸与糖、脂代谢途径的联系

综上可见，氨基酸代谢与糖和脂肪代谢密切相关。氨基酸可转变为糖与脂肪；糖也可转变为脂肪及多数非必需氨基酸的碳架部分；脂肪中的甘油可异生为糖或转变为某些氨基酸。所以三羧酸循环是物质代谢的总枢纽，通过它可使糖、脂肪及氨基酸完全氧化，也可使其彼此相互转变，构成一个完整的代谢体系。

（三）α-酮酸可彻底氧化供能

α-酮酸在体内可以通过三羧酸循环和生物氧化体系彻底氧化成 CO_2 和 H_2O，同时释放能量以供机体生理活动的需要。

第三节　氨的代谢

体内代谢产生的氨及消化道吸收的氨进入血液，形成血氨。正常生理情况下，血氨水平仅在 47～65μmol/L。氨具有毒性，特别是脑组织对氨的作用尤为敏感。人类主要通过将血氨转变为尿素排出体外以解除氨的毒性。

一、体内氨的来源

体内氨有三个重要的来源，即各组织器官氨基酸脱氨基作用产生的氨、肠道细菌腐败作用产生的氨及肾小管上皮细胞分泌的氨。

（一）氨基酸脱氨基作用产生的氨

氨基酸脱氨基作用产生的氨是体内氨的主要来源。此外，胺类物质的氧化分解及嘌呤、嘧啶等化合物分解代谢也可产生氨。

（二）肠道吸收的氨

肠道中吸收的氨主要有两种途径：一则主要

来源于未消化的蛋白质(5%)或未吸收的氨基酸(1%),在大肠下段细菌作用下发生的以无氧分解为主要过程的化学变化,属于蛋白质的腐败作用(putrefaction)。腐败作用是细菌本身的代谢过程。腐败作用的产物,虽少数可能对人体具有一定的营养作用,例如维生素及脂肪酸等,而大多数产物对人体是有害的,例如氨基酸脱氨基作用产生的氨(ammonia)、脱羧基作用产生的胺类(amine),以及其他有害物质如苯酚、吲哚、甲基吲哚及硫化氢等。肠道氨的另一来源是血中尿素渗入肠道后,在肠菌脲酶作用下水解而产生氨。肠道产氨的量较多,每日约4g,肠道内细菌作用增强时,氨的产生量增多。肠道内产生的氨主要在结肠吸收入血,是血氨的主要来源之一。由肠道吸收的氨运输到肝合成的尿素相当于正常人每天排出尿素总量的1/4。NH_3比NH_4^+易于透过细胞膜而被吸收入血,NH_3与NH_4^+的互变与肠道内pH有关,在碱性环境中,偏向于NH_3的生成,所以,降低肠道的pH可减少氨的吸收。因此,临床上对高血氨病人采用弱酸性透析液作结肠透析,而禁止用碱性的肥皂水灌肠,旨在减少氨的吸收。

(三) 肾脏泌氨

在肾远曲小管上皮细胞内,谷氨酰胺在谷氨酰胺酶的催化下,水解生成谷氨酸和NH_3。正常情况下,这部分氨主要分泌到肾小管管腔中,与尿中的H^+结合成NH_4^+以铵盐的形式由尿排出,这对调节机体的酸碱平衡起着重要作用。酸性尿可促使NH_3与H^+结合成NH_4^+,有利于肾小管细胞的氨扩散入尿,相反,碱性尿则不利于肾小管上皮细胞NH_3的分泌,氨被吸收入血,引起血氨升高,成为血氨的另一来源。因此,临床上对因肝硬化产生腹水的病人,不宜使用碱性利尿药,以免促使血氨升高。

二、氨的转运

氨是毒性代谢产物,各组织中代谢所产生的氨必须以无毒形式经血液运输到肝合成尿素或运至肾以铵盐形式随尿排出。现已知,氨在血液中主要以丙氨酸及谷氨酰胺两种形式转运。

(一) 丙氨酸-葡萄糖循环

在肌肉中,氨基酸经转氨基作用将氨基转移至丙酮酸生成丙氨酸,丙氨酸经血液运往肝。即丙氨酸携带着肌肉氨基酸脱下的氨经血液运输到肝。在肝中,丙氨酸经联合脱氨基作用,释放出氨和丙酮酸,前者用于合成尿素,后者经糖异生途径生成葡萄糖。葡萄糖可进入血液输送至肌肉,在肌肉中葡萄糖又可分解为丙酮酸,供再次接受氨基生成丙氨酸。丙氨酸和葡萄糖反复地在肌肉和肝之间进行氨的转运,故将这一途径称为丙氨酸-葡萄糖循环(alanine-glucose cycle)(图12-6)。通过这一循环不仅使肌肉中的氨以无毒的丙氨酸形式运输到肝,肝又为肌肉提供了生成丙酮酸的葡萄糖,供肌肉活动能量的需要。

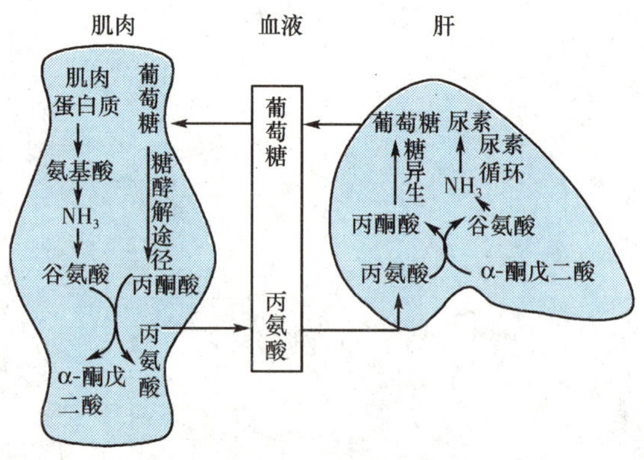

图12-6 丙氨酸-葡萄糖循环

(二) 谷氨酰胺的运氨作用

谷氨酰胺是另一种转运氨的形式,它主要从脑和肌肉等组织向肝或肾转运氨。在脑和肌肉等组织,氨与谷氨酸在谷氨酰胺合成酶(glutamine synthetase)的作用下合成谷氨酰胺,并由血液送至肝或肾,再经谷氨酰胺酶(glutaminase)水解为谷氨酸及氨,在肝可合成尿素,在肾则以铵盐形式由尿排出。谷氨酰胺的合成与分解是由不同酶催化的不可逆反应,其合成需要ATP参与。

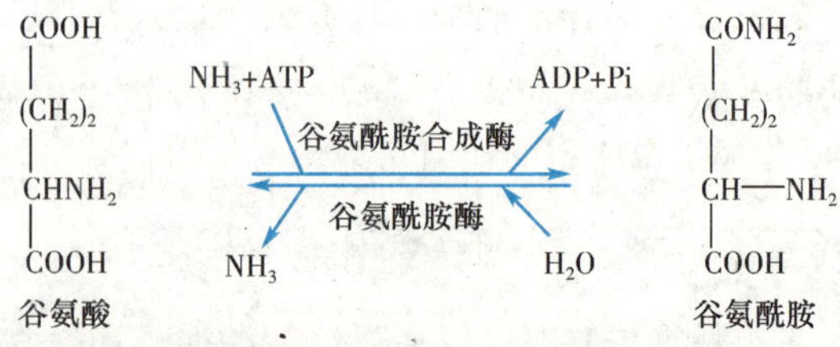

谷氨酰胺既是氨的解毒和运输形式,还是体内氨的储存和利用形式,它还可为某些含氮化合物如嘌呤、嘧啶的合成提供原料。脑组织对氨的毒性极为敏感,谷氨酰胺在脑中固定氨和转运氨的过程中起着重要作用,临床上对氨中毒病人可服用或输入谷氨酸盐使其转变成谷氨酰胺,以降低血氨的浓度。

三、氨的去路

(一) 氨在肝合成尿素是氨的主要去路

氨在体内的主要去路是在肝合成尿素，然后由肾排出。正常人尿素占排氮总量的 80%～90%，肝是几乎唯一能合成尿素的器官。实验证明，如将狗的肝切除，则血液和尿中尿素含量降低，而血氨浓度升高，可致氨中毒。

1932 年，德国学者 Hans krebs 和 Kurt Henseleit 首次提出了尿素合成的鸟氨酸循环(ornithine cycle)，也称为尿素循环(urea cycle)或 Krebs-Henseleit 循环(图 12-7)。这是第一条被发现的循环代谢途径，比 Krebs 发现柠檬酸循环还早 5 年。Krebs 一生两个循环途径的提出为生物化学的发展做出了重要贡献。

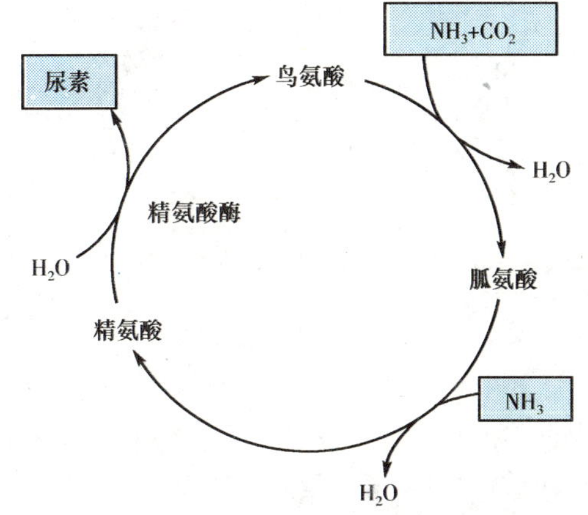

图 12-7　尿素生成的鸟氨酸循环简图

1. 尿素合成的鸟氨酸循环的详细步骤　鸟氨酸循环的具体过程比较复杂，大体可分为以下 4 步。

(1) 氨基甲酰磷酸的合成：氨与 CO_2 在肝细胞线粒体的氨基甲酰磷酸合成酶Ⅰ(carbamoyl phosphate synthetaseⅠ，CPS-Ⅰ)催化下，缩合生成氨基甲酰磷酸，其辅助因子有 Mg^{2+}、ATP 及 *N*-乙酰谷氨酸(AGA)。

$$CO_2+NH_3+H_2O+2ATP \xrightarrow[N\text{-乙酰谷氨酸},Mg^{2+}]{\text{氨基甲酰磷酸合成酶Ⅰ}} \underset{\text{氨基甲酰磷酸}}{H_2N-\overset{\overset{O}{\|}}{C}-O\sim PO_3^{2-}} +2ADP+Pi$$

$$\underset{N\text{-乙酰谷氨酸(AGA)}}{CH_3\underset{\underset{O}{\|}}{C}-NH-CH(COOH)-(CH_2)_2-COOH}$$

N-乙酰谷氨酸由乙酰辅酶 A 和谷氨酸合成，是该酶的变构激活剂。此反应消耗两分子 ATP，为不可逆反应。氨基甲酰磷酸属高能化合物，性质活泼。

(2) 瓜氨酸的合成：在鸟氨酸氨基甲酰转移酶(ornithine carbamoyl transferase，OCT)的催化下，将氨基甲酰磷酸的氨甲酰基转移至鸟氨酸的 ε-NH_2 上生成瓜氨酸，此反应在线粒体中进行。

$$\underset{\text{鸟氨酸}}{NH_2-(CH_2)_3-CH(NH_2)-COOH} + \underset{\text{氨基甲酰磷酸}}{NH_2-\overset{\overset{O}{\|}}{C}-O\sim PO_3^{2-}} \xrightarrow{\text{鸟氨酸氨基甲酰转移酶}} \underset{\text{瓜氨酸}}{NH_2-\overset{\overset{O}{\|}}{C}-NH-(CH_2)_3-CH(NH_2)-COOH} +H_3PO_4$$

此反应不可逆，其中所需的鸟氨酸是由胞液经线粒体内膜上载体转运进入线粒体的。瓜氨酸在线粒体合成后，即被转运至胞液。

(3) 精氨酸的合成：在胞液内，瓜氨酸与天冬氨酸在精氨酸代琥珀酸合成酶(argininosuccinate synthetase)的催化下，由 ATP 供能合成精氨酸代琥珀酸，后者在精氨酸代琥珀酸裂解酶(argininosuccinate lyase)催化下，分解为精氨酸和延胡索酸。

$$\underset{\text{瓜氨酸}}{\begin{array}{c}NH_2\\|\\C=O\\|\\NH\\|\\(CH_2)_3\\|\\CHNH_2\\|\\COOH\end{array}} + \underset{\text{天冬氨酸}}{\begin{array}{c}COOH\\|\\CHNH_2\\|\\CH_2\\|\\COOH\end{array}} \xrightarrow[\text{ATP}+H_2O \quad \text{AMP}+\text{PPi}]{\text{精氨酸代琥珀酸合成酶}} \underset{\text{精氨酸代琥珀酸}}{\begin{array}{cc}NH_2 & COOH\\| & |\\C{=}N- & CH\\| & |\\NH & CH_2\\| & |\\(CH_2)_3 & COOH\\| & \\CHNH_2 & \\| & \\COOH & \end{array}} \xrightarrow{\text{精氨酸代琥珀酸裂解酶}} \underset{\text{精氨酸}}{\begin{array}{c}NH_2\\|\\C=NH\\|\\NH\\|\\(CH_2)_3\\|\\CHNH_2\\|\\COOH\end{array}} + \underset{\text{延胡索酸}}{\begin{array}{c}COOH\\|\\CH\\\|\\CH\\|\\COOH\end{array}}$$

上式中精氨酸胍基中的一个氮原子由天冬氨酸提供，生成的延胡索酸转变为草酰乙酸，后者又可与谷氨酸经转氨基反应生成天冬氨酸，然后再参加精氨酸代琥珀酸的生成。谷氨酸的氨基可来自体内多种氨基酸，由此可见，多种氨基酸的氨基也可通过天冬氨酸的形式直接参与尿素的合成。

（4）精氨酸水解生成尿素：精氨酸在胞液中精氨酸酶（arginase）的作用下，水解生成尿素和鸟氨酸，鸟氨酸通过线粒体内膜上载体的转运再进入线粒体，参与瓜氨酸的合成。如此反复，完成鸟氨酸循环。在此循环中，鸟氨酸与三羧酸循环中草酰乙酸所起作用类似。

$$\underset{\text{精氨酸}}{\begin{array}{l}NH_2\\|\\C=NH\\|\\NH\\|\\(CH_2)_3\\|\\CH-NH_2\\|\\COOH\end{array}} + H_2O \xrightarrow{\text{精氨酸酶}} \underset{\text{尿素}}{\begin{array}{c}NH_2\\|\\C=O\\|\\NH_2\end{array}} + \underset{\text{鸟氨酸}}{\begin{array}{l}NH_2\\|\\(CH_2)_3\\|\\CH-NH_2\\|\\COOH\end{array}}$$

尿素作为代谢终产物排出体外。综上所述，尿素合成的总反应为：

$$2NH_3+CO_2+3ATP+3H_2O \longrightarrow \begin{array}{c}NH_2\\|\\C=O\\|\\NH_2\end{array} +2ADP+AMP+4Pi$$

尿素合成的全过程及细胞定位总结如图 12-8。

从图 12-8 可见，合成尿素的两个氮原子，一个来自氨基酸脱氨基生成的氨，另一个则由天冬氨酸提供，而天冬氨酸又可由多种氨基酸通过转氨基反应而生成。因此，尿素分子的两个氮原子都是直接或间接来源于氨基酸。另外尿素的生成是耗能的过程，每合成 1 分子尿素需消耗 3 分子 ATP（消耗 4 个高能磷酸键）。

2. 尿素合成的调节 正常情况下，机体通过合适的速度合成尿素，以利于及时地解除氨毒。尿素合成的速度可受多种因素的调节。

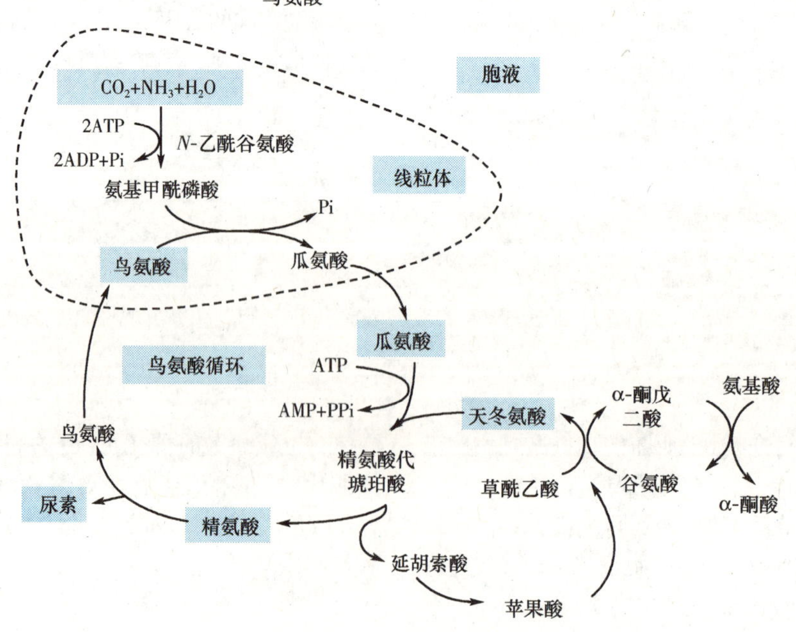

图 12-8 尿素生成的步骤和细胞定位

(1) 食物蛋白质:高蛋白质膳食时,蛋白质分解多,尿素合成速度加快,尿素可占排出氮的90%;低蛋白质膳食时,尿素合成速度减慢,尿素约占排出氮的60%。

(2) CPS-Ⅰ的调节:CPS-I是尿素合成循环启动的限速酶。*N*-乙酰谷氨酸是CPS-Ⅰ的变构激活剂,它由乙酰辅酶A和谷氨酸通过AGA合成酶催化而生成。精氨酸是AGA合成酶的激活剂,因此,精氨酸浓度增高时,尿素合成加速。

值得提及的是,肝细胞中存在两种氨基甲酰磷酸合成酶(CPS),即CPS-Ⅰ和CPS-Ⅱ。前者仅存在于肝细胞线粒体中,以氨为氮源合成氨基甲酰磷酸,并进一步参与尿素的合成;后者存在于胞液中,以谷氨酰胺的酰胺基为氮源合成氨基甲酰磷酸,并进一步参与嘧啶的合成。两种CPS催化合成的产物虽然相同,但它们是两种不同性质的酶,生理意义也不相同:CPS-Ⅰ参与尿素的合成,是肝细胞独有的一种功能,是细胞高度分化的结果,因而CPS-Ⅰ的活性可作为肝细胞分化程度的指标之一;CPS-Ⅱ参与嘧啶核苷酸的从头合成,与细胞增殖过程中核酸的合成有关,因而它的活性可作为细胞增殖程度的指标之一。分化和增殖常是细胞相对立的两个生理过程,肝细胞再生时,嘧啶合成增加,CPS-Ⅱ活性升高,CPS-Ⅰ活性降低。再生完成,CPS-Ⅰ活性增加,CPS-Ⅱ活性降低。

(3) 精氨酸代琥珀酸合成酶的调节:参与尿素合成的酶系中,精氨酸代琥珀酸合成酶的活性最低,是尿素合成启动以后的限速酶,可正性调节尿素的合成速度。

(二) 鸟氨酸循环的一氧化氮(NO)支路

精氨酸除在精氨酸酶作用下,水解为尿素和鸟氨酸外,还可通过一氧化氮合酶(nitric oxide synthase, NOS)作用,使精氨酸越过上述通路直接氧化为瓜氨酸,并产生一氧化氮(NO),从而使天冬氨酸携带的氨基最终不形成尿素,而是被氧化为NO,称为"鸟氨酸循环的NO支路"(图12-9)。

NO支路处理氨的数量有限,远不如生成尿素大循环那样多,生成的NO也不是代谢终产物,而是生物体内一种新型的信息分子和效应分子,兼有细胞间信息传递和神经递质的作用,同时还参与体内众多的病理生理过程,如神经传导、血压调控、平滑肌舒张、血液凝固等。NO是至今在体内发现的第一个气体性信息分子,1992年被美国Science杂志评选为明星分子。

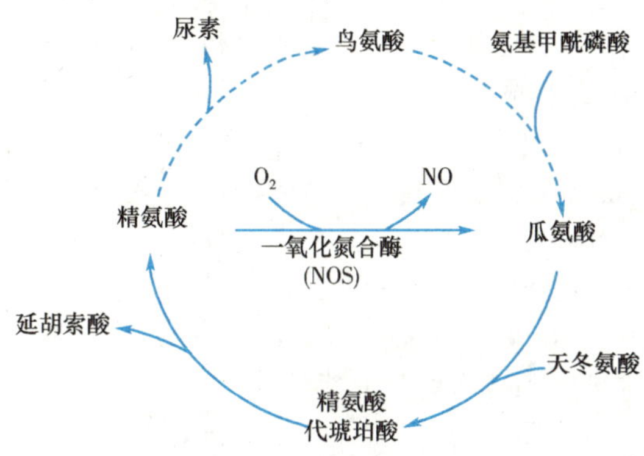

图12-9 NO的生成

(三) 合成非必需氨基酸

氨除以尿素或铵盐形式从肾排出外,它还是合成某些非必需氨基酸的氮源。

四、高氨血症与氨中毒

正常情况下,血氨的来源与去路保持动态平衡,血氨浓度处于较低水平。而氨在肝中合成尿素是维持这种平衡的关键。当某种原因,例如肝功能严重损伤时或尿素合成的鸟氨酸循环中某些酶的遗传性缺陷,都可导致尿素合成发生障碍,使血氨浓度升高,称为高血氨症(hyperammonemia)。高氨血症引起脑功能障碍称为肝性脑病或肝昏迷。常见的临床症状有呕吐、厌食、间歇性共济失调、嗜睡甚至昏迷等。高血氨毒性作用的机制尚不完全清楚。一般认为,氨进入脑组织可与脑中的α-酮戊二酸结合生成谷氨酸,氨还可与脑中的谷氨酸进一步结合生成谷氨酰胺。这两步反应需分别消耗NADH+H^+和ATP,并使脑细胞中的α-酮戊二酸减少,导致三羧酸循环和氧化磷酸化减弱,从而使脑组织中ATP生成减少,引起大脑功能障碍,此乃肝性脑病发生的氨中毒学说的基础。另一种可能性是谷氨酸、谷氨酰胺增多,渗透压增大引起脑水肿。

第四节 个别氨基酸的代谢

氨基酸的代谢除共有代谢途径外,因其侧链(R)不同,有些氨基酸还有其特殊的代谢途径,并具有重要的生理意义。本节仅对几种重要的氨基酸特殊代谢途径进行描述。

一、氨基酸的脱羧基作用

某些氨基酸可进行脱羧基作用(decarboxylation)生成相应的胺类。催化脱羧基反应的酶称为脱羧酶(decarboxylase)。氨基酸脱羧酶的辅酶是磷酸吡哆醛。体内胺类含量虽然不高,但具有重要的生理功能。机体尤其肝脏广泛存在胺氧化酶(amine oxidase),能将胺氧化成相应的醛、NH_3和H_2O,醛类可继续氧化成羧酸,随尿排出,从而避免胺类的蓄积。

现列举几种氨基酸脱羧基后产生的重要胺类物质。

(一) 组胺

组氨酸经组氨酸脱羧酶催化,生成组胺(histamine)。组胺广泛分布于乳腺、肝、肺、肌肉及胃黏膜等的肥大细胞中,是一种强烈的血管舒张剂,并能增加毛细血管通透性。创伤性休克及过敏反应等,均与组胺生成过多有关。组胺可使平滑肌收缩,引起支气管痉挛导致哮喘。组胺还能促进胃黏膜细胞分泌胃蛋白酶原及胃酸。

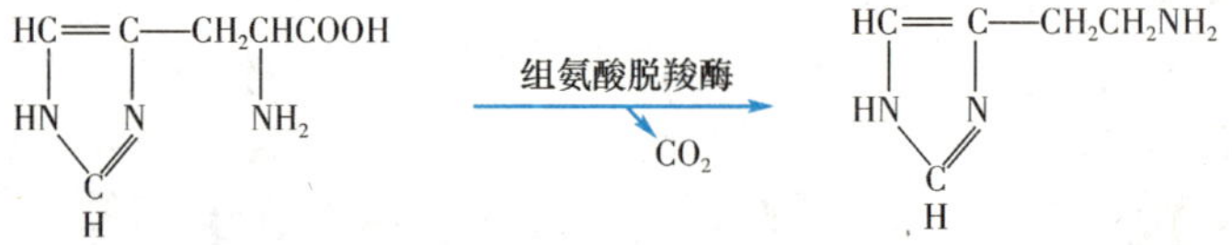

$$HC{=}C{-}CH_2CH(NH_2)COOH\ (\text{HN, N, C–H 咪唑环}) \xrightarrow[\ -CO_2\ ]{\text{组氨酸脱羧酶}} HC{=}C{-}CH_2CH_2NH_2\ (\text{HN, N, C–H 咪唑环})$$

L-组氨酸　　　　组胺

(二) 5-羟色胺

色氨酸经色氨酸羟化酶作用,可生成5-羟色氨酸,后者再脱羧生成5-羟色胺(5-hydroxytryptamine,5-HT)。5-羟色胺除分布于神经组织外,还存在于胃肠、血小板及乳腺细胞中。脑内的5-羟色胺可作为抑制性神经递质,具有抑制作用,直接影响神经传导。在外周组织,5-羟色胺具有强烈的血管收缩作用。

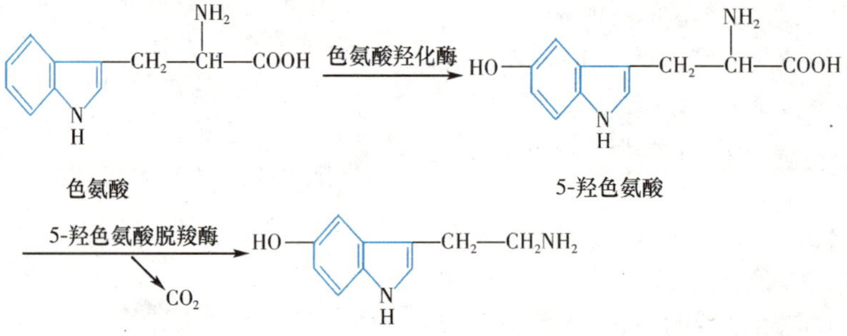

$$\text{吲哚环}{-}CH_2{-}CH(NH_2){-}COOH \xrightarrow{\text{色氨酸羟化酶}} HO{-}\text{吲哚环}{-}CH_2{-}CH(NH_2){-}COOH$$

色氨酸　　　　5-羟色氨酸

$$\xrightarrow[\ -CO_2\ ]{\text{5-羟色氨酸脱羧酶}} HO{-}\text{吲哚环}{-}CH_2{-}CH_2NH_2$$

5-羟色胺

(三) γ-氨基丁酸

谷氨酸脱羧基生成γ-氨基丁酸(γ-aminobutyric acid,GABA)。反应由谷氨酸脱羧酶催化,此酶在脑、肾组织中活性很高。GABA是抑制性神经递质,对中枢神经有抑制作用。

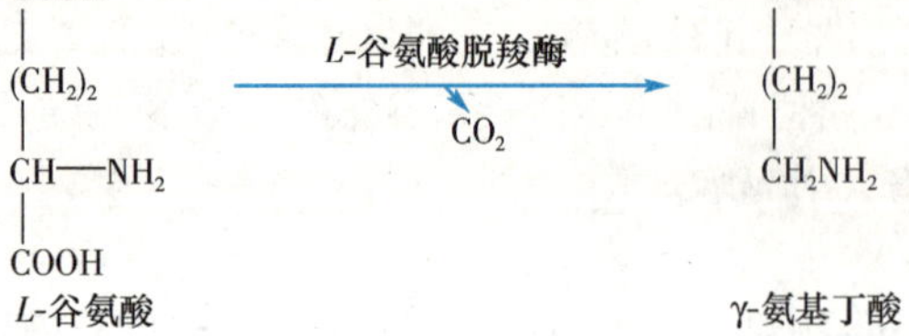

$$COOH{-}(CH_2)_2{-}CH(NH_2){-}COOH \xrightarrow[\ -CO_2\ ]{L\text{-谷氨酸脱羧酶}} COOH{-}(CH_2)_2{-}CH_2NH_2$$

L-谷氨酸　　　　γ-氨基丁酸

(四) 多胺

多胺(polyamine)是指含有多个氨基的化合物。在体内,某些氨基酸经脱羧基作用可以产生多胺类物质。如鸟氨酸经鸟氨酸脱羧酶(ornithine decarboxylase)脱羧生成腐胺,S-腺苷蛋氨酸脱羧基生成S-腺苷甲硫基丙胺,然后腐胺从S-腺苷甲硫基丙胺转入丙胺基,转变生成精脒和精胺。鸟氨酸脱羧酶是多胺合成的限速酶。

精脒和精胺是调节细胞生长的重要物质。凡生长旺盛的组织如胚胎、再生肝、肿瘤组织等,鸟氨酸脱羧酶的活性及多胺含量均有所增加。多胺促进细胞增殖的机制可能与其稳定细胞结构,与核酸分子结合及促进核酸和蛋白质的生物合成有关。临床上测定病人血或尿中多胺的含量,可作为肿瘤辅助诊断和病情变化的生化指标之一。

鸟氨酸 $NH_2(CH_2)_3CHCOOH$（NH_2）→（CO_2）→ 腐胺 $NH_2(CH_2)_4NH_2$ → 精脒 $NH_2(CH_2)_4NH(CH_2)_3NH_2$ → 精胺 $NH_2(CH_2)_3NH(CH_2)_4NH(CH_2)_3NH_2$

腺苷—S^+(CH_3)—$CH_2CH_2CHCOOH$（NH_2） S-腺苷蛋氨酸 →（CO_2）→ 腺苷—S^+(CH_3)—$CH_2CH_2CH_2NH_2$ S-腺苷甲硫基丙胺 → 腺苷—S—CH_3

二、一碳单位代谢

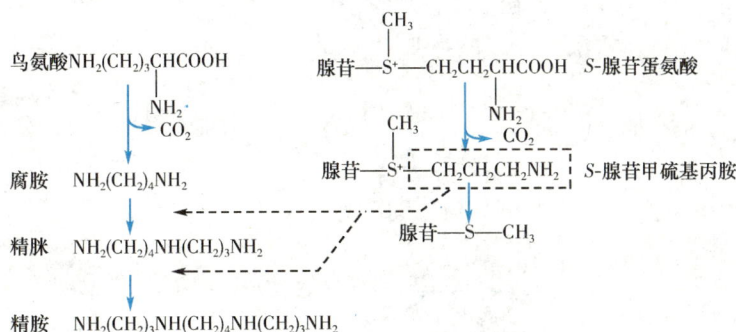

某些氨基酸在分解代谢过程中产生的含有一个碳原子的有机基团，称为一碳单位(one carbon unit)，包括甲基(—CH_3，methyl)、亚甲基或甲烯基(—CH_2—，methylene)、次甲基或甲炔基(=CH—，methenyl)、甲酰基(—CHO，fomyl)及亚氨甲基(—CH=NH，fomimino)等。但是 CO_2 不属于一碳单位。一碳单位不能游离存在，必须与载体结合后才能被运输并参与代谢。一碳单位的载体是四氢叶酸(tetrahydrofolic acid，FH_4)。实际上，在一碳单位代谢中 FH_4 起辅酶作用。

(一) 一碳单位的载体

四氢叶酸是一碳单位的载体(图 12-10)。哺乳动物体内四氢叶酸可由叶酸经二氢叶酸还原酶催化，通过两步还原反应生成。

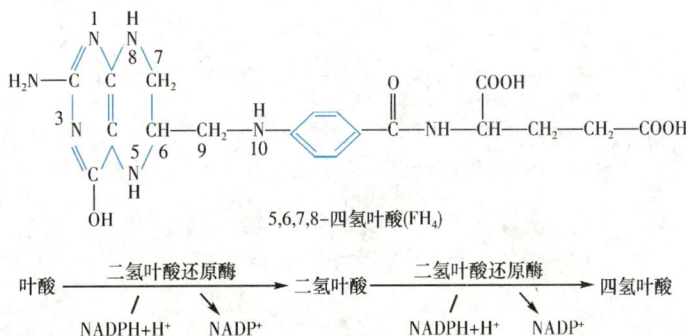

5,6,7,8-四氢叶酸(FH_4)

叶酸 —二氢叶酸还原酶（NADPH+H⁺ → NADP⁺）→ 二氢叶酸 —二氢叶酸还原酶（NADPH+H⁺ → NADP⁺）→ 四氢叶酸

图 12-10 四氢叶酸的结构式

一碳单位常常结合在 FH_4 分子的 N^5 或 N^{10} 位或者与 N^5、N^{10} 位均结合。其结合形式如下：

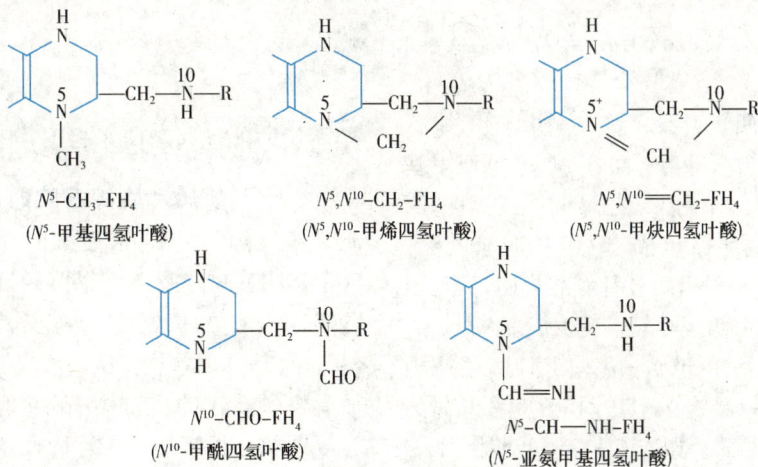

N^5-CH_3-FH_4
(N^5-甲基四氢叶酸)

N^5,N^{10}-CH_2-FH_4
(N^5,N^{10}-甲烯四氢叶酸)

N^5,N^{10}=CH_2-FH_4
(N^5,N^{10}-甲炔四氢叶酸)

N^{10}-CHO-FH_4
(N^{10}-甲酰四氢叶酸)

N^5-CH—NH-FH_4
(N^5-亚氨甲基四氢叶酸)

(二) 一碳单位的产生

一碳单位主要来源于丝氨酸、甘氨酸、组氨酸和色氨酸的分解代谢。从量上看，丝氨酸是一碳单位的主要来源。

1. N^5,N^{10}-亚甲四氢叶酸 丝氨酸在羟甲基

转移酶作用下，丝氨酸的羟甲基与 FH_4 结合生成 N^5,N^{10}-亚甲四氢叶酸和甘氨酸。甘氨酸在甘氨酸裂解酶作用下也可产生 N^5,N^{10}-亚甲四氢叶酸。

$$\underset{\text{丝氨酸}}{NH_2—\underset{|}{CH}(CH_2—OH)—COOH} + FH_4 \xrightarrow[\text{(磷酸吡哆醛)}]{\text{丝氨酸羟甲基转移酶}} \underset{\text{甘氨酸}}{NH_2—CH_2—COOH} + \underset{N^5,N^{10}\text{-甲烯四氢叶酸}}{N^5,N^{10}–CH_2–FH_4}$$

$$\underset{\text{甘氨酸}}{H_2N—CH_2—COOH} + FH_4 \xrightarrow[NAD^+ \rightarrow NADH+H^+]{\text{甘氨酸裂解酶}} CO_2 + NH_4^+ + \underset{N^5,N^{10}\text{-甲烯四氢叶酸}}{N^5,N^{10}–CH_2–FH_4}$$

2. N^5-亚氨甲基四氢叶酸与 N^5,N^{10}-次甲四氢叶酸 组氨酸经酶促分解为亚氨甲基谷氨酸，亚氨甲基转移酶催化亚氨甲基转移给 FH_4 生成 N^5-亚氨甲基四氢叶酸，进一步脱氨可生成 N^5,N^{10}-次甲四氢叶酸。

$$\text{组氨酸} \longrightarrow \underset{\text{亚氨甲基谷氨酸}}{HOOC–CH_2–CH_2–CH(COOH)–NH–CH{=}NH} + FH_4 \xrightarrow{\text{亚氨甲基转移酶}} \underset{L\text{-谷氨酸}}{HOOC–CH_2–CH_2–CH(NH_2)–COOH} + \underset{N^5\text{-亚氨甲基四氢叶酸}}{N^5–CH{=}NH–FH_4}$$

$$\underset{N^5\text{-亚氨甲基四氢叶酸}}{N^5\text{-}CH{=}NH\text{-}FH_4} \underset{+NH_3}{\overset{-NH_3}{\rightleftharpoons}} \underset{N^5,N^{10}\text{-甲烯四氢叶酸}}{N^5,N^{10}\text{-}CH_2\text{-}FH_4}$$

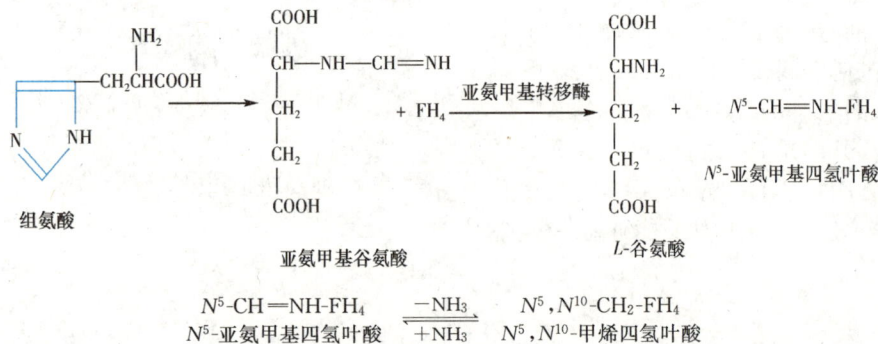

3. N^{10}-甲酰四氢叶酸 色氨酸分解代谢可产生甲酸，另外，甘氨酸经氧化脱氨生成乙醛酸，后者也可氧化为甲酸。甲酸与 FH_4 反应，由甲酰四氢叶酸合成酶作用生成 N^{10}-CHO-FH_4。

$$\text{色氨酸} \longrightarrow \longrightarrow \underset{\text{甲酸}}{HCOOH} + \text{犬尿氨酸}$$

$$\underset{\text{甘氨酸}}{H_2N—CH_2—COOH} \xrightarrow[O_2]{\text{甘氨酸氧化酶}} H_2O_2 + NH_3 + \underset{\text{乙醛酸}}{CHO–COOH} \xrightarrow{1/2O_2 \quad CO_2} \underset{\text{甲酸}}{HCOOH}$$

$$\underset{\text{甲酸}}{HCOOH} + FH_4 \xrightarrow{\text{甲酰四氢叶酸合成酶}} \underset{N^{10}\text{-甲酰四氢叶酸}}{N^{10}\text{-CHO-}FH_4}$$

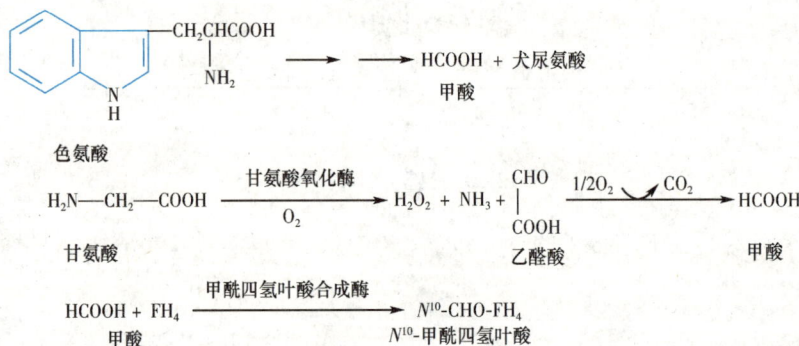

4. N^5-甲基四氢叶酸 氨基酸代谢不能直接生成 N^5-甲基四氢叶酸。可在 N^5,N^{10}-亚甲基四氢叶酸还原酶的作用下，使 N^5,N^{10}-亚甲基四氢叶酸不可逆地还原生成 N^5-甲基四氢叶酸。前者不仅可来源于丝氨酸及甘氨酸代谢，而且还可由 N^5,N^{10}-次甲四氢叶酸转变生成。

值得提及的是：由于 N^5-甲基四氢叶酸不可逆转为其他形式的一碳单位，其中固定的叶酸可视为机体叶酸的储存形式。如若该甲基不能转移出去，则必然影响叶酸的周转利用，造成叶酸的缺乏，此乃“甲基陷阱假说”(methyl trap hypothesis)。

现将一碳单位的来源与相互转变总结如图 12-11。

(三) 一碳单位的生理功能

1. 参与嘌呤和胸腺嘧啶的合成 N^5,N^{10}-亚甲基四氢叶酸参与胸苷酸的合成，而 N^5,N^{10}-次甲基四氢叶酸及 N^{10}-甲酰四氢叶酸分别是嘌呤环 C_8 及 C_2 的来源，核苷酸又是合成核酸的原料。所以，一碳单位将氨基酸代谢与核酸代谢形成有机联系，与细胞的增殖、组织生长和机体发育等重要过程密切相关。因此，叶酸缺乏时，一碳单位代谢障碍，嘌呤和嘧啶核苷酸合成受阻，进一步影响 DNA 合成和细胞分裂，可引起巨幼红细胞性贫血。应用磺胺类药物可抑制细菌合成叶酸，进而抑制细菌生长，但对人体影响不大。

笔记栏

应用叶酸类似物如甲氨蝶呤等可抑制 FH_4 的生成，从而抑制核酸的合成，达到抗癌作用。

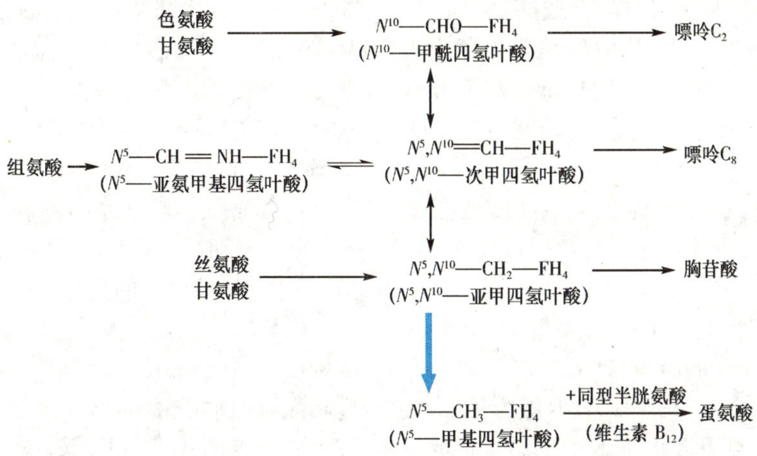

图 12-11　一碳单位来源、相互转变及功能

2. 甲基的供体　体内存在许多甲基化合成反应，可由 *S*-腺苷蛋氨酸直接提供甲基，而 N^5-甲基四氢叶酸可供重新生成蛋氨酸，进而生成 *S*-腺苷蛋氨酸，故 N^5-甲基四氢叶酸充当甲基的间接供体（见后详述）。

三、含硫氨基酸的代谢

含硫氨基酸包括蛋氨酸（甲硫氨酸）、半胱氨酸和胱氨酸。这三种氨基酸的代谢是相互联系的，甲硫氨酸可以转变为半胱氨酸和胱氨酸，而且半胱氨酸和胱氨酸可以互相转变，但二者都不能转变为甲硫氨酸，所以甲硫氨酸是营养必需氨基酸。

（一）蛋氨酸代谢

1. 蛋氨酸与转甲基作用　蛋氨酸分子中的 *S*-甲基可以通过转甲基作用，生成许多含甲基的重要生理活性物质，如肌酸、胆碱、肉碱以及肾上腺素等。在转甲基反应前，蛋氨酸必须在腺苷转移酶（adenosyl transferase）的催化下与 ATP 反应，生成 *S*-腺苷蛋氨酸（*S*-adenosyl methionine，SAM）。SAM 中的甲基称为活性甲基，SAM 称为活性蛋氨酸。SAM 是体内最重要的甲基直接供体。

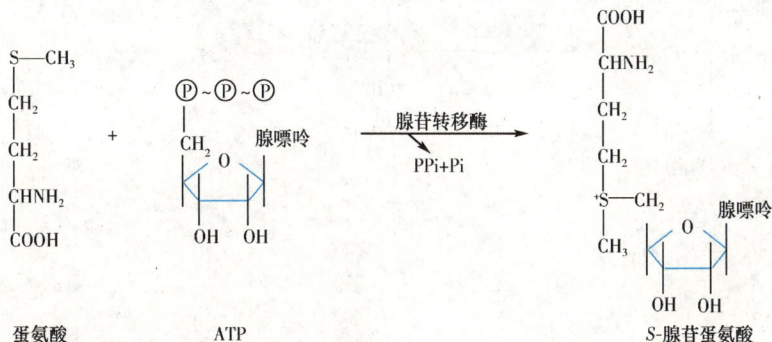

蛋氨酸 + ATP —腺苷转移酶（PPi+Pi）→ *S*-腺苷蛋氨酸

SAM 在甲基转移酶催化下，将甲基转移给某化合物（RH）生成甲基化合物（RCH_3）后，水解除去腺苷生成同型半胱氨酸，后者在蛋氨酸合成酶作用下，从 N^5-甲基四氢叶酸获得甲基再合成蛋氨酸，形成一个循环，称为蛋氨酸循环（methionine cycle）。该循环的生理意义是由 N^5-甲基四氢叶酸提供甲基合成蛋氨酸，再通过此循环的 SAM 提供甲基，以进行广泛存在的甲基化（methylation）反应。由此，N^5-CH_3-FH_4 可视为体内甲基的间接供体（图 12-12）。据统计，体内有 50 多种物质合成时需要 SAM 提供甲基。

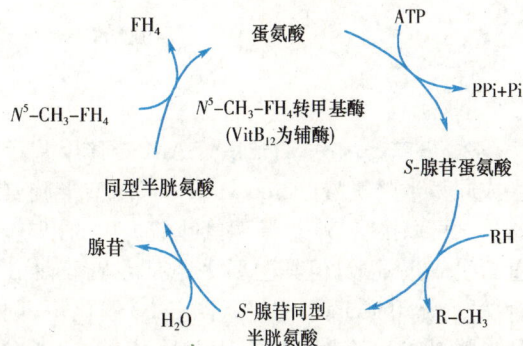

蛋氨酸　ATP　PPi+Pi　*S*-腺苷蛋氨酸　RH　R-CH_3　*S*-腺苷同型半胱氨酸　H_2O　腺苷　同型半胱氨酸　N^5-CH_3-FH_4　FH_4　N^5-CH_3-FH_4转甲基酶（VitB_{12}为辅酶）

图 12-12　蛋氨酸循环

值得注意的是，催化同型半胱氨酸接受 N^5-CH_3-FH_4 中甲基的酶是蛋氨酸合成酶，又称 N^5-甲基四氢叶酸转甲基酶，其辅酶是维生素 B_{12}。维生素 B_{12} 缺乏时，N^5-CH_3-FH_4 的甲基不能移出，不仅不利于蛋氨酸的生成，同时也影响 FH_4 的再生，使组织中游离的 FH_4 减少，不能重新利用它转运一碳单位，因此，维生素 B_{12} 缺乏必然引起叶酸的缺乏，可导致与叶酸缺乏相同的巨幼红细胞性贫血。

2. 蛋氨酸与肌酸的合成 肌酸(creatine)和磷酸肌酸(creatine phosphate)是机体能量储存与利用的重要化合物。肌酸以甘氨酸为骨架，接受精氨酸提供的脒基和 *S*-腺苷蛋氨酸提供的甲基而合成。肝是合成肌酸的主要器官。当体内 ATP 生成增多时，在肌酸激酶(creatine kinase, CK)催化下，肌酸可接受 ATP 分子的高能磷酸基形成磷酸肌酸，是能量的一种储存形式。当机体需要时，磷酸肌酸又可将高能磷酸基转移给 ADP 生成 ATP，供生理活动直接利用。磷酸肌酸在心肌、骨骼肌及大脑中含量丰富。

肌酸激酶有两种亚基组成——M 亚基(肌型)和 B 亚基(脑型)，构成 3 种同工酶：MM、MB 和 BB。它们在各组织中的分布不同，MM 主要分布在骨骼肌，MB 主要分布在心肌，BB 主要分布在脑。心肌梗死时，血中 MB 肌酸激酶活性增高，可作为辅助诊断的指标之一。

肌酸和磷酸肌酸代谢的终末代谢产物是肌酸酐(creatinine, Cr)。肌酸酐主要在肌肉中通过磷酸肌酸的非酶促反应生成。肌酸、磷酸肌酸及肌酸酐的代谢见图 12-13。肌酸酐随尿排出，正常人每日排出量较为恒定。肾功能严重障碍时，肌酸酐排出受阻，血中肌酸酐浓度升高。血中肌酸酐测定有助于肾功能不全的诊断及疗效判断。

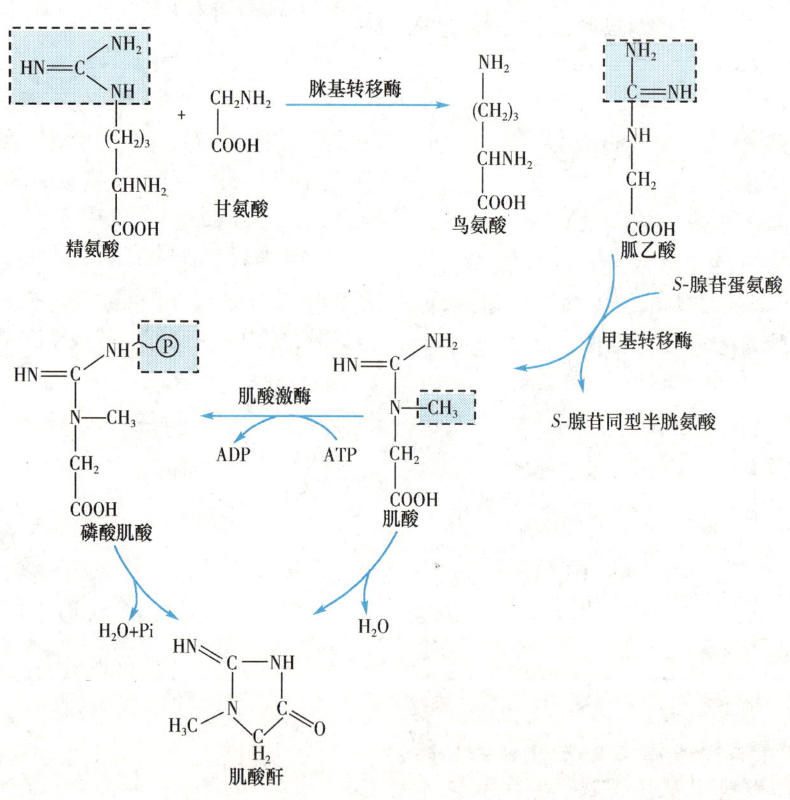

图 12-13 肌酸代谢

3. 蛋氨酸的分解代谢 SAM 转移甲基后生成同型半胱氨酸(homocysteine)，同型半胱氨酸虽然可以接受 N^5-甲基四氢叶酸提供的甲基，重新生成蛋氨酸，但其主要去路是在胱硫醚-β-合酶(cystathionine-β-synthase, CβS)催化下，同型半胱氨酸和丝氨酸缩合生成胱硫醚，后者在 γ-胱硫醚酶的作用下，进一步分解生成半胱氨酸和 α-酮丁酸。这两步反应过程都需要磷酸吡哆醛作为辅酶。反应生成的 α-酮丁酸进一步在脱氢酶的催化下，氧化脱羧生成丙酰 CoA，进而生成琥珀酰 CoA，进入三羧酸循环氧化分解或异生为糖。如果胱硫醚-β-合酶遗传性缺陷，同型半胱氨酸不能转变为胱硫醚，可导致高同型半胱氨酸血症，有研究表明，高同型半胱氨酸血症是

冠心病和动脉粥样硬化的独立危险因子。其分子机制尚不明晰。用维生素 B_{12} 和叶酸治疗可有效降低某些病人的同型半胱氨酸水平。

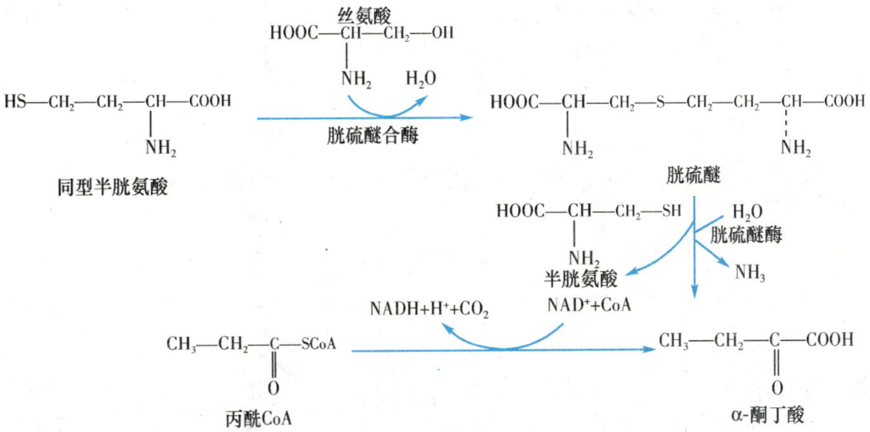

（二）半胱氨酸代谢

1. 半胱氨酸与胱氨酸可以互变 半胱氨酸含有巯基(—SH)，胱氨酸含有二硫键(—S—S—)，二者可以互相转变。

$$2\ \begin{matrix} CH_2SH \\ | \\ CHNH_2 \\ | \\ COOH \end{matrix} \underset{+2H}{\overset{-2H}{\rightleftharpoons}} \begin{matrix} CH_2-S-S-CH_2 \\ | \qquad\qquad | \\ CHNH_2 \quad CHNH_2 \\ | \qquad\qquad | \\ COOH \quad\ \ COOH \end{matrix}$$

半胱氨酸　　　　胱氨酸

蛋白质中两个半胱氨酸残基之间形成的二硫键对维持蛋白质的结构具有重要作用。体内许多重要酶的活性与其分子中半胱氨酸残基上的巯基的存在直接有关，故有巯基酶之称。有些毒物，如芥子气、重金属盐等，能与酶分子的巯基结合而抑制酶活性。二巯丙醇可以使结合的巯基恢复原来状态，所以有解毒作用。

2. 谷胱甘肽的生成与功能 谷胱甘肽(glutathione)是由谷氨酸的 γ-羧基与半胱氨酸、甘氨酸合成的三肽，其活性基团是其半胱氨酸残基上的巯基，故可将其简写为 GSH，是机体重要的非酶抗氧化剂。谷胱甘肽有还原型和氧化型两种形式，彼此可以互相转化。

$$2GSH \underset{+2H}{\overset{-2H}{\rightleftharpoons}} GSSG$$

还原性谷胱甘肽　　　氧化性谷胱甘肽

人红细胞中还原型谷胱甘肽含量很高，其主要生理作用是与过氧化物及氧自由基起反应，从而保护膜上含巯基的蛋白质及含巯基的酶等物质不被氧化。如细胞内生成少量 H_2O_2 时，GSH 在谷胱甘肽过氧化物酶(glutathione peroxidase, GSH-P_X)催化下，H_2O_2 还原生成 H_2O，GSH 自身氧化为 GSSG，后者又在谷胱甘肽还原酶(glutathione reductase GSH-R)的作用下，生成 GSH，从而再作为还原剂而发挥保护的功能。

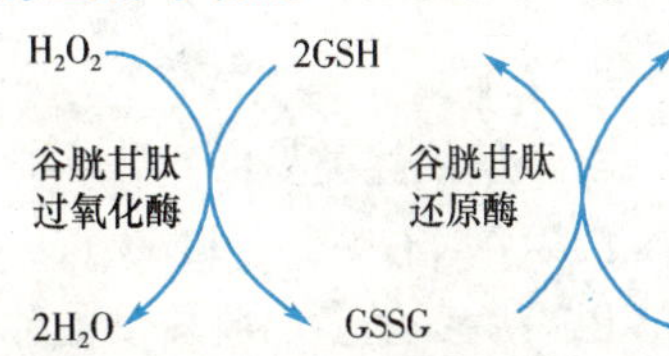

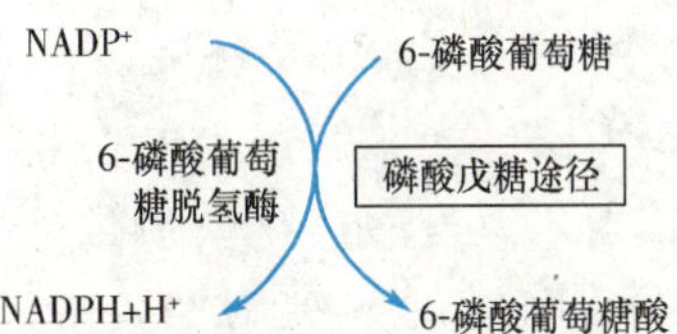

在肝中，谷胱甘肽在谷胱甘肽 *S*-转移酶(glutathione *S*-transferase, GST)作用下，还可与某些非营养物质如药物、毒物等结合，以利于这类物质的生物转化作用。另外，谷胱甘肽还参与小肠黏膜细胞、肾小管细胞等对氨基酸向细胞内的转运过程等。

3. 半胱氨酸可生成牛磺酸 半胱氨酸首先氧化成磺酸丙氨酸，再经磺酸丙氨酸脱羧酶脱去羧基生成牛磺酸(taurine)。牛磺酸是结合胆汁酸的组成成分之一。脑组织中含有较多的牛磺酸，其生理功能尚不清楚，可能与脑的发育有关。

$$\begin{matrix} CH_2SH \\ | \\ CH-NH_2 \\ | \\ COOH \end{matrix} \xrightarrow{3[O]} \begin{matrix} CH_2SO_3H \\ | \\ CH-NH_2 \\ | \\ COOH \end{matrix} \xrightarrow[\searrow CO_2]{\text{磺酸丙氨酸脱羧酶}} \begin{matrix} CH_2SO_3H \\ | \\ CH_2NH_2 \end{matrix}$$

L-半胱氨酸　　　磺酸丙氨酸　　　　　　　牛磺酸

4. 硫酸根的代谢 半胱氨酸是体内硫酸根的主要来源。半胱氨酸可以直接脱去巯基和氨基，生成丙酮酸、氨和 H_2S。丙酮酸进一步经三羧酸循环氧化或异生为糖。H_2S 经氧化生成硫酸根。体内生成的硫酸根，一部分以硫酸盐形式随尿排出，另一部分由 ATP 活化生成"活性硫酸根"，即 3′-磷酸腺苷-5′-磷酸硫酸（3′-phosphoadenosine-5′-phosphosulfate，PAPS），反应过程如下：

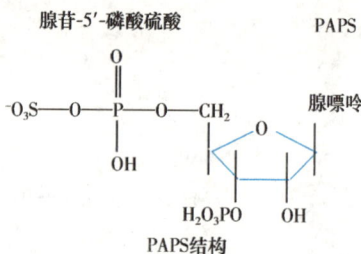

$$ATP+SO_4^{2-} \xrightarrow{-PPi} AMP—SO_3^- \xrightarrow{+ATP} 3—PO_3H_2—AMP—SO_3^- + ADP$$

腺苷-5′-磷酸硫酸　　PAPS

PAPS结构

PAPS 化学性质活泼，参与肝生物转化中的结合反应，可使某些物质形成硫酸酯。例如，类固醇激素可形成硫酸酯而被灭活，一些外源性酚类化合物也可以形成硫酸酯而排出体外。此外，PAPS 还参与硫酸角质素及硫酸软骨素等化合物中硫酸化氨基糖的合成。

四、芳香族氨基酸的代谢

芳香族氨基酸（aromatic amino acid）包括苯丙氨酸、酪氨酸和色氨酸。在体内苯丙氨酸可转变成酪氨酸。苯丙氨酸与色氨酸是营养必需氨基酸。

（一）苯丙氨酸代谢

正常情况下，苯丙氨酸在苯丙氨酸羟化酶（phenylalanine hydroxylase）的作用下，转变成酪氨酸进一步代谢，苯丙氨酸羟化酶是一种加单氧酶，其辅酶是四氢生物蝶呤，催化的反应不可逆，故酪氨酸不能转变为苯丙氨酸。

苯丙氨酸 $+ O_2$ —（苯丙氨酸羟化酶；四氢生物蝶呤→二氢生物蝶呤；NADPH+H^+→$NADP^+$）→ 酪氨酸 $+ H_2O$

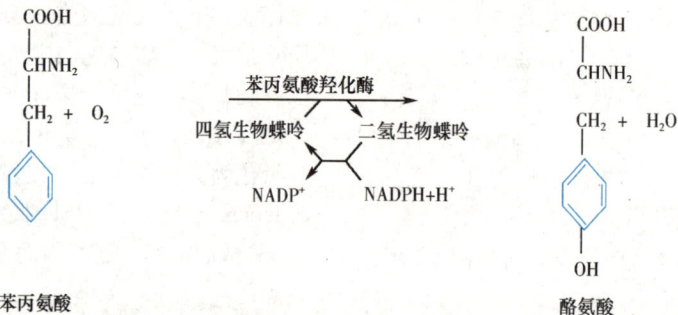

苯丙氨酸　　酪氨酸

苯丙氨酸转变为酪氨酸是苯丙氨酸分解代谢的主要途径。当苯丙氨酸羟化酶遗传性缺陷时，苯丙氨酸不能正常地转变为酪氨酸，体内苯丙氨酸蓄积，并可经其次要代谢途径进行，即经转氨基作用生成苯丙酮酸，后者进一步转变为苯乙酸、苯乳酸等衍生物。此时，尿中出现大量苯丙酮酸等代谢产物，称为苯酮酸尿症（phenyl ketonuria，PKU）。苯丙酮酸的堆积对中枢神经系统有毒性，使脑发育障碍，患儿智力低下。治疗原则是早期发现，供给低苯丙氨酸膳食。

（二）酪氨酸代谢

1. 转变为儿茶酚胺　酪氨酸在肾上腺髓质及神经组织经酪氨酸羟化酶催化，生成 3，4-二羟苯丙氨酸（3，4-dihydroxyphenyl-alanine，DOPA，多巴），后者经多巴脱羧酶的作用，转变为多巴胺（dopamine）。多巴胺是脑中的一种神经递质。帕金森病（Parkinson disease）患者多巴胺生成减少。在肾上腺髓质中，多巴胺侧链的 β-碳原子可再被羟化，生成去甲肾上腺素（norepinephrine），后者再经 *N*-甲基转移酶作用，由 *S*-腺苷蛋氨酸提供甲基转变为肾上腺素（epinephrine）。多巴胺、去甲肾上腺素、肾上腺素都是具有儿茶酚（邻苯二酚）结构的胺类物质，故统称为儿茶酚胺（catecholamine）。酪氨酸羟化酶是儿茶酚胺合成的限速酶，受终产物的反馈调节。

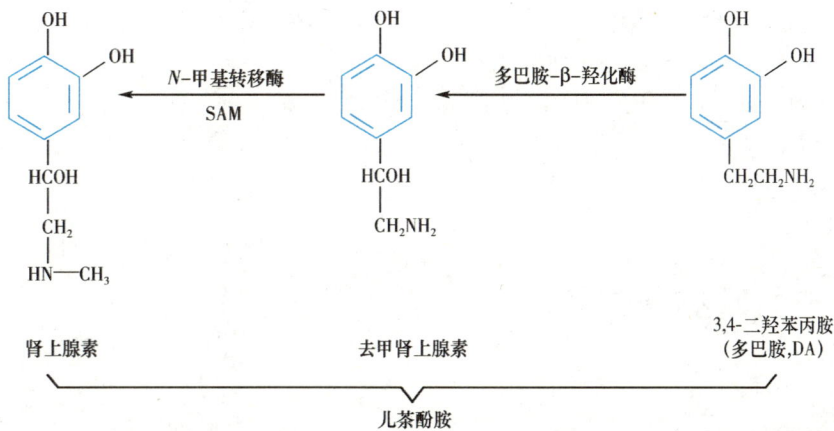

2. 合成黑色素 酪氨酸在黑色素细胞中经酪氨酸酶（tyrosinase）催化，羟化生成多巴。多巴经氧化变成多巴醌，后者经脱羧环化等反应转变为吲哚5,6-醌，最后聚合为黑色素（melanin）。人体酪氨酸酶遗传性缺陷，导致黑色素合成障碍，患者皮肤毛发色浅或呈白色，称为白化病（albinism）。患者对阳光敏感，易患皮肤癌。

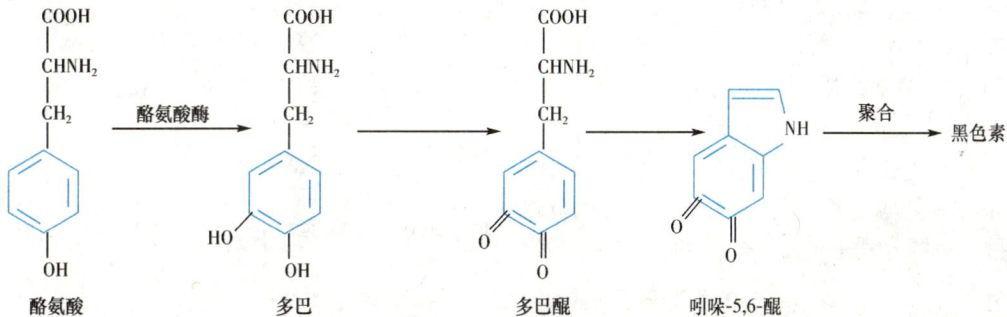

3. 参与甲状腺激素合成 甲状腺激素是酪氨酸的碘化衍生物，由甲状腺球蛋白分子中的酪氨酸残基经碘化生成。甲状腺激素有两种：三碘甲腺原氨酸（triiodothyronine，T_3）和四碘甲腺原氨酸（thyroxine，T_4），它们在物质代谢的调控中起重要作用。

4. 分解代谢 酪氨酸分解代谢的主要方式，是先经转氨基生成对羟苯丙酮酸，然后氧化脱羧生成尿黑酸，进一步在尿黑酸氧化酶及异构酶等作用下，逐步转变为乙酰乙酸及延胡索酸，二者分别沿着糖和脂肪酸代谢途径变化。因此，苯丙氨酸和酪氨酸是生糖兼生酮氨基酸。罕见的尿黑酸尿症（alkaptonuria）患者，因尿黑酸氧化酶遗传性缺陷，引起大量尿黑酸从尿中排出。尿黑酸在碱性条件下易被氧化成醌类化合物，进一步生成黑色化合物，故此类患者尿液加碱放置可迅速变黑，患者的骨及组织亦有广泛的黑色物沉积。

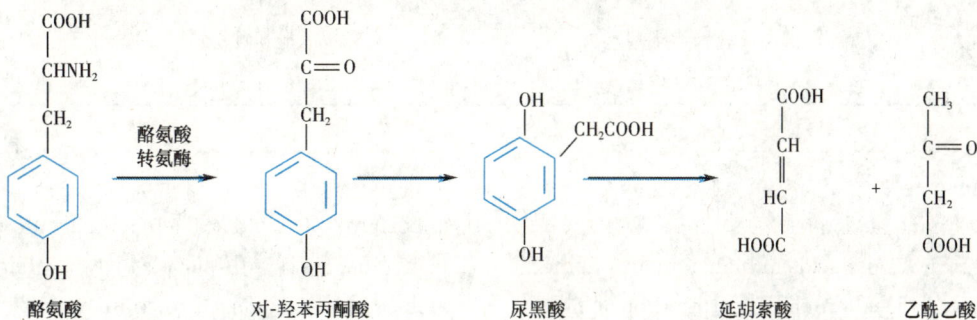

（三）色氨酸代谢

色氨酸除脱羧生成5-羟色胺外，还可在色氨酸加氧酶（tryptophan oxygenase）的作用下，生成*N*-甲酰犬尿氨酸，再经甲酰基酶催化生成甲酸和犬尿氨酸。甲酸可与FH_4反应，由甲酰四氢叶酸合成酶作用生成N^{10}—CHO—FH_4。犬尿氨酸则进一步分解形成丙酮酸和乙酰乙酰

CoA，因此，色氨酸是生糖兼生酮氨基酸，其中间产物3-羟邻氨基苯甲酸可转变成是维生素PP（尼克酸），这是氨基酸在体内生成维生素的唯一途径。但其合成量甚少，60mg色氨基酸只能生成1mg尼克酸，所以应保证食物中尼克酸的供应，以防色氨酸过多消耗。

五、支链氨基酸的代谢

支链氨基酸包括亮氨酸、异亮氨酸和缬氨酸，它们均为营养必需氨基酸。结构上这三种氨基酸都有相同的分支侧链，故称为支链氨基酸。支链氨基酸是唯一在肝外代谢的氨基酸，其分解代谢主要在骨骼肌中进行。这三种氨基酸分解代谢的路径相似，即首先经转氨基作用，生成各自相应的支链α-酮酸。然后经α-酮酸氧化脱羧基作用并有CoA参与，生成相应的脂酰CoA，经β氧化代谢过程，分别以不同中间产物参与三羧酸循环氧化。缬氨酸代谢产生琥珀酰辅酶A；亮氨酸产生乙酰乙酸及乙酰辅酶A；异亮氨酸产生乙酰辅酶A及琥珀酰辅酶A（图12-14）。因此，这三种氨基酸分别是生糖氨基酸、生酮氨基酸及生糖兼生酮氨基酸。

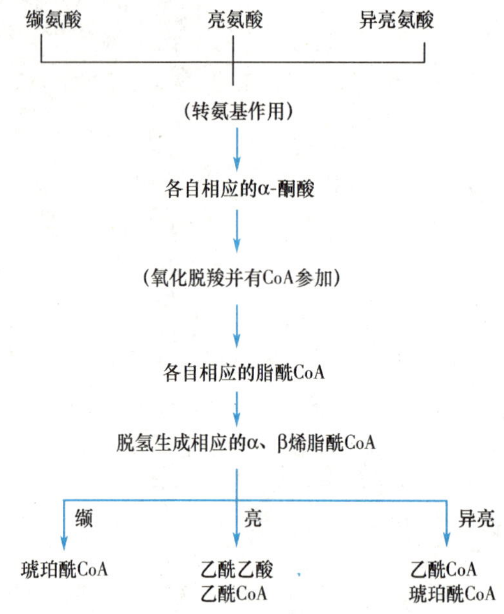

图12-14 支链氨基酸的分解代谢

综合上述，各种氨基酸除了作为合成蛋白质原料外，还可以转变成多种含氮的生理活性物质，现将这些重要的化合物列于表12-3。

表12-3 氨基酸衍生的重要含氮化合物

氨基酸	氨基酸衍生物	生理功能
天冬氨酸、谷氨酰胺、甘氨酸	嘌呤碱	含氮碱基、核酸成分
天冬氨酸	嘧啶碱	含氮碱基、核酸成分
甘氨酸、精氨酸、蛋氨酸	肌酸、磷酸肌酸	能量储存
甘氨酸	卟啉化合物	血红素、细胞色素
苯丙氨酸、酪氨酸	儿茶酚胺类、黑色素	激素或神经递质、皮肤色素
组氨酸	组胺	血管舒张剂
色氨酸	5-羟色胺、尼克酸	神经递质、维生素
鸟氨酸	腐胺，精脒，精胺	细胞增殖促进剂
谷氨酸	γ-氨基丁酸	抑制性神经递质
半胱氨酸	牛磺酸	结合胆汁酸成分
精氨酸	一氧化氮（NO）	细胞信息分子

Summary

Amino acids are the structural units of proteins. Amino acids in human mainly come from the digestion and absorption of dietary proteins or from the synthesis of nonessential amino acids and the breakdown of tissue proteins. Both exogenous amino acids and endogenous amino acids constitute the amino acid metabolic pool. Amino acids perform important physiological functions. Beside using for the synthesis of body proteins, amino acids may also turn to many vital nitrogenous compounds(e. g. , nucleotides, hormones, neurotransmitter, etc.), or to be oxidated yield energy. Under physiological circumstance, the amino acid metabolic pool maintains a dynamic equilibrium.

Amino acid degradation begins from the removal of the α-amino group and yields ammonia and α-ketoglutarate. This process is called deamination of amino acids. The forms of removal of α-amino group include oxidative deamination, transamination, coupling of transamination with glutamate dehydrogenase and purine nucleotide cycle. Oxidative deamination is mainly catalyzed by glutamate dehydrogenase. Transamination is catalyzed by transaminase, which contains pyridoxal phosphate as a cofactor. In transamination, α-amino group is transferred but not lost indeed. The associating transamination is the main pathway for the deamination of the most amino acids in the body and the important fate of the synthesis of nonessential amino acids. In skeleton muscle and heart muscle, the major deamination pathway is purine nucleotide cycle. The remaining α-keto acids can be used to synthesize nonessential amino acids. They can also be transformed into one or more metabolic intermediates which can be further transformed to glucoses (glucogenic amino acid), ketone bodies (ketogenic amino acid) and either glucose or ketone bodies (both glucogenic and ketogenic amino acid). α-keto acids can be oxidated in the TCA cycle to yield energy which can offer 10% to 15% of total amount needed for the body.

Ammonia is highly toxic which can be transported to the liver as either alanine or glutamine. In the liver, ammonia is transformed to urea via the urea cycle and sent out by kidney. The urea cycle is an energy dependent process and linked to TAC.

Some amino acids can form amine by decarboxylation such as γ-aminobutyric acid, histamine 5-hydroxytryptamine and polyamine. Amines have potential physiological effects.

In the catabolism of some amino acids, the chemical groups containing one carbon atom can be produced which is named as one carbon unit, such as methyl, methylene, methenyl, formyl and formimino. Tetrahydrofolate is the carrier of one carbon unit. The major function of one carbon unit is offering the materials for the biosynthesis of nucleic acids, thus being a linkage between amino acids metabolism and nucleic acids metabolism.

Sulfur-containing amino acids include methionine and cysteine. Methionine can turn to S-adenosylmethionine (SAM) by methionine cycle. SAM is the major donor of methyl group, taking part in the synthesis of some important compounds such as creatine, choline, epinephrine and so on. Creatine phosphate is a high energy substance. Creatinine is the end product of both creatine and creatine phosphate metabolism. The determination of creatinine in the plasma can indicate the kidney function effectively. Cysteine and cystine can be changed to each other. Cysteine can also be changed to taurine, which is the main component of binding bile acids. Cysteine can also be changed to glutathione (GSH), which is the important nonenzymatic antioxidant reagent. Sulfate in cysteine can be changed to H_2SO_4, some of which can form 3′-phosphoadenosine 5′-phosphosulfate (PAPS). PAPS is the source of a sulfate group in biosynthesis.

Phenylalanine and tyrosine are aromatic amino acids. Phenylalanine is mainly transformed to tyrosine by phenylalanine hydroxylase. Small amount of phenylalanine can be converted to phenylpyruvate via transamination. The genetic deficiency of phenylalanine hydroxylase can cause phenylketonuria (PKU). The genetic deficiency of tyrosinase can cause alninism. Tyrosine is the precursor of many nitrogenous substances such as catecholamine, thyroxine and so on.

思 考 题

1. 名词解释：氨基酸代谢库 必需氨基酸与非必需氨基酸 转氨基作用 联合脱氨基作用 丙氨酸-葡萄糖循环 嘌呤核苷酸循环 鸟氨酸循环 蛋氨酸循环

2. 指出合成下列物质的氨基酸前体：γ-氨基丁酸、5-羟色胺、牛磺酸、精脒、儿茶酚胺、肌酸、GSH、黑色素、PAPS、胆碱。

3. 氨基酸脱氨基作用有哪些方式？

4. ALT与AST催化什么化学反应？测定血中ALT及AST活性各有何临床意义？

5. 简述氨的主要来源与主要去路。

6. 试述一碳单位的概念、种类、载体及生理功用。

7. 蛋氨酸和维生素B_{12}与一碳单位转运有何关系？

8. 指出下列遗传病的代谢缺陷：白化病、苯丙酮酸尿症、尿黑酸尿症、高同型半胱氨酸血症。

9. 试说明氨基酸与糖、脂代谢的相互联系。

10. 谷氨酸如何异生为糖？1分子谷氨酸彻底氧化生成多少分子ATP？

11. 简述叶酸与B_{12}缺乏导致巨幼红细胞型贫血发生的生化机制。

（王明臣）

第13章 核苷酸代谢

核苷酸是核酸的基本结构单位。也是体内许多具有重要生物学活性物质的组成成分。人体内的核苷酸主要由机体细胞自身合成。因此，核苷酸不属于营养必需物质。

食物中的核酸多以核蛋白的形式存在。核蛋白在胃中受胃酸的作用，分解成核酸与蛋白质。核酸进入小肠后，受胰液和肠液中各种水解酶的作用逐步水解（图13-1）。核苷酸及其水解产物均可被细胞吸收，但它们的绝大部分在肠黏膜细胞中又进一步分解。分解产生的戊糖和磷酸被吸收，再分别参加体内戊糖和磷酸的代谢；嘌呤和嘧啶碱则主要被分解而排出体外。因此，实际上食物来源的嘌呤和嘧啶碱很少被机体利用。

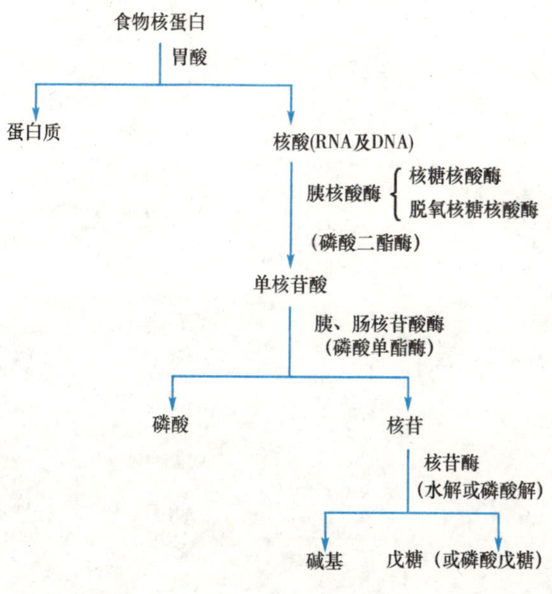

图13-1 核酸的消化

核苷酸具有多种生物学功用：①作为核酸合成的原料，这是核苷酸最主要的功能。②体内能量的利用形式。ATP是细胞的主要能量形式。此外，GTP、UTP、CTP也均可以提供能量。③参与代谢和生理调节。某些核苷酸或其衍生物是重要的调节分子。例如，cAMP是多种细胞膜受体激素作用的第二信使；cGMP也与代谢调节有关。④组成辅酶。例如，腺苷酸可作为多种辅酶（NAD^+、FAD、辅酶A等）的组成成分。⑤活化中间代谢物。核苷酸可以作为多种活化中间代谢物的载体。例如，UDP-葡萄糖是合成糖原、糖蛋白的活性原料，CDP-二酰基甘油是合成磷脂的活性原料，*S*-腺苷甲硫氨酸是活性甲基的载体等。

第一节 嘌呤核苷酸代谢

一、嘌呤核苷酸的合成代谢

体内嘌呤核苷酸的合成有两条途径。第一，利用磷酸核糖、氨基酸、一碳单位及CO_2等简单物质为原料，经过一系列酶促反应，合成嘌呤核苷酸，称为从头合成途径（de novo synthesis）。第二，利用体内游离的嘌呤或嘌呤核苷，经过简单的反应过程，合成嘌呤核苷酸，称为补救合成（或重新利用）途径（salvage pathway）。二者在不同组织中的重要性各不相同，例如肝组织进行从头合成途径，而脑、脊髓等则只能进行补救合成。一般情况下，前者是合成的主要途径。

（一）嘌呤核苷酸的从头合成

1. 从头合成途径 除某些细菌外，几乎所有生物体都能合成嘌呤碱。同位素示踪实验证明，嘌呤碱的前身物均为简单物质，例如氨基酸、CO_2及甲酰基（来自四氢叶酸）等（图13-2）。嘌呤核苷酸的从头合成在胞液中进行。反应步骤比较复杂，可分为两个阶段：首先合成次黄嘌呤核苷酸（inosine monophosphate，IMP），然后IMP再转变成腺嘌呤核苷酸（adenosine monophosphate，AMP）与鸟嘌呤核苷酸（guanosine monophosphate，GMP）。

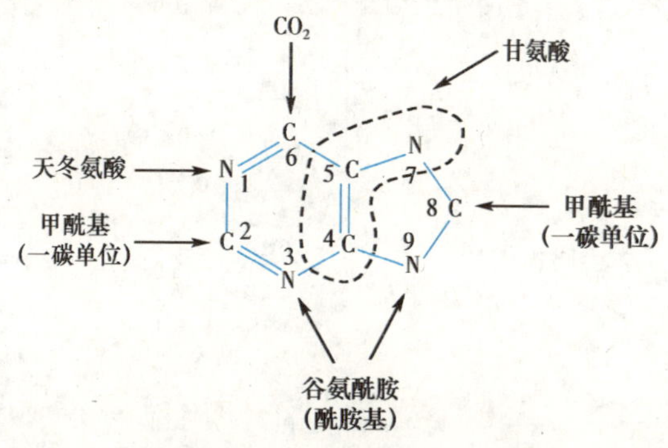

图13-2 嘌呤碱合成的元素来源

(1) IMP的合成：IMP的合成经过11步反应完成(图13-3)。①5-磷酸核糖(磷酸戊糖途径中产生)经过磷酸戊糖焦磷酸合成酶(PRPP合成酶)作用，活化生成磷酸核糖焦磷酸(phosphoribosyl pyrophosphate，PRPP)。②谷氨酰胺提供酰胺基取代PRPP上的焦磷酸，形成5-磷酸核糖胺(phosphoribosylamine，PRA)，此反应由磷酸核糖酰胺转移酶(amidotransferase)催化。PRA极不稳定，半衰期为30秒。③由ATP供能，甘氨酸与PRA加合，生成甘氨酰胺核苷酸(glycinamide ribosyl-5-phosphate，GAR)。④N^5，N^{10}-甲炔四氢叶酸供给甲酰基，使GAR甲酰化，生成甲酰甘氨酰胺核苷酸(formylglycinamide ribosyl-5-phosphate，FGAR)。⑤谷氨酰胺提供酰胺氮，使FGAR生成甲酰甘氨咪核苷酸(formylglycinamidine ribosyl-5-phosphate，FGAM)，此反应消耗1分子ATP。⑥FGAM脱水环化形成5-氨基咪唑核苷酸(aminoimidazole ribosyl-5-phosphate，AIR)，此反应也需要ATP参与。至此，合成了嘌呤环中的咪唑环部分。⑦CO_2连接到咪唑环上，作为嘌呤碱中C_6的来源，生成5-氨基咪唑，4-羧酸核苷酸(aminoimidazole carboxylate ribosyl-5-phosphate，CAIR)。⑧在ATP存在下，天冬氨酸与CAIR缩合，生成产物再脱去1分子延胡索酸而裂解为5-氨基咪唑-4-甲酰胺核苷酸(aminoimidazole carboxamide ribosyl-5-phosphate，AICAR)。⑨N^{10}-甲酰四氢叶酸提供一碳单位，使AICAR甲酰化，生成5-甲酰胺基咪唑-4-甲酰胺核苷酸(formimidoimidazole carboxamide ribosyl-5-phosphate，FAICAR)。

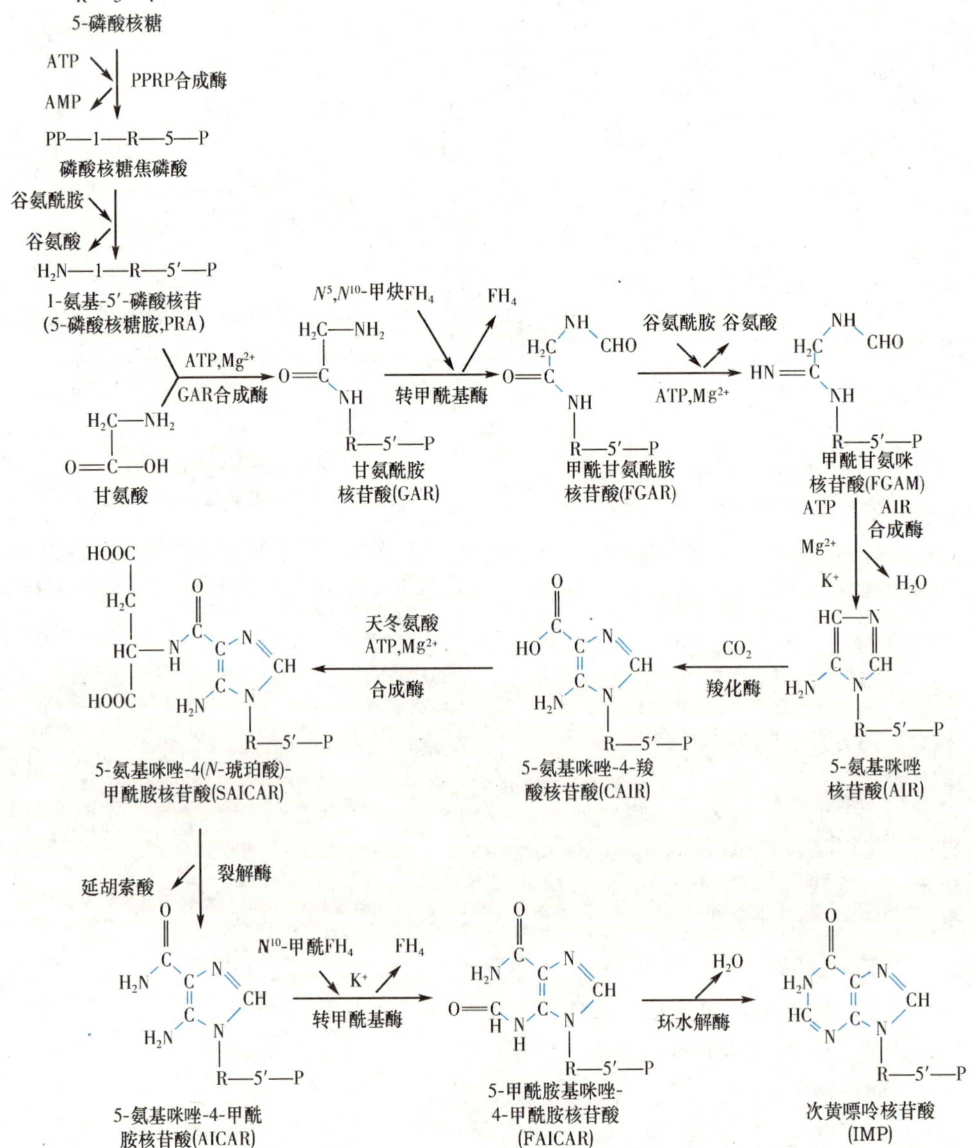

图13-3 次黄嘌呤核苷酸的合成

FAICAR 脱水环化，生成 IMP(图 13-3)。嘌呤核苷酸从头合成的酶在胞液中多以酶及复合体形式存在。

(2) AMP 和 GMP 的生成：IMP 虽然不是核酸分子的主要组成成分，但它是嘌呤核苷酸合成的重要中间产物，IMP 可以分别转变成 AMP 和 GMP(图 13-4)。AMP 和 GMP 在激酶作用下，经过两步磷酸化反应，进一步生成 ATP 和 GTP。

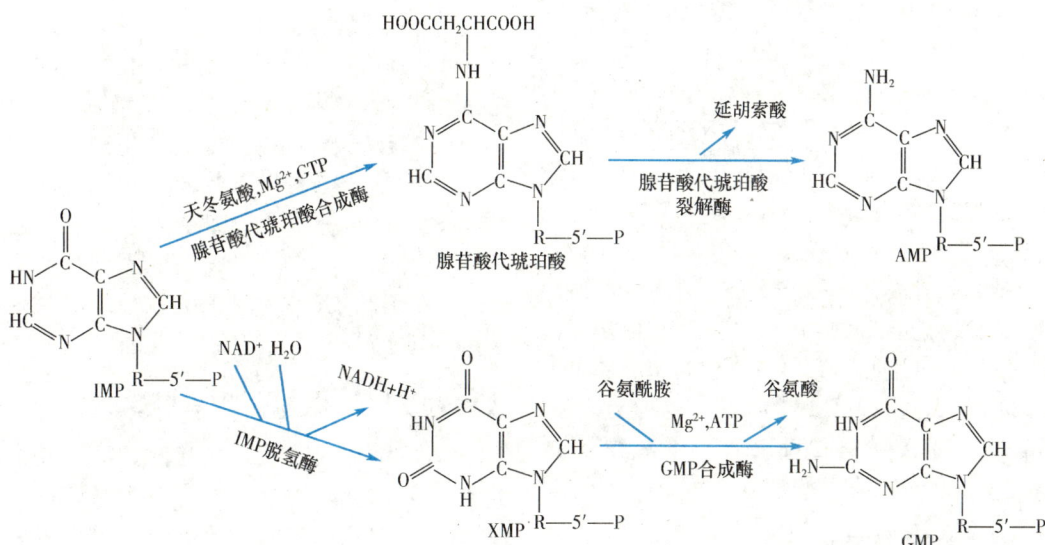

图 13-4　由 IMP 合成 AMP 及 GMP

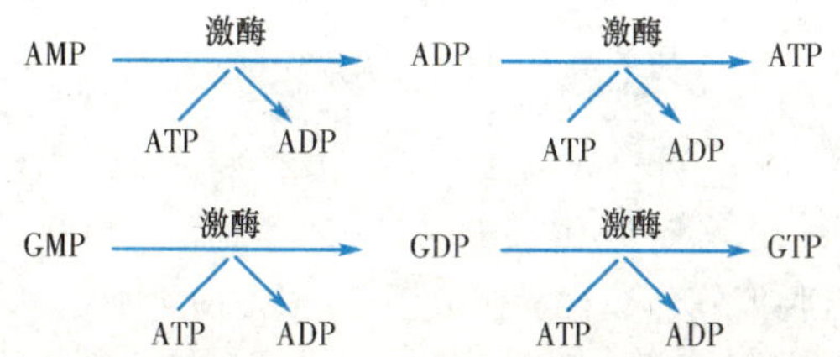

由上述反应过程可以清楚地看到，嘌呤核苷酸是在磷酸核糖分子上逐步合成嘌呤环的，而不是首先单独合成嘌呤碱然后再与磷酸核糖结合的。这与嘧啶核苷酸的合成过程不同(见后述)，是嘌呤核苷酸从头合成的一个重要特点。

肝是体内从头合成嘌呤核苷酸的主要器官，其次是小肠黏膜及胸腺。现已证明，并不是所有的细胞都具有从头合成嘌呤核苷酸的能力。

2. 从头合成的调节　嘌呤核苷酸的从头合成是体内提供核苷酸的主要来源，但这个过程需要消耗氨基酸等原料及大量 ATP。机体对其合成速度进行精确的调节，一方面以满足合成核苷酸对嘌呤核苷酸的需要，同时又不会“供过于求”，以节省营养物质及能量的消耗。调节的机制是反馈调节，主要发生在下列几个部位(图 13-5)。

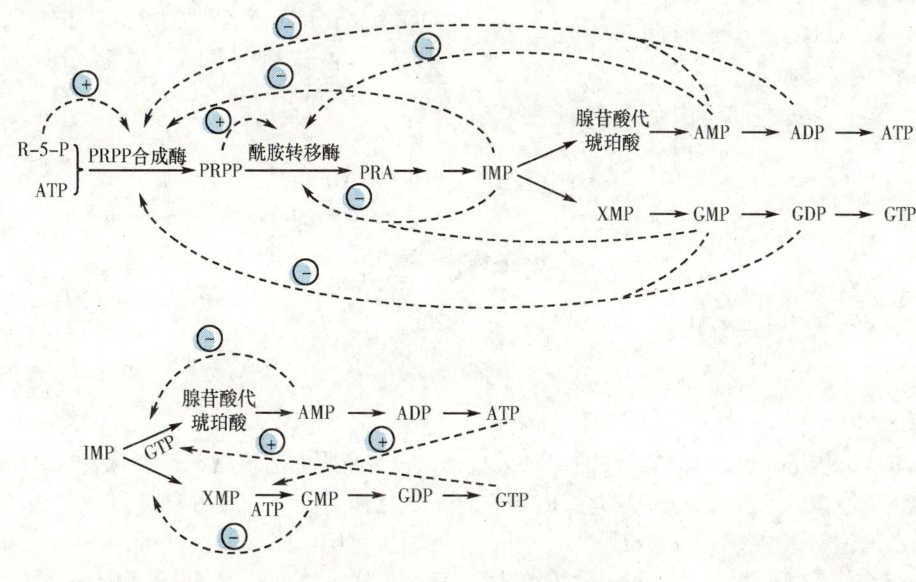

图 13-5　嘌呤核苷酸从头合成的调节

嘌呤核苷酸合成起始阶段的 PRPP 酰胺转移酶均可被合成产物 IMP、AMP 及 GMP 等抑制。反之，PRPP 增加可以促进酰胺转移酶活性，加速 PRA 生成。PRPP 酰胺转移酶是一类变构酶，其单体形式有活性，二聚体形式无活性。IMP、AMP 及 GMP 使活性形式转变成无活性形式，而 PRPP 则相反。在嘌呤核苷酸合成调节中，PRPP 合成酶可能比酰胺转移酶起着更大的作用。此外，在形成 AMP 和 GMP 过程中，过量的 AMP 控制 AMP 的生成，而不影响 GMP 的合成；同样，过量的 GMP 控制 GMP 的生成，而不影响 AMP 的合成。从图 13-5 还可看出，IMP 转变成 AMP 时需要 GTP，而 IMP 转变成 GMP 时还需要 ATP。由此，GTP 可以促进 AMP 的生成，ATP 也可以促进 GMP 的生成。这种交叉调节作用对维持 ATP 与 GTP 浓度的平衡具有重要意义。

（二）嘌呤核苷酸的补救合成

细胞利用现成嘌呤碱或嘌呤碱核苷重新合成嘌呤核苷酸，称为补救合成。补救合成过程比较简单，消耗能量也少。有两种酶参与嘌呤核苷酸的补救合成：腺嘌呤磷酸核糖转移酶（adenine phosphoribosyl transferase，APRT）和次黄嘌呤-鸟嘌呤磷酸核糖转移酶（hypoxanthine-guanine phosphoribosyl transferase，HGPRT）。由 PRPP 提供磷酸核糖，它们分别催化 AMP 和 IMP、GMP 的补救合成。

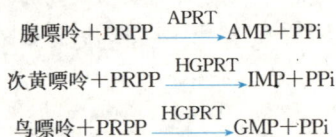

$$\text{腺嘌呤}+\text{PRPP}\xrightarrow{\text{APRT}}\text{AMP}+\text{PPi}$$

$$\text{次黄嘌呤}+\text{PRPP}\xrightarrow{\text{HGPRT}}\text{IMP}+\text{PPi}$$

$$\text{鸟嘌呤}+\text{PRPP}\xrightarrow{\text{HGPRT}}\text{GMP}+\text{PPi}$$

APRT 受 AMP 的反馈抑制，HGPRT 受 IMP 与 GMP 的反馈抑制。

人体内嘌呤核苷的重新利用通过腺苷激酶催化的磷酸化反应，使腺嘌呤核苷生成腺嘌呤核苷酸。

$$\text{腺嘌呤核苷}\xrightarrow[\text{ATP}\ \ \text{ADP}]{\text{腺苷激酶}}\text{AMP}$$

嘌呤核苷酸补救合成的生理意义一方面在于可以节省从头合成时能量和一些氨基酸的消耗；另一方面，体内某些组织器官，例如脑、骨髓等由于缺乏从头合成嘌呤核苷酸的酶体系，它们只能进行嘌呤核苷酸的补救合成。因此，对这些组织器官来说，补救合成途径具有更重要的意义。例如，由于某些基因缺陷而导致 HGPRT 完全缺失的患儿，表现为自毁容貌征或称 Lesch-Nyhan 综合征，这是一种遗传代谢病。

（三）嘌呤核苷酸的相互转变

体内嘌呤核苷酸可以相互转变，以保持彼此平衡。前已述及 IMP 可以转变成 XMP、AMP 及 GMP。其实，AMP、GMP 也可以转变成 IMP。由此，AMP 和 GMP 之间也是可以相互转变的。

（四）脱氧（核糖）核苷酸的生成

以上讨论的是嘌呤核苷酸的合成过程。DNA 由各种脱氧核苷酸组成。细胞分裂旺盛时，脱氧核苷酸含量明显增加，以适应合成 DNA 的需要。脱氧核苷酸，包括嘌呤脱氧核苷酸和嘧啶脱氧核苷酸从何而来？现已证明，体内脱氧核苷酸中所含的脱氧核糖并非先形成后再结合到其分子上，而是通过相应的核糖核苷酸的直接还原作用，以氢取代其核糖分子中 C_2 上的羟基而生成的。这种还原作用基本上在二磷酸核苷（NDP）水平上进行的（在这里 N 代表 A、G、U、C 等碱基），由核糖核苷酸还原酶（ribonucleotide reductase）催化。反应如下：

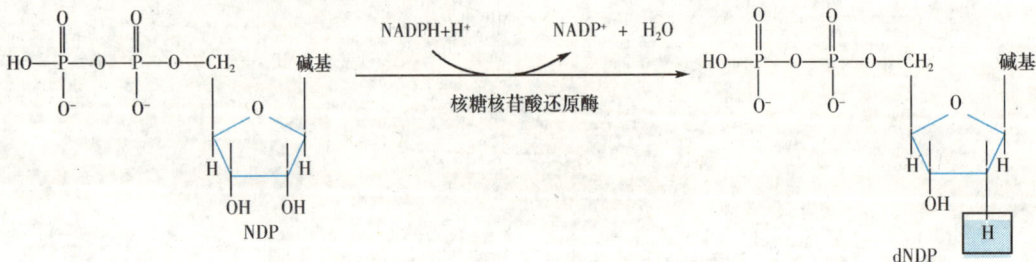

$$\text{NDP}\xrightarrow[\text{核糖核苷酸还原酶}]{\text{NADPH+H}^+\ \to\ \text{NADP}^+ + \text{H}_2\text{O}}\text{dNDP}$$

（NDP：HO—P(O)(O⁻)—O—P(O)(O⁻)—O—CH₂—核糖（C₂、C₃ 上为 OH）—碱基；dNDP：C₂ 上 OH 被 H 取代）

其实，这一反应的过程比较复杂（图 13-6）。核糖核苷酸还原酶从 NADPH 获得电子时，需要一种硫氧化还原蛋白（thioredoxin）作为电子载体，硫氧化还原蛋白的相对分子质量约为 12 000，其所含的巯基在核糖核苷酸还原酶作用下氧化为二硫键。后者再经另一种称为硫氧化还原蛋白还原酶（thioredoxin reductase）的催化，重新生成还原型的硫氧化还原蛋白，由此构成一个复杂的酶体系。核糖核苷酸还原酶是一种变构酶，包括 R_1、R_2 两个亚基，只有 R_1 与 R_2 结合时才具有酶活性。在 DNA 合成旺盛、分裂速度较快的细胞中，核糖核苷酸还原酶体系活性较强。

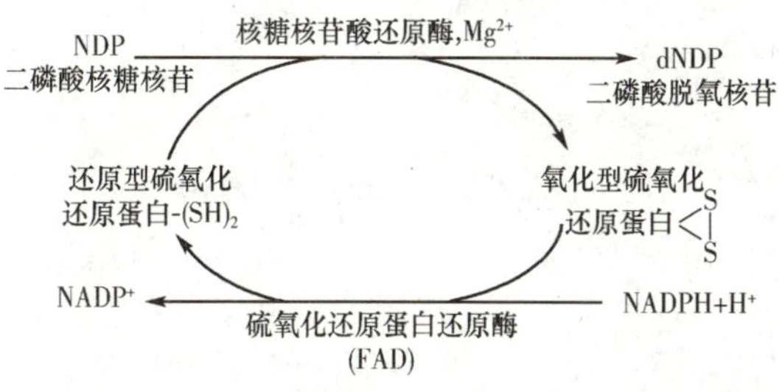

图 13-6 脱氧核苷酸的生成

细胞除了控制还原酶的活性以调节脱氧核苷酸的浓度之外，还可以通过各种三磷酸核苷对还原酶的变构作用来调节不同脱氧核苷酸生成。因为，某一种 NDP 被还原酶还原成 dNDP 时，需要特定 NTP 的促进，同时也受另一些 NTP 的抑制（表 13-1）。通过这样的调节，使合成 DNA 的 4 种脱氧核苷酸得到适当的比例。

表 13-1 核糖核苷酸还原酶的变构调节

作用物	主要促进剂	主要抑制剂
CDP	ATP	dATP、dGTP、dTTP
UDP	ATP	dATP、dGTP
ADP	dGTP	dATP、ATP
GDP	dTTP	dATP

如上所述，与嘌呤脱氧核苷酸的生成一样，嘧啶脱氧核苷酸（dUDP、dCDP）也是通过相应的二磷酸嘧啶核苷的直接还原而生成的。

经过激酶的作用，上述 dNDP 再磷酸化成三磷酸脱氧核苷。

$$\text{dNDP}+\text{ATP}\xrightarrow{\text{激酶}}\text{dNTP}+\text{ADP}$$

（五）嘌呤核苷酸的抗代谢物

嘌呤核苷酸的抗代谢物是一些嘌呤、氨基酸或叶酸等的类似物。它们主要以竞争性抑制或“以假乱真”等方式干扰或阻断嘌呤核苷酸的合成代谢，从而进一步阻止核酸以及蛋白质的生物合成。肿瘤细胞的核酸及蛋白质合成十分旺盛，由此，这些抗代谢物具有抗肿瘤作用。

嘌呤类似物有 6-巯基嘌呤（6-mercaptopurine，6-MP）、6 巯基鸟嘌呤、8-氮杂鸟嘌呤等，其中以 6-MP 在临床上应用较多。6-MP 的结构与次黄嘌呤相似，唯一不同的是分子中 C_6 上由巯基取代了羟基。6-MP 可在体内经磷酸核糖化而生成 6-MP 核苷酸，并以这种形式抑制 IMP 转变为 AMP 及 GMP 的反应。6-MP 还能直接通过竞争性抑制，影响次黄嘌呤-鸟嘌呤磷酸核糖转移酶，使 PRPP 分子中的磷酸核糖不能向鸟嘌呤及次黄嘌呤转移，阻止了补救合成途径。此外，6-MP 核苷酸由于结构与 IMP 相似，还可以反馈抑制 PRPP 酰胺转移酶而干扰磷酸核糖胺的形成，从而阻断嘌呤核苷酸的从头合成（图 13-7）。

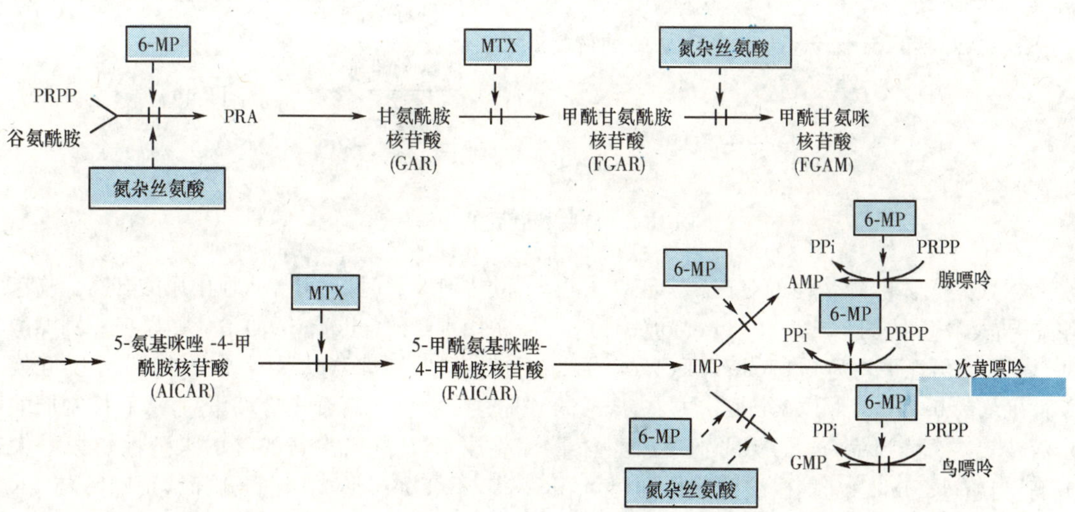

图 13-7 嘌呤核苷酸抗代谢物的作用

氨基酸类似物有氮杂丝氨酸（azaserine）及 6-重氮-5-氧正亮氨酸（diazonorleucine）等。它们的结构与谷氨酰胺相似，可干扰谷氨酰胺在嘌呤核苷酸合成中的作用，从而抑制嘌呤核苷酸的合成。

氨蝶呤（aminopterin）及甲氨蝶呤（methotrexate)都是叶酸的类似物，能竞争性抑制二氢叶酸还原酶，使叶酸不能还原成二氢叶酸及四氢叶酸。由此，嘌呤分子中来自一碳单位的 C_8 及 C_2 均得不到供应，从而抑制了嘌呤核苷酸的合成。MTX 在临床上用于白血病等癌瘤的治疗。

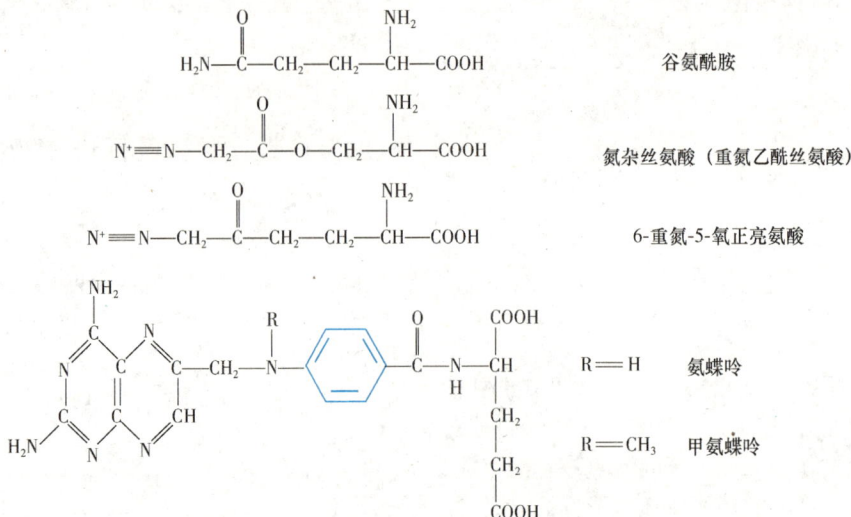

$H_2N-\overset{O}{\overset{\|}{C}}-CH_2-CH_2-\overset{NH_2}{\overset{|}{CH}}-COOH$　谷氨酰胺

$N^+\equiv N-CH_2-\overset{O}{\overset{\|}{C}}-O-CH_2-\overset{NH_2}{\overset{|}{CH}}-COOH$　氮杂丝氨酸（重氮乙酰丝氨酸）

$N^+\equiv N-CH_2-\overset{O}{\overset{\|}{C}}-CH_2-CH_2-\overset{NH_2}{\overset{|}{CH}}-COOH$　6-重氮-5-氧正亮氨酸

R＝H　氨蝶呤

R＝CH_3　甲氨蝶呤

应该指出的是，上述药物缺乏对癌瘤细胞的特异性，故对增殖速度较旺盛的某些正常组织亦有杀伤性，从而显示较大的毒副作用。

嘌呤核苷酸抗代谢物的作用部位可归纳如图 13-7。

二、嘌呤核苷酸的分解代谢

体内核苷酸的分解代谢类似于食物中核苷酸的消化过程。首先，细胞中的核苷酸在核苷酸酶的作用下水解成核苷。核苷经核苷磷酸化酶作用，磷酸解成自由的碱基及 1-磷酸核糖。嘌呤碱既可以参加核苷酸的补救合成，也可进一步水解。人体内，嘌呤碱最终分解生成尿酸（uric acid），随尿排出体外。反应过程如图 13-8，AMP 生成次黄嘌呤，后者在黄嘌呤氧化酶（xanthosine oxidase）作用下氧化成黄嘌呤，最后生成尿酸。GMP 生成鸟嘌呤，后者转变成黄嘌呤，最后也生成尿酸。嘌呤脱氧核苷经过相同途径进行分解代谢。体内嘌呤核苷酸的分解代谢主要在肝、小肠及肾中进行，黄嘌呤氧化酶在这些脏器中活性较强。

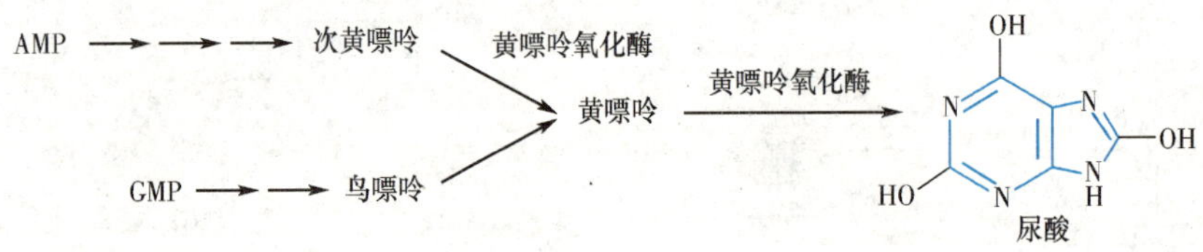

图 13-8　嘌呤核苷酸的分解代谢

尿酸是人体嘌呤代谢的终产物。正常人血浆中尿酸含量约为 0.12～0.36mmol/L（20～60mg/L）。男性平均为 0.27mmol/L（45mg/L），女性平均为 0.21mmol/L（35mg/L）左右，尿酸的水溶性较差。痛风症（gout）患者血中尿酸含量升高，当超过 80mg/L 时，尿酸盐晶体即可沉积于关节、软组织、软骨及肾等处，而导致关节炎、尿路结石及肾疾病。痛风症多见于成年男性，其原因尚不完全清楚，可能与嘌呤核苷酸代谢酶的缺陷有关。此外，当进食高嘌呤饮食、体内核酸大量分解（如白血病、恶性肿瘤等）或肾疾病而尿酸排泄障碍时，均可导致血中尿酸升高。临床上常用别嘌醇（allopurinol）治疗痛风症。别嘌醇与次黄嘌呤结构类似，只是分子中 N_7 与 C_8 互换了位置，故可抑制黄嘌呤氧化酶，从而抑制尿酸的生成。黄嘌呤、次黄嘌呤的水溶性较尿酸大得多，不会沉积形成结晶。同时，别嘌呤与 PRPP 反应生成别嘌呤核苷酸，这样一方面消耗 PRPP 而使其含量减少，另一方面别嘌呤核苷酸与 IMP 结构相似，又可反馈抑制嘌呤核苷酸从头合成的酶。这两方面的作用均可使嘌呤核苷酸的合成减少。

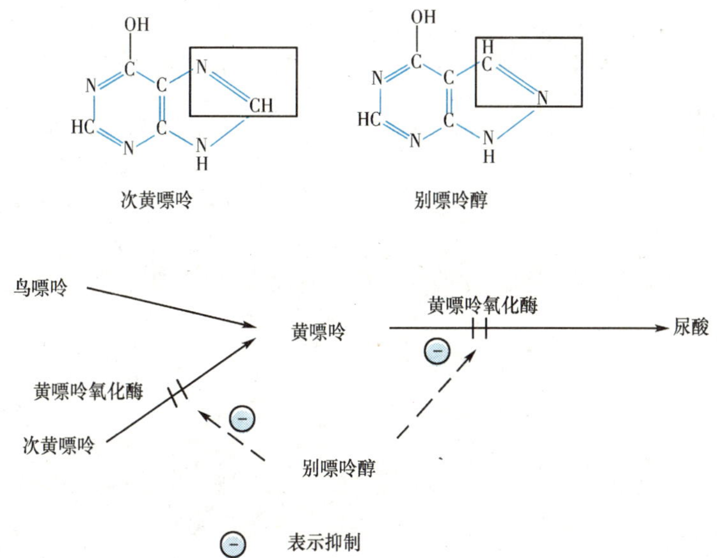

第二节　嘧啶核苷酸代谢

一、嘧啶核苷酸的合成代谢

与嘌呤核苷酸一样，体内嘧啶核苷酸的合成也有两条途径，即从头合成与补救合成。

（一）嘧啶核苷酸的从头合成

1. 从头合成途径　同位素示踪实验证明，嘧啶核苷酸中嘧啶碱合成的原料来自谷氨酰胺、CO_2和天冬氨酸（图 13-9）。

与嘌呤核苷酸的从头合成途径不同，嘧啶核苷酸的合成是先合成嘧啶环，然后再与磷酸核糖相连而成的。

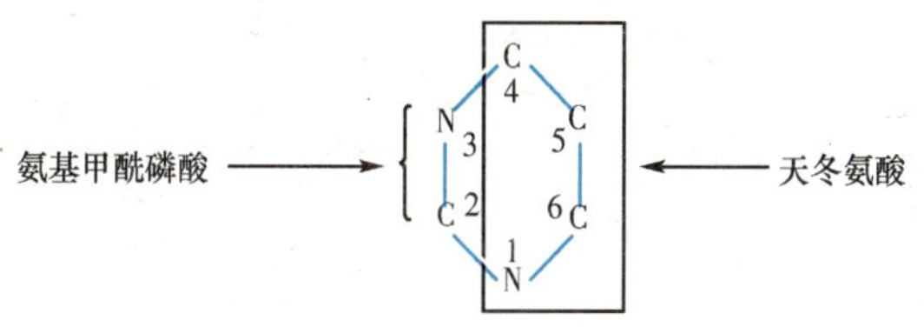

图 13-9　嘧啶碱合成的元素来源

嘧啶核苷酸合成的过程如下。

（1）尿嘧啶核苷酸的合成：嘧啶环的合成开始于氨基甲酰磷酸的生成。正如氨基酸代谢一章所讨论的，氨基甲酰磷酸也是尿素合成的原料。但是，尿素合成中所需的氨基甲酰磷酸是在肝线粒体中由氨基甲酰磷酸合成酶Ⅰ催化生成的，而嘧啶合成所用的氨基甲酰磷酸则是在细胞液中用谷氨酰胺为氮源，由氨基甲酰磷酸合成酶Ⅱ催化生成的。这两种合成酶的性质不同。

$$\text{谷氨酰胺}+HCO_3^- \xrightarrow[\text{2ATP}\quad\text{2ADP+Pi}]{\text{氨基甲酰磷酸合成酶 II}} H_2N-\overset{\overset{\displaystyle O}{\|}}{C}-O-\underset{\underset{\displaystyle O^-}{|}}{\overset{\overset{\displaystyle O}{\|}}{P}}-OH+\text{谷氨酸}$$

氨基甲酰磷酸

上述生成的氨基甲酰磷酸在胞液中天冬氨酸氨基甲酰转移酶（aspartate transcarbamoylase）的催化下，与天冬氨酸化合生成氨甲酰天冬氨酸。后者经二氢乳清酸酶催化脱水，形成具有嘧啶环的二氢乳清酸，再经二氢乳清酸脱氢酶的作用，脱氢成为乳清酸（orotic acid）。乳清酸不是构成核酸的嘧啶碱，但它在乳清酸磷酸核糖转移酶催化下可与 PRPP 化合，生成乳清酸核苷酸，后者再由乳清酸核苷酸脱羧酶催化脱去羧基，即是组成核酸分子的尿嘧啶核苷酸（uridine monophosphate，UMP）（图 13-10）。嘧啶核苷酸的合成主要在肝进行。

现已阐明，在真核细胞中嘧啶核苷酸合成的前三个酶，即氨基甲酰磷酸合成酶Ⅱ、天冬氨酸氨基甲酸转移酶和二氢乳清酸酶，位于相对分子质量约为 200 000 的同一条多肽链上，因此是一个多功能酶；后两种酶也是位于同一条多肽链上的多功能酶。由此更有利于以均匀的速度参与嘧啶核苷酸的合成。

（2）CTP 的合成：UMP 通过尿苷酸激酶和二磷酸核苷激酶的连续作用，生成三磷酸尿苷（UTP），并在 CTP 合成酶催化下，消耗一分子 ATP，从谷氨酰胺接受氨基而成为三磷酸胞苷（CTP）。

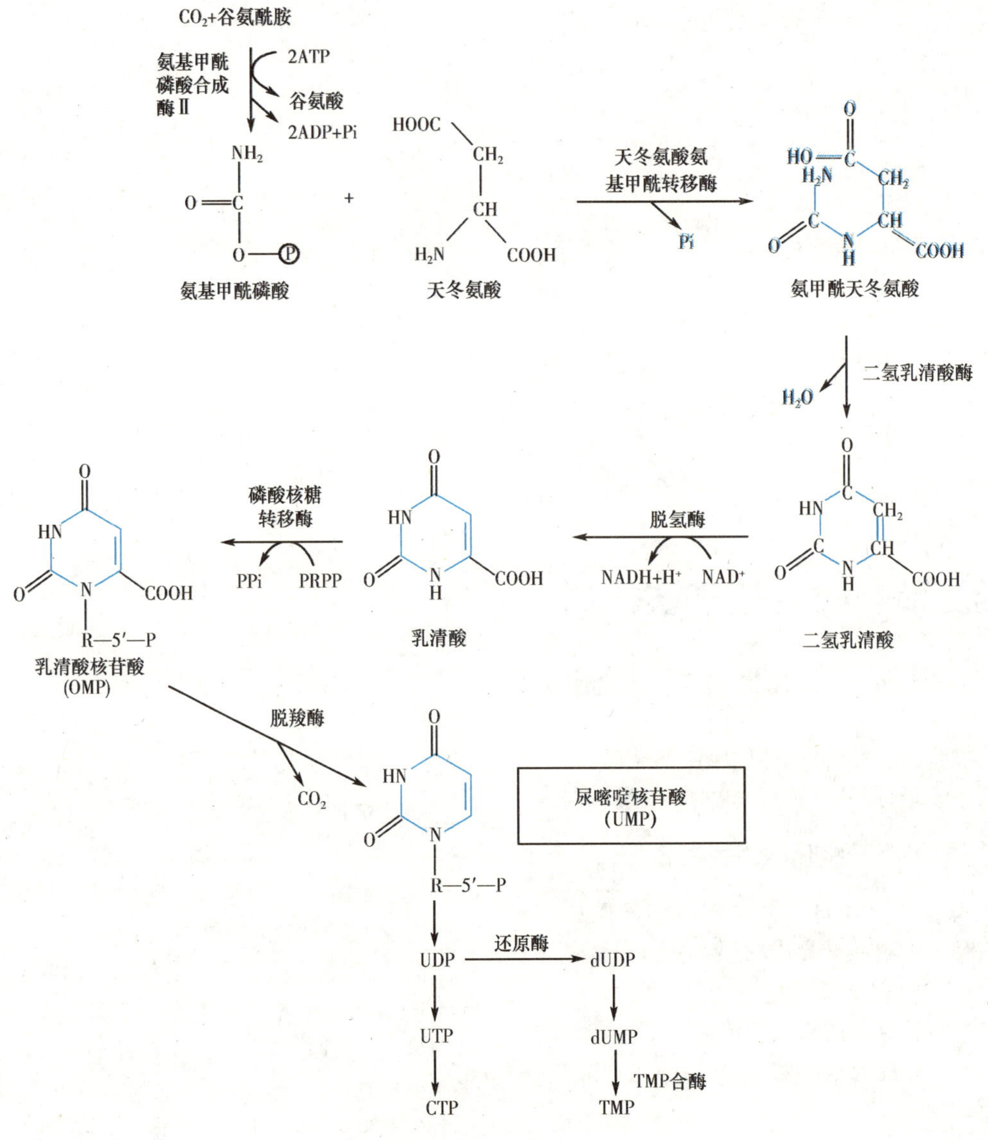

图 13-10 嘧啶核苷酸的合成代谢

(3) 脱氧胸腺嘧啶核苷酸(dTMP 或 TMP)的生成:dTMP 是由脱氧尿嘧啶核苷酸(dUMP)经甲基化而生成的。反应由胸苷酸合成酶(thymidylate synthetase)催化,N^5,N^{10}-甲烯四氢叶酸作为甲基供体。N^5,N^{10}-甲烯四氢叶酸提供甲基后生成的二氢叶酸又可以再经二氢叶酸还原酶的作用,重新生成四氢叶酸。dUMP 可来自两个途径:一是 dUDP 的水解;另一个是 dCMP 的脱氨基,以后一种为主。胸苷酸合成与二氢叶酸还原酶常可被用于癌瘤化疗的靶点。

2. 从头合成的调节 细菌中,天冬氨酸氨基甲酰转移酶是嘧啶核苷酸从头合成的调节酶。但是,哺乳类动物细胞中,嘧啶核苷酸合成的调节酶则主要是氨基甲酰磷酸合成酶Ⅱ,它受 UMP 抑制。这两种酶均受反馈机制的调节。除此,哺乳类动物细胞中,上述 UMP 合成起始和终末的两个多功能酶还可受到阻遏或去阻遏的调节。同位素参入实验表明,嘧啶与嘌呤的合成有着协调控制关系,二者的合成速度通常是平行的。

由于 PRPP 合成酶是嘧啶与嘌呤两类核苷酸合成过程中共同需要的酶,它可同时接受嘧啶核苷酸及嘌呤核苷酸的反馈抑制。

笔记栏

UMP $\xrightarrow[\text{ATP} \rightarrow \text{ADP}]{\text{尿苷酸激酶}}$ UDP $\xrightarrow[\text{ATP} \rightarrow \text{ADP}]{\text{二磷酸核苷激酶}}$ UTP $\xrightarrow[\text{谷氨酰胺 ATP} \rightarrow \text{谷氨酸 ADP+Pi}]{\text{CTP合成酶}}$ CTP

dUDP、dCMP → dUMP $\xrightarrow[N^5,N^{10}\text{-甲烯}FH_4 \rightarrow FH_2]{\text{TMP合酶}}$ 一磷酸胸苷(dTMP)

FH_2 $\xrightarrow[NADPH+H^+ \rightarrow NADP^+]{FH_2\text{还原酶}}$ FH_4

现将嘧啶核苷酸合成的调节部位图示如下：

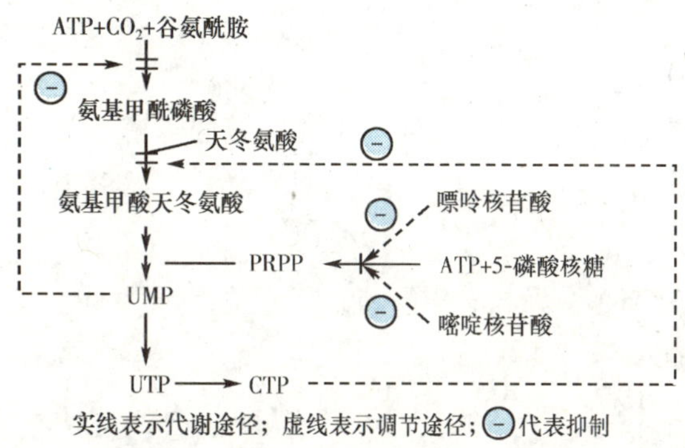

实线表示代谢途径；虚线表示调节途径；⊖代表抑制

(二) 嘧啶核苷酸的补救合成

嘧啶磷酸核糖转移酶是嘧啶核苷酸补救合成的主要酶。

催化反应的通式如下：

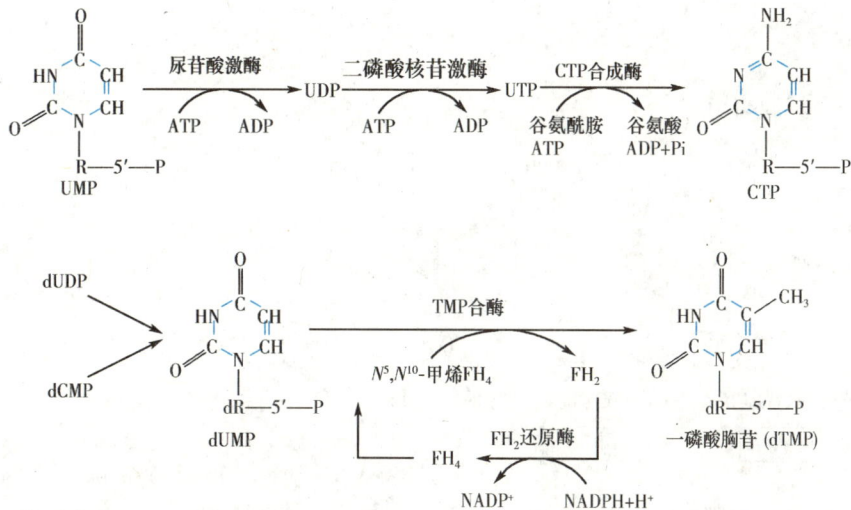

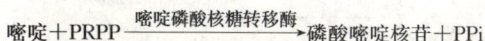

嘧啶＋PRPP $\xrightarrow{\text{嘧啶磷酸核糖转移酶}}$ 磷酸嘧啶核苷＋PPi

此酶已从人红细胞中纯化，它能利用尿嘧啶、胸腺嘧啶及乳清酸作为底物（实际上与前述的乳清酸磷酸核糖转移酶是同一种酶），但对胞嘧啶不起作用。

尿苷激酶也是一种补救合成酶，催化的反应是：

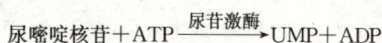

尿嘧啶核苷＋ATP $\xrightarrow{\text{尿苷激酶}}$ UMP＋ADP

脱氧胸苷可通过胸苷激酶而生成 dTMP。此酶在正常肝中活性很低，再生肝中活性升高，恶性肿瘤中明显升高，并与恶性程度有关。

(三) 嘧啶核苷酸的抗代谢物

与嘌呤核苷酸一样，嘧啶核苷酸的抗代谢物是一些嘧啶、氨基酸或叶酸等的类似物。它们对代谢的影响及抗肿瘤作用与嘌呤抗代谢物相似。

嘧啶的类似物主要有 5-氟尿嘧啶（5-fluorouracil，5-FU），它的结构与胸腺嘧啶相似。5-FU 本身并无生物学活性，必须在体内转变成一磷酸脱氧核糖氟尿嘌呤核苷（FdUMP）及三磷酸氟尿嘧啶核苷（FUTP）后，才能发挥作用。FdUMP 与 dUMP 的结构相似，是胸苷酸合成酶的抑制剂，使 dTMP 合成受到阻断。FUTP 可以 FUMP 的形式参入 RNA 分子，异常核苷酸的参入破坏了 RNA 的结构与功能。

氨基酸类似物、叶酸类似物已在嘌呤抗代谢物中介绍。例如，由于氮杂丝氨酸类似谷氨酰胺，可以抑制 CTP 的生成；甲氨蝶呤干扰叶酸代谢，使 dUMP 不能利用一碳单位甲基化而生成 dTMP，进而影响 DNA 合成。另外，某些改变了核糖结构的核苷类似物，例如阿糖胞苷和环胞苷也是重要的抗癌药物。阿糖胞苷能抑制 CDP 还原成 dCDP，也能影响 DNA 的合成。

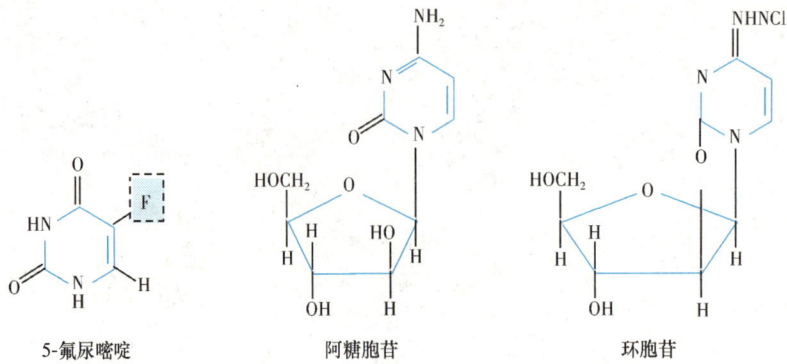

5-氟尿嘧啶　　阿糖胞苷　　环胞苷

嘧啶核苷酸类似物的作用环节可归纳如下：

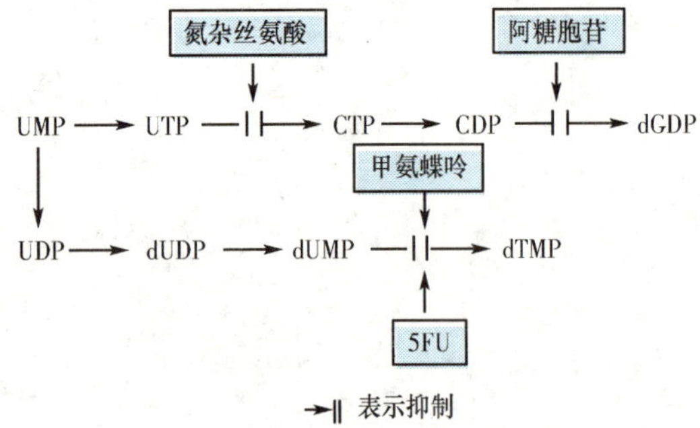

二、嘧啶核苷酸的分解代谢

嘧啶核苷酸首先通过核苷酸酶及核苷磷酸化酶的作用，除去磷酸及核糖，产生的嘧啶碱再进一步分解。胞嘧啶脱氨基转变成尿嘧啶。尿嘧啶还原成二氢尿嘧啶，并水解开环，最终生成 NH_3、CO_2 及 β-丙氨酸。胸腺嘧啶降解成 β-氨基异丁酸（β-aminoisobutynic acid）（图 13-11），其可直接随尿排出或进一步分解。食入含 DNA 丰富的食物、经放射线治疗或化学治疗的癌症病人，尿中 β-氨基异丁酸排出量增多。嘧啶碱的降解代谢主要在肝进行。与嘌呤碱的分解产生尿酸不同，嘧啶碱的降解产物均易溶于水。

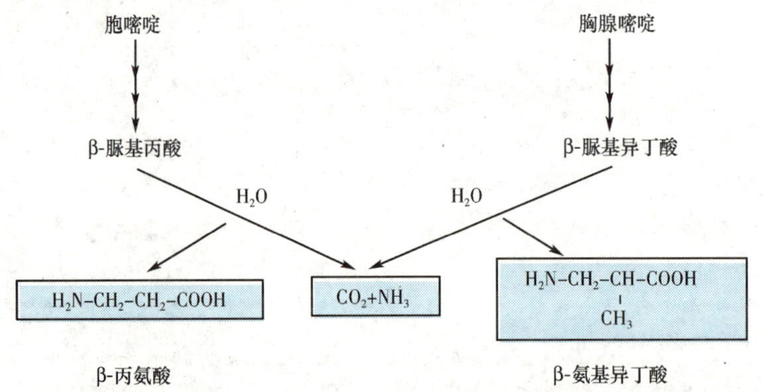

图 13-11　嘧啶碱的分解代谢

Summary

Nucleotides have many important physiological functions. The main of which is to act as the source of nucleic acid. And they also act in energy metabolism and metabolic regulation. Nucleotides are synthetized by the cell itself in the organism. Purine nucleotides and pyrimidine nucleotides obtained in the diet are scarcely utilized.

Purine nucleotides have two synthesis pathways: de nove synthetic pathways and salvage pathway. In the de nove synthetic pathway, many simple substances such as ribose phosphate, amino acids, one carbon unit and carbon dioxide act as the source, based on PRPP (phosphoribosyl pyrophosphate), via a series of enzymatic reaction the purine ring was gradually formed. The first purine product of the pathway is IMP (inosinic acid or inosine monophosphate), which serves as a precursor to AMP and GMP. This pathway is precisely regulated by feedback regulation.

The salvage synthetic pathway is actually to recover the ready-made purine or purine nucleoside in useful form. Although there is only a small amount in the synthesis, they also have important physiological role.

Compared with the synthesis of purine nucleotides, pyrimidine nucleotides are also synthetized in the de nove synthetic pathway, but the pyrimidine ring system is completed before a ribose-5-P moiety is attached. And the de nove synthetic pathway is also regulated by feed back regulation.

Deoxyribonucleotide is derived from Ribonucleoside diphosphates (NDPs) via ribonucleotide reduction which is catalyzed by an enzyme known as ribonucleotide reductase. The one-carbon folic acid as tetrahydrofolic acid (THF) derivatives provides the necessary source to synthetize thymidylate.

According to the synthesis of purine nucleotides and pyrimidine nucleotides, we can design many antagonists including purine analogs, pyrimidine analogs, folic acid analogs and amino acid analogs, which have important roles in treating tumor.

Uric acid is the end product of purine catabolism, and xanthine oxidase is an important enzyme in this metabolic process. Abnormal purine metabolism and excessive uric acid accumulation in body fluids can lead to Gout, which is the clinical term describing the physiological consequences. Pyrimidine catabolism can generate β-Alanine, which is excreted in the urine or by subsequent metabolism.

思考题

1. 叙述从头合成途径中首先合成出的嘌呤核苷酸是什么？又如何由其转变成其他嘌呤核苷酸？

2. 叙述一碳单位在联系氨基酸分解代谢和核苷酸合成代谢中的作用。

3. 比较氨基甲酰磷酸合成酶I和II的异同。

4. 试述嘌呤核苷酸从头合成途径的生物调节及意义。

5. 说明下列抗代谢物抑制核苷酸生物合成的原理和主要作用点：

重氮丝氨酸　6-重氮-5-氧-正亮氨酸　氨基蝶呤　甲氨蝶呤

（韩跃武）

第四篇 遗传信息的贮存、传递和调控

DNA是遗传的物质基础。DNA分子上编码RNA和蛋白质的功能片段称之为基因。一种生物单倍体染色体中DNA的总数或全部遗传信息称为基因组。

DNA通过半保留复制将遗传信息准确地传递给子代DNA。以DNA为模板通过转录合成RNA,以mRNA为模板合成蛋白质。这种遗传信息的流向被F. Crick概括为遗传信息流向的中心法则。20世纪70年代,Temin和Baltimore分别发现反转录酶可以RNA为模板指导DNA的合成,称为反转录;并发现某些病毒中RNA也可以进行复制,这是对中心法则的补充和修正。

遗传信息的传递和表达,受着精细而有效地调控,控制基因的转录和关闭,以适应内、外环境的变化。DNA重组技术是进行分子克隆时所采用的技术。体外重组DNA技术就是基因工程。基因工程与蛋白质工程,酶工程和细胞工程共同构成了当代新兴的生物技术领域。

基因诊断和基因治疗是在细胞分子水平上认识和治疗疾病的新方法和新手段,它将在医学领域开拓广阔的前景。

本篇将介绍基因和基因组学;DNA复制及损伤修复;RNA的生物合成与转录后加工和调节;蛋白质的生物合成及其加工修饰;基因表达的调控和重组DNA技术等六章。

第14章 基因和基因组学

第一节 基因与基因组

一、基因概念的发展

19世纪70年代,现代遗传学先驱孟德尔(Mendel)首先定义了基因的基本特性,他在总结了豌豆遗传学分析的研究数据后,提出"基因是能从亲代向子代稳定传递的一种特殊遗传因子",这个"因子"即是现代基因概念的前身。

20世纪初,遗传学家摩尔根(Morgan)在果蝇突变实验中发现,基因总是位于某染色体上。由于染色体的独立分配,位于不同染色体上的基因符合遗传因子的"自由组合定律",但如果有多个基因位于同一个染色体上,它们在染色体上处于线性排列状态,相邻的基因可共同遗传,在减数分裂时表现为连锁(linkage)和交换(crossing-over)现象。由此Morgan全面提出了基因论,认为染色体是由许多基因组成的连锁群,基因在染色体上的物理排列方式是决定它们遗传行为的基础。但对基因的化学本质,当时无法确切阐明。

虽然早在1871年,瑞士青年生物化学家Miescher已从脓细胞的细胞核中,分离到一种富含磷酸的酸性化合物,并将其命名为核素(即核酸),但核素的功能是什么,当时并不清楚。1928年,英国科学家Griffith成功进行的肺炎球菌(*Pneumococcus*)转化实验,使遗传物质基础的研究有了新的突破。在他的转化实验中,肺炎球菌可引起小鼠肺炎和败血症而致死亡,其毒性大小与细菌的荚膜多糖密切相关,它可使细菌逃逸宿主的破坏而在小鼠体内生存。具有荚膜多糖的肺炎球菌具有光滑的表面(S菌),有致病性,而无荚膜多糖的变异菌株具有粗糙的表面(R菌),无致病性。当Griffith将高温杀灭的Ⅲ型S菌和无致病性的Ⅱ型R活菌混合,共同注射到小鼠体内后,Ⅱ型R菌获得Ⅲ型S菌的荚膜多糖,从而转化为毒性菌株并导致小鼠死亡,提示S型死

笔记栏

菌的某些物质可转化R型活菌(图14-1)。

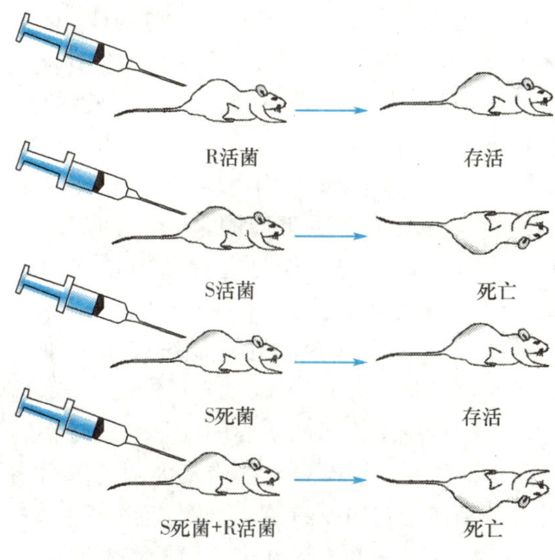

图14-1 肺炎球菌转化实验

但S菌中,能转化R菌的物质到底是什么?当时众说纷纭,连Griffith自己也推测,这种物质可能是某种能帮助R菌合成荚膜多糖的特殊蛋白质。1944年,Avery的经典性实验证实,能使非致病性肺炎球菌转化为致病性肺炎球菌的物质是脱氧核糖核酸。他从加热杀灭的S菌中,提取多糖、脂类、RNA、蛋白质和DNA,然后分别将它们与R菌混合培养,结果,仅S菌的DNA能使Ⅱ型R菌发生转化,从而证实了遗传因子的化学本质是DNA。

至20世纪40年代,人们虽然已认识到基因是遗传的基本单位,但对基因的具体功能仍缺乏合理一致的解释,对基因的鉴定也只能通过突变所产生的表型变异而获得。随后大量生物化学研究发现,许多基因突变所致的表型改变,与某种生物化学代谢异常密切相关。而代谢途径的异常,又源于催化特定化学反应步骤的酶蛋白的缺失或活性改变。由此,人们提出了“一种基因对应一种酶”的假说,随后这种假说被扩展为“一个基因编码一条肽链”。随着研究的逐步深入,人们发现在染色体分子中,除了编码蛋白质的结构基因(即转录为mRNA的基因)外,还有编码最终产物是RNA的基因,如编码tRNA、rRNA和snRNA(small nuclear RNA)的基因。因此,现代基因的定义应表述为:基因是染色体上为蛋白和RNA编码的DNA功能片段,包括启动子、转录调控区、编码区和转录终止序列。

二、基 因 组

某种生物或细胞所含基因的总数,称为该生物或细胞的基因组(genome)。由基因组转录出的一套完整的RNA(包括mRNA,rRNA和tRNA)称为转录组(transcriptome),由转录组中mRNA指导合成的一套完整的蛋白质,称为蛋白组(proteome)。真核生物基因组与原核生物基因组的主要差异有:①绝大部分作为基因载体的DNA分子由核膜包围,这是真核生物与原核生物的首要区别。②细胞核内,DNA与组蛋白等核蛋白相互作用,形成线性染色体结构,染色体数目在不同物种有很大差异。原核细胞仅含一条封闭环状的染色体,拓扑异构酶Ⅱ(topoisomerase Ⅱ)的作用,使得环状染色体形成负性超螺旋结构。③除配子细胞外,真核生物细胞的基因组为二倍体(diploid),而原核细胞为单倍体(haploid)。④真核生物的基因多为断裂基因,具有外显子和内含子结构,并且染色体上含有大量非编码DNA序列。

同一物种中,基因组DNA在含量上是恒定的,这是物种的一个特征,称为该物种的C值。一般而言,随着生物的进化,生物体的结构和功能越来越复杂,C值也变得越来越大。但染色体DNA总量与其表观复杂度并不完全相关。例如单个细胞内,单倍体基因组的DNA量在酵母为0.015pg,在果蝇为0.15pg,鸡为1.3pg,人类为3.2pg,但DNA量最大的却是两栖类,可比哺乳动物高出100倍,一些植物细胞的DNA量也比人类大。从进化的角度似乎出现了C值矛盾,这意味着在某些生物中,部分DNA是“多余的”,不具备编码、调节和结构功能。

三、真核生物基因组的DNA重复序列

真核生物基因组中,结构基因和RNA基因约占总DNA的25%,而其中外显子DNA仅占1%,内含子和调控序列占24%。其余部分为各种类型的重复片段和其他基因之间的DNA序列。重复序列DNA依据它们在变性后的复性速度,可分为高度重复DNA、中度重复DNA和单拷贝DNA三大类。

(一)高度重复序列

真核生物基因组中,复性速度最快的组分称为高度重复DNA(highly repetitive DNA)。在平衡密度梯度离心时,由于它们的浮力密度与主体DNA不同,集中出现在主体DNA的旁边形成卫星带,因而称为卫星DNA(satellite DNA),人卫星

DNA约占基因组的5%～6%。高度重复序列是由较短的核心序列多次串联重复而成的序列簇，序列簇长度可达10^5bp。核心序列的长度大多为5～10bp，也有部分核心序列长度在20～200bp之间。因核心序列短，高度重复DNA又称为简单序列DNA(simple sequence DNA)，它们多位于靠近染色体中心粒处，有些存在于臂区和端区。

在人类和其他哺乳动物，有许多与简单序列DNA类似的重复序列，它们也由核心序列串联重复而成，但核心序列很短(2～4bp)，而且重复次数少，称之为微卫星DNA(microsatellite DNA)。在同一物种的不同个体内，微卫星DNA核心序列保守，但重复次数高度差异，这种差异主要来源于配子细胞形成过程中染色体DNA的非对称性交换。由此，微卫星DNA的长度在个体之间表现为高度多态性。这种长度多态性能提供个体特异的多态性图谱，它是DNA指纹鉴定的基础。

(二) 中度重复DNA和可移动DNA元件

中度重复DNA(intermediate repeat DNA)占基因组DNA的25%～40%。虽然串联重复基因如rRNA、tRNA、组蛋白和部分其他基因家族也被列入中度重复顺序的范畴，但中度重复DNA通常指基因组内散在的，可在不同位点间转移的DNA片段，称之为移动DNA元件(mobile DNA element)或转座子(transposon)。虽然这些元件无明显的生物功能，有人将它们称为DNA寄生物甚至自私DNA(selfish DNA)，但研究表明，它们在高等生物的进化中起到某种作用。例如，当移动DNA元件被插入到一个转录单位内时，可导致被插入基因的自发性突变。更重要的是，移动DNA元件引起的基因重组可能是远古基因复制和基因重排的分子基础。

1. 直接以DNA形式移动的转座子 细菌基因组中的插入序列(insertion sequence, IS)是最简单的转座子。IS的中心序列是编码转座酶(transposase)的结构基因，结构基因两侧翼由内至外分别连接有约50bp的反向重复顺序和5～11bp的正向重复顺序。正向重复顺序是每个转座子的特征，但它的序列取决于被插入位点处的DNA序列。转位时，转座酶基因首先指导合成出转座酶，转座酶在IS的反向重复顺序和正向重复顺序交界处进行酶切水解，切出不含正向重复顺序的、带有平末端的IS片段。同时转座酶将插入位点处切开，产生长5～11bp的黏性末端。转座酶同时具有连接酶活性，它可将IS片段的3′端连接到插入位点处的5′端，由此产生的单链缺口由DNA聚合酶催化补平。此过程在插入的IS片段外侧产生出新的直接重复顺序(图14-2)。

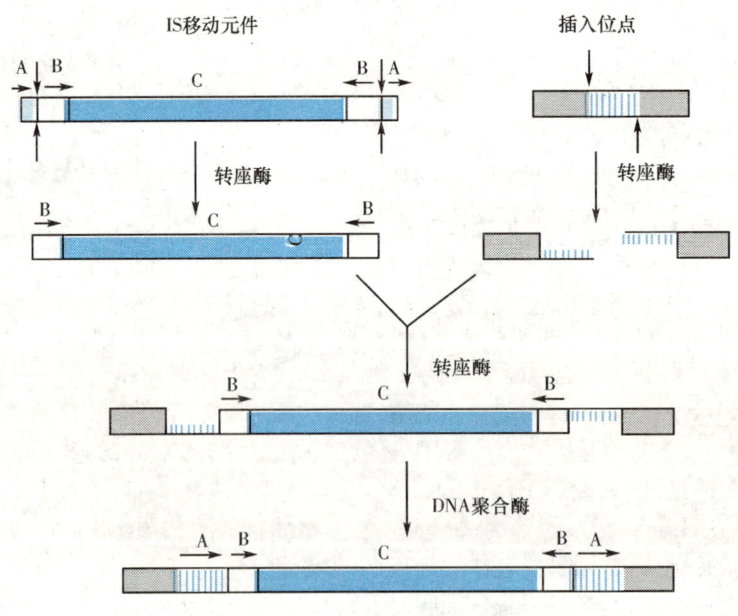

图14-2 IS转座的模式图

A:正向重复顺序；B:反向重复顺序；C:转座酶基因

细菌基因组中还有一种比IS更大的复合转座子。它通常由一个抗生素抗性基因及两侧各一个相同的IS元件构成。转座机制与IS基本相同。转座子是细菌遗传学研究的有力工具，通过基因工程改造的转座子，可将外源性DNA转入到细胞染色体内。转座导致的单基因突变菌株易于分离和鉴定,极有利于基因性质和功能的研究。

类似于细菌转座子的移动元件在真核细胞中也有存在,但真核转座子中相关酶的功能尚不确定。

2. 由RNA介导的逆转座子 在人类基因组中,除上述直接以DNA形式移动的转座子外,还含有大量散在的逆转座子(retrotransposon)。逆转座子可分为两类,一类为病毒逆转座子,具有类似于反转录病毒基因组的结构,转座子两端含有250~600bp的长末端重复顺序(long terminal repeat,LTR)。另一类为非病毒逆转座子,它们无典型的LTR结构。转座时,逆转座子首先转录出相应的RNA,然后在反转录酶的作用下,将RNA逆向转录为DNA,后者再经整合酶的作用插入到基因组新的位点中。逆转座子因其转位过程与反转录病毒感染过程类似而得名。

3. 串联重复基因 人类基因组中,rRNA、tRNA和组蛋白基因以串联式重复排列的基因簇形式存在。与基因家族不同的是,串联式重复基因的每一个拷贝具有相同或几近相同的核苷酸序列,因而编码具有相同一级结构的蛋白质和RNA。多数情况下,这些相同的基因拷贝以头尾相接的方式排列在一段长长的DNA片段上。虽然特定个体中,串联式排列的rRNA和tRNA的每一个拷贝几乎是相同的,但位于转录区之间的非转录区则有较大差异。tRNA、rRNA和组蛋白基因以串联式重复的方式存在的意义,是满足细胞对这类分子的大量需求。

(三)单拷贝序列DNA

单拷贝序列DNA(single copy DNA)是指在单倍体基因组中只有一个拷贝的序列,它们属于慢复性的非重复DNA组分。当用mRNA作探针与基因组DNA进行杂交时,大多数的mRNA与慢复性DNA组分形成杂交双链,表明大多数结构基因是非重复DNA序列。在单倍体基因组中仅出现一次的基因又称之为独居基因(solitary gene)。鸡溶菌酶是研究较多的独居基因,它是一种可分解细菌壁上多糖成分的酶,在蛋清中含量丰富,也存在于人的泪液中,其功能是维持鸡蛋和眼球表面的无菌状态。

第二节 染色体上的基因结构

(一)断裂基因

真核生物基因组中,绝大部分结构基因由外显子(exon)和内含子(intron)相间排列构成,称之为断裂基因(interrupted gene)。外显子是最终出现在成熟mRNA分子中的部分,包括5′非翻译区、编码区和3′非翻译区。插入到外显子之间的非编码序列为内含子,仅出现在基因的初始转录物中。初始转录物只是一个前体分子,不能直接翻译成蛋白质,需要通过一种RNA剪接(RNA splicing)过程删除内含子,并将外显子拼接为成熟的mRNA分子。断裂基因的外显子在基因中的排列顺序与它们在成熟mRNA中的先后顺序是一致的。因此,基因的长度决定了前体RNA的长度,而成熟mRNA的长度仅与外显子的长度相关。

人类基因组中广泛存在一种选择性剪接(alternative splicing)现象,即前体RNA成熟过程中,可不使用全部的外显子,而是选择部分外显子进行拼接。结果是,同一基因可产生多种长短不同的成熟mRNA分子,由此指导合成出不同氨基酸序列、不同分子质量甚至不同功能的蛋白质(图14-3)。

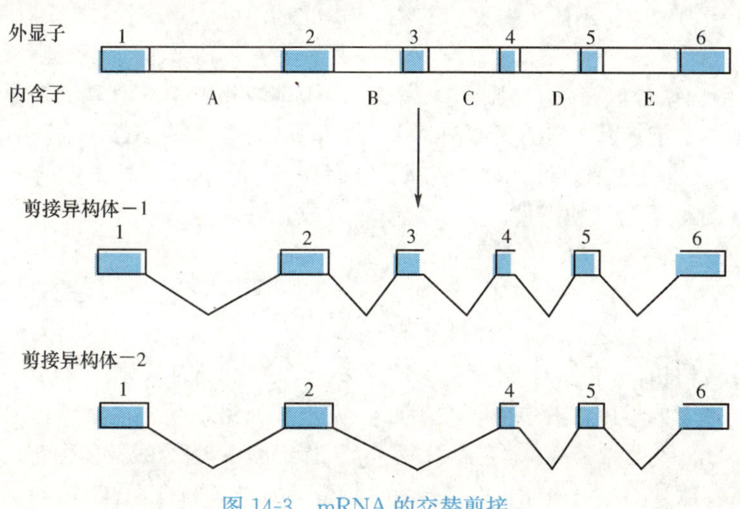

图14-3 mRNA的交替剪接

图中前体 RNA 由 6 个外显子和 5 个内含子构成，交替剪接异构体-1 由全部 6 个外显子拼接而成，交替剪接异构体-2 由外显子 1、2、3、5、6 拼接而成。

前体 RNA 的剪接是一种分子内反应，至今未发现不同前体 RNA 之间进行剪接的例证。通过比较染色体上基因的核苷酸序列和成熟 mRNA 的核苷酸序列，可以精确地定位基因中外显子和内含子的位置。

为多肽编码的外显子进化上相对保守，由于遗传密码子的简并性（多个密码子为同一种氨基酸编码），有些突变虽然改变密码子的核苷酸序列，但不影响它们的编码功能，例如当精氨酸密码子 CGC 突变为 CGA 时，突变的密码子仍为精氨酸编码，因而不影响蛋白质的结构和功能，这类突变因能逃避进化的选择而得以保留。对应于非编码区的外显子和内含子的变异较大，由于它们承受的进化压力小，各种变异在进化发展过程中逐渐堆积。但发生在外显子-内含子交界处的突变可影响前体 RNA 的正常剪接，进而影响蛋白质的生物合成。

基因以断裂的方式存在有利于生物进化过程中新基因的产生。外显子可视为组装基因的基本单位，通过基因转座、复制和染色体交换等方式，不同基因的外显子可重新拼装成新的基因。

（二）基因家族

在真核基因组中，由某一个远古基因通过复制（duplication）和变异（variation）而传递下来的一组基因称之为基因家族（gene family）。基因家族内各基因之间具有同源性，它们的 DNA 序列类似但不相同。由基因家族指导合成出的、具有相似结构和功能的一组同源蛋白（homologous protein）构成一个蛋白家族。不同蛋白家族的成员数变异很大，一般在 2～30 个之间，少数可达上百个。免疫球蛋白变异区、移植抗原、蛋白激酶、珠蛋白基因家族都是基因家族的典型例子。

β-珠蛋白基因家族有 5 个成员：β，δ，$^{A}\gamma$，$^{G}\gamma$，ε。上述珠蛋白基因编码类似的多肽，它们都能与铁卟啉结合并在血液中携带 O_2。但不同家族成员也具有一些不同的性质，以适应特定生理条件下的功能需求。例如，$^{A}\gamma$ 或 $^{G}\gamma$ 仅在胎儿中表达，与成人型 β 珠蛋白相比，它们对 O_2 有更高的亲和力，因而能从胎盘的母体血液中摄取更多的 O_2。出生后表达的 β-珠蛋白具有低 O_2 亲和力，这有助于 O_2 在需要能量的组织内能更有效地释放。β-珠蛋白基因家族可能源于一个远古 β 基因的复制。在进化过程中，每个复制基因又在进行着独立的随机突变，那些有利于珠蛋白携带 O_2 功能的突变在进化中得以保留。这一过程的不断重复，导致更大 β 基因家族的生成。

（三）假基因

在基因家族中，有的基因拷贝丧失了指导多肽合成的功能，称之为假基因（pseudogene）。在人类基因组中，假基因的数目巨大，约占活性功能基因的 14%。在人 β-珠蛋白基因簇中，就有两个与 β-珠蛋白基因类似但无指导蛋白质合成功能 β-珠蛋白假基因。测序分析发现，假基因保留有与活性基因相同的外显子和内含子结构，但多种突变导致转录提前终止和 mRNA 剪接阻遏，从而失去指导珠蛋白生物合成的正常功能。δ-珠蛋白基因可能是功能基因向假基因进化的中间产物。由于在转录调控区积累有多种突变，δ-珠蛋白基因仅转录出少量的 mRNA。进一步的进化发展，有可能完全废除掉这个较少使用的基因复制物，使之变成一个新的假基因。

（四）单顺反子和多顺反子转录

多数真核基因转录产生的 mRNA 仅为一条多肽链编码，称为单顺反子 mRNA（monocistronic mRNA）。原核基因编码序列是连续的，无内含子结构。通常数个功能相关的结构基因串联排列，再加上共同的转录调控区组成操纵子（operon）。由操纵子转录出的一条 mRNA 上含有该操纵子所有结构基因的编码信息，称为多顺反子 mRNA（polycistronic mRNA）。与上述单顺反子和多顺反子转录相适应，在原核细胞中，翻译起始的关键步骤是核蛋白体小亚基在起始因子的帮助下，辨认 mRNA 分子内的 SD 序列，由此翻译可从 mRNA 内部任何有 SD 序列的位点开始。真核细胞的情况则不同，小亚基和起始因子辨认 mRNA 5′末端的帽子结构（m^7Gppp-），然后以最靠近帽子的 AUG 作为翻译起始位点，因此，一个 mRNA 分子仅能指导一条多肽链的合成。

第三节　线粒体 DNA

线粒体拥有部分自身功能所需的遗传信息，其他部分由细胞核内染色体上的基因提供。在人体细胞中，每个线粒体内都含有数个拷贝的闭环 DNA 分子，它们可自主复制，并在线粒体分裂时传递给子代。线粒体 DNA 相对较短，能携带的基因有限，仅为少数几个线粒体蛋白质编码。因细胞核内的染色体上不存在这些基因，线粒体的遗传信息对维持自身的正常功能具有重要意义。由线粒体基因转录出的 RNA，首先转运出线粒体进入胞浆，在胞浆内指导蛋白质合成，然后这些蛋白质再转送回线粒体内发挥功能。

线粒体遗传呈现独特的母系传递现象。由于成熟的精子细胞几乎失去了所有的细胞浆和线粒体，受精时，由精子细胞注入到卵细胞的遗传物质中不含有线粒体 DNA，因而子代个体的线粒体 DNA 均来自于母亲，这种遗传方式又称胞浆遗传(cytoplasmic inheritance)。

(一) 线粒体 DNA 的特征

人线粒体 DNA 位于线粒体基质中，为含 16 569 bp 的双链环状分子。密度梯度离心时，两条链可依其密度的差异而分为重链(H 链)和轻链(L 链)。线粒体 DNA 上已鉴定出 13 个结构基因，2 个 rRNA 基因(16S 和 18S)，22 个 tRNA 基因和一个含有复制起始位点及转录控制信号的 D-loop 小区。其中 12 个结构基因，2 个 rRNA 基因和 14 个 tRNA 基因位于 H 链，其他基因位于 L 链。线粒体上基因排列紧凑，没有内含子，基因之间几乎不存在闲置 DNA 序列(图 14-4)。

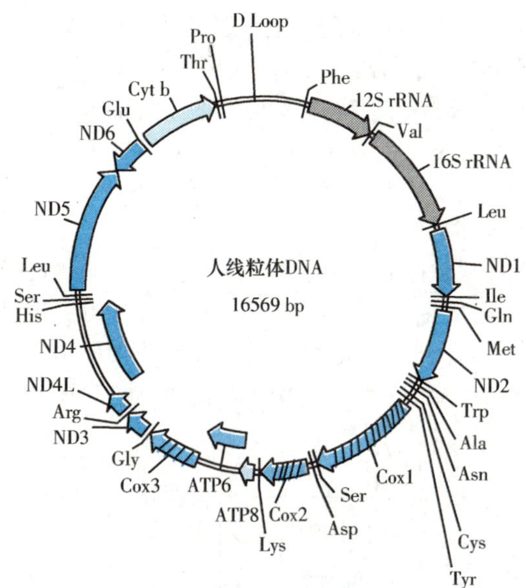

图 14-4 人线粒体 DNA 的结构

ND：NADH 脱氢酶，Cox：细胞色素 C 氧化酶复合体，ATP：ATPase，Cyt b：细胞色素 b，氨基酸符号代表相应 tRNA 基因的位置。

所有 13 个结构基因均已鉴定，它们是细胞色素 C 氧化酶复合体的 3 个亚基(亚基 1、2、3)，ATPase 的 2 个亚基(亚基 6 和 8)，NADH 脱氢酶的 7 个亚基(ND1，ND2，ND3，ND4L，ND4，ND5，ND6)和细胞色素 b。

在 H 链和 L 链上，均只含有一个启动子，基因表达时首先进行整环转录，然后从前体 RNA 中水解出单个的 mRNA，tRNA 和 rRNA 分子。

(二) 线粒体基因的编码特点

线粒体 DNA 的遗传密码与生物界通用的密码不完全相同，不同物种之间线粒体的遗传密码也有差异。表 14-1 列出了线粒体密码子与通用密码子的差异。

表 14-1 通用密码子与线粒体密码子的差异

密码子	通用密码子编码的氨基酸	线粒体密码子编码的氨基酸				
		哺乳动物	果蝇	链孢霉属	酵母	植物
UGA	终止	色	色	色	色	终止
AGA，AGG	精	终止	丝	精	精	精
AUA	异亮	蛋	蛋	异亮	蛋	异亮
AUU	异亮	蛋	蛋	蛋	蛋	异亮
CUU，CUC CUA，CUG	亮	亮	亮	亮	苏	亮

(三) 线粒体 DNA 突变与疾病

因线粒体 DNA 上基因排列紧凑且无内含子存在，发生在线粒体 DNA 上的突变对蛋白质和 RNA 功能的影响应当更为明显。但由于每个体细胞内含有上百个线粒体，每个线粒体内又有多个 DNA 拷贝，因而很难确定线粒体 DNA 突变与疾病间的因果关系。线粒体 DNA 突变所致疾病的严重程度取决于突变的性质和突变 DNA 在线粒体总 DNA 中所占的比例。一般认为，突变 DNA 达到细胞线粒体总 DNA 85%以上，方能出现临床可见的异常。

虽然所有体细胞都含有线粒体，但受线粒体 DNA 突变影响最大的，是那些对氧化磷酸化或

ATP 有较高需求的细胞和组织，如神经和肌肉。研究较多的与线粒体 DNA 异常有关的疾病有，与 A-G8344 突变相关的肌阵挛性癫痫(myoclonic epilepsy)和与 T-G8993 或 T-C8993 突变相关的神经发生性肌无力(neurogenic muscle weakness)等。

线粒体 DNA 的母系传递或胞浆遗传的特征，使突变的线粒体 DNA 具有独有的遗传特征。如图 14-5 所示，虽然男女两性均能从母亲获得突变的 DNA，但仅女性能将这种突变传递至下一代。

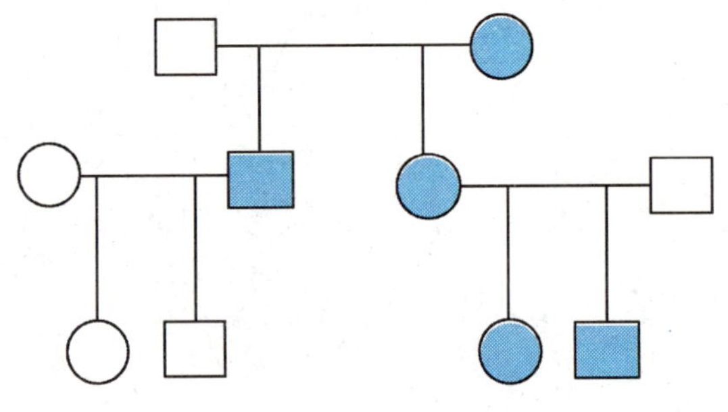

图 14-5 线粒体突变的母系遗传

第四节 基因组学与人类基因组计划

一、人类基因组计划

人类基因组计划(human genome project，HGP)是由美国国立卫生研究院和能源部共同组织的一项超大型生物科学研究工程。该计划始于 1990 年，原计划用时 15 年，但由于生物技术的快速发展，其他国家科研机构的参与以及私营测序公司的竞争，HGP 的研究进度大大加快。

HGP 的目标是通过国际合作构建人类基因组的遗传图谱和物理图谱，并从分子水平上解析人类生命的奥秘。HPG 的主要内容为：①对人类染色体 DNA 约 30 亿个碱基对进行全长测序；②确定人类染色体 DNA 中大约 3 万个编码基因并绘制基因图谱；③构建 DNA 测序信息数据库和开发数据库分析技术；④探讨由人类基因组计划可能引发的道德，法律和社会问题。

(一) DNA 测序

1. 完成 DNA 测序的研究机构 人类基因组 DNA 的全长测序是 HGP 的核心任务之一，由 6 个国家、20 个研究所的科学家共同完成。其中包括美国马萨诸塞州 Cambridge 基因组研究中心，英国剑桥的 Sanger 中心，美国密苏里州华盛顿大学的测序中心，美国加利福尼亚州的能源部联合基因组研究所，美国德克萨斯州的 Bayler 医学院基因组测序中心。上述 5 个测序中心测出了人类染色体近 85%的 DNA 序列。1999 年，我国正式参与了这个跨世纪的国际合作项目，承担了人类 3 号染色体短臂上约三千万个碱基对区域的测序任务。该区域长度约占人类整个基因组的 1%，这标志着我国基因组学技术已经达到世界先进水平。

2. DNA 测序的原理 自动化 DNA 测序技术的发明和不断完善，是人类基因组得以成功的最有力保障。HGP 使用的 DNA 测序法是双脱氧核苷酸终止法(Fred Sanger 法)。该测序法利用单链 DNA 为模板，以寡聚核苷酸为引物，在 dNTP(dATP，dGTP，dTTP，dCTP)存在的条件下，经 DNA 聚合酶催化生成与模板互补的 DNA 新链。在反应中同时加入了经不同颜色的荧光染料标记的 2′，3′-双脱氧核苷酸 ddATP，ddGTP，ddTTP 和 ddCTP，这些双脱氧核苷酸以随机的方式掺入正在延伸的 DNA 新链中。由于双脱氧核苷酸的核糖残基上不具有 DNA 新链延伸必需的 3′羟基，一旦双脱氧核苷酸掺入到正在合成中的新链，DNA 延伸反应随即终止。由此，反应将合成出一系列不同长度的新生 DNA 片段，这些片段的末端分别为荧光标记的 A，G，T 或 C。由于双脱氧核苷酸可在模板链的任何一个碱基位点上随机掺入，因而模板链上的任何一个碱基位点均有一新生的 DNA 片段与之对应。

DNA 分子因磷酸基团的存在而携带大量的负电荷，其片段可在电泳系统内向正极移动并按照分子大小进行分离。经聚丙烯酰胺凝胶电泳后，DNA 片段将在凝胶上按大小梯度分离开来。由于聚丙烯酰胺凝胶的高分辨率，即使长度相差仅一个碱基的 DNA 片段，亦能有效分离开来。将上述 DNA 测序反应中生成的 DNA 片段经聚丙烯酰胺毛细管凝胶电泳后，凝胶内 DNA 梯度中的每一条带代表一种特定长度的 DNA 片段，也就代表被测 DNA 序列中某一个特定的碱基。测序仪可根据每条电泳带荧光的颜色，辨认出其末端碱基是 A，G，T 还是 C，计算机阅读荧光信号并将其转换为 DNA 碱基序列。

3. DNA 测序与拼装 除 DNA 测序技术本

身的进步外，人类基因组全长测序的成功实施，极大地依赖于限制性核酸内切酶和分子克隆技术的应用。前者用来将染色体 DNA 大分子切割成易于操作的较小片段，后者分离和扩增这些片段以获得足够用于测序的 DNA 材料。

限制性核酸内切酶是一类从细菌中分离获得的核酸内切酶，在细菌内它们的主要功能是破坏外源性 DNA（如噬菌体 DNA），细菌本身的 DNA 分子因受甲基化修饰的保护而不被限制性内切酶自身消化。作为分子克隆的工具酶，限制性核酸内切酶能在 DNA 分子的内部特异性的位点上辨认并切割 DNA 分子。这些特异性位点（酶切位点）通常是长度为 4～8bp 个碱基对、具有回文结构的 DNA 序列。

对人类基因组的全长测序首先是从血液或精液样品中分离纯化出高质量的 DNA，然后选用适当的限制性核酸内切酶对 DNA 进行部分消化，将其切割成大小合适的重叠片段。将这些片段克隆入相应的载体后，转化进入大肠杆菌等宿主细胞内，由此建立起亚克隆基因库。扩增并提取基因库中单克隆菌落中的重组载体，即可对载体中插入的人类基因组 DNA 片段进行测序分析。

有两种基本策略用于完成基因组测序，一种是分级霰弹法。该法对基因组 DNA 进行分级片段处理，第一级是将基因组 DNA 切割成较大的片段，然后将它们克隆入能携带大片段 DNA 并能在细菌或酵母菌中复制的载体中。它们进入细菌或酵母菌后，能像正常染色体一样复制，故又分别称之为细菌人工染色体（bacterial artificial chromosome，BAC）和酵母人工染色体（yeast artificial chromosome，YAC），两者能携带的 DNA 片段长度分别约为三十万和一百万碱基对。BAC 和 YAC 中的大 DNA 片段主要用于构建基因组的物理图谱，它能反映每个大片段在基因组中的具体位置，以及与其他大片段间的相互关系。第二级是将 BAC 或 YAC 携带的 DNA 大片段，经限制性核酸内切酶进一步部分消化为相互重叠的、易于测序的小片段群，将这些小片段克隆入质粒载体而建立亚克隆基因库。经宿主大肠杆菌扩增后，亚克隆基因库中的重组质粒 DNA 即可被用于插入片段 DNA 的测序。从这些相互重叠的小 DNA 片段，可拼接出与之相对应的 BAC 或 YAC 中大片段的 DNA 序列。再根据这些大片段在物理图谱中的位置，进一步拼接出全基因组序列（图 14-6）。

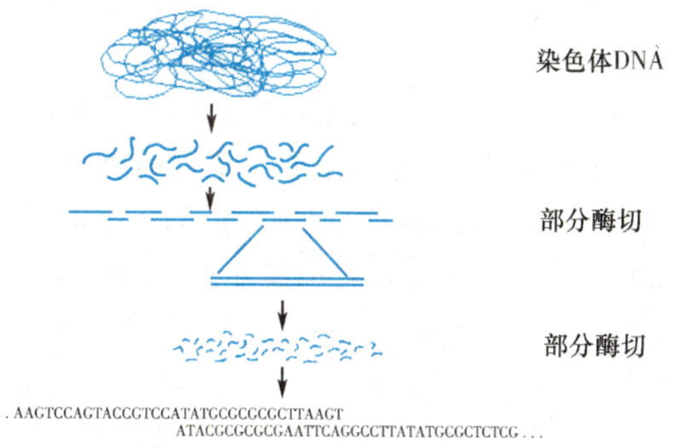

图 14-6　人类基因组测序的分级霰弹法

第二种策略是全基因组霰弹法，它无需构建基因组物理图谱，而是直接将整个基因组 DNA 切割成可用于 DNA 测序的小片段进行测序，然后通过强大的计算机程序将所有这些小 DNA 片段组装成连续的大片段，最终得到全基因组序列。

人类基因组的测序和正确拼接是一项巨大而繁复的工作，主要困难是大量重复序列的存在，它的长度大大超过了为蛋白质编码的结构基因，例如 Alu 重复序列在人类基因组序列中拷贝数高达百万个，序列总长度达到 290Mbp。重复序列的大量存在，使得基因组中部分序列的测序及随后的拼接工作变得十分困难。为了保证所获得的人类基因组序列的质量，在绘制的人类基因组工作草图中，每个碱基至少被测序 4～5 次（称之 4～5 倍覆盖度），而要达到完全的、没有空隙的、准确率在 99.99%的人类基因组序列，至少需要 9 倍的覆盖度。

4. DNA 序列的解读　测序和拼接后的基因组序列仅只是由 A、T、C、G 四个字母组合起来的长长的字母链，如果不对其内涵进行注释和解读，它将是毫无意义的天书。DNA 序列的注释和解读就是从基因组序列中寻找和定位编码基因，包括为蛋白质编码的结构基因和为 RNA 编码的基因，以及与基因表达调控相关的 DNA 序列和其他重要信息。与 DNA 测序相比，DNA 序列的解读与注释是一项更为复杂艰难的工作。

2001 年，人类基因组计划公布了全部染色体 DNA 的工作草图，在这些工作草图中，有许多尚待填补的 DNA 序列空隙。一个更加精确的人类基因组完成图将解析各类基因信息，包括预测的外显子和内含子，mRNA 转录体，和已鉴定基因的功能等。最先得到这种完成图的是 22

号染色体，2006 年 5 月，最后一个染色体(1 号染色体)的完成图被发布，这是人类基因组计划的一个新的里程碑。

通过对人类基因组序列的初步解读，科学家已经对人类基因组的面貌有了更清晰和更新的认识。例如，人类基因组中基因的数量被确定为大约 3 万个，远低于过去预测的 10 万～15 万个的水平。比较不同人种的基因序列，发现其保守性高达 99.99%，在整个基因组序列中，人与人之间的变异仅为万分之一。人类基因组 DNA 序列的信息可从如下网站获得：http://ncbi. nlm. nih. gov/genome/guide。

二、功能基因组学

人类基因组计划的完成，表明科学家已经拥有了一张接近完整的人类基因组图谱，但这并不意味着人类基因组计划的结束，而仅仅是完成了结构基因组学的任务。在称之为后基因组时代里，科学家需要去完成从这张基因组图谱衍生出的更多、更复杂的工作，即功能基因组学的任务。这包括：①基因定位和基因功能研究；②基因表达调控的顺式元件和反式因子的鉴定和转录调控机制的研究；③非编码 DNA 的类型、含量、分布、所包含的信息和功能；④生物种群间的进化保守性；⑤基因与人类健康和疾病等。

与人类基因组测序相比，要弄清楚基因组中每个基因的特定功能，表达调控机制，以及不同基因之间相互协调或相互拮抗的关系是一个更复杂、更庞大的任务。加之人类基因组图谱仅只是一个参考序列，不同种族、家系和个人之间存在重要差异，这给基因功能组学的研究带来困难但同时也带来无限机会。

在医学领域，不断完善的基因组图谱，有助于研究者们寻找与疾病紧密相关的基因改变，并研究它们与疾病发生发展的关系。随着分子生物学技术的高度发展，人们将在基因的水平上，了解一些病因复杂的常见疾病，如Ⅰ型和Ⅱ型糖尿病、肥胖症、肿瘤等发生的分子机制，以及不同人群对疾病易感性差异的遗传学基础。更迅速和更特异性的 DNA 诊断方法，将使众多疾病的早期治疗成为可能。医学研究者们还将根据基因的信息设计新型的药物和治疗手段，甚至通过基因治疗替换有缺陷的基因。

Summary

A gene can be defined as a DNA sequence in the chromosome that is necessary for synthesis of a functional polypeptide or RNA. The total set of genes carried by an individual or cell is named as genome. The eukaryotic genomes contain large number of repetitious DNA fractions. Depending on reassociation rates of denatured DNA, three different repeated DNA were discovered: highly repetitive DNA (rapid reassociation rate), intermediate repeat DNA (intermediate reassociation rate) and single copy DNA (slow reassociation rate). The microsatellite DNA is a fraction of highly repetitive DNA and the mobile DNA (transposon) belongs to the intermediate repetitive DNA.

Most of eukaryotic genes are interrupted genes constituted by alternatively arrangement of exons and introns. The exons are the sequences represented in the mature RNA and introns are intervening sequences that are removed when the primary transcript is processed by RNA splicing. A set of genes descended by duplication and variation from same ancestral gene is called a gene family. The members in the gene family usually have related or even identical functions. Some copies in a gene family suffer inactivating mutations and become pseudogene that no longer have any function.

Human mitochondrial genome is a circular DNA with 16 569 bp that has 22 tRNA genes, 2 rRNA genes and 13 structural genes. Since the portion of sperm that fertilizes the egg generally contains no mitochondria, thus, a mitochondrial disorder must be inherited from the mother, producing a characteristic pedigree: either sex can be affected, but the male cannot transmit the disorder.

Human genome project (HGP) began formally in 1990, the goals of the project were to determine the sequences of the 3 billion base pairs that make up human DNA, identify all the approximately 30,000 genes in human genome, store this information in databases and develop tools for data analysis and address the ethical, legal, and social issues that may arise from the project.

思考题

1. 名词解释：转座子　微卫星 DNA　断裂基因　基因家族　假基因

2. 基因和基因组的概念。

3. 原核和真核基因组有何差异？

4. 简述真核基因组中三种不同的 DNA 重复序列。

5. 简述线粒体 DNA 的结构与功能。

6. 人类基因组计划的主要任务是什么？

（王艳林）

第 15 章 DNA的复制及损伤修复

DNA是遗传物质，DNA的复制是指遗传信息从亲代DNA传递给子代DNA的过程，这种过程使DNA分子成为各代之间连接的纽带。DNA碱基序列的正确复制并在细胞的整个生命历程中保持不变，以及在细胞分裂前DNA只复制一次，是确保遗传信息正确传递给子代的前提条件。当各种因素造成DNA损伤时，细胞将启动修复机制对受损的DNA进行修复，是否能准确无误地将损伤的DNA修复完好关系到受损细胞的命运，修复后的DNA可能完全康复，或者启动细胞死亡，或者导致细胞癌变。总之，研究DNA复制、损伤和修复的机制是探讨生命遗传奥秘的基础。

第一节 DNA复制的基本特性

DNA复制具有三个基本特性：①半保留复制；②双向复制；③复制起始于染色体的特殊位点。这三个基本特性即适合于原核细胞DNA的复制，也适合于真核细胞DNA的复制，由于高等真核生物的基因组DNA是线性的，末端DNA的复制还涉及反转录过程。

一、DNA的半保留复制

所有DNA分子都具有共同的结构，即方向相反的两条链按碱基互补配对原则互相缠绕在一起形成双螺旋结构。按照DNA复制的定义，子代DNA的遗传信息来源于亲代DNA遗传信息的复制，那么，DNA分子两条链中有一条一定是亲代DNA分子，而另一条则是按照亲代DNA分子碱基序列复制合成的子代新链，这种保留一半亲代DNA分子的复制方式称作DNA的半保留复制（semiconservative replication）。

最早证明DNA半保留复制的实验是由M. Meselson和W. F. Stahl完成的。他们利用大肠杆菌（*E. coli*）能利用NH_4Cl作为氮源合成DNA的特性，将*E. coli*在含$^{15}NH_4Cl$的培养液中培养，一直到所有细胞的DNA都含有了重氮^{15}N（H），然后再将细胞转到含$^{14}NH_4Cl$的培养液中继续培养，新合成的DNA应该含有轻氮^{14}N（L），收集不同时期的培养物，提取细胞DNA并经CsCl密度梯度离心分析，按照^{15}N-DNA（H）和^{14}N-DNA（L）密度的不同可区分H-H、L-L和H-L三种双螺旋DNA分子。结果发现，子代DNA分子中一条链为^{15}N-DNA（H），另一条链为^{14}N-DNA（L），随着代数的增加，^{15}N-DNA（H）按1/8、1/16等的方式逐渐减少，由此证实DNA复制是半保留方式（图15-1）。

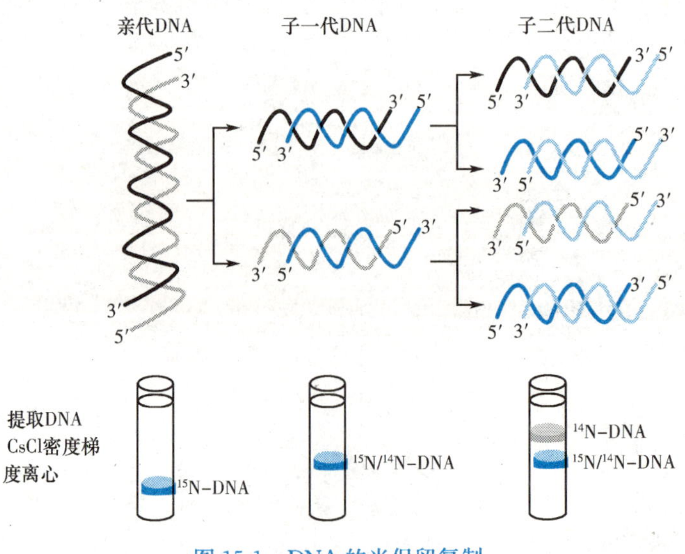

图 15-1 DNA的半保留复制

随后，有人采用培养植物细胞的方式证明了真核细胞染色体DNA的复制也是半保留复制。可见，真核细胞和原核细胞的DNA复制都是采用半保留复制机制。

按半保留复制的方式，子代DNA与亲代DNA的碱基序列一致，即子代保留了亲代的全部遗传信息，体现了遗传的相对保守性，从而维持了物种的稳定。

二、DNA复制是双向的

DNA复制是双向复制（bidirectional replication），也就是说，DNA的复制是从DNA分子上的特定位置开始的，这个特定位置称作复制起点（origin of replication，用Ori表示），形成一个复制泡（replication bubble），两个生长叉（growing fork）或称复制叉（replication fork），新合成的链从起点开始，向两个方向延伸，每一条链都是在起点的两端以连续复制和不连续复制方式完成的。DNA复制从起点开始双向延伸直到终点为止，每一个这样的DNA单位都被称作复制子（replicon图15-2）。

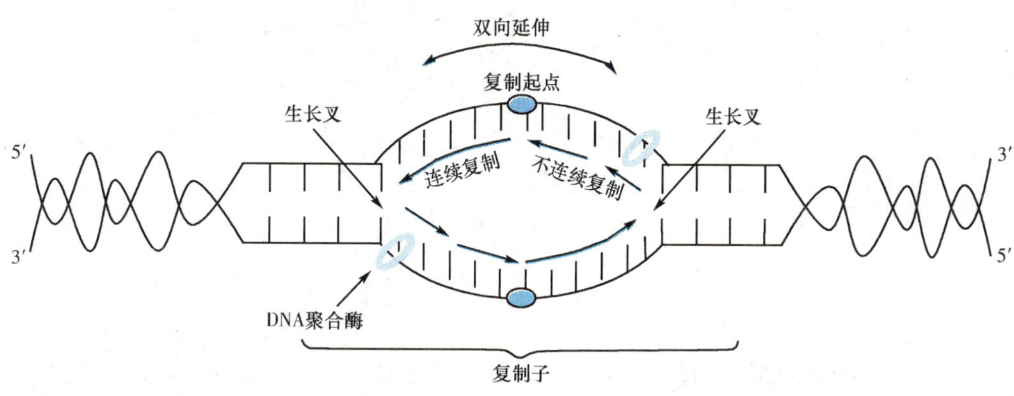

图15-2　DNA的双向复制

原核生物基因组是双链闭合环状DNA分子，每个DNA分子上只有一个复制子，其复制起始于特定起点ori（origin），以连续复制和不连续复制方式同时向两个方向延伸，因此是双向复制（图15-3）。

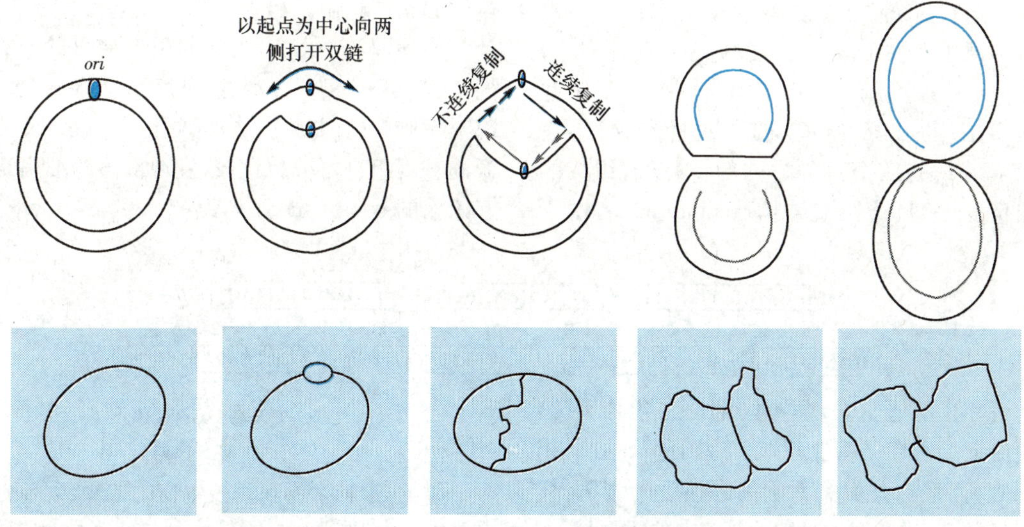

图15-3　原核生物DNA的双向复制
上排为模式图，下排为放射自显影图

真核生物的染色体庞大、复杂，基因组DNA复制时有多个复制起始点同时向两侧生出两个复制叉，以连续复制和不连续复制方式进行双向复制，因此，真核生物DNA的复制是由多个复制子共同完成的，在DNA分子上同时形成许多复制单位（replication unit）（图15-4）。

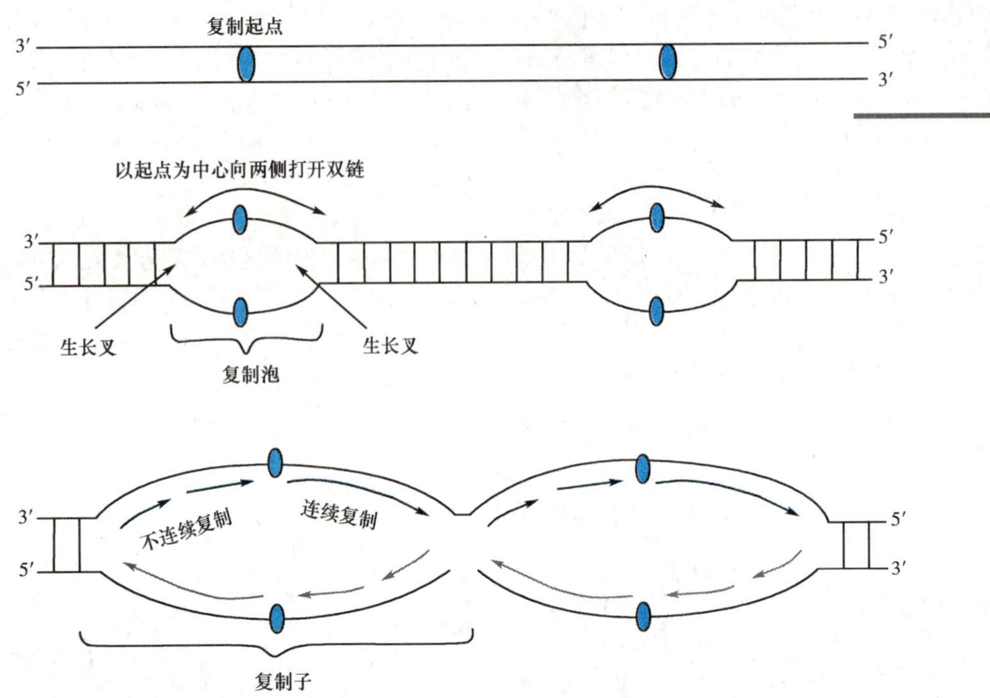

图 15-4　真核生物 DNA 的双向复制

三、DNA 复制起始于染色体的特殊位点

DNA 复制是从 DNA 分子中特定位置开始的，这个特定的位置就称为复制起点。既然 DNA 的复制不是随机进行的，说明 DNA 的复制起点一定有其结构上的特殊性。

在原核生物 DNA 中，复制起点只有一个，例如，*OriC* 是大肠杆菌染色体 DNA 的复制起点。*OriC* 由 422bp 组成，其结构特点为：①在 *OriC* 区域内有四个对称排列的、由 9bp 组成的反向重复序列，即回文结构（palindrome），由于这个区域是 DnaA 蛋白的结合位点，因此，又将这个区域称为 DnaA 盒（DnaA box）。研究发现，DnaA 与 *OriC* 的结合可以启动 DNA 的复制。②在 *OriC* 中还有两个转录启动区（启动子）和核苷酸序列，这可能意味着转录可能在大肠杆菌染色体 DNA 的复制起始中起着重要的作用。目前已经有许多研究表明，转录确实是大肠杆菌染色体 DNA 复制起始所必需的，但机制还不清楚。另外，与 *OriC* 相比邻的位置有 3 个 13 bp 的富含 AT 的重复序列，这种序列可能在促进局部双螺旋解链方面起重要作用。对 6 个菌种来源的基因组进行分析比较，发现最短的细菌复制起始区的 consensus 序列为：

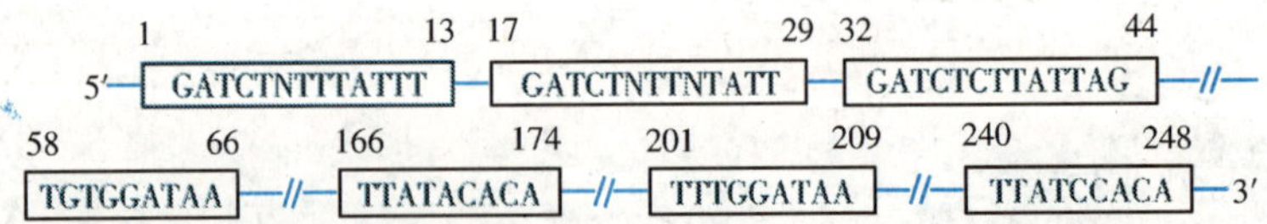

近年来的研究发现，不同细菌染色体 DNA 的复制起始区在结构上相似，在核苷酸序列上相当保守，而且在分类关系上越是接近的细菌，其同源性越高，说明了 DNA 复制起点的重要性。

真核细胞的染色体上有许多复制起点。例如，酵母 *S. cervisiae* 的 17 条染色体上大约有 400 个复制起点，每个酵母的复制起始序列都被称作自主复制序列（autonomously replicating sequence，ARS）。对不同 ARS 的分析发现：ARS 有 11 bp 长的一致性（consensus）序列：

5′—**A/T-T-T-T-A-T-A/G-T-T-T-A/T**—3′

一致性 ARS 序列

总之，原核生物和真核生物的 DNA 复制起始区都有三个共同的特点：①复制起始区是含有多个短重复序列的独一无二的 DNA 序列；②这些短的重复单位可以被多聚体复制起始区结合蛋白所识别，这些蛋白又反过来组装其他复制酶到复制起始位点；③复制起始区相比邻的区域通常是富含 AT 的序列，这种特性使双螺旋 DNA 更容易解旋，因为溶解 A=T 碱基对比溶解 G≡C 碱基对耗能少。

第二节 参与DNA复制的酶类和其他物质

DNA的复制是一个多酶催化的反应过程，例如，解旋酶(helicase)将双螺旋DNA链打开，单链DNA结合蛋白(single-stranded DNA binding protein, SSB)结合到解链的DNA上使其稳定；引物酶(primase)能按模板序列合成小RNA引物；DNA聚合酶(DNA polymerase)能按模板序列在RNA引物的引导下催化新链DNA的合成；拓扑异构酶(topoisomerase)能通过理顺DNA的构象配合DNA复制的进程；DNA连接酶(DNA ligase)将DNA片段连接起来。了解各种酶和蛋白质的基本特性可以更好地理解DNA的复制机制。

参与DNA复制的酶类和其他物质主要包括：①底物，虽然新链是由脱氧单核苷酸(dNMP)聚合而成，但DNA复制时的底物却是脱氧三磷酸核苷，总称为dNTP，包括dATP、dGTP、dCTP和dTTP。②聚合酶(polymerase)，催化dNTP聚合到核苷酸链上的酶，称为DNA聚合酶。由于聚合时需要依赖DNA母链作为模板，因此酶的全称是依赖DNA的DNA聚合酶(DNA dependent DNA polymerase)。③模板，指单链DNA母链，指引着dNTP按照碱基配对的原则逐一合成新链。④引物酶，DNA聚合酶不能催化两个游离的dNTP互相聚合，第一个dNTP是聚合到已有的寡核苷酸的3′-OH末端上，然后继续延长。引导DNA合成的短链RNA称为引物，它是由引物酶催化合成的。⑤其他酶和蛋白质因子，DNA解开成单链需要一系列酶和蛋白质因子的参与，起解链、理顺双螺旋、稳定单链等作用。聚合完成后，又需连接5′-P和3′-OH间裂隙的DNA连接酶参与。下面简单介绍不同酶蛋白在DNA复制中的作用特点。

一、松弛螺旋与解链的酶及蛋白质

DNA分子只有在双螺旋松弛、双链解开并使碱基外露后，才能在DNA聚合酶催化下以DNA为模板按碱基互补配对的原则进行复制。目前已知参与螺旋松弛与解链的酶及蛋白质主要有解旋酶、拓扑异构酶和单链DNA结合蛋白。

(一) 解旋酶

解旋酶(helicase)是指能将双螺旋DNA链分开成单链的酶。解旋酶有许多种，它们能沿着DNA双螺旋运动，利用ATP水解产生的能量分离两条链。对于*E. coli*的研究发现，当双螺旋DNA链被解旋酶打开后，单链DNA结合蛋白(SSB)就结合到两条分开的单链上，从而抑制了互补双链的重新退火结合。解旋酶是有方向性的，复制时大部分解旋酶沿着随从链的模板以5′→3′方向随复制叉的前进而移动，并连续地解开DNA双链。解旋酶在沿单链运动过程中形成一个环绕DNA单链的钳子，所以，只有当它到达那条链的终点时才能解离下来，或被另一个蛋白质将它从DNA链上"卸载"下来。Rep蛋白也是一种解旋酶，但它是沿着领头链的模板以3′→5′的方向移动。最初将Rep蛋白称为复制蛋白Rep(replication)，后来发现在有ATP存在的情况下，Rep蛋白能解开DNA双链，每解开一对碱基需消耗两个ATP分子，因而又将其定名为解链蛋白(unwinding protein)。在DNA复制时，Rep蛋白与解旋酶分别在两条DNA母链上，共同向复制叉的方向移动，它们的协同作用保证了DNA双链在DNA复制期间的连续解链(图15-5)。

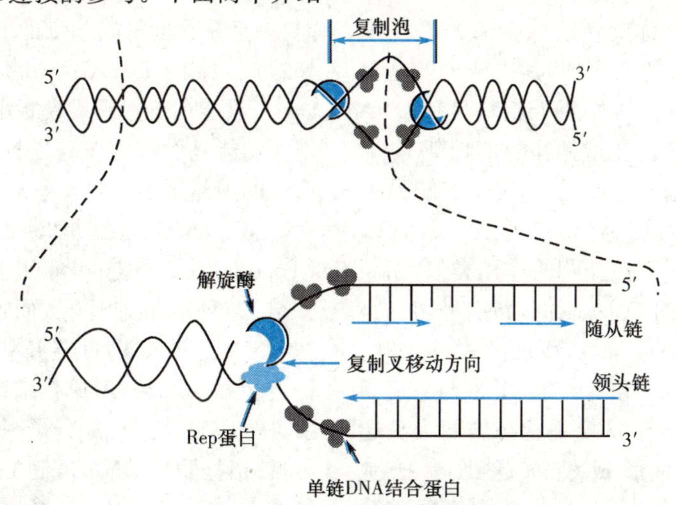

图15-5 Rep蛋白、解旋酶、单链DNA结合蛋白协同作用使DNA解链

解旋酶是在研究DNA复制相关的蛋白及其编码基因的过程中发现的，一般将与复制相关的基因命名为dnaA、dnaB、dnaC、……dnaX等，其对应的蛋白质命名为DnaA、DnaB、DnaC、……DnaX等，其中DnaB就是*E. coli*的解旋酶。

解旋酶具有几个基本的特性：①利用ATP水解产生的能量将两条链分开成单链；②结合到DNA单链上移动；③有方向性；④只有移动到单链DNA的末端才能从结合的链上解离下来。

(二) 拓扑异构酶

拓扑异构酶(topoisomerase)是参与松弛DNA超螺旋的酶。DNA复制从复制起点开始向两个方向复制时，局部DNA双链的打开主要靠解旋酶的作用，但在复制叉向复制起点两侧移动时能引起DNA拧转盘绕过度，产生正超螺旋结构，从而造成DNA分子打结、缠绕、连环现象，拓扑异构酶(简称拓扑酶)可以松弛正超螺旋，从而有利于复制叉的前进和DNA的合成。在DNA复制完成后，拓扑酶又可将超螺旋结构引入DNA分子，使DNA缠绕、折叠、压缩以形成染色体。

拓扑酶广泛存在于原核生物和真核生物中，主要分为Ⅰ型拓扑酶(Topo Ⅰ)和Ⅱ型拓扑酶(Topo Ⅱ)两种。

Ⅰ型拓扑酶的主要作用是将双链DNA的一条链切开一个口，切开链的5′-磷酸和酶分子上的酪氨酸残基之间产生一个共价磷酸-酪氨酸二酯键，这种磷酸酪氨酸键(phosphotyrosine linkage)的形成不需要ATP或其他能量来源。切开链的游离端3′-OH则与酶分子形成非共价键。另一条完整DNA链穿过单链切口，使被切开的链的末端绕螺旋轴按照松弛超螺旋的方向转动，使DNA解链旋转中不致打结，适当时候又把切口封闭，使DNA变为松弛状态(图15-6)。

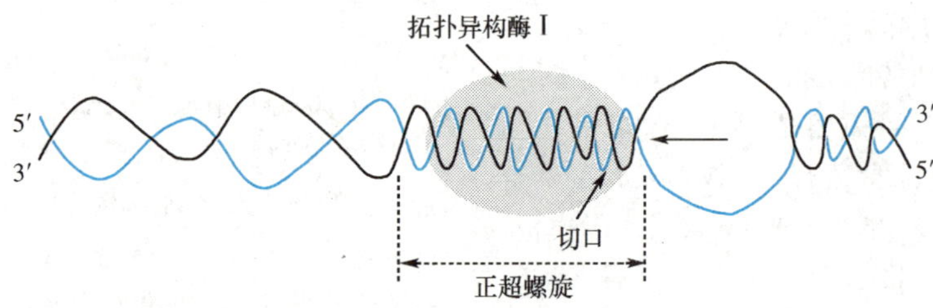

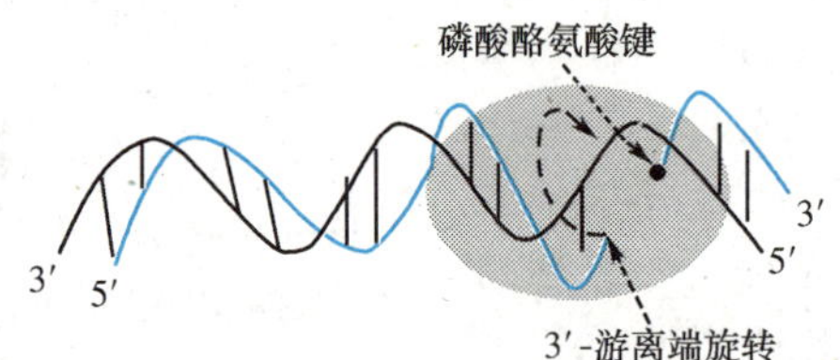

图15-6 拓扑异构酶Ⅰ的作用

Ⅱ型拓扑酶，又称旋转酶(gyrase)，是一个分子质量为400kDa的四聚体，其中两个亚基具有Ⅰ型拓扑酶的活性，另外两个亚基具有DNA依赖的ATP酶活性。Ⅱ型拓扑酶能切断DNA分子中的两条链，通过切口穿到双螺旋的另一边，然后利用ATP重新将切口封上。无ATP时，Ⅱ型拓扑酶与Ⅰ型拓扑酶的作用类似，切断处于正超螺旋状态的DNA双链，断端经切口穿过而旋转，然后封闭切口，从而使超螺旋松弛。DNA复制完成后，拓扑酶Ⅰ在ATP参与下使断端恢复连接，DNA分子从松弛状态转变为负超螺旋，即超螺旋的形成使原超螺旋松弛(图15-7)。在*E. coli*中，Ⅱ型拓扑酶有两种功能：一是在邻近复制起点的DNA模板中引入负超螺旋，帮助DnaA起始DNA的复制，因为DnaA只能在负超螺旋模板上起始复制；另一个重要功能是切除生长链延长期间在生长叉头部形成的正超螺旋。

总之，拓扑酶通过切断正超螺旋中的一条链(Topo Ⅰ)或两条链(Topo Ⅱ)，使复制中的DNA解结、连环或解连环，从而使DNA适度盘绕。在DNA复制末期，母链DNA与新合成的DNA链也会互相缠绕，形成打结或连环，也需要拓扑酶进行理顺，使DNA分子一边解链，一边复制。可见，拓扑酶在DNA复制的全过程中都是有作用的。

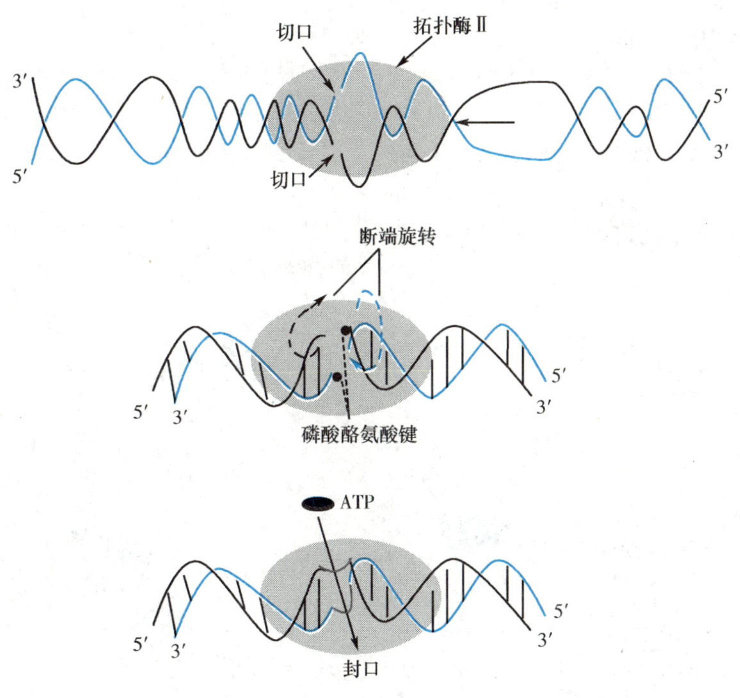

图 15-7　拓扑酶Ⅱ的作用

(三) 单链 DNA 结合蛋白(SSB)

作为模板的 DNA 总要处于单链状态，而 DNA 分子间只要存在互补配对的碱基序列，又总会有形成双链的倾向，以使分子达到稳态并免受细胞内广泛存在的核酸酶的降解。SSB 能结合到被解旋酶解开的单链 DNA 上，从而维持 DNA 的单链伸展状态，以利于其在 DNA 复制中发挥模板的作用。*E. coli* 的单链 DNA 结合蛋白是由 177 个氨基酸残基组成的同源四聚体，其结合单链 DNA 的跨度是 32 个核苷酸。单链 DNA 结合蛋白也能适时地与新复制的单链状态 DNA 分子结合，以保护其免受细胞内核酸酶的降解。细胞内的单链 DNA 结合蛋白可以循环利用。

二、引　物　酶

即使在 DNA 模板存在的情况下，DNA 聚合酶也不能催化两个游离的 dNTP 相连接，而只能将游离的 dNTP 连接到游离的 3′-OH 上，因此，新链 DNA 的复制需要短核苷酸序列提供游离的 3′-OH，发挥这种作用的短核苷酸片段(RNA)通常被称作引物(primer)。作为引物的小 RNA 是由引物酶(primase)催化合成的。

引物酶是一种特殊的 RNA 聚合酶，它能以 DNA 为模板合成短 RNA 片段。一般认为，引物酶能与结合到单链 DNA 上的解旋酶结合，然后合成与两条模板 DNA 单链互补的短 RNA 引物。RNA 引物一旦形成，引物酶就与单链模板相解离。

E. coli 中的引物酶是 dnaG 基因编码的 DnaG 蛋白，当大肠杆菌 DNA 复制开始时，首先形成 DnaA-DnaB-DnaC 蛋白复合物，其中解旋酶 DnaB 具有招募并与引物酶(DnaG)结合的作用，形成以 DnaB-DnaG 为核心的引发体，引发体中解旋酶和引物酶互相配合，引物酶与单链模板 DNA 结合并催化短 RNA 引物的合成，然后与单链模板 DNA 解离。

三、DNA 聚合酶

DNA 聚合酶(DNA polymerase，DNA pol)是指能以 DNA 为模板合成 DNA 新链的酶。DNA 的复制实际上就是以 DNA 为模板，在 DNA 聚合酶作用下，将 4 种游离的脱氧单核苷酸(dATP，dGTP，dCTP，dTTP，简写为 dNTP)聚合成 DNA 链的过程。DNA 聚合酶的来源和功能各不相同，例如，原核生物有 DNA 聚合酶Ⅰ、Ⅱ、Ⅲ、Ⅴ(DNA pol Ⅰ、Ⅱ、Ⅲ、Ⅴ)等；真核生物有 DNA 聚合酶 α、β、γ、δ 和 ε(DNA pol α、β、γ、δ、ε)等。

DNA 聚合酶具有以下共同特点：①需要

DNA模板，因此这类酶也被称作依赖DNA的DNA聚合酶(DNA dependent DNA polymerase)。②需要引物，短RNA或DNA均可。③新链合成方向是5′→3′。

另外，参与DNA复制的DNA聚合酶一般总是由三个基本单位组成：聚合单位、滑动夹和夹装载器，每一个单位都可能是一个多蛋白复合物。

(一) DNA聚合酶催化的反应

DNA聚合酶一般有四种酶活性：①5′→3′聚合酶活性；②5′→3′核酸外切酶活性；③3′→5′核酸外切酶活性；④RNaseH活性。

1. 5′→3′聚合酶活性 DNA复制是在引物的3′-OH上逐个加上dNTP的过程，从而使新链不断延长。其化学反应如下(图15-8)：

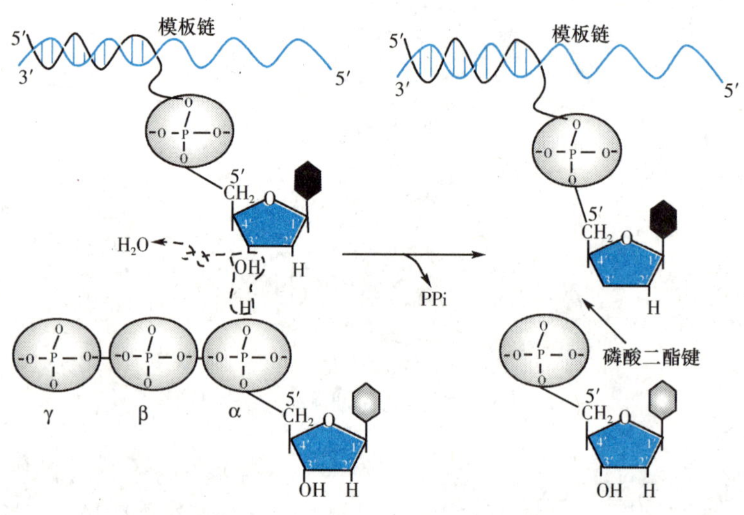

图15-8 5′→3′聚合酶催化的反应

或简化写成如下的反应式：

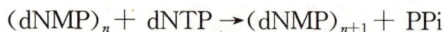

$$(dNMP)_n + dNTP \rightarrow (dNMP)_{n+1} + PPi$$

反应式中的寡核苷酸n，可体会为引物或延长中的新链，其3′-OH与三磷酸脱氧核苷(式中的dNTP)的α-磷酸基起反应，生成3′,5′-磷酸二酯键，因而使n延长为$n+1$。dNTP上的β和γ磷酸基游离而生成焦磷酸(PPi)。

上述反应式仅反映一次聚合化学反应。要完成复制，同样的反应将重复千万次。接踵而来的各三磷酸脱氧核苷按同样反应依次聚合，形成$n+2$，$n+3$，……直至很长的新链。反应式也只能反映新链合成的延长，但这种延长是以母链为模板的，而且遵照碱基配对规律。例如，在母链上对应于N_4的是T，则加入新链的N_4必定是A。延长至最后的产物，就是一条与母链互补的新链，并相互形成双螺旋。

新链只能从5′-端向3′-端延长。这就是DNA复制的方向性。由于DNA双螺旋的两条链走向相反，因此复制时也以相反走向各自按模板链指引合成新链。

2. 核酸外切酶(exonuclease)活性 一般DNA聚合酶都具有核酸外切酶活性，其中从DNA的5′-末端将核苷酸水解下来，称为5′→3′外切酶活性；而从3′-末端将核苷酸水解下来，称为3′→5′外切酶活性。这两种核酸外切酶活性都有利于对复制过程中的错误进行校对。

(二) 原核细胞的DNA聚合酶

1957年，Arthur Kornberg首次在*E. coli*中发现了DNA聚合酶Ⅰ(DNA polymeraseⅠ，polⅠ)，后来又相继发现了DNA聚合酶Ⅱ(polⅡ)和DNA聚合酶Ⅲ(pol Ⅲ)，经研究发现，*E. coli*染色体DNA的复制主要由DNA pol Ⅲ起作用，而DNA pol Ⅰ和DNA pol Ⅱ主要在DNA错配的校正和损伤修复中起作用。

1. DNA聚合酶 Ⅲ DNA pol Ⅲ全酶是由10个亚基和18个α-螺旋区组成的蛋白质复合体，其核心酶是由α、ε、θ亚基组成，其中α-亚基有5′→3′DNA聚合酶活性；ε-亚基有3′→5′核酸外切酶活性，它可以从生长链的末端切除不正确的核苷酸，起校读和碱基选择的作用；θ-亚基起着联系两个核心复合物的桥梁作用。两个β-亚基二聚体可以组成一个向前滑进的夹，将核心酶牢牢地拴到DNA分子上。其余的5个亚基(γ、δ、δ′、χ、ψ)组成一个γ-复合物，起着夹装载器的作用。

笔记栏

在原核细胞中，DNA pol Ⅲ是在DNA复制中真正催化新链核苷酸聚合的酶，其比活性是DNA pol Ⅰ的10倍以上，每分钟能催化10^5个核苷酸的聚合(图15-9)。

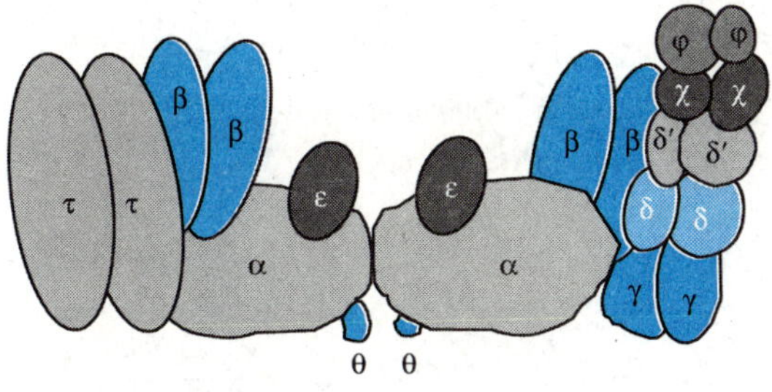

图15-9 大肠杆菌DNA聚合酶Ⅲ的亚基组成

2. DNA聚合酶Ⅰ DNA聚合酶Ⅰ(DNA pol Ⅰ)具有5′→3′DNA聚合酶活性、3′→5′核酸外切酶活性和5′→3′核酸外切酶活性。①5′→3′DNA聚合酶活性：虽然细胞内DNA pol Ⅰ含量最多，但其比活性远小于DNA pol Ⅲ，每秒钟只能聚合10个核苷酸，所以它不是真正在DNA复制延长中起作用的酶，其聚合酶活性主要体现在复制终止时填补冈崎片段间的空隙。②3′→5′核酸外切酶活性：在三种DNA聚合酶中，DNA pol Ⅰ的3′→5′核酸外切酶活性最强。图15-10表示DNA pol Ⅰ在复制过程中能辨认错配的碱基并加以切除的功能。图中，模板链是G，新链错配成A而不是C，DNA pol Ⅰ的3′→5′核酸外切酶活性就把错配的A水解下来，同时利用5′→3′DNA聚合酶活性补回正确配对的C，复制可以继续下去，这种功能称为即时校读(proofread)。实验也证明：配对如果正确，3′→5′核酸外切酶活性是不表现的。③5′→3′核酸外切酶活性：是DNA pol Ⅰ切除引物、切除突变片段功能所需的。

综上所述，DNA聚合酶Ⅰ在活细胞内的功能主要是对复制中的错误进行校读，切除引物，对复制和修复中出现的空隙进行填补。

用蛋白酶可把DNA pol Ⅰ水解成大、小两个片段，其中大片段有DNA聚合酶活性，也称为Klenow片段(Klenow fragment)，是实验室合成DNA、进行分子生物学研究的常用工具酶。

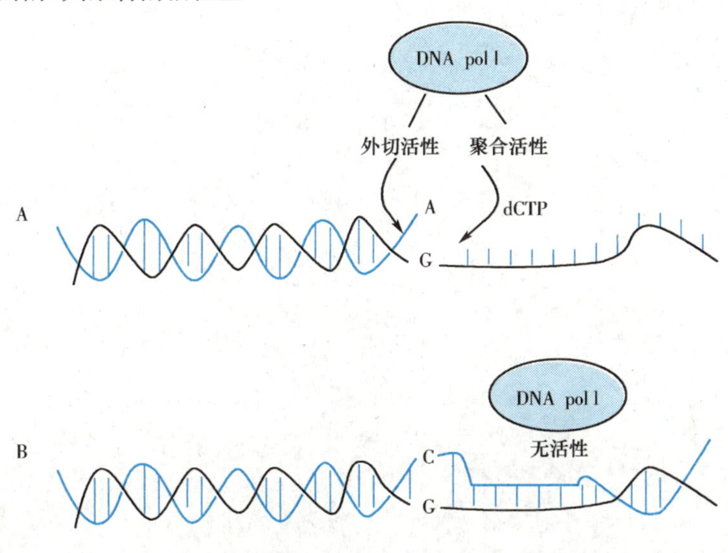

图15-10 DNA聚合酶Ⅰ的校读功能

A：DNA-pol Ⅰ的外切酶活性切除错配碱基，并用其聚合活性掺入正确配对的底物；B：碱基配对正确，DNA-pol Ⅰ则不表现活性

3. DNA聚合酶Ⅱ DNA聚合酶Ⅱ(DNA pol Ⅱ)具有5′→3′DNA聚合酶活性和3′→5′核酸外切酶活性。它只是在无DNA pol Ⅰ和DNA pol Ⅲ的情况下才起作用，其真正的功能尚未完全清楚。

4. DNA聚合酶Ⅴ 大肠杆菌DNA聚合酶Ⅴ(DNA pol Ⅴ)的基因是受DNA损伤所诱导的，作为SOS应答的一部分参与DNA损伤检查点的控制和修复。

(三)真核生物的DNA聚合酶

现已发现真核生物至少有五种DNA聚合酶，分别称为DNA polα、β、γ、δ和ε。DNA pol α和δ都是在DNA复制延长中起催化作用的酶，实验表明：DNA pol α只能延长数百个核苷酸，而DNA pol δ可延长的新链比DNA pol α长得多，由此认为，DNA pol δ是延长领头链的酶，而DNA pol α是延长随从链的酶。DNA pol ε与原核生物的DNA聚合酶Ⅰ相似，在复制过程中起校读、修复和填补缺口的作用。DNA pol β 也只是在没有其他 DNA pol 时才发挥催化功能。DNA pol γ 在线粒体内，对线粒体 DNA 的复制起催化作用。

(四) 复制的保真性(fidelity)

DNA 聚合酶对模板的依赖性是子链与母链能准确配对、遗传信息能传给后代的保证。子链中加入的核苷酸是否能与母链相应的核苷酸配对，关键在于氢键的形成，G≡C 以三个氢键、A＝T 以两个氢键维持配对，错配碱基不能形成合适的氢键。据此推想，DNA 聚合时磷酸二酯键的形成应该在氢键的准确搭配之后发生。聚合酶的作用可能靠其大分子结构来协调这种非共价(氢键)与共价(磷酸二酯键)键的有序形成，所以复制速度尽管很快，错配的机会还是很低的。

对 DNA pol Ⅲ 的深入研究，证实了在 DNA 复制延长中起主导作用的酶有对核苷酸掺入的选择功能，例如，母链是 T，聚合酶能选择 A 而不是其他三种(T、C、G)核苷酸进入子链相应的位置。有研究将 DNA pol Ⅲ 各亚基重新组合，在试管内观察其复制功能，结果发现没有 ε 亚基的 DNA pol Ⅲ 在 DNA 复制中错配频率增高，说明 ε 亚基是执行校读功能的。

总之，DNA 复制的保真性至少要依赖三种机制：①遵守严格的碱基配对规律；②聚合酶在复制延长中对碱基的选择功能；③复制中出错时有即时的校读功能。

四、DNA 连接酶

DNA 连接酶(DNA ligase)可以在 DNA 链的 3′-OH 末端和相邻 DNA 链的 5′-P 末端之间形成磷酸二酯键，从而把两段相邻的 DNA 链连接起来。连接酶的催化作用需要消耗 ATP。实验证明：连接酶可以连接互补双链中的单链缺口，但不能连接单独存在的 DNA 单链或 RNA 单链。DNA 复制中模板链是连续的，新合成的随从链分段合成，是不连续的，片段间的缺口由连接酶形成磷酸二酯键进行封闭(图 15-11)。

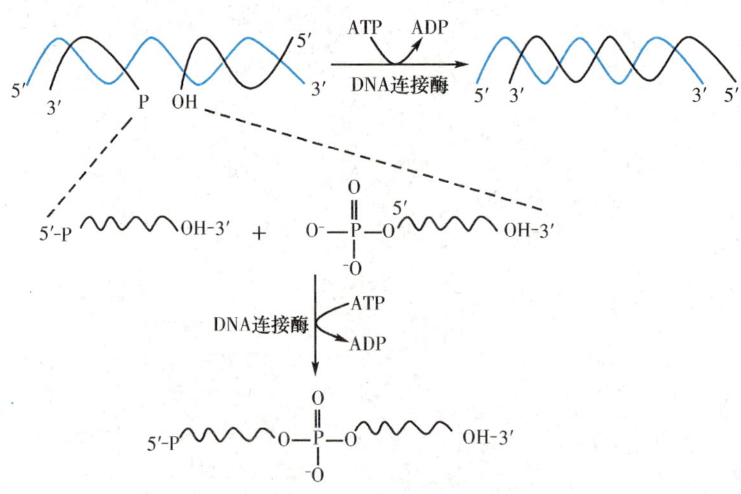

图 15-11　DNA 连接酶的作用方式

DNA 连接酶不但在 DNA 复制中起最后接合缺口的作用，在 DNA 修复、重组和剪接中也起缝合缺口的作用。如 DNA 两股都有单链缺口，只要缺口前后的碱基互补，连接酶就可发挥作用。因此，连接酶也是基因工程的重要工具酶之一。

第三节　DNA 复制的基本过程和机制

目前有关复制的知识主要来自对原核生物的研究，因此，本节以原核生物为例来介绍 DNA 复制的过程，真核生物的 DNA 复制过程仅作对比讨论。DNA 复制是个连续的过程，为便于理解，将 DNA 复制分为复制起始、复制延长和复制终止三个阶段。

一、复制的起始

(一) 起始复合物的形成

DNA 复制起始于 DNA 分子中的复制起始

点，因此，复制的第一步就是辨认复制起始点。复制起始点的辨认需要多种蛋白因子的参与，例如，大肠杆菌的复制起点能被DnaA蛋白所识别。前已述及，大肠杆菌的复制起点*OriC*含有4个9bp的重复序列，复制起始时，DnaA蛋白识别并结合到*OriC*中9bp的重复序列上，形成含有20～30个亚基的DNA-蛋白质复合物，即起始复合物，并进一步在ATP的参与下促使与*OriC*比邻的13bp富含AT的重复序列局部双螺旋解链，从而形成开放式复合物，为DnaB蛋白和DnaC蛋白的进入在结构上做好了准备。

(二)引发体的形成

DnaA蛋白与*OriC*结合所引发的局部解链为DnaB结合到单链模板上创造了条件，一旦DnaB装载到打开的单链DNA模板上，DnaC就会进入起始复合物，从而形成了引发前体复合物(图15-13)。

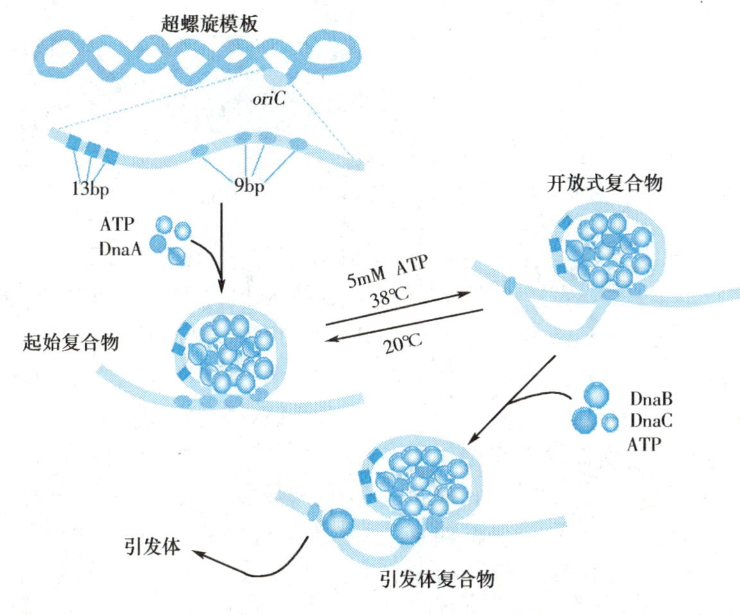

图15-12　DNA复制的起始

引发前体复合物中的DnaB是解旋酶，在ATP参与下能将双螺旋DNA链进一步打开；DnaC蛋白则起辅助解旋酶打开双链的作用。解链是一种高速的反向旋转，其下游势必发生打结现象，此时，DNA拓扑异构酶，主要是Ⅱ型拓扑酶，在将要打结或已打结处作切口，断端的DNA穿越切口并作一定程度旋转，直至把结打开或解松，然后旋转复位连接，从而使DNA连续解链而不受打结的影响。即使不出现打结现象，双链的局部解开，也会导致DNA超螺旋的其他部分过度拧转，形成正超螺旋，拓扑异构酶可通过切断、旋转和再连接的方式将正超螺旋变为负超螺旋，从而使DNA更好地起模板作用。双链解开后，单链DNA结合蛋白结合到开放的单链上，起稳定和保护单链模板的作用。

高度解链的模板与蛋白质复合体可促进引物酶(DnaG)的进入，这时的复合物称作引发体(primosome)。引发体是由解旋酶、DnaC蛋白、引物酶和DNA起始复制区域共同组成的，其中引物酶以单链DNA为模板，4种核苷酸(NTP)为原料，按5′→3′方向合成RNA引物。RNA引物的长度一般为十几个或几十个核苷酸不等，其游离的3′-OH成为进一步合成DNA的起点。引物合成后，复制叉的结构形状就已初步具备(图15-13)。

DNA聚合酶Ⅲ的β亚基辨认引发体中的引物，并将第一个脱氧核苷酸(dNTP)加到引物的3′-OH上，形成磷酸二酯键，自此，DNA新链的合成正式开始。

二、复制的延伸及终止

(一)复制延伸的生化过程

DNA聚合酶催化游离的dNTP结合到DNA新链的3′-末端，从而使复制以5′→3′方向延伸，新链DNA得以延长。具体的化学反应前已述及，这里不再重复。

(二)复制的半不连续性和冈崎片段

在复制叉的两条链都可以作为DNA复制的模

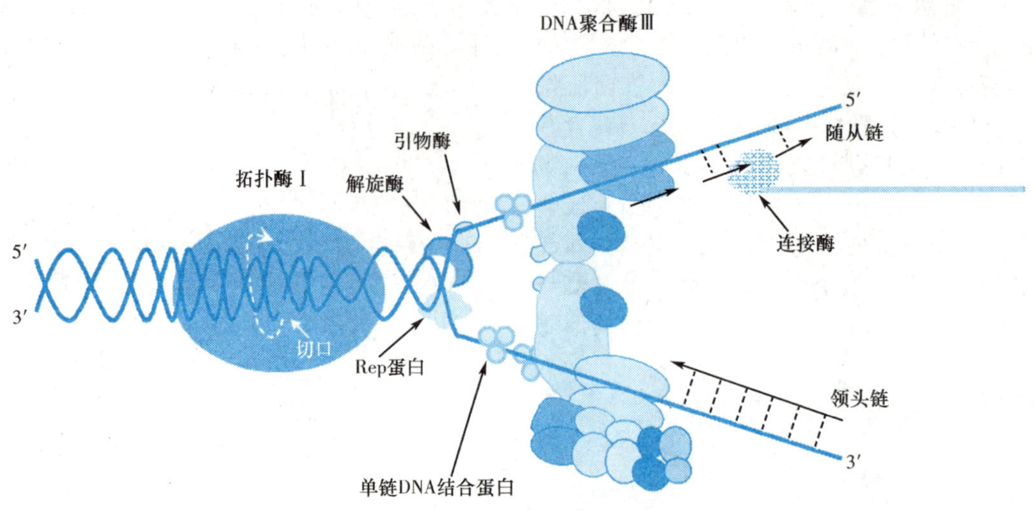

图 15-13　复制过程中酶和蛋白质因子的作用

板，DNA 聚合酶以一条链为模板沿 5′→3′方向连续复制 DNA 新链，这条连续合成的链称作领头链（leading strand），领头链的延伸促进复制叉以相同的方向运动。另一条链的合成是不连续的，称作随从链（lagging strand）。领头链复制时，随从链的单链模板暴露部位作为引物酶合成短 RNA 引物（一般＜15 个核苷酸）的模板，当模板链解开足够的长度时，随从链的合成才在 RNA 引物的 3′-端开始。由此可见，领头链是沿着解链方向连续复制完成的，随从链是逆着解链方向不连续复制完成的，因此，DNA 复制是半不连续复制（semidiscontinuous replication）。

在大肠杆菌的 DNA 复制过程中，随从链的合成由 DNA 聚合酶Ⅲ催化。DNA 聚合酶Ⅲ将 dNTP 加到 RNA 引物的 3′-OH 上，形成不连续的 RNA-DNA 片段。1968 年，日本学者冈崎（Reiji Okazaki）用电子显微镜和放射自显影技术观察到 DNA 的不连续复制现象。后来有人证明这种不连续片段只存在于同一复制叉上其中的一条链，即随从链，因此，将复制过程中以不连续复制方式生成的片段称为冈崎片段（Okazaki fragment）。细菌和噬菌体的冈崎片段一般为1 000～2 000 个核苷酸，合成过程约需 2 秒钟；真核细胞的冈崎片段一般为 100～200 个核苷酸。在 DNA 复制延伸过程中，新形成的冈崎片段 3′-端与前一个冈崎片段 5′-端相靠近，这时大肠杆菌的 DNA 聚合酶Ⅰ接管 DNA 聚合酶Ⅲ，以其 5′→3′核酸外切酶的活性将邻近片段的 RNA 引物切除，然后，利用其聚合酶活性同步地填充上 DNA 片段间的缺失的脱氧核苷酸。相邻核苷酸间的缺口由 DNA 连接酶形成磷酸二酯键相连接（图 15-14）。

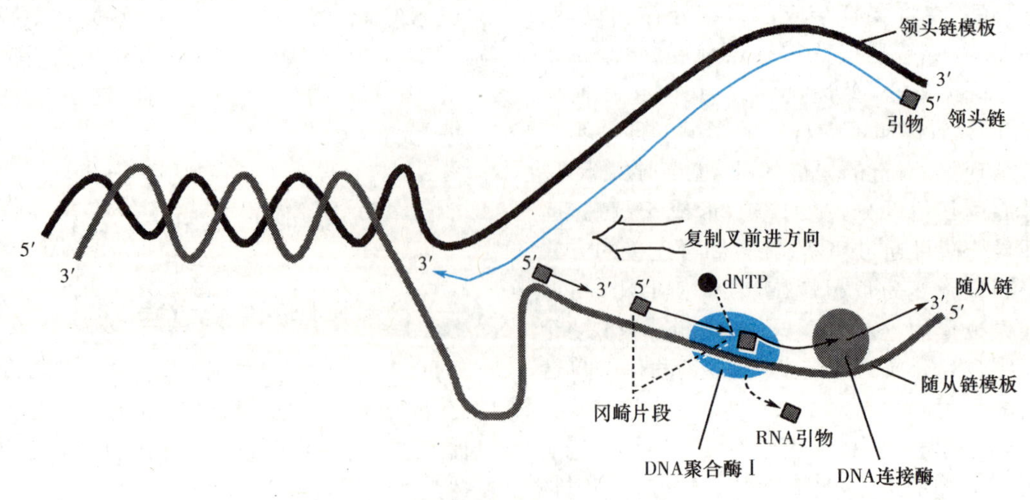

图 15-14　DNA 半不连续复制

三、DnaA 在 DNA 复制起始中的调控作用

正常情况下，DNA 复制的起始在细胞分裂周期中只发生一次，说明 DNA 复制是受到严格调控的。据研究认为：DnaA-OriC 复合物形成后能激发一系列起始反应，导致 DNA 聚合酶Ⅲ的装载。在大肠杆菌 DNA 复制中，一旦 DNA 聚合酶Ⅲ起始了 DNA 的合成，DnaA 上的 ATP 就会被水解，产生 ADP 结合的非活性形式。DNA 聚合酶Ⅲ环状 β 亚基是使 DnaA 失活的蛋白质，β 亚基形成所谓的滑动夹，能环绕 DNA，并掌控 DNA 聚合酶Ⅲ的前进。β 亚基只有装载到 DNA 上才能作为滑动夹，通过水解 ATP 使 DnaA 失活，DNA 复制可以加速 DnaA 的失活。通过这种机制，复制起始的能力可以在第一轮复制进行时迅速被抑制，这种负性调节 DnaA 的作用可以暂时阻断复制的再起始。

四、真核生物的 DNA 复制

真核生物和原核生物的 DNA 复制基本相似，但真核生物的 DNA 分子远比原核生物 DNA 大，而且通常与组蛋白形成核小体，最后以染色质形式存在于细胞核中，因此，真核生物 DNA 复制时有其特殊规律。

(一) 真核生物 DNA 复制的特点

(1) 真核生物 DNA 复制的延伸速度比原核生物慢：这可能由于真核生物 DNA 特殊的核小体结构使其不易解链。但真核生物染色体上 DNA 复制起点有多个，因此可以从几个起点同时进行复制，形成多个复制单位，故总速度仍很快(图 15-4)。

(2) 真核生物 DNA 复制过程中的引物及冈崎片段的长度均小于原核生物：动物细胞中的引物约为 10 个核苷酸，而原核生物中则可高达数十个。真核生物中冈崎片段约 100～200 个核苷酸，而原核生物中则可高达 1 000～2 000 个核苷酸。

(3) 真核生物 DNA 复制中起主要作用的 DNA 聚合酶为 DNA 聚合酶 α 及 DNA 聚合酶 δ：DNA 聚合酶 δ 催化领头链的合成，DNA 聚合酶 α 催化随从链的合成。

(4) 真核生物 DNA 在复制时还同步合成组蛋白，进一步形成核小体。

(5) 真核生物的染色体在全部复制完成以前，各个起始点上不能再开始下一轮的 DNA 复制，而在快速生长的原核生物中，在起点上可以连续开始新的 DNA 复制。

(二) 真核生物的端粒和端粒酶

与细菌环状染色体不同，真核生物染色体是线性的。线性 DNA 复制时，随从链合成的各片段去除引物后，由 DNA 聚合酶来填补空隙，但线性 DNA 末端的 RNA 引物去除后，由于 DNA 聚合酶不能催化 3′→5′的聚合反应，末端的空隙无法填充，就会造成染色体 DNA 随着复制而逐渐缩短。但事实并非如此，因为真核生物线性染色体的末端有一种特殊结构，称为端粒（telomere）或端区，在端粒酶（telomerase）的参与下，端粒以特殊的复制机制确保染色体 DNA 链的完整性。

端粒是真核生物染色体末端膨大成颗粒状的结构，形态学上像顶帽子那样盖在染色体的末端，这是因为末端 DNA 上有与之紧密结合的蛋白质。端粒的结构对于染色体的稳定、防止染色体末端相互融合以及保持遗传信息的完整性方面发挥着重要的作用，如果没有端粒结构，染色体末端之间就会发生融合或被 DNA 酶降解。

不同生物染色体的端粒都有共同的特点，即短核苷酸序列的多次重复。一般情况下，一条链的端粒重复单位是 TxGy，另一条互补链就是 CyAx，其中 x 和 y 可以是 1、2、3、4。端粒的这种特殊结构是由端粒酶催化合成的。端粒酶是一种 RNA 和蛋白质复合物。在端粒合成过程中，端粒酶首先以其自身携带的 RNA 为模板合成互补链，因此，端粒酶也是一种特殊的反转录酶。

端粒 DNA 合成过程可分为三个步骤(图 15-15)：①端粒酶借助其自身 RNA 与 DNA 单链有互补碱基序列而辨认结合到 DNA 的末端；②端粒酶以 RNA 为模板，与其互补的模板 DNA 末端为引物，dGTP 和 dTTP 为原料，在染色体 DNA 末端延长 DNA 模板链；③伸长的 DNA 末端与互补的 RNA 模板解链，端粒酶重新定位于模板的 3′-端，开始下一轮的聚合作用。经过多次移位、聚合的反复循环，使端粒的 TG 链达到一定的长度，然后停止聚合作用，端粒的这种合成方式称为爬行模型（inchworm model）。至于端粒的 CA 链如何合成目前尚不清楚，有一种解释为：端粒的 TG 链合成达一定长度后可以自身反折，形成特殊的 G-G 碱基配对，从而为 CA 链的合成提供了引物，这样也可以按 5′→3′方向合成端粒的 CA 链(图 15-15)。

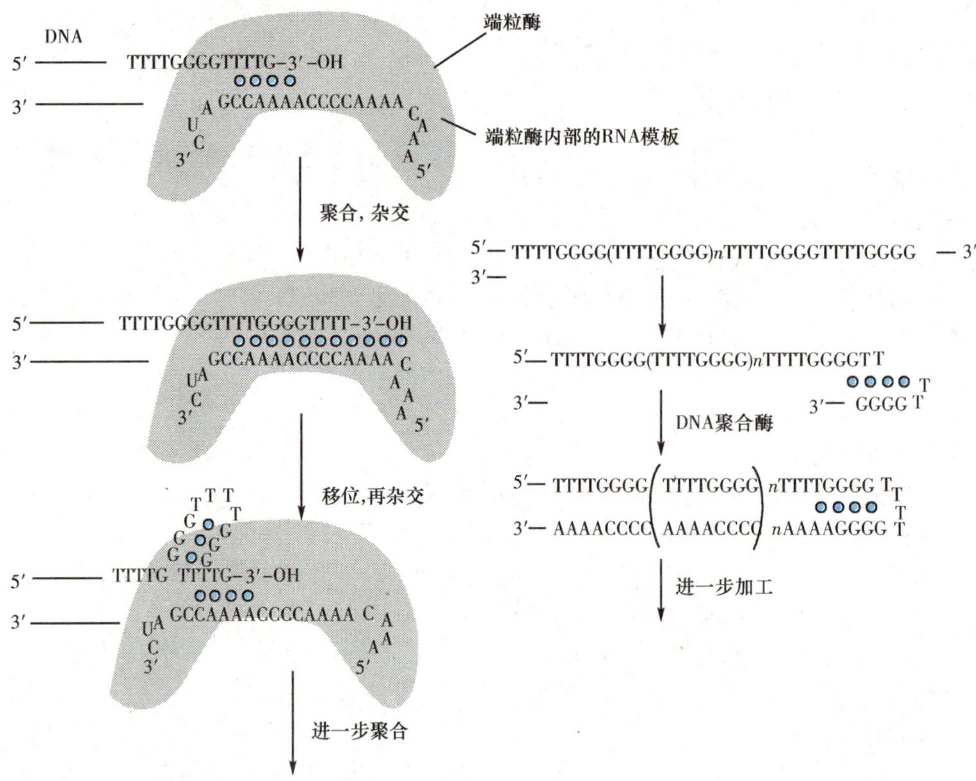

图 15-15　端粒 DNA 的合成过程

研究表明，端粒的平均长度随着细胞分裂次数的增多及年龄的增长而变短。端粒 DNA 逐渐变短至消失，可导致染色体稳定性下降，最终导致细胞凋亡，是衰老的一种机制解释。在一些肿瘤细胞中还观察到端粒的缺失和融合现象。由此可知，端粒酶作为一种特殊的反转录酶，具有其特殊的生物学功能，深入研究端粒和端粒酶，有助于了解人体衰老及肿瘤发生的机制。

第四节　DNA 的损伤和修复

DNA 存储着生物体赖以生存和繁衍的遗传信息，DNA 的复制是将遗传信息传给子代的重要环节。根据碱基互补配对的基本规律，子代 DNA 应该是模板 DNA 的准确复本，然而，某些外界环境和生物体内的因素可能导致 DNA 分子上碱基的改变，也称突变(mutation)，或 DNA 损伤(DNA damage)。如果 DNA 的损伤或遗传信息的改变不能被更正，就可能影响体细胞的功能或生存，生殖细胞的异常则可能影响到后代。因此，在生物进化过程中，生物体获得了修复受损 DNA 的能力，从而保持了遗传的稳定性。从另一个角度看，DNA 分子的突变也是生物进化和变异的分子基础。

一、DNA 损伤及突变的常见因素

DNA 损伤和突变的因素主要包括：DNA 的自发性损伤、物理因素导致的损伤和化学因素引起的损伤，有些损伤的发生是来自环境因素的影响，例如紫外线的过度照射，应该尽量避免。能引起 DNA 损伤或突变的因素通常也是癌症等疾病的发病原因。

(一) DNA 分子的自发性损伤

DNA 分子的自发性损伤可能是 DNA 复制本身的特性所致，也可能是 DNA 分子自身构型的变化或化学变化影响了复制的正确配对。

在 DNA 复制过程中，DNA 聚合酶以母链 DNA 为模板、按照碱基互补配对规律合成子代新链，从理论上讲，这是一个严格而精确的事件，然而，碱基的错配也偶有发生。研究发现，大肠杆菌 DNA 聚合酶Ⅲ的 α 亚基在体外 DNA 复制过程中每 10^4 核苷酸就会引入 1 个错误碱基。在 DNA 聚合酶作用下，错配频率可控制在 10^{-5}～10^{-6}，而且在复制中一旦发生错配，DNA 聚合酶可以暂停聚合反应，利用其 3′→5′外切酶活性切除错配的核苷酸，然后再继续进行正确的配对复制。DNA 聚合酶利用这种对复制错误的修正方式保证了复制的准确性，使复制的错配率降低至 10^{-10}左右。

DNA 分子在生物体内也会自发性地发生一

笔记栏

些构型变化或化学变化，从而影响了DNA复制中碱基的正确配对。①碱基的异构互变：DNA分子中的四种碱基都有各自的异构体，不同异构体（如烯醇式与酮式）间的互换可改变碱基间的氢键，从而使碱基配对发生错误。②碱基的脱氨基作用：由于碱基的环外氨基有一定频率自发脱落的可能，因此，脱氨基后胞嘧啶可变成尿嘧啶，腺嘌呤可变成次黄嘌呤，鸟嘌呤会变成黄嘌呤。次黄嘌呤和黄嘌呤都可与胞嘧啶配对，DNA复制时就会导致子代DNA的序列错误。研究发现，胞嘧啶的自发脱氨基的频率大约每个细胞每天190个。③碱基修饰：生物体内的一些超氧化物，如O_2^-、H_2O_2等，可能对核苷酸上的碱基有修饰作用，产生修饰碱基如胸腺嘧啶乙二醇、羟甲基尿嘧啶等，从而导致复制中的错配发生。另外，体内还可发生DNA的甲基化或其他类型的结构变化，这些损伤的积累可导致细胞的老化。

（二）DNA分子的物理损伤

射线是导致DNA物理损伤的最常见原因，例如，紫外线可以损伤DNA。当DNA受到波长在260nm左右的紫外线照射时，会引起DNA链上相邻嘧啶以环丁基环连成二聚体，如C-T、C-C、T-T，其中最容易形成的二聚体是T-T（图15-16）。人皮肤受到紫外线照射后，其细胞内的DNA以每小时5×10^4频率形成二聚体，但一般只局限于皮肤。另外，紫外线照射还可导致DNA单链或双链的断裂损伤。

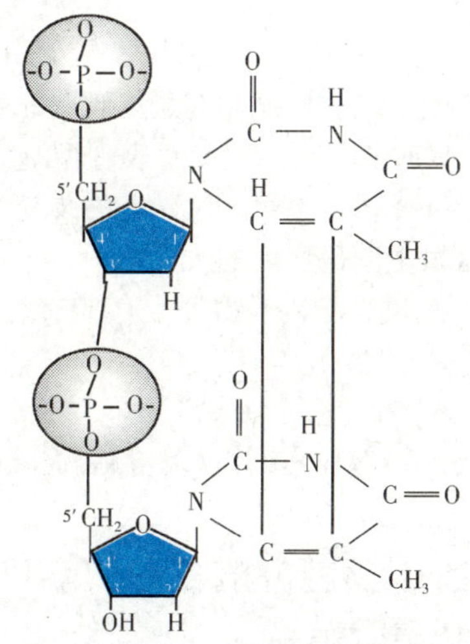

图15-16　胸腺嘧啶二聚体

电离辐射也是导致DNA损伤的物理因素，但其损伤DNA的方式可以是直接物理损伤，也可以通过生物体产生大量自由基而间接损伤DNA。无论是哪种方式，电离辐射导致的DNA损伤有多种类型：①碱基变化：电离辐射引起的OH·自由基可以导致DNA分子上碱基的氧化修饰或碱基环的破坏等，一般嘧啶比嘌呤敏感。②脱氧核糖的变化：OH·自由基与脱氧核糖上的每个碳原子和羟基上的氢都能发生反应，从而导致脱氧核糖环的破坏，最终引起DNA链的断裂。③DNA链的断裂：这是电离辐射引起的严重损伤事件，可引起DNA双链中的单链断裂或双链同时断裂，但前者比后者发生频率高10～20倍。④交联：电离辐射造成DNA分子结构和特性的变化，使其与邻近DNA或蛋白质如组蛋白、DNA结合蛋白及参与复制或转录的相关酶分子以共价键相连，形成DNA-DNA交联体及DNA-蛋白质交联体，从而影响细胞的功能和DNA的复制及转录等功能。

由此可见，紫外线或离子射线（如X-射线和原子粒子）不仅能修饰DNA分子，还能影响细胞的功能，导致癌症。例如，第二次世界大战日本原子弹爆炸区域的幸存者白血病发病率明显增加。近年来，接触过多阳光照射的人黑色素瘤的发生几率有所增加。

（三）DNA分子的化学损伤

化学因素导致DNA的损伤可以是化学物质直接与DNA相互作用引起的，也可以通过间接方式引起。一些化学性质活泼的亲电子制剂，如烷化剂，通过与DNA分子中氮原子或氧原子直接发生化学反应来修饰一定的核苷酸，使配对碱基的正常形状发生扭曲，导致DNA的损伤。而一些化学性质不活泼、不溶于水的化合物，只有当它们引入亲电子基团时才能导致DNA损伤。

烷化剂是化学因素引起DNA损伤的典型代表。烷化剂有两类，一类是单功能基烷化剂，如甲基甲烷碘酸，只能使一个位点发生烷基化；另一类是双功能基烷化剂，如氮芥、硫芥等化学武器，一些抗癌药如丝裂霉素、环磷酰胺等，以及二乙基亚硝铵等致癌物都属于此类，它们的两个功能基可同时使两处烷基化。烷化剂的作用可使DNA发生各种类型的损伤：①碱基烷基化，烷化剂将其烷基加到DNA的嘌呤或嘧啶的氮原子或氧原子上，使碱基配对发生变化，例如，鸟嘌呤N17被烷基化后就不再与胞嘧啶配对，而与胸腺嘧啶配对，导致G-C变成G-T；②碱基脱落，碱基一旦被烷基化，其糖苷键就处于不稳定状态，容易从DNA上脱落下来，DNA链上就会出现没有碱基的位点，复制时可随机插入任何核苷酸而造成突变；③断链，DNA链的磷酸二酯键上的氧原子一旦被烷基化，就会形成不稳定的磷酸三酯键，造成糖与磷酸间发生水解而使DNA

链断裂；④交联，双功能基的烷化剂可同时造成两处烷化，引起DNA链内、链间及与蛋白质之间发生交联，影响DNA的正常功能。

碱基类似物也是DNA损伤的化学因素。例如，5-溴尿嘧啶(5-BU)的结构与胸腺嘧啶十分相似，在DNA复制时可以替代正常碱基掺入到DNA链中，由于5-BU即可与A配对也可与G配对，在DNA复制时就可导致突变。

二、DNA突变的类型和后果

(一) DNA突变的类型

各种因素导致DNA损伤的后果就是突变的发生，DNA的突变主要包括以下几种类型。

1. 点突变(point mutation) 一般是指DNA分子上一个碱基的变异。点突变可分为两种情况：一种是碱基的转换(transition)，即由一种嘧啶变成另一种嘧啶，或由一种嘌呤变成另一种嘌呤；另一种是碱基的颠换(transversion)，即由嘌呤变嘧啶或嘧啶变嘌呤。点突变如果发生在基因的编码区，可引起其编码氨基酸的改变，从而导致疾病，如镰形红细胞贫血就是由于血红蛋白β链上第6号氨基酸的变异所致，而导致这个氨基酸变化的原因是其编码基因上的一个点突变(图15-17)。

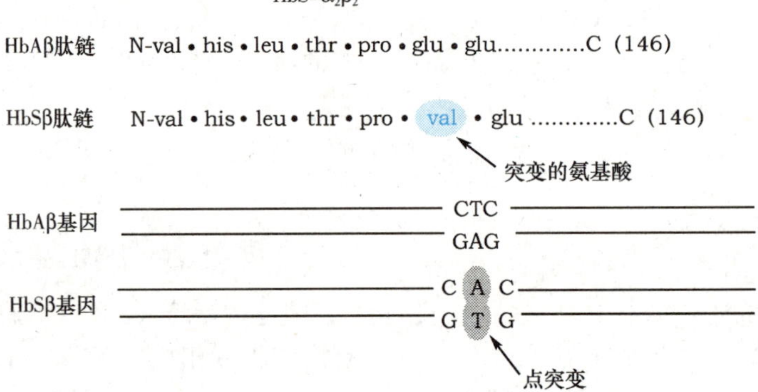

图15-17 镰形红细胞贫血病人的Hb为HbS

与正常成人Hb(HbA)比较，只是β链上第6号氨基酸的变异基因上的改变仅是为第6号氨基酸编码的密码子上的一个点突变

2. 缺失突变(deletion mutation) 指一个碱基或一段核苷酸链从DNA分子上消失。

3. 插入突变(insertion mutation) 指一个原来没有的碱基或一段原来没有的核苷酸链插入到DNA链中。

缺失或插入都可导致框移突变(frame shift mutation)。框移突变是指三联体密码的阅读方式改变，造成蛋白质氨基酸排列顺序的变化，其后果是翻译出来的蛋白质可能结构或功能完全不同(图15-17)。但3个或3n个核苷酸缺失或插入不一定能引起框移突变，可能只是蛋白质水平上一个或几个氨基酸的增加或减少，对蛋白质结构影响较小。

4. 重排(rearrangement) DNA分子内发生较大片段的交换，称为重组或重排。移位的DNA可以在新位点上颠倒方向反置(倒位)，也可以在染色体之间发生交换重组。

(二) DNA突变的后果

(1) 致死性的：突变导致细胞或生物体的死亡。

(2) 使生物体某些功能缺失，从而引起疾病的发生：如遗传病、肿瘤和有遗传倾向的病。

(3) 只改变了基因型而对表现型毫无影响：例如在简并密码子上第三位碱基的改变，蛋白质非功能区段上编码序列的改变等。

(4) 发生了有利于物种生存或有利于人类的结果。

三、DNA损伤修复的机制

(一) DNA聚合酶的校对功能可以更正复制错误

前面说过，DNA聚合酶在合成DNA的过程中，利用其3′→5′外切酶活性对错配的碱基进行校对，从而将突变几率降到最低。大肠杆菌DNA聚合酶Ⅰ的3′→5′外切酶活性能从引物模板复合物的3′端切除错配的碱基，DNA聚合酶Ⅲ的核心酶ε亚基也具有这种功能，动物细胞的

δ和 ε-DNA 聚合酶也有校对活性。由此可见，DNA 聚合酶的这种功能对于避免过多基因损伤的积累是必不可少的。

(二) 单碱基错配修复

单碱基错配修复(single-base mismatch repair)主要是针对点突变的一种修复方式。DNA 的许多自发突变都是点突变，即单个碱基的错配，原核生物和真核生物都有错配修复系统，例如大肠杆菌的 MutHLS 错配修复系统就是针对点突变进行修复。

在大肠杆菌 DNA 复制过程中，如果模板链(亲代链)的腺嘌呤是甲基化形式，由于 DNA 聚合酶只能往 DNA 中掺入非甲基化的腺嘌呤，所以，新复制的子代链腺嘌呤是非甲基化的，停滞几分钟后才被 Dam 甲基转移酶甲基化，在这段停滞期中，新复制的双链 DNA 是半甲基化的。一旦单个碱基发生改变，MutHLS 修复系统就利用这段半甲基化状态的瞬间发挥修复功能。

```
        CH3
        |
5′—G—A—T—C—3′   亲代链
3′—C—T—A—G—5′   子代链
```

大肠杆菌中的 MutH 蛋白能特异性地结合半甲基化序列，并能区别甲基化的亲代链和非甲基化的子代链，但 MutH 蛋白与 DNA 链的结合需要 MutS 蛋白的帮助。MutS 蛋白能结合到不正常的 DNA 配对片段上，随后 MutL 蛋白也结合到这个片段上，由于 MutL 蛋白是一种连接蛋白，其与 DNA 的结合能使 MutH 移动到 MutS 附近，并激活 MutH 的内切酶活性，然后靠这种活性特异性地将子代链中的错配碱基切除(图 15-18)。

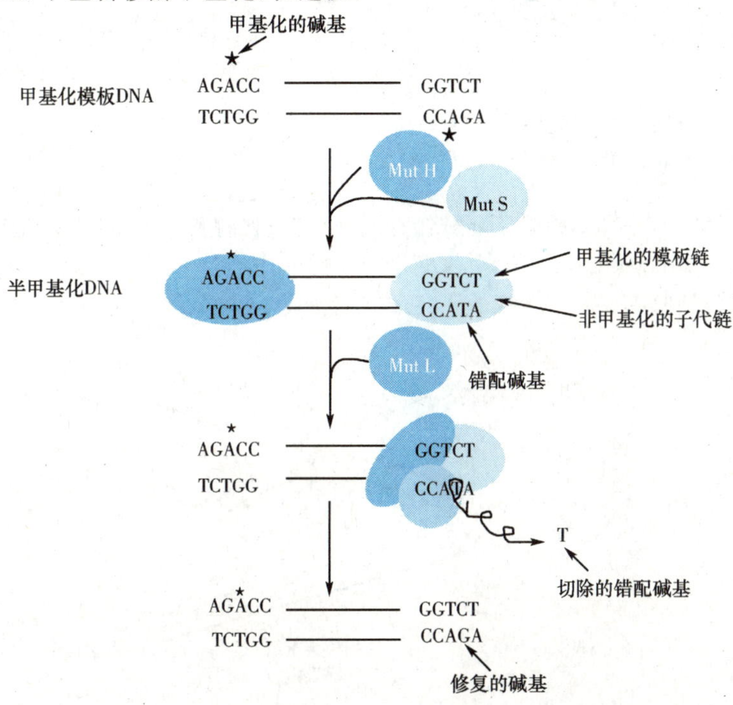

图 15-18 大肠杆菌 MutHLS 系统的错配修复

(三) 切除修复

切除修复(excision repair)是细胞内最重要的修复机制，是指对 DNA 的损伤部分先进行切除，然后再进行正确的合成，补充被切除的片段。切除修复主要由特异的核酸内切酶、DNA 聚合酶Ⅰ及 DNA 连接酶共同完成，其基本机制是：通过特异的核酸内切酶水解核酸链内损伤部位的 5′端和 3′端的磷酸二酯键，在链内造成一个缺口，当错误的核苷酸从链上水解出来后，再由 DNA 聚合酶Ⅰ的催化作用，按照模板的正确配对，将缺失部分以 5′至 3′方向合成填补，最后由 DNA 连接酶在 3′-OH 与 5′-P 裂隙间形成磷酸二酯键封口。大肠杆菌的 UvrABC(一类光活化的光修复酶)系统就是切除修复的最好例子。当 DNA 分子的形状发生异常而影响复制或转录时，两个 UvrA 和一个 UvrB 首先形成 2UvrA-UvrB 复合物，在 ATP 参与下先结合到未受损的 DNA 上，然后沿着 DNA 双螺旋一直滑到异常扭曲的 DNA 区域，使 2UvrA-UvrB 复合物结合到损伤的 DNA 部位(如 DNA 骨架产生弯曲或扭结)，这时，UvrA 与 UvrB 解离，具有内切酶活性的 UvrC 结合到损伤位点，切除受损的 DNA 区域，切补修复后留下的缺口由 DNA 聚合酶和连接酶来填补。损伤修复完成后，UvrA、B、C 被蛋白酶水解破坏(图 15-19)。

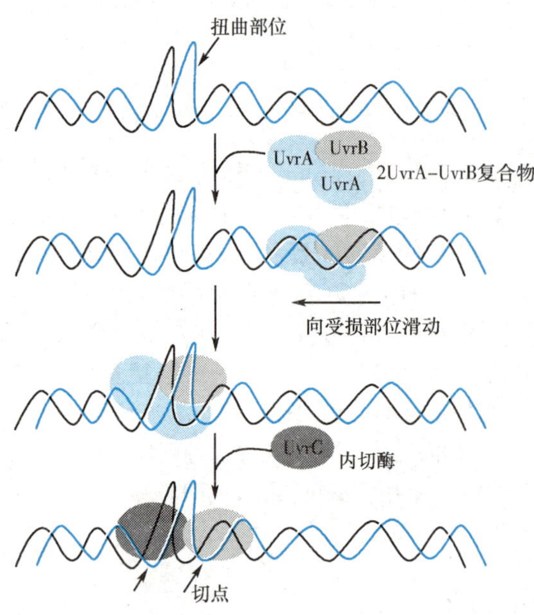

图 15-19 紫外线活化光修复系统，切补修复受损的 DNA 部位

人类较早时期发现了一种遗传性疾病称作着色性干皮病(xeroderma pigmentosis，XP)，其发病机制与 DNA 损伤修复缺陷有关。近年来的研究表明，有一套 XP 病相关的基因，分别命名为 XPA，XPB，XPC，XPF，XPG 等，其表达产物 XP 类蛋白在切除修复过程中发挥辨认和切除受损部位 DNA 的作用，切除后的空隙由 DNA 聚合酶 δ 和 ε 进行修补。XP 病人编码 XP 类蛋白的基因有缺陷，在接触紫外线引起 DNA 损伤后不能进行切除修复，这类病人皮肤癌变的机会也比正常人高很多。

(四) 重组修复

重组修复(recombination repair)是对缺乏模板且损伤大的 DNA 的一种修复方式。当大块受损的 DNA 作为模板复制新链时，子代链就会出现缺口，这时重组蛋白 RecA 的核酸酶活性就会利用另一条健康的母链与缺口部分进行交换，填补缺口。结果健康母链又出现了缺口，但它可以利用完整子代链作为模板，借助 DNA 聚合酶Ⅰ及 DNA 连接酶的作用将健康母链完全复原。这种修复方式不会对受损的母链进行修复，使受损母链的损伤继续保留下去。但在以后不断的复制过程中，受损母链所占比例就会越来越低，起到了“稀释”损伤链的作用。参与重组修复的 RecA 蛋白是 recA 基因的编码产物，是大肠杆菌中与重组(recombination)有关的基因之一，除此之外，recB、recC 等也是与重组修复有关的基因(图 15-20)。

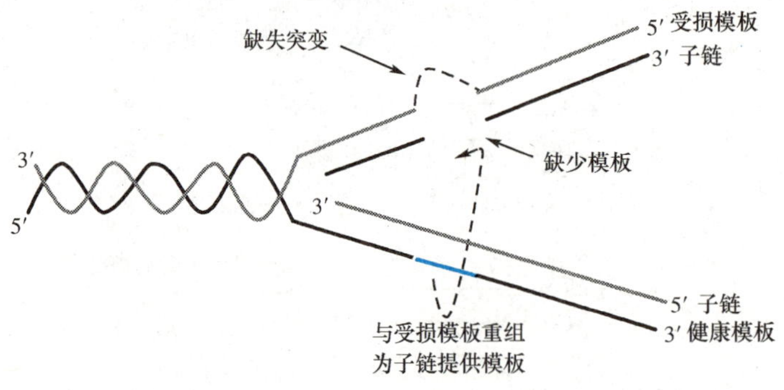

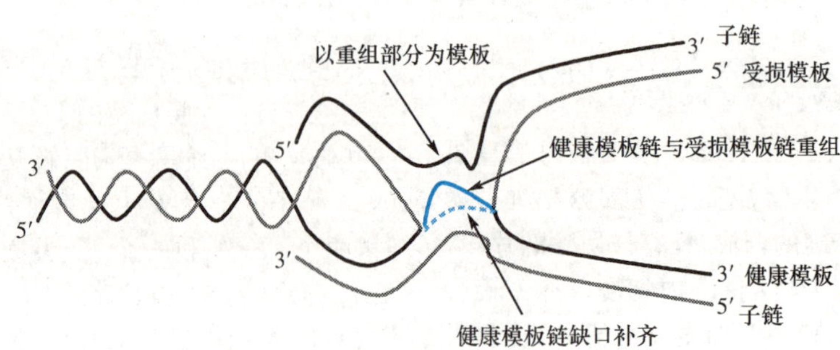

图 15-20 重组修复

1. 黑色虚线示损伤部位，虚线箭头示片段交换 2. 重组后，损伤链为有缺陷双链，健康链带缺口 3. 蓝虚线代表健康链已完全复原

(五) SOS修复

SOS是国际海难信号，这一命名表示这是一类应急性的修复方式。细胞采用这一修复方式是由于DNA分子受到严重损伤，细胞处于危险状态，正常修复机制均已被抑制，此时只能进行SOS修复。这种修复的机制是：正常状态下，调控蛋白LexA作为一种抑制蛋白，抑制与SOS修复有关基因(recA基因、UvrA基因以及其他SOS基因)的表达，但当DNA受到严重损伤时，RecA蛋白被激活，刺激调控蛋白LexA的自我水解，当LexA被水解后，与SOS修复有关基因的抑制被解除，于是SOS修复酶大量表达。SOS修复时，SOS修复酶对碱基的识别和选择均不严格，因此，错配的几率可能很高，需要进行精确的校验。SOS修复后，如果DNA复制能继续进行，细胞可能存活，但DNA中存留的错误也会很多，引起较广泛和长期的突变。以细菌为研究材料的实验还证明：不少能诱发SOS修复机制的化学药物都是哺乳类动物的致癌剂。对SOS修复和突变、癌变的关系，是肿瘤学上研究的热点课题之一。

Summary

DNA replication Double-helix DNA is composed of two strands with opposite directions. In all cells, DNA replication is semiconserved, in which leading strand is continuously synthesized and lagging strand is discontinuously synthesized. In other word, DNA replication is semidiscontinuous. Its mechanism is similar both in prokaryotes and eukaryotes. DNA replication is initiated at specific site on double-stranded DNA, which is called replication origin. In *E. coli*, the origin of DNA replication is *OriC*. The initiation of DNA replication involves different enzyme proteins. In *E. coli*, DnaA can recognize and bind to *oriC* for initiating the replication. DnaB as helicase can separate double-stranded DNA into single strands to provide templates for the replication. DnaC as primase can synthesize RNA primer for further DNA replication. DNA polymerase will add free deoxyribonucleotides to a free 3′-OH for elongation of the new synthesized strands. Topoisomerase plays very important role in whole process of DNA replication by removing the positive supercoiling and introducing negative supercoiling along the direction of replication forks. During the replication, single strand DNA binding protein (SSB) can bind to the single template avoiding the complementary base pairing between two parental chains. DNA polymerase is a key enzyme in DNA replication. There are different kinds of DNA polymerases. In *E. coli*, DNA polymerase Ⅲ displays an important role in DNA replication and DNA polymerase Ⅰ is mainly for correcting the mismatched base-pairing and sealing the nicks between two fragments. In eukaryotic cells, DNA polymerase δ is in charge of leading strand replication and DNA polymerase α is for lagging strand synthesis. DNA polymerase ε is similar to DNA polymerase I of *E. coli* for correcting and sealing. All DNA polymerases have following common features: 1) need template so that they are called DNA dependent DNA polymerase; 2) need primers; and 3) direction of newly synthesized strand is always from 5′to 3′. Usually, DNA polymerases possess four different activities: 1) 5′→3′ polymerase activity; 2) 5′→3′ exonuclease activity; 3) 3′→5′ exonuclease activity and 4) RNase H activity. DNA replication starts from origin and stops at termination, which is called as replicon. Prokaryotic genomic DNA has just one replicon, whereas eukaryotic chromosome DNA contains many replicons which means DNA replication can be started at multiple origins simultaneously. For the replication of lagging strand, discontinuously synthesized Okazaki fragments will be ligated by DNA ligase after removing RNA primers and filling up the absence nucleotides by DNA polymerase I in *E. coli* or DNA polymerase ε in eukaryotes. However, the replication of 3′-end of lagging strand in eukaryotic linear chromosome is fulfilled through the synthesis of telomere catalyzed by a special reverse transcriptase, telomerase which is composed of short RNA and RAN-dependent DNA polymerase.

DNA damage and repair DNA damage may result from spontaneous mutation, or environmental agents including radioactive rays and chemical carcinogens. In fact, DNA damage happens nearly all the time. There are different types of DNA mutation: point mutation, deletion or insertion, and rearrangement. Deletion and insertion of DNA may result in frame-shift mutation. The result of DNA mutation may be fatal, or losing of living function, or alteration of genotype but not phenotype, or a good thing for species survival. Living body possesses function for repairing damaged DNA. Some DNA polymerases can correct mismatched base pairs. Single-base mismatch repair is a repair manner for point mutation. The excision repair is a very important repair mechanism in cells. It is performed by endonuclease, DNA polymerase I and DNA ligase in *E. coli*. The UvrABC system is just a good example in excision repair. Recombination repair is a manner for large damage of DNA. SOS repair is an emergency manner for the repair of DNA with major injury.

思考题

1. DNA复制的起始涉及哪些酶或因子？各起什么作用？

2. DNA聚合酶通常有哪些酶活性？引物在其引导DNA复制中主要起什么作用？

3. 半保留复制和半不连续复制各是什么意思？为什么一条链是以冈崎片段方式复制？

4. 真核生物DNA的末端复制为什么需要反转录过程？端粒是怎么合成的？

5. 有哪些因素可引起DNA损伤？DNA突变的常见类型有哪些？

6. DNA损伤修复的方式主要有哪些？为什么说SOS修复与DNA突变、癌变间的关系是肿瘤学研究的热点之一？

（王丽颖）

第 16 章 RNA的生物合成与转录后加工和调节

过去认为，RNA 的主要作用是将 DNA 中蕴藏的遗传信息传递给蛋白质，但 RNA 在生命进程中扮演的角色远比我们早先设想的更为重要。RNA 既能像 DNA 一样携带遗传信息，又能像蛋白质一样起催化功能，就是说 RNA 兼有 DNA 和蛋白质的功能。RNA 干扰(RNA interference)的发现使得人们对 RNA 调控基因表达的功能有了全新的认识，很多其他种类的不编码蛋白质的 RNA 分子在生命活动中发挥着重要作用，如大分子生物加工和基因表达调控等。因此，研究 RNA 的生物合成与转录后加工和调节对于了解生命的本质具有特别重要的意义。

第一节 基因转录的基本特性

转录(transcription)是以 DNA 的一条链为模板，NTP 为原料，在依赖 DNA 的 RNA 聚合酶催化下合成 RNA 链的过程。转录与 DNA 的复制有很多相同或相似之处，如聚合过程都是核苷酸之间生成 3′,5′-磷酸二酯键，都从 5′→3′方向延伸合成多核苷酸链，但也有其特点(表 16-1)。

表 16-1 转录与复制的异同

	相同点或相似点	差异	
		转录	复制
模板	DNA	模板链转录	两股链均可复制
原料	核苷三磷酸	NTP	dNTP
碱基配对	遵从碱基配对原则	A-U;T-A;G-C	A-T;G-C
聚合酶	依赖 DNA 的聚合酶	RNA 聚合酶	DNA 聚合酶
产物	多核苷酸链	mRNA,tRNA,rRNA 等	子代双链 DNA
特点		不对称转录	半保留复制

归纳起来，基因转录的基本特性有下列几个方面。

1. 转录的不对称性 转录的模板是双链 DNA 中的一条链，转录过程只以基因组 DNA 中编码 mRNA、tRNA、rRNA 及小 RNA 的区段为模板。DNA 分子中能编码 RNA 的区段，称为结构基因(structure gene)。结构基因的两股链，按其功能分别给予不同的名称。其中一股链作为模板转录成 RNA，称为模板链(template strand)，也称作 Watson(W)链、或负链；与模板链互补的非模板链，其编码区的碱基序列与 mRNA 的密码序列相同(仅 T、U 互换)，称为编码链(coding strand)，也称作 Crick(C)链、或正链。如：

5′-GCGATACGCTAT-3′编码链、Crick(C)链、正链
3′-CGCTATGCGATA-5′ 模板链、Watson(W)链、负链
5′-GCGAUACGCUAU-3′转录产物 mRNA

不同基因的模板链与编码链，在 DNA 分子上并不是固定在某一股链，这种现象称为不对称转录(asymmetric transcription)(图 16-1)。模板链在同一双链的不同单股时，由于转录方向都从 5′→3′，表观上两者转录方向相反。

笔记栏

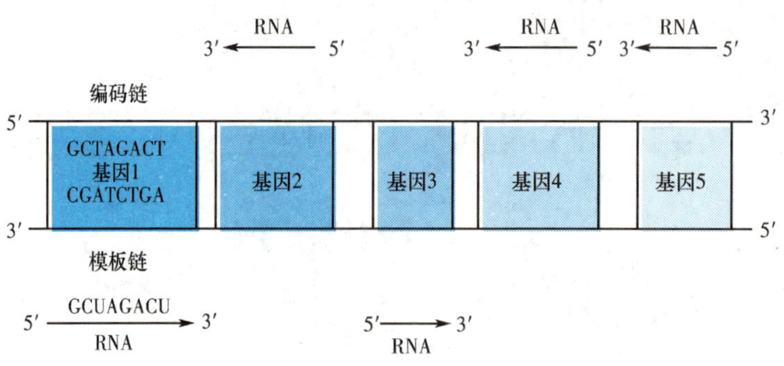

图 16-1 不对称转录

箭头表示转录产物的合成方向

2. 转录的连续性 RNA 转录合成时，在 RNA 聚合酶的催化下，连续合成一段 RNA 链，RNA 链之间无需像 DNA 复制那样先合成小片段再进行连接。

3. 转录的单向性 RNA 转录合成时，只能朝一个方向进行聚合，即 5′→3′方向合成 RNA 链。

4. 有特定的起始和终止位点 RNA 转录合成时，只能以 DNA 分子中的某一段作为模板，故存在特定的起始位点和特定的终止位点。

与 DNA 复制类似，转录过程在原核生物和真核生物中所需的酶和相关因子有所不同，转录过程及转录后的加工修饰亦有差异。下面分别叙述。

第二节 RNA 聚合酶

转录酶(transcriptase)是依赖 DNA 的 RNA 聚合酶(DNA dependent RNA polymerase, DDRP)，亦称为 DNA 指导的 RNA 聚合酶(DNA directed RNA polymerase)，简称为 RNA 聚合酶(RNA pol)。它以 DNA 为模板催化 RNA 链的起始、延伸和终止，不需要任何引物。

一、原核生物的 RNA 聚合酶

大多数原核生物 RNA 聚合酶的组成是相同的，细菌中只发现有一种 RNA 聚合酶，能催化 mRNA、tRNA 和 rRNA 等的合成，研究得比较清楚的是大肠杆菌(*E. coli*)的 RNA 聚合酶。

(一) 大肠杆菌 RNA 聚合酶的组成

大肠杆菌 RNA 聚合酶的分子质量约 465kDa，由 5 种亚基($\alpha_2\beta\beta'\omega\sigma$)组成全酶(holoenzyme)，σ 亚基与全酶疏松结合，在胞内、外均容易从全酶中解离，解离后的($\alpha_2\beta\beta'\omega$)部分称为核心酶(core enzyme)。通过利福霉素等抑制转录的实验研究，对转录酶各亚基的功能已有一定的认识(表 16-2)，其中 β 和 β′亚基组成酶的活性中心，通过 DNA 的磷酸基团与核心酶的碱性基团间的非特异性吸附作用，核心酶能与模板 DNA 非特异性松弛结合；σ 亚基实际上被认为是一种转录辅助因子，因而称为 σ 因子，在转录延伸阶段，σ 亚基与核心酶分离，仅由核心酶参与延伸过程。全酶的分子直径约为 10nm，椭圆球形，可结合或覆盖 DNA 模板约 60 个核苷酸。

表 16-2 大肠杆菌 RNA 聚合酶的组成分析

亚基	基因	相对分子质量	亚基数	功 能
α	*rpo*A	36 500	2	全酶的组装，识别启动子
β	*rpo*B	151 000	1	与底物(NTP)及新生 RNA 链结合
β′	*rpo*C	155 000	1	与模板 DNA 结合
ω	*rpo*Z	11 000	1	未明
σ	*rpo*D	70 000	1	存在多种 σ 因子，辨认转录起始点

(二) σ 因子

生物体在生命周期的不同阶段或在内、外环境有所变化时，其基因表达有一定的时、空顺序，以适应生长、发育及环境变化的需要。RNA 聚合酶的活性是决定基因表达的重要一环，σ 因子

与RNA聚合酶核心酶的结合是原核生物RNA合成的关键步骤。σ因子对识别DNA链上的转录信号是不可缺少的，它是核心酶和启动子之间的桥梁，参与启动子的识别和结合。原核生物中所有RNA的转录都由同一种RNA聚合酶催化，在生命周期的不同阶段或不同环境下，这个酶如何识别所有转录单位的启动子，是由识别启动子的σ因子来完成的。已发现原核生物有多种σ因子，为了便于区别，常标以其分子量进行命名，一般情况下的σ因子是由分子质量为70kDa的σ^{70}参与组成全酶。在环境温度升高时，大肠杆菌处于热激状态，促使*rpoH*基因表达产生σ^{32}，它能识别热休克基因(heat shock gene)的启动子，产生热休克蛋白，提高细菌对高温的适应能力。可能还有调控热休克蛋白表达的其他σ因子，以适应更加剧烈的温度变化。当环境中的铵缺乏时，σ^{54}(也称为σ^{N})可使利用其他氮源的相关基因表达。σ^{E}可启动与趋化性和鞭毛结构相关的基因表达。枯草杆菌通过有序的σ因子更换，使RNA聚合酶识别不同基因的启动子，使与孢子形成有关的基因有序地表达。

基因启动子－35和－10区的保守序列是σ因子识别的位点，如表16-3所示，不同的σ因子能识别的保守序列可以完全不同。

表16-3　大肠杆菌的σ因子及其识别序列

σ因子	基因	活性条件	-35区	间隔序列长度(bp)	-10区
σ^{70}	*rpo*D	正常	TTGATC	16～18	TATAAT
σ^{54}	*rpo*N	氮缺乏	TCGGNA	6	TTGCA
σ^{32}	*rpo*H	热激	CCCTTGAA	13～15	CCCGATNT
σ^{28}	*fli*A	芽胞	CTAAA	15	GCCGATAA
σ^{24}	*rpo*E	热激	未明	未明	未明

σ^{70}有4个保守区，其中2区和4区与启动子的－35区和－10区的保守序列结合，研究的结果提示，σ因子从全酶游离出来后不与启动子结合，可能与其N端区域的结构有关，因为去除N端结构域后的σ因子，能特异地与启动子结合。σ因子的二级结构为α螺旋。

另外，已知σ因子与RNA聚合酶核心酶结合的亲和力大小会影响基因转录的起始频率。换句话说就是会影响特定基因表达量的大小，从而对生命活动进行调节。

二、真核生物的RNA聚合酶

真核生物中已发现有5种RNA聚合酶，分别负责转录不同的RNA，它们对特异性抑制剂鹅膏蕈碱的敏感性亦有差异(表16-4)。

表16-4　真核生物RNA聚合酶的种类和性质

种类	细胞内定位	转录产物	对鹅膏蕈碱的敏感性
Pol Ⅰ	核仁	45S rRNA	不敏感
Pol Ⅱ	核质	hnRNA	敏感
Pol Ⅲ	核质	tRNA，5S rRNA，snRNA	不同物种敏感性不同
Pol Ⅳ	核质	siRNA	不详
pol mt	线粒体	线粒体RNAs	不敏感

目前研究表明，各种真核生物的RNA聚合酶的同源性很高，经SDS聚丙烯酰胺凝胶电泳分析显示，前三种酶都有2个大亚基和12～15个小亚基。最大的和第二大的两个大亚基在各种酶各不相同，但亦有相关，即分别与大肠杆菌的β′和β亚基相似。而pol Ⅰ和pol Ⅲ共有的40kDa和19kDa亚基及pol Ⅱ的2个44kDa亚基与大肠杆菌的α亚基有同源性，这些亚基的组成也类似于大肠杆菌的核心酶($\alpha_2\beta\beta'\omega$)，上述事实表明，在生物进化过程，RNA聚合酶源于同一祖先并高度保守。此外，pol Ⅰ、Ⅱ、Ⅲ有5个相同的小分子亚基(10～27kDa)，而每种酶都有4～7个各不相同的特异亚基，这与其功能差异有关。所有亚基对维持正常功能都是重要的。

第三节　与转录起始有关的DNA结构

基因表达的重要一环是将存贮于DNA中的信息转录成RNA。然而转录是在有基因信息的区段进行。这个区段从何开始，在何处结束，这也是一种信息。这种信息也蕴藏在DNA结构中，即决定转录起始和终止的信号都依赖于

DNA的特异序列。为了便于研究，分别命名为启动子和终止子。在转录起始部位，DNA模板上被RNA聚合酶识别并结合形成转录起始复合物的区段，称为启动子(promoter)。在结构基因编码链的3′端对转录过程提供终止信号的序列，称为终止子(terminator)。原核生物和真核生物基因启动子的结构各有特征，分述如下。

一、原核生物启动子

研究RNA聚合酶与启动子的识别和结合的常用方法是足迹法(footprinting)，或称蛋白质保护法。其基本原理是DNA与蛋白质结合时可被保护而免受核酸内切酶的切割。若将DNA与RNA聚合酶相互反应后再用核酸内切酶短暂水解，未受保护区段的DNA被切割，产生单链缺口，变性后产生的单链片段经凝胶电泳，按大小不同将呈系列的条带，与未经RNA聚合酶作用的对照DNA比较，电泳条带分布有差异。实验样品会缺失某些与受保护片段相对应的条带。从缺失条带的位置，可确定受保护片段的大小(图16-2)。

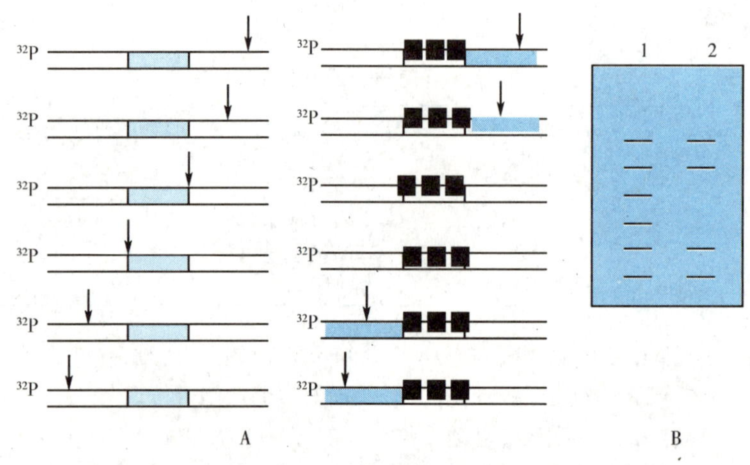

图16-2 足迹法示意图

A. DNA片段的一端用^{32}P标记后与DNA结合蛋白作用，低浓度DNase Ⅰ消化，控制每分子DNA在可能切断的位置(↓)中只有一个位点被切断。未与DNA结合蛋白作用的对照组，作同样酶处理。未与蛋白质结合的DNA，在可能的酶切处被切断
B. 酶切产物去除蛋白质后的单链电泳自显影图谱。1. 为对照样品；2. 为实验样品。对照组可见从标记末端到不同切口、不同长度的电泳带。实验组则有2条带缺失，表示DNase Ⅰ未能消化，是DNA结合蛋白结合处，留下足迹，与对照组比较，可知结合位点的基本位置

在描述碱基的位置时，一般将DNA模板链上开始转录生成RNA 5′端第一个核苷酸的位置定为+1，下游碱基依次为+2、+3、……，上游的碱基依次为−1、−2、−3、……。

研究表明，在结构基因的上游总是有40～60bp比较保守的序列，能与RNA聚合酶相互作用，这段序列就是启动子。在分析了100多个大肠杆菌启动子结构后发现，它们含有的保守序列，也称一致(consensus)序列，可分为4个区域：转录起始点、−10区、−35区、−10～−35之间的序列。

1. 起始点 开始转录的位点，标示为+1，编码链上与+1相应的碱基，通常是A或G。转录起始点与翻译起始点不在同一位点，起始密码子AUG一般都在转录起始点的下游。

2. −10区 保守序列的中心之一，位于转录起始点上游−10bp处，其一致序列为TATAAT，为显示每个碱基在所研究过的100多个启动子中出现的频率(%)，可表述为$T_{80}A_{95}T_{45}A_{60}A_{50}T_{96}$，从数字表明前两位点的TA和最后一个的T保守性最强，可能有较重要的作用，−10区最先由Pribnow发现，也称为Pribnow box。

3. −35区 另一保守序列的中心位于−35bp，其一致序列为$T_{82}T_{84}G_{78}A_{65}C_{54}A_{45}$，TTGACA是σ因子的识别位点，RNA pol全酶首先识别并结合于此序列，向下游滑动至−10区，并接近转录起始点，形成转录起始复合物，即RNA pol-DNA复合物，为转录起始做好了准备，此区又称Sextama盒。

4. −10区～−35区间隔序列 多数为16～18bp，此区的重要性不在于碱基序列的组成，而在于间隔序列的长短，即碱基的数目，为RNA-pol提供合适的空间结构利于起始转录。

综上所述，原核生物启动子在编码链的序列结构可归纳为：

笔记栏

$$
\begin{array}{ccc} -35 & -10 & +1 \\ 5'\cdots\cdots TTGACA\cdots\cdots N_{16\sim18}\cdots\cdots & TATAAT\cdots\cdots N_{6\sim7}\cdots\cdots & A\cdots\cdots \end{array}
$$

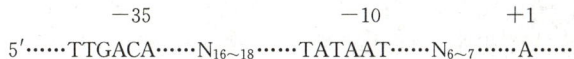

其中 $N_{16\sim18}$ 意为多数启动子－10～－35 区的间隔序列，为 16～18bp；而转录起始点与－10 区的间隔为 6～7bp。

二、真核生物启动子

真核生物不同的 RNA 聚合酶，催化不同基因的转录。

（一）RNA 聚合酶Ⅰ的启动子

RNA 聚合酶Ⅰ催化 rRNA 基因转录成 45S RNA，再加工成 5.8S、18S 和 28S rRNA。启动子由位于－45～＋20 的核心启动子和－180～－107 的上游调控元件组成，两者有 85％的同源性，均富含 G-C 对。

（二）RNA 聚合酶Ⅱ的启动子

转录起始点上游有三处参与转录调控的保守序列，或称为顺式作用元件（*cis*-acting element）。在－90bp 处有核心序列为 GGGCGG 的 GC 盒，－70bp 处有一致序列为 GGC（T）CAATCT 的 CAAT 盒，－30bp 处有一致序列为 TATAA（T）AAT 的 TATA 盒，又称 Hogness 盒。转录起始点与原核生物相似，大多数为 A 或 G。

RNA 聚合酶Ⅱ催化蛋白质基因的转录，合成各种 mRNA。由于蛋白质的种类繁杂，其基因启动子也具多样性，除上述顺式作用元件外，还发现有其他的元件，如一致序列为 ATTTGCAT 的八聚体元件，甚至在转录起始点下游也发现有与启动子功能相关的元件。上述 4 种元件在不同的启动子中可有不同的组合。RNA 聚合酶Ⅱ是最活跃的聚合酶，但各种启动子的具体结构和功能尚有待进一步研究。

（三）RNA 聚合酶Ⅲ的启动子

此酶催化 snRNA、tRNA 和 5S RNA 的转录，要识别三类不同基因的启动子，需与其他辅助因子共同作用，snRNA 的启动子与蛋白质基因的启动子相似，位于转录起始点上游，并含有可被辅助因子识别的特殊序列，而 5S RNA 和 tRNA 基因的启动子则位于转录起始点的下游，称为内部启动子。

第四节　转 录 过 程

转录是生物合成 RNA 的过程，与复制相似，分为起始、延伸和链合成终止三个阶段。

一、转录的起始

转录的起始，就是形成转录起始复合物的过程。这一阶段反应所需的辅助因子，在原核生物与真核生物之间有较大的差异。

（一）原核生物转录的起始

原核生物转录的起始可分为四个阶段：

（1）核心酶在 σ 因子的参与下与 DNA 模板接触，生成非专一的、不稳定的复合物在模板上移动。

（2）σ 因子辨认启动子的－35 区，全酶与该区结合，形成疏松的复合物，此时 DNA 双链未解开，因而称为“封闭型”的 RNA pol-启动子二元转录起始复合物。

（3）RNA 聚合酶移向－10 区及转录起始点，在－20 区处 DNA 发生局部解链，形成 12～17bp 的单链区，RNA 聚合酶与 DNA 结合更紧密，形成“开放型”的 RNA pol-启动子二元转录起始复合物。

（4）以单链的模板链为模板，RNA 聚合酶上的起始位点和延伸位点被相应的 NTP 占据，聚合酶的 β 亚基催化第一个磷酸二酯键的生成，σ 亚基从全酶解离，形成“RNA pol（核心酶）-启动子-rNTP 三元转录延伸复合物”。

转录的起始，不需要引物，这是 RNA 聚合酶与 DNA 聚合酶的重大区别之一。

（二）真核生物转录的起始

真核生物的几种 RNA 聚合酶，分别催化不同 RNA 的合成，每种酶都需要一些蛋白质辅助因子，称为转录因子。转录因子的命名常冠以聚合酶的名称，如 RNA 聚合酶Ⅱ所需的转录因子称为转录因子Ⅱ（transcription factor Ⅱ，TFⅡ）。

1. RNA 聚合酶Ⅰ催化的转录起始　RNA 聚合酶Ⅰ催化前 rRNA（45S RNA）的合成。前体 rRNA 基因转录起始点上游有两个顺式作用元件：一个是跨越起始点的核心元件（core element），另一个在－100bp 处有上游调控元件（upstream control element，UCE）。RNA 聚合酶Ⅰ催化的转录需要 2 种转录因子，分别称为上游结合因子（upstream binding factor，UBF）和选择性因子 1（selectivity factor 1，SL1）。SL1 含有 4 个亚基，一个是 TATA 盒结合蛋白（TATA-

笔记栏

binding protein，TBP)，另 3 个是 TBP 相关因子(TBP-associated factors，TAF)。UBF 与 DNA 结合令模板 DNA 发生弯曲，使相距上百碱基对的 UCE 和核心元件靠拢，接着 SL1 和 pol Ⅰ 相继结合到 UBF-DNA 复合物上，完成起始复合物的组建，开始转录(图 16-3)。

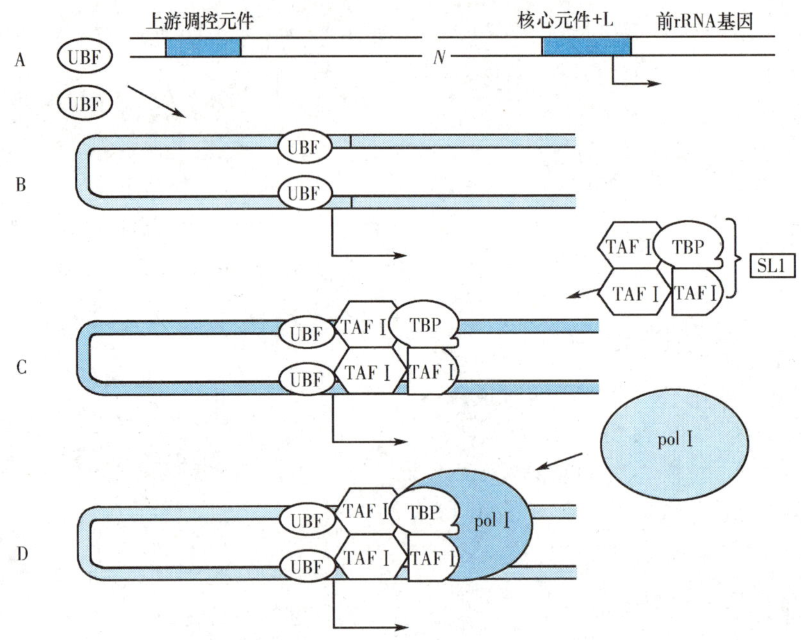

图 16-3　RNA 聚合酶 Ⅰ 转录起始复合物的组装

A. rRNA 前基因，含有与转录起始位点重叠的核心启动子元件及上游调控元件；B. UBF 与模板结合，令模板弯曲，使上游调控元件与核心元件靠拢；C. SL1 与 UBF-DNA 复合物结合，SL1 含有一个 TBP 和 3 个 TAF；D. pol Ⅰ结合到 UBF-DNA 复合物

2. RNA 聚合酶 Ⅱ 催化的转录起始

(1) 转录因子：RNA 聚合酶Ⅱ催化各种前体 mRNA 的合成。研究表明，RNA 聚合酶Ⅱ催化的转录起始需要较多的转录因子参与(表 16-5)。

表 16-5　转录因子 Ⅱ 的种类

转录因子	总分子质量(kDa)	亚基分子质量(kDa)	亚基数
TFⅡA	～100	34	1
		19	1
		14	1
TFⅡB	33	33	1
TFⅡD	～750	38	1(TBP)
		230 及较小的	8 个以上(TAFs)
TFⅡE	180	32	2
		56	2
TFⅡF	210	30	2
		74	2
TFⅡH	230	90	1
		62	1
		43	1
		41	1
		35	1
TFⅡJ	未详		未详

(2) 转录起始复合物的组装：首先 TⅡD 与启动子的 TATA 盒结合，此时如无 TFⅡA 的存在，TFⅡD-启动子复合物会与抑制因子结合。TFⅡA 存在时与 TFⅡD 结合形成复合物，可防止复合物与抑制因子结合，继而与 TFⅡB 结合。聚合酶与 TFⅡF 先形成复合物后再结合到 DNA 上；此时尚未能启动转录，仍须 TFⅡE 和 TFⅡH 及 TFⅡJ 的参与。TFⅡH 是最后参入的因子，有解旋酶活性，通过水解 ATP 获得的能量使起始部位 DNA 解链，以便聚合酶能够起始转录。TFⅡH 还有蛋白激酶活性，使聚合酶Ⅱ的 C-端多个丝氨酸残基磷酸化，这是聚合酶能离开起始点继续移向下游指导转录的重要因素，组装过程简示如图 16-4。

3. RNA 聚合酶 Ⅲ 催化的转录起始　RNA 聚合酶Ⅲ催化 tRNA，5S rRNA 和 7S rRNA 的转录。

(1) tRNA 基因转录的起始：tRNA 基因的转录初产物是 tRNA 的前体，经加工后产生多个成熟 tRNA。在 DNA 上的调控序列位于起始转录位点的下游，称为内部启动子。有两个调控区，分别位于编码 tRNA D 环和 Tψ 环的序列，分别称为 A 盒和 B 盒。

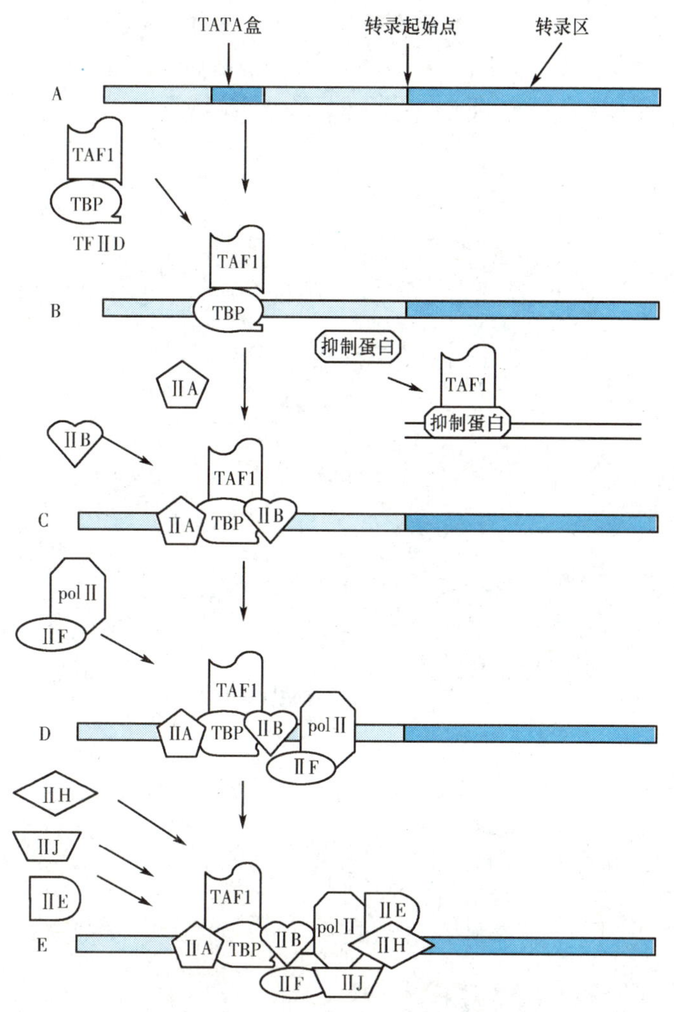

图 16-4 RNA 聚合酶Ⅱ转录起始复合物的组装

A. 某蛋白质的基因;B. TFⅡD 结合到 TATA 盒序列,形成 D-A 复合物,并有 TFⅡA 可防止抑制因子的结合;C. TFⅡB 结合到 D-A 复合物上;D. pol Ⅱ与 TFⅡF 形成复合物后结合到转录前起始复合物上;E. 再加入 TFⅡE、TFⅡH 和 TFⅡJ 至复合物中

RNA 聚合酶Ⅲ催化的转录需要三个蛋白质因子分别称为 TFⅢA、TFⅢB 和 TFⅢC。TFⅢC 由 6 个亚基组成,总分子质量约 600kDa。在转录起始阶段,首先由 TFⅢC 结合到启动子的 A 盒和 B 盒上,然后,TFⅢB 通过与 TFⅢC 作用,结合到 A 盒上游约 50bp 处,最后是 RNA 聚合酶Ⅲ结合上去。当有 NTP 存在时即可起始转录,同时,TFⅢC 可以解离移除。与 RNA 聚合酶Ⅰ类似,RNA 聚合酶Ⅲ催化的转录起始无须水解 ATP。

(2) 5SRNA 基因转录的起始:5S RNA 基因的转录除了需要 TFⅢB 和 TFⅢC 外,还需要 TFⅢA,首先由 TFⅢA 结合到起始位点下游 81~99bp 处(C 盒),然后 TFⅢC 结合到 A 盒和 B 盒,继而是类似 tRNA 的转录,TFⅢB 与 TFⅢC 作用,与聚合酶Ⅲ结合,即可起始转录。

二、转录的延伸

转录延伸(elongation)阶段发生的反应,在原核生物和真核生物之间比较相近。总的来说,一是聚合酶如何向转录起始点下游移动,继续指导核苷酸以磷酸二酯键聚合到核苷酸链的 3′端,二是转录区的模板如何形成局部单链区,便于转录。

原核生物 RNA 聚合酶催化转录起始,即核苷酸链中的第一个磷酸二酯键形成后,σ 因子从全酶中解离出来,核心酶就能沿 DNA 分子移动,真核生物 RNA 聚合酶不仅需要较多的转录因子来催化起始,而且转录起始后酶的移动,也靠多种转录因子的共同作用使酶的构象发生改变来实现,如在 TFⅡH 等作用下,聚合酶Ⅱ C-端丝氨酸的磷酸化是聚合酶向下游移动的重要因素。

在转录延伸过程中,DNA 双链需解开 10~20bp,形成的局部单链区像一个小泡,故形象地称为转录泡(转录泡也指 RNA pol-DNA 模板-转录产物 RNA 结合在一起形成的转录复合物)。

为了保持局部的转录泡状态，在RNA聚合酶下游的DNA需不断解链，可使其下游的DNA（未解开双链部分）越缠越紧，形成正超螺旋，而其上游DNA变得松弛，产生负超螺旋，需要解旋酶（helicase）和拓扑异构酶来消除这些现象（图16-5）。

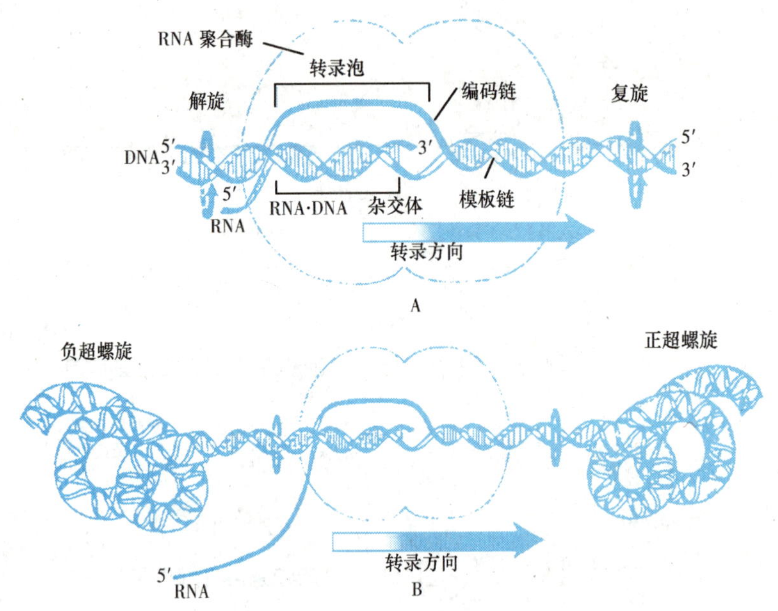

图16-5 大肠杆菌RNA聚合酶催化转录延伸过程，DNA模板的拓扑改变

A. 模板DNA约17bp区段解链形成转录泡，在转录泡内有约12bp的RNA-DNA杂交链，转录泡从左向右移动，维持RNA合成的空间，DNA往前解链并与RNA形成杂交链，箭头显示DNA及RNA-DNA杂交体的旋转方向以保证RNA链延长过程；当DNA重新形成双链时，RNA-DNA杂交体解链，RNA链被挤出；B. 转录过程使DNA形成超螺旋，转录泡的前方形成正超螺旋，后方形成负超螺旋

转录起始复合物中，核苷酸之间第一个磷酸二酯键的形成是由第一个核苷酸的3′-OH与第二个核苷酸的5′-磷酸之间脱水而成。第一个核苷酸若为G，来自GTP的5′-三磷酸仍保留，第二个核苷酸的3′-OH仍然游离形成5′ pppGpN-OH 3′。在聚合酶沿模板链的3′→5′下游移动时，可按模板链碱基序列的指引，相应NTP上的α-磷酸可与延伸新链的3′-OH相继形成磷酸二酯键，其β-、γ-磷酸基脱落生成焦磷酸后迅速水解，释放的能量进一步推动转录，使新合成的RNA链沿着5′→3′方向逐步延长。在转录局部形成的RNA∶DNA杂化双链之间的引力比DNA双链的弱，因为杂化双链间存在dA∶rU配对，其稳定性dA∶rU<dA∶dT，延长中的RNA链的5′端会被重新形成的DNA双链挤出，使合成中的RNA的5′端游离于转录复合物。

在电子显微镜下观察原核生物的转录现象，可看到像羽毛状的图形，这种形状说明，在同一DNA模板上，有多个转录同时在进行。RNA聚合酶越往前移，转录生成的RNA链越长。在RNA链上观察到的小黑点是多聚核糖体（polysome），即一条mRNA链连上多个核蛋白体，已在进行下一步的翻译工序。可见，原核生物转录尚未完成，翻译已在进行，转录和翻译都是高效率地进行着。真核生物有核膜把转录和翻译分隔在细胞内不同的区域，因此没有这种现象。

三、转录的终止和抗终止

（一）原核生物转录的终止

根据体外实验中RNA聚合酶是否需要辅助蛋白质参与终止，原核生物转录的终止有两种主要机制。一种机制是需要蛋白质因子ρ(Rho)的参与，突变实验显示体内该因子参与了终止过程，称为依赖ρ因子的转录终止机制，另一种机制是在离体系统中观察到，纯化的RNA聚合酶不需要任何其他蛋白质因子参与，核心酶也能在某些位点终止转录，称为不依赖ρ因子的转录终止机制。这些位点被称为“内源性终止子（intrinsic terminator）”。

1. 依赖ρ因子的转录终止 ρ因子是一种分子质量为46kDa的蛋白质，以六聚体为活性

笔记栏

形式。依赖ρ因子的终止位点,未发现有特殊的DNA序列,但ρ因子能与转录中的RNA结合。ρ因子的六聚体被约70～80nt的RNA包绕,激活ρ因子的ATP酶(ATPase)活性,并向RNA的3′端滑动,滑至RNA聚合酶附近时,RNA聚合酶暂停聚合活性,使RNA∶DNA杂化链解链,转录的RNA释放出来而终止转录。

2. 不依赖ρ因子的转录终止 内源性终止子有两个明显的结构特点:一个二级结构中的发夹和转录单位最末端的连续约6个U残基的区段。这两个特点都是终止所必需的。发夹的基底部通常包含一个富含G∶C区,发夹和U区段的典型距离为7～9个碱基,有时U区段可以插有其他碱基(图16-6)。这种互补区的转录物可形成茎-环结构,影响RNA聚合酶的构象使转录暂停;同时,由于转录产物的(rU)n与模板的(dA)n之间的dA∶rU杂交区的双链是最不稳定的双链,使杂化链的稳定性进一步下降,而转录泡模板区的两股DNA容易恢复双链,释出转录产物RNA,使转录终止。

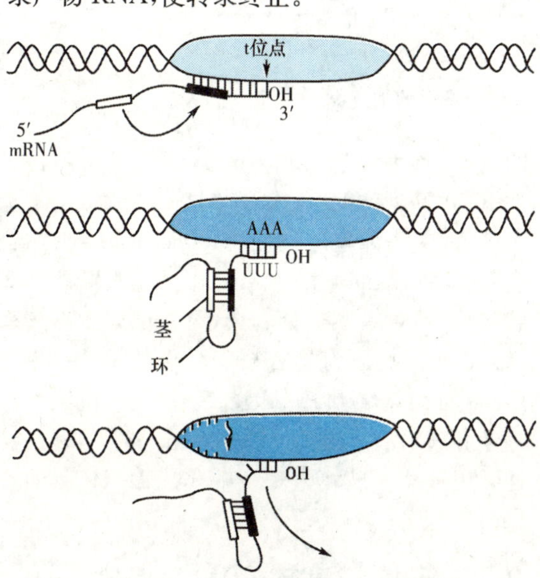

图16-6 不依赖ρ因子的转录终止
转录形成的mRNA在终止子点附近有一串U序列,其上游有富GC区形成茎-环结构,可使RNA聚合酶暂停转录,转录暂停时转录终止处的rU-dA配对的微弱氢键使RNA被重新形成的DNA双链从模板挤出

(二) 真核生物转录的终止

真核生物转录终止的机制,目前了解尚不多,不同RNA聚合酶的转录终止不完全相同。RNA聚合酶Ⅰ催化的转录有18bp的终止子序列,可被辅助因子识别。RNA聚合酶Ⅱ和Ⅲ催化转录的终止子,可能有与原核生物不依赖ρ因子的终止子相似的结构和终止机制,即有富含GC的茎-环结构和连续的U。由于成熟的mRNA3′端已被切除了一段并加入了polyA尾,具体的转录终止点目前尚未认识。

(三) 抗终止作用

抗终止作用常见于某些噬菌体的时序控制。早期基因与后基因之间以终止子相隔开,通过抗终止作用可以打开后基因的表达。λ噬菌体前早期(immediate early)基因的产物N蛋白就是一种抗终止因子,它与RNA聚合酶作用使其在左右两个终止子处发生通读,从而表达晚早期(delayed early)基因。晚早期基因的产物Q蛋白也是一种抗终止因子,它能使晚早期基因得以表达。通读往往发生在强启动子、弱终止子的基因上。

第五节 RNA转录后的加工

一、原核生物RNA转录后的加工

原核生物基因的转录产物mRNA,一般无需加工已具有活性,即可直接作为翻译的模板,近年也发现需要添加3′-polyA的现象。而对rRNA和tRNA转录产物的加工、修饰了解比较多,分别叙述如下。

(一) rRNA的加工

原核生物的rRNA基因常与一些tRNA基因混合组成一个操纵子,呈有序排列,如16S rDNA·tDNA·23S rDNA·5S rDNA·tDNA。RNA酶Ⅲ对其初始转录产物进行切割,其产物尚需再加工才成为成熟的rRNA,具体机制未明。

(二) tRNA的加工

原核生物tRNA的初始转录产物有几种形式:①与rRNA相连如上述;②相同tRNA的几个拷贝连在一起;③不相同的几个tRNA连在一起。此外,tRNA基因按有无3′-CCA序列分为Ⅰ型和Ⅱ型。因而需要经过多个加工程序才能成为成熟tRNA。参与tRNA加工的酶有多种。

1. RNA酶Ⅲ 能切开rDNA·tDNA转录产物的间隔序列。研究表明,RNA酶P_2和RNA酶O有相似的功能。

2. RNA酶D 为核酸外切酶,从3′端切除CCA下游的序列,使CCA成为3′末端。当CCA序列暴露后,可能是快速形成氨基酰化而被保护。研究认为 RNA 酶 Y、RNA 酶 P_3 和 RNA 酶 Q 有相似功能。

3. RNA 酶 P 是一种核糖核蛋白，由蛋白质(20kD)和 RNA(375nt)组成，高度保守，没有种属特异性，但只作用于 tRNA 前体，使前体tRNA 的 5′端成为成熟 tRNA 的 5′端。

4. tRNA 核苷酸转移酶 Ⅱ型 tRNA 没有 3′端的 CCA，Ⅰ型 tRNA 的 3′端 CCA 亦有被核酸酶降解的可能性。此酶以 ATP 和 CTP 为原料催化 tRNA3′端 CCA 的形成。

二、真核生物 RNA 转录后的加工

(一) rRNA 转录后的加工

真核生物的 rRNA 有 5S、5.8S、18S 和 28S 四种，其中 5.8S、18S 和 28S 是由 RNA 聚合酶Ⅰ催化一个转录单位，产生 45S rRNA 前体，rRNA 转录后加工包括前体 rRNA 与蛋白质结合，然后再切割和甲基化(图 16-7)。

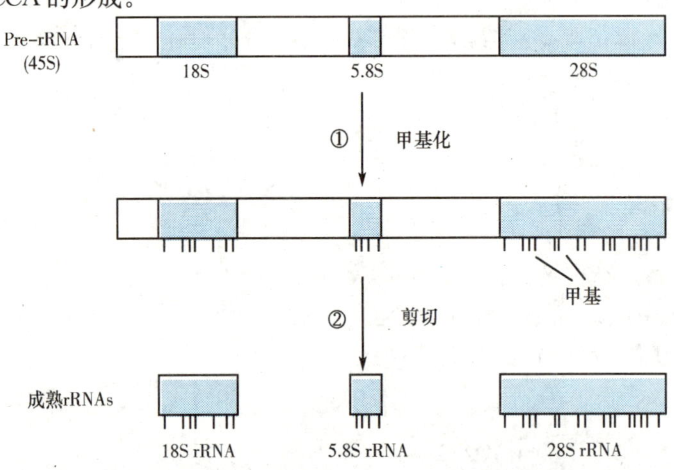

图 16-7 真核生物 rRNA 转录后的加工

前体 rRNA 基因在基因组结构中成串排列，属中度重复序列。转录在核仁进行，新生的前体 rRNA 迅速与蛋白质结合成前体核糖体颗粒，然后，其中的 RNA 经一系列切割先产生 18S rRNA，该 RNA 与蛋白质组成核糖体的小亚基。余下的部分再拼接成为 5.8S 及 28S rRNA。前体 rRNA 的切割在特殊序列位点，可能是由核仁小 RNA(snoRNA，87～275nt)催化，snoRNA 与蛋白质组成核仁小核蛋白(sno-RNP)。前体 rRNA 还接受蛋氨酸提供的甲基化，人的前体 rRNA 有 100 多处特定的碱基和特定核苷酸的糖基被甲基化，在切割加工后，甲基化仍保留，甲基化的位点在脊椎动物是高度保守的。

5S rRNA 由 RNA 聚合酶Ⅲ催化，在核质中转录后无须加工即进入核仁，与 28S 和 5.8S rRNA 及蛋白质组成核糖体的大亚基，以大亚基的形式通过核孔进入胞浆。

在研究 rRNA 转录加工的过程中，发现某些真核生物如四膜虫(*Tetrahymena*)的 26S rRNA 的前体为 6.4kb，含有 414 核苷酸的内含子，可以在完全没有蛋白质的条件下自身剪接：能很准确地将 414 核苷酸内含子剪除，而使两个外显子相连接为成熟的 26S RNA。这种具有催化功能的 RNA 称为核酶(ribozyme)，意为可切割特异性 RNA 序列的 RNA 分子。核酶的二级结构有多种，其中一种呈槌头状(hammerhead)结构，含有若干茎(stems)和环(loops)。根据核酶的槌头状结构，通过人工设计合成，可使原来没有核酶活性的 RNA，成为具有核酶活性的 RNA，用于阻断病原生物或肿瘤基因的表达，为对感染性疾病及肿瘤的治疗提供了新的思路。例如，现已在探索用核酶来破坏人免疫缺陷病毒(HIV)的临床治疗方案。

(二) tRNA 转录后的加工

前体 tRNA 的加工包括切除和碱基修饰，有些则需剪接(图 16-8)。

所有前-tRNA 的 5′端比成熟 tRNA 多一段序列，由 RNase P 切除。有些 tRNA 基因在反密码环处含有内含子，剪接加工与前体 mRNA 的加工有所不同：在内含子两端切割去除内含子后将外显子连接，没有转酯反应。剪接的基础是前体 tRNA 的二级结构，由于内含子都在反密码环，前体 tRNA 必须折叠成类似成熟 tRNA 的二级结构，使内含子-外显子连接的两端接近，便于剪接。

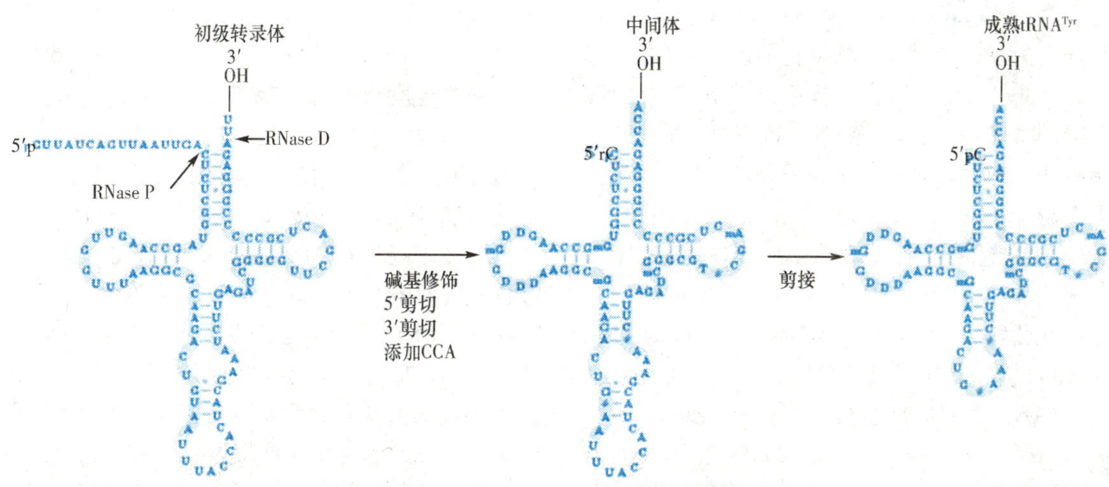

图 16-8　真核生物 tRNA 转录后的加工

前体 tRNA 的碱基约有 10%需要酶促修饰，修饰有如下类型：①前体 tRNA3′端的 U 由 CCA 取代；②嘌呤碱或核糖 C_2′的甲基化；③尿苷被还原成双氢尿苷（DH）或核苷内的转位反应，成为假尿嘧啶核苷（Tψ）；④某些腺苷酸脱氨成为次黄嘌呤核苷酸（Ⅰ）。

（三）mRNA 转录后的加工

真核生物 mRNA 由 RNA 聚合酶 催化转录，初始产物为核不均一 RNA（hnRNA），新生的 hnRNA 从开始形成到转录终止，就逐步与蛋白质结合形成不均一核糖核蛋白（hnRNP）颗粒，前体 mRNA 加工的顺序是形成 5′ 帽子结构；内切酶去除 3′ 端序列；polyA 聚合酶催化形成 3′-polyA 尾；最后是剪接去除内含子转变为成熟的 mRNA（图 16-9）。

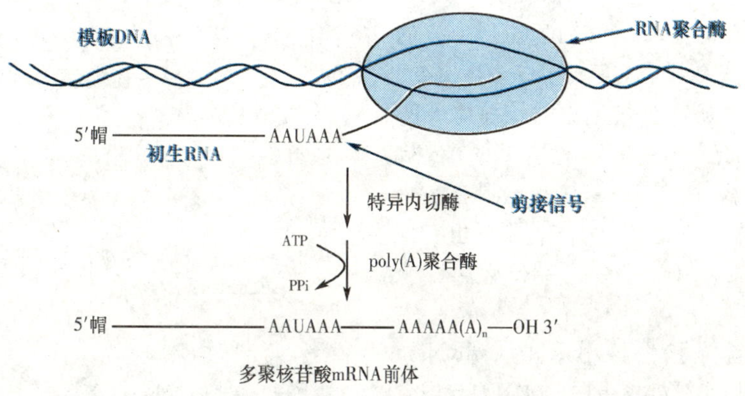

图 16-9　哺乳动物前体 mRNA3′ 端切除及加 polyA 示意图

1. 5′-帽的形成　hnRNA 5′ 端的第一个核苷酸通常为三磷酸鸟苷（5′-pppGpN-），在磷酸酶催化下去除 γ-磷酸基团形成 5′-ppGpN…，经鸟苷酰转移酶催化与另一个 GTP（pppG）作用生成 GpppGpN…，在鸟嘌呤-7-甲基转移酶作用下，以 S-腺苷蛋氨酸为甲基来源，生成 $m^7GpppGpN$…，再经 2′-甲基转移酶催化，使 5′端原来的第一位，甚至第二位核苷酸的 O 位甲基化，形成 m^7Gpp-pG^mN…，或 $m^7GpppGp^mN^m$…。

$$pppGpN\cdots \xrightarrow{\text{磷酸酶}} ppGpN\cdots \xrightarrow[\text{pppG}]{\text{鸟苷酰转移酶}} GpppGpN\cdots \xrightarrow[\text{SAM}]{\text{鸟嘌呤-7-甲基转移酶}}$$

$$m^7GpppGpN\cdots \xrightarrow[\text{SAM}]{\text{2′-O-甲基转移酶}} m^7GpppG^mpN\cdots \xrightarrow[\text{SAM}]{\text{2′-O-甲基转移酶}} m^7GpppG^mpN^m\cdots$$

不同真核生物的 mRNA 或同一生物的不同 mRNA 有不同的 5′-帽结构，5′-帽结构有三种：$m^7GpppGpN$…为帽 0、m^7GpppG^mpN…为帽 1、$m^7GpppG^mpN^m$…为帽 2。

2. 前体 mRNA 3′端切除及加 polyA 尾 除组蛋白的 mRNA 外，真核生物的所有 mRNA 都有 3′-polyA 尾。研究表明，由于结构基因中编码链的 3′端没有 polyA 序列，mRNA 的 polyA 尾是转录后加工形成的，其过程是：加 polyA 位点上游 10～35 核苷酸处有 AAUAAA 序列，下游约 50 核苷酸处有富含 GU 序列，这两处序列是剪切和加 polyA 所需的信号。首先由剪切和聚腺苷化特异因子（cleavage and polyadenylation specificity factor，CPSF）结合到上游富 AAUAAA 序列，剪除刺激因子（cleavage stimulation factor，CStF）与下游富含 GU 序列作用，剪除因子（cleavage factor，CF）Ⅰ、Ⅱ相继与之结合，使其更趋稳定。在剪除之前，polyA 聚合酶结合到复合物上，使剪切后游离的 3′端能迅速腺苷酰化，polyA 的生成分两个阶段（图 16-9）。在头 12 个 A 的聚合速度较慢，此后的 200～250 个 A 的聚合很快，这是由于有 polyA 结合蛋白Ⅱ（polyA binding protein Ⅱ，PABPⅡ）加入，使聚合酶加速，聚合至 200～250 个 A 时，PABPⅡ又使聚合速度减慢，机制未明。

3. mRNA 的剪接 编码真核生物 mRNA 基因的是断裂基因，外显子和内含子共同转录于初始转录产物中，须将转录产物中的内含子去除，并把外显子连接成为成熟的 mRNA 分子，这个过程称为剪接（splicing），剪接位点在外显子的 3′端与内含子的 5′端连接点及内含子 3′端与下一个外显子 5′端连接点，为便于叙述，把位于内含子 5′端的剪切点称为 5′端剪接点，位于内含子 3′端的剪切点称为 3′端剪接点。

通过比较编码同一 mRNA 基因的 DNA 序列和相应 cDNA 序列，可以明确在初始转录产物中，内含子所在的部位，何处需要进行剪接。在脊椎动物前体 mRNA 中发现，在 5′-和 3′-剪接点周围都有一致序列（图 16-10）。

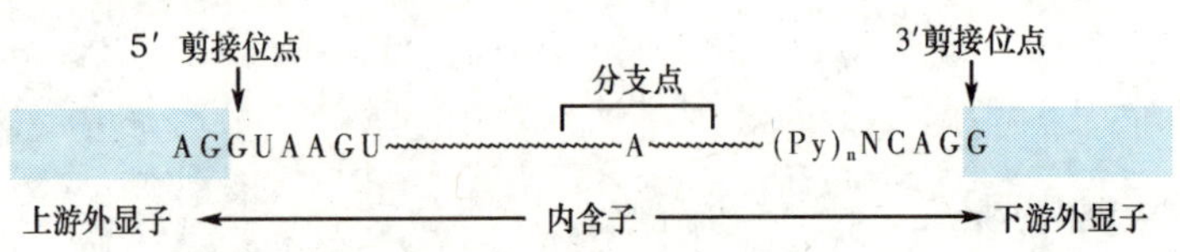

图 16-10 前 mRNA 内含子 5′，3′-剪接点邻近结构特征

从图 16-10 中可见，其中 5′-的 GU 和 3′-的 AG 是不变的，如果剪接点 GU 或 AG 发生突变，剪接被阻断。几乎所有真核生物的核前体 mRNA 都有特征的 GU、AG 序列，称为 GU-AG 规则。内含子离 3′-剪切点 20～50bp 范围有一个 A 也是不变的，称为分支点。分支点附近也有保守序列，如 UACUAAC，其中 3′端倒数第二个碱基 A 为分支点。

剪接过程：首先是由核小 RNA（snRNA）与蛋白质组成的核小核糖核蛋白（snRNP）与内含子结合，通过 snRNP 中 U1snRNA 的 3′…UCCAψψCA…5′与 5′剪接点的 5′…AGGUAAGU…3′互补，U2 snRNA 的 3′…AUGAUGU…5′与内含子分支点周边的 5′…UACUACA…3′互补，以及 snRNP 之间的相互作用，内含子折叠，使内含子两侧的外显子靠近，参与反应的基团处于合适位置，形成具催化作用的活性中心，利于剪接反应的进行（图 16-11）。

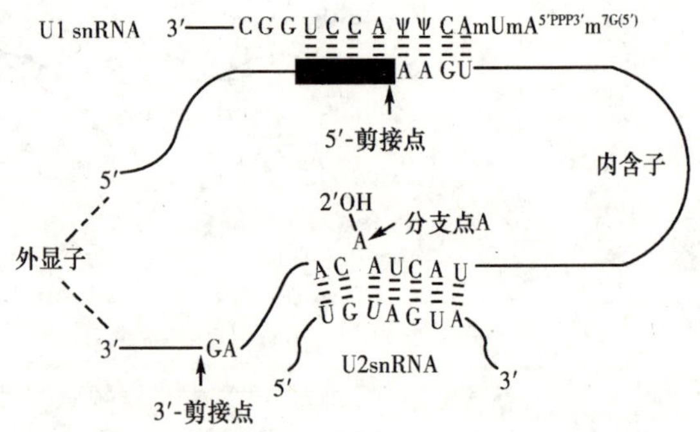

图 16-11 前体 mRNA 剪接过程，内含子折叠机制

前 mRNA 的位点有保守的共有序列，如 5′-的 AGGUAAGU 和 3′-分支点的 UACUAACA 序列，分别与 U1 和 U2snRNA 的序列互补。U1snRNA 的结合，有利于确定 5′-剪接点。而 U2snRNA 的结合使分支点 A 鼓出，有利于激活分支点 A 的 2′-OH 通过 2′，5′磷酸二酯键形成套状结构。（引自 A. L. Lehninger et al，principle of Biochematry 1993. edⅡ. P. 870）

剪接反应是通过两次转酯，把内含子剪出和相邻两个外显子相连接（图 16-12）。首先，分支点 A2′-羟基向 5′-剪接点 G 的磷酸二酯键发动亲水攻击，以分支点 A 的 2′-OH 与 5′剪接点 G 的 5′-Pi 形成磷酸二酯键；第二次转酯反应是第 1 外显子 3′游离的-OH 攻击 3′剪接点的 5′-磷酸酯键，以第一外显子 3′-OH 代替 5′-剪接位点的 3′-OH 形成新的磷酸二酯键，使第一外显子与第二外显子连接，并释出形成套索状结构的第一内含子。

笔记栏

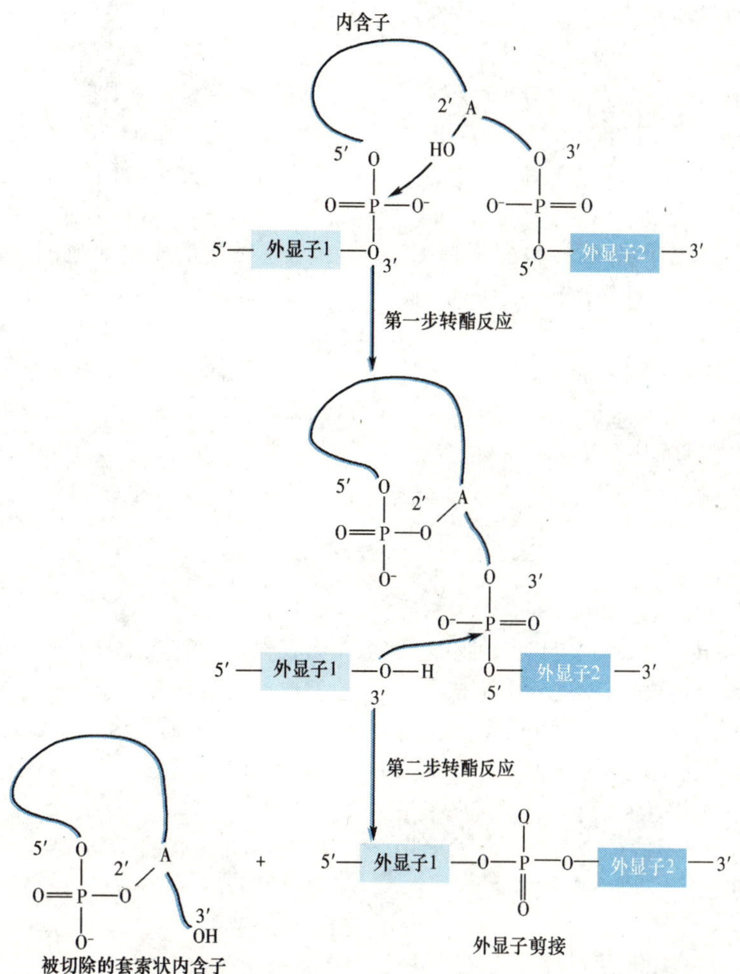

图 16-12　内含子剪接过程的两次转酯反应和示意图

第一次反应是内含子 5′-磷酸与外显子Ⅰ的 3′-O 之间的酯键由分支点 A 的 2′-O 取代；第二次反应是外显子Ⅱ的 5′-磷酸与内含子 3′-O 之间的酯键由外显子Ⅰ的 3′-取代，内含子以套索状形式释出而相邻的两个外显子互相连接，箭头指示激活的羟基氧与磷原子起反应。

第六节　mRNA 的转运及其在胞浆中的定位、稳定性

一、核 mRNA 从核内转运至胞浆

研究表明，前体 mRNA(又称核不均一 RNA，hnRNA)的加工是在核内特定的亚核结构域(核基质)中进行。hnRNA 在胞核合成过程中，随着新合成链的延长，不断有 hnRNP 蛋白质结合到链上，同时形成剪接体。在 hnRNA 加工为成熟 mRNA 后，去除剪接的蛋白质，但仍有不少组成 hnRNP 的蛋白质结合在其分子上，形成信使核糖核蛋白(mRNP)。在通过核孔之前，有些 hnRNP 蛋白质会解离。成熟 mRNA 就以 mRNPs 的形式从细胞核内通过核孔进入胞浆，而不是随机扩散。核孔复合物由十几种蛋白质组成，分子质量达 120mDa，与 4mDa 的核糖体相比大得多，核孔复合物是个闸门通道，以消耗 ATP 将 mRNPs 选择性地运输至胞浆。mRNPs 在核内呈盘绕状，当它通过核孔时，则呈非盘绕状。mRNA 的 5′端起导引作用，进入胞浆后即与核糖体结合，牵制住 mRNA。但并非因蛋白质的合成牵拉 mRNA 进入胞浆，其具体机制未详。

mRNA5′-帽子结构在 mRNA 从核内转运至胞浆过程的作用是被转运机制识别，有如下事实支持这种观点：

(1) 由 RNA 聚合酶Ⅱ催化合成的 snRNA U1、U2、U4 和 U5，在合成一开始，就像前体 mRNA 一样，形成 $5'm^7G$ 帽子结构，能转运至胞浆，在胞浆中与蛋白质组装成 snRNP 的相应物，并把 $5'm^7G$ 进一步甲基化成 $m^{2,2,7}G$，再运回胞核参与剪接。

(2) 由 RNA 聚合酶Ⅲ催化合成的 snRNA U6，其 5′端没有甲基化而是核苷三磷酸，则不能

运出至胞浆，而是在核内与从胞浆运入的特异蛋白质形成 snRNP。

(3) 人工构建的 U1 基因，将其启动子换为 U6 启动子，然后将野生型（正常）U1 基因和基因工程构建的含 U6 启动子的 U1 基因，分别注入非洲爪蟾（*Xenopus*）卵细胞核，同时注入 ^{32}P 标记的 GTP 作追踪，结果显示，注入野生型 U1 基因的转录物 U1 有 $5'm^7G$ 帽能转运至胞浆，而注入基因工程 U1 的基因，由于启动子是 U6 基因启动子，由聚合酶Ⅲ识别和催化，其转录产物没有 5′-帽子结构则不能转运至胞浆。

(4) 注射野生型 U1 基因并同时注射大量的 m^7G，可抑制 U1 从胞核转运至胞浆。可能 m^7G 与帽子结构 $5'$-m^7G-竞争与核孔复合物结合而起竞争性抑制效应。

mRNP 进入胞浆后，与 mRNA 结合的蛋白质会发生更换，从核内随 mRNA 转运至胞浆的 hnRNP 的蛋白质组分解离，重新进入细胞核。组成 mRNP 的蛋白质组分则结合到 mRNA 链上，特别是在 3′-polyA 处有特异的 polyA 结合蛋白（PABP），PABP 与核内结合在 polyA 上的 polyA 结合蛋白Ⅱ(PABPⅡ)是不同的蛋白质。mRNP 中蛋白质与 RNA 的比例比 hnRNP 中的少。

二、mRNA 在胞浆中的定位

在翻译过程，胞浆中的 mRNA 和核糖体一起与粗面内质网的膜紧密结合。此外，下列研究表明，结合在 mRNA 3′-polyA 的 PABP，又与肌动蛋白微丝组成的细胞骨架结合：首先将培养的细胞用非离子去污剂处理去除脂质，保留蛋白质不变性，细胞膜呈网状结构，洗去蛋白质及 tRNA 等物质后，多核糖体仍保留在网状结构上；用特异性水解胞苷酸及尿苷酸 3′-磷酸二酯键的核酸酶 A 及水解鸟苷酸 3′-磷酸二酯键的核酸酶 T1 处理，大部分 RNA 被降解，剩下 polyA 仍与细胞骨架相连，再用能破坏肌动蛋白微丝的 cytochalasin D 处理，继后用温和去污剂抽提，则大部分 polyA 被释出。

某些 mRNA3′-非翻译区有特殊序列指引 mRNA 到胞质中的位置。例如成肌细胞分化为肌管时，胞质区的前缘伸展成片状伪足，需要 β-肌动蛋白多聚化，肌动蛋白 mRNA 显著地集中于成肌细胞的前缘。当成肌细胞融入合胞体肌管时，肌动蛋白表达受抑制，而肌细胞特异的 α-肌动蛋白被诱导表达，α-肌动蛋白 mRNA 则集中于细胞核周。为了检测 mRNA 中能指引其在胞质中定位的结构基础，进行了下列基因重组实验。选取能强表达 β-半乳糖苷酶的表达载体，该酶能水解含半乳糖吡喃糖苷链的试剂（X-gal）成蓝色，可作其活性的指示剂。分别将 α-和 β-肌动蛋白 cDNA 插入 β-半乳糖苷酶基因 3′-非编码区，将重组表达载体分别转染分化中的成肌细胞，并用 X-gal 作指示剂。结果显示，转染插入 α-肌动蛋白 cDNA 重组表达载体的成肌细胞，半乳糖苷酶活性（显蓝色）集中在核周，而转染插入 β-肌动蛋白 cDNA 表达载体的成肌细胞半乳糖苷酶活性则集中在片状伪足区，但在 β-半乳糖苷酶基因 5′端或编码区插入 α-或 β-肌动蛋白 cDNA 的则不显示指引作用，mRNA 3′-非编码区对 mRNA 在胞质中的定位作用的机制尚未清楚。

三、胞浆中 mRNA 的稳定性

在胞浆中的稳定性，不同的 mRNA 之间相差悬殊。根据所表达蛋白质的功能不同而有差异，高等真核生物的多数 mRNA 半衰期可达数小时，而调节因子的 mRNA 只需短时表达，半衰期较短。

mRNA 3′-非翻译区的 AUUUA 重复序列是不稳定的因素，许多半衰期短的 mRNA 含有这类序列。当这些富含 AU 的序列插入到编码稳定 mRNA 的 3′-非翻译区，如插入到 β-珠蛋白基因中时，所产生的重组 mRNA 变得不稳定，其机制未明。

真核细胞 mRNA 的降解是可调控的，如培养的乳腺组织，培养基中有催乳素时，每个细胞中有 30 000 个酪蛋白 mRNA 分子，当没有催乳素时才有 300 个，下降了 100 倍。体外连续分析试验显示，催乳素对酪蛋白 mRNA 的转录只增加 3 倍，表明催乳素诱导的酪蛋白 mRNA 浓度的增加，主要是增加了 mRNA 的稳定性。

转铁蛋白受体（TfR）mRNA 的稳定性调节，与其 3′ 端非翻译区铁应答元件（IRE）重复序列有关。IRE 长约 30bp，可形成茎-环结构，环中有 5 个特异碱基，茎部分有富含 AU 序列，类似白细胞因子 mRNA3′-非翻译区的 AUUUA 不稳定序列。当胞内铁浓度降低时，铁应答元件结合蛋白（IRE-BP）与 IRE 结合，阻断了能降解 TfR mRNA 的蛋白质对富含 AU 序列的识别，避免了 TfR mRNA 的降解并可表达转铁蛋白受体，以便增补胞内铁。当铁浓度足够时，铁应答元件结合蛋白没有与 IRE 结合，游离的富 AU 序列，增加 TfR mRNA 的不稳定性。这些研究提示，稳定性受调节的 mRNA，亦可能有与特异蛋白质相互作用的应答元件。

Summary

RNA is synthesized on a DNA template by a process known as DNA transcription. Transcription is catalyzed by DNA-dependent RNA polymerases, which use ribonucleoside 5′-triphosphates to synthesize a single-stranded RNA complementary to the template strand of duplex DNA. RNA synthesis occurs in the 5′→3′ direction and its sequence corresponds to that of the DNA strand which is known as the sense strand. Transcription generates the mRNAs that carry the information for protein synthesis, as well as the transfer, ribosomal, and other RNA molecules that have structural or catalytic functions. This is the first stage in the overall process of gene expression and ultimately leads to synthesis of the protein encoded by a gene. Transcription occurs in several phases: binding of RNA polymerase to a DNA site called a promoter, initiation, elongation, and termination.

The bacterial RNA polymerase is a large multi-subunit enzyme associated with several additional protein subunits that enter and leave the polymerase-DNA complex at different stages of transcription. σ factor is a very important subunit for the initiation of transcription. The remaining subunits $\alpha_2\beta\beta'\omega$, known as core enzyme, are responsible for the elongation of newborn RNA chain. Free RNA polymerase molecules collide randomly with the bacterial chromosome, sliding along it but sticking only weakly to most DNA. The polymerase binds very tightly, however, when it contacts a specific DNA sequence, called the promoter, which contains the start site for RNA synthesis and signals where RNA synthesis should begin. The promoters of prokaryocytes contain four parts. After binding to the promoter, the RNA polymerase opens up a local region of the double helix to expose the nucleotides on a short stretch of DNA on each strand. One of the two exposed DNA strands acts as a template for complementary base-pairing with incoming ribonucleoside triphosphate monomers, two of which are joined together by the polymerase to begin an RNA chain. The RNA polymerase molecule then moves stepwise along the DNA, unwinding the DNA helix just ahead to expose a new region of the template strand for complementary base-pairing. In this way the growing RNA chain is extended by one nucleotide at a time in the 5′-to-3′ direction. The chain elongation process continues until the enzyme encounters a second special sequence in the DNA, the stop (termination) signal which often contains self-complementary regions can form a stem-loop or hairpin secondary structure in the RNA product, where the polymerase halts and releases both the DNA template and the newly made RNA chain. There are two mechanisms for the termination in prokaryocyte: ρ protein-dependent and ρ protein-independent.

In eukaryotes five kinds of RNA polymerase molecules synthesize different types of RNA. Most of the cellular mRNA is produced by a complex process beginning with the synthesis of heterogeneous nuclear RNA (hnRNA). The primary hnRNA transcript is made by RNA polymerase Ⅱ. It is then modified by addition of a 7-methylguanosine residue at the 5′ end and by cleavage and polyadenylation at the 3′ end to form a long poly(A) tail. The modified RNA molecules are usually then subjected to one or more RNA splicing events, in which intron sequences are removed from the middle of the RNA molecule by a reaction catalyzed by a large ribonucleoprotein complex known as a spliceosome and the exons are joined to form a continuous sequence that specifies a functional polypeptide. Unlike genes that code for proteins, which are transcribed by polymerase Ⅱ, the genes that code for most structural RNAs are transcribed by poly-

笔记栏

merase Ⅰ and Ⅲ. RNA polymerase Ⅲ makes a variety of small stable RNAs, including the tRNAs and the small 5S rRNA of the ribosome. RNA polymerase Ⅰ makes the large rRNA precursor molecule (45S rRNA) containing the major rRNAs. Except splicing events and methylation, some bases are modified enzymatically during the maturation process of tRNA and rRNA. RNA polymerase Ⅳ catalyzes the synthesis of siRNA. RNA polymerase is located in the mitochondria and it synthesizes mitochondrial RNAs.

思考题

1. 转录过程有何特点？与复制过程相比有何异同？

2. 什么是不对称转录？何为正链？何为负链？

3. 真核生物RNA有多种，它们分别由哪一种RNA聚合酶催化合成？

4. 简要说明σ因子和ρ因子在转录过程的作用。

5. 不同RNA聚合酶的启动子有什么特征？

6. RNA聚合酶Ⅱ催化的转录起始有何特点？

7. 试述原核生物的转录过程。

8. 真核生物RNA转录后加工的内容是什么？

9. 核RNA如何转运至胞浆？

（黄　健）

第 17 章 蛋白质的生物合成及其加工修饰

蛋白质的生物合成是按 mRNA 分子中的遗传密码指令，由 tRNA 搬运相应氨基酸在核糖体上进行装配成多肽链，然后经加工修饰成蛋白质的过程。该过程是将 mRNA 分子中的四种碱基(A,G,C,U)序列转换成多肽链中的氨基酸序列故又称为翻译(translation)。

翻译过程极其复杂，涉及的成分除原料氨基酸外，还需要三类 RNA 和一些蛋白质及酶的共同参与。

第一节 蛋白质合成中三类 RNA 的作用

蛋白质的生物合成是三类 RNA 协调配合、共同作用的结果。DNA 经转录生成 mRNA，从而使 DNA 贮存的遗传信息转化成可翻译的 mRNA。mRNA 在核糖体上指导肽链合成，tRNA 在其中起运载体的作用。

一、mRNA 是翻译的直接模板

mRNA 是蛋白质合成的直接模板，其分子每 3 个相邻碱基形成一组，即为一个密码子(codon)，代表一种氨基酸或终止信号。mRNA 分子的 4 种碱基，按排列可形成 64 个密码子，其中 61 个密码子分别代表相应的氨基酸，其余 3 个密码子不代表任何氨基酸，是肽链合成的终止信号或终止密码子(terminator codon)。遗传密码有如下特点。

1. 方向性 mRNA 中的密码子阅读方向必须从 5′→3′，因而起始密码子总是位于 5′端，而终止密码子位于 3′ 端，翻译过程是从 mRNA 的 5′→3′ 方向进行。

2. 连续性(commaless) mRNA 的遗传密码是连续的，无间隔区。因此，在 mRNA 链中若发生碱基的插入或缺失，可造成框移(frame shift)突变，使下游翻译出来的氨基酸序列完全改变(图 17-1)。

5′……AUG GCU ACG UCA UAG CCU GAC……3′
蛋 丙 苏 丝

5′……AUG GGC UAC GUC AUA GCC UGA C……3′
蛋 甘 酪 缬 异亮 丙

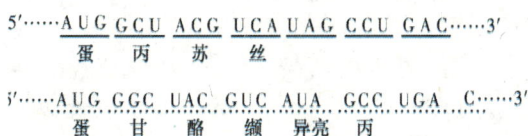

图 17-1 插入引起的框移突变

实线：原来的密码读法 虚线：插入 G 后的密码读法

3. 简并性(degeneracy) 蛋白质由 20 种氨基酸组成，而氨基酸密码子却有 61 种，显然有许多氨基酸有多个密码子。编码 20 种氨基酸密码子中，除甲硫氨酸和色氨酸只有 1 个密码子外，其他均有 2 个或 2 个以上密码子。如丝氨酸、亮氨酸、精氨酸均有 6 个，这种现象称为简并。代表同一种氨基酸的不同密码子，称为同义密码子。遗传密码的简并性具有重要的生物学意义，可使生物体减少有害突变，有利于保持物种的稳定，也为基因工程的设计提供了方便，例如人们可以通过改变基因序列中的核苷酸而不使其编码的氨基酸发生突变，从而产生或消除必要的限制性内切酶的酶切位点。对于一个特定的氨基酸而言，同义密码中的某个密码子使用频率明显高于其他密码子，这就是所谓的遗传密码使用的偏倚(偏爱)性(codon usage bias)。知道了密码子使用的偏倚性，在化学合成基因时，人们可以通过选择性的使用“高频”密码来提高外源基因在宿主细胞中的表达水平。

4. 摆动性(Wobble) 见本节三。

5. 通用性(universal) 从原核生物到人类的所有生物，都共用同一套遗传密码。但近年发现，动物细胞的线粒体、植物细胞的叶绿体的遗传密码和目前的“通用密码”相比出现一些偏离(表 17-1)。

表 17-1 线粒体中的密码子变化

	通用密码子	变动密码子
AUA	异亮氨酸	起始密码子、蛋氨酸
AUU	异亮氨酸	起始密码子
AGA、AGG	精氨酸	终止密码子(某些动物)
AGG	精氨酸	色氨酸(植物)
UGA	终止密码子	色氨酸
CUN	亮氨酸	苏氨酸(酵母)

二、rRNA和蛋白质组成的核糖体是肽链合成的场所

在细胞内，蛋白质的生物合成是在核糖体上进行的。核糖体是由rRNA和蛋白质组成。组成核糖体的蛋白质种类繁多，每种蛋白质都各有功能，有些就是参与翻译的酶和蛋白质因子，但大部分核糖体蛋白的功能尚不明确。

核糖体相当于"装配工厂"，是蛋白质合成的场所。它有为多种蛋白质因子提供结合位点、为tRNA提供结合位点、能与mRNA选择性的结合、大亚基上有转肽酶(transpeptidase)活性等主要功能。其中，有三个位点可以与三个tRNA结合，分别称为给位(donor site)或称为肽位(peptidyl site，P位)、受位(acceptor site，A位)和排出位(exit site，E位)。P位点供肽酰-tRNA结合，A位点供氨基酰-tRNA结合，E位点供已卸去氨酰基的tRNA短暂停留，当A位进入新的氨基酰-tRNA后，E位上空载的tRNA随之脱落(图17-2)。大亚基上的转肽酶活性，可使附着于P位上的肽酰-tRNA转移到进入A位的新的tRNA所带的氨基酸上，使两者缩合成肽键。

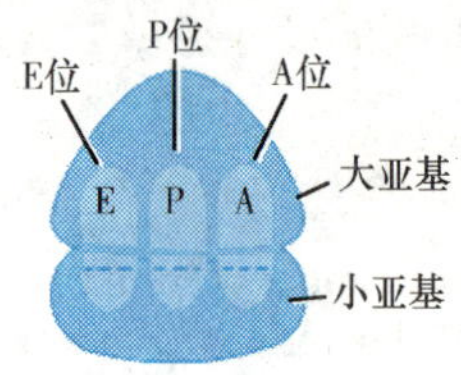

图17-2 核糖体与tRNA及mRNA结合位点图解

三、tRNA是氨基酸的运载体

tRNA在蛋白质合成中起着重要的接合体(adaptor)作用。tRNA分子反密码环上的反密码子与mRNA上相应的密码子相识别配对，其3′端的氨基酸接受臂CCA序列中A的3′末端的羟基与mRNA上密码子所限定的氨基酸上的羧基形成酯键连接。这种携带有氨基酸的tRNA称为氨基酰-tRNA(aminoacyl-tRNA)。翻译过程中，氨基酸的正确掺入，需靠mRNA上密码子与tRNA上的反密码子互相识别(图17-3)。

编码氨基酸的密码子共有61种，已发现的tRNA有40～50种，提示某些tRNA分子能识别几种不同的密码子。因此，mRNA上的密码子与tRNA上的反密码子配对时，有时会出现不遵从A-U、G-C的碱基互补规律的现象，称为摆动配对，这一现象更常见于密码子的第三位碱基与反密码子的第一位碱基之间不严格的互补也能相互辨认(表17-2)。

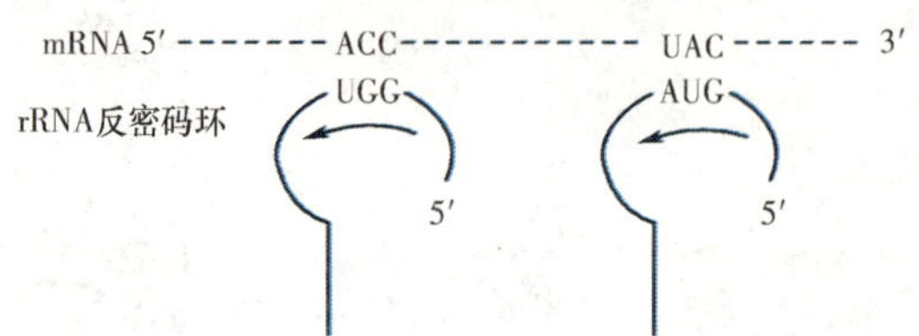

图17-3 mRNA分子上的密码子与tRNA的反密码环

表17-2 摆动配对

tRNA反密码子第一位碱基	mRNA密码子第三位碱基
I	U,C,A
G	U,C
U	A,G
C	G
A	U

第二节 蛋白质合成的过程

蛋白质生物合成的具体过程包括：①氨基酸的活化和转运；②核糖体循环。前者是后者的准备阶段，需要氨基酰-tRNA合成酶的催化，后者是蛋白质合成的中心环节，需要多种辅助因子的参与。

一、氨基酸的活化与转运

(一) 氨基酰-tRNA的合成

在蛋白质合成的过程中，原料氨基酸以氨基酰-tRNA形式进行运输并参与肽键的形成。氨基酰-tRNA的合成就是一个tRNA分子氨基酰化的过程，亦称为氨基酸活化(amino acid activation)，因为它不仅把氨基酸共价连接到tRNA分子上，而且在氨基酸与tRNA之间形成的共价键是一高能键，它使氨基酸和正在延伸的多肽链末端反应形成新的肽键。

催化氨基酰-tRNA合成的酶是氨基酰-tRNA合成酶。合成反应有两步：氨基酸的活化和氨基酰-tRNA的生成。

1. 氨基酸的活化 氨基酸与ATP反应生成氨基酰腺苷酸：

氨基酸 + ATP + E → 氨基酰-AMP-E + PPi

2. 氨基酰-tRNA的生成 氨基酰-AMP在不离开酶的条件下，氨酰基被转移到tRNA的3′端，形成氨基酰-tRNA

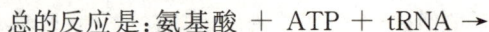

氨基酰-AMP-E + tRNA→氨基酰-tRNA + AMP + E

总的反应是：氨基酸 + ATP + tRNA →

氨基酰-tRNA ＋ AMP ＋ PPi

由随后的焦磷酸水解成无机磷酸所释放的能量驱动,反应消耗一分子 ATP(2 个～P)。

氨基酰-tRNA 习惯上书写为:Met-tRNA$_{m}^{met}$,fMet-tRNA$_{f}^{met}$,Gly-tRNA^{gly}等。此处,开头的三个字母氨基酸缩写代表已结合的氨基酸残基;tRNA 右上角的三字缩写代表 tRNA 的结合特异性,有时可省略。据此,生成各种氨基酰-tRNA 的反应式可写成:

$$\text{氨基酸}+\text{tRNA}^{\text{氨基酸}}+\text{ATP}\xrightarrow{\text{氨基酰-tRNA 合成酶}}\text{氨基酰-tRNA}^{\text{氨基酸}}+\text{AMP}+\text{PPi}$$

在原核生物中,有两种对蛋氨酸特异的 tRNA(tRNA$_{f}^{met}$及 tRNA^{met})。虽然它们的反密码子都是 CAU,但是它们在翻译中的生物学特性却不一样:前者携带的蛋氨酸在蛋氨酰-tRNA 转甲酰基酶的作用下甲酰化形成甲酰蛋氨酰-tRNA(fmet-tRNA$_{f}^{met}$):

$$\text{Met-tRNA}_{f}^{met}+\text{N}^{10}\text{甲酰四氢叶酸}\xrightarrow{\text{转甲酰基酶}}\text{fMet-tRNA}_{f}^{met}+\text{四氢叶酸}$$

甲酰蛋氨酰-tRNA 与 mRNA 的起始密码子 AUG 相对应,在原核生物蛋白质生物合成中起着起动器(initiator)的作用,在起始因子促进下与核糖体结合,启动翻译;tRNA^{met}携带的蛋氨酸不能被蛋氨酰-tRNA 转甲酰基酶甲酰化,只能参与肽链的延长。

在真核生物中,也存在两种对蛋氨酸特异的 tRNA,分别与原核生物中的两种 tRNA 相当,但在真核细胞中不需在起始的 Met-tRNA^{met}上进行甲酰化就可直接参与翻译起始(图 17-4)。

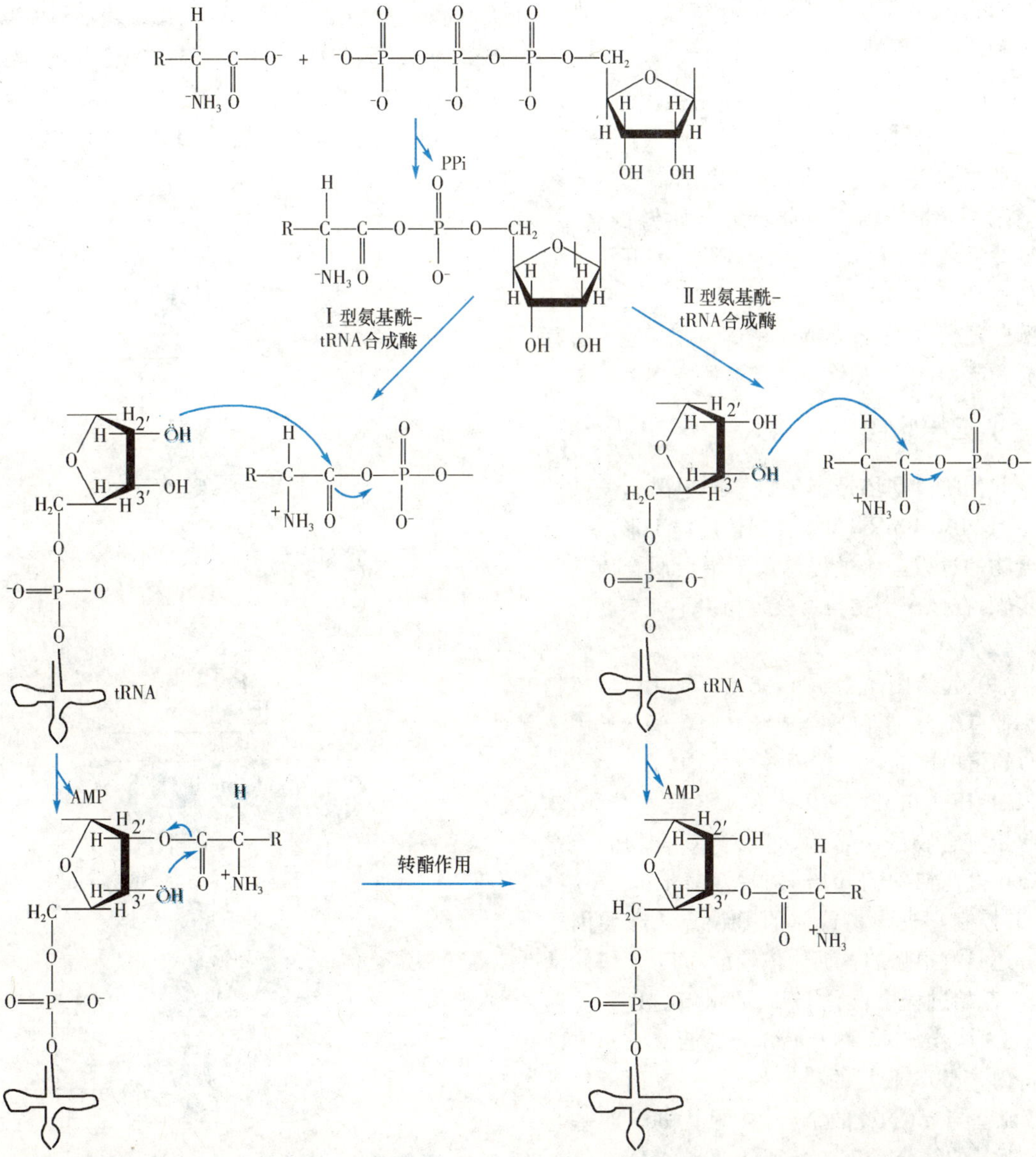

图 17-4　两型氨基酰-tRNA 合成酶的反应机制

(二) 氨基酰-tRNA 合成酶

氨基酰-tRNA 合成酶对热敏感,在真核生物中常以多聚体形式存在,分子质量大多在100kDa左右,该酶为巯基酶,对破坏-SH 基的试剂敏感,其作用需 Mg^{2+}、Mn^{2+} 的参与。

氨基酰-tRNA 合成酶对氨基酸和 tRNA 都具有高度的特异性,尤其是对氨基酸的识别具有绝对特异性。细胞内存在两种不同反应机制的氨基酰-tRNA 合成酶。Ⅰ型酶首先催化氨基酸连接到 tRNA 的 3′末端腺苷酸的 2′羟基上,然后通过转酯反应将氨基酰基转移至 3′羟基上。Ⅱ型酶直接将氨基酰基转移至 3′羟基上(图 17-4)。

氨基酰-tRNA 合成酶催化氨基酸与其相应的 tRNA 结合时,还有校正活性(editing activity),可以水解磷酸酯键,使误载的氨基酰从 tRNA 上卸下,再重新与正确的底物结合,从而保证了翻译的正确性。

二、核糖体循环

按照 mRNA 的指令,氨基酰-tRNA 进入核糖体循环(ribosomal cycle),进行肽链的合成。核糖体循环是从核糖体鉴别编码序列开头处的起始密码子 AUG 开始的,按 mRNA 上密码子的顺序延长肽链,直至终止密码出现。这一过程可分为起始、延伸和终止三个阶段。

(一) 起始阶段

起始阶段是将带有蛋氨酸或甲酰蛋氨酸的起始 tRNA 与 mRNA 结合到核糖体上形成起始复合物的过程。此过程是调节蛋白质合成的限速步骤,在原核生物与真核生物中不完全相同。

1. 原核生物

(1) 起始因子(initiation factor,IF)与核糖体小亚基结合:蛋白质合成起始由称为起始因子(IF)的蛋白质催化。在原核生物中,有三种 IF,为 IF-1、IF-2 和 IF-3。IF-1 和 30S 亚基结合,作为起始复合物的一部份,可保持复合物的稳定性。IF-2 与特殊的起始 tRNA(fMet-$tRNA_f$)结合,并控制它进入核糖体的 P 位点。起始因子 IF-2 还具有很强的核糖体依赖性 GTP 水解酶活性,在起始过程中催化 GTP 的水解。IF-3 协助 30S 亚基与 mRNA 的起始位点结合。它一方面维持游离 30S 亚基的稳定性,另一方面可促进 30S 亚基与 mRNA 的结合,并阻止 30S 亚基与 50S 亚基的结合。IF-3 必须从 30S mRNA 复合物上释放出来,50S 亚基才可与小亚基结合。

(2) mRNA 在小亚基上就位:在 mRNA 上靠近起始密码子 AUG 上游有几个特殊的嘌呤核苷酸序列(如…GGAGGA…)称为核糖体结合部位(ribosome-binding site)。研究发现,这种翻译起始前的保守序列相当普遍,因其发现者为 Shine-Dalgarno,故称为 S-D 序列。后来又发现核糖体的小亚基 16S rRNA3′端富含嘧啶核苷酸序列(如…CCUCCU…)能与 S-D 序列互补,称为 mRNA-结合部位。mRNA 正是靠这对互补序列的指引和 IF-3 的固定作用与小亚基相连接形成复合体。

(3) 30S 起始复合体(30S initiation complex)的形成:fMet-tRNA 结合到小亚基需要 IF-2 及 GTP,先形成 fMet-$tRNA_f^{Met}$-IF-2-GTP,再带入与起始密码相应的位置,直接结合到小亚基的 P 位点。从而形成 30s-mRNA-fMet-$tRNA_f^{Met}$起始复合物。

(4) 70S 起始复合物(70S initiation complex)的形成:30S 起始复合体形成后,IF-3 就从小亚基上脱落下来,核糖体 50S 大亚基与 30S 起始复合物连接,形成 70S 起始复合物:70S-mRNA-fMet-$tRNA_f^{Met}$,同时释出 IF-1,随着 GTP 被 IF-2 水解为

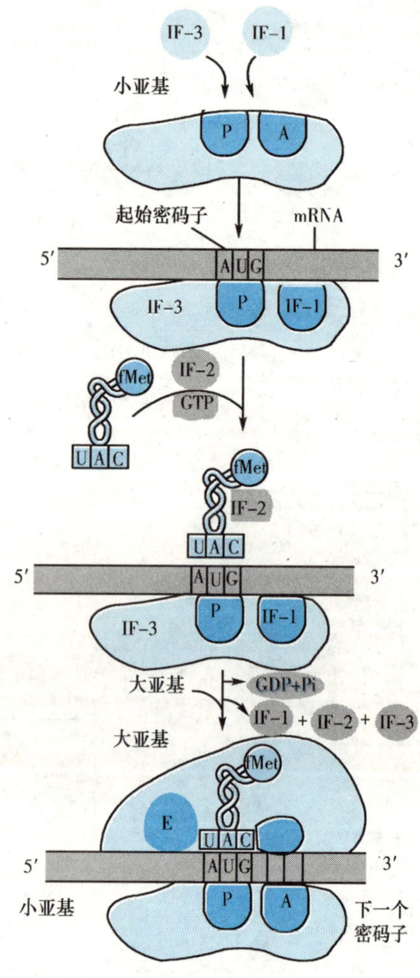

图 17-5 原核生物蛋白质合成的起始阶段

GDP 及 Pi，IF-2 也相继脱落下来，完成起始过程。核糖体有三个 tRNA 结合部位（A 位、P 位和 E 位），此时的 P 位被 mRNA 上的 AUG 起始密码子及连接的 fMet-tRNA$_i^{Met}$ 占据着；而 A 位则空着有待于与 mRNA 第 2 个密码相对应的氨基酰 tRNA 进入，从而进入肽链的延长阶段（图 17-5）。

2. 真核生物 真核生物蛋白合成的起始与原核生物不同：①真核细胞中蛋白合成的起始因子（eIF）大约有 10 个左右（表 17-3），此外还有一些辅助起始因子；②起始 Met-tRNA 不甲酰化；③mRNA 常是单顺反子，起始密码只有 AUG 一种，5′端具有甲酰化“帽子”结构，3′ 端有多聚腺苷酸尾巴；④核糖体差别更大。

表 17-3 真核生物翻译的起始因子

起始因子	相对分子质量	结构	主要功能
eIF-1	1.5×10^4	单亚基	多功能因子，使 40S 起始复合物稳定等多重作用
eIF-2	1.2×10^4	三亚基	形成 GTP-Met-tRNA 三元起始复合物
eIF-2A	6.5×10^4		AUG 存在下，Met-tRNA 结合于 40S 亚基
eIF-2B	6.5×10^4		又称鸟苷酸交换因子，促进 eIF-2 的再利用
eIF-3	7.0×10^4	多亚基	促进 40S 小亚基的形成
eIF-4A	5.0×10^4	多亚基	辅助 mRNA 的结合
eIF-4B	8.0×10^4	单亚基	识别 mRNA，具有 ATPase 的活性
eIF-4C	1.9×10^4	单亚基	与 40S 结合，促进 80S 复合物形成
eIF-4D	1.7×10^4	单亚基	激活第一个肽键形成
eIF-4E	2.4×10^4	多亚基	“帽子”结合蛋白，识别帽子结构
eIF-5	1.5×10^5	单亚基	与 60S 亚基结合，促使 40S 起始复合物上的各种 eIF 因子游离下来

在原核生物中，起始复合物直接围绕在 AUG 起始密码处形成；而在真核生物中，40S 亚基首先识别 mRNA 的 5′末端，然后移动到起始位点 AUG，再同 60S 大亚基结合。起始复合物具体形成过程如下：

（1）40S-Met-tRNA$_i^{met}$-eIF2-GTP 复合体的形成：eIF-2 首先与 GTP 结合生成活化的 eIF-2，同时在辅 eIF-2 的作用下再与 Met-tRNA$_i^{met}$ 结合形成 Met-tRNA$_i^{met}$-eIF2-GTP 三元复合体。此三元复合体直接与 40S 小亚基-eIF$_3$ 结合形成 40S-Met-tRNA$_i^{met}$-eIF2-GTP 的起始复合体。

（2）40S 起始复合物的形成：eIF-4A 通过帽子结合蛋白（cap binding protein，CBP）专一地识别 mRNA 的帽子结构，与 mRNA 的 5′端结合，生成蛋白质-mRNA 复合物。通过水解 ATP 提供能量，eIF-4A 使 mRNA 的 5′端前 15 个碱基上的任何二级结构解旋，在 4B 亚基的协同作用下，可使 mRNA 上其他部位的二级结构解旋。然后，由于 CBP 对 eIF-3 的亲和力使这个复合物与带 eIF-3 的 40S 亚基结合，形成 40S 亚基与 mRNA 复合体，同时释放 CBP。此复合体沿 mRNA5′非翻译区向 3′ 端滑动，通过起始 tRNA（Met-tRNA）识别起始密码 AUG，并定位于 P 位点，从而形成 40S 起始复合物。

（3）80S 起始复合物的形成：在 eIF-5 的作用下，eIF-2 和 eIF-3 解离，在 eIF-4C 的作用下，40S 起始复合物与 60S 大亚基结合，形成 80S 复合物。此时，附着于复合物上的 GTP 水解为 GDP 和无机磷酸。GTP 水解的同时，原来附着在复合物上的起始因子全部解离出来。真核生物翻译起始复合物的生成可总结如下（图 17-6）。

（二）延伸阶段

一旦在起始位点形成完整的核糖体，在延伸因子（elongation factor，EF）的作用下，肽链的合成就进入延伸阶段，延伸因子的本质是蛋白质。原核生物与真核生物有不同的延伸因子。原核生物中有三种延伸因子，即 EF-Tu、EF-Ts 和 EF-G。真核生物中有两种延伸因子，即 eEF-1 和 eEF-2。eEF-1 由 α、β、γ、δ 四种亚基组成，其主要功能单位为 eEF-1α，eEF-2 仅由一条肽链构成。

肽链的延伸是一个循环过程，每一个循环过程包括三个步骤：进位、转肽、转位。下面以原核生物为例说明其具体过程。

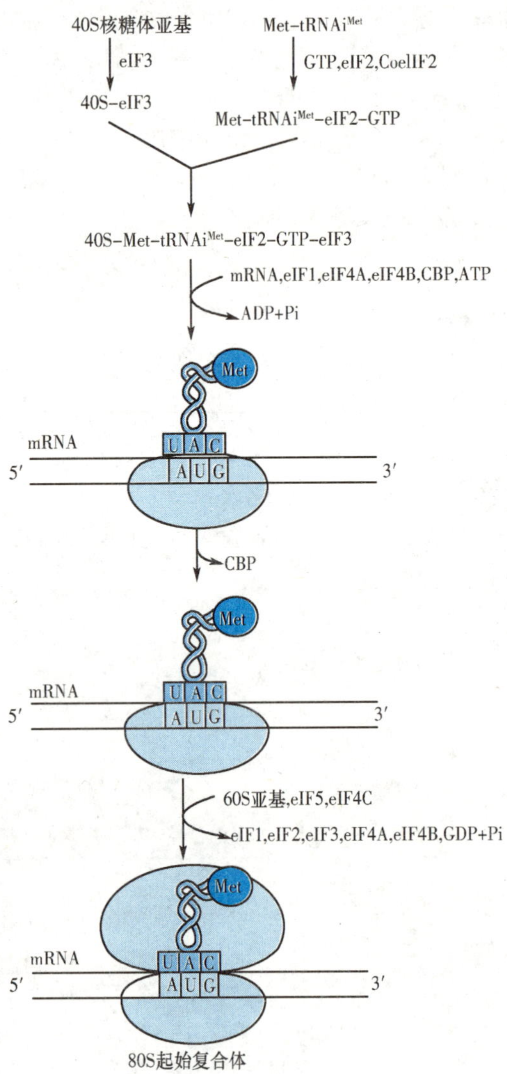

图 17-6　真核生物蛋白质合成的起始阶段

1. 进位　指氨基酰-tRNA 根据遗传密码的指引,进入核糖体的 A 位。起始复合物形成后,核糖体的 P 位被 fMet-tRNA$_f^{Met}$ 占据,但 A 位空着,等待着 A 位上 mRNA 密码子相对应的氨基酰-tRNA 的进入,此时需要延伸因子 EF-Tu 和 EF-Ts。

EF-Tu 的活性依赖鸟嘌呤核苷酸的状态,当 GTP 形式存在时,EF-Tu 处于活性状态;当 GTP 被水解成 GDP 后,该因子失活。EF-Tu 具有高度专一性,它只识别和结合氨基酰-tRNA,而不识别和结合 fMet-tRNA$_f^{Met}$。EF-Tu 能结合 1 分子 GTP,这种 EF-Tu-GTP 复合物,通过识别 tRNA 的 Tφ 环与氨基酰-tRNA 结合,生成氨基酰-tRNA-EF-Tu-GTP 三聚复合物。这一复合物只与核糖体的 A 位点结合。如果氨基酰-tRNA 的反密码子与 A 位的密码子不能配对,复合物很快从核糖体上脱离。如果反密码子与密码子配对,则可激发 EF-Tu 并使其构象发生改变,GTP 被水解,EF-Tu-GDP 被释放出来。此时氨基酰-tRNA 可稳定地结合在 A 位点上。EF-Tu 失活,不能结合氨基酰-tRNA。另外一个延伸因子 EF-Ts 可将失活的 EF-Tu-GDP 转换为活性状态的 EF-Tu-GTP:首先 EF-Ts 取代 EF-Tu-GDP 上的 GDP,形成 EF-Tu-EF-Ts,之后又被 GTP 取代形成 EF-Tu-GTP,可再与其他的氨基酰-RNA 结合。

2. 转肽　指在转肽酶(peptidyltransferase)的作用下,将 P 位点上的肽酰基转移到 A 位点的氨基酰-tRNA 上,在 A 位形成肽键(图 17-7),使肽链延长。核糖体大亚基具有转肽酶活性,该部分位于肽酰-tRNA 的末端与氨基酰-tRNA 之间。这种催化作用为核糖体大亚基所特有。转肽的另一作用是将已卸掉氨基酸的 tRNA 从核糖体的 P 位点去除,以便新的肽链-tRNA 进入该位点。

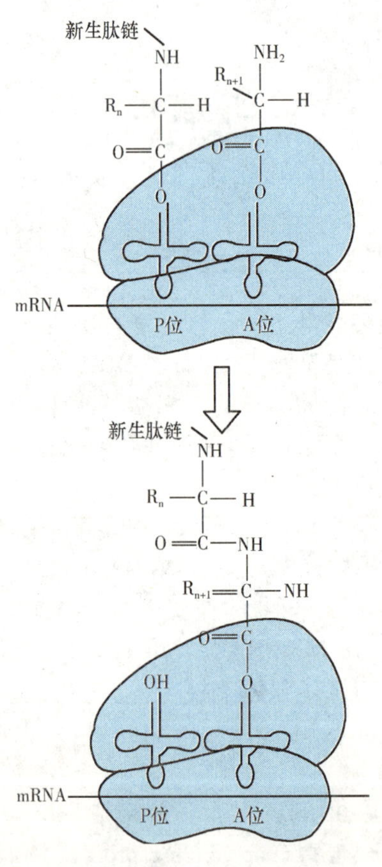

图 17-7　肽键的延伸

3. 转位　由转位酶(translocase)催化 A 位点上新形成的肽酰-tRNA(peptidyl tRNA)移到 P 位点上,同时核糖体在 mRNA 上由 5′→3′ 移动 1 个密码子的距离,将下一个密码子置于 A 位点。现已证明:转位酶的活性存在于 EF-G(在真核生物是 eEF-2)。转位需要的能量由 GTP 水解提供。

关于核糖体在 mRNA 上的移动,即转位,目前有 2 种移动模式假说:第一种,tRNA 相对核糖体移位,此时 tRNA 的氨基酸端在 50S 亚基内

部移动，其反密码子端随后移动。即首先位于50S大亚基上的tRNA部分发生移动，之后整个核糖体发生移位，使得下一个反密码子与mRNA上相应的密码子正确匹配；第二种，首先50S亚基相对30S移动，随后30S亚基移位，tRNA相应移动到下一个密码子处。

第一个循环结束时，核糖体P位连接的是二肽-tRNA，A位空着，等待着与下一个密码子对应的氨基酰-tRNA的进入。以后肽链上每增加一个氨基酸残基，就按进位、转肽、转位3个步骤重复进行(图17-8)，直至肽链增长到mRNA上的终止密码进入A位为止。

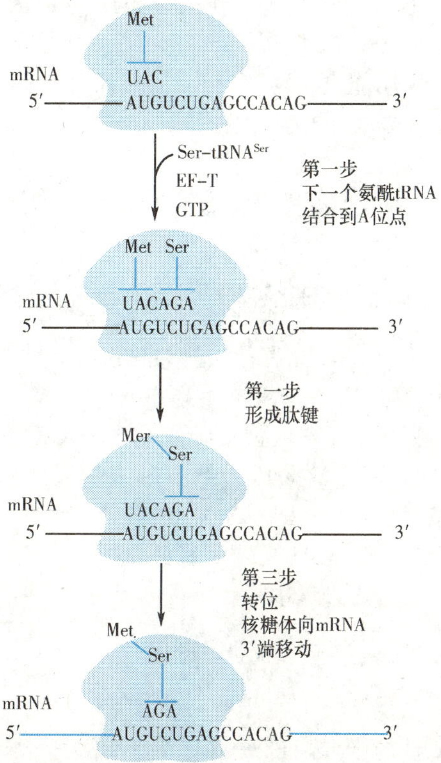

图17-8 肽链的延伸

在肽链延伸阶段，每增加一个氨基酸残基都需消耗2分子GTP(进位与转位时各1)，即消耗2个高能磷酸键，而氨基酸活化生成氨基酰-tRNA时，也消耗2个高能磷酸键，故实际上每增加一个氨基酸残基需消耗4个高能磷酸键。

(三) 终止阶段

终止阶段包括：终止密码的辨认，合成完整的肽链水解释放，核糖体与tRNA从mRNA上脱落和核糖体大小亚基的分离。这一阶段需要释放因子(release factor，RF)。

原核生物有三种释放因子，即RF-1、RF-2和RF-3。释放因子对终止密码子的识别有一定的特异性，RF-1可识别终止密码UAA及UAG；RF-2可识别终止密码子UAA及UGA；RF-3不识别密码子。三种释放因子都具有GTPase的活性。近年来的研究表明，RF-3的主要作用是促进RF-2在终止密码子UGA处介导翻译的终止。终止过程可叙述如下(图17-9)。

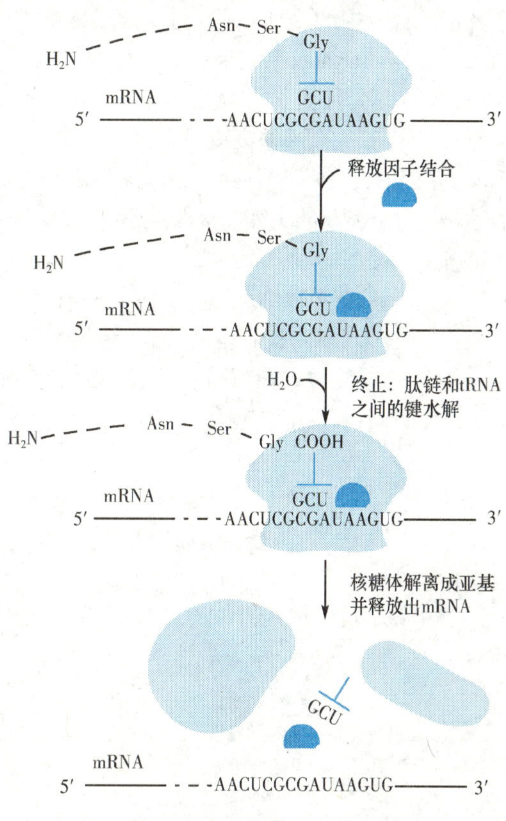

图17-9 肽链合成的终止

(1) 肽链延伸到mRNA的终止密码子UAA(亦可以是UGA或UAG)进入A位时，释放因子与GTP结合后能识别终止密码子，形成RF-1-RF-2-RF-3-GTP复合物结合在核糖体上。

(2) 复合物的结合改变了转肽酶的构象，使其具有水解酶的活性，使P位上的tRNA与多肽链之间的酯键被水解，释放出多肽。这一过程需RF-3水解GTP释放能量。

(3) 与GDP结合的释放因子及P位上空载的tRNA依次从核糖体上脱落，最终核糖体也从mRNA上脱落下来，并解离成大、小亚基。多肽链与tRNA的分离类似肽链的转移反应。核糖体与mRNA的分离原理尚不清楚，可能在RF因子的激发作用下，使核糖体的构象发生改变，从而与mRNA分离。

长期以来认为真核细胞只有一个释放因子eRF1，它能识别所有的终止密码子。但近几年的研究表明，eRF3也是真核细胞翻译终止所必需的释放因子。eRF3可与GTP结合，并进一步

笔记栏

和 eRF1 结合形成 eRF1-eRF3-GTP 释放因子复合体，识别三个终止密码中的任何一个，使蛋白质合成终止，具体机制与原核细胞类似。

因终止密码子有 3 个，故许多其他密码子只要有一个碱基发生改变，就有可能变成终止密码子。如果一个基因内因突变产生了终止密码子，就会导致其正在合成中的多肽提前终止，即成熟前终止（premature termination），结果产生无功能的蛋白质片段，这种突变称为无意义突变（nonsense mutation）。有些情况下，这种突变可以恢复，因为某些 tRNA 基因的突变，可以使错误基因的 mRNA 得以表达。这种 tRNA 的突变主要发生在它的反密码子部分。当突变的 tRNA 反密码子与终止密码子相互识别时，肽链可以继续延伸。突变的 tRNA 称为校正 tRNA，可以与核糖体的 A 位点结合。校正 tRNA 可与 RF 竞争，若前者的竞争力大，蛋白质的合成继续进行，若后者的竞争力大，则蛋白质的合成终止。

三、多聚核糖体

在电镜下可以观察到，一条 mRNA 链上可附着多个核糖体，依次结合起始密码并沿 5′→3′ 端移动，同时进行肽链合成，这种 mRNA 与多个核糖体的聚合物称为多聚核糖体（polyribosome 或 polysome）。多聚核糖体上核糖体数，可由数个到数十个不等，主要取决于 mRNA 的大小，mRNA 分子大的附着的核糖体数多，反之则少（图 17-10）。

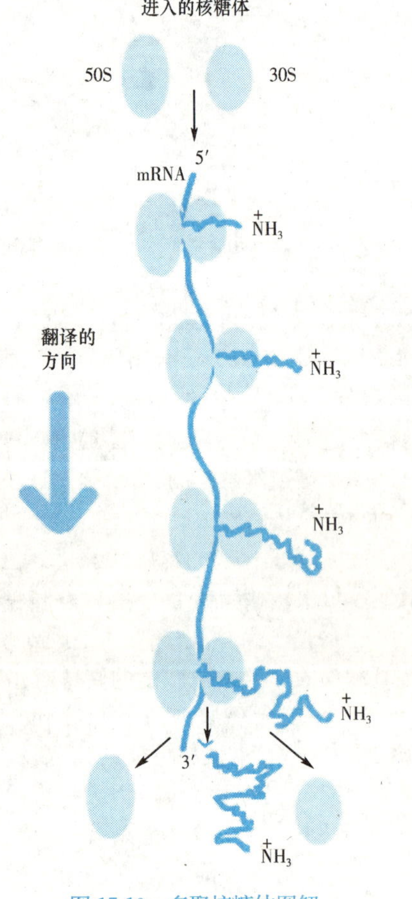

图 17-10 多聚核糖体图解

多聚核糖体的形成具有重要的生物学意义，它可以大大加快细胞内蛋白质合成的速率。

第三节 翻译后加工

新合成的多肽链大多并没有正常生理功能，许多蛋白质在肽链合成后，需经一定的加工（processing）或修饰（modification），才能行使正常生理功能，这就是蛋白质的翻译后加工，其包括多种方式，分别叙述如下。

一、新合成的多肽链的加工和修饰

（一）脱 *N*-甲酰基或 *N*-蛋氨酸

翻译过程中，原核生物的起始氨基酸总是甲酰蛋氨酸（fMet），真核生物总是蛋氨酸（Met）。然而大多数成熟的蛋白质分子 N 末端都不再是 fMet 或 Met，这是因为细胞内的脱甲酰基酶或氨基肽酶，可以去除 *N*-甲酰基、*N*-蛋氨酸，甚至进一步去除几个 N 端氨基酸，这个过程可发生在肽链合成过程中或者合成过程后。

（二）氨基酸侧链的修饰

新生肽链中往往有一些氨基酸的侧链经过专一性的修饰，如胶原蛋白中脯氨酸和赖氨酸经羟化酶的作用羟基化、糖蛋白和蛋白多糖合成过程中的糖基化、核糖核蛋白的磷酸化、组蛋白和肌蛋白的甲基化以及组蛋白的乙酰化，除此以外，还有硫酸化、糖基磷脂酰肌醇化等。

（三）二硫键的形成

蛋白质分子中的二硫键形成是肽链中两个半胱氨酸残基侧链的巯基氧化的结果，反应由酶催化，研究得最清楚的酶是二硫键异构酶（protein disulfide isomerase，PDI），这个酶实际上催化三个反应：氧化反应，即将新的二硫键引入蛋白；异构化，即通过巯基与二硫化物交换，使已存在的半胱氨酸配对发生交换；还原反应，即去除二硫键。如图 17-11 显示了蛋白质二硫键异构酶催化的氧化和异构化反应。

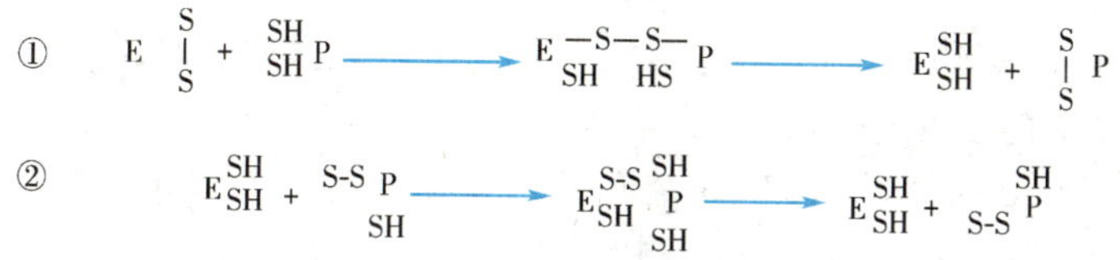

① E(S–S) + P(SH)(SH) ⟶ E(–S–S–)(SH)(HS)P ⟶ E(SH)(SH) + P(S–S)

② E(SH)(SH) + (S-S)P(SH) ⟶ E(S-S)(SH)P(SH)(SH) ⟶ E(SH)(SH) + (S-S)P(SH)

图 17-11　PDI 催化的氧化和异构化反应

①氧化反应；②异构化反应；E 和 P 分别代表酶和蛋白质底物

二、新生多肽链中非功能性片段的切除

（一）信号肽的切除

信号肽的切除见第六节二（二）。

（二）内含肽的切除

某些新生蛋白质也会有相当于 mRNA 前体中“内含子”的间隔顺序，称为“内含肽”（intein）。目前已在酵母细菌中发现多种内含肽，其分子质量为 40～60kDa，其 N 端常为丝氨酸或半胱氨酸，C 端常为天冬氨酸或组氨酸。内含肽能自我催化蛋白质前体的剪接，以切下自身。切下后，成为游离内含肽。游离内含肽可切割其自身基因，造成该内含肽基因的转位，因此，游离的内含肽是一种双股 DNA 的内切酶，为归巢内切核酸酶（homing endonuclease）。内含肽切去后，两侧剩余的氨基酸序列重连接起来，成为成熟的蛋白质。这些氨基酸序列被称为“外显肽”（extein）。

（三）其他功能性或非功能性片段的剪切

真核生物 mRNA 可翻译成很长的多肽，其中含有多个有功能的肽原，也必须由专一性的蛋白质水解酶在特定位置上将这类新产生的多肽链切成几段，重新连接，变成有功能的蛋白质，如胰岛素原切去 C 肽才可成为有活性的胰岛素。

真核生物的 mRNA 的同一翻译原始产物，有时可遵循不同的切割方案进行加工，从而产生不同产物而具有多样性。最典型的例子如鸦片促黑皮质素原（pro-opio-melano-cortin，POMC）。POMC 由 265 个氨基酸残基组成，按不同的切割方式可生成 α-促黑激素、β-促黑激素、γ-促黑激素、ACTH、α-内啡肽、β-内啡肽、γ-内啡肽、蛋氨酸脑啡肽、β-脂肪酸释放激素、γ-脂肪酸释放激素。

三、亚基的聚合

具有四级结构的蛋白质，由多条肽链组成，分子中每条肽链都形成三级结构，这种具有三级结构的肽链称为亚基（subunit）。亚基按特定的方式聚合形成寡聚体（oligomer）。例如，正常成人血红蛋白（HbA）就是由 2 条 α 链、2 条 β 链及 4 个血红素分子聚合而成的。

第四节　翻译的调控

无论是原核生物还是真核生物，翻译过程都是某些基因表达调控的重要环节。翻译一般在起始和终止阶段受到调节，尤其是起始阶段。原核生物和真核生物对翻译水平的调控不尽相同。

一、原核生物翻译水平的调控

原核生物的 mRNA 中，在起始密码 AUG 上游通常有 SD 序列，也就是通常所说的核糖体结合位点。这个序列通过与核糖体小亚基中 16S rRNA3′ 端序列的碱基配对，将起始密码子 AUG 正确地定位于核糖体中。这种相互作用影响着翻译起始的效率，并为细菌细胞提供了一个调控蛋白质合成的简单方式。在原核生物中很多翻译调控机制同阻断 SD 序列有关，这种阻断作用可以通过蛋白质同 mRNA 的结合来实现，也可以通过反义 RNA 和 mRNA 的结合来完成。

（一）调节蛋白的作用

调节蛋白结合 mRNA 靶位点（靶位点或与翻译起始点重叠，或在起始点附近），通过改变 mRNA 空间构象影响核糖体的结合，从而阻断翻译。如 S8 蛋白（S8 蛋白与核糖体小亚基结合)对L5蛋白质(L5蛋白质与核糖体大亚基结合)合成的抑制,将16S rRNA的茎结构的序列与L5mRNA的5′末端的序列比较,提示这一序列是过量S8蛋白质引起L5翻译静止的物理基础。在细菌核糖体组装过程中,S8蛋白质与16S rRNA一个特殊茎-环结构的茎部紧密结合。L5 mRNA的起始密码子部位的序列可形成茎-环,其序列与16S rRNA的S8结合位点相似。因此,S8蛋白质可与L5mRNA的该序列结合,但对16S rRNA亲和性要高。结果,当16S rRNA存在时,S8蛋白质优先与之结合,组装成核糖体,但S8蛋白质比16S rRNA多时,多余的S8蛋白与L5mRNA结合,在立体结构上阻止了30S核糖体亚基与起始密码子和L5 mRNA的SD序列的相互作用,从而抑制翻译起始。当rRNA基因的后续转录产生更多的rRNA,S8蛋白质与16S rRNA中较高亲和性的结合位点结合,将L5 mRNA释放,进一步合成L5蛋白质。

(二) 反义RNA对翻译的调节作用

某些RNA序列也可调节基因表达,这种RNA称为调节RNA。细菌中有一种称为反义RNA的调节RNA,含有与特定mRNA翻译起始密码区域互补的序列,通过与mRNA杂交阻断了起始密码子的识别以及30S核糖体亚基与S-D序列的结合,因而阻断翻译的起始。这种调节称为反义控制(antisense control)。反义RNA与mRNA结合形成的双链区中含有核酸内切酶的靶位点,导致mRNA不稳定而影响翻译。

由细菌的插入序列IS10编码的转位酶的表达就受到反义控制翻译的机制所调控。转位酶催化易变的DNA元件的转位作用。如果表达太多转位酶,就会由此产生太多突变,细菌则无法生存。正常情况下,由于反义调控的存在,这样的情况不会发生。IS10含有两个启动子:一个是Pin,控制转位酶编码链的转录;一个是Pout,位于转位酶基因内,指导非编码链的转录,产生一条反义RNA与转位酶的mRNA5′末端互补,因为Pout活性比Pin活性强得多,因此,反义RNA产生的量比转位酶mRNA量丰富得多。反义RNA与转位酶的mRNA结合阻止翻译,从而确保转位酶合成的速率,使转位的频率与细菌的生存相符合。

二、真核生物翻译水平的调控

真核生物翻译水平的调控表现为:mRNA自身结构的影响,蛋白质-mRNA相互作用的调节,募集因子的调节和肽链起始因子的调节。

(一) mRNA自身结构的影响

1. 起始密码旁侧序列的作用 在真核细胞中,mRNA中合适的起始密码旁侧序列是核糖体小亚基识别起始密码子AUG所必需的。若起始密码的旁侧序列不合适,核糖体小亚基将不理会mRNA分子上的第一个AUG密码,跳读第二个或第三个密码,这就是易遗漏扫描(leaky scanning)现象,可解释为什么相同的mRNA可产生两个或多个仅氨基端不同的蛋白质,这种调控方式也使某些基因产生在氨基端具有信号肽或不具信号肽的相同的蛋白质,从而使它们定位于细胞的不同部位。值得注意的是,少数真核细胞和病毒mRNA翻译起始通过所谓的“内部起始”机制,这些mRNA含有称作“内部核糖体进入位点”(internal ribosome entry sites),mRNA在此处的结合与5′端帽子结构无关,翻译在mRNA分子5′下游的另外一个AUG密码开始,详细机制不清。

2. 非翻译区的结构与翻译调控 5′非翻译区(5′-UTR)的序列中若存在着碱基配对,就可形成发夹状或茎环状二级结构,这类结构会阻止核糖体小亚基的迁移,从而阻抑翻译起始,阻抑作用的强弱决定于发夹结构的稳定及其在5′-UTR中的位置。一般说来,碱基配对区愈长和(或)G+C含量愈高,发夹结构就愈稳定,阻抑作用也就愈强。

在真核细胞中,许多编码细胞因子mRNA的3′非翻译区含有UA序列,常由几个相间分布的UUAUUUAU八核苷酸序列组成,去除这段序列可明显提高mRNA的稳定性,提示UA序列是对翻译起阻抑作用的元件。

(二) mRNA与蛋白质相互作用的调控效应

在真核生物中某些mRNA分子的翻译亦能被结合到mRNA 5′端的特定的翻译阻遏蛋白所阻断,此类型的调控机制称为负翻译调控(negative translation control)。研究得最为清楚的例子与编码铁代谢的几种蛋白质的

mRNA有关。铁应答元件结合蛋白(iron-response elements binding protein,IRE-BP)是一种调控转铁蛋白受体(transferin-receptor)mRNA的降解的蛋白质,还能调节双链铁蛋白和δ-氨基-γ-酮戊酸(ALA)合酶mRNA的翻译。铁蛋白是细胞内一种结合铁离子的蛋白质,可防止游离Fe^{2+}的积累造成的毒害。当细胞内铁离子贮存量低时,铁蛋白mRNA的翻译被阻遏,以便转铁蛋白受体将铁运入细胞供含铁的酶所需;当铁离子过量时,铁蛋白合成阻遏被解除,游离的铁离子被新合成的铁蛋白结合。ALA合酶催化血红素合成的第一步。当铁离子浓度很低时,ALA合酶的合成被阻遏;结果,铁不参与血红素的合成,使需铁酶有足够铁以维持细胞活性。当铁的浓度足够时,ALA合酶mRNA的翻译抑制被解除,血红素开始合成。铁蛋白和ALA合酶mRNA的翻译受到IRE-BP与两者的mRNA5′端的IREs结合所调控(图17-12)。

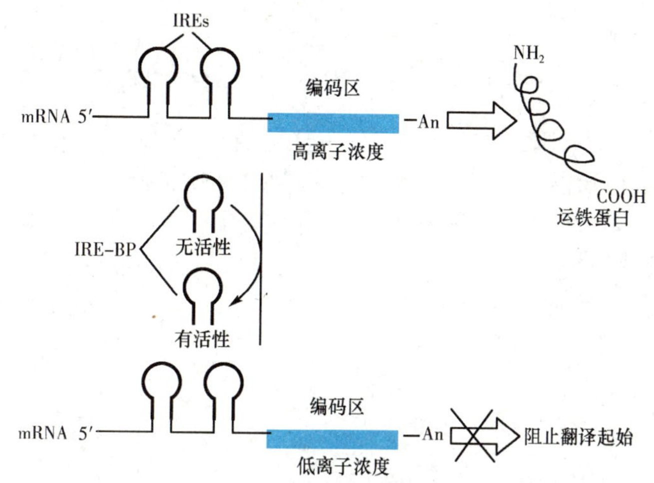

图17-12 铁应答元件结合蛋白的调节作用

Fe^{2+}浓度低时,IRE-BP活化而阻遏铁蛋白的合成;同样的机制控制ALA合酶的合成

当铁离子浓度低时,IRE-BP活化并与IREs结合,通过阻止起始时结合在5′帽子端的40S核糖体亚基移至第一个AUG来抑制翻译起始。当铁离子浓度高时,IRE-BP即失活不与5′IREs结合,翻译起始进行。

(三)募集因子的作用

募集因子(recruitment factor)是能促进mRNA与核糖体结合的因子。在许多真核生物中,卵细胞贮存着暂不翻译的mRNA,称为潜伏的mRNA(masked mRNA)。卵细胞受精后数分钟,潜伏的mRNA被一种或多种募集因子激活,此时mRNA开始翻译。

(四)翻译起始因子活性的调节

翻译起始因子活性决定了翻译的起始水平。起始因子可通过磷酸化调控蛋白质的合成。例如,eIF-2α亚单位的磷酸化使得鸟苷酸交换因子(GEF,又称eIF-2B)与非活化状态的eIF-2-GDP紧密结合在一起,妨碍了eIF-2的循环利用,从而影响eIF-2-GTP-Met-$tRNA_i^{met}$前起始复合物的形成,抑制了蛋白质合成的起始。又如,eIF-4E的快速磷酸化明显加快蛋白质的合成速率。

第五节 蛋白质生物合成的干扰和抑制

一、干扰素和白喉毒素的抑制作用

干扰素(interferon)是真核生物细胞感染病毒后产生的一类具有抗病毒作用的蛋白质。干扰素分为α-(白细胞)型、β-(成纤维细胞)型和γ-(淋巴细胞)型三大类,每类中又各有亚型,分别有各自的不同作用。

干扰素可通过干扰蛋白质的生物合成抑制病毒繁殖,其原理有两方面:一方面,干扰素在双链RNA(例如某些RNA病毒)存在时,可活化一种蛋白激酶,后者使eIF-2α磷酸化,磷酸化的eIF-2则失去启动翻译过程的能力(如前所述);另一方面,干扰素与双链RNA可共同活化2′-5′A合成酶,该酶可使多个ATP转变成为2′-5′A,进而活化一种称为RNase L的核酸内切酶,使mRNA降解(图17-13)。

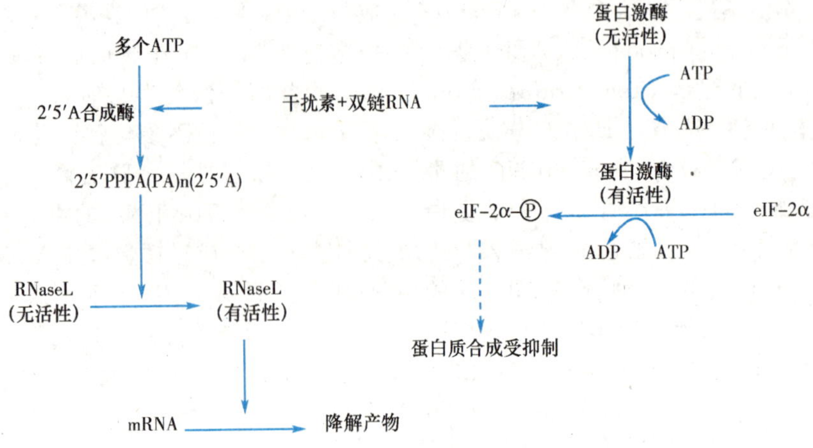

图 17-13 干扰素抵制蛋白质生物合成机制

多种毒素可在肽链延长阶段抑制蛋白质的合成，如白喉毒素。白喉毒素可特异地作用于真核生物延伸因子-2（eEF-2），抑制真核生物的蛋白质合成。白喉毒素含 A、B 两个亚基。B 亚基可与细胞表面的特异受体结合，结合后，毒素的 A、B 两链之间的二硫键还原，A 链即进入胞质。A 亚基是催化亚基，可使 NAD^+ 与延长因子 eEF-2 起特异作用，eEF-2 失活（图 17-14）。

NAD^+ ＋eEF-2（有活性）⟶核糖-ADP-eEF-2（无活性）＋尼克酰胺

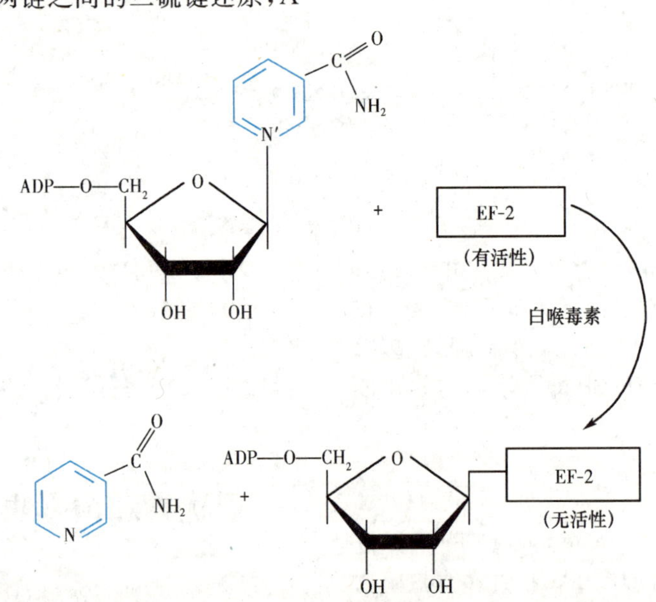

图 17-14 白喉毒素对 eEF-2 的作用

eEF-2-核糖-ADP 复合体仍可附着于核糖体，并与 GTP 结合，但不能促进移位。白喉毒素在 eEF-2 与 NAD^+ 的反应中起着酶的作用，所以低剂量的白喉毒素即可中止细胞的所有蛋白质合成。

二、抗生素对蛋白质合成的抑制

抗生素一般是细菌或真菌产生的具有抑制其他生物生长的物质。许多抗生素对蛋白质的合成有抑制作用，不同的抗生素抑制蛋白质合成的作用点和机制不同。

（1）四环素（tetracycline）族：包括土霉素等，能抑制起始氨基酰-tRNA 与原核或真核细胞的核糖体的 A 位结合，从而抑制蛋白质的生物合成。

（2）链霉素（streptomycin）和卡那霉素（karamycin）：可与原核生物核糖体 30S 亚基结合形成异常起始复合物，引起遗传信息错读，使错误在蛋白质中积累，导致细胞死亡。

（3）氯霉素（chloromycetin）：能与细菌、线粒体、叶绿体的核糖体 70S 亚基结合，抑制转肽

酶的活性，使肽键不能形成。

(4) 嘌呤霉素(puromycin)：是酪氨酰-tRNA的类似物，从而易取代一些氨基酰-tRNA进入翻译中的核糖体A位，同已合成的肽链形成肽键，生成多肽-嘌呤霉素链从核糖体释放，阻止了肽链延长。

(5) 夫西地酸(fusidic acid)：又称梭链孢酸。可与原核生物延伸因子EF-G结合，抑制EF-G引起的移位，阻止肽链的延长。

(6) 稀疏霉素(sparsomycin)：可与原核细胞及真核细胞的核糖体大亚基结合，抑制转肽酶的活性。

(7) 放线菌酮(cycloheximide)：与真核细胞核糖体80S大亚基结合，抑制核糖体转肽酶的活性，阻止肽酰基由P位移向A位，阻止了肽链的延长。

(8) 茴香霉素(amsomycin)：与真核细胞的核糖体80S大亚基结合，抑制与转肽酶活性，使肽键无法形成。

由上可知，在各种对蛋白质合成有抑制作用的抗生素中，有些对原核和真核生物的蛋白质合成均有抑制作用，如四环素、嘌呤霉素和稀疏霉素；有些仅抑制真核细胞的蛋白质合成，如放线菌酮、茴香霉素；有些仅作用于原核细胞，如链霉素、氯霉素等。

第六节　蛋白质在细胞中的分选和定位

无论原核生物还是真核生物，在胞质中合成的蛋白质必须转运到特定的亚细胞位置或运输到胞外才能发挥其相应活性，保证一切生命活动的正常进行。这种现象称为蛋白质的分选(protein sorting)和定位，亦称蛋白质导向(靶向)(protein targeting)输送，目前对于这一过程的基本轮廓和机制有了大致了解。

一、蛋白质运输的几种机制

除少数在线粒体和叶绿体中所合成的蛋白质外，游离核糖体和内质网膜上核糖体所合成的蛋白质，一般在其氨基酸序列中均含有分选信号(sorting signal)，决定它们的去向和最终定位，这种分选机制称为蛋白质分选。通过连续的内膜系统运送使蛋白质达到其最终目的地的过程常称为蛋白质运输(protein transport)，具有分选信号的蛋白质可在分选信号的指引下运送到不同的亚细胞位置，而不具有分选信号的蛋白质则留在细胞质中。

含分选信号的蛋白质可通过3种不同的基本途径在细胞内区间运送(图17-15)。

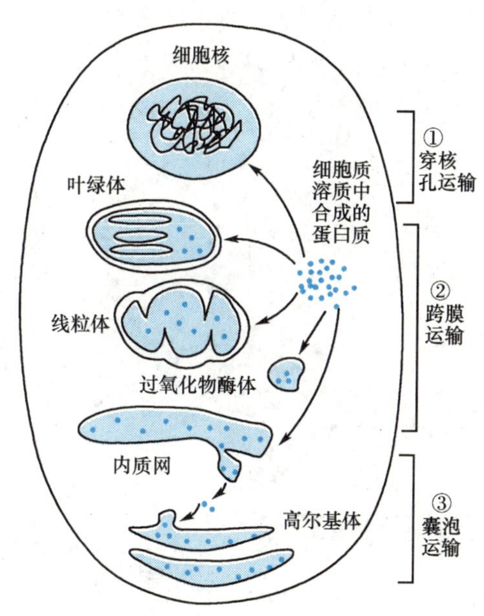

图17-15　蛋白质运输的几种机制

(1) 孔门运输(gated transport)：指的是细胞核细胞质间蛋白质运输，细胞质溶质中核糖体合成的蛋白质就是通过核孔复合体运入核内的。

(2) 跨膜运输(transmernbrane transport)：通过结合在膜上的蛋白质转移器(protein transportor)穿过膜直接把蛋白质从细胞质溶质运送到细胞内的不同部位。与核孔运输不同的是，由这种途径运送的蛋白质必须去折叠(fold)。这样，蛋白质更具柔韧性，可蜿蜒穿膜。例如，在细胞质溶质中合成的蛋白质就是经过跨膜运输的方式进入线粒体、内质网中的。

(3) 囊泡运输(vesicular transport)：这是不同于前两种方式的一种运输机制。在这一运输途径中，待运输的蛋白质由膜包裹形成囊泡，然后囊泡移到靶膜，与含有受体的膜融合，卸下运载的蛋白质，也称胞吐作用(exolytosis)。例如，可溶性的分泌蛋白便是通过这一途径从内质网运输到高尔基体中。

二、分泌性蛋白质的靶向输送

(一) 分泌性蛋白质的合成与胞吐作用

穿过合成所在的细胞到其他组织细胞去的蛋白质，可统称为分泌性蛋白质(secretory proteins)，例如各种肽类激素，各种血浆蛋白、凝血因子、抗体蛋白等。其合成是在与粗面内质网(rough endoplasmic reticulum,RER)结合着的核糖体上进行。被合成的蛋白质穿过RER膜,进入RER腔,在那里折叠成最终的构象。内质网(ER)出芽,形成囊泡,将蛋白质运载到高尔基复合体。高尔基体有正、反面之分,囊泡由正面进入,从反面离开。RER囊泡与高尔基体的正面区室融合,将蛋白质释放到高尔基体内腔中。蛋白质随后又穿越高尔基体,到达反面区室,在途中进行糖基化修饰,最后,囊泡从反面区室出芽,将糖基化的分泌性蛋白质运到质膜,在那里囊泡与质膜融合,并将内含物释放到胞外(图17-16)。

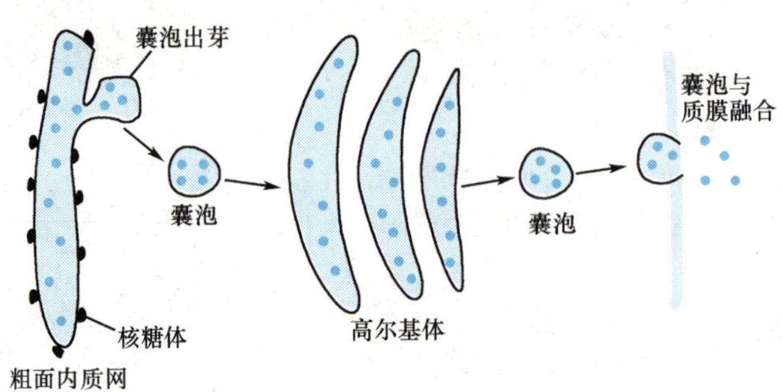

图17-16　分泌性蛋白质的合成和胞吐作用

(二)信号假说

关于分泌性蛋白质的转运系统由什么组织和如何运作,目前有多种不同学说进行解释:信号假说(the signal hypothesis)、膜触发假说和直接转移模型,其中以信号假说最为大家接受,它详细阐明了在信号肽指引下细胞内蛋白质跨膜运输的分子机制。

信号假说认为,分泌蛋白、溶酶体蛋白和膜结合蛋白的翻译与穿膜活动同几种因素有关。首先,分泌性蛋白质的N端有一段由13～35个氨基酸残基组成的信号序列(signal sequence)或信号肽(signal peptide)。不同分泌性蛋白质的信号肽氨基酸序列不同,但有一些共同的特征。信号肽大致分为三个区段:N端有带正电荷的氨基酸,如赖氨酸和精氨酸,称为碱性N-端;中间较大的20个或更多的以中性氨基酸为主组成疏水核心区,常见有亮氨酸、异亮氨酸;C-端含有小分子氨基酸如甘、丙、丝氨酸较多,是被信号肽酶(signal peptidase)裂解的部位,亦称为加工区(图17-17)。

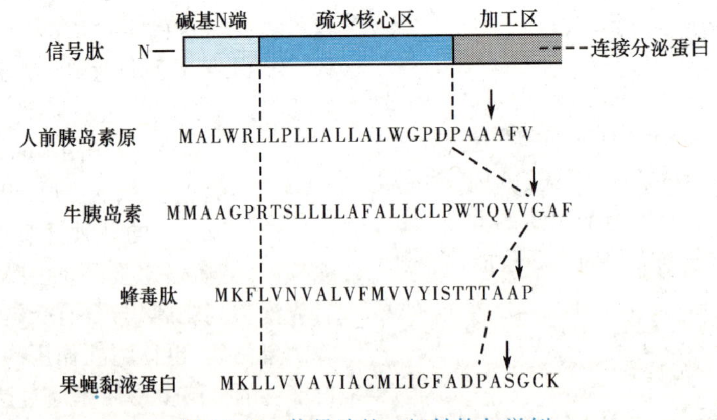

图17-17　信号肽的一级结构与举例

信号肽可被细胞器上的受体蛋白识别,指导分泌性蛋白质进入ER膜,从而引导蛋白质进入ER而被分泌。

此外,在RER膜中存在着一种蛋白质释放耦联易控系统(translator-coupled translocation system),与合成分泌蛋白的核糖体结合到RER膜上密切相关。这个系统中含有两种重要成分,即信号识别颗粒(signal recognition particle, SRP)和信号识别颗粒受体(SRP receptor)。SRP是由7S-RNA与6个蛋白质组成的复合物,存在于细胞质中,它的一端分别有多肽链上信号肽结合位点以及SRP受体结合位点,另一端有核糖体结合位点。当SRP结合到信号肽上,即可阻止蛋白质的进一步合成。SRP受体实际上是插在RER膜上的一种停泊蛋白(docking protein,DP),由嵌入膜内的疏水部分和暴露于细胞

质的亲水部分组成。SRP受体对7S RNA有识别能力。信号假说的机制如图17-18。

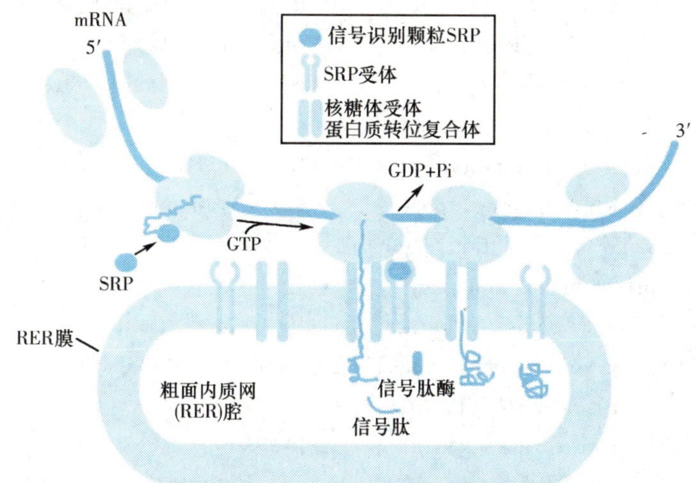

图17-18　信号假说示意图

分泌性蛋白质的mRNA与胞质中的游离核糖体结合，蛋白质开始合成，首先合成的部分是N端的信号肽，SRP与信号肽结合后，阻止了蛋白质的进一步合成，防止分泌性蛋白质在成熟前被释放的胞液中。这时，核糖体mRNA-SRP复合体结合到ER表面的SRP受体上，ER膜上还存在与蛋白转运相联系的核糖体受体蛋白，在一系列反应中，核糖体紧紧地结合在核糖体受体蛋白上，SRP结合在SRP受体上。当SRP从信号肽上脱落下来后，继续进行肽链延伸，新生的多肽穿过由转运蛋白在ER膜上形成的孔。当蛋白质穿过孔时，信号肽被ER腔面上的信号肽酶切除，余下的蛋白质释入内质网腔（图17-18）。如前所述，蛋白质然后又经由高尔基体转运到胞外。因为蛋白质的合成与跨膜转运同时进行，所以称这个过程为共翻译（co-translation）过程，被释放的SRP通过它的受体准备结合到下一个信号肽上，此即SRP循环。

Summary

Protein synthesis is a complex process in which information encoded in nucleic acids is translated into the primary sequence of proteins. 20 different amino acids are the materials of the protein synthesis and also 3 kinds of RNAs have different functions during the process. mRNA carrying the genetic information from DNA serves as the template for the synthesis of protein and determine the primary structure of protein by genetic codon. rRNA and protein are components of ribosomes which are cytoplasmic structures responsible for the synthesis of proteins. The ribosome consists of two subunits of unequal size, the large subunit and the small subunit. Each ribosome has three binding sites for tRNAs, an A (acyl) site where the incoming aminoacyl-tRNA is bound, a P(peptidyl) site where the tRNA linked to the growing polypeptide chain is bound, and an E(exit) site where tRNA is bound prior to its release from the ribosome. The tRNAs are a set of molecules that act as carriers of amino acids.

Protein synthesis involves the activation and the transport of amino acid, and the ribosomal cycle. The former is the synthesis of aminoacyl-tRNA, and the latter consists of three phases: initiation, elongation, and termination. Translation begins with initiation, when the small ribosomal subunit binds an mRNA, the anticodon of an initiator tRNA pairing with the initiation codon AUG, and the large ribosomal subunit combines with the small ribosomal subunit to form a initiation complex. There are differences between the prokaryocytes and the eukayocytes in initiation. After the formation of the initiation complex, the P site was bound by fMet-tRNA$_i^{fMet}$, and the next codon in the mRNA is positioned in the A site. Elongation of the polypeptide chain occurs in three steps called the elongation cycle, namely aninoacyl-tRNA binding, peptide bond formation and translocation. In the first step, the corresponding aminoacy-tRNA for the second codon binds to the A site via codon-anticodon interaction, and elongation factor EF-Tu is needed . In the second step, peptide bound formation, the carboxyl end of the amino acid linked to the tRNA in the P site is uncoupled from the tRNA and becomes joined by a peptide bond to the amino group of the amino acid linked to the tRNA in the A site. In the third step, the ribosome is moved along the mRNA. As the mRNA moves, the next codon enters the A site, and the tRNA bearing the growing peptide chain moves into the P site. This series of steps, referred to as the elongation cycle, is repeated until a stop codon enters the A site. During the termination, a protein releasing factor binds to the A site, and subsequently, peptidyl transferase (acting as an enterase) hydrolyzes the bond connecting the nascent polypeptide chain and the tRNA in the P site, the polypeptide chain released from the ribosome. Translation ends as the ribosome releases the mRNA and dissociates into the large and small subunits.

Protein synthesis also involves a set of posttranslational modifications that prepare the molecule for its functional role, assist in folding, or target it to a specific destination. These covalent alterations include various proteolytic processing, the addition of groups to certain amino acid side chains, and the insertion of cofactors.

Prokaryotes and eukaryotes differ in their usage of translational control mechanisms. Prokaryotes use negative translational control, that is, the repression of the translation of a polycistronic mRNA by one of its products or by its antisense RNA. In contrast, eukaryotic translation are mainly controlled by the structure of mRNA itself, the interference between protein and mRNA, the initiation factor, and other factors.

Many bioactive substances can repress the protein synthesis, such as interferon, diphtheria toxin. Some antibiotics can also interfere or repress the synthesis of protein .

Both in prokaryotes and eukaryotes, newly synthesized proteins must be delivered to a specific subcellular location or exported from the cell for correct activity. The signal hypothesis clarifies the targeting mechanism of secretory protein in detail.

思 考 题

1. 试述参与蛋白质生物合成的物质及其作用。

2. 简述氨基酰-tRNA合成酶在氨基酸活化中的作用。

3. 原核生物与真核生物的蛋白质合成有何异同?

4. 简述核糖体循环的过程。

5. 简述蛋白质合成中IF-1、IF-2、IF-3、EF-Tu、EF-G等蛋白质因子的作用。

6. 简述蛋白质合成后的加工修饰有哪些方式?

7. 举例说明生物活性物质和抗生素干扰抑制蛋白质合成的作用机制。

8. 什么叫蛋白质导向?概述分泌性蛋白质靶向输送信号假说。

(罗德生)

第18章 基因表达的调控

20世纪50年代，Watson和Crick提出了DNA双螺旋结构学说和“中心法则”，并用分子结构特征解释了生命现象的基本问题——基因复制；中心法则阐明了DNA与蛋白质合成的关系，揭示了基因型与表型、遗传与代谢的关系。人们从分子水平上了解到遗传对代谢的控制；了解到一切生理、病理现象都是直接或间接地受到遗传基因的控制。Watson和Crick伟大理论的重要性无论怎样强调也不过分，但它仅仅是揭开了生命现象的一部分本质而不是全部。揭开生命现象另一部分本质的是Monod和Jacob，他们于60年代提出了操纵子学说。操纵子学说的提出，扩大了基因的概念，人们开始认识除了有能编码蛋白质一级结构的这么一类基因外，还有具备其他功能的基因，因此，在认识生命基本现象的实质方面才有了调节与控制的概念，有了调控的思想。近年来，生命科学研究揭示，一切生命现象从生物的遗传和变异到生物体的生长、发育、繁殖、分化以及包括癌变在内的许多疾病发生，都与基因表达调控有关。由此形成了众多的热点探索课题。在一定程度上可以说基因表达的调控是基因生物学以及分子医学的真谛所在。目前，总体来看对生物体复制-转录-翻译的过程是清楚的，然而这些过程是怎样调节控制的，并不十分清楚。真核生物同一机体的各种细胞都含有相同的遗传信息，即有相同的结构基因，但它们在各细胞中并非同时表达，而是按一定时间、空间、有序的表达或不表达、高表达或低表达，由此产生不同细胞的分化。分化本身就是基因表达调控的结果。

第一节 基因表达调控基本概念

一、基因表达的概念

基因表达(gene expression)通常是指生物基因组中结构基因所携带的遗传信息经转录、翻译等一系列过程，合成特定的蛋白质，进而发挥其特定的生物学功能和生物学效应的全过程。但并非所有基因表达过程都产生蛋白质，rRNA、tRNA的编码基因转录生成RNA的过程也属于基因表达。基因表达可以在转录、加工和翻译多个水平受到调控。在转录水平的调控是基因表达的基本控制点。基因的转录调控是通过反式作用因子(*trans*-acting factor)和顺式作用元件(*cis*-acting element)之间的相互作用来进行。反式作用因子通常为蛋白质(也有可能是RNA)，它可以在细胞内扩散，因此，可以作用于任何合适的靶基因。顺式作用元件通常是DNA，不转变为任何其他形式(RNA或蛋白质)。一般它只影响与其邻近的DNA序列。

二、基因表达的特异性

无论是病毒、细菌，还是多细胞生物，乃至高等哺乳类动物及人，基因表达表现为严格的规律性，即时间、空间特异性。生物物种越高级，基因表达规律越复杂、越精细，这是生物进化的需要。基因表达的时间、空间特异性由特异基因的启动子(序列)和(或)增强子与调节蛋白相互作用决定。

1. 时间特异性 按功能需要，某一特定基因的表达严格按特定的时间顺序发生，这就是基因表达的时间特异性(temporal specificity)。在多细胞生物从受精卵到组织、器官形成的各个不同发育阶段，在每个不同的发育阶段，都会有相应基因严格按一定时间顺序开启或关闭，表现为与分化、发育阶段一致的时间性。因此，多细胞生物基因表达的时间特异性又称阶段特异性(stage specificity)。

2. 空间特异性 在个体生长全过程，某种基因产物在个体按不同组织空间顺序出现，这就是基因表达的空间特异性(spatial specificity)。基因表达伴随时间或阶段顺序所表现出的这种空间分布差异，实际上是由细胞在器官的分布决定的，因此，基因表达的空间特异性又称细胞特异性(cell specificity)或组织特异性(tissue specificity)。

在多细胞生物个体某一发育、生长阶段，同

一基因产物在不同的组织器官表达多少是不一样的；在同一生长阶段，不同的基因表达产物在不同的组织、器官分布也不完全相同。

三、基因表达的方式

不同的基因对内、外环境信号刺激的反应性不同。按对刺激的反应性，基因表达的方式或调节类型存在很大差异。

1. 基本表达 某些基因产物对生命全过程都是必需的或必不可少的，这类基因在一个生物个体的几乎所有细胞中持续表达，通常称之为管家基因(house keeping gene)。这类基因在组织细胞中呈现持续表达，维持细胞基本生存的需要，这类基因表达被视为细胞基本的或组成性基因表达(constitutive gene expression)，其表达只受启动序列或启动子与 RNA 聚合酶相互作用的影响，而不受其他机制调节。例如，三羧酸循环是一枢纽性代谢途径，催化该途径各阶段反应的酶编码基因就属这类基因。

2. 诱导和阻遏 与管家基因不同，另有一些基因表达极易受环境变化影响。在特定环境信号刺激下，相应的基因被激活，基因表达产物增加，即这种基因是可诱导的，该基因则称为可诱导基因。可诱导基因在特定环境中表达增强的过程称为诱导(induction)。相反，在特定环境信号刺激下，如果相应的基因对环境信号应答时被抑制，这种基因是可阻遏的，该基因则称为可阻遏基因。可阻遏基因在特定环境中表达产物水平降低的过程称为阻遏(repression)。可诱导或可阻遏基因除受到启动序列或启动子与 RNA 聚合酶相互作用的影响外，还受其他机制调节。这类基因的调控序列含有特异刺激的反应元件。例如，乳糖操纵子、色氨酸操纵子；这类基因的调控序列含有特异刺激的反应元件。诱导和阻遏是同一事物的两种表现形式，在生物界普遍存在，也是生物体适应环境的基本途径。

在一定机制控制下，功能上相关的一组基因，无论其为何种表达方式，均需协调一致、共同表达，即为协调表达(coordinate expression)。这种调节称为协调调节(coordinate regulation)。

四、基因表达调控的生物学意义

1. 适应环境、维持生长和增殖 生物体赖以生存的内、外环境是在不断变化的。所有活细胞都必须对内、外环境变化作出适当反应，调节代谢，以使生物体能更好地适应变化着的外环境。细胞内某种功能的蛋白质分子有或无、多或少等数量变化则是由这些蛋白质分子的编码基因表达与否、表达水平高低等状况决定的。通过一定的程序调控基因的表达，可使生物体表达出合适的蛋白质分子，以便更好适应环境、维持生长和增殖。

2. 维持个体发育与分化 在多细胞个体生长、发育的不同阶段，细胞中的蛋白质分子种类和含量差异很大，即使在同一生长发育阶段，不同组织器官内蛋白质分子分布也存在很大差异，这些差异是调节细胞表型的关键。多细胞生物尤其是高等哺乳动物的各种组织、器官的发育与分化都是由一些特定基因控制的。当某种基因缺陷或表达异常时，则会出现相应组织、器官的发育与分化异常。

第二节 原核生物基因表达的调控

一、原核生物基因表达调控的特点

原核生物是单细胞生物，基因组一般由一条环状双链 DNA 组成，由于无核小体结构、无核膜，故 DNA 转录和 mRNA 翻译在同一时间和空间上进行(转录和翻译耦联)。原核生物与周围环境的关系非常密切，因本身无足够的能源储备，在长期的进化过程中演变出来了高度适应性和高度的应变能力。原核生物必须不断地调节各种不同基因的表达，以适应周围环境、营养条件的变化(碳源、氮源等)和对付不利的理化因素(高温、射线、重金属、烷化剂等)。在反应中，细菌可迅速合成自身需要的酶、核苷酸和其他生物大分子，而同时又能迅速地停止合成和降解那些不再需要的成分，使细菌的主要功能——生长、繁殖达到最优化。

原核生物细胞结构的特征及表达调控方式(下面将介绍)都是与上述表达调控的特点相适应。转录的起始、终止和 mRNA 快速转换是细菌基因表达调控的三要素，细菌的大多数基因表达调控是在转录水平上进行的。

二、转录水平的调控

(一) RNA 聚合酶对转录起始的调控

转录的第一步是 RNA 聚合酶(RNA polymerase)与启动子结合。启动子(promoter)是DNA分子上RNA聚合酶识别、结合并起始转录的部位。原核生物只有一种RNA聚合酶,催化三种RNA合成。大肠杆菌RNA聚合酶由五个亚基组成,即:$\alpha_2\beta\beta'\sigma$,分子质量约为500kDa,$\alpha_2\beta\beta'\sigma$又称全酶(holoenzyme),五个亚基中$\sigma$亚基($\sigma$因子)与其他亚基结合较松散,很容易从全酶上脱下来,剩下的$\alpha_2\beta\beta'$称为核心酶(core enzyme),核心酶具有催化活性,使合成的RNA链延长;σ亚基本身没有催化活性,其作用是识别DNA分子上RNA合成的起始信号。细胞内哪条DNA链被转录,转录方向与转录起点的选择都与σ因子有关。因此,称σ亚基为起始因子。不同的σ因子可以竞争结合RNA核心酶。环境变化可诱导产生特定的σ因子,从而开启特定的基因。例如,大肠杆菌在一般环境中发生作用的是σ^{70},环境中温度改变可诱导产生σ^{32},σ^{32}能识别热应激蛋白启动子,导致热应激蛋白的合成,产生热应激反应;大肠杆菌处于氮饥饿,即环境中氮缺乏时,能产生σ^{54},σ^{54}能识别使有机氮化合物再循环的基因启动子,合成相应的酶,可使细菌在氮饥饿状况下存活。在枯草杆菌中有σ^{28}和σ^{29},σ^{28}与鞭毛生长有关,σ^{29}与芽孢形成有关。

(二)操纵子水平的调控

原核生物基因表达调控主要发生在转录水平,而转录调控的基本单元是操纵子。所谓操纵子(operon),是指数个功能相关的结构基因串联在一起,受上游的调控元件控制,形成一个转录单位,这种结构称操纵子。操纵子转录的产物为mRNA分子,而这种mRNA分子上带有编码几种蛋白质的信息,可作为合成几种蛋白质的模板,所以这种mRNA也称为多顺反子mRNA(polycistronic mRNA)。

在细菌细胞生命周期的某一时刻,并非全部潜在的启动子都可以利用。RNA聚合酶使用哪个启动子或哪个操纵子主要由细菌赖以生存的培养基里的营养成分决定。例如,将乳糖、半乳糖和阿拉伯糖转化为葡萄糖需要三组不同的酶类,这些酶分别由三个操纵子的基因编码。细菌根据培养基所含某种糖的不同,使用相应的操纵子。

由底物导致合成利用该底物的酶,这种现象称为酶诱导(enzyme induction),这个底物叫做诱导物(inducer),一旦除去诱导物,酶的合成就会很快终止。酶诱导在细菌中普遍存在,是生物进化过程中出现的一种经济、合理的利用有限资源的本能。细菌能合成超过千种酶,如果没有底物可以利用,合成这么多酶是浪费,而有底物没有酶,底物也得不到利用。1965年,Monod和Jacob深入研究酶诱导现象后首先提出了操纵子学说,用表达调控的原理,揭示了酶诱导的本质。

1. 乳糖操纵子(*lac* operon) 乳糖操纵子由结构基因和调控元件两部分组成。结构基因Z、Y、A分别产生β-半乳糖苷酶(分解乳糖成为半乳糖和葡萄糖)、透过酶(使外界乳糖等透过大肠杆菌细胞壁进入细胞内)、乙酰转移酶(能将乙酰CoA上的乙酰基转到半乳糖上,形成乙酰半乳糖)。调控元件:启动子(P)和操纵基因(operator,O)。P区段内有RNA聚合酶结合位点和cAMP-CAP结合位点;O区段为阻遏蛋白(repressor)结合位点;在P区上游,有阻遏基因(inhibitor gene,I),能编码阻遏蛋白,阻遏蛋白对基因表达起抑制作用。

从基因表达的角度来看,乳糖操纵子的表达顺序首先是以RNA聚合酶与P结合,经过O,到达首尾相连(串联)的3个结构基因(*lac* Z、Y、A),转录出一条多顺反子mRNA,最终产生3种不同的蛋白质。但从基因调控的角度出发,结构基因是否转录为mRNA要受调控基因的控制,而阻遏物是否与O结合,又决定该基因的关闭或开启。

在没有乳糖的条件下,阻遏蛋白能与操纵基因结合。只要具有活性的阻遏蛋白结合在O位点上,就可以阻挠RNA聚合酶的转录活动。这是由于P和O位点有一定的重叠序列,O被阻遏蛋白占据后,抑制RNA聚合酶与启动子结合,从而抑制结构基因Z、Y、A的转录。在有乳糖存在时,阻遏蛋白与乳糖结合,使阻遏蛋白的构象发生改变,以致不能与操纵基因结合而失去了阻遏作用,于是RNA聚合酶便能结合于P上,从而引起结构基因转录。乳糖能诱导基因表达,因此称乳糖为诱导剂,在体外试验中常用的诱导剂是异丙基硫代半乳糖苷(IPTG)。在这个调节系统中,阻遏蛋白是主要的作用因子,而诱导物可以影响阻遏蛋白的活性;只有阻遏蛋白被诱导失活,结构基因才得以表达,这是一种负调控的方式(图18-1)。

原核基因表达的正调控或负调控是按照没有调节蛋白的存在下,操纵子对于加入调节蛋白的反应情况来定义的。正调控(positive control)是指没有调节蛋白操纵时,基因是关闭的,当加入调节蛋白分子后,基因活性开启,能进行转录;相反,在无调节蛋白时,基因表达具转录活性,一旦加入调节蛋白则基因被关闭，转录受到抑制，这便是负调控（negative control）。负调控中的调节蛋白称为阻遏蛋白或阻遏物。原核生物也存在比较复杂的cAMP-CAP正调控方式。

图 18-1　乳糖操纵子的表达调控

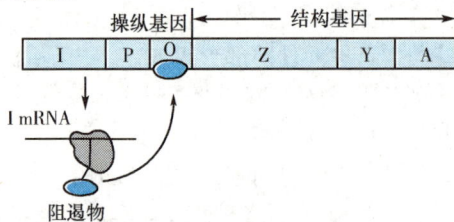

2. 阿拉伯糖操纵子（*ara* operon）　当细菌细胞以阿拉伯糖作为生长所需的能源时，能产生三种酶，催化阿拉伯糖转变为5-磷酸木酮糖，后者进入糖酵解途径。这三种酶分别是核酮糖激酶、阿拉伯糖异构酶和磷酸核酮糖差向异构酶。编码基因分别为 *ara* B、A、D；此外，调控元件有I1、I2、O1、O2和P。就像乳糖代谢一样，细菌为了代谢阿拉伯糖而合成新的酶。但是，我们现已知道，这两个操纵子的调节途径是很不一样的。阿拉伯糖操纵子上游有一个 *ara* C基因，*ara* C基因的产物Ara C蛋白不同于乳糖操纵子的阻遏蛋白，Ara C蛋白对阿拉伯糖操纵子具有正调控和负调控双重作用。Ara C有两个结合位点，一个在I1、I2区，另一个在O1、O2区（约−280位置）。当阿拉伯糖存在时，该糖与Ara C蛋白一起结合在I1、I2区，有利于RNA聚合酶与启动子结合从而促进阿拉伯糖操纵子B、A、D结构基因的转录，显示正调控作用；当阿拉伯糖缺乏时，Ara C蛋白既与I1、I2区结合，又与−280区O1、O2区结合，以至DNA发生扭曲，这样影响了RNA聚合酶与启动子接近、结合，阻止了结构基因的转录，是典型的负调控形式（图18-2）。

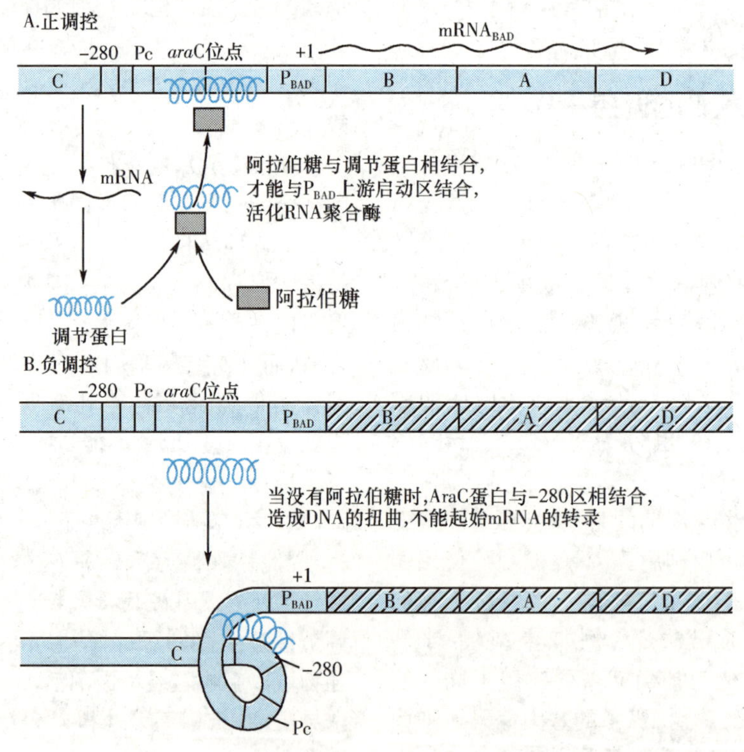

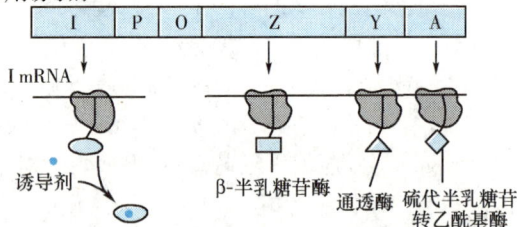

图 18-2　阿拉伯糖操纵子的表达调控

3. 色氨酸操纵子（*trp* operon）　前面所讨论的 *lac*、*ara* 操纵子是编码分解代谢酶系的操纵子，编码的酶负责某一营养物的分解利用，是分解代谢过程，它们的表达只有在被分解的底物存在时才有意义。在细菌中还有负责某些物质合成代谢的操纵子，如色氨酸操纵子，其编码的色氨酸合成酶负责细菌细胞内色氨酸的合成，调控合成代谢过程。色氨酸操纵子表达的调控有两种方式，一种是通过阻遏蛋白的调控；另一种是通过衰减子作用（attenuation），在此，仅介绍

笔记栏

前者。

色氨酸操纵子在没有外源色氨酸(培养基中没有色氨酸)时表达,使细胞内有足够的色氨酸以进行蛋白质合成;而外源色氨酸存在(加入色氨酸后),细菌就不必自己合成了,这类操纵子就受到阻遏,则合成迅速停止。色氨酸操纵子的结构基因(A、B、C、D、E)编码5种酶,在色氨酸合成代谢中发挥作用;调控元件为P、O。色氨酸操纵子阻遏蛋白是该操纵子R基因(repressor gene)的产物,它只有与色氨酸结合,才能成为有活性的阻遏蛋白,结合于O上阻止转录。当色氨酸缺乏时,阻遏蛋白不能活化,阻遏解除。β-吲哚丙烯酸是色氨酸的竞争性抑制剂,它与阻遏蛋白结合后,阻止色氨酸与阻遏蛋白结合,因此,解除阻遏而促进转录进行。在基因工程操作中,用trp启动子(来自色氨酸操纵子)组建的载体表达时,用β-吲哚丙烯酸可提高转录水平。

4. cAMP-CAP 正调控系统 许多微生物都专一地利用一种糖,但大肠杆菌等细菌可以利用葡萄糖也可以利用乳糖等。葡萄糖是细菌生长的最简单、最直接可利用的糖。因为葡萄糖进入细胞后,不需要产生任何新的酶。因此,在培养基中葡萄糖与乳糖同时存在时,细菌总是优先利用葡萄糖,直到葡萄糖耗竭,才利用乳糖。这种“葡萄糖效应”涉及cAMP-CAP的调控。

cAMP是20世纪50年代发现的,现已清楚它在激素调节中起第二信使作用。在20世纪60年代中,人们发现大肠杆菌培养液中葡萄糖的含量总是与cAMP的含量成反比。这并不是葡萄糖本身直接起抑制作用,而是它的分解代谢产物抑制腺苷酸环化酶的活性,进而使细胞内cAMP的含量降低。当培养基中加入cAMP后可以增加β-半乳糖苷酶的产量。cAMP的作用是通过和分解代谢基因活化蛋白(catabolite gene activator protein,CAP)结合成复合体后完成的;CAP又称CRP(cAMP receptor protein,cAMP受体蛋白),这种蛋白是原核生物基因表达的一种正调控蛋白。它可将葡萄糖饥饿信号传递给许多操纵子,具有激活乳糖、半乳糖、麦芽糖等操纵子的功能,使细菌在缺乏葡萄糖的环境中可以利用其他碳源。从乳糖操纵子体外转录试验中发现,乳糖操纵子受lac Ⅰ阻遏蛋白和CAP两种蛋白控制,即处于cAMP-CAP复合体的正调控和lac阻遏蛋白负调控之中。在没有乳糖存在的情况下,不管葡萄糖存在与否,都不产生Lac mRNA,这是因为阻遏蛋白与操纵基因结合所致;而有乳糖存在时,阻遏蛋白与乳糖结合,去阻遏,但如果有葡萄糖存在,cAMP处于低水平,cAMP-CAP复合体形成受阻,不能发挥激活转录作用。因此,只有很少量Lac mRNA被合成。当乳糖存在葡萄糖缺乏时,*lac*操纵子转录达到最大量。这是因为乳糖使阻遏蛋白失活;葡萄糖缺乏使cAMP增加,它与CAP结合增加,形成cAMP-CAP复合体,与启动子上游的CAP结合位点结合,激活了操纵子,转录启始。

阿拉伯糖操纵子体外转录要达到最大活性,也需要Ara C蛋白和CAP蛋白。虽然*lac*和*ara*操纵子转录的复合调控是复杂的,但对细菌细胞是有益的。只要葡萄糖丰富,几乎没有cAMP产生,这样CAP未被激活,消化其他糖的酶的诱导是不需要的。当葡萄糖缺乏而其他糖存在时,转录启始,其他糖被代谢。在研究中,科学家发现CAP和RNA聚合酶的结合位置相邻,并且在DNA螺旋的同一侧,因此,他们推测CAP作用基础可能是CAP蛋白吸附RNA聚合酶从而促进转录起始。cAMP-CAP的调控是极其广泛的,除了某些糖类的代谢酶外,细菌中许多其他的功能也表现为对葡萄糖效应的敏感。如三羧酸循环和呼吸链酶系统中的大多数酶、分解各种碳源底物的酶、降解某些氨基酸的酶、抗生素合成酶以及负责鞭毛形成的酶等。

综上所述,原核生物中,操纵子系统是最经济、最有效的。把功能相关的基因组织在一起,不必逐个地进行调控,而是一开俱开,一关全关,达到快速调节的目的。

操纵子学说揭示了结构基因只是提供编码蛋白质一级结构的潜在的可能性,而它是否能够真正起作用,真正编码某种特定的蛋白质,则受到调控基因的控制。由此建立了基因调控的思想。

(三) RNA聚合酶活性调控

RNA聚合酶活性调控,又称魔斑(magic spot)核苷酸调节作用。其机制为:当细菌细胞中缺乏氨基酸,即处于氨基酸饥饿时,会出现两种异常核苷酸:鸟苷四磷酸(ppGpp)和鸟苷五磷酸(pppGpp),前者与mRNA聚合酶结合形成复合物,使RNA聚合酶构象发生改变,活性降低。随后rRNA、tRNA、mRNA合成降低或停止。当氨基酸充足时,则不出现上述情况。

由于这两种异常核苷酸在层析谱上呈现斑点,所以当时称魔斑,有人称之为警报素(alarmones)。当出现魔斑时,表示细胞内缺乏氨基酸。魔斑核苷酸出现的意义在于“让细菌知道”:

因氨基酸缺乏，蛋白质合成受限，不需要再生产rRNA、tRNA了。于是细胞对这种情况可做出种种反应：抑制核糖体或其他大分子合成，活化某些氨基酸操纵子（如色氨酸操纵子）的转录，活化蛋白水解酶去抑制与氨基酸合成无关的转运系统等等，从而达到节省能量和原料，帮助细胞渡过难关。

三、转录前水平的调控

是发生在基因组内部结构的变化，通过DNA重排进行的调控。最典型的例子是沙门氏菌两种鞭毛抗原的选择表达。鼠伤寒沙门氏菌有两种鞭毛抗原（两种血清型），分别由不连锁的两个基因H1、H2所编码。细胞中的两个基因在任何时候只有一个基因表达，即：当H2基因表达时，H1基因关闭；H2关闭则H1表达，在H2、H1两相之间变换“开-关”。是什么因素使一个基因表达，又使另一个基因不表达的呢？现已知，H2基因和H1基因在染色体上相距很远，而H2鞭毛抗原基因和H1阻遏蛋白基因串联在一起。H2基因的上游有一段970bp顺序，称*hin*基因——倒位基因，该基因内含有H2的启动子，两端各有一段14bp反向重复序列，即IRL、IRR。基因表达有两种情况：当H2基因表达时，同时H1阻遏蛋白基因也表达，编码的H1阻遏蛋白可以阻遏鞭毛抗原H1基因的表达，表现为H2表达，H1抑制（Ⅱ相）；另一种情况，*hin*基因的表达产物——倒位蛋白可使*hin*基因及IRL、IRR发生倒位。这样H2的启动子移到另一头，且方向改为朝左（转向）、远离结构基因，由此，H2基因表达受抑制；同时H1阻遏基因也受抑制，不能对H1进行阻遏，而使H1基因表达（Ⅰ相）。

倒位调控也许是使沙门氏菌在感染过程中逃避免疫破坏的一种方式。例如，开始感染的细菌处于Ⅰ相，制造H1型鞭毛蛋白，随着细菌菌体的扩增，宿主细胞可能产生针对H1型鞭毛蛋白的抗体，这些抗体将消灭整个细菌菌体。若是这时细菌以较高频转为Ⅱ相，细菌便存活并大量扩增（图18-3）。

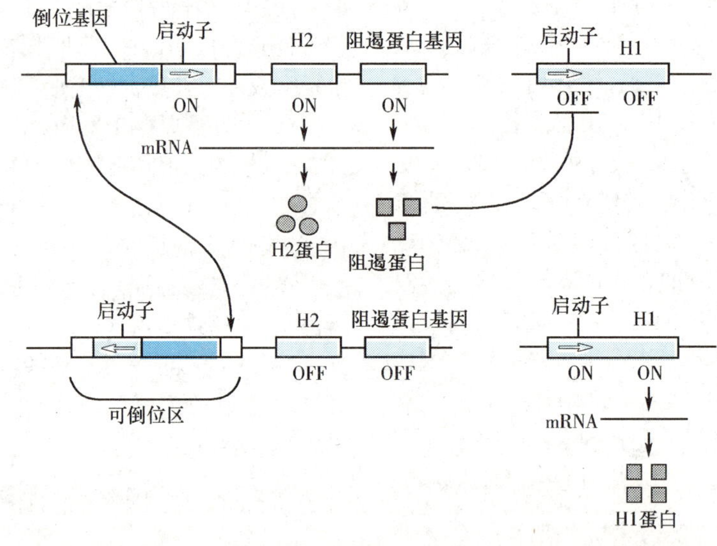

图18-3　沙门氏菌鞭毛抗原H1、H2基因调节

四、翻译水平的调控

（一）反义RNA的调节

蛋白质作为阻遏物或激活物（诱导物）对转录进行调控的例子已屡见不鲜。然而现已发现有些RNA小分子也能调节基因表达。如：反义RNA的调控。

反义RNA（antisense RNA）是一类小的转录产物，长约70～200bp的RNA，能通过互补的碱基与特异mRNA结合，从而阻断mRNA翻译成蛋白质，因为它们与mRNA之间的特殊关系，人们称之为反义RNA。过去人们称这类RNA为mRNA干扰性互补RNA（mRNA interfering complementary RNA，micRNA）。Mizuno在有关渗透压变化对大肠杆菌外膜蛋白基因表达调控的研究中发现，大肠杆菌渗透压调节基因*omp* R的产物Omp R蛋白在不同的渗透压时有不同的构象，分别作用于渗透压蛋白Omp F和Omp

C的调控区(两个基因不连锁)。低渗时,Omp R蛋白对 *omp* F基因起正调节作用,Omp F合成增高,而Omp C合成抑制;在高渗时,Omp R蛋白发生构象改变,对Omp C起正调节作用,Omp C合成增高,而Omp F合成受抑。现已知,当 *omp* C基因转录时,在 *omp* C基因启动子上游方向有一段DNA序列——调节基因 *mic* F,以相反的方向同时转录,产生一个174核苷酸的RNA——反义核苷酸,这种RNA能与 *omp* F RNA顺序中5′端顺序,包括SD序列以及编码区(包括AUG)形成杂合双链,从而抑制 *omp* F的翻译。所以,*omp* C转录越多,*omp* F反义RNA也就越多,Omp F蛋白就越少(图18-4)。

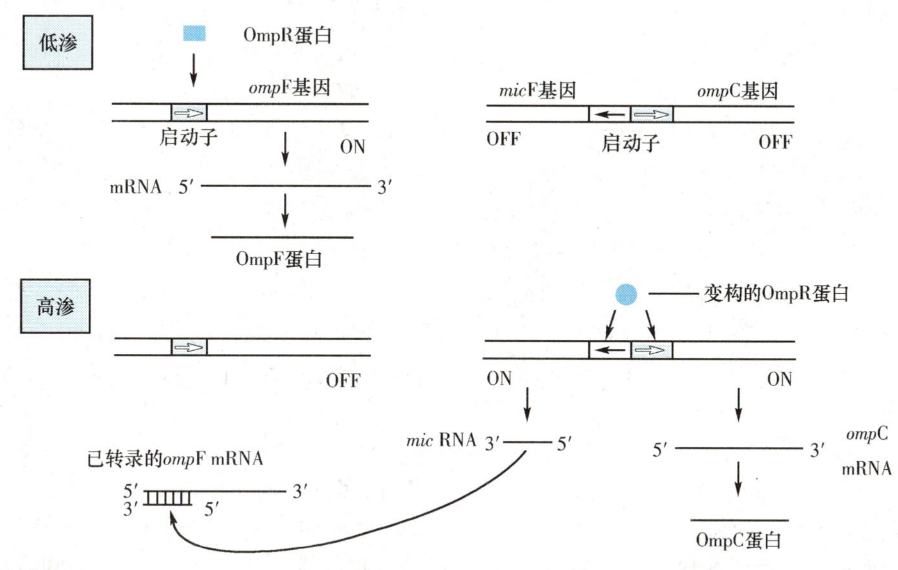

图18-4 大肠杆菌渗透压调节中反义RNA的调节

反义RNA对基因表达的调控作用揭示了一种新的基因表达调控的机制。从目前对原核细胞研究表明,反义RNA作用的基本原理是通过碱基配对与特定的mRNA结合,形成二聚体,从而阻断后者的表达。

(二) mRNA的稳定性

细菌的增殖周期是20~30分钟。代谢反应调控速度很快,这不仅要求有快速的转录起始和转录终止的调控,也需要mRNA快速降解的调控,从而使mRNA保持较高的更新速度,mRNA降解速度是翻译调控的另一重要机制。

原核生物中mRNA的半衰期相差较大,可以从几十秒到几十分钟(平均2~3分钟),这与mRNA本身的结构、细胞生理状态和环境因素有关。mRNA在其5′端或3′端的发夹结构可保护其不被外切酶迅速水解,提高稳定性;而RNaseⅢ能识别特殊的发夹结构,将其裂解,再使RNA被其他RNA酶降解。未被裂解的发夹结构,其他RNA酶不能破坏。如果这种发夹结构被保护,则RNA的寿命就延长了。有些特殊调控蛋白可以结合这种发夹结构,调节mRNA的稳定性。

在分子生物学发展进程中,原核生物基因表达调控的研究已取得了许多令人瞩目的成果,尤其是操纵子理论及其在代谢调节中的应用,不仅成为认识原核生物生命活动本质和改造原核生物为人类服务的重要环节,也对探讨真核生物基因调控机制有所启迪。

第三节 真核生物基因表达的调控

一、真核生物基因表达调控的复杂性及特点

真核生物尤其是高等生物的基因组不仅比原核生物大,而且结构、功能复杂。由此决定了其表达调控较原核生物范围更大,功能更复杂、更精细和微妙,同时给真核基因表达调控的研究带来困难(难以直接鉴定基因产物和基因控制的生化过程;难以直接选择出影响调节基因的突变体;难以直接通过改变外界环境条件来研究分析基因表达变化;难以直接操作等)。但是,随着分子生物学研究的深入,人类基因组计划及模式生物基因组计划的进展,在真核基因组结构、功能及调控研究方面已取得重要进展。当前,对真核生物基因表达调控的研究,已成为认识生命奥

秘，进而驾驭生命现象的重要基础。

研究表明，绝大多数真核生物是多细胞的、复杂的有机体，基因表达调控的特点是能在特定时间和特定细胞中激活特定基因，从而实现“预定”的有序的分化发育过程。一般来说，真核生物对外界环境条件变化的反应和原核生物十分不同，由于真核生物绝大多数细胞处于较恒定的环境中，一般能避免外界环境突然改变的影响，即对外界因素的变化通常不发生反应，由此保证生物体组织器官在千变万化的环境条件下维持正常功能。但真核生物的某些细胞例外，如肝细胞，这是由于肝脏本身的解剖特点所决定的。由肠道吸收的物质，包括营养物质和有毒物质，都经门脉系统首先进入肝脏，肝细胞的一些基因可以因外界吸收进入体内的营养和物质毒性情况而受到调控。如低糖饮食时，哺乳动物肝细胞与糖异生有关的酶类基因被激活。镉及其他一些重金属能与肝细胞的金属硫蛋白结合，解除重金属毒性。有些药物，如苯巴比妥、可待因、吗啡等以及一些致癌物质能诱导肝细胞合成细胞色素 P_{450}。P_{450} 是一类加单氧酶，可使上述药物和致癌剂羟化而增加溶解度加速排出体外而解毒。这些反应的调控是真核生物基因表达调控的一种类型——瞬时调控，或称可逆调控，它相当于原核细胞对环境条件改变所做出的反应。瞬时调控包括某种底物或激素水平升降，或细胞周期不同阶段中酶的活性和浓度的调节。真核生物基因表达调控的另一类型：发育调控（或称不可逆调控），是真核生物基因调控的精髓。这是由于真核生物绝大多数细胞基因表达是与生物体的发育、分化有关。在正常情况，体细胞类型按一定计划严格调控，使个体发育顺利进行。不同细胞的基因表达依类型不同，所处发育阶段不同而异。因此，发育调控决定了真核细胞生长、分化、发育的全部过程。

真核基因表达调控是通过多阶段水平来实现的，即转录前、转录中、转录后、翻译和翻译后等五个水平。总的来说，与原核生物一样。真核生物转录水平的调控是最为重要的一环，但由于真核生物转录和翻译在时间和空间上完全分割，所以翻译水平上的调控对真核表达来说也是十分重要的。

二、转录前（基因组）水平的调控

转录前的调控指发生在基因组水平上基因结构的改变。这种调控方式稳定持久。

笔记栏

（一）基因扩增（gene amplification）

基因扩增是指细胞内某一基因的拷贝数高于正常的现象，是细胞在短时期内为满足某种需要产生足够产物的一种调控方式。细胞在发育分化时，对某种基因产物的需要量剧增，而单靠调控其表达不足以满足，只有增加这种基因的拷贝数来满足要求。例如，非洲爪蟾体细胞中 rRNA 基因拷贝数约为 500 个，而在卵细胞中拷贝数增加了 4 000 倍。这是因为卵细胞的分裂需要大量合成蛋白质，而对 rRNA 的需要剧增。rRNA 基因扩增的结果，使细胞内迅速累积 10^{12} 个核糖体。如果没有这种扩增结果，则需 500 年才能积蓄到如此多的核糖体！

在肿瘤细胞中，某些原癌基因拷贝数异常增加，导致表达产物增加，使细胞持续分裂而致癌变。

（二）基因重排（gene rearrangement）

基因重排是指某些基因片段改变原来存在的顺序而重新排列组合。基因重排不仅可以形成新的基因，还可以调节基因的表达。以基因重排来调节不同基因表达的例子是哺乳动物免疫球蛋白各编码区基因的重排连接。已知当哺乳动物受到外界抗原刺激后会产生相应的抗体（免疫球蛋白）。粗略估计，免疫球蛋白种类可达几百万。蛋白质都是由基因编码，哺乳动物总的基因数至多不过四万，而真正能够编码蛋白质的仅占 3%左右，怎么可能由这么少的基因来编码这么多种免疫球蛋白分子呢？也就是说决定多种多样抗体的基因库从何而来？现在研究表明，从胚胎细胞到 B 细胞（抗体形成细胞）分化过程中，抗体基因发生了重排。重排发生了两次。第一次发生在前 B 细胞中，由编码免疫球蛋白可变区的基因片段参与，使在种系中相互分离的片段经重排后相互连接在一起，称 V-D-J 复合体，即形成重链 V 区（可变区）完整基因；重链重排后，接着是轻链 V 区基因重排，形成 V-J 复合体，即轻链 V 区完整基因。第二次重排发生在成熟 B 细胞经抗原刺激后出现重链改变的类别转换，其抗原特异性不变，B 细胞分化、发育成浆细胞。现已知 V、κ、λ、μ 基因有上百个左右，J、D 片段也有若干个，所以通过这种片段的组合重排，使基因组中有限的基因片段形成了抗体 V 区的多样性（抗体的多样性主要取决于 V 区）。

（三）DNA 甲基化（DNA methylation）

在脊椎动物中，DNA 上特定的 CG 序列处的C可发生甲基化修饰(DNA中胞嘧啶环C_5位甲基化)。这种甲基化可以阻止某些基因的转录,并且能遗传到子细胞中去。研究表明,转录活跃的基因是低甲基化或不甲基化,而不表达的基因则高度甲基化,即基因的甲基化程度与基因表达呈反向平行关系。基因某一特定区域尤其是靠近5′端调控顺序的去甲基化可使基因转录活性增加。在特定组织中表达的基因,如管家基因的调控区多呈现高甲基化;在正常情况下不表达的基因,可因激素的变化,致癌物作用等使基因调控区去甲基化而重新激活。因此,DNA甲基化异常可能为另一种参与肿瘤和心血管疾病发生发展的机制。

(四)染色体结构对转录激活的控制

真核基因的重要特征之一是基因组DNA与蛋白质结合,形成以核小体为基本单位的染色体结构而存在于细胞核内。这种结构特征产生了真核生物基因转录前在染色体水平上的独特的调控机制。换句话说,基因的转录是以染色体结构的一系列重要变化为前提的。基因的活跃转录是在常染色体上进行,转录发生时,编码基因的染色质首先发生构象可逆改变,由致密结构成为比较疏松的结构,以便于与转录有关的调控蛋白同DNA顺式作用元件结合,以及RNA聚合酶在DNA模板上的滑动。当染色质处于疏松结构时易于被非特异性核酸内切酶如DNA酶Ⅰ(DNaseⅠ)水解,形成了对DNaseⅠ水解作用敏感区,称为DNaseⅠ敏感位点(DNase Ⅰ sensitive site)。当用极低浓度的DNaseⅠ处理染色质时,水解将发生在少数特异位点上,这些特异性切点即是活跃表达基因所在染色体上的对DNaseⅠ的超敏感位点(hypersensitive site)。每个活跃表达基因都有一个或数个这类位点。这是活跃基因的共性,非活跃表达基因不表现DNaseⅠ的超敏感性。因此,常将DNaseⅠ超敏感性作为该基因的转录活性的标志,即某些DNA顺序上发现染色质DNaseⅠ超敏位点,提示该段DNA顺序可能在体内有重要生理作用。

三、转录水平的调控

真核生物基因表达在转录水平上的调控,是各级调控中最重要的一步,主要涉及RNA聚合酶、顺式作用元件和反式作用因子三种因素的相互作用。

(一)RNA聚合酶(RNA pol)

基因转录是由RNA聚合酶催化完成的。无论是原核生物还是真核生物,在转录过程中,RNA聚合酶与启动子的结合是关键的一步。不同的是,细菌RNA聚合酶识别的是一段DNA顺序,而真核生物RNA聚合酶识别的不单是DNA顺序,而是DNA-蛋白质复合物,即只有当一个或多个转录因子(transcription factor,TF)结合到DNA上,形成有功能性的启动子时,才能被RNA聚合酶分子识别、结合(图18-5)。由于真核生物RNA聚合酶有三类,分别转录三类不同的RNA,因此,转录因子也有三类:TFⅠ、TFⅡ、TFⅢ,每类又据发现先后冠以A、B、C……命名。

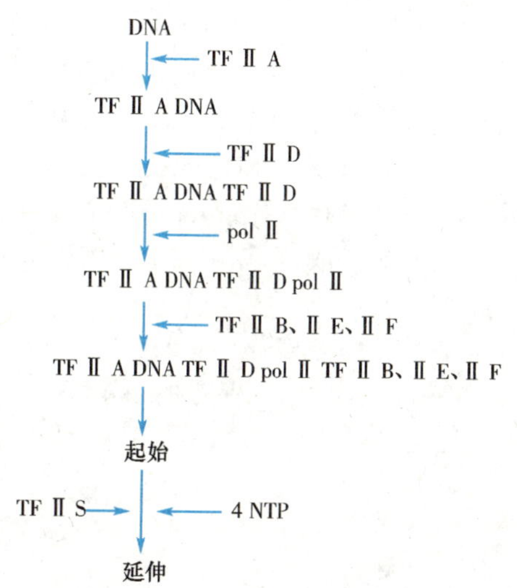

图18-5 转录因子参与RNA聚合酶的转录起始作用

RNA聚合酶Ⅱ转录的编码蛋白质的基因称为Ⅱ类基因,此类基因品种多,与细胞生长、分化直接相关,其表达调控也最为复杂。

(二)顺式作用元件(*cis*-acting element)

顺式作用元件系与结构基因串联的特定的DNA顺序,包括启动子、增强子(沉默子)、加尾及终止信号等。

1. 启动子 Ⅱ类基因启动子包括Hogness盒(TATA 盒)、上游启动子元件(CAAT盒、GC盒)、诱导型启动子(cAMP应答元件)和组织特异性启动子(如肝细胞特异性启动子HP1)等。启动子是RNA聚合酶进行精确而有效转录所必需的元件,它位于基因转录起始位点的上游,只能近距离(一般在100bp内)起作用,有方向性。

上述启动子可以不同数目、位置、方向而组成，并各有其功能。并不是每个基因的启动子都含这些序列，如组蛋白 H_2B 有两个 CAAT 盒和一个 TATA 盒，却不含 GC 盒；SV40 早期基因缺乏 TATA 盒和 CAAT 盒，而是在上游 −40～110bp 间有 6 个串联的 GC。

2. 增强子(enhancer)与沉默子(silencer) 增强子是一类能促进基因转录，增加转录效率的顺式作用元件。其特点为：①所在位置不固定可位于结构基因的上游、下游或内部；②可远距离作用(距靶基因可近可远，远至几万碱基也同样能发挥作用)；③无基因特异性(对各种基因均有作用)，但有组织或细胞特异性。增强子的跨度一般为 100～200bp，和启动子一样常由一个或多个具有特征性的独立的 DNA 序列组成，有完整或部分反向重复序列。SV40 病毒增强子是最早被发现的增强子。

还有些顺式作用元件的作用方式与增强子相似，但起抑制转录的作用，称沉默子或衰减子(dehancer)。沉默子与相应的反式作用因子结合后，可以使正调控系统失去作用。沉默子在真核生物细胞中对成簇基因的选择表达起重要作用。

3. 加尾及终止信号 在 polyA 尾位点的上游 10～20bp 处，常见一保守的 AATAA 序列，它被认为是加尾信号，如去除此序列，基因会连续转录下去而不终止。

(三) 反式作用因子(*trans*-acting factor)

反式作用因子是一类细胞核内的蛋白质因子，通过与顺式作用元件和 RNA 聚合酶的相互作用而调节转录活性。一个完整的反式作用因子含有两种结构域(domain)：DNA 结合结构域和转录活化结构域。反式作用因子通过前者与 DNA 特定顺序结合，通过后者发挥转录活化功能。有些反式作用因子可能只含有两者之一，只有当互补的两个蛋白质存在于同一细胞时，才具有功能，这可能与基因表达组织特异性有关。

1. DNA 结合结构域(DNA binding domain) 反式作用因子发挥其转录调节功能的首要条件是必须有一与 DNA 特异结合的结构。对大量反式作用因子结构研究表明，DNA 结合结构域的大小多在 100 个氨基酸以下，大体有 4 种形式。

(1) 螺旋-转角-螺旋(helix-turn-helix，H-T-H)：这是研究得比较清楚的 DNA 结合区的结构模式。由约 60 个氨基酸残基组成，含有 2 个 α 螺旋，α 螺旋之间有一个 β 转角。在两个 α 螺旋中，一个为识别螺旋(羧基端)，其氨基酸残基直接与靶 DNA 双螺旋大沟特异性结合；另一个螺旋(氨基端)穿过大沟，与 DNA 中磷酸戊糖骨架形成非特异性结合。真核生物中，最早在控制果蝇早期发育的同源域蛋白质中发现螺旋-转角-螺旋的结构模式，故也有将此模式称为同源结构域(homodomain，HD)，具有这种结构的反式作用因子与机体发育、分化过程有关(图 18-6)。

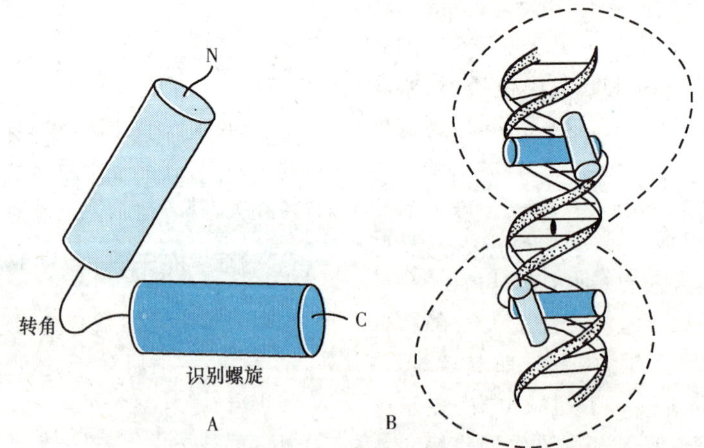

图 18-6 螺旋-转角-螺旋结构域

A. 转录因子中螺旋-转角-螺旋结构域；B. 转录因子与 DNA 的相互作用

(2) 锌指结构(zinc finger)：锌指是由一小群氨基酸残基与一个锌原子结合，在蛋白质中形成相对独立的指结构，故而得名。锌指由约 30 个氨基酸组成。其特点是具有几个相同的指状结构，在 Cys 和 His 之间有 12 个氨基酸残基，其中数个为保守的碱性残基。四个 Cys(半胱氨酸残基)通过与锌离子络合而形成一个稳定的指状结构。亦有 Cys_2/His_2 指状结构。锌指最早发现于TFⅢ中，它是RNA聚合酶Ⅲ转录5S rRNA基因必需的因子。锌指对DNA的结合是必需的，但对结合的特异性并不重要。哺乳动物细胞的SP_2以及其他蛋白质的DNA结合区也发现有类似的锌指结构(图18-7)。

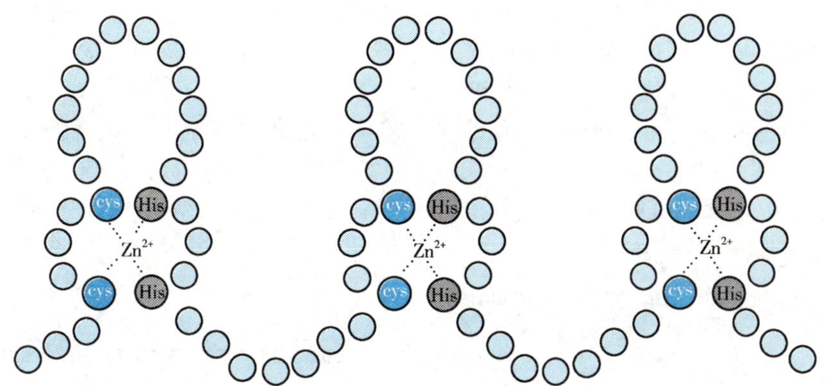

图18-7　SP1的锌指结构

(3) 亮氨酸拉链(leucine zipper)：亮氨酸拉链是反式作用因子DNA结合结构域的一种结构模式，大约由30个氨基酸残基组成。分成两个部分，一部分以碱性氨基酸为主，为DNA结合部位；另一部分每间隔6个氨基酸出现一个亮氨酸，形成了两性α螺旋，即：螺旋的一侧是以带电荷的氨基酸残基(如Arg、Gln、Asp)为主，具有亲水性；另一侧是排列成行的亮氨酸残基，具有疏水性，称亮氨酸拉链区，两个具有亮氨酸拉链区的反式作用因子靠疏水力相互结合形成亮氨酸拉链。在许多反式作用因子之间存在这种特异序列。因此，该结构与反式作用因子之间相互作用有关(图18-8)。

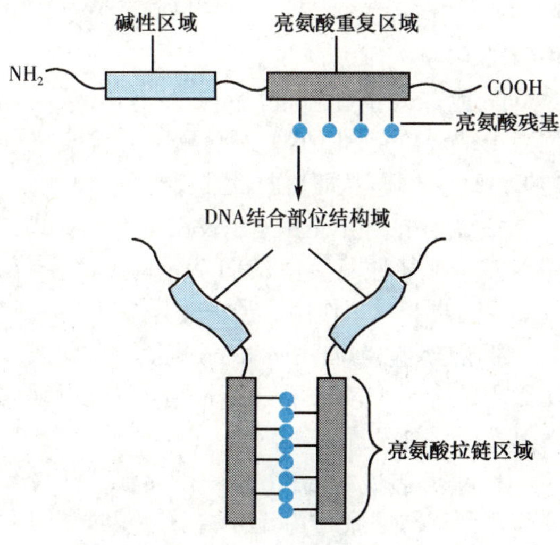

图18-8　亮氨酸拉链结构

(4) 螺旋-环-螺旋(helix-loop-helix，H-L-H)：H-L-H是发现时间不长的一种DNA结合结构域结构模式。H-L-H结构由3部分组成：①100～200个氨基酸残基形成两个两性α螺旋的区域。两性螺旋中以亮氨酸残基为主体形成疏水面和以亲水氨基酸残基组成的另一侧亲水面；②两螺旋之间为长短不等的肽段(环)；③α螺旋N-端有一段碱性氨基酸区，带有大量正电荷，当与DNA相靠近时，这些正电荷被DNA的磷酸根离子所中和，形成稳定的α螺旋结构结合于DNA双螺旋的大沟。H-L-H这种与DNA结合的性质与亮氨酸拉链结构相似。免疫球蛋白基因增强子结合蛋白E12、E47等就发现有此结构(图18-9)。

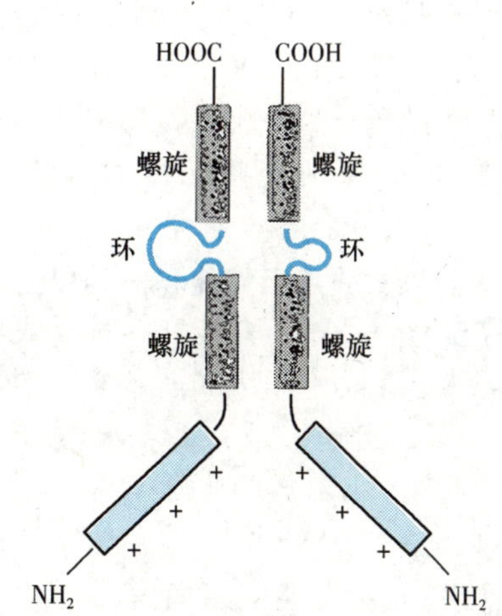

图18-9　螺旋-环-螺旋结构

2. 转录活化结构域(transcription activation domain)　在真核生物中，反式作用因子功能由于受蛋白质-蛋白质之间相互作用的调节，变得十分精密复杂。转录调控功能通常以复合体的方式来完成，这就意味着并非每一个反式作用因子都需要直接与DNA结合。因此，转录活化结构域就成为反式作用因子中必须具备的物质基础。

反式作用因子功能具有多样性，其转录活化

结构域也有多种，通常是由 20～100 个氨基酸残基组成。有时一个反式作用因子可含一个以上的转录活化结构域。转录活化结构域的结构特点：首先是含有很多带负电荷的酸性氨基酸残基，并能形成亲脂性的 α 螺旋，但在氨基酸序列上很少有同源性；其次是富含谷氨酰胺结构，与上述酸性结构域一样，此结构之间也无明显的序列同源性，也可能是可以相互替代的；第三，在一些反式作用因子中富含脯氨酸残基。脯氨酸是一种亚氨基酸，可阻碍 α 螺旋的形成。

（四）反式作用因子的作用特点和规律

在基因转录的起始过程中，涉及反式作用因子与顺式作用元件、反式作用因子与反式作用因子之间的相互作用，而且不同基因的表达受到不同组合的反式作用因子协同调节，过程非常复杂。研究阐明反式作用因子的作用特点和规律，对揭示真核生物基因表达调控的机制和分子模式有重要意义。就目前所知，反式作用因子的作用有以下特点和规律。

1. 一种反式作用因子能和一种以上的顺式作用元件结合 真核生物细胞的反式作用因子不像原核生物的调控蛋白与顺式作用元件结合有高度的专一性，有些反式作用因子可以和同源性很小的顺式作用元件结合。例如，酵母中的反式作用因子 HAP-1 能与 Cyc1 和 Cyc7 两种基因的顺式作用元件结合，而这两个结合位点的 DNA 序列没有同源性。C/EBP 可以识别 CAAT 盒，也能识别一些动物病毒的增强子序列。

2. 一种顺式作用元件能和一种以上的反式作用因子结合 CAAT 盒能和多种反式作用因子结合，这些反式作用因子具有不同类型，如 CTF 族。CTF 能与 CAAT 盒结合，也能在腺病毒复制中起作用；CP 族的 CP1 与 α-珠蛋白基因的 CAAT 盒有高度亲和力；CP2 与 γ-纤维蛋白基因的 CAAT 盒有高度亲和力；另外，CBP 因子、ACF 因子也能识别 CAAT 盒。

3. 以二聚体或多聚体形式与顺式作用元件作用 反式作用因子二聚体形成的机制已在前文述及，二聚体以不同因子形成异二聚体为主。如 Fos/Jun 二聚体能识别 TGACTCA；E12/E47 异二聚体能识别免疫球蛋白 κ 链基因的增强子。一种能与免疫球蛋白重链基因增强子和 κ 轻链增强子结合的反式作用因子——μEBP-C（也称 NF-μE3）其四聚体的活性最强，是二聚体的 7 倍。

4. 组合式调控 每一种反式作用因子作用于顺式作用元件后或者为促进转录，或者为抑制转录。但基因表达调控不是由单一因子完成的，而是几种因子组合发挥特定的作用，这称为组合式基因调控（combinatoral gene regulation）。结合到不同顺式作用元件上的反式作用因子协同作用，决定一个基因的转录活性，或者高表达，或者低表达，或者不表达。反式作用因子的数量是有限的，但组合式调控方式使有限的反式作用因子可以调控不同基因的表达（图 18-10）。

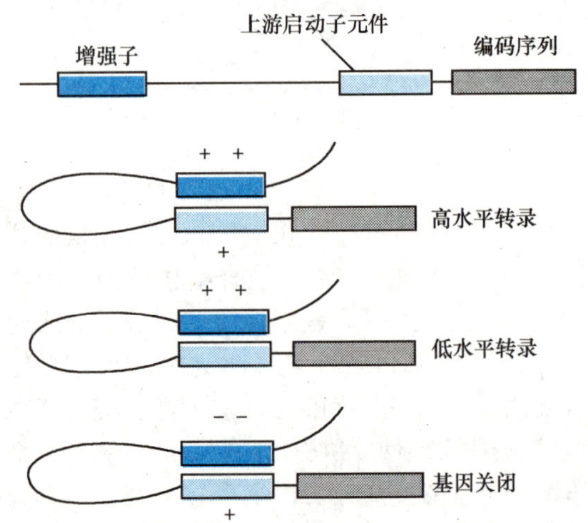

图 18-10 反式作用因子的组合调控及成环假说

（五）反式作用因子的作用机制

反式作用因子结合位点通常与所调控的基因相距较远，也与 RNA 聚合酶结合位点有一定距离，它们何以能影响、调控转录呢？有如下几种假说。

1. 成环假说（looping hypothesis） 反式作用因子结合位点和 RNA 聚合酶结合位点之间的 DNA 形成环，从而使两者直接接触。

2. 扭曲假说（twisting hypothesis） 反式作用因子具有某种酶活性，使 DNA 构象改变（如解旋等），再与反式作用因子结合。

3. 滑动假说（sliding hypothesis） 反式作用因子结合于 DNA 位点后，沿着 DNA 滑动到另一特异序列发挥作用。

4. 接力假说（Oozing hypothesis） 一种反式作用因子与顺式作用元件结合后促进了另一蛋白与邻近序列结合，后者又促进新的蛋白结合，直到转录起始点。

四、转录后水平调控

真核基因转录的结果保证了遗传信息从

DNA传递给RNA，因此，转录水平的调控是决定细胞中RNA水平的一种十分重要的方式。然而，从诸多的实验观察发现，RNA的数量、结构甚至种类在细胞核和细胞质中并非全然相同，而且在活跃生长的细胞与静止细胞之间，其RNA情况也存在差异。这表明遗传信息在转录后还有多种多样的选择性，即基因表达除DNA水平和转录水平调控外，转录后调控在决定细胞表型多样化方面也是十分关键的。

转录后水平的调控一般是指基因转录后对转录产物进行一系列修饰、加工过程，主要包括：mRNA前体修饰；剪接；mRNA通过核孔在胞质内定位；RNA编辑；mRNA稳定性等多个环节。

(一) "加帽"和"加尾"的调控

真核生物mRNA在转录后要经过加帽(capping)反应，即在5′端形成一个特殊结构：7-甲基鸟苷三磷酸。真核生物mRNA5′端可有3种不同的帽子，其差异在于帽子中碱基甲基化程度不同。帽子结构与蛋白质合成效率之间的关系十分密切，以下几点可以说明：①帽子结构是前体mRNA在细胞核内和细胞质内的稳定因素，没有帽子的转录产物很快被核酸酶降解。②帽子为蛋白质合成提供识别标志，并可促进蛋白质合成起始复合物的生成，因此提高了翻译强度。③没有甲基化(m^7G)的帽子(如GpppN-)以及用化学或酶学方法脱去帽子的mRNA，其翻译活性显著下降。④帽子结构的类似物，如m^7GMP等能抑制有帽子mRNA的翻译，但对没有帽子mRNA的翻译没有影响。

与核糖体结合的大多数真核生物mRNA在3′端都含有50～150个腺苷酸，即polyA尾。除组蛋白mRNA外，真核生物mRNA均有polyA，这也是在转录后加上去的——加尾(tailing)。加尾信号是AAUAAA。PolyA的功能是保持mRNA稳定性，延长mRNA寿命。一些mRNA的polyA长度是受控制的，细胞可以对不同mRNA的polyA选择性加长或快速截短、去除。那些被去除polyA的mRNA很快被降解，而那些加长polyA的保持稳定，寿命长，可多次翻译。组蛋白的mRNA3′端没有polyA，它们稳定性受3′端信号序列控制。这是一段短的茎环结构。这一末端是RNA聚合酶合成mRNA后通过特异切割而产生的。如果用DNA重组技术把这段茎环结构相应的DNA切除，则转录的mRNA变得不稳定，这说明mRNA的降解速率受3′端信号的影响，而且降解是从3′端开始的。

(二) mRNA选择性(可变)剪接对表达的调控

真核生物转录出的前体mRNA除了上述戴帽、加尾修饰外，还要经过内含子的切除和外显子的拼接。这一过程即为剪接(splicing)。关于RNA剪接的研究是20世纪80年代以来生物化学和分子生物学领域中最有生气的课题之一。内含子与外显子的概念是相对的，某些RNA顺序对甲基因来说是内含子，但对乙基因来说可能就是外显子。在不同的剪接方式中，外显子(一个或几个)可以在成熟的mRNA中保留，也可通过剪接过程除去一个或几个。这就是所谓选择性(可变)剪接(alternative splicing)。

由于选择性剪接的多样化，一个基因可在转录后通过剪接加工而产生两个或两个以上的mRNA，由此翻译成2个或更多的蛋白质。因此，过去"一个基因，一条肽链"的概念，也应当随之扩展。mRNA选择性剪接的研究不仅解决了不连续基因转录产物的剪接问题，而且对于不连续基因的起源以至整个生命起源问题的探索也都是有力的推动(图18-11)。

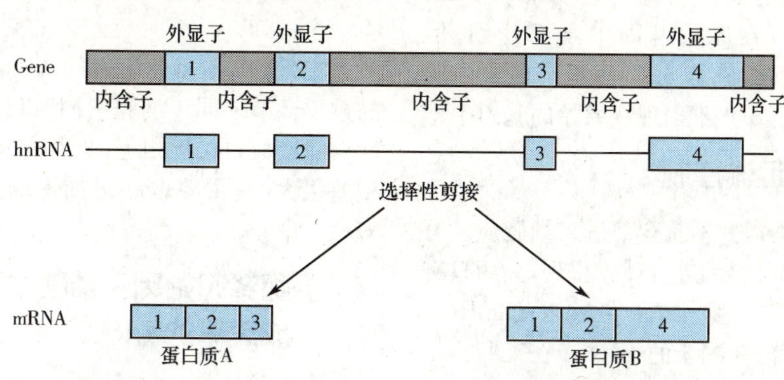

图18-11 选择性(可变)剪接

(三) RNA 编辑的调控

RNA 编辑(RNA editing)是一种较为独特的遗传信息加工的方式,即转录后的 mRNA 在编码区发生插入、删除或转换的现象,是在 RNA 分子上出现的一种修饰现象。mRNA 在转录后因核苷酸替换、插入、缺失等改变了 DNA 模板来源的遗传信息,从而编码出氨基酸序列不同的多种蛋白质。编辑的结果不仅扩大了遗传信息,也可能是生物适应中的一种保护措施。

1. 核苷酸替换 最典型的例子是载脂蛋白 B 的 RNA 编辑。肠型载脂蛋白 B(ApoB)的组成占肝脏型 ApoB100 分子的 48%,又称 ApoB48,它是膳食中富含三酰甘油的脂蛋白与乳糜微粒分布到各组织所必需的。在蛋白质水平上,它只保留了 ApoB100 分子 N 端脂蛋白装配结构域,缺少 ApoB100 的 C 端 LDL 受体结合区。在人、兔、鼠中都是由于第 26 个(最大的)外显子中第 6666~6668 个核苷酸由 ApoB100 的 CAA 突变为 UAA,C→U 替换,由编码谷氨酰胺的密码子变为终止子,产生编码 ApoB48 的 mRNA。C→U 替换可能通过胞嘧啶脱氨酶(cytidine deaminase)脱氨作用来实现(图 18-12)。

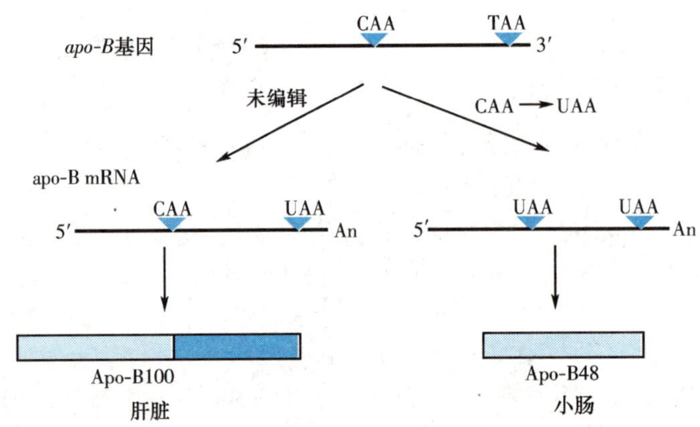

图 18-12 RNA 编辑

2. 核苷酸的插入或缺失 在椎虫中,RNA 编辑反应非常广泛,缺失、插入常发生,椎虫线粒体的细胞色素氧化酶亚基Ⅱ的基因与人类基因相比在相当于编码第 170 位氨基酸处有一个移码突变(frameshift mutation),然而在其基因转录产物中却由于 4 个 U 的插入恢复了相应开放阅读框,因而产生出相应功能的蛋白质。提示 RNA 编辑的基因表达调控是一种重要的调控和补救机制。

RNA 编辑不同于上述 mRNA 前体的剪接。剪接是在切除内含子后所得到的成熟 mRNA,其编码信息均可在原始基因中全部找到;但 RNA 编辑后所得的成熟 mRNA 编码区发生的碱基数量的改变,却并不出现在原始的基因中。

(四) mRNA 运输控制

成熟的 mRNA 并不是全部进入细胞质。有人以同位素标记实验后进行计算得到,大约只有 20%的 mRNA 进入胞浆,留在核内的 mRNA 50%约在 1h 内降解,剩余的 mRNA 在某些类型细胞中是有功能的,而在另一些细胞中则功能不清。

虽然 RNA 运出核的控制机制目前尚不清楚,但至少有几点可以说明 RNA 出核是受控的:①RNA 运出通过核膜孔的过程是主动运输过程。②大多数的 RNA 需经过戴帽、加尾,并在剪接完成后才能被运输。

mRNA 通过核膜孔从核中运出,它被运送的位置也有特异性。有的被直接运到内质网,在内质网膜上完成肽链的合成;而另一些 mRNA 则可能被运到细胞浆中,由细胞浆中游离的核糖体进行翻译。

五、翻译水平的调控

在蛋白质合成水平上的调控,也是表达控制的重要环节。同一细胞中同时出现不同的 mRNA,即使数目接近相等,产生蛋白质的多少可以相差很大,这主要取决于翻译的速率和 mRNA 寿命。

(一) 翻译起始因子磷酸化对蛋白质合成速率的影响

蛋白质生物合成过程中,起始阶段最为重要,是翻译水平调控的主要时期。许多蛋白质因子,对蛋白质合成的起始有着重要作用,其中对

笔记栏

真核生物起始因子-2(eukaryotic initiation factor, eIF-2)研究较为深入。

eIF-2被特异性蛋白激酶磷酸化后，可降低大多数蛋白质合成速率。在成熟前的红细胞中已证实，eIF-2的活性可以因它的3个亚基之一被磷酸化而降低。这种磷酸化是由一种cAMP依赖蛋白激酶所催化。而血红素通过抑制蛋白激酶的激活对珠蛋白合成进行调节。由于血红素能抑制cAMP依赖性蛋白激酶的活化，从而防止或减少eIF-2磷酸化后失活，促进蛋白质合成。

（二）mRNA 5′端前导序列对翻译的影响

在疱疹病毒(HSV)感染的细胞中，TK(胸苷激酶)和DNA pol(DNA聚合酶)两种mRNA在细胞中同时出现并且数量接近相等，但翻译产生的DNA pol蛋白还不到TK蛋白的1/20。电镜观察发现，DNA pol mRNA上很少有核糖体结合。HCMV(人巨细胞病毒)DNA聚合酶mRNA5′端前导序列与HSV pol mRNA十分相似，是一段富含GC的序列，这段序列可以与紧接AUG下游的序列形成含多个GC的茎环结构或发夹结构，AUG处于环中，这样，核糖体小亚基很难移动到AUG位置。昆虫杆状病毒包含体蛋白的mRNA翻译效率非常高，它们的5′端前导序列富含A和T。有人用植物病毒衣壳蛋白基因mRNA前导序列取代一种肿瘤抑制蛋白mRNA的前导序列，体外翻译水平提高几十倍。

mRNA分子结构的本身与翻译调控有着密切关系。而其调控往往通过其结构元件与相应的蛋白质因子的相互作用而实现。这种RNA与蛋白质可逆性相互作用模式的典型例子是铁蛋白的翻译调控。

铁蛋白mRNA的翻译调控与铁离子有密切关系，其mRNA靠近5′端帽子部位的茎环式结构，被称为铁离子应答元件(iron responsive element, IRE)。IRE与IRE结合蛋白(IREBP)相互作用控制了铁蛋白的翻译效率。当细胞处于高铁或缺铁水平时，产生极大的蛋白水平差异，但无mRNA水平的差异。这是因为当细胞内缺铁时，IREBP与IRE结合，可抑制铁蛋白的合成；有铁存在时，IREBP与铁结合，而与IRE分离。铁蛋白合成增加。去掉IRE，可造成铁蛋白永久性高水平翻译。

（三）mRNA稳定性对翻译的影响

mRNA是蛋白质合成的模板。一般来说，一种特定的蛋白质合成的速率同细胞质内编码它的mRNA水平呈正比。真核细胞中一些“管家基因”和高等生物的一些高度分化细胞的mRNA极其稳定，有的寿命长达几天。蛋白质合成的水平也很高。mRNA的稳定性既取决于自身的二级结构，又决定于转录后的修饰。

前文已述，胞浆mRNA poly A尾与mRNA分子的稳定性密切相关。Poly A除与mRNA稳定性即寿命有关外，还可以影响翻译，对翻译效率也有调控作用。在许多体内实验(包括动物、植物及蛙卵母细胞)和高活性的体外翻译体系(网织红细胞抽提物)中都已观察到，带poly A的mRNA比脱尾的相应mRNA翻译效率高得多。在体外翻译体系中加入外源性寡聚腺苷酸，能抑制原体系中poly A^+ mRNA的翻译，但对poly A^-mRNA的翻译无影响。进一步实验是把已纯化的PABP(poly A结合蛋白)加入上述受抑制的体系中，可以消除寡聚腺苷酸对poly A^+ mRNA翻译的抑制作用。这一结果既说明外源性poly A对poly A^+ mRNA有竞争性抑制作用，又显示poly A对翻译激活作用需要PABP的存在。所以，poly A及其PABP是有效翻译起始作用所必需的。

六、翻译后水平的调控

（一）信号肽在蛋白质翻译后的作用

信号肽(signal peptide)约由15～30个疏水氨基酸残基组成。其特点为疏水性。它的作用是使蛋白质从内质网膜进入内质网腔一旦蛋白质进入内质网腔，信号肽就被信号肽酶水解。切去信号肽后，前蛋白质就变为有生物学活性的蛋白质了。有些蛋白质经过一次加工切去信号肽还不够，还要经过第二次。例如：胰岛素由51个氨基酸残基组成，但胰岛素mRNA的翻译产物在兔网织红细胞无细胞翻译体系中为86个氨基酸残基，称胰岛素原(proinsulin)。在麦芽无细胞翻译系统中为110个氨基酸残基组成的前胰岛素原。后来证明，在前胰岛素原的N-末端有一段富含疏水氨基酸残基的肽段作为信号肽，使前胰岛素原能穿过内质网膜进入内腔，在内腔壁上信号肽被水解。所以在哺乳动物细胞内，当合成完成时，前胰岛素原已成为胰岛素原，然后胰岛素原被运到高尔基复合体，切去C肽成为成熟的胰岛素，最终被排出胞外。后来发现，几乎各种分泌性蛋白质均含有信号肽。

（二）新生肽链中氨基酸的修饰

从核糖体上最终释放出的多肽链，还不是具有生物活性的成熟蛋白质，需要进行氨基酸的修饰（包括磷酸化、羟基化、糖基化、乙酰化等）和肽链的正确折叠与装配。

为什么真核生物不直接产生有功能的蛋白质而要采取翻译后加工呢？原因是多样的。例如，密码子只有20种，只能编码20种氨基酸，而已知的修饰氨基酸不下100种，它们只能通过翻译后加工得到，而且它们并不是每一种蛋白质必需的，因此通过翻译后加工得到比较合理。某些修饰是为了暂时需要，例如，高等动物的消化酶先以酶原形式翻译出来，等到需要时，才加工成为有活性的酶；不少蛋白质的磷酸化-脱磷酸化，或乙酰化-脱乙酰化作用则起到调节作用。总之，生物在翻译后对蛋白质所起的某种修饰作用也是基因调控的一种方式，增强了生物对环境的适应性。

（三）新生肽链的正确折叠

新生肽链的一级结构是遗传信息所决定的，是蛋白质最基本的结构，它决定着蛋白质的空间结构。而蛋白质的空间结构则是其生物学功能的基础，即空间结构决定着蛋白质的生物学功能。空间结构就涉及肽链的正确折叠。有些基因工程蛋白质产物，其一级结构与天然蛋白质相同，但功能却与天然蛋白质有差异，这里也涉及新生肽链正确折叠的问题。

现已知和新生肽折叠有关的蛋白质大体上可分为两大类：一类是直接催化和蛋白质折叠有关特定反应的酶，如蛋白质二硫键异构酶、脯氨酸顺反异构酶；另一类则是帮助新生肽的折叠，使之成为成熟的蛋白质，但本身并不参与共价反应，称为分子伴侣（molecular chaperone）。分子伴侣的概念由Lasky于1978年首先提出，现已应用到许多蛋白质。分子伴侣在原核生物和真核生物中广泛存在。分子伴侣可调节和稳定未折叠或部分折叠的多肽，并防止不适当的多肽链内或链间相互作用；有些分子伴侣也可与天然的蛋白质相互作用以促使寡聚肽发生结构重排。它们还具有介导线粒体蛋白跨膜转运，调控信号传导通路和参与微管形成与修复等功能。目前已鉴别出来的分子伴侣主要属于伴侣素60家族、热休克蛋白70、90家族等几类高度保守的蛋白质家族。分子伴侣具有酶的特征但又和酶很不同，其作用机制现在还没有一致认识，但已越来越受到人们的广泛重视。

Summary

The central dogma of genetic information transfer is one of the basic rules of life, and is also considered universal in prokaryotes and eukaryotes. Mechanism of gene expression regulation is involved in the whole process of genetic information transfer. That is to say, life phenomena are based on gene expression regulation.

Prokaryotes are unicellular organisms depending on the surrounding environment. Therefore, they need to regulate swiftly the expression of various kinds of genes in order to adapt to the environment and survive in nature. The characteristic of cytoarchitecture and ways of regulation of gene expression in prokaryotes are adjusted in response to the environment. As is well known, the operon is a basic unit of gene expression regulation in prokaryotes. Prokaryotes may turn genes on and off (or more finely regulate gene expression) in an economical way by recognizing related genes. The emergence of the operon theory helps us enlarge the conception of gene. Besides the genes that encoding primary structure of protein, there are many other genes that have other functions, which help us build the idea and conception of gene expression regulation.

Eukaryotic gene regulation, especially in multicellular organisms, is complicated in the process of development unique to the organisms. The complexity of regulation of gene expression is determined by the characteristic of the eukaryotic genome. Gene expression regulation is involved in organism development and differentiation, so cell differentiation itself is the result of gene expression regulation. The gene expression regulation is multi-level, and the genetic information is repaired or modified at every level in eukaryotes. Like prokaryotes, life phenomena are also based on gene expression regulation. Moreover, the variety of gene expression is based on the variety of mode of transcriptional and post-transcriptional spread of genetic information in eukaryotes.

思 考 题

1. 名词解释：启动子　操纵子　反式作用因子　顺式作用元件　RNA 编辑　分子伴侣

2. 试述原核生物基因表达调控的特点。

3. 为什么说原核生物的细胞结构与表达调控方式都是与其表达调控特点相适应？

4. 简述乳糖操纵子基因表达的正、负调控。

5. 真核生物基因表达调控的特点是什么？

6. 反式作用因子的结构和作用特点有哪些？

7. 怎样理解真核生物基因表达调控的复杂性。

（伍欣星）

第 19 章 重组DNA技术

1973 年，Stanley Cohen 等人首次在体外按照人为的设计实施基因重组，并扩增形成无性繁殖系，该方法称为基因工程(genetic engineering)。实现该过程所采用的方法以及与其相关的技术，通称为重组 DNA 技术(recombinant DNA technology)或基因克隆(gene cloning)。利用重组 DNA 技术可以获得大量的特异性 DNA 片段和人们感兴趣的基因工程蛋白质。如今，重组 DNA 技术已被广泛应用于基因修饰和改造、克隆动物、培育抗病植物、开发新药。随着分子生物学研究的不断深入，越来越多与人类疾病相关的基因被鉴定和克隆出来，人们逐渐认识到人类绝大多数疾病都与基因密切相关。因此，在基因水平上对疾病进行诊断和治疗的分子医学(基因诊断与基因治疗)已成为可能。

分子生物学理论研究的种种突破无一不与分子生物学技术的产生和发展息息相关，可以说两者是科学与技术相互促进的最好例证。因此，了解分子生物学技术原理及其应用，对于加深理解现代分子生物学的基本理论和研究现状，深入认识疾病的发生和发展的机制，理解和应用不断出现的新的诊断和治疗方法极有帮助。

第一节 重组 DNA 技术的基本原理

一、DNA 重组技术的相关概念

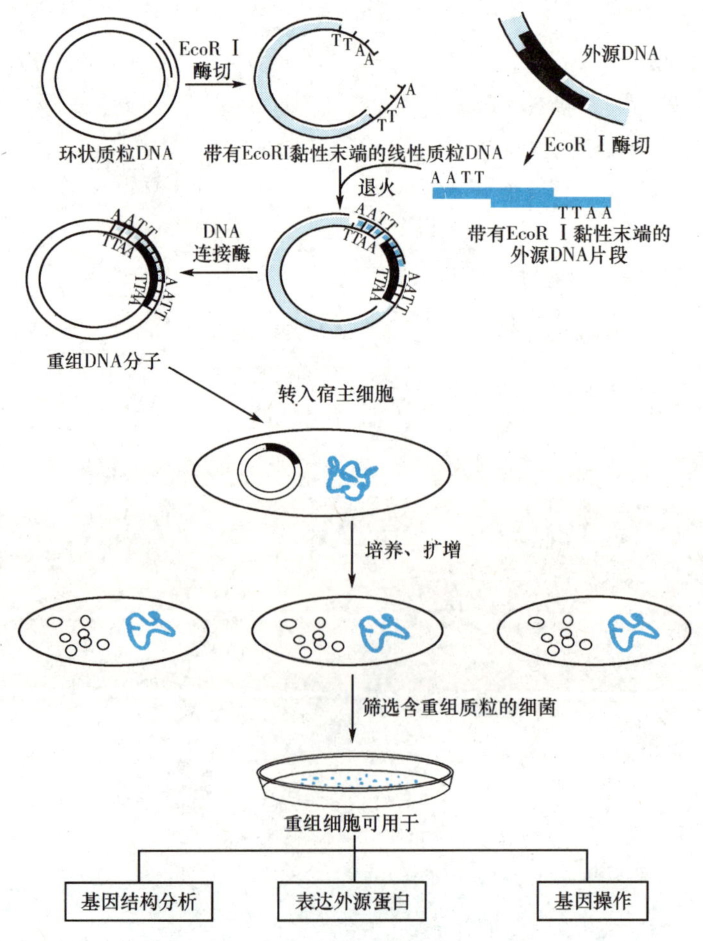

图 19-1 以质粒为载体的 DNA 重组流程示意图

生物学家尤其是遗传学家很早就产生了对基因决定的个体遗传性状进行改造的愿望。遗传学实验如杂交等可以看做是经典的随机DNA重组。而真正的重组DNA技术的诞生只有在分子生物学和分子遗传学理论取得突破性进展的基础上才有可能。

重组DNA技术亦称为分子克隆。克隆(clone)意指来自于同一始祖的相同分子、细菌、细胞或动物(常被称为副本或拷贝)。获取大量单一拷贝的过程称为克隆化(cloning),也称无性繁殖。克隆技术可以用在基因、细胞和个体等不同的层次。

一个完整的体外重组DNA技术主要包括以下步骤:获取并修饰目的基因;选择和修饰克隆载体;将目的基因与载体连接获得含有目的基因的重组DNA;重组DNA导入相应细胞(称为宿主细胞)、筛选出含重组DNA的细胞。插入了目的基因的重组载体称为重组体或重组子(recombinant)。

获得含重组体的细胞后,就可在细胞内扩增目的基因或表达目的基因,以分析目的基因的结构和功能,或获取目的基因的表达产物用于生产或医疗实践。广义的重组DNA技术不仅包括DNA体外重组技术及操作过程,还包括其下游技术,如蛋白质的分离纯化技术、修饰及后加工技术,以及进一步的中试和扩大生产规模的工艺和研究技术等。图19-1是以质粒为载体进行DNA重组的流程示意图。

二、重组DNA技术在医学上的理论和应用价值

20世纪70年代中期以后,重组DNA技术的发展极为迅速,为生物学、医学、农学和植物学等学科的理论研究及工业、农业和人类日常生活都带来了革命性的变化。重组DNA技术在医学方面的应用包括:①提供多种发现疾病相关基因和认识疾病的分子机制的新策略;②高效率、低成本生产治疗和预防人类疾病的蛋白质;③建立新的疾病诊断方法——基因诊断方法;④纠正人类基因缺陷的方法——基因治疗;⑤发展出新的法医学鉴定方法。

第二节 重组DNA技术

一、常用工具酶

以DNA分子为工作对象,对DNA分子进行切割、连接、聚合等各种操作都是酶促过程,常需要一些基本的工具酶。例如,对基因或DNA进行处理时需利用序列特异的限制性核酸内切酶在准确的位置切割DNA,有时需在连接酶的催化下使目的基因与载体连接。此外,DNA聚合酶、末端转移酶、反转录酶等也是DNA重组技术中常用的工具酶(表19-1)。

表19-1 重组DNA技术中常用的工具酶

工具酶	功能
限制性核酸内切酶	识别特异序列,切割DNA
DNA连接酶	催化DNA中相邻的5′磷酸基和3′羟基末端之间形成磷酸二酯键,使DNA切口封合或使两个DNA分子或片段连接
DNA聚合酶Ⅰ	①合成双链cDNA的第二条链 ②缺口平移制作高比活探针 ③DNA序列分析 ④填补3′末端
反转录酶	①合成cDNA ②替代DNA聚合酶Ⅰ进行填补,标记或DNA序列分析
多聚核苷酸激酶	催化多聚核苷酸5′末端磷酸化,或标记探针
末端核苷酸转移酶	在3′羟基末端进行同质多聚物加尾
碱性磷酸酶	切除末端磷酸基

限制性核酸内切酶(restriction endonuclease)可以识别DNA的特异序列,并在识别位点或其周围切割双链DNA,被称为基因工程的手术刀,广泛使用。已发现多种细菌都含有这类限制-修饰酶体系。该体系通过限制酶降解外来DNA分子,“限制”其功能。而细菌自身的DNA以及留居的质粒DNA上的特异序列因甲基化酶修饰,受到保护而免于切割。

现已发现的限制性核酸内切酶有1800种以上。根据其识别和切割序列的特性、催化条件及修饰活性等,一般将限制酶分为Ⅰ、Ⅱ、Ⅲ三大类。

Ⅱ类限制内切酶要求严格的识别序列和切割位点,大部分Ⅱ类酶识别DNA中4~8bp具有反向对称的序列,又称回文结构。其识别序列中有一个碱基的变异、缺失或修饰都不能被水解。其中的大多数Ⅱ类酶可用于分子克隆,使得分子生物学的实验结果具有高度的精确性。例如,*Eco*RⅠ、*Bam*HⅠ就属于这类酶。有些酶在识别序列内的对称轴上切割,其切割产物的断端双股平齐称为钝端或平端(blunt end)。而很多限制酶切割后在断端形成一个短的单股突出的不齐末端,称为黏性末端(sticky end)。表19-2为几种常用的限制性内切酶的识别位点及切割方式。

表 19-2　限制性内切核酸酶

名称	识别序列及切割位点
切割后产生 5′突出末端	
*Bam*H Ⅰ	5′…G ▼ ATCC…3′
Bgl Ⅱ	5′…A ▼ GATCT…3′
*Eco*R Ⅰ	5′…G ▼ AATTC…3′
Hind Ⅲ	5′…A ▼ AGCTT…3′
Hpa Ⅱ	5′…C ▼ CGG…3′
Mbo Ⅰ	5′… ▼ GATC…3′
Nde Ⅰ	5′…CA ▼ TATC…3′
切割后产生 3′突出末端	
Apa Ⅰ	5′…GGGCC ▼ C…3′
Hae Ⅱ	5′…PuGCGC ▼ Py…3′
Kpn Ⅰ	5′…GGTAC ▼ C…3′
Pst Ⅰ	5′…CTGCA ▼ G…3′
切割后产生平末端	
Alu Ⅰ	5′…AG ▼ CT…3′
*Eco*R Ⅴ	5′…GAT ▼ ATC…3′
Hae Ⅲ	5′…GG ▼ CC…3′
Pvu Ⅱ	5′…CAG ▼ CTG…3′
Sma Ⅰ	5′…CCC ▼ GGG…3′

二、目的基因的获取和修饰

目的基因系指待检测或待研究的特定基因，亦可称为供体基因。目前获得目的基因的方法主要有以下几种。

（一）直接从染色体中分离

适用于基因结构简单的原核生物中的多拷贝基因。直接从组织或供体中用机械或用合适的限制性内切酶将 DNA 消化后分离获得。

（二）化学合成法

某些分子量很小的多肽编码基因可以用人工合成的方法获得。如果已知目的基因的核苷酸序列，就可以利用自动 DNA 合成仪直接合成。对于较大的基因，可以分段合成 DNA 短片段，再用 DNA 连接酶依次连接成一个完整的基因链。采用人工合成法已得到人胰岛素基因和生长激素释放抑制因子基因等，并在大肠杆菌内成功表达。

化学合成目的基因的优点是可以任意制造和修饰基因，在基因两端方便地设立各种接头以及选择各种宿主生物偏爱的密码子。

（三）反转录法合成 cDNA

以从细胞中提取的 mRNA 为模板，反转录成 cDNA（complementary DNA），然后进行基因克隆，从而获得某种特定基因。如果一种 mRNA 在总 RNA 中的含量高，就比较容易提取纯化。例如，从网织红细胞提取珠蛋白 mRNA，从鸡输卵管提取卵丝素蛋白 mRNA，从眼球晶体提取晶体蛋白 mRNA 等。但是大部分种类的 mRNA 都属于低丰度 RNA，直接获得相当困难。近年来，将反转录反应和 PCR 反应联合应用，敏感度大大提高，已经成为获得已知基因的主要方法。

（四）构建基因组文库及 cDNA 文库

大部分未知基因不能用上述方法获得，需先构建文库，扩增后再筛选获得目的基因。

基因组文库（genomic library）是指含有某种生物体全部基因片段的重组 DNA 克隆群体。构建基因组文库时，先将原核或真核细胞染色体 DNA 提纯，用机械法或限制性内切酶将染色体 DNA 切割成大小不等的许多 DNA 片段，插入适当的克隆载体中拼接，继而转入受体菌扩增。这样就构建了含有多个克隆的基因组 DNA 文库。基因组 DNA 文库理论上可以涵盖基因组全部基因信息。建立基因组文库后需利用适当筛选方法（如探针筛选法或免疫筛选法）从众多克隆中筛选出含有目的基因的菌落，再行扩增、分离、回收，最后获得目的基因。

如果是以细胞总 mRNA 为模板，利用反转录法合成与 mRNA 互补的 cDNA 单链，再复制成双链，与合适载体连接后转入受体菌，建立的就是 cDNA 文库（cDNA library）。cDNA 文库理论上包含了细胞全部 mRNA 信息。可以利用适当方法从 cDNA 文库中筛选出目的 cDNA。目前已经发现的大多数蛋白质的编码基因几乎都是采用这种方法获得的。

（五）聚合酶链反应扩增目的基因

聚合酶链反应（polymerase chain reaction，PCR）技术是一种对已知基因体外特异性扩增的方法。此法要求目的基因片段两侧的序列已知，依据已知区域设计特定的 DNA 引物，在热稳定 DNA 聚合酶（如 *Taq* 酶）催化下，将 DNA 进行循环式合成。在很短的时间里，仅有几个拷贝的基因就可扩增至数百万个拷贝。

利用 PCR 方法可以从染色体和 cDNA 模板中迅速获得目的基因。但该法只能用于已知基因或与其序列相似的未知基因，且扩增产物可能出现错误掺入的碱基，高保真耐热聚合酶的应用可以减少错配的几率。

三、载体的选择和修饰

载体(vector)是指可以携带目的基因进入宿主细胞的运载工具。用于重组 DNA 技术的载体应符合以下条件：①具有自主复制能力，以保证重组 DNA 可以在宿主细胞内得到扩增；②具有较多的拷贝数，易与宿主细胞的染色体 DNA 分开，便于分离提纯；③分子量相对较小，易于操作，并有足够的接纳目的基因的容量；④在非必需的 DNA 区段有较多的单一限制性核酸内切酶位点用于目的基因的克隆；⑤有一个或多个筛选标记(如对抗生素的抗性、营养缺陷型或显色表型反应等)；⑥具有较高的遗传稳定性。

目前可以满足上述要求的多种载体均为人工所构建，并且已经有多种商品化的载体。一种载体中的不同元件，如复制区、启动子和抗性基因等可以分别取自细菌质粒、噬菌体 DNA 或病毒 DNA 等。按照基本元件组成的不同来源，可以将载体分为质粒、噬菌体、噬菌粒、黏粒、病毒和人工染色体等类型。

(一) 质粒载体

质粒(plasmid)是存在于细菌染色体外的、具有自主复制能力的环状双链 DNA 分子。分子质量小的为 2～3kb，大的可达数百 kb。质粒分子能在宿主细胞内独立自主地进行复制，并在细胞分裂时恒定地传给子代细胞。由于质粒带有某些特殊的不同于宿主细胞的遗传信息，所以质粒在细菌内的存在会赋予宿主细胞一些新的遗传性状，如对某些抗生素或重金属产生抗性等。宿主菌的表型可识别质粒的存在，这一性质被用于筛选和鉴定重组细菌。

质粒载体是以细菌质粒的各种元件为基础改建成的人工质粒。质粒载体一般只能接受小于 15 kb 的外源 DNA 片段，插入片段过大，会导致重组载体扩增速度慢，甚至使插入片段丢失。常用的质粒载体有 pBR322 和 pUC 等多种系列。质粒载体不仅用于细菌，也可以用于酵母、哺乳动物细胞和昆虫细胞等。质粒载体可以用于目的基因的克隆和表达。

(二) 噬菌体载体

噬菌体(phage)是一类细菌病毒，有双链噬菌体和单链丝状噬菌体两大类。前者为 λ 噬菌体类，后者包括 M13 噬菌体和 f_1 噬菌体。

λ 噬菌体的基因组 DNA 长约 48kb，在宿主体外与蛋白质结合包装为含有双链线状 DNA 分子的颗粒。由于受到包装效率的限制，连接目的基因后的噬菌体长度大于 λ 噬菌体基因组的 105% 或小于 75% 时，重组噬菌体的活力都会大大下降。

根据克隆的方式不同，λ 噬菌体载体可分为插入型载体和取代(置换)型载体两类。插入型载体最常见的是 λgt(λgt10、λgt11 等)系列，适用于 6～8kb 大小的 DNA 片段的插入，常用于 cDNA 的克隆或 cDNA 文库的构建。置换型载体最常见的是 EMBL 系列和 Charon 系列，允许插入的外源 DNA 片段长度可达 30kb，因而适用于基因组 DNA 的克隆及基因组 DNA 文库和 cDNA 文库的构建。

M13 噬菌体属于丝状噬菌体，单链闭合环状 DNA，大小约 6.4kb。进入大肠杆菌后复制成双链复制型(replication form，RF)的 DNA。M13 噬菌体载体的多克隆位点(multiple cloning site，MCS)区含有 β-半乳糖苷酶基因(*lac Z*)的调控序列及其 α-肽编码区。M13 载体克隆外源 DNA 的实际容量仅 1.5kb 左右。M13 作为单链闭合环状 DNA，曾经被广泛用于单链外源 DNA 的克隆和制备单链 DNA 以进行 DNA 序列分析、体外定点突变和核酸杂交等。但是现在，这些功能中除了单链外源 DNA 的克隆以外，已经基本被其他技术如 PCR 等所取代。

(三) 噬菌粒

噬菌粒(phagemid)是一由质粒与单丝噬菌体(M13 噬菌体)结合而构成的载体系列，大小一般为 3kb，可以克隆长达 10kb 的单链外源 DNA。最常用的噬菌粒是 pUC118/119，它在 pUC18/19 质粒的基础加上了 M13 噬菌体 DNA 合成的起始、终止以及 DNA 包装进入噬菌体颗粒所必需的元件。因此 pUC118/119 除了具有 pUC18/19 的所有特性外，还可以合成单链 DNA，并包装成噬菌体颗粒分泌到培养基中。噬菌粒载体在抗体可变区 cDNA 文库以及各种肽文库的构建和筛选过程中得到了广泛的应用。

(四) 黏粒

黏粒(cosmid)指黏性质粒，又叫柯斯质粒。它是由质粒和 λ 噬菌体的 cos 黏性末端构建而成的载体系列。黏粒中含有质粒的复制起始位点、一个或多个限制性内切酶位点、抗药性基因标记和 λ 噬菌体的 cos 黏性末端。cos 黏性末端(cohensive end,cos)是指λ噬菌体线状分子两端分别存在的12个核苷酸的单链结构。黏粒兼有λ噬菌体和质粒两方面的优点,大小约为4～6 kb,允许克隆的外源DNA片段长度为31～45kb,而且能被包装成为具有感染能力的噬菌体颗粒。常用的黏粒有pJ系列和pH系列。如pHC79黏粒就是由噬菌体片段与pBR322质粒构建而成。黏粒主要用于真核细胞基因组文库的构建。

(五) 人工染色体

人工染色体(artificial chromosome)是为了克隆更大的DNA片段而发展起来的新型载体,在人类基因组计划和其他基因组项目的实施中起到了关键性作用。

酵母人工染色体(yeast artificial chromosome,YAC)是在酵母细胞中用于克隆外源DNA大片段的克隆载体。YAC可以接受100～2 000 kb的外源DNA的插入,是人类基因组计划中物理图谱绘制采用的主要载体。

细菌人工染色体(bacterial artificial chromosome,BAC)是以细菌的F因子(一种特殊质粒)为基础构建的克隆载体,可以插入的外源DNA长度为300kb。与YAC相比,具有克隆稳定、易与宿主DNA分离等优点。BAC是人类基因组计划中基因序列分析用的主要载体。

此外,哺乳动物人工染色体(mammalian artificial chromosome,MAC)目前也在发展中。

上述载体主要为克隆载体,用于目的基因的克隆、扩增、序列分析和体外定点突变等。为了在宿主细胞中表达外源目的基因,获得大量表达产物而应用的载体被称为表达载体(expression vector)。表达载体除了含有克隆载体中主要元件以外,还含有表达目的基因所需要的各种元件,例如启动子、核糖体结合位点和表达标签等元件。根据宿主细胞的不同,表达载体可以分为原核细胞表达载体、酵母细胞表达载体、哺乳动物细胞表达载体和昆虫细胞表达载体等,它们分别携带相应宿主细胞表达目的基因所需要的各种元件和筛选标志。

图19-2列出了几种质粒载体的结构示意图。

载体选择要根据具体的实验需要。克隆载体的选择较容易,只要插入片段的大小适宜,酶切位点相配即可。表达载体的选择则较复杂,这是因为人们对各种基因的表达规律还缺乏认识。同一个基因在不同的载体中表达效率可能大不相同,同一载体对不同的基因也会有不同的表达效率。有时需要更换不同的载体以获得最佳表达效率(图19-2)。

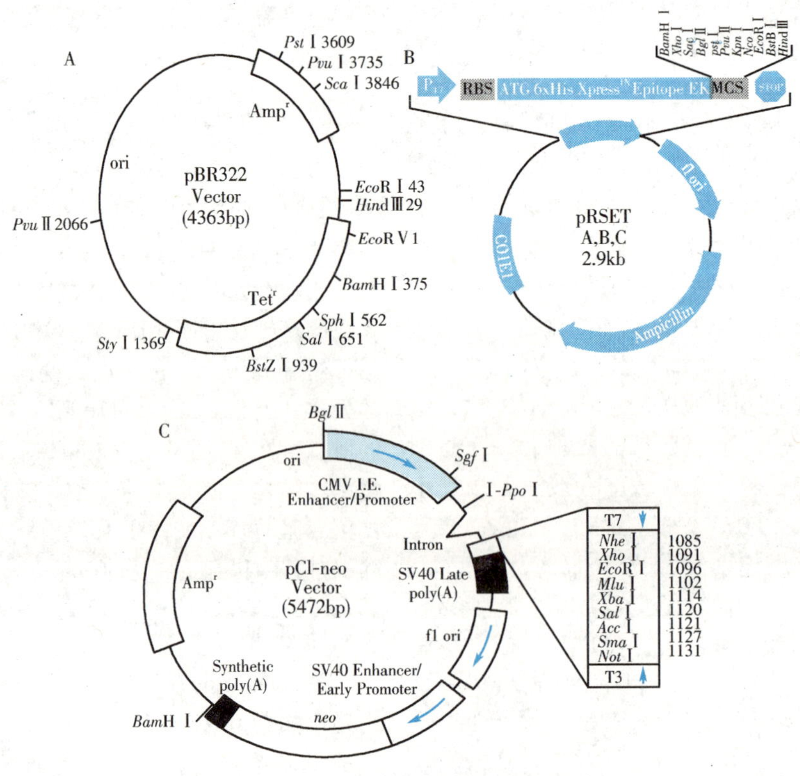

图19-2 几种常用质粒的示意图

四、重组体的构建

在分别得到含有目的基因的 DNA 片段以及提纯的质粒闭环载体后，分别将目的片段和载体片段分离纯化，继而连接为重组体。

(一) 目的基因和载体的限制性内切酶酶切位点的设计和应用

要构建体外重组 DNA 分子，必须首先了解目的基因和载体的限制性内切酶酶切图谱。切割载体所选用的限制性内切酶识别位点应该位于载体的多克隆位点内，这样才不会影响载体的其他功能。目的基因的切割应该选用与载体切割相同的酶，使两者产生的末端互补，相互连接才可实现。要尽量选择仅位于目的基因两端，而在基因内部没有位点的限制性内切酶用于克隆。

构建重组 DNA 分子时，最好用两种不同的限制性内切酶进行酶切(双酶切法)，以产生两种不同的末端。由于载体自身两个末端的碱基不能相互匹配，所以载体自身不会连接。只有遇到含有相匹配末端的目的基因时，才能相互连接，而且目的基因片段只能以一个方向插入到载体中，所以这种方式又称为定向克隆(directional cloning)。定向克隆正确重组的效率高，载体自我环化形成的假阳性背景低，易于筛选出正确的重组子。

(二) 目的基因和线状载体 DNA 片段的分离和回收

得到的载体和目的基因需经酶切形成连接末端，酶切反应完成后，可以分别将反应液加到琼脂糖凝胶中进行电泳分离。从琼脂糖凝胶中回收纯化所需 DNA 片段的方法很多。传统的方法有电泳洗脱法、DEAE 纤维素膜法、低熔点琼脂糖凝胶法和冻融法等。回收的 DNA 片段还需要进一步纯化处理，去除琼脂糖等杂质。目前，有多种高效率的从琼脂糖凝胶中回收和纯化 DNA 目的片段的商品化试剂盒可供利用，操作较为简便。

(三) 目的基因与载体的连接

目的基因与载体 DNA 片段的连接在本质上是酶促反应，含有匹配黏性末端的两个 DNA 片段相遇时，黏性末端单链间将形成碱基配对，仅在双链 DNA 上留下缺口。游离的 5′末端磷酸基团以及相邻的 3′末端羟基基团在 DNA 连接酶催化作用下，形成磷酸二酯键封闭缺口，成为一个完整的环状 DNA 分子。

上述连接反应在互补黏性末端的效率较高，应用广泛。当缺乏合适的黏性末端酶切位点可以利用时，也不得不采用平端限制性内切酶制备载体和目的基因片段。平端连接效率低，非重组背景高，并有多拷贝插入及双向插入等缺陷，因此应用受到限制。

五、重组 DNA 的导入和鉴定

DNA 连接反应完成后，在反应混合物中含有 DNA 重组体，这些重组体必须导入宿主细胞后才能得到扩增，在此基础上方可进行筛选和鉴定。

(一) 重组载体的导入

将重组质粒导入宿主细菌的过程称为转化(transformation)，导入真核细胞的过程称为转染(transfection)。重组噬菌体导入宿主细菌的过程称为感染(infection)。酵母细胞的基因导入习惯上被称为转化。病毒载体导入细胞亦被称为感染。

1. 重组质粒的转化 广义的转化作用是指通过微生物摄取 DNA 而实现的基因转移。通过转化进入细胞的 DNA 可以同宿主菌发生重组，或者进行独立的复制。狭义的转化专指细菌细胞的感受态捕获和复制质粒载体 DNA 的过程。

细菌处于容易接受外源 DNA 的状态叫做感受态。大肠杆菌经过一定的处理过程可以形成感受态细胞(competent cell)。在分子克隆中，感受态细胞转化效率的高低是限制克隆成功率的一个重要因素。目前制备各种细菌感受态的最常用方法是 $CaCl_2$ 法，转化效率一般每 1μg DNA 为 10^6～10^7 个转化子，是一般的克隆实验中最常用的简便而重复性好的方法。目前已有商品化的细菌感受态细胞出售，但价格较为昂贵。

细菌转化的另一种方法是电穿孔法(elctroporation)。电穿孔法的转化效率可达 10^9～10^{10} 个转化子/μg DNA。电穿孔转化技术中与转化效率有关的主要参数是电压、电容、阻抗和脉冲时间等。这些参数因菌种和介质不同而异，已有不少较成熟的条件供参考。酵母细胞的转化多采用电穿孔法。

2. 重组噬菌体的感染 噬菌体或病毒进入宿主细胞并繁殖的过程称为感染。以重组噬菌体作载体进行基因导入时，只要在体外用噬菌体外壳蛋白将重组载体包装成有活力的噬菌体，重组载体即可以依靠效率很高的感染方式进入宿主细菌，使目的基因得以扩增。

3. 基因转染 外源DNA导入动物细胞的过程称为转染。依DNA导入的受体细胞的不同，转染可分为生殖细胞转染和体细胞转染。目前在研究中大量、常规使用的是体细胞转染。

（二）重组细菌和细胞的筛选

无论采用何种方法导入重组载体，宿主都不可能百分之百的被转化、转染或感染，必须将真正的转化体或转化细胞筛选出来。在重组DNA克隆设计的开始时，就应设计出易于筛选重组子的方案。一个设计良好的方案往往可以事半功倍，节省许多人力物力。筛选方法的选择和设计主要依据载体、目的基因和宿主细菌不同的遗传学特性和分子生物学特性来进行。DNA重组技术中常用的筛选和鉴定的方法可分为两大类：一类是利用宿主细胞遗传学表型的改变直接进行筛选；另一类是通过分析重组子的结构特征进行鉴定。前者常用抗药性、营养缺陷型显色反应和噬菌斑形成能力等遗传表型来筛选；后者常采用限制性内切酶酶切及电泳、探针杂交和核苷酸序列分析来鉴定目的基因的结构。

1. 根据重组子遗传表型进行的筛选 重组子转化宿主细菌后，载体上的一些筛选标志基因的表达会导致细菌的某些表型改变，通过在琼脂平皿中加入相应的筛选物质，可以直接筛选出含有重组子的菌落。操作比较简单，常用于筛选阳性重组子的初步筛选。

(1) 抗生素筛选：大多数克隆载体带有抗生素抗性基因，如抗四环素基因（tet^r）、抗氨苄青霉素基因（amp^r）等。理论上，只有含有这些重组子的转化细胞才能够在含有相应抗生素的琼脂平皿上生长成菌落。但是实际上，自身环化的载体、未酶切完全的载体或非目的基因插入载体形成的重组子也能转化细胞形成假阳性菌落。

(2) 营养缺陷型的互补筛选法：营养缺陷型的互补筛选法包括插入互补和插入失活两种。插入互补是指由于外源基因的插入弥补了宿主菌原来的基因缺陷性状。如把酵母基因组DNA随机切割后插入到大肠杆菌的ColE1质粒中，然后将重组质粒转化到大肠杆菌*his*（组氨酸）突变株细胞中，凡含有酵母*his*基因并获得表达的转化菌就能在不含*his*营养成份的培养基中生长。插入失活是指由于外源基因的插入，使重组子丧失了原来具有的某些特征，如不能合成某种产物，当这种改变有明显的表型变化时，就可以用于鉴别重组子。这里以蓝白斑筛选法为例加以说明。

pUC18/19以及其他一些载体中含有β-半乳糖苷酶基因（*lacZ*）的调控序列及其氨基端146个氨基酸的α-肽编码区，尽管它的MCS也位于其中，但由于巧妙的读框设计仍使其保留了α-肽的功能。如果用这一类质粒转化β-半乳糖苷酶基因缺失突变菌（gal^-），由于质粒表达的α-肽可以补充菌株缺失的α-肽，使其产生有活性的β-半乳糖苷酶，分解半乳糖。在加入了β-半乳糖苷酶基因表达诱导剂IPTG（异丙基硫代-β-D-半乳糖苷）和β-半乳糖苷酶底物X-gal（5-溴-4-氯-3-吲哚-β-D-半乳糖苷）的培养基上生长的菌落呈现蓝色。这种现象被称为α互补效应。外源DNA片段克隆到上述的这个区段后，使*lacZ*基因失活，不再产生α-肽，也不再产生有活性的β-半乳糖苷酶。在加入IPTG和X-gal的平板上不再出现蓝色菌落，而是白色菌落。这是鉴别质粒载体内有无插入片段的蓝白斑筛选方法的原理。

2. 根据重组子结构特征的筛选法 由于插入重组分子的方向，多聚体形成、自身环化或其他无关片段插入等因素的影响，往往需要对重组子的分子结构作进一步的筛选和鉴定，以证实目的基因是否存在于受体细胞之中。

(1) 快速裂解菌落比较重组DNA的大小：对于插入片段比较大的重组DNA，可以直接裂解菌体获得质粒DNA，通过电泳与原载体进行比较，根据其电泳迁移率的差别进行鉴定。

(2) 限制性内切酶酶切鉴定：提取转化细菌的质粒DNA，用合适的限制性内切酶酶切，根据片段的大小和酶谱特征来确认它是否为预期的重组DNA分子。

(3) 杂交方法：含有外源DNA的重组DNA在一定条件能和与其互补的DNA探针结合。如探针用同位素标记，这样能够与探针相结合的重组DNA就表现出放射性，据此可与非重组子进行鉴别。

杂交是在菌落或噬菌斑筛选中应用最广泛的一种筛选技术。筛选时，先将转化菌生长在琼脂平板上，再将菌落或噬菌斑保持原位转移到硝酸纤维素薄膜上，经裂解菌落、DNA的碱变性和中和，然后用同位素标记的探针进行杂交。放射性探针使胶片曝光，指示出阳性克隆菌落的所在位置。本方法能进行大规模操作，一次可筛选上万个菌落或噬菌斑，是从基因文库中挑选目的重

笔记栏

组子的首选方法。

（4）PCR 筛选法：根据外源 DNA 插入位点两侧序列设计引物，进行 DNA 扩增反应。根据是否扩增出与插入片段大小相应的片段进行筛选鉴定。PCR 方法还可以对重组序列直接进行序列测定。

通过上述技术手段只能让我们知道所得的质粒或噬菌体等的 DNA 具有重组子的特征，至于目的片段的序列则必须用 DNA 测序法加以证实。

六、重组 DNA 在宿主中的表达

具有特定生物学活性的蛋白质在生物学和医学研究方面具有重要的理论和应用价值，这些蛋白质可通过重组 DNA 技术大量获得。这尤其适用于那些来源特别有限的蛋白质。利用基因工程方法表达克隆基因还可以获得自然界本不存在的一些蛋白质。克隆基因可在大肠杆菌、枯草杆菌、酵母、昆虫细胞、培养的哺乳类动物细胞或整体动物中表达。

（一）原核表达体系

大肠杆菌是最常用的原核表达体系，利用其表达外源基因已有 20 多年的历史。其优点是，培养简单、迅速、经济又适合大规模生产。主要缺点是缺乏适当的翻译后加工机制，真核细胞来源的蛋白质在其中不易正确折叠或进行糖基化修饰，表达的蛋白质常常形成不溶性的包涵体（inclusion body）。包涵体是外源蛋白与周围杂蛋白或核酸等形成不溶性的聚合体，后续纯化很困难。

大肠杆菌表达载体除了要有一般克隆载体所有的元件以外，还要具有能调控转录、产生大量 mRNA 的强启动子。常用的启动子有 *trp-lac* 启动子、λ 噬菌体 PL 启动子和 T7 噬菌体启动子等。核糖体结合位点（ribosome-binding site，RBS）是表达载体中另一必不可少的元件，原核系统中的 RBS 亦称为 SD 序列。多数表达载体中都带有转录终止序列。影响外源基因表达的因素有启动子的强弱、RNA 的翻译效率、密码子的选择、表达产物的大小以及表达产物的稳定性等。

（二）真核表达体系

与原核表达体系相比，真核表达体系具有更多的优越性。根据宿主细胞的不同，真核表达系统可分为酵母、昆虫以及哺乳类动物细胞表达系统等。这些表达系统在重组 DNA 药物、疫苗生产及其他生物制剂生产上都获得了一些成功，在研究各种蛋白质分子在细胞中的功能方面也得到了非常广泛的应用。

1. 真核细胞表达载体　真核细胞表达载体应该至少具备两项功能：一是能够在原核细胞中进行目的基因的重组和载体的扩增；二是具有真核宿主细胞中表达重组基因所需的各种转录和翻译调控元件。这就要求真核细胞表达载体既含有原核生物克隆载体中的复制子、抗性筛选基因和多克隆位点等序列，又要含有真核细胞的表达元件组件，如启动子、增强子、转录终止信号、polyA 加尾信号序列以及适合真核宿主细胞的药物抗性基因等。尽管有的真核细胞表达载体可以在真核细胞内独立扩增，不过大部分载体 DNA 是先整合到宿主的染色体中，然后随着宿主细胞 DNA 的复制而得以扩增。

2. 真核细胞表达载体导入宿主细胞　将载体导入真核细胞的过程被称为细胞转染。已经接受了外源基因的重组 DNA 细胞称为转染细胞（transfectant）。高效率的细胞转染是真核细胞表达外源基因的关键，目前使用较多的方法有以下几种。

（1）磷酸钙转染：磷酸钙转染（calcium phosphate transfection）是 Graham 等人在 1973 年首创的方法，也是 20 世纪 90 年代以前最广泛使用的方法。它的原理是先使 DNA 形成一种 DNA-磷酸钙沉淀物，再使其黏附于细胞表面，通过细胞的内吞作用被细胞捕获，进而被整合到染色体中。磷酸钙转染法的优点是不需要昂贵的仪器和试剂。

（2）电穿孔转染技术：电穿孔（electroporation）是利用专门仪器产生高压电脉冲，使细胞膜上出现微小的孔洞，细胞培养液中的重组质粒通过这些孔洞就可以进入细胞，再整合到基因组内。该方法由于操作简单且转染效率高而被广泛应用，不过需要专门仪器。

（3）脂质体转染法：脂质体（liposome）是一种人造类脂膜，最初作为细胞膜的研究模型，后来才被用作将药物、蛋白质和 DNA 向细胞内转运的载体。细胞摄取脂质体包装的质粒 DNA 的能力比未包装的 DNA 高 100 倍。脂质体转染法的优点是操作简单、毒性低和包装容量大等。目前已经有多种商品化的试剂盒。

3. 转染细胞的筛选　重组 DNA 转染入动物细胞后，应依靠一定的选择标记，使用特殊的选择培养基,才能把转染的细胞克隆从大量的未转染细胞中筛选出来。真核转染细胞的筛选标志分代谢缺陷标志和抗生素标志两大类。常用的选择系统有胸腺核苷激酶(thymidine kinase,TK)基因选择系统、新霉素磷酸转移酶(neomycin phosphotransferase,NEO)基因选择系统和次黄嘌呤-鸟嘌呤磷酸核糖转移酶(hypoxanthine-guanine phosphoribosyl transferase,HGPRT)基因选择系统等。

4. 表达系统的选择 利用真核细胞表达外源基因主要有两方面的目的:一是研究该基因在细胞中的作用和作用机制;二是获得足够量纯化的目的蛋白用于诊断、治疗或结构研究。前者对表达系统的要求较低,只要宿主细胞适合、表达载体相配及载体对细胞功能无影响即可。如果外源蛋白对细胞有毒性,还可以选用诱导型表达载体。后者对表达系统要求较高,要获得足够量的,纯化的目的蛋白则需仔细选择表达系统。

哺乳动物细胞无疑是最理想的表达人类基因的系统,应为首选。人源性蛋白在哺乳动物细胞中可以获得与人类最接近的转录和翻译后修饰,因而可以较为精确地折叠成天然构象,具有最理想的活性。中国仓鼠卵巢(CHO)细胞就是在生物技术中应用最广泛的细胞之一。用哺乳动物细胞进行蛋白表达的主要缺点是表达水平不尽理想和生产成本高。

酵母是单细胞真菌,也是比较成熟的工业用微生物。由于其易培养、无毒害且生物学特性研究得比较清楚,因此很适合作为基因工程菌。酵母表达系统同时兼有大肠杆菌的表达水平高、易培养、成本低和真核细胞的可以较好折叠及修饰的优点。Pichia Pastoris是目前较常用的一种酵母菌,用该系统表达外源基因,其最高表达水平可以达到12g/L。到目前为止,许多酶、蛋白酶、蛋白酶抑制剂、受体、单链抗体和调节蛋白都在该系统中进行了成功表达。

利用昆虫病毒表达载体和培养的昆虫细胞形成的表达系统是另一种具有较高表达能力的表达系统,也是一种较有发展前景的真核表达系统。

第三节 重组DNA相关技术

一、基因重组动物模型

(一)转基因动物模型

上述哺乳动物细胞克隆表达系统所造成的体细胞基因替代不能遗传给子代,只有在生殖细胞或尚未分化的胚胎干细胞中引入外源基因才可以获得稳定传代的基因重组动物。利用DNA重组技术在动物体内引入可遗传给子代的外源基因的技术被称为转基因技术(transgenic technology)。建立转基因动物的基本策略是,将含有外源目的基因的重组载体直接注射到动物受精卵中,基因将整合到胚胎细胞的基因组里。动物发育后,在其体细胞和生殖细胞中都有外源基因的存在和表达,并可以将该基因遗传给子代。应用转基因技术培育成功的携带并遗传外源基因的动物个体或品系称为转基因动物(transgenic animal)。目前已经建立了几百种转基因动物。为了适应理论研究和实际应用的需要,可以在携带外源基因的载体内加上组织特异性启动子,从而在转基因动物体内限定表达外源基因的组织和器官。

(二)核转移技术

核转移技术(nuclear transfer technique)即所谓的动物整体克隆技术。1996年,克隆羊——多莉的诞生成为当年分子生物学领域最重大的事件。核转移技术是将动物体细胞的胞核全部导入另一个个体的去除了胞核的卵细胞内,使之发育成个体。这样的个体所携带的遗传性状仅来自一个父亲或母亲个体,因而为无性繁殖。从遗传角度上讲,是一个个体的完全的拷贝,故称之为克隆。

(三)基因剔除技术

对基因表达的整体人工干预方法不仅限于过度表达某种目的基因,也可以专一地去除某种目的基因。这种有目的的去除动物体内某种基因的技术被称为基因敲除(gene knockout)或基因靶向(gene targeting)灭活。从动物体内选择性去除特定基因在技术上要比建立转基因动物困难得多。

基因剔除技术是建立在同源重组理论基础上的一种技术。基因剔除可以在细胞水平进行,从而建立新的细胞系。也可以在动物整体水平进行,以建立基因剔除动物。

(四)基因转移和基因剔除在医学发展中的应用

基因转移技术和基因剔除技术在研究一种基因的产物的正常功能方面具有重要意义,同时对医学的发展也具有重大的推动作用。它们的主要用途是：

1. 研究基因的结构与功能 通过转入不同的DNA片段，转基因动物可以用来研究基因的转录和复制调控元件及基因组织表达特异性的顺式调控元件，还可以用来研究基因改变与功能的关系。基因剔除小鼠在基因功能研究中更是具有决定性作用。

2. 建立动物模型 动物模型可以用来探讨疾病的发生机制，更是重要的新治疗方法和新药物的筛选系统。以往的疾病动物模型主要是自然发生，或是用化学药物、放射线诱导等方式获得，而转基因技术和基因剔除技术则为直接建立这些动物模型提供了有效的手段。

很多疾病都是某些基因失活的结果，因此，最简单的制作疾病动物模型的方式是将基因剔除。目前用此法建立的疾病模型有：β-地中海贫血，高脂蛋白血症、动脉硬化症和阿默海茨病等。有一些疾病，如肿瘤、高血压和糖尿病等是多基因遗传性疾病，且受环境因素的强烈影响，但目前也在吸引人们建立模型系统，如抑癌基因 *p53* 和 *rb* 的剔除可诱生视网膜母细胞瘤等。

3. 制备生物活性蛋白 转基因动物可以作为天然的生物工厂合成人们所需要的多肽和蛋白质等生物活性物质，制备药物、抗体和疫苗等。这种用于进行基因产品生产的转基因动物被称为动物生物反应器(animal bioreactor)。目前已经获得成功的例子有：β-乳球蛋白转基因小鼠、人红细胞生成素(EPO)转基因小鼠、α_1-抗胰蛋白酶转基因羊、人C蛋白转基因猪和单克隆抗体转基因小鼠等。

二、印迹技术

印迹技术是指将存在于凝胶或溶液中的生物大分子转移(印迹)于固定化介质上并加以检测分析的技术。目前这种技术已被广泛用于DNA、RNA和蛋白质的检测。

将琼脂糖电泳分离的DNA片段在胶中进行变性使其成为单链，然后将一张硝酸纤维素(Nitrocellulose，NC)膜放在胶上，膜上放上吸水纸巾，利用毛细作用使胶中的DNA片段转移到NC膜上，使之成为固相化分子。载有DNA单链分子的NC膜就可以在杂交液中与另一种DNA或RNA分子(称为探针，可用同位素标记)进行杂交。具有互补序列的RNA或DNA探针结合到存在于NC膜的DNA分子上，经放射自显影或其他检测技术就可以显现杂交分子的有无和其位置。

除了上述靠毛细作用将DNA转移至NC膜的方法外，后来又发展了电转移印迹技术和真空负压吸引转移印迹技术，缩短了转移所需的时间。探针(probe)是指用同位素、生物素或荧光染料标记的已知序列多聚核苷酸片段。探针可以与固定在NC膜上的DNA或RNA进行结合反应。探针的序列如果与NC膜上的特定核酸序列相互补，就可以结合到膜的相应位置，经放射自显影或其他检测手段就可以判定膜上是否有同源的核酸分子存在。

印迹杂交技术主要有以下几类(图19-3)。

1. DNA印迹技术 DNA印迹术(DNA blot)是由Southern等人首次应用，故以其姓氏命名，称为Southern blot。基因组DNA经限制性内切酶消化后进行琼脂糖凝胶电泳，将含DNA片段的凝胶放入变性溶液变性后，将NC膜放在胶上。随着转移缓冲液逐渐为胶和膜上覆盖的滤纸吸收，胶中的DNA分子转移到NC膜上。转移的速度取决于分子的大小，分子越小，转移越快。转移完成后加热使DNA固定于NC膜上，用于杂交反应。

DNA印迹术主要用于基因组DNA的分析，如在基因组中对特异基因进行定位及检测。此外，亦可用于分析重组质粒和噬菌体。

2. RNA印迹技术 对RNA也可以利用与DNA相同的印迹术来进行分析。相对于Southern blot，RNA印迹被称为Northern blot或RNA blot。RNA分子小，在转移前不需进行限制性内切酶切割，而且变性的RNA转移效率也比较满意。

RNA印迹技术目前主要用于检测某一组织或细胞中已知的特异mRNA的表达水平或比较不同组织或细胞中同一基因的表达情况。检测时，可以用合成的寡核苷酸片段作为探针，也可以用克隆的或提取的DNA片段作为探针进行杂交。尽管RNA印迹技术在检测mRNA表达水平的敏感性较PCR法低，但是由于其专一性好，假阳性率低，仍然被认为是一个可靠的mRNA水平分析方法。

3. 蛋白质印迹技术 对应于DNA的Southern blot和RNA的Northern blot，蛋白质印迹技术被称为Western blot。由于常用抗体来检测蛋白质，故又被称为免疫印迹技术(immunoblot)。

蛋白质印迹技术的过程与DNA和RNA印迹技术类似。首先将蛋白质用变性聚丙烯酰胺凝胶电泳分开，再将蛋白质转移到NC膜或其他膜上，膜上蛋白质的位置可以保持在与胶相对应的原位上。与DNA和RNA不同的是，蛋白质的转移只有靠电转移方可完成。另外，蛋白质的检测是以抗体做探针的，然后再与用碱性磷酸酶、辣根过氧化物酶标记或同位素标记的第二抗体反应，最后用放射自显影、底物显色或底物发光来显示目的蛋白的有无和所在位置。

免疫印迹技术常用于检测样品中特异性蛋白质是否存在，并进行半定量分析。另外，蛋白质分子间的相互作用研究特别依赖于免疫印迹技术。

建立在印迹技术基础上的核酸和蛋白质的分析方法还有不经电泳分离直接将样品点在NC膜上用于杂交分析的斑点印迹(dot blot)；直接在组织切片或细胞涂片上进行的原位杂交(in situ hybridization)；将多种已知序列的DNA排列在一定大小的尼龙膜或其他支持物上的DNA点阵(DNA array)杂交。在后者基础上发展起来的DNA芯片(DNA chip)技术更是在计算机控制点样及强大的扫描分析硬件及软件的支持下，能在很小的硅片上固定数千甚至上万个探针用于细胞样品中基因表达谱的分析、遗传性疾病的分析、病原微生物的大规模检测等。DNA芯片对于核酸的研究工作以及未来的医学诊断技术都将产生革命性的影响。

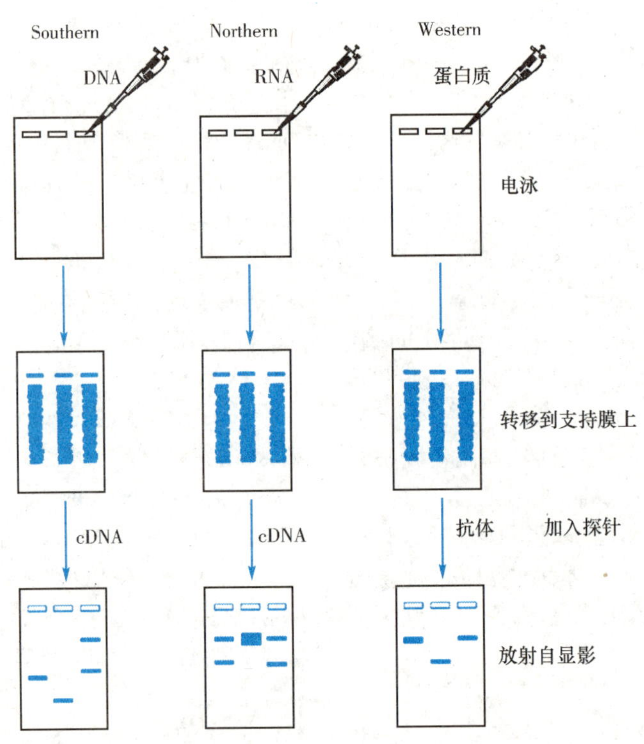

图 19-3　几种印迹杂交法示意图

三、DNA序列分析

DNA的碱基序列蕴藏着丰富的遗传信息，测定和分析DNA的碱基序列对了解遗传的本质及了解每个基因的编码方式无疑是十分重要的。最初，人们用酶部分消化等方法仅能测定RNA的序列。1965年，Robert Holley花了7年时间才完成酵母丙氨酰-tRNA的76个核苷酸的序列测定。如今，一个最小的DNA序列自动分析仪能在24小时内完成约10 000个碱基序列的测定工作。

在进行DNA序列分析前，需将一段待测DNA分子克隆入质粒或噬菌体中。目前，手工测序或自动化测定所基于的技术原理一为Allan Maxam和Walter Gilbert所建立的化学裂解法，二为Frederick Sanger建立的DNA末端合成终止法。

(一) 化学裂解法

化学裂解法也称为Maxam-Gilbert法，基本原理是根据某些化学试剂可以使DNA链在一个碱基或2个碱基处发生专一性断裂的特性。精确控制反应强度，使一个断裂点仅存在于少数分子中，不同分子在不同位点断裂，从而获得一系列大小不同的DNA片段，将这些片段经聚丙

烯酰胺凝胶电泳分离。分析前，用同位素标记DNA的5′末端，经放射自显影就可在X线胶片上读出DNA链的序列。

（二）DNA链末端合成终止法

DNA链末端合成终止法也称为Sanger法，是目前应用最为广泛的方法。其基本原理是利用四种2′，3′-双脱氧核苷酸（ddNTP）代替部分脱氧核苷酸（dNTP）作为底物进行DNA合成反应。当ddNTP参入到合成的DNA链中，由于ddNTP的3′碳原子上不含羟基，不能与下一个核苷酸反应形成磷酸二酯键，因此合成反应终止。测定时，首先将模板分为四组，分别加入引物启动DNA的合成，用^{32}P或^{35}S标记的dNTP（仅标记一种即可）作为底物参入到新合成的DNA链中。反应一定时间后，每一组内加入四种ddNTP的一种，如果ddNTP∶dNTP的比例适当，就可获得在不同部位终止反应的大小不同的DNA链。经聚丙烯酰胺凝胶电泳分离这些片段，通过放射自显影就可以读出一段DNA的序列了。

随着DNA序列测定自动化的实现和普及，手工测定几乎不再进行。自动化测序的主要原理与手工测序一样，只是用四种荧光素代替了同位素对DNA进行标记，再经过激光扫描分析迅速读出所测序列。

四、基因沉默技术和RNA干扰

（一）基因沉默

基因沉默（gene silencing）是指基因组中的基因由于受内在遗传因素或外源基因的影响而表达降低或完全不表达的现象。基因沉默是一种普遍存在的基因调控机制，广泛存在于真菌、植物和动物中。

对基因沉默的研究具有重要的生物学意义。基因沉默是基因表达调控的一种重要方式，是生物体的本能反应，是生物体在基因调控水平上通过基因沉默限制外源核酸的入侵；基因沉默还与个体生长发育有关，它可能通过控制内源基因的表达来调控生长发育。在实际应用方面也有重要价值：如在基因工程中克服基因沉默，使外源基因能更好地进行表达；可以利用基因沉默使人们有意识地抑制某些有害基因的表达，对疾病的治疗具有重要意义；在功能基因组方面，通过有选择地使某些基因沉默，可以测知这些基因在生物体基因组中的功能；通过抑制生物代谢过程中的某个环节，可以获得特定的代谢产物等。

常见基因沉默技术包括反义RNA技术、核酶技术、三链DNA技术、肽核酸（peptide nucleic acid，PNA）、基因敲除（gene knockout）技术和RNA干扰（RNA interference，RNAi）技术等，这里重点介绍RNA干扰技术。

（二）RNA干扰技术

RNAi是新兴的并日益被重视的反基因策略，在生命科学的各个领域有着广泛的应用。RNAi作为一个调控基因表达的系统，在个体发育及组织细胞生理功能的发挥中都有着重要的作用。此外，RNAi能抵抗RNA病毒的感染，特别是在植物和无脊椎动物中，还能确保基因组的稳定性。现在，RNAi已成为有力的实验工具，用来阐明细胞中每个基因的功能。同时，RNAi还作为许多疾病的治疗手段得到广泛深入的研究。总之，RNAi的发现将对生命科学研究带来深远的影响。Andrew Fire和Craig Mello这两位科学家由于发现RNAi而荣获2006年诺贝尔生理医学奖。

RNAi是指在特定因子作用下，导入或细胞内生成的双链RNA（dsRNA）降解生成约21～23个核苷酸长度的小干扰RNA（small interference RNA，siRNA），后者能通过碱基互补配对原则和靶mRNA结合，诱导靶mRNA降解，同时还可以利用体内转录系统生成下一代siRNA，从而产生放大效应和长期效应。

RNAi是一个依赖ATP的过程，由dsRNA介导的同源序列RNA的降解可分为两步：首先，较长的dsRNA裂解成长度为21～23个核苷酸的siRNA，这一裂解过程需要ATP的参与。在RNAi过程中一种称为Dicer的核酸酶负责将dsRNA转化为siRNA，它属于RNase Ⅲ家族；第2步，由siRNA与一系列特异性蛋白结合形成siRNA诱导沉默复合体（siRNA-induced silencing complex，RISC），RISC被激活后能依靠siRNA的反义链识别mRNA分子的互补区域（靶mRNA）并使其降解，从而导致特定基因沉默，干扰基因表达（图19-4）。

RNAi主要特点包括：①干扰因子前身为双链RNA不是单链RNA，因而比较稳定，不易降解。②是转录后水平的基因沉默机制，对DNA序列没有影响。③能高度特异性抑制mRNA和

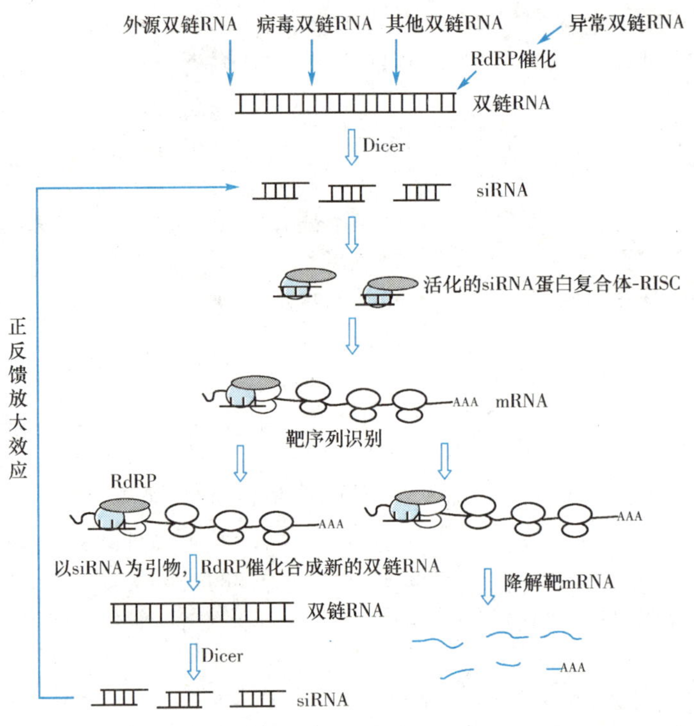

图 19-4　RNAi 原理示意图

蛋白质的表达。④只作用于外显子，对内含子无影响。⑤具有放大效应和长期作用。⑥其效应可以穿过细胞界限，在不同细胞间长距离传递和维持。

第四节　基因诊断与基因治疗

一、基因诊断

（一）基因诊断的概念

基因诊断（gene diagnosis）又称为分子诊断（molecular diagnosis），是指利用现代分子生物学和分子遗传学方法，通过检测基因的存在、结构变异或表达功能的异常，对人体状态和疾病做出诊断的方法和过程。

（二）基因诊断的基本原理与临床意义

基因诊断的基本原理是通过检测致病基因（包括内源基因和外源基因）的存在、量的多少、结构变化与表达水平以确定被检查者是否存在基因水平的异常变化，以此作为疾病确诊的依据。临床意义在于不仅能对有表型出现的疾病做出明确诊断，而且可实现早期快速诊断，如产前诊断遗传性疾病，检出感染性疾病潜伏期的病原微生物，还可早期发现某些恶性肿瘤。此外，还能确定个体对疾病的易感性，进行疾病的分期分型、疗效监测、预后判断等。

（三）基因诊断的常用技术

除本章第三节中提到的 DNA 印迹技术、RNA 印迹技术、斑点杂交技术、PCR 技术、DNA 芯片技术和 DNA 序列测定技术外，还有以下常用技术。

1. 原位杂交（in situ hybridization）　亦属于核酸分子杂交技术。原位杂交可在组织、细胞和染色体水平直接检测核酸并定位。染色体原位杂交可查明染色体中特定基因的位置，用于染色体疾病的诊断及染色体重排起源的研究。原位杂交的结果是显示有关核酸序列的空间位置状况，因此，可检出含核酸序列的具体组织或细胞，细胞具体定位、基因拷贝数目及类型，可检出基因和基因产物的亚细胞定位。

2. 限制性酶切分析　基因突变可能导致基因上某一限制性内切酶识别位点的丢失、增加或其相对位置发生改变，以此酶消化待测 DNA 和野生型对照 DNA，通过比较二者酶切片段的长度、数量上的差异就可判断待测 DNA 的突变情况。

3. 单链构象多态性分析　单链构象多态性（single strand conformation polymorphism，SSCP）分析是一种基于单链 DNA 构象的差别来检测突变的方法。长度相同的单链 DNA，如果碱基序列不同（甚至单个碱基不同），形成的空间

构象就不同，这就是单链构象多态性。这种多态性在非变性聚丙烯酰胺凝胶电泳(PAGE)中表现为不同的迁移率。SSCP 常与 PCR 联合应用即 PCR 扩增产物经变性形成单链 DNA 后进行 SSCP分析，称为 PCR/SSCP 技术。

(四) 基因诊断的应用

近年来基因诊断技术取得了新的突破，基因诊断的原理和方法不仅用于遗传性疾病，也广泛应用于感染性疾病、肿瘤、法医学的诊断和水、土、大气、食品生物源性污染的监测和进出口商品检疫等领域。

1. 遗传病的基因诊断 现已证实，所有遗传性疾病都是由于一种或多种基因的缺失、缺陷或变异所致。在致病基因明确，其正常序列和结构已知的情况下，可直接检测导致该遗传病发生的基因突变。如镰状细胞贫血症是由于β珠蛋白基因第 6 位密码子发生 A→T 碱基替换，谷氨酸被缬氨酸取代所致。该突变导致限制酶 MstⅡ识别位点的丢失。因此，可采用 Southern 印迹杂交或 PCR/限制性酶切分析法检测该突变进行诊断。然而，许多疾病的致病基因尚未被克隆而无法进行直接诊断，如该致病位点已在基因组中被定位，则可应用与致病基因连锁的多态性片段或利用人类基因组中的一些重复序列作为遗传标记，通过多态性分析标记致病的那条染色体，从而确定被检者是否带有这一致病染色体。

2. 感染性疾病的基因诊断 感染性疾病是由于感染了某种病原体而引起的一类疾病。这些病原生物都有各自物种特异的基因。重组 DNA 技术的发展，对多种病原体的基因作了大量的分析工作，对常见病原体的特异基因或 DNA 片段的组成特点积累了大量的资料。现在可通过核酸分子杂交技术，针对病原体特异的核酸序列设计探针进行检测；或应用 PCR 技术扩增病原体基因的保守序列，亦可联合应用这两种技术，对大多数感染性疾病做出明确的病原诊断。不仅如此，还可对带菌者和潜伏感染做出诊断，对病原体进行分类、分型鉴定等。如病毒性肝炎都是由各种肝炎病毒感染所致，其基因诊断可采用 PCR 方法，根据肝炎病毒基因的保守区来设计引物，扩增特异片段。或者采用合适的策略，制备各型肝炎病毒的基因探针，固化在支持物上制成肝炎基因芯片。通过一次杂交即可对各型肝炎进行筛查，对疾病做出早期诊断、分型诊断。

3. 肿瘤的基因诊断 肿瘤的发生是多因素、多基因、多阶段相互协同作用的过程，其关键是人类细胞基因组本身出现异常。存在于正常细胞中的癌基因和抑癌基因，以正负信号方式调控细胞增殖、分化。在外界因素如化学物质、射线、病毒等作用下，癌基因和抑癌基因发生异常改变，导致癌基因的激活、抑癌基因的失活以及表达异常等，失去了对细胞增殖调控的能力，从而导致肿瘤的发生和发展。目前，肿瘤的基因诊断可采取以下策略作辅助诊断：①检测肿瘤相关基因，如癌基因、抑癌基因、肿瘤转移基因、肿瘤转移抑制基因等基因的突变及表达异常。②检测肿瘤相关病毒的基因，如与鼻咽癌、Burkitt 淋巴瘤有关的 EB 病毒；与宫颈癌有关的人类乳头瘤病毒(human papilloma virus，HPV)；与肝癌有关的乙肝病毒(hepatitis B virus，HBV)、丙型肝炎病毒(hepatitis C virus，HCV)；与成人 T 细胞性白血病、淋巴瘤有关的人嗜 T 淋巴细胞病毒(human T-cell lymphotropic virus-1，HTLV-1)等。③检测肿瘤标志物基因或 mRNA。

4. 基因诊断在法医学中的应用 基因诊断在法医学中的应用主要是通过 DNA 多态性分析来进行个人识别和亲子鉴定，以及特定基因片段的检测进行性别鉴定和种属鉴定。人类个体的特征取决于基因组 DNA 核苷酸的差异即 DNA 多态性，VNTR 和 STR 是两种重要的多态性标记。针对 VNTR 人工合成寡核苷酸探针，与经过酶切的人基因组 DNA 进行 Southern 印迹杂交，可以得到长度不等的杂交带，而且杂交带的数目和分子质量大小具有个体特异性，就像人的指纹一样，因而把这种杂交带图谱称为 DNA 指纹(DNA fingerprint)。由于 DNA 指纹具有高度特异性及稳定性，同一个体中不同组织的 DNA 指纹完全一样。因此，DNA 指纹分析法在法医学鉴定中得到广泛应用。此外，PCR-STR 技术由于其快速、简便等优点而成为法医学鉴定的又一个有力工具。目前正在开发、分离的第三代 DNA 多态性标记系统——单核苷酸多态性(single nucleotide polymorphism，SNP)标记，可作为特异性基因标记以区分个体之间的差异。SNP 结合 DNA 芯片技术的方法将成为法医学鉴定中一种很有前景的新方法。

二、基因治疗

(一) 基因治疗策略

基因治疗是指将外源基因转移至患者细胞

内并有效地适度表达，以达到治疗疾病的目的。基因治疗采取的策略可以是直接修复、补偿缺陷的基因，或抑制某些基因的过度表达；也可以采用间接方式增强机体的免疫功能，或利用外源基因对病变细胞进行特异杀伤。根据是否针对患者细胞的致病基因而采取措施，可将基因治疗的策略分为直接和间接两大类。

1. 直接策略：针对致病基因

(1) 基因矫正(gene correction)：指将致病基因的突变碱基加以纠正。

(2) 基因置换(gene replacement)：指通过同源重组或基因打靶技术，将正常基因定点整合到靶细胞基因组内以原位替换致病基因。

(3) 基因增补(gene augmentation)：又称为补偿性基因治疗，是指不去除异常基因，将有功能的正常基因导入病变细胞或其他细胞后发生非定点整合，表达正常产物以补偿缺陷基因的功能或使原有的功能得以加强。这是目前基因治疗中常用的一种方式。

(4) 基因失活(gene inactivation)：又称为反义基因治疗，是指采用反义(antisense)技术或反基因(antigene)、基因敲除(gene knockout)等技术，阻断某些基因的异常表达。如反义技术是将反义 RNA、核酶(ribozyme)或反义核酸的表达质粒等导入细胞后，与特定 mRNA 结合并使其失活(核酶可切割 mRNA 分子)，从而在转录和翻译前水平阻断基因的表达；而反基因技术则是通过设计寡脱氧核苷酸(oligodeoxyribonucleotide，ODN)或肽核酸(peptide nucleic acids，PNAs，一种以多肽骨架取代糖-磷酸骨架的 DNA 类似物)，使 ODN 或 PNAs 与靶基因的 DNA 双螺旋分子形成三股螺旋，从 DNA 水平阻断或调节基因转录。此类基因治疗的靶基因主要针对过度表达的癌基因和病毒基因等。

2. 间接策略：导入与靶基因无直接联系的治疗基因

(1) 免疫性基因治疗：即导入能使机体产生抗肿瘤或抗病毒免疫力的基因。如导入细胞因子(白介素-2、干扰素、肿瘤坏死因子等)基因以增强抗瘤效应；导入共刺激分子 B7 基因以增强 T 细胞介导的抗肿瘤免疫功能；导入组织相容性复合体(major histocompatibility complex，MHC)基因，可降低肿瘤细胞的致瘤性并增强其免疫原性等。

(2) 化疗保护性基因治疗：指将编码抗细胞毒性药物蛋白的基因导入人体细胞，以提高机体耐受肿瘤化疗药物的能力。如将多药抗性(multiple drug resistance，MDR)基因 MDR-1 导入骨髓造血干细胞，减少骨髓受抑制的程度，以加大化疗剂量，提高化疗效果。

(3) 自杀基因疗法：是指将一些来源于病毒或细菌的基因导入肿瘤细胞，该基因表达产生的酶可催化无毒性的药物前体转变为细胞毒性物质，从而杀死肿瘤细胞；同时通过“旁观者效应”(bystander effect)杀死邻近未导入该基因的分裂细胞而显著扩大杀伤效应。由于携带该基因的受体细胞本身也被杀死，所以这类基因被称为“自杀基因”。常用的自杀基因包括单纯疱疹病毒胸苷激酶(herpes simple virus-thymidine kinase，HSV-tk)基因、大肠杆菌胞嘧啶脱氨酶(cytosine deaminase，CD)基因、细胞色素 P_{450} 基因等。其中 HSV-tk 基因编码的胸苷激酶(TK)催化丙氧鸟苷(ganciclovir，GCV)磷酸化成为磷酸化的核苷酸类似物，阻断 DNA 的合成；CD 可将 5′-氟胞嘧啶(5′-FC)转化为 5′-氟尿嘧啶(5′-FU)而发挥细胞毒性作用。

(4) 特异性细胞杀伤：指利用重组 DNA 技术将生物来源的细胞毒素基因与一些特异受体的配体基因融合，构建融合基因表达载体，通过配体-受体的特异性结合，导入高度表达该受体的肿瘤细胞，以靶向性杀伤该肿瘤细胞。如将铜绿甲单胞菌外毒素(pseudomords exotoxin，PE)或白喉毒素(diphtherotoxin，DT)基因与转化生长因子(transforming growth factor，TGF)α 基因组成融合基因 TGF-α-PE 或 TGF-α-DT。由于 TGF-α 与表皮生长因子(epidermal growth factor，EGF)结构类似，也能与表皮生长因子受体(EGFR)结合，故该融合基因的表达产物可特异性进入并杀死高度表达 EGFR 的膀胱癌、肾癌、肺癌、乳腺癌等肿瘤细胞。

(二) 基因治疗的应用

自 1990 年世界上第一例针对重症联合免疫缺陷综合征(SCID)的人体基因治疗获得成功以来，基因治疗的研究进展非常迅速，研究的范围从单基因疾病扩展到多基因疾病，从遗传性疾病扩展到肿瘤、心血管疾病、感染性疾病以及神经系统疾病等，并且许多治疗方案迅速从实验室研究过渡到临床应用。

在遗传病的基因治疗方面，由于其发病机制较明确(尤其是单基因遗传病)，所以遗传病的基因治疗率先取得一些突破性进展，并为其他疾病的基因治疗奠定了基础。至今已有 30 多种遗传病被列为基因治疗的主要对象，其中 ADA 基因缺陷的SCID、囊性纤维化跨膜传导因子(CFTR)基因缺乏所致的囊性纤维化(CF),低密度脂蛋白受体(LDLR)基因缺陷所致的家族性高胆固醇血症,凝血因子Ⅸ缺陷引起的乙型血友病,以及葡萄糖脑苷脂酶基因缺乏引起的 Gaucher 症等疾病的基因治疗研究已获准进入临床试验阶段,并已取得不同程度的疗效。其中乙型血友病的基因治疗是我国人体基因治疗第一个成功的例子。

在肿瘤基因治疗方面,由于近年来肿瘤的发病率不断上升,且缺乏有效的治疗手段,预后差,所以肿瘤的基因治疗是目前研究的热点。如今在基因治疗的临床方案中肿瘤的基因治疗占大多数。目前肿瘤基因治疗中采用的治疗基因非常广泛,既有体内缺陷的基因,更多的是体内原本不表达或低表达甚至根本不存在的基因,如MHC基因、TK基因、MDR基因等;外源基因导入的受体细胞可以是肿瘤细胞,也可以是免疫细胞。治疗的策略也具多样性:除了采用上述间接策略外,还可通过导入特定反义核酸抑制原癌基因的过度表达;或导入抑癌基因 *p53* 基因、*rb* 及肿瘤转移抑制基因 *nm23* 等以抑制肿瘤的发生、发展与转移等。目前,肿瘤的基因治疗在动物实验取得显著的效果,但临床试验的疗效不太理想。

在心血管疾病的基因治疗中,通过将尿激酶原(pro-UK)、组织型纤溶酶原激活剂(t-PA)基因导入内皮细胞,再经导管定位导入血管,以防治血栓形成;采用反义寡核苷酸封闭 *C-myc*、*C-myb*、*N-ras*、*p53*、胰岛素样生长因子(insulin-like growth factor-1, IGF-1)受体(IGF-1R)等基因以抑制血管平滑肌细胞的增殖;采用心钠素基因治疗高血压等,都为心血管疾病的治疗开辟了新的途径。

此外,基因治疗在感染性疾病(如病毒性肝炎、HIV感染引起的AIDS)及神经系统疾病的治疗研究中也取得初步成效。

(三)现状与展望

基因治疗的发展前景广阔,目前基因治疗的实验研究取得了喜人的成绩,但是这种崭新的治疗方式离临床常规应用尚有一定的距离,一些理论和技术问题还有待于进一步深入研究。其中构建高效、靶向性基因转移系统,外源基因表达的调控及发现切实有效的治疗基因是三个关键问题。此外,外源基因的导入对机体带来的不利影响也是一个需要重视的问题。

Summary

Recombinant DNA technology, popularly called genetic engineering, is defined as constructing DNA molecules with DNA from different sources. Recombinant DNA technology builds on a few basic techniques: isolation of DNA, cleavage of DNA at particular sequences, ligation of DNA fragments, introduction of DNA into competent cells, replication and expression of DNA, and identification of host cells that contain recombinants.

Recombinant technology begins with the isolation of a gene of interest. The DNA fragment of interest can be obtained by a variety of routine methods, for instance, isolating from genomic DNA, chemical synthesis, reverse transcription, genome library, cDNA library, and polymerase chain reaction (PCR). DNA of interest have to be cleaved to generate fragments of defined length, or with specific endpoints, which can be accomplished by type Ⅱ restriction endonucleases. The cleaved DNA is called insert DNA. Vectors can be divided into cloning vectors and expressing vectors based on their functions. All cloning vectors have in common at least one unique cloning site, a sequence that can be cut by a restriction endonuclease to allow site-specific insertion of foreign DNA. The most useful vectors have several restriction sites grouped together in a multiple cloning site called a polylinker. Then, a recombinant DNA molecule is formed by ligating the insert DNA to vector DNA. DNA fragments are joined using commercially available enzymes such as DNA ligase. In order to be propagated, the recombinant DNA molecule must be introduced into a compatible host cell where it can replicate. The direct uptake of foreign DNA by a host cell is called transformation. Recombinant DNA can also be packaged into virus particles and transferred to host cells by transfection. Normally, a number of colonies of cells are selected for colonies carrying the desired insert. Cloned or amplified DNA can be purified and sequenced, used to produce RNA and protein, or introduced into organisms with the goal of changing their phenotype. The ability to clone and express DNA efficiently depends on the choice of appropriate vectors and hosts.

Based on the recombinant DNA technology, a number of techniques have been developed, such as transgenic technique, nuclear transfer technique, and gene silence technique. These techniques are extensively used and have been promoting the development of molecular biology dramatically.

Genetic diagnosis or molecular diagnosis is referred to as the detection of various pathogenic mutations in DNA and /or RNA in order to facilitate detection, diagnosis, subclassification, prognosis, and monitoring response to therapy. It has become the diagnostic methods of choice for inherited diseases, cancer, infectious diseases, as well as forensic application. A wealth of techniques have been used for genetic diagnosis, such as Southern blot, Northern blot, Dot blot, in situ hybridization, PCR, SSCP, DNA sequencing and DNA chips.

Gene therapy is the process of preventing or inhibiting the occurrence, progression of diseases by manipulating and intervening at gene level. Gene therapy has been highlighted for several decades. A series of strategies for gene therapy have been developed, including gene correction, gene replacement, gene augmentation, gene inactivation, suicide gene therapy, immunogene therapy and so on. Many gene therapy strategies have entered the stage of clinical trial, some of them have achieved good efficiency. However, as a whole, the techniques and products of gene therapy are still in the initial development stage, facing many kinds of problems and challenges, for example, low efficiency, absent targeting and side effects.

思 考 题

1. 名词解释：重组 DNA　克隆　重组体　转化　转染　印迹技术　基因诊断　基因治疗

2. 何谓限制性内切酶？其特征及功能如何？

3. 什么是质粒？质粒有哪些特征？

4. 获得目的基因的方法有哪些？其基本原理如何？

5. DNA 重组技术中常用的筛选和鉴定的方法有哪些？其基本原理如何？

6. 印迹杂交技术主要有哪几类？简述其检测物质的基本原理。

7. 何为 RNAi？其基本原理是什么？

8. 基因诊断的基本方法包括哪些？试举例说明。

9. 什么是基因治疗？目前基因治疗的基本策略包括哪些？

（高国全　徐祖敏）

笔记栏

第五篇　细胞周期、增殖和衰老死亡

细胞生长与细胞分裂是生物体生命进程中两个基本过程，细胞分裂、生长周期即为细胞周期。细胞分裂和生长反复进行，导致细胞数量的增加，称为细胞增殖。

构成生物体的不同类型的细胞都源于同一个受精卵。分化是由受精卵产生的同源细胞在形态、组成和功能方面发生稳定性差异的过程。个体发育是通过细胞分裂、细胞分化和细胞死亡等生命活动实现的。细胞死亡有细胞坏死和细胞凋亡两种。

生物体的各个细胞、组织都需要依赖细胞间的信息联系才能构成一个有生命活动的统一整体。细胞内存在一类称之为细胞信号分子完成对细胞的调节，这个过程称之为细胞信号转导。

本篇将介绍细胞信号转导；细胞周期及其调控机制，细胞增殖异常与肿瘤；细胞衰老和细胞凋亡等四章。

第 20 章　细胞信号转导

第一节　细胞信号转导概述

当前国际上最受重视的两大学科是生命学科和信息学科，而细胞信号转导事实上就是研究属于生命科学基础的细胞生物学现象和生物大分子（蛋白质、多糖、核酸）的结构信息两大内容的汇合。具体地说，细胞信号转导就是研究细胞在感受众多的生物内环境刺激因子（如激素、细胞因子、离子及一切细胞间的信号分子等），和外环境刺激因子（如光、声、味、辐射、电磁场、温度、气体等）后发生分子转化的同时，将信息经级联反应传递的分子途径；由此，在生物分子个体发育和生长过程中，达到生理性地调控基因表达和代谢反应。

现知上述这些内、外环境因子引起的信号转导，主要是通过相应受体介导。因此，对于受体介导的细胞信号转导是目前的研究热点，进展极快。它不仅是细胞生物学研究的核心内容，已经渗入生物化学、生理学、病理生理学、分子生物学、免疫学、微生物学及临床医学等各学科领域。在受体介导的信号转导过程中，参与的分子很多；若以信号传递顺序大致可分为以下几个层次：①细胞外的信号分子，也就是专一性识别结合相应受体的配体。②跨膜转换胞外信息的受体分子。③细胞内的信号传递分子。④影响细胞外形和细胞移动的胞内结构分子。⑤结合 DNA 影响基因表达的转录因子等 5 个层次。但是有些信号转导模式，他们的受体分子被激活后就是转录因子（如核受体类），或者它们的信号传递分子就是转录因子（如 NF-κB）。

一、受体的分类

参与信号转导的受体，一类是位于细胞膜上称之为膜受体，另一类是位于胞浆内和核内，统称之为核受体。特别是膜受体由于受体分子结构和信号转导方式的不同，又分为很多类型。

（一）膜受体

由于膜受体在结合其配体后激起信号转导机制的不同，有些是胞浆段内组成性含有不同的功能结构域；有些是通过其胞浆段上结合有不同

效应分子。因此膜受体存在下列多种形式。

1. 属于其胞浆段内组成性含有不同功能结构域的膜受体亚类

(1) 酪氨酸蛋白激酶受体(tyrosine protein kinase containing receptor,TPKR):这类膜受体的胞浆段内含有TPK结构域(tyrosine protein kinase domain),如EGFR、PDGFR和胰岛素受体等。

(2) 丝氨酸/苏氨酸蛋白激酶受体(serine/threonine protein kinase containing receptor,SPKR):这亚类膜受体的胞浆段内含有SPK结构域,如TGF-β R。

(3) 肿瘤坏死因子受体家族(tumor necrosis factor receptor family,TNF-R家族):这亚类膜受体的胞浆段内含有死亡结构域(death domain,DD),如TNF-R1、Fas、DR3/4(death receptor3/4)等。这些受体介导的信号转导内容归纳于细胞凋亡章节中介绍。

(4) T淋巴细胞受体和B淋巴细胞受体(T lymphocyte receptor and B lymphocyte receptor,TCR和BCR):这亚类膜受体的胞浆段内含有免疫受体酪氨酸活化基序(immuno-receptor tyrosine-base active motif,ITAM)。这些受体介导的信号转导内容归纳于有关免疫学中介绍。

(5) Toll样受体(Toll like receptors,TLRs):这亚类膜受体的胞浆段内含有TIR结构域(Toll receptor/IL-1R domain toll受体/白介素1R结构域)。这些受体介导的信号转导内容归纳于先天性免疫中介绍。

2. 属于其胞浆段上偶联有不同效应分子的膜受体亚类

(1) G-蛋白偶联受体(G-protein coupled receptors,GPCRs):这亚类膜受体本身都是七跨膜单条多肽链,其第三个胞内环上偶联一个G蛋白。由于G蛋白的高度多样,形成了一个至今报道最大的超家族。

(2) 细胞因子受体(cytokine receptors):这亚类膜受体的胞浆段近膜处,偶联JAK族分子(Janus kinase,是一类酪氨酸蛋白激酶)。

(3) integrin(整合素):这亚类膜受体是由不同的α链和不同的β链组成的杂二聚体,在其β链胞浆段上偶联黏着斑激酶(focal adhesion kinase,FAK)。FAK是一种丝氨酸/苏氨酸蛋白激酶,又称为ILK(integrin-linked kinase)。

由上述可见,这些膜受体由于它们胞浆段内组成性含有不同的功能结构域(如TPK、SPK、DD、ITAM和TIR等),有些膜受体虽没有组成性含有这些功能结构域,但是偶联有不同的效应分子(如G蛋白、JAK族、和FAK等)。它们在各自受体介导的信号转导中,都起分子转换和信号传递的关键性作用;所以它们如果存在缺陷,即会引起有关的信号转导紊乱和障碍,导致各种人类疾病发生。

(二) 核受体

机体内有许多种脂溶性信息分子,可以自由透过细胞膜及核膜进入胞浆或核内,亲和结合特异性受体。因此,这些受体有些是存在于胞浆内,有些是存在于核内,并且前者结合相应配体后亦转位入核,所以统称为核受体(nuclear receptors,NRs)。不过一般将前者称之为Ⅰ型核受体(NR-Ⅰ),后者称之为Ⅱ型核受体(NR-Ⅱ)。

1. NR-Ⅰ 这类Ⅰ型核受体的成员包括糖皮质激素受体(glucocorticiod receptor,GR)、雌激素受体(estrogen receptor,ER)、盐皮质激素受体(mineralocorticoid receptor,MR)、孕激素受体(progestin Receptor,PR)和雄激素受体(androgen receptor,AR)等。

2. NR-Ⅱ 这类Ⅱ型核受体的成员包括甲状腺激素受体(thyroid hormone receptor,TR)、9-反式维A酸受体(9-*trans*-retinoic acid receptor,RAR)、9-顺式维A酸受体(9-*cis*-retinoic acid receptor,RXR)、维生素D_3受体(vitamin D_3 receptor,VDR)和过氧化物体增殖因子激活受体γ(peroxisome proliferator-activated receptor γ,PPAR-γ)等。

二、受体介导的信号转导的特征

1. 暂时性 在信号转导中发送的信号不能过强或持续存在,否则会发生病理性的细胞生物学效应。这种暂时性的信号维持,除了有些受体因结合配体后即被胞吞分解清除(如EGFR),尚有些受体可被相应的抑制分子抑制灭活(如细胞因子受体类)。

2. 可逆性 受体与配体的结合是非共价结合,当发生生物学效应后,二者即解离,配体常被分解灭活,受体恢复初态,可再次利用。

3. 专一性 大多数受体只能识别结合专一性配体,呈现高度专一性(如TCR、BCR和胰岛素受体等);有些受体可以识别结合两种以上不同的配体(如整合素、GPCR),但是亦是呈现相对专一性。

4. 网络性 在细胞内存在有许多条不同的信号转导途径,它们之间不是完全孤立的,而是相互影响和交联,形成互相制约和协调,共同完成对细胞信号转导的调节,这就是一般所谓的信号传递网络(signaling network)。

第二节 膜受体介导的信号转导

由于有些类型受体的内容适于在其他有关专题章节中介绍,故本节仅介绍 TPKR、TGF-βR(属于 SPKR)、cytokine R(属于 JAK coupled receptor)和 GPCR(G-protein coupled receptor)等四类膜受体介导的信号转导。

一、膜受体介导的信号转导

(一) TPKR 的分类

根据 TPKR 的胞外段结构特征,又分为 4 种类型:①第一类型 TPKR 的胞外段内含有两个富含半胱氨酸重复序列域。如表皮生长因子受体(epidermal growth factor receptor,EGF-R)。②第二类型 TPKR 是由二硫键连接的杂四聚体($\alpha_2\beta_2$),其胞外的两个 α 亚基内亦含有一个富含半胱氨酸重复序列。如胰岛素受体(insulin receptor,IR)和胰岛素样生长因子受体(insulin like growth factor receptor,IGF-R)等。③第三类型 TPKR 的胞外段内含有 5 个免疫球蛋白样域(IG),其胞浆段内的 TPK 域被亲水性插入序列分为两部分。如血小板源性生长因子受体(platelet-derived growth factor receptor,PDGFR)和集落刺激因子-1 受体(colony stimulating factor-1 receptor,CSF-1-R)等。④第四类型 TPKR 的胞外段仅含有 3 个 IG,其胞浆段内的 TPK 域类似 PDGF-R,亦呈间隔的串联结构形式。如纤维母细胞生长因子受体(Fibroblast growth factor,FGF-R)(图 20-1)。

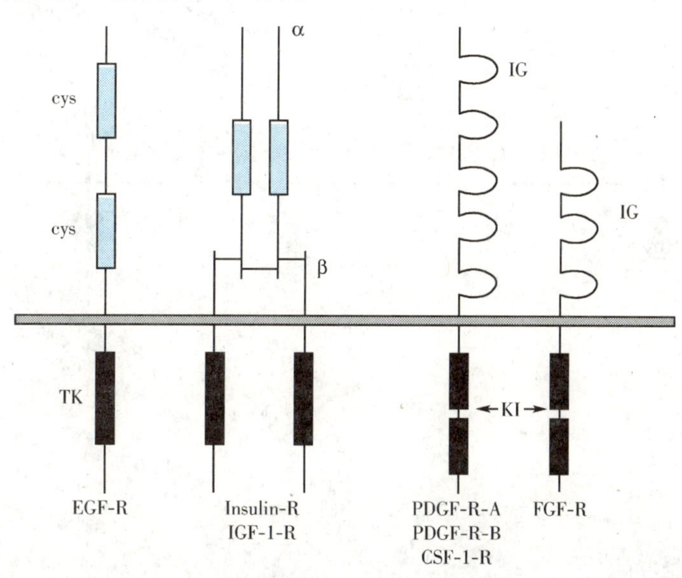

图 20-1 TPKR 的结构简图分类

(二) TPKR 的激活和信号转导

当这类受体与相应配体亲和结合后[唯 FGF 与其 FGF-R 结合时,尚需 HSPG(heparin sulfate proteoglycan)作为辅分子参与(图 20-5)],诱导受体构象改变,引起受体二聚化,胞浆段内的 TPK 域激活,以及胞浆段之间进行交互酪氨酸磷酸化(即自身磷酸化)。这些磷酸化酪氨酸(Y-P)位点,具有亲和结合含有 SH2 域(src-homology 2 domain,约含 40 个氨基酸组成)和 PTB 域(phospho-tyrosine binding domain,约含 120 个氨基酸组成)的连接分子(adaptors)或效应分子(图 20-2)。

(三) TPKR 介导的信号传递途径

在 TPKR 介导的信号转导中存在有多条信号传递途径,在其中最早阐明的是 MAPK 途径,根据最近进展,至少尚存在有 PI-3K-Akt/PKB 途径、PLC-PKC 途径和 STAT 途径。在这些途径中分别需要含有 SH2 域(如 Grb2、PLC、PI-3-K、STAT 等)或含有 PTB 域(如 IRS1/2、FRS2 和 SHC 等)的信息分子参与。虽然这么多含 SH2 域的信息分子都是以其 SH2 基序结合 TPKR 胞浆段的 Y-P,但是具有一定的结合特异性,以致组成多条信号转导途径,形成信号网络(图 20-3)。

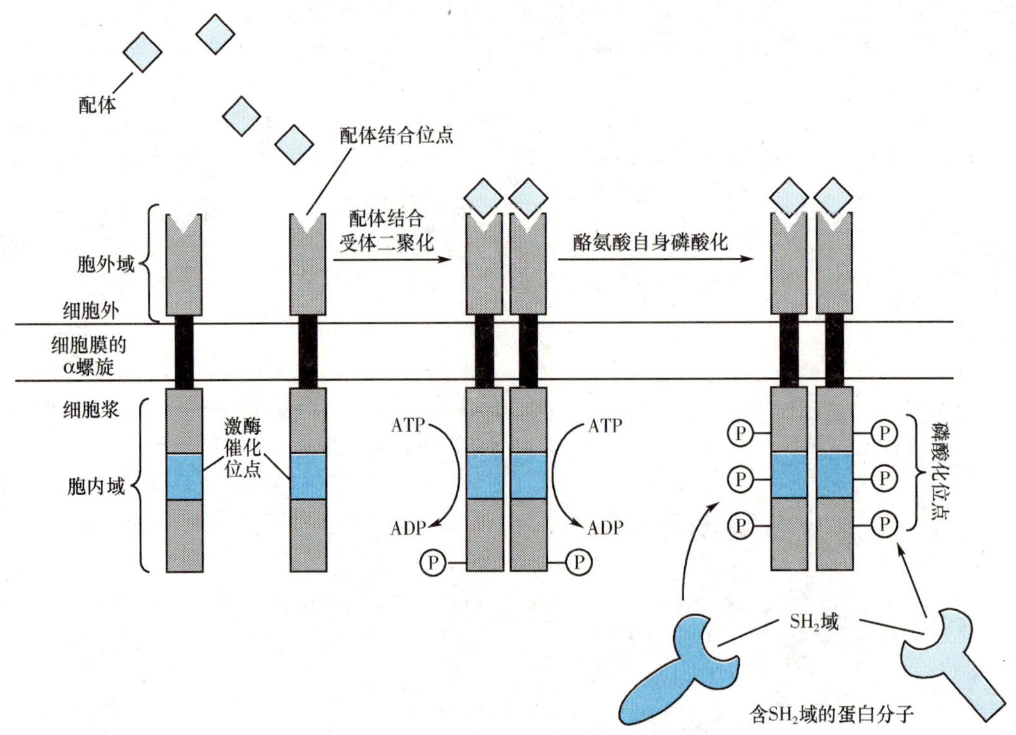

图 20-2 TPRK 的激活、二聚化和自身磷酸化

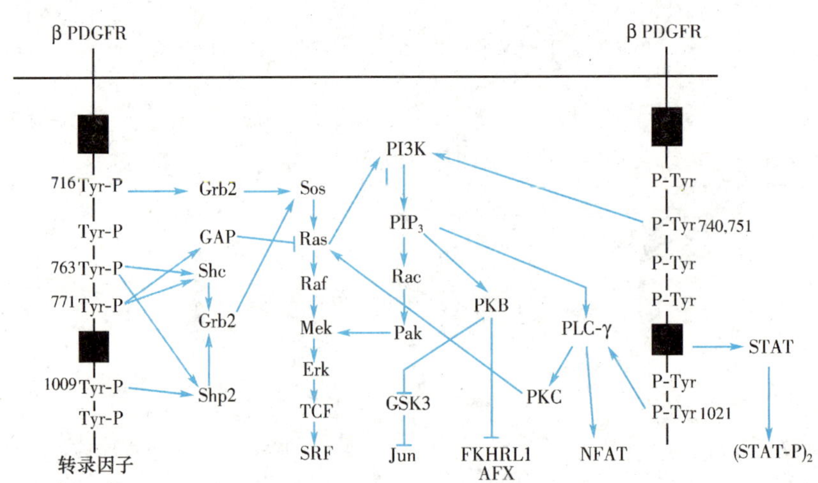

图 20-3 PDGF-R 介导的信号转导网络

1. MAPK 途径 当 EGF-R 和 PDGF-R 结合相应配体被激活和自身磷酸化后，即募集结合 Grb2。Grb2(growth factor receptor binding protein 2)分子中部含有一个 SH2，在其 N-端和 C-端各含 1 个 SH3 域(src-homology 3 domain，约含由 15 个氨基酸组成)，SH3 域可亲和结合 SOS 分子的脯氨酸富含基团(P-X-X-P)。SOS 是鸟嘌呤核苷酸交换因子(guanine-nucleotide exchange factor，GEF)，在体细胞内本是以其 P-X-X-P 结合 Grb2 的 SH3 形成二聚复合体，因此，当 Grb2 结合在 TPKR 胞浆段的 Y-P 上后，SOS 分子就被位移到细胞膜内侧而接近 Ras(小 G 蛋白，Ras 亦本是十四烷基化锚定在胞膜内侧)；由此 SOS 促使没有活性的 Ras-GDP 形成活化的 Ras-GTP，后者募集并激活 Raf-1(丝/苏氨酸蛋白激酶)，可经级联反应激活 MAPKK(MAPK-kinase，又称 MAPK/ERK kinase，MEK)和 MAPK(mitogen activated protein kinase，又称 extracellular signal regulated kinase，ERK)。后者可丝/苏氨酸磷酸化并活化核内外许多靶分子而促进细胞增殖。其中 MAPKK/MEK 是双重苏/酪蛋白激酶，可特异性催化靶分子——MAPK/ERK 的(T-E-Y)区中苏、酪氨酸双重磷酸化激活(图 20-4)。

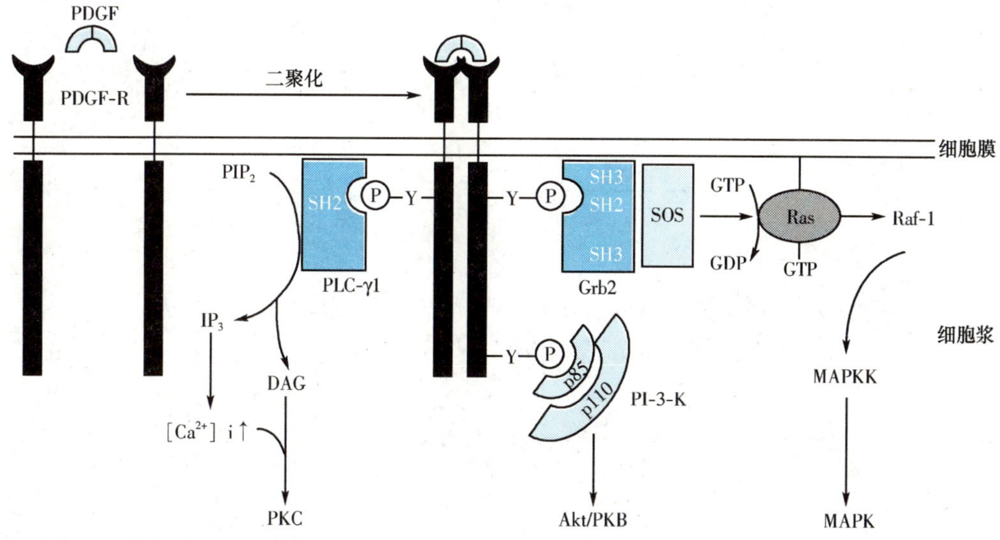

图 20-4　PDGF-R 的激活和信号转导

上述的 EGFR 和 PDGFR 的信号转导机制，在 IR 和 FGFR 稍有不同。它们在结合相应配体被激活和自身磷酸化后，其 Y-P 不是募集结合 Grb2，而是分别结合含有 PTB 域的 IRS-1（insulin-receptor substrate-1，分子质量为 185kD）和 FRS2（FGF-receptor substrate 2，分子质量为92～95kDa）。这两种底物分子借其 PTB 域分别结合在 IR 或 FGFR 的 Y-P 位点上后，即可被 IR 或 FGF-R 酪氨酸磷酸化多处；再由 IRS-1 和 FRS2 分子上的 Y-P 亲和结合含有 SH2 的信息分子。故 IRS-1 和 FRS2 起到像船坞的扩大作用，称之为船坞分子（docking molecules）。不过这 FRS2 原来是被十四烷基化锚定在膜内侧的，而 IRS-1 唯有结合在 IR 的 Y-P 上才由胞浆移位在膜内侧的（图 20-5）。

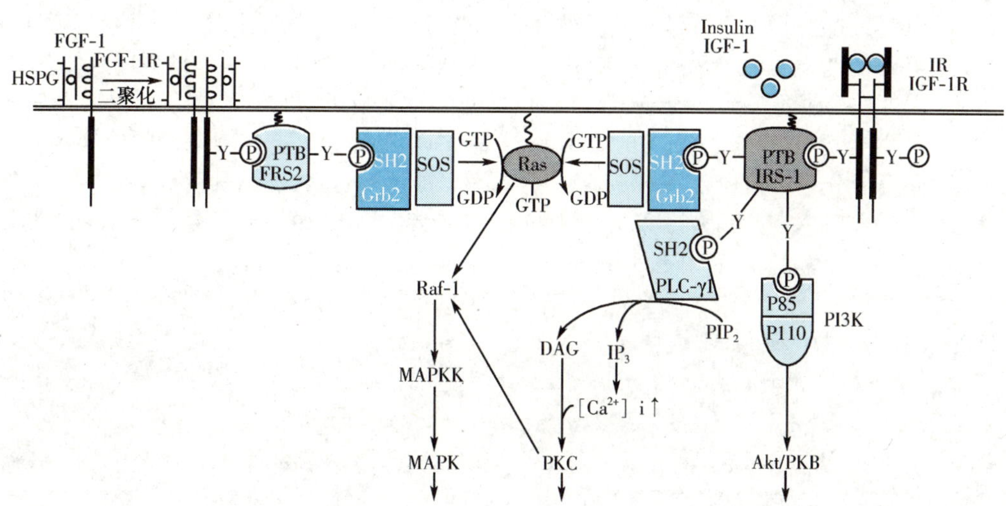

图 20-5　船坞分子在 FGF-R 和 IR 介导信号转导中的作用

2. PI3K-Akt/PKB 途径　PI3K（phosphatidyl inositol 3-kinase）是由 1 个含有 SH2 域的 85kDa 的调节亚基（P85）和 1 个 110kDa 的催化亚基（P110）组成的二聚体酶分子，专一性催化磷脂酰肌醇分子 3′-OH 位磷酸化的肌醇磷脂激酶。普遍存在于所有组织和细胞，并可被多种受体类介导激活（如 TPKRs、细胞因子受体类、整合素类、免疫细胞受体类和 GPCR 类等）。因此，PI3K-Akt/PKB 途径在当今细胞分子生物学研究领域中极受重视。

PI3K 以其 P85 亚基的 SH2 域结合在TPKR 胞浆段的 Y-P 上后，其 P110 亚基即被TPKR的 TPK（亦称为 receptor TK，RTK）酪氨酸磷酸化后激活，再级联催化细胞膜内的 PI-4，5-P_2 生成 PI-3，4，5-P_3，后者可亲和结合含有 PH 域（pleckstrin homology domain，约由 120～130 个氨基酸组成，有嗜向结合 Y-P 和 PI-3，4，5-P_3 的性质）的 PDK（phospholipid-dependent protein kinase）和

PKB,PKB可被PDK(亦称PKB-kinase)催化T308和S473磷酸化激活。活化的PKB是具有非常广泛靶底物的丝/苏氨酸激酶,由此可引起促进蛋白合成、糖原合成和细胞增殖以及抑制细胞凋亡等多方面的细胞生物学效应(图20-6)。

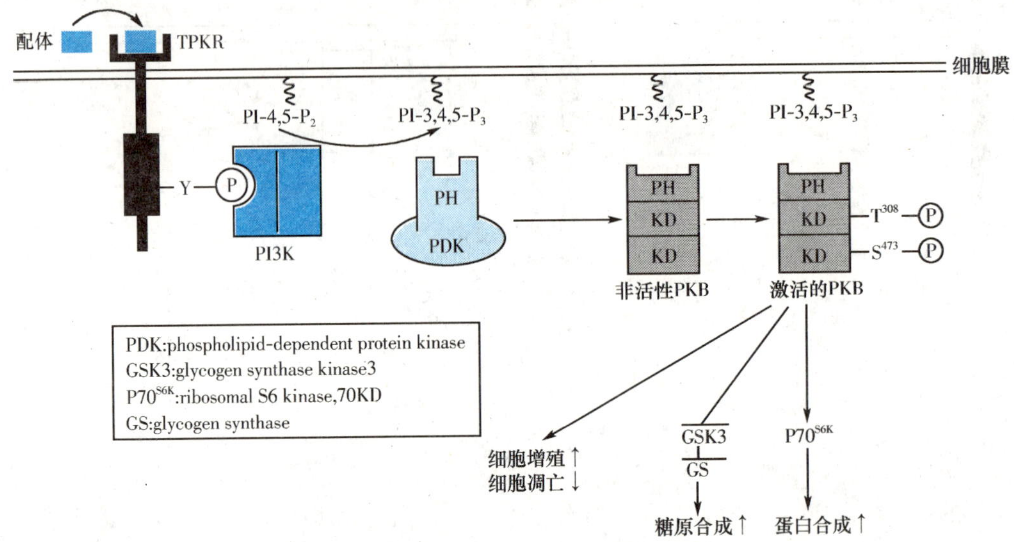

图20-6 PI-3K-Akt/PKB途径

3. PLC-PKC途径 自1980年已证明RTK可诱导激活磷脂酶C(phospholipase C,PLC),催化PIP_2(phosphatidylinositol-4,5-P_2)生成IP_3(inositol-1,4,5-P_3)和DAG(1,2-diacylglycerol),再通过激活PKC引起系列信号转导反应,产生细胞生物学效应。PLC族含有α、β1-3、γ1-2、δ1-3 9种同工型(isoforms),其中RTK激活的主要是γ-亚型中的PLC-γ1和PLC-γ2,因为后者分子结构中含有SH2域,可以募集结合在TPKR胞浆段的Y-P上,被RTK酪氨酸磷酸化激活,然后引起PKC激活的级联反应(图20-4、图20-5)。

4. STAT途径 最近还发现信号转导因子和转录激活因子(signal-transducers and activator of transcription,STAT)不仅参与细胞因子受体类的介导途径,亦证明参与PDGF-R、EGF-R和FGF-R等介导的途径(图20-3)。因为STAT分子结构中亦含有SH2域,因此亦可募集结合在RTK的Y-P位点上。再被RTK酪氨酸磷酸化后脱下,形成二聚化的活性转录因子,移位入核内促进有关基因转录表达(有关反应可参阅本节细胞因子受体介导的内容)。

(四) TPKR介导的信号的减弱和终止机制

由上介绍指出,TPKR结合相应配体后经过二聚化和自身磷酸化,其胞浆段内的TPK(通常称之为receptor tyrosine kinase,RTK)呈活化状态,亦就是其RTK被激活。这RTK活性在正常情况下保持在一定生理水平。如果这RTK的活性过强或持续不减,即可引起细胞增殖失控、恶性转化或代谢紊乱等有关疾病发生。因此,在正常细胞内存在有RTK活性的减弱和终止的调节机制,大致有下列4种方式:①负反馈调节。例如PKC可以催化EGF-R胞浆段的近膜区多处丝/苏氨酸磷酸化后,抑制其RTK活性和TPKR与配体结合的亲和性。还发现EGF-R的RTK活化后,亦可催化Grb2的Y209位磷酸化,减弱其SH3域结合SOS的亲和性,反馈下调EGF-R的信号转导。又例如IR(胰岛素受体)可介导促进表达细胞因子信号传递的抑制因子3(suppressor of cytokine signaling 3,SOCS-3),后者又可借其结构中的SH2域结合IR和IRS-1的磷酸化酪氨酸位点后,反馈抑制IR的信号转导;②酪氨酸去磷酸化。在TPKR胞浆内一定位点酪氨酸的磷酸化,是募集结合含有SH2域和PTB域信息分子的重要基团。最近证明PTP1B(protein tyrosine phosphatese 1B)可去除IR和IRS-1的酪氨酸磷酸化而呈负调作用;③泛素化蛋白分解。最近报道指出原癌基因分子C-Cbl,分子质量100kDa,其N端含有SH2域,可以结合RTK区内磷酸化的酪氨酸位点后,再借其分子中部具有E3(ubiquitin ligase泛素连接酶)活性的环指结构域,将TPKR泛素化后蛋白分解掉;④胞吞作用(endocytosis)。当生长因子类配体结合其相应的TPKR后,除了后，除了具有诱导激活 TPKR 的 RTK 作用外，尚可诱导促进该活化的 TPKR 被胞内吞清除的作用(图 20-7)。

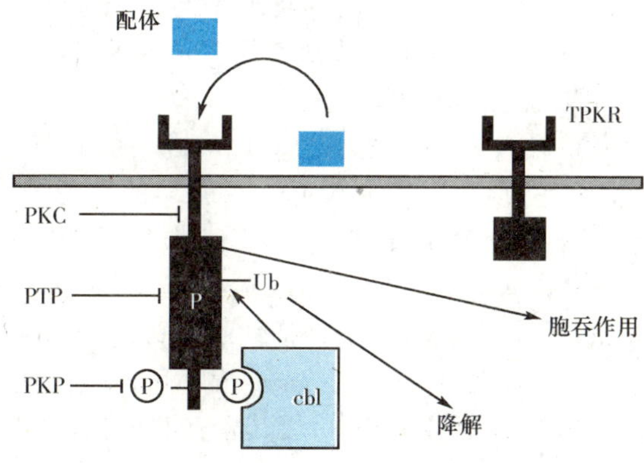

图 20-7　RTK 活性的负调示意图

由此可见，在生理情况下通过上述多种分子机制，促使 TPKR 介导的信号转导强度，保持自身稳态平衡(homeostasis)。事实上，机体内所有的信号转导都有其自身调控机制，保持生理性的稳态平衡。这是非常重要的现象，不然会导致各种疾病发生。

二、TGF-βR 介导的信号转导

这类膜受体因其胞浆段内组成性含有 SPK 域(serine/threonine protein kinase domain)，故名为 SPKR；其内含有的 SPK 以区别于存在胞浆中的 SPK，故称为 RSK(receptor serine kinase)。

SPKR 的配体是 TGF-β 超家族，约有 30 个成员，包括 TGF-β s(transforming growth factor-β)1-4、骨成形蛋白(bone morphogenic protein, BMP)1-8、活化素(activins)1-3、抑制素(inhibins)1-3、生长分化因子(growth/differentiation factor, GDF)1-9 和胶质细胞源性神经营养因子(glial cell line-derived neurotrophic factor, GDNF)等。但是近年来对于 TGF-β 超家族成员中研究阐明最清楚而又最受重视的是 TGF-β-TGF-β R 信号转导系统。

(一) TGF-β R 介导信号转导中的参与分子

其中参与的分子种类很多，包括 TGF-βs、TGF-βRs、Smads、SARA、DNA 结合辅因子以及转录共激活因子和转录抑制因子等。

1. TGF-βs　在人体细胞中主要存在有 TGF-β1(基因定位 19q13. 1-13. 3)、TGF-β2(基因定位 1q-4. 1)和 TGF-β3(基因定位 14q 23-24)三种异构型；它们单体的组成和分子质量都是 112 个氨基酸和 12. 5kDa，而且还都是由二硫键连接形成稳定的分子质量为 25kDa 的纯二聚体形式存在。

2. TGF-β Rs(TGF-β 受体)　主要包括有Ⅰ、Ⅱ、Ⅲ三种受体型(RⅠ、RⅡ、RⅢ)：TGF-β RⅠ含有 479 个氨基酸，分子量 53kDa；TGF-β RⅡ含有 544 个氨基酸，分子质量为 60kDa；TGF-βRⅢ又称 β-蛋白聚糖(betaglycan)，其分子内不含有 RSK 域，但具有加强 $(TGF\text{-}\beta)_2$ 亲和结合 TGF-βⅠ/Ⅱ的作用。最近还报道一种叫做 endoglin 的分子，亦具有与 betaglycan 的同样加强 $(TGF\text{-}\beta)_2$ 亲和结合受体，故都有促进 TGF-β RⅠ/Ⅱ介导信号转导的作用。

3. Smads　Smad 蛋白是一族转录因子，在昆虫、线虫及脊椎动物体广泛存在。在人体内发现 Smad 分子有 8 种(Smad1～8)，分子质量都在 50kDa 左右。分子内含有 mad 同源区(mad homology region, MH)1 和 2，各约占整个分子的 1/3。MH1 在分子的 N-端，MH2 在分子的 C-端，分子的中部是富含半胱氨酸的高变区。MH2 是有聚合 Smad 分子和激活转录的作用，MH1 在生理情况下可与 MH2 互相作用而抑制其转录激活效应，但当 MH2 C 末端的 SSXS 被 TGF-β RⅠ丝氨酸磷酸化即可解除 MH1 对其的抑制作用而呈活化状态。一般根据分子结构及功能，将 8 种 Smads 分为三组：第一组包括 Smad 1、2、3、5、8，该组分子的 C-末端都包含有特征性丝氨酸基序(SSXS motif)，可被活化的 TGF-β RⅠ丝氨酸磷酸化激活，故这组 Smads 习惯称之为 R-Smads(receptor regulated smads，受体调节的 Smads)。第二组只包括 Smad 4，它分子的 C-端不含有丝氨酸基序，故不能被活化的 TGF-β RⅠ磷酸化，但是激活的 R-Smads 在信号转导过程中必须与 Smad 4 结合形成活性的转录复合体。所以 Smad 4 是 TGF-β 超家族成员在激活的信号转导中必须的共用分子，故习惯称之为 CO-Smad(common Smad，共用的 Smad)。第三组包括 Smad 6、7，这组 Smads 的分子结构中既不含 MH1 域和丝氨酸基序，它们可以牢固结合活化的 TGF-β RⅠ而抑制 R-Smads 被磷酸化，故有负调抑制作用，习惯称之为 I-Smads(inhibitory Smads 抑制作用的 Smads)。

4. SARA(smad anchor for receptor activation，供受体激活的 smad 锚定分子)　该分子中含有 FYVE 域，借以结合磷脂肌醇-3-P(PI-3-P)，定位于胞膜内侧，然后再牵引 R-Smads 靠近 TGF-β RI。当 TGF-β RI被激活后即可丝氨酸磷酸化 R-Smads

的丝氨酸基序而活化，再从SARA上脱落下来。

5. 核内Smad转录复合体 在这复合体组成中除了含有R-Smad和CO-Smad分子外，尚含有促进转录或抑制的两类分子。促进转录的分子有分叉激活素信号转导因子(forkhead activin signal transducer 2，Fast2)和P300。前者是Smad结合DNA的辅因子，后者含有组蛋白乙酰转移酶(HAT)活性区段的共激活因子，分子质量约300kDa，与CBP同源。抑制转录的分子有TGIF、SKi、和Sno N，它们均阻止共激活因子P300结合Smads而呈抑制转录作用。

(二) TGF-β R介导信号转导的反应过程(图20-8)

1. 膜上TGF-β Rs配体化激活 纯二聚体的$(TGF\text{-}\beta)_2$在betaglycan和endoglin参与下结合和激活TGF-β RⅡ后，再聚集结合TGF-β RⅠ，然后由RⅡ的活化的RSK磷酸化RⅠ的甘-丝区(glycin-serine region，位于RSK域的近膜侧，是由30个氨基酸组成的保守序列)，由此RⅠ的RSK被激活。

2. 胞浆内转录因子Smads的活化反应 激活的TGF-β RⅠ级联反应丝氨酸磷酸化Smad2或3(R-Smads)的C端丝氨酸基序后，促使Smad 2或3从SARA分子上脱离下来与Smad4(属CO-Smad)杂二聚化形成活性的转录因子，进入核内组成转录复合体。

3. 核内Smad转录复合体的组成 在TGF-β反应基因(TGF-β responsive genes)的启动子区含有一段回文结构式的顺式作用元件(-GTCTAGAC-)，称为SBE(smad-binding element，smad结合元件)。当活性的smad2/smad4杂二聚体进入核内后，借smad4的MH2段识别结合SBE，同时募集p300(因其含有HAT区段)和Fast2而增强转录的调控。

现已研究证明TGF-β可诱导下调*c-myc*和*cdc25A*，以及上调*p15*和*p21*等基因的表达，因此，TGF-β Rs介导信号转导的结果，是控制细胞增殖；而TGIF和Ski、Sno N正是抑制TGF-β的诱导，呈现细胞增殖失控致癌，故Ski和Sno N二者属原癌基因表达分子(图20-8)。

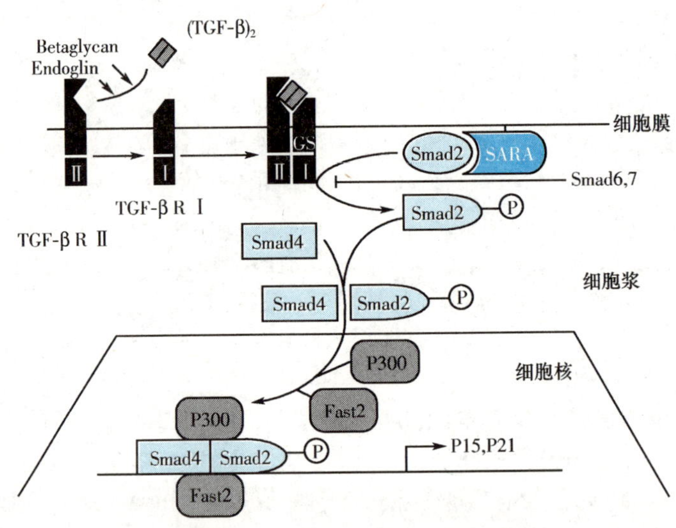

图20-8 TGF-βR介导的信号转导

三、细胞因子受体介导的信号转导

(一) 细胞因子(cytokine)及其受体

自1957年发现干扰素(interferons)后，不断发现许多小分子分泌性多肽分子，当时认为大多是免疫细胞产生，生物学效应亦大多参与免疫反应及炎症反应，故1969年曾称之为淋巴因子(lymphokines)。1974年，改为现在的名称——细胞因子(cytokines)，包括干扰素、白介素、趋化因子、集落刺激因子等数十种。近十多年来对它们的信号转导研究有很快的进展。

1. 细胞因子受体的组成 它的组成比较复杂，因为有些受体属于单一肽链，而有些是由2个或3个亚基组成，并且有些受体互相之间含有相同亚基。因此，细胞因子受体一般是按其组成特点分成：① 单肽链细胞因子受体族；②βc细胞因子受体族；③ 共含gp130细胞因子受体族；④ 共含有γc亚基细胞因子受体族。这些受体族都属于Ⅰ型细胞因子受体(表20-1)。

表 20-1 Ⅰ/Ⅱ型细胞因子受体专一性结合的细胞因子及参与的信号分子(JAKs 和 STATs)

细胞因子受体类型及其亚族	专一性结合的细胞因子	信号分子	
		JAKs	STATs
Ⅰ型细胞因子受体			
1. 单肽链受体族			
专一性结合的细胞因子	GH	JAK2	STAT5b
	PrL	JAK2	STAT5a
	Epo,TPO	JAK2	STAT5
	G-CSF,leptin	JAK2	STAT3
2. 共含有 βc 的受体族			
专一性结合的细胞因子	GM-CSF,IL-3,L-5	JAK2	STAT5
3. 共含有 pg130 的受体族			
专一性结合的细胞因子	IL-6,IL-11,CNTF,LIF,OSM	JAK1,JAK2,TyK2	STAT3
	IL-12	JAK2,TyK2	STAT4
4. 共含有 γc 的受体族			
专一性结合的细胞因子	IL-2,IL-7,IL-9,IL-15	JAK1,JAK3	STAT5
	IL-4	JAK1,JAK3	STAT6
Ⅱ型细胞因子受体			
IFN-αR	IFN-α/β	JAK1,TyK2	STAT1,STAT2
IFN-γR	IFN-γ	JAK1,TyK2	STAT1
IL-10R	IL-10,22	JAK1,TyK2	STAT3
	IL-20,19,24,26	?	STAT3

2. 细胞因子受体信号转导中的主要参与分子 最早在研究干扰素的信号转导中,新发现有一条 JAK-STAT 途径。现证明这是所有细胞因子受体介导的信号转导中共用的重要途径。

(1) JAK 族(Janus kinase family):该族属于酪氨酸蛋白激酶,包括 JAK1、2、3 和 Tyk2 四个成员。约含有 1200 个氨基酸组成,分子中均含有 JH1-7(JAK-homolog domain 1-7),其中 JH1 是激酶域(kinase domain,KD),JH2 是假激酶域(pseudokinase domain,PKD),其余的 JH3-7 是组成 FERM 域,具有结合受体胞浆段的疏水性 α 螺旋区的作用(图 20-9)。

(2) STAT 族(signal transducer and activator of transcription family):在人体细胞内的 STATs 有 1、2、3、4、5A、5B 和 6 共 7 种。其中 STAT2 和 6 约含有 850 个氨基酸,基因定位 17q11.1~12,STAT1 和 4 含有 750~795 个氨基酸组成,基因定位 2q12-13、STAT3、5A、5B 含有 750~795 个氨基酸组成,基因定位 12q13-14.1。它们的结构从中部起顺序含有 DBD(DNA binding domain)及 SH2 和 TAD(transcriptional activation domain)等保守性区段,在 C 端都含有可被磷酸化的酪氨酸和丝氨酸位点(PY 和 PS)(图 20-9)。

3. 细胞因子受体的分型 虽然 JAK-STAT 途径是细胞因子受体介导信号转导中的最主要信号传递途径,但是大多数细胞因子受体介导的信号转导中尚参与有 RAS-MAPK 途径和 PI3K-Akt/PKB 途径等;而干扰素受体和 IL-10 族受体介导的信号转导中只存在 JAK-STAT 途径。因此,现在统一将前类受体称为Ⅰ型细胞因子受体,后类受体称为Ⅱ型细胞因子受体(表 20-1)。

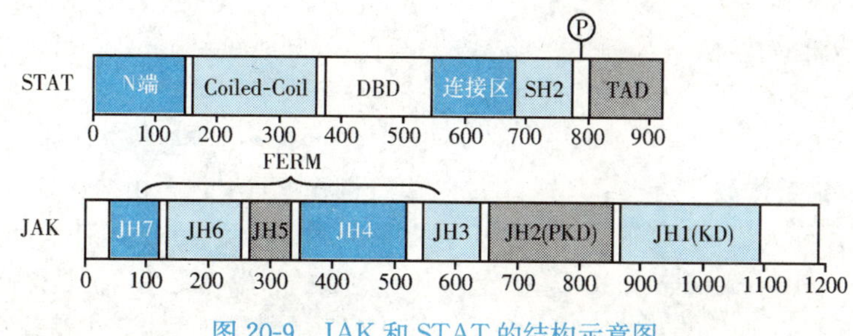

图 20-9 JAK 和 STAT 的结构示意图

(二) Ⅰ型细胞因子受体介导的信号转导

1. 单肽链受体族 包括生长激素(growth hormone,GH)、催乳素(prolactin,PrL)、红细胞生成素(erythropoietin,EPO)、血小板生成素(thrombopoietin,TPO)、粒细胞集落刺激因子(granulocyte colony stimulating factor,G-CSF)和瘦素(leptin)等的受体,它们都是各自专一性的单体跨膜肽键。当这些单肽链受体的膜外段被相应的细胞因子识别结合后,立即诱导受体二聚化,胞浆段上结合的JAK亦被活化,并再经互相酪氨酸磷酸化加强激活,级联磷酸化胞浆段上的酪氨酸位点形成Y-P。后者结合含有SH2域的STAT募集在受体胞浆段上,被JAK酪氨酸磷酸化后脱离下来,纯二聚化形成活性的转录因子,转位入核内,结合DNA促进基因转录(图20-10)。关于参与单肽链细胞因子受体族信号转导的JAK和STAT的专一性见表20-1。另外,除JAK-STAT途径外尚存在有MAPK途径和PI3K-Akt/PKB途径(图20-4)。

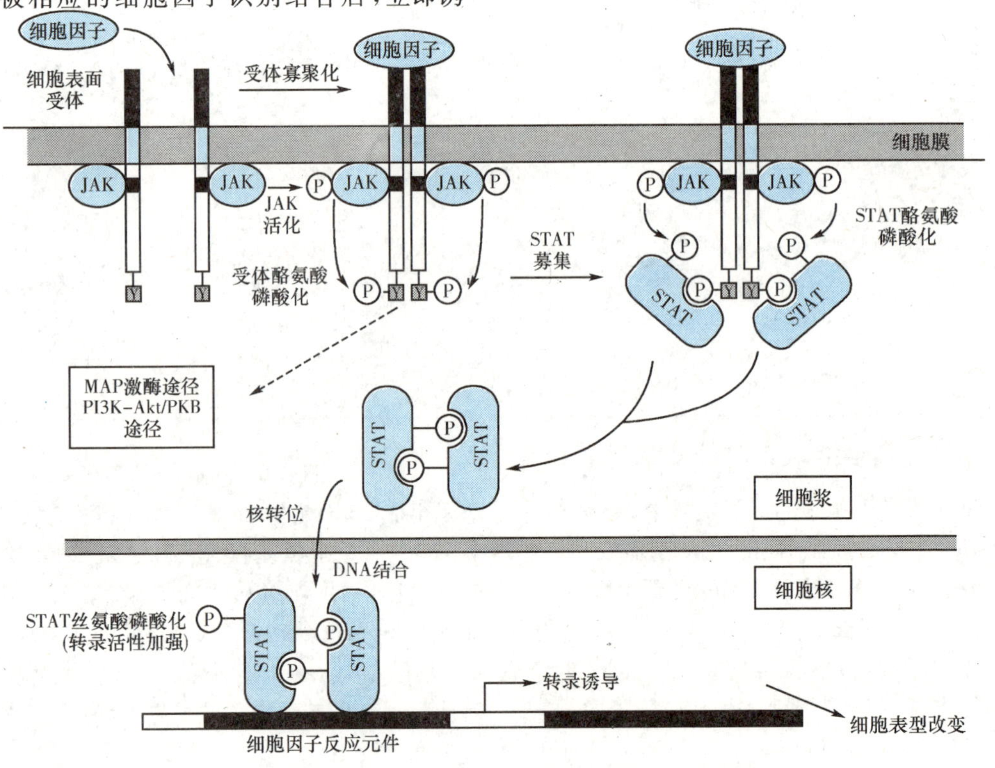

图 20-10 单肽链细胞因子受体族介导的信号转导

2. 共含βc亚基的受体族 包括粒细胞-巨噬细胞集落刺激因子(granulocyte-macrophage -colony stimulating factor,GM-CSF)、IL-3和IL-5等的受体。它们都是由一个结合特异细胞因子的α亚基,和另一个通用的结合JAK2的β亚基(common β-chain βc,又称gp140)组成。当细胞因子结合其特异性α亚基诱导受体二聚化,JAK激活和βc被酪氨酸磷酸化,然后与上述一样引起STAT磷酸化和二聚化后移入核内,促使基因转录(图20-11)。

3. 共含gp130的受体族 包括IL-6、IL-11、抑瘤因子M(oncostatin M,OSM)、白血病抑制因子(leukemia inhibitory factor,LIF)和睫状体神经营养因子(ciliary nurotrophic factor,CNTF)等的受体。它们亦都是由一个结合专一性细胞因子的α亚基和另一个通用的结合JAK的gp130亚基(分子质量130kDa的糖蛋白)组成。其信号转导方式与上相似,进行受体二聚化、JAK激活和gp130被酪氨酸磷酸化以及STAT的磷酸化和二聚化等过程。不过完全是由gp130亚基介导,形成JAK-STAT途径和MAPK途径,促进基因转录(图20-12)。图中的SHP-2(SH2 containing tyrosine phosphatase)在此主要起连接分子作用。

4. 共含γc亚基的受体族 该族中的IL-4、IL-7和IL-9等受体是由结合专一性细胞因子的α亚基和另一个通用的γ亚基(common γ chain,γc)组成的二聚体受体。但是该族中的IL-2受体和IL-15受体却都是由三个亚基组成的三聚体受体,其组成中除了专一性结合IL-2或IL-15的α

亚基不相同外，其余两个亚基都是相同的 IL-2R β 和 γ c(图 20-13)。而且该受体族中的 γ c 和 IL-2R β 都是信号转导的主要介导亚基。

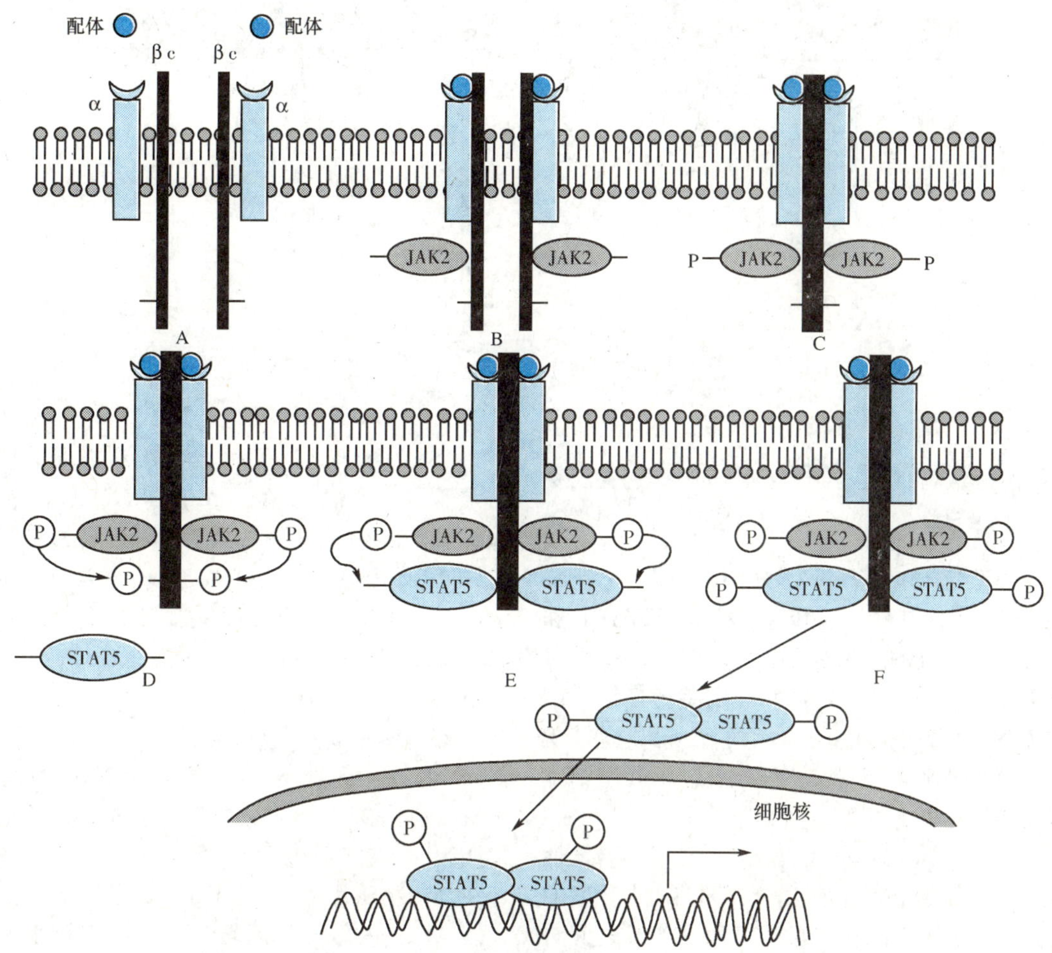

图 20-11　共含 βc 亚基的受体族介导的信号转导过程(A～F)

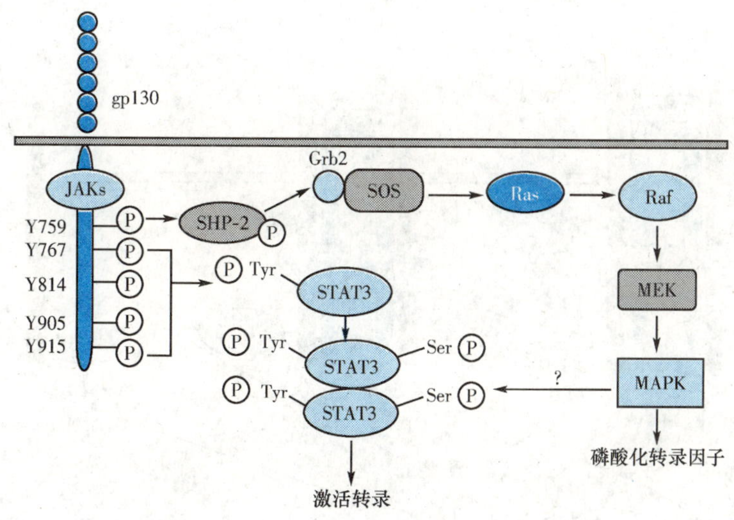

图 20-12　共含 gp130 的受体介导的信号转导过程

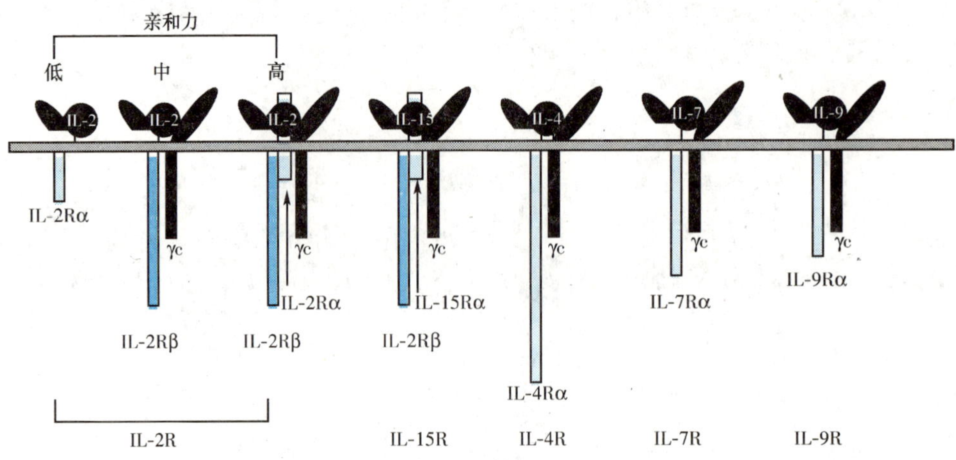

图 20-13　共含 γc 亚基受体的组成示意图

(三) Ⅱ型细胞因子受体介导的信号转导

该型受体包括 IFN-αR(由 IFN-αR1 和 IFN-αR2c 组成的二聚体),IFN-γR(由 IFN-γR1 和 IFN-γR2 组成的二聚体)和 IL-10R(由 IL-10R1 和 IL-10R2 组成的二聚体),分别特异性结合配体 IFNα/β、IFN-γ 和 IL-10 族细胞因子。这些受体均只介导 JAK-STAT 途径,故属于Ⅱ型细胞因子受体。

1. IFN-αR 介导的信号转导　该受体特异性结合 IFN-α 或 IFN-β 后,诱导其胞浆段上耦联的 JAK1 和 TyK2 活化,然后受体两个亚基之间自身酪氨酸磷酸化,募集 STAT1 和 STAT2,后者即被 JAK1/TyK2 酪氨酸磷酸化后脱下,形成一个由 STAT1-P、STAT2-P 和 P48 组成的活化转录复合体,定名为 ISGF3(IFN-α stimulated gene factor 3),干扰素 α 刺激性基因因子 3,特异结合顺式作用元件 ISRE(IFN-α stimulated response element,干扰素 α 刺激性应答元件)后促进有关基因表达,产生抗病毒和先天性免疫(innate immunity)功能(图 20-14)。

2. IFN-γR 介导的信号转导　该受体特异性结合 IFN-γ 后诱导其胞浆段上耦联的两个 JAK1 活化,然后与上同样反应生成一个活化的转录因子(STAT1-P)2,其特异结合的顺式作用元件是 GAS(IFN-γ activated site,干扰素 γ 活化位点),促进有关基因转录,产生获得性免疫(adaptive immunity)功能(图 20-14)。

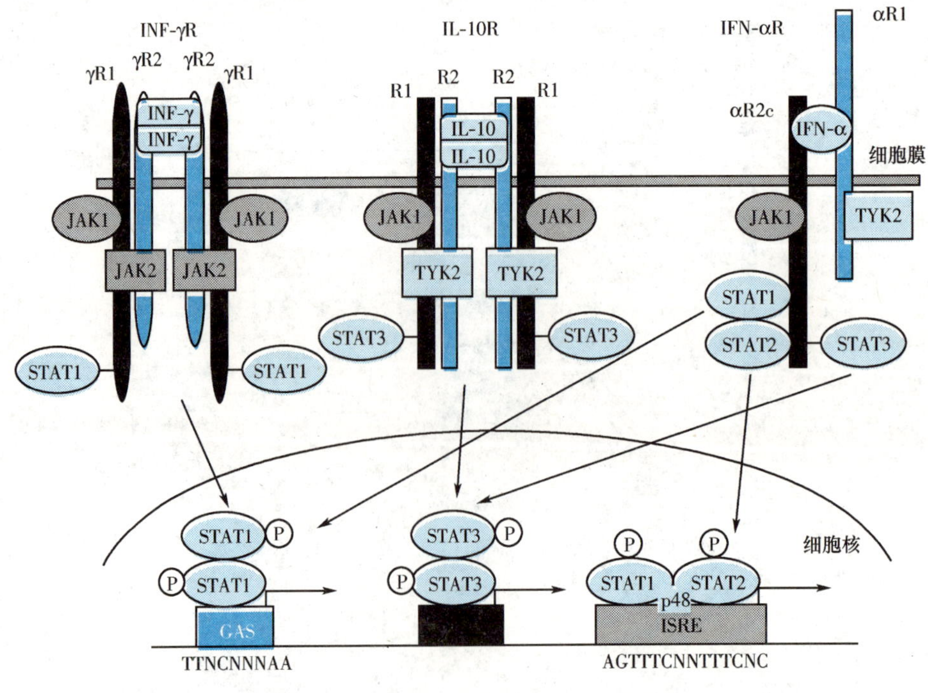

图 20-14　Ⅱ型细胞因子受体的组成及其信号转导

3. IL-10R 介导的信号转导 该受体特异性结合 IL-10 族细胞因子(如 IL-10、IL-19、IL-20、IL-22、IL-24 及 IL-26 等),与上述同样反应诱导其耦联的 JAK1 和 TYK2 激活,以及两个分子 STAT3 酪氨酸磷酸化,生成活化的转录因子 $(STAT3\text{-}P)_2$ 促进有关基因转录(图 20-14)。

(四) JAK-STAT 信号途径的反馈调控

细胞因子的生物学功能不仅促进细胞增殖,更重要的作用是涉及机体的免疫系统和炎症反应。因此,它们的阳性刺激信号必须有相应的负调抑制保持平衡。所以 JAK-STAT 途径的负调机制与细胞因子刺激引起的阳性信号机制相等重要。近年来关于细胞因子信号转导的减弱和终止研究有很大进展,并且发现在 JAK-STAT 途径中至少存在有三类反馈抑制因子。

1. SOCS 族 SOCS(suppressor of cytokine signaling,细胞因子信号传递抑制因子) 族至今共发现有 8 个成员:①CIS(cytokine-inducible SH2-domain containing protein)又名 CIS 1;②SOCS1 又名 JAB/SSI1(JAK binding protein/STAT-induced STAT inhibitor 1);③SOCS2 又名 CIS 2/SSI 2;④SOCS 3/SSI 3;⑤SOCS 4;⑥SOCS 5 又名 CIS 6;⑦SOCS 6 又名 CIS4;⑧SOCS7又名 CIS5/NAP。它们的分子结构中,从 N-端起含有 NTR(N-terminal region)、KIR(kinase-inhibitory region)、SH2、SOCS-box(具有被泛素化蛋白分解的特性)等保守区段(图 20-15)。

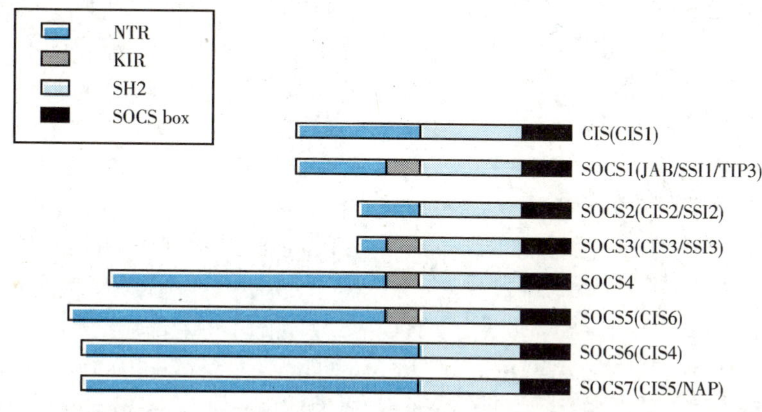

图 20-15 SOCS 族的成员及其结构示意图

SOCS 族基因的上游存在有结合 STATs 的顺式作用元件(*cis*-acting element,CAE),故属于即早基因,可受细胞因子即刻诱导 SOCS 族基因表达。所以 SOCS 族对于 JAK-STAT 信号传递途径呈现快速负反馈调节。现已证明 CIS 可被 EPO、IL-3、GH、IL-2 和 PrL 等刺激表达,结合受体的 Y-P 竞争抑制 STAT 5,SOCS1 被 IL-6、IL-2、IL-4、LIF、IFNs、GH 和 G-CSF 等细胞因子刺激表达后,借其 SH2 结合活化的 JAK1、JAK2 和 TYK2 后,以其 KIR 域抑制这些酪氨酸激酶活性,对 JAK-STAT 途径进行负反馈调节终止。

2. PIAS 族 PIAS(protein inhibitor of activated STAT,活化 STAT 的抑制因子)族包括有 PIAS-1,PIAS-3,PIAS-X 和 PIAS-Y 4 个成员;都具非特异性结合抑制活化的 STATs,由此阻断 JAK-STAT 途径的信号传递作用。

3. SHP-1 SHP-1(SH2-containing tyrosine protein phosphatase 1 含有 SH2 的 PTP-1)是造血因子受体类(IL-4R、EPOR、GHR 和 IL-2R)介导信号转导中的重要负调因子。SHP-1 在被 JAK 族酪氨酸磷酸化激活后,立即以其 SH2 域结合在 JAK 族或受体胞浆段上的 Y-P 上,借其 PTP 活性去除活化 JAK 族及受体胞浆段上 Y-P 的磷酸基团,由此反馈减弱或终止信号转导。

四、G 蛋白耦联受体(GPCR)介导的信号转导

(一) GPCR 的分子组成

GPCR(G-protein coupled receptor)是由不同的七跨膜螺旋结构受体(heptahelical receptor)和不同的 G 蛋白耦联组成。

1. 七跨膜 α-螺旋受体 这类受体是只含一条肽链的糖蛋白,其 N 端在细胞外,C 端在细胞内,有七个跨膜的 α-螺旋结构和三个细胞外环和三个细胞内环。在第三个细胞内环上耦联着一个鸟苷酸结合蛋白(guanylate binding protein)简称 G 蛋白(图 20-16)。它是 GPCR 介导信号转导过程中最重要的启动分子。现知 GPCRs 可以

介导许多内外环境刺激因子的信息效应，如光子、气味、神经递质、激素、趋化因子和一系列生物分子等；因此，GPCRs是一个人类最大的超家族，据报道超过1 000个成员，参与调节视觉、嗅觉、神经传导、离子通道、细胞增殖、分化以及免疫反应、炎症反应等一系列细胞生物学效应。

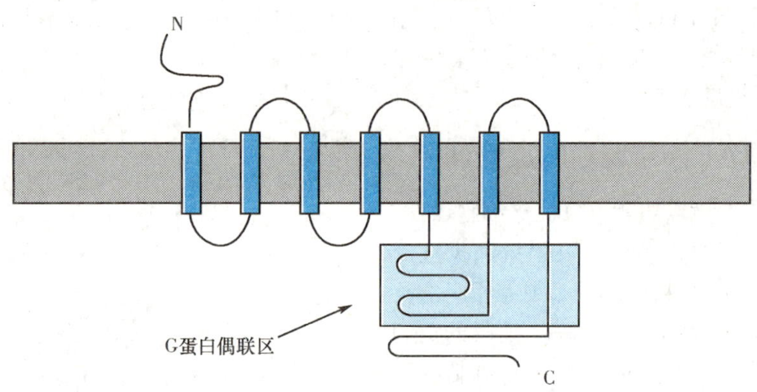

图 20-16 GPCR的基本结构

2. G蛋白 该蛋白是由α、β、和γ三个亚基组成的一类超家族杂三聚体分子，并已发现α亚基有16种、β亚基有5种、γ亚基有17种。因此，由不同的亚基组成的G蛋白约有100多个成员，形成一个超家族。

在G蛋白的三个亚基中，α亚基最大，分子质量约为45kDa，其结构中有一个亲和结合GTP或GDP位点。在GPCR未接受刺激信号时，G蛋白的三个亚基聚合在一起，并其α亚基上结合GDP，形成非活化型α亚基(α-GDP)；当GPCR结合相应配体后，诱导受体变构，进而导致G蛋白变构，并解聚成α亚基和βγ亚基二聚体，此时的α亚基与GTP的亲和力增加20倍，由此GTP取代GDP与α亚基结合形成活化型α亚基(α-GTP)，后者即可激活或抑制下游的效应分子(effector，如AC、PLC、PI3K等)。但是α亚基本身具有GTPase(guanosinc triphosphatase 鸟苷三磷酸酶)活性，可自身催化GTP水解为GDP而转变成为α-GDP终止信号。

因为α亚基是G-蛋白传递信息的主要体现分子，故众多G-蛋白的分族是按所含α亚基的主要亚型分为四个族：①Gs族(激动型G蛋白族)。该族中主要成员的α亚基是αs亚型，其活化型αs-GTP可激活AC(adenyl cyclase，腺苷酸环化酶)；②Gi族(抑制型G蛋白族)。该族中主要成员的α亚基是αi亚型，其活化型αi-GTP是抑制AC；③Gq族(磷脂酶C型G蛋白族)。该族中主要成员的α亚基是αq亚型，其活化型αq-GTP可激活PLC-β(phospholipase C-β，磷脂酶C-β)；④G_{12}族。该族的α亚基是$\alpha_{12/13}$亚型，其活化型$\alpha_{12/13}$-GTP，可结合RhoGEF(Rho-guanine nucleotide exchange factor，Rho的鸟核苷酸交换因子)后，促使RhoGEF激活小G蛋白Rho。

(二) GPCR介导的信号传递途径

过去认为在G蛋白的三个亚基中只有α亚基具有直接激活(如αs亚基)或抑制(如αi亚基)靶效应分子的作用，而βγ二聚体只起到结合抑制α亚基的作用，对靶效应分子不发生直接作用。近年来证明βγ二聚体亦有直接激活靶效应分子的作用(图20-17)。因此，过去对GPCR通过G蛋白介导的单相效应观点，现已明确证明为双相效应，再加上效应分子有多种，故GPCR介导的信号转导至少有下列三条途径。

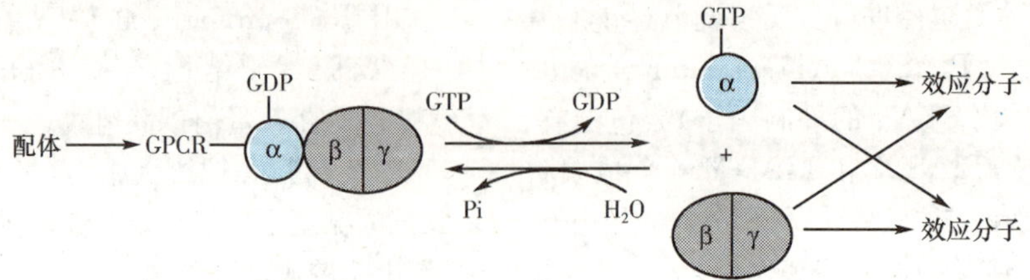

图 20-17 GPCR介导信号转导的双相效应

1. AC-cAMP-PKA途径 例如胰高血糖素、肾上腺素等与其相应的特异性GPCR结合后，诱导其耦联的Gs的αs被活化，激活AC，后者催化ATP生成cAMP。cAMP是小分子水溶性分

子，在胞内激活 PKA。PKA 是由两个调节亚基(R)和两个催化亚基(C)组成的无活性的杂四聚体(C_2R_2)，在每个 R 亚基上有 2 个 cAMP 结合位点。当 4 分子 cAMP 与 2 个 R 结合后，R_2 即脱离开，游离的 C_2 即呈丝/苏蛋白激酶活性(图 20-18)。

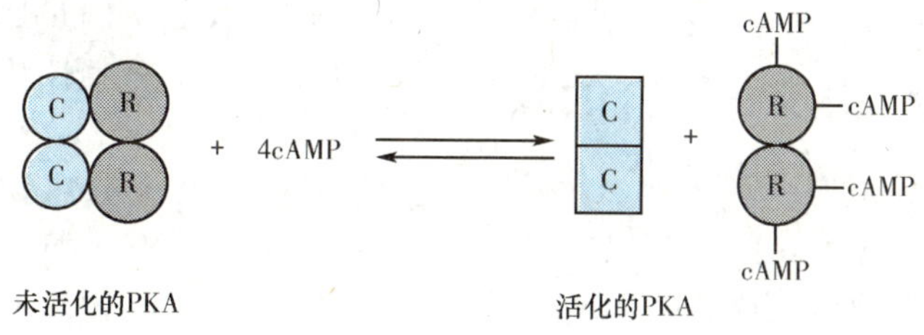

图 20-18　PKA 的激活示意图

在 PKA 被活化后，经过下游的级联反应，一方面抑制糖原合成，另一方面促进糖原分解，快速引起血糖升高，仅需几毫秒。

2. PLC-Ca^{2+}-PKC 途径　如溶血磷脂酸(lysophosphatidic acid，LPA)结合其相应的特异性 GPCR 后，诱导其耦联的 Gq 的 αq 被活化激活 pLC-β，后者催化 PI-4，5-P_2 生成 IP_3 和 DAG，级联反应引起$[Ca^{2+}]_i$ 升高和 PKC 活化。PKC 激活 Raf-1 通过 MAPK 途径促进细胞增殖。已知 LPA 含量过高与肿瘤发生相关，因此血清 LPA 含量检测可作为妇科肿瘤的生化指标。

3. PI3K-Akt/PKB 途径　PI3K 分有 PI3Kα、β、γ 和 δ 四种亚型，在 TPKR 介导信号转导中被激活的是 PI3Kα 亚型，而在 GPCR 介导中激活的是 PI3Kγ 亚型，而且只被 βγ 二聚体激活。由此，经级联反应形成 PI3K-Akt/PKB 途径，引起一系列生物学反应。

(三) GPCR 信号转导的转移激活特点

在 GPCR 介导的信号转导中还具有激活旁侧 TPKR 的作用，此称之为转移激活(transactivation)。这种转移激活的机制主要有两种方式：①胞外转移的激活方式。这是通过活化的 GPCR 促使自身分泌生成 EGFR 的配体结合激活 EGFR，所以这种 EGFR 的激活依赖于 GPCR 的活化；②胞内转移激活的方式。这是由于 GPCR 介导激活的 PI3Kγ，具有激活 Src(一种酪氨酸蛋白激酶)的作用，活化的 Src 催化 TPKR 胞浆段上一定位点的酪氨酸磷酸化后，由此激活下游一系列的信号途径。所以这种 GPCR 信号转导的转移激活是 GPCR 与 TPKR 之间存在信息交会(crosstalk)的证明。

(四) GPCR 的同源性脱敏(homologous desensitigation)

任何信号被激动以后，都必须有终止反应，不然就会因信号持久过强而引起病理后果。关于 GPCR 转导信号的终止有下列三种方式：①α 亚基本身具有 GTPase 活性，故其活化型的α-GTP 很快就被自身催化水解成非活化型的 α-GDP，由此终止反应；②被结合配体激活的 GPCR，易被胞内吞(endocytosis)消除；③同源性脱敏，这是一个 GPCR 特有的快速信号终止反应，因为胞浆内存在有一种丝/苏氨基酸蛋白激酶叫 GRK(G-protein coupled receptor kinase，G 蛋白耦联受体激酶)，由 600 多个氨基酸组成，其分子内含有 PH 域(pleckstrin homology domain 血小板-白细胞 C 激酶底物同源域，约 100 个氨基酸组成)，GRK 就通过其 PH 域结合 G 蛋白的 βγ 二聚体后，催化 GPCR 的第三个胞内环上的丝氨酸磷酸化，由此终止 GPCR 的介导反应(图 20-19)。

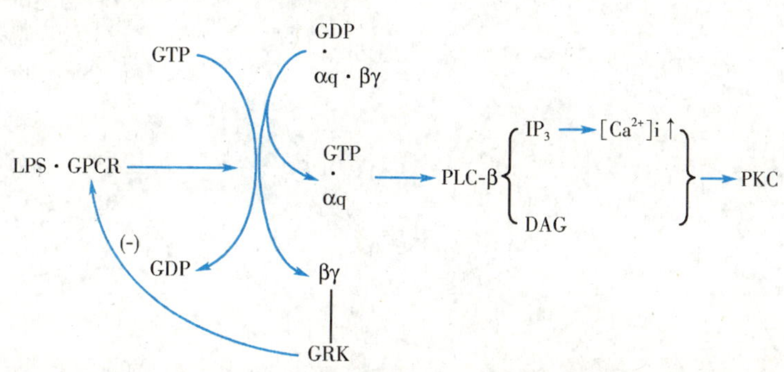

图 20-19　GPCR 的同源性脱敏反应(以 Gq 族为例)

第三节　核受体介导的信号转导

一、核受体的结构及其结合的顺式作用元件

核受体（NR）本身是转录因子，可以直接结合基因启动子区的顺式作用元件（*cis*-acting element，CAE），不过Ⅰ型核受体（NR-Ⅰ）结合CAE是配体依赖性的；而Ⅱ型核受体（NR-Ⅱ）结合CAE是非配体依赖性的，在未结合配体前就已经结合在CAE上。

（一）核受体结构

自从1985年首次报道GR（糖皮质激素受体）以来，至今已发展形成有150多个成员的核受体超家族。它们的分子结构中都含有三个相同的结构域：①其C端约由250个氨基酸组成的配体结合域（ligand binding domain，LBD）。在LBD内含有配体依赖性转录作用的激活功能2（activation function 2，AF2）序列。②NR结构中部约由65～70个氨基酸组成的DNA结合域（DNA binding domain，DBD）。这是核受体族的保守性结构域，其内含有两个锌指结构基序（zinc finger motif），借以识别结合类似序列的CAE。③其N端区段在各核受体之间同源性较低，但其内都含有一个非配体依赖性转录作用的激活功能1（activation function 1，AF1）序列（图20-20）。

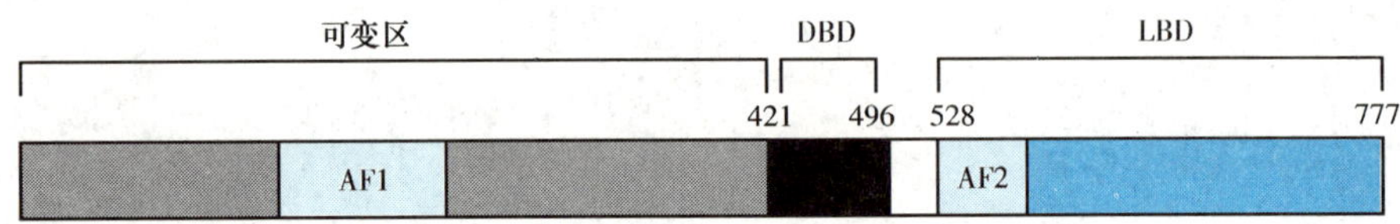

图20-20　糖皮质激素受体的结构示意图

（二）核受体结合的顺式作用元件

与核受体族结合的CAE统称之为激素应答元件（hormone response element，HRE）。但是现在已研究清楚不同核受体的HRE不是绝对完全相同，故现今一般以其专一性配体来详细定名如下：GRE（glucocorticoid response element）、PRE（progestin response element）、MRE（mineralocorticoid response element）、ARE（androgen response element）、ERE（estrogen response element）、TRE（thyroid hormone response element）、RARE（9-*trans*-retinoic acid response element）、VDRE（vitamin D_3 response element）和PPRE（PPAR response element）等。这些CAE的碱基序列汇集列于表20-2。

表20-2　激素应答元件的碱基序列

激素、生物分子	HRE	CAE的碱基序列	注明
糖皮质激素 孕激素 盐皮质激素 雄激素	CRE PRE MRE ARE	5′-AGAAC ANNN TGTTCT-3′	1. CRE，PRE，MRE 和ARE的碱基序列相同，特异性决定于配体或受体的含量。
雌激素	TRE	5′-AGGTCA……T GA/TCCT-3′	2. N代表任一个碱基 3. N3，4，5分别表示VDRE（n＝3）、TRE（n＝4）、RARE（n＝5）的碱基数
甲状腺激素 维甲酸 维生素D_3 前列腺素J系分子	TRE RARE VDRE PPRE	5′ AGGTC N3，4，5，A GGTCA-3′ 5′ AACTAGGNC AAA GGTCA-3′	4. 二个同方向的重复序列表示它们与RXR组成杂二聚体后的分别结合序列。

二、核受体的协同调节因子(Co-regulators)

近来研究阐明核受体呈现其转录活性,必须有许多有关的协同调节因子参与,它们包括三类:①协同激活因子(Co-activators,CoAs);②协同阻抑因子(Co-repressors,CoRs);③CoAs/CoRs交换因子(nuclear receptor coactivators/corepressors exchange factors,N-CoEXs)。

1. 协同激活因子(CoAs) 核受体的CoAs有很多种,其中主要的有SRC族(steroid receptor coactivator family),包括SRC-1、SRC-2和SRC-3等成员,因为它们的分子质量都约为160kDa,故亦称为P160族。它们的分子结构中都含有LXXLL的标签基序(signature motif),当配体结合核受体后,就诱导核受体LBD段内的AF2域结合P160族分子的LXXLL基序,同时串联结合CBP/P300(CREB binding protein/protein with 300kD),后者这两个相关分子结构中都组成性含有组蛋白乙酰基转移酶(histone acetyltransferase,HAT),活化的HAT促使核小体内组蛋白N端的赖氨酸乙酰基化,引起染色体结构重组以及减弱组蛋白与DNA链间的亲和力,形成核小体结构松开,利于进行基因转录。

2. 协同阻抑因子(CoRs) 核受体的CoRs包括有NCoR(nuclear receptor corepressor,核受体协同阻抑因子)和HDAC(histone deacetylase,组蛋白去乙酰基酶)。NCoR分子内含有结合HDAC的区段,以及含有类似于LXXLL基序的LXXI/H IXXXI/L区段,可借以结合未活化的NR-Ⅱ的AF2域,由此形成NR-Ⅱ和NCoR、HDAC组成的复合体,由其中的HDAC催化核小体内的组蛋白脱去乙酰基,组蛋白呈低乙酰化状态致阻抑转录。

3. 核受体CoAs/CoRs交换因子(N-CoEXs) 根据2004年报道,在人的NR-Ⅱ未接受相应的配体前,虽已定位于其CAE上,但因其结合有CoRs致呈抑制状态;同时尚结合N-CoEXs,后者在NR-Ⅱ结合配体后具有泛素化蛋白分解CoRs的作用。

三、核受体介导信号转导的过程

(一)Ⅰ型核受体(NR-Ⅰ)介导的信号转导过程

NR-Ⅰ在未结合相应的配体前都是单体存在于胞浆内,并与2分子HSP90(heat shock protein 90,HSP90),1分子P23及1分子IRP(immunophilin related protein,亲免素相关蛋白)组成约330kDa的复合体。其中HSP90的功能是维持NR-Ⅰ适于结合配体的构象,及阻止NR-Ⅰ核转位。当相应配体由胞外进入胞浆与NR-Ⅰ结合后引起变构,释放出HSP90、P23和IRP,NR-Ⅰ即纯二聚化后转位入核内,识别结合专一性的HRE位点。然后再通过受体分子的AF2结合SRC/P160和CBP/P300等CoAs后,促进有关基因转录(图20-21)。

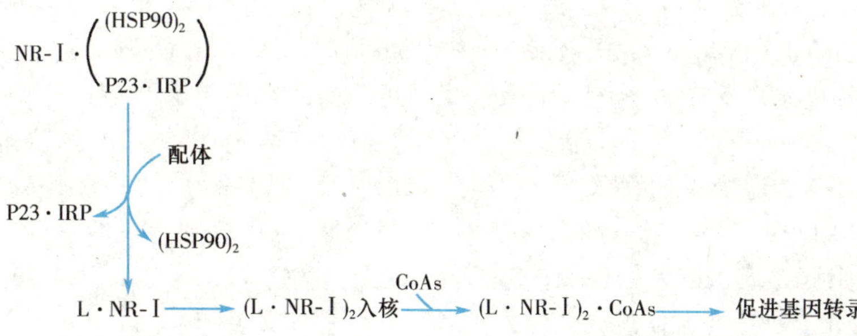

图20-21 NR-Ⅰ介导信号转导的反应过程

(二)Ⅱ型核受体(NR-Ⅱ)介导的信号转导过程

NR-Ⅱ在未结合相应配体前已存在于核内,并识别结合专一性的HRE位点。NR-Ⅱ的特点是都与RXR形成杂二聚体(如RAR/RXR、TR/RXR、PPARr/RXR和VDR/RXR等),而且除了PPARr/RXR外,其他的NR-Ⅱ都是与其配对的RXR,分别结合在相应HRE的同方向的一个重复序列上。由于未结合配体前的NR-Ⅱ借其AF2结合着CoR和N-CoEX,致呈抑制状态,没有促转录活性。只有当结合配体后,诱导N-CoEX引起CoR泛素化途径分解掉,同时促使交换上CoAs,由此激活NR-Ⅱ,促进基因转录。但是这种转录活性是一时性的。因为接下去又因 N-CoEX 的作用，将 CoR 交换出 CoAs 而终止转录活性(图 20-22)。

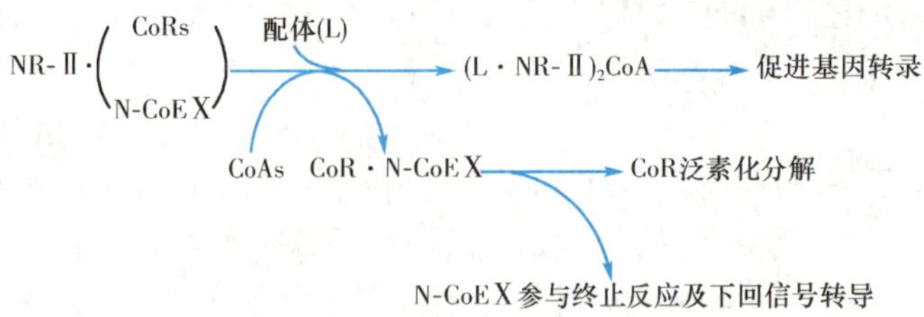

图 20-22　NR-Ⅱ介导信号转导的反应过程

第四节　信号途径交会与信号传递的网络和专一性

任何单个细胞的膜表面都存在着许多不同的受体，这些受体都可通过结合专一配体(包括内环境中一切化学和物理的信息分子)，诱导产生独特的信号转导。在这些胞内信号途径中参与的信号效应分子有些是不相同的，或相似的同工型(isoforms)，有些是共用的。但是在讲述过程中为了突出阐明系列信号效应分子的作用机制，强调了线性的信号传递途径的孤立概念，事实上这些信号传递途径不是单纯线性孤立的，而是在不同的信号传递途径中都存在有交会(crosstalk)和形成网络(network)。

一、信号途径交会

交会(crosstalk)是指在不同信号传递途径之间呈现的互相调控现象，主要有三种模式：①一个信号途径中的信号分子可受另一信号途径的效应分子作用。例如 TPKR→Ras→Raf-1→MAPK 途径中的 Raf-1 可受 G_SPCR(肾上腺素受体)→AC→ cAMP →PKA 途径中的 PKA 磷酸化抑制，亦可受 G_qPCR(溶血磷脂酸受体)→PLC→DAG→PKC 途径中的 PKC 磷酸化激活。由此可见，两个不同的信号途径在 Raf-1 处进行交会后，可引起正或负的调控作用；②两个不同的信号途径汇合在一个共同的靶效应分子。例如 IL-1 和 TNF-α 可以通过各自的特异性受体介导的信号传递途径，汇合于 IKK 复合体激活 NF-κB，引起共同的炎症反应，故 IL-1 和 TNF-α 均属于促炎症性细胞因子；③两个不同的信号途径下游作用于共同的靶转录因子复合体。例如 TPKR 和 $G_{12/13}$PCR 二者介导的信号途径下游，分别磷酸化激活 TCF(ternary complex factor)和 SRF(serum response factor)两个转录因子，由此形成活性的转录复合体，促进含有 SRE(serum response element)的 C-Fos 基因转录。由此可见，这两条信号途径的终末分别交会于共同靶转录复合体的两个组成因子，旨在促进基因转录水平上达到协同作用。

二、信号传递网络

随着细胞信号转导研究的不断深入和扩大，在阐明信号交会的基础上，根据生物信息学(bioinfomatics)的发展，近来提出一个比较整体观的胞内信号传递网络(intracellular signaling network)学说。形成信号传递网络的一般机制就是信号传递分子聚合成复合体。现已知引起它们聚集的连接功能域很多，其中主要包括 SH2、PTB、SH3 和 PH 等，这些连接功能域又分别亲和结合 Y-P、PXXP 和 PI-3,4,5-P_3等位点或结构段。

一个单一受体结合相应配体后，依赖上述这些联接功能域，就可募集许多相关的信号分子在膜内侧的受体胞浆段周围，经过交会(crosstalk)和整合(intergration)，形成复合体的网络结构，发出多条信号途径，促进许多即早基因(immediate early genes，IEGs)转录表达，产生适应于生理环境的细胞生物学效应。例如，PDGF-Rβ 的胞浆段上含有七个可被磷酸化的酪氨酸位点($Y^{716,740,751,763,771,1009,1021}$)，根据 Y-P 周围的氨基酸序列特征，可分别专一性联接含有 SH2 域的接头分子(Grb2、ShC、SHP2)，效应分子(PI3K、PLC-γ、GAP)和转录因子(STAT)，再经过多处正负交会(GAP-Ras、Ras-PI3K、PIP_2-PLC-γ、PKC-Raf、PAK-MEK)，由此由单一受体诱导形成的信号传递网络(图 20-3)，至少可发出五条信号途径激活 IEGs，产生多种协调的细胞生物学效应。

形成网络的信号分子复合体是可塑性动态的。在受体未被结合配体刺激时，这些信号分子是散在的；有的是锚定在膜内侧，例如 Src、Ras 等，有的是存在于胞浆内，如 Grb2-SOS、PI3K、

PLC、PKC、PKA 等。但当受体结合配体后，立即诱导这些信号分子聚集成呈现信号传递网络作用的复合体。

三、信号传递专一性(signaling specificity)

现知信号传递专一性要求受到诸因素的决定：①配体-受体之间的专一性。因为由特异性受体介导产生相对专一性的信号传递途径，诱导引起相对专一性的细胞效应。例如胰岛素结合胰岛素受体后，诱导激活 PI3K 途径可促进葡萄糖转运的代谢反应，但在相同细胞实验，用生长因子结合生长因子受体，亦可诱导激活 PI-3K 途径，却无上述的代谢反应。②信号阈值的大小。在许多情况下，如果信号分子含量降低 2 倍，则信号即消灭，而相反如果信号分子水平增加 2 倍，即可启动信号传递。不过这种阈值大小的要求尚受细胞株不同而有差异。③刺激时间的长短。例如 PC12 细胞株实验，仅短暂性刺激其受体 TrK 活性，不能诱导其分化；如果持久性刺激其受体 TrK 活性，就可诱导其长出神经突。

第五节　信号转导缺陷与疾病

我们知道包括化学的和物理的内外环境中的刺激因子(就是信息因子)是非常复杂的，而且都存在于细胞周围，它们都会通过相应的感应器(主要是受体)介导进行信号转导，诱导产生相应的细胞效应。在正常生理情况下，这些细胞效应都是互相协调，保持平衡，并促使整个机体适应内外环境的自身稳定状态。但是如果某一信号转导系统(包括配体、受体、信号分子、调节分子和转录因子等)中的某一环节发生缺陷，即可引起相应的疾病发生。

一、引发免疫性疾病的信号转导缺陷

例如在 TCR(T cell receptor)介导的信号转导中缺失了 ZAP70(是一种酪氨酸激酶)，或在免疫细胞因子(IL-2、IL-7、IL-9、IL-15)受体介导的信号转导中缺失了 JAK3，均可引起发生重症联合免疫缺陷(severe combined immuno deficiency,SCID)。又例如 BCR(B cell receptor)介导的信号转导中缺失了 BtK(是一种酪氨酸激酶)，即可引发丙种球蛋白缺乏症(agammaglobulinaemia)。

二、引发Ⅱ型糖尿病的信号转导缺陷

如果由于 IR 的 α 亚基突变或者其 β 亚基胞浆段上的酪氨酸磷酸化位点被 PTP-1B 去磷酸化，则分别因不能结合胰岛素或不能进行信号转导，均可引发Ⅱ型糖尿病。又例如肥胖者高分泌瘦素(leptin)，结合其受体(OB-Rb)后促进表达 SOCS3，后者即具有抑制 IR 的信号转导引发Ⅱ型糖尿病。

三、引发肿瘤的信号转导缺陷

例如 Kaposi's sarcoma 高表达 FAP-1，恶性黑色素瘤高表达 $FLIP_L$。而该二者均是 Fas 介导死亡信号转导的抑制因子，引起细胞相对地增殖失控，导致恶性转化为瘤细胞和瘤组织。

Summary

Cell signal transduction is to elucidate the mechanism of how extracellular and intracellular factors in vivo and in vitro influence the biological effect of cells, which is important advancing field in the present life science. The chief molecules taking part in signal transduction are receptors, which can be classified as membrane receptor and nuclear receptor according to the location.

According to different function domain in the receptors, they can also be classified as: ①receptors containing PK domain, including TPKR(belonging to growth factor receptors) and SPKR (TGF-βR). ②receptors containing homophilic domain (such as DD), including Fas and TNF-R1. ③receptors containing ITAM domain, including TCR and BCR. ④receptors containing TIR domain, including 10 TLRs taking part in the innate immunity reactions. ⑤ receptors coupling effector molecules: such as cytokine receptors (coupling JAKs), GPCRs (coupling G protein) and integrins (coupling FAK).

TPKR includes PDGF-R, FGF-R, EGF-R and IR, mediating many important signal transduction pathways: Ras-MAPK, PI3K- Akt/PKB, PLC-PKC pathway, JAK-STAT pathway, while TGF-βR mediate only Smad pathway.

Cytokine receptors have two types, typeⅠ and typeⅡ. Cytokine receptor typeⅠmediates JAK-STAT, Ras-MAPK and PI3K-AKt/PKB pathway. Cytokine receptor type Ⅱ only mediates JAK-STAT pathway. There are three negative feedback inhibition factors in JAK-STAT pathway, they are SOCS family, PIAS family and SHP-1.

GPCRs are the biggest human superfamily according to the present data. The signal transduction pathway depends on coupled G protein. So, coupling different G protein will make GPCR mediate different signal transduction pathways. In total, there are three signal transduction pathways: ①AC-cAMP-PKA pathway. ② PLC-Ca^{2+}-PKC pathway. ③ PI3K- Akt/PKB pathway.

NRs have two types: NR-Ⅰ and NR-Ⅱ. Before binding to ligands, NR-Ⅰ couples with HSP90, P23, IRP, which is the inactivated state, locating in the cytoplasm. After binding to ligands, NR-Ⅰ is released and forms dimer to enter nucleolus and bind to CoAs which is the activated state. NR-Ⅱ binds with HRE in the nuclear before binding with ligands, coupling with CoR and N-CoEX, which is in the inactivated state. After binding with ligands, CoAs will take the place of CoR and N-CoEX, which is in the activated state.

There are complex signal transduction pathways in the cells, but the type and amounts of messengers are limited, among them, some are communal. So, there is plasticity cross talking and signal networks in the multitude transduction system in the cells.

The result of the normal signal transduction is the adaptation of the body to the environment in vivo and in vitro. The abnormality occurring at any point in the signal transduction for some reasons will cause the diseases.

思考题

1. PDGF-R介导的信号转导有哪几条重要的信号传递途径及其反应过程？
2. IR和FGF-R介导的信号转导中，与其他TPKRs有何不同？
3. TGF-βR介导信号转导的反应过程。
4. TPKR介导的信号反应有哪些维持自身恒态平衡的调节方式？
5. JAK-STAT途径的一般形成过程及其反馈调控。
6. GPCR介导信号转导的过程及信号传递途径。
7. Ⅰ型和Ⅱ型核受体介导的信号转导过程。
8. 何谓信号途径交会和信号传递网络？
9. 信号传递专一性决定于哪些因素？
10. 举例说明信号转导缺陷与疾病发生的关系。

（何善述）

第21章 细胞周期及其调控

细胞周期(cell cycle)是指细胞增殖一次所经历的活动和所需要的时间。具体地说,是指细胞前一次分裂结束开始运行,到下一次分裂终了所经历的过程。可以认为,细胞周期的概念是Virchow于1855年在发现细胞分裂的基础上提出的"细胞来自细胞"这一创建性论断的衍生与发展。然而,关于细胞周期时相的划分以及随之而进行的调控机制研究是在现代细胞生物学和分子生物学兴起后,才得到迅速发展。

第一节 细胞周期各时相的动态变化

细胞周期大致可分4期:G_1期(the gap before DNA replication,DNA合成前期),细胞开始生长;S期(DNA synthetic phase, DNA合成期),DNA合成,染色体复制;G_2期(the gap after DNA replication,DNA合成后期),第二生长期;M期(Mitosis phase,有丝分裂期),细胞有丝分裂。

一、G_1期

G_1期中物质代谢活跃,细胞体积增大,RNA在此期大量合成,导致蛋白质含量明显增加。如果主要的蛋白质和RNA合成被抑制,就不能进入S期,S期DNA复制所需相关的酶系如DNA聚合酶,及与G_1期向S期转变相关的蛋白质如触发蛋白、钙调蛋白、细胞周期蛋白等均在此期合成。触发蛋白是一种不稳定蛋白质,它对于细胞从G_1期进入S期是必需的,只有当其含量积累到临界值,细胞周期才能朝DNA合成方向进行。钙调蛋白是真核细胞内重要的Ca^{2+}受体,它调节细胞内Ca^{2+}的水平,用抗钙调蛋白药物处理细胞,可延缓其从G_1期到S期的进程。

在G_1期发生多种蛋白质的磷酸化,如H_1组蛋白的磷酸化在G_1期开始增加,这种磷酸化与染色质的结构改变有关。非组蛋白、一些蛋白激酶在G_1期也可发生磷酸化,已知大多数蛋白激酶磷酸化发生于其丝氨酸或苏氨酸、酪氨酸部位。

二、S期

S期是细胞进行大量DNA复制的阶段,组蛋白及非组蛋白也在此期大量合成,最后完成染色体的复制。

DNA的复制需要多种酶的参与,包括DNA聚合酶、DNA连接酶等。随着细胞由G_1期进入S期,这些酶的含量或活性可显著增高。

S期是组蛋白合成的主要时期,此时胞质中可出现大量的组蛋白mRNA,新合成的组蛋白从胞质进入胞核,与复制后的DNA迅速结合,组装成核小体,进而形成具有两条单体的染色体。除了组蛋白合成以外,在S期细胞中还进行着组蛋白持续的磷酸化。

中心粒的复制也在S期完成。原本相互垂直的一对中心粒发生分离,各自在其垂直方向形成一个子中心粒,由此形成的两对中心粒在以后的细胞周期进程中,将发挥微管组织中心的作用,纺锤体微管、星体微管的形成均与此相关。

三、G_2期

G_2期为细胞分裂准备期,细胞中合成一些与M期结构、功能相关的蛋白质,与核膜破裂、染色体凝集密切相关的成熟促进因子即在此期合成。微管蛋白在G_2期合成达高峰,为M期纺锤体微管的形成提供了丰富的来源。

已复制的中心粒在G_2期逐渐长大,并开始向细胞两极分离。

四、M期

M期为细胞有丝分裂期。在此期细胞中,染色体凝集后发生姊妹染色单体的分离,核膜、核仁破裂后再重建,胞质中有纺锤体出现,随着两个子核的形成,胞质也一分为二,由此完成细胞分裂。

在有丝分裂期间,除组蛋白外,细胞中蛋白质合成显著降低,其原因可能与染色质凝集成染

笔记栏

色体后，其模板活性降低有关。RNA 的合成在 M 期则完全被抑制。M 期细胞的膜也发生显著变化，细胞由此变圆，根据这一特点，可进行细胞同步化筛选。

第二节 细胞周期调控的动力因素

过去一直认为细胞周期是受细胞核的控制，细胞浆是被动跟随。例如，蛙卵在进入有丝分裂时会突然收缩，导致细胞分裂，认为是由于核的分裂所引起的。推动细胞周期运行的物质，近些年才从分子生物学找到答案。Hara 及 Tydeman 最先发现，即使去掉核，细胞仍会周期性的收缩，表明在胞浆中有调节细胞周期的因子存在，细胞分裂不完全受控于细胞核里的活动。这种因子称为 M 期促发因子或促成熟因子（maturation promoting factor，MPF）。进一步的实验证明，受精蟾蜍卵细胞欲进入分裂期，必先在分裂间期有蛋白质的合成；若其蛋白质合成被抑制，则细胞将停留在细胞间期而不能分裂；但此时若注入含活性 MPF 的提取液，即可促发细胞进入有丝分裂期（M 期），表明 MPF 是 M 期的正常诱导物。遗传学研究发现在酿酒酵母的某些突变株中细胞周期的几个特定点可被“卡住”。在这些突变株中，每个突变基因的产物与通过细胞周期的各特定点有关，统称之为细胞分裂周期基因（cell-division cycle genes，cdc），并进一步阐明了这些 *cdc* 基因的激活顺序，其中以 *cdc2* 基因最为重要。美国学者 Lohka 及 Maller 首次纯化了 MPF，证明 *cdc* 基因产物与 MPF 之间的关系，推定 MPF 含有两种蛋白质组分，其中的 1 种蛋白质组分就是 CDC2 蛋白，这是分子质量为 34kDa 的蛋白质；另一蛋白质组分为分子质量 45kDa 的细胞周期蛋白（cyclin）。MPF 是由具有催化功能的 CDC2 蛋白，在人类为细胞周期蛋白依赖激酶（cyclin-dependent kinases，CDKs），及具有调节功能的细胞周期蛋白组成的复合体。它的周期性激活与失活是推动细胞周期运行的主要因素。

目前认为细胞周期的正常运行与相应基因的顺序表达之间呈现互为因果关系。细胞周期必须按一定的时相顺序运行，不能跳跃运行。即使在某些不利条件下，亦只能终止在某一时相而限制周期运行，引起细胞凋亡，或减弱细胞更新而出现老化现象。

哺乳类细胞周期的运行主要受一组 CDKs（cyclin-dependent kinases）的调控。这是一组丝/苏氨酸蛋白激酶类，他们的活性必须结合一类称为周期蛋白（cyclin）的调节亚基。所以有活性的全酶由一分子催化亚基（CDK）和一分子调节亚基（cyclin）组成，称为 CDK-cyclin 复合体。

一、CDKs 和 cyclins 的种类

如前所述，细胞周期运行的生化机制最初是从酵母细胞研究开始的，但在酵母菌中参与周期调控的蛋白激酶复合体只有一种，如在梨酒酵母菌（*S. P.*）中的是由 CDC2（催化亚基）和 CDC13（调节亚基）结合组成；啤酒酵母菌（*S. C.*）中的是由 CDC28（催化亚基）和 clns（调节亚基）结合组成。

哺乳动物细胞中的 MPF，即参与周期调控的蛋白激酶复合体种类就比较多，如催化亚基包括 CDK1、2、3、4、5、6、7，调节亚基包括 cyclinA、B、C、D、E、H，其中 cyclinD 又分为 D1、D2 及 D3。因此，在细胞周期各时相中参与调控的 CDK 和 cyclin 是不尽相同的（表 21-1），而且各 CDK 只能与相应的 cyclin 结合成全酶，并经磷酸化/脱磷酸化修饰后方具活性，促使与细胞周期有关的蛋白基因表达。其中 cyclin 的功能不仅是调节亚基的作用，而且是靶底物专一性的决定者。

表 21-1 哺乳动物的各细胞周期时相中存在的 CDK 和 cyclin

CDKs	cyclin	细胞周期时相
CDK1	A(432aa)	G_2
	B(433aa)	G_2，M
CDK2	A	S
	E(395aa)	晚 G_1
CDK3	?	?
CDK4	D(295aa)	早 G_1
CDK5	(存在于神经元中，相当于体细胞中的 CDK1)	
CDK6	D	早 G_1

二、CDK-cyclin复合体的活性调节

在细胞周期各时相中特异的CDK含量基本恒定，CDK-cyclin复合体的活性高低决定于下列几种因素：①相应cyclin水平的高低；②CDK分子上一定位点的磷酸化修饰；③CKIs（CDK-inhibitors）含量的高低。至于cyclin和CKIs的含量变化，决定于二者的合成和分解速率（图21-1）。

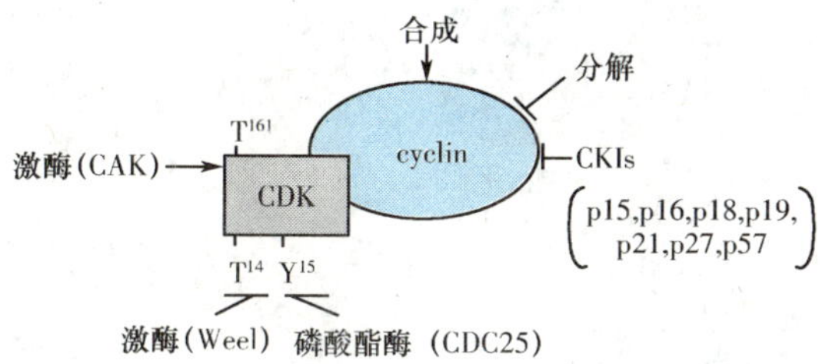

图21-1　CDK-cyclin复合体的活性调节

（一）哺乳动物细胞CDC2蛋白的磷酸化/脱磷酸化

人及脊椎动物细胞中的细胞分裂周期基因种类较多，它的活化机制以磷酸化/脱磷酸化为主。当处于静止期（G_0）的哺乳动物细胞受生长因子等刺激后，首先出现cyclinD，并同时诱导CDK4及CDK6的表达，分别结合成相应的CDK4-cyclinD及CDK6-cyclinD，促使细胞通过细胞周期G_1的限制点（restriction point）。其中以CDK4-cyclinD的作用为主。与此同时有cyclinE的累积合成，并与CDK2结合成CDK2-cyclinE，使DNA复制的启动因子磷酸化而激活之，促进越过G_1/S期控制点进入S期；在S期内，以CDK2-cyclinA的作用为主。G_2/M期时则为CDK1，以CDK1-cyclinB及CDK1-cyclinA为主。总的来说，CDK的含量比较恒定，其活性主要受cyclin的激活，在各细胞周期时相有不同的cyclin的合成与降解。CDK蛋白必须与cyclin结合成全酶，并在一定部位经磷酸化或脱磷酸化修饰后方具有活性。

如MPF中的CDK1-cyclinB复合体呈现激酶活性的修饰条件是CDK1的Thr161必须磷酸化，而Tyr15及Thr14则处于脱磷酸化状态。催化Thr161磷酸化的激酶为CAK（CDK activating kinase）。它是由CDK7和cyclinH组成；催化Tyr15及Thr14磷酸化的激酶为Weel蛋白；催化Tyr15及Thr14脱磷酸化的蛋白磷酸酶为CDC25B/C（图21-1）。

（二）CKIs（CDK-Inhibitors）

研究发现除可以调节MPF活性外，另有一类CDK抑制因子（CDK inhibitors，CKIs）可与CDK或CDK-cyclin复合体结合而抑制其活性（图21-2）。CKIs分有二族，Cip/Kip族和INK4族（Cip：CDK-interacting protein；Kip：kinase inhibiting protein；INK4：inhibitor of CDK4）。前族包括$P21^{cip1}$、$P27^{kip1}$和$P57^{kip2}$；后族包括$P15^{INK4B}$、$P16^{INK4A}$、$P18^{INK4C}$和$P19^{INK4D}$。其中P21在DNA受损引起细胞周期阻止在G_1中呈现重要作用；P27在细胞培养时去除血清引起细胞周期阻止中呈重要作用。TGF-β可诱导p27表达增加，尤其可诱导P15表达增加10～30倍，阻止细胞周期于G_1期，故TGF-β是细胞增值的负调节因子（图21-2）。

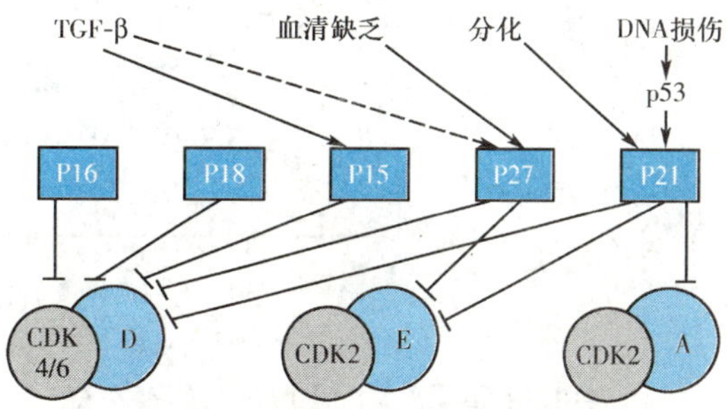

图21-2　G_1/S期CKIs的作用

（三）cyclin的降解与泛素-蛋白酶体蛋白分解途径

当CDK-cyclin复合体活性达到高峰时，除了磷酸化激活有关靶分子外，亦可催化复合体自身中的cyclin磷酸化。促使后者被泛素激活酶、泛素结合酶和泛素-蛋白连接酶顺序循环催化，将磷酸化的cyclin分子上串联上一个泛素链后，cyclin就被蛋白酶体（proteasome）彻底分解，此过程称泛素-蛋白酶体蛋白分解途径（ubiquitin-proteasome proteolytic pathway）。随着cyclin的降解，CDK-cyclin复合体也就失去活性，因而cyclin的降解是CDK-cyclin复合体活性增高后的一个自我调节过程。

细胞周期中的cyclins、CDKs和CKIs、P53等蛋白都是经过泛素化进行蛋白分解的。这条途径总的包括两部分内容：首先将靶底物进行泛素化，然后被蛋白分解，故简称之为泛素化蛋白分解途径。正常生理性的这条途径对于细胞周期正常运行的调控起有重要作用。

(四) CDC25族与PLK1在M期的重要作用

CDC25族含三个异形体(isoforms)。CDC25A是由524个氨基酸组成,特异性催化CDK4/6-cyclinD和CDK2/cyclinA/E脱磷酸化激活;CDC25B和CDC25C分别由566和473个氨基酸组成,它们两个特异性催化核外和核内的CDK1/cyclinB脱磷酸化激活。特别是CDC25C在细胞核分裂中起有特别的重要作用,因为在核分裂过程中尚有一个丝/苏氨酸蛋白激酶参与。它叫极体样激酶1(polo-like kinase 1,PLK1),磷酸化激活CDC25C,而PLK1又需要被活化的CDK1/cyclinB磷酸化激活。所以在细胞分裂期中存在有一个PLK1→CDC25C→CDK1/cyclinB→PLK1反应过程的正反馈环(图21-3)。

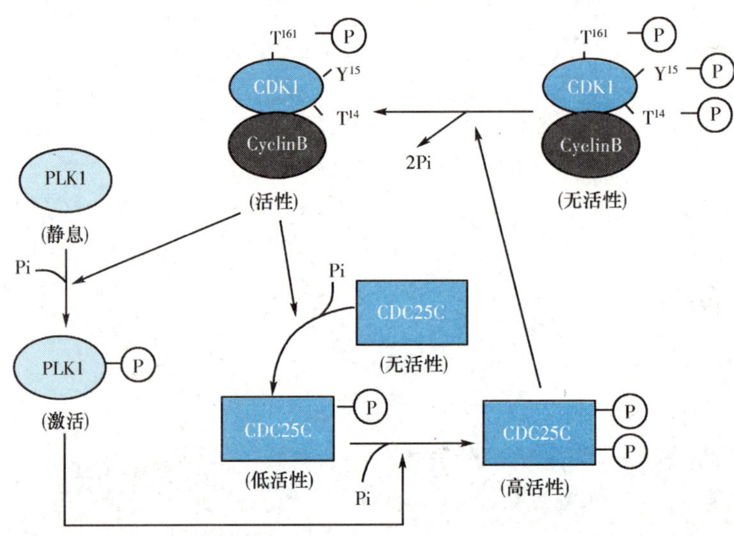

图21-3 PLK1→CDC25C→CDK1/cyclinB→PLK1反应过程的正反馈环

三、细胞周期各时相的运行及运行中cyclins的表达规律

(一) 细胞周期的运行过程

细胞周期运行有固定的时相顺序,起始是受细胞外因子激活一定的基因表达,从G_0期起动进入G_1→S→G_2→M期四个顺序时相,完成一次细胞周期,进行一次细胞分裂,在适宜条件下可重复运行(图21-4)。

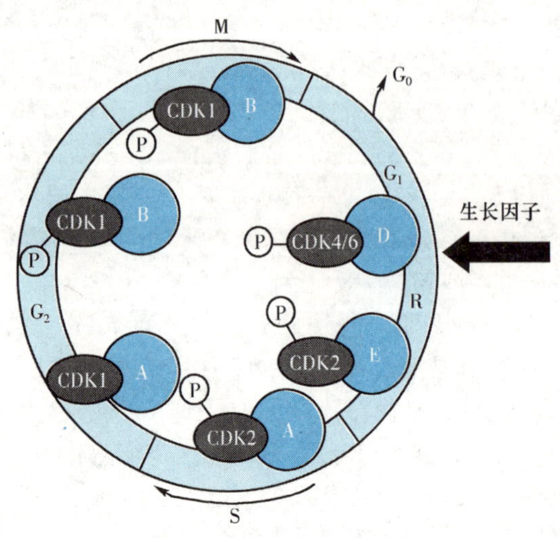

图21-4 细胞周期运行示意图

细胞周期中有两个主要调控点:一是处于G_1/S转折点,在酵母中称起点(start),在哺乳动物细胞中称限制点(restriction point),控制从静止状态(G_1期)进入DNA合成期(S期);另一调控点处于G_2/M转折点,系决定细胞一分为二的控制点。非增殖状态的细胞处于静息期(G_0期),当受生长因子等刺激时,即可经由G_1期,通过G_1/S限制点而进入S期。

1. G_1期 细胞在G_0期受到分裂原(如生长因子、细胞因子、PMA等)刺激,促进cyclinD基因和CDK4/6基因表达,诱导cyclinD和CDK4/6结合成复合体,经磷酸化修饰呈现丝/苏氨酸蛋白激酶活性,在中G_1期达到高峰,越过限制点。在晚G_1期还出现CDK2-cyclinE复合体的蛋白激酶。由这两种激酶磷酸化Rb,释放出转录因子E2F,促使许多与DNA复制有关的基因表达,为在S期进行DNA复制具备条件,由此,细胞越过G_1/S控制点而进入S期。

由上可知,CDK4/6-cyclinD复合体的形成,对中G_1期越过R点非常重要;cyclinE-CDK2复合体的形成,对晚G_1期越过G_1/S控制点而进入S期非常重要。在这些复合体完成任务后,由于cyclin被激酶自身磷酸化,而进入泛素化蛋白分解途径被分解，使复合体解体，活性消失。

2. S期 在越过G_1/S控制点后，主要是由cyclinA和CDK2组成的复合体参与DNA复制的进行。为细胞分裂而进行双倍的DNA复制全部是在S期完成的。

3. G_2期 在G_2期内起作用的是CDK1，它先后与cyclinA和B结合形成CDK1-cyclinA和CDK1-cyclinB复合体，但是由于cyclinA在S期内已渐被分解而含量降低，故在G_2期内主要是由CDK1-cyclinB复合体呈现的功能。因为它的功能直接与细胞成熟进行有丝分裂有关，故将CDK1-cyclinB复合体特称为MPF（maturation promoting factor），关于MPF的活性调节（图21-5）。

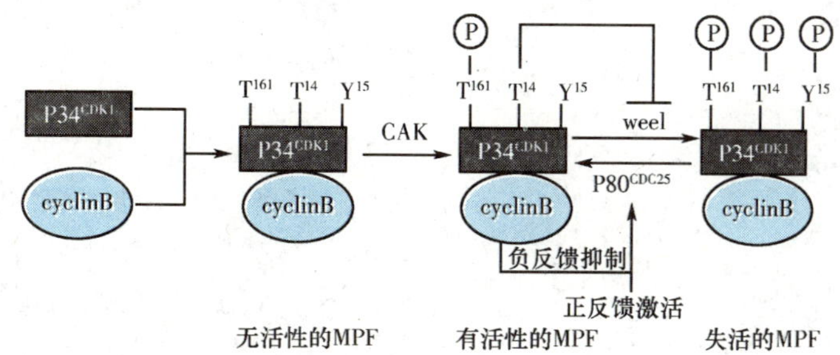

图 21-5 MPF活性的调控反应

MPF将磷酸化许多与有丝分裂相关的蛋白质而发挥生化效应，利于进入M期进行有丝分裂。

4. M期 这期是在前面许多准备成熟好的基础上快速进行的，故是在细胞周期中进程最短的过程。在M期的末期cyclinB被泛素化分解，MPF即失活而进入下一轮细胞周期或进入G_0期。

（二）细胞周期运行中cyclins的表达规律

从上节介绍内容，说明细胞周期各个时相中CDK-cyclin复合体的顺序形成、激活和失活规律，正是推进细胞周期运行的关键。这种规律是由cyclin的顺序表达和分解，以及CKIs密切配合形成的。其中cyclinD在细胞静息期（G_0期）不存在，但受分裂原刺激后快速表达和聚积，自后持续于各个时相，但是cyclinE、B、A仅呈现于各专一时相（图21-6）。

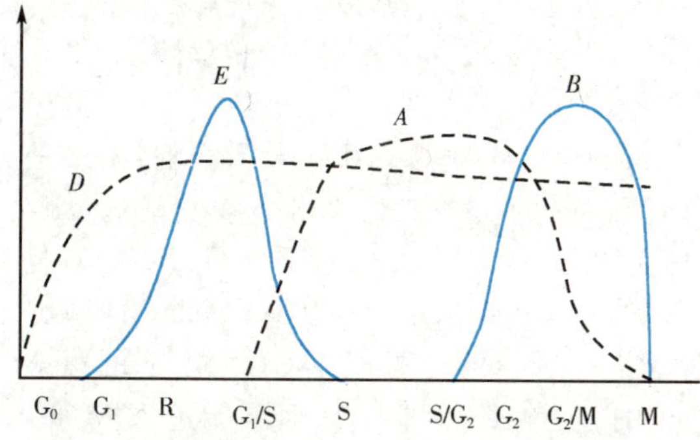

图 21-6 哺乳动物细胞周期中Cyclins的表达

第三节 DNA受损阻止细胞周期的分子学说

细胞周期的顺序进行，必须是完成前一期的变化后，方可进入下一期。如DNA因受紫外线或γ射线或化学药物损伤时，在未修复前细胞停滞在G_1期而不能进入S期。若在S期时DNA复制不完全，或G_2期时纺锤体形成不恰当，则不能进入M期，这样就保证了分裂的子细胞中的DNA是完好的，也就是说，当核DNA受到内外因素损害后，会自发引起细胞周期运行阻止，等待受损DNA自身修复，这是一种生理性自我防御反应。根据近年来的进展，DNA受损引起细胞周期阻止的分子机制主要有P53和Chk-1两种途径，以下仅以P53途径为例进行说明。

P53途径的校正机制与P53及ATM（ataxia telangiectasia mutated）基因产物的作用关系密切。

P53是抑癌基因表达蛋白，基因定位于17p13.1，分子质量53kDa，以四聚体形式自然存在，本身是转录因子。当核基因组受损后，立即激活ATM（ataxia telangiectasia mutated，突变后患运动失调性毛细血管扩张症的基因表达的蛋白分子，是丝、苏氨酸蛋白激酶）和DNA-PK（DNA dependent kinase，是丝、苏氨酸蛋白激酶），该二酶催化c-Abl（一种酪氨酸蛋白激酶）S456磷酸化激活，后者再结合P53加强其稳定性，并增强其转录活性。由此，P53一方面促进

P21(一种 CK1)表达，抑制 CDK4/6-cyclinD 复合体的激酶活性，而阻止细胞周期在 G_1 期，等待受损 DNA 修复；如果 DNA 受损持久或加重，则促使细胞凋亡。这就是当核 DNA 受损后引起由 P53 介导的生理性防御机制；防止损伤 DNA 继续被复制，导致癌变(图 21-7)。

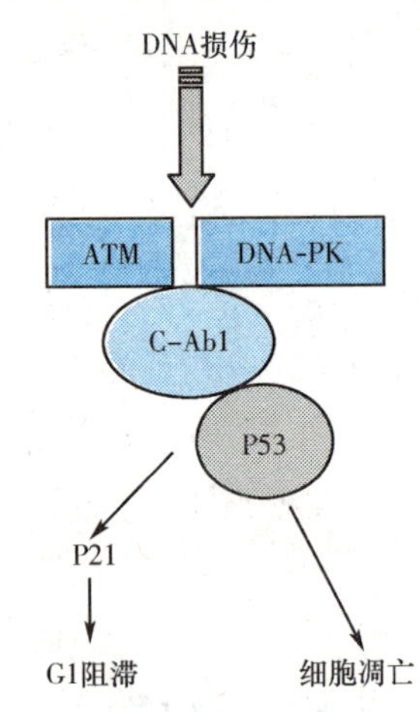

图 21-7　P53 阻止细胞周期的机制

第四节　细胞周期与疾病

一、肿瘤与细胞周期

细胞周期的超常快速进行，或在 DNA 复制不完全或有损伤时，细胞周期仍继续进行，则将导致癌变。如在人肝癌中，常有乙肝病毒 HBV 整合入 *cyclin*A 基因中后引起 cyclinA 高表达。这是因为 HBV 中有 432 个氨基酸残基的一段与 *cyclin*A 同源，故 HBV 可整合入 *cyclin*A 基因的 CCNA 位点处，其所表达的嵌合蛋白缺乏 *cyclin*A 的降解盒，故不能被降解，使 *cyclin*A 的作用持久，促进细胞周期快速进入分裂期，使细胞无控制地增殖而致癌。在乳腺癌亦常有 *cyclin*A、B、D1、E 等基因的表达增高。在原发性食道鳞状细胞癌及家族性黑色素瘤中，发现有 Ink4 基因的移位、缺失或变异，Ink4 编码的 P16 蛋白则系 CDK4 及 CDK6 的抑制物，P16 蛋白的缺失将导致 CDK4/6 的过分激活而使细胞快速进入 S 期，使癌细胞积极增殖。

最近报道在细胞分裂期中，PLK1 的表达水平高低对其调控影响很大，并证明具有高有丝分裂指数(mitotic index)的肿瘤细胞呈现高活性 PLK1。所以高水平表达 PLK1 可作为许多进展性肿瘤(如肺癌、头和颈的鳞状细胞癌、黑色素瘤、卵巢和子宫内膜癌、前列腺癌等)的预测指标。在图 21-3 中亦指出 PLK1 具有正反馈加强激活 CDK1/cyclinB 的活性。最近通过前列腺癌细胞培养实验，抑制 PLK1 可以阻止其有丝分裂并导致凋亡。

基于细胞周期运行的特点，一些抗癌药可分别在细胞周期的特定阶段特异地进行阻断。阻断在 S 期的抗癌药有羟基尿素(hydroxyurea)、甲氨蝶呤(methotrexate)。阻断在 G_2 期的抗癌药有烷化剂环磷酰胺(cyclophosphamide)及卡氛芥(carmustine)以及顺式铂氨(cisplatin)和鬼臼乙苷(etoposide)等。阻断在 M 期的抗癌药有红豆杉醇(taxol)及长春花生物碱(vinca alkaloids)。在抗癌药的联合用药时，宜选择针对阻抑不同细胞周期的抗癌复合药物，对细胞周期的不同环节均加以阻断将能更有效地扼杀癌细胞。

二、衰老与细胞周期

衰老细胞中，一些与细胞周期有关的蛋白质的表达都降低，如 CDK2、G_2-cyclin(cyclinA 及 B)以及 c-fos、AP-1 的表达均降低。对 G_1-cyclin(cyclinD 及 E)的表达虽无影响，但在衰老的人成纤维细胞中，cyclinE 不易被磷酸化而激活，使 CDK2-cyclinE 的活性降低；不能使 Rb 磷酸化，则 E2F 仍与 Rb 结合而不能发挥其转录作用，细胞仍不能进入 S 期。值得指出的是在衰老人成纤维细胞及静止期(G_0 期)细胞中，抑制素(statin)的表达增高。一旦当细胞进入 G_1 期，则抑制素水平降低。抑制素为 57kDa 蛋白质，其作用是抑制相应的 P45 激酶活性。一旦细胞受血清或生长因子刺激时，抑制素消失，P45 激酶显示活性，使 Rb 磷酸化，E2F 乃脱离 Rb 而发挥促转录活性，细胞周期得以进入 S 期。故抑制素水平可作为细胞衰老或静止期的指征。

三、AIDS 病与细胞周期

AIDS 病 HIV 感染时可使 T 细胞(主要是 CD_4^+ 细胞)的 CDK1 上的酪氨酸残基过分磷酸化而失活，并使 cyclinB 积聚。CDK1 是细胞由 G_2 期进入 M 期的主要激酶，cyclinB 的降解则是进入 M 期的必要条件，因而 HIV 的感染造成细胞周期停留于 G_2 期而不能进入 M 期，最终导致 T 细胞凋亡发生免疫缺陷。

Summary

Cell cycle is the period from one division to the next and it is divided into G_1 phase, S phase, G_2 phase and M phase. It initiates in quiescent G_0 phase and enter G_1-S-G_2-M phase sequentially to complete one cell cycle and undergo cell division once. The key factor that promotes the progression of cell-cycle is the activation and inactivation of the Ser/Thr kinase complex formed by association of CDKs and cyclins. There are various CDKs and cyclins and phase specific CDKs and cyclins among them which function at different cell-cycle phases. Cyclin must bind to the appropriate CDK to form holoenzyme and undergo phosphorylation and dephosphorylation in order to be activated. Because the levels of specific CDK remain fairly stable at different stages, the activity of CDK-cyclin complex is determined by the following factors: 1) The phosphorylation of CDK at specific site; 2) The appropriate cyclin level; 3) The CKIs level. The restriction point, G_1/S and G_2/M controlling points are important regulation points in the cell cycle. The formation, activation and inactivation of specific CDK-cyclin complex in order are key events that facilitate cell-cycle progression. When DNA is damaged in one phase, the cell-cycle is blocked before it is repaired. The studies on the molecular mechanism of cell-cycle proceeding and regulation will facilitate to elucidate the mechanism of pathogenesis of tumor, AIDS and aging.

思考题

1. 名词解释:细胞周期　cyclin　CDK

2. 简述 CDK-cyclin 复合体活性的调节。

3. 试述细胞周期各时相运行中 cyclins 的表达规律。

4. 试述 P53 介导的生长阻滞的分子机制。

5. 试举例说明癌基因及抗癌基因产物是如何通过干预细胞周期来调节细胞增殖的。

（屈　伸）

第 22 章 细胞增殖异常与肿瘤

细胞增殖是生命活动的重要体现。正常情况下，细胞增殖过程受到机体内复杂的调控网络精密有序的调控。在多种因素的作用下，这种调控功能失常，引起细胞异常增殖与持续分裂，导致肿瘤的发生。肿瘤细胞的显著特征就是细胞自主性分裂不受体内正常生长调控系统的控制；且失去细胞与细胞间及细胞与组织之间的正常关系，可侵袭周围组织并发生转移。

第一节 肿瘤的细胞学特点

一、肿瘤细胞恶性增殖的特性

肿瘤是由分化极差且连续无休止生长的细胞组成，这类细胞不同于正常细胞的突出特点是无限制分裂，侵犯其他组织，最终导致宿主死亡。细胞增殖动力学研究表明，肿瘤细胞迅速增殖的原因并非其细胞周期缩短，相反，绝大多数人类肿瘤细胞周期与其对应的正常细胞周期相同，甚至更长。肿瘤细胞恶性增殖的决定因素是它们失去了正常细胞所具有的控制细胞分裂增殖的机制。

1. 失去了细胞分裂的反馈抑制 根据增殖分裂能力的不同，肿瘤细胞大致可分为 3 个群体：增殖细胞群、暂不增殖细胞群和不再增殖细胞群。其中决定肿瘤无限增殖的是增殖细胞群，因为暂不增殖细胞群只有在合适条件下才进行分裂。将肿瘤增殖细胞群与正常更新细胞群中的干细胞（如骨髓、睾丸、消化道上皮和表皮）比较可发现，正常更新细胞群中干细胞的分裂增殖与它们衰老清除之间保持严格的平衡，这种控制机制称为细胞分裂的反馈抑制。例如，外科手术切除部分肝脏后，剩下的正常肝细胞可通过迅速的分裂增殖来补充肝脏的缺损部分；一旦恢复到原来的体积，其分裂增殖就停止。但是肿瘤细胞却不受这一反馈抑制机制的调控。

2. 失去了细胞分裂的接触抑制 在正常细胞的体外培养实验中可以观察到，当培养的单层细胞长满培养皿表面，相邻细胞互相接触时，细胞就会停止增殖，这就是细胞分裂的接触抑制特性。而肿瘤细胞失去了这种控制机制，当肿瘤细胞长满培养皿表面后，细胞仍然可以重叠生长。

3. 营养要求更低 正常细胞的生长要求一定量的营养，甚至要补充生长因子、激素等。但肿瘤细胞在不补充或少补充生长因子的条件下均能生长。原因在于肿瘤细胞能够合成自身增殖所需的一些因子，自我提供所必需的调控信息，从而为它们的恶性增殖创造条件。

二、肿瘤细胞膜结构与功能的特点

肿瘤细胞的细胞膜结构与功能同正常细胞相比差异明显，主要表现在细胞表面的糖蛋白、糖脂、蛋白聚糖等的组成、种类发生改变以及糖链上的唾液酸、岩藻糖及 *N*-糖基化糖链的分支明显增加，其中最常见的是膜糖蛋白丢失及糖蛋白糖链改变。此外，有些肿瘤细胞膜上可出现结构独特的糖脂和肿瘤相关抗原，表现为膜表面负电性增加。对某些高转移性癌细胞而言，唾液酸含量增多是其细胞膜重要特征。

癌细胞快速增殖、生长，对某些糖、氨基酸的需求加大，因此，癌细胞膜的通透性增强，对这些物质的运送增多。癌细胞膜的黏附性降低，只是正常上皮细胞的 1/5～1/3，因此癌细胞易于从原发部位脱落，发生侵袭、转移。肿瘤细胞凝集性增强，更容易被凝集素作用，可能与肿瘤细胞膜的结构变化所导致糖蛋白受体运动性增强或糖蛋白受体暴露程度增强有关。

三、肿瘤细胞的代谢特点

肿瘤细胞快速生长、增殖，需要合成大量的蛋白质、核酸等物质，因此，与增殖有关的酶包括核酸及蛋白质合成的酶如 DNA 聚合酶、拓扑异构酶、核苷酸合成相关酶系等的活性普遍增强，导致蛋白质、核酸等物质的合成代谢加强；同时能量的需要也加大，肿瘤细胞的能量主要来自糖酵解，糖原分解也增强，糖原的合成能力降低；糖异生明显下降。

此外，肿瘤细胞会出现一些异常的酶及胎儿型同工酶。

第二节 肿瘤发生的分子基础

目前肿瘤发生的分子机制尚未完全阐明，现普遍认为，肿瘤的发生是一个多因素、多基因、多阶段累积渐进的复杂过程。肿瘤发生的因素包括环境因素（外因）和宿主因素（内因），前者包括化学因素如烷化剂等多种有机化合物和金属等物理因素（电离辐射等）和生物性致癌因素（肿瘤病毒等）；后者则与个体的遗传特性、DNA 损伤修复缺陷、基因组不稳定性、免疫、内分泌等因素有关。肿瘤的发生涉及细胞增殖失控、细胞分化障碍（去分化、分化不良）、细胞周期调控失衡、细胞凋亡减弱、细胞信号转导异常等多种改变。本节重点从细胞增殖的角度来讨论肿瘤发生的分子基础。

细胞增殖的调控网络中涉及许多基因的表达及相互协同作用。这些基因大体上可以分为两大类：一类是正调控基因如癌基因（oncogene）等，促进细胞生长与增殖，并阻止其发生终末分化；另一类是负调控基因如抗癌基因（anti-oncogene）等，抑制细胞增殖，促进分化、成熟和衰老，最后凋亡。正常情况下这两类基因编码的产物可参与细胞周期调控、细胞信号转导等多个过程，它们的作用相互拮抗，维持动态的平衡。在致癌因素作用下，当这两类基因发生突变或表达发生异常时，癌基因异常激活，抑癌基因失活，这两种效应的协同及其他基因（如 DNA 修复基因失活、凋亡基因失调等）作用的累积，平衡被打破，细胞增殖的调控系统发生紊乱，引起细胞增殖失控，最终引起肿瘤发生。

癌基因和抑癌基因都是在研究肿瘤发生机制的过程中命名的，实际上这两类基因都是正常细胞的基本调控基因。癌基因异常激活和抑癌基因失活是细胞癌变的中心环节。

一、癌 基 因

（一）概述

癌基因的发现起源于对反转录病毒的研究，原意是指能引起正常细胞转化、诱发肿瘤的基因。后来，人们发现正常细胞的基因组中也存在这类基因。所以目前认为，癌基因是细胞内控制细胞生长、增殖与分化并具有诱导细胞恶性转化潜能的一类基因。正常情况下，癌基因可维持细胞的生理功能；在致癌因素的作用下，癌基因活化并异常表达（持续表达、过度表达），使细胞持续增殖，导致癌变。

1. 病毒癌基因 少数肿瘤的发生与病毒密切相关，这类能使敏感宿主产生肿瘤或使培养细胞转化成癌细胞的病毒称为肿瘤病毒，可分为 DNA 肿瘤病毒与 RNA 肿瘤病毒（即反转录病毒）。这类病毒诱发肿瘤的根本原因在于其基因组中含有癌基因。因此，把肿瘤病毒基因组中能使靶细胞发生恶性转化的基因称为病毒癌基因（virus oncogene，v-onc）。

1911 年，Rous 首先发现鸡肉瘤病毒（Rous sarcoma virus，RSV）具有致癌性。该病毒的基因组中除了含有 3 个基本结构基因（*gag*、*pol*、*env*）及 5′、3′端长末端重复（long terminal repeat，LTR）序列外，还有一个 *src* 基因（图 22-1）。*src* 基因不编码病毒的结构成分，而与病毒增殖相关，所以该基因是病毒癌基因。当病毒进入细胞后，病毒 RNA 在反转录酶的作用下反转录成 cDNA，整合入宿主细胞的基因组中进行表达，其中的病毒癌基因也随之表达，导致细胞转化。

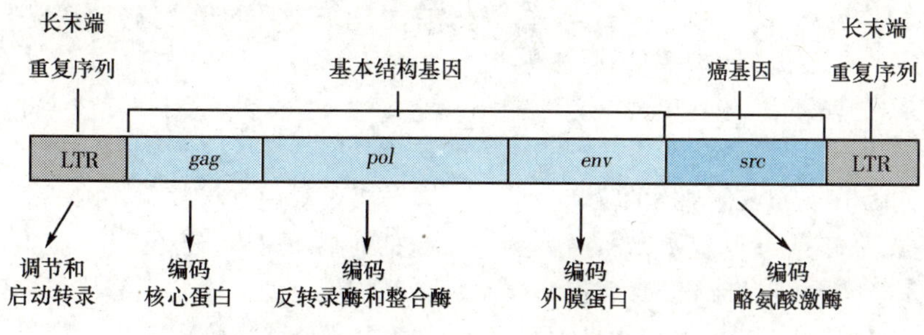

图 22-1 *RSV* 基因组结构模式图

2. 细胞癌基因 大多数肿瘤的发生与病毒似乎没有直接关系，这提示细胞基因组本身可能存在某些导致细胞转化的癌基因。这些存在于细胞基因组内的癌基因称为细胞癌基因（cellular oncogene，*c-onc*）。*c-onc* 的功能是控制细胞的生长，在正常细胞中 *c-onc* 只调控细胞的

增殖，不具有致癌活性，所以将未激活、不发挥致癌作用的细胞癌基因称为原癌基因(proto-oncogene)。原癌基因广泛存在于生物体(从酵母到人类)的正常细胞中，而且基因结构的同源性高，提示这类基因是进化上高度保守、生命活动所必需的基因。原癌基因的表达受到严格的时间(细胞发育阶段、细胞周期某一阶段)、空间(组织和细胞类型)、次序(表达的前后顺序)方面的控制，其产物对维持细胞的正常生长、增殖、分化和发育等起重要作用。

研究表明，细胞癌基因中有一些基因的序列与病毒癌基因同源，而且目前所知的 *v-onc* 都可以在哺乳动物细胞中找到一种与之对应的 *c-onc*，反之则不然。所以现在认为病毒癌基因来源于细胞癌基因，是病毒基因组整合到宿主细胞基因组后发生重组而形成的。

(二) 癌基因的分类及其产物的作用

目前人们已对癌基因的结构、基因产物的功能及细胞内定位进行了深入研究，并据此对已知的癌基因进行大致分类。

1. 根据基因结构的特点将癌基因分为以下几个家族

(1) *src* 家族：包括 *src* 及 *abl*、*blk*、*fes*、*fgr*、*fps*、*fyn*、*hck*、*lck*、*lyn*、*tkl*、*yes*、*yrk* 等基因。这个家族的成员众多，其编码蛋白质的大部分氨基酸序列具有同源性，多具有酪氨酸蛋白激酶活性，定位于细胞膜内或跨膜分布。

(2) *ras* 家族：包括 *H-ras*、*K-ras* 和 *N-ras* 基因。虽然它们之间的核苷酸序列相差很大，但编码的蛋白质为 21kDa 的小 G 蛋白(低分子量 G 蛋白)，可与 GTP 结合，具有 GTP 酶活性，可使 GTP 水解，并参与 cAMP 水平的调节，定位于细胞膜内面。

(3) *myc* 家族：包括 *c-myc*、*l-myc*、*n-myc*、*fos* 等基因。这个家族各成员的核苷酸序列同源性高，但其编码蛋白质的氨基酸序列相差很远。这类基因编码的产物为定位于细胞核内的 DNA 结合蛋白，可作为反式作用因子，调节其他基因的转录。

(4) *myb* 家族：包括 *myb*、*myb-ets* 两个成员，编码的蛋白质定位于细胞核内，能与 DNA 结合，是一类转录因子。

(5) *sis* 家族：只有 *sis* 一个成员，编码的蛋白质 P28 与人血小板源性生长因子(platelet-derived growth factor，PDGF)的结构非常类似，能刺激间叶组织的细胞分裂繁殖。

癌基因的种类繁多，其中大部分可归入上述基因家族。

2. 根据癌基因产物的作用分类 癌基因编码产物不仅参与调控细胞生长、增殖、分化以及细胞周期，同时，在细胞信号转导过程中也发挥重要作用。下面就其在信号转导途径中的作用加以叙述。

癌基因表达产物大多属于细胞信息传递网络系统中的成分，通过细胞信号转导途径，调控细胞的生长、增殖与分化。细胞外信号包括生长因子(growth factor，GF)、激素、药物、神经递质等，通过作用于细胞膜上的受体系统，或直接被传递至细胞内后再作用于细胞内受体，然后活化多种蛋白激酶，使胞内的相关蛋白质磷酸化，进而激活核内的转录因子，引发一系列基因的转录(图 22-2)。癌基因编码的生长因子、生长因子受体、细胞内信号转导分子及核内转录因子在这个过程中发挥了重要作用(表 22-1)。

(1) 生长因子：这类癌基因包括 *sis*、*int-2*、*hst*、*fgf-5* 等，其编码的产物与多种生长因子包括 PDGF、成纤维细胞生长因子(fibroblast growth factor，FGF)、表皮生长因子(epidermal growth factor，EGF)、转化生长因子(transforming growth factor，TGF)-α、造血生长因子(IL-2、IL-3)等有关。这些生长因子可通过与相应细胞受体的结合引起靶细胞的增殖。其中 PDGF 由 A 和 B 两条肽链组成，二者的氨基酸序列有 40%的同源性，可以 AA、BB 或 AB 二聚体的活性形式存在。*sis* 基因编码的 P28 蛋白与 PDGF 的 B 链同源，也可形成同源二聚体，与细胞膜上的 PDGF 受体结合，并激活相应的蛋白激酶，在信号转导中产生与 PDGF 相似的效应，促进细胞的分裂与增殖。此外，*int-2*、*hst* 和 *fgf-5* 编码的产物与 FGF 同源。这些生长因子类癌基因异常表达时，产生许多与生长因子类似的产物，与相应受体结合后，使信号转导系统失调，从而使细胞异常增殖。

(2) 生长因子受体：一些癌基因的产物与跨膜生长因子受体同源，能够接受细胞外信号并将其传入细胞内。跨膜生长因子受体的基本结构包括细胞外配体结合的结构域、跨膜结构域及胞内结构域。许多癌基因编码蛋白的胞内结构域具有酪氨酸蛋白激酶活性，属于酪氨酸蛋白激酶类受体，这类酪氨酸蛋白激酶受体及其癌基因包括 EGF 受体(*erbB*)、EGF 受体类似物(*neu*)、巨噬细胞集落刺激因子(macrophage colony stimulating factor，M-CSF)受体(*fms*、*kit*、*ros*、*ret*、*sea*)、神经生长因子(nerve growth factor，NGF)

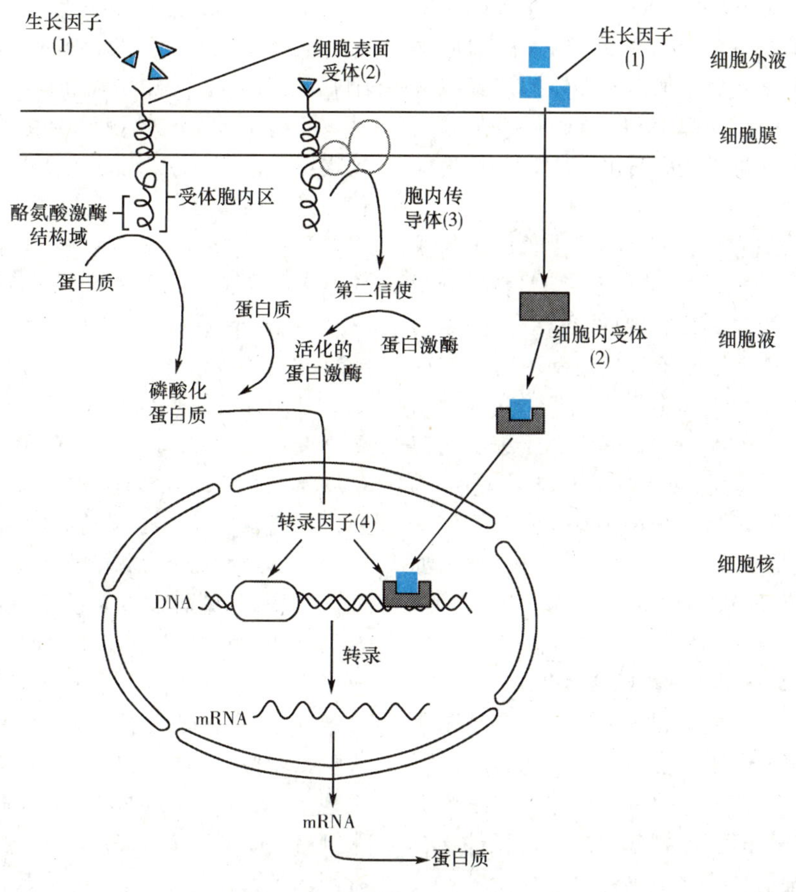

图 22-2 细胞信号转导示意图

表 22-1 癌基因在细胞信号转导网络中的作用

类 别	癌基因	编码产物
1. 生长因子	*sis*	PDGF
	fgf-5、*hst*、*int-2*	FGF
2. 生长因子受体		
(1) 酪氨酸蛋白激酶类受体	*erb B*	EGF 受体
	neu(*erb B-2* 、*HER-2*)	EGF 受体类似物
	fms、*kit*、*ret*、*ros*、*sea*	M-CSF 受体
(2) 可溶性酪氨酸蛋白激酶受体	*trk*	NGF 受体
	met	肝细胞生长因子受体
(3) 非蛋白激酶受体	*mas*	血管紧张肽受体
	erb A	甲状腺激素受体
	mpl	血小板生成素受体
3. 细胞内信号转导分子		
(1) 小 G 蛋白	*H-ras*、*K-ras*、*N-ras*	
(2) 膜结合的酪氨酸蛋白激酶	*src*、*abl*、*fes*、*yes* 等 *src* 族	
(3) 丝氨酸/苏氨酸蛋白激酶	*raf*、*mil*、*mos*、*cot*、*pim-1* 等	
(4) 磷脂酶	*crk*	
4. 核内转录因子	*c-myc*、*n-myc*、*l-myc*、*myb*	转录因子
	fos、*jun*	转录因子 AP-1

受体(*trk*)等。另一些癌基因编码的受体则无酪氨酸蛋白激酶活性,如 *mpl* 癌基因编码的血小板生成素受体等可活化胞内非受体的酪氨酸蛋白激酶,又如 *mas* 癌基因编码的血管紧张肽受体等通过活化 G 蛋白进而活化 cAMP、PIP_2途径来发挥作用。

(3) 细胞内信号转导分子:当生长因子与相应受体结合后,通过一系列细胞内信号转导分子将信号进一步传递到细胞内、核内,引发基因的表达。这些信号转导分子包括癌基因的产物以及由其作用而产生的第二信使(如 cAMP、cGMP、IP_3、Ca^{2+}、DAG 等)。其中属于细胞内信号转导分子的癌蛋白及其癌基因包括:①小 G 蛋白(*H-ras*、*K-ras* 和 *N-ras*);②膜结合的酪氨酸蛋白激酶(*src*、*abl*、*fes*、*yes* 等);③丝氨酸/苏氨酸蛋白激酶(*raf*、*mos*、*cot*、*mil*、*mht* 等);④磷脂酶(*crk*)。

(4) 核内转录因子:外界信号传入胞内,最终将导致一系列有关基因的表达。这些基因表达与否将由信号传递过程中所活化的转录因子决定。某些癌基因表达的蛋白质定位于细胞核内,起转录因子作用,与靶基因的调控元件结合直接调节转录活性。这类癌基因包括 *fos*、*jun*、*myc*、*myb* 等家族成员。

(三)癌基因激活的机制

正常情况下,原癌基因并无致癌作用,而在细胞的生长、增殖、分化等过程发挥其生理功能,尤其是在个体发育早期或组织再生时。在某些致癌因素(如病毒感染、射线或化学致癌剂等)的作用下,原癌基因的结构改变(如点突变、基因扩增、染色体易位与基因重排等)或其表达调控发生变化,使之被激活,进而造成癌基因表达产物的结构改变或量的增加、活性异常增加,导致细胞生长失控而发生癌变。癌基因的激活主要有以下几种方式。

1. 点突变 在致癌因素的作用下,原癌基因的单个碱基发生突变,导致其编码蛋白质的某个氨基酸发生改变,使该蛋白质的活性增强,对细胞增殖的刺激作用增强,或增加蛋白质的稳定性,使其浓度增加,导致对增殖刺激的时间与强度也增加;点突变也可改变 RNA 的剪接位点,使其发生错误剪接而改变蛋白质的结构与功能。*ras* 癌基因的激活是其中一个典型的例子:*ras* 癌基因的点突变主要发生在第 12 号密码子,其次在第 13、59 或 61 号密码子上,如正常细胞 *H-ras* 的第 12 号密码子(34～36 位)为 GGC,在肿瘤细胞中突变为 GTC,即第 35 位碱基发生 G→T 突变,导致编码的 *ras* 蛋白第 12 位的甘氨酸被缬氨酸所取代,进而使细胞恶变。

2. 基因扩增 原癌基因的扩增即原癌基因拷贝数量的增加,使转录模板增加,造成 mRNA 的水平增高,进而表达出过量的癌蛋白,导致正常细胞调节功能紊乱而使细胞恶性转化。*myc* 癌基因家族的基因扩增常见于多种肿瘤如胃癌、乳腺癌、结肠癌、胶质瘤等,肿瘤中有 *c-myc* 基因大量扩增;视网膜母细胞瘤与神经母细胞瘤中也发现 *c-myc*、*n-myc* 的扩增;在小细胞肺癌细胞株中则有 *c-myc*、*n-myc*、*l-myc* 基因的扩增。原癌基因的扩增程度不一,其拷贝数可增加几十倍、几百倍甚至上千倍。

3. 染色体易位与基因重排 染色体易位在肿瘤中经常出现,其结果可导致原癌基因的易位或重排,使原癌基因的正常转录环境发生改变而被激活,如原来无活性的原癌基因易位于一些强的启动子或增强子附近而被活化;或者易位后失去原旁侧具有抑制转录启动的负调控区,使其表达产物显著增加,导致肿瘤的发生。例如,在人 Burkitt's 淋巴瘤中存在 3 种类型的染色体易位:t(8;14)(q24;q32)、t(8;22)(q24;q11)与 t(8;2)(q24;p11)。其中第一种易位最常见,该易位使得染色体 8q24 的 *c-myc*基因转移到染色体 14q32 上免疫球蛋白重链(IgH)基因的调节区附近(图 22-3),与该区活性很高的启动子连接而被活化。

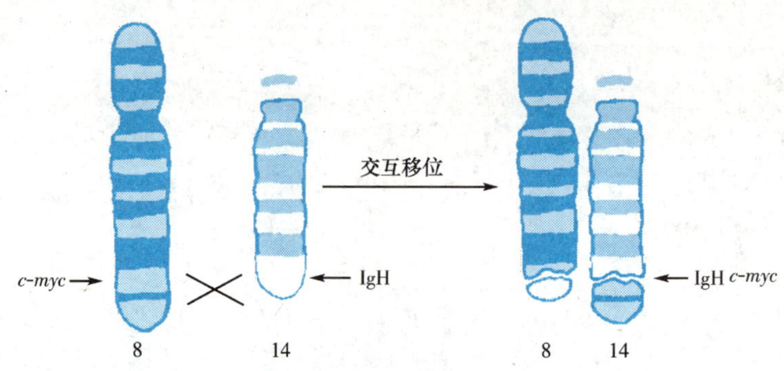

图 22-3 Burkitt's 淋巴瘤 t(8;14)(q24;q32)染色体易位示意图

4. 启动子与增强子的插入 某些反转录病毒本身并不含癌基因，当感染细胞后，其基因组中的长末端重复序列（LTR）插入到细胞原癌基因的附近或内部，由于 LTR 中含有较强的启动子和增强子，因此，可启动和促进原癌基因的转录，使其表达增加，导致细胞癌变。最常见被插入激活的原癌基因是 *c-myc*。例如，禽类白细胞增生病毒（avian leukocytosis virus，ALV）并不含 *v-onc*，但 ALV 感染宿主细胞后，ALV 的前病毒 DNA 整合到 *c-myc* 基因的 5′端，其 3′端 LTR 的 U3 区成为 *c-myc* 基因的启动子，使 *c-myc* 的表达比正常增高几十甚至上百倍。此外，该基因可被插入的增强子活化。

5. 低甲基化 低/去甲基化可导致癌基因大量表达，如 *H-ras*、*K-ras* 的低/去甲基化是细胞癌变的一个重要特征。

（四）癌基因的激活与肿瘤

癌基因的激活是某些肿瘤发生过程中的关键步骤。一种癌基因在同一癌变过程中可通过不同的机制活化；同一致癌因素可通过不同的方式、不同致癌因素也可通过同一种方式来激活癌基因。因此，癌基因的激活是个复杂、相互协调的过程。癌基因激活的结果是使其表达产物发生量变或质变：表达出过量的正常产物，或原先不表达的基因开始表达，或非该时期表达的基因出现表达，出现异常的表达产物（截短的蛋白质或融合蛋白）。进而在其他一些因素的协同下，最终导致肿瘤发生。下面以 *ras* 癌基因突变为例，试述癌基因激活与肿瘤的关系。

ras 癌基因定位于 1p22 或 1p23，编码的蛋白质为一种低分子质量 G 蛋白，含有 189 个氨基酸残基，分子质量为 21 kDa，具有结合 GTP 的活性与内源性 GTP 酶活性，参与信号转导。通常，Ras 蛋白的活性形式与非活性形式处于动态平衡。处于非活性构象时，Ras 蛋白可结合 GDP，在信号转导通路上游另一个蛋白的刺激下，GDP 转变为 GTP，Ras 蛋白构象转变成活性形式。这些活化的蛋白质与酪氨酸蛋白激酶结合，激活更下游的丝氨酸/苏氨酸蛋白激酶如 Raf 及有丝分裂原激活的蛋白激酶（mitogen-activated protein kinases，MAPK），从而介导信号的转导。随后，因其内在的 GTP 酶活性，GTP 水解生成 GDP，这些 Ras 蛋白又变为非活性状态。

ras 癌基因是人类肿瘤中最常见被激活的癌基因，其激活的机制主要是点突变。*ras* 基因的突变热点集中于第Ⅰ、Ⅱ外显子中，最常见的是第 12、13 或 61 等密码子的突变。其中 *K-ras* 基因更易成为突变的靶基因，已知 90% 的胰腺腺癌，50% 的结直肠癌，约 1/3 的肺腺癌都有 *K-ras* 基因第 12 个密码子的突变。该密码子的正常序列为 GGT（编码甘氨酸），在肺癌中常突变为 TGT（编码半胱氨酸）。在结肠癌中 80% 的 *K-ras* 突变位于第 12 个密码子，突变为 GTT（编码缬氨酸），约 15% 发生在第 13 个密码子。另外 *N-ras* 活化主要发生于白血病和淋巴瘤。

ras 基因突变后使 Ras 蛋白将 GTP 水解为 GDP 的能力以及与 GTP 酶活化蛋白结合的能力降低，导致 Ras 蛋白与 GTP 的持续结合。如果 Ras 蛋白持续处于活性状态就会出现持续的信号转导过程，刺激细胞的恶性增殖，最终发生细胞的恶性转化。此外正常的 *ras* 基因也可因过度表达而诱导恶性转化。

二、抑癌基因

（一）概述

20 世纪 70 年代初，人们在细胞融合实验中发现，一个肿瘤细胞与一个正常细胞融合后肿瘤的恶性表型受到抑制。当杂交细胞失去正常细胞中的某一染色体时又恢复了恶性生长的能力。这表明正常细胞中可能存在某种抑制肿瘤形成的基因。这类基因被称为抑癌基因即肿瘤抑制基因（tumor suppressor gene）或抗癌基因。目前认为抑癌基因是一类存在于正常细胞内，可抑制细胞生长、增殖并具有潜在抑制癌变作用的基因。当这类基因缺失或突变失活时，抑瘤功能丧失，导致肿瘤发生。

（二）常见抑癌基因及其产物的作用

在正常细胞的生长、增殖与分化等过程中，癌基因起着正调控作用，促进细胞进入增殖周期，阻止其分化；而抑癌基因起着负调控作用，抑制细胞增殖，诱导其分化。在细胞增殖的整个过程中，癌基因主要在细胞周期外的生长信号转导过程中发挥作用；而抑癌基因主要在细胞周期内部的调控中发生作用。目前，已知的抑癌基因较少，仅十余种，其表达产物主要包括跨膜受体、胞质调节因子或结构蛋白、转录因子与转录调节因子、细胞周期因子、DNA 损伤修复因子及其他一些功能蛋白（表 22-2）。

表 22-2　常见的抑癌基因及其作用

基因分类	染色体定位	主要相关肿瘤	基因产物及作用
1. 跨膜受体类			
DCC	18q21	结直肠癌	表面糖蛋白(细胞黏附分子)
2. 胞质调节因子或结构蛋白			
NF1	17q11	神经纤维瘤	GTP 酶激活剂
NF2	22q12	神经鞘膜瘤、脑膜瘤	连接膜与细胞骨架
APC	5q21	结肠癌	可能编码 G 蛋白
MCC	5q21	结肠癌、肺癌	93kDa 蛋白(活化 G 蛋白)
PTEN	10q23	胶质母细胞瘤	细胞骨架蛋白和磷酸酯酶
3. 转录因子和转录调节因子			
Rb	13q14	视网膜母细胞瘤、骨肉瘤	P105-Rb 蛋白,转录因子
WT1	11p13	Wilms 瘤	锌指蛋白(转录因子)
p53	17p13	多种肿瘤	P53 蛋白(转录因子)
VHL	3p25	嗜铬细胞瘤、肾癌	转录调节蛋白
BRCA1	17q21	乳腺癌、卵巢癌	锌指蛋白(转录因子)
BRCA2	13q12	乳腺癌、卵巢癌	锌指蛋白(转录因子)
4. 细胞周期因子			
p16(MTS1)	9p21	多种肿瘤	P16 蛋白(CDK4、CDK6 抑制剂)
p15(MTS2)	9p21	胶质母细胞瘤	P15 蛋白(CDK4、CDK6 抑制剂)
p21	6p21	前列腺癌	P21 蛋白(CDK2、CDK4、CDK3、CDK6 抑制剂)
5. DNA 损伤修复因子			
MSH2	2p21-22	与 HNPCC 相关的大肠癌	含 909 个氨基酸残基的蛋白质(修复 DNA)
MLH1	3p21	与 HNPCC 相关的大肠癌	含 756 个氨基酸残基的蛋白质(修复 DNA)

HNPCC:hereditary nonpolyposis colorectcel cancer,遗传性非息肉型结肠癌。

目前,抑癌基因及其产物的作用机制尚不完全清楚,下面对几种较常见的抑癌基因及其作用机制作一简单介绍。

1. Rb(视网膜母细胞瘤)基因　视网膜母细胞瘤基因是最早分离得到的抑癌基因,因为首先在视网膜母细胞瘤(retinoblastoma)中发现,所以称为 *rb* 基因。该基因的大小在 200kb 以上,含有 27 个外显子,转录 4.7kb 的 mRNA。该 mRNA 编码的蛋白质(P105-Rb)含有 928 个氨基酸残基,分子质量为 105kDa,定位于核内。

P105-Rb 蛋白存在磷酸化与非磷酸化两种形式,非磷酸化形式为活性型,可促进细胞分化,抑制增殖。P105-Rb 蛋白的磷酸化程度不一,并与细胞周期的调控密切相关。在 G_1 期 Rb 蛋白的磷酸化程度最低,而 S 期的 Rb 蛋白磷酸化程度最高。现已证实,低磷酸化的 Rb 蛋白可控制细胞 G_1/S 期和 G_2/M 期的过渡而抑制细胞分裂增殖。Rb 蛋白的磷酸化由周期素依赖激酶(cyclin-dependent-kinase, CDK)来控制。cyclin D_1、D_2、D_3 通过激活 CDK4 和 CDK6 而在 G_1 期对 Rb 蛋白进行初步磷酸化,导致细胞通过 G_1/S 检测点;cyclin A-CDK2 可能在 G_2 期对 Rb 蛋白进行高磷酸化,从而导致细胞通过 G_2/M 检测点。

Rb 蛋白可通过与 E2F 等多种转录因子及调节蛋白相互作用而控制细胞增殖与分化。在 G_0、G_1 期,低磷酸化的 RB 蛋白与 E2F 结合后,E2F 失去转录活化功能;在 S 期 Rb 蛋白被磷酸化后与 E2F 解离,E2F 因而可调节多种基因的表达,如 c-*myc*、n-*myc*、c-*myb*、cdc2、胸苷激酶、DNA 聚合酶 α、二氢叶酸还原酶及 *rb* 基因等。可见,E2F 可促进 *rb* 基因的转录,而过量表达的 rb 蛋白有反馈抑制 E2F 功能,这种反馈调节机制对细胞周期的稳定可能具有重要意义。RB 蛋白还可与病毒转化蛋白如 SV40 的大 T 抗原、腺病毒的 E1A 蛋白及人乳头瘤病毒 E7 蛋白等结合而失去结合并抑制 E2F 的能力。

此外，Rb 蛋白还可通过与 cyclin D 的 N 端 LXCXE 区结合及抑制多种原癌基因如 *c-myc*、*c-fos* 等的表达而抑制细胞分裂、增殖。

2. *p53* 基因 *p53* 基因是迄今发现与人类肿瘤相关性最高的基因。人 *p53* 基因定位于 17p13，全长约 20 kb，含有 11 个外显子，转录2.5 kb 的 mRNA，编码蛋白质(P53)的分子质量大小约为 53 kDa，定位于核内。P53 蛋白含有 393 个氨基酸残基，按氨基酸序列的特征可分为三个区：① 酸性区：包含 N 端 1～80 位氨基酸残基，其中酸性氨基酸较多，此区含有一些特殊的磷酸化位点，具有促进基因转录的作用；②核心区：由 102～290 位氨基酸残基组成，该区在进化上高度保守，包含有与 DNA 特异性结合的氨基酸序列；③碱性区：由 C 端 319～393 位氨基酸残基组成，其中碱性氨基酸较多，此区包含有四聚化位点、磷酸化位点。

P53 蛋白在维持细胞正常生长、抑制恶性增殖中发挥重要作用，其作用机制可能是多方面的：

(1) 参与细胞周期调控、促进 DNA 损伤的修复：在理化因素的作用下，细胞 DNA 受到损伤时，P53 蛋白活化，作为转录因子与 *p21* 基因的特异部位结合，激活 *p21* 基因的转录，P21 蛋白水平增加。当 P21 与 cyclin E/CDK2 结合时抑制其活性，不能使 Rb 蛋白磷酸化，导致细胞周期停滞在 G_1/S 期；当 P21 与 cyclin A/CDK2 结合，则使细胞周期停滞在 G_2/M 期。这样有利于受损伤 DNA 的修复；同时活化的 P53 蛋白又可促进生长停止和 DNA 损伤诱导基因(growth arrest and DNA damage inducible gene, GADD45)的表达，该基因表达产物可与增殖性细胞核抗原(proliferating cell nuclear antigen, PCNA)、CDK3 结合成复合物后可抑制 DNA 合成。PCNA 具有 DNA 修复酶的活性，使损伤的 DNA 修复。

(2) 诱导细胞凋亡：当 DNA 损伤不能修复时，活化的 P53 蛋白可促进相关基因(如 *bax* 基因)的表达，启动程序性死亡过程，诱导细胞自杀，以阻止有癌变倾向的突变细胞生成，从而防止细胞癌变。

(3) 抑制细胞的增殖：P53 可通过阻止 DNA 聚合酶与复制起始复合物的结合而抑制 DNA 复制启动，从而在 DNA 复制水平上抑制细胞增殖；而且 P53 的酸性区可通过其转录激活作用活化一些具有抑制细胞分裂作用的基因，从而在转录水平上抑制细胞增殖。

(4) P53 蛋白可被癌基因产物结合而失去活性：与 Rb 蛋白类似，P53 也可与 SV40 的大 T 抗原结合，只是结合的部位不同；还可与腺病毒的 E1B 蛋白(Rb 则与 E1A 蛋白结合)及人乳头瘤病毒 E6 蛋白(Rb 蛋白与 E7)等结合。

3. *p16* 基因 *p16* 基因在许多肿瘤细胞中都有缺陷，并与肿瘤的发生、发展密切相关，所以又称为多肿瘤抑制基因(multiple tumor suppressor gene-1, MTS1)。*p16* 基因定位于人染色体 9p21，全长 8.5 kb，包括 3 个外显子和 2 个内含子。编码的蛋白质含 156 个氨基酸残基，分子质量为 15.8 kDa，故称为 P16 蛋白。

P16 蛋白可作为细胞周期素依赖性激酶 CDK4、CDK6 的抑制蛋白，参与细胞周期的调控。其中 CDK4 与 cyclin D 结合后可促使 Rb 蛋白磷酸化，使转录因子 E2F 激活，促进相关基因表达。而 P16 蛋白可与 cyclin D 竞争和 CDK4 的结合，当 P16 蛋白与 CDK4 结合后，CDK4 的活性受到抑制，Rb 蛋白的磷酸化程度降低，低磷酸化的 Rb 蛋白与 E2F 结合后阻止相关基因表达；同时低磷酸化或非磷酸化的 Rb 蛋白可阻止细胞由 G1 期进入 S 期，从而抑制细胞增殖，阻止细胞生长。P16 除抑制 CDK4 的活性外，还有抑制 CDK6 的功能。

4. *NF1* 基因 *NF1* 基因是从 I 型神经纤维瘤(neurofibromatosis)中克隆出来的一种抑癌基因，定位于 17q11.2，全长约 60 kb，转录的 mRNA 长约 11～13kb，编码含 2 485 个氨基酸的蛋白。NF1 蛋白中有 350 个氨基酸区域与 GTP 激活蛋白(GAP)具有同源性，可与 Ras 癌蛋白结合，促进 Ras 蛋白中 GTP 的水解而降低 Ras 蛋白的活性。因此，NF1 蛋白很可能通过对癌蛋白 Ras 功能的抑制而发挥其抑制肿瘤的作用。

5. *DCC* 基因 *DCC* 基因是结肠癌中经常出现缺失的一种抑癌基因，因而得名(deleted in colorectal carcinoma, *DCC*)。该基因定位于染色体 18q21.3，全长约 370kb，其 mRNA 约 10～12 kb。该基因的蛋白产物是一种黏附分子，为 190 kDa 的跨膜磷蛋白，其氨基酸序列和神经细胞黏附分子的家族成员以及相关的细胞表面糖蛋白有高度同源性，其结构类似细胞表面受体，确切的作用机制尚不清楚。

(三) 抑癌基因的失活与肿瘤

正常情况下抑癌基因在细胞的生长、增殖与

笔记栏

分化及维持基因稳定性等方面起着负调控作用，并具有潜在抑癌作用。当抑癌基因发生突变而失活时，其抑癌功能丧失，导致细胞生长失控而致癌。下面以 *p53* 基因突变为例，说明抑癌基因失活与肿瘤的关系。

p53 基因突变是人类癌症中最常见的基因改变，约 50%以上的人类肿瘤都有 *p53* 基因突变，包括结直肠癌、乳腺癌、肺癌、食道癌、胃癌、肝癌、膀胱癌、胶质细胞瘤、软组织肉瘤及淋巴造血系统肿瘤等。

p53 基因突变的类型以点突变、杂合性缺失较多，其他突变如移码突变、无义突变、插入、基因重排等较少见。该基因的突变位点大部分集中于外显子 5 和外显子 8 之间，其中 86%以上的点突变发生于进化保守区，包括 4 个突变热点：密码子 175、248、273 及 282 的突变。少数突变发生于其他外显子或内含子的剪切位点上，如某些突变可引起 P53 mRNA 的剪接异常。

p53 基因突变具有以下一些特点：①大多数点突变(尤其是发生在进化保守区的点突变)是错义突变，可引起 P53 蛋白功能的改变；少数是无义突变(往往发生在进化保守区以外)或终止突变，特别是在上皮源性的癌组织中；在肉瘤中则以基因重排、插入突变为主，错义突变非常罕见。②当一个等位基因发生点突变时，另一个等位基因便存在缺失的倾向，这种两个等位基因都失活的现象在结肠癌、乳腺癌中发生频率较高，在原发性肝癌中，*p53* 基因杂合性缺失的频率可达 25%～60%，另外在乳腺癌、肺癌等肿瘤中，也不同程度存在等位基因的杂合性缺失。③*p53* 基因突变与内外环境因素(如致癌剂)相关，其突变位点的分布、类型和频率具有一定的特征性，如皮肤鳞状细胞癌中的 *p53* 突变，均发生于双嘧啶部位，且绝大部分突变为转换突变，这可能与紫外线引起皮肤诱变有关；肺癌中主要是颠换突变，这可能与香烟中的诱变剂苯并芘有关，因为苯并芘诱导的突变以颠换为主；原发性肝癌中 *p53* 基因突变以第 249 密码子突变最常见，这可能与黄曲霉素 B1 有关，来自于欧美、中东及其他黄曲霉素 B1 低含量区的肝癌，虽然也存在较高的突变频率，但第 249 密码子突变率却非常低，表明 *p53* 基因的突变差异与不同的致癌因素作用有关。④各种肿瘤 *p53* 基因突变的频率也不同，如小细胞肺癌中 *p53* 基因突变几乎为 100%，结肠癌中约为 70%，人乳腺癌约为 40%。各种肿瘤的组织类型不同，其 *p53* 基因突变也不同。

当 *p53* 发生突变后，空间结构发生改变，其转录活化的功能与磷酸化过程受到影响，因此失去了对细胞周期 G_1 检测点与 G_2 检测点的控制，细胞周期无法停止，结果导致遗传的不稳定性。许多可以引起肿瘤的 DNA 病毒(如 SV40、HPV、腺病毒等)通过其产物结合并灭活 P53 蛋白(有的还涉及 Rb 蛋白)导致遗传不稳定性，降低细胞周期检测点功能。缺陷 *p53* 或 *AT* 基因的细胞，在放射线照射后，遗传的不稳定性明显增加，即使这些基因是杂合型缺陷或突变，也能导致乳腺癌。遗传不稳定性的增加以及基因受损细胞的存活与继续增殖，或者遗传物质的改变，使细胞生长失控并最终发展为肿瘤。

越来越多的证据表明 *p53* 基因的突变一方面可引起野生型 P53 蛋白的失活而丧失抑制肿瘤增殖的能力；另一方面又表现出促进肿瘤生成及灭活正常 P53 蛋白的活性：突变本身使该基因具有癌基因的功能，即突变的 P53 蛋白具有促进细胞形成肿瘤的能力；同时突变的 P53 蛋白可与正常的 P53 蛋白聚合为四聚体，这种四聚体使正常 P53 蛋白也失去功能。因此，*p53* 基因突变对肿瘤形成具有非常重要的意义。

三、肿瘤发生发展中的多基因协同作用

人们在细胞学试验中发现，原代培养的动物细胞需要有两个以上的癌基因同时活化才能转化成癌细胞。同时许多实验证实，癌基因之间确实存在着协同作用。其中核内癌基因产物最易与胞浆癌基因产物发生协同作用。如核内转录调控蛋白 Myc 极易与胞浆 Ras 蛋白发生协同作用而使细胞转化。编码核内蛋白的癌基因主要有 *myc*、*n-myc*、*l-myc*、*fos*、*jun* 等。而编码胞浆蛋白的癌基因有 *H-ras*、*K-ras*、*src*、*erb*B、*fps*、*ros*、*yes* 等。多数核内蛋白不改变细胞的形态以及细胞对生长因子和贴壁的要求，但可以使细胞永生化(immortalize)。而胞浆癌蛋白则正好相反，改变细胞的形态，降低细胞对生长因子和贴壁的要求，但不能使细胞永生。这种协同效应是普遍存在的，但并不是两类癌基因的随机组合，也不是只有不同类型的癌基因同时激活才能致癌，同一类型的两种癌基因有时也具有协同致癌作用。

随着肿瘤分子生物学研究的发展，现已发现在单一的肿瘤组织中，往往同时存在多种遗传缺陷，包括原癌基因的点突变、易位、扩增和抑癌基因的缺失等。这提示，除了癌基因之间存在协同作用外，癌基因与抑癌基因及其他与肿瘤发生、

发展密切相关的基因之间也存在着协同效应。

因此目前认为，肿瘤的发生、发展是一个多因素、多阶段、多基因相互协同作用的癌变过程。在这个极其复杂的过程中，至少需要两个或更多不同的肿瘤相关基因的异常激活或失活，才能引起细胞的癌变。这是因为细胞的增殖受到多种因素的控制，要摆脱这些控制，可能需要多种基因的协同作用。换句话说，在肿瘤发生发展过程中存在多种不同基因结构及其表达功能的改变，以及这些基因的相互作用，所有这些效应的累积最终将导致癌变。如结直肠癌的发生发展过程可分为6个阶段：上皮细胞过度增生、早期腺瘤、中期腺瘤、晚期腺瘤、腺癌和转移癌。在这个过程中涉及一系列基因的改变与协同作用(图22-4)。

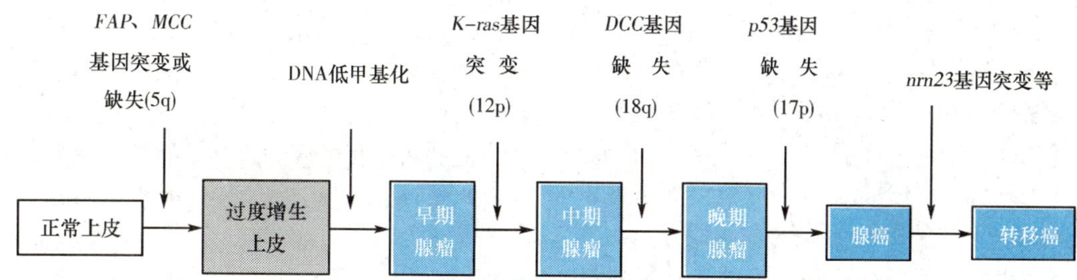

图22-4　结直肠癌的基因改变模式图

第三节　肿瘤细胞侵袭与转移的分子基础

肿瘤的侵袭与转移是肿瘤细胞与宿主细胞、细胞外基质(extracellular matrix，ECM)之间一系列复杂的、多步骤、多因素相互作用的动态过程。首先，肿瘤细胞要脱离原发瘤灶群体，接着侵袭周围组织，“力排”附近的正常细胞以及细胞外基质与基底膜；然后癌细胞又要穿入管壁，在血管或淋巴管内运行，再在某处穿出血管；最后在某个器官中“定居”下来。

从分子水平上可将肿瘤的侵袭转移过程分为：①黏附：首先，肿瘤细胞通过细胞表面受体和细胞外基质成分的黏附蛋白发生特异性结合；②降解：随之激活肿瘤细胞或宿主细胞的蛋白水解酶，使贴近肿瘤细胞表面的有限区域内基质发生降解；③运动：肿瘤细胞移入被蛋白酶水解后的基质区，其运动方向被趋化因子诱导，肿瘤细胞得以向纵深方向移动。以上步骤紧密配合、不断重复，导致肿瘤细胞持续侵袭直至远处转移。在此过程中，涉及黏附分子、蛋白水解酶、运动因子以及多种基因等因素的相互作用与调节；同时也与ECM成分、细胞表面结构、细胞骨架系统状态、细胞信号转导密切相关；而且，逃避宿主免疫监视(即免疫逃逸)、血管形成及药物耐受等对肿瘤的侵袭与转移来说也是极为重要的。本节将主要讨论肿瘤侵袭转移的相关分子和基因。

一、肿瘤侵袭转移的相关分子

(一) 黏附分子

肿瘤细胞黏附其他肿瘤细胞、宿主细胞或ECM成分的能力影响其侵袭和转移。黏附在侵袭过程中起双重作用，一方面肿瘤细胞必须先从其原发灶的黏附部位脱离，故黏附可抑制侵袭；另一方面，肿瘤细胞又需要借助黏附才能移动，肿瘤细胞从连续的黏附和去黏附中获得运动的牵引力。如果黏附得太牢，它们又不能脱离和移动，所以侵袭和转移的过程首先是黏附和去黏附的交替过程。

黏附可分为细胞与细胞黏附和细胞与基质黏附两大类，前者又可根据参与细胞的类型分为同型细胞黏附，如肿瘤细胞间的黏附，可避免肿瘤细胞彼此分离；以及异型细胞黏附，如肿瘤细胞与内皮细胞和内皮下间质的黏附，则促使肿瘤细胞穿过血管内皮，发生侵袭并易位生长。

现已鉴定出多种与黏附过程有关的细胞黏附分子(cell adhesion molecules，CAM)超家族。根据CAM的化学结构及功能特征将其分为6大类：钙依赖黏附素家族、整合素家族、选择素家族、免疫球蛋白超家族、透明质酸受体类(CD44分子)及其他CAM。而每一大类又可分成许多亚型。所有这些黏附分子均为跨膜糖蛋白，具有细胞外连接区和胞浆内功能区。通常由胞浆内功能区启动，通过胞浆外连接区与相应的配体结合，介导细胞与细胞或细胞外基质发生相互作用。

肿瘤侵袭转移过程中存在细胞黏附分子及其介导的黏附行为的改变，如上皮性钙依赖黏附素（epithelial cadherin，E-Cad）在某些低分化、侵袭性强的肿瘤中呈低表达或不表达。免疫球蛋白超家族黏附分子的上调与肿瘤的高转移力相关。

（二）蛋白水解酶

在癌细胞的侵袭和转移过程中会遇到一系列的组织屏障，这些屏障由ECM中的基底膜及间质、基质所组成，其主要成分包括：各型胶原、LN、FN、弹力蛋白（Elastin）及蛋白聚糖如硫酸乙酰肝素，硫酸软骨素等。不同的基质成分是由不同的蛋白水解酶降解的。水解酶可来自瘤细胞自身分泌，也可由局部宿主细胞受诱导而分泌，还可以是基质内原本存在的酶前体激活所致。

肿瘤细胞通过其表面受体与ECM成分黏附后，激活和释放各种蛋白水解酶降解基质成分，为肿瘤细胞的移动形成通道。基质的溶解就发生在紧靠肿瘤细胞的局部。在该处活化的酶类与内源性抑制物相互作用，这些相应的蛋白酶类抑制物可来自血液，或存在于基质内或由相邻的正常细胞所分泌，故癌细胞的侵袭与否主要取决于水解酶的局部浓度与它们相应的抑制物之间平衡的结果。

根据酶催化的底物及其适宜的pH值不同，蛋白水解酶可分为四大类：丝氨酸蛋白酶类、半胱氨酸蛋白酶类、天冬氨酸蛋白酶类及基质金属蛋白酶类（表22-3）。

表22-3　与肿瘤侵袭转移有关的蛋白水解酶

类型	水解酶	分型	作用的底物	抑制剂
丝氨酸蛋白酶类				
	纤溶酶原激活剂（PA）	u-PA	纤溶酶原	PAI-1，2，3，PN
		t-PA		
	纤溶酶		LN、FN、蛋白多糖的核心、前胶原酶	
	白细胞弹力蛋白酶			
	组织蛋白酶G			
半胱氨酸蛋白酶类				
	组织蛋白酶B（CB）		胶原酶、u-PA前体	CPI：stefinA、B
	组织蛋白酶H、L			
半胱氨酸蛋白酶类				
	组织蛋白酶D（CD）			
基质金属蛋白酶类（MMPs）				TIMPs
	间质溶解酶		Ⅰ～Ⅲ型胶原	TIMP-1
	Ⅳ型胶原酶（明胶酶）	MMP-2	Ⅳ型胶原、明胶	TIMP-2
		MMP-9		TIMP-1
	基质溶解蛋白（S）			TIMP-1
		S-1：MMP-3	蛋白聚糖、LN、FN，白明胶、非螺旋的球状Ⅳ型胶原	
		S-2：MMP-10		
		S-3：PUMP-1：MMP-7		

注：u-PA：urokinase-type PA，尿激酶型PA；t-PA：tissue-type PA，组织型PA；PAI：纤溶酶激活因子抑制剂；PN：proteinase nexin，蛋白酶链接素nexin；CB：cathepsin B，组织蛋白酶B；CPI：内源性半胱氨酸蛋白酶抑制物；CD：cathepsin D，组织蛋白酶D；MMPs：matrix metalloproteinases，基质金属蛋白酶类；TIMP：tissue inhibitors of metalloproteinase，金属蛋白酶组织抑制因子；S：stromelysin，基质溶解蛋白

关于蛋白水解酶促进癌细胞侵袭与转移的机制目前未完全阐明，一般认为其主要机制是通过与其相应的抑制物相互作用来催化 ECM 的降解。又由于基质中含有多种底物，因此要完成转移过程，可能要求多种不同的蛋白水解酶的参与。此外，为了活化不同非活化的前体物，还可能要求多种不同蛋白水解酶的参与，例如在体外，纤溶酶、CB 以及一种类胰蛋白酶的蛋白水解酶等，皆可活化前 u-PA(pro-uPA)。此外，各种蛋白水解酶之间可能存在某种形式的协同作用，并以瀑布式的级联反应来完成 ECM 的降解过程。一些实验结果提示，PA 的激活可能是蛋白酶级联反应的中心环节。PA 活化产物的纤溶酶可通过有限水解激活 MMPs，使酶促反应进一步放大。关于各种蛋白酶的活化和参与的次序及具体作用的机制等问题有待于进一步研究。

(三) 运动因子

肿瘤的侵袭转移除了需要黏附反应和蛋白水解作用以外，活跃的细胞运动能力也是其中一个重要因素。具有高度侵袭能力的细胞往往同时具有活跃的细胞运动能力。因此，可以说运动能力是肿瘤细胞侵袭的基本条件，也是转移的关键。

目前已经发现许多因素可影响肿瘤细胞的运动能力，如生长因子、ECM 成分以及宿主细胞与肿瘤细胞自身分泌的因子等。这些因子与相应的受体结合通过信号转导而引发肿瘤细胞的运动，称为运动因子。某些运动因子仅影响细胞的运动，而大部分因子既影响细胞运动又能影响细胞生长。

能刺激肿瘤细胞运动的生长因子包括胰岛素样生长因子、成纤维细胞生长因子、肿瘤坏死因子，表皮生长因子(EGF)、转化生长因子(TGF)等。

由肿瘤细胞自身分泌并作用于自身的运动因子为自分泌型运动分子。其中自分泌运动因子(autocrine motility factor，AMF)通过结合一种百日咳毒素敏感性受体，由 G 蛋白及磷脂酶 C 介导信号转导而发挥作用；自趋化素(autotaxin，ATX)具有 5′核苷酸磷酸二酯酶活性，能对细胞移动起直接刺激和间接调节作用；也通过细胞表面受体与 G 蛋白产生作用。还有迁移刺激因子(migration stimulating factor，MSF)，侵袭刺激因子(invasion stimulating factor，ISF)等。

而由宿主细胞分泌作用于肿瘤细胞的运动因子则为旁分泌型，包括扩散因子(scatter factor，SF)或称为肝细胞生长因子(HGF)，C3b 样因子等。

主要的细胞运动因子见表 22-4。

表 22-4　细胞运动因子

类　型	运动因子	分子质量(kDa)	产生细胞	靶细胞
自分泌型				
	AMF	55	鼠恶性黑色素瘤(B16-F1) 大鼠乳腺癌(MTLn3) 人纤维肉瘤(HT1080)	产生细胞
	ATX	125	人恶性黑色素瘤(A2058)	产生细胞
	ISF	78	人前列腺癌(PC-3ML)	产生细胞
	MSF	70	人胎儿和癌患者的成纤维细胞	产生细胞
旁分泌型				
	C3b 样因子	200	鼠肝窦内皮细胞	鼠淋巴瘤(RAW117-H10)
	SF	105	纤维母细胞 血管平滑肌细胞	多种上皮癌

二、肿瘤侵袭转移的相关基因

近年来，在肿瘤转移机制研究中的一大进展，就是发现了一些与肿瘤转移呈正、负相关的肿瘤转移相关基因和肿瘤转移抑制相关基因，前者的激活和(或)后者的失活均可诱发肿瘤细胞转移表型，而导致肿瘤转移的发生。这些基因包括：一些黏附分子、蛋白水解酶及运动因子等的编码基因；一些癌基因和抑癌基因；肿瘤转移基因和肿瘤转移抑制基因。

(一) 肿瘤转移相关基因

肿瘤转移相关基因是指与肿瘤的转移成正

相关的基因，即其表达能够促进或导致肿瘤转移。在这个意义上，肿瘤转移相关基因包括以下几个方面：①一些编码参与黏附、降解、运动分子过程的基因：如黏附分子 *CD44* 基因及其变异体基因等；②一些癌基因与突变的抑癌基因：包括 *ras*、*myc* 癌基因以及突变型 *p53* 基因、突变的 *DCC* 基因等；③其他一些基因如 *mtal*、*Tiam-1*、*PGMZ1*，*P9Ka* 等基因。但到目前为止，真正意义上的肿瘤转移基因（metastasis gene）还有待进一步深入研究。

1. *CD44* 基因 人 *CD44* 基因位于 11 号染色体短臂上，含有 20 个高度保守的外显子。编码的 CD44 蛋白，分子质量为 80～90kDa，是一种分布极为广泛的透明质酸受体；当Ⅴ区变异性拼接时可翻译出变异型 CD44 蛋白（CD44v）。

CD44 分子本质上是一种多功能的细胞表面跨膜糖蛋白，主要与 ECM 中的透明质酸（其最主要的配体）、胶原蛋白等基质分子结合，参与细胞与基质间的黏附。近来发现至少有 9 种与肿瘤转移有关的 CD44v，其差异主要是序列的中间部分。由于 CD44 在淋巴细胞成熟和归巢过程中起重要作用，提示癌细胞表达 CD44v 可能是为了披上伪装的外衣，在转移过程中逃避免疫系统识别而免于被杀伤。许多研究表明，CD44 及其变异体与肿瘤的侵袭与转移具有显著的相关性。尤其是 CD44v 在某些转移性肿瘤的选择性表达及其与细胞骨架的相互作用在肿瘤发展和转移过程中起着重要的作用。因此，*CD44* 基因被认为是肿瘤转移的促进因素，其中 CD44v 则起着更重要的作用。

2. 一些癌基因与突变的抑癌基因 几年前，人们确信癌基因和抑癌基因与肿瘤的形成有关，而认为可能有特异性基因负责肿瘤的转移。后来研究发现，将某些癌基因转染适宜的受体细胞以及某些抑癌基因的缺失或失活，可引起肿瘤细胞侵袭转移表型的发生。这表明，癌基因的激活与抑癌基因的失活也与肿瘤的侵袭转移有关。

ras 基因与肿瘤侵袭转移的关系首先被证实，且最具代表性。*ras* 基因可以转化正常细胞，但只能在部分转化细胞中诱发转移，而在另一些细胞中则不能诱发转移表型。研究表明，这是因为细胞对 *ras* 基因的应答不同所致。一些细胞在 *ras* 基因的作用下几种基因的表达发生改变，其中表达增强或活性增高的基因包括编码某些蛋白水解酶（如组织蛋白酶 L、组织蛋白酶 B、Ⅳ型胶原酶）、调节细胞周期的钙结合蛋白（calcyclin）等的基因；而编码蛋白水解酶的抑制因子（如金属蛋白酶组织抑制因子、半胱氨酸蛋白酶抑制剂 cystatin）的基因的表达或活性则降低。这些基因产物与肿瘤侵袭转移的表型密切相关。所以这类细胞可被诱发转移表型。

此外，其他一些癌基因如 *myc*、*src* 等以及突变型 *p53* 基因、突变的 *DCC* 基因等，也都是通过影响其他基因而以间接方式影响肿瘤细胞的侵袭转移特性。

（二）肿瘤转移抑制相关基因

对肿瘤转移抑制相关基因的克隆和鉴定是近几年研究肿瘤转移机制的热点，并已取得较大进展。

肿瘤转移抑制相关基因是指对肿瘤转移起负调控作用即抑制肿瘤转移发生、形成的基因。目前，根据肿瘤转移抑制相关基因的功能和作用机制，将其大致分为三类：①编码的蛋白质直接抑制参与转移过程的某种基因产物。此类基因包括编码上皮性钙依赖黏附素（E-Cad）基因、金属蛋白酶组织抑制因子基因以及野生型 *p53* 基因等。②抑制参与细胞转移连锁反应中的蛋白质或直接作用于转移相关基因的 DNA 或 RNA。这类基因即为狭义的肿瘤转移抑制基因（anti-metastasis gene），包括 *nm23*、*WDNM* 基因等。③增强肿瘤细胞的免疫原性的基因如 MHC 系统的 *H-2K* 基因。

1. *E-Cad* 基因 *E-Cad* 基因定位于 16q22.1，由细胞外区、跨膜区和胞浆区三部分组成。其中细胞外区的第 1 区（CH1）能与 Ca^{2+} 特异性结合而发挥细胞黏附功能。一旦 CH1 所含等位基因缺失或突变，即可使整个 E-Cad 丧失黏附功能。所以认为 E-Cad 活性或其细胞外区的 Ca^{2+} 结合位点正常与否决定着 E-Cad 的细胞黏附或肿瘤侵袭抑制作用。

基因转染实验表明，用 E-Cad 的 cDNA 转染具有高度侵袭性的恶性细胞株可抑制其侵袭。因此 E-Cad 能抑制肿瘤细胞的侵袭和转移而被看做是抑制肿瘤转移的因素。目前认为 E-Cad 可能是通过 α-、β-、γ-连环蛋白（catenin）与细胞骨架相连，促进同型细胞间的黏附，使肿瘤细胞之间保持密切接触，难以脱离原发肿瘤进入周围组织或血管，从而抑制肿瘤的转移。

2. *TIMP* 基因 *TIMP* 基因是一个多基因家族，目前至少已发现 4 种成员：*TIMP-1*、*TIMP-2*、*TIMP-3* 和 *TIMP-4* 基因。这类基因编码的产物是基质金属蛋白酶的特异性抑制剂。其中 TIMP-1 是一种 28.5 kDa 糖蛋白，主要与非活化的 92kDa 的 MMP-9 以非共价键形式形成 1∶1 的复合体，并抑制其活性；TIMP-2 是 21 kDa 非糖基化蛋白，其序列有 65.6%与 TIMP-1 同源，选择性地与 72 kDa 的 MMP-2 结合，并抑制其溶解胶原和明胶活性。与 TIMP-1 不同的是，TIMP-2 既能结合无活性的又能结合激活状态的 MMP-2，而且可以终止金属蛋白酶家族所有成员的水解活性。

大量实验证明，导入重组的 *TIMP-1*、*TIMP-2* 基因均有明显的抑制肿瘤细胞侵袭和转移的作用。目前的研究表明，TIMPs 的作用不仅可以抑制 MMPs 基质降解活性，而且还具有抗增殖作用可以抑制肿瘤血管生成，从而实现对肿瘤侵袭转移的抑制。

3. 肿瘤转移抑制基因 *nm23* 1988 年，Steeg 等在研究具有不同转移能力的鼠 K-1735 黑色素瘤细胞时，发现一种与肿瘤细胞转移能力呈负相关的新基因，命名为 *nm23*（non-metastasis，非转移性，并且是被检测的第 23 个 cDNA 克隆）。后来，用 DNA 转染的方法将 *nm23* 转染高转移活性的肿瘤细胞后，其转移能力显著降低。因此认为 *nm23* 是一个具有转移抑制作用的新基因。

人 *nm23* 基因定位于 17q21.3，包括两种同源序列：*nm23-H1* 和 *nm23-H2*。*nm23-H1* 基因与鼠类 *nm23* 有 94% 的同源性。*nm23-H2* 与 *nm23-H1* 有 88%同源。*nm23* 基因编码 17kDa 的蛋白质，是一种二磷酸核苷激酶（nucleoside diphosphate kinase，NDPK）。

NDPK 的功能是将二磷酸核苷转变成除 ATP 以外的三磷酸核苷，因而在细胞的生理活动中发挥了重要作用：首先，微管的聚合和解聚需要由 NDPK 介导的转磷酸作用所提供的 GTP；其次，在信号转导过程中，NDPK 使 GDP 还原为 GTP，从而使 G 蛋白激活。因为 G 蛋白位于细胞膜上，与接受许多激素和生长因子信号密切相关，当激素和生长因子与受体结合时，G 蛋白起着传递信号的作用，这一过程需要能量，G 蛋白通过降解 GTP 生成 GDP 产生能量，而 NDPK 又使 GDP 还原。

因此，*nm23* 抑制肿瘤转移的作用机制与以下三方面有关：①促进微管的聚合：当 nm23 蛋白发生改变时，一方面可能使微管聚合异常而引起减数分裂时纺锤体的异常，从而导致癌细胞染色体非整倍性形成，促进肿瘤的发生、发展；另一方面它可能通过影响细胞骨架蛋白的生物活性而引起细胞运动，从而参与侵袭转移过程。②介导细胞信号转导：NDPK 通过催化 GDP 转化为 GTP 而使 G 蛋白激活，参与细胞信号转导的调节，进而参与抑制肿瘤转移的作用。③NDPK 还可干预某些基因的调节，如对 *ras*、*ela* 等起着转移的负调控作用。

综上所述，肿瘤转移基因和肿瘤转移抑制基因的确是存在的（如 *nm23* 等）；也可能还在于正常基因的突变或缺失（如 *CD44* 及 *DCC* 等）；还有可能转移的发生或抑制也需要多个基因的协同作用，以及基因本身存在有功能的多效性（pleiotropy），它们在不同类型组织中以及不同发育时期中发挥不同的、甚至相反的作用。当然，因为转移是个复杂的过程，除癌细胞因素外，需注意机体的环境因素。

Summary

Cancer cells often arise from uncontrolled cell proliferation. Under normal situations, the growth, proliferation and differentiation of cells are controlled by two kinds of regulatory genes: positive and negative feedback regulator, respectively.

Oncogenes, one of the positive feedback regulators, can be divided into viral oncogenes (v-onc) and cellular oncogenes (c-onc) or proto- oncogenes (pro-onc). The molecules coded by pro-onc, such as growth factors and their receptors, proteins of signal transduction and transcription factors, can promote cellular proliferation and suppress differentiation via the cellular- signal-transduction pathway. Mutation or overexpression of pro-onc that promotes abnormal cell proliferation is called oncogene. Activation of these genes can occur by several genetic mechanisms such as DNA amplification, translocation, point mutation, obtaining promoter and enhancer and methylation decrease.

Tumor suppressor genes (TSG) may encode receptors for secreted hormones that function to inhibit cell growth and proliferation, proteins that slow or inhibit progression, normally inhibits cyclin dependent protein kinase, through a specific stage of the cell cycle, proteins that promote apop-

笔记栏

tosis and DNA repair enzymes.

In case of out-of-balance regulation, the cells obtain the ability to split and proliferate continuously. A relatively unanimous view is that the tumorgenesis is the result of coordination involved in many stages, multifactors and many genes participation, and closely related with the participation of oncogene activation, tumor-suppressor gene inactivation and other gene disfunction.

Invasive growth and metastasis are the most important phenotypes of malignant tumor. Tumor invasion and metastasis are multi-phases, complicated molecular biological processes, including cancer cell adhesion, proteolysis, migration, and angiogenesis where many molecules and genes such as cell adhesion molecules (CAM), proteinases, motility factors, some oncogenes and tumor metastasis associated genes are involved in the regulation of these events.

思考题

1. 解释下列名词:癌基因　抑癌基因　病毒癌基因　细胞癌基因　原癌基因

2. 癌基因在细胞信号转导途径中的作用有哪些?

3. 原癌基因是静止和不表达的基因吗?试述其异常激活的机制。

4. 以抑癌基因 *p53* 为例,试述抑癌基因在细胞周期调控中的作用及其突变与肿瘤的关系。

5. 肿瘤侵袭转移的相关基因包括哪些?这方面的研究有何进展。

6. 如何正确认识肿瘤发生发展过程中癌基因、抑癌基因、肿瘤转移相关基因、肿瘤转移抑制相关基因等多基因的协同作用。

7. 肿瘤除了与细胞增殖、细胞周期调控、细胞信号转导有关外,还与细胞分化、凋亡等过程密切相关,试了解它们之间的关系。

(马文丽)

笔记栏

第23章 细胞凋亡与细胞衰老

第一节 细胞凋亡的概述

早在1972年Kerr等已发现从细胞的形态、超微结构和生化变化等方面来分析，细胞有两种死亡形式，一种是细胞坏死(necrosis)，另一种是他创新提出的程序性细胞死亡(programmed cell death，PCD)。但是由于当时尚没有获得可信的检测指标，所以该学说一直到19世纪90年代才受到重视，成为研究热点，进展极快，现在普遍称之为细胞凋亡(apoptosis)。

一、细胞凋亡的概念

细胞凋亡是机体维持内环境稳定，由基因控制的细胞自主的有序性死亡。与细胞坏死不同，细胞凋亡不是一种被动的过程，而是涉及一系列基因激活、表达以及调控等的主动过程，是机体生理性地适应生存环境而保守的一种细胞死亡过程。

二、细胞凋亡的生理意义

细胞凋亡是机体维持自身稳定的一种基本生理机制，是由基因控制的细胞自主的有序的死亡。如妇女在月经期的子宫内膜变化、绝经后的卵泡闭锁、断乳后的乳腺回归、T和B淋巴细胞的克隆和成熟、正常脏器的形态和体积平衡等，都是通过正常的细胞增殖、分化和凋亡三者间的平衡维持的。另外，机体还得必须经常地通过凋亡清除损伤的、衰老的和突变的细胞。所以细胞凋亡是正常的生理过程，但是凋亡过多或过少都可引起疾病发生。因此，近年来对于细胞凋亡的研究，已成为医学界的关注热点。因为当前严重威胁生命的一些疾病，如艾滋病、肿瘤、老年期中枢神经退行性疾病、心脑血管疾病、自身免疫性疾病和器官移植的排斥反应等，都与细胞凋亡失衡有直接或间接的关系，所以近来已从多方面研究应用细胞凋亡调控的原理，针对各种疾病设计出有效的防治措施。

三、细胞凋亡的特征

细胞凋亡有生化方面的特征和形态学方面的特征，但是前者是引起产生后者的基础，故学者们常以生化特征作为细胞凋亡早期的检测指标。

1. 生化特征

(1) 胞浆内Ca^{2+}浓度升高。

(2) 细胞内活性氧增多。

(3) 质膜通透性变大。

(4) DNA内切酶活性被激活升高，双链DNA在核小体之间切断形成约185～200bp的倍数的有序片段。

(5) Ⅱ型谷氨酰胺转移酶和需钙蛋白酶(calpain)活性升高。

2. 形态学特征

(1) 胞膜完整，外形呈发泡状。

(2) 胞质浓缩，细胞器紧聚。

(3) 染色体紧缩呈月牙状，凝聚在核膜周围。

(4) 形成膜泡的凋亡小体(apoptotic body)，被附近的细胞或巨噬细胞吞噬消化清除。

(5) 细胞凋亡可发生在正常细胞群中的单个细胞。

四、细胞凋亡的激发因素

细胞凋亡的参与分子都是在基因控制下组成性存在的，但是其中参与死亡信号转导的系列效应分子半胱天冬蛋白酶(caspase)，都是以非活性的酶原形式存在。只有当其中某个关键效应分子的酶原被诱导激活后，才引起效应分子间的级联反应，最后导致细胞死亡。在正常生理情况下，细胞凋亡与细胞增殖一样，是自身平衡进行的，但亦可受许多诱导因素激发加强，或受阻抑因素而减弱。例如，糖皮质激素、兴奋性神经递质谷氨酸和转化生长因子-β(transforming growth factor-β，TGF-β)可分别诱发淋巴细胞、神经元和肝细胞凋亡；白介素-2(interleukin-2，IL-2)、神经生长因子(nerve growth factor，NGF)

笔记栏

和睾丸酮可分别阻抑 T-淋巴细胞、神经元和前列腺细胞凋亡。

第二节　细胞凋亡的分子机制

一、参与细胞凋亡反应过程的核心分子

1991 年，Ellis 研究一种叫秀丽隐杆线虫(caenorhabditis elegans)的蠕虫，发现其幼虫是由 1 090 个细胞组成，在其发育过程中凋亡掉 131 个细胞。经研究表明这些细胞的自发性死亡，是与三个死亡基因(cell death gene，ced-3，-4，-9)的调控密切相关。*ced-3* 和 *ced-4* 基因的表达产物呈现促凋亡作用，*ced-9* 基因的表达产物呈现抗凋亡作用。当 *ced-9* 激活时，*ced-3* 和 *ced-4* 被抑制，则细胞存活；当 *ced-9* 基因不活跃而 *ced-3* 和 *ced-4* 被激活时，则导致细胞程序性死亡。以后不断在哺乳动物细胞中发现许多这三个同源基因及其表达的同源分子，掀起近年来关于细胞凋亡分子的生化机制的研究热潮。

(一) Bcl-2 族分子

1992 年，Caria 首先发现 Bcl-2 与线虫 *ced-9* 基因表达的 Ced-9 分子在结构上有同源性。Bcl-2 是因最早发现于 B-淋巴细胞瘤/白血病-2(B cell lymphoma/leukemia-2，Bcl-2)而得名，基因定位 18q21，由 229 个氨基酸组成，分子质量为 26kDa，具有抗凋亡作用。其分子结构中含有 BH(Bcl-2 homologous domain)1，2，3，4 四个结构域，其 C 端是疏水区段，具有质膜锚定作用，借以定位于线粒体膜表面，维护线粒体膜的通透性。到 2005 年止，在哺乳类细胞中发现的 Bcl-2 同源分子有 24 个成员，形成一个较大的 Bcl-2 族。而且根据它们的结构和功能的不同分为两个亚族；其中以 Bcl-2，Bcl-X_L 为代表的有 8 个成员，它们的分子结构中都含有 BH 1～4 域，形成一个具有抗凋亡作用的 Bcl-2 亚族。而其他以 Bax，Bak，Bad，Bid 等为代表的 16 个成员，它们的分子结构中均不含有 BH4，但含有 BH1-3 或仅含有 BH3(图 23-1)，形成另一个却呈促凋亡作用的 Bcl-2 亚族。

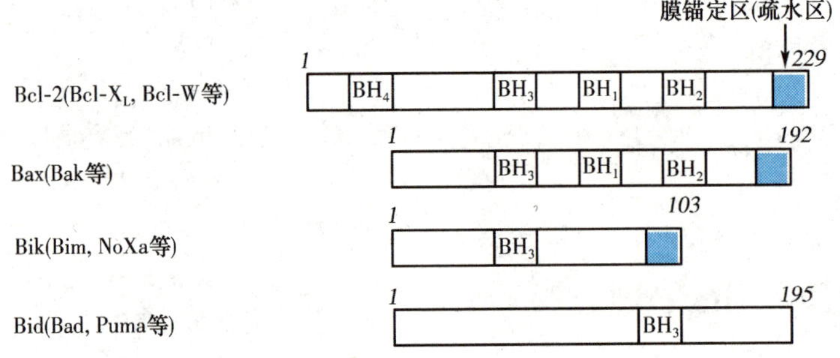

图 23-1　Bcl-2 族部分成员的分子结构

(二) 半胱天冬蛋白酶

1993 年，Yuan 从哺乳类细胞中发现第 1 个 Ced-3 同源分子，叫白介素-1β 转换酶(interleukin-1β converting enzyme，ICE)，是一种裂解蛋白质的蛋白水解酶。Pro-ICE 含 404 个氨基酸，分子质量 45kDa。在一定形式下可自身催化产生 20kDa 和 10kDa 两个片段，聚合形成 $(p20)_2(p10)_2$ 杂四聚体，为活化的 ICE。接着从 1994～1996 年又不断发现近 10 个 Ced-3 同源分子，都具有促凋亡作用。由于同义名很多，自 1996 年起国际有关学术会议将这类分子统一定名为 Caspase(cysteine containing asparate specific protease，半胱天冬蛋白酶)。以发现的先后用阿拉伯数字顺序排名。如 ICE 是第 1 个被发现的，称为 Caspase-1，到 1998 年底为止共发现有 14 个 Ced-3 同源分子，分别定名为 Caspase1～14。

Caspases 分子均具有下列的结构特征：①原先都是以无活性的 pro-Caspase 形式存在，只有在一定形式下或在上游活性的 Caspase 作用下，才能被分裂为有活性的分子。②活性的 Caspase 均是由 2 个大亚基(17～20kDa)和两个小亚基(10～12kDa)组成的杂四聚体；大亚基的 C 端含有 QACXG(X=R、Q 或 G)的酶活性中心，其中半胱氨酸(C)是必需的，小亚基决定底物专一性；一分子 pro-Caspase 只能分裂生成一个大亚基和一个小亚基，所以 2 个 pro-Caspase 分子在激活过程中只能形成 1 分子活性 Caspase。③在 pro-Caspase 的 N 端含有一段 P2-P27 的前区域(prodomain)，该区域大多具有嗜同性作用(homophilism)，参与

pro-caspase 的自身激活的反应过程。

(三) 凋亡蛋白酶激活因子

1992～1996 年,根据 Ced-3 和 Ced-9 两个死亡基因的线索,在哺乳动物细胞中发现了大量有关的同源分子 BcL-2 族和 Caspases,掀起了细胞凋亡的研究热潮。但是关于 Ced-4 死亡基因的同源分子在 1997 年才从哺乳动物细胞中发现,称之为凋亡蛋白酶激活因子-1(apoptosis protease activating factor-1,Apaf-1)。人 Apaf-1 含有 1 248 个氨基酸(鼠 Apaf-1 含有 1 238 个氨基酸),分子质量 130kDa,基因定位于 12 号染色体,其 N 端 1～98 位氨基酸组成一个嗜同性区段叫 Caspase 募集区(Caspase recruitment domain, CARD)。在 CytC(cytochrome C,细胞色素 C)及 ATP 参与下,Apaf-1 借其 N 端的 CARD 与 pro-Caspase-9 的前区域中的 CARD 互相嗜同性聚集形成凋亡复合体(apoptosome),其中含有 CytC、ATP、Apaf-1 各 7 个分子和 14 个分子 pro-Caspase-9。pro-Caspase-9 在凋亡复合体内可自身激活形成活性的 Caspase-9。

二、细胞凋亡的信号转导途径

关于细胞凋亡的信号转导反应过程,自 1993 年最早提出的死亡受体介导的途径以后,在 1998 年和 2004 年又分别提出线粒体介导的途径和内质网介导的途径。现已公认,在哺乳动物(包括人类)机体内普遍存在有下列三条细胞凋亡途径。

(一) 死亡受体介导的细胞凋亡途径

所谓死亡受体就是指结合了相应配体后,立即激活 pro-Caspase 的级联反应引起细胞凋亡的那些受体。这类受体总称为 TNF 受体超家族,以其中的 Fas、TNF-R1 和 DR4/5 四个受体最为重要。它们都是属于单跨膜的 I 型受体,其胞浆段内均含有一个约 80 个氨基酸组成的死亡结构域(death domain, DD),在死亡信号转导中具有重要的嗜同性作用。

1. FasL-Fas 系统 Fas(factor associated suicide,自杀相关因子)是广泛表达于正常细胞和肿瘤细胞膜表面的 I 型受体,其胞浆段内含有死亡结构域(death domain, DD)及阻抑结构域(suppresive domain, SD)。在 Fas 未结合其配体 FasL 前,该 SD 上结合 FAP-1(fas-associated phosphatase-1),致 Fas 呈抑制状态。

Fas 的配体 FasL(fas ligand)主要表达于 T 效应淋巴细胞和肿瘤细胞,是呈现于膜表面的 II 型受体。Fas 和 FasL 都是以纯三聚体形式存在,在 FasL 同靶细胞膜表面的自杀相关因子(Fas)结合后,诱导 Fas 胞浆段 C 端的 SD 上脱离下 FAP-1,同时诱导其 DD 结合 Fas 缔合蛋白(fas associated protein with DD, FADD),FADD 再以其 N 端的死亡效应子结构域(death effector domain, DED)结合 Pro-Caspase-8(或-10),形成一个由 Fas-FADD-pro-Caspase-8(或-10)三种分子组成的复合体,称为诱导死亡的信号复合体(death inducing signaling complex, DISC),其中 Pro-caspase-8(或-10)就可自身催化形成活性的 caspase-8(或-10),由此完成了由 Fas 介导的死亡信号的启动转导,接下去进行级联反应激活下游的靶 pro-caspases(包括 pro-Caspase-3,-6,-7)(图 23-2)。

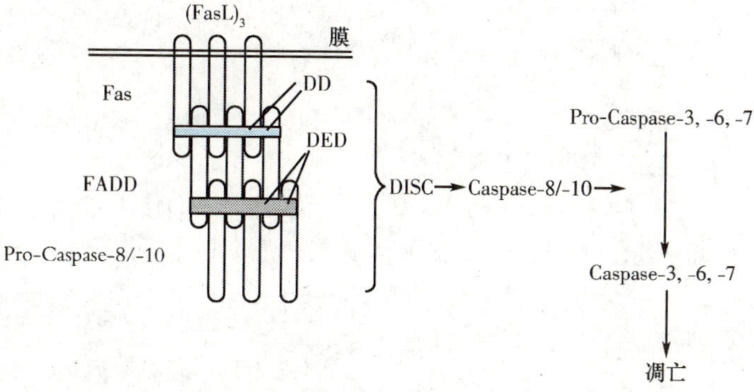

图 23-2 Fas 介导细胞凋亡的信号转导反应

活性的 Caspase-8(或-10)尚可催化 Bid(Bcl-2 族的促凋亡分子)。Bid 的 N 端 1～60 位氨基酸是 Bid 的抑制区段,N 端第 60 和 61 位氨基酸之间的肽键断裂,释放出活性的 C 端部分(61～195 位氨基酸区段)转位到线粒体膜,降低其跨膜压,引起线粒体内 Cyt C 和 pro-Caspase-2,-3,-7,-9 等死亡因子释放出来,在胞浆内 Apaf-1 的参与下形成凋亡复合体(apoptosome),其中 pro-

Caspase-9 自身激活，由此扩大 Fas 介导的死亡信号转导效应(图 23-3)。

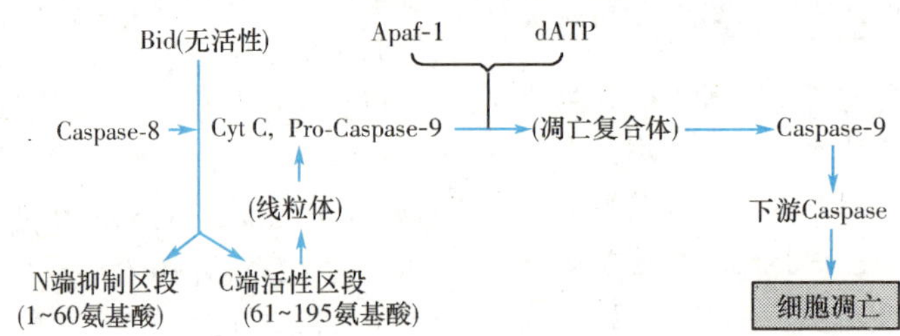

图 23-3　Caspase-8 通过线粒体扩大凋亡的反应

下游 Caspase 包括 Caspase-3,-6,-7 是引起细胞凋亡的直接执行者。它们可催化 50 多种靶底物分解导致细胞凋亡。这些靶底物分裂可涉及下列三个方面事件:①破坏 DNA 的完整性，因为下游 Caspase 可分解胞浆内的 DFF45(是 DNA 内切酶 DFF40 的结合抑制因子)，由此释放出 DFF40(DNA fragmentation factor 40)入核内引起 DNA 以核小体为单位的有序片段化；②破坏细胞骨架结构，胞浆内的许多骨架蛋白如胞衬蛋白(fodrin)、肌动蛋白(actin)及核纤层蛋白(lamin)等都是其催化分裂的靶底物；③阻止细胞周期运行，如 cyclin A、D、E 及 CDK 等亦都是其催化分裂的靶底物。

2. TNFα-TNFR1 系统　TNFα(tumor necrosis factor α，肿瘤坏死因子 α)以纯三聚体的Ⅱ型跨膜形式存在，其受体有 TNF-R1(P55)和 TNF-R2 两种亚型，但是只有 TNF-R1 胞浆段含有死亡结构域，故 TNFα 引起细胞凋亡的信号转导途径主要是由 TNF-R1 介导的。

当 TNFα 结合 TNF-R1 后，诱导其胞浆段的 DD 结合亦含有 DD 的接头分子 TRADD(TNFR1- associated protein with DD，肿瘤坏死因子受体-1 结合蛋白)，后者再借其 DD 串联结合 FADD 或 TRAF2(TNF-R associated factor 2)或 RIP(receptor interacting protein with DD)，引发多条信号途径；但是这些途径的结果有的是引起细胞凋亡，有的却是抗细胞凋亡和引起炎症反应，所以 TNFα 亦属于一种促炎因子(图 23-4)。

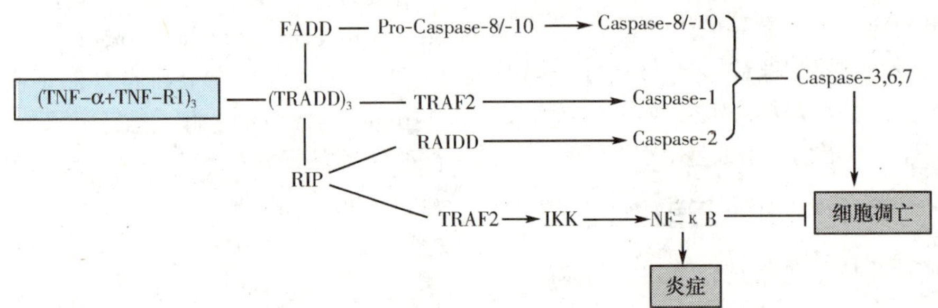

图 23-4　TNF-R1 介导细胞凋亡及激活 NF-κB 的信号传导途径

3. TRAIL-DR$_s$ 系统　TRAIL(TNF related apoptosis inducing ligand，诱导细胞凋亡的 TNF 族配体)是 19 世纪 90 年代末新发现的一个 TNFα 族配体，含有 281 个氨基酸，分子质量 32. 5kDa，其受体包括有两个真受体(death receptor 4/5，DR4/5)，它们的胞浆段都含有 DD，广泛表达于正常组织细胞和肿瘤细胞膜上；TRAIL 还可结合两个假受体(decoy receptor 1/2，DcR1/2)，其胞浆段不含有 DD，只表达于正常组织细胞，不表达于肿瘤细胞。

TRAIL 结合 DR4/5 后的反应与 FasL-Fas 系统一样，亦是通过聚集 FADD 与 pro-Caspase-8/10 形成 DISC，自身激活 Caspase-8/10 后级联反应引起细胞凋亡，但是 TRAIL 结合 DcR1/2 后不会引起细胞凋亡。故许多学者认为 TRAIL 具有专一性促肿瘤细胞凋亡的作用，而对于正常细胞不受影响，具有抗癌的临床应用前景，极受重视研究！

(二) 线粒体介导的细胞凋亡途径

因为在研究细胞凋亡过程中，发现有些细胞凋亡的征象，如线粒体的结构和功能的变化常出现在核 DNA 片段化之前，线粒体内释放出 CytC 的时间，远早于细胞质膜内磷脂酰丝氨酸的外翻，说明线粒体在某些细胞凋亡过程中，有重要的早期启动作用。因此，在 1998 年提出了这条现已被公认的线粒体介导细胞凋亡的信号传导途径学说。

1. 线粒体内的凋亡因子 在线粒体的膜间腔内存在有许多凋亡因子，但被屏障性的线粒体外膜阻拦，不能释放入胞浆内启动凋亡反应。这些凋亡因子包括有 Cyt C、AIF（apoptosis-inducing factor，凋亡诱导因子）、SMAC（second mitochondria-derived activator of Caspase，第二个线粒体的 Caspase 激活因子）、Endo G（endonuclease G，核酸内切酶 G）及 pro-Caspase-2、3、7、9 等。

（1）CytC：CytC 由线粒体膜间腔释放入胞浆后，可结合胞浆内的 Apaf-1 诱导其寡聚化，再募集 pro-Caspase-9 和 ATP 形成凋亡复合体，然后 pro-Caspase-9 自身激活形成活化的 Caspase-9，再级联反应引起细胞凋亡。

（2）AIF：这是一种 DNA 内切酶，由线粒体释放入胞浆后可直接入核催化 DNA 大片段分裂。

（3）SMAC：在正常细胞的胞浆内，天然存在有一类 IAP_s（inhibitor of apoptosis），具有结合抑制 Caspase-3、7、9 的活性。而 SMAC 释放入胞浆内后可以结合 IAP_s，促进其被泛素化蛋白分解，由此促进细胞凋亡。

（4）Endo G：这个核酸内切酶亦具有直接分裂核 DNA 成片段化的作用。

2. 影响线粒体膜通透性屏障的因素 在线粒体内外膜交接处，含有多种蛋白组成的通透性转换孔复合体（permeability transition pore complex，PTPC），形成一个只能允许小于 5kDa 的小分子和离子透过通透性转换孔（permeability transition pore，PTP），对于上述这些凋亡大分子是不能透过的。所以，凡能扩大 PTP 而破坏其通透性屏障的因素，即可启动线粒体介导的细胞凋亡反应。

（1）Bcl-2 族的促凋亡亚族成员：①Bad：在生长因子存在下，可通过磷脂酰肌醇-3-激酶（phosphatidylinositol-3-kinase，PI3K）和 PKA 促使 Bad 的 Ser112、136 磷酸化而抑制其促凋亡活性。在去除生长因子时，则 Bad 被去磷酸化而与 Bcl-2 或 Bcl-X_L 二聚化，破坏线粒体外膜通透性释放出凋亡分子而导致细胞凋亡。②Bid：本来存在于胞浆内，当被 Caspase 8 催化分裂成 N 端 11kDa 和 C 端 15kDa 两个片段，后者即转位入线粒体破坏其外膜通透性而导致凋亡放大作用。③Bim：本是结合在胞浆微管复合体，当受到凋亡刺激时被磷酸化后转位到线粒体，中和 Bcl-2（或 Bcl-X_L）而导致凋亡。④Bax 和 Bak 这两种分子都存在于线粒体外膜上，可结合 Bcl-2 或 Bcl-X_L 而阻止 Bcl-2 与 Bcl-X_L 的二聚化，由此抑制 Bcl-2/Bcl-X_L 维持线粒体膜完整性的作用而促进 PTP 开放，引起线粒体膜间腔内释放出凋亡因子启动细胞凋亡。

（2）蛋白激酶 C-δ（PKC-δ）：PKC-δ 与其他的 PKC 成员（PKC-γ、PKC-β）的功能不同。它一方面可直接作用改变线粒体膜的通透性导致凋亡。另一方面，PKC-δ 是 Caspase -3 的靶底物，Caspase-3 可催化 PKC-δ 部分蛋白分解而增强激活，后者磷酸化并分解核膜的核纤层蛋白导致核膜破裂。故最近又将 PKC-δ 称为凋亡核纤层蛋白激酶（apoptotic lamin kinase）。

（3）$[Ca^{2+}]_i$ 升高：细胞内钙离子浓度（$[Ca^{2+}]_i$）升高可激活胞浆内的钙调磷酸酶（calcineurin），后者促使 Bad 去磷酸化激活导致细胞凋亡。

（4）线粒体老化：在线粒体老化时，其呼吸链电子传递受损，产生活性氧（reactive oxygen species，ROS）增多，破坏线粒体跨膜压（$\Delta\Psi m$），增大线粒体膜通透性导致细胞凋亡。

所以，线粒体既是维持细胞一切生物学功能产生 ATP 的亚细胞结构，但在各种原因下受损时，又是引起细胞凋亡的诱发基地。因此，线粒体结构和功能的变化，对于细胞老化和机体寿命有极重要的影响。

3. 线粒体介导的凋亡途径 上述已清楚说明线粒体膜间腔内存在有多种启动细胞凋亡的因子，因此维护线粒体膜的完整性及生理通透性是非常重要。Bcl-2/Bcl-X_L 既具有这种保护线粒体膜的作用，又具有结合凋亡蛋白酶激活因子-1（Apaf-1）而阻止形成 apoptosome 的作用，故线粒体凋亡途径可受 Bcl-2/Bcl-X_L 高表达抑制。同样，如果受到某些损伤性因子（如放射线照射和氧化应激等）刺激，引起线粒体内膜的跨膜压（$\Delta\Psi m$）降低和通透性转换孔（PTP）开放，即可引起线粒体外膜肿胀破裂，放出上述相关因子，立即激发细胞凋亡反应，这是一条不同于由死亡受体启动介导的，而是启动于线粒体受损后介导的细胞凋亡途径（图 23-5）。

（三）内质网介导的细胞凋亡途径

1. 内质网应激（ER stress）和未折叠蛋白反应 内质网（endoplasmic reticulum，ER）不仅是胞内的钙贮存库和维持胞内钙平衡的重要亚细胞器，又是胞内合成蛋白质和合成后进行生理性折叠修饰的主要细胞器。因此，如果由于局部组织的短暂性缺血、氧化应激或由于某些基因突变，极易敏感地损伤 ER 的结构和功能，引起 ER 内钙离子浓度降低（$[Ca^{2+}]_{ER}\downarrow$），由此引起胞浆内钙离子浓度升高($[Ca^{2+}]_C$↑),发生一系列信号转导反应,称之为内质网应激(endoplasmic reticulum stress,ER stress)。其中必定同时影响其严格钙离子依赖性的蛋白质折叠修饰功能,引起未折叠蛋白积聚而发生的系列反应,此称之为未折叠蛋白反应(unfolded protein response,UPR)。

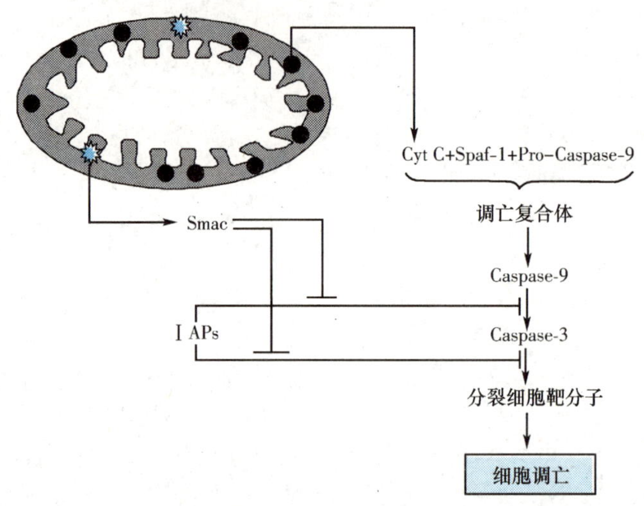

图 23-5 线粒体介导的细胞凋亡途径

在 ER stress/UPR 的反应中,在 ER 内激活了两种蛋白激酶(PERK 和 IRE1)和一种转录因子(ATF6),然后分别通过级联反应,最后结果是抑制新蛋白的生物合成和促进伴侣分子表达(图 23-6),由此反馈清除病理性的未折叠蛋白,所以这是一种生理性的细胞自我维护反应。

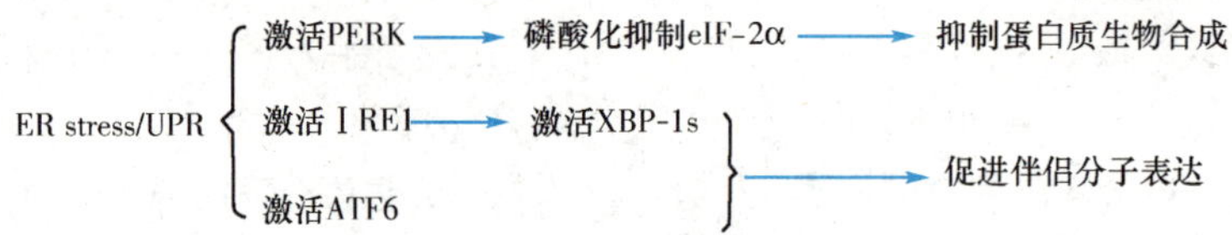

图 23-6 ER stress/UPR 引起的反应结果

PERK:PKR-like ER-resident kinase;IRE1:inositol-requiring kinase-1;XBP-1s:X-box binding protein -1_{short};ATF6:activating transcription factor 6

2. 内质网应激介导的细胞凋亡 如果上述的 ER stress/UPR 得不到及时反馈消除和恢复其钙离子平衡,则 ER 释放出的钙离子除了进入线粒体,促其释放出凋亡因子引起细胞凋亡外,同时由于$[Ca^{2+}]_C$升高,激活了胞浆内的需钙蛋白酶(calpain),后者激活定位于 ER 膜上 pro-Caspase 4(在小鼠 ER 膜上定位的是 pro-Caspase 12,在人 ER 膜上定位的是 pro-Caspase 4)后,经过级联反应立即发生 ER 介导的细胞凋亡反应(图 23-7)。

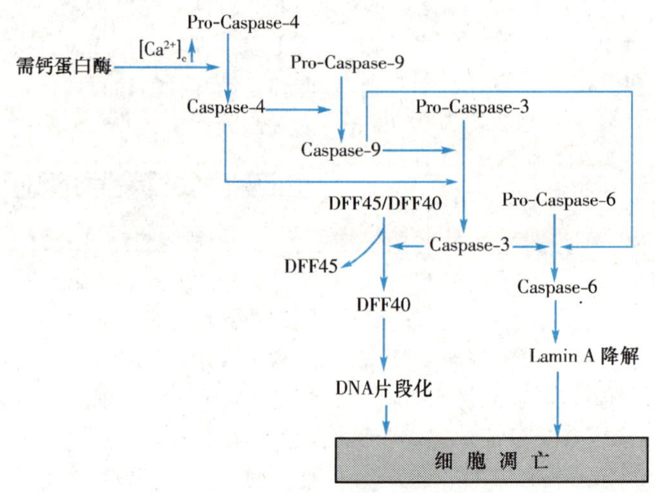

图 23-7 内质网介导的细胞凋亡反应

三、影响细胞凋亡的因子

(一) 生理性因子

有些基因的表达产物普遍微量存在于哺乳类细胞内，具有适度调控细胞周期运行和细胞凋亡的作用，促使细胞增殖与细胞凋亡维持在生理性平衡状态。如果这些基因遭受突变或缺失，即可因细胞增殖失控和凋亡受阻而形成肿瘤，故这类基因称为抑癌基因。

1. P53 P53是一种极为重要的抑癌基因表达产物，是一种转录因子，极易被泛素化蛋白分解，半寿期仅10～20min，故生理含量很低。基因定位于17p13-1，由393个氨基酸组成，分子质量为53kDa，广泛表达于各种细胞，具有控制细胞周期运行速度，以及促进DNA修复和促进细胞凋亡等重要生理作用。因此，超过50%的肿瘤生成与*p53*基因突变或缺失相关。

关于P53促进细胞凋亡的机制是：①许多凋亡因子基因启动子区都存在有P53反应元件(P53 responsive element，PRE)，结合P53后被激活转录表达。如P53可促Fas、FasL、Apaf-1、DR5和Bax等表达增高，促进凋亡；而P53对*bcl-2*基因却抑制其表达，降低其抗凋亡作用。②P53尚具有促进IGF-BP3表达以及抑制IGF-2和IGF-1R表达的作用，由此抑制细胞的存活信号，提高凋亡敏感性而加强细胞凋亡。③最近证明P53除了转录依赖性促进细胞凋亡外，尚具有直接激发线粒体介导凋亡的作用。

2. PTEN 这是上世纪末发现的一种抑癌因子，其全名叫张力蛋白同源磷酸酯酶(phosphatase and tensin homolog deleted from chromosome 10)，简称之PTEN，基因定位于第10号染色体。其磷酸酯酶活性是专一催化PI-3，4，5-P_3的肌醇3位上去磷酸形成PI-4，5-P_2。而PI-3，4，5-P_3是由PI3K催化生成后，经级联反应激活下游的PKB(protein kinase B，蛋白激酶B)，后者具有抑制细胞凋亡及降低P53稳定性的作用。PTEN正是抑制PI3K-PKB途径而促进细胞凋亡，所以PTEN是P53之后第二个重要的抑癌分子，约30%的肿瘤的发生与其基因突变或缺失有关。

(二) 病毒因子

病毒在感染宿主细胞后进行病毒分泌(virocrine)，这些分泌的病毒因子中有些同源于细胞生长因子、生长因子受体或信号转导分子，促进宿主细胞增殖和转化，有些是阻止宿主细胞的凋亡防御，保护病毒的生存和免被消灭和清除。

1. Crm A 其全名叫细胞因子反应修饰因子A(cytokine response modifier A)，是牛痘病毒分泌的一种蛋白质因子，它具有抑制caspase-3和颗粒酶B(granzyme B)活性而起到抗凋亡作用。

2. P35 这是由杆状病毒分泌的一种病毒因子，其分子结构与BcL-2部分同源，故具有抑制凋亡的作用。

3. EIB 是腺病毒分泌的病毒因子，分子质量55kDa，通过结合P53后达到抗细胞凋亡的作用。

4. HBX 是乙肝病毒(HBV)分泌的病毒因子，可结合P53而抑制凋亡。

5. E6蛋白 是人乳头瘤病毒的分泌因子，可促进P53分解而抑制凋亡。

6. LANA 是肉瘤疱疹病毒在感染潜伏期表达的一种病毒因子，故特称之为潜伏相关核抗原(latency-associated nuclear antigen，LANA)。可结合P53后抑制其转录因子活性，导致抗凋亡作用，引起Kaposi肉瘤发生。

由上可知，许多病毒的长期慢性感染所以有严重的致癌风险，都是与这些病毒因子的促增殖和抑制凋亡相关。如人乳头瘤病毒感染可高发宫颈癌，肝炎病毒感染易发肝癌和幽门螺旋杆菌感染易发胃黏膜细胞癌等。

第三节 细胞凋亡与疾病

细胞凋亡是机体在生长、发育和受到外来刺激时，清除多余的、衰老的和受损伤的细胞，以保持机体内环境平衡的一种自我调节机制。所以细胞凋亡与细胞增殖和细胞分化一样，都是在基因控制下各自有其复杂的信号转导系统。如果这种生理性的凋亡过程发生障碍(过低)或失控(过度)，就会引起许多疾病发生。

一、细胞凋亡过低相关的疾病

1. 系统性红斑狼疮 由于Fas表达缺陷，引起自身反应性T细胞阴性选择的凋亡功能丧失，才形成自身免疫性疾病。

2. 病毒性感染引起的肿瘤转化 如人乳头瘤病毒分泌的E6因子，促进P53分解，引起细胞周期失控和细胞凋亡阻止导致细胞癌变。杆状病毒的P35可抑制caspase-3而阻止凋亡，引起癌变等，都是因病毒因子影响了宿主细胞的凋亡反应途径才导致肿瘤转化。

3. 肿瘤 一般肿瘤细胞高表达FasL，借以凋亡淋巴细胞；而又低表达Fas，降低其被凋亡。这就形成肿瘤细胞有逃避免疫和凋亡抵抗的特性。又例如Kaposi's肉瘤和恶性黑色素瘤更分别高表达FAP-1和FLIP，进一步阻断Fas介导的凋亡途径。虽然肿瘤的形成与其增殖及凋亡两方面的异常都有关，但是肿瘤细胞的凋亡反应总是呈现相对过低。

二、细胞凋亡过度相关的疾病

1. 心血管疾病 有些是因窦房结、房室结和希氏束细胞发生过多凋亡，引起心脏传导系统障碍而致心功能不全。

2. 神经系统疾病 如肌萎缩性侧索硬化症和Alzheimer病、Pick病、Parkinson病等分别是由于脊髓前角运动神经元和中枢神经元过度凋亡所致。

3. AIDS病 是因为$CD4^+$ T细胞膜表面的CD4是HIV膜蛋白gp120的受体，当gp120结合CD4后可诱导$CD4^+$ T细胞凋亡，再加上HIV感染的外周血T细胞对TRAIL和FasL的诱导凋亡特别敏感，由此更加强了T细胞的凋亡，而导致免疫系统崩溃。

4. Lyell's综合征 是一种毒性表皮死亡分解病，症状是角化细胞死亡，表皮与真皮剥离，死亡率极高。这种病人是因血清中出现高水平sFasL(soluble FasL)，引起角化细胞(表达有Fas)过度凋亡所致。

5. 肝功能衰竭相关疾病

(1) 胆汁淤积性肝病(cholestatic liver disorders，CLD)：这是因为在淤积的胆汁酸中含有主要成分的甘氨鹅脱氧胆酸。后者除了可以直接激活Fas，引起Fas介导的凋亡途径外，还可以直接损伤线粒体，引起线粒体介导的凋亡途径，共同引起肝细胞死亡导致肝功能衰竭。

(2) 暴发性肝炎(fluminant hepatitis，FH)：这是因为肝炎病毒因子经抗原提呈识别反应，激活T淋巴细胞转化为细胞毒性T_c淋巴细胞(cytotoxic T lymphocyte，CTL)，后者表达FasL，立即引起大面积肝细胞凋亡(甚至含有部分面积坏死)，导致暴发性肝功能衰竭，预后极差。

笔记栏

第四节 细胞衰老

一、细胞衰老的诱导学说

人体生命衰竭的基础就是细胞的衰老和死亡。一个体细胞在人的一生中约可分裂传代50～60代(但神经元、心肌细胞和骨骼肌细胞等不分裂细胞除外)，在这数十代的持续代谢和基因组的连续复制过程中，不断产生有害分子和引起基因组不稳定性，而细胞内亦存在有清除这些有害分子和稳定基因组的代偿功能。但是随后由于有害分子的累积增多和代偿功能的渐趋减弱，必会发生细胞逐渐衰老和死亡。关于诱导细胞衰老和细胞凋亡的分子机制学说很多，现介绍下列三种主要学说。

(一) 自由基学说/活性氧学说

活性氧(reactive oxygen species，ROS)包括O_2·(超氧阴离子)、H_2O_2(过氧化氢)、HO·(羟自由基)和HO_2·(氢过氧基)等。在正常生理情况，ROS的生成量约占组织总氧耗量的3%，可被细胞内的超氧化物歧化酶(superoxide-dismutase，SOD)、过氧化氢酶(catalase，CAT)和过氧化物酶类(peroxidases，PXs)等及时清除。但当细胞趋于老化时，一方面因线粒体DNA(mtDNA)的突变累积，影响了呼吸链电子传递和氧化磷酸化，ROS生成增多，另方面因SOD和CAT活性降低，去除ROS的能力减弱，致ROS含量病理性升高，产生毒性效应而导致细胞凋亡，形成机体衰老。还因ROS促使脂质过氧化和蛋白质间交联，再加上大分子的糖基化和氧化交联，由此生成老人标志的脂褐质(老年斑)。ROS还会氧化损伤DNA(尤其mtDNA)，促使形成8氧dG(8-oxide-7，9-dihydro-2′-deoxyguanosine)导致基因突变引起衰老和疾病。现已证明衰老细胞mtDNA中的8氧dG生成速度比年青细胞要增加3倍，mtDNA中的8氧dG的量比核DNA(nDNA)要高18倍。

(二) 线粒体学说

线粒体是细胞进行氧化磷酸化产生ATP的制能厂(占95%)，耗氧量占90%，哺乳类细胞的mtDNA约占总DNA的0.5%。但mtDNA没有组蛋白包绕保护，是裸露的，易受内外环境因素损伤，故其被氧化损伤的几率比nDNA高10倍左右，并且还没有自我修复能力，故突变率更要比 nDNA 高 10～20 倍。因此，随着年龄老化 mtDNA 受损累积，线粒体功能逐渐退化，引起线粒体疾病和线粒体凋亡，导致机体衰老和死亡。

人类 mtDNA 是由 16 569bp 组成环形结构的线粒体基因组，每个细胞约含 100 个以上的线粒体，每个线粒体内又含有不等数量的 mtDNA 基因组，故每个细胞内就含有数百到数千个线粒体基因组（mitochondrial genome），因此，虽然 mtDNA 易受损伤和突变，但因细胞内线粒体基因组数量多，少量突变型存在，不会显著改变整个细胞的线粒体功能，但细胞内的线粒体基因组已呈异质性。当突变型 mtDNA 随着年龄不断累积到 50%～80%时就明显地出现疾病和衰老现象，并随年老而越严重。所以老年人易患老年性痴呆病和糖尿病等，这是线粒体 DNA 不断受损累积的结果。尤其是属于不分裂细胞的骨骼肌细胞、心肌细胞和神经元细胞的 mtDNA 的损伤率和损伤程度更易增大，就反映在引起行动缓慢，反应迟钝，心功能衰减和认知能力减退等一系列机体衰老现象。现已证明 mtDNA 的突变和片段丢失率男性高于女性，这与平均寿命女性高于男性的一般规律有关。近年来对于保护线粒体功能的研究，正是国际上关注的热点。

（三）端粒（telomere）学说

在人染色体的两端均含有一段以（5′-TTAGGG-3′）重复序列为主的末端结构，称为端粒，具有保护基因组不被降解和防止染色体之间端-端融合。人类端粒长度约 5～15kb 不等，在细胞分裂进行染色体复制时，每次细胞周期，其染色体两端约缩短 50～65bp，因此，随着染色体复制次数的增加，其端粒将不断缩短，当缩短到一定的临界长度（Hayflick 极限）时，细胞即不再分裂并老化死亡。所以端粒长度与衰老之间有一定的关系，可作为衰老指标。

二、细胞衰老的生物学标志

1. β-半乳糖苷酶（β-galactosidase） 该酶在年轻皮肤细胞中测不出其活性，但在衰老细胞中活性呈阳性。一般是在 pH 6 条件下进行组化法检测，其阳性的强度随细胞增殖代数而呈正相关增大，所以被称为衰老标志酶。

2. 葡萄糖-6-磷酸脱氢酶（G-6-P dehydrogenase） 在衰老期其活性下降，说明 G-6-PD 亦是一种衰老标志酶。因为 G-6-PD 催化 G-6-P 生成 6-P-葡萄糖酸和 NADPH。后者对蛋白分子的-SH 和细胞质膜具有保护作用。

3. 皮肤成纤维细胞体外培养实验 传代次数与衰老呈负相关，所以检测皮肤成纤维细胞的增殖能力，约可估计机体的衰老情况和寿限预测。

4. 鸟氨酸脱羧酶（ornithine decarboxylase）和 SOD2 活性 鸟氨酸脱羧酶和 SOD2 活性在老年人细胞中均比年轻人细胞中明显降低。

5. CKI（CDK 抑制因子）mRNA 含量 CKI 的 p21、p16、p27 等的 mRNA 含量在衰老成纤维细胞中均显著升高，而增殖细胞核抗原（proliferating cell nuclear antigen，PCNA）mRNA 降低。前者引起细胞周期阻止或延缓，后者引起 DNA 修复能力减弱，从而导致细胞加速衰老、死亡。

6. 端粒长度 报道 25 岁青年组白细胞内的端粒长度平均为 8.75kb，65 岁老人组的为 7.37kb，平均每年丢失 35bp。另外，发现男性的端粒 DNA 丢失速率比女性的快，这是与男性平均寿命短于女性的现象有关。

Summary

Like cell proliferation and cell differentiation, cell apoptosis is also a normal physiological mechanism. They are all programmed cell reactions under the control of genes. The maintain of the physiological state and function of normal cells and organ is by the balance between cell proliferation, cell differentiation and cell apoptosis. But the excessive apoptosis or deficient apoptosis will lead to disease and aging.

The cascade reaction of caspases is a key process of apoptosis. This course is initiated by the stimulation and the transduction of death signals, and then the downstream caspases will be activated and the serial targeted substrates will be cleavaged.

Based on the difference of the subcellular structure sites to which original death signals transfer, cell apoptosis can be divided into three routes: mediated by death receptors, mediated by mitochondria and mediated by endocytoplasmic reticulum.

Death receptors include Fas, TNFR1 and DRs. They will link the corresponding pro-caspase by joint molecule(adaptor) and form the corresponding DISC, and then they are activated by themselves to form the upstream tetrameric caspases. The upstream caspases will activate the downstream caspases. Through this kind of cascade reaction, the targeted substrates are cleavaged and the cells die. This is called apoptosis mediated by death receptors.

Some harmful stimuli will rupture the mitochondrial membrane and release the death factors such as Cyt C, pro-caspase-9, Smac and AIF. Pro-caspase-9 in apoptosome will be activated by itself into an active form, caspase-9. With the help of caspase-9 and Smac, the pro-caspase-3, 6, 7 will be activated and the targeted substrates will be cleavaged by cascade reaction. At the same time, AIF and Endo G will enter the nucleus to break the DNA. All of these result in the cell death in the end. This is called cell apoptosis mediated by mitochondria.

The decrease of $[Ca^{2+}]_{ER}$ which can occur due to some harmful stimuli will induce ER stress/UPR. Pro-caspase-4 will be activated by calpain because of ER stress/UPR and then the programmed cell death procedure is initiated. This is called apoptosis mediated by endocytoplasmic reticulum.

Because many diseases are related to the imbalance of the cell apoptosis to some extent, which is confirmed by the present research results, some methods based on the theory of apoptosis are invented to deal with cases of particular diseases which were hard to treat in the past and some with success. It can be regarded as a milestone in the medical science.

思考题

1. 何谓细胞凋亡？细胞凋亡有哪些生化学特征和形态学特征？
2. 在细胞凋亡反应过程中有哪些重要参与分子？它们的作用是什么？
3. 死亡受体包括有哪些？它们的相应配体是什么？
4. 简述死亡受体介导细胞凋亡途径的过程。
5. 简述线粒体介导细胞凋亡途径的过程。
6. P53 和 PTEN 影响细胞凋亡的分子机制。
7. 举例说明有哪些疾病的发生与细胞凋亡有关。
8. 介绍细胞衰老的诱导学说。
9. 简述内质网介导细胞凋亡途径的过程。

（何善述　冯友梅）

第六篇　专　题　篇

血液由血浆和血细胞组成。血浆蛋白质是血浆的主要固体成分，种类很多，在体内发挥着多种功能。不同的血细胞也有各自不同的代谢特点。

肝是物质代谢的重要器官，不仅在三大营养物质代谢中发挥重要作用，还在维生素代谢、激素代谢、胆汁酸代谢和非营养物质的代谢中起到至关重要的作用。

钙、磷是体内含量最多的无机元素，在骨代谢、信号转导中有重要作用，亦有自己的代谢特点。其他的无机微量元素，尽管所需甚微，但生理作用却十分重要。

维生素是另一大类机体所需的微量物质，分为水溶性和脂溶性两类。不同的维生素有不同的化学本质、性质、生化作用和缺乏症。

本篇将介绍医用生物化学中部分重要的基础内容：血液的生物化学；肝脏的生物化学；钙、磷与微量元素代谢和维生素等四章。

第24章　血液的生物化学

血液（blood）由血浆和血细胞组成，是体液的重要部分，正常成人血液约占体重的8%。血浆（plasma）是血液的液体部分，约占全血容积的55%～60%。血浆主要成分是水，达90%以上，另外还有可溶性固体成分，包括蛋白质、非蛋白含氮化合物（尿素、肌酸、肌酐、尿酸、胆红素、氨等）、不含氮的有机化合物（葡萄糖、乳酸、酮体等）及无机盐（Na^+、K^+、Ca^{2+}、Mg^{2+}、Cl^-、HCO_3^-、HPO_4^{2-}等）等。非蛋白含氮化合物所含的氮称为非蛋白氮（non-protein nitrogen，NPN），其中尿素氮（blood urea nitrogen，BUN）约占NPN的一半。血细胞是血液的有形部分，包括红细胞、白细胞和血小板。血液在心血管系统中循环流动，成为沟通内外环境及机体各部分进行物质交换的场所，对于维持机体内环境稳定具有重要作用。血液中某些代谢物浓度变化，可反映体内代谢状况，因此血液与临床医学有密切关系。临床上对血液进行分析，常以血清为样本，血清（serum）是血液凝固后析出的淡黄色透明液体，血清与血浆的区别在于血清中没有纤维蛋白原，但含有一些在凝血过程中生成的分解产物。

第一节　血浆蛋白

血浆蛋白是血浆中多种蛋白质的总称，是血浆中主要的固体成分，其含量仅次于水，约为60～80g/L。血浆蛋白的种类繁多，功能各异。

一、血浆蛋白的分类

按分离方法、来源或功能的不同，可将血浆蛋白分为不同种类。

最初采用盐析法，将血浆蛋白分为白蛋白（又称清蛋白，albumin）、球蛋白（globulin）和纤维蛋白原（fibrinogen）。正常人白蛋白（A）含量为38～48g/L，球蛋白（G）为15～30g/L，白蛋白与球蛋白的比值（A/G ratio）为1.5～2.5。临床上一般采用简便快速的醋酸纤维薄膜电泳，将血浆蛋白分为白蛋白、α_1球蛋白、α_2球蛋白、β球蛋白和γ球蛋白（图24-1）。如采用分辨率较高的聚丙烯酰胺凝胶电泳，可将血浆蛋白分出30多条区带。采用分辨力更高的等电聚焦与聚丙烯酰胺凝胶组合的双向电泳，可将血浆蛋白分出更多条区带。

血浆蛋白按来源不同分为两类：一类是由各种组织细胞合成后分泌入血，在血浆中发挥作用的血浆功能性蛋白质，如抗体、补体、凝血酶原、生长调节因子、转运蛋白等，这类蛋白质的质量变化可以反映机体的代谢状况；另一类是细胞更新或破坏时溢入血浆的蛋白质，如血红蛋白、淀粉酶、转氨酶等，这类蛋白质在血浆中出现或含量升高可以反映

有关组织的更新、破坏或细胞通透性改变。

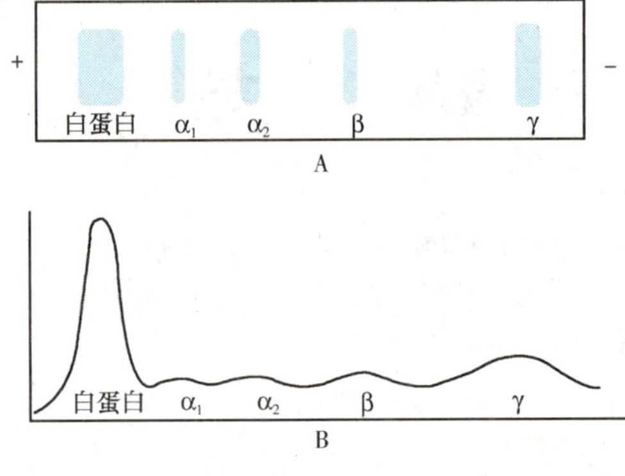

图 24-1　血清蛋白醋酸纤维薄膜电泳图谱 A 及电泳峰 B

血浆蛋白按功能不同分为 8 类：①凝血和纤溶系统蛋白质，包括各种凝血因子（除Ⅲ外）、纤溶酶等；②免疫防疫系统蛋白质，包括各种抗体和补体；③载体蛋白，包括白蛋白、脂蛋白、转铁蛋白、铜蓝蛋白等；④酶，包括血浆功能酶和非功能酶；⑤蛋白酶抑制剂，包括酶原激活抑制剂、血液凝固抑制剂、纤溶酶抑制剂、激肽释放抑制剂、内源性蛋白酶及其他蛋白酶抑制剂；⑥激素，包括红细胞生成素、胰岛素等；⑦参与炎症应答蛋白，包括 C-反应蛋白、α_2 酸性糖蛋白等；⑧未知功能的血浆蛋白质。目前已知的血浆蛋白有 200 多种，有些蛋白质的功能尚未阐明（表24-1）。

表 24-1　主要的血浆蛋白的含量及功能

	名称	符号	正常血浆中浓度(mg/L)	主要功能
白蛋白	前白蛋白	PA/Pre-AL	280～350	结合甲状腺素
	白蛋白	Alb	42 000±7 000	维持血浆胶渗压，运输，营养
	α 脂蛋白（HDL）	αLP	2 170～2 700	运输脂类及脂溶性维生素
α_1 球蛋白	α_1 酸性糖蛋白（乳清类黏蛋白）	α_1AGP	750～1 000	感染初期活性物质，抑制黄体酮
	α_1 抗胰蛋白酶	α_1AT	2 100～5 000	抗胰蛋白酶和糜蛋白酶
	运钴胺素蛋白Ⅰ			结合维生素 B_{12}
	运皮质醇蛋白	TSC	50～70	运输皮质醇
	甲胎蛋白	AFP	$0.5～2.0\times10^{-2}$	
α_2 球蛋白	α_2 神经氨酸糖蛋白	C_1s Ⅰ	240±100	抑制补体第一成分 C_1s
	C_1s 酯酶抑制物			酯酶的抑制物
	甲状腺素结合球蛋白	TBG	10～20	结合甲状腺素（T_4）
	α_2 HS 糖蛋白	α_2HS		炎症时被激活
	铜蓝蛋白	Cp	270～630	有氧化酶活性，与铜结合，参与铜的代谢，急性时相反应物
	凝血酶原		50～100	参加凝血作用
	α_2 巨球蛋白	α_2M	2 000±600	抑制纤溶酶和胰蛋白酶，活化生长激素和胰岛素，可和其他低分子物质结合，急性时相反应物
	胆碱酯酶	ChE	10±2	水解乙酰胆碱
	缚珠蛋白（结合珠蛋白）	Hp	300～1 900	结合 Hb
	血管紧张素原			收缩血管，升高血压；促进醛固酮分泌
	红细胞生成素			促进 RBC 生成
	α_2 脂蛋白（VLDL）	α_2Lp	280～710（随年龄性别而异）	运输脂类（主要是三酰甘油）、脂溶性维生素和激素
β 球蛋白	β 脂蛋白（LDL）	βLp	2 190～3 400（随年龄性别而异）	运输脂类（胆固醇、磷脂等）脂溶性维生素、激素
	转铁蛋白	Tf	2 500±400	运输铁，抗菌、抗病毒
	运血红素蛋白	Hpx	800～1 000	与血红素结合
	C 反应蛋白	CRP	<12	与肺炎球菌的 C 多糖起反应
	运钴铵素蛋白Ⅱ			与维生素 B_{12} 结合
	纤溶酶原	Pm	300±20	纤溶酶前体
	纤维蛋白原	Fib	3 500	凝血因子Ⅰ，急性时相反应物

续表

	名称	符号	正常血浆中浓度(mg/L)	主要功能
γ球蛋白	免疫球蛋白 A	IgA	2 470±870	分泌型抗体
	免疫球蛋白 D	IgD	3～400	抗体活性
	免疫球蛋白 E	IgE	0.33	反应素活性
	免疫球蛋白 M	IgM	1 460±560	抗体活性
	免疫球蛋白 G	IgG	12 800±2 600	抗体活性

二、血浆蛋白的特点

血浆蛋白具有以下共同特点：

(1) 大多数血浆蛋白由肝细胞合成，少数由内皮细胞合成，γ-球蛋白由浆细胞合成。

(2) 血浆蛋白在粗面内质网结合的多核糖体上合成，为分泌型蛋白质，分泌入血前经过剪切信号肽、糖基化、磷酸化等翻译后修饰加工过程变为成熟蛋白质。血浆蛋白自肝脏合成后分泌入血的时间为 30 分钟到数小时。

(3) 血浆蛋白几乎都是糖蛋白，含有 N 或 O 连接的寡糖链，只有白蛋白、视黄醇结合蛋白和 C-反应蛋白(CRP)等不含糖。

(4) 各种血浆蛋白都具有特征性的半衰期，如正常成人的白蛋白的半衰期为 20 天。糖链可使血浆蛋白的半衰期延长。

(5) 许多血浆蛋白具有多态性(polymorphism)。多态性是指在同种人群中，有两种以上且发生频率不低于 1%的表现型。最典型的多态性是 ABO 血型物质，此外，α_1 抗胰蛋白酶、结合珠蛋白、运铁蛋白、铜蓝蛋白等都具有多态性。研究血浆蛋白多态性对遗传学及临床医学均有重要意义。

(6) 当急性炎症或组织损伤时，某些血浆蛋白水平会增高，少则增加 50%，多则增加 1 000 倍，包括 C-反应蛋白、α_1 抗胰蛋白酶、结合珠蛋白、α_1 酸性蛋白和纤维蛋白原等，这些血浆蛋白称为急性时相蛋白(acute phase protein，APP)。急性时相蛋白在人体炎症反应中发挥一定作用，如 α_1 抗胰蛋白酶能使急性炎症反应释放的某些蛋白酶失活。白细胞介素-1 是单核-吞噬细胞释放的一种多肽，它能刺激肝细胞合成许多急性时相蛋白。有些蛋白质(如白蛋白、运铁蛋白等)在急性炎症时含量下降。

三、血浆蛋白的功能

(一) 稳定作用

血浆胶体渗透压和血液 pH 的稳定对于机体内环境的稳定具有重要意义。

血浆蛋白的浓度和分子大小决定血浆胶体渗透压的大小。白蛋白是血浆中含量最多的蛋白质，占血浆总蛋白的 60%；多数血浆蛋白的分子质量在 160～180kDa 之间，而白蛋白分子质量仅为 69kDa。由于白蛋白含量多而分子小，因此，在维持血浆胶体渗透压方面起主要作用，血浆胶体渗透压的 75%左右由白蛋白产生。白蛋白由肝合成，成人每日每千克体重合成约 120～200mg，占肝脏合成分泌蛋白质总量的 50%。白蛋白含量下降会导致血浆胶体渗透压下降，使水分向组织间隙渗出而产生水肿。临床上血浆白蛋白含量降低的主要原因是：合成原料不足(如营养不良等)；合成能力降低(如严重肝病等)；丢失过多(如肾脏疾病、大面积烧伤等)；分解过多(如甲状腺功能亢进、发热等)。

人血浆白蛋白基因位于 4 号染色体上，其初级翻译产物为前白蛋白原(preproalbumin)，在分泌过程中切除信号肽生成白蛋白原(proalbumin)，继而在高尔基复合体由组织蛋白酶 B 切除 N 末端的 6 肽片段(精-甘-缬-苯丙-精-精)，成为成熟的白蛋白。白蛋白由 585 个氨基酸组成一条多肽链，有 17 个二硫键，分子呈椭圆形，较球蛋白和纤维蛋白原分子对称，故白蛋白黏性较低。白蛋白等电点(pI)为 4.7，低于其他血浆蛋白，所以在常用的弱碱性电泳缓冲液中带负电荷多，加之分子质量小，故电泳迁移速度快。

正常人血液 pH 为 7.35～7.45，大多数血浆蛋白的等电点在 4.0～7.3 之间。血浆蛋白为弱酸，其中一部分与 Na^+ 结合成弱酸盐，弱酸与弱酸盐组成缓冲对，参与维持血浆正常 pH。

(二) 运输作用

某些血浆蛋白可与血浆中那些难溶于水、易从尿中丢失、易被酶破坏、易被细胞摄取的一些物质专一性结合而运输，例如白蛋白能与许多物质结合(如游离脂肪酸、胆红素、性激素、甲状腺素、肾上腺素、金属离子、磺胺药、青霉素 G、双香豆素、阿司匹林等)，使其水溶性增加而便于运输；金属结合蛋白(如结合珠蛋白、运铁蛋白、铜蓝蛋白)与金属离子(如铁、铜)结合运输，可以防止这些金属离子的丢失。

1. 结合珠蛋白(haptoglobin，Hp) Hp分子质量约为90kDa，能与红细胞外血红蛋白(Hb)结合形成紧密的非共价复合物Hb-Hp，每100ml血浆中的Hp能结合40～80mg血红蛋白。每天降解的Hb约有10％释放入血，成为红细胞外游离的Hb，Hb与Hp结合成Hb-Hp复合物后分子质量可达155kDa，不能透过肾小球，从而防止游离Hb及所含铁从肾脏丢失，保证铁再用于合成代谢。溶血时大量的Hb释出，Hp与游离Hb结合成复合物而被肝摄取、清除。Hp是一种急性时相蛋白，炎症时其血浆中含量升高，但溶血性贫血患者血浆中Hp呈现下降。

2. 运铁蛋白(transferrin，Tf) Tf分子质量约80kDa，具高度多态性，目前已发现20多种不同类型的Tf。每天血红蛋白分解释出25mg左右的铁，游离铁有毒性，它与Tf结合后不仅毒性降低而且还将铁运到需铁部位，每分子Tf可结合2个Fe^{3+}。铁是许多含铁蛋白质(如血红蛋白、肌红蛋白、细胞色素、过氧化物酶等)生物活性所不可缺少的，任何生长、增殖细胞的膜上都有运铁蛋白的受体，携带Fe^{3+}的Tf与受体结合后经内吞作用进入细胞，供细胞利用。

3. 铜蓝蛋白(ceruloplasmin，Cp) Cp分子质量为160kDa，由8个分子质量为18kDa的亚基组成。Cp是铜的载体，因携铜而呈蓝色，每分子Cp可结合6个铜离子。血浆中的铜90％由Cp转运，10％与白蛋白结合而运输。Cp还具有氧化酶活性，可将Fe^{2+}氧化成Fe^{3+}，这有利于铁掺入运铁蛋白，促进铁的运输。

铜蓝蛋白是肝脏合成的一种糖蛋白，肝病时Cp合成减少，血浆Cp含量降低。肝豆状核变性(Wilson病)是一种遗传病，可能因为肝细胞溶酶体不能将来自铜蓝蛋白的铜排入胆汁，导致铜在肝、肾、脑及红细胞中聚积，发生铜中毒，出现溶血性贫血、慢性肝病以及神经系统症状。由于角膜内铜的沉积导致角膜周围出现绿色或金黄色的色素环，称为Kayse Fleischer环，这是肝豆状核变性的一种特征性改变，具有诊断价值。临床上采取减少铜摄入，服用D青霉胺螯合铜离子，对肝豆状核变性进行治疗。

归纳起来结合运输具有以下作用：①防止血液中小分子物质由肾流失。②增加难溶物质的水溶性，使其能够运输。③解除某些药物的毒性并促进排泄。④调节组织细胞摄取被运输物质。

(三) 催化作用

血浆蛋白中包括一些具有酶活性的蛋白质，按其来源与作用不同分为两类：血浆功能酶和血浆非功能酶。

1. 血浆功能酶 这类酶绝大多数由肝脏合成后分泌入血，主要在血浆中发挥催化功能，如凝血及纤溶系统的蛋白水解酶、假胆碱酯酶、卵磷脂：胆固醇酰基转移酶、脂蛋白脂肪酶等。

2. 血浆非功能酶 这类酶在细胞内合成并在细胞中发挥作用，在正常人血浆中含量极低，基本无生理作用，但有临床诊断价值。

(1) 细胞酶：在细胞中发挥作用，正常时血浆中含量甚微，病理情况下因细胞膜的通透性改变或细胞损伤而逸入血浆，一些组织特有的酶在血浆中的含量变化有助于诊断该组织的病变。

(2) 外分泌酶：由外分泌腺分泌的酶，如胰淀粉酶、胰脂肪酶、胰蛋白酶、碱性磷酸酶、胃蛋白酶等，正常时仅少量逸入血浆，当脏器受损时，血浆中相应的酶含量增加、活性增高，如急性胰腺炎时血浆中淀粉酶含量明显增多。

(四) 免疫作用

血浆中具有抗体作用的蛋白质称为免疫球蛋白(immunoglobulin，Ig)，由浆细胞产生，电泳时主要出现在γ球蛋白区域。Ig能识别并结合特异性抗原形成抗原-抗体复合物，激活补体系统从而消除抗原对机体的损伤。Ig分为五大类：IgG、IgA、IgM、IgD及IgE，它们的分子结构具有共同特点，都是四链单位构成单体，每个四链单位由两条相同的长链或重链(heavy chain，H链)和两条相同的短链或轻链(light chain，L链)组成。其中IgG、lgD、IgE为单体，IgA为二聚体，IgM为五聚体。H链由450个氨基酸残基组成，L链由210～230个氨基酸残基组成，链与链之间以二硫键相连。

补体(complement)是血浆中参与免疫反应的蛋白酶体系，共有11种成分。抗原抗体复合物可激活补体系统，使之成为具有酶活性的补体或数个补体构成的活性复合物，从而杀伤靶细胞、病原体或感染细胞。

(五) 凝血与抗凝血

多数凝血因子和抗凝血因子属于血浆蛋白质，通常以酶原形式存在，在一定条件下被激活后发挥生理功能。凝血因子可促使纤维蛋白原转变为纤维蛋白，后者可网罗血细胞形成凝块以阻止出血。纤溶酶原在纤溶激活剂的作用下转变为纤溶酶，使纤维蛋白溶解，以保证血流通畅。

（六）营养作用

正常成人 3L 左右的血浆中约含 200g 蛋白质，它们起着营养贮备作用。体内某些细胞，特别是单核-吞噬细胞系统，吞饮完整的血浆蛋白，然后由细胞内的酶类将其分解为氨基酸并扩散入血，随时可供其他细胞合成新蛋白质使用。

四、血浆蛋白质组

血浆蛋白多种多样，各种血浆蛋白又有独特的功能。人体器官的病理变化可导致血浆蛋白在结构和数量上的改变，这种特征性的变化对疾病诊断和疗效监测具有重要意义。然而，迄今为止人类对血浆蛋白的了解还十分有限，只有很少一部分血浆蛋白被用于常规的临床诊断。显然，全面而系统地认识健康和疾病状态下血浆蛋白，会加速对具有疾病诊断和治疗监测作用的血浆标志蛋白的研发，因此，国际人类蛋白质组织于 2002 年首先选择了血浆蛋白质组作为人类蛋白质组首期执行计划之一，其初期目标是：①比较各种蛋白质组分析技术平台的优点和局限性；②用这些技术平台分析人类血浆和血清的参考样本；③建立人类血浆蛋白质组数据库。

第二节　血细胞代谢

一、红细胞代谢

红细胞产生于红骨髓，由造血干细胞依次分化为原始红细胞、幼红细胞、网织红细胞，最后成为成熟红细胞，进入血循环。红细胞在成熟过程中要经历一系列形态和代谢的改变(表 24-2)，早幼红细胞与一般体细胞一样，有细胞核、内质网、线粒体等细胞器，具有合成核酸和蛋白质的能力，可进行有氧氧化获得能量，而且有分裂繁殖的能力；网织红细胞无细胞核，含少量线粒体和 RNA，不能合成核酸，但可合成蛋白质；成熟红细胞除细胞膜、胞浆外，无其他细胞器，不能合成核酸和蛋白质，只能进行糖酵解获得能量，用以维持红细胞膜和血红蛋白的完整性及正常功能，使红细胞在冲击、挤压等机械力和氧化物的影响下仍能保持活性。糖酵解中还可产生一种高浓度的 2,3-二磷酸甘油酸，这种小分子有机磷酸酯能调节血红蛋白的携氧功能。

表 24-2　红细胞成熟过程中的代谢变化

代谢能力	有核红细胞	网织红细胞	成熟红细胞
分裂增殖能力	+	−	−
DNA 合成	+*	−	−
RNA 合成	+	−	−
RNA 存在	+	+	−
蛋白质合成	+	+	−
血红素合成	+	+	−
脂类合成	+	+	−
三羧酸循环	+	+	−
氧化磷酸化	+	+	−
糖酵解	+	+	+
磷酸戊糖途径	+	+	+

注：“+”，“−”分别表示该途径有或无；* 晚幼红细胞为“−”。

（一）血红蛋白的生物合成

血红蛋白(hemoglobin，Hb)是红细胞中的主要成分，占红细胞内蛋白质总量的 95%，主要功能是运输氧气和二氧化碳。血红蛋白是在红细胞成熟之前合成的，先分别合成血红素(heme)和珠蛋白(globin)，然后两者再缩合成血红蛋白。

1. ALA 生成　在线粒体内，由 ALA 合酶(ALA synthase)催化，琥珀酰辅酶 A 与甘氨酸缩合成 δ-氨基-γ-酮基戊酸(δ-aminolevulinic acid，ALA)(图 24-2)。ALA 合酶的辅酶是磷酸

吡哆醛，是血红素合成的限速酶，该酶由两个亚基组成，每个亚基分子质量为60kDa。

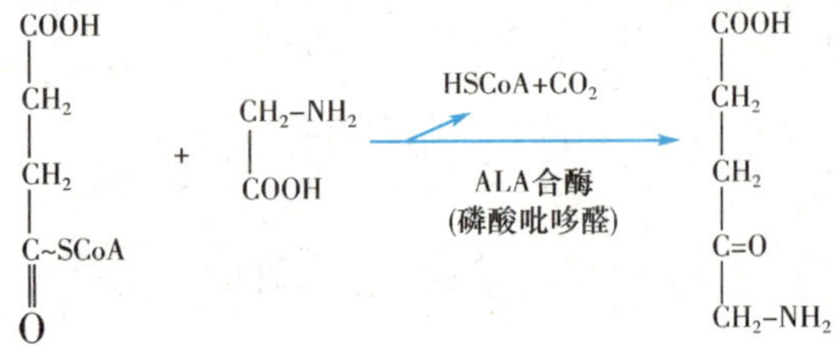

图 24-2　ALA 的生成

2. 胆色素原的生成　在胞液中，由 ALA 脱水酶(ALA dehydrase)催化，2 分子 ALA 脱水缩合成 1 分子胆色素原(又称卟胆原，porphobilinogen，PBG)(图 24-3)。ALA 脱水酶由 8 个亚基组成，分子质量 260kDa，其巯基对铅等重金属的抑制作用很敏感。

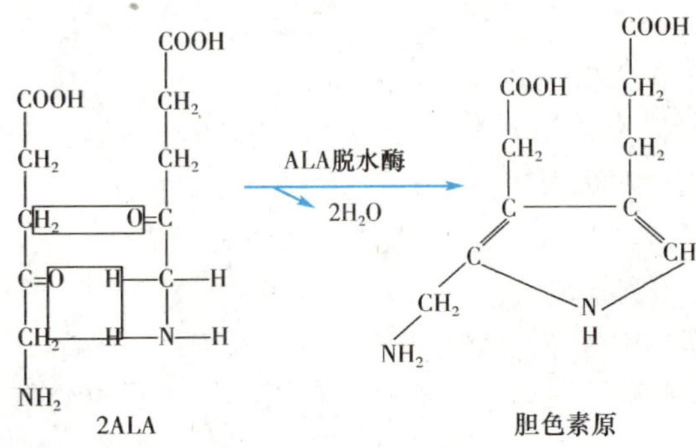

图 24-3　胆色素原的生成

3. 尿卟啉原Ⅲ及粪卟啉原Ⅲ的生成　在胞液内，由尿卟啉原Ⅰ同合酶(uroporphyrinogen cosynthase，又称胆色素原脱氨酶，PBG deaminase)、尿卟啉原Ⅲ同合酶(uroporphyrinogen Ⅲ cosynthase)、尿卟啉原Ⅲ脱羧酶依次催化，4 分子胆色素原经线状四吡咯、尿卟啉原Ⅲ(uroporphyrinogen Ⅲ，UPG Ⅲ)，生成粪卟啉原Ⅲ(coproporphyrinogen Ⅲ，CPG Ⅲ)。

4. 血红素的生成　在线粒体内，由粪卟啉原Ⅲ氧化脱羧酶催化，粪卟啉原Ⅲ的 2、4 位两个丙酸基(P)氧化脱羧变成乙烯基(V)，生成原卟啉原Ⅸ；再由原卟啉原Ⅸ氧化酶催化，使连接 4 个吡咯环的甲烯基氧化为甲炔基，变为原卟啉Ⅸ(protoporphyrin Ⅸ)；再由亚铁螯合酶(又称血红素合成酶，ferrochelatase)催化，原卟啉Ⅸ与 Fe^{2+} 结合生成血红素(图 24-4)。

5. 血红蛋白的生成　血红素生成后从线粒体转运到胞液，与珠蛋白结合成为血红蛋白。正常人每天约合成 6g 血红蛋白，相当于 210mg 血红素。成人的血红蛋白由两条 α 链、两条 β 链组成，每条多肽链各结合一分子血红素(图 24-5)，编码人珠蛋白的基因有 α 族和 β 族两组，分别位于 16 号和 11 号染色体上。

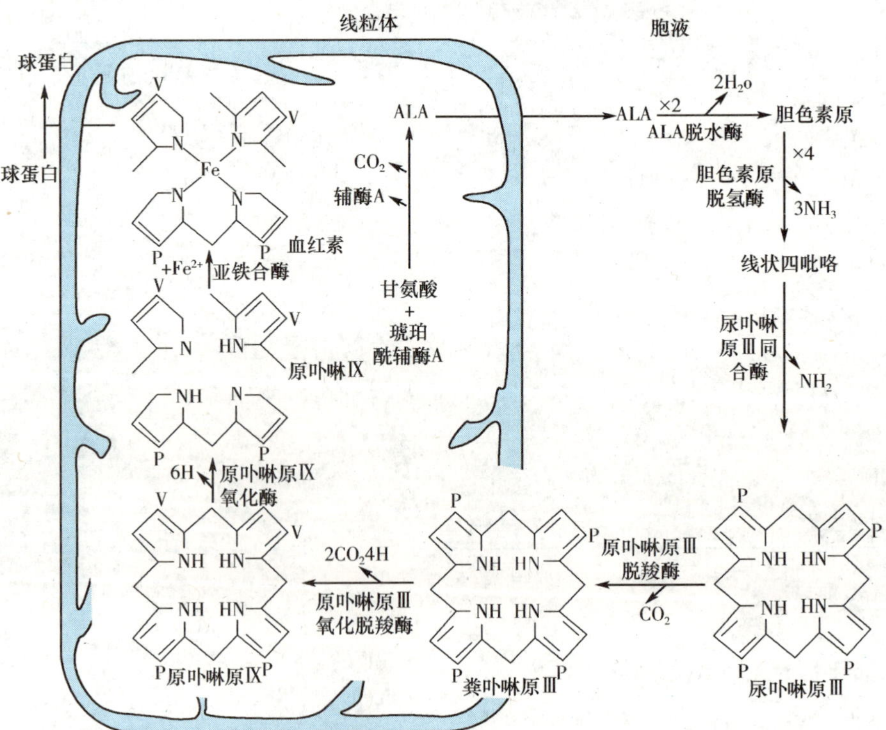

图 24-4　血红素的生物合成

A：$-CH_2COOH$ P：$-CH_2CH_2COOH$ M：$-CH_3$ V：$-CHCH_2$

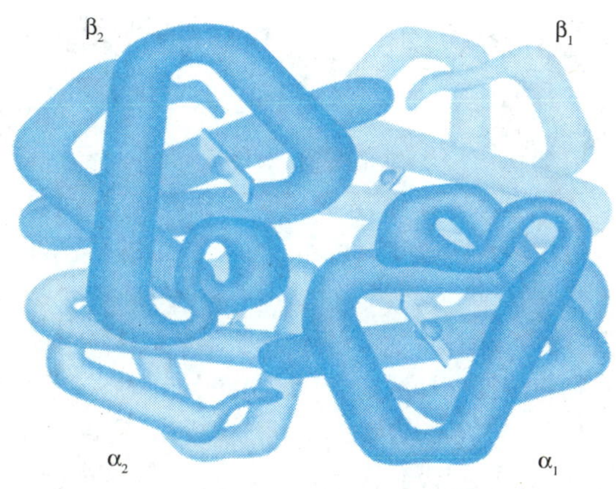

图 24-5　血红蛋白的结构

珠蛋白的合成与一般蛋白质相同，在珠蛋白多肽链合成后，一旦容纳血红素的空穴形成，立刻有血红素与之结合，并使珠蛋白折叠成最终的立体结构，再形成稳定的 αβ 二聚体，最后由两个二聚体构成有功能的 $\alpha_2\beta_2$ 四聚体的血红蛋白。珠蛋白的合成受血红素调节，血红素的氧化产物高铁血红素能抑制 cAMP 激活蛋白激酶 A 的作用，使翻译起始因子-2(eIF-2)保持去磷酸化的活性状态，有利于珠蛋白合成(图 24-6)。

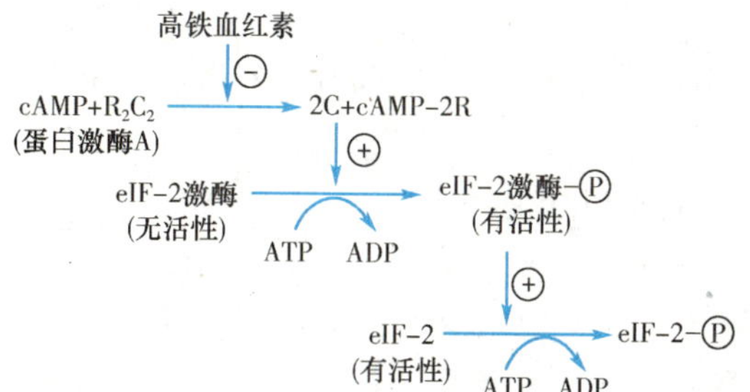

图 24-6　高铁血红素对 eIF-2 的调节

(二) 血红素合成的特点及调节

血红素是含铁的卟啉化合物，卟啉由四个吡咯环组成，铁位于其中，由于血红素具有共轭结构，性质较稳定(图 24-7)。血红素不仅是血红蛋白的辅基，也是肌红蛋白(myoglobin)、细胞色素(cytochrome)、过氧化氢酶(catalase)、过氧化物酶(peroxidase)的辅基，具有重要的生理功能。

1. 血红素合成的特点

(1) 体内大多数组织具有合成血红素的能力，但合成的主要部位是骨髓和肝。红细胞的血红素从早幼红细胞开始合成，到网织红细胞阶段仍可合成，成熟红细胞不含线粒体，故不能合成血红素。

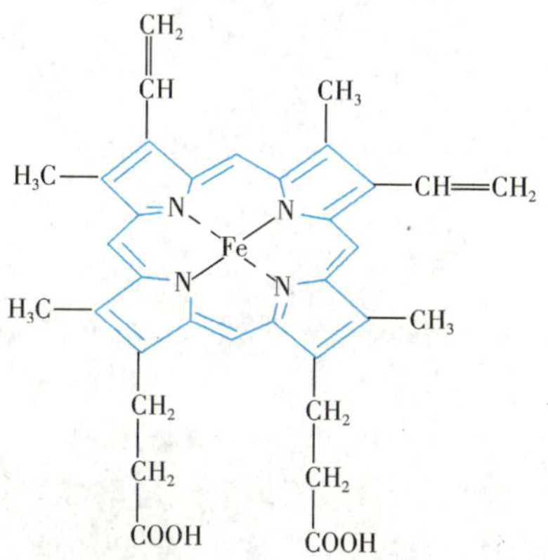

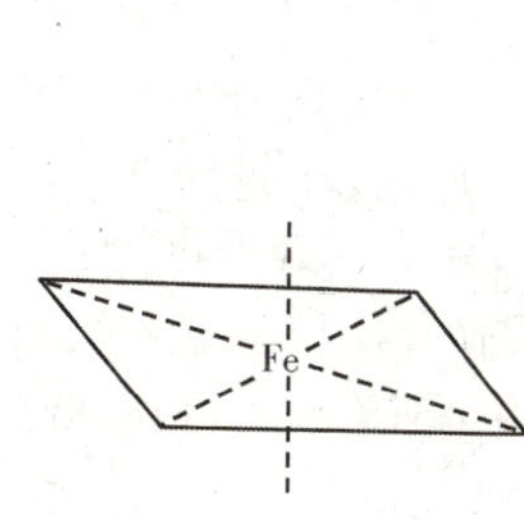

卟啉环平面

图 24-7　血红素结构

(2) 血红素合成的原料是琥珀酰辅酶 A、甘氨酸及 Fe^{2+} 等，中间产物的转变主要是吡咯环侧链的脱羧和脱氢反应。

(3) 血红素合成的起始和终末阶段均在线粒体中进行，中间过程则在胞液中进行，这种定位对终产物血红素的反馈调节作用具有重要意义。

2. 血红素合成的调节　血红素合成有关的酶受多种因素影响，其中 ALA 合酶是血红素合成的限速酶，也是血红素合成调节的关键点。

(1) 血红素合成的负向调节：血红素对 ALA 合酶具有负向调节作用。一方面血红素在体内可与一种阻遏蛋白结合，使其转变为具有活性的阻遏蛋白，该蛋白可抑制 ALA 合酶的合成；另一方面血红素能反馈抑制 ALA 合酶的活性。实验表明，血红素浓度为 5×10^{-6} mol/L 时便可抑制 ALA 合酶的合成，浓度为 10^{-5} ~ 10^{-4} mol/L时则可抑制酶的活性。一般情况下，血红素合成后迅速与珠蛋白结合成血红蛋白，不会堆积，当血红素合成速度大于珠蛋白合成速度时，过量的血红素会被氧化成高铁血红素(hematin)，后者是 ALA 合酶的强烈抑制剂，而且还能阻遏 ALA 合酶的合成。由于 ALA 合酶的半寿期仅 1 小时，较易受到酶合成抑制的影响，因此目前认为,血红素与阻抑蛋白结合抑制 ALA 合酶的合成,在调节中发挥主要作用。此外,磷酸吡哆醛是 ALA 合酶的辅酶,因此,缺乏维生素 B_6 将减少血红素生成。

铁卟啉合成代谢异常而导致卟啉或其他中间代谢物排出增多,称为卟啉症(porphyria)。先天性卟啉症是由于某种血红素合成酶系遗传性缺陷,后天性卟啉症主要是由于铅或某些药物中毒引起的铁卟啉合成障碍。铅等重金属能抑制 ALA 脱水酶、亚铁螯合酶及尿卟啉合成酶,从而抑制血红素的合成。由于 ALA 脱水酶和亚铁螯合酶对重金属的抑制作用极为敏感,因此,血红素合成的抑制也是铅中毒的重要标志。此外,亚铁螯合酶还需谷胱甘肽等还原剂的协同作用,如还原剂减少也会抑制血红素的合成。

(2) 血红素合成的正向调节:目前已发现多种造血生长因子,如红细胞生成素(erythropoietin,EPO)、多系-集落刺激因子,中性粒细胞-巨噬细胞集落刺激因子(GM-CSF)、白细胞介素-3(IL-3)等,其中 EPO 在红细胞生长、分化中发挥关键作用。人 EPO 基因位于 7 号染色体长臂 21 区,由 4 个内含子和 5 个外显子组成,编码 193 个氨基酸残基的多肽,在分泌过程中经水解去除信号肽,成为 166 个氨基酸残基的成熟肽。EPO 为糖蛋白,总分子质量为 34kDa,其中糖基占 30%,糖基在 EPO 合成后分泌及生物活性方面均有重要作用。成人血浆 EPO 主要由肾脏合成,胎儿和新生儿主要由肝脏合成。当血液红细胞容积减低或机体缺氧时,肾分泌 EPO 增加,它释放入血并到达骨髓,作用于骨髓成红细胞上的受体,可诱导 ALA 合酶的合成,从而促进血红素及血红蛋白的生物合成。EPO 是红细胞生成的主要调节剂,能促使原始红细胞繁殖和分化、加速有核红细胞的成熟,目前临床上采用基因工程方法制造的 EPO 治疗肾脏疾病所引起的贫血。

雄激素睾酮在肝内 5β-还原酶催化下还原生成的 5β-氢睾酮,能诱导 ALA 合酶的合成,从而促进血红素和血红蛋白的生成。许多在肝中进行生物转化的物质(如致癌剂、药物、杀虫剂等)均可导致肝 ALA 合酶显著增加,因为这些物质的生物转化作用需要细胞色素 P_{450},后者的辅基是铁卟啉化合物,通过肝 ALA 合酶的增加,以适应生物转化的要求。细胞色素 P_{450} 的生成要消耗血红素,使红细胞中血红素下降,故它们对 ALA 合酶的合成具有去阻抑作用。

(三) 叶酸、维生素 B_{12} 对红细胞成熟的影响

细胞分裂增殖的基本条件是 DNA 合成,叶酸、维生素 B_{12} 对 DNA 合成有重要影响。叶酸在体内转变为四氢叶酸后作为一碳单位的载体,以 N^{10}-甲酰四氢叶酸、N^5,N^{10}-甲炔四氢叶酸、N^5,N^{10}-甲烯四氢叶酸等形式,参与嘌呤核苷酸和胸腺嘧啶核苷酸的合成。叶酸缺乏时,核苷酸(特别是胸腺嘧啶核苷酸)合成减少,红细胞中 DNA 合成受阻,细胞分裂增殖速度下降,细胞体积增大,核内染色质疏松,导致巨幼红细胞性贫血。

体内叶酸多以 N^5-甲基四氢叶酸形式存在,发挥作用时,N^5-甲基四氢叶酸与同型半胱氨酸反应生成四氢叶酸与甲硫氨酸(见甲硫氨酸循环),此反应需 N^5-甲基四氢叶酸转甲基酶催化,而维生素 B_{12} 是该酶的辅酶,当维生素 B_{12} 缺乏时,转甲基反应受阻,影响四氢叶酸的周转利用,间接影响胸腺嘧啶脱氧核苷酸的生成,同样导致巨幼红细胞性贫血。

(四) 成熟红细胞的代谢特点

1. 能量代谢 成熟红细胞除质膜和胞浆外,无其他细胞器,也不含糖原,主要能源是血浆葡萄糖,其代谢比一般细胞单纯。成熟红细胞须不断从血浆中摄取葡萄糖,葡萄糖为亲水性物质,不能通过疏水的脂双层,需通过协助扩散方式被吸收到红细胞内。成熟红细胞每天约消耗 25～30g 葡萄糖,其中 90%～95%进入糖酵解途径,5%～10%进入磷酸戊糖途径。成熟红细胞因为没有线粒体,所以虽携带氧但自身并不消耗之,糖酵解是其产生 ATP 的惟一途径。红细胞中存在催化糖酵解所需要的全部酶,通过糖酵解可使红细胞内 ATP 的浓度维持在 1.85×10^{-3} mol/L 水平,这些 ATP 对于维持红细胞的正常形态和功能具有重要意义。

(1) 维持红细胞膜上钠泵(Na^+,K^+-ATPase)的正常运转:钠泵在 ATP 的驱动下,不断将 Na^+ 泵出、将 K^+ 泵入,使红细胞内钾多、钠少,如果糖酵解过程中的某些酶活性下降或缺陷,都会引起糖酵解紊乱,ATP 产量减少,从而使红细胞内外离子平衡失调,Na^+ 进入红细胞多于 K^+ 排出,导致细胞膨大甚至破裂。

(2) 维持红细胞膜上钙泵(Ca^{2+}-ATPase)的正常运转:正常情况下,红细胞内的 Ca^{2+} 浓度(20μmol/L)低于血浆的 Ca^{2+} 浓度(2.25～

2.75mmol/L)，血浆钙离子会被动扩散进入红细胞，钙泵又将红细胞内的 Ca^{2+} 泵入血浆以维持红细胞内的低钙状态。缺乏 ATP 时，钙泵不能正常运行，钙将聚集并沉积于红细胞膜，使膜失去柔韧性而趋于僵硬，红细胞流经狭窄的脾窦时易被破坏。

(3) 维持红细胞膜上脂质与血浆脂蛋白中的脂质进行交换：红细胞膜的脂质处于不断的更新中，此过程需消耗 ATP。缺乏 ATP 时，脂质更新受阻，红细胞的可塑性降低，易于破坏。

(4) 用于葡萄糖的活化，启动糖酵解过程：少量 ATP 用于谷胱甘肽和 NAD^+ 的生物合成。

2. 2,3-二磷酸甘油酸支路（2,3-BPG bypass） 在糖酵解过程中生成的 1,3-二磷酸甘油酸(1,3-BPG)有 15%～50%可转变为 2,3-BPG，后者再脱磷酸变成 3-磷酸甘油酸，进一步分解生成乳酸(图 24-8)。这一糖酵解的侧支循环为红细胞所特有，产生原因是红细胞中存在的 BPG 变位酶和 2,3-BPG 磷酸酶，两种酶催化的反应是不可逆的放能反应，可放出 58.52kJ(14kCal)的能量。在正常情况下，2,3-BPG 对 BPG 变位酶的负反馈作用大于对 3-磷酸甘油酸激酶的抑制作用，所以红细胞中葡萄糖主要经糖酵解生成乳酸。由于 2,3-BPG 磷酸酶活性较低，结果 2,3-BPG的生成大于分解。在红细胞中，2,3-BPG 的浓度远远高于糖酵解其他中间产物。

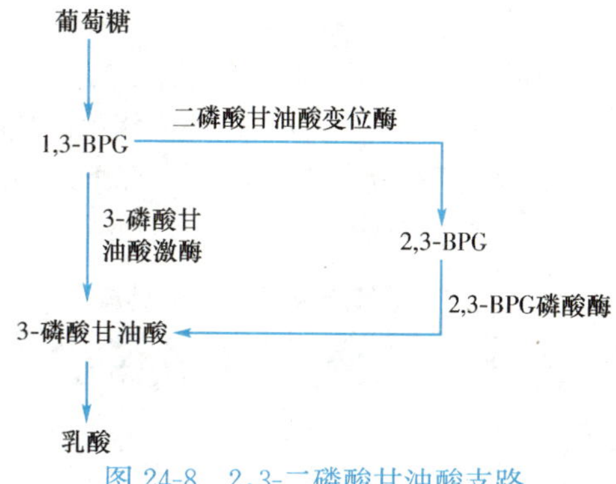

图 24-8　2,3-二磷酸甘油酸支路

红细胞内 2,3-BPG 的主要功能是调节血红蛋白的运氧功能。2,3-BPG 是一个负电性很高的分子，可与血红蛋白结合，结合部位在 Hb 分子 4 个亚基的对称中心孔穴内。2,3-BPG 的负电基团与孔穴侧壁的 2 个 β 亚基的正电基团形成盐键，使两个 β 亚基保持分开状态(图 24-9)，促使血红蛋白由紧密态变成松弛态，从而减低血红蛋白对氧的亲和力。在 PO_2 相同条件下，随 2,3-BPG 浓度增大，HbO_2 释放的 O_2 增多。红细胞内 2,3-BPG 浓度升高时有利于 HbO_2 放氧；下降则有利于 Hb 与氧结合。BPG 变位酶及 2,3-BPG 磷酸酶受血液 pH 调节，在肺泡毛细血管，血液 pH 高，BPG 变位酶受抑制而 2,3-BPG 磷酸酶活性强，结果红细胞内 2,3-BPG 的浓度降低，有利于 Hb 与 O_2 结合；在外周组织毛细血管中，血液 pH 下降，2,3-BPG 的浓度升高，有利于 HbO_2 放氧，借此调节氧的运输和利用。人在短时间内由海平面上升至高海拔处或高空时，可通过红细胞中 2,3-BPG 浓度的改变来调节组织的供氧状况。

红细胞中不能贮存葡萄糖，但含有较多的 2,3-BPG，它氧化时可生成 ATP，因此，2,3-BPG 也是红细胞中能量的贮存形式。

3. 氧化还原系统　红细胞内存在以下氧化还原系统：GSSG/GSH 来自谷胱甘肽代谢；NAD^+/NADH 来自糖酵解和糖醛酸循环；$NADP^+$

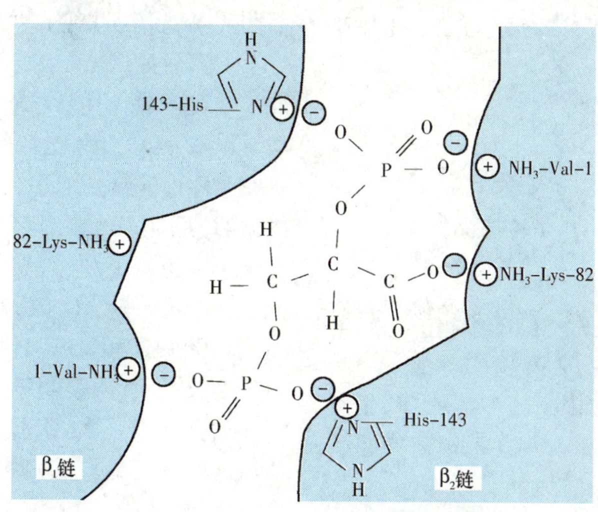

图 24-9　2,3-BPG 与血红蛋白的结合

/NADPH来自磷酸戊糖旁路；此外，还有抗坏血酸等。一般称GSH和抗坏血酸是非酶促还原系统，NADH和NADPH为酶促还原系统，通过这些氧化还原系统使红细胞能保持自身结构的完整性和正常功能(表24-3)。

表24-3　红细胞中氧化还原系统

还原系统	占总还原能力的百分比(%)
NADH脱氢酶Ⅰ	61
NADH脱氢酶Ⅱ	5
NADPH脱氢酶	6
抗坏血酸	16
谷胱甘肽	12

(1) 谷胱甘肽代谢：红细胞内谷胱甘肽(glutathione,GSH)含量很高(2×10^{-3}mol/L)，几乎全是还原型(GSH)。谷胱甘肽可以在红细胞内合成，其合成过程为：谷氨酸与半胱氨酸在ATP和γ-谷氨酰半胱氨酸合成酶的参与下缩合成二肽γ-谷氨酰半胱氨酸，后者再与甘氨酸在ATP和谷胱甘肽合成酶的参与下缩合成谷胱甘肽。

谷胱甘肽的生理作用主要是防止氧化剂(如H_2O_2等)对巯基的破坏，保护细胞膜中含巯基(-SH)的蛋白质和酶不被氧化，维持其生物活性。当细胞内产生少量的H_2O_2时，GSH在谷胱甘肽过氧化酶的作用下将其还原成水，而自身被氧化成氧化型谷胱甘肽(GSSG)，后者又在谷胱甘肽还原酶的作用下，从NADPH接受氢而被还原成GSH(图24-10)。反应中的NADPH来源于葡萄糖的磷酸戊糖途径，催化NADPH生成的关键酶为6-磷酸葡萄糖脱氢酶，此酶缺陷的病人一般情况下无症状，但有外界因素影响，如进食蚕豆等即引起溶血，故这种病又称蚕豆病。

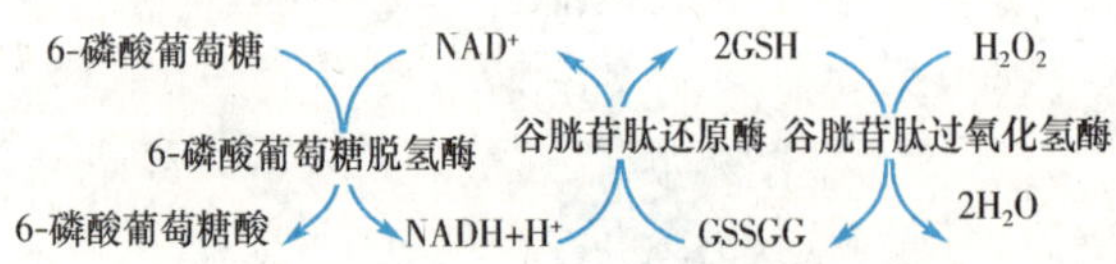

图24-10　谷胱甘肽的氧化与还原

(2) 糖醛酸循环：正常红细胞中糖酵解产生的NADH，主要用于还原丙酮酸生成乳酸。NADH主要来自红细胞中的糖醛酸循环，该途径由G-6-P或G-1-P开始，经UDP-葡萄糖醛酸脱掉UDP后形成葡萄糖醛酸。

(3) 高铁血红蛋白的还原：由于各种氧化作用，红细胞内会产生少量的高铁血红蛋白(methemoglobin,MHb)，MHb分子中为Fe^{3+}，失去携氧能力，如血中MHb生成过多而又不能及时还原，则出现发绀等症状。由于正常红细胞内存在NADH-MHb还原酶、NADPH-MHb还原酶、GSH和抗坏血酸等，能使MHb还原成Hb，所以红细胞内MHb只占Hb总量的1%左右。其中NADH-MHb还原酶最为重要。

4. 脂代谢　成熟红细胞由于缺乏完整的亚细胞结构，所以不能从头合成脂肪酸。成熟红细胞中的脂类几乎都位于细胞膜。红细胞通过主动摄取和被动交换不断与血浆进行脂质交换，以满足其膜脂不断更新，维持其正常的脂类组成、结构和功能。

二、白细胞代谢

人体白细胞包括粒细胞、淋巴细胞和单核-吞噬细胞三大系统，主要功能是抵抗外来病原微生物的入侵。白细胞代谢与白细胞的功能密切相关，这里只扼要介绍粒细胞和单核-吞噬细胞的代谢。

1. 糖代谢　粒细胞中的线粒体很少，主要的糖代谢途径是糖酵解。中性粒细胞能利用外源性的糖和内源性的糖原进行糖酵解，为细胞的吞噬作用提供能量。在中性粒细胞中，约有10%的葡萄糖通过磷酸戊糖途径进行代谢。单核吞噬细胞虽能进行有氧氧化和糖酵解，但糖酵解仍占很大比重。中性粒细胞和单核吞噬细胞被趋化因子激活后，可启动细胞内磷酸戊糖途径，产生大量的NADPH，经NADPH氧化酶递电子体系可使氧接受单电子还原，产生大量的超氧阴离子，超氧阴离子再进一步转变成H_2O_2、OH·等，发挥杀菌作用。

2. 脂代谢　中性粒细胞不能从头合成脂肪酸。单核-吞噬细胞受多种刺激因子激活后，可将花生四烯酸转变成血栓素和前列腺素。在脂氧化酶的作用下，粒细胞和单核-吞噬细胞可将花生四烯酸转变为白三烯，白三烯是速发型过敏反应中产生的慢反应物质。

3. 蛋白质和氨基酸代谢　粒细胞中的氨基酸浓度较高，特别是组氨酸脱羧后的代谢产物组胺的含量尤其多，组胺释放后参与白细胞激活后的变态反应。成熟粒细胞缺乏内质网，因此，蛋白质的合成量极少；单核-吞噬细胞具有活跃的蛋白质代谢，能合成各种细胞因子、酶和补体。

Summary

Blood consists of red blood cells, white blood cells and platelets suspended in the plasma. Plasma consists of water, inorganic chemicals and organic chemicals including proteins, lipids, carbohydrates, and non-protein nitrogen-containing compounds.

The protein comprises the major part of the solid components in the plasma. Most plasma proteins are synthesized in the liver, almost all of them are glycoprotein except albumin, which is the main protein and principal determinant of intravascular colloid osmotic pressure. Many plasma proteins exhibit polymorphism and each plasma protein has a specific half-life in blood circulation. The serum proteins can be separated into 5 bands designated albumin, α_1-globulin, α_2-globulin, β-globulin, and γ-globulin respectively according to their electrophoresis on cellulose acetate membrane.

Plasma proteins have many functions, such as maintaining normal osmotic pressure and pH, transportation, immunological defense, catalysis, blood clotting, anticoagulation and fibrinolysis.

Because of mitochondria free, mature red blood cell has an unique and relativ ly simple metabolism. ATP is synthesized in glycolysis by substrate level phosphorylation. 2,3-bisphosphoglycerate is generated and regulates O_2 binding to hemoglobin. NADPH is produced in pentose phosphate pathway, and plays an important role in antioxidation. Heme is an iron-porphyrin in which four pyrrole rings are joined by methenyl bridges. Biosynthesis of heme consists of eight enzymatic steps by using succinyl CoA, glycine and Fe^{2+} as original materials. These steps occur in mitochondria and cytoplasm. In heme biosynthesis, ALA synthase can be regulated, because it is rate-limiting enzyme of the pathway.

The major biochemical features of white blood cells are active anaerobic glycolysis, active pentose phosphate pathway, moderately active oxidative phosphorylation and high content of lysosomal enzymes.

思 考 题

1. 血浆蛋白的主要生理功能有哪些?

2. 红细胞代谢的主要特点是什么? 红细胞中 ATP 的生理功能有哪些?

3. 血红素生物合成是如何调节的?

(王玉明)

第 25 章 肝脏的生物化学

肝脏是人体内最大的实质器官，正常成人肝重约 1～1.5 kg，约占体重的 2%～3%。即使正常肝脏，各种化学成分的含量也随营养及代谢状况不同有较大波动。通常情况下，肝脏水分约占肝重的 70%，非水物质约占 30%。在非水物质中，蛋白质是最主要的成分，约占非水物质的 50%。肝脏在人体生命活动中起着十分重要的作用，它不仅直接参与糖、脂、蛋白质和维生素等营养物质的消化、吸收和排泄，还在糖、脂、蛋白质、维生素、激素等物质的中间代谢过程中发挥着重要作用，而且还与生物转化、胆汁酸和胆色素代谢密切相关。此外，肝脏含较多铁蛋白，是机体贮存铁最多的器官。肝脏几乎参与了体内所有物质的代谢，因而被誉为人体内物质代谢的中枢、最大的“化学工厂”。

肝脏生物化学功能的极其重要性和复杂性与其特殊的化学组成和形态结构密切相关。

1. 具有双重血液供应 肝脏接受肝动脉和门静脉双重血液供应，肝动脉将丰富的氧输送给肝细胞，门静脉将从消化道摄取的大量营养物质带至肝细胞，这样肝细胞既可以获得充足的氧以保证肝内各种生物化学反应的正常进行，又可以获得大量的营养物质，并将其代谢而被机体利用。

2. 具有丰富的血窦 无论是门静脉血液还是肝动脉血液，均可直接进入血窦。血窦的存在大大增加了肝细胞与血液之间物质交换的面积。同时，肝血窦的壁结构不连续，缺乏基膜，内皮细胞之间有缝隙，内皮细胞有大小不等的窗孔，这些都增加了肝血窦壁的通透性，大大有利于肝细胞与血液之间的物质交换。不仅小分子可通过血窦壁在肝细胞和血液之间进行有效的交换，大分子物质和胶体颗粒也能通过血窦壁在肝细胞和血液之间进行有效的交换。如肝细胞合成的极低密度脂蛋白(VLDL)颗粒很容易通过血窦壁进入血窦。再者，肝血窦与一般毛细血管不同，窦腔较大，口径变异较多，使肝血窦血容量大，血液流速缓慢，血液与细胞接触时间长，也利于进行充分的物质交换。

3. 具有发达的亚细胞结构和丰富的酶含量 肝细胞内有大量的线粒体、内质网、高尔基复合体、微粒体及溶酶体等亚细胞结构，与肝细胞活跃的生物氧化、酮体生成、脂肪合成、蛋白质合成、生物转化等多种生理机能相适应。肝脏所含的酶，不仅种类特别丰富，而且有些酶是肝细胞特有或其他组织含量极少的，如合成酮体和尿素的酶系几乎仅存在于肝脏，而催化芳香族氨基酸及含硫氨基酸代谢的酶类主要存在于肝中。这些发达的亚细胞结构和丰富的酶含量是肝脏进行各类物质代谢的结构和物质基础。

4. 具有两条输出通路 一条是肝静脉与体循环相连，可将肝脏内的代谢产物运输到其他组织利用或排出体外；二是胆道系统，肝脏通过胆道系统与肠道沟通，将肝分泌的胆汁排入肠道，同时排出一些代谢产物或毒物。

肝脏的成分不仅随营养及代谢状况的变化而变化，也受疾病的影响。如饥饿使肝糖原含量下降，较长时间饥饿还能使肝脏蛋白质含量下降，磷脂及三酰甘油的含量相对升高；肝内脂类含量增加时水分含量会下降，患脂肪肝时水分可降至肝重的 50%左右。胆囊是肝脏的附属器官，对肝脏分泌的胆汁起贮存和浓缩作用。肝胆有病变时可以相互影响。肝对维持正常生命活动具有重要作用，当人体肝脏发生疾患时体内的物质代谢就会出现异常，多种生理功能都会受到严重的影响，重者可危及生命。

第一节 肝脏在物质代谢中的作用

肝脏在化学组成及结构上的特点，使其在物质代谢中发挥着十分重要的作用，它是整个机体物质代谢的中心。

一、肝脏在糖代谢中的作用

肝脏是调节血糖浓度的主要器官，其在糖代谢中的作用主要是通过调节糖的分解代谢、糖异生及肝糖原的合成与分解，维持血糖浓度恒定，确保全身各组织，尤其是大脑和红细胞的能量供应。

肝脏是合成和贮存糖原的重要器官，肝糖原

的储存量可达 75～100g，约占肝重的 5%；肝脏也是能将糖原分解成葡萄糖以补充血糖的重要器官；肝脏还是糖异生最活跃的器官。所以，肝脏维持血糖恒定主要通过调节肝糖原合成与分解、糖异生途径来实现。饱食后血糖浓度有升高趋势，肝脏可利用血糖，将其合成糖原储存；同时，过多的糖还可以在肝内转变为脂肪；肝脏的磷酸戊糖途径也可加速以增加血糖的去路，维持血糖浓度的恒定。相反，空腹时血糖浓度趋于降低，此时肝糖原分解增强，在肝脏特有的葡萄糖-6-磷酸酶作用下，直接分解成葡萄糖补充血糖，使之不致过低，保持血糖恒定。当肝糖原的分解不足以维持血糖恒定或肝糖原耗尽后，肝脏糖异生作用加强，以维持血糖的正常水平，保证脑等重要组织的能量供应。当肝细胞严重损伤时，上述代谢或(和)其调节不能正常进行，肝脏调节血糖的能力下降。如肝糖原贮存减少、糖异生作用障碍等，都能导致肝脏的血糖调节功能紊乱，不能在空腹血糖降低时有效补充血糖，导致低血糖发生。肝脏糖的利用障碍，不能将糖有效地转化成糖原或(和)脂肪，可能成为餐后血糖甚至空腹血糖升高的重要原因。在临床上，可通过糖耐量试验，特别是半乳糖耐量试验和血乳酸含量测定观察肝脏糖原生成及糖异生是否正常。当肝糖异生障碍，不能有效地补充血糖并维持血糖恒定时，为避免组织蛋白质消耗和动用体脂过多引起的酮血症、代谢性酸中毒，及时补充葡萄糖成为维持正常血糖水平，预防酮症酸中毒的重要方法。

二、肝脏在脂类代谢中的作用

肝脏在脂质的消化、吸收、分解、合成及转运等途径中均起着重要作用。

肝脏分泌的胆汁酸盐可将消化道食物中的脂质乳化成细小的微粒，增加其与各种消化酶的接触面积，有助于脂质及脂溶性维生素的消化吸收。但肝胆疾患使胆汁不能分泌时，就会使脂质的消化吸收障碍，出现厌油腻食物、脂肪泻等症状。

肝脏是脂肪酸、脂肪、胆固醇、磷脂等各种脂类物质和血浆脂蛋白代谢的主要场所。人体内脂肪酸和脂肪主要在肝细胞内合成，其合成能力是脂肪组织的 9～10 倍。肝脏还是人体合成胆固醇最旺盛的器官，其合成量占全身合成胆固醇总量的 80%以上，也是血浆胆固醇的主要来源。肝细胞能将胆固醇转变成胆汁酸盐，是体内胆固醇分解代谢的主要途径，也是机体排除胆固醇的重要途径，对机体排除过多的胆固醇、防止血胆固醇过高具有重要的意义。此外，肝脏还能合成和分泌卵磷脂-胆固醇酰基转移酶(LCAT)，催化游离的血浆中胆固醇酯化成胆固醇酯。当肝脏严重损伤时，不仅胆固醇合成减少，由于 LCAT 合成和分泌障碍，血浆胆固醇酯的降低出现更早、更明显。肝脏也是合成磷脂和脂蛋白的重要器官。肝脏合成的大部分磷脂与其他脂质和载脂蛋白一起在肝细胞内被组装成 VLDL、HDL 等脂蛋白，分泌入血，以脂蛋白形式将脂质运输至全身各组织利用。肝内磷脂的合成与三酰甘油的合成与转运密切相关，肝功能受损，磷脂合成障碍，影响脂蛋白形成，将导致肝内脂肪不能正常地转运出去，堆积在肝脏形成脂肪肝(fatty liver)。

脂肪酸氧化分解的主要场所在肝脏，肝细胞内活跃的脂肪酸 β 氧化释放出的能量，不仅供肝脏自身需要，还能为肝外组织提供能量。肝脏是人体生成酮体的主要器官。在饥饿状态下，肝脏从血液摄取大量脂肪酸，将其氧化供能，满足肝脏自身的能量需要。同时，肝脏还能利用脂肪酸氧化后形成的中间产物合成酮体，分泌入血，经血液循环运输到脑、心、肾、骨骼肌等肝外组织，作为这些组织良好的能源。

三、肝脏在蛋白质代谢中的作用

肝内蛋白质代谢极为活跃，蛋白质更新速度较快，半寿期为 10 天左右(肌肉蛋白质的半寿期为 180 天)。肝脏除了能合成自身所需蛋白质外，还合成与分泌 90%以上的血浆蛋白质，肝脏的蛋白质合成量占机体蛋白质合成总量的 15%。在血浆蛋白中，除 γ-球蛋白外，白蛋白、蛋白质凝血因子、纤维蛋白原、部分球蛋白及脂蛋白中的多种载脂蛋白等均在肝内合成。肝脏合成白蛋白的能力很强，成人每日合成量约 12g，占肝脏合成蛋白质总量的 1/4。血浆中白蛋白含量多，分子质量小，是维持血浆胶体渗透压的主要成分。严重肝功能损害时白蛋白合成减少，血浆正常的胶体渗透压不能维持，常出现水肿。白蛋白与球蛋白比值(A/G)下降甚至倒置，是临床作为肝病的辅助诊断指标之一。肝脏功能严重损伤会使凝血酶原等合成降低，导致凝血功能障碍，常常出现出血现象。胚胎期肝脏还合成甲胎蛋白(α-fetoprotein)，但正常成人该蛋白的合成被抑制，血浆中很难检出。肝癌细胞中甲胎蛋白基因失去阻遏，癌细胞合成该蛋白并分泌入血。因此，检测甲胎蛋白对肝癌的诊断有一定意义。

肝脏在血浆蛋白质分解代谢中也起着重要作用。肝细胞表面有特异性受体可识别铜蓝蛋白、α_1-抗胰蛋白酶等血浆蛋白质，经胞饮作用吞入肝细胞，被溶酶体水解酶降解，产生的氨基酸可在肝脏进一步通过转氨基、脱氨基、脱羧基等作用分解。肝内氨基酸分解代谢的酶含量丰富，体内除支链氨基酸主要在骨骼肌分解外，其余大部分氨基酸，特别是芳香族氨基酸主要在肝脏分解。因此，肝功能严重受损时，血浆支链氨基酸与芳香族氨基酸的比值会下降。在蛋白质分解代谢中，肝脏重要的功能是将氨基酸代谢产生的有毒的氨通过鸟氨酸循环合成尿素以解氨毒。当肝功能严重受损、尿素合成障碍时，血氨过高可使中枢神经系统中毒，导致其功能障碍，发生肝昏迷。

肝脏也是胺类物质解毒的重要器官，肠道细菌腐败作用产生的芳香胺类等有毒物质被吸收入血后，主要在肝细胞内进行生物转化、减毒。当肝功能不全或门静脉侧支循环形成时，这些芳香胺可以不经过处理就进入神经组织，通过β-羟化生成苯乙醇胺和β-羟酪胺，它们的结构类似于儿茶酚胺类神经递质，属于假神经递质，能抑制脑细胞功能，促进肝性脑病的发生。

四、肝脏在维生素代谢中的作用

肝脏在维生素的吸收、转运、贮存和中间代谢中均起着重要的作用。肝脏分泌的胆汁酸盐在促进脂质消化吸收的同时，也促进脂溶性维生素的吸收。肝胆疾病导致的脂质吸收障碍会同时伴有脂溶性维生素吸收障碍。

人体能贮存一定量的维生素，肝脏是人体维生素贮存的主要场所。如肝脏是人体内维生素A、K、B_1、B_2、B_6、B_{12}、叶酸和泛酸等含量最多的器官，也是维生素A、E、K、和B_{12}的主要贮存场所，其中维生素A的贮存量占体内总含量的95%，因此，用动物肝脏治疗维生素A缺乏病有较好疗效。

肝脏还直接参与多种维生素的合成或转化，如将β-胡萝卜素（维生素A原）转变为维生素A_1，将维生素D_3转变为25-羟维生素D_3，以便形成有活性的1,25-二羟维生素D_3，将维生素B_2转变成FMN、FAD，维生素PP转变成NAD^+和$NADP^+$，泛酸转变成辅酶A，维生素B_6合成磷酸吡哆醛，以及将维生素B_1合成TPP等，对机体的物质代谢起着重要作用。维生素K是肝脏合成凝血因子Ⅱ、Ⅶ、Ⅸ、Ⅹ等不可缺少的物质，严重肝病变会影响肝脏维生素K的利用，出现出血倾向。

五、肝脏在激素代谢中的作用

肝脏在激素代谢中的主要作用是参与激素的灭活和排泄。激素在发挥调节作用后被降解失去活性的过程称为激素的灭活（inactivation）。许多激素主要在肝脏被分解、转化、降解失去活性。如雌激素、醛固酮可在肝内与葡萄糖醛酸或硫酸等结合而灭活；抗利尿激素可在肝内水解灭活。如果肝功能受损害，肝脏对这些激素的灭活能力下降，使其体内水平升高，可出现男性乳房发育、肝掌、蜘蛛痣及水钠潴留等症状。许多蛋白质及多肽类激素也主要在肝内灭活，如甲状腺素在肝脏的灭活过程包括脱碘、脱去氨基、与葡萄糖醛酸结合等；胰岛素在肝脏的灭活过程包括分子中二硫键断裂形成A、B链，再在酶作用下水解。严重肝病时，肝脏对这些激素的灭活作用减弱，会导致血中相应的激素含量增高。

第二节　肝脏的生物转化作用

一、生物转化的概念

在机体的各种生命活动过程中，会产生和从体外获得各种非营养性物质，包括物质代谢中产生的各种生物活性物质、代谢终产物以及由外界进入机体的各种异物（如药物、食物添加剂、农药及其他化学物品）、毒物及从肠道吸收的腐败产物等。前者是内源性非营养物质，包括激素、神经递质、胺类等生物活性物质及氨、胆红素等有毒的代谢产物；后者为外源性非营养物质。这些物质如是水溶性，可从尿或胆汁排出；如是脂溶性，则会积存体内，影响细胞代谢，甚至会导致机体中毒。因此，机体需将这些不能排出的脂溶性物质转变为易于排出的水溶性物质，从机体排除。机体这种将一些非营养物质进行化学转变，增加其极性或水溶性，使其容易排出体外的过程称为生物转化（biotransformation）。肝脏是生物转化的重要器官，在肝细胞微粒体、胞液、线粒体等亚细胞部位均存在丰富的生物转化酶类，能够有效地处理进入体内的非营养物质。此外，如肾、胃、肠、肺、皮肤及胎盘等组织也可进行一定的生物转化，但肝脏的生物转化能力最强。

生物转化的生理意义在于处理非营养物质。通过对非营养物质进行化学转变，使其生物学活性降低或丧失，使有毒物质的毒性降低或消除，同时增加了这些物质的溶解度，使其容易随胆汁或尿液排出体外。可见，生物转化能消除非营养物质对机体代谢和功能的影响，对机体起保护作用，是机体适应环境的有效措施，具有重要的生理意义。但也应该看到，有些非营养物质在经过生物转化后，毒性会增强，甚至从无毒性转变成有毒性。

二、生物转化反应的主要类型

生物转化过程非常复杂，包含许多化学反应类型，由多种酶催化完成(表 25-1)。可将这些化学反应归纳为两相反应。第一相反应包括氧化、还原、水解等反应，有些物质经过第一相反应后就可从排泄器官排出。另一些非营养物质经第一相反应后水溶性仍然较差，还必须与葡萄糖醛酸、硫酸等水溶性较强的物质结合，增加其水溶性，才能最终排出体外，这些结合反应即为生物转化的第二相反应。体内各种非营养物质通过第一相、第二相反应的共同作用最终都能够较彻底地排出体外。

表 25-1 参与肝脏生物转化的酶及其亚细胞分布

酶 类	亚细胞部位	辅酶或结合物
第一相反应		
氧化酶类		
加单氧酶	内质网	NADPH＋H^+、细胞色素 P_{450}
胺氧化酶	线粒体	黄素辅酶
脱氢酶类	线粒体或胞液	NAD^+
还原酶类	内质网	NADH＋H^+或 NADPH＋H^+
水解酶类	胞液或内质网	
第二相反应		
转葡萄糖醛酸酶	内质网	UDPGA
转硫酸酶	细胞液	PAPS
谷胱甘肽转移酶	胞液与内质网	GSH
乙酰转移酶	细胞液	乙酰辅酶 A
酰基转移酶	线粒体	甘氨酸
甲基转移酶	胞液与内质网	S-腺苷蛋氨酸

(一) 第一相反应—— 氧化、还原、水解反应

1. 氧化反应(oxidation) 是第一相反应中最主要的反应类型，肝细胞的线粒体、微粒体及胞液中均含有参与生物转化的各种氧化酶系。

(1) 加单氧酶系：加单氧酶系(monooxygenase)在生物转化的氧化反应中占有重要的地位。它是需要细胞色素 P_{450} 和 NADPH＋H^+ 的氧化酶系，酶促反应的特点是直接激活分子氧使一个氧原子加到反应物分子上，故称加单氧酶系。由于在反应中氧分子的一个氧原子掺入底物分子生成羟基类化合物，另一个氧原子使 NADPH＋H^+ 氧化生成水，即一分子氧发挥了两种功能，一个氧原子参与氧化反应氧化底物，一个氧原子被还原成水，故催化该反应的加单氧酶又称混合功能氧化酶(mixed function oxidase)，也称为羟化酶。此酶系存在于肝细胞微粒体，故又称为微粒体加单氧酶系。该酶催化的总反应式如下：

$$RH + O_2 + NADPH+H^+ \rightarrow ROH + NADP^+ + H_2O$$

加单氧酶系的特异性较差，可催化多种有机化合物进行不同类型的氧化反应。苯巴比妥类药物可诱导加单氧酶系的合成，长期服用此类药物的病人对异戊巴比妥、氨基比林等多种药物的转化及耐受能力同时增强。

加单氧酶系的生理意义主要是参与药物和毒物的转化，经羟化反应后可增强其水溶性，有

利于排出体外。体内维生素 D_3 羟化为具有生物活性的 25-(OH)D_3、胆汁酸的羟化反应也由该酶系催化完成。

(2) 单胺氧化酶系:肝细胞线粒体中存在各种单胺氧化酶,属于黄素酶类,可催化胺类物质氧化脱氨生成相应的醛类物质:

$$RCH_2NH_2 + O_2 + H_2O \rightarrow RCHO + NH_3 + H_2O_2$$

肠道腐败作用产生的组胺、酪胺、尸胺、腐胺等胺类物质都可以被单胺氧化酶系转化,如酪胺可经单胺氧化酶系转化成对羟基苯乙醛。

(3) 脱氢酶系:肝细胞中含有以 NAD^+ 为辅酶的醇脱氢酶(alcohol dehydrogenase, ADH)系与醛脱氢酶(aldehyde dehydrogenase, ALDH)系,可分别催化细胞内醇或醛脱氢氧化成相应的醛或酸,最终氧化成 CO_2 和 H_2O。进入人体的乙醇 90%~98% 被直接运送到肝脏,通过醇脱氢酶氧化成乙醛,并进一步氧化为乙酸。

$$\underset{\text{乙醇}}{CH_3CH_2OH} \xrightarrow{\text{醇脱氢酶}} \underset{\text{乙醛}}{CH_3CHO} \xrightarrow{\text{醛脱氢酶}}$$

$$\underset{\text{乙酸}}{CH_3COOH} \xrightarrow{\text{氧化脱羧}} CO_2 + H_2O$$

人肝细胞醇脱氢酶是分子质量为 40kDa 的含锌结合蛋白,由两个亚基组成。参与人体乙醇代谢的醇脱氢酶主要有 3 种:ADH-Ⅰ对醇具有很高的亲和力(Km 为 0.1~1.0mmol/L);ADH-Ⅱ的 Km 较高(~34mmol/L),在乙醇浓度很高时才能充分发挥作用,低乙醇浓度时其活性只有 ADH-Ⅰ的 10%;而 ADH-Ⅲ的 Km 更大(>1 mol/L),对乙醇的亲和力更小。长期饮用乙醇可使肝内质网增殖,大量饮酒或慢性乙醇中毒可启动微粒体乙醇氧化系统(microsomal ethanol oxidizing system, MEOS),其活性可增加 50%~100%,代谢乙醇总量的 50%。MEOS 是乙醇-P_{450} 加单氧酶,产物是乙醛,只在血中乙醇浓度很高时起作用。MEOS 不能使乙醇彻底氧化利用,即不能彻底氧化分解乙醇产生 ATP,还增加肝对氧和 $NADPH+H^+$ 的消耗,使肝内能量耗竭;MEOS 还能催化脂质过氧化产生羟乙基自由基,而羟乙基自由基又可进一步促进脂质过氧化,产生大量脂质过氧化产物。肝内能量的耗竭和脂质过氧化物的堆积均可导致肝损害。

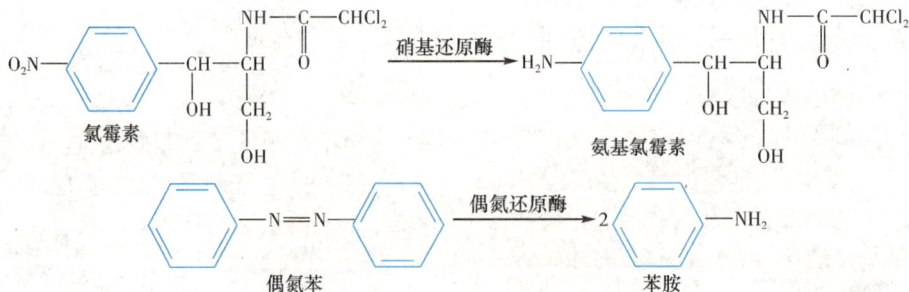

在人体各组织器官中,肝脏的 ALDH 活性最高。ALDH 基因有正常纯合子、无活性纯合子、两者的杂合子 3 型,东方人三者的分布比例是 45∶10∶45。无活性纯合子完全缺乏 ALDH 活性;杂合子型部分缺乏 ALDH 活性。当少量(0.1g/kg 体重)饮入乙醇时,无活性纯合子型携带者血液乙醛浓度明显升高,杂合子型携带者血液乙醛浓度升高不明显;当中等量(0.8g/kg 体重)饮入乙醇时,无活性纯合子型、杂合子型携带者血液乙醛浓度都明显升高,正常纯合子型携带者血液乙醛浓度升高不明显。东方人群中,大约有 30%~40% 的人携带 ALDH 基因变异,部分变异使 ALDH 活性低下,饮酒后体内乙醛蓄积,引起血管扩张、面部潮红、心动过速、脉搏加快等反应。乙醛对人体是有毒物质,所以人缺乏 ALDH 也能引起肝损害。

2. 还原反应(reduction) 肝脏参与生物转化的还原酶主要有硝基还原酶(nitroreductase)和偶氮还原酶(azoreductase)两大类,它们存在于肝细胞微粒体,由 $NADPH+H^+$ 供氢,属黄素酶类,还原产物是胺。硝基还原酶催化硝基苯多次加氢还原成苯胺,偶氮还原酶催化偶氮苯还原生成苯胺。

$$O_2N-C_6H_4-CH(OH)-CH(NH-CO-CHCl_2)-CH_2OH \xrightarrow{\text{硝基还原酶}} H_2N-C_6H_4-CH(OH)-CH(NH-CO-CHCl_2)-CH_2OH$$

氯霉素　　　　氨基氯霉素

$$C_6H_5-N{=}N-C_6H_5 \xrightarrow{\text{偶氮还原酶}} 2\ C_6H_5-NH_2$$

偶氮苯　　　　苯胺

一些非营养物质如氯霉素、硝基苯、偶氮苯、二醋吗啡(海洛因)等能在肝脏通过还原反应进行生物转化,催眠药三氯乙醛也可以在肝脏被还原成三氯乙醇而失去催眠作用。

3. 水解反应(hydrolysis) 肝细胞微粒体和胞液中含有酯酶、酰胺酶及糖苷酶等多种水解酶,可分别催化各种脂类、酰胺类及糖苷类化合物中酯键、酰胺键及糖苷键发生水解反应,例如乙酰水杨酸、普鲁卡因、利多卡因等药物及简单的脂肪族酯类的水解。这些物质水解后活性减弱或丧失，但一般需要其他反应进一步转化才能排出体外。酯及酰胺水解反应的通式如下：

$$RCOOR+H_2O\xrightarrow{\text{酯酶}}RCOOH+ROH$$

$$RCONHR+H_2O\xrightarrow{\text{酰胺酶}}RCOOH+RNH_2$$

（二）第二相反应——结合反应

结合反应（conjugation）可在肝细胞的微粒体、胞液和线粒体内进行，是体内最重要、最普遍的生物转化方式，凡含有羟基、羧基或氨基的化合物，或在体内被氧化成含有羟基、羧基等功能基团的非营养物质均可发生结合反应。非营养物质在肝内与某种结合剂结合，改变其极性或水溶性，同时又掩盖了原有的功能基团，一般具有解毒功能，且容易排出体外。某些非营养物质可直接进行结合反应，有些则需要先经生物转化的第一相反应后再进行结合反应。根据参加反应的结合剂不同可将结合反应分为多种类型。

1. 葡萄糖醛酸结合反应 非营养物质与葡萄糖醛酸结合是生物转化最重要、最普遍的结合反应方式。葡萄糖醛酸由糖醛酸循环产生，葡萄糖醛酸的活性供体为尿苷二磷酸葡萄糖醛酸（UDPGA）。在肝细胞微粒体 UDP-葡萄糖醛酸转移酶（UDP-glucuronyl transferase，UGT）催化下，葡萄糖醛酸基能转移到醇、酚、胺、羧酸类化合物的羟基、氨基及羧基上形成相应的葡萄糖醛酸苷。胆红素、类固醇激素、吗啡、苯巴比妥类药物等均可在肝脏与葡萄糖醛酸结合进行转化，临床用肝泰乐等葡萄糖醛酸类制剂治疗肝病的原理就是通过增强肝生物转化功能，排泄非营养物质。

UDPGA + 酚（—OH） —葡萄糖醛酸基转移酶→ UDP + 苯葡萄糖醛酸苷（—OGA）

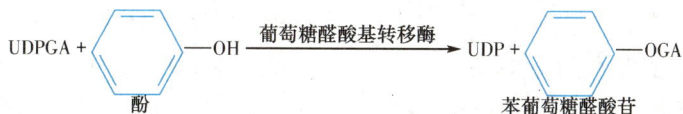

2. 硫酸结合反应 肝细胞液中含有硫酸转移酶，能将活性硫酸供体 3′-磷酸腺苷 5′-磷酸硫酸（PAPS）中的硫酸根转移到类固醇、醇、酚或芳香胺等类非营养物质的羟基上生成硫酸酯，使它们的水溶性增强，容易排出体外，如雌酮在肝内与硫酸结合而灭活。

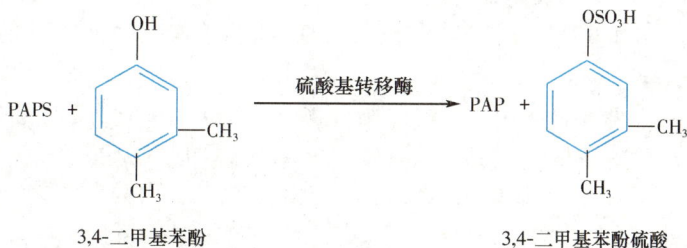

PAPS + 3,4-二甲基苯酚（OH，CH_3，CH_3） —硫酸基转移酶→ PAP + 3,4-二甲基苯酚硫酸（OSO_3H，CH_3，CH_3）

3. 谷胱甘肽结合反应 在谷胱甘肽 S-转移酶（glutathione S-transferase，GST）的催化作用下，许多物质能与谷胱甘肽（GSH）结合进行生物转化反应，例如一些致癌物、抗癌药物、环境污染物及某些内源性活性物质。

环氧化物（Br，H，H，O） —谷胱甘肽转移酶，谷胱甘肽(GSH)→ 谷胱甘肽结合产物（Br，H，OH，G-S，H）

谷胱甘肽结合反应是细胞自我保护的重要反应。体内许多内源性底物受活性氧修饰后形成具有细胞毒作用的氧化修饰产物，损伤细胞。GSH 不仅具有抗氧化作用，抑制氧化修饰；还能结合氧化修饰产物，减低其毒性，增加其水溶性，促进其从体内排出。GSH 还可作为结合蛋白的一部分，与一些非极性化合物结合，参与其转运及排出，防止其毒性作用。

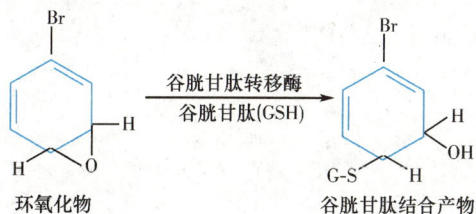

4. 乙酰基结合反应 在肝细胞乙酰基转移酶（acetylase）催化下，能将乙酰基转移至苯胺等芳香胺类化合物，生成相应的乙酰化衍生物，乙酰基的供体是乙酰 CoA。磺胺类药物、抗结核药异烟肼等均可在肝脏内被乙酰化失去药物作用。

5. 甘氨酸结合反应 一些含羧基的非营养物质如某些药物、毒物，可与辅酶 A 结合形成活泼的酰基辅酶 A，再在酰基 CoA：氨基酸 *N*-酰基转移酶催化下与甘氨酸结合生成相应的结合产物，如马尿酸等。

$$H_2N-C_6H_4-SO_2-NH_2 + CH_3CO\sim CoA \xrightarrow{\text{乙酰转移酶}} CH_3-CO-HN-C_6H_4-SO_2-NH_2 + CoA\ SH$$

对氨基苯磺酰胺　　　　对乙酰氨基苯磺酰胺

$$C_6H_5-COOH \xrightarrow[ATP]{HS\text{-}C_oA} C_6H_5-CO\sim SCoA \xrightarrow{\text{甘氨酸}} C_6H_5-CO-NH-CH_2-COOH + CoA-SH$$

苯甲酸　　　　苯甲酰CoA　　　　马尿酸

胆酸和脱氧胆酸也能与甘氨酸结合，生成结合胆汁酸。

6. 甲基结合反应　在肝细胞液及微粒体中具有多种转甲基酶，能够将甲基转移至含有羟基、巯基或氨基的化合物，使其甲基化。甲基化反应的甲基供体是S-腺苷蛋氨酸(SAM)。如尼克酰胺可被甲基化生成*N*-甲基尼克酰胺。

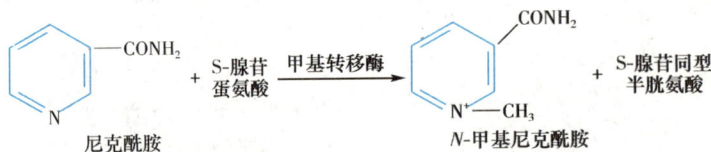

$$\text{尼克酰胺} + \text{S-腺苷蛋氨酸} \xrightarrow{\text{甲基转移酶}} N\text{-甲基尼克酰胺} + \text{S-腺苷同型半胱氨酸}$$

三、肝脏生物转化反应的特点

肝脏的生物转化作用范围很广，转化作用强，很多有毒物质进入人体后可迅速集中在肝脏被转化。然而，肝脏生物转化作用也有自身的特点，掌握这些特点对于相关的临床工作具有重要的指导意义。肝脏生物转化反应的特点包括：

1. 连续性　一种非营养物质往往需要几种生物转化反应连续进行才能达到生物转化的目的，如乙酰水杨酸需先水解成水杨酸，再经结合反应后才能排出体外。

2. 多样性　同一种或同一类物质可以进行多种生物转化反应，如水杨酸可以在肝脏经多种结合反应进行生物转化：既能进行葡萄糖醛酸结合反应，也能进行甘氨酸结合反应。

3. 解毒和致毒双重性　一般情况下，非营养物质经生物转化后其生物活性或毒性降低，甚至消失，所以曾将生物转化作用称为生理解毒。但少数物质经生物转化后毒性反而增强，或由无毒转化成有毒，例如香烟中的苯骈芘在体外无致癌作用，进入人体后经生物转化成7,8-二羟-9,10-环氧-7,8,9,10-四氢苯骈芘后，可与DNA结合，诱发DNA突变而致癌，因此，不能简单地认为生物转化作用就是解毒。

又如黄曲霉素B_1既可以通过生物转化从机体中排出，也可以活化为致癌物质。

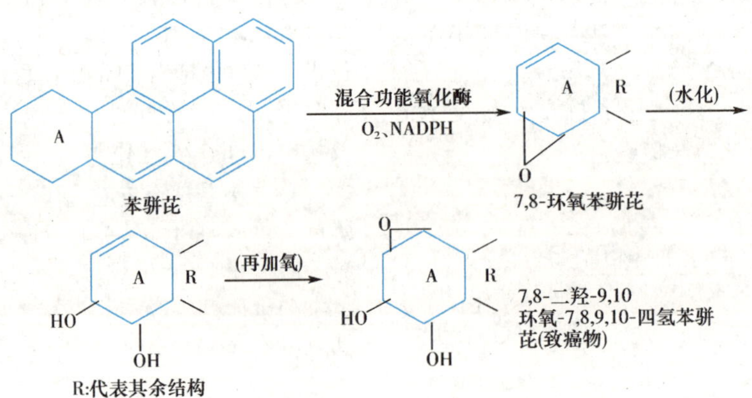

四、影响生物转化作用的主要因素

生物转化作用受年龄、性别、营养状况、疾病、药物、遗传因素、食物等体内外因素的影响。

1. 年龄对生物转化作用的影响　新生儿及老年人肝脏生物转化作用较低，临床上对新生儿及老年人的药物用量要降低，很多药物在儿童和

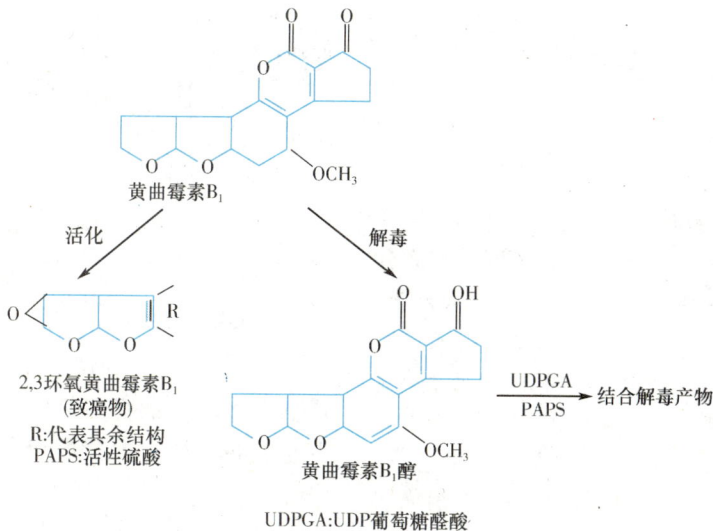

黄曲霉素B_1

活化　　解毒

2,3环氧黄曲霉素B_1
(致癌物)
R:代表其余结构
PAPS:活性硫酸

黄曲霉素B_1醇

UDPGA / PAPS → 结合解毒产物

UDPGA:UDP葡萄糖醛酸

老人要慎用或禁用。新生儿因肝脏生物转化酶系发育不全,对药物及毒物的转化能力弱,容易发生药物及毒素中毒。老年人因肝血流量下降,肝的总重量及肝细胞数量明显减少,生物转化酶特别是微粒体生物转化酶不易诱导,生物转化能力下降,加之肾的廓清速率降低,血浆药物的清除率降低,药物在体内的半寿期延长,常规剂量用药就可发生药物蓄积,不仅药物的作用增强,副作用也增大。

2. 药物对生物转化作用的影响　许多药物或毒物可诱导参与生物转化酶的合成,使肝脏的生物转化能力增强,称为药物代谢酶的诱导。例如,长期服用苯巴比妥可诱导肝微粒体加单氧酶系的合成,使机体对苯巴比妥类催眠药的转化能力增强,产生耐药性。临床治疗中可利用诱导作用增强对某些药物的代谢,达到解毒的效果,如用苯巴比妥减低地高辛中毒。苯巴比妥还可诱导肝微粒体UDP-葡萄糖醛酸转移酶的合成,临床上用其增加机体对游离胆红素的结合反应,治疗新生儿黄疸。由于多种物质在体内转化常由同一酶系催化,当同时服用多种药物时可竞争同一酶系,使各种药物生物转化作用相互抑制。例如,保泰松可抑制双香豆素类药物的代谢,当二者同时服用时保泰松可使双香豆素的抗凝作用加强,易发生出血,所以同时服用多种药物时应注意。

3. 疾病对生物转化作用的影响　肝是生物转化的主要器官,肝病变时微粒体加单氧酶系和UDP-葡萄糖醛酸转移酶活性显著降低,如严重肝病时微粒体加单氧酶系活性可降低50%,加上许多肝病都能导致肝脏血液循环障碍,病人对许多药物及毒物的摄取、转化作用都明显减弱,容易发生积蓄中毒,故对肝病患者用药要特别慎重。

4. 性别对生物转化作用的影响　某些生物转化反应有明显的性别差异,如女性体内醇脱氢酶活性高于男性,女性对乙醇的代谢处理能力比男性强。氨基比林在女性体内半衰期是10.3小时,而男性高达13.4小时,说明女性对氨基比林的转化能力比男性强。妊娠期妇女肝脏清除抗癫痫药的能力增强,但晚期妊娠妇女体内许多生物转化酶活性都下降,故生物转化能力普遍降低。

5. 食物对生物转化作用的影响　不同的食物对生物转化酶活性的影响不同,有的可以诱导,有的能够抑制。如烧烤食物、萝卜等含有微粒体加单氧酶系诱导物;食物中的黄酮类成分可抑制加单氧酶系的活性;葡萄柚汁可抑制CYP3A4的活性。这些酶活性的变化,都会直接影响生物转化作用。

6. 营养状态对生物转化作用的影响　摄入蛋白质可以增加肝的重量和肝细胞整体酶的活性,提高肝生物转化的效率。饥饿数天(7天)后,肝谷胱甘肽转移酶(GST)的作用受到明显影响,其生物转化作用降低。大量饮酒,因乙醇氧化为乙醛、乙酸,再进一步氧化成乙酰辅酶A,产生$NADH+H^+$,可使细胞内$NAD^+/NADH+H^+$比值降低,减少UDP-葡萄糖转变成UDP-葡萄糖醛酸,影响肝内葡萄糖醛酸结合反应,导致相应的生物转化作用降低。

第三节　胆汁酸的代谢

一、胆　　汁

胆汁(bile)是肝细胞分泌的有色液体,正常成人每天分泌胆汁约300～700ml。肝细胞刚分泌出的胆汁呈金黄色、清澈透明、有黏性和苦味,称为肝胆汁(hepatic bile),经胆道系统排入胆囊贮存。在胆囊中,肝胆汁部分水和其他成分被吸收,并掺入黏液,胆汁的密度增大,颜色加深为棕绿色或暗褐色,浓缩成为胆囊胆汁(gallbladder bile),经胆总管排泄至十二指肠参与食物消化和吸收。

胆汁的组成成分除水外,主要为胆汁酸盐,约占50%左右,还有胆固醇、胆色素等代谢产物和药物、毒物、重金属盐等排泄成分。肝细胞分泌的胆汁具有双重功能,一是作为消化液促进脂类消化和吸收,二是作为排泄液能将胆红素等代谢产物和毒物、药物等排入肠腔,随粪便排出体外。

二、胆汁酸代谢

(一) 胆汁酸的分类

胆汁酸(bile acid)是肝细胞以胆固醇为原料转变生成的24碳类固醇化合物,是胆固醇在体内的主要代谢产物。胆汁酸可按结构分为游离型胆汁酸(free bile acid)和结合型胆汁酸(conjugated bile acid)两大类。游离胆汁酸包括胆酸(cholic acid)、鹅脱氧胆酸(chenodeoxycholic acid)、脱氧胆酸(deoxycholic acid)和少量石胆酸(lithocholic acid)4种(图25-1)。

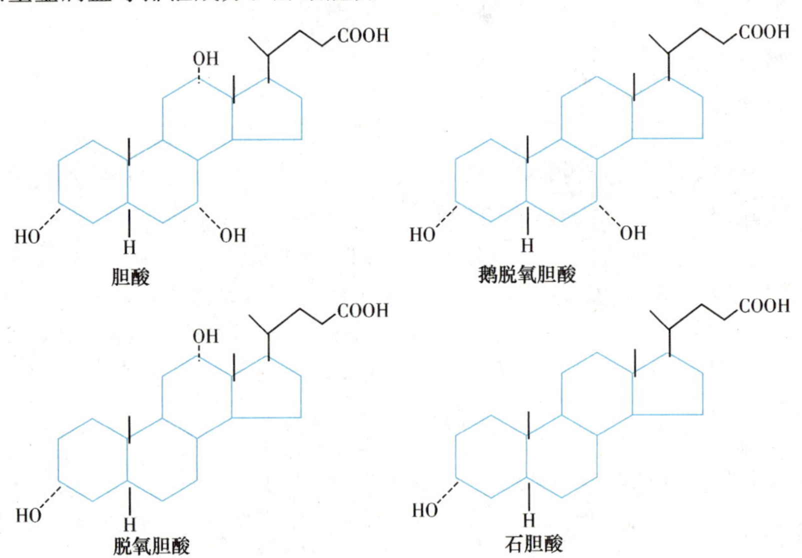

图25-1　四种游离胆汁酸的结构

游离胆汁酸的24位羧基可与甘氨酸或牛磺酸结合生成结合型胆汁酸(图25-2),主要包括甘氨胆酸、牛磺胆酸、甘氨鹅脱氧胆酸及牛磺鹅脱氧胆酸等。结合胆汁酸的水溶性较游离胆汁酸大,更稳定,在有酸或Ca^{2+}存在的情况下不容易沉淀。

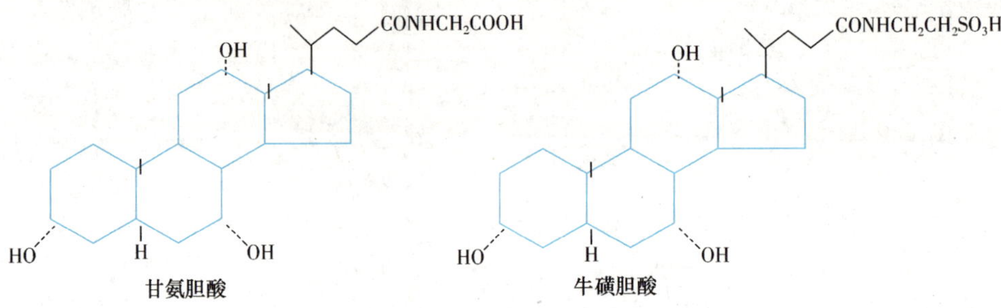

图25-2　结合型胆汁酸的结构

胆汁酸又可根据来源分为初级胆汁酸(primary bile acid)和次级胆汁酸(secondary bile

acid)两大类。由肝细胞直接合成、分泌的胆汁酸称为初级胆汁酸，包括胆酸和鹅脱氧胆酸及其分别与甘氨酸和牛磺酸的结合产物；初级胆汁酸在肠道细菌作用下生成的胆汁酸称为次级胆汁酸，包括脱氧胆酸和石胆酸及其在肝中的结合产物。胆酸和鹅脱氧胆酸都是含 24 碳的胆烷酸衍生物，两者结构上的差别是含羟基数不同，胆酸含有 3 个羟基(3α、7α、12α)，而鹅脱氧胆酸仅含有 2 个羟基(3α、7α)，所有次级胆汁酸(脱氧胆酸和石胆酸)的 C-7 位均无羟基。

人胆汁中的胆汁酸以结合型为主，成人胆汁中甘氨胆酸与牛磺胆酸的比例为 3∶1，且无论初级胆汁酸还是次级胆汁酸都会与钠离子或钾离子结合形成相应的胆汁酸盐，简称胆盐(bile salt)。

(二)胆汁酸代谢

1. 初级胆汁酸的生成 将胆固醇转变生成胆汁酸是肝细胞的重要功能，也是体内排泄胆固醇重要途径。初级胆汁酸的生成是胆汁酸代谢的重要环节，在肝细胞微粒体中，胆固醇经过羟化、侧链氧化、异构化、加水等多步复杂的酶促反应转变为初级胆汁酸(图 25-3)。羟化反应首先在胆固醇 7 位进行，由 7α-羟化酶催化生成 7α-羟胆固醇，生成胆酸还需在 12 位进行羟化。侧链氧化将 27 碳的胆固醇断裂生成 24 碳的胆烷酰 CoA 和丙酰 CoA，需 ATP 和辅酶 A 参与。异构化将胆固醇的 3 位 β 羟基差向异构化为 α 羟基。加水则是经过加水水解释放辅酶 A，生成胆酸或鹅脱氧胆酸。

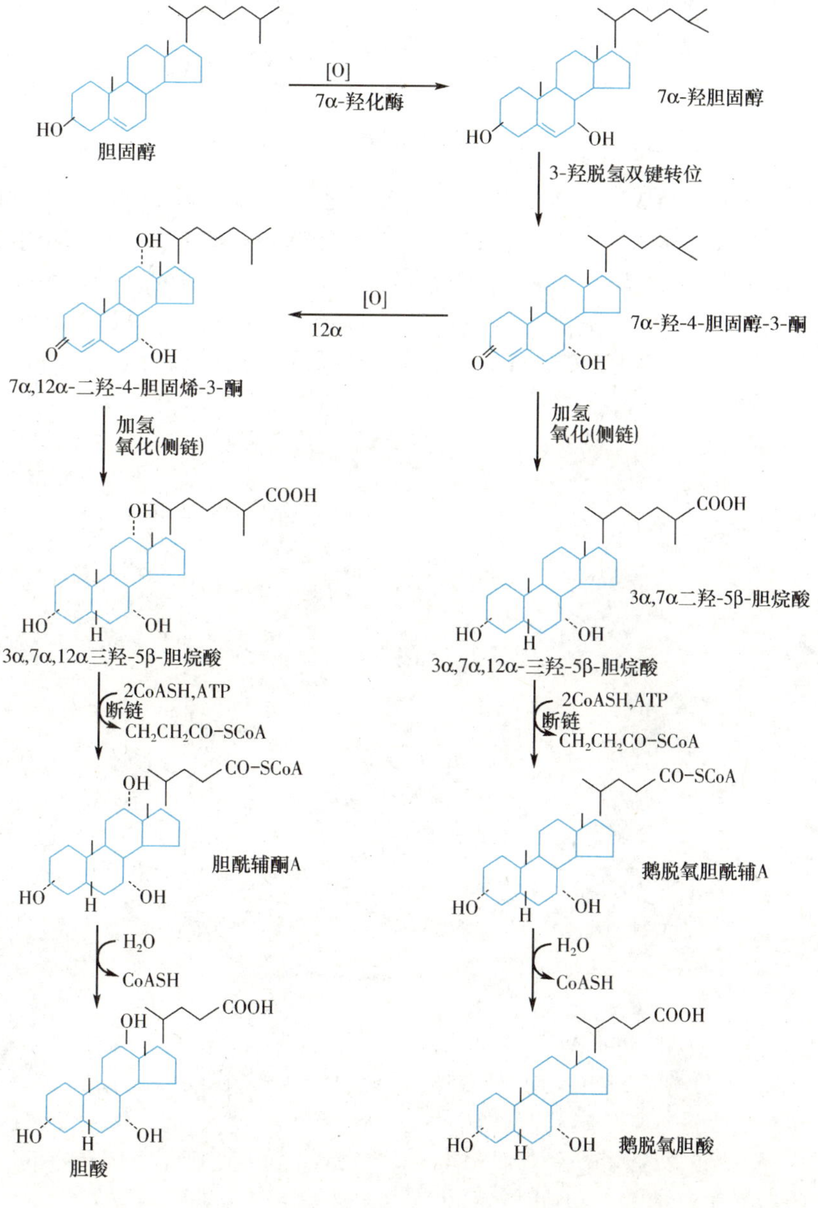

图 25-3 初级胆汁酸的生成

胆固醇经过图 25-3 所示途径生成的胆酸和鹅脱氧胆酸为游离胆汁酸，经与甘氨酸或牛磺酸结合形成结合型初级胆汁酸(图 25-4)。

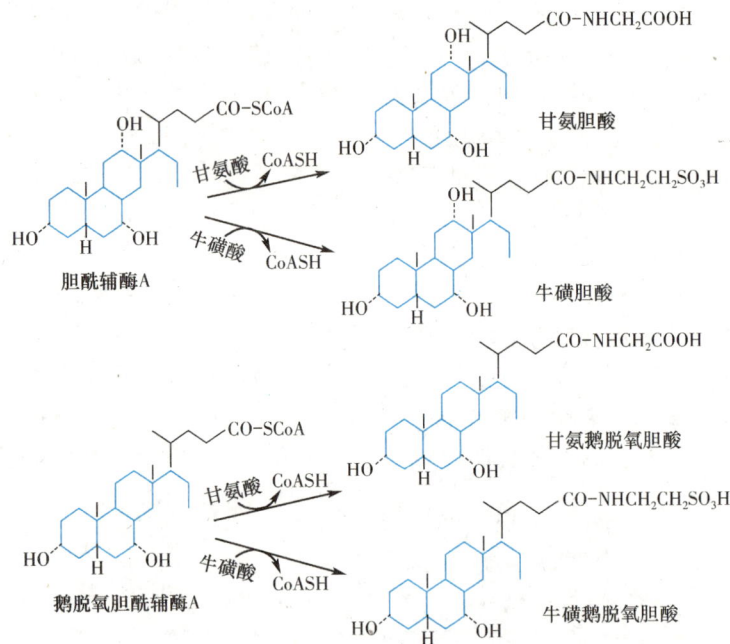

图 25-4 结合型胆汁酸的生成

7α-羟化酶是胆汁酸合成途径的限速酶，属微粒体加单氧酶系，受胆汁酸浓度负反馈调节，口服阴离子交换树脂考来烯胺减少肠道胆汁酸的重吸收，降低胆汁酸浓度，促进机体利用胆固醇合成胆汁酸，从而降低血浆胆固醇含量。维生素 C 能促进 7α-羟化酶催化的羟化反应。糖皮质激素和生长激素可提高 7α-羟化酶的活性。甲状腺素可促进 7α-羟化酶 mRNA 合成，还能通过激活侧链氧化酶系加速初级胆汁酸的合成，所以甲状腺机能亢进病人的血清胆固醇浓度常偏低，而甲状腺机能低下病人血清胆固醇含量则偏高。

2. 次级胆汁酸的生成和胆汁酸的肠肝循环

初级胆汁酸随胆汁分泌进入肠道，协助脂类物质的消化、吸收。在小肠下段和大肠，受细菌的作用，初级胆汁酸可被水解脱去甘氨酸或牛磺酸，生成游离胆汁酸，再脱去 7α-羟基转变为次级胆汁酸(图 25-5)，包括脱氧胆酸和石胆酸，分别由胆酸和鹅脱氧胆酸转化而来。

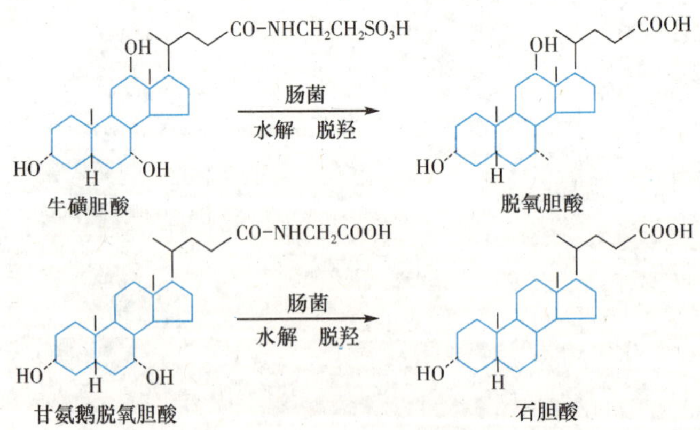

图 25-5 次级胆汁酸的生成

肠道中的各种胆汁酸(包括初级胆汁酸和次级胆汁酸、结合型与游离型胆汁酸)约 95% 经过肠黏膜被重吸收，经门静脉回到肝脏。在肝脏，游离胆汁酸可重新转变为结合胆汁酸，并同新合成的结合胆汁酸一起随胆汁分泌入十二指肠，此过程称为胆汁酸肠肝循环(bile acid enterohepatic circulation)(图 25-6)。结合型胆汁酸主要在回肠以主动转运方式重吸收，游离型胆汁酸则在小肠各部位及大肠经被动吸收方式重吸收。

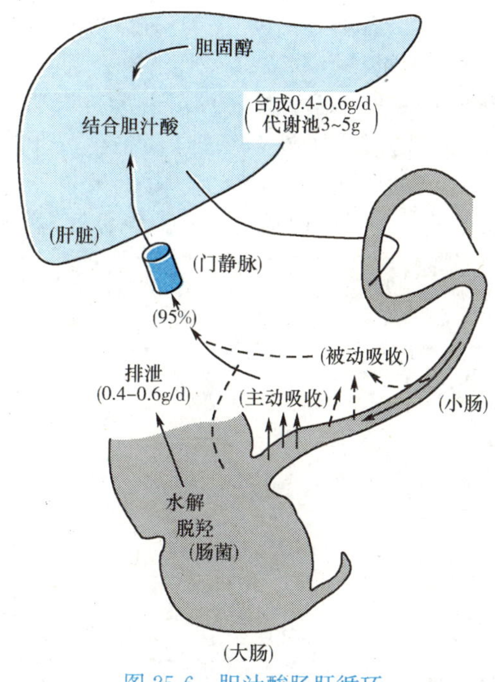

图 25-6 胆汁酸肠肝循环

胆汁酸肠肝循环具有重要的生理意义，它能使有限的胆汁酸反复利用，满足机体对胆汁酸的生理需要。人体每天需要 16～32g 胆汁酸乳化脂类，而正常人体胆汁酸池仅有 3～5g，供需矛盾十分突出。机体依靠胆汁酸肠肝循环（每餐后循环 2～4 次）弥补胆汁酸合成量不足，使有限的胆汁酸池能够发挥最大限度的乳化作用，以维持脂类食物消化吸收的正常进行。若因腹泻或回肠大部切除等破坏了肠肝循环，会影响脂质的消化吸收。

（三）胆汁酸的生理功能

1. 促进脂质消化吸收 胆汁酸分子既含有亲水的羟基或羧基、磺酸基，又含有疏水的烃核和甲基。两类性质不同的基团恰恰位于胆汁酸环戊烷多氢菲核的两侧，使胆汁酸立体构型具有亲水和疏水两个面（图 25-7），是较强的表面活性剂，能降低油水两相的表面张力，促进脂类乳化成 3～10μm 的细小微团。同时能增加脂肪和脂肪酶的接触面积，促进脂质的消化吸收。

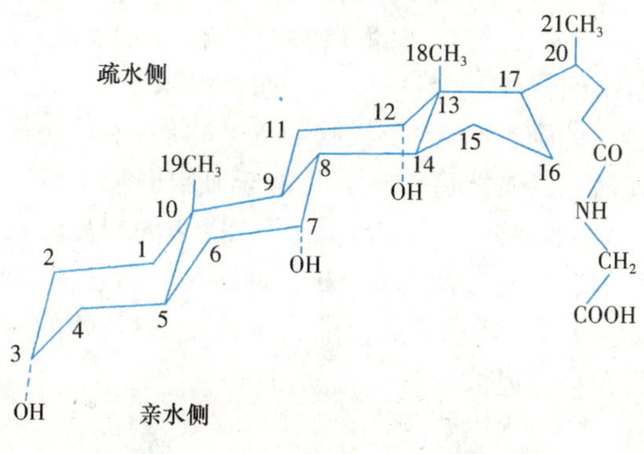

图 25-7 甘氨胆酸的立体构型

2. 防止胆结石形成 胆汁中含有的胆固醇难溶于水，在浓缩的胆囊胆汁中容易沉淀析出，形成胆结石（gallstone）。胆汁中的胆酸盐和卵磷脂可使胆固醇分散形成可溶性微粒，使之不易结晶沉淀，从而抑制胆汁中胆固醇沉淀析出形成结石，故胆汁酸有防止胆结石生成的作用。如果肝脏合成、分泌胆汁酸能力下降，排入胆汁的胆固醇过多，胆汁酸在消化道丢失过多，胆汁酸肠肝循环受损等均可造成胆汁中胆汁酸和卵磷脂与胆固醇的比例下降，易发生胆固醇沉淀析出形成结石。不同胆汁酸对结石形成的抑制作用不同，鹅脱氧胆酸可使胆固醇结石溶解，胆酸及脱氧胆酸则无此作用。临床上常用鹅脱氧胆酸及熊脱氧胆酸治疗胆固醇结石。

第四节 胆色素代谢与黄疸

胆色素（bile pigment）是铁卟啉化合物在体内的各种分解代谢产物的总称，包括胆红素（bilirubin）、胆绿素（biliverdin）、胆素原（bilinogen）和胆素（bilin）等，其中主要是胆红素，呈橙黄色，是胆汁的主要色素。正常情况下主要随胆汁排泄，胆色素代谢异常可导致高胆红素血症，即黄疸。体内含铁卟啉的化合物有血红蛋白、肌红蛋白、细胞色素、过氧化氢酶及过氧化物酶等。胆色素代谢以胆红素代谢为中心，肝脏在胆色素代谢中起着重要作用。

一、胆红素的生成与转运

（一）胆红素的生成

体内血红蛋白、肌红蛋白、过氧化物酶、过氧化氢酶及细胞色素类等铁卟啉化合物在肝、脾、骨髓等组织分解代谢产生胆红素，成人每日约产生 250～350mg 胆红素，其中 80%左右来源于衰老红细胞中血红蛋白的分解，所以胆红素主要由血红蛋白分解代谢产生。其次小部分胆红素来自造血过程中红细胞过早破坏，还有少量胆红素由非血红蛋白血红素分解产生。

体内红细胞不断被更新，正常人红细胞寿命约 120 天。衰老红细胞由于细胞膜的变化被肝、脾、骨髓中单核-吞噬细胞识别，并吞噬降解，释放出血红蛋白，血红蛋白再分解为珠蛋白和血红素。珠蛋白可分解为氨基酸，参与体内氨基酸代谢。血红素则在氧分子和 NADPH＋H^+ 参与下，由吞噬细胞内微粒体血红素加氧酶（heme oxygenase, HO)催化形成胆绿素，并释放出CO和Fe^{2+}。铁可被重新利用，CO则可排出体外。胆绿素进一步在胞液中胆绿素还原酶（辅酶为NADPH+H^+）催化下迅速还原为胆红素（图25-8）。体内胆绿素还原酶活性较高，胆绿素一般不会堆积或进入血液。

血红素加氧酶是胆红素生成的限速酶，需要O_2和NADPH+H^+参加，并受底物血红素的诱导，同时血红素又可作为酶的辅基起活化分子氧的作用。X射线衍射分析表明胆红素分子内形成了6个氢键，使整个分子卷曲成稳定的构象（图25-8）。由于极性基团封闭在分子内部，因此，胆红素是亲脂、疏水的化合物。

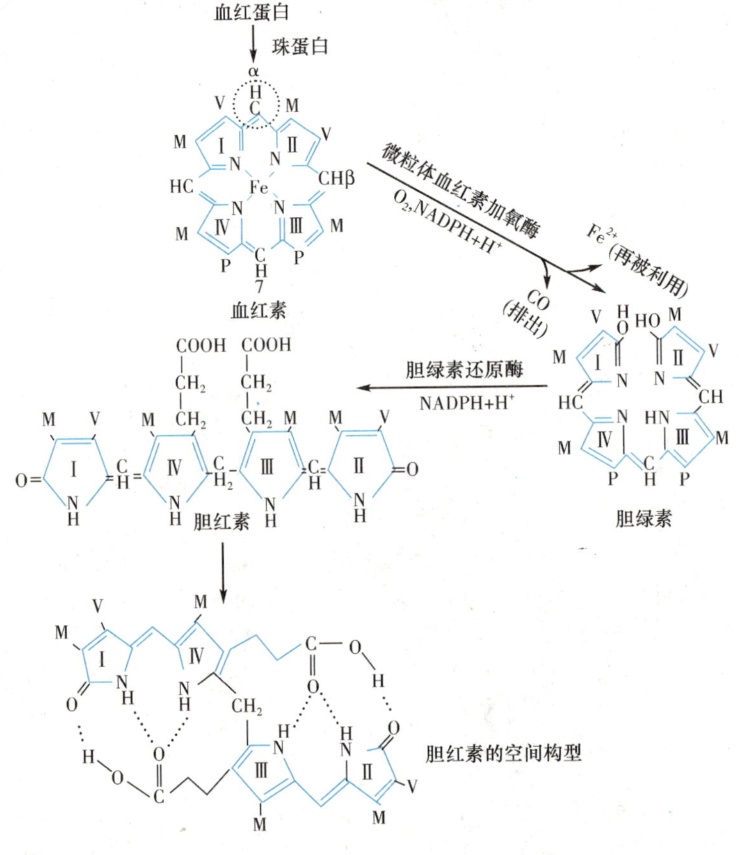

图25-8 胆红素的生成及空间构型

(二) 胆红素在血液中的运输

生理pH条件下，胆红素是难溶于水的脂溶性有毒物质。单核-吞噬细胞系统中生成的胆红素能自由透过细胞膜进入血液，与血浆白蛋白（小部分与α_1球蛋白）结合，使胆红素在血浆中的溶解度增加，便于其在血浆中运输，同时也限制了胆红素通过自由渗透进入各种组织，抑制其对组织细胞的毒性作用。胆红素-白蛋白复合物中的胆红素分子未连接葡萄糖醛酸，所以被称为游离胆红素或未结合胆红素，也有人将其称为血胆红素。由于胆红素-白蛋白复合物不能透过肾小球基底膜，未结合胆红素不会在尿中出现。

每个白蛋白分子上有一个高亲和力的胆红素结合部位和一个低亲和力的胆红素结合部位，每分子白蛋白可结合两分子胆红素。正常人血浆胆红素含量为3.4～17.1μmol/L（2～10mg/L），而100ml血浆中的白蛋白能结合34～43μmol/L（20～25mg/L）胆红素，故正常情况下血浆白蛋白结合胆红素的潜力很大，足以结合全部胆红素，阻止其进入组织细胞产生毒性作用。但某些有机阴离子（磺胺类药物、水杨酸、胆汁酸、脂肪酸等）都可与胆红素竞争结合白蛋白，使胆红素从胆红素-白蛋白复合物解离，渗入各种组织细胞，产生毒性作用。如可渗入脑部，与基底核的脂类结合，干扰脑的正常功能，形成胆红素脑病或核黄疸。新生儿由于血脑屏障发育不完全，如果发生高胆红素血症，过多的游离胆红素很容易进入脑组织，发生胆红素脑病，所以对新生儿，尤其是患黄疸的新生儿，上述药物的使用要特别谨慎。

二、胆红素在肝脏的代谢

(一) 肝细胞对胆红素的摄取

胆红素-白蛋白复合物随血液循环到肝脏后，在肝血窦中胆红素与白蛋白分离，很快被肝细胞摄取。注射放射性标记胆红素后，通过放射性示踪发现，50%放射性胆红素从血浆清除只需大约18分钟，说明肝细胞摄取胆红素的能力很强。肝脏能迅速从血浆中摄取、清除胆红素是因为肝细胞有两种载体蛋白，即Y蛋白和Z蛋白，它们能非特异地结合包括胆红素在内的有机阴离子，主动将其摄入细胞内。胆红素与载体蛋白结合后以胆红素-Y蛋白、胆红素-Z蛋白的形式转运至肝细胞内质网进一步代谢转化。与Y蛋白和Z蛋白的结合使胆红素不断向肝细胞内透入，同时阻止胆红素反流入血。肝细胞摄取胆红素是一个耗能的过程，而且可逆，当肝细胞处理胆红素的能力下降，或者生成胆红素过多超过肝细胞处理能力时，已进入肝细胞的胆红素可反流入血，使血胆红素含量增高。

Y蛋白是一种碱性蛋白，由分子质量为22kDa和27kDa的两个亚基组成，约占肝细胞液蛋白质总量的5%。Y蛋白比Z蛋白对胆红素的结合能力强，且含量多，因此，它是肝细胞摄取胆红素的主要载体蛋白。当Y蛋白的结合达到饱和后，Z蛋白的结合才增多。Y蛋白是一种诱导蛋白，苯巴比妥可诱导其合成。新生儿出生7周后Y蛋白水平才接近成人水平，所以新生儿容易发生生理性黄疸，临床上可用苯巴比妥治疗新生儿生理性黄疸。甲状腺素、溴酚磺酸钠(BSP)和靛青绿(ICG)等物质可竞争结合Y蛋白，影响胆红素的转运。Z蛋白是一种酸性蛋白，分子质量为12kDa，与胆红素亲和力小于Y蛋白。

(二) 肝细胞对胆红素的转化

胆红素-Y蛋白或胆红素-Z蛋白复合物运到肝细胞滑面内质网后，在UDP-葡萄糖醛酸基转移酶(UDP-glucuronyl transferase，UGT)的催化下，由UDP-葡萄糖醛酸提供葡萄糖醛酸基，胆红素与葡萄糖醛酸以酯键结合生成葡萄糖醛酸胆红素(bilirubin glucuronide)，即结合胆红素(conjugated bilirubin)。胆红素分子中2个丙酸基的羧基均可与葡萄糖醛酸 C_1 上的羟基结合，故每分子胆红素可结合2分子葡萄糖醛酸，生成双葡萄糖醛酸胆红素(图25-9)。人胆汁中的

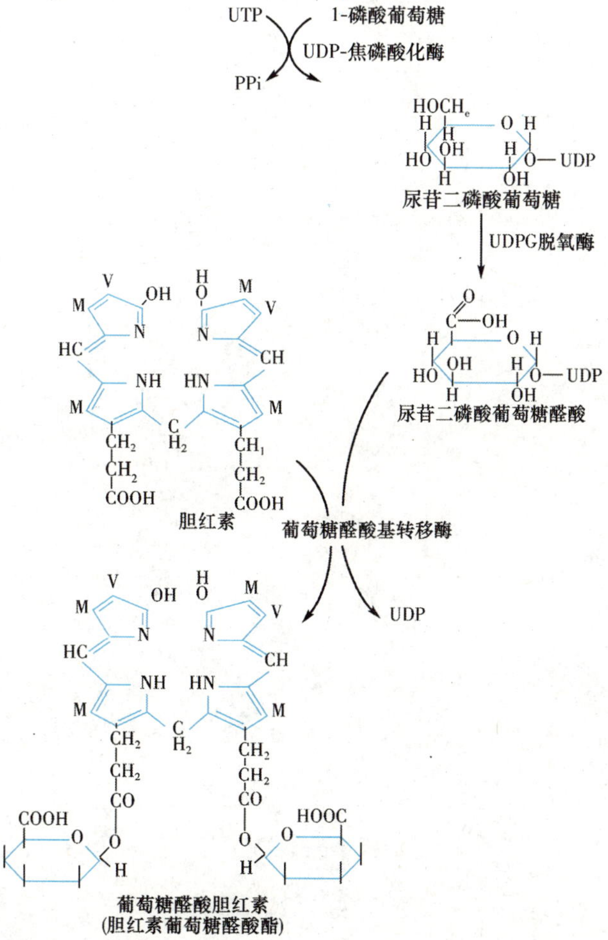

图 25-9　葡萄糖醛酸胆红素的生成

结合胆红素主要是双葡萄糖醛酸胆红素(70%～80%),少量为单葡萄糖醛酸胆红素(20%～30%)。此外,尚有更少量胆红素可与硫酸结合生成胆红素硫酸酯,甚至与甲基、乙酰基、甘氨酸等化合物结合形成相应的结合物。

(三)肝脏对胆红素的排泄

胆红素经结合转化后再经高尔基复合体、溶酶体等作用,排入毛细胆管随胆汁排出肝脏。肝毛细胆管内结合胆红素的浓度远高于肝细胞内的浓度,故肝细胞排出胆红素是一个逆浓度梯度的耗能过程,也是肝脏处理胆红素的薄弱环节,容易发生障碍。胆红素排泄过程一旦发生障碍,结合胆红素就可以反流入血,使血浆结合胆红素水平增高。

糖皮质激素不仅能诱导葡萄糖醛酸转移酶的生成,促进胆红素与葡萄糖醛酸结合,而且对结合胆红素的排出也有促进作用,因此,可用此类激素治疗高胆红素血症。

三、胆红素在肠道的变化和胆色素肠肝循环

结合胆红素随胆汁排入肠道后,在回肠下段至结肠的肠道细菌作用下,先水解脱去葡萄糖醛酸,使结合胆红素转变成游离胆红素,再逐步加氢还原成为无色的中胆素原(mesobilinogen)、粪胆素原(stercobilinogen)和尿胆素原(urobilinogen)等胆素原(bilinogen)类化合物,其中80%随粪便排出。粪胆素原在肠道下段或随粪便排出后经空气氧化为棕黄色的粪胆素(stercobilin)(图25-10),是粪便的主要色素。正常成人每天从粪便排出的胆素原总量约40～280mg。当胆道完全梗阻时,因胆红素不能排入肠道,不能形成胆素原及粪胆素,粪便呈灰白色,临床上称为白陶土样便。婴儿肠道细菌少,未被细菌作用的胆红素随粪便排出,可使粪便呈胆红素的橙黄色。

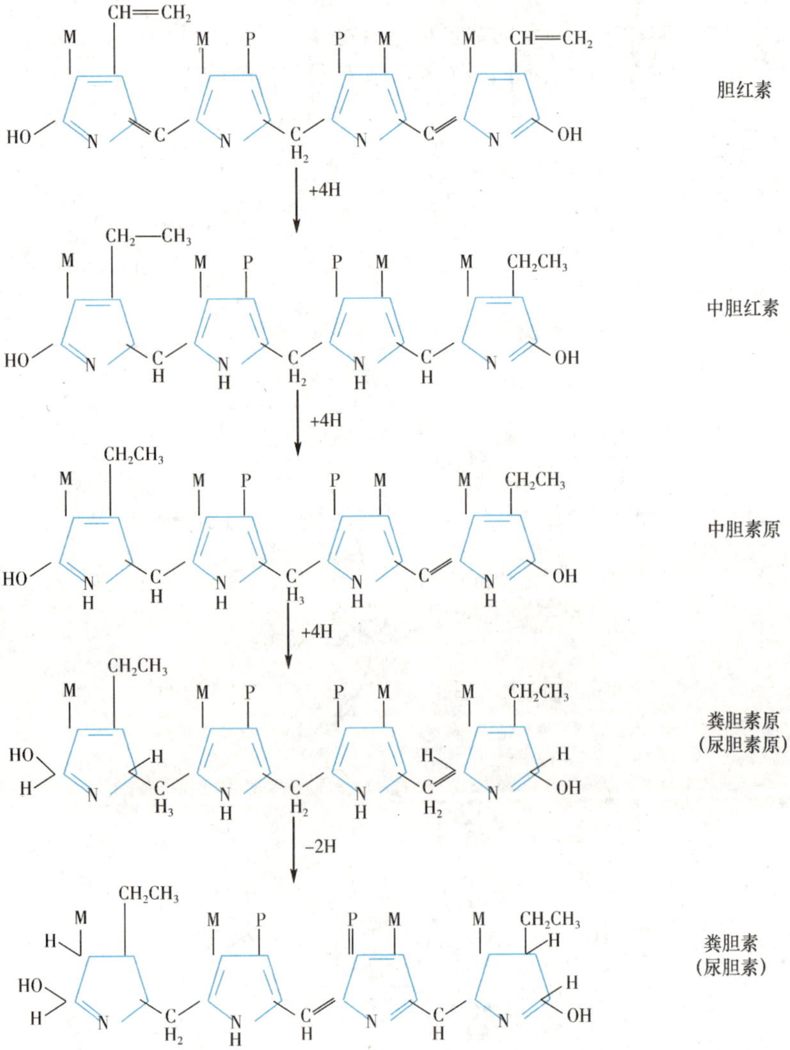

图25-10 胆红素在肠道的转变

在生理情况下，约 10%～20%的胆素原在肠道被重吸收，经门静脉进入肝脏。重吸收入肝的胆素原约 90%以原形随胆汁排入肠道，形成了胆素原的肠肝循环（bilinogen enterohepatic circulation）。小部分（10%）胆素原可以进入体循环，经肾小球滤出随尿液排出，故称为尿胆素原。正常成人每天从尿液排出的尿胆素原约 0.5～4.0mg。尿胆素原与空气接触后被氧化成尿胆素（urobilin），是尿液的主要色素。

第五节　血清胆红素与黄疸

正常人血清胆红素按其性质和结构不同分为两大类型：凡未经肝细胞转化、没有结合葡萄糖醛酸或硫酸等的胆红素称为未结合胆红素；凡经过肝细胞转化、与葡萄糖醛酸或其他物质结合的胆红素统称为结合胆红素。两类胆红素由于结构和性质不同，它们与重氮试剂的反应也不相同。未结合胆红素不能与重氮试剂直接反应，必须加入酒精或尿素后才能与重氮试剂反应生成紫红色偶氮化合物，即与重氮试剂反应间接阳性，所以未结合胆红素又称为间接反应胆红素或间接胆红素；结合胆红素能迅速、直接与重氮试剂反应产生紫红色偶氮化合物，故结合胆红素又称为直接反应胆红素或直接胆红素。两类胆红素性质见表 25-2。

表 25-2　两类胆红素的性质

	结合胆红素	未结合胆红素
其他名称	直接胆红素，肝胆红素	间接胆红素，血胆红素
葡萄糖醛酸结合	结合	未结合
重氮试剂反应	迅速、直接反应	慢、间接反应
水中溶解度	大	小
透过细胞膜的能力	小	大
对脑的毒性作用	小	大
经肾随尿排出	能	不能

正常人体内胆红素的生成与排泄保持动态平衡，血浆胆红素总量为 3.4～17.1μmol/L（2～10mg/L），不超过 17.1μmol/L（10mg/L），其中约 80%是未结合胆红素，其余为结合胆红素。凡是能够导致胆红素生成过多，或肝细胞对胆红素摄取、转化和排泄能力下降的因素均可使血中胆红素含量增多，称为高胆红素血症（hyperbilirubinemia）。胆红素是金黄色色素，血清中浓度过高可扩散入组织，造成组织黄染，形成黄疸（jaundice）。巩膜、皮肤因含有较多弹性蛋白，与胆红素有较强亲和力，容易被黄染。黏膜中含有能与胆红素结合的血浆白蛋白，也能被染黄。黄疸程度与血清胆红素的浓度密切相关，当血清胆红素浓度超过 34.2μmol/L（20mg/L），便可形成肉眼可见的巩膜、皮肤及黏膜等组织黄染。若血清胆红素浓度升高不明显，在 34.2μmol/L（20mg/L）以下，血清胆红素浓度虽超过正常，但不能形成肉眼可见的巩膜或皮肤黄染，临床上称为隐性黄疸。

黄疸是一种临床症状，许多疾病都可以发生黄疸。凡能引起胆红素代谢障碍的各种因素均可引起黄疸，根据黄疸形成的原因、发病机制不同可将其分为溶血性黄疸、肝细胞性黄疸和阻塞性黄疸三类。

一、溶血性黄疸

药物使用不当、蚕豆病、输血不当、毒物等多种原因都可导致红细胞大量破坏，这些破坏了的红细胞经单核-吞噬细胞系统吞噬、处理后产生大量胆红素，当单核-吞噬细胞系统释放胆红素的量超过肝细胞处理胆红素的能力时，就会引起血液中未结合胆红素浓度增高，导致黄疸。这种黄疸被称为溶血性黄疸（hemolytic jaundice），又称为肝前性黄疸。其特征为血清总胆红素、未结合胆红素含量增高，粪便颜色加深，尿胆素原增多，尿胆红素阴性。

二、肝细胞性黄疸

肝细胞功能受损害，肝脏摄取、转化、排泄胆红素能力下降，也可导致高胆红素血症，形成的黄疸叫肝细胞性黄疸（hepatocellular jaundice），又称为肝源性黄疸。其特点是血中未结合胆红素和结合胆红素都可能升高。由于肝功能障碍，肝脏结合胆红素的生成和排泄减少，粪便颜色变浅。尿胆素原的变化随肝细胞受损程度的不同而不同。病变导致肝细胞肿胀，会压迫毛细胆管，或造成肝内毛细胆管阻塞，使已生成的结合胆红素部分反流入血，血液中结合胆红素含量增加。由于结合胆红素能通过肾小球滤过而随尿液排出，故尿胆红素检测呈阳性反应。

三、阻塞性黄疸

胆结石、胆道蛔虫或肿瘤等均可引起胆红素排泄通道阻塞，使胆小管或毛细胆管压力增高或破裂，胆汁中结合胆红素逆流入血引起阻塞性黄疸(obstructive jaundice)，又称肝后性黄疸。主要特征是血中结合胆红素升高，未结合胆红素无明显改变；尿胆红素呈阳性反应。由于排入肠道的胆红素减少，生成的胆素原也减少，使粪便的颜色变浅，甚至呈灰白色。

正常人和三类黄疸病人血、尿、粪便中胆色素的改变(表 25-3)，不仅是临床诊断黄疸的重要依据，还能据此对不同类型的黄疸进行鉴别诊断。

表 25-3 三类黄疸的血、尿、粪中胆色素改变

指 标	正 常	溶血性	肝细胞性	阻塞性
血清胆红素				
总量	< 10mg/L	> 10mg/L	> 10mg/L	> 10mg/L
结合胆红素	0～8mg/L		↑	↑↑
游离胆红素	< 10mg/L	↑↑	↑	
尿三胆				
尿胆红素	−	−	++	++
尿胆素原	少量	↑	不一定	↓
尿胆素	少量	↑	不一定	↓
粪便				
粪便颜色	正常	深	变浅或正常	完全阻塞时陶土色
粪胆素原	40～280mg/24h	↑	↓	↓或−

Summary

The liver is believed as the central organ of metabolism, which plays important roles in the metabolism of almost all substances in the body, including nutrients such as glucose, lipids, and proteins, bioactive substances, and xenobiotics.

The liver is responsible for maintaining the blood sugar level via regulating the catabolism of glucose, gluconeogenesis and synthesis and degradation of glycogen. It also plays important roles in the process of digestion, decomposition, synthesis and transportation of lipids. Bile salts secreted by the liver are necessary for the digestion and absorption of lipids and oil-soluble vitamins. Liver is the main place of synthesis of fatty acids, lipids, cholesterol, phospholipids and plasma lipoprotein. It also can convert cholesterol into bile acids.

VLDL is secreted by the liver into bloodstream for uptake by other tissues. Fatty acids released from adipose tissue by hormone sensitive triacylglycerol lipase are transported to the liver by serum albumin, which are degraded to acetyl-CoA and used to produce ketone bodies in the liver. The liver is an active organ in the synthesis of proteins. Proteins in the liver have high turnover rates and their average half-life is only 10 days. In addition to structural and functional proteins for its own use, the liver synthesized more than 90% of the plasma proteins, including most of the apolipoproteins. The liver can take up proteins from plasma and degrade them to amino acids.

Xenobiotics are a wide variety of plant metabolites, not all of them harmless, and a vast number of synthetic products: drugs, intoxicants, industrial and agricultural chemicals et al, which are useless chemicals ingested by humans and have to be removed from the body. However, humans can excrete only water-soluble products in urine or bile. Lipophilic xenobiotics have to be transformed into water-soluble form in order to be excreted in urine or bile. The process of this transformation is called biotransformation which occurs mainly in the liver. Xenobiotics are transformed in two phases. Phase 1 reactions include oxidation, reduction, and hydrolysis. Phase 2 reactions are conjugation reactions, by which the foreign substance or their metabolite is conjugated with hydrophilic molecule, such as glucuronic acid, sulfate, glycine, glutamine, or glutathione.

Approximately 50% of cholesterol is eventually converted to the primary bile acids in the liver. They are cholic acid and, less abundantly, chenodeoxycholic acid. After conjugated with glycine or taurine, they are secreted by the liver into bile and play a vital role in lipid absorption. The regulatory step in bile acid synthesis is to be catalyzed by the microsomal enzyme 7α-hydroxylase. In the lower parts of the small intestine, the primary bile acids are modified to the secondary bile acids by cleavage of the glycine or taurine followed by the reductive removal of the 7α-hydroxyl group, catalyzed by bacterial enzymes. The secondary bile acids are deoxycholic acid and lithocholic acid. After excreted into the intestine, 96% of the bile acids are absorbed by a sodium cotransport mechanism in the ileum and returned to the liver. The liver conjugates and secretes them again in the bile. This enterohepatic circulation makes both primary and secondary bile acids present in the bile.

The heme, derived mostly from hemoglobin, is metabolized to bilirubin by macrophages in the spleen and other organs. After released from the macrophages, the bilirubin is transported to the liver in binding to serum albumin. The liver conjugates bilirubin to bilirubin diglucuronide for secretion into the bile. In the intestine, the bilirubin diglucuronide is deconjugated and reduced by bacteria to uncolored urobilinogens. Some of the urobilinogens are converted by oxidation to urobilins and other colored products. A small amount of urobilinogen is absorbed in the terminal ileum, transported in the bloodstream and back to the liver, and secreted in the bile. Although not much, urobilinogen can be excreted in the urine. Elevations of serum bilirubin, known as hyperbilirubinemia, result in jaundice. Hyperbilirubinemia is usually caused by hemolytic conditions, blockage of bile flow, and nonspecific liver diseases. Hemolytic conditions cause unconjugated hyperbilirubinemia. Blockage of bile flow gives rise to conjugated hyperbilirubinemia. Nonspecific liver diseases such as viral hepatitis and toxic liver damage lead to mixed hyperbilirubinemia.

思 考 题

1. 肝脏在脂代谢中的作用是什么？
2. 简述生物转化的特点及生理意义。
3. 试述胆汁酸肠肝循环及其生理意义。
4. 试述肝脏在胆色素代谢中的重要作用。
5. 试述黄疸有哪几种类型及各类型黄疸的生化指标改变特征。

（方定志）

第26章 钙、磷与微量元素代谢

无机盐是人体的重要组成成分，在体内具有广泛的生理作用和临床意义。无机元素根据人体中含量和需要量可分为常量元素和微量元素。体内含量较多(>5g)，每天需要量在100mg以上者，如钙、磷、钾、钠、氯、镁等称为常量元素；人体内含量甚微，每日需要量仅为μg或mg水平者，称为微量元素，包括铁、碘、铜、锌、锰、钴、钼、硒、铬、氟等。本章将简要介绍钙、磷及部分微量元素的生理作用、体内分布及代谢。

第一节 钙、磷代谢

钙(calcium，Ca)和磷(phosphorus，P)是人体内含量最丰富的无机元素。在正常成人体内，钙总量约为700～1400g，磷总量约400～800g。其中99%的钙和86%的磷以羟磷灰石(hydroxyapatite)的形式存在于骨和牙齿当中，其余分布于体液和软组织中，以溶解状态存在，虽然它仅占钙、磷总量的很少部分，但却具有重要的生理功能。

一、钙、磷的生理功能

1. 体内 Ca^{2+} 的生理功能

(1) 成骨作用：钙是骨骼和牙齿的主要组成成分，起支持和保护作用。

(2) 第二信使作用：细胞内 Ca^{2+} 是一种细胞内的第二信使物质，介导、激活细胞内许多生理反应(参见第20章节)。

(3) 调节毛细血管和细胞膜的通透性，与细胞的吞噬、分泌、分裂等活动密切相关。

(4) 参与调节神经、肌肉的兴奋性：介导和调节肌肉及细胞内微管、微丝等的收缩，可增强心肌收缩力。当血浆 Ca^{2+} 的浓度降低时，神经、肌肉的兴奋性增高，可引起抽搐。

(5) 参与血液凝固过程。

(6) 是许多酶的激活剂或抑制剂。

2. 磷的生理功能

(1) 与钙结合形成羟磷灰石作为骨的主要组成成分。

(2) 以磷酸根的形式参与体内许多重要物质(如核酸、磷蛋白、磷脂、ATP等)的组成：在糖、脂类、蛋白质、核酸等的物质代谢及氧化磷酸化中发挥重要作用。

(3) 血中磷酸盐($HPO_4^{2-}/H_2PO_4^-$)是血液缓冲体系的重要组成成分。

(4) 细胞膜磷脂在构成生物膜结构、维持膜的功能以及代谢调控上均发挥重要作用：酶对多种功能性蛋白质的磷酸化与脱磷酸化则是代谢调节中化学修饰调节的最为普遍和最为重要的调节方式，与细胞的分化、增殖的调控有密切的关系。

二、血钙和血磷

血钙是指血浆中所含的钙，正常人血浆钙含量比较稳定，约为90～110mg/L(2.25～2.75mmol/L)。分为可扩散钙(diffusible calcium)和非扩散钙(nondiffusible calcium)。非扩散钙是指与血浆蛋白(主要为白蛋白)结合的钙，不易透过毛细血管壁。可扩散钙可以通过毛细血管壁，主要为游离钙及少量与柠檬酸或其他酸结合的易于解离的钙盐。正常人血浆钙各部分的含量(图26-1)。

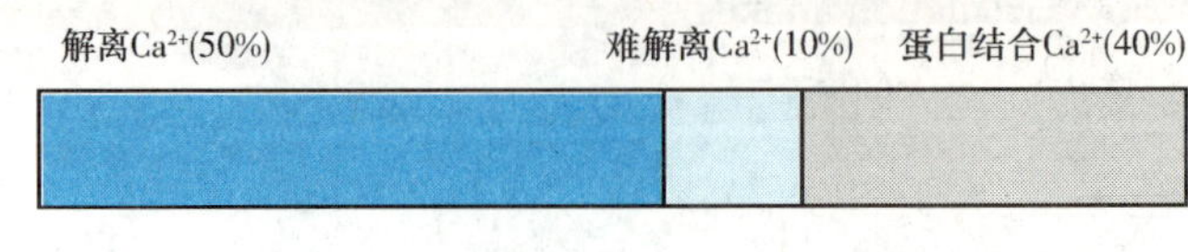

图26-1 正常人血浆钙各部分的含量

血浆钙中发挥生理作用的主要为 Ca^{2+}。血浆中，Ca^{2+} 与蛋白结合钙及小分子结合钙之间呈动态平衡关系，此平衡受血浆pH影响，血液偏酸时，Ca^{2+} 浓度升高；相反，血液偏碱时，蛋白结

合钙增多，Ca^{2+}浓度下降。因此，临床上碱中毒时常伴有抽搐现象，与游离钙降低有关。

正常人血浆中无机磷的浓度为34～40mg/L。血浆中磷80%～85%以HPO_4^{2-}形式存在。

钙和磷的代谢在许多方面是相互联系的，血浆中钙、磷浓度相当恒定，在以mg/dl表示时，二者的离子浓度乘积([Ca]×[P])为30～40，浓度积在正常范围是骨组织正常钙化的重要条件。当([Ca]×[P])>40，则钙和磷以骨盐形式沉积于骨组织；若([Ca]×[P])<35，则妨碍骨的钙化，甚至可使骨盐溶解，影响成骨作用。

三、钙、磷的代谢

(一) 钙的吸收与排泄

1. 钙的吸收 成人每天供给600mg钙即可维持钙平衡，青春期儿童每天约需1 000mg，孕妇及乳母需钙量更大，每天约需1 500～2 000mg。

食物中所含钙主要为各种复合物，大多以难溶的钙盐形式存在，必须转变为游离钙，才能被肠道吸收。钙的吸收部位在小肠上段，主要在十二指肠，主要是在活性维生素D_3调节下的主动吸收。肠管pH明显地影响钙的吸收，偏碱时可以促进$Ca_3(PO_4)_2$的生成，因而能减少钙的吸收。乳酸、氨基酸及胃酸等酸性物质有利于$Ca(H_2PO_4)_2$的形成，因此能促进钙的吸收。食物中的草酸和植酸可与钙形成不溶性盐，影响钙的吸收。食物中钙磷比例对吸收也有一定影响，膳食中钙∶磷比在2∶1～1.2最宜于钙、磷的吸收。

2. 钙的排泄 人体排出钙主要有两条途径：约20%经肾排出，80%随粪便排出。肾小球每日滤出钙约10g，95%以上被肾小管重吸收，0.5%～5%随尿排出。正常人从尿排出钙量较稳定，受食物钙量影响不大，但与血钙水平相关，血钙升高则尿钙排出增多。粪便中钙主要为食物中未吸收钙及消化液中钙，其量随钙的摄入量及肠吸收状态波动较大。

(二) 磷的吸收与排泄

1. 磷的吸收 磷的生理需要量为12mg/(kg·d)。食物中的磷主要以无机磷酸盐和有机磷酸酯两种形式存在，主要以无机磷形式吸收，有机含磷物则经水解释放出无机磷而被吸收。磷的吸收较容易，在空肠吸收最快，吸收率达70%，低磷膳食时吸收率可达90%。由于磷的吸收不良而引起的缺磷现象较少见，但长期口服氢氧化铝凝胶以及食物中钙、镁、铁离子过多，均可由于形成不溶性磷酸盐而影响磷的吸收。

2. 磷的排泄 磷亦通过肠道和肾脏排泄，以肾脏排泄为主。尿磷排出量占总排出量的70%，尿磷排出量取决于肾小球滤过率和肾小管重吸收功能，并随肠道摄入量的变化而变化。

正常成人每日进出体内的钙、磷量大致相等，处于钙、磷平衡状态(图26-2)。

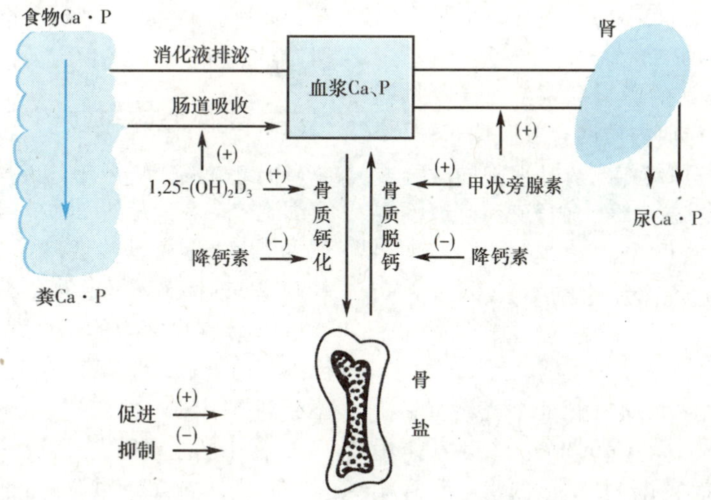

图26-2 人体的钙、磷代谢概况

四、钙、磷与骨的钙化及脱钙

骨是一种特殊的结缔组织，不仅是人体的支架组织，而且是人体中钙、磷的最大储库。通过成骨与溶骨作用，不断与细胞外液进行钙磷交换，对维持血钙和血磷稳定有重要作用。

(一) 骨的化学组成

骨由无机盐(即骨盐,bony salts)、骨基质和骨细胞等组成。骨盐增加骨的硬度,基质决定骨的形状及韧性,骨细胞在骨代谢中起主导作用。

骨盐,占骨干重的65%～70%,其主要成分为磷酸钙,占84%;其他还有$CaCO_3$占10%,柠檬酸钙占2%,磷酸镁占1%和Na_2HPO_4占2%等。骨盐约有60%以结晶的羟磷灰石形式存在,其余40%为无定形的磷酸氢钙($CaHPO_4$)。羟磷灰石是微细的结晶,亦称骨晶(bone crystal)。每克骨盐含有约10^{16}个结晶,总的表面积可达$100m^2$,体液中其他离子如Ca^{2+}、Mg^{2+}、Na^+、Cl^-、HCO_3^-、F^-,柠檬酸根等可吸附在羟磷灰石的晶格之间。骨晶性质稳定、不易解离,在其表层进行离子交换的速度较快。$CaHPO_4$是钙盐沉积的初级形式,可以进一步钙化、结晶,形成羟磷灰石而分布于骨基质中。

骨基质包括胶原和非胶原化合物。胶原约占90%以上,非胶原蛋白中含量较多的是骨钙素(osteocalcin)和骨连接素(osteonectin)。骨钙素为一种依赖维生素K的小分子酸性蛋白质,相对分子质量约6 000,其谷氨酸残基在γ位羧化为γ-羧基谷氨酸,与羟磷灰石、Ca^{2+}有很高亲和力;骨连接素是附着于胶原的一种糖蛋白,易与羟磷灰石结合,可作为骨盐沉积的核心。

(二) 成骨作用与钙化

骨的生长、修复或重建过程,称为成骨作用(osteogenesis)。骨的生成和钙化是一个复杂的生物过程,受多种因素的影响和调节。成骨过程中,成骨细胞先在粗面内质网合成胶原蛋白,释放入细胞外形成胶原纤维。成骨细胞同时合成蛋白多糖,形成骨的有机质。胶原纤维和骨的有机质形成所谓"类骨质"(osteoid),继后,骨盐沉积于"类骨质"中,此过程称为钙化(calcification)。

(三) 溶骨作用与脱钙

骨在不断的新陈代谢之中,旧骨的溶解和消失称为骨的吸收(bone resorption)或溶骨作用(osteolysis)。溶骨作用包括基质的水解和骨盐的溶解,后者又称为脱钙(decalcification)。溶骨作用同成骨作用一样,是通过骨组织细胞的代谢活动完成的。溶骨作用主要由破骨细胞引起,可分为细胞外相和细胞内相两相。

破骨作用起始于细胞外,破骨细胞通过接触骨面的刷状缘,溶酶体释放出多种水解酶,使胶原纤维和骨的有机质水解,如胶原酶水解胶原纤维,糖苷酶水解氨基多糖。同时,破骨细胞通过糖原分解,代谢产生大量乳酸、丙酮酸等酸性物质扩散到溶骨区,使局部酸性增加,促使羟磷灰石从解聚的胶原中释出。破骨细胞产生柠檬酸能与Ca^{2+}结合形成不解离的柠檬酸钙,降低局部Ca^{2+}的浓度,从而促进磷酸钙的溶解。继后,多肽、羟磷灰石等经胞饮作用进入破骨细胞,并与溶酶体融合形成次级溶酶体,在此多肽水解为氨基酸、羟磷灰石转变为可溶性钙盐。最后,氨基酸、磷及Ca^{2+}从破骨细胞释放入细胞外液,再入血,可参与血磷、血钙的组成。因骨的有机质主要为胶原,溶骨作用增强时,血及尿中羟脯氨酸增高。因此,可将血及尿中羟脯氨酸的量作为溶骨程度的参考指标。

正常成人,成骨与溶骨作用维持动态平衡,每年骨的更新率约1%～4%。骨骼发育生长时期,成骨作用大于溶骨作用。而老年人则骨的吸收明显大于骨的生成,骨质减少而易发生骨质疏松症(osteoporosis)。骨盐在骨中沉积或释放,直接影响血钙、血磷水平,在平时骨中约有1%的骨盐与血中的钙经常进行交换维持平衡,因此,血钙浓度与骨代谢密切相关。

五、钙、磷代谢的调节

体内钙、磷代谢的动态平衡主要由甲状旁腺素、1,25-$(OH)_2D_3$和降钙素三种激素来调节。三者通过影响钙、磷的吸收、排泄和骨的钙、磷代谢,维持血钙、血磷的恒定。

(一) 甲状旁腺素(parathormone,PTH)

1. 合成及分泌 甲状旁腺素是由甲状旁腺主细胞合成和分泌的一种单链多肽激素,成熟的PTH含84个氨基酸残基,相对分子质量约为9 500,是维持血钙恒定的主要激素。

PTH在血液中的半衰期仅数分钟,甲状旁腺细胞内PTH的储存亦有限,因而,分泌细胞不断进行PTH的合成及分泌。血钙是调节PTH水平的主要因素,血钙不仅调节PTH的分泌,而且影响PTH的降解。低血钙的即刻效应(几秒钟内)是刺激贮存的PTH的释放,而持续作用主要是抑制PTH的降解速度。后者是调节外周血PTH水平的主要机制。当血Ca^{2+}水平下降时,体内PTH降解速度减慢,血中PTH水平增高。此外,1,25-$(OH)_2D_3$与PTH分泌也有关系,当血中1,25-$(OH)_2D_3$增多时,PTH的分泌减少，降钙素则可促进 PTH 分泌。一方面是通过降低血钙的间接作用，另一方面可直接刺激甲状旁腺分泌 PTH。

2. 生理作用 PTH 作用的靶器官是肾脏、骨骼和小肠。PTH 作用于靶细胞膜上腺苷酸环化酶系统，增加胞浆内 cAMP 及焦磷酸盐(PPi)的水平。前者促进线粒体内 Ca^{2+} 向胞浆透出，后者则作用于细胞膜外侧，增加 Ca^{2+} 向细胞内透入，使细胞浆 Ca^{2+} 浓度升高，于是细胞膜上的“钙泵”被激活，将 Ca^{2+} 大量输送到细胞外液。PTH 作用的总效应是升高血钙，降低血磷。

(1) 对骨的作用：PTH 具有促进成骨和溶骨的双重作用。小剂量 PTH 可促进成骨作用，而大剂量则可促进溶骨作用。PTH 可刺激骨细胞分泌胰岛素样生长因子 I(IGF-I)，从而促进骨胶原和基质的合成，有利于成骨作用。临床上利用此作用，给骨质疏松症患者连续使用小剂量 PTH 治疗，取得良好疗效。另一方面，PTH 能使骨组织中破骨细胞的数量和活性增加，破骨细胞分泌各种水解酶，并且产生大量乳酸和柠檬酸等酸性物质，使骨基质及骨盐溶解，释放钙和磷到细胞外液。

(2) 对肾脏的作用：PTH 对肾脏作用出现最早，主要是增加肾小管对 Ca^{2+} 的重吸收，降低肾磷排泄阈并抑制肾近曲小管对磷的重吸收。其机制是通过细胞膜受体和 cAMP 系统，改变细胞膜对 Ca^{2+} 通透性，促进肾小管管腔中 Ca^{2+} 进入小管细胞，胞浆内 Ca^{2+} 浓度升高，小管细胞浆膜面的钙泵将 Ca^{2+} 泵出细胞而进入血液，从而加强 Ca^{2+} 的重吸收，减少尿钙，升高血钙。PTH 在近曲小管减低腔面对 Na^{+} 通透性，Na^{+}-H^{+} 交换减少，Na^{+}、HCO_3^{-} 排出增多，磷排出也相应增加，尿磷增多，最终使血钙升高，血磷降低。

(3) 对小肠的作用：PTH 对小肠的钙、磷吸收的影响，一般认为是通过激活肾脏 1α-羟化酶，促进 1,25-$(OH)_2D_3$ 的合成而间接发挥作用的，此效应出现得较为缓慢。

(二) 1,25-$(OH)_2D_3$

1,25-$(OH)_2D_3$(1,25-dihydroxy vitamin D_3)由维生素 D_3 在体内代谢生成，是维生素 D_3 在体内的主要生理活性形式。主要由皮肤细胞的 7-脱氢胆固醇在紫外线的照射下转变为维生素 D_3，再在肝、肾等经过两次羟化生成 1,25-$(OH)_2D_3$，经血液运输到各组织器官发挥生理作用。1,25-$(OH)_2D_3$ 的受体存在于体内许多组织细胞中，与钙、磷代谢有关的靶器官则主要是小肠和骨。

1. 对小肠的作用 1,25-$(OH)_2D_3$ 能促进小肠对钙、磷的吸收，这是其最主要的生理功能。1,25-$(OH)_2D_3$ 与小肠黏膜细胞内的特异胞浆受体结合，进入细胞核内，促进 DNA 转录生成 mRNA，从而使钙结合蛋白(calcium binding protein, CaBP)与 Ca^{2+}，Mg^{2+}-ATP 酶合成增加，促进 Ca^{2+} 的吸收转运。同时 1,25-$(OH)_2D_3$ 可影响小肠黏膜细胞膜磷脂的合成及不饱和脂肪酸的量，增加膜对 Ca^{2+} 的通透性，有利于肠腔内 Ca^{2+} 的吸收。1,25-$(OH)_2D_3$ 促进 Ca^{2+} 吸收的同时伴随磷吸收的增强，但对磷吸收的作用机制尚未了解清楚。

2. 对骨的作用 1,25-$(OH)_2D_3$ 对骨骼有溶骨和成骨的双重作用。1,25-$(OH)_2D_3$ 可增加破骨细胞活性和数量，从而促进溶骨作用。在体内与 PTH 协同作用，1,25-$(OH)_2D_3$ 加速 PTH 促进破骨细胞增生，增强其破骨作用。另一方面，由于 1,25-$(OH)_2D_3$ 增加小肠对钙、磷的吸收，升高血钙、血磷，又促进钙化。同时，1,25-$(OH)_2D_3$ 还刺激成骨细胞分泌胶原等，促进骨的生成。所以，1,25-$(OH)_2D_3$ 加强钙、磷的更新和周转，维持血钙的相对稳定，既可促进旧骨中钙的游离，又可促进骨骼的生长和钙化。在钙、磷供应充足时，1,25-$(OH)_2D_3$ 主要促进成骨；当血钙降低、肠道钙吸收不足时，主要促进溶骨，使血钙升高。

3. 对肾的作用 1,25-$(OH)_2D_3$ 可促进肾小管对钙、磷的重吸收。但此作用较弱，处于次要地位。只在骨骼生长和修复期，钙、磷供应不足情况下较明显。

1,25-$(OH)_2D_3$ 总的调节效果是使血钙、血磷增高。

(三) 降钙素(calcitonin, CT)

降钙素是由甲状腺滤泡旁细胞(又称 C 细胞)所分泌的一种单链多肽类激素，由 32 个氨基酸组成，相对分子质量为 3 500。降钙素作用与 PTH 相反，其作用是抑制破骨，抑制钙、磷的重吸收，降低血钙和血磷，其靶器官也主要为骨和肾。

1. 对骨的作用 CT 直接抑制破骨细胞的生成，加速破骨细胞转化为成骨细胞，因而增强成骨作用，抑制骨盐溶解，降低血钙、血磷浓度。

2. 对肾的作用 CT 直接抑制肾小管对钙、磷的重吸收，从而使尿磷、尿钙排出增多，同时还可通过抑制肾 1α-羟化酶，减少 1,25-$(OH)_2D_3$ 的生成而间接抑制肠道对钙、磷的吸收，结果使血浆钙、磷水平下降。

综上可见，正常人体内钙、磷平衡主要是在 PTH、1,25-$(OH)_2D_3$，及 CT 的严密调控下维持的，三者相互协调、相互制约，使机体与外界环境之间、各组织与体液之间、钙库与血钙之间的钙、磷保持相对稳定的动态平衡。三种激素对钙、磷平衡的主要调节作用见表 26-1。

表 26-1　三种激素对钙、磷平衡的主要调节作用

激　素	血钙	血磷	成骨	溶骨	肾排钙	肾排磷	肠钙吸收	肠磷吸收
PTH	↑	↓	↓	↑↑	↓	↑	↑	↑
1,25-$(OH)_2D_3$	↑	↑	↑	↑	↓	↓	↑↑	↑
CT	↓	↓	↑	↓	↑	↑	↓	↓

第二节　微量元素

微量元素（trace element）是指普遍存在于各种正常组织、体内含量恒定但低于体重 0.01%，每日需要量在 100mg 以下的一类元素。从动物体内发现的微量元素有 50 多种，其中某些元素缺乏，机体出现相应的异常和特殊的生化改变，补充适量的该类元素可使失常的结构、功能恢复正常，人们将这些微量元素称为必需微量元素。目前公认的人体必需微量元素有铁、铜、锌、碘、锰、硒、氟、钼、钴、铬、镍、钒、锶、锡等 14 种，绝大多数为金属元素。微量元素主要来自食物，动物性食物含量较高，种类也较植物性食物多。

微量元素在体内的作用是多种多样的，其主要通过与蛋白质、酶、激素和维生素等相结合而发挥作用。微量元素的生理作用主要有以下方面：①参与构成酶活性中心或辅酶：人体内有一半以上的酶的活性中心含有微量元素，有些酶需要一种以上的微量元素才能发挥最大活性。有些金属离子构成酶的辅基，如细胞色素氧化酶中有 Fe^{2+}，谷胱甘肽过氧化物酶（GSH-Px）为含硒酶等。②参与体内物质运输，如血红蛋白中 Fe^{2+} 参与 O_2 的送输，碳酸酐酶中锌参与 CO_2 的送输。③参与激素和维生素的形成，如碘是甲状腺素合成的必需成分，钴是维生素 B_{12} 的组成成分等。

随着对微量元素的研究不断深入，其在人体中的作用日益受到人们的重视，许多微量元素在生化、生理、营养、致癌、疾病的发病机制及临床诊断中有重要意义，如缺硒导致的克山病、缺锌诱发的侏儒症、缺碘与地方性甲状腺肿有关等。因此，对微量元素研究及检测人体中微量元素的水平，对疾病的发生、发展、诊断及防治均有重要意义。本节分别介绍一些微量元素的代谢及功能。

一、铁

（一）铁在人体内的含量、分布及生理功能

人体内铁（iron，Fe）含量约占体重 0.0057%，是微量元素中体内含量最多的元素。人体内含铁量与性别、年龄等因素有关，正常成年人体内铁总量约 3～5g，平均 4.5g。人体内的铁约 65%～70%存在于血红蛋白的血红素辅基中，约 5%存在于肌红蛋白中，约 25%～30%以铁蛋白（ferritin）和血铁黄素（hemosiderin）的形式沉积在肝脾、骨髓、骨骼肌、肠黏膜、肾等组织中，这部分铁常被称为贮存铁；此外，以铁卟啉为辅基的酶，如过氧化物酶、过氧化氢酶、细胞色素类、铁硫中心等结构中的铁约占体内铁总量的 1%。

铁在体内具有广泛、重要的生理功能：①参与物质代谢及能量代谢：铁是血红蛋白、过氧化物酶、过氧化氢酶、细胞色素类、肌红蛋白等的重要组成成分，所以，与氧和二氧化碳的运输、释放、线粒体的电子传递、氧化磷酸化等反应密切相关。②影响机体发育与免疫功能：缺铁使磷进入肝细胞内的量减少，影响肝细胞 DNA 的合成，使肝发育减缓，导致肝及肝外组织的线粒体、微粒体等结构异常，从而影响个体的生长、发育。此外，缺铁可使淋巴细胞内 DNA 合成受阻，抑制抗体产生，淋巴细胞对特异抗原的反应能力下降。③对无机盐平衡的影响：缺铁可影响镁、钴、铅、锌的吸收和排泄，导致这些元素的代谢紊乱。

（二）铁的吸收与排泄

1. 铁的吸收　食物中的铁可分为血红素铁和非血红素铁两类，有机态的血红素铁吸收率较

吸收率较低，仅5%。在我国人民的每日膳食中含铁约10～15mg，基本能满足需求。

铁的吸收部位主要在胃、十二指肠和空肠。胃酸可促进铁蛋白中的铁成为离子态铁或结合疏松的有机态铁，有利于铁的吸收；在肠道pH条件下，Fe^{2+}溶解度大于Fe^{3+}，所以Fe^{2+}的吸收率要比Fe^{3+}高2～3倍；食物中的还原性物质，如维生素C、半胱氨酸、葡萄糖和果糖等都能使Fe^{3+}还原成Fe^{2+}，蛋白质分解产物氨基酸由于能与铁螯合成可溶性物质，也有利于铁的吸收；无机离子中，Cu^{2+}、Zn^{2+}、Mn^{2+}、Co^{3+}等有助于铁的吸收，而Ca^{2+}、Al^{3+}、Mg^{2+}则不利于铁的吸收；由于磷和铁形成不溶性的磷酸铁，故含高磷酸的食物不利于铁的吸收；同时，植酸、草酸、茶叶中的鞣酸等也可干扰铁的吸收。

铁的吸收对于体内铁平衡有着重要作用。吸收过程在很大程度上受机体内当时铁的水平、铁贮存量、血红蛋白合成速率、造血功能、铁蛋白合成状态等诸多因素的影响。

动物性食物，如血、肝、瘦肉，不仅含铁丰富而且吸收率很高。植物性食物中则以黄豆和小油菜、太古菜等铁的含量较高，其中黄豆中的铁不仅含量较高且吸收率也较高，是铁的良好来源。用铁质炊具烹调食物可显著增加膳食中铁含量，用铝和不锈钢取代铁的烹调用具就会使膳食中铁的含量减少。

体内铁的来源，除来自上述食物外，还来自体内红细胞衰老破坏后所释放的血红蛋白铁，该部分铁以铁蛋白的形式贮存体内，一旦需要可重新用于合成血红蛋白、肌红蛋白及其他含铁卟啉结构的物质。

2. 铁的排泄 正常情况下，铁的吸收与排泄保持动态平衡。人体大部分铁随粪便排出，也有一部分铁从泌尿生殖道脱落细胞中丢失，通常每日尿排出铁不超过0.5mg。正常人每日经各种途径排出的铁约0.5～1mg。

（三）铁的运输与贮存

1. 铁的运输 从小肠黏膜细胞吸收入血的Fe^{2+}由血浆铜蓝蛋白氧化成Fe^{3+}，Fe^{3+}与血浆中的转铁蛋白（transferrin）结合，转铁蛋白是由两条多肽链共678个氨基酸残基构成的糖蛋白，相对分子质量约80 000，主要在肝细胞合成。每条多肽链有一个铁的结合位点。转铁蛋白与Fe^{3+}的亲和力比与Fe^{2+}的大许多倍，结合铁后的转铁蛋白其结构发生变构，可以识别并进而结合转铁蛋白受体。

2. 铁的贮存 机体内超过需要量的铁以铁蛋白和血铁黄素两种形式贮存。铁蛋白是铁贮存的主要形式，铁在铁蛋白中以Fe^{2+}的形式存在。铁蛋白主要分布于肝实质细胞、骨髓、肝和脾的网状内皮细胞中。在正常情况下，贮存铁和血循环的铁交换量不多。当需要铁时，铁蛋白和血铁黄素中的铁都可动员出来合成血红蛋白。每分子铁蛋白最多可以纳入约5 000个铁原子，足以生成1 250个血红蛋白分子。

（四）铁的缺乏与过量

缺铁性贫血是铁缺乏最常见的疾病，WHO将其列为世界四大营养缺乏症之一。除了缺铁性贫血外，缺铁可能对一系列物质代谢产生影响，引起功能失调，如神经系统缺铁，将造成儿童智力下降、行动障碍，肌肉缺铁可能造成活动能力下降。另外缺铁对免疫力的下降，也可能是一个诱因。

过量的铁多半以血铁黄素的形式沉积在网状内皮细胞或者某些组织的实质性细胞中，当大量堆积时可能将引起肝硬化、糖尿病及房性心律不齐等。

二、铜

成人体内含铜（copper，Cu）量约100～150mg，在肝、肾、心、毛发及脑中含量较高。人体每日需要量约1.5～2.0mg，而推荐量为2～3mg。

食物中铜主要在胃和小肠上部吸收，吸收后运送至肝脏，在肝脏中参与铜蓝蛋白（ceruloplasmin）的组成。肝脏是调节体内铜代谢的主要器官，铜可经胆汁排出，极少部分由尿排出。

血浆中几乎所有的铜都牢固地结合在铜蓝蛋白上，每一分子铜蓝蛋白可结合8个铜原子。铜蓝蛋白除了将铜从肝运送到肝外组织外，还具有亚铁氧化酶活性，可将Fe^{2+}氧化成Fe^{3+}，促进铁的吸收、利用、运输及贮存。铜除参与构成铜蓝蛋白外，还参与多种酶的构成，如细胞色素C氧化酶、酪氨酸酶、赖氨酸氧化酶，多巴胺β-羟化酶、单胺氧化酶、超氧化物歧化酶等。因此，铜的缺乏会导致结缔组织中胶原交联障碍，以及贫血、白细胞减少、动脉壁弹性减弱及神经系统症状等。体内铜代谢异常的遗传病除wilson病（肝豆状核变性）外，还发现有Menke病，表现为铜的吸收障碍导致肝、脑中铜含量降低，组织中含铜酶活力下降，机体代谢紊乱。

三、锌

人体内含锌(zinc,Zn)约2～3g,遍布于全身许多组织中,不少组织含有较多锌,如眼睛视网膜含锌达0.5%。成人每日需要量为15～20mg,动物性食物(如牡蛎、泥鳅、肉、蛋、内脏等)含锌量较高且吸收较好,植物性食物含锌量及吸收率远低于动物性食物。

锌主要在小肠中吸收,肠腔内有与锌特异结合的因子,能促进锌的吸收。肠黏膜细胞中的锌结合蛋白能与锌结合并将其转运到基底膜一侧,锌在血中与白蛋白结合而运输。锌主要随胰液、胆汁排泄入肠腔。由粪便排出,部分锌可从尿及汗排出。

锌是体内200多种酶的组成成分或激动剂。如DNA聚合酶、碱性磷酸酶、碳酸酐酶、乳酸脱氢酶、谷氨酸脱氢酶、超氧化物歧化酶等,参与体内多种物质的代谢,还参与胰岛素合成;近来还发现,在固醇类及甲状腺素的核受体的DNA结合区,锌参与构成锌指结构,由此推测锌在基因调控中亦有重要作用。因此,缺锌会导致多种代谢障碍,如儿童缺锌可引起生长发育迟缓,生殖器发育受损,伤口愈合迟缓等。另外,缺锌还可致皮肤干燥、味觉减退等。

四、碘

正常成人体内碘(iodine,I)含量25～50mg,大部分集中于甲状腺中,其余的碘分布于血浆、肌肉、肾上腺、皮肤、中枢神经系统等组织中。成人每日需要量为0.1～0.3mg。

碘主要从食物中摄取,海洋植物与海盐是碘的最佳来源。碘的吸收快而且完全,吸收率可高达100%。食物中的碘在胃肠道被还原成I^-后,才能被吸收,吸收入血的碘与蛋白结合而运输,主要浓集于甲状腺被利用。体内碘主要由肾排泄,约90%随尿排出,约10%随粪便排出。

碘主要参与合成甲状腺素[三碘甲腺原氨酸(T_3)、四碘甲腺原氨酸(T_4)],碘的生理功能是通过甲状腺素的作用而发挥的。甲状腺素在调节代谢及生长发育中均有重要作用。成人缺碘可引起甲状腺肿大,称甲状腺肿。胎儿及新生儿缺碘则可引起呆小症、智力迟钝、体力不佳等严重发育不良。常用的预防方法是食用含碘盐或碘化食油等。碘摄入过多,可致碘性甲状腺肿及碘性甲状腺毒症。

五、锰

成人体内含锰(manganese,Mn)量约10～20mg,分布于全身各组织细胞中,以肝、肌肉、脑和肾等组织含量较多,在细胞内则主要集中于线粒体中。每日需要量为3～5mg。

锰在肠道中吸收与铁吸收机制类似,吸收率较低,仅3%。吸收后与血浆β_1-球蛋白、运锰蛋白结合而运输,主要由胆汁和尿中排出。

锰参与一些酶的构成,如丙酮酸羧化酶、精氨酸酶、超氧化物歧化酶、RNA聚合酶等。不仅参与糖和脂类代谢,而且在蛋白质、DNA和RNA合成中起作用。锰在自然界分布广泛,以茶叶中含量最丰富。锰的缺乏较少,若吸收过多可出现中毒症状,主要由于生产及生活中防护不善,以粉尘形式进入人体所致。锰是一种原浆毒,可引起慢性神经系统中毒,表现为锥体外系的功能障碍。并可引起眼球集合能力减弱,眼球震颤、睑裂扩大等。

六、硒

硒(selenium,Se)是人体必需的一种微量元素,体内含量约14～21mg,广泛分布于除脂肪组织以外的所有组织中,主要以含硒蛋白质形式存在。人体每日硒的需要量为50～200μg。

硒是谷胱甘肽过氧化物酶(glutathione peroxidase,GSH-Px)及磷脂过氧化氢谷胱甘肽氧化酶(phospholipids hydrogen peroxide glutathione peroxidase,PHGSH-Px)的组成成分。GSH-Px中每摩尔四聚体酶含有4mol硒,硒半胱氨酸的硒醇是酶的催化中心。该酶在人体内起抗氧化作用,能催化GSH与胞液中的过氧化物反应,防止过氧化物对机体的损伤。GSH-Px活力下降,线粒体不可逆地失去容积控制和收缩能力并最后破裂。缺硒所致肝坏死可能是过氧化物代谢受损的结果。PHGSH-Px与GSH-Px不同,它存在于肝和心肌细胞线粒体内膜间隙中,作用是抗氧化、维持线粒体的完整,避免脂质过氧化物伤害。此外,Ⅰ型碘甲腺原氨酸5′-脱碘酶也是一种含硒酶,其活性中心为Se-Cys,分布于甲状腺、肝、肾和脑垂体中,能催化甲状腺激素T_4向其活性形式T_3的转化。

硒与多种疾病的发生有关,如克山病、心肌炎、扩张型心肌病、大骨节病及碘缺乏病均与缺硒有关。硒还具有抗癌作用,是肝癌、乳腺癌、皮硒有关。硒还具有抗癌作用，是肝癌、乳腺癌、皮肤癌、结肠癌、鼻咽癌及肺癌等的抑制剂。此外，硒还具有促进人体细胞新陈代谢、核酸合成和抗体形成、抗血栓及抗衰老等多方面作用。

硒虽是人体必需的微量元素，但硒过多也会对人体产生毒性作用，如脱发、指甲脱落、周围性神经炎、生长迟缓及生育力降低等，因此不可盲目补硒。

七、氟

在人体内氟(fluorine，F)含量约为2～3g，其中90%积存于骨及牙中。每日需要量为2.4～3mg。氟主要在胃部吸收，易吸收且吸收较迅速。约80%氟从肾脏排出，其余部分则从肠道随粪便排出。

适量的氟能被牙釉质中的羟磷灰石吸附，氟取代其羟基形成氟磷灰石，后者坚硬而紧密，具有抗酸腐蚀、抑嗜酸菌等抗龋齿的作用。

$$3[Ca_3(PO_4)_2]\cdot Ca(OH)_2+2F^- \longrightarrow 3[Ca_3(PO_4)_2\cdot CaF_2]+2OH^-$$

此外，氟还可直接刺激细胞膜中G蛋白，激活腺苷酸环化酶或磷脂酶C，启动细胞内cAMP或磷脂酰肌醇信号系统，引起广泛生物效应。

氟过多亦可对机体产生损伤、如长期饮用高氟(>2mg/L)水。牙釉质受损出现斑纹、牙变脆易破碎等。

八、钒

钒(vanadium，Vo)在人体内含量极低，体内总量不足1mg。主要分布于内脏，尤其是肝、肾、甲状腺等部位，骨组织中含量也较高。人体对钒的正常需要量为100μg/d。钒在胃肠吸收率仅5%，其吸收部位主要在上消化道，此外，环境中的钒可经皮肤和肺吸收入体中。血液中约95%的钒以离子状态(Vo^{2+})与转铁蛋白结合而送输，因此，钒与铁在体内可相互影响。

钒与骨和牙齿正常发育及钙化有关，能增强牙的抵抗力。钒还具有促进糖代谢，刺激钒酸盐依赖性NADPH氧化反应，增强脂蛋白脂酶活性，加快腺苷酸环化酶活化和氨基酸转化、抑制胆固醇合成及促进红细胞生长等作用。因此，钒缺乏时可出现牙齿、骨和软骨发育受阻，肝内磷脂含量少、营养不良性水肿及甲状腺代谢异常等。

九、铬

成人体内含铬(chromium，Cr)约6mg，日摄入量5～115μg，进入血浆的铬与转铁蛋白结合运至肝脏及全身。富含铬的食品有红糖、麦麸、鱼、葡萄汁、啤酒酵母等，铬主要通过肾脏随尿液排泄，其余部分经肠道、汗液排除。

铬主要通过形成葡萄糖耐量因子(glucose tolerance factor，GTF)，使胰岛素与膜受体上的-SH基形成-S-S-键，协助胰岛素发挥作用；此外，铬还可降低血浆胆固醇及调节血脂，改善、防止动脉粥样硬化。

十、钴

正常成人体内含钴(cobalt，Co)1.1～1.5mg。人类不能利用钴合成维生素B_{12}，主要从食物中摄取维生素B_{12}，动物性食物维生素B_{12}较易吸收，一般从普通膳食中摄入钴150～450μg/d，吸收率63%～97%，每日吸收钴190～290μg，富含钴的食品有小虾、扇贝、肉类、粗麦粉及动物肝脏。钴通过小肠进入血浆后与三种运钴蛋白(transcobalbmin Ⅰ、Ⅱ、Ⅲ)结合后运至肝脏及全身，主要由尿排泄，每日排泄量约等于吸收量。当内因子缺乏、运钴蛋白缺乏、摄入量不足或因消化系统疾病而干扰吸收时，可造成钴及维生素B_{12}缺乏。

钴是维生素B_{12}的成分之一，主要以维生素B_{12}的形式发挥作用。维生素B_{12}在人体内参与造血、体内一碳单位的代谢及脱氧胸腺嘧啶核苷酸的合成，维生素B_{12}缺乏可导致叶酸的利用率下降，造成巨幼红细胞性贫血。维生素B_{12}促进铁的吸收及储存铁的动员，它还促进锌的吸收，提高锌的活性。

检测血清不饱和维生素B_{12}结合力(UBBC)及血清维生素B_{12}(正常人血清UBBC为0.7～1.6μg/L，血清维生素B_{12}为0.16～0.75μg/L)这两项指标，有利于肝癌的诊断，有些AFP不增高、HBsAg阴性的肝癌病例，UBBC及维生素B_{12}亦可显著增高。

十一、钼

成人体内含钼(molybdenum，Mo)约9mg左右，分布于全身各组织及体液中。一般成人每日由普通膳食中摄入钼300μg，吸收率为40%～

60%，随食物及饮水进入消化道的钼化物可迅速(10min)被吸收，80%与蛋白质结合，血清钼5 900ng/L，而在食管癌高发区血清钼明显减低为2 200～2 900ng/L，癌症病人、心律不齐病人均可有血钼降低，白血病及缺铁性贫血时血清钼增高。

富含钼的食品有豆荚、肝、肾、酵母、牛乳及粗麦粉等。

高钼地区痛风发病率高，可能与黄嘌呤氧化酶活性增高、尿酸生成增多有关。

钼的生物学作用：①是构成黄嘌呤氧化酶、醛氧化酶、亚硫酸氧化酶等氧化酶的组成成分，可解除有害醛类的毒性。②参与电子的传递及铁从铁蛋白的释放及铁的运输。③钼有抗癌作用，缺钼地区食管癌发病率高，钼构成亚硝酸还原酶(植物)，降低环境中亚硝酸含量，减少致癌物亚硝胺的生成。④钼与心血管疾病有关，洋地黄类植物施用钼肥可提高产量及强心苷疗效。

Summary

Calcium and phosphorus are the most abundant inorganic salts in the human body. The total amount of calcium is about 700～1400g, and phosphorus is about 400～800g normally. Among them 99% of the calcium and 86% of the phosphorus exist in the bone and teeth in the form of hydroxylapatite. Calcium and phosphorus in the skeleton are in the form of hydroxyl apatite crystallization ($Ca_{10}(PO_4)_6(OH)_2$) mainly, some precipitate and form bone salt with the amorphous calcium phosphate. Calcium and phosphorus in bones and body fluid maintain the dynamic equilibrium. The content of plasma calcium in a normal person is 90～110mg/L, and plasma phosphorus is 34～40mg/L. The density product of the calcium and phosphorus is 25～40, quite constant . About half of the calcium in plasma is dissociated Ca^{2+}, and its density influences the physiological function directly.

The main physiological functions of calcium are: ① osteogenesis; ② being the second messenger in the cell, Ca^{2+} can activate a lot of physiological reactions in cells, such as activating the calmodulin; ③ takeing part in the muscle contraction; ④ regulating the excititability of the nervous and muscles; and; ⑤ mediating the permeability of the capillary and plasma membrane.

The physiological functions of phosphorus are: ① combining with calcium to form phosphorus lime of hydroxyl as the main composition of the bone. ② participating in the composition of a lot of important materials in the body in the form of phosphate. ③ playing an important role in the material metabolism and oxidative phosphorylation of sugar, fat, protein, nucleic acid, etc; and. ④ Taking the form of phosphate ($HPO_4^{2-}/H_2PO_4^-$) as the important component of the blood buffer system to keep the balance of the acid and alkali in the blood.

The normal adult nearly needs 1g calcium, 0.8g phosphorus every day, and the absorption of the calcium and phosphorus is determined by the free state of calcium in the food, 1,25-$(OH)_2D_3$ and the state of one' s intestines. The equilibrium of the blood calcium and blood phosphorus is mainly regulated by active $VitD_3$, PHT, and CT.

The trace elements are substances which exist in various kinds of tissues, and keep in constant content which is lower than 0.01% of the body weight, and the daily of requirement is under 100mg. Nowadays, it is generally acknowledged that the essential trace element of the human body are iron (Fe)、copper (Cu)、zinc (Zn)、iodine (I)、manganum (Mn)、selenium (Se)、fluorine (F)、molybdenum (Mo)、cobalt (Co)、chromium (Cr) and so on, most of which are metallic elements. Combined with proteins, enzymes, hormones, vitamins and others, they either constitute the active center of enzymes or coenzymes, or participate in the formation of the active structure of hormones or vitamins.

思考题

1. 试叙钙、磷的主要生理功能。
2. 简述血钙的存在形式。
3. 试叙调节钙、磷代谢的主要因素。
4. 什么是微量元素？人体必需的微量元素有哪些？微量元素主要有哪些生理功能？
5. 简述铁的来源、吸收影响因素及生理功能。
6. 简述碘的来源、生理功能及缺乏症。

（严世荣）

笔记栏

第27章 维 生 素

维生素(vitamin,Vit 或 V)是维持机体正常生理功能所必需的,但体内不能合成或合成量很少,必须从食物中获取的一类低分子量有机化合物。

维生素既不是体内能量的来源,也不构成机体组织的成分,却具有参与体内物质代谢与调节的重要作用。虽每日需要量极少(仅以 mg 或 μg 计),但不可缺少,缺乏易患维生素缺乏症。按其溶解性的不同,可分为脂溶性维生素(lipid-soluble vitamin)和水溶性维生素(water-soluble vitamin)两大类。

第一节 脂溶性维生素

脂溶性维生素包括维生素 A、D、E、K。它们溶于脂类和多种有机溶剂,不溶于水。在食物和肠道中均与脂类共存并共同吸收,在血液中与脂蛋白或特异蛋白结合而运输。体内主要分布于肝脏,易在体内蓄积,多食易中毒。

一、维 生 素 A

(一) 化学本质、性质及分布

维生素 A 又名抗干眼病维生素,其化学本质是 20 碳含有 β-白芷酮环的多聚异戊二烯的不饱和一元醇。天然的维生素 A 包括 A_1(视黄醇,retinol)和 A_2(3-脱氢视黄醇,3-dehydroretinol),二者的区别仅是 A_2 在第 3 碳位多一个双键(图 27-1),其活性只是 A_1 的 40%。维生素 A 在体内的活性形式有视黄醇、视黄醛(retinal)和视黄酸(retinoic acid)三种。

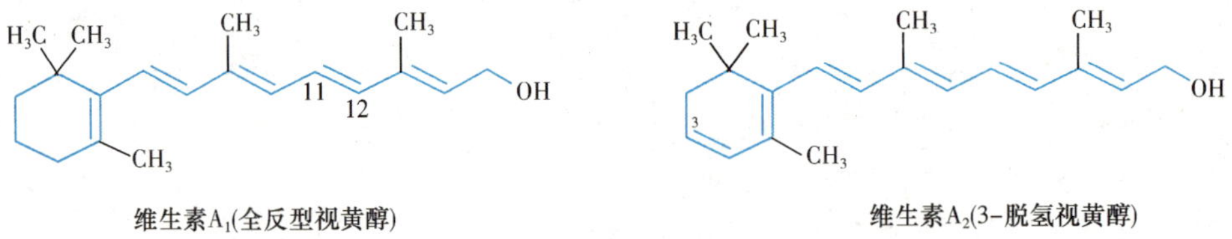

维生素A_1(全反型视黄醇)　　维生素A_2(3-脱氢视黄醇)

图 27-1 维生素 A 结构

维生素 A_1 和维生素 A_2 分别存在于哺乳动物、咸水鱼和淡水鱼的肝脏中,其他动物的乳中、肝和蛋黄中也含有丰富的维生素 A。在黄、绿和红色植物中含类胡萝卜素(如 α-胡萝卜素、β-胡萝卜素及 γ-胡萝卜素)约 600 种,其中以 β-胡萝卜素(β-carotene)最为重要。它们本身并无生物学活性,但在小肠黏膜处由 β-胡萝卜素加氧酶催化,加氧断裂,生成 2 分子视黄醛,而视黄醛既可氧化成视黄酸也可还原成视黄醇,故通常将 β-胡萝卜素称为维生素 A 原。

(二) 生化作用与缺乏症

1. 合成视觉细胞内感光物质 维生素 A 在视觉细胞内能促进感光物质的合成与再生,以维持正常的视觉功能。人视网膜上有光受体细胞和视黄醛色素上皮细胞,光受体细胞又因形态的不同可分为杆状细胞和锥状细胞。能感受弱光或暗光的杆状细胞含有感光物质——视紫红质,能感受强光的锥状细胞内含有感光物质——视红质、视青质及视蓝质,它们均由 11-顺视黄醛(作为辅基)与各不相同的视蛋白组成视色素。当杆状细胞的视紫红质感光时,其中的辅基 11-顺视黄醛在光异构作用下转变成全反视黄醛,并与视蛋白分离而失色;在此同时也引起了杆状细胞膜上的 Ca^{2+} 通道的开放,随之 Ca^{2+} 迅速流入细胞内并激发神经冲动,经传导至大脑后即可产生视觉。全反视黄醛仅有少部分可经异构酶催化缓慢地重新异构为 11-顺视黄醛,而大部分被还原成全反视黄醇,经血流至肝脏被氧化成 11-顺视黄醛,可在暗光下与视蛋白再重新合成视紫红质(图 27-2)。维生素 A 缺乏时,生成的 11-顺视黄醛不足或缺如,视紫红质合成减少,导致日光适应能力减弱,弱光敏感性降低,暗适应时间延长甚至出现"夜盲症"。

笔记栏

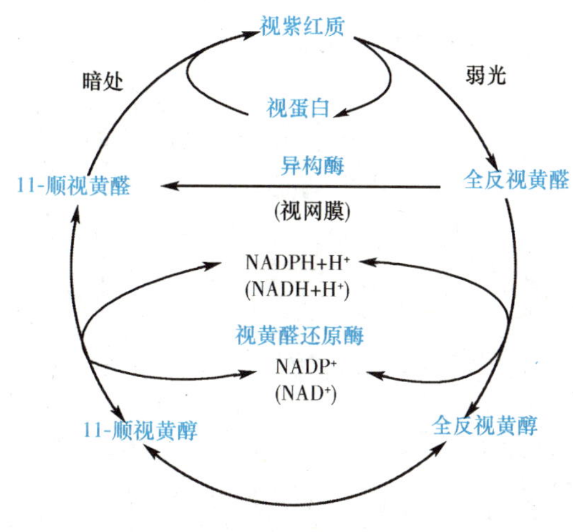

图 27-2　视紫红质的合成与再生

2. 参与合成糖蛋白　维生素 A 作为调节糖蛋白合成的一种辅酶，其衍生物视黄醇磷酸酯是糖蛋白合成中所需的寡糖穿越膜脂质双层的载体，在糖醛转移酶作用下参与膜糖蛋白的糖醛化反应。上皮组织糖蛋白是细胞膜系统的重要组成部分，与上皮组织的结构和分泌功能关系密切，因此，维生素 A 是维持一切上皮组织结构的完整与健全所必需的物质。若维生素 A 缺乏，将会影响上皮组织糖蛋白的合成，上皮细胞分泌黏液减少，导致上皮组织干燥、增生、过度角化及脱屑，对眼、呼吸道、消化道及泌尿生殖道的上皮影响尤为显著。由于上皮组织不健全，抵抗微生物侵袭的功能降低，故易感染疾病。而泪腺上皮不健全，引起泪液分泌减少甚至停止，即可产生干眼病。

3. 促进正常生长发育与分化　维生素 A 参与细胞的 DNA、RNA 的合成，对细胞的生长发育与分化、组织更新有一定影响。维生素 A 中的视黄酸是一种激素，其受体位于靶细胞核内，当视黄酸与其受体蛋白结合后便能激活特异基因的表达，进而使细胞分化成熟，因此视黄酸是维持动物正常生长发育和健康的重要物质。若维生素 A 缺乏，可导致儿童生长停滞、发育迟缓、骨骼发育不良。另外，维生素 A 还可使细胞表面的上皮生长因子受体的数目增加，通过促进上皮生长因子与其受体的结合而促进细胞的生长。

4. 抑癌作用　流行病学调查表明：摄入适量的维生素 A 与癌症的发生呈负相关，动物实验也表明摄入维生素 A 在一定程度上可减轻致癌物质的作用。维生素 A 及其衍生物，如 13-顺视黄酸有防癌抑癌作用，因为它既有促进上皮细胞正常分化的作用，也有阻碍肿瘤形成的抗启动基因活性。已有资料表明，视黄醇能诱导 HL-60 细胞及急性早幼粒细胞白血病的分化。β-胡萝卜素是一种抗氧化剂，在较低的氧分压条件下，能直接捕捉自由基，淬灭单线氧，提高机体抗氧化防卫能力，而具有防癌和抑癌作用。

5. 维持和增强机体免疫功能　目前的研究证明维生素 A 通过与细胞核内相应的受体结合，对靶细胞基因进行调控。这种调控既可以促进免疫细胞产生抗体，也可以增强细胞免疫，以及促进 T 淋巴细胞产生某些淋巴因子。维生素 A 缺乏时，免疫细胞内视黄酸受体的表达相应下降，抗体生成减少，因此影响机体的免疫功能，最终导致机体抵抗力下降。

维生素 A 长期过量(超过需要量的 10～20 倍)的摄取会降低细胞膜和溶酶体膜的稳定性，导致细胞膜受损，组织酶的释放，引起皮肤、骨骼、脑、肝等多种脏器组织的病变。如果孕妇摄取过多，易发生胎儿畸形。

二、维 生 素 D

(一) 化学本质、性质及分布

维生素 D 又名抗佝偻病维生素，为类固醇衍生物，可视为一种类固醇激素。其化学本质是含有环戊烷多氢菲结构，并具有钙化醇生物活性的一大类物质。主要包括维生素 D_2(麦角钙化醇 ergocalciferol)和维生素 D_3(胆钙化醇 cholecalciferol)两种形式。

在体内胆固醇可转变为 7-脱氢胆固醇，储存于皮下，经紫外线照射生成维生素 D_3，故称 7-脱氢胆固醇为维生素 D_3原。存在于酵母和植物油中不能被人吸收的麦角固醇，在紫外线作用下可转变为能被人吸收的维生素 D_2，因而麦角固醇为维生素 D_2原。维生素 D_3在肝脏的储存形式及血液中运输形式是 25-(OH)-D_3，其活性形式为 1，25-$(OH)_2$-D_3(见第 26 章)。

(二) 生化作用与缺乏症

1，25-$(OH)_2$-D_3的靶器官是小肠、肾及骨。主要功能是促进小肠钙、磷的吸收，肾小管钙、磷的重吸收，促进新骨的生成和钙化。当缺乏维生素 D 时，儿童可发生佝偻病，成人引起软骨病、骨质疏松症等。但过量摄入维生素 D 可引起维生素 D 过多症或中毒，表现为食欲下降、恶心、呕吐、血钙过高、骨破坏、异位钙化等。

三、维生素E

（一）化学本质、性质及分布

维生素E又名生育酚，为异戊二烯的6-羟基苯骈二氢吡喃的衍生物。主要包括生育酚及生育三烯酚两大类，而每类又根据甲基的数目和位置不同分成α、β、γ和δ四种。自然界以α生育酚分布最广，生物活性最高。维生素E为黄色油状物，在无氧条件下对热及酸碱稳定，但对氧十分敏感，易氧化。富含维生素E的食物有麦胚油、棉籽油、玉米油、大豆油等，豆类及绿叶蔬菜中含量也较丰富。

（二）生化作用与缺乏症

1. 抗氧化作用 维生素E结构中的酚羟基易被氧化，因此是机体内重要的抗氧化剂。能避免脂质过氧化物的产生，保护生物膜的正常结构与功能，使细胞免遭自由基如超氧阴离子（O_2^-）、过氧化物（ROO·）及羟自由基（OH·）的损害。缺乏维生素E可导致细胞抗氧化功能障碍，引起细胞的过氧化损伤，维生素E的抗氧化作用与抗动脉硬化、抗癌、延续衰老等过程有关。

2. 对胚胎发育和生殖系统的影响 维生素E是胚胎正常发育必不可少的微量营养素，其吸收障碍可引起胚胎死亡。实验证明缺乏维生素E的雄鼠可出现睾丸萎缩及其上皮变性、生育异常；缺乏维生素E的孕鼠可引起胎盘和胚胎萎缩而导致流产，但人类尚未发现因维生素E缺乏所致的不育症。不过临床常用维生素E防治先兆流产、习惯性流产及更年期疾病等。

3. 对机体免疫功能的作用 维生素E在维持正常的免疫功能，尤其是在T淋巴细胞的功能中发挥重要作用。它既可直接通过刺激巨噬细胞和一些细胞因子如IL-1、IL-6等提高淋巴细胞转化率，也可间接使T细胞分裂原增加引起T细胞增殖。鉴于维生素E与免疫功能和吞噬作用有关，故推测维生素E可能对肿瘤的防治起作用。

4. 促进血红素的代谢 维生素E能提高血红素合成过程中的关键酶ALA合酶及ALA脱水酶的活性，可促进血红素合成。故孕妇及哺乳期的妇女及新生儿应注意适量补充维生素E。

维生素E在自然界分布很广，一般不会发生缺乏，但当机体存在脂肪吸收不良或某些疾病时可导致维生素E缺乏，主要表现为红细胞数量减少、寿命缩短，偶可引起神经障碍。在所有脂溶性维生素中，维生素E的毒性相对较小。目前有证据表明人体长时间摄入1000mg/d以上的维生素E可能出现中毒症状，如视觉模糊、头痛等。

四、维生素K

（一）化学本质、性质及分布

维生素K又名凝血维生素，其本质为2-甲基1,4-萘醌的衍生物。自然界存在有K_1和K_2两种形式，是黄色油状物；人工合成的有K_3和K_4，是黄色结晶粉末。所有的维生素K对热和水稳定，但易受光、酸、碱和氧化剂的破坏。

O
CH$_3$
O

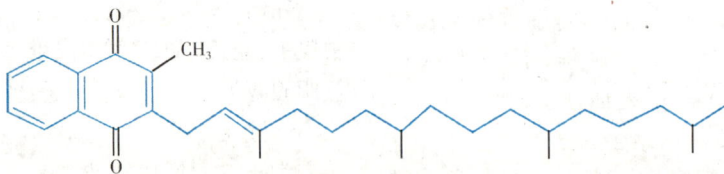

维生素K_1结构式

维生素K广泛分布于自然界，食物中的绿色蔬菜、动物的肝脏、鱼等均富含维生素K，肠道中大肠杆菌、乳酸杆菌等可合成维生素K并被肠壁吸收。

（二）生化作用与缺乏症

维生素K的主要作用是调节凝血因子的合成，维持第Ⅱ、Ⅶ、Ⅸ、Ⅹ凝血因子的正常水平。凝血酶原分子N末端含有10个谷氨酸残基，羧化后生成γ-羧基谷氨酸（Gla），Gla具有很强的螯合Ca^{2+}能力，Gla-Ca^{2+}的结合可激活蛋白水解酶，使凝血酶原水解成凝血酶，从而发挥其生物活性。此反应由γ-谷氨酸羧化酶催化，维生素K是该酶的辅助因子。

由于维生素K分布广泛，且肠道细菌也能合成，故一般不易缺乏。但新生儿有可能发生维生素K缺乏，是因维生素K不能通过胎盘，出生后肠道内又无细菌所致。缺乏主要表现为易出血，长期使用抗生素及肠道灭菌药也可导致维生素K缺乏。

第二节 水溶性维生素

水溶性维生素包括B族维生素和维生素

C两大类。B族维生素主要有维生素 B_1、B_2、PP、B_6、泛酸、生物素、叶酸、B_{12}、硫辛酸等。它们虽在化学结构和生理功能上各不相同，但大多在植物中合成，并共同存在。B族维生素在体内大多构成辅酶或辅基，参与物质代谢过程。水溶性维生素均溶于水，但硫辛酸不溶于水，而溶于脂溶剂，故有人将其归为脂溶性维生素。水溶性维生素在体内贮存很少，多余即从尿中排出，需经常从食物中摄取，多食也不会发生中毒。

一、维生素 B_1

(一) 化学本质、性质及分布

维生素 B_1 又名抗脚气病或抗神经炎维生素，是由一个含氨基的嘧啶环和一个含硫的噻唑环组成的化合物，亦称硫胺素(thiamine)。在氧化剂的作用下易被氧化成脱氢硫胺素，后者经紫外光照射呈蓝色荧光，故可利用此性质进行定性和定量分析。维生素 B_1 在体内的活性形式为焦磷酸硫胺素(thiamine pyrophosphate，TPP)(图 27-3)。

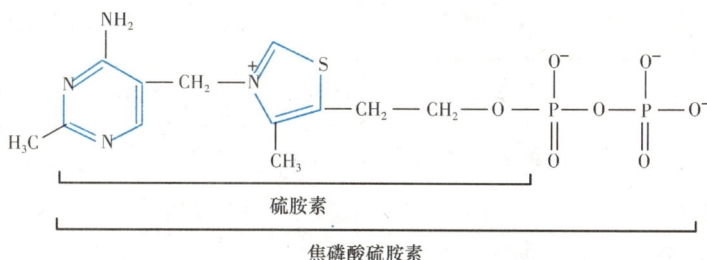

图 27-3 硫胺素与焦磷酸硫胺素的结构

维生素 B_1 广泛存在于植物中，种子外皮及胚芽中含量很丰富，酵母、瘦肉及中药防风、车前子也富含维生素 B_1。

(二) 生化作用与缺乏症

1. 构成辅酶，维持机体正常代谢 维生素 B_1 被吸收后，主要在肝及脑组织中经硫胺素焦磷酸激酶的催化与 ATP 结合生成 TPP。TPP 是 α-酮酸氧化脱羧酶和转酮醇酶的辅酶。TPP 噻唑环上硫和氮之间的碳原子十分活泼，易释放出 H^+ 形成具有催化功能的亲核基团-TPP 负离子，即负碳离子(carbonion)。负碳离子能与 α-酮酸的羧基结合而使 α-酮酸脱羧。如维生素 B_1 缺乏，代谢中间产物 α-酮酸氧化脱羧反应受阻，血中丙酮酸堆积，能量产生减少。同时磷酸戊糖途径障碍，可影响体内一些重要物质如核酸、脂肪酸、非必需氨基酸等的合成。在正常情况下神经组织主要靠糖有氧氧化供能，如果维生素 B_1 缺乏，致使糖代谢障碍，神经组织能量供应受到影响，并使丙酮酸、乳酸在组织中堆积而引起“脚气病”，初期表现为末梢神经炎、食欲减退等，进而可发生浮肿、神经肌肉变性、心肌无力、膝反射消失等，即所谓干性脚气病；若伴有水肿，则为湿性脚气病。

2. 抑制胆碱酯酶，促进胃肠蠕动 维生素 B_1 能抑制胆碱酯酶水解乙酰胆碱，而后者具有促进胃肠蠕动的作用。当维生素 B_1 缺乏时，胆碱酯酶活性增强，加速乙酰胆碱水解，导致消化液分泌减少，胃蠕动变慢，食欲不振，消化不良等。

谷物加工过于精细可使维生素 B_1 大量丢失，正常成人的需要量为 1.0～1.5mg/d。可通过测定红细胞中转酮醇酶的活性，尿中和血中硫胺素的浓度来判定维生素 B_1 是否缺乏。

二、维生素 B_2

(一) 化学本质、性质及分布

维生素 B_2 又名核黄素(riboflavin)，其本质是核糖醇和 6,7-二甲基异咯嗪缩合物。异咯嗪环上的第 1 及第 5 位氮原子与活泼的共轭双键相连，此 2 个氮原子可反复接受或释放氢，故具有可逆的氧化还原性(图 27-4)。

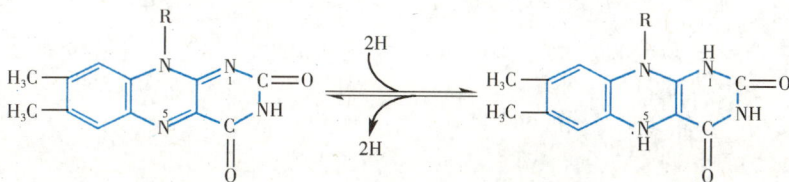

图 27-4 氧化型 FMN、还原型 FMN 的结构

维生素 B_2 广泛存在于奶类、蛋类、动物内脏等。摄入的核黄素在小肠黏膜黄素激酶的作用下转变成黄素单核苷酸（flavin mononucleotide，FMN），在细胞内进一步受焦磷酸化酶的催化生成黄素腺嘌呤二核苷酸（flavnin adenine dinucleotide，FAD）（图 27-5），FMN 及 FAD 为其活性形式。

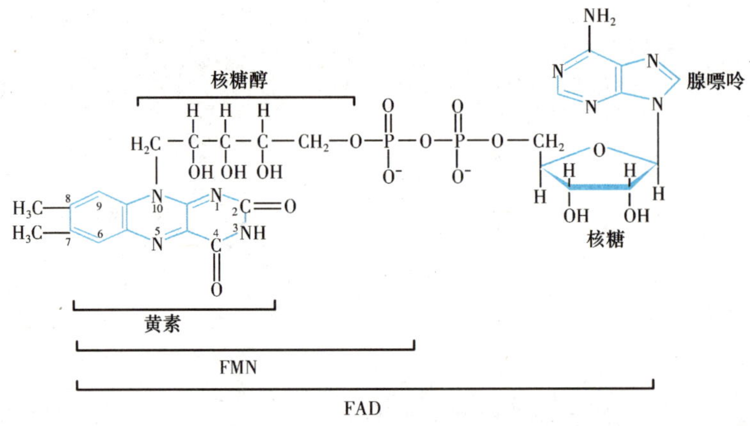

图 27-5　FAD、FMN 的结构式

（二）生化作用与缺乏症

FMN 及 FAD 以辅基的形式参与体内氧化还原反应，构成黄素酶的辅基，如琥珀酸脱氢酶、黄嘌呤氧化酶及 NADH 脱氢酶等，具有传递氢的作用。

维生素 B_2 成人每日需要量为 1.2～1.5mg，当缺乏时，会出现食欲降低、生长抑制、食物利用率降低，临床主要表现为口角炎、唇炎、阴囊炎、眼睑炎、怕光、流泪等症状。常可利用红细胞中的谷胱甘肽还原酶活性来检测体内维生素 B_2 的含量。

三、维 生 素 PP

（一）化学本质、性质及分布

维生素 PP 又名抗癞皮维生素、维生素 B_5 等，包括尼克酸（nicotinic acid，又名烟酸）及尼克酰胺（nicotinamide，又名烟酰胺）（图 27-6），均为吡啶衍生物。维生素 PP 主要分布于肉类、谷类、花生及酵母等食物中。肝脏可将色氨酸转变成维生素 PP，但转变率较低，故人体的维生素 PP 主要从食物中摄取。

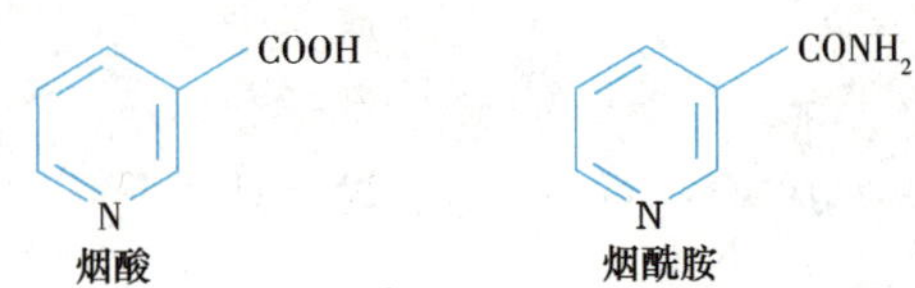

图 27-6　烟酸、烟酰胺结构式

尼克酸经酶促反应可与腺嘌呤、核糖、磷酸组成两种重要的辅酶，包括尼克酰胺腺嘌呤二核苷酸（NAD^+）和尼克酰胺腺嘌呤二核苷酸磷酸（$NADP^+$）（图 27-7）。NAD^+ 和 $NADP^+$ 是维生素 PP 在体内的活性形式。

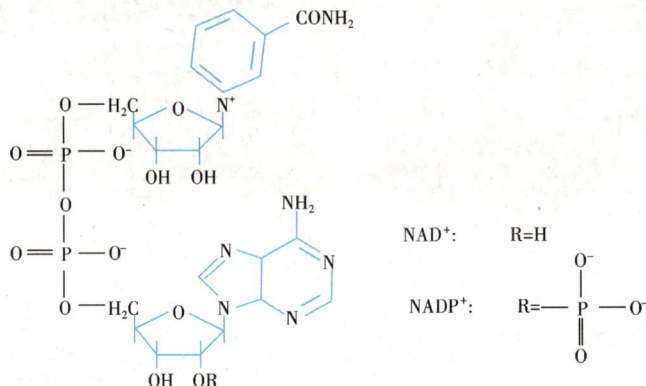

图 27-7　NAD^+ 和 $NADP^+$ 的结构式

(二)生化作用与缺乏症

NAD^+ 和 $NADP^+$ 是体内多种不需氧脱氢酶的辅酶，在氧化还原反应中传递氢或电子，此作用主要依赖于分子中的尼克酰胺部分。尼克酰胺吡啶环中的 N 原子为五价，当接受电子而被还原成三价，氮对位的碳也较为活泼，能可逆的加氢脱氢，分别生成 NADH(NADPH)和 NAD^+ ($NADP^+$)(图 27-8)，同时留一个 H^+ 在溶液中。

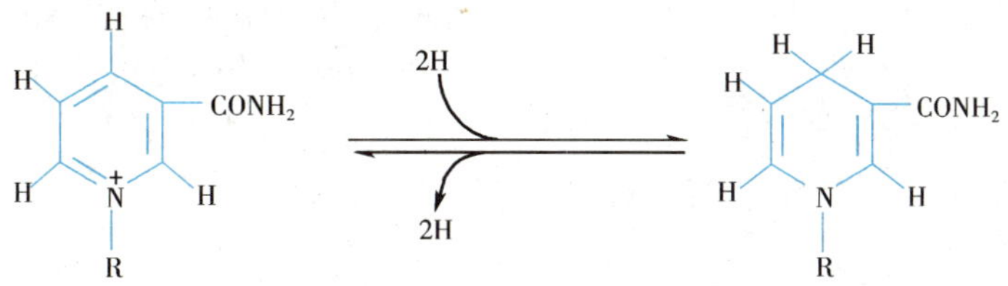

图 27-8　氧化型、还原型的 NAD

服用烟酸可降低血胆固醇、三酰甘油、β 脂蛋白、扩张血管等。大剂量烟酸在一定程度对复发性非致命的心肌梗死有保护作用，但烟酰胺并无此作用，其原因不详。

维生素 PP 缺乏可引起癞皮病(pellagra)，导致皮肤、消化系统、神经系统的损害，表现为皮炎(dermatitis)、腹泻(diarrhea)及痴呆(dementia)，即"3D"症状。由于异烟肼与维生素 PP 结构非常相似，它们之间具有拮抗作用，故长期服用者应补充维生素 PP。

尼克酸作为临床上降胆固醇药物，因为它能抑制脂肪动员，使 FFA 生成减少，肝中 VLDL 的合成下降，从而起到降胆固醇的作用。

四、维生素 B_6

(一)化学本质、性质及分布

维生素 B_6 是 2-甲基-3-羟基-5-羟甲基吡啶的衍生物，包括吡哆醇(pyridoxine，PN)、吡哆醛(pyridoxal，PL)及吡哆胺(pyridoxamine，PM)，在体内以磷酸吡哆醇、磷酸吡哆醛、磷酸吡哆胺等三种活性形式存在(图 27-9)，后两者可相互转变。维生素 B_6 来源广泛，通常在肉类、谷类、蔬菜、坚果中含量最高。

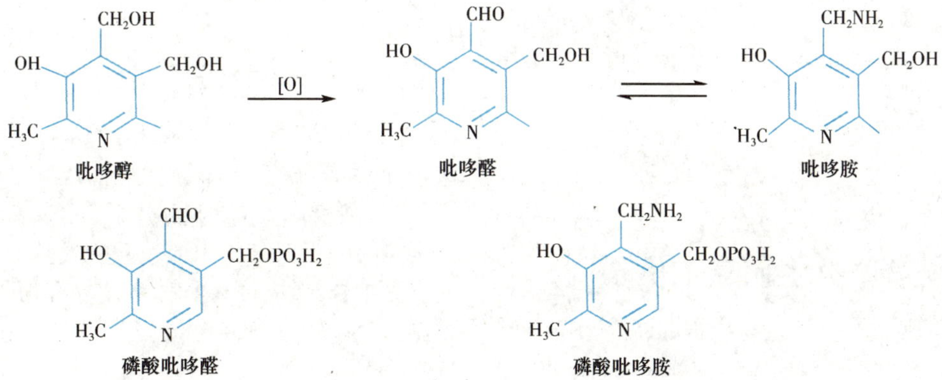

图 27-9　维生素 B_6 及其辅酶结构

(二)生化作用与缺乏症

磷酸吡哆醛在氨基酸代谢中作为转氨酶及脱羧酶的辅酶，能促进转氨基作用，也能促进谷氨酸脱羧生成一种抑制性神经递质——γ-氨基丁酸，临床上常用维生素 B_6 治疗小儿惊厥及孕妇呕吐。

磷酸吡哆醛还是 ALA 合酶的辅酶，而 ALA 合酶又是血红素合成的限速酶。故缺乏维生素 B_6 时，可能会造成低血色素小细胞性贫血和血清铁增高。维生素 B_6 也可作为一碳单位代谢中丝氨酸羟甲基转移酶的辅酶，影响核酸的合成。动物实验已证实缺乏维生素 B_6 可导致细胞免疫功能的下降。

由于维生素 B_6 分布广泛，所以人类原发性缺乏较罕见。缺乏时临床表现有口炎、舌炎、抑

郁及性格的改变，小儿可出现代谢异常、惊厥、脑电图异常等。某些药物如异烟肼能与磷酸吡哆醛结合，使其失去辅酶的作用而诱发缺乏症，因此，服用异烟肼时，应注意补充维生素 B_6。

五、泛　　酸

(一) 化学本质、性质及分布

泛酸(pantothenic acid)又名遍多酸，维生素 B_3，是β-丙氨酸借肽键与α，γ-二羟基-β，β二甲基-丁酸缩合而成的一种化合物。广泛分布于动物肝、肾及蘑菇、坚果中。

(二) 生化作用与缺乏症

泛酸磷酸化并获得巯基乙胺而生成4-磷酸泛酰巯基乙胺。而后者是辅酶A(CoA)(图27-10)及酰基载体蛋白(acyl carrier protein，ACP)的重要组成部分。CoA及ACP是泛酸在体内的活性形式。

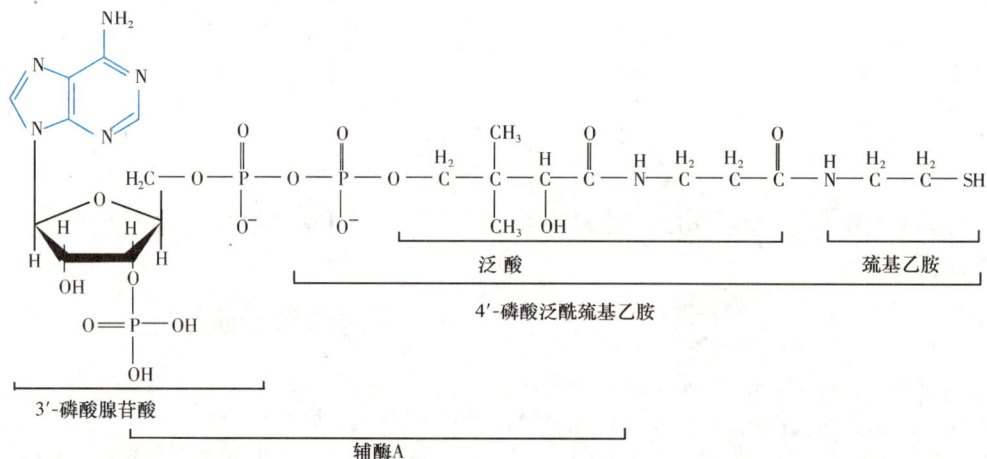

图 27-10　辅酶A的结构式及其组分

CoA及ACP可构成酰基转移酶的辅酶，广泛参与糖、脂类、蛋白质代谢及肝的生物转化作用。大约有70多种酶需CoA及ACP。

因泛酸广泛存在于生物界，故很少见缺乏症，但在二战时的远东战俘中曾因泛酸缺乏而导致“脚灼热综合征”。

六、生　物　素

(一) 化学本质、性质及分布

生物素(biotin)又名维生素H、辅酶R等，由一个脲基环和一个带有戊酸侧链的噻吩环组成。生物素在自然界中至少有两种，一种存在于蛋黄中，另一种存在于肝脏。此外，生物素还可以从牛奶、酵母、豆类等食物中获得，肠道细菌也可合成。

(二) 生化作用与缺乏症

生物素是体内多种羧化酶(如丙酮酸羧化酶、乙酰辅酶A羧化酶等)的辅酶，参与羧化过程。在生物素分子的侧链中，其戊酸的羧基通过肽键可与酶蛋白分子中的赖氨酸残基上的ε-氨基牢固结合，形成羧基生物素-酶复合物，又称生物胞素(biocytin)(图27-11)。

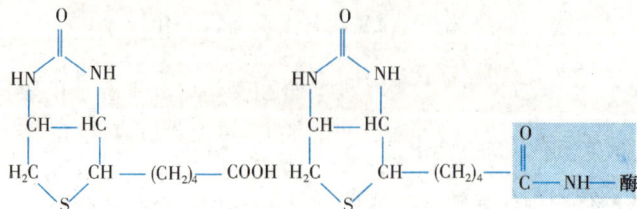

图 27-11　β-生物素与生物胞素的结构

生物胞素能将活化的羧基转移给酶的相应底物。由于生物素来源十分广泛，且肠道细菌也可合成，故缺乏症很少见。但其缺乏症主要见于长期食生鸡蛋和使用抗生素者，因为新

鲜鸡蛋中有一种抗生物素蛋白(avidin),它能结合生物素使其失活且不被吸收,经加热抗生物素蛋白被破坏,便不再妨碍生物素的吸收。此外,长期使用抗生素可抑制肠道细菌生长,导致肠道生物素合成减少。缺乏生物素主要表现有疲乏、恶心、呕吐、食欲不振、皮炎等。

七、叶　酸

(一)化学本质、性质及分布

叶酸(folic acid)因绿叶中含量十分丰富而得名,又名蝶酰谷氨酸。由 *L*-谷氨酸、对氨基苯甲酸和 2-氨基-4-羟基-6-甲基蝶呤组成(图 27-12),其活性形式为四氢叶酸(FH_4)。叶酸在食物中分布广泛,鸡蛋、酵母、动物肝、绿叶蔬菜、水果等含量丰富。

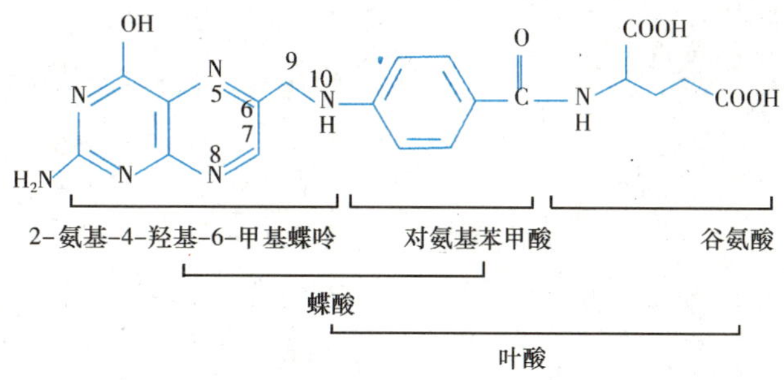

图 27-12　叶酸的组成及结构

(二)生化作用与缺乏症

叶酸在小肠、肝脏、骨骼等组织中经叶酸还原酶作用,生成二氢叶酸,后者在二氢叶酸还原酶作用下生成具有生理活性的四氢叶酸(FH_4)。

叶酸(F)+ NADPH(H^+)→5,6-二氢叶酸(FH_2)+$NADP^+$

FH_2+NADPH(H^+)→5,6,7,8-四氢叶酸(FH_4)+$NADP^+$

FH_4作为一碳单位转移酶的辅酶,其分子中N^5,N^{10}两个氮原子能携带一碳单位。一碳单位在体内参加多种物质如嘌呤、胸腺嘧啶核苷酸等的合成。当缺乏叶酸时,DNA 合成必然减少,骨髓幼红细胞 DNA 合成受阻,细胞分裂速度降低,细胞体积增大,导致巨幼红细胞贫血(megaloblastic anemia)。

叶酸在肉类及水果、蔬菜中含量颇多,肠道的细菌也能合成,因此一般不易发生缺乏症。缺乏的原因主要见于摄入不足,吸收利用不良,需要量增加。因口服避孕药或抗惊厥药可干扰叶酸的吸收及代谢,若长期服用此类药物时也应考虑补充叶酸。

由于抗癌药物甲氨蝶呤的结构与叶酸相似,它能抑制二氢叶酸还原酶的活性,使四氢叶酸合成减少,导致体内胸腺嘧啶核苷酸的合成受阻,因此具有抗癌作用。

八、维生素 B_{12}

(一)化学本质、性质及分布

维生素 B_{12}又名钴胺素(cobalamin),是唯一含金属元素的维生素。其在体内因结合的基团不同,可有多种形式存在,如氰钴氨素,羟钴氨素,甲钴氨素和 5′-脱氧腺苷钴氨素等(图 27-13)。后两者既是维生素 B_{12}的活性形式,也是血液中存在的主要形式。维生素 B_{12}主要存在于肉类、蛋类、贝壳等动物性食品中。

(二)生化作用与缺乏症

维生素 B_{12}参与体内同型半胱氨酸甲基化生成蛋氨酸的反应,此反应由蛋氨酸合成酶(又称甲基转移酶)催化,其辅酶是甲钴氨素,N^5-CH_3-FH_4是甲基的供体。维生素 B_{12}缺乏时,N^5-CH_3-FH_4上的甲基不能被转移,其结果:一方面蛋氨酸的生成受阻;另一方面 N^5-CH_3-FH_4 堆积,影响四氢叶酸的再生,使细胞中游离的 FH_4 含量减少。因不能重新利用 FH_4 来转运其他的一碳单位,可影响嘌呤、嘧啶的合成,使核酸合成障碍,必然会影响到细胞分裂,最终导致巨幼红细胞性贫血。同时,同型半胱氨酸堆积可造成同型半胱氨酸尿症。

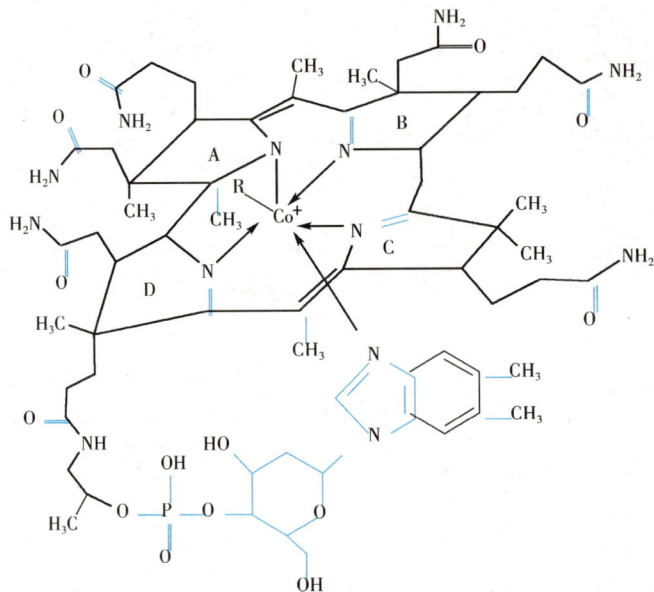

图 27-13 维生素 B_{12} 结构式

氰钴氨素(维生素 B_{12}) R=—CN;羟钴氨素 R=—OH;甲钴氨素 R=—CH_3;5′-脱氧腺苷钴氨素 R=-5′-脱氧腺苷

5′-脱氧腺苷钴胺素作为 *L*-甲基丙二酰 CoA 变位酶的辅酶，可催化琥珀酰-4-磷酸泛酰巯基乙胺 CoA 的生成。若维生素 B_{12} 缺乏，可使 *L*-甲基丙二酰 CoA 大量堆积。因其与脂肪酸合成的中间产物丙二酰 CoA 的结构十分相似，故可影响脂肪酸的正常合成。当脂肪酸合成的异常时会影响神经髓鞘的转换，可使神经髓鞘质变性退化，造成进行性脱髓鞘。这是维生素 B_{12} 缺乏所致神经疾患的根本原因。

维生素 B_{12} 缺乏多由吸收不良引起，主要表现为巨幼红细胞性贫血，神经系统损害，高同型半胱氨酸血症。

九、α-硫 辛 酸

(一) 化学本质、性质及分布

α-硫辛酸(lipoic acid)又名 6,8-二硫辛酸，其化学结构是一个含硫的八碳酸，在 6、8 位上有二硫键，有氧化型和还原型两种形式(图 27-14)。

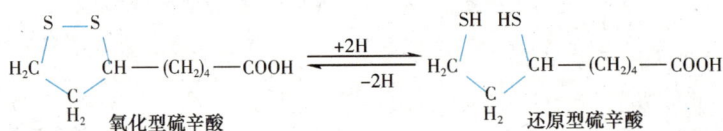

氧化型硫辛酸 $\underset{-2H}{\overset{+2H}{\rightleftharpoons}}$ 还原型硫辛酸

图 27-14 氧化型硫辛酸、还原型硫辛酸

硫辛酸在肝中含量丰富，食物中常和维生素 B_1 同时存在。

(二) 生化作用与缺乏症

硫辛酸能还原成二氢硫辛酸，作为硫辛酸乙酰转移酶的辅酶。它与 TPP 协同参与丙酮酸和 α-酮戊二酸的氧化脱羧反应，在糖、脂、蛋白质代谢中具有极为重要的作用。

α-硫辛酸具有抗脂肪肝和降低血胆固醇的作用。另外，它很易于进行氧化还原反应，因而可保护巯基酶免遭重金属离子损害。目前，在人类尚未发现硫辛酸的缺乏症。

十、维 生 素 C

(一) 化学本质、性质及分布

维生素 C 又名 *L*-抗坏血酸(ascorbic acid)，是一种己糖内酯，也是含 6 个碳原子的酸性多羟基化合物。分子中 C_2 及 C_3 位上的两个相邻的烯醇式羟基极易解离而释放出 H^+，因而呈酸性；而 C_2 及 C_3 位上的两个羟基也可脱去氢原子而生成脱氢抗坏血酸，因而是较强的还原剂。在供氢体存在时，脱氢抗坏血酸又能接受 2 个氢原子还原成抗坏血酸。

维生素C广泛存在于新鲜蔬菜及水果中。

(二)生化作用与缺乏症

1. 参与体内的羟化反应 羟化反应参与体内许多重要物质合成或分解,在羟化过程中,必需维生素C参与。

(1) 促进胶原合成:维生素C作为胶原脯氨酸羟化酶和胶原赖氨酸羟化酶的必需辅助因子,参与羟化反应,促进胶原蛋白的合成。胶原是结缔组织、骨及毛细血管等的重要组成成分。结缔组织的生成是伤口愈合所必需的。当维生素C缺乏时可患坏血病,主要表现为皮下出血、牙龈炎、牙齿易松动、骨质疏松症、毛细血管脆性增加及创伤不易愈合等症状。

(2) 参与胆固醇的转化:维生素C为胆汁酸合成的限速酶——7α-羟化酶的辅酶。此外,维生素C还可参与肾上腺皮质类固醇合成的羟化反应。缺乏时可直接影响胆固醇转化,从而影响脂类代谢。

(3) 参与芳香族氨基酸的代谢:维生素C可参与苯丙氨酸转变为酪氨酸,酪氨酸转变为对羟苯丙酮酸及尿黑酸的反应。若维生素C缺乏,尿中出现大量的对羟苯丙氨酸。此外,还参与酪氨酸转变为儿茶酚胺,色氨酸转变为5-羟色胺等反应。

2. 参与体内氧化还原反应

(1) 维生素C具有保护巯基作用:维生素C能维持巯基酶中—SH的还原状态。在谷胱甘肽还原酶催化下,它可促使氧化型谷胱甘肽(G—S—S—G)还原成还原型谷胱甘肽(G—SH)。

(2) 维生素C能使红细胞中的高铁血红蛋白还原成血红蛋白,恢复其对氧的运输功能。它还能将难以吸收的Fe^{3+}还原成易于吸收的Fe^{2+},因而促使食物中铁的吸收,使体内的铁得以重新利用,促进造血功能。

(3) 维生素C具有保护维生素A、E及B免遭氧化的作用,并能促使叶酸转变成为有活性的FH_4。

3. 抗病毒作用 维生素C能增加淋巴细胞的生成,提高吞噬细胞的吞噬能力,并促进免疫球蛋白的合成,因而能提高机体的免疫力。临床上可用于心血管疾病、病毒性疾病等的支持性治疗。

4. 预防癌症 许多研究表明,维生素C可阻断致癌物*N*-亚硝基化合物的合成而可预防癌症(表27-1)。

表27-1 各种维生素的名称、功用及缺乏症一览表

名　称	食物来源	活性形式	主要功能	缺乏症
维生素A(视黄醇)	肝、蛋黄、牛奶、绿叶蔬菜、胡萝卜、玉米等	11-顺视黄醛、视黄醇、视黄酸	①合成视觉细胞内感光物质 ②参与合成糖蛋白 ③促进正常生长发育与分化 ④抑癌作用 ⑤维持和增强机体免疫功能	夜盲症、干眼症
维生素D(胆钙化醇)	肝、蛋黄、牛奶、鱼肝油	1,25-$(OH)_2$-D_3	①促进小肠钙、磷的吸收 ②促进肾小管钙、磷的重吸收 ③促进新骨的生成和钙化	佝偻病(儿童)软骨病(成人)
维生素E(生育酚)	麦胚油、棉籽油、玉米油、大豆油、豆类及绿叶蔬菜	生育酚	①抗氧化作用 ②参与合成糖蛋白 ③对机体免疫功能的作用 ④促进血红素的代谢	人类未发现
维生素K(凝血维生素)	肝、鱼、绿色蔬菜	2-甲基-1,4-萘醌	调节凝血因子的合成	易出血
维生素B_1(硫胺素)	酵母、瘦肉	TPP	①α-酮酸氧化脱羧酶和转酮醇酶的辅酶 ②抑制胆碱酯酶活性促进胃肠蠕动	脚气病、末梢神经炎
维生素B_2(核黄素)	肝、蛋类、牛奶	FMN、FAD	构成黄素酶的辅基	口角炎、舌炎、唇炎、阴囊炎
维生素PP(尼克酸、尼克酰胺)	肉、酵母、谷类	NAD^+、$NADP^+$	构成脱氢酶的辅酶,参与生物氧化体系	癞皮病
维生素B_6(吡哆醇、吡哆醛、吡哆胺)	谷类、肉类、蔬菜	磷酸吡哆醇、磷酸吡哆醛、磷酸吡哆胺	①氨基酸脱羧酶和转氨酶的辅酶 ②ALA合酶的辅酶 ③丝氨酸羟甲基转移酶的辅酶	人类未发现

续表

名　称	食物来源	活性形式	主要功能	缺乏症
泛酸(遍多酸)	肝、肾、蘑菇	CoA	构成辅酶A及酰基载体蛋白	人类未发现
叶酸(蝶酰谷氨酸)	鸡蛋、豆类、酵母	FH_4	一碳单位转移酶的辅酶	巨幼红细胞贫血
生物素(维生素H)	牛奶、酵母、豆类	生物素	构成羧化酶的辅酶,参与CO_2的固定	人类未发现
维生素B_{12}(钴胺素)	肝肉、鱼、牛奶	甲钴素、5′-脱氧腺苷钴氨素	①促进甲基转移 ②促进DNA合成 ③促进红细胞成熟	巨幼红细胞贫血、高同型半胱氨酸血症
硫辛酸(6,8-二硫辛酸)	肝		硫辛酸乙酰转移酶的辅酶	人类未发现
维生素C(抗坏血酸)	新鲜水果、蔬菜		①参与体内羟化反应 ②参与氧化还原反应 ③抗病毒作用 ④预防癌症	坏血病

Summary

Vitamin is a kind of organic compound, low in molecular weight, which is required for maintaining the normal physiological functions of the body. Generally vitamins can not be synthesized by the human body, while some are synthesized just in a tiny amount. Therefore, it is necessary to obtain them from food. According to the solubility, vitamins are classified as either lipid-soluble vitamins, or water-soluble vitamins.

Lipid-soluble vitamins include Vit A, D, E and K. Vit A is also called antixerophthalmic vitamin. Vit A takes part in the composing of visual pigment and glycoprotein, and its deficiency disease is night-blindness. Vit D, also called antirachitic vitamin, is the precursor of steroid hormone, with the active form of 1,25-$(OH)_2D_3$. It can accommodate the metabolism of calcium and phosphorus, and the deficiency disease is osteomalacia. Vit E is the most important antioxidant in the human body, which protects the structure and function of biomembrane. Tocopherol is a popular name for Vit E, since it is often used to cure the threatened abortion and habitual abortion clinically. Vit K is also called coagulation vitamin, its main biochemical function is to maintain the normal level of coagulation factor Ⅱ, Ⅶ, Ⅸ and Ⅹ. Water-soluble vitamins include the eight types of B vitamins and Vit C. The B vitamins act as coenzymes to carry chemical groups between enzymes. TPP are coenzymes of alpha-keto acid oxidative decarboxylase and transketolase. FAD, FMN and NAD^+ or $NADP^+$ are respectively the important prosthetic group and coenzyme in the redox. Pyridoxal phosphate is the coenzyme of transaminase and amino acid decarboxylase in the amino acid metabolism, and it is also the coenzyme of ALA. Pantothenic acid exists in coenzyme A and ACP, and the latter plays the role of schlepping fatty acyl group in the synthesis of fatty acid. Biotin is the coenzyme of a variety of carboxylases. FH_4 and Vit B_{12} are respectively the coenzyme of one carbon unit transferase and the prosthetic group of methyltransferase which play an important role in the synthesis of nucleic acid. And Vit C is a kind of antioxidant that takes part in the redox in the human body.

思考题

1. 何谓维生素？它是依据什么进行分类的？共分为几类？
2. 试述B族维生素与辅酶的关系。
3. 为什么缺乏维生素A时，易患夜盲症？
4. 为什么缺乏维生素B_1时会导致脚气病？
5. 机体缺乏叶酸和维生素B_{12}时会有什么异常？为什么？

(何丽娅)

英中名词对照

1,6-fructose-biphosphate, F-1, 6-2P　6-磷酸果糖转变为1,6-双磷酸果糖
12-hydroperoxyeicosa-tetraenoic acids, 12-HPETE　12-氢过氧-5,8,11,14-二十碳四烯酸
2,3-DPG bypass　2,3-二磷酸甘油酸支路
3,3-dimethylallyl pyrophosphate,DPP　二甲基丙烯焦磷酸
3,4-dihydroxyphenyl-alanine,DOPA　3,4-二羟苯丙氨酸/多巴
3′-phosphoadenosine-5′-phosphosulfate, PAPS　3′-磷酸腺苷-5′-磷酸硫酸
3-dehydroretino　3-脱氢视黄醇
3-hydroxy-3-methyl glutaryl CoA, HMGCoA　羟甲基戊二酸单酰 CoA
3-hydroxy-3-methylglutaryl CoA synthase, HMGCoA synthase　羟甲基戊二酸单酰 CoA 合酶
5-fluorouracil,5-FU　5-氟尿嘧啶
5-hydroxytryptamine, 5-HT　5-羟色胺
6-mercaptopurine,6-MP　6-巯基嘌呤
6-phosphofructokinase-1　6-磷酸果糖激酶-1
6-phosphofructokinase-2,PFK-2　6-磷酸果糖激酶-2
7-deoxycholic aicd　7-脱氧胆酸
9-*cis*-retinoic acid receptor,RXR　9-顺式维 A 酸受体
9-*trans*-retinoic acid receptor,RAR　9-反式维 A 酸受体
9-*trans*-retinoic acid response element, RARE　9-顺式维 A 酸反应元件
a-amylase　*a*-淀粉酶
absolute specificity　绝对专一性
abzyme　抗体酶
acceptor site　受位(A 位)
acetoacetate　乙酰乙酸
acetone　丙酮
acetylase　乙酰基转移酶
acetyl CoA carboxylase　乙酰 CoA 羧化酶
acetyl transferase,AT　乙酰基转移酶
acidic glycosphingolipid　酸性鞘糖脂
acrocentric chromosome　近端着丝粒染色体
acrosome　顶体
actin　肌动蛋白
activation energy　活化能
activator　激活剂
active center　活性中心
active site　活性部位
active transport　主动运输
activins　活化素
acute phase protein,APP　急性时相蛋白
acyl carnitine　脂酰肉碱
acyl carrier protein,ACP　酰基载体蛋白
acyl CoA dehydrogenase　脂酰 CoA 脱氢酶
acyl-CoA synthetase　脂酰 CoA 合成酶
acyl transferase　脂酰 CoA 转移酶
adaptin　结合素
adaptive immunity　获得性免疫
adaptors　连接分子,接合体
adenine (A)　腺嘌呤
adenine phosphoribosyl transferase,APRT　腺嘌呤磷酸核糖转移酶
adenosine monophosphate, AMP　腺苷酸
adenosine　腺苷
adenosyl transferase　腺苷转移酶
adenylate cyclase,AC　腺苷酸环化酶
adenylic deaminase　腺苷酸脱氨酶
adhesion belt　黏合带
adhesion plaque　黏合斑
adrenocorticotropic hormone,ACTH　促肾上腺皮质激素
aerobic oxidation　有氧氧化
agammaglobulinaemia　无丙种球蛋白血症
ALA dehydrase　ALA 脱水酶
alanine-glucose cycle　丙氨酸-葡萄糖循环
alanine transaminase,ALT　谷丙转氨酶
alanine　丙氨酸
alarmones　警报素
ALA synthtase　ALA 合酶
albinism type Ⅰ　白化病Ⅰ型
albinism　白化病
albumin　清蛋白
alcohol dehydrogenase,ADH　醇脱氢酶
aldehyde dehydrogenase,ALDH　醛脱氢酶
aldosterone　醛固酮
alkaptonuria　尿黑酸尿症
allopurinol　别嘌醇
allosteric activator　变构激活剂
allosteric effector　变构效应剂
allosteric effect　别构效应
allosteric enzyme　变构酶
allosteric inhibitor　变构抑制剂
allosteric protein　变构蛋白或别构蛋白
allosteric regulation　变构调节
allosteric site　变构部位

alternative splicing　选择性剪接
amidotransferase　磷酸核糖酰胺转移酶
amine oxidase　胺氧化酶
amine　胺类
amino acid activation　氨基酸活化
amino acid sequence　氨基酸序列
amino acid　氨基酸
aminoacyl-tRNA　氨基酰-tRNA
aminoimidazole carboxamide ribosyl-5-phosphate, AICAR　5-氨基咪唑-4-甲酰胺核苷酸
aminoimidazole carboxylate ribosyl-5-phosphate, CAIR　5-氨基咪唑,4-羧酸核苷酸
aminoimidazole ribosyl-5-phosphate, AIR　5-氨基咪唑核苷酸
aminopeptidase　氨基肽酶
aminopterin　氨蝶呤
amino terminal　氨基末端
aminotransferase　氨基转移酶(转氨酶)
ammonia　氨
amoeboid　阿米巴运动
amphipathic　两亲的
amsomycin　茴香霉素
anaplerotic reaction　添补反应
anciclovir, GCV　丙氧鸟苷
androgen receptor, AR　雄激素受体
androgen response element, ARE　雄激素反应元件
androgen　雄激素
animal bioreactor　动物生物反应器
annealing　退火
anoikis　失巢凋亡
anticodon　反密码子
antigene　反基因
anti-metastasis gene　肿瘤转移抑制基因
antimycin A　抗霉素 A
anti-oncogene　抑癌基因
antiotensin Ⅱ　血管紧张素Ⅱ
antiport　对向运输
antisense control　反义控制
antisense RNA　反义 RNA
antisense　反义
apoenzyme　酶蛋白
apolipoprotein, apoprotein, apo　载脂蛋白
apoptosis protease activating factor-1, Apaf-1　凋亡蛋白酶激活因子-1
apoptosis　细胞凋亡
apoptosome　凋亡复合体
apoptotic body　凋亡小体
apoptotic lamin kinase　凋亡核纤层蛋白激酶
arachidonate　花生四烯酸
ara operon　阿拉伯糖操纵子
arginase　精氨酸酶
argininosuccinate lyase　精氨酸代琥珀酸裂解酶
argininosuccinate synthetase　精氨酸代琥珀酸合成酶
aromatic amino acid　芳香族氨基酸
artificial chromosome　人工染色体
ascorbic acid　维生素 C 又名 *L*-抗坏血酸
aspartate transaminase, AST　天冬氨酸转氨酶
aspartate transcarbamoylase　天冬氨酸氨基甲酰转移酶
asymmetric transcription　不对称转录
asymmetry　不对称性
ataxia telangiectasia mutated, ATM　突变后患运动失调性毛细血管扩张症
ATP-ADP translocase　ATP-ADP 转位酶
ATPase complex　ATP 酶复合体
ATP-binding Cassette-1, ABC-1　ATP 结合盒-1(一种转运机制)
ATP synthase　ATP 合酶
attenuation　衰减子作用
autocatalysis　自身激活作用
autocrine motility factor, AMF　自分泌运动因子
autonomously replicating sequence, ARS　自主复制序列
autophagolysosome　自噬性溶酶体
autotaxin, ATX　自趋化素
avian leukocytosis virus, ALV　禽类白细胞增生病毒
avidin　抗生物素蛋白
azaserine　氮杂丝氨酸
azoreductase　偶氮还原酶
bacterial artificial chromosome, BAC　细菌人工染色体
banding pattern　带型
Barr body　巴氏小体
basal laminae　基底膜
base　碱基
B cell lymphoma/leukemia-2, BcL-2　B-淋巴细胞瘤/白血病-2
BcL-2 homologous domain, BH　BcL-2 同源区段
betaglycan　β-蛋白聚糖
bidirectional replication　双向复制
bile acid enterohepatic circulation　胆汁酸肠肝循环
bile acid　胆汁酸
bile pigment　胆色素
bile salt　胆盐
bile　胆汁
bilinogen enterohepatic circulation　肠肝循环
bilinogen　胆素原
bilin　胆素
bilirubin glucuronide　葡萄糖醛酸胆红素
bilirubin　胆红素
biliverdin　胆绿素
binding change mechanism　结合变构机制
binding group　结合基团
binuclear center　双核中心
biocatalyst　生物催化剂
biocytin　生物胞素
bioinformatics　生物信息学
biological membrane　生物膜

biotin　生物素
biotransformation　生物转化
blood urea nitrogen,BUN　尿素氮
blood　血液
blunt end　钝端或平端
bone crystal　骨晶体
bone morphogenetic protein,BMP　骨成形蛋白
bone resorption　骨的吸收
bony salts　骨盐
branching enzyme　分支酶
British anti-Lewisite,BAL　二巯丙醇
Ca^{2+} pump　Ca^{2+}泵
cadherin　钙黏蛋白
caenorhabditis elegans　秀丽隐杆线虫
calcification　钙化
calcineurin　钙调磷酸酶
calcitonin,CT　降钙素
calcium, Ca　钙
calcium binding protein, CaBP　钙结合蛋白
calcium phosphate transfection　磷酸钙转染
calcyclin　钙结合蛋白
calmodulin　钙调蛋白
cAMP-dependent protein kinase,PKA　cAMP 的蛋白激酶简称蛋白激酶 A
cap binding protein,CBP　帽子结合蛋白
capping protein　封端蛋白
capping　加帽
cap sequence　帽子结构
carbamoyl phosphate synthetase Ⅰ,CPS-Ⅰ　氨基甲酰磷酸合成酶Ⅰ
carbanion　负碳离子
carboxin　萎锈灵
carboxyl terminal　羧基末端
carboxypeptidase A　羧基肽酶 A
cardiolipin　心磷脂即二磷脂酰甘油
carmustine　卡氮芥
carnitine- acylcarnitine translocase　肉碱-脂酰肉碱转位酶
carnitine acyl transferase Ⅰ　肉碱脂酰转移酶Ⅰ
cascade system　级联放大系统
casein　酪蛋白
caspase recruitment domain, CARD　caspase 募集区
caspase　半胱天冬蛋白酶
catabolite gene activator protein,CAP　分解代谢基因活化蛋白
catalase,CAT　过氧化氢酶
catalytic DNA　催化性 DNA
catalytic group　催化基团
catalytic RNA　催化性 RNA
catecholamine　儿茶酚胺
catenin　连环蛋白
CDK inhibitors,CKIs　CDK 抑制因子
CDK-interacting protein　CDK 作用蛋白
CDKs　依赖细胞周期蛋白的激酶
cell adhesion molecules, CAM　细胞黏附分子
cell cycle　细胞周期
cell-division cycle genes,cdc　细胞分裂周期基因
cell junction　细胞连接
cell-map proteomics　细胞图谱蛋白组学
cell membrane　细胞膜
cell respiration　细胞呼吸
cell specificity　细胞特异性
cell surface　细胞表面
cellular oncogene,c-onc　细胞癌基因
cellular oxidation　细胞氧化
central granule　中央颗粒
central plug　中央栓
centriole　中心粒
centromere　着丝粒
centrosome　中心体
cephalin　脑磷脂
ceramide,Cer　*N*-脂酰鞘氨醇又称神经酰胺
cerebroside　脑苷脂
ceruloplasmin,Cp　铜蓝蛋白
chaperones　蛋白伴侣
chemical modification　化学修饰
chemiosmotic theory　化学渗透学说
chenodeoxycholic acid　鹅脱氧胆酸
chloromycetin　氯霉素
cholanic acid　胆烷酸
cholecalciferol　维生素 D_3/胆钙化醇
cholestatic liver disorders,CLD　胆汁淤积性肝病
cholesterol esterase　胆固醇酯酶
cholesterol　胆固醇
cholesteryl ester transfer protein, CETP　胆固醇酯转移蛋白
cholic acid　胆酸
choline esterase　胆碱酯酶
chondroitin sulfate,CS　硫酸软骨素类
chromatid　染色单体
chromatin　染色质
chromium,Cr　铬
chromosome banding technique　染色体显带技术
chromosome scaffold　染色体支架
chromosome　染色体
chromotosome　染色质小体
chylomicron,CM　乳糜微粒
chymotrypsin　糜蛋白酶
cilia　纤毛
cis-acting element,CAE　顺式作用元件
cis face　顺面
cis Golgi network　顺面高尔基网
cisplatin　顺铂
cisternae　扁囊
citrate lyase　柠檬酸裂解酶

citrate pyruvate cycle　柠檬酸-丙酮酸循环
citrate synthase　柠檬酸合酶
citrate　柠檬酸
citric acid cycle　柠檬酸循环
clathrin　网格蛋白
cleavage and polyadenylation specificity factor,CPSF　剪切和聚腺苷化特异因子
cleavage factor,CF　剪切因子
cleavage stimulation factor,CStF　剪除刺激因子
cliary nurotrophin factor,CNTF　睫状体神经营养因子
clone　克隆
cloning　克隆化
cloverleaf pattern　三叶草形
co-activators,CoAs　协同激活因子
coated pit　有被小窝
coated vesicle　有被小泡
cobalamin　维生素 B_{12} 又名钴胺素
cobalt,Co　钴
coding strand　编码链
codon usage bias　偏倚(偏爱)性
codon　密码子
coenzyme Q,CoQ,Q　辅酶 Q
coenzyme　辅酶
cofactor　辅助因子
cohensive end,cos　cos 黏性末端
colchicine　秋水仙碱
colipase　辅脂酶
collagen　胶原
colony stimulating factor-1 receptor,CSF-1-R　集落刺激因子-1 受体
combination of transamination and deamination　联合脱氨基作用
combinatoral gene regulation　组合式基因调控
commaless　连续性
competent cell　感受态细胞
competitive inhibition　竞争性抑制作用
complementary DNA　cDNA
complementary effect　互补作用
complement　补体
conformation　空间构象
conjugated bile acid　结合胆汁酸
conjugated bilirubin　结合胆红素
conjugated enzyme　结合酶
conjugation　结合反应
connexin,Cx　连接蛋白
connexon　连接子
constitutive gene expression　组成性基因表达
constitutive heterochromatin　结构异染色质
constitutive pathway of secretion　结构性分泌途径
cooperative effect　协同效应
coordinate expression　协调表达
coordinate regulation　协调调节
copper,Cu　铜
coproporphyrinogen Ⅲ,CPG Ⅲ　粪卟啉原Ⅲ
core element　核心元件
core enzyme　核心酶
core particle　核心颗粒
co-regulators　协同调节因子
co-repressors,CoRs　协同阻抑因子
core protein　核心蛋白
corticosteroid binding globulin,CBG　运皮质激素蛋白
corticosterone　皮质酮
cortisol　皮质醇
cosmid　黏粒
cosuppression　共抑制
co-translation　共翻译
cotransport　协同运输
covalent modification　酶的共价修饰
creatine kinase, CK　肌酸激酶
creatine phosphate　磷酸肌酸
creatine phosphokinase,CPK　磷酸肌酸激酶
creatine　肌酸
creatinine,Cr　肌酸酐
CREB binding protein/protein with 300kD　cAMP 应答元件结合蛋白
cristae　多嵴
crossing-over　交换
crosstalk　交会
ctliary nurotrophic factor,CNTF　睫状体神经营养因子
cyclin-dependent kinases,CDKs　细胞周期蛋白依赖激酶
cyclins　细胞周期蛋白
cycloheximide　放线菌酮
cyclophosphamide　环磷酰胺
cyclosis　胞质环流
cystathionine-β-synthase,CβS　胱硫醚-β-合酶
cytidine deaminase　胞嘧啶脱氨酶
cytidine monophosphate(CMP)　胞苷酸
cytidine　胞苷
cytochalasin B　细胞松鬼笔环肽弛素 B
cytochrome P_{450} oxidase,CYP　细胞色素 P_{450} 氧化酶
cytochrome　细胞色素
cytokine-inducible SH2-domain containing protein　细胞因子诱导的含有 SH2 区段的蛋白
cytokine receptors　细胞因子受体
cytokine response modifier A　细胞因子反应修饰因子 A
cytokine　细胞因子
cytoplasmic dynein　胞质动力蛋白
cytoplasmic inheritance　胞浆遗传
cytoplasmic ring　胞质环
cytosine (C)　胞嘧啶
cytosine deaminase,CD　大肠杆菌胞嘧啶脱氨酶
cytoskeleton　细胞骨架
cytotoxic T lymphocyte,CTL　细胞毒性 T 淋巴细胞
death domain,DD　死亡结构域

death inducing signaling complex, DISC　诱导死亡的信号复合体
debranching enzyme　脱支酶
decalcification　脱钙
decarboxylase　脱羧酶
decarboxylation　脱羧基作用
degeneracy　简并性
dehancer　沉默子或衰减子
delayed early　晚早期
deletion mutation　缺失突变
dementia　痴呆
denaturation　变性
de novo synthesis　从头合成途径
dense fibrillar component, DFC　致密纤维成分
deoxyadenosine monophosphate(dAMP)　脱氧腺苷酸
deoxyadenosine　脱氧腺苷
deoxycholic acid　脱氧胆酸
deoxycytidine 5′-monophosphate (dCMP)　脱氧胞苷酸
deoxycytidine　脱氧胞苷
deoxyguanosine monophosphate(dGMP)　脱氧鸟苷酸
deoxyguanosine　脱氧鸟苷
deoxynucleotide　脱氧核糖核苷酸
deoxyribonucleic acid, DNA　脱氧核糖核酸
deoxyribonucleoside　脱氧核苷
deoxyribonucleotide　5′-脱氧核苷酸
dermatan sulfate, DS　硫酸皮肤素
dermatitis　皮炎
desaturase　去饱和酶
desmin filament　结蛋白纤维
desmocollin　桥粒芯胶黏蛋白
desmoglein　桥粒芯糖蛋白
desmoplakin　桥粒斑蛋白
desmoplankin　桥板蛋白
desmosome　桥粒
DHU　双氢尿嘧啶
diarrhea　腹泻
diastase　淀粉酶
diazonorleucine　6-重氮-5-氧正亮氨酸
diffusible calcium　可扩散钙
dihydrofolic acid synthetase　二氢叶酸合成酶
dihydroxyeicosatetraenoic acid, DHETs　双羟二十碳四烯酸
dimercaprol, BAL　二巯丙醇
dinitrophenol, DNP　二硝基酚
dipeptidase　二肽酶
diphtherotoxin, DT　白喉毒素
diploid　二倍体
directional cloning　定向克隆
DNA array　DNA 点阵
DNA binding domain　DBD　DNA 结合结构域
DNA blot　DNA 印迹术
DNA chip　DNA 芯片
DNA damage　DNA 损伤
DNA dependent DNA polymerase　依赖 DNA 的 DNA 聚合酶
DNA dependent RNA polymerase, DDRP　依赖 DNA 的 RNA 聚合酶
DNA directed RNA polymerase　DNA 指导的 RNA 聚合酶
DNA ligase　DNA 连接酶
DNA methylation　DNA 甲基化
DNA polymerase, DNA pol　DNA 聚合酶
DNA polymerase Ⅰ, pol Ⅰ　DNA 聚合酶 Ⅰ
DNase Ⅰ sensitive site　DNase Ⅰ 敏感位点
docking molecules　船坞分子
docking protein, DP　停泊蛋白
docosahexaenoic acid, DHA　二十二碳六烯酸
domain　结构域
donor site　给位
dopamine　多巴胺
dot blot　斑点印迹
double helix　双螺旋
double stranded RNA, dsRNA　双链 RNA
duplication　复制
dynamic instability model　非稳态动力学模型
editing activity　校正活性
effector　效应剂
eicosapentaenoic acid, EPA　二十碳五烯酸
elastase　弹性蛋白酶
elastin　弹性蛋白
electroporation　电穿孔
electron transfer chain　电子传递链
elementary particle　基本微粒
elongation factor, EF　延伸因子
elongation　转录延伸
endocytosis　胞吞作用
endomembrane system　内膜系统
endopeptidase　内肽酶
endoplasmic reticulum, ER　内质网
endosome　胞内体
enhanced luminescence enzyme immunoassay, ELEIA　增强发光酶免疫法
enhancer　增强子
enolase　烯醇化酶
enoyl CoA hydratase　烯酰水化酶
enoyl reductase, ER　烯酰还原酶
entactin　巢蛋白
enterokinase　肠激酶
enzyme commission, EC　酶学委员会
enzyme induction　酶诱导
enzyme-linked immunosorbent assay, ELISA　酶联免疫吸附法
enzyme　酶
enzymology　酶学

epidermal growth factor,EGF 表皮生长因子
epidermal growth factor receptor,EGF-R 表皮生长因子受体
epinephrine 肾上腺素
epithelial cadherin, E-Cad 上皮性钙依赖黏附素
epoxyeicosatrienoic acid,EETs 环氧二十碳三烯酸
ergocalciferol 维生素 D_2/麦角钙化醇
erythropoietin,EPO 红细胞生成素
essential fatty acid 必需脂肪酸
essential group 必需基团
estrogen receptor,ER 雌激素受体
estrogen response element ERE 雌激素反应元件
estrogen 雌激素
etoposide 鬼臼乙苷
euchromatin 常染色质
eukaryotic initiation factor,eIF-2 真核生物起始因子-2
excision repair 切除修复
exit site 排出位(E 位)
exocytosis 胞吐作用
exonuclease 核酸外切酶
exon 外显子
exopeptidase 外肽酶
exportin 输出蛋白
expression proteomics 表达蛋白质组学
expression vector 表达载体
extein 外显肽
extracellular matrix,ECM 细胞外基质
facilitated diffusion 协助扩散
facultative heterochromatin 兼性异染色质
farnesyl pyrophosphate,FPP 焦磷酸法尼酯
fascin 束捆蛋白
fatty acid cyclooxygenase 脂肪酸环加氧酶
fatty acid β-oxidation 脂肪酸 β 氧化
fatty liver 脂肪肝
fat 脂肪
ferritin 铁蛋白
ferrochelatase 血红素合成酶
FGF-receptor substrate 2,FRS2 FGF 受体底物 2
fibril associated collagen with interrupted triple helix 具有间断三股螺旋的原纤维结合胶原
fibrillar center,FC 纤维中心
fibrillin 原纤蛋白
fibrinogen 纤维蛋白原
fibroblast growth factor, FGF 成纤维细胞生长因子
fibronectin 纤连蛋白
fidelity 保真性
filaggrin 聚纤蛋白
filamentous actin,F-actin 纤维状肌动蛋白
filamin 细丝蛋白
fimbrin 毛缘蛋白
flagella 鞭毛
flavin adenine dinucleotide,FAD 黄素腺嘌呤二核苷酸
flavin mononucleotide,FMN 黄素单核苷酸
flipase 翻转酶
fluidity 流动性
fluid mosaic model 流动镶嵌模型
fluminant hepatitis,FH 急性重型肝炎
fluorine, F 氟
focal adhesion kinase,FAK 黏着斑激酶
focal adhesion 黏着斑
focal contact 点状接触
folic acid 叶酸
fomimino 亚氨甲基
fomyl 甲酰基
footprinting 足迹法
formimidoimidazole carboxamide ribosyl-5-phosphate, FAICAR 5-甲酰胺基咪唑-4-甲酰胺核苷酸
forming face 形成面
formylglycinamide ribosyl-5-phosphate, FGAR 甲酰甘氨酰胺核苷酸
formylglycinamidine ribosyl-5-phosphate, FGAM 甲酰甘氨咪核苷
fragmin 截断蛋白
frame-shift mutation 框移突变
frame shift 框移
Fred Sanger 双脱氧核苷酸终止法
free bile acid 游离型胆汁酸
free energy 自由能
free fatty acid,FFA 游离脂肪酸
fructose-2,6-biphosphate 2,6-双磷酸果糖
fructose biphosphatase-2,FBP-2 果糖双磷酸酶-2
fructose-6-phosphate,F-6-P 6-磷酸果糖
fucolipid 岩藻糖脂
fucose,Fuc 岩藻糖
fumarase 延胡索酸酶
functional proteome 功能蛋白质组
fusidic acid 梭链孢酸
fusion protein 膜融合蛋白
futile cycle 无效循环
galactocerebroside 半乳糖脑苷脂
galactose,Ga 1 半乳糖
gallbladder bile 胆囊胆汁
gallstone 胆结石
ganglioside 神经节苷脂
gated transport 孔门运输
gelsolin 凝溶胶蛋白
gene amplification 基因扩增
gene augmentation 基因增补
gene cloning 基因克隆
gene correction 基因矫正
gene diagnosis 基因诊断
gene expression 基因表达
gene family 基因家族
gene inactivation 基因失活

gene knockout 基因敲除
gene rearrangement 基因重排
gene replacement 基因置换
gene silencing 基因沉默
gene targeting 基因靶向
genetic engineering 基因工程
gene 基因
genome library 基因组文库
genome 基因组
glial cell line-derived neurotrophic factor, GDNF 胶质细胞源性神经营养因子
globin 珠蛋白
globular actin, G-actin 球形肌动蛋白
globulin 球蛋白
glucagon 胰高血糖素
glucocerebroside 葡萄糖脑苷脂
glucocorticiod receptor, GR 糖皮质激素受体
glucocorticoid response element, GRE 糖皮质激素反应元件
glucogenic amino acid 生糖氨基酸
glucogenic and ketogenic amino acid 生糖兼生酮氨基酸
glucokinase 葡萄糖激酶
gluconeogenesis 糖异生
gluconeogenic pathway 糖异生途径
glucose, Glu 葡萄糖
glucose-6-phosphate, G-6-P 6-磷酸葡萄糖
glucose tolerance factor, GTF 葡萄糖耐量因子
glucose tolerance 葡萄糖耐量
glucose transporter, GLUT 葡萄糖转运体
glutamic oxaloacetic transaminase, GOT 谷草转氨酶
glutamic pyruvic transaminase, GPT 谷丙转氨酶
glutaminase 谷氨酰胺酶
glutamine synthetase 谷氨酰胺合成酶
glutathione, GSH 谷胱甘肽
glutathione peroxidase, GSH-P_X 谷胱甘肽过氧化物酶
glutathione reductase GSH-R 谷胱甘肽还原酶
glutathione S-transferase, GST 谷胱甘肽 S-转移酶
glycan 寡(聚)糖
glyceraldehyde 3-phosphate dehydrogenase 3-磷酸甘油醛脱氢酶
glycerolipid 甘油酯
glycerol kinase 甘油激酶
glycerol 甘油
glycinamide ribosyl-5-phosphate, GAR 甘氨酰胺核苷酸
glycobiology 糖生物学
glycocalyx 糖萼
glycochenodeoxycholic acid 甘氨鹅脱氧胆酸
glycocholic acid 甘氨胆酸
Glycoconjugate 糖复合物
glycogenolysis 肝糖原分解
glycogen phosphorylase 糖原磷酸化酶
glycogen synthase 糖原合酶
glycoglycerolipid 甘油糖脂
glycolipid 糖脂
glycolysis 糖酵解
glycolytic pathway 糖酵解途径
glycome 糖组
glycomics 糖组学
glycoprotein 糖蛋白
glycosaminoglycan, GAG 糖胺聚糖
glycosidic bond 糖苷键
glycosphingolipid, GSL 鞘糖脂
glycosylphosphatidylinositol 糖磷脂酰肌醇
Golgi apparatus 高尔基器
Golgi body 高尔基体
Golgi complex 高尔基复合体
gout 痛风症
G-6-P dehydrogenase 葡萄糖-6-磷酸脱氢酶
G-protein coupled receptor kinase, GRK G 蛋白耦联受体激酶
G-protein coupled receptors, GPCRs G-蛋白耦联受体
granular component, GC 颗粒成分
granulocyte colony stimulating factor, G-CSF 粒细胞集落刺激因子
granulocyte-macrophage-colony stimulating factor, GM-CSF 粒细胞-巨噬细胞集落刺激因子
granzyme B 颗粒酶 B
growing fork 生长叉
growth differentiation factor, GDF 生长分化因子
growth factor, GF 生长因子
growth factor receptor binding protein 2, Grb2 生长因子受体结合蛋白 2
growth hormone, GH 生长激素
GSSG 氧化型谷胱甘肽
guanine (G) 鸟嘌呤
guanine-nucleotide exchange factor, GEF 鸟核苷酸交换因子
guanosinc triphosphatase, GTPase 鸟苷三磷酸酶
guanosine monophosphate, GMP 鸟苷酸
guanosine 鸟苷
guanylate binding protein 鸟苷酸结合蛋白
gyrase 旋转酶
hammerhead structure 锤头结构
hammerhead 槌头状
haploid 单倍体
haptoglobin, Hp 结合珠蛋白
heat shock protein, HSP70 热休克蛋白 70
heavy chain, H 链 长链或重链
helicase 解旋酶
helix-loop-helix, H-L-H 螺旋-环-螺旋
helix-turn-helix, H-T-H 螺旋-转角-螺旋
hematin 高铁血红素
heme oxygenase, HO 血红素加氧酶
heme 血红素
hemidesmosome 半桥粒

hemoglobin, Hb　血红蛋白
hemolytic jaundice　溶血性黄疸
hemophilia A　甲型血友病
hemosiderin　血铁黄素
heparan sulfate, HS　硫酸乙酰肝素
heparin sulfate proteoglycan, HSPG　硫酸肝素蛋白聚糖
heparin　肝素
hepatic bile　肝胆汁
hepatic lipase, HL　肝脂酶
hepatitis B virus, HBV　乙肝病毒
hepatitis C virus, HCV　丙型肝炎病毒
hepatocellular jaundice　肝细胞性黄疸
herpes simple virus-thymidine kinase, HSV-tk　单纯疱疹病毒胸苷激酶
heterochromatin　异染色质
heterogeneous nuclear RNA, hnRNA　不均一核 RNA
heteromeric, HeM　异型连接子
heterophagolysosome　异噬性溶酶体
hexokinase　己糖激酶
hexosaminidases　氨基己糖酯酶
high density lipoprotein, HDL　高密度脂蛋白
highly repetitive DNA　高度重复 DNA
histamine　组胺
histone　组蛋白
histone deacetylase, HDAC　组蛋白去乙酰基酶
holoenzyme　全酶
homeostasis　稳态平衡
homing endonuclease　归巢内切核酸酶
homocysteine　同型半胱氨酸
homodomain, HD　同源结构域
homologous desensitigation　同源性脱敏
homologous protein　同源蛋白
homology　同源性
homomeric, HoM　同型连接子
hormone response element, HRE　激素应答元件
hormone-sensitive triglyceride lipase, HSL　激素敏感性三酰甘油脂肪酶
house keeping gene　管家基因
human genome project, HGP　人类基因组计划
human papilloma virus, HPV　人类乳头瘤病毒
human T-cell lymphotropic virus-1, HTLV-1　人嗜 T 淋巴细胞病毒
hyaluronic acid, HA　透明质酸
hybridization　杂交
hydrolases　水解酶类
hydrolysis　水解反应
hydrophilic　亲水的
hydroxyapatite　羟基磷灰石
hydroxyeicosatetraenoic acids, HETEs　羟二十碳四烯酸
hydroxyurea　羟基尿素
hyperammonemia　高血氨症
hyperbilirubinemia　高胆红素血症
hyperchromic effect　增色效应
hyperglycemia and glucosuria　高血糖及糖尿症
hyperlipidemia　高脂血症
hyper-lipoproteinemia　高脂蛋白血症
hyperphenylalaninemia　高苯丙氨酸血症
hypersensitive site　超敏感位点
hypoglycemia　低血糖
hypoxanthine-guanine phosphoribosyl transferase, HGPRT　次黄嘌呤-鸟嘌呤磷酸核糖转移酶
IFN-γ activated site　干扰素 γ 活化位点
IFN-α stimulated gene factor 3, ISGF3　干扰素 α 刺激性基因因子 3
IFN-α stimulated response element, ISRE　干扰素 α 刺激性应答元件
Iipoprotein　脂蛋白
immediate early　前早期
immortalize　细胞永生化
immunoblot　免疫印迹技术
immunoglobulin, Ig　免疫球蛋白
immuno-receptor tyrosine-base active motif, TAM　免疫受体酪氨酸活化基序
importin　输入蛋白
inactivation　灭活
inchworn model　爬行模型
induced-fit hypothesis　诱导契合假说
inducer　诱导物
induction　诱导
infection　感染
infolding　细胞内褶
inhibins　抑制素
inhibitor gene, I　阻遏基因
inhibitor of apoptosis　IAP_S 凋亡抑制因子
inhibitor　抑制剂
initial velocity　初速度
initiation complex　起始复合物
initiation factor　起始因子
initiator　起动器
innate immunity　先天性免疫
inner chamber　内室
inner membrane　内膜
inner nuclear membrane　内核膜
inosine monophosphate, IMP　次黄嘌呤核苷酸
insertion mutation　插入突变
insertion sequence, IS　插入序列
in situ hybridization　原位杂交
insulin-like growth factor-1, IGF-1　胰岛素样生长因子
insulin like growth factor receptor, IGF-R　胰岛素样生长因子受体
insulin receptor, IR　胰岛素受体
insulin-receptor substrate-1　胰岛素受体底物-1
insulin　胰岛素
integral protein　内在蛋白，整合蛋白

integrin-linked kinase　ILK，整合素激素
integrin　整合素
intein　内含肽
interferon　干扰素
intergration　整合
interleukin-2，IL-2　白介素-2
intermediate filament associated protein，IFAP　中间纤维结合蛋白
intermediate filament　中间纤维
intermediate junction　中间连接
intermediate repeat DNA　中度重复 DNA
inter membrane space　膜间腔
intermidiate density lipoprotein，IDL　中间密度脂蛋白
internal reticular apparatus　内网器
internal ribosome entry sites　内部核糖体进入位点
interrupted gene　断裂基因
intranucleolar chromatin　核仁内染色质
intrinsic terminator　内源性终止子
intron　内含子
invasion stimulating factor，ISF　侵袭刺激因子
iodine，I　碘
iron，Fe　铁
iron-response elements binding protein，IRE-BP　铁应答元件结合蛋白
iron responsive element，IRE　铁离子应答元件
irreversible inhibition　不可逆性抑制作用
isocitrate dehydrogenase　异柠檬酸脱氢酶
isoelectric point，pI　等电点
isoenzyme　同工酶
isoforms　异构体
isomerases　异构酶类
iterferons　干扰素
Janus kinase family　Janus 激酶家族
jaundice　黄疸
junctional adhesion molecules，JAMs　连接黏和分子
karamycin　卡那霉素
karyophilic protein　亲核蛋白
karyotype　核型
keratan sulfate，KS　硫酸角质素
keratin filament　角蛋白纤维
ketogenic amino acid　生酮氨基酸
ketone bodies　酮体
ketosis　酮症
kinase-inhibitory region，KIR　激酶抑制区
kinesin　驱动蛋白
kinetics of enzyme-catalyzed reactions　酶促反应动力学
kinetochore　动粒
Klenow fragment　Klenow 片段
Klinefelter syndrome　Klinefelter 综合征或 XXY 综合征，先天性睾丸发育不全
lac operon　乳糖操纵子
lactate dehydrogenase，LDH　乳酸脱氢酶
lactonase　内酯酶
lagging strand　随从链
lamella structure model　片层结构模型
laminin　层黏连蛋白
lamin 或 lamina　核纤层蛋白
latency-associated nuclear antigen，LANA　潜伏相关核抗原
LDL receptor related protein，LRP　LDL 受体相关蛋白
leading strand　领头链
leaky scanning　易遗漏扫描
lecithin cholesterol acyl trasferase，LCAT　卵磷脂胆固醇酰基转移酶
lecithin　卵磷脂
leptin　瘦素
leucine zipper　亮氨酸拉链
leukemia inhibitory factor，LIF　白血病抑制因子
leukotrienes，LTs　白三烯
L-β-hydroxyacyl CoA dehydrogenase　β-羟脂酰 CoA 脱氢酶
ligand binding domain，LBD　配体结合域
ligand-gated channel　配体闸门离子通道
ligases　合成酶类(或连接酶类)
light chain，L chian　短链或轻链，L 链
lingual lipase　舌脂酶
linkage　连锁
linoleate　亚油酸
lipid rafts　脂筏
lipid-soluble vitamin　脂溶性维生素
lipid　脂类
Lipofusion　脂褐素
lipoic acid　α-硫辛酸
lipoidosis　脂类沉积症
lipoid　类脂
lipophilic　亲脂的
lipoprotein lipase，LPL　脂蛋白脂肪酶
liposome　脂质体
lipoxygenase　脂氧化酶
lithocholic acid　石胆酸
long terminal repeat，LTR　长末端重复顺序
looping　成环假说
loop model　“袢环”模型
loops　环
low density lipoprotein，LDL　低密度脂蛋白
LRs Toll like receptors　Toll 样受体
lyases　裂解酶类(或裂合酶类)
lymphokines　淋巴因子
lysophosphatide 2　溶血磷脂 2
lysophosphatidic acid，LPA　溶血磷脂酸
lysosome　溶酶体
macrophage colony stimulating factor，M-CSF　巨噬细胞集落刺激因子
mad homology region，MH　mad 同源区
magic spot　魔斑

major groove　大沟
major histocompatibility complex, MHC　组织相容性复合体
malate dehydrogenase　苹果酸脱氢酶
malate shuttle　苹果酸穿梭
malonyl CoA　丙二酰 CoA
malonyl transferase, MT　丙二酰基转移酶
maltose　麦芽糖
mammalian artificial chromosome, MAC　哺乳动物人工染色体
manganese, Mn　锰
mannose, Man　甘露糖
MAPK-kinase，又称 MAPK/ERK kinase, MEK, MAPKK
masked mRNA　潜伏的 mRNA
matrix metalloproteinases, MMP　基质金属蛋白酶
matrix　基质
maturation promoting factor, MPF　M 期促发因子或促成熟因子
maturing face　成熟面
medial Golgi stack　高尔基中间膜囊
megaloblastic anemia　巨幼红细胞贫血
melanin　黑色素
melting temperature, T_m　解链温度(融解温度)
membrane-associated guanylate inverted protein　膜相关鸟苷酸激酶转化蛋白
membrane flow　膜流
membranous structure　膜相结构
mesobilinogen　中胆素原
messenger RNA, mRNA　信使 RNA
metabolic pool　氨基酸代谢库
metacentric chromosome　中央(或中部)着丝粒染色体
metal activated enzyme　金属激活酶
metalloenzyme　金属酶
methemoglobin, MHb　高铁血红蛋白
methenyl　次甲基或甲炔基
methionine cycle　蛋氨酸循环
methotrexate　甲氨蝶呤
methylation　甲基化
methylene　亚甲基或甲烯基
methyl trap hypothesis　甲基陷阱假说
methyl　甲基
mevalonic acid, MVA　甲羟戊酸
Michaelis-Menten equation　米-曼方程式
microbody　微体
microfilament associated protein　微丝结合蛋白
microfilament　微丝
microsatellite DNA　微卫星 DNA
microsomal ethanol oxidizing system, MEOS　微粒体乙醇氧化系统
microsome　微粒体
microtubule-associated protein, MAP　微管结合蛋白
microtubule organizing center, MTOC　微管组织中心
microtubule　微管
microvilli　微绒毛
migration stimulating factor, MSF　迁移刺激因子
mineralocorticoid receptor, MR　盐皮质激素受体
mineralocorticoid response element, MRE　盐皮质激素反应元件
minor groove　小沟
mitochondrial genome　线粒体基因组
mitochondria　线粒体
mitogen activated protein kinase, MAPK　分裂原激活的蛋白激酶
mitogen activated protein kinase，又称 extracellular signal regulated kinase, ERK/MAPK
mitotic index　有丝分裂指数
mixed function oxidase　混合功能氧化酶
mixed micelles　混合微团
mobile DNA element　移动 DNA 元件
modification　修饰
molecular chaperone　分子伴侣
molecular diagnosis　分子诊断
molybdenum, Mo　钼
monocistronic mRNA　单顺反子 mRNA
monomeric enzyme　单体酶
monooxygenase　加单氧酶
motif　模体
motor protein　微管马达蛋白
mRNA interfering complementary RNA, micRNA　mRNA 干扰性互补
mucopolysaccharide　黏多糖
multi-element catalysis　多元催化作用
multifunctional enzyme　多功能酶
multiple cloning site, MCS　多克隆位点
multiple drug resistance, MDR　多药抗性
multivesicular body　多泡小体
mutation　突变
myelin figure　髓样结构
myoclonic epilepsy　肌阵挛性癫痫
myoglobin, Mb　肌红蛋白
myosin Ⅱ　肌球蛋白Ⅱ
myosin Ⅰ　肌球蛋白Ⅰ
myosin　肌球蛋白
Na^+-dependent glucose transporter, SGLT　Na^+依赖型葡萄糖转运体
Na^+-K^+ pump　Na^+-K^+泵
N-acetylgalactosamine, GalNAc　*N*-乙酰半乳糖胺
N-acetylglucosamine, GlcNAc　*N*-乙酰葡萄糖胺
N-acetylneuraminic acid, NeuAc　*N*-乙酰神经氨酸
necrosis　细胞坏死
negative control　负调控
negative translation control　负翻译调控
neomycin phosphotransferase, NEO　新霉素磷酸转移酶
nerve growth factor, NGF　神经生长因子

N-ethylmaleimide sensitive fusion protein, NSF　*N*-乙基顺丁烯二酰亚胺-敏感融合蛋白
network　网络
neurofibromatosis　神经纤维瘤
neurofilament　神经纤维
neurogenic muscle weakness　神经发生性肌无力
neuroglial filament　神经胶质纤维
neutral glycosphingolipid　中性鞘糖脂
nicotinamide　尼克酰胺又名烟酰胺
nicotinic acid　尼克酸
nitric oxide synthase, NOS　一氧化氮合酶
nitrocellulose, NC　硝酸纤维素
nitroreductase　硝基还原酶
N-linked oligosaccharide　*N*-连接寡糖
non-competitive inhibition　非竞争性抑制
nondiffusible calcium　非扩散钙
non-histone　非组蛋白
non-membranous structure　非膜相结构
non-protein nitrogen, NPN　非蛋白氮
nonsense mutation　无意义突变
norepinephrine　去甲肾上腺素
N-terminal region　NTR, *N*-末端序列
nuclear envelope　核被膜
nuclear export-signal, NES　核输出信号
nuclear lamina　核纤层
nuclear matrix　核基质
nuclear pore complex　核孔复合体
nuclear pore　核孔
nuclear receptor coactivators/corepressors exchange factors, N-CoEXs　CoAs/CoRs 交换因子
nuclear receptor corepressor, NCoR　核受体协同阻抑因子
nuclear receptors, NRs　核受体
nuclear ring　核质环
nuclear skeleton　核骨架
nuclear transfer technique　核转移技术
nucleic acid　核酸
nucleolar-associated chromatin, NAC　核仁相随染色质
nucleolar organizer region, NOR　核仁组织区
nucleolin　核仁素
nucleolus　核仁
nucleoplasmin　核质蛋白
nucleoside diphosphate kinase, NDPK　二磷酸核苷激酶
nucleosome core　核小体核心
nucleosome filament　核小体丝
nucleosome　核小体
nucleotide　核苷酸
nucleus　细胞核
nutritionally essential amino acid　营养必需氨基酸
nutritionally nonessential amino acid　营养非必需氨基酸
obstructive jaundice　阻塞性黄疸
occludin　封闭蛋白
okazaki fragment　冈崎片段
oligodeoxyribonucleotide, ODN　寡脱氧核苷酸
oligomeric enzyme　寡聚酶
oligomer　寡聚体
oligomycin-sensitivity- conferring protein, OSCP　寡霉素敏感蛋白
oligopeptidase　寡肽酶
oligopeptide　寡肽
o-linked oligosaccharide　O-连接寡糖
oncogene　癌基因
oncostatin M, OSM　抑瘤因子 M
one carbon unit　一碳单位
operon　操纵子
optical density, OD 值　光密度值
optimum pH　最适 pH
orientation arrange　定向排列
origin of replication　复制起点
ornithine carbamoyl transferase, OCT　鸟氨酸氨基甲酰转移酶
ornithine cycle　鸟氨酸循环
ornithine decarboxylase　鸟氨酸脱羧酶
orotic acid　乳清酸
osteocalcin　骨钙素
osteogenesis　成骨作用
osteoid　类骨质
osteolysis　溶骨作用
osteonectin　骨连接素
osteoporosis　骨质疏松症
ouabain　乌本苷(Na^+, K^+-ATP 酶抑制剂)
outer membrane　外膜
outer nuclear membrane　外核膜
oxidative deamination　氧化脱氨基作用
oxidative phosphorylation　氧化磷酸化
oxidative respiratory chain　氧化呼吸链
oxidoreductases　氧化还原酶类
pancreatic lipase　胰脂酶
pantothenic acid　泛酸
parathormone, PTH　甲状旁腺素
Parkinson disease　帕金森病
passive transport　被动运输
pellagra　癞皮病
pentose phosphate pathway　磷酸戊糖途径
pentose phosphate shunt　磷酸戊糖旁路
pepsinogen　胃蛋白酶原
pepsin　胃蛋白酶
peptide bond　肽键
peptide nucleic acid, PNA　肽核酸
peptide unit　肽单元
peptidyl site, P 位　肽位
peptidyltransferase　转肽酶
pericentriolar material, PCM　周围物质
perinuclear cisterna　核周间隙
perinucleolar chromatin　核仁周围染色质

peripheral protein　周边蛋白
permeability transition pore, PTP　通透性转换孔
permeability transition pore complex, PTPC　通透性转换孔复合体
peroxidase　过氧化物酶
peroxisome proliferator-activated receptor γ, PPAR-γ　过氧化物体增殖因子激活受体 γ
peroxisome　过氧化物酶体
phagemid　噬菌粒
phage　噬菌体
phagocytic vesicle　吞噬泡
phagocytosis　吞噬作用
phagosome　吞噬体
phenylalanine hydroxylase, PAH　苯丙氨酸羟化酶
phenyl ketonuria, PKU　苯酮酸尿症
philloidin　鬼笔环肽
phosphatase and tensin homolog deleted from chromosome 10, PTEN　张力蛋白同源磷酸酯酶
phosphatidic acid　磷脂酸
phosphatidylcholine, PC　磷脂酰胆碱
phosphatidylethanolamine, PE　磷脂酰乙醇胺
phosphatidyl glycerol, PG　磷脂酰甘油
phosphatidyl inositol, PI　磷脂酰肌醇
phosphatidyl inositol 3-kinase, PI-3-K　磷脂酰肌醇 3 激酶
phosphatidyl serine, PS　磷脂酰丝氨酸
phosphocreatine, CP　磷酸肌酸
phosphodiester linkage　磷酸二酯键
phosphoenolpyruvate, PEP　磷酸烯醇式丙酮酸
phosphoglycerate kinase　磷酸甘油酸激酶
phosphoglycerate mutase　磷酸甘油酸变位酶
phospholipase A_2　磷脂酶 A_2
phospholipase C, PLC　磷脂酶 C
phospholipase　磷脂酶
phospholipid-dependent protein kinase, PDK　磷脂依赖蛋白激酶
phospholipids hydrogen peroxide glutathione peroxidase, PHGSH-Px　磷脂过氧化氢谷胱甘肽过氧化酶
phospholipid　磷脂
phosphoribosylamine, PRA　5-磷酸核糖胺
phosphoribosyl pyrophosphate, PRPP　磷酸核糖焦磷酸
phosphorus, P　磷
phospho-tyrosine binding domain　磷酸化酪氨酸结合域
phosphotyrosine linkage　磷酸酪氨酸键
pinocytic vesicle　胞饮泡
pinocytosis　胞饮作用
pinosome　胞饮体
placental alkaline phosphatase　胎盘型碱性磷酸酶
plakoglobin　桥粒斑珠蛋白
plaque　桥粒斑
plasmalogen　缩醛磷脂
plasma membrane　质膜
plasma　血浆
plasmid　质粒
platelet activating factor, PAF　血小板活化因子
platelet-derived growth factor, PDGF　血小板源性生长因子
platelet-derived growth factor receptor, PDGF-R　血小板源性生长因子受体
pleckstrin homology domain　PH 域
plectin　网蛋白
Pneumococcus　肺炎球菌
point mutation　点突变
polyA binding protein Ⅱ, PABPⅡ　polyA 结合蛋白Ⅱ
poly A　多聚腺苷酸
polycistronic mRNA　多顺反子 mRNA
polymerase chain reaction, PCR　聚合酶链反应
polymerase　聚合酶
polymorphism　多态性
polynucleotides　多聚核苷酸
polypeptide chain　肽链
polyprenol phosphate glycoside　磷酸多萜醇衍生的糖脂
polyribosome　多聚核糖体
polysome　多聚核蛋白体
porphyria　卟啉症
position effect　位置效应
positive control　正调控
post-transcriptional gene silencing, PTGS　转录后水平的基因沉默
PPAR response element　PPAR 反应元件
prelysosome　前溶酶体
premature termination　成熟前终止
preproalbumin　前白蛋白原
primary bile acid　初级胆汁酸
primary constriction　主缢痕
primary lysosome　初级溶酶体
primary structure　一级结构
primase　引物酶
primer　引物
primosome　引发体
proalbumin　白蛋白原
probe　探针
processing　加工
pro-α chain　前 α 链
procollagen　前胶原
profilament　原纤维
profilin　促聚蛋白
progestin Receptor, PR　孕激素受体
progestin response element　PRE, 孕激素反应元件
programmed cell death, PCD　程序性细胞死亡
proinsulin　胰岛素原
prolactin, PrL　催乳素
proliferating cell nuclear antigen, PCNA　增殖细胞核抗原
promoter　启动子
proofread　即时校读

pro-opio-melano-cortin,POMC　鸦片促黑皮质素原
prostacyclin　前列环素
prostaglandin,PGs　前列腺素
prostanoic acid　前列腺酸
prosthetic group　辅基
proteasome　蛋白酶体
protein coagulation　蛋白质的凝固作用
protein disulfide isomerase,PDI　二硫键异构酶
protein inhibitor of activated STAT,PIAS　活化的 STAT 蛋白抑制因子
protein kinase A,PKA　蛋白激酶 A
protein kinase B,PKB　蛋白激酶 B
protein targeting　蛋白质导向(靶向)
protein transportor　蛋白质转移器
protein transport　蛋白质运输
protein tyrosine phosphatese 1B,PTP1B　蛋白酪氨酸磷酸酶 1B
protein　蛋白质
proteoglycan　蛋白聚糖
proteome　蛋白质组
proto-oncogene　原癌基因
protoporphyrin Ⅸ　原卟啉Ⅸ
proximity effect　邻近效应
pseudogene　假基因
pseudokinase domain,PKD　假激酶域
pseudomords exotoxin,PE　铜绿假单胞菌外毒素
purine　嘌呤
puromycin　嘌呤霉素
putrefaction　腐败作用
pyridine aldoxime methyliodide,PAM　解磷定
pyridoxal,PL　吡哆醛
pyridoxamine,PM　吡哆胺
pyridoxine,PN　吡哆醇
pyrimidine　嘧啶
pyruvate carboxylase　丙酮酸羧化酶
pyruvate kinase　丙酮酸激酶
pyruvate　丙酮酸
quaternary structure　四级结构
quelling　抑制
random coil　无规卷曲
rare base　稀有碱基
reactive oxygen species,ROS　活性氧
rearrangement　重排
receptor mediated endocytosis　受体介导的胞吞作用
receptor serine kinase　RSK 受体丝氨酸蛋白激酶
recombinant DNA technology　重组 DNA 技术
recombinant　重组体或重组子
recombination repair　重组修复
recombination　重组
recruitment factor　募集因子
reduced nicotinamide adenine dinucleotide,NADH　还原型烟酰胺腺嘌呤二核苷酸
reduction potential　氧化还原电位
reduction　还原反应
region　区
regulated pathway of secretion　调节性分泌途径
regulatory site　调节部位
relative specificity　相对专一性
relaxed state,R 态　松弛状态
release factor,RF　释放因子
remnant　残粒
renaturation　复性
replication bubble　复制泡
replication fork　复制叉
replication form,RF　双链复制型
replication unit　复制单位
replication　复制
replicon　复制子
repression　阻遏作用
repressor　阻遏物
residual body　残余小体
residue　氨基酸残基
response-regulation map　应答-调节图谱
restriction endonuclease　限制性核酸内切酶
restriction point　限制点
retention protein　驻留蛋白
retinal　视黄醛
retinoblastoma　视网膜母细胞瘤
retinoic acid　视黄酸
retinol　视黄醇
retrotransposon　逆转座子
reverse cholesterol transport,RCT　胆固醇逆向转运
reversible inhibition　可逆性抑制作用
riboflavin　核黄素
ribonucleic acid,RNA　核糖核酸
ribonucleoside　核苷
ribonucleotide-5′-monophosphate　5′-单磷酸核苷酸
ribonucleotide reductase　核糖核苷酸还原酶
ribonucleotide　核糖核苷酸
ribosomal cycle　核糖体循环
ribosomal protein　核糖体蛋白
ribosomal RNA,rRNA　核糖体 RNA
ribosome-binding site,RBS　核糖体结合位点
ribosome　核糖体
ribozyme　核酶
RNA-dependent RNA polymerase,RdRP　RNA 依赖的聚合酶
RNA editing　RNA 编辑
RNA-induced silencing complex,RISC　RNA 诱导的沉默复合物
RNA interference,RNAi　RNA 干扰
RNA polymerase　RNA 聚合酶
RNA splicing　RNA 剪接
rough endoplasmic reticulum,RER　粗面内质网

Rous sarcoma virus, RSV 鸡肉瘤病毒
ruffled membrane locomotion 变皱膜运动
S-adenosyl methionine, SAM *S*-腺苷蛋氨酸
salvage pathway 补救合成(或重新利用)途径
sarcoplasmic reticulum 肌质网
satellite DNA 卫星 DNA
satellite 随体
saturated effect 饱和效应
scaffold 染色体骨架
scatter factor, SF 扩散因子
secondary bile acid 次级胆汁酸
secondary constriction 次缢痕
secondary lysosome 次级溶酶体
secondary structure 二级结构
secretory proteins 分泌性蛋白质
selectivity factor 1, SL1 选择性因子
selenium, Se 硒
semidiscontinuous replication 半不连续复制
sequon 序列子,糖基化位点
serglycan 丝甘蛋白聚糖
serine/threonine protein kinase containing receptor, SPKR 丝氨酸/苏氨酸蛋白激酶受体
serine/threonine protein kinase domain 丝/苏蛋白激酶, SPK 域
serum response factor, SRF 血清反应因子
serum 血清
severe combined immuno deficiency, SCID 重症联合免疫缺陷
SH2 containing tyrosine phosphatase, SHP 含 SH2 区段的酪氨酸磷酸酶
sialic acid, SA 唾液酸
sickle cell anemia 镰刀形红细胞性贫血
siderosome 含铁小体
signaling specificity 信号传递专一性
signal patch 信号斑
signal peptidase 信号肽酶
signal peptide 信号肽
signal recognition particle, SRP 信号识别颗粒
signal sequence 信号序列
signal-transducers and activator of transcription, STAT 信号转导因子和转录激活因子
silencer 沉默子
simple diffusion 简单扩散
simple enzyme 单纯酶
simple sequence DNA 简单序列 DNA
single-base mismatch repair 单碱基错配修复
single copy DNA 单拷贝序列
single nucleotide polymorphism, SNP 单核苷酸多态性
single strand conformation polymorphism, SSCP 单链构象多态性
single strand DNA binding protein, SSB 单链 DNA 结合蛋白
siRNA-induced silencing complex, RISC siRNA 诱导沉默复合体
sliding 滑动假说
smad anchor for receptor activation, SARA 供受体激活的 smad 锚定分子
smad-binding element, SBE smad 结合元件
small cytoplasmic RNA, scRNA 胞质小 RNA
small interference RNA, siRNA 小干扰 RNA
small non-messenger RNA, snmRNA 非 mRNA 小 RNA
small nuclear RNA, snRNA 核小 RNA
small nucleolar RNA, snoRNA 核仁小 RNA
smooth endoplasmic reticulum, sER 滑面内质网
SNAP receptor SNAP 受体
solenoid 螺线管
solitary gene 独居基因
soluble NSF-attachment protein, SNAP 可溶性 NSF 附着蛋白
somatic cell 体细胞
sorting signal 分选信号
sorting 分拣
sparsomycin 稀疏霉素
spatial specificity 空间特异性
specificity 专一性
spectrin 血影蛋白
sphingolipids 鞘脂
sphingomyelinase 神经鞘磷脂酶
sphingomyelin 神经鞘磷脂
sphingosine 鞘氨醇
splicing 剪接
spokes 辐
squalene 鲨烯
squalene synthase 鲨烯合酶
src-homology 2 domain src 同源区段 2
src-homology 3 domain src 同源区段 3
SRP receptor 信号识别颗粒受体
stage specificity 阶段特异性
standard free energy change 标准自由能变化
statin 抑制素
stems 茎
stercobilinogen 粪胆素原
stercobilin 粪胆素
stereospecificity 立体异构专一性
steroid receptor coactivator family SRC 族固醇受体共激活因子家族
sterol carrier protein, SCP 固醇载体蛋白
sterol glycoside 类固醇衍生的糖脂
sticky end 黏性末端
streptomycin 链霉素
stress fiber 应力纤维
structure gene 结构基因
submetacentric chromosome 亚中(或亚中部)着丝粒染色体

substrate cycle　底物循环
substrate-level phosphorylation　底物水平磷酸化
substrate　底物
subunit　亚基
succinate dehydrogenase　琥珀酸脱氢酶
succinate thiokinase　琥珀酸硫激酶
succinyl-CoA synthetase　琥珀酰 CoA 合成酶
succinyl CoA　琥珀酰 CoA
sulfatide　硫苷脂
sulfoglycosphingolipid　硫酸鞘糖脂
superoxide-dismutase, SOD　超氧化物歧化酶
supersolenoid　超螺线管
suppresive domain, SD　阻抑结构域
suppressor of cytokine signaling, SOCS　细胞因子信号传递抑制因子
surface effect　表面效应
symport　同向运输
synaptotagmin　突触结合蛋白
syndecan　黏结蛋白聚糖
tailing　加尾
talin　踝蛋白
tandem enzyme　联酶
TATA-binding protein, TBP　TATA 盒结合蛋白
taurine　牛磺酸
taurochenocholic acid　牛磺鹅脱氧胆酸
taurocholic acid　牛磺胆酸
taxol　红豆杉醇
Tay-Sacks disease　泰-萨病(家族性黑矇性痴呆)
TBP-associated factors, TAF　TBP 相关因子
telocentric chromosome　端着丝粒染色体
telomerase　端粒酶
telomere　端粒
template strand　模板链
temporal specificity　时间特异性
tense state　紧张态, T 态
tensin　张力蛋白
terminator codon　终止密码子
terminator　终止子
ternary complex factor, TCF　三元复合物因子
tertiary structure　三级结构
tetracycline　四环素
tetrahydrofolic acid, FH_4　四氢叶酸
TGF-β responsive genes　TGF-β 反应基因
Thermus quaticus　嗜热水生菌
the signal hypothesis　信号假说
thiamine pyrophosphate, TPP　焦磷酸硫胺素
thiamine　硫胺素
thioesterase　硫酯酶
thioredoxin reductase　硫氧化还原蛋白还原酶
thioredoxin　硫氧化还原蛋白
thromboxane, TX　血栓素
thymidine kinase, TK　胸腺核苷激酶
thymidine 5′-monophosphate(dTMP)　胸苷酸
thymidine　胸苷
thymidylate synthetase　胸苷酸合成酶
thymine (T)　胸腺嘧啶
thyroid hormone response element, TRE　甲状腺素反应元件
thyroid hormonet receptor, TR　甲状腺激素受体
thyroxine, T_4　四碘甲腺原氨酸
tight junction　紧密连接
tissue inhibitors of metalloproteinase, TIMP　金属蛋白酶组织抑制因子
tissue specificity　组织特异性
TNF related apoptosis inducing ligand, TRAIL　诱导细胞凋亡的 TNF 族配体
topoisomerase　拓扑异构酶
trace mineral　微量元素
trans-acting factor　反式作用因子
transactivation　转移激活
transaldolase　转醛醇酶
transaminase　转氨酶
transamination　转氨基作用
transcobalabmin　运钴蛋白
transcriptional activation domain　转录激活区
transcriptional gene silencing, TGS　转录水平的基因沉默
transcription factor Ⅱ, TFⅡ　转录因子Ⅱ
transcription　转录
transcriptome　转录组
trans face　反面
transfectant　转染细胞
transfection　转染
transferases　转移酶类
transferrin, Tf　转铁蛋白
transfer RNA, tRNA　转运 RNA
transfer vesicle　运输小泡
transformation　转化
transforming growth factor, TGF　转化生长因子
transgenic animal　转基因动物
transgenic technology　转基因技术
trans Golgi network　反面高尔基网
transition state　过渡态
transketolase　转酮醇酶
translation　翻译
translator-coupled translocation system　释放耦联易控系统
translocase　转位酶
transmembrane protein　跨膜蛋白
transmembrane transport　跨膜运输
transpeptidase　转肽酶
transposase　转座酶
transposon　转座子
treadmilling　微管的踏车
tricarboxylic acid cycle, TAC　三羧酸循环

triglyceride　三酰甘油或甘油三酯
triiodothyronine，T_3　三碘甲腺原氨酸
triple-helix　三股螺旋
triplet code　三联体密码
triskelion　三脚蛋白复合物
trisomy 21 syndrome　21-三体综合征或先天愚型
tropomyosin　原肌球蛋白
troponin　肌钙蛋白
trp operon　色氨酸操纵子
trypsin　胰蛋白酶
tryptophan oxygenase　色氨酸加氧酶
tubule　小管
tubulin　微管蛋白
tumor necrosis factor receptor family　肿瘤坏死因子受体家族
tumor suppressor gene　肿瘤抑制基因
Turner syndrome　Turner 综合征或性腺发育不全综合征
turnover number　转换数
twisting　扭曲假说
tyrosinase　酪氨酸酶
tyrosine protein kinase conteining receptor，TPKR　酪氨酸蛋白激酶受体
tyrosine protein kinase domain　酪氨酸蛋白激酶结构域
ubiquinone　泛醌
ubiquitination　泛素化
ubiquitin ligase　泛素连接酶
ubiquitin-proteasome proteolytic pathway　泛素-蛋白酶体蛋白分解途径
ubiquitin proteolytic pathway　泛素介导的蛋白质降解途径
ubiquitin　泛素
UDP-glucuronyl transferase，UGT　UDP-葡萄糖醛酸转移酶
UDPG pyrophosphorylase　UDPG 焦磷酸化酶
uncompetitive inhibition　反竞争性抑制
uncoupling protein，UCP_1　解耦联蛋白
unfolded protein response，UPR　未折叠蛋白反应
unit membrane　单位膜
unwinding protein　解链蛋白
upstream binding factor，UBF　上游结合因子
upstream control element，UCE　上游调控元件
uracil（U）　尿嘧啶
urea cycle　尿素循环
uric acid　尿酸
uridine diphophate glucose，UDPG　尿苷二磷酸葡萄糖
uridine monophosphate，UMP　尿嘧啶核苷酸
uridine　尿苷
urobilinogen　尿胆素原
urobilin　尿胆素
uroporphyrinogen Ⅲ，UPG Ⅲ　尿卟啉原Ⅲ
uroporphyrinogen Ⅰ cosynthase　尿卟啉原Ⅰ同合酶
uroporphyrinogen Ⅲ cosynthase　尿卟啉原Ⅲ同合酶
vanadium，Vo　钒
variation　变异
vector　载体
very low density lipoprotein，VLDL　极低密度脂蛋白
vesicle　小泡
vesicular transport　囊泡运输
villin　绒毛蛋白
vimentin filament　波形纤维
vinblastine　长春碱
vinca alkaloids　长春花生物碱
vinculin　纽蛋白
virocrine　病毒分泌
virus oncogene，v-onc　病毒癌基因
vitamin D_3 receptor，VDR　维生素 D_3 受体
vitamin D_3 response element，VDRE　维生素 D_3 反应元件
vitamin　维生素
voltage-gated channel　电压闸门离子通道
water-soluble vitamin　水溶性维生素
Wobble　摆动性
working molecules　功能分子
xanthosine oxidase　黄嘌呤氧化酶
xeroderma pigmentosis，XP　着色性干皮病
xylose，Xyl　木糖
XYY syndrome　XYY 综合征
yeast artificial chromosome，YAC　酵母人工染色体
zinc finger　锌指结构
ZO-1 associated nucleic acid-binding protein　ZO-1 相关的核酸结合蛋白
zonula occludens　闭锁小带
zymogen　酶原
Δ^3-isopentenyl pyrophosphate，IPP　异戊烯焦磷酸
α-actin　α-肌动蛋白
α-fetoprotein　甲胎蛋白
α-glycerophosphate shuttle　α-磷酸甘油穿梭
α-helix　α-螺旋
α-ketoglutarate dehydrogenase complex　α-酮戊二酸脱氢酶复合体
α-ketoglutarate　α-酮戊二酸
β-aminoisobutynic acid　β-氨基异丁酸
β-carotene　β-胡萝卜素
β-galactosidase　β-半乳糖苷酶
β-hydroxy acyl dehydrase，HD　β 羟脂酰脱水酶
β-hydroxybutyrate　β-羟丁酸
β-ketoacyl CoA thiolase　β-酮脂酰 CoA 硫解酶
β-ketoacyl reductase，KR　β 酮脂酰还原酶
β-ketoacyl synthase，KS　β 酮脂酰合酶
β-pleated sheet　β-折叠
β-sitosterol　β-谷固醇
β-turn　β-转角
γ-aminobutyric acid，GABA　γ-氨基丁酸
δ-aminolevulinic acid，ALA　δ-氨基-γ-酮基戊酸
ψ，pseudouridine　假尿嘧啶